HANDBUCH DER PHYSIK

ZWEITE AUFLAGE

HERAUSGEGEBEN VON

H. GEIGER UND KARL SCHEEL

BAND XXIII · ZWEITER TEIL

RÖNTGENSTRAHLUNG

AUSSCHLIESSLICH RÖNTGENOPTIK

BERLIN
VERLAG VON JULIUS SPRINGER
1933

RÖNTGENSTRAHLUNG

AUSSCHLIESSLICH RÖNTGENOPTIK

BEARBEITET VON

W. BOTHE · P. P. EWALD · F. KIRCHNER
H. KULENKAMPFF · E. G. STEINKE

REDIGIERT VON H. GEIGER

MIT 405 ABBILDUNGEN

BERLIN
VERLAG VON JULIUS SPRINGER
1933

Softcover reprint of the hardcover 1st edition 1933

ISBN 978-3-642-98779-3 ISBN 978-3-642-99594-1 (eBook)
DOI 10.1007/978-3-642-99594-1

Inhaltsverzeichnis.

Kapitel 1.

Kapitel 5.

Berichtigungen.

W. Bothe und F. Kirchner: Zerstreuung von Röntgenstrahlen

Seite 112. Gleichung (34), in der geschweiften Klammer im Zähler

lies: $4\,\alpha^2 \sin^4 \frac{\Theta}{2}$ statt: $2\,\alpha^2 \sin^4 \frac{\Theta}{2}$.

P. P. Ewald: Die Erforschung des Aufbaues der Materie mit Röntgenstrahlen

Seite 207. In Anm. 1 soll es statt Dr. W. Schäfer heißen: Dr. K. Schäfer.

Seite 305. In dem auf Formel (9) folgenden Integral sollte das Winkelelement $\cos\sigma\, d\tau\, d\sigma$ statt $d\tau\, d\sigma$ heißen. Dadurch tritt zu Formel (10), Seite 306 ebenfalls ein Faktor $\cos\sigma$ und es entsteht der Ottsche Faktor. Die Kritik gegen Otts Ableitung wird damit gegenstandslos.

Seite 341. Abb. 120: Der nach Dershem wiedergegebene Dispersionsverlauf in der Nähe der K-Kante von Ca zeigt eine Schwankung der richtigen Art, jedoch von fast zehnfacher Größe des von A. Larsson in Übereinstimmung mit dem theoretischen Wert gefundenen Effekts (Uppsala Universitets Årsskrift 1929, Experimentelle Untersuchungen über die Dispersion der Röntgenstrahlen).

Kapitel 1.

Absorption von Röntgenstrahlen.

Von

W. BOTHE, Heidelberg.

Mit 33 Abbildungen.

I. Allgemeines.

1. Übersicht über das Gebiet. Es handelt sich in diesem und dem folgenden Kapitel um die Veränderungen, welche ein ideales, monochromatisches und paralleles Röntgenstrahlenbündel erleidet, und die Erscheinungen, die es unmittelbar hervorruft, wenn es Materie durchdringt. Es genügt, ein solches Bündel als charakterisiert anzusehen durch seine Intensität, seine Richtung, seinen Polarisationszustand und seine Wellenlänge λ (bzw. Schwingungszahl ν). Alle diese Bestimmungsstücke können bei den hier zu behandelnden Vorgängen der Veränderung unterliegen. Von der durchstrahlten Materie gehen Sekundärstrahlen aus, welche teils wieder vom Typus der Röntgenstrahlen, teils Korpuskularstrahlen sind. Im allgemeinen ergeben sich also recht verwickelte Verhältnisse. Es ist jedoch von vornherein möglich, den ganzen Erscheinungskomplex in zwei getrennte Gruppen zu zerlegen, von denen die eine die „*Absorptions*“-, die andere die „*Zerstreuungserscheinungen*“ umfaßt. Diese beiden Ausdrücke mögen hier nur als einigermaßen entsprechende Bezeichnungen der beiden Erscheinungsgruppen angesehen werden, ohne auszuschließen, daß auch die Zerstreuung mit einer gewissen Absorption, d. h. Umwandlung in andere Energiearten, verbunden sein kann (vgl. Ziff. 14 d. folg. Kap.). Wir haben hiernach zwei (und, soweit bisher bekannt, nur zwei) prinzipiell verschiedene Arten der Wechselwirkung zwischen Röntgenstrahlen und Materie zu unterscheiden.

Als Kennzeichen des Zerstreuungsvorganges ist anzusehen, daß die vom durchstrahlten Körper ausgehende Röntgenstrahlung, die „*Streustrahlung*“, die aus ihrer Richtung abgelenkte Primärstrahlung darstellt. Neben der Richtung kann sich hierbei auch, besonders bei kurzwelligen Strahlen, die Wellenlänge ändern, in jedem Falle ist aber der Charakter (Wellenlänge und Polarisationszustand) der Streustrahlung im wesentlichen durch den Charakter der Primärstrahlung bestimmt und ändert sich stetig mit diesem. Die Umwandlung der Primärenergie in Streuenergie erfolgt unmittelbar, ohne Durchgang durch andere Energiearten. Man kann die Zerstreuung der Röntgenstrahlen weitgehend in der Weise verstehen, daß die elektrischen Ladungen, aus welchen das Atom aufgebaut ist, durch das elektromagnetische Wechselfeld der Strahlung in Schwingungen versetzt werden und so zu Ausgangspunkten von Streuwellen werden. Jedoch läßt diese klassische Vorstellung gewisse feinere Einzelheiten unerklärt und muß daher durch Quantenvorstellungen ergänzt werden. Dies gilt z. B. im Hinblick auf die sekundäre Elektronenstrahlung, welche mit der Streuung verbunden sein kann und als „*Rückstoßstrahlung*“ bezeichnet wird.

Beim Absorptionsprozeß wird die ganze dem Primärbündel entzogene Energie in andere Energiearten umgesetzt. Ein Teil der absorbierten Energie tritt wieder in Erscheinung als kinetische Energie einer aus dem Körper ausgelösten Elektronenstrahlung, der „*Photoelektronen*", wie man sie wegen ihrer weitgehenden Analogie mit der durch sichtbares und ultraviolettes Licht erzeugten Elektronenstrahlung bezeichnet. Der Rest der absorbierten Primärenergie wird zunächst von den betroffenen Atomen als potentielle Energie aufgenommen; sie wird aber schon nach unmeßbar kurzer Zeit ebenfalls nach außen abgegeben, entweder in Form von Wellenstrahlung oder wieder als Elektronenstrahlung. Diese beiden Sekundärstrahlungen sind nur noch eine Angelegenheit des angeregten Atoms, sie sind, soweit das Experiment bisher erweist, völlig unabhängig von der Primärstrahlung. Die Wellenstrahlung wird als „*Fluoreszenzstrahlung*" bezeichnet, während die von den angeregten Atomen ausgesandten Elektronen als „*Photoelektronen zweiter Art*" bezeichnet werden. Auf Grund klassischer Vorstellungen ist es nicht möglich, sich ein einfaches und angemessenes Bild von den Absorptionserscheinungen zu machen. Dagegen kann man an Hand des BOHRschen Atommodells alle diese Vorgänge in einfachster Weise deuten[1]. In Abb. 1 sind durch die Kreise die „Elektronenschalen" oder „Energieniveaus" eines Atoms angedeutet, welche je eine Gruppe von stationären Elektronenbahnen von im allgemeinen etwas verschiedener Energie in sich schließen. Es ist üblich, das Potential in unendlicher Entfernung vom Atom $= 0$ zu setzen; dann haben alle diese Bahnen negative Energie. Strahlung erfolgt nach BOHR, wenn ein Elektron aus einer Schale in eine andere von kleinerer Energie übergeht, so daß ein Energiebetrag E frei wird; diese Strahlung hat nach der BOHRschen Frequenzregel die Schwingungszahl $\nu = E/h$, wo $h = 6{,}55 \cdot 10^{-27}$ das PLANCKsche elementare Wirkungsquantum ist. Umgekehrt sind auch Übergänge möglich, bei denen ein Elektron auf ein höheres Energieniveau übergeht, wenn man das Atom mit einer Strahlung von der Schwingungszahl $\nu = E/h$ bestrahlt, wo E wieder die Energiedifferenz zwischen beiden Niveaus bedeutet. Zu den stationären Elektronenbahnen sind auch die nicht geschlossenen Bahnen zu rechnen, auf welchen das Elektron sich beliebig weit vom Atom entfernen kann, also positive Energie besitzt. Übergänge sind nun nur dann möglich, wenn das betreffende Endniveau nicht voll besetzt ist. Für ein normales, unangeregtes Atom kommen also im wesentlichen nur die ungeschlossenen Bahnen als Endbahnen in Frage; eine solche kann z. B. ein K-Elektron erreichen, wenn das Atom mit Strahlen einer Frequenz $\nu > \nu_K$ bestrahlt wird, wobei $h\nu_K$ die Arbeit ist, welche nötig ist, um das Elektron aus dem Atom zu entfernen (K-Ionisierungsarbeit). Dieses Elektron stellt dann ein Photoelektron dar. Der nunmehr in der K-Schale

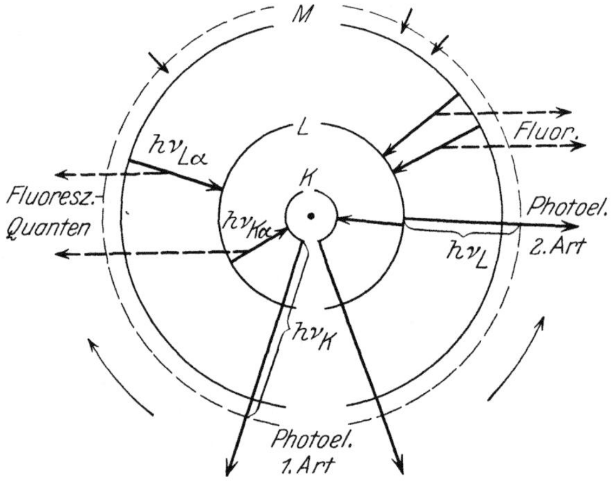

Abb. 1. Ablauf von Absorptionsprozessen.

[1] W. KOSSEL, Verh. d. D. Phys. Ges. Bd. 16, S. 899 u. 953. 1914; Bd. 18, S. 359. 1916. Dieses Schema behält seine Gültigkeit im wesentlichen auch in der Wellenmechanik, von der wir übrigens im folgenden nur andeutungsweise Gebrauch zu machen haben.

freigewordene Platz kann etwa von einem L-Elektron ausgefüllt werden, wobei Fluoreszenzstrahlung einer bestimmten Frequenz $\nu_{K\alpha}$ emittiert werden kann (linke Hälfte der Abb. 1). Die Energie $h\nu_{K\alpha}$ kann aber statt dessen auch auf ein zweites L-Elektron übergehen und dieses wieder auf eine Bahn positiver Energie werfen, womit es ein Photoelektron zweiter Art bildet (rechte Hälfte der Abb. 1). In ähnlicher Weise schreitet dann die Rückkehr des Atoms zum unangeregten Zustand in den äußeren Schalen fort, wobei natürlich auch Niveaus übersprungen werden können.

Die mit der Absorption zusammenhängenden Erscheinungen sind, von Extremfällen abgesehen, praktisch allein an das Atom gebunden, sind also unabhängig von Dichte, Aggregatzustand und chemischer Bindung. Dagegen sind die Zerstreuungserscheinungen in gewissem Grade von der gegenseitigen Lage der Atome abhängig (Interferenz).

Die von einem röntgenbestrahlten Körper ausgehende diffuse (Fluoreszenz- oder Streu-) Strahlung unterliegt natürlich ihrerseits wieder in demselben Körper den Absorptions- und Zerstreuungsvorgängen, was unter Umständen eine erhebliche experimentelle Komplikation bedeuten kann. Auch die ausgelösten Elektronen können zu weiteren Phänomenen, wie δ-Strahlenemission, Veranlassung geben (vgl. Ziff. 24). Die δ-Strahlen sind langsame Elektronen, die beim Durchgang von Kathoden- oder α-Strahlen durch Materie als Produkte der Ionisation entstehen. Da die durch Röntgenstrahlen mittelbar erzeugten δ-Strahlen sich in nichts von den durch Kathodenstrahlen direkt erzeugten unterscheiden, sollen sie hier nicht weiter behandelt werden (vgl. Bd. XXII/2 ds. Handbs.).

Eine von Zerstreuung und Absorption verschiedene dritte Art der Wechselwirkung zwischen Röntgenstrahlen und Atomen glaubte eine Gruppe indischer Physiker beobachtet zu haben[1]. Der Effekt sollte darin bestehen, daß das durch einen Absorber geradlinig hindurchgehende Röntgenlicht Frequenzen enthält, welche um eine charakteristische Atomfrequenz des Absorbers kleiner sind als die des auffallenden. Jedoch hat eine große Zahl zum Teil äußerst sorgfältiger Versuche von anderen Seiten keine Andeutung eines solchen Effektes ergeben[2].

2. Definitionen. Infolge der Absorption und Zerstreuung verliert ein Röntgenbündel von der Intensität I, welche es an einer Stelle des durchstrahlten Mittels besitzt, auf einer kleinen Strecke dx in der Strahlenrichtung einen bestimmten Teil $I\mu\,dx$. Die Konstante μ, welche die relative Intensitätsabnahme pro Längeneinheit angibt, soll als „*Schwächungskoeffizient*" des Mittels für die betreffende Wellenlänge bezeichnet werden (oft auch „totaler Absorptionskoeffizient" genannt). Die Intensitätsabnahme des Primärbündels längs der Strahlenrichtung erfolgt also gemäß der Differentialgleichung:

$$\frac{dI}{dx} = -\mu I,$$

deren Lösung lautet:

$$I = I_0 e^{-\mu x}, \tag{1}$$

---

[1] B. B. Ray, Nature Bd. 125, S. 746 u. 856. 1930; Bd. 126, S. 399. 1930; ZS. f. Phys. Bd. 66, S. 261. 1930; R. C. Majumder, Nature Bd. 127, S. 92. 1931; S. Bhargava u. J. B. Mukerjee, ebenda Bd. 127, S. 237 u. 305. 1931; B. B. Ray u. N. B. Datta, ebenda Bd. 128, S. 224. 1931.

[2] M. Bötzkes, ZS. f. Phys. Bd. 71, S. 151. 1931; J. H. van der Tuuk, Naturwissensch. Bd. 19, S. 308. 1931; O. Berg u. W. Ernst, ebenda Bd. 19, S. 401. 1931; G. A. Lindsay, Nature Bd. 127, S. 305. 1931; J. Thibaud, Journ. de phys. et le Radium Bd. 2, S. 19. 1931; A. J. O'Leary, Phys. Rev. Bd. 37, S. 873. 1931; D. Cooksey u. C. D. Cooksey, ebenda Bd. 37, S. 1006. 1931; J. M. Cork, ebenda Bd. 37, S. 1555. 1931; C. R. Bd. 192, S. 153. 1931.

wo I_0 die Intensität an der Stelle $x = 0$ ist. Derjenige Teil des Schwächungskoeffizienten, welcher auf die Absorption entfällt, soll als der „*Absorptionskoeffizient*“ τ (häufig auch „wahrer“, „reiner“, „photoelektrischer“ oder „Fluoreszenz-Absorptionskoeffizient“) bezeichnet werden, der andere, welcher von dem Zerstreuungsvorgang herrührt, als „*Streukoeffizient*“ σ, so daß

$$\mu = \tau + \sigma$$

gilt. Weiter kann man die durch Absorption verlorengehende Primärenergie wieder in die beiden Anteile zerlegen, welche an Photoelektronen (erster und zweiter Art) und Fluoreszenzstrahlung gebunden wiedererscheinen. Entsprechendes gilt für die Zerstreuung, so daß man schließlich zu folgendem Schema gelangt, in welchem die hier durchgehend benutzten Bezeichnungen zusammengestellt sind:

Schwächungskoeffizient μ

Absorptionskoeffizient τ — Streukoeffizient σ

Fluoreszenzkoeff. k' — Photoemissionskoeff. k — Streustrahlungskoeff. σ_s — Rückstoßkoeff. σ_r

Gelegentlich wird es sich als zweckmäßig erweisen, diese Koeffizienten nicht auf die Wirkung des ganzen Atoms, sondern nur auf eine der Elektronenschalen zu beziehen und vom „K-Absorptionskoeffizienten“ usw. zu sprechen.

In den meisten Fällen ist es praktisch, nicht mit den Koeffizienten $\mu, \tau \ldots$ selbst zu rechnen, sondern mit ihren Quotienten in die Dichte ϱ; so ist z. B. die Größe μ/ϱ als der „*Massenschwächungskoeffizient*“ zu bezeichnen, sie gibt die relative Schwächung pro Masseneinheit auf der Flächeneinheit der absorbierenden Schicht. Ein fast allgemein geltendes Gesetz der hier zu besprechenden Erscheinungen sagt nämlich aus, daß diese nur abhängen von der Zahl und der chemischen Natur der betroffenen Molekeln, nicht von der Dichte der Substanz; so ist z. B. der Schwächungskoeffizient eines idealen Gases proportional dem Druck[1]. Daher beschreiben die Massenkoeffizienten μ/ϱ usw. die Eigenschaften eines Stoffes unabhängig von dessen mehr oder weniger zufälliger Dichte. Multipliziert man die Massenkoeffizienten mit dem absoluten Gewicht einer Molekel oder eines Atoms, so erhält man die ebenfalls häufig benutzten „*molekularen*“ bzw. „*atomaren Koeffizienten*“ μ_m, μ_a usw. μ_a bezeichnet z. B. die Schwächung in einer Schicht, welche ein Atom pro cm^2 enthält:

$$\mu_a = \frac{\mu}{\varrho} \frac{A}{L},$$

wo A das relative Atomgewicht und $L = 6{,}06 \cdot 10^{23}$ die LOSCHMIDTsche Zahl pro Mol bedeutet. Die molekularen und atomaren Koeffizienten haben die Dimension einer Fläche und können als die „Wirkungsquerschnitte“ einer Molekel bzw. eines Atoms aufgefaßt werden.

Die Verhältnisse:

$$p = \frac{k}{\tau}, \quad p' = \frac{k'}{\tau},$$

welche angeben, welcher Bruchteil der absorbierten Energie in Form von Photoelektronen bzw. Fluoreszenzstrahlung wieder in Erscheinung tritt, nennen wir die „Energieausbeuten“ an Photoelektronen bzw. Fluoreszenzstrahlung.

---

[1] E. A. OWEN, Proc. Roy. Soc. London (A) Bd. 86, S. 426. 1912.

II. Der Schwächungs- und Absorptionskoeffizient.

3. Methodik der Schwächungsmessungen. Eine allgemein anwendbare exakte Methode zur direkten Messung von Absorptionskoeffizienten ist noch nicht bekannt; gewöhnlich wird der Absorptionskoeffizient aus dem Schwächungskoeffizienten durch Subtraktion des Streukoeffizienten gewonnen. Nur bei relativ starker Absorption, d. h. für verhältnismäßig lange Wellen und hochatomige Substanzen, kann der Einfluß der Streuung unterdrückt, also der gemessene Schwächungskoeffizient gleich dem Absorptionskoeffizienten angenommen werden.

Zur Messung des Schwächungskoeffizienten dienen Anordnungen, deren Prinzip aus Abb. 2 ersichtlich ist. Aus der homogenen Primärstrahlung P wird ein schmales Bündel ausgeblendet, welches eine planparallele Schicht des absorbierenden Mittels A senkrecht durchsetzt und dann in einer Ionisationskammer J zur Messung gelangt. Diese ist in größerer Entfernung von A aufgestellt und trägt an der Frontseite eine Blende B_2, welche gerade groß genug ist, um das Bündel frei hindurchzulassen. Wesentlich ist hierbei, daß der Raumwinkel, unter welchem die Blendenöffnung B_2 von A aus erscheint, klein genug ist, daß kein merklicher Bruchteil der von A ausgehenden Streu- und Fluoreszenzstrahlung (S) mitgemessen wird („Streufehler“ bei Schwächungsmessungen). Ebenso ist auch die vorherige Ausblendung durch B_1 nötig, damit nicht von einem größeren Teile von A aus diffuse Strahlung in B_2 einfällt. Sind diese Bedingungen erfüllt, so wird in J nur die durch den Absorber A geschwächte Primärintensität gemessen. Bezeichnet I_0 den Ionisationsstrom in J ohne, I mit Absorber, so gilt das Exponentialgesetz (1), woraus sich der Schwächungskoeffizient berechnet zu:

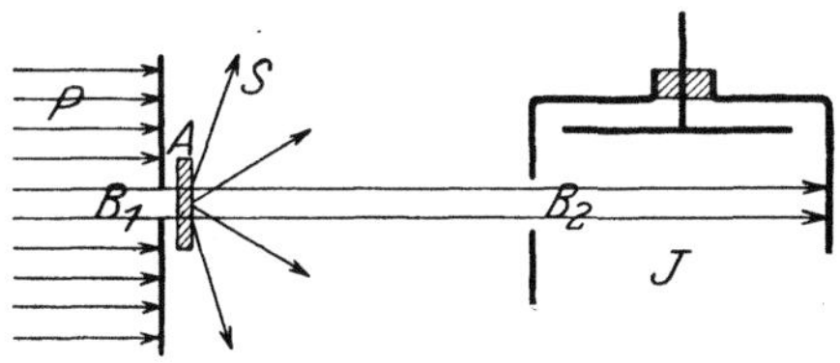

Abb. 2. Prinzip der Schwächungsmessungen.

$$\mu = \frac{1}{x} \ln \frac{I_0}{I}.$$

Ein inhomogenes Strahlenbündel ändert mit zunehmender Schichtdicke seine Zusammensetzung, die weicheren Anteile werden mehr und mehr weggefiltert. Für ein solches Bündel gilt daher das Exponentialgesetz (1) nicht, und man kann höchstens einen „*Anfangs*“- und einen „*End-Schwächungskoeffizienten*“ definieren, ersteren für unendlich kleine Schichtdicken, letzteren für so große Schichtdicken, daß nur noch der härteste, homogene Teil der Strahlung zur Wirkung kommt. Dabei erfordert aber die einwandfreie Definition des Anfangskoeffizienten noch, daß die Ionisationskammer alle einfallenden Strahlen vollständig absorbiert, eine Bedingung, die praktisch meist schwer zu erfüllen ist; anderenfalls werden die weicheren Strahlen durch die Kammer bevorzugt, und der Anfangskoeffizient wird zu groß gemessen. Zur Erhöhung der Absorption in der Ionisationskammer kann man diese sehr lang machen und mit einem hochatomigen Gas wie Äthylbromid- oder Methyljodiddampf füllen. Andererseits ist auch der Endkoeffizient insofern schlecht definiert, als es kein einfaches Kriterium dafür gibt, daß bei einer gewissen Filterdicke die Strahlung praktisch homogen ist und der Schwächungskoeffizient sich bei weiterer erheblicher Steigerung der Schichtdicke nicht noch merklich ändern würde. Überhaupt ist zu bemerken, daß das Exponentialgesetz der Schwächung recht unempfindlich ist gegen Inhomogenität der Strahlung; so ist z. B. die nach heutigen Begriffen beträchtliche Inhomogenität der K- und L-Fluoreszenzstrahlung bei den älteren Absorptionsmessungen nie zutage getreten.

Schwächungsmessungen an Gasen und Flüssigkeiten werden in der Weise ausgeführt, daß man sie in Röhren bzw. Küvetten mit parallelen Endplatten bringt; die der Schichtdicke 0 entsprechende Primärintensität wird dann mit eingeschaltetem leerem (ausgepumptem) Gefäß genommen. Bei Gasen ist es einfacher, statt der Schichtdicke den Druck zu variieren. Da nämlich der Schwächungskoeffizient proportional dem Druck ist, so ist die durch eine Gasschicht von der Länge l bei einem Druck p hindurchgehende Intensität

$$I = I_0 e^{-\mu_0 l \frac{p}{p_0}},$$

wo μ_0 den Schwächungskoeffizienten beim Normaldruck p_0 bedeutet. Daraus folgt:

$$\mu_0 = \frac{p_0}{p} \frac{1}{l} \ln \frac{I_0}{I}.$$

Mehrfach ist für Schwächungsmessungen eine Kompensationsmethode angewandt worden, welche den Vorzug hat, daß sie automatisch unabhängig macht von zeitlichen Schwankungen in der Primärintensität, wie sie namentlich bei Verwendung gasgefüllter Röntgenröhren kaum zu vermeiden sind. Zwei gleichartige, mit demselben Rohr erzeugte Strahlenbündel durchsetzen zwei ebenfalls gleichartige Ionisationskammern. Diese sind in entgegengesetztem Sinne an ein Elektrometer gelegt, so daß dieses die Differenz der beiden Ionisationsströme mißt. Während man nun in das eine Strahlenbündel die absorbierenden Schichten einschaltet, verändert man die Intensität des anderen jedesmal in meßbarer Weise so lange, bis das Elektrometer stillsteht. Die Intensitätsänderung des zweiten Bündels kann z. B. mit Hilfe eines rotierenden Sektors geschehen[1] oder durch Zwischenbringen eines Flüssigkeitstroges von veränderlicher Dicke, welchen man wieder mit einer Normalsubstanz (z. B. Wasser) eicht[2].

Der Schwächungskoeffizient ist in hohem Grade abhängig von der Wellenlänge der Röntgenstrahlen und dem Atomgewicht des absorbierenden Mittels. Daher erhält man definierte Werte nur mit weitgehend homogenisierten Strahlen und reinen Substanzen. Auch die durch Fluoreszenz erregte charakteristische Strahlung, welche von früheren Autoren benutzt wurde, ist für exakte Absorptionsmessungen nicht genügend homogen, da sie ein ganzes Linienspektrum umfaßt. Am besten wird die Homogenisierung durch Kristallreflexion erreicht, wobei darauf zu achten ist, daß Überlagerung der Spektren verschiedener Ordnungen ausgeschlossen ist[3]. Sind die „gefährlichen“ Wellenlängen $\lambda/2, \lambda/3 \ldots$ in der ursprünglichen Strahlung vertreten, so kann man λ durch Totalreflexion an einem Metallspiegel abtrennen[4]. Der Einfluß von Verunreinigungen des Absorptionsmaterials ist ganz besonders verhängnisvoll bei der Untersuchung sehr leichtatomiger Elemente; hier können Spuren von schweratomigen Elementen, welche der Analyse kaum noch zugänglich sind, das Resultat stark verfälschen. Z. B. trägt der geringe Argongehalt der Luft etwa 15% zum Absorptionsvermögen bei.

---

[1] M. SIEGBAHN u. K. A. WINGÅRDH, Phys. ZS. Bd. 21, S. 83. 1920. Eine andere Sektoranordnung benutzten L. H. MARTIN u. K. C. LANG, Proc. Roy. Soc. London (A) Bd. 137, S. 199. 1932.

[2] T. E. AURÉN, Phil. Mag. Bd. 33, S. 471. 1917; Bd. 37, S. 165. 1919.

[3] Vgl. hierzu E. A. OWEN, Proc. Roy. Soc. London (A) Bd. 94, S. 339. 1918.

[4] W. COLVERT, Phys. Rev. Bd. 36, S. 1619. 1930.

4. Allgemeines über die Abhängigkeit der Absorption von der Wellenlänge und der Ordnungszahl des Absorbers. Die Art der Abhängigkeit des Schwächungskoeffizienten von der Wellenlänge λ für ein chemisch einfaches Mittel wird durch die Abb. 3 wiedergegeben[1]. Im allgemeinen steigt μ mit zunehmender Wellenlänge stetig und stark an, die langwelligeren Strahlen sind „weicher", nur an den Stellen $\lambda = \lambda_K, \lambda_{LI}, \lambda_{LII}, \lambda_{LIII}, \lambda_{MI} \ldots$ ist der Schwächungskoeffizient in der Weise unstetig, daß er beim Überschreiten dieser Wellenlänge auf einen beträchtlich niedrigeren Wert springt. Man bezeichnet diese kritischen Wellenlängen als die *„Absorptionsgrenzen"* oder *„Absorptionsbandkanten"* des absorbierenden Elementes. Zerlegt man nämlich ein inhomogenes Röntgenbündel mit genügend breiter, aber kontinuierlicher spektraler Energieverteilung in sein Spektrum und läßt dieses auf eine photographische Platte fallen, so erhält man nach Zwischenschaltung einer absorbierenden Substanz ein System kontinuierlicher Absorptionsbanden, welche nach der Seite kurzer Wellen abschattiert sind, und deren Kanten bei $\lambda_K \ldots$ liegen. Beim Durchgang einer inhomogenen Strahlung durch absorbierende Mittel („Filterung") wird im allgemeinen die Strahlung „härter", indem die langwelligeren Anteile stärker absorbiert werden. Liegt jedoch eine Absorptionsgrenze des Filtermaterials im Spektralbereich der Strahlung, so kann das Umgekehrte eintreten. Hierin besteht ein häufig angewandtes Mittel, um von dem Spektrum den kurzwelligen Teil *scharf* abzuschneiden; auch die früher häufig benutzten „Härtemesser" für inhomogene Strahlen beruhen auf diesem Prinzip.

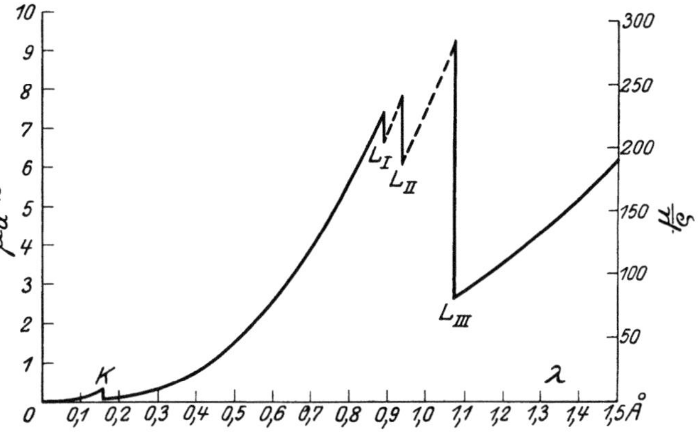

Abb. 3. Schwächung der Röntgenstrahlen in Platin.

Man kann offenbar die ganze Spektralkurve Abb. 3 auffassen als Überlagerung mehrerer gleichartiger Einzelkurven, welche bis zu einer Kante stetig ansteigen, um dann scharf auf 0 abzufallen (Abb. 4). Danach ist also die Absorption in dem Gebiet $\lambda < \lambda_K$ anzusprechen als $K + L_I + \cdots$-Absorption, in dem Gebiet $\lambda_K < \lambda < \lambda_{LI}$ hat man entsprechend $L_I + L_{II} + \cdots$-Absorption usf. Die K-Absorption stellt z. B. denjenigen Teil der Gesamtabsorption dar, welcher durch Auslösung von Photoelektronen aus der K-Schale erfolgt.

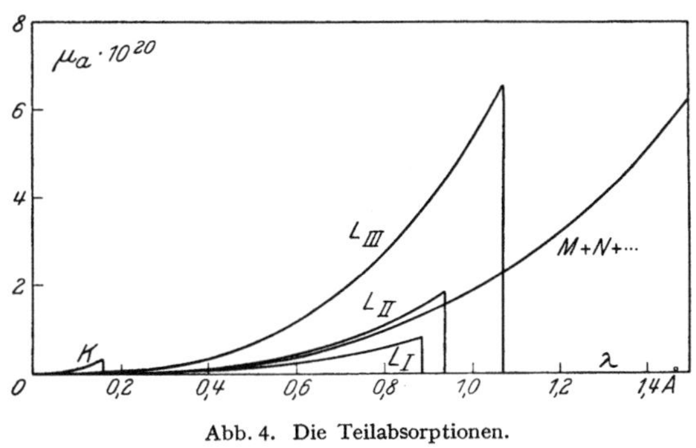

Abb. 4. Die Teilabsorptionen.

Die Schärfe der Absorptionskanten ist beträchtlich, doch ist durch neuere Versuche eine gewissen Einflüssen unterworfene Feinstruktur der Kanten sichergestellt worden. Die Lage der Absorptionskanten ist für ein Element ebenso

[1] Nach A. H. Compton, Bull. Nat. Res. Counc. Bd. 4, Nr. 20. 1922.

charakteristisch wie die der Röntgenspektrallinien und ändert sich ebenso regelmäßig mit der Ordnungszahl des Elementes im periodischen System: die Absorptionskanten stellen gleichzeitig die Seriengrenzen der Emissionslinien dar[1]. Das Nähere über die Lage und Struktur der Kanten gehört in die Röntgenspektroskopie und ist in Bd. XXI ds. Handb. zu finden. Die Wellenlänge der K-Kante, welche im eigentlichen Röntgengebiet die Hauptrolle spielt, läßt sich angenähert durch folgende Formel in Å (10^{-8} cm) ausdrücken

$$\lambda_K = \frac{880}{(Z-4)^2},$$

worin Z die Ordnungszahl ist.

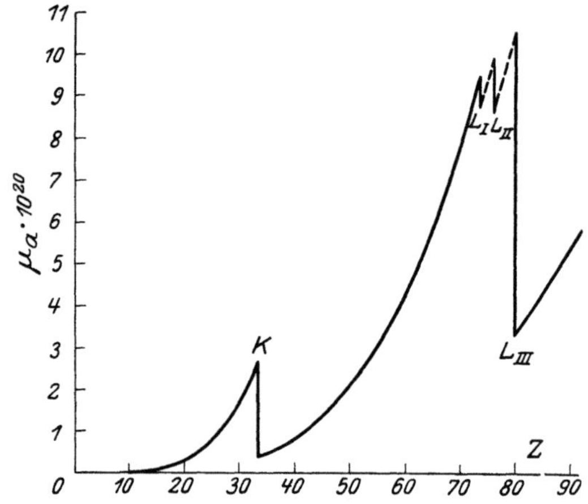

Abb. 5. Atomschwächung für Röntgenstrahlen von $\lambda = 1$ Å.

Geht man von einem absorbierenden Element zu einem anderen von höherer Ordnungszahl über, so verschieben sich die Absorptionsgrenzen nach kleineren Wellenlängen zu, wobei sich die Höhe des Maximums ändert. Bei festgehaltener Wellenlänge steigt der atomare Absorptionskoeffizient μ_a mit wachsender Ordnungszahl des Elementes stark an, solange dabei keine Absorptionskante diese Wellenlänge überstreicht. Die allgemeine Abhängigkeit des Absorptionskoeffizienten von der Ordnungszahl Z des absorbierenden Elementes ist derjenigen von der Wellenlänge ganz ähnlich und wird durch Abb. 5 für $\lambda = 1$ Å wiedergegeben[2].

5. Empirische Schwächungsformeln und -koeffizienten. Eine sehr große Zahl von Schwächungsmessungen sind im Laufe der Zeit mit steigender Präzision ausgeführt worden, um die Abhängigkeit des Schwächungskoeffizienten μ von der Wellenlänge λ und der Ordnungszahl Z des absorbierenden Elementes festzustellen. Eine praktisch brauchbare formelmäßige Darstellung der Ergebnisse, welche den ganzen Bereich der Röntgenwellenlängen und der Ordnungszahlen umfaßte, ist bisher nicht gegeben worden, doch hat sich für verhältnismäßig weite Bereiche dieser Variablen meist eine der folgenden beiden Formeln zur Darstellung der Versuchsergebnisse als geeignet erwiesen:

$$\frac{\mu}{\varrho} = C Z^a \lambda^b + c, \tag{2}$$

$$\mu_a = C_a Z^{a_a} \lambda^b + c_a. \tag{3}$$

Die erste Formel gibt den Massenschwächungskoeffizienten, die zweite den atomaren Schwächungskoeffizienten; C, a, b, C_a, a_a sind positive, von Z und λ unabhängige Größen, während c_a und in geringerem Maße auch c zwar nicht von λ, wohl aber von Z abhängen. Da μ_a sich von μ/ϱ im wesentlichen durch einen Faktor gleich dem Atomgewicht A unterscheidet, können diese beiden Formen des Absorptionsgesetzes bezüglich des ersten Summanden als äquivalent angesehen werden innerhalb einer Genauigkeitsgrenze, welche der

[1] Die Existenz der K- und L-Absorptionskanten wurde schon von BARKLA erkannt, welcher mit Fluoreszenzstrahlung, also nicht ganz homogener Strahlung, arbeitete; daher konnte er auch L_I—L_{III} nur als eine einzige sehr unscharfe Kante beobachten. Die Auflösung gelang erst später mit dem Kristallspektrometer.

[2] Nach A. H. COMPTON, Bull. Nat. Res. Counc. Bd. 4, Nr. 20. 1922.

angenäherten Konstanz des Verhältnisses A/Z entspricht. Die neueren Messungen scheinen jedoch deutlich zugunsten der Form (3) zu sprechen. Auch vom theoretischen Gesichtspunkt erscheint Gleichung (3) angemessener als (2). Beim Überschreiten einer Absorptionskante müssen sich offenbar zum mindesten die Konstanten C und C_a ändern.

Für genügend große Z und λ kann c_a vernachlässigt werden, so daß (3) übergeht in

$$\mu_a = C_a Z^{a_a} \lambda^b . \tag{4}$$

Dieses Gesetz, häufig als das BRAGG-PEIRCEsche bezeichnet, ist von diesen Autoren für Wellenlängen zwischen 0,50 und 0,62 Å und für Ordnungszahlen zwischen 13 (Al) und 79 (Au) gefunden worden[1], und zwar mit den Konstanten $a_a = 4$; $b = \frac{5}{2}$*. Das BRAGG-PEIRCEsche Gesetz schließt in sich die „BARKLA*sche Regel*“: das Verhältnis der Schwächungskoeffizienten zweier verschiedener Substanzen ist unabhängig von der Wellenlänge, wenn beim Übergang von der einen Substanz zu der anderen und von der einen Wellenlänge zur anderen keine Absorptionsgrenze überschritten wird. In der Tat gilt nach (4) für zwei verschiedene Elemente

$$\frac{\mu_a}{\mu_a'} = \left(\frac{Z}{Z'}\right)^{a_a}, \tag{5}$$

unabhängig von λ**. Auch diese empirische Regel gilt nur beschränkt, wie z. B. die Relativmessungen gegen Aluminium zeigen, welche STONER und MARTIN ausgeführt haben[2] (vgl. hierzu auch Ziff. 36).

Die experimentell bestimmten Werte der Exponenten in dem Schwächungsgesetz (2) bzw. (3) liegen innerhalb ziemlich weiter Grenzen. Für b berechnen SIEGBAHN[3] und KOSSEL[4] aus älteren Messungen, welche sich auf mittelweiche Fluoreszenz- (also nicht ganz monochromatische) Strahlung beziehen, Werte, welche je nach dem absorbierenden Element zwischen 2,5 und 2,9 liegen. WOERNLE[5] findet auch für langwellige Strahlung (2 bis 10 Å) b zwischen 2,6 und 3,0. GLOCKER[6] findet $b = 2{,}8$, OWEN[7] für Rh, Pd und Ag in der Nähe der

---

[1] W. H. BRAGG u. S. E. PEIRCE, Phil. Mag. Bd. 28, S. 626. 1914.

* Bereits vor Entdeckung der Röntgenspektroskopie hatte OWEN (Proc. Roy. Soc. London (A) Bd. 86, S. 434. 1912) für die Abhängigkeit des Schwächungskoeffizienten von der Strahlenhärte folgendes Gesetz aufgestellt: Der Schwächungskoeffizient einer Substanz für die K-Fluoreszenzstrahlung eines Elementes vom Atomgewicht A ist proportional A^{-5}. Von OWEN wurden nur Gase untersucht, doch gilt nach KAUFMANN (Phys. ZS. Bd. 14, S. 387. 1913) das OWENsche Gesetz auch für Aluminium als Absorber. Da nach dem MOSELEYschen Gesetz die Wellenlänge einer bestimmten Spektrallinie roh gerechnet dem Quadrat des Atomgewichtes umgekehrt proportional ist, so bedeutet dies ungefähre Proportionalität mit $\lambda^{\frac{5}{2}}$, in Übereinstimmung mit BRAGG und PEIRCE (vgl. hierzu M. SIEGBAHN, Phys. ZS. Bd. 15, S. 753. 1914).

** Aus (4) und (5) ergeben sich zwei häufig benutzte Darstellungsformen für die Wellenlängenabhängigkeit von μ. Trägt man den Schwächungskoeffizienten einer Substanz gegen denjenigen von Aluminium auf, so erhält man nach der BARKLAschen Regel eine Gerade; dies war die übliche Darstellungsweise, als noch nicht die Wellenlänge, sondern die Absorbierbarkeit in Al als Maß der Härte diente. Angenähert gerade Linien erhält man auch, wenn man $\log \mu$ gegen $\log \lambda$ aufträgt (z. B. W. KOSSEL, Verh. d. D. Phys. Ges. Bd. 16, S. 898. 1914; M. SIEGBAHN, Phys. ZS. Bd. 15, S. 753. 1914).

[2] E. C. STONER u. L. H. MARTIN, Proc. Roy. Soc. London (A) Bd. 107, S. 312. 1925; L. H. MARTIN u. K. C. LANG, ebenda Bd. 137, S. 199. 1932.

[3] M. SIEGBAHN, Phys. ZS. Bd. 15, S. 753. 1914.

[4] W. KOSSEL, Verh. d. D. Phys. Ges. Bd. 16, S. 898. 1914.

[5] B. WOERNLE, Ann. d. Phys. Bd. 5, S. 475. 1930.

[6] R. GLOCKER, Phys. ZS. Bd. 19, S. 66. 1918.

[7] E. A. OWEN, Proc. Roy. Soc. London (A) Bd. 94, S. 339. 1918.

Tabelle 1. Massen-Schwächungskoeffizienten μ/ϱ nach ALLEN.

λ Å	C	Mg	Al	S	Fe	Ni	Cu	Zn	Ag	Sn	W	Pt	Au	Pb	Bi
0,100									1,04		3,80	3,40	3,60	3,40	2,90
110			0,165		0,32	0,37	0,39	0,46	1,23	1,50	4,36	4,10	4,20	3,92	3,50
120	0,148	0,160	0,175	0,20	0,38	0,44	0,47	0,54	1,52	1,80	5,00	5,10	4,85	4,64	4,40
130		0,165	0,185	0,22	0,43	0,51	0,56	0,64	1,82	2,20	5,85	6,30	5,90	4,00	2,52
138	0,150	0,170	0,190	0,24	0,49	0,57	0,63	0,74	2,15	2,55	6,70	7,30	6,00	2,90	2,20
150		0,175	0,205	0,27	0,58	0,67	0,78	0,89	2,63	3,00	8,10	4,30	3,60	2,37	2,44
162	0,152	0,190	0,218	0,31	0,68	0,80	0,94	1,06	3,18	3,60	5,00	2,60	2,63	2,78	2,90
170	0,155	0,198	0,228	0,32	0,70	0,95	1,05	1,20	3,58	4,00	3,32	2,84	2,88	3,10	3,32
180		0,207	0,243	0,35	0,82	1,10	1,22	1,36	4,10	4,70	2,53	3,24	3,30	3,52	3,86
190	0,160	0,220	0,256	0,38	0,93	1,27	1,40	1,57	4,70	5,40	2,76	3,70	3,76	4,00	4,42
200		0,232	0,275	0,42	1,07	1,45	1,55	1,77	5,50	6,30	3,20	4,16	4,28	4,64	5,10
220	0,165	0,260	0,310	0,50	1,40	1,87	2,00	2,32	7,40	8,30	4,20	5,25	5,50	5,90	6,48
240	0,169	0,293	0,356	0,58	1,75	2,28	2,50	2,80	9,60	10,8	5,10	6,65	6,95	7,40	8,30
260		0,330	0,410	0,68	2,22	2,83	3,05	3,50	12,2		6,10	8,00		9,50	10,4
280	0,182	0,375	0,475	0,80	2,75	3,38	3,70	4,30	14,8		7,20	9,60		11,5	12,5
300	0,190	0,430	0,545	0,93	3,30	4,10	4,50	5,10	17,9		8,60	11,5		13,6	14,8
320	0,200	0,480	0,630	1,08	3,95	4,87	5,25	6,20	21,1		10,1	13,5		16,2	17,7
340	0,210	0,570	0,730	1,23	4,65	5,75	6,38	7,30	24,5		12,0	15,8		19,7	21,0
360	0,216	0,660	0,850	1,42	5,40	6,70	7,55	8,50	29,2		14,5	18,2		23,0	
380	0,230	0,760	0,970	1,58	6,25		8,80	10,0	34,0		17,0	21,2		27,2	
400	0,245	0,875	1,11	1,78	7,25		10,2	11,6	38,2		19,8	24,5		31,8	
420	0,260	0,995	1,25	1,95	8,30		11,7	13,5	43,5		22,8	28,0		36,5	
440	0,275	1,13	1,41				13,2	15,4	49,5		26,5	31,8		41,2	
450	0,282	1,20	1,48				14,0	16,4	53,0		28,0	33,5		43,5	
460	0,291	1,27	1,56				14,9	17,5	37,0		30,0	36,0		46,5	
484	0,312	1,44	1,75				17,2	20,2	8,8		34,3	41,5		53,0	
500			1,94				19,0	22,0	10,5		38,0	45,5		58,0	
630	0,55		3,78	6,9			37,8	43,0	20,5		75,0	87,0		101	
710	0,68		5,35	9,9			53,7	60,0	28,5			119		140	
748	0,76		6,20		45,0	55	61	69	33	39		134	141	145	
910	1,25		10,8		75	88	102	115	57	66		170	165	150	
1,000	1,50		14,2		102	118	133	152	73	87		165	110	77	U
1,090	2,0		18,5		128	148	165	186	95	110		87	88	98	150
1,170	2,4		22,5		160	175	206	226	113	132		100	104	120	(170)
1,293	3,2		29,8		213	237	266	38,0	146	176	105	131	137	154	(210)
1,389	3,8		36,0				38	45,0	173	205		155		180	(250)
1,432	4,3		40,3		290	323	42	50,5	192	235	130	171	179	202	(280)
1,537	4,9		48,5		330	47,5	50	59	225	275		199	210	230	360

1,655	6,4		61,5		430	60	64	76	280	325		243	265	290	(400)
1,752	7,3		73,2		56	69	76	90	325	385		280		335	(430)
1,933	9,2		94		71	90	99	115	410	490		365		420	470
1,97			101		79		112		490	505					485
2,06			116		90	110	120	144	510	560					495
2,18			136		105	128	144	172	585	660					516
2,24	14,7		148		113	142	156	182	640	715					525
2,35			170		132	160	176	210	720	780					540
2,49			200		156	190	206	246	806	910					560
2,60	21,5		225		176	210	230	276	870	980					570
2,97			338		270	320	350	420	1150	660					600
3,04			360		284	340	364	430	1100	600					600
3,18			410		322	388	420	500	1100	420					600
3,22			426		338	402	430	534	1000	390					600
3,37			485		374	460	496	590	700	440					580
3,44			516		394		530		660	460					564
3,66			620		490		624			560					410
3,74			660		510		666		570	610					424
3,93			760						540	680					490

K-Grenze $b = 3$, während STONER und MARTIN[1] zu dem entgegengesetzten Resultat kommen, daß $b = 3$ nur in großer Entfernung von einer Kante, und zwar nur für leichte Elemente gilt. MILLER[2] hat Messungen an Gelatine, Zelluloid und Aluminium mit sehr weichen, quasihomogenen Strahlen angestellt, welche er durch starke Filterung der vom Röntgenrohr ausgehenden inhomogenen Bremsstrahlung herstellte (Endstrahlung). Die Röhrenspannung lag zwischen 2500 und etwa 10000 Volt, die entsprechende Grenzwellenlänge also etwa zwischen 1,2 und 5 Å. Rechnet man mit diesen Grenzwellenlängen, so ergeben MILLERS Messungen $b = 2{,}77$. HOLWECK[3] findet zwischen 44 und 88 Å $b = 2{,}5$. Für den Exponenten von Z in (3) wurde der Wert von BRAGG und PEIRCE: $a_a = 4{,}00$ wiederholt bestätigt. Abweichend fand WINGÅRDH[4] für Mo $K\alpha$-Strahlung ($\lambda = 0{,}71$ Å) $a_a = 3{,}75$ bzw. 3,44 für Elemente, deren K-Kante langwelliger bzw. kurzwelliger ist als diese Strahlung. Für kürzere Wellen ($\lambda < 0{,}35$ Å) und Ordnungszahlen $Z > 10$ fand derselbe Autor wieder $a_a = 4$. Einen komplizierteren Verlauf des Schwächungskoeffizienten als mit einer Potenz von Z glaubte AURÉN[5] festzustellen, doch arbeitete dieser unter ungünstigen Bedingungen (inhomogene Strahlen, teilweise die Absorptionsgrenze einschließend), und in der Tat konnte OWEN[6] nachweisen, daß seine Resultate nicht schlüssig sind. Für weiche Strahlen (2 bis 10 Å) findet WOERNLE[7] $a_a = 3{,}7$ bis 3,9 für die kurzwellige, 4,6 für die langwellige Seite der K-Kante.

Dem Werte $a_a = 4$ würde in Formel (2) etwa $a = 3$ entsprechen, wie auch

[1] E. C. STONER u. L. H. MARTIN, Proc. Roy. Soc. London (A) Bd. 107, S. 312. 1925; L. H. MARTIN u. K. C. LANG, ebenda Bd. 137, S. 199. 1932.

[2] C. D. MILLER, Phys. Rev. Bd. 8, S. 329. 1916.

[3] F. HOLWECK, C. R. Bd. 172, S. 439. 1921.

[4] K. A. WINGÅRDH, ZS. f. Phys. Bd. 8, S. 363. 1922; Dissert. Lund 1923.

[5] T. E. AURÉN, Phil. Mag. Bd. 33, S. 471. 1917; Bd. 37, S. 165. 1919.

[6] E. A. OWEN, Proc. Roy. Soc. London (A) Bd. 94, S. 510. 1918.

[7] Siehe Fußnote 6, S. 9.

von denjenigen Autoren, welche diese Form des Absorptionsgesetzes benutzten, meist gefunden wurde[1]. GLOCKER[2] berechnet nach Messungen von BARKLA und HULL und RICE $a = 3{,}14$ für $\lambda > \lambda_K$ und $a = 2{,}58$ für $\lambda < \lambda_K$. HEWLETT[3] findet, daß eine Formel von der Gestalt (2) die Abhängigkeit von der Ordnungszahl nur in roher Näherung wiedergibt. Auf den beiden Seiten einer Kante ist sowohl der Exponent von λ[4] als auch der von Z etwas verschieden (z. B. WOERNLE).

Daß für den Schwächungskoeffizienten wirklich die Ordnungszahl Z und nicht etwa das Atomgewicht A des absorbierenden Elementes maßgebend ist, geht deutlich aus den Messungen von RICHTMYER und WARBURTON[5] hervor, nach denen die Abhängigkeit des Schwächungskoeffizienten von Z einen glatteren Verlauf als die von A aufweist. Dies tritt besonders eindrucksvoll hervor bei den Elementen Nickel und Kobalt, wo bekanntlich die Reihenfolge der Ordnungszahlen die umgekehrte als die der Atomgewichte ist.

Für den Bereich $\lambda = 0{,}08$ bis 4 Å und für eine größere Zahl von Elementen von Kohlenstoff bis Uran gibt ALLEN[6] eine ausführliche Tabelle der Konstanten C' und b in der Darstellung

$$\frac{\mu}{\varrho} = C'\lambda^b + c;$$

c wird hierin als der „Massenstreukoeffizient σ/ϱ" gedeutet (vgl. Ziff. 6). Über weitere Formeldarstellungen vgl. namentlich die unten aufgeführten Arbeiten[2, 7-18].

Die Messungen von ALLEN sind diejenigen, welche sich über den weitesten Bereich der Wellenlängen und Ordnungszahlen erstrecken, ihre Ergebnisse sind deshalb in Tabelle 1 wiedergegeben. Sie sind noch insofern bemerkenswert, als sie bei kurzen Wellen Abweichungen von der normalen Abhängigkeit von Z ergaben: der Schwächungskoeffizient von Bi ($Z = 83$) ist z. B. für $\lambda < \lambda_K$ *kleiner* als der von Pb (82), Au (79), Pt (78) und W (74).

Nach der ganzen Sachlage können die Schwächungsformeln (2) und (3) nur eine Approximation an ein allgemeineres und komplizierteres Gesetz darstellen (vgl. Ziff. 10).

6. Der Absorptionskoeffizient. Die bisher angeführten Ergebnisse beziehen sich alle auf den Schwächungskoeffizienten μ. Um aus diesem den Absorptionskoeffizienten τ abzuleiten, ist der Streukoeffizient σ in Abzug zu bringen. Dieser ist nun aber nur für einzelne Substanzen und für sehr beschränkte Wellenlängenbereiche und auch hier nicht mit großer Genauigkeit bekannt, so daß es eigentlich bisher kein allgemeines Mittel gibt, um μ in seine Summanden τ und σ zu zerlegen. Sehr häufig wird das Schwächungsgesetz (2) bzw. (3) in der Weise

[1] K. A. WINGÅRDH (ZS. f. Phys. Bd. 20, S. 315. 1923) findet $a = 2{,}95$.
[2] R. GLOCKER, Phys. ZS. Bd. 19, S. 66. 1918.
[3] C. W. HEWLETT, Phys. Rev. Bd. 17, S. 284. 1921; Bd. 20, S. 688. 1922.
[4] Z. B. L. H. MARTIN, Proc. Cambridge Phil. Soc. Bd. 23, S. 783. 1927.
[5] F. K. RICHTMYER u. F. W. WARBURTON, Phys. Rev. Bd. 21, S. 478. 1923; Bd. 22, S. 539. 1923.
[6] S. J. M. ALLEN, Phys. Rev. Bd. 28, S. 907. 1926.
[7] S. J. M. ALLEN, Phys. Rev. Bd. 24, S. 1. 1924.
[8] K. F. RICHTMYER, Phys. Rev. Bd. 18, S. 13. 1921.
[9] W. DUANE u. K. C. MAZUNDER, Proc. Nat. Acad. Amer. Bd. 8, S. 45. 1922.
[10] K. F. RICHTMYER u. F. W. WARBURTON, Phys. Rev. Bd. 22, S. 539. 1923.
[11] K. A. WINGÅRDH, Dissert. Lund 1923.
[12] L. H. GRAY, Internat. Critic. Tables Bd. 6, S. 12. 1929.
[13] B. WALTER, Fortschr. a. d. Geb. d. Röntgenstr. Bd. 35, S. 929 u. 1308. 1927.
[14] E. JÖNSSON, Uppsala Univ. Årsskr. 1928.
[15] J. BARKHURST, Phil. Mag. Bd. 7, S. 353. 1929.
[16] L. H. MARTIN, Proc. Cambridge Phil. Soc. Bd. 23, S. 783. 1927.
[17] R. G. SPENCER, Phys. Rev. Bd. 38, S. 1932. 1931.
[18] L. H. MARTIN u. K. C. LANG, Proc. Roy. Soc. London (A) Bd. 137, S. 199. 1932.

gedeutet, daß man den ersten Summanden der Absorption, den zweiten der Zerstreuung zuschreibt. Man geht hierbei offenbar von den beiden Annahmen aus, daß der Absorptionskoeffizient sich auch für kurze Wellen mit einer Potenz der Wellenlänge ändert, und daß der Massenstreukoeffizient von der Wellenlänge unabhängig ist. Für die Richtigkeit der ersteren Annahme liegen noch keine bestimmten Anhaltspunkte vor; die zweite Annahme ist im allgemeinen sicher nur angenähert erfüllt, obwohl die Konstante c in der Tat von der Größenordnung des Massenstreukoeffizienten ist (vgl. Ziff. 7 d. folg. Kap.). ALLEN trägt z. B. bei Aufstellung seiner Formel der Veränderlichkeit des Massenstreukoeffizienten Rechnung, indem er c in Gleichung (2) nicht konstant, sondern mit zunehmendem λ und Z wachsend annimmt.

Über einige experimentelle Methoden, welche unter gewissen Voraussetzungen μ und σ gleichzeitig zu messen erlauben, vgl. Ziff. 6 d. folg. Kap.

7. Die Formel von Jönsson. JÖNSSON[1] hat Schwächungsmessungen bis zu $\lambda = 12$ Å nach der photographischen Methode angestellt und dabei bemerkt, daß man erfahrungsgemäß den Absorptionskoeffizienten in Abhängigkeit von der Wellenlänge λ und Ordnungszahl Z durch eine Funktion nur *einer* Variablen darstellen kann. Es bezeichne τ_e den „Elektronenabsorptionskoeffizienten", d. h. τ dividiert durch die Zahl der Atomelektronen in der Volumeinheit des Materials oder auch

$$\tau_e = \frac{\tau_a}{Z} = \frac{\tau}{\varrho Z} \frac{A}{L}, \tag{6}$$

wo τ_a der atomare Absorptionskoeffizient, L die LOSCHMIDTsche Zahl ist (Ziff. 2). Dann ergibt sich mit bemerkenswerter Genauigkeit, daß τ_e eine Funktion von $Z \cdot \lambda$ allein ist, solange man sich auf der kurzwelligen Seite der K-Kante befindet:

$$\tau_e L = f(Z\lambda). \tag{7}$$

Die Funktion f ist in Tabelle 2 tabuliert. Für das Gebiet zwischen der K- und L_I-Kante sind diese Werte noch durch den K-Absorptionssprung δ_K zu dividieren,

Tabelle 2. $\tau_e L = f(Z\lambda)$ nach JÖNSSON.

$Z\lambda$	0	1	2	3	4	5	6	7	8	9
8,	7,20	7,46	7,73	8,00	8,27	8,54	8,81	9,09	9,39	9,70
9,	10,0	10,3	10,6	11,0	11,3	11,7	12,1	12,4	12,8	13,1
10,	13,4	13,8	14,2	14,6	15,0	15,4	15,9	16,4	16,9	17,4
11,	17,9	18,4	18,9	19,4	19,9	20,5	21,1	21,7	22,3	22,9
12,	23,5	24,1	24,7	25,3	25,9	26,5	27,2	27,9	28,6	29,3
13,	30,1	30,9	31,6	32,4	33,2	34,0	34,7	35,4	36,1	36,9
14,	37,7	38,5	39,3	40,1	40,9	41,7	42,5	43,3	44,1	44,9
15,	45,9	46,8	47,7	48,6	49,5	50,4	51,3	52,2	53,1	54,0
16,	55,0	56,0	57,0	58,0	59,0	60,0	61,0	62,0	63,0	64,0
17,	65,0	66,1	67,2	68,3	69,4	70,5	71,7	72,8	73,9	75,0
18,	76,2	77,4	78,6	79,9	81,2	82,4	83,6	84,8	86,0	87,2
19,	88,4	89,6	90,8	92,0	93,2	94,4	95,6	96,8	98,0	99,3
20,	101	102	103	104	105	107	109	110	112	113
21,	115	116	118	119	120	121	122	123	125	127
22,	129	131	133	135	137	139	141	143	145	147
23,	149	151	153	155	157	159	161	163	165	167
24,	169	171	173	175	177	179	182	184	186	188
25,	190	192	194	196	199	201	203	205	207	210
26,	212	214	216	219	221	223	225	227	229	231
27,	233	235	238	240	242	245	247	250	252	255
28,	258	260	263	266	269	272	275	278	281	284
29,	287	290	293	296	299	302	305	308	311	314

[1] Siehe Fußnote 14, S. 12.

Tabelle 2 (Fortsetzung).

$Z\lambda$	0	1	2	3	4	5	6	7	8	9
3	318	352	387	417	450	488	522	564	605	647
4	694	744	795	848	906	968	1030	1110	1180	1230
5	1290	1370	1450	1530	1610	1690	1770	1850	1940	2030
6	2120	2220	2320	2430	2530	2630	2740	2840	2940	3050
7	3160	3270	3380	3500	3650	3800	3950	4100	4250	4400
8	4550	4700	4850	5000	5150	5300	5450	5600	5750	5900
9	6050	6200	6350	6500	6650	5800	6950	7100	7250	7400
10	7600	7800	8000	8100	8300	8500	8700	8900	9100	9300
11	9500	9700	10000	10200	10400	10700	11000	11200	11500	11700
12	12000	12300	12500	12800	13100	13400	13700	14000	14300	14600
13	14900	15200	15500	15900	16300	16600	16900	17300	17600	17900
14	18300	18700	19100	19500	19800	20200	20600	21000	21300	21700

$Z\lambda$	00	10	20	30	40	50	60	70	80	90
1	—	—	—	—	—	22000	25000	28000	31000	34500
2	38500	43000	48000	53500	59000	64500	70000	76000	82000	89000
3	95000	101000	107000	113000	119000	125000	132000	138000	145000	153000
4	161000	168000	176000	183000	191000	199000	207000	216000	224000	233000
5	242000	251000	260000	270000	280000	290000	300000	315000	330000	345000
6	360000	375000	390000	405000	420000	435000	450000	460000	480000	500000
7	520000	530000	550000	570000	590000	600000	620000	640000	660000	680000

d. h. durch das Verhältnis der Absorptionskoeffizienten unmittelbar beiderseits der K-Kante (Ziff. 12). Für das Gebiet zwischen der L_{III}- und der M_I-Kante ist außerdem noch durch den gesamten L-Sprung δ_L zu dividieren usf. Dabei zeigt sich als weitere Merkwürdigkeit, daß diese Sprünge in sehr einfacher Weise mit den Wellenlängen der Kanten ($\lambda_K, \lambda_{L_I}, \ldots$) zusammenhängen[1]:

$$\delta_K = \frac{\lambda_{L_I}}{\lambda_K}; \qquad \delta_L = \frac{\lambda_{M_I}}{\lambda_{L_I}} \ldots; \tag{8}$$

wobei jedoch die Beziehungen für die L- . . . Sprünge weit weniger gesichert sind als für den K-Sprung. Somit ergibt sich z. B. für $\lambda < \lambda_K$:

$$\frac{\tau}{\varrho} = f(Z\lambda) \cdot \frac{Z}{A},$$

für $\lambda_K < \lambda < \lambda_{L_I}$:

$$\frac{\tau}{\varrho} = f(Z\lambda) \cdot \frac{Z}{A} \cdot \frac{\lambda_K}{\lambda_{L_I}}.$$

Diese Beziehungen sind rein empirisch, für eine theoretische Deutung fehlt jeder Anhaltspunkt. Auch treffen sie keineswegs sehr genau zu[2], und *zwischen* den Einzelkanten der L-, M- . . . Kantengruppen versagen sie. Immerhin stellen sie den allergrößten Teil der vorliegenden Einzelmessungen so gut dar, daß sie für die rasche Berechnung angenäherter Absorptionswerte sehr nützlich sind.

8. Schwächung in speziellen Substanzen. Da *Aluminium* vielfach für Zwecke der Filterung und Härtebestimmung benutzt wird, seien hier einige Schwächungsformeln für dieses Element zusammengestellt (Tab. 3). Die Formel von COLVERT soll ebenso wie die der Tabelle 4 für einige weitere Elemente zwischen 0,5 und 2,3 Å mit den Messungen innerhalb 1% übereinstimmen; diese Elemente

[1] Vgl. hierzu schon F. K. RICHTMYER, Phys. Rev. Bd. 23, S. 292. 1924; Nature Bd. 120, S. 915. 1927.

[2] B. WOERNLE, Ann. d. Phys. Bd. 5, S. 475. 1930; J. BACKHURST, Phil. Mag. Bd. 7, S. 353. 1929.

wurden als Gase bzw. gasförmige Verbindungen untersucht. Auch BACKHURST hat außer Al noch Cu, Ag, Au und Pt genau untersucht.

Schwer ist die Schwächung in den leichtesten Elementen genau zu messen, weil sie klein ist und durch verhältnismäßig geringe Verunreinigungen schwererer Elemente stark gefälscht werden kann. *Lithium* ist von HEWLETT[1], MERTZ[2] und MAZUMDER[3] untersucht worden. MAZUMDER findet

$$\left(\frac{\mu}{\varrho}\right)_{Li} = 0{,}94\lambda^3 + 0{,}162 \quad \text{für} \quad 0{,}2 < \lambda < 0{,}6\,\text{Å}$$

für $\lambda < 0{,}2$ ergibt diese Formel zu große Koeffizienten.

Tabelle 3. Schwächungsformeln für Aluminium.

Gültigkeitsbereich λ Å	μ/ϱ	Autor
0,1 bis 0,4	$14{,}45\,\lambda^3 + 0{,}15$	RICHTMYER[4]
0,4 ,, 0,7	$14{,}30\,\lambda^3 + 0{,}16$	RICHTMYER[4]
0,095 ,, 0,165	$15{,}5\,\lambda^3 + 0{,}147$	DUANE u. MAZUMDER[5]
0,63 ,, 2	$14{,}3\,\lambda^{2,91}$	BACKHURST[6]
0,4 ,, 1,9	$14{,}3\,\lambda^{2,88}$	MARTIN u. LANG[7]
0,5 ,, 2,3	$14{,}45\,\lambda^{2,88}$	COLVERT[8]
0,08 ,, 3,93	$(13{,}95 \text{ bis } 14{,}00)\,\lambda^{2,92} + (0{,}14 \text{ bis } 0{,}18)$	ALLEN[9]

Wasserstoff fügt sich nach den wenigen ausgeführten Messungen nicht in das λ^3-Gesetz ein. Dies ist auch nicht zu erwarten, da in dem in Frage kommenden Wellenlängenbereich die Absorption in Wasserstoff sicher sehr klein gegen die Zerstreuung ist, so daß hier ganz andere Verhältnisse vorliegen (vgl. Ziff. 31). HEWLETT fand für Wasserstoff:

$$\frac{\mu}{\varrho} = \text{konst.} \cdot \lambda^{\frac{9}{2}} + 0.309 \quad \text{für} \quad \lambda = 0{,}2 \quad \text{bis} \quad 0{,}5\,\text{Å},$$

während OLSON, DERSHEM und STORCH[10] zwischen 0,4 und 0,65 Å den Schwächungskoeffizienten in Wasserstoff konstant, für größere λ proportional λ^3 fanden. Bei diesen Messungen wurde von der Additivität des Schwächungsvermögens Gebrauch gemacht (Ziff. 13), welche gerade in bezug auf Wasserstoff noch nicht ganz gesichert erscheint. Nach RICHTMYER und GRANT[11] gilt auch für Wasser kein λ^3-Gesetz, während OLSON, DERSHEM und STORCH ihre Messungen durch ein solches darstellen können.

Tabelle 4. Schwächungsformeln von COLVERT für $\lambda = 0{,}5$ bis 2,3 Å.

Element	μ/ϱ
Ne	$6{,}5\,\lambda^{2,92}$
S	$25{,}8\,\lambda^{2,90}$
Cl	$30{,}0\,\lambda^{2,84}$
A	$34{,}5\,\lambda^{2,77}$

SCHOCKEN[12] hat einige *Gase* in dem Bereich $\lambda = 0{,}12$ bis 0,42 Å untersucht. Die Ergebnisse zeigt Tabelle 5; σ/ϱ bedeutet dabei den nach COMPTONS Formel zu berechnenden Massenstreukoeffizienten (Ziff. 15 d. folg. Kap.):

$$\frac{\sigma}{\varrho} = \frac{0{,}201}{1 + \frac{0{,}0484}{\lambda}},$$

[1] C. W. HEWLETT, Phys. Rev. Bd. 17, S. 284. 1921; Bd. 20, S. 688. 1922.
[2] P. MERTZ, Phys. Rev. Bd. 28, S. 891. 1926.
[3] K. C. MAZUMDER, Phys. Rev. Bd. 36, S. 457. 1930.
[4] K. F. RICHTMYER, Phys. Rev. Bd. 18, S. 13. 1921.
[5] W. DUANE u. K. C. MAZUMDER, Proc. Nat. Acad. Amer. Bd. 8, S. 45. 1922.
[6] J. BACKHURST, Phil. Mag. Bd. 7, S. 353. 1929.
[7] L. H. MARTIN u. K. C. LANG, Proc. Roy. Soc. London (A) Bd. 137, S. 199. 1932.
[8] W. W. COLVERT, Phys. Rev. Bd. 36, S. 1619. 1930. Das Al enthielt 0,45% Fe.
[9] S. J. M. ALLEN, Phys. Rev. Bd. 28, S. 907. 1926.
[10] A. R. OLSON, E. DERSHEM u. H. H. STORCH, Phys. Rev. Bd. 21, S. 30. 1923.
[11] K. F. RICHTMYER u. K. GRANT, Phys. Rev. Bd. 15, S. 547. 1920.
[12] K. SCHOCKEN, ZS. f. Phys. Bd. 58, S. 39. 1929.

CROWTHER und ORTON[1] geben Einzelwerte für die Schwächung der Cu$K\alpha$- und Fe$K\alpha$-Strahlung (1,54 bzw. 1,93 Å) in Gasen. WOERNLE[2] hat Gase bis zu 10 Å herauf untersucht, SPENCER[3] bis 7 Å (Tab. 6). An einer Reihe von organischen Verbindungen hat STUMPEN[4] Messungen angestellt.

Tabelle 5. Schwächungsformeln von SCHOCKEN für Gase und $\lambda = 0{,}12$ bis 0,42 Å.

Gas	μ/ϱ
Luft	$1{,}48\,\lambda^{2,4} + \sigma/\varrho$
O_2	$1{,}96\,\lambda^{2,4} + \sigma/\varrho$
N_2	$1{,}10\,\lambda^{2,4} + \sigma/\varrho$
A	$16,\ \lambda^{2,45} + \sigma/\varrho$

Tabelle 6. Schwächungsformeln von SPENCER für Gase und $\lambda = 1{,}5$ bis 7 Å.

Gas	μ/ϱ
O_2	$3{,}39\ \lambda^{2,91}$
A; $\lambda < \lambda_k$	$33{,}9\ \lambda^{2,79}$
A; $\lambda_K < \lambda < \lambda_{L_I}$	$3{,}39\ \lambda^{2,79}$

9. Schwächung sehr harter und sehr weicher Röntgenstrahlen. An sehr harten, „praktisch homogenen" Endstrahlen sind Messungen angestellt worden von LORENZ und RAJEWSKI[5], GLOCKER und REUSS[6] sowie HERRMANN und JÄGER[7]. Die letztgenannten sind bis $\lambda = 0{,}03$ Å, entsprechend einer Röhrenspannung von 408 kV, vorgedrungen und haben damit den Anschluß an die härteren γ-Strahlen hergestellt; sie stellen für das Gebiet von 0,02 bis 0,12 Å (100 bis 600 kV) den Schwächungskoeffizienten in Blei dar durch die einfache Gleichung

$$\mu_{Pb} = 4240\,\lambda^2\,\text{cm}^{-1}.$$

Andererseits bis zu 12 Å herauf gehen die Ziff. 7 erwähnten Messungen von JÖNSSON, bis 10 Å auch die von WOERNLE, bis 7 Å die von SPENCER. Zwischen 44 und 88 Å hat HOLWECK[8] gemessen und μ/ϱ proportional $\lambda^{2,5}$ gefunden. Die Kohlenstoff-K-Strahlung ($\lambda = 44{,}1$ Å) haben KURTZ[9] sowie DERSHEM und SCHEIN[10] untersucht. KURTZ filterte durch Zelluloid die CK-Strahlung aus der Röhrenstrahlung aus, während DERSHEM und SCHEIN sich hierzu der Reflexion an einem Strichgitter bedienten. Die Ergebnisse sind in Tabelle 7 vereinigt. Berechnet man daraus die Werte für die Elemente unter der Annahme der Additivität des Schwächungsvermögens (Ziff. 13), so ergibt sich in guter Übereinstimmung für $\lambda_K < \lambda < \lambda_{L_I}$:

$$\mu_a = (1{,}7 \pm 0{,}2) \cdot 10^{-23} \cdot Z^{4,4 \pm 0,4} \quad (\text{KURTZ}),$$

$$\mu_a = 1{,}65 \cdot 10^{-23}\, Z^{4,4} \quad (\text{DERSHEM u. SCHEIN}).$$

Tabelle 7. Absorption der CK-Strahlung ($\lambda = 44{,}1$ Å).

Substanz	μ/ϱ		Substanz	μ/ϱ	
	KURTZ	DERSHEM u. SCHEIN		KURTZ	DERSHEM u. SCHEIN
Luft	4650 ± 200	5350	C_2H_6	2200 ± 100	—
He	—	3600	Ne	—	13100
N_2	3800 ± 200	3840	A	—	45700
O_2	6000 ± 200	5765	Kr	—	31800
CO	4450 ± 300	—	Xe	—	6740
CO_2	4900 ± 300	4780	Au	—	12500

[1] J. A. CROWTHER u. L. H. H. ORTON, Phil. Mag. Bd. 10, S. 329. 1930; Bd. 13, S. 505. 1932.
[2] B. WOERNLE, Ann. d. Phys. Bd. 5, S. 475. 1930.
[3] R. G. SPENCER, Phys. Rev. Bd. 38, S. 1932. 1931.
[4] H. STUMPEN, ZS. f. Phys. Bd. 50, S. 215. 1928.
[5] E. LORENZ u. R. RAJEWSKI, Strahlentherapie Bd. 16, S. 475. 1924.
[6] R. GLOCKER u. A. REUSS, Fortschr. a. d. Geb. d. Röntgenstr. Bd. 42, S. 651. 1930.
[7] H. HERRMANN u. R. JAEGER, ZS. f. techn. Phys. Bd. 41, S. 461. 1930; ZS. f. Phys. Bd. 69, S. 565. 1931.
[8] F. HOLWECK, C. R. Bd. 172, S. 439. 1921.
[9] H. KURTZ, Ann. d. Phys. Bd. 85, S. 529. 1928.
[10] E. DERSHEM u. M. SCHEIN, Phys. Rev. Bd. 37, S. 1238. 1931.

10. Die universelle Absorptionsformel. Theoretische Formeln. Die bisher zur Verfügung stehenden experimentellen Daten über Teilabsorptionen (Ziff. 12) lassen erkennen, daß die K-Absorption, das ist diejenige, welche der kurzwelligsten Kante entspricht, bei weitem die stärkste ist. Nimmt man die Tatsache hinzu, daß auch von zwei verschiedenen Elementen im allgemeinen dasjenige die stärkere Absorption aufweist, dessen Absorptionskanten kurzwelliger sind, so liegt es nahe, einen allgemeinen Zusammenhang zwischen der Wellenlänge einer Absorptionskante (oder, was dasselbe besagt, der Bindungsenergie des absorbierenden Elektrons) und der Größe der von ihr herrührenden Absorption zu vermuten. So haben A. H. COMPTON[1], L. DE BROGLIE[2] und JAUNCEY[3] die Hypothese diskutiert, daß die von einer Absorptionskante von der Wellenlänge λ_X herrührende atomare Absorption einem Gesetz von der Form

$$\tau_{aX} = G \frac{n_X}{\lambda_X^2} \lambda^3 \tag{9}$$

gehorcht, wo G eine universelle Konstante ist; n_X bezeichnet die Zahl der Atomelektronen, welche an dem Zustandekommen der betreffenden X-Kante beteiligt sind. Dieser Ausdruck hat natürlich nur für $\lambda < \lambda_X$ Gültigkeit, da für $\lambda > \lambda_X$ die X-Absorption verschwindet. Für die Gesamtabsorption τ_a eines Elementes ergibt sich danach

$$\tau_a = G \lambda^3 \sum \frac{n_X}{\lambda_X^2}, \tag{10}$$

wo die Summierung über alle λ_X des Atoms zu erstrecken ist, welche größer als λ sind. Wendet man diese Formel zunächst auf zwei verschiedene Elemente an, und zwar auf entsprechende Absorptionsgebiete beider, so sind die n_X (wenigstens für die kurzwelligsten Grenzen) die gleichen, während die entsprechenden λ_X beider Elemente sich in erster Näherung umgekehrt wie die Quadrate der Ordnungszahlen Z verhalten. Daher wird τ_a näherungsweise proportional Z^4, in Übereinstimmung mit den experimentellen Ergebnissen. Wendet man andererseits die Formel auf verschiedene Absorptionsgebiete der gleichen Substanz an, so kann man bei Kenntnis der Elektronenzahlen in den verschiedenen Niveaus die Absorptionssprünge berechnen [Gleichung (12), Ziff. 12], allerdings nach RICHTMYER[4] nur in größenordnungsmäßiger Übereinstimmung mit der Erfahrung. In der Tat ist ja Gleichung (9) mit der empirischen Regel von JÖNSSON (8) nicht streng vereinbar. Umgekehrt benutzen DAUVILLIER[5] und STONER[6] die Formel (10), um aus den experimentell bestimmten Absorptionssprüngen die Zahl der Elektronen in den verschiedenen Atomniveaus und Unterniveaus zu berechnen. STONER kommt zu Elektronengruppierungen, welche bezüglich der Unterniveaus zwar wesentlich von den früher von BOHR und COSTER vorgeschlagenen abweichen, aber deutliche Vorzüge gegenüber diesen besitzen. Eine weitere Hauptstütze für STONERS Verteilungsschema liegt in den Versuchsergebnissen über die Geschwindigkeitsverteilung unter den Photoelektronen. Auf diese Versuche, welche ebenfalls zur Bestimmung der Teilabsorptionen dienen können, wird weiter unten noch zurückzukommen sein (Ziff. 36).

Es ist festzuhalten, daß die Formel (10) im wesentlichen empirischen Ursprungs ist, sie scheint jedoch einen sehr ausgedehnten Bereich wenigstens angenäherter Gültigkeit zu haben, wie die ausführliche Diskussion von JAUNCEY

[1] A. H. COMPTON, Phys. Rev. Bd. 14, S. 247. 1919.
[2] L. DE BROGLIE, Journ. de phys. Bd. 3, S. 33. 1922.
[3] G. E. M. JAUNCEY, Phil. Mag. Bd. 48, S. 81. 1924.
[4] F. K. RICHTMYER, Phys. Rev. Bd. 30, S. 755. 1927.
[5] A. DAUVILLIER, C. R. Bd. 178, S. 476. 1924.
[6] E. C. STONER, Phil. Mag. Bd. 48, S. 719. 1924.

zeigt: während der atomare Absorptionskoeffizient sich in einem Verhältnis 1:9000 ändert, bleibt der Wert von G innerhalb eines Verhältnisses 1:1,8. Im Mittel kann nach JAUNCEY etwa $G = 1{,}71 \cdot 10^{-20}$ angenommen werden, wenn man λ in Å rechnet. Exakt kann die Formel schon deshalb nicht gelten, weil der Exponent von λ nicht nur von dem betrachteten Wellenlängenbereich abhängt (Ziff. 5), sondern auch für die verschiedenen Teilabsorptionen verschieden ist; dies geht z. B. daraus hervor, daß nach ROBINSONS Intensitätsschätzungen in den Geschwindigkeitsspektren der Photoelektronen das Verhältnis der $L_I:L_{II}:L_{III}$-Absorption sich mit der Wellenlänge ändert (Ziff. 36).

Einige theoretische Formeln, welche vor der Quantenmechanik entstanden sind[1], unterscheiden sich von (10) nur durch Zahlenfaktoren. Die quantenmechanische Theorie der Röntgenabsorption zeigt jedoch, daß eine so einfache universelle Formel wie (10) nicht zu erwarten ist. Nach WENTZEL[2] sollte die K-Absorption etwa einer Formel von folgendem Bau gehorchen

$$\mu_a = a\,Z^5\,\lambda^{3,5} + b\,Z^4\,\lambda^3 + c\,Z^3\,\lambda^{2,5}, \tag{11}$$

wo a, b, c nur schwer zu berechnende Konstanten sind. ALLEN[3] sowie MARTIN und LANG[4] können ihre Messungen auch in dieser Form darstellen. Die genaueren Rechnungen, welche NISHINA und RABI sowie STOBBE, FISCHER und ROESS angestellt haben, führen zu noch verwickelteren Ausdrücken[5]; FISCHERS Ergebnisse sind in recht befriedigender Übereinstimmung mit den Messungen. Das Nähere zur Theorie der Röntgenabsorption findet sich in Bd. XXIV/1 dies. Handb.

11. Absorption durch Mehrfachionisation. Nach WENTZEL[6] sind gewisse schwache Linien im Röntgenspektrum (Satelliten) einem in den inneren Schalen mehrfach ionisierten Atom zuzuschreiben („Funkenlinien"). Die Mehrfachionisation kann aus Gründen der Wahrscheinlichkeit nur in einem einzigen Prozeß vor sich gehen, und zwar können solche Linien nicht nur durch Elektronenstoß, sondern auch in „Fluoreszenz", d. h. durch Absorption von Röntgenstrahlen angeregt werden[7]. Diesen Prozessen sollten daher auch im Absorptionsspektrum schwache Kanten, man kann sie „Funkenkanten" nennen, entsprechen. So ist z. B. zur Entfernung beider K-Elektronen eine Energie nötig, welche etwas mehr als das Doppelte der einfachen K-Ionisierungsenergie beträgt, die entsprechende Kante sollte also bei etwas weniger als der halben Wellenlänge der normalen K-Kante liegen.

Nach der geringen Intensität der Satelliten zu schließen, können nun aber diese Kanten nur sehr schwach ausgeprägt sein[8], und in der Tat sind *Unstetigkeiten* im Absorptionsverlauf, welche in diesem Sinne zu deuten wären, bisher nicht beobachtet worden[9]. Wohl aber glaubte ALEXANDER[10] *Knicke* in den Kurven

---

[1] J. J. THOMSON, Conduction of Electricity through Gases. 2. Aufl., S. 325. Cambridge 1906; A. H. COMPTON, Phys. Rev. Bd. 14, S. 247. 1919; H. A. KRAMERS, Phil. Mag. Bd. 46, S. 836. 1923; L. DE BROGLIE, Journ. de phys. Bd. 3, S. 33. 1922; W. BOTHE, ZS. f. Phys. Bd. 40, S. 653. 1927.

[2] G. WENTZEL, ZS. f. Phys. Bd. 40, S. 574. 1926.

[3] S. J. M. ALLEN, Phys. Rev. Bd. 29, S. 918. 1927.

[4] L. H. MARTIN u. K. C. LANG, Proc. Roy. Soc. London (A) Bd. 137, S. 199. 1932.

[5] Y. NISHINA u. J. RABI, Verh. d. D. Phys. Ges. Bd. 9, S. 6. 1928; M. STOBBE, Ann. d. Phys. Bd. 7, S. 661. 1930; J. FISCHER, ebenda Bd. 8, S. 821. 1931; L. C. ROSS, Phys. Rev. Bd. 37, S. 532. 1931.

[6] G. WENTZEL, Ann. d. Phys. Bd. 66, S. 437. 1921; Bd. 73, S. 647. 1924.

[7] D. COSTER u. M. J. DRUYVESTEYN, ZS. f. Phys. Bd. 40, S. 765. 1927.

[8] K. F. RICHTMYER, Phil. Mag. Bd. 6, S. 64. 1928.

[9] D. COSTER u. J. H. VAN DER TUNK, ZS. f. Phys. Bd. 37, S. 367. 1926.

[10] L. M. ALEXANDER, Phil. Mag. Bd. 4, S. 670. 1927.

zu beobachten, welche μ als Funktion von λ^3 darstellen. Da erfahrungsgemäß die Neigung dieser Kurve beiderseits einer Kante etwas verschieden ist (Ziff. 5), glaubte er hiermit auch die Existenz der Funkenkanten gezeigt zu haben, welche der doppelten K-Ionisation entsprechen.

Hierzu ist jedoch folgendes zu bemerken. Spektroskopisch hat man zwar gleichzeitige Ionisation der K-Schale und einer weiter außen liegenden Schale beobachtet, noch nicht aber doppelte K-Ionisation[1]. In der Tat ist nach RICHTMYER[2] kein Zusammenhang zwischen den von ALEXANDER angegebenen Funkenkanten und den Funkenlinien erkennbar. Schließlich sind auch nach BACKHURST[3] die Knicke im Absorptionsverlauf keineswegs experimentell gesichert, sie verschwinden bei sinngemäßer Auftragung der Meßpunkte.

Bei den bisherigen Absorptionsmessungen sind also Erscheinungen, welche mit der Mehrfachionisation in Zusammenhang stehen, nicht aufgetreten.

12. Die Absorptionssprünge und die Teilabsorptionen. Wir haben uns bisher nur mit den Verhältnissen beschäftigt, wie sie zwischen den Absorptionsgrenzen bestehen. Was die Grenzen selbst betrifft, so kann man praktisch annehmen, daß die Unstetigkeit des Schwächungskoeffizienten an diesen Stellen allein dem Absorptionskoeffizienten zuzuschreiben ist; die seit kurzem bekannte Anomalie des Streukoeffizienten an einer Kante kann vernachlässigt werden. Wir bezeichnen als „Sprungfaktor“ δ_X das Verhältnis der Absorptionskoeffizienten unmittelbar beiderseits einer (X-) Kante. Die genaue Kenntnis der Absorptionssprünge würde offenbar die Zerlegung der Gesamtabsorption τ in die K, L_I-, usw. Absorption ($\tau_K, \tau_{L_I}, \ldots$) ermöglichen, denn es ist

$$\left.\begin{aligned} \delta_K &= \frac{\tau_K + \tau_{L_I} + \tau_{L_{II}} + \tau_{L_{III}} + \tau_{M_I} + \cdots}{\tau_{L_I} + \tau_{L_{II}} + \tau_{L_{III}} + \tau_{M_I} + \cdots}, \\ \delta_{L_I} &= \frac{\tau_{L_I} + \tau_{L_{II}} + \tau_{L_{III}} + \tau_{M_I} + \cdots}{\tau_{L_{II}} + \tau_{L_{III}} + \tau_{M_I} + \cdots} \quad \text{usw.} \end{aligned}\right\} \tag{12}$$

Die langwelligeren Kanten haben im kurzwelligen Gebiet nur verhältnismäßig geringen Einfluß, so daß man sie in erster Näherung vernachlässigen kann. Man kann somit die Verhältnisse der τ_X zueinander aus den δ_X ungefähr berechnen; allerdings liegt dieser Berechnung die Voraussetzung zugrunde, daß diese Verhältnisse unabhängig von der Wellenlänge sind — gewissermaßen eine Erweiterung der BARKLAschen Regel (Ziff. 5). Wie an späterer Stelle (Ziff. 36) ausgeführt wird, ist diese Voraussetzung, z. B. bezüglich τ_{L_I}, $\tau_{L_{II}}$ und $\tau_{L_{III}}$, nicht erfüllt. Deshalb gelten die nach (12) berechneten Teilabsorptionen nur für die Nachbarschaft der jeweils benutzten Kante.

Die neueren Ergebnisse bezüglich der K-Sprünge sind in Tabelle 8 zusammengestellt. Hierbei ist noch zu beachten, daß δ_K nicht unmittelbar gemessen werden kann, vielmehr hat man von den beiderseits der Kante gemessenen Schwächungskoeffizienten noch den meist recht unsicheren Streukoeffizienten abzuziehen. In der Tabelle sind daher die mit und ohne diese Korrektion erhaltenen Sprungwerte aufgeführt. Bezüglich der genaueren Diskussion sei auf die Arbeiten von ALLEN[4] und JÖNSSON[5] verwiesen. Übereinstimmend wurde gefunden, daß der

[1] E. BÄCKLIN, ZS. f. Phys. Bd. 27, S. 30. 1924; JESSE W. M. DU MOND, Phys. Rev. Bd. 36, S. 1015. 1930.
[2] Siehe Fußnote 8, S. 18.
[3] J. BACKHURST, Phil. Mag. Bd. 7, S. 353. 1929.
[4] S. J. M. ALLEN, Phys. Rev. Bd. 28, S. 907. 1926.
[5] E. JÖNSSON, Uppsala Univ. Årsskr. 1928.

K-Sprung mit zunehmender Ordnungszahl abnimmt. Auf den einfachen empirischen Zusammenhang (8) zwischen dem K-Sprung und den Wellenlängen der K- und L_I-Kante wurde schon Ziff. 7 hingewiesen. WOERNLE[1], BACKHURST[2] und MARTIN und LANG[3] haben diesen Zusammenhang bestätigt.

Tabelle 8. K-Absorptionssprünge.

Element	δ_K unkorr.	σ/ϱ	δ_K korr.	Autor
N	14	—	—	HOLWECK[4]
O	14	—	—	,,
Al	13	—	—	,,
,,	12,6	—	—	JÖNSSON[5]
S	11,0	—	—	WOERNLE[6]
Cl	10,4	—	—	,,
A	10,0	—	—	,,
,,	9,96	—	—	SPENCER[7]
Fe	8,8	—	—	MARTIN u. LANG[8]
Ni	8,3	—	—	JÖNSSON
,,	8,6	—	—	MARTIN u. LANG
Cu	8,2	—	—	JÖNSSON
,,	8,3	—	—	MARTIN u. LANG
,,	8,0	—	—	ALLEN[9]
,,	8,15	—	—	BACKHURST[10]
Zn	7,7	—	—	MARTIN u. LANG
Mo	7,4	0,40	7,6	ALLEN
,,	6,55	0,2	6,63	RICHTMYER[11]
,,	6,55	1,0	7,02	,,
Pd	6,8	—	—	STONER u. MARTIN[12]
,,	6,6	—	—	MARTIN u. LANG
Ag	6,7	—	—	STONER u. MARTIN; MARTIN u. LANG
,,	7,1	0,45	7,5	ALLEN
,,	6,05	0,2	6,12	RICHTMYER
,,	6,05	1,0	6,65	,,
Sn	6,1	—	—	STONER u. MARTIN
,,	5,86	0,2	5,98	RICHTMYER
,,	5,86	1,0	6,56	,,
W	4,6	0,55	6,0	ALLEN
Pt	3,9	0,63	5,3	,,
Au	3,6	0,64	5,0	,,
,,	3,9	0,2	4,2	RICHTMYER
,,	3,9	1,0	6,5	,,
Pb	3,1	0,69	4,5	ALLEN
Bi	2,7	0,70	4,1	,,

POSEJPAL[13] gibt eine längere theoretische Formel für den K-Sprung, welche sich den beobachteten Werten und der Regel von JÖNSSON gut anpaßt.

---

1 B. WOERNLE, Ann. d. Phys. Bd. 5, S. 475. 1930.
2 J. BACKHURST, Phil. Mag. Bd. 7, S. 353. 1929.
3 L. H. MARTIN u. K. C. LANG, Proc. Roy. Soc. London (A) Bd. 137, S. 119. 1932.
4 F. HOLWECK, C. R. Bd. 186, S. 1203. 1928.
5 E. JÖNSSON, Uppsala Univ. Årsskr. 1928.
6 B. WOERNLE, Ann. d. Phys. Bd. 5, S. 475. 1930.
7 R. G. SPENCER, Phys. Rev. Bd. 38, S. 1932. 1931.
8 L. H. MARTIN u. K. C. LANG, Proc. Roy. Soc. London (A) Bd. 137, S. 119. 1932.
9 S. J. M. ALLEN, Phys. Rev. Bd. 23, S. 291. 1924.
10 J. BACKHURST, Phil. Mag. Bd. 7, S. 353. 1929.
11 K. F. RICHTMYER, Phys. Rev. Bd. 30, S. 755. 1927.
12 E. C. STONER u. L. H. MARTIN, Proc. Roy. Soc. London (A) Bd. 107, S. 312. 1925.
13 V. POSEJPAL, C. R. Bd. 192, S. 879. 1931.

Für die drei L- und die fünf M-Sprünge liegt weit weniger Beobachtungsmaterial vor. Der gesamte L-Sprung

$$\delta_L = \delta_{L_I} \delta_{L_{II}} \delta_{L_{III}}$$

geht nach ALLEN[1] im ganzen parallel mit dem K-Sprung, ist aber etwas größer;

Tabelle 9. L-Absorptionssprünge.

Element	δ_{L_I}	$\delta_{L_{II}}$	$\delta_{L_{III}}$	δ_L	Autor
Ag	1,25	1,47	3,17	5,8	KELLSTRÖM[2]
,,	—	—	—	5,3	JÖNSSON
W	—	—	—	5,5	ALLEN[1]
Pt	1,4	1,8	2,8	7,1	DE BROGLIE[3]
,,	1,247	1,371	2,477	4,23	BACKHURST
,,	1,10	1,64	2,68	4,83	WOLF[4]
,,	—	—	—	5,3	ALLEN
Au	1,2	1,4	2,5	4,2	DAUVILLIER[5]
,,	1,259	1,355	2,529	4,31	BACKHURST
,,	1,16	1,39	2,48	4,0	UBER u. PATTEN[6]
,,	1,10	1,64	2,71	4,9	WOLF
,,	—	—	—	5,2	ALLEN
Hg	1,18	1,39	2,45	4,0	UBER[7]
Pb	—	—	—	5,6	ALLEN
U	—	—	—	4,0	STONER u. MARTIN

der gesamte M-Sprung ist wesentlich größer als die beiden. Tabelle 9 gibt einige L-Sprünge wieder (die Korrektion für die Streuung spielt hier keine sehr große Rolle). Auch für die gesamten L-Sprünge scheint die Regel (8) mit bemerkenswerter Genauigkeit zu gelten.

Mit besonders homogenen Strahlen hat KÜSTNER[8] Absorptionsmessungen im Gebiet der L-Kanten angestellt. Er benutzte die Fluoreszenzstrahlungen, welche verschiedene Elemente unter der Wirkung inhomogener Bremsstrahlung aussandten. Dabei wurde der Einfluß der inhomogenen Streustrahlung, welche der Fluoreszenzstrahler noch aussandte, nach einem besonderen Differenzverfahren eliminiert[9].

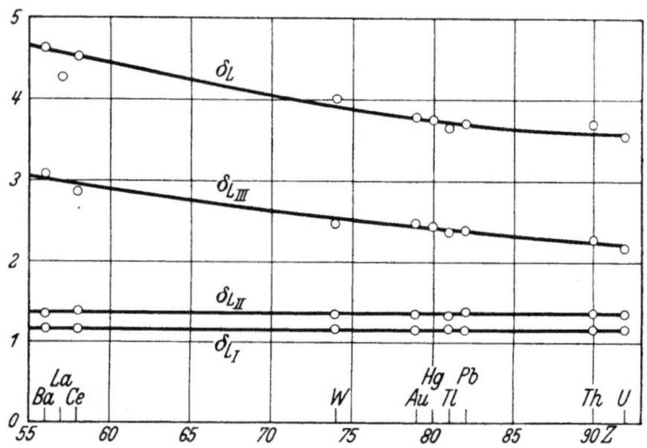

Abb. 6. L-Absorptionssprünge. (Nach KÜSTNER.)

KÜSTNERS Werte für die L-Sprünge einiger Elemente zwischen Ba und U sind in Abb. 6 zusammengestellt. Die Meßpunkte liegen befriedigend auf glatten Kurven. Besonders bemerkenswert ist, daß nach diesen Messungen wohl der L_{III}-Sprung, nicht aber die L_I- und L_{II}-Sprünge von der Ordnungszahl des Absorbers abhängen.

[1] S. J. M. ALLEN, Phys. Rev. Bd. 28, S. 907. 1926.
[2] G. KELLSTRÖM, ZS. f. Phys. 44, 269. 1927.
[3] L. DE BROGLIE, Journ. de phys. Bd. 3, S. 33. 1922.
[4] M. WOLF, Proc. Amsterdam Bd. 35, Nr. 4. 1932.
[5] Berechnet aus den Teilabsorptionen nach A. DAUVILLIER, C. R. Bd. 178, S. 476. 1924.
[6] F. M. UBER u. C. G. PATTEN, Phys. Rev. Bd. 42, S. 292. 1932.
[7] F. M. UBER, Phys. Rev. Bd. 38, S. 217. 1931.
[8] H. KÜSTNER, Phys. ZS. Bd. 33, S. 46. 1932.
[9] H. KÜSTNER, ZS. f. Phys. Bd. 70, S. 324. 1931.

Für den gesamten M-Sprung bei Pt findet JÖNSSON den Wert 4,6.

Die quantenmechanische Theorie der Absorption (Ziff. 10) führt in der von STOBBE durchgerechneten Näherung auf einen nahezu konstanten K-Absorptionssprung $\delta_K = 5{,}39$. Ferner ergibt eine entsprechende Rechnung, daß in der Nähe der L-Kanten die L_I-Absorption sich zur $(L_{II} + L_{III})$-Absorption wie 2:11 verhalten sollte; zwischen den L-Sprüngen sollte hiernach die Beziehung gelten:

$$\frac{\delta_{L_{II}}\,\delta_{L_{III}}\,(\delta_{L_I} - 1)}{\delta_{L_{II}}\,\delta_{L_{III}} - 1} = 0{,}182\,.$$

Aus UBERS Messungen an Au und Hg (Tab. 9) berechnen sich für diesen Bruch die Werte 0,23 bzw. 0,25.

13. Das Schwächungsvermögen der Verbindungen. Additivität der Atomschwächung. Die Frage, ob das Schwächungsvermögen eines Atoms unabhängig von seiner chemischen Bindung ist, wurde schon von BENOIST in bejahendem Sinne beantwortet, und auch nach den späteren ausgedehnteren Untersuchungen kann es höchstens noch beim Wasserstoff zweifelhaft sein, daß im gewöhnlichen Röntgengebiet das Schwächungsvermögen mit großer Näherung eine reine Atomeigenschaft ist, d. h. der molekulare Schwächungskoeffizient μ_m einer Verbindung ist gleich der Summe der atomaren Schwächungskoeffizienten μ_a der einzelnen Atome, welche die Verbindung zusammensetzen. Ausgedehntere Schwächungsmessungen an Verbindungen sind zuerst von AURÉN[1] ausgeführt worden. AURÉN glaubte nur in einem Falle Abweichungen von der strengen Additivität der Atomschwächung zu beobachten: für Kohlenstoff ergab sich aus organischen Verbindungen ein kleinerer Wert als aus reinem Graphit. Später wiesen jedoch OLSON, DERSHEM und STORCH[2] darauf hin, daß bei der Berechnung der Atomschwächungen aus den Molekularschwächungen Vorsicht nötig ist, um eine Häufung der Meßfehler zu verhüten; nach den Messungen dieser Autoren, welche übrigens im Gegensatz zu denen AURÉNS mit spektral zerlegten Strahlen ausgeführt wurden, bildet auch Kohlenstoff keine Ausnahme von der Additivität. Insbesondere geben aromatische und aliphatische Verbindungen den gleichen Wert. Nach TAYLOR[3] unterscheiden sich auch Isomere nicht in ihrem Schwächungsvermögen. Für Wasserstoff dagegen findet TAYLOR verschiedene Werte des Schwächungskoeffizienten, je nachdem er von Kohlenwasserstoffen oder Wasser ausgeht.

MOREHOUSE[4] und COTTRELL[5] haben die Absorption in freiem Jod und in chemisch gebundenem Jod (NaJ) verglichen und dabei kleine Unterschiede gefunden in dem Sinne, daß freies Jod auf der kurzwelligen Seite der K-Kante um 0,5% weniger, auf der langwelligen um 0,3% stärker absorbiert. Dies kann mit Berücksichtigung der endlichen spektralen Breite des Röntgenbündels so gedeutet werden, daß die chemische Bindung die Absorptionskante etwas verschiebt. In der Tat sind solche Verschiebungen der Kante z. B. von STELLING[6] direkt nachgewiesen worden. Entsprechende Versuche von COTTRELL an Ag und AgCl ergaben weniger eindeutige Resultate.

Abweichungen von der Additivität des Schwächungsvermögens werden am ersten bei leichten Elementen und langwelligen Strahlen zu erwarten sein, weil

---

[1] T. E. AURÉN, Phil. Mag. Bd. 33, S. 471. 1917; Bd. 37, S. 165. 1919.

[2] A. R. OLSON, E. DERSHEM u. H. H. STORCH, Phys. Rev. Bd. 21, S. 30. 1923.

[3] E. G. TAYLOR, Phys. Rev. Bd. 22, S. 709. 1922.

[4] W. B. MOREHOUSE, Phys. Rev. Bd. 29, S. 765. 1927.

[5] C. L. COTTRELL, Phys. Rev. Bd. 33, S. 879. 1929.

[6] O. STELLING, ZS. f. Elektrochem. Bd. 34, S. 520. 1928; ZS. f. Phys. Bd. 50, S. 506. 1928.

hierbei die weiter außen liegenden und daher chemisch leichter beeinflußbaren Elektronen die Hauptrolle spielen. Die Messungen von KURTZ an der K-Strahlung des Kohlenstoffs (Ziff. 9) waren jedoch offenbar noch nicht genau genug, um solche Einflüsse erkennen zu lassen.

14. Abhängigkeit der Absorption von physikalischen Bedingungen. Einige Autoren haben Versuche darüber angestellt, ob das Absorptionsvermögen einer Substanz sich ändert, wenn man diese in ein *Magnetfeld* bringt. Die nach einer Kompensationsmethode an einer größeren Zahl von Substanzen besonders sorgfältig durchgeführten Messungen J. A. BECKERS[1] erstreckten sich über einen Wellenlängenbereich von 0,13 Å bis etwa 0,5 Å, wobei das transversal zur Strahlenrichtung wirkende Magnetfeld 18000 Γ betrug. Das Endergebnis dieser Messungen war negativ: eine etwa eintretende Änderung des Absorptionskoeffizienten ist sicher kleiner als 1:10000 bei den kleineren und kleiner als 1:1000 bei den größeren Wellenlängen. Eine frühere Beobachtung von FORMAN[2], wonach Eisen im Magnetfeld sein Schwächungsvermögen um einige Promille ändern sollte, konnte von BECKER nicht bestätigt werden. Ebenso ergebnislos waren Versuche von COMPTON[3] mit harten γ-Strahlen.

Theoretisch wäre *in der Nähe der Absorptionskanten* ein magnetischer Einfluß auf die Absorption durchaus denkbar in Form eines Zeemaneffektes auf die Kanten. Solche Untersuchungen stehen noch aus.

READ[4] schloß aus Versuchen an Ag und Ni auf eine schwache *Temperaturabhängigkeit* des Absorptionskoeffizienten in der Nähe der K-Kante; sie sollte von der Größenordnung 1% bei Erwärmung auf etwa 1000° sein und sich als Verschiebung der K-Kante um etwa 0,0002 Å deuten lassen. Die sichere Feststellung eines so kleinen Effektes ist deshalb schwierig, weil man der thermischen Ausdehnung der Folie Rechnung tragen muß, welche allein ein Mehrfaches dieses Effektes ausmacht. In der Tat konnte BEARDEN[5] durch anscheinend genauere Messungen das Resultat von READ nicht bestätigen.

Besondere Verhältnisse treten beim Durchgang von Röntgenstrahlen durch *kristallisierte* Körper ein. Zwar absorbiert ein Kristall scheinbar genau ebenso wie ein amorpher Körper gleicher Zusammensetzung, wenn man mit Strahlenbündeln von größerem Öffnungswinkel und beträchtlicher spektraler Breite arbeitet; wie schon RÖNTGEN[6] zeigte, ist in diesem Falle der Schwächungskoeffizient auch unabhängig von der Richtung, in welcher das Strahlenbündel den Kristall durchsetzt. Dementsprechend hat auch HAVIGHURST[7] keinen Unterschied zwischen dem Absorptionsvermögen eines Steinsalzeinkristalls und demjenigen von gepulvertem NaCl gefunden. Läßt man jedoch ein sehr enges und homogenes Röntgenbündel unter einem Winkel, welcher der BRAGGschen Bedingung genügt, auf einen Kristall fallen, so daß ein merklicher Bruchteil der Intensität reflektiert wird, so zeigt sich, daß der in den Kristall eindringende Strahl stärker geschwächt wird, als nach dem normalen Schwächungskoeffizienten zu erwarten wäre. Die Erscheinung wurde zuerst von W. H. BRAGG[8] am Diamant beobachtet (Abb. 7); RUTHERFORD und ANDRADE[9] haben sie zu einer spektroskopischen Wellenlängenmessung an γ-Strahlen benutzt, indem sie

[1] J. A. BECKER, Phys. Rev. Bd. 20, S. 134. 1922; Bd. 22, S. 320. 1923.
[2] A. H. FORMAN, Phys. Rev. Bd. 3, S. 306. 1914; Bd. 7, S. 119. 1916.
[3] A. H. COMPTON, Phys. Rev. Bd. 17, S. 38. 1921.
[4] H. S. READ, Phys. Rev. Bd. 27, S. 373. 1926; Bd. 28, S. 898. 1926.
[5] J. A. BEARDEN, Phys. Rev. Bd. 35, S. 1463. 1930.
[6] W. C. RÖNTGEN, Ann. d. Phys. Bd. 64, S. 7. 1898.
[7] R. J. HAVIGHURST, Proc. Nat. Acad. Amer. Bd. 12, S. 477. 1926.
[8] W. H. BRAGG, Phil. Mag. Bd. 27, S. 881. 1914.
[9] E. RUTHERFORD u. E. N. DA C. ANDRADE, Phil. Mag. Bd. 28, S. 263. 1914.

ein divergentes γ-Strahlenbündel auf einen Kristall auffallen ließen und die Lage der „Absorptionslinien" bestimmten. Genauer untersucht wurde die Erscheinung von BRAGG, JAMES und BOSANQUET[1] sowie von KIRKPATRICK[2]. BRAGG und Mitarbeiter fanden z. B. am Steinsalz, daß Strahlen vom normalen Schwächungskoeffizienten $\mu_0 = 10{,}7$ bei Einstellung auf Reflexion in erster Ordnung an der (100)-Ebene des Steinsalzes einen Schwächungskoeffizienten $\mu = 16{,}30$ aufweisen. Je stärker die Reflexion ist, um so höher ist auch der Schwächungskoeffizient (vgl. Abb. 7). Allgemein kann man

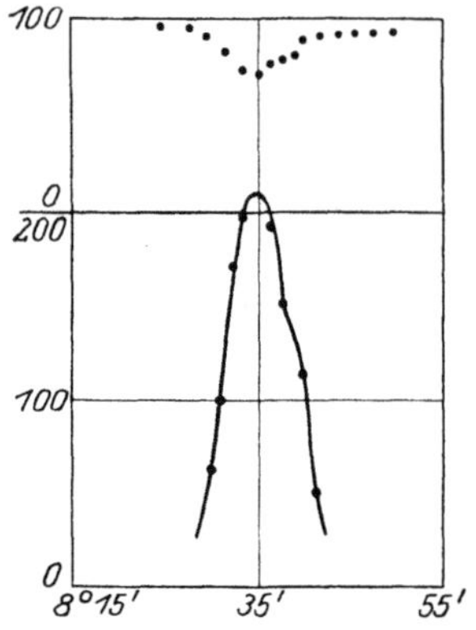

Abb. 7. Rh$K\alpha$, reflektiert (unten) und absorbiert (oben) durch Diamant (111).

$$\mu = \mu_0 + \varepsilon$$

setzen, wo ε als der „Extinktionskoeffizient" bezeichnet wird. KIRKPATRICK findet für den soeben angegebenen Fall die Beobachtungsresultate darstellbar durch die Formeln

$$\mu = 189\,\lambda^{3,9} + 0{,}43\,; \qquad \varepsilon = 195\,\lambda^{4,6},$$

wo λ in Å gerechnet ist.

Diese anomale Schwächung bei Reflexionsstellung des Kristalls ist so zu erklären, daß Interferenzen zwischen den elementaren Streuwellen nicht nur in der Reflexionsrichtung auftreten, sondern auch in der Primärrichtung; während diese Interferenzen aber in der Reflexionsrichtung im Sinne einer Verstärkung der Streuintensität wirken, rufen sie in der Primärrichtung eine Schwächung der Primärintensität hervor. Die Erhöhung des Schwächungsvermögens betrifft also ausschließlich den Streukoeffizienten und läßt den Absorptionskoeffizienten unberührt. Praktisch werden die Verhältnisse noch dadurch kompliziert, daß man niemals reine Kristalle hat, sondern stets ein Aggregat von Kristalliten, welche mehr oder weniger genau parallel orientiert sind. Das Nähere über diese Erscheinung findet sich in Kap. 2, Ziff. 9 u. 10.

Aber auch die wahre Absorption τ wird in gewissem Grade durch den Gitterverband beeinflußt, ähnlich wie durch die chemische Bindung: die Lage und Struktur der Absorptionskanten hängt vom Kristallgitter ab[3]. In der Nähe der Kanten sind also ähnliche Absorptionsanomalien zu erwarten, wie sie als Folge von chemischen Einflüssen zu bestehen scheinen (Ziff. 13). Die quantenmechanische Deutung dieser interessanten Erscheinung hat KRONIG gegeben[4].

III. Die Photoelektronen und die Ionisation durch mittelharte Röntgenstrahlen.

a) Qualität der Photoelektronen.

15. Nachweis der Photoelektronen. Untersuchungsmethoden und Charakterisierung. Nachdem schon RÖNTGEN[5] bemerkt hatte, daß ein von Röntgenstrahlen getroffener Körper selbst wieder zum Ursprung ähnlich wirkender

[1] W. L. BRAGG, R. W. JAMES u. C. H. BOSANQUET, Phil. Mag. Bd. 41, S. 309. 1921; Bd. 42, S. 1. 1921.
[2] R. KIRKPATRICK, Phys. Rev. Bd. 22, S. 414. 1923.
[3] J. D. HANAWALT, Phys. Rev. Bd. 37, S. 715. 1931; ZS. f. Phys. Bd. 70, S. 293. 1931; D. COSTER u. J. VELDKAMP, ebenda Bd. 70, S. 306. 1931; Bd. 74, S. 191. 1932.
[4] R. DE L. KRONIG, ZS. f. Phys. Bd. 70, S. 317. 1931 u. ff.
[5] W. C. RÖNTGEN, Wied. Ann. Bd. 64, S. 18. 1898; Berl. Ber. 1897, S. 576.

Strahlen wird, zeigten weitere Untersuchungen von BENOIST, PERRIN, LANGEVIN, TOWNSEND und SAGNAC[1], daß ein wesentlicher Teil dieser Sekundärstrahlen einen ganz anderen Charakter aufweist als die primäre Strahlung, indem er schon in einigen Millimetern Luft von Atmosphärendruck vollständig absorbiert wird. DORN[2] gelang dann der Nachweis, daß diese weiche Sekundärstrahlung magnetisch ablenkbar ist; der Sinn der Ablenkung ist der gleiche wie bei Kathodenstrahlen, d. h. die Strahlung besteht aus negativ geladenen Teilchen. Zu demselben Resultat gelangten gleichzeitig auch CURIE und SAGNAC[3] durch direkte Ladungsmessungen. Es war hiernach sehr wahrscheinlich, daß diese Sekundärstrahlen ihrem Wesen nach identisch mit den Kathodenstrahlen waren, und als BESTELMEYER[4] die spezifische Ladung der Strahlenteilchen durch magnetische und elektrische Ablenkung bestimmte, ergab sich in der Tat ein Wert, welcher nur wenig von demjenigen abwich, welchen KAUFMANN kurz vorher an Kathodenstrahlen gemessen hatte. Damit ist sichergestellt, daß die sekundäre Korpuskularstrahlung aus Elektronen besteht.

Unbekannt war damals noch, daß es zwei Arten von sekundären Kathodenstrahlen gibt, von denen die einen, die Photoelektronen, mit dem Absorptionsvorgang zusammenhängen, während die anderen, die Rückstoßelektronen, mit dem Streuprozeß verbunden sind (Ziff. 14 d. folg. Kap.). Jedoch machen die Rückstoßelektronen einen wesentlichen Bruchteil der gesamten Elektronenemission im allgemeinen erst bei relativ harten Primärstrahlen aus.

Für den Nachweis und die Untersuchung von Sekundärelektronen sind im Prinzip dieselben Methoden anwendbar wie für primäre Kathodenstrahlen, nur ist hier im allgemeinen mit sehr viel kleineren Intensitäten zu rechnen. Am einfachsten, verhältnismäßig empfindlich und daher am meisten angewandt worden ist die *Ionisationsmethode*. Die *photographische Methode*, welche bei neueren Untersuchungen sehr gute Dienste getan hat, bietet den Vorteil, daß man durch ausgedehnte Expositionszeiten noch sehr geringe Strahlenintensitäten nachweisen kann, doch sprechen gewöhnliche Platten erst auf Elektronen von mindestens 5000 e-Volt Geschwindigkeit an, für langsamere Strahlen müssen Schumannplatten verwendet werden, die noch bei Geschwindigkeiten von 1000 e-Volt und darunter brauchbar sind[5]. Zählungen von Sekundärelektronen können durch Messung des *Ladungstransportes* im Vakuum ausgeführt werden. Diese Methode erfordert größere Intensitäten. Die größte Empfindlichkeit besitzt der GEIGERsche *Spitzenzähler* (vgl. Ziff. 39) und das GEIGER-MÜLLERsche Zählrohr (vgl. Bd. XXII/2, Kap. 3), da diese auf einzelne Elektronen ansprechen.

Man kann eine gegebene sekundäre Elektronenstrahlung charakterisieren entweder durch die Intensitätsabnahme, welche sie beim Durchgang durch eine Normalsubstanz (z. B. Luft) erleidet, oder durch die Geschwindigkeiten, welche in ihr vertreten sind. Beide Kriterien, *Absorptionskurve* und *Geschwindigkeitsverteilung*, hängen einigermaßen eindeutig zusammen; mit abnehmender Geschwindigkeit v wächst die Absorbierbarkeit, und zwar ungefähr mit v^{-4}. Die Form der Absorptionskurve hängt aber beträchtlich von den Bedingungen des

---

[1] J. PERRIN, Ann. de chim. et de phys. Bd. 11, S. 496. 1897; LANGEVIN, Recherches sur les gaz ionisés; J. S. TOWNSEND, Proc. Cambridge Phil. Soc. Bd. 10, S. 217. 1899; G. SAGNAC, Journ. de phys. Bd. 8, S. 65. 1899; Ann. de chim. et de phys. Bd. 22, S. 493. 1901.

[2] E. DORN, Abhandlgn. d. Naturf. Ges. Halle Bd. 22, S. 39. 1900.

[3] P. CURIE u. G. SAGNAC, C. R. Bd. 130, S. 1013. 1900; Journ. de phys. Bd. 1, S. 13. 1902.

[4] A. BESTELMEYER, Ann. d. Phys. Bd. 22, S. 429. 1907.

[5] Mit sensibilisierten Platten kommt man bis 17,5 e-Volt herunter (B. ROSSI u. G. BERNARDINI, Rend. Accad. Linc. Bd. 10, S. 182. 1929).

Strahlenganges ab und ist außerdem ziemlich unempfindlich gegen Beimengungen von Strahlen anderer Geschwindigkeit, sie gibt also nur unsichere Aufschlüsse über die Homogenität der Elektronenstrahlung. Wenig scharf experimentell definiert ist auch die *Grenzdicke* oder die *Reichweite*, d. h. die größte Entfernung von der Elektronenquelle, in welcher die Elektronen noch nachweisbar sind. Daher bildet die Angabe der Geschwindigkeitsverteilung in jedem Falle die exakteste Charakterisierung. Da jedoch die Absorptionskurve viel leichter experimentell zu ermitteln ist, nämlich durch verhältnismäßig einfache Ionisationsmessungen, wurde sie namentlich bei früheren Untersuchungen vielfach allein herangezogen. Das hierbei meist benutzte Meßverfahren, welches bei aller Einfachheit doch sehr vielseitige Aufschlüsse gegeben hat, wird unter der folgenden Ziffer behandelt.

16. Die Methode des bestrahlten Plattenkondensators. Abb. 8 stelle einen Plattenkondensator dar, welcher mit einem Gas von Atmosphärendruck gefüllt ist. Läßt man senkrecht zu den Platten Röntgenstrahlen durch den Kondensator gehen, so entstehen Photoelektronen sowohl an den Innenseiten der Platten als auch an den Gasmolekeln. Die hierdurch im Gase erzeugte Ionisation werde bestimmt, indem man eine genügend hohe Potentialdifferenz an die Platten legt und den Sättigungsstrom mißt. Es sei nun der Abstand D oder der Gasdruck variabel; bei Variation des Gasdruckes kann man mit einem „effektiven Plattenabstand“ D rechnen, indem man die wahre Dicke der Gasschicht auf normalen Gasdruck reduziert. Wir fragen nach der Änderung der Ionisation mit dem Plattenabstand. Die von den *Platten* herrührenden Photoelektronen, deren Menge ja vom Plattenabstand unabhängig ist, werden eine Ionisation liefern, welche etwa in der durch Kurve OP der Abb. 9 wiedergegebenen Weise vom Druck abhängt: die Ionisation steigt an, bis der Plattenabstand größer ist als die Reichweite der Elektronen, um dann konstant zu bleiben. Dagegen wird die Menge der im *Gas* erzeugten Photoelektronen proportional dem Plattenabstand sein; trotzdem ist die von diesen Gaselektronen herrührende Ionisation nicht einfach proportional dem Abstand, denn auch bei noch so großem Plattenabstand wird ein Teil der in der Nähe der Platten erzeugten Elektronen an der Entwicklung seines vollen Ionisationsvermögens behindert, indem er auf die Platten fällt. So ergibt sich für diesen Teil der Ionisation eine Abhängigkeit von der Form der Kurve OG; auch diese Kurve verläuft linear, sobald der Plattenabstand größer als die Reichweite der Elektronen ist. Für die Gesamtionisation ergibt sich demnach eine Kurve von der Form OS.

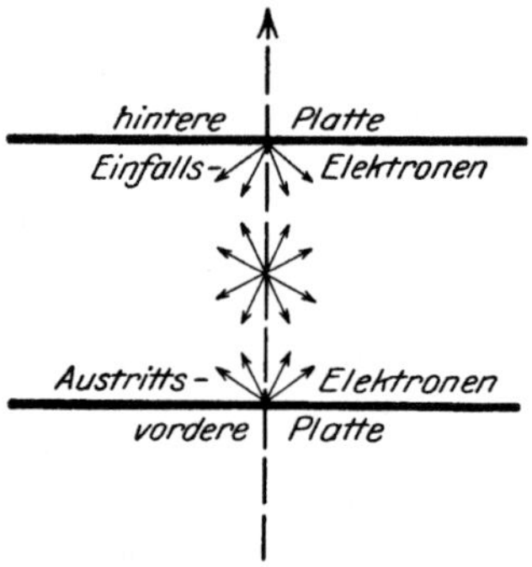

Abb. 8. Plattenkondensator zur Untersuchung von Photoelektronen.

Die genaue Form der Kurve OS wird offenbar durch eine große Zahl von Faktoren bestimmt, wie: die Zahlen der Platten- und Gaselektronen, die Form ihrer Absorptionskurve, welche wesentlich von der Richtungs- und Geschwindigkeitsverteilung der Elektronen abhängt und für beide Elektronenarten verschieden sein kann; ferner geht bei vergleichenden Messungen auch die Abhängigkeit des Ionisationsvermögens der Elektronen von ihrer Energie und der Natur des Gases ein. Um daher aus der experimentell gewonnenen Kurve OS Rückschlüsse auf die beiden Elektronengruppen ziehen zu können, ist man zu vereinfachenden Voraussetzungen gezwungen. Die Annahmen, welche am häufigsten gemacht wurden, sind folgende: 1. Die Elektronen werden sowohl in dem Plattenmaterial als auch im Gase nach einem Exponentialgesetz absorbiert;

2. der Absorptionskoeffizient und die Reichweite im Gase sind für beide Elektronenarten die gleichen; 3. die totale Ionisationswirkung eines einzelnen Elektrons ist für ein bestimmtes Gas proportional seiner Energie. Schließlich wurde 4. noch oft von dem LENARDschen Gesetz Gebrauch gemacht, wonach der Absorptionskoeffizient von Elektronen in verschiedenen Materialien (z. B. im Plattenmaterial und im Gas) proportional deren Dichte ist, unabhängig von ihrer chemischen Natur. Alle diese Voraussetzungen haben nur beschränkte Gültigkeit. Besonders das exponentielle Absorptionsgesetz für Elektronen kann nur als erste Näherung angesehen werden, wie auch bald erkannt wurde.

In Abb. 9 ist der Fall angenommen, daß die Platten verhältnismäßig stark Elektronen emittieren, das Gas schwächer (Beispiel: Kupferplatten, Luft). Im entgegengesetzten Falle ergeben sich die Verhältnisse der Abb. 10; die resultierende Kurve ist jetzt nicht konvex, sondern konkav gegen die J-Achse (Beispiel: Papierplatten, Äthylbromiddampf). Im Grenzfall zwischen diesen beiden ver-

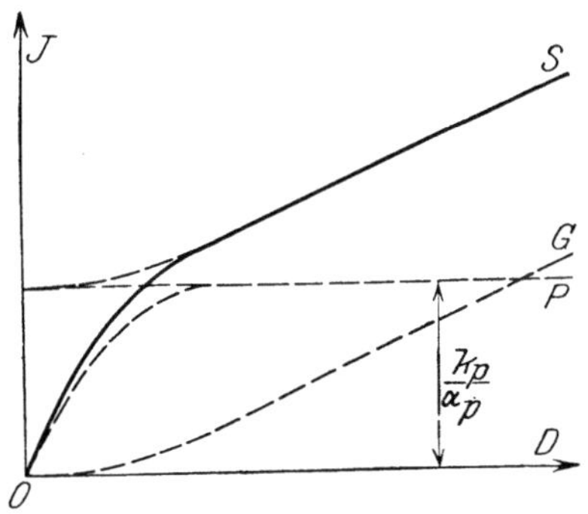

Abb. 9. Druckabhängigkeit der Ionisation; stark emittierende Platten.

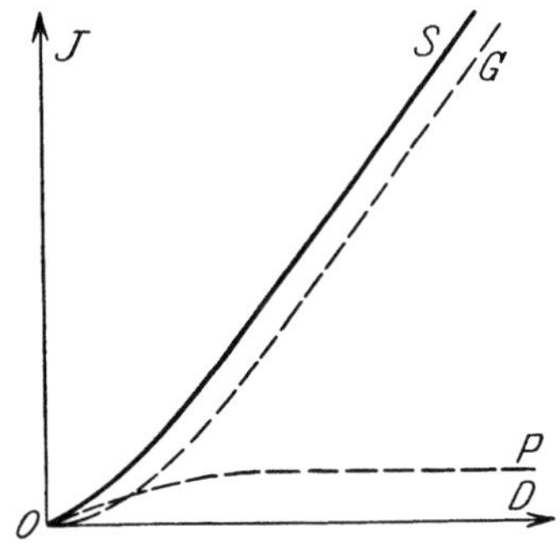

Abb. 10. Druckabhängigkeit der Ionisation; schwach emittierende Platten.

läuft die Druck-Ionisationskurve von Beginn an geradlinig; dieser Fall liegt vor, wenn die Platten praktisch die gleiche chemische Zusammensetzung haben wie das Gas; dann kann man sich nämlich die festen Platten ersetzt denken durch solche aus dem Füllgas, wodurch offenbar der störende Einfluß der Wände beseitigt wird und der krumme Teil der Kurven OS fortfällt (Beispiel: Arsenplatten, Arsenwasserstoff). Diese drei Kurventypen wurden z. B. von BEATTY[1] beobachtet. Unter den oben aufgeführten Voraussetzungen läßt sich die allgemeine Form der Druck-Ionisationskurve leicht herleiten. Bezeichnen k_p und k_g die „Photoemissionskoeffizienten" (Ziff. 25), α_p und α_g die Elektronen-Absorptionskoeffizienten im Plattenmaterial bzw. im Gase, so hängt die Ionisation nach folgender Funktion vom Plattenabstand D ab[2]:

$$J = k_g D + \left(\frac{k_p}{\alpha_p} - \frac{k_g}{\alpha_g}\right)\left(1 - e^{-\alpha_g D}\right). \tag{13}$$

[1] R. T. BEATTY, Proc. Roy. Soc. London (A) Bd. 85, S. 230. 1911.

[2] Herleitung: Von der in der Tiefe x unter der Oberfläche einer Platte entstehenden Elektronenenergie $k_p dx$ gelangt nur der Bruchteil $\frac{1}{2}e^{-\alpha_p x}$ an die Oberfläche, insgesamt also aus der dicken Platte

$$\frac{1}{2} k_p \int_0^\infty e^{-\alpha_p x}\, dx = \frac{1}{2} \frac{k_p}{\alpha_p}.$$

(Fortsetzung d. Fußnote siehe S. 28.)

Eine experimentell aufgenommene Kurve dieser Art kann man leicht graphisch in ihre beiden Anteile entsprechend den Summanden von (13) zerlegen. In Abb. 11 ist $\operatorname{tg}\varphi$, die Neigung des geradlinigen Kurventeiles, ein Maß für k_g (genauer für den „Ionisierungskoeffizienten" i; Ziff. 30), während $\operatorname{tg}\omega$, die Anfangsneigung, den Wert von $k_p \frac{\alpha_g}{\alpha_p}$ in denselben Einheiten gibt. Gilt das LENARDsche Gesetz, so ist das Verhältnis dieser beiden Neigungen gleich dem Verhältnis der beiden „Massen-Photoemissionskoeffizienten". Ferner ist:

$$a = OA = \frac{k_p}{\alpha_p} - \frac{k_g}{\alpha_g}.$$

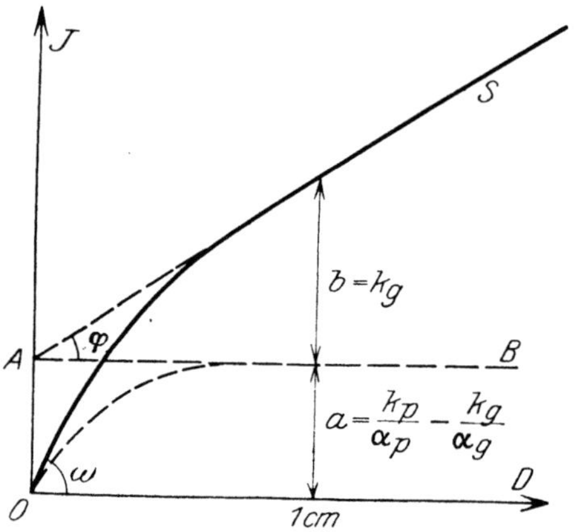

Abb. 11. Auswertung der Druck-Ionisationskurve.

Schließlich ist die Kurve OB, welche den zweiten Summanden von (13) darstellt, das Spiegelbild der Absorptionskurve; bezieht man die Kurve OB auf AB als Achse, so ist sie die Absorptionskurve selbst, so daß sich aus ihr der Elektronen-Absorptionskoeffizient α_g für das Gas ableiten läßt.

Die Zerlegung der Gesamtionisation in die Platten- und Gasionisation entsprechend Abb. 9 und 10 ist dagegen weniger einfach, als zuweilen angenommen wurde (vgl. Ziff. 25).

Besteht nur eine Platte des luftgefüllten Kondensators aus einem stark elektronen-emittierenden Metall, während die andere aus einem leichtatomigen Material gebildet wird, welches sich praktisch wie „kondensierte Luft" verhält (Papier, Zellon), so lassen sich natürlich nur Schlüsse ziehen auf den Teil der

---

Hiervon wird in Ionisierung umgesetzt der Bruchteil

$$\left(\int_0^D : \int_0^\infty\right) e^{-\alpha_g D'}\, dD' = 1 - e^{-\alpha_g D}.$$

Beide Platten zusammen geben daher den Beitrag J_p zur Ionisation:

$$J_p = \frac{k_p}{\alpha_p}\left(1 - e^{-\alpha_g D}\right).$$

Eine Gasschicht von der Dicke dD' im Abstande D' von der ersten Platte liefert nach vorn und hinten je die Elektronenenergie $\frac{1}{2} k_g dD'$. Von der nach rückwärts gehenden Hälfte wird der Bruchteil ausgenutzt

$$\left(\int_0^{D'} : \int_0^\infty\right) e^{-\alpha_g D'}\, dD' = 1 - e^{-\alpha_g D'}.$$

Insgesamt geben also die nach rückwärts gerichteten Gaselektronen

$$\frac{1}{2} k_g \int_0^D \left(1 - e^{-\alpha_g D'}\right) dD' = \frac{1}{2} k_g \left\{D - \frac{1}{\alpha_g}\left(1 - e^{-\alpha_g D}\right)\right\}.$$

Ebensoviel geben die nach vorwärts gerichteten Gaselektronen, so daß die Gaselektronen insgesamt den Beitrag J_g geben:

$$J_g = k_g D - \frac{k_g}{\alpha_g}\left(1 - e^{-\alpha_g D}\right).$$

Schließlich: $J = J_p + J_g$ wie oben.

Elektronenstrahlung, welchen eine senkrecht bestrahlte Platte allein nach der Austrittsseite oder allein nach der Einfallsseite der Primärstrahlen aussendet. Diese beiden Anteile werden als „Austritts-" und „Einfalls-Elektronenstrahlung" unterschieden.

An Fehlerquellen und Korrektionen sind bei derartigen Messungen hauptsächlich folgende im Auge zu behalten. Senden die Platten neben Elektronenstrahlen auch sekundäre Röntgenstrahlen (Fluoreszenzstrahlung) in merklichem Betrage aus, so muß deren Wirkung gesondert bestimmt werden, indem man etwa 1. die Innenseiten der Platten mit dünnem Papier, Zellon od. dgl. bedeckt, welches die Plattenelektronen absorbiert; 2. die Platten ganz durch ein solches Material ersetzt; die Differenz der beiden Ionisationen rührt von der Fluoreszenzstrahlung her[1], wobei gegebenenfalls noch für die Absorption der Fluoreszenzstrahlung im Papier usw. zu korrigieren ist. Es kann jedoch auch der Fall eintreten, daß die Fluoreszenzstrahlung ebenso oder noch stärker absorbierbar ist als die Elektronenstrahlung; dann ist die Trennung der beiden schwierig[2]. Schwierig ist auch die im Gase erzeugte Fluoreszenzstrahlung zu berücksichtigen[3], deren Wirkung bei hochatomigen Gasen wahrscheinlich oft unterschätzt wurde. Ferner sind bei weicheren Primärstrahlen oft kleinere Korrektionen für die Absorption der Primärstrahlen im Gase und in den Platten anzubringen. Schließlich bildet noch eine sehr wenig beachtete Fehlerquelle die Rückdiffusion der Elektronen von den Platten in das Gas, und umgekehrt; über die Größe dieses Einflusses ist schwer etwas Allgemeines zu sagen.

17. Die Absorbierbarkeit der Photoelektronen. SADLER[4] verwandte zur Untersuchung der an festen Platten ausgelösten Photoelektronen als erster einigermaßen homogene Primärstrahlen, nämlich die charakteristischen K-Strahlungen verschiedener Elemente, welche er als Fluoreszenzstrahlung anregte. Nach dem Vorgange von TOWNSEND[5] benutzte er den Plattenkondensator mit veränderlichem Plattenabstand. Er untersuchte nur die „Einfalls"-Elektronenstrahlung, indem er nur die hintere Platte aus dem zu untersuchenden Material herstellte, die vordere dagegen aus dem wenig Elektronen emittierenden Aluminium. SADLER fand, daß die Absorption der Elektronen in Luft nach einem Exponentialgesetz erfolgte und bezeichnete deshalb diese Elektronenstrahlung als „homogen". Dies darf jedoch nicht dahin mißverstanden werden, daß die Elektronen einheitliche Geschwindigkeit haben; vielmehr kommt das Exponentialgesetz lediglich durch ein in gewissem Sinne zufälliges Zusammenwirken der verschiedensten Faktoren zustande, wie Geschwindigkeits- und Richtungsverteilung, Geschwindigkeitsabnahme und Zerstreuung beim Durchgang durch die Luft (vgl. ds. Handb. Bd. XXII/2). Vorher hatte z. B. bereits COOKSEY[6] ein Exponentialgesetz der Absorption für die Photoelektronen gefunden, obwohl er gänzlich inhomogene Primärstrahlen benutzt hatte. Ein gewisser Zusammenhang scheint aber zu bestehen zwischen dem Absorptionskoeffizienten und der *größten* in dem Photoelektronenbündel vertretenen Geschwindigkeit (vgl. Ziff. 18 und 19). Die von SADLER gemessenen Werte für die Absorptionskoeffizienten α der Elektronen in Luft zeigt Tabelle 10. Diese Zahlen lassen für eine gegebene Primärstrahlung keine Abhängigkeit des Absorptionskoeffizienten von der Natur des Elektronenstrahlers erkennen.

---

[1] W. H. BRAGG u. H. L. PORTER, Proc. Roy. Soc. London (A) Bd. 85, S. 349. 1911.
[2] E. VETTE, Ann. d. Phys. Bd. 5, S. 929. 1930.
[3] R. D. KLEEMAN, Proc. Roy. Soc. London (A) Bd. 84, S. 16. 1910.
[4] C. A. SADLER, Phil. Mag. Bd. 19, S. 337. 1910; Bd. 22, S. 447. 1911.
[5] J. S. TOWNSEND, Proc. Cambridge Phil. Soc. Bd. 10, S. 217. 1899.
[6] C. D. COOKSEY, Sill. Journ. Bd. 24, S. 285. 1907.

Tabelle 10. Absorptionskoeffizienten α von Photoelektronen in Luft (SADLER).

Elektronenstrahler	Primäre Wellenlänge in Å ($K\alpha$-Strahlung)									
	1,65 Ni	1,54 Cu	1,43 Zn	1,17 As	1,10 Se	0,87 Sr	0,71 Mo	0,62 Rh	0,56 Ag	0,49 Sn
Fe	38,9	37,0	35,8	30,2	26,4	21,5	15,5	10,9	8,84	6,41
Cu			36,2	30,4		20,8	15,2	10,8	8,81	6,67
Ag			35,4	30,2		21,2	15,4	10,3	8,78	6,63
Al				29,6		20,0	15,2		8,90	6,54

Im Gegensatz zu SADLER variierte BEATTY[1] nicht den Plattenabstand, sondern den Gasdruck. Dies hat zwei wichtige Vorteile: einmal ist die Kapazität des Kondensators konstant, während sie SADLER für jeden Plattenabstand besonders messen mußte, zweitens bleiben die geometrischen Bedingungen stets dieselben. Man wird daher wohl BEATTYS Ergebnissen, welche mit denen SADLERS nicht besonders im Einklang sind, den Vorzug geben dürfen (Tab. 11).

Tabelle 11. Absorptionskoeffizienten α von Photoelektronen in Luft und Wasserstoff (BEATTY).

Elektronenstrahler	Gas	Primäre Wellenlänge in Å ($K\alpha$-Strahlung)							
		1,93 Fe	1,54 Cu	1,43 Zn	1,17 As	0,87 Sr	0,71 Mo	0,56 Ag	0,49 Sn
Se	Luft					16,1	14,0	8,8	6,5
Ag	Luft	87,2	51,9	42,7	27,4				3,97
Ag	H_2	17,05	9,55	7,71					0,51

Hierbei ist noch zu bemerken, daß BEATTY keine streng exponentielle Absorption der Elektronen fand; er bestimmte daher denjenigen effektiven Plattenabstand t, bei welchem die Photoelektronen die Hälfte ihres vollen Ionisationsvermögens erreichten und berechnete dann α aus

$$e^{-\alpha t} = \tfrac{1}{2}\,.$$

Eine formelmäßige Darstellung von BEATTYS Absorptionskurven gelang WHIDDINGTON[2], doch ist die Begründung dieser Formel nicht haltbar. Ein Unterschied zwischen den Verfahren von SADLER und BEATTY bestand zwar noch darin, daß SADLER die Einfallsstrahlung von der hinteren Platte, BEATTY dagegen die Austrittsstrahlung von der vorderen Platte maß, doch konnte BEATTY durch einen besonderen Versuch zeigen, daß Einfalls- und Austrittsstrahlung nicht merklich verschiedene Absorptionskoeffizienten haben. So kann man aus der schlechten Übereinstimmung zwischen SADLER und BEATTY wohl nur schließen, daß der Absorptionskoeffizient der Photoelektronen keine gut definierte Größe ist.

Sowohl SADLERS als BEATTYS Zahlen zeigen, daß der Absorptionskoeffizient α in hohem Grade von der primären Strahlenhärte abhängt. Die Art dieser Abhängigkeit hat WHIDDINGTON in eine einfache Regel gebracht[3]: Bezeichnet A das Atomgewicht desjenigen Elementes, dessen K-Strahlung als Primärstrahlung dient, so ist

$$\alpha A^4 = \text{konst.} \qquad (14)$$

[1] R. T. BEATTY, Phil. Mag. Bd. 20, S. 320. 1910; Proc. Roy. Soc. London (A) Bd. 85, S. 230. 1911.
[2] R. WHIDDINGTON, Proc. Roy. Soc. London (A) Bd. 86, S. 371. 1912.
[3] R. WHIDDINGTON, Proc. Roy. Soc. London (A) Bd. 86, S. 364 u. 371. 1912.

Der Wert dieser Konstanten, welche ja nach SADLER von der Natur des Elektronenstrahlers unabhängig sein soll, beträgt für normale Luft als absorbierendes Mittel rund 10^9.

Bis zu wesentlich kleineren Wellenlängen (etwa 0,1 Å) und über insgesamt 24 Elemente von Al bis Bi erstrecken sich die neueren Messungen von VETTE[1]. Es ist schwer, so harte Strahlen annähernd homogen und in der nötigen Intensität herzustellen; VETTE verwendete die stark gefilterte Röhrenstrahlung. Das Verfahren unterschied sich von dem in Ziff. 16 beschriebenen dadurch, daß Gasdruck und Plattenabstand konstant gehalten wurden, während der Elektronenstrahler mit Zellophanfolien abgestufter Dicke bedeckt wurde. Die dabei gemessene Abnahme der Ionisation entspricht nach Korrektion für Fluoreszenz- und Streustrahlung der Absorbierbarkeit der Elektronen. Diese wurde auch noch in der Weise gemessen, daß der *Anstieg* der Ionisation mit zunehmender Dicke des *Elektronenstrahlers* bis zum Sättigungswert verfolgt wurde; diese „Sättigungskurve" ist bei exponentieller Absorption das Spiegelbild der Absorptionskurve. Es zeigte sich, wie auch schon bei den viel früheren Messungen von BARKLA und SHEARER[2], daß die Form der Absorptionskurve nicht ganz unabhängig vom Material des Strahlers ist; die Materialabhängigkeit ist qualitativ die, welche nach den Geschwindigkeitsspektren der Photoelektronen zu erwarten ist (Ziff. 20). Über die maximale Reichweite der Photoelektronen geben aber die Messungen von VETTE keine Aufschlüsse.

18. Ältere Ergebnisse über die Geschwindigkeit der Photoelektronen. Nimmt man an, daß durch den Absorptionskoeffizienten α die Maximalgeschwindigkeit v der Elektronen bestimmt ist, so ist es interessant, den Zusammenhang zwischen dieser Geschwindigkeit und der primären Strahlenhärte aus den Messungen abzuleiten. Nach WHIDDINGTON[3] ist der Absorptionskoeffizient α von Kathodenstrahlen umgekehrt proportional der 4. Potenz ihrer Geschwindigkeit anzunehmen:

$$\alpha v^4 = \text{konst.}$$

Das gibt mit Gleichung (14) kombiniert

$$\frac{v}{A} = \text{konst.}$$

Der Wert der letzten Konstanten läßt sich aus den Beobachtungsresultaten ableiten, und es ergibt sich rund

$$v = 10^8 A. \tag{15}$$

Diese einfache Beziehung ist, wie sich später zeigen wird, in überraschend guter Übereinstimmung mit der EINSTEINschen photoelektrischen Gleichung (Ziff. 19). Besondere Bedeutung erlangt sie aber, wenn man sie vergleicht mit einer anderen, ebenfalls von WHIDDINGTON[4] abgeleiteten, wonach die *Minimal*geschwindigkeit, welche die Kathodenstrahlen im *Röntgenrohr* haben müssen, um an einer Antikathode vom Atomgewicht A die K-Strahlung zu erregen, durch dieselbe Gleichung (15) gegeben ist. Erzeugt man also die Primärstrahlung nicht durch Fluoreszenz, sondern direkt in einem Röntgenrohr mit dem Element vom Atomgewicht A als Antikathode, so können die Sekundärelektronen im Grenzfall gerade etwa die Geschwindigkeit der Kathodenstrahlen im Röntgenrohr erreichen.

[1] E. VETTE, Ann. d. Phys. Bd. 5, S. 929. 1930.
[2] C. G. BARKLA u. G. SHEARER, Phil. Mag. Bd. 30, S. 745. 1915.
[3] R. WHIDDINGTON, Proc. Roy. Soc. London (A) Bd. 86, S. 364 u. 371. 1912.
[4] R. WHIDDINGTON, Proc. Roy. Soc. London (A) Bd. 85, S. 323. 1911.

Direkte Geschwindigkeitsmessungen an Sekundärelektronen sind nach zwei Methoden ausgeführt worden: durch Gegenschalten elektrischer Felder und durch Ablenkung im Magnetfeld. Das Prinzip der ersten Methode, welche LAUB[1] und SEITZ[2] benutzten, ist in Abb. 12 skizziert. P ist der plattenförmige Elektronenstrahler, welcher schräg durch die Röntgenstrahlen getroffen wird. K ist ein vorn durch ein Netz verschlossener Auffangekäfig. Die ganze Vorrichtung befindet sich in einem guten Vakuum. Das mit K verbundene Elektrometer mißt die von P nach K in Form von Elektronen übergehende Ladung. Zwischen P und K werden verzögernde Potentiale verschiedener Größe angelegt und jedesmal der nach K übergehende Strom gemessen. Als Primärstrahlung diente hierbei inhomogene Bremsstrahlung (2,5 bis 6 kV_{max} bei SEITZ, bis 100 kV_{max} bei LAUB). Es ergaben sich so Geschwindigkeitsverteilungskurven, welche den bekannten lichtelektrischen im Sichtbaren und Ultravioletten ganz analog sind: es sind alle Geschwindigkeiten vertreten von Null bis zu einer gewissen Grenzgeschwindigkeit, die allerdings wenig scharf definiert ist. Diese Grenzgeschwindigkeit ist unabhängig von der Intensität der Primärstrahlen, wächst aber mit zunehmender Röhrenspannung. Die in e-Volt ausgedrückte Grenzgeschwindigkeit überschreitet nie den Wert der Röhrenspannung, bei SEITZ erreicht sie ihn vielleicht gerade mit sehr kleiner Intensität. Auch hieraus kann man schließen, daß die Geschwindigkeit der Sekundärelektronen in der Grenze diejenige der Kathodenstrahlen im Röntgenrohr erreicht, wobei noch zu beachten ist, daß es sich hier nicht, wie bei WHIDDINGTONS Überlegungen, um die homogene (charakteristische) Röntgenstrahlung handelt, sondern die Bremsstrahlung.

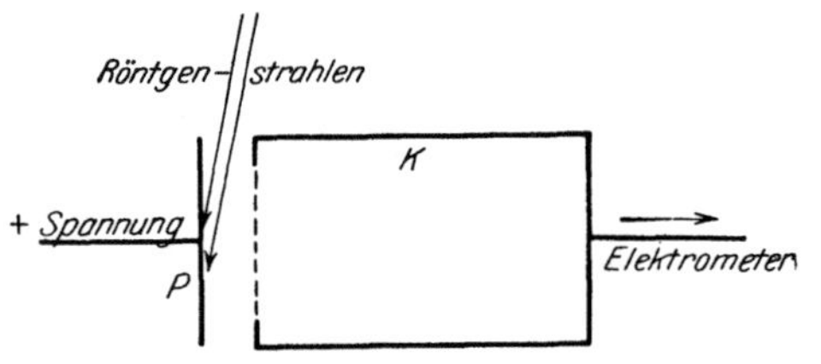

Abb. 12. Gegenfeldmethode.

Die ersten magnetischen Ablenkungsversuche an Sekundärelektronen waren schon vorher von BESTELMEYER[3] und INNES[4] angestellt worden. Diese photographierten das Geschwindigkeitsspektrum der von inhomogenen Röntgenstrahlen an Metallen ausgelösten Elektronen, d. h. sie zogen durch passende Blendenanordnung im Magnetfelde das Elektronenbündel derartig in ein Band auseinander, daß jede Stelle der photographischen Platte nur von Elektronen einer bestimmten Geschwindigkeit getroffen wurde. Der Schwärzungsverlauf war stets ähnlich der Geschwindigkeitsverteilungskurve, die obere Grenzgeschwindigkeit war unabhängig von der Intensität der Primärstrahlen, änderte sich aber im gleichen Sinne wie die Härte der Röntgenstrahlen. Die untere Grenzgeschwindigkeit erwies sich als unabhängig von der Strahlenhärte, sie dürfte im wesentlichen durch die Empfindlichkeitsgrenze der photographischen Platte bestimmt sein.

Die wesentlichen Resultate dieser älteren Untersuchungen sind folgende: Die Absorbierbarkeit und die maximale Geschwindigkeit der Photoelektronen hängt nicht merklich ab von der Intensität der Primärstrahlen und von der Natur des Elektronenstrahlers; die Abhängigkeit von der Härte der Primärstrahlen wird angenähert durch Gleichung (14) oder (15) wiedergegeben. Besonders hervorzuheben ist, daß die Absorbierbarkeit der Elektronen sich beim Überschreiten einer Absorptionskante nur wenig ändert, im Gegensatz zur *Intensität* der Photoemission (Ziff. 25). Dieses Resultat wurde später von BARKLA

[1] J. LAUB, Ann. d. Phys. Bd. 26, S. 712. 1908.
[2] W. SEITZ, Phys. ZS. Bd. 11, S. 705. 1911.
[3] A. BESTELMEYER, Ann. d. Phys. Bd. 22, S. 429. 1907.
[4] P. D. INNES, Proc. Roy. Soc. London (A) Bd. 79, S. 442. 1907.

und SHEARER[1] dahin präzisiert, daß zwar die Form der Absorptionskurve verschieden sein kann, daß aber die maximale Reichweite der Elektronen sich wenig oder gar nicht ändert, wenn beim Übergang von einem Strahler zum anderen eine Absorptionskante auf die andere Seite der Primärwellenlänge übertritt. Ob homogene Röntgenstrahlen auch Photoelektronen von definierter Geschwindigkeit auslösen, kann aus den bisher angeführten Versuchen nicht geschlossen werden.

19. Die photoelektrische Gleichung. Schon die ersten Untersuchungen über die Sekundärelektronen zeigten eine auffallende Analogie zwischen der Elektronenauslösung durch Röntgenstrahlen und derjenigen durch sichtbares oder ultraviolettes Licht; zuerst wurde diese Analogie wohl von SAGNAC betont. Besonders ein gemeinsamer Punkt ist bedeutsam: die Unabhängigkeit der maximalen Elektronengeschwindigkeit von der Intensität der Primärstrahlung und ihre Abhängigkeit von der Strahlenhärte bzw. Wellenlänge. Diese Verhältnisse stellten die klassische Theorie der Strahlung vor eine ernste Schwierigkeit, auf welche besonders LENARD[2] hinwies. Nimmt man nämlich an, daß das Sekundärelektron durch das elektrische Feld in der Primärwelle nach den Gesetzen der klassischen Elektrodynamik beschleunigt wird, so wäre zu erwarten, daß mit wachsender Primärintensität die Elektronengeschwindigkeit zunimmt. Angesichts dieser und anderer Schwierigkeiten stellte EINSTEIN im Jahre 1905 die Hypothese der Lichtquanten auf[3], welche sich gerade auf dem hier in Frage stehenden Gebiet als außerordentlich fruchtbar erwies, indem sie im Laufe der Zeit die Untersuchung der Photoelektronen auf eine weit rationellere Basis stellte. Auf die Schwierigkeiten, welche sich auch der Lichtquantenvorstellung bei konsequenter Durchführung entgegenstellen, kann an dieser Stelle nicht eingegangen werden; in jedem Falle ist sie sehr geeignet, von der Photoemission und ebenso vom Comptoneffekt (Ziff. 14 d. folg. Kap.) ein anschauliches Bild zu geben. Nach dieser Hypothese soll eine elektromagnetische Strahlung von der Schwingungszahl ν sich bei allen Energieumsetzungen so verhalten, als ob ihre Energie in diskreten Elementen von der Größe $h\nu$ konzentriert wäre, wo $h = 6{,}55 \cdot 10^{-27}$ Ergsec die PLANCKsche Konstante ist. Bei der Absorption der Strahlung unter Auslösung eines Photoelektrons soll ein solches Energiequant $h\nu$ vollständig[4] in Elektronenenergie umgesetzt werden. Im allgemeinen wird jedoch das Elektron, bevor es zur Beobachtung gelangt, gewisse Bindungskräfte zu überwinden haben, so daß ein gewisser Betrag E_s von dieser Anfangsenergie sogleich als Austrittsarbeit wieder verlorengeht. So ergibt sich die Energie des Photoelektrons zu

$$E = h\nu - E_s .$$

Die Größe E_s ist von ν unabhängig und nur durch die Art der Bindung des Elektrons gegeben. In unserem Falle gibt die Atomtheorie sofort Aufschluß über die Art dieser Austritts- oder Ablösungsenergie (Ziff. 1): Wird das Elektron etwa aus der K-Schale des Atoms ausgelöst, so ist $E_s = E_K$ die Arbeit, die es gegen die Anziehungskräfte des Atomrestes zu leisten hat, um in unendliche Entfernung vom Atom zu gelangen. Man ordnet der Ablösungsenergie E_s zweckmäßig wieder eine Schwingungszahl ν_s zu, indem man setzt

$$E_s = h\nu_s , \tag{16}$$

[1] C. G. BARKLA u. G. SHEARER, Phil. Mag. Bd. 30, S. 745. 1915.

[2] P. LENARD, Ann. d. Phys. Bd. 8, S. 169. 1902.

[3] A. EINSTEIN, Ann. d. Phys. Bd. 17, S. 132. 1905.

[4] EINSTEIN ließ anfangs noch die Möglichkeit einer *teilweisen* Absorption des Lichtquants offen, ein Vorbehalt, der sich im Hinblick auf den Comptoneffekt als berechtigt erwies.

so daß die EINSTEINsche Gleichung lautet:

$$E = h(\nu - \nu_s). \tag{17}$$

Die Bedeutung dieser Frequenz ν_s ist offenbar die, daß die Primärfrequenz ν größer als ν_s sein muß, damit die Strahlung überhaupt in dem betreffenden Energieniveau des Atoms absorbiert werden kann, die ν_s sind die Frequenzen der Absorptionsgrenzen (Ziff. 4)[1].

Die maximal mögliche Energie bei gegebener Primärstrahlung

$$E_{\max} = h\nu \tag{18}$$

werden diejenigen Elektronen erreichen, deren Ablösungsarbeit verschwindend klein ist. Wie eine kleine Rechnung zeigt, entspricht diese theoretische Beziehung (18) ganz der experimentellen (15), soweit die Genauigkeit der Messungen reicht. Die $K\alpha$-Strahlung eines Elementes von der Ordnungszahl Z und dem Atomgewicht A hat nach dem MOSELEYschen Gesetz die Frequenz

$$\nu = \tfrac{3}{4} R (Z - 1)^2, \tag{19}$$

wo $R = 3{,}29 \cdot 10^{15}\,\mathrm{sec}^{-1}$ die Rydbergfrequenz ist. Die Maximalgeschwindigkeit $v_{\max}$ der Elektronen ist in erster Näherung gegeben durch

$$E_{\max} = \tfrac{1}{2} \mu v_{\max}^2,$$

wo μ die Elektronenmasse ist. Damit geht (18) über in

$$v_{\max} = \sqrt{\frac{3hR}{2\mu}}(Z - 1) = 1.9 \cdot 10^8 (Z - 1).$$

Da $(Z - 1)$ rund halb so groß wie das Atomgewicht A ist, so ist die Übereinstimmung mit der experimentell fundierten WHIDDINGTONschen Regel (15) so gut, wie man es nur erwarten kann, wenn man die Unsicherheit der Geschwindigkeitsberechnung aus der Absorption der Elektronen in Betracht zieht. Ähnlich ist die Übereinstimmung auch bei einer anderen Formel, welche WHIDDINGTON für den Fall abgeleitet hatte, daß die L-Strahlung eines Elementes als Primärstrahlung dient[2].

Wir wollen noch die Gleichung (18) zusammenhalten mit dem DUANE-HUNTschen Gesetz, nach welchem zur Erzeugung von Röntgenbremsstrahlung der Frequenz ν Kathodenstrahlen von der Mindestenergie $h\nu$ erforderlich sind; dann erhält man die Aussage, daß die Energie der Sekundärelektronen, welche durch Bremsstrahlung ausgelöst werden, in der Grenze gerade die Energie der Kathodenstrahlen erreicht, welche die Bremsstrahlung erzeugen; auch in diesem Punkt besteht Übereinstimmung mit dem Experiment, insbesondere mit den Messungen von SEITZ (Ziff. 18). Bei der Erzeugung von *charakteristischer* Strahlung im Röntgenrohr liegen die Verhältnisse etwas weniger einfach, da die nötige Anregungsenergie für diese stets etwas größer als $h\nu$ ist (STOKESscher Sprung; vgl. Ziff. 43); doch findet auch WHIDDINGTONS Ergebnis für diesen Fall seine befriedigende theoretische Deutung.

20. Geschwindigkeitsspektra von Photoelektronen. Der durch Gleichung (18) dargestellte Grenzfall, daß die Ablösungsarbeit für alle Elektronen zu vernachlässigen ist, ist nur bei sehr harten Röntgenstrahlen oder bei leichtatomigen Elektronenstrahlern einigermaßen verwirklicht. Im allgemeinen macht sich der Einfluß einer oder mehrerer Absorptionskanten bemerkbar; jeder Absorptions-

---

[1] Ein erster Versuch, die Gesetze der Photoemission durch quantentheoretische Modifikation der klassischen Wechselwirkungsgesetze zu erhalten, wurde von SOMMERFELD und DEBYE unternommen (Ann. d. Phys. Bd. 41, S. 873. 1913).

[2] R. WHIDDINGTON, Phil. Mag. Bd. 39, S. 694. 1920.

kante entspricht bei homogener Primärstrahlung nach Gleichung (17) eine ganz bestimmte Elektronengeschwindigkeit, so daß man von einem „Geschwindigkeitsspektrum" der Photoelektronen sprechen kann, welches aus mehreren homogenen Gruppen (Linien) besteht. Die Geschwindigkeiten dieser Gruppen hängen sowohl von der Primärwellenlänge als auch von der Natur des Elektronenstrahlers ab. Diese Abhängigkeiten kommen in der Tat bei genauerer Beobachtung schon bei den Versuchen mit dem Plattenkondensator zum Ausdruck (BARKLA und SHEARER, VETTE, vgl. Ziff. 17). Nach der gleichen Methode, nämlich durch Analyse der Absorptionskurven, wurde auch von SIMONS[1] direkt die Existenz von Untergruppen kleinerer Geschwindigkeit in der sekundären Elektronenstrahlung nachgewiesen. Für eine sichere Bestimmung der Geschwindigkeiten ist jedoch diese Methode ungeeignet. Hier brachte erst die Methode der magnetischen Ablenkung in den Händen von ROBINSON und RAWLINSON, HU, M. und L. DE BROGLIE, LEDRUS, WHIDDINGTON und ROBINSON[2] detaillierte Aufschlüsse. Es stellte sich eine Fülle komplizierter Einzelheiten heraus, für deren Entwirrung die photoelektrische Gleichung den Leitfaden bot. Auch auf γ-Strahlen radioaktiver Substanzen wurde diese Methode von L. MEITNER und C. D. ELLIS angewandt, wobei sich Resultate von größter Tragweite ergaben (vgl. Bd. XXII/1 ds. Handbs.).

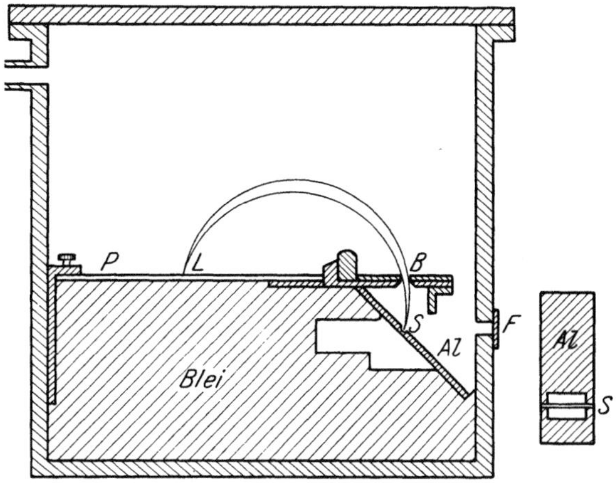

Abb. 13. Apparat zur Aufnahme von Geschwindigkeitsspektren. (M. u. L. DE BROGLIE.)

Die hierbei meist benutzte Versuchsanordnung ist in Abb. 13 dargestellt; sie beruht auf einem von DANYSZ[3] zuerst angewandten Prinzip. Der Elektronenstrahler S hat die Form eines dünnen schmalen Streifens, welcher auf einem leichten Aluminiumrahmen Al möglichst frei montiert ist. Die von S ausgehenden Photoelektronen beschreiben unter dem Einfluß eines homogenen Magnetfeldes, dessen Kraftlinien senkrecht zur Zeichnungsebene zu denken sind, kreis- und schraubenförmige Bahnen von den verschiedensten Orientierungen. Von diesen verläuft ein Teil durch die spaltförmige Blende B hindurch auf die photographische Platte P zu. Die Anordnung ist nun so getroffen, daß B in der Ebene der photographischen Platte liegt und die durch die Mittellinien von B und S gelegte Ebene senkrecht zur Plattenebene verläuft. Daher wird ein Elektronenstrahl, welcher in der Zeichnungsebene durch die Mitte von B geht, bis zur Platte stets genau einen Halbkreis beschreiben, dessen Radius von der Elektronengeschwindigkeit abhängt und sich aus der Lage des photographischen Eindruckes leicht

[1] L. SIMONS, Phil. Mag. Bd. 41, S. 120. 1921.

[2] H. ROBINSON u. W. F. RAWLINSON, Phil. Mag. Bd. 28, S. 277. 1914; KANG FUH HU, Phys. Rev. Bd. 11, S. 505. 1918; M. u. L. de BROGLIE u. Mitarb.. verschiedene Veröffentlichungen in C. R. seit 1921; M. DE BROGLIE, Journ. de phys. Bd. 2, S. 265. 1921; R. WHIDDINGTON, Phil. Mag. Bd. 3, S. 1116. 1922; H. ROBINSON, Proc. Roy. Soc. London (A) Bd. 104, S. 455. 1923; Phil. Mag. Bd. 50, S. 241. 1925; H. ROBINSON u. A. M. CASSIE, Proc. Roy. Soc. London (A) Bd. 113, S. 282. 1926; H. ROBINSON u. C. L. YOUNG, ebenda Bd. 128, S. 92. 1930.

[3] J. DANYSZ, C. R. Bd. 153, S. 339. 1911.

bestimmen läßt. Für diesen Mittelstrahl wird bei gegebenem Krümmungsradius, also gegebener Geschwindigkeit der Abstand SL ein Maximum sein, daher werden auch solche Elektronen, welche die Blende B in einiger Entfernung beiderseits von der Mittellinie passieren, noch praktisch an dieselbe Stelle L der Platte gelangen. Man erhält also für eine gegebene Elektronengeschwindigkeit eine scharfe Linie L selbst dann noch, wenn der Spalt B beträchtliche Breite besitzt. Hierin ist die große Leistungsfähigkeit dieser Methode begründet. Über eine Modifikation dieser Anordnung, welche mit *engem* Spalt und *breitem* Strahler arbeitet (Abb. 27, Ziff. 42), vgl. ROBINSON a. a. O.

Um die Absorption und Zerstreuung der Sekundärelektronen genügend hintanzuhalten, ist sehr gutes Vakuum erforderlich. Die primären Röntgenstrahlen läßt man meist durch ein seitliches Fenster F eintreten, ungefähr senkrecht zur Richtung der untersuchten Photoelektronen; bei WHIDDINGTON haben jedoch Primärstrahlen und Photoelektronen die gleiche Richtung; einen wesentlichen Unterschied scheint dies nicht zu bedeuten.

Von dem Aussehen derartiger Geschwindigkeitsspektra gibt Abb. 14 einen Begriff. Man erhält für gewöhnlich keine scharfen Linien, sondern Banden, welche nach der Seite großer Geschwindigkeiten einigermaßen scharf begrenzt sind und nach der anderen Seite allmählich verlaufen. Dies hat seinen Grund allein darin, daß die ursprünglich homogenen Elektronen mehr oder weniger tief unter der Oberfläche des Elektronenstrahlers ihren Ursprung haben und daher bei ihrem Austritt inhomogen werden. Maßgebend ist deshalb die scharfe Kante auf der Seite großer Geschwindigkeiten, denn diese entspricht denjenigen Elektronen, welche keinen merklichen Geschwindigkeitsverlust in dem Strahler erlitten haben. M. DE BROGLIE[1] ist es auch gelungen, Aufnahmen mit sehr dünnen Strahlern (kathodischen Niederschlägen) zu erhalten, wobei dann der Geschwindigkeitsverlust der Elektronen im Strahler sehr klein wird; in diesem Falle treten in der Tat scharfe Linien im Geschwindigkeitsspektrum auf, z. B. ergab die Wolfram-K-Strahlung als Primärstrahlung das Dublet $\alpha_1\,\alpha_2$ um 1 mm getrennt bei einer Linienbreite von 0,2 mm. Hiermit ist der Beweis erbracht, daß homogene Röntgenstrahlen auch Elektronen von definierter Geschwindigkeit erzeugen, es wird also beim Photoeffekt stets ein ganzes Strahlungsquant absorbiert.

Zur Berechnung der Meßresultate dienen folgende Formeln. Bezeichnet $v = \beta c$ die Geschwindigkeit des Elektrons (c = Lichtgeschwindigkeit), E seine Energie in Erg, V die Energie in e-Volt (d. h. die Potentialdifferenz, welche das Elektron durchlaufen müßte, um die Energie E zu gewinnen), H die magnetische Feldstärke, ϱ den Krümmungsradius der Elektronenbahn, ε und μ die Ladung und Ruhemasse des Elektrons, so ist

$$\beta = \frac{x}{\sqrt{1+x^2}}\,; \qquad \frac{H\varrho\,\varepsilon}{\mu c} = x \text{ gesetzt}$$

$$E = \mu c^2\left(\frac{1}{\sqrt{1-\beta^2}} - 1\right) = \mu c^2\left(\sqrt{1+x^2} - 1\right),$$

$$V = \frac{300\,E}{\varepsilon_{\mathrm{ESE}}} = 6{,}28 \cdot 10^{11} E\,.$$

Häufig dient auch als Maß der Energie die Frequenz ν_1, welche ein Strahlungsquant von der Energie E besitzen würde; um bequeme Zahlen zu erhalten, dividiert man ν_1 noch durch die Rydbergfrequenz $R = 3{,}29 \cdot 10^{15}$

$$\frac{\nu_1}{R} = \frac{E}{hR} = 4{,}64 \cdot 10^{10} E\,.$$

---

[1] M. DE BROGLIE, C. R. Bd. 173, S. 1157. 1921.

Um eine möglichst große Auflösung in bezug auf die Elektronengeschwindigkeiten selbst zu erhalten, muß offenbar der Krümmungsradius ϱ möglichst groß gewählt werden; DE BROGLIE benutzte Bahndurchmesser bis zu 26 cm und erzielte damit eine Auflösung von 130 *e*-Volt pro mm bei einer Elektronenenergie von 15000 *e*-Volt und 600 *e*-Volt pro mm bei 45000 *e*-Volt[1]. Will man aber auch die einzelnen Absorptionskanten ν_s möglichst weit trennen, so muß man außerdem die Primärfrequenz ν möglichst dicht oberhalb der ν_s wählen; in dieser Beziehung darf man jedoch nicht zu weit gehen, da sonst die Elektronengeschwindigkeiten zu klein werden, so daß die photographische Platte nicht mehr anspricht. Dieses letztere Prinzip wurde von LEDRUS[2] und von ROBINSON[3] mit Erfolg benutzt, um die Unterniveaus der höheren Atomniveaus (L bis O) voneinander zu trennen. Die Meßgenauigkeit wurde von ROBINSON auf wenige Promille gebracht.

21. Geschwindigkeitsspektra bei sehr weichen Strahlen. LUKIRSKY[4], J. A. BECKER[5], RUDBERG[6] und BANDOPADHYAYA[7] ist es gelungen, Geschwindigkeitsmessungen auch im Zwischengebiet zwischen dem eigentlichen Röntgengebiet und dem Ultravioletten auszuführen, nämlich für Wellenlängen von der Größenordnung einiger 100 Å. BECKER arbeitete nach DE BROGLIES Versuchsmethode mit Schumannplatten, LUKIRSKY benutzte eine vervollkommnete Methode der variablen Gegenfelder (Ziff. 18). Der Charakter der Geschwindigkeitsspektren ist nach diesen Verfassern ganz der gleiche wie bei den in Ziff. 20 besprochenen Versuchen. Dem widersprechen jedoch die sorgfältigen Versuche von RUDBERG, welcher die Gesamtstrahlung eines mit 700 Volt betriebenen Röntgenrohres mit Kohleanode benutzte. Die von dieser Strahlung an verschiedenen Elementen ausgelösten Elektronen wurden aus Intensitätsgründen nicht nach der Fokussierungsmethode untersucht, sondern mit einer von PASCHEN[8] zuerst benutzten magnetischen Anordnung, die heute als „Magnetron“ bekannt ist. Nach RUDBERG haben die Elektronen keine ausgeprägte Geschwindigkeitsstruktur. Im wesentlichen tritt nur eine Gruppe auf, deren Energie etwa gleich dem $h\nu$ der CK-Strahlung ist (275 *e*-Volt); daneben finden sich, sogar in überwiegender Zahl, Elektronen von einigen *e*-Volt, welche offenbar erst durch die Photoelektronen sekundär im Elektronenstrahler erzeugt werden. Die andersartigen Ergebnisse von BECKER und LUKIRSKY führt RUDBERG auf Störeffekte zurück. In der Tat sind saubere Messungen in diesem Wellenlängengebiet mancherlei Schwierigkeiten unterworfen (Vakuum, Intensität, Homogenität usw.). Die Verhältnisse nähern sich denjenigen im sichtbaren Gebiet auch insofern an, als die Gasbeladung eine entscheidende Rolle spielt.

22. Deutung der Geschwindigkeitsspektren. Es zeigte sich, daß die homogenen Gruppen in der sekundären Elektronenstrahlung zweierlei Ursprung haben: als Primärfrequenzen ν fungieren 1. diejenigen der homogenen Strahlen (Linien), welche das Röntgenrohr aussendet (Photoelektronen erster Art), 2. aber wird in dem Strahler selbst dessen charakteristische (Fluoreszenz-) Strahlung durch die auffallenden Röntgenstrahlen erregt; diese erzeugt ebenfalls Photoelektronen, und zwar zum Teil schon in dem fluoreszierenden Atom selbst (Photoelektronen zweiter Art, Ziff. 1 und 44). Außer diesen beiden Arten von Linien hat DE BROGLIE noch weitere dadurch erhalten, daß er einen Strahler (1) mit

[1] M. DE BROGLIE, C. R. Bd. 174, S. 939. 1922.
[2] R. LEDRUS, C. R. Bd. 176, S. 383. 1923.
[3] S. Fußnote 2 S. 35.
[4] P. LUKIRSKY, ZS. f. Phys. Bd. 22, S. 351. 1924.
[5] J. A. BECKER, Phys. Rev. Bd. 24, S. 478. 1924.
[6] E. RUDBERG, Proc. Roy. Soc. London (A) Bd. 120, S. 385. 1928.
[7] G. B. BANDOPADHYAYA, Proc. Roy. Soc. London (A) Bd. 120, S. 46. 1928.
[8] F. PASCHEN, Ann. d. Phys. Bd. 14, S. 389. 1904.

einer dünnen Schicht eines zweiten Strahlers (2) bedeckte, so daß die Fluoreszenzstrahlung von (1) Elektronen in (2) auslöste; diese Linien sind verwaschener als die anderen.

Die Tabelle 12 gibt als Beispiel die Deutung der in Abb. 14 reproduzierten Aufnahme. Es bedeutet z. B. W$K\alpha_1$ — AgL, daß diese Linie durch Absorption der primären $K\alpha_1$-Strahlung der W-Antikathode im (mittleren) L-Niveau des Silbers entstanden ist. Sehr charakteristisch ist das stets wiederkehrende Triplet (1, 2, 3). Die beiden unter „2" verzeichneten Linien fallen zusammen und haben von 1 einerseits und 3 andererseits den gleichen Abstand, wenn man diesen in Schwingungszahlen mißt. Dies ist nicht zufällig beim Ag so, sondern gilt allgemein und ist in den Kombinationsbeziehungen begründet. Es gilt nämlich für die Frequenzen in obiger Bezeichnungsweise:

Tabelle 12 (zu Abb. 14).

Linie	Urspiung	ν_1/R
1	Ag$K\alpha_1\alpha_2$ — AgL	1620 — 250 = 1370
2	Ag$K\alpha_1\alpha_2$ — AgM	1620 — 50 = 1570
	Ag$K\beta$ — AgL	1820 — 250 = 1570
3	Ag$K\beta$ — AgM	1820 — 50 = 1770
4	W$K\alpha_2$ — AgK	4270 — 1880 = 2390
5	W$K\alpha_1$ — AgK	4370 — 1880 = 2490
6	W$K\beta$ — AgK	4950 — 1880 = 3070
7	W$K\gamma$ — AgK	5090 — 1880 = 3210
8	W$K\alpha_2$ — AgL	4270 — 250 = 4020
9	W$K\alpha_1$ — AgL	4370 — 250 = 4120
10	W$K\beta$ — AgL	4950 — 250 = 4700

$$K\alpha = K - L;\quad K\beta = K - M,$$

daher:

$$\begin{array}{l} K\alpha - L = K - 2L \\ K\beta - L = K - L - M \\ K\alpha - M = K - L - M \\ K\beta - M = K - 2M \end{array} \quad \begin{array}{l} \text{Differenz:} \\ \} L - M = L\alpha \\ \} 0 \\ \} L - M = L\alpha. \end{array}$$

Weitere ähnliche Kombinationsbeziehungen geben WHIDDINGTON (in der L-Serie) und ROBINSON ($K\alpha_1 - L_{\rm I} = K\alpha_2 - L_{\rm II}$).

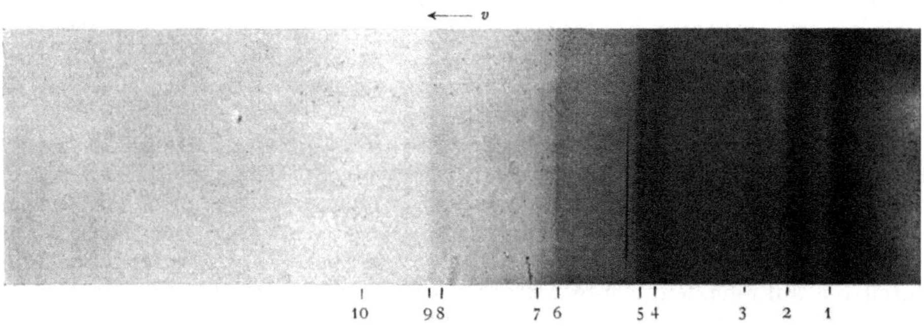

Abb. 14. Geschwindigkeitsspektrum von Photoelektronen nach DE BROGLIE (WK-Strahlung, Ag-Strahler).

Die Ergebnisse der bisher in großer Zahl und unter weitgehender Variation des Antikathodenmaterials und des Strahlers ausgeführten Versuche lassen sich sämtlich auf die angegebene Weise deuten.

Bezüglich der *Intensität* der einzelnen Gruppen sei an dieser Stelle nur erwähnt, daß eine Gruppe sich photographisch erst bemerkbar macht, wenn die Primärfrequenz ν erheblich größer ist als die Absorptionsfrequenz ν_s. WHIDDINGTON hat sogar aus seinen Versuchen die Bedingung abgeleitet: $\nu - \nu_s > \nu_s$, doch fanden DE BROGLIE und ROBINSON auch Gruppen, welche dieser Beziehung nicht genügten[1].

23. Anwendungen der Korpuskularspektroskopie. Die Geschwindigkeitsspektra geben nach zwei Richtungen hin wichtige Aufschlüsse quantitativer Art. Erstens stellen sie ein Mittel dar, die Wellenlänge einer gegebenen Primärstrahlung zu bestimmen, welches völlig unabhängig macht von den Konstanten eines Kristallgitters. Dabei ist die erreichbare Auflösung recht beträchtlich, sie entspricht z. B. bei einem Versuch von DE BROGLIE derjenigen eines Steinsalzspektrographen bei 70 cm Abstand vom Kristall[2]. Von ganz besonderer Wichtigkeit ist jedoch diese Methode der Wellenlängenmessung in den Fällen, wo die Kristallmethode versagt, wegen Mangels an Intensität oder weil die zu bestimmende Wellenlänge zu kurz ist, wie bei den γ-Strahlen radioaktiver Substanzen. Auch sehr große Wellenlängen, wie z. B. aus der N-Serie des Wolframs[3], sind auf diese Weise gemessen worden.

Zweitens ist die Korpuskularspektrometrie umgekehrt auch vortrefflich geeignet, die Absorptionsgrenzen eines Elementes zu bestimmen, indem man dieses mit einer Strahlung von bekannter Wellenlänge zur Photoemission bringt. Diese Methode ist weit direkter als die häufig benutzte Berechnung der Grenzen aus den Spektrallinien nach dem Kombinationsprinzip. Am meisten kommen die Vorzüge der Methode aber zur Geltung in dem Gebiet der langwelligen Absorptionskanten, wo die Kristallmethode überhaupt versagt. So konnte ROBINSON die K-Grenzen bei den Leichtelementen und die L-, M-, N- und O-Grenzen bei schwereren Elementen beobachten und auch die Aufspaltung dieser Atomniveaus in ihre Unterniveaus sehr weitgehend verfolgen. Bei Ordnungszahlen bis zu 38 herab konnte ROBINSON die 3 L-Niveaus trennen, bei den Schwerelementen konnte er alle 5 M-Niveaus leicht ausmessen (vorher waren nur 3 gemessen). Selbst die N-Niveaus konnten teilweise noch getrennt werden, was nach der Kristallmethode wohl aussichtslos wäre. In ähnlicher Weise bestimmte BECKER[3] die L-Kanten des Aluminiums sowie je eine M- und N-Kante des Silbers.

Auch noch feinere Einzelheiten bezüglich der Absorptionskanten können korpuskularspektrometrisch geklärt werden, wie z. B. kleine Verschiebungen der Kanten durch chemische und physikalische Einflüsse (vgl. Ziff. 13 und 14) sowie durch Ionisation einer inneren Elektronenschale. Den schwachen Einfluß der chemischen Bindung haben ROBINSON und YOUNG[4] sicher nachgewiesen: die Elektronen aus $Cr(OH)_3$ sind etwas langsamer als die aus metallischem Cr. Der gemessene Unterschied beträgt nur etwa 7 e-Volt, das ist rund die Hälfte des spektroskopischen Wertes für die Kantenverschiebung, die quantitative Übereinstimmung fehlt demnach noch.

Die Elektronenauslösung durch Fluoreszenzstrahlung des Elektronenstrahlers selbst kann in zweierlei Weise vor sich gehen: entweder durch gewöhnliche „äußere" Absorption oder durch „innere" Absorption im Entstehungsatom selbst. Im zweiten Falle handelt es sich um die in Ziff. 1 schon erwähnten „Photoelektronen zweiter Art" (Näheres vgl. Ziff. 44). Grundsätzlich sollten diese beiden Arten von „Fluoreszenzelektronen" sich in der Energie etwas unterscheiden, da sie im Falle innerer Absorption in einem bereits ionisierten Atom entstehen, dessen Energieniveaus (Absorptionskanten) etwas gegen die des normalen Atoms verschoben sind. Hier besteht offenbar ein Zusammenhang mit

---

[1] M. u. L. DE BROGLIE, C. R. Bd. 175, S. 1139. 1922.
[2] M. DE BROGLIE, C. R. Bd. 173, S. 1157. 1921.
[3] J. A. BECKER, Phys. Rev. Bd. 24, S. 478. 1924.
[4] H. R. ROBINSON u. C. L. YOUNG, Phil. Mag. Bd. 10, S. 71. 1930.

den Ziff. 11 bereits erwähnten „Funkenlinien" im Röntgenspektrum. ROBINSON hat auch diese Frage von der korpuskularspektrometrischen Seite her in Angriff genommen[1, 2].

Schließlich besteht auch noch die Möglichkeit, die Mehrfachionisation durch Röntgenabsorption (Ziff. 11) nach derselben Methode zu untersuchen. Bei Mehrfachionisation sollten mehrere Photoelektronen in einem Absorptionsakt entstehen, wenn auch schwer vorauszusehen ist, in welcher Weise die Energie sich auf diese verteilen wird[2].

Die quantitativen Ergebnisse aller dieser Messungen gehören in die Spektroskopie.

Auf die interessanten Ergebnisse hinsichtlich der *Intensität* der Geschwindigkeitsgruppen wird in Ziff. 36 eingegangen werden.

b) Die Menge der ausgelösten Photoelektronen.

24. Messung der Elektronenmenge. Bisher sind, von einigen photographischen Schätzungen abgesehen, Intensitätsmessungen an Photoelektronen vorwiegend nach der Ionisationsmethode ausgeführt worden, wobei meist der in einem Normalgas (Luft) erzeugte Sättigungsstrom einfach proportional der Energie der Elektronen gesetzt wurde. Hiergegen bestehen keine Bedenken, seit man weiß, daß in der Tat die Energie, welche zur Erzeugung eines Ionenpaares verbraucht wird, in sehr weiten Grenzen unabhängig von der Geschwindigkeit des ionisierenden Elektrons ist (32 *e*-Volt in Luft; vgl. ds. Handb. Bd. XII, 2). Aus der gemessenen Ionisation pro Sekunde und der bekannten Energie eines Elektrons läßt sich also die Menge der Elektronen pro Sekunde bestimmen.

Bisweilen wurde statt der Energie auch die Menge der Photoelektronen direkt durch Ladungsmessungen bestimmt, z. B. indem die Selbstaufladung des Elektronenstrahlers im Vakuum bei Röntgenbestrahlung gemessen wurde. Hierbei findet man stets auch sehr langsame Elektronen (einige *e*-Volt[3]), welche erst sekundär durch die eigentlichen Photoelektronen im Elektronenstrahler selbst erzeugt werden (δ-Strahlen). Bei Ionisationsmessungen spielen diese wegen ihrer geringen Energie keine Rolle, bei den Mengenmessungen machen sie dagegen leicht ein Mehrfaches der eigentlichen Photoelektronen aus und müssen daher durch elektrische Gegenfelder ausgeschaltet werden.

Die im folgenden zu besprechenden Messungen datieren im wesentlichen noch vor der LAUEschen Entdeckung. Wiederholungen mit neuzeitlichen Mitteln und größerer Genauigkeit stehen leider noch aus.

25. Plattenversuche über die Elektronenausbeute. Wir betrachten zunächst den Fall, daß die Photoelektronen an Platten eines festen Materials ausgelöst werden, und werden in Ziff. 30 bis 34 auf die analogen Verhältnisse bei gasförmigen Elektronenstrahlern eingehen. Es handelt sich in der Hauptsache um folgende Fragen:

a) Wie ändert sich die Intensität der von einer dicken Platte ausgesandten Photoelektronen mit dem Plattenmaterial und mit der Wellenlänge der auslösenden Strahlen, insbesondere beim Überschreiten einer Absorptionskante? Zur Beantwortung dieser Frage ist es vor allem nötig, die Intensität der Elektronen auf eine bestimmte Primärintensität zu beziehen; meist wurde bei der-

---

[1] H. ROBINSON, Nature Bd. 118, S. 224. 1926.
[2] H. R. ROBINSON u. C. L. YOUNG, Proc. Roy. Soc. London (A) Bd. 128, S. 92. 1930.
[3] G. SHEARER, Phil. Mag. Bd. 44, S. 493. 1922; L. SIMONS, ebenda Bd. 46, S. 473. 1924; W. ESPE, Ann. d. Phys. Bd. 2, S. 381. 1929; E. RUDBERG, Proc. Roy. Soc. London (A) Bd. 120, S. 385. 1928.

artigen Versuchen das Verhältnis R der von den Elektronen erzeugten totalen Ionisation zu der von den Primärstrahlen in 1 cm normaler Luft erzeugten Ionisation ermittelt. Diese Größe R hat keine unmittelbare theoretische Bedeutung, sie dient aber zur Beantwortung der folgenden Fragen.

b) Wie groß ist der Bruchteil der *primären* Strahlenenergie, welcher in einer Schicht von der Dicke dx in Energie der Photoelektronen umgewandelt wird? Bezeichnet man diesen Bruchteil mit $k\,dx$, so kann man die Größe k als den „Photoemissionskoeffizienten" bezeichnen; dieser ist eine Funktion der Primärwellenlänge und des Plattenmaterials, ähnlich wie der Absorptionskoeffizient.

c) Welcher Bruchteil der gesamten *absorbierten* Primärenergie tritt als Elektronenenergie wieder auf? Diesen Bruchteil, den wir als die „Ausbeute" p an Photoelektronen bezeichnen wollen, ist offenbar das Verhältnis k/τ des Photoemissionskoeffizienten zum Absorptionskoeffizienten. Die Kenntnis der Elektronenausbeute und ihrer Abhängigkeit von der Primärwellenlänge und der Natur des Elektronenstrahlers ist von direktem Nutzen für das Verständnis des Absorptionsvorganges.

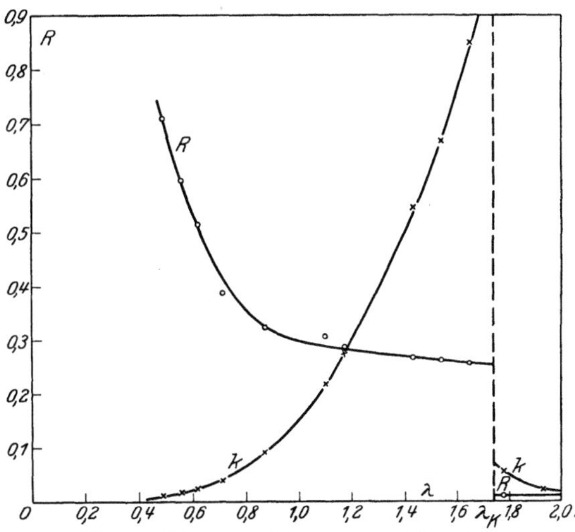

Abb. 15. Elektronenemission von einer Eisenplatte. (C. A. SADLER.)

Die Antwort auf die Frage a) gibt SADLER[1] in Kurven, von welchen Abb. 15 ein typisches Beispiel darstellt. Die Messungen wurden mit dem Plattenkondensator von variablem Abstand gemacht (Ziff. 17), indem die hintere Platte aus dem zu untersuchenden Material hergestellt wurde, die vordere aus dem nur schwach Elektronen aussendenden Aluminium; SADLERS Resultate beziehen sich also ausschließlich auf die Einfallselektronenstrahlung. Aus der Kurve (OS, Abb. 11), welche die Ionisation als Funktion des Plattenabstandes darstellt, bestimmt SADLER das Verhältnis R in folgender Weise: Der gradlinige Teil der Kurve schneide, rückwärts verlängert, auf der Ordinatenachse das Stück a ab; b sei die Steigung der Kurve pro 1 cm Plattenabstand, auf dem gradlinigen Teil genommen; dann setzt SADLER $R = a/b$ (Tab. 13). Hieraus werden sodann Relativwerte des Photoemissionskoeffizienten k abgeleitet, welche die Abhängigkeit des k von der Primärwellenlänge für ein bestimmtes Plattenmaterial wiedergeben. Ist α_p wieder der Absorptionskoeffizient der Photoelektronen im Plattenmaterial, τ_g der Absorptionskoeffizient der Primärstrahlen in der Luft, so rechnet SADLER im wesentlichen:

$$k \sim R\,\alpha_p\,\tau_g\,. \tag{20}$$

Statt α_p kann man auf Grund des LENARDschen Gesetzes noch den Absorptionskoeffizienten α_g in Luft setzen, welcher sich aus der gleichen Ionisationskurve ableiten läßt (Ziff. 16). Einige Korrektionen werden angebracht für die Fluoreszenz- und Streustrahlung von den Kondensatorplatten, für die wenigen Photoelektronen, welche von der vorderen Platte ausgehen, und für die Absorption

[1] C. A. SADLER, Phil. Mag. Bd. 19, S. 337. 1910; Bd. 22, S. 447. 1911.

der Primärstrahlen in den Platten und in der Luft[1]. Abb. 15 zeigt als typisches Beispiel den Verlauf von k für Eisen als Elektronenstrahler.

Das bedeutsame Resultat von SADLERS Untersuchungen ist, daß der Photoemissionskoeffizient k an einer Absorptionskante unstetig ist: überschreitet man eine Absorptionskante des Elektronenstrahlers von der Seite langer Wellen her, so springt k auf einen höheren Wert. Dasselbe Verhalten zeigt nun auch der Absorptionskoeffizient τ (Ziff. 4), so daß man aus der Unstetigkeit von k allein noch nicht schließen kann, ob auch die Elektronenausbeute k/τ unstetig ist. Um diese Frage zu entscheiden, sind die SADLERschen Messungen wenig geeignet, da sie mannigfachen Einwänden ausgesetzt sind, insbesondere ist die Veränderung der geometrischen Bedingungen durch die Variation des Plattenabstandes wenig günstig.

Tabelle 13. Relative Intensitäten (R) und Ausbeuten ($R\alpha_g$) für Photoelektronen von festen Platten.

		Elektronenstrahler	Primäre Wellenlänge in Å ($K\alpha$ = Strahlung) 1,93 Fe	1,78 Co	1,65 Ni	1,54 Cu	1,43 Zn	1,17 As	1,10 Se	0,87 Sr	0,71 Mo	0,62 Rh	0,56 Ag	0,49 Sn
SADLER	R	Al	0,007	0,009	—	—	0,018	0,036	0,048	0,115	0,264	0,400	0,500	0,680
		Fe	—	0,013	0,256	0,262	0,267	0,287	0,305	0,322	0,389	0,514	0,598	0,710
		Cu	—	—	—	0,018	0,059	0,386	0,398	0,406	0,470	0,563	0,645	0,746
		Ag	0,079	0,098	0,119	0,148	0,178	0,333	0,410	0,672	0,972	1,08	1,15	2,19
BEATTY	R	Ag	0,149	—	—	0,239	0,268	0,522	—	—	—	—	—	3,50
	$R\alpha_g$	Ag	13,0	—	—	12,4	11,4	14,3	—	—	—	—	—	13,9

Besser geeignet zu Betrachtungen über die Elektronenausbeute sind die (leider nicht so ausgedehnten) Messungen von BEATTY[2], bei welchen statt des Plattenabstandes der Gasdruck variiert wurde. Als Elektronenstrahler wurde eine Silberfolie benutzt, welche die *vordere* Kondensatorplatte bildete. Die Ergebnisse für das Verhältnis R sind in Tabelle 13 aufgenommen[3]; beim Vergleich mit den entsprechenden Werten SADLERS ist zu beachten, daß SADLER Einfallsstrahlung, BEATTY Austrittsstrahlung untersuchte; daß jedoch hierdurch allein die größeren Werte BEATTYS erklärt werden, ist unwahrscheinlich (vgl. Ziff. 37). Um nun die Elektronenausbeute zu berechnen, hat man entsprechend Gleichung (20) zu bilden

$$p = \frac{k}{\tau_p} \infty R\alpha_p \frac{\tau_g}{\tau_p},$$

wo τ_p den Absorptionskoeffizienten der Primärstrahlung im Plattenmaterial bedeutet. Das Verhältnis τ_g/τ_p kann zwischen zwei Absorptionskanten als kon-

[1] An Hand der Ziff. 16 erkennt man leicht, daß SADLERS Berechnungsweise nicht ganz korrekt ist, denn man findet:

$$\frac{a}{b}\alpha_p\tau_g = \left(\frac{k_p}{k_g} - \frac{\alpha_p}{\alpha_g}\right)\tau_g.$$

Berücksichtigt man, daß die Luftionisation durch Röntgenstrahlen ein von der Wellenlänge unabhängiges Maß der absorbierten Energie ist, so ist τ_g proportional k_g, so daß der erste Summand in der Tat ein Maß für k_p abgibt. Der zweite Summand wird aber bei SADLER unterdrückt, offenbar weil er annahm, daß nach Abzug der Plattenionisation eine mit dem Plattenabstand streng proportionale Ionisation verbleiben würde statt der durch Kurve OG der Abb. 9 dargestellten. Da nach dem LENARDschen Gesetz α_p/α_g nahe gleich dem Dichteverhältnis von Plattenmaterial:Luft ist, würde die Ungenauigkeit stark ins Gewicht fallen, wenn dasselbe für k_p/k_g größenordnungsmäßig gilt, d. h. für leichtatomige Platten.

[2] R. T. BEATTY, Phil. Mag. Bd. 20, S. 320. 1910; Proc. Roy. Soc. London (A) Bd. 85, S. 230. 1911.

[3] Auch auf BEATTYS Messungen trifft die obige Anm. 1 zu.

stant angesehen werden (BARKLAsche Regel; Ziff. 5) und α_p kann proportional α_g angenommen werden, so daß man rechnen kann

$$p \sim R\alpha_g .$$

Diese Größe ist ebenfalls in der Tabelle 13 aufgeführt. Man sieht, daß die Elektronenausbeute nicht merklich von der primären Wellenlänge abhängt; zwar bezieht sich diese Aussage zunächst nur auf die Austrittselektronenstrahlung, da jedoch das Verhältnis von Austritts- zu Einfallsstrahlung bei dicken Platten nicht sehr stark von der Wellenlänge abhängt (Ziff. 37), so kann man wenigstens mit einiger Annäherung behaupten, daß ein konstanter, von der Primärwellenlänge unabhängiger Bruchteil der absorbierten Primärenergie in Elektronenenergie umgesetzt wird. Zu beachten ist jedoch, daß die Bedingungen bei BEATTYs Versuchen so waren, daß im Elektronenstrahler keine Fluoreszenzstrahlung von merklichem Betrage erregt wurde.

In letzterer Hinsicht wurden BEATTYs Versuche nun in glücklicher Weise ergänzt durch solche von BRAGG und PORTER[1]. Diese gingen insofern anders vor, als sie nicht wie BEATTY die Primärwellenlänge variierten, sondern den Elektronenstrahler bei gleichbleibender Primärstrahlung. Dies hat den Vorteil, daß die aus der Platte austretende Elektronenintensität direkt einen Relativwert für den Massenphotoemissionskoeffizienten k/ϱ gibt, denn nach dem LENARDschen Gesetz kann die mittlere Dicke der elektronenstrahlenden Oberflächenschicht ungefähr umgekehrt proportional der Dichte des Plattenmaterials angenommen werden. Es ist jedoch zu beachten, daß hierbei vorausgesetzt ist, daß die Geschwindigkeit (Absorbierbarkeit) der Photoelektronen vom Plattenmaterial unabhängig ist, was nach Ziff. 22 sicher nicht exakt der Fall ist. Man kann daher keine sehr genauen Resultate erwarten. Der Hauptunterschied gegenüber BEATTYs Versuchen besteht aber darin, daß auch Fälle berücksichtigt werden, wo merkliche Fluoreszenzstrahlung in der Platte erregt wird. Das Resultat dieser Versuche ist, daß die Elektronenausbeute auch unabhängig vom Elektronenstrahler ist, wenn man sie nicht auf die *gesamte* absorbierte Energie bezieht, sondern von dieser *die Energie der erzeugten Fluoreszenzstrahlung in Abzug bringt.* Auf die Bestimmung des in Fluoreszenzstrahlung umgesetzten Bruchteils der absorbierten Primärenergie, welche einen Teil der Arbeit von BRAGG und PORTER ausmacht, wird später eingegangen werden (Ziff. 47). Mit welcher Annäherung dieses Gesetz gilt, zeigt die Tabelle 14; die Zahlen der

Tabelle 14. Relative Elektronenausbeuten ($p = k/\tau$), korrigiert für Fluoreszenzerregung (BRAGG u. PORTER).

Elektronenstrahler	$\lambda = 1{,}43$ Å (Zn $K\alpha$)				$\lambda = 1{,}17$ Å (As $K\alpha$)				$\lambda = 0{,}49$ Å (Sn $K\alpha$)			
	$\frac{k}{\varrho}$	p'	$\frac{\tau}{\varrho}(1-p')$	$\frac{\tau}{k}(1-p')$	$\frac{k}{\varrho}$	p'	$\frac{\tau}{\varrho}(1-p')$	$\frac{\tau}{k}(1-p')$	$\frac{k}{\varrho}$	p'	$\frac{\tau}{\varrho}(1-p')$	$\frac{\tau}{k}(1-p')$
Al	0,06	0	34,5	575	0,115	0	21,1	183	1,30	0	1,51	1,16
Fe	0,33	0,204	173,5	525	0,420	0,200	99,1	235	9,02	0,155	11,8	1,30
Ni	0,39	0,274	187,5	480	0,500	0,293	103,5	207	9,18	0,262	12,3	1,34
Cu	0,21	0	50,5	240	0,483	0,340	99,5	206	10,26	0,313	11,6	1,13
Zn	0,11	0	45,5	415	0,536	0,371	114,5	213	10,72	0,356	10,9	1,02
Sn	0,38	0	220,5	580	0,575	0	109,5	191	12,36	0	12,6	1,02
1	2	3	4	5	6	7	8	9	10	11	12	13

k/ϱ = Massenphotoemissionskoeffizient (Relativwerte).
τ/ϱ = Massenabsorptionskoeffizient.
p' = Fluoreszenzausbeute.

[1] W. H. BRAGG u. H. L. PORTER, Proc. Roy. Soc. London (A) Bd. 85, S. 349. 1911.

Spalten 5, 9, 13 müßten in sich konstant sein; die Resultate für verschiedene Primärstrahlen sind jedoch nicht vergleichbar. Besonders bemerkenswert ist, daß das soeben ausgesprochene Gesetz auch leidlich gültig bleibt, wenn man eine Absorptionskante überschreitet. Der ganz herausfallende Wert für Zn-Strahlen und Cu-Platte, für den die Verfasser keine Erklärung zu geben vermögen, ist zweifellos durch die Inhomogenität der Primärstrahlung bedingt; von den beiden Hauptkomponenten der Zn*K*-Strahlung trägt nämlich die β-Linie, obwohl sie weit schwächer ist als die α-Linie, doch ganz wesentlich zur Photoemission bei, da sie auf der kurzwelligen Seite, die α-Linie aber auf der langwelligen Seite der Cu*K*-Kante liegt. Dementsprechend müßte ein beträchtlich größerer mittlerer Absorptionskoeffizient benutzt werden, als der in der Tabelle aufgeführte, welcher im wesentlichen der für die α-Linie allein gültige ist, denn die β-Linie wird etwa 7mal stärker absorbiert als die α-Linie.

Als Resultat der Untersuchungen von BEATTY und BRAGG und PORTER ergibt sich also zum mindesten angenähert, daß die Elektronenausbeute unabhängig ist von der Primärwellenlänge und vom Elektronenstrahler, solange in diesem keine merkliche Fluoreszenzstrahlung erregt wird; entsteht dagegen Fluoreszenzstrahlung, so ist deren Energie von der absorbierten Primärenergie in Abzug zu bringen, damit die Elektronenausbeute wieder konstant bleibt. Die einfache Deutung dieses Resultates ist, daß in jedem Falle die *gesamte nicht auf Fluoreszenzerregung entfallende* absorbierte Primärenergie in Elektronenenergie umgesetzt wird; die absolute Elektronenausbeute wäre also 1, solange keine Fluoreszenzstrahlung erregt wird. Dieser Schluß konnte jedoch erst aus Gasversuchen mit einiger Sicherheit gezogen werden (vgl. Ziff. 35).

26. Der Sprung in der Photoemission. Die Zahlen von BRAGG und PORTER erlauben auch, den von SADLER schon beobachteten Sprung in der Elektronenemission einer Platte beim Überschreiten einer Absorptionskante abzuschätzen. Mit As-Strahlen betrug die Emission 0,575 für Sn, 0,536 für Zn; mit Zn-Strahlen dagegen waren die entsprechenden Zahlen 0,38 und 0,11 (alle Angaben in willkürlichen Einheiten; Tab. 14). Daher gibt das Verhältnis

$$\frac{0{,}38}{0{,}11} : \frac{0{,}575}{0{,}526} = 3{,}2$$

an, um welchen Faktor sich die Photoemission von Zn beim Überschreiten der Zn*K*-Kante ändert[1]. Dieser Faktor ist wesentlich kleiner als der von SADLER an Fe und Cu gefundene, welcher rund 20 beträgt; in der Tat ist ein so starker Sprung, wie ihn SADLER findet, auch von anderen Autoren nie beobachtet worden.

Der genaueren Ermittlung dieses Sprunges widmen noch BARKLA und DALLAS[1] eine besondere Untersuchung. Das Verfahren dieser Autoren unterscheidet sich von demjenigen SADLERS und BEATTYS dadurch, daß als Maß für die Primärintensität nicht die Ionisation in 1 cm Luft, sondern die Elektronenstrahlung von einer Platinplatte diente, welche mit der eigentlichen Versuchsplatte vertauscht werden konnte; Platin besitzt in dem benutzten Wellenlängenbereich keine Absorptionskante. Als Gasfüllung diente Wasserstoff, dessen direkte Ionisation durch die Röntgenstrahlen vernachlässigt werden konnte. Einige der Resultate zeigt Abb. 16. Kupfer hat ebenso wie Platin in dem ganzen Wellenlängenbereich keine Absorptionskante, daher verläuft die Cu-Kurve glatt, und zwar fast horizontal; dies ist zu erwarten, wenn man annimmt, daß das Verhält-

---

[1] C. G. BARKLA und A. E. M. M. DALLAS (Phil. Mag. Bd. 47, S. 1. 1924) wählen bei der Diskussion der Messungen von BRAGG und PORTER Fe statt Sn als Vergleichssubstanz und erhalten 3,8 als Sprungfaktor; Fe gibt jedoch mit As- und Zn-Strahlung kräftige Fluoreszenzstrahlung.

nis der Photoemissionskoeffizienten in Pt und Cu (ebenso wie das der Absorptionskoeffizienten τ, Ziff. 5) von der Wellenlänge unabhängig ist, und daß für die in beiden Metallen erzeugten Elektronen das LENARDsche Gesetz gilt. Dagegen zeigen die Ag- und Sn-Kurven je zwei deutliche Unstetigkeiten. Als Primärstrahlung diente Fluoreszenzstrahlung von Mo bis Ce, deren α- und β-Komponenten der größere bzw. der kleinere Sprung entspricht. Beim Silber beträgt die Summe der beiden Sprünge rund 100%, ist also sogar noch wesentlich kleiner, als sich aus BRAGGS und PORTERS Zahlen für Zink ergibt; dagegen ist der Sprung ungefähr ebenso groß, wie ihn früher BARKLA und SHEARER[1] für Silber gefunden hatten. Hinzu kommt aber noch (was von keinem der früheren Autoren beachtet worden war), daß ein Teil des Sprunges auf Rechnung eines Nebeneffektes zu setzen ist, nämlich der beim Überschreiten der Kante einsetzenden Fluoreszenzstrahlung in der Platte, welche ebenfalls Photoelektronen in der gewöhnlichen Weise auslöst (vgl. Ziff. 22). Die hierfür anzubringende Korrektion ermittelten die Verfasser, indem sie die massive Silberplatte durch eine sehr dünne Silberfolie ersetzten; es zeigte sich dann eine beträchtliche Abnahme der Photoemission infolge weitgehender Unterdrückung der Fluoreszenzstrahlung. So schließen BARKLA und DALLAS endlich aus ihren Versuchen, daß der Sprung in der Photoemission von Silber nicht mehr als 50% beträgt. Andererseits aber lassen auch diese Versuche keinen Zweifel, daß der Sprung wirklich existiert, auch stellen die Verfasser nochmals ausdrücklich fest, daß die an der Sprungstelle hinzutretenden Photoelektronen ungefähr die normale Geschwindigkeit haben und keineswegs etwa besonders leicht absorbierbar sind, wie man etwa nach Gleichung (17) erwarten würde.

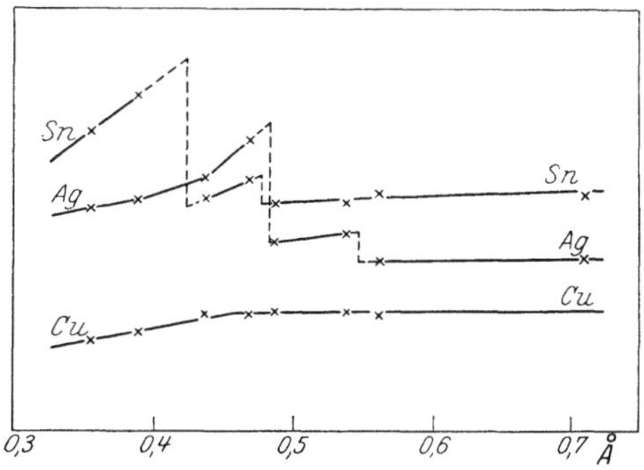

Wellenlänge der α-Linie in der primären K-Strahlung.

Abb. 16. Sprünge in der Photoemission. (BARKLA und DALLAS.)

Der Sprungfaktor der Photoemission ist stets kleiner als derjenige der Absorption (Ziff. 12), so daß die Elektronenausbeute p auf der kurzwelligen Seite einer Kante kleiner ist als auf der langwelligen. Die Erklärung für diese Verhältnisse wurde erst später in dem Auftreten der „inneren Absorption" und der „Photoelektronen zweiter Art" gefunden (Ziff. 47).

Allgemein ist auch über diese Plattenversuche wieder zu sagen, daß zu ihrer Auswertung notwendig eine ganze Reihe mehr oder weniger unsicherer Annahmen benutzt werden mußte. Bezüglich der nichtexponentiellen Form der Absorptionskurve versuchen nur BRAGG und PORTER, den wirklichen Verhältnissen Rechnung zu tragen, indem sie mittels dünner Metallfolien die Absorptionskurve direkt aufnehmen.

Mit zunehmender Wellenlänge werden die Verhältnisse immer verwickelter, weil mehr und mehr die äußeren Elektronenschalen mit ihrem verwickelten Kantensystem die entscheidende Rolle spielen. Bei Strahlen von 200 bis 500 Volt (25 bis 60 Å) ändert sich bereits die Photoemission mit der Ordnungszahl des Elektronenstrahlers in ähnlich unregelmäßiger Weise wie im sichtbaren Wellenbereich, auch die Gasbeladung hat hier schon erheblichen Einfluß[2].

[1] C. G. BARKLA u. G. SHEARER, Phil. Mag. Bd. 30, S. 745. 1915.

[2] L. P. DAVIES, Proc. Roy. Soc. London (A) Bd. 119, S. 543. 1928; G. B. BANDOPADHYAYA, ebenda Bd. 120, S. 46. 1928.

27. Plattenversuche mit inhomogenen Strahlen. Nur in losem Zusammenhang mit den soeben besprochenen Versuchen stehen einige mit inhomogenen Primärstrahlen ausgeführte Untersuchungen, die hier kurz erwähnt seien. SHEARER[1] versuchte die *Zahl* der an dicken Platten ausgelösten Photoelektronen zu bestimmen, indem er die Selbstaufladung der Platte bei Röntgenbestrahlung maß. Als Plattenmaterial dienten Elemente zwischen Al und Bi, und es ergab sich, daß die Zahl der aus einer dicken Platte austretenden Elektronen proportional $(Z - 10)$ ist, wenn Z (> 10) die Ordnungszahl des Elementes ist; dies bedeutet eine starke Zunahme der Photoemission mit der Ordnungszahl des Elektronenstrahlers. Durch Berücksichtigung der Absorption der Elektronen in dem Strahler selbst kommt SHEARER zu dem Schluß, daß die von einer gegebenen Röntgenstrahlung pro Atom des Strahlers ausgelöste Elektronenmenge n

$$n \sim A(Z - 10)$$

ist, wo A das Atomgewicht bedeutet. Ändert man die Spannung V an dem Röntgenrohr, welches die inhomogene Primärstrahlung liefert, so ist bei gleicher Ionisationswirkung der Primärstrahlung die ausgelöste Elektronenmenge proportional $\sqrt{V}$.

Ähnliche Versuche hat ESPE[2] unternommen, zwar ebenfalls mit der inhomogenen Röhrenstrahlung, aber unter solchen Bedingungen, daß die K-Strahlung des Anodenmaterials (Fe, Ni, Cu) kräftig zur Wirkung kam. Daher fand er auch bei Variation des Elektronenstrahlers die zu erwartenden Sprünge in der Photoemission, wenn die K-Kante des Elektronenstrahlers über die $K\alpha$-Linie des Anodenmaterials hinwegstrich.

BERG und ELLINGER[3] maßen die Intensität der Photoemission dicker Platten verschiedenen Materials unter dem Einfluß harter, inhomogener Röntgenstrahlen (84, 120 und 148 kV_{max}). Die Ionisationswirkung der Elektronen, als Funktion der Ordnungszahl des Strahlers aufgetragen, zeigte ebenfalls das starke Anwachsen mit steigender Ordnungszahl, der Kurvenverlauf war jedoch nicht ganz glatt, sondern etwas wellenförmig. Es erscheint nicht ausgeschlossen, daß die Unregelmäßigkeiten auf die Abweichungen vom LENARDschen Gesetz zurückzuführen sind, welche ja bei schnellen Elektronen mit den Perioden des natürlichen Systems der Elemente konform gehen. Wie weit auch Absorptionssprünge[2] oder Unvollkommenheiten der Versuchsanordnung[4] dabei mitgespielt haben mögen, ist schwer zu entscheiden. Die ähnlichen, nur mit durch Filterung besser homogenisierten Strahlen ausgeführten Messungen von VETTE wurden bereits Ziff. 17 erwähnt[5]. Sie lassen die Absorptionssprünge zum Teil deutlich, wenn auch stark verwaschen erkennen. Von diesen Sprüngen abgesehen, erreicht die Photoemission ein Maximum bei mittleren Wellenlängen, wenn man sie auf die Luftionisation in einer Kammer bezieht, deren Wände aus „luftähnlichen" Substanzen, wie Papier oder Zellon, bestehen. Beim Zustandekommen dieses Maximums spielen die besonderen Verhältnisse bei sehr kurzen Wellen eine wesentliche Rolle (Rückstoßelektronen, Ziff. 17 d. folg. Kap.). Dasselbe gilt für Messungen, welche FRICKE und GLASSER[6] mit sehr harten Strahlen ausgeführt haben (siehe Ziff. 19 d. folg. Kap.).

---

[1] G. SHEARER, Phil. Mag. Bd. 44, S. 793. 1922.
[2] W. ESPE, Ann. d. Phys. Bd. 2, S. 381. 1929.
[3] O. BERG u. PH. ELLINGER, Wiss. Veröffentl. a. d. Siemens-Konz. Bd. 2, S. 331. 1922.
[4] H. BEHNKEN u. R. JAEGER, Phys. ZS. Bd. 29, S. 836. 1928.
[5] Vgl. auch H. HOLTHUSEN u. O. ASCHER, Acta Radiolog. Bd. 8, S. 51. 1927.
[6] H. FRICKE u. O. GLASSER, ZS. f. Phys. Bd. 29, S. 374. 1924.

28. Abhängigkeit der Photoemission vom Einfallswinkel. ESPE[1] hat die von einer Metallplatte ausgesandte Elektronenmenge in Abhängigkeit vom Winkel α gemessen, unter dem ein eng begrenztes Röntgenbündel auf die ausgedehnte Platte fiel. Er fand, daß die Elektronenmenge proportional $1/\cos\alpha$ ist, wenn α, vom Einfallslot aus gerechnet, sich zwischen 0 und 50° bewegt. Dies kann in folgender Weise einfach gedeutet werden. Die Elektronen sind viel weniger durchdringend als die auslösende Röntgenstrahlung, sie werden also nur so weit zur Messung kommen, als sie aus einer gewissen Oberflächenschicht von der geringen Dicke δ kommen, wobei die Intensitätsabnahme der Röntgenstrahlen in dieser dünnen Schicht zu vernachlässigen ist. Daher wird die Elektronenemission der Platte proportional der in der Schicht δ absorbierten Röntgenenergie sein, und diese ist proportional dem Weg der Röntgenstrahlen in dieser Schicht, d. h. proportional $1/\cos\alpha$. Hierbei ist allerdings vorausgesetzt, daß unter jedem Winkel zur Richtung der Röntgenstrahlen gleich viel Elektronen ausgesandt werden. Dies ist ursprünglich sicher nicht der Fall (vgl. c), anscheinend hat aber die Zerstreuung, welche die Elektronen vor ihrem Austritt

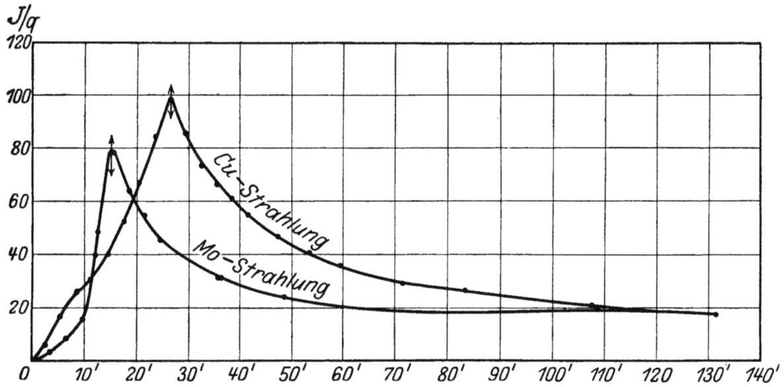

Abb. 17. Photoemission eines Silberspiegels als Funktion des Glanzwinkels.

aus der Platte in der Schicht δ erleiden, zur Folge, daß die ursprüngliche Richtungsverteilung verwischt wird und in eine allseitig gleichmäßige übergeht.

Bei sehr streifendem Einfall der Röntgenstrahlen können diese Überlegungen schon deshalb nicht mehr zutreffen, weil die Absorption der Röntgenstrahlen in der Schicht δ sich bemerkbar machen muß. Aber noch aus einem anderen Grunde trifft man hier auf ganz neue Verhältnisse: von einem gewissen Grenzwinkel ab tritt Totalreflexion ein, weil die Substanzen für das Röntgengebiet im allgemeinen einen Brechungsindex <1 besitzen. EHRENBERG und JENTZSCH[2] haben untersucht, wie die Totalreflexion sich auf die Photoemission einer Metallplatte auswirkt. Beispiele der gewonnenen Kurven zeigt Abb. 17, wo die emittierte Elektronenmenge pro Querschnittseinheit des Röntgenbündels als Funktion des „Glanzwinkels“ $\vartheta\left(=\frac{\pi}{2}-\alpha\right)$ für einen Silberspiegel und $\lambda = 0{,}71$ Å (Mo$K\alpha$) bzw. 1,54 Å (Cu$K\alpha$) aufgetragen ist. Das scharfe Maximum der Emission liegt bei einem Winkel, welcher gut mit dem theoretischen Grenzwinkel der Totalreflexion übereinstimmt. Die Abnahme der Emission bei noch kleineren Winkeln erklärt sich daraus, daß bekanntlich bei der idealen Totalreflexion das Licht nur noch eine Strecke von der Größenordnung der Wellenlänge in das zweite Mittel eindringt, also praktisch keine Möglichkeit mehr zur

[1] Siehe Fußnote 2, S. 46.
[2] W. EHRENBERG u. F. JENTZSCH, ZS. f. Phys. Bd. 54, S. 227. 1929.

Auslösung von Photoelektronen hat. Wenn trotzdem noch innerhalb des Grenzwinkels eine merkliche Emission erfolgt, so hat dies seinen Grund hauptsächlich darin, daß die Reflexion in Wirklichkeit nicht völlig „total", die Grenze also verwaschen ist, und dies hängt wieder mit dem endlichen Absorptionskoeffizienten der Röntgenstrahlen zusammen[1].

29. Abhängigkeit der Photoemission von der Oberflächenbeschaffenheit und Gasbeladung. Aufrauhung der Oberfläche kann nach ESPE[2] die Photoemission sowohl vergrößern als auch verkleinern. Nach VETTE[3] zeigt eine rauhe Oberfläche immer eine etwas stärkere Photoemission als eine glatte. Es wäre denkbar, daß die Form der Rauhigkeit (scharfe Rillen oder wellige Oberfläche) von gewissem Einfluß ist.

Wasserstoffbeladenes Palladium gibt mit mittelharten Röntgenstrahlen nach ESPE dieselbe Emission wie gasfreies. Oberhalb etwa 20 Å hängt dagegen die Emission von Metallen stark vom Entgasungszustand ab, ähnlich wie bei sichtbaren Wellenlängen: Gasbeladung steigert die Elektronenemission (vgl. Ziff. 21).

30. Die relativen Ionisationskoeffizienten für Gase. Von den in Ziff. 16 erwähnten Voraussetzungen wird man zum Teil unabhängig, wenn man die zu untersuchenden Photoelektronen nicht an einem festen Körper, sondern in einem Gase auslöst und die Ionisation in dem gleichen Gase mißt. Dafür treten allerdings zwei neue Komplikationen auf: erstens hängt die totale Ionisationswirkung eines Elektrons von bestimmter Energie von der Natur des ionisierten Gases ab, worauf man bei der Variation des gasförmigen Strahlers Rücksicht zu nehmen hat; zweitens ist nicht von vornherein sicher, ob die ganze in einem Gase beobachtete Ionisation auf Rechnung der Photoelektronen zu setzen ist, oder ob die Röntgenstrahlen auch auf direkte Weise, ohne den Umweg über die Photoelektronen, zu ionisieren vermögen. Wir stellen diese Fragen vorläufig zurück (vgl. Ziff. 32 u. 33) und geben zunächst eine Tabelle der Ionisationskoeffizienten für

Tabelle 15. Relative Ionisationskoeffizienten i (Luft = 1).

Wellenlänge Å (*K*-Strahlung)	Leuchtgas[4]	H_2 [5]	N_2 [4]	O_2 [4]	CO_2 [4]	N_2O [4]	SH_2 [4]	SO_2 [4]	SeH_2 [6]	C_2H_5Br [7]	CH_3J [4]
2,29 (Cr)	0,33	—	—	—	1,40	—	—	—	—	—	—
1,93 (Fe)	0,32	—	—	1,37	1,41	1,325	14,7	—	30,3	—	—
1,65 (Ni)	0,32	—	—	1,35	1,39	1,335	14,9	11,5	—	—	162
1,54 (Cu)	0,32	0,0010	0,715	1,38	1,40	1,30	14,7	11,7	29,2	50	152
1,43 (Zn)	0,31	—	—	1,42	1,36	1,30	14,3	11,1	—	—	—
1,17 (As)	0,34	—	0,71	1,27	1,38	1,33	14,8	11,2	—	49,3	158
1,10 (Se)	0,33	—	—	1,31	1,35	1,37	15,0	11,7	30,6	50,5	—
0,87 (Sr)	0,36	—	—	1,28	1,40	1,31	15,3	11,7	122	165	—
0,71 (Mo)	0,34	—	—	1,28	1,43	1,38	15,2	12,2	190	221	188
0,62 (Rh)	—	—	—	—	1,41	—	15,3	12,3	—	—	—
0,59 (Pd)	—	—	—	—	1,39	—	15,4	12,7	—	—	—
0,56 (Ag)	0,36	—	0,72	1,32	1,39	1,34	15,45	12,6	231	279	198
0,49 (Sn)	0,36	0,0016	—	1,29	1,41	1,31	15,7	—	250	393	205
0,47 (Sb)	0,37	—	—	1,28	1,43	1,32	—	—	—	—	—
0,44 (J)	—	—	0,73	—	—	—	—	—	286	—	211
0,39 (Ba)	—	—	—	—	—	—	—	—	—	—	251
0,36 (Ce)	—	—	—	—	—	—	—	—	—	475	—

[1] J. A. PRINS, ZS. f. Phys. Bd. 47, S. 479. 1928; R. FORSTER, Helv. Phys. Acta Bd. 1, S. 18. 1928; E. DERSHEM, Phys. Rev. Bd. 35, S. 128. 1930.

[2] W. ESPE, Ann. d. Phys. Bd. 2, S. 381. 1929.

[3] E. VETTE, Ann. d. Phys. Bd. 5, S. 929. 1930.

[4] C. G. BARKLA u. A. J. PHILPOT, Phil. Mag. Bd. 25, S. 832. 1913.

[5] G. SHEARER, Phil. Mag. Bd. 30, S. 644. 1915.

[6] R. T. BEATTY, Proc. Roy. Soc. London (A) Bd. 85, S. 230. 1911.

[7] C. G. BARKLA, Phil. Trans. Bd. 217, S. 315. 1918.

Röntgenstrahlen verschiedener Härte und für verschiedene Gase (Tab. 15). Der hier eingetragene relative Ionisationskoeffizient i bedeutet das Verhältnis der in einer Schicht des Gases erzeugten Ionisation zu der in einer gleich dicken Luftschicht von gleichem Druck und gleicher Temperatur hervorgerufenen Ionisation. Die Messung der Ionisationskoeffizienten kann auf verschiedene Arten geschehen, welche alle auf dem in Ziff. 16 Auseinandergesetzten beruhen: entweder bestimmt man die Neigung des linearen Teiles der Druckkurve (Abb. 11) oder aber (wenn man die Druckvariation vermeiden will) man macht die Wirkung der Endplatten unschädlich; letzteres kann geschehen, indem man den Platten möglichst die gleiche chemische Zusammensetzung gibt wie dem Gase, oder indem man die von den Platten herrührende Ionisation durch Hilfselektroden beseitigt, oder indem man einfach die Tiefe der Kammer groß gegen die Reichweite der Photoelektronen macht.

Die Ergebnisse für SeH_2 sind in Abb. 18 in Kurvenform aufgetragen; sie zeigen den für alle Gase typischen Verlauf des Ionisationskoeffizienten. In weiten Bereichen ist i praktisch unabhängig von der Primärwellenlänge. Sinkt diese aber unter eine Absorptionswellenlänge, so springt i plötzlich auf einen wesentlich höheren Wert. Der Ionisationssprung entspricht in allen Punkten genau dem Sprung in der Photoemission fester Platten und kann direkt mit diesem verglichen werden. Für SeH_2 beträgt der Sprungfaktor 2,7.

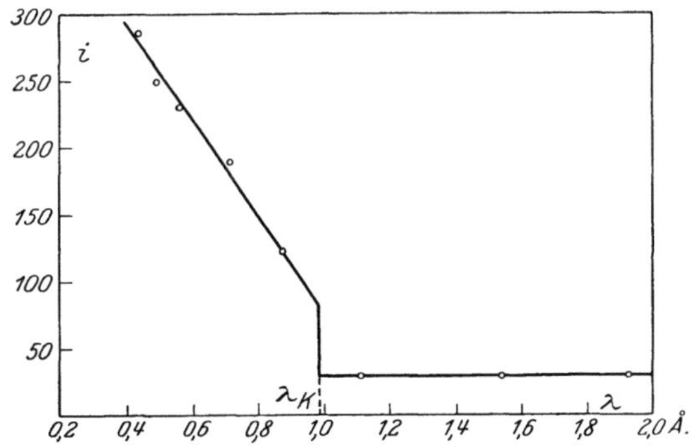

Abb. 18. Ionisationskoeffizient i von SeH_2 (R. T. Beatty).

Der Ionisationskoeffizient verhält sich nicht streng additiv, weder in chemischen Verbindungen noch selbst in Gemischen von Gasen, er läßt sich also für Verbindungen und Gemische nicht nach der einfachen Mischungsregel berechnen (vgl. jedoch Ziff. 34).

31. Die Ionisation in Wasserstoff. Wasserstoff als das Gas mit der kleinsten Ionisierbarkeit beansprucht besonderes Interesse, zumal für den Ionisierungskoeffizienten in Wasserstoff sehr widersprechende Resultate erhalten wurden. Frühere Beobachter ermittelten Werte für i zwischen 0,026 und 0,5. Crowther fand i mit wachsender Strahlenhärte zunehmend von 0,01 bis 0,18. Auch Beatty fand eine solche Zunahme: mit Fe-, Cu-, Zn- und As-K-Strahlung war i nahezu konstant $= 0{,}0057$; mit Sn-Strahlung dagegen ergab sich $i = 0{,}040$. Da Wasserstoff in diesem Wellenlängenbereich keine Absorptionskante besitzt, so bestand der Verdacht, daß bei allen diesen Versuchen der benutzte Wasserstoff chemisch nicht ganz rein war. In der Tat zeigte dann Shearer[1], daß der von Beatty gefundene Verlauf von i für Wasserstoff vollkommen mit demjenigen für SeH_2 oder AsH_3 übereinstimmte. Indem nun Shearer möglichst arsenfreien Wasserstoff benutzte, fand er die in Tabelle 15 eingetragenen, sehr kleinen Werte für i. Selbst diese Werte können nur als obere Grenzen angesehen werden, denn es würde ein AsH_3-Gehalt des Wasserstoffs von 1/40000 ausreichen, um die gesamte beobachtete Ionisation zu erklären; derartige Spuren von Verunreinigungen sind aber sehr schwer zu vermeiden. Andererseits wäre auch bei vollständig fehlender Photoemission in Wasserstoff eine kleine Ionisation zu erwarten,

[1] G. Shearer, Phil. Mag. Bd. 30, S. 644. 1915; dort frühere Literatur.

welche von den Rückstoßelektronen herrührt (vgl. Ziff. 17ff. d. folg. Kap.). Eine Überschlagsrechnung zeigt, daß diese Ionisation bei primärer Ag*K*-Strahlung in der Tat von der Größenordnung der von SHEARER gemessenen ist; bei Cu*K*-Strahlung ist sie viel kleiner.

32. Wesen der Röntgenionisation. Eine große Zahl von Untersuchungen galt der Frage, ob für die Ionisation durch Röntgenstrahlen allein die in dem Gas ausgelösten Sekundärelektronen verantwortlich zu machen sind, oder ob die Röntgenstrahlen außerdem auch direkt zu ionisieren vermögen. Das Prinzip aller dieser Versuche bestand darin, daß Plattenversuche mit Gasversuchen kombiniert wurden; in den Plattenversuchen hat man die Möglichkeit, Elektronen in einem festen Körper außerhalb des Gases zu erzeugen und ihre Ionisationswirkung zu messen, während man durch einen Gasversuch die durch dieselbe Elektronenmenge hervorgerufene zuzüglich der etwa gleichzeitig vorhandenen direkten Ionisation bestimmen kann. BEATTY[1] benutzte z. B. einen Kondensator, dessen Platten aus Selen bestanden, füllte diesen einmal mit Luft (deren Elektronenemission vernachlässigt werden kann), dann mit Selenwasserstoff (welcher praktisch als Selendampf aufgefaßt werden kann) und bestimmte für beide Fälle die Ionisation als Funktion des Druckes. An Hand der Bemerkungen von Ziff. 16 ist leicht einzusehen, wie man hieraus den Bruchteil der Ionisation in SeH_2 bestimmen kann, welcher auf die Wirkung der im Gas ausgelösten Photoelektronen entfällt[2]. Es ist nur zu beachten, daß das Ionisationsvermögen der Elektronen in SeH_2 ein anderes ist als in Luft, man muß daher einen „Korpuskularfaktor" in Rechnung setzen[3] (Ziff. 33). Dann ergibt sich als Mittel aus BEATTYs Versuchen, daß 96% der gesamten Ionisation den Photoelektronen zuzuschreiben sind. Versuche anderer Autoren führten zu ähnlichen Resultaten, wenn auch die Abweichungen von dem Werte 100% meist beträchtlicher waren. So zeigen also BEATTYs Ionisationsversuche, daß jedenfalls der Hauptanteil der Gasionisation durch Röntgenstrahlen den Photoelektronen zuzuschreiben ist. In Anbetracht der mehrfach hervorgehobenen Unsicherheiten aller solcher Messungen war man zu dem Schluß berechtigt, daß die ganze Ionisation durch die Photoelektronen bestritten wird, daß also die Röntgenstrahlen nicht direkt zu ionisieren vermögen. Mit besonderem Nachdruck hat BRAGG diesen Standpunkt vertreten, wobei er von seiner Korpuskularvorstellung über die Röntgenstrahlen ausging. Den bündigen Beweis für die Richtigkeit dieser Ansicht brachte jedoch erst C. T. R. WILSON[4] mit seiner Nebelmethode, welche die einzelnen Ionen im Raume zu fixieren erlaubt; WILSONs Photogramme zeigen aufs deutlichste, daß die Ionen ausschließlich längs der Flugbahnen der Photoelektronen sich bilden. Danach kann man als „direkt" erzeugte Ionenpaare höchstens diejenigen ansprechen, deren negative Partner die Photoelektronen selbst darstellen, und das ist ein verschwindender Bruchteil.

33. Das Ionisationsvermögen der Photoelektronen. Um nun aus Ionisationsversuchen mit verschiedenen Gasen auf die relative Intensität der Photoelektronen schließen zu können, muß man noch wissen, wie sich die totale Ionisation eines Elektrons von gegebener Energie mit der Natur des ionisierten Gases ändert. Es sind nämlich nicht alle Gase gleich leicht durch Elektronen ionisierbar, einige verlangen einen größeren Energieaufwand zur Erzeugung eines Ionenpaares als

---

[1] R. T. BEATTY, Proc. Roy. Soc. London (A) Bd. 85, S. 230. 1911.

[2] Mit SeH_2-Füllung erhielt BEATTY einen vollständig geradlinigen Verlauf; nach Ziff. 16 besagt dies allein schon, daß praktisch die ganze Ionisation auf Photoelektronen zurückzuführen ist.

[3] C. G. BARKLA u. A. J. PHILPOT, Phil. Mag. Bd. 25, S. 832. 1913.

[4] C. T. R. WILSON, Proc. Roy. Soc. London (A) Bd. 87, S. 277. 1912.

andere. Zur Untersuchung dieser Abhängigkeit kann wieder der bestrahlte Plattenkondensator dienen, den man nacheinander mit den zu untersuchenden Gasen füllt. In Tabelle 16, Spalte 2 sind die Ergebnisse derartiger Versuche von BARKLA und PHILPOT zusammengestellt[1]; die Ionisation in Luft ist willkürlich = 1,00 gesetzt. Zur Erzeugung der Photoelektronen dienten Röntgenstrahlen von 0,5 bis 1,1 Å Wellenlänge (K-Strahlung von Sn bis Se); in diesem Bereich waren die Zahlen der Tabelle praktisch unabhängig von der Wellenlänge, also von der Geschwindigkeit der Elektronen — ein für die Diskussion von Röntgenionisationsmessungen wichtiges Resultat.

Tabelle 16. Relative Ionenausbeuten für Elektronen (ι) und Röntgenstrahlen (i/τ) (BARKLA und PHILPOT).

Gas	ι	i/τ
Luft	1,00	1,00
H_2	1,02	—
N_2	0,93	—
O_2	1,10	—
CO_2	1,02	—
SH_2	1,33	1,27
SO_2	0,96	0,90
C_2H_5Br	1,50	1,60
CH_3J	1,48	1,40 ca.

34. Ermittlung des Photoemissionskoeffizienten in Gasen und Gasgemischen. Während die Horizontalreihen der Tabelle 15 Relativwerte der Ionisation in gleichen Schichtdicken der Gase darstellen, sind in der Spalte 3 der Tabelle 16 die auf gleiche *Absorption* der Primärstrahlung bezogenen Ionisationen (die „Ionenausbeuten") eingetragen. Die Zahlen sind so entstanden, daß die i-Werte der Tabelle 15 durch die Absorptionskoeffizienten für eine bestimmte Primärstrahlung dividiert und der Wert für Luft = 1,00 gesetzt wurde; die Primärwellenlänge wurde dabei für alle Gase so gewählt, daß sie in einem Gebiet konstanter i liegt. Man erkennt zunächst, daß die Ionenausbeute von der Natur des Gases abhängt; das klassische Beispiel hierfür bilden die Gase SH_2 und SO_2, von welchen bei gleichem Druck das erste stärker ionisiert wird, das zweite aber stärker absorbiert[2]. Die einander entsprechenden Zahlen der Spalten 2 und 3 der Tabelle 16 können innerhalb der Meßfehlergrenzen als gleich angesehen werden, die Ionenausbeute für Röntgenstrahlen geht also parallel mit der Ionenausbeute für die von ihnen erzeugten Photoelektronen. Dies besagt offenbar, daß die Unterschiede in den Ionenausbeuten für Röntgenstrahlen völlig erklärt werden durch das verschiedene Ionisationsvermögen der Elektronen in den verschiedenen Gasen, die Elektronenenergie selbst ist bei gleicher Absorption der Primärstrahlen in allen Gasen die gleiche. Es bestätigt sich also, und zwar mit größerer Präzision, der aus Plattenversuchen gezogene Schluß, daß die Elektronenausbeute unabhängig vom Material des Elektronenstrahlers ist, solange die Wellenlänge der Primärstrahlen nicht zu nahe bei einer langwelligeren Absorptionskante liegt, d. h. solange die Fluoreszenzstrahlung gegen die Elektronenstrahlung zu vernachlässigen ist.

Hieraus können wir noch einen weiteren wichtigen Schluß ziehen: da das Absorptionsvermögen für Röntgenstrahlen praktisch eine additive Eigenschaft ist (Ziff. 13), muß dasselbe für die Elektronenemission gelten, diese läßt sich also für Mischungen und chemische Verbindungen nach der Mischungsregel berechnen. Daß die Additivität für den *Ionisations*koeffizienten nicht gilt, ist einzig auf die Abhängigkeit des Ionisationsvermögens der Elektronen von der Natur des Gases zurückzuführen. Wir erläutern diese Verhältnisse durch eine einfache Rechnung. Man kann für jedes einheitliche Gas und für eine bestimmte Wellenlänge einen „molekularen Photoemissionskoeffizienten" k_m in der Weise definieren, daß k_m die Photoemission in einer Schicht ist, welche eine Molekel pro cm²

[1] C. G. BARKLA u. A. J. PHILPOT, Phil. Mag. Bd. 25, S. 832. 1913.

[2] C. G. BARKLA u. L. SIMONS, Phil. Mag. Bd. 23, S. 317. 1912; J. A. CROWTHER, Proc. Roy. Soc. London (A) Bd. 82, S. 127. 1908.

enthält. Bringt man nun in eine Ionisationskammer nacheinander mehrere Gase mit den Koeffizienten $k_m^1, k_m^2, \ldots$ in solchen Mengen, daß $n_1, n_2, \ldots$ Molekeln auf 1 cm² der Schicht kommen, so wird man die Photoemissionen $n_1 k_m^1, n_2 k_m^2, \ldots$ erhalten, also die Ionisationen

$$J_1 = n_1 k_m^1 \iota_1; \qquad J_2 = n_2 k_m^2 \iota_2; \ \ldots$$

$\iota_1, \iota_2, \ldots$ sind die in Ziff. 33 definierten Ionenausbeuten für Elektronen in den betreffenden Gasen (die „Korpuskularfaktoren"). Bringt man dieselben Mengen zusammen in dieselbe Kammer, so beträgt bei gleicher Primärintensität die Ionisation:

$$J = (n_1 k_m^1 + n_2 k_m^2 + \cdots)\iota,$$

wo ι die Ionenausbeute der Elektronen für die Mischung ist. Völlig belanglos ist hierbei, ob bei der Mischung chemische Umsetzungen zwischen den Komponenten stattfinden. Die Ionisation J ist im allgemeinen von der Summe $J_1 + J_2 + \cdots$ verschieden. Unter gewissen Annahmen läßt sich ι aus $\iota_1, \iota_2 \ldots$ berechnen. Nimmt man z. B. an, daß in der Mischung die an den Molekeln der verschiedenen Mischungskomponenten von einem Elektron erzeugten Ionenzahlen proportional den Partialdichten $\varrho_1, \varrho_2 \ldots$ sind, so wird

$$\iota = \frac{\varrho_1 \iota_1 + \varrho_2 \iota_2 + \cdots}{\varrho_1 + \varrho_2 + \cdots}.$$

Diese Annahme benutzten BARKLA und PHILPOT[1] z. B., um die Ionisation in einer Mischung von Luft und Äthylbromid zu berechnen; das Ergebnis war, daß die Abweichung von der Additivität der Ionisationen zwar in dem richtigen Sinne, aber größer als experimentell gefunden herauskam. Bessere Übereinstimmung erzielte H. MOORE[2], indem er ι nicht aus den ι_1 berechnete, sondern direkt experimentell bestimmte. MOORE maß die Ionisation in einer größeren Zahl gasförmiger Verbindungen, berechnete durch Division mit den gesondert bestimmten Korpuskularfaktoren die relativen Photoemissionen und hieraus die atomaren Photoemissionskoeffizienten k_a der Elemente unter Zugrundelegung der Additivität der letzteren. Der atomare Photoemissionskoeffizient ist genau analog dem molekularen definiert. Aus verschiedenen Verbindungen ergaben sich für jedes k_a mehrere Werte, welche gut miteinander übereinstimmten, womit die Additivität der Photoemissionen auch direkt erwiesen ist. Die gewonnenen Werte sind in Tabelle 17, Spalte 2, zusammengestellt.

Tabelle 17. Relative atomare Photoemissionskoeffizienten (k_a) für Cu*K*-Strahlung ($\lambda = 1{,}54$ Å) (MOORE).

Elektronenstrahler	k_a	$A^4 \cdot 10^{-4}$	$\frac{A^4}{k_a} \cdot 10^{-4}$
C	0,2	2,07	10,3
N	0,34	3,84	11,3
O	0,62	6,55	10,4
S	10,9	104,8	9,6
Cl	14,7	158,8	10,8

Die Tabelle 17 lehrt nun, in welcher Weise der atomare Photoemissionskoeffizient vom Atomgewicht bzw. der Ordnungszahl abhängt. Spalte 4 zeigt, daß er proportional der 4. Potenz des Atomgewichtes A oder der Ordnungszahl Z ist; zur Entscheidung zwischen Atomgewicht und Ordnungszahl reichte die Genauigkeit der Versuche nicht aus. Diese Abhängigkeit stimmt mit derjenigen des Absorptionskoeffizienten überein (Ziff. 5), und dies besagt wieder, daß die Elektronenausbeute p, d. h. das Verhältnis der erzeugten Elektronenenergie zur absorbierten Primärenergie, unabhängig von der Natur des absorbierenden Mittels ist, in Übereinstimmung mit BARKLA und PHILPOT (s. oben)

[1] C. G. BARKLA u. A. J. PHILPOT, Phil. Mag. Bd. 25, S. 832. 1913.
[2] H. MOORE, Proc. Roy. Soc. London (A) Bd. 91, S. 337. 1915.

und mit dem Ergebnis der Plattenversuche (Ziff. 25). Wesentlich ist aber auch hier wieder, daß in allen Fällen die nächst langwelligere Absorptionskante in größerem Abstand von der Primärwellenlänge (Cu*K*-Strahlung) lag, daß also die in dem Gase erregte Fluoreszenzstrahlung relativ schwach war.

Über die Abhängigkeit der Elektronenausbeute von der *Primärwellenlänge* geben die Spalten der Tabelle 15 unmittelbar Aufschluß, denn der Korpuskularfaktor kann als unabhängig von der Wellenlänge betrachtet werden. Nach der BARKLAschen Regel (Ziff. 5) ist das Verhältnis der Röntgenstrahlenabsorptionskoeffizienten in zwei Gasen von der Wellenlänge unabhängig, und zwar gilt dies gerade für diejenigen Wellenlängenbereiche, in welchen auch die Zahlen in einer Spalte der Tabelle 15 angenähert konstant sind. Somit ändert sich in den in Frage stehenden Bereichen die Elektronenausbeute auch mit der Wellenlänge nach einem Gesetz, in welches die Natur des Gases nicht eingeht, d. h. nach dem vorigen, die Elektronenausbeute ist unabhängig von der Natur des Gases und von der Wellenlänge.

35. Die absolute Elektronenausbeute. Um die Absolutwerte der Elektronenausbeute zu gewinnen, ist jetzt nur noch nötig, den Absolutwert für einen speziellen Fall zu kennen, z. B. für Luft und Röntgenstrahlen irgendeiner (nicht zu großen) Wellenlänge. Hierzu hat man offenbar die Ionenmengen zu vergleichen, welche bei gleicher absorbierter Energie einerseits durch Röntgenstrahlen, andererseits direkt durch Elektronen von der Geschwindigkeit der Photoelektronen erzeugt werden. Einfacher kann man auch sagen: man hat den „Energieverbrauch pro Ionenpaar" für Röntgenstrahlen und für Elektronen zu vergleichen. Solche Messungen liegen vor (vgl. ds. Handb. Bd. XXII, 2, Tab. 17, S. 58); die Energiemessung geschah im Falle der Röntgenstrahlen kalorimetrisch, im Falle der Elektronenstrahlen durch Zählung (Ladungsmessung) der Primärteilchen. Die Meßgenauigkeit reicht aus, um schließen zu können, daß für beide Fälle der Energieverbrauch pro Ionenpaar derselbe ist (rund 32 *e*-Volt; vgl. den Anhang), und zwar in sehr weiten Grenzen unabhängig von der Wellenlänge bzw. Geschwindigkeit. Dies besagt, daß irgendwelche bisher noch unbekannten Energieformen (Strahlungen od. dgl.) für die Energiebilanz keine wesentliche Rolle spielen können, die absorbierte Röntgenenergie findet sich unter den betrachteten Bedingungen vollständig in der Elektronenenergie wieder, die Elektronenausbeute ist 1. Nach dem am Schluß von Ziff. 34 Gesagten folgt hieraus sofort, daß die Elektronenausbeute auch für andere Substanzen stets 1 ist für alle Wellenlängen, welche keine merkliche Fluoreszenzstrahlung erregen. Auf der kurzwelligen Seite einer Absorptionskante dagegen, wo starke Fluoreszenzstrahlung auftritt, ist die Elektronenausbeute kleiner als 1 (vgl. Ziff. 26) und nähert sich erst mit abnehmender Wellenlänge wieder dem Wert 1.

Einen tieferen Einblick in diese Verhältnisse gewinnt man, wenn man die gesamte Photoemission einteilt in *K*-, *L*- . . . Emission und jede dieser Teilemissionen in Beziehung setzt nicht zur ganzen Absorption, sondern gleichfalls zu der zugehörigen Teilabsorption (Ziff. 5). Jede dieser Teilemissionen setzt gleichzeitig mit der entsprechenden Teilabsorption ein, sobald die Primärwellenlänge die entsprechende Absorptionskante unterschreitet und verläuft unabhängig von den übrigen Teilemissionen. An dem Beispiel des Broms haben BARKLA und THOMAS[1] eingehend untersucht, wie sich die so definierte Ausbeute an *K*-Photoelektronen verhält vom Einsetzen der *K*-Emission bis zu beträchtlich kürzeren Primärwellen. Das Verfahren bestand darin, daß in einem beiderseits der *K*-Kante des Broms liegenden Wellenlängenbereich die Ionisation in Äthylbromid und Luft gemessen und mit den entsprechenden Absorptionen verglichen

[1] C. G. BARKLA, Phil. Trans. Bd. 217, S. 315. 1918.

wurde. Die Art der Auswertung ist aus der Tabelle 18 leicht zu ersehen. Spalte 2 enthält die relativen Ionisationskoeffizienten i für Äthylbromid. Man ersieht in Übereinstimmung mit früheren Ergebnissen, daß auf der langwelligen Seite der Kante, wo noch keine BrK-Emission auftritt, der $L + M + \cdots$-Ionisierungskoeffizient i merklich konstant ist. Unter der Annahme, daß dasselbe auch für die kurzwellige Seite gilt, gibt die Zunahme der Zahlen in Spalte 2 beim Überschreiten der Kante den K-Ionisationskoeffizienten i_K allein (Spalte 3). In ganz

Tabelle 18. Absolute Elektronenausbeuten (p) in C_2H_5Br (BARKLA).

λ Å	i	i_K	τ	τ_K	$\left(\frac{i}{\tau}\right)_{L+M+\cdots}$	$\left(\frac{i}{\tau}\right)_K$	$p_{L+M+\cdots} = \left(\frac{i}{\iota\tau}\right)_{L+M+\cdots}$	$p_K = \left(\frac{i}{\iota\tau}\right)_K$
1,54 (Cu)	50		24,4		2,05		1,17	
1,17 (As)	49,3		25,3		1,94		1,11	
1,10 (Se)	50,5		26,2		1,93		1,10	
0,87 (Sr)	165	115	159	133		0,865		0,49
0,71 (Mo)	221	171	190	164		1,04		0,59
0,56 (Ag)	279	229	210	184		1,255		0,72
0,49 (Sn)	393	343	267	241		1,42		0,81
0,36 (Ce)	475	425	321	295		1,44		0,82
1	2	3	4	5	6	7	8	9

i = Ionisationskoeffizient } auf Luft bezogen.
τ = Absorptionskoeffizient } auf Luft bezogen.
ι = 1,75 = Korpuskularfaktor.

analoger Weise findet man das Verhältnis der BrK-Absorption allein zur Luftabsorption (die relative K-Absorption τ_K, Spalte 5). Durch Division der Spalten 2 und 4 für die langwellige Seite erhält man das Verhältnis der $L + M + \cdots$-Ionisation zur Luftionisation bei gleichabsorbierenden Schichtdicken beider Gase (Spalte 6). Entsprechend liefert Spalte 3:5 das Verhältnis der BrK-Ionisation zur Luftionisation für solche Schichtdicken, daß die K-Absorption im Brom gleich der Absorption in Luft ist (Spalte 7). Um von den Zahlen der Spalten 6 und 7 auf die Elektronenausbeute zu kommen, sind diese Zahlen nur noch durch den Korpuskularfaktor ι für Äthylbromid zu dividieren, welchen BARKLA hier etwas größer als früher (Ziff. 27), nämlich zu 1,75 annimmt. So ergeben sich die Zahlen der Spalten 8 und 9. Man sieht, daß für die $L + M + \cdots$-Emission die Ausbeute rund 1 beträgt, während sie für die K-Emission mit einem Wert von etwa 0,4 an der Kante einsetzt, um mit abnehmender Wellenlänge sich wieder dem Werte 1 zu nähern.

Es sei hier nochmals hervorgehoben, daß es sich im vorstehenden stets nur um die *Energie* der Photoelektronen handelt; über die *Zahl* der Elektronen läßt sich aus derartigen Messungen nichts entnehmen, da ja die Geschwindigkeit in komplizierter Weise von der Wellenlänge und der Natur des Elektronenstrahlers abhängt. Früher glaubte man, durch Versuche erwiesen zu haben, daß die Geschwindigkeit der Photoelektronen nur von der auslösenden Wellenlänge abhängig ist, und dies führte zu falschen Folgerungen über den Mechanismus der Absorption[1]. Ferner ist die ionisierende Wirkung der Fluoreszenzstrahlung, namentlich des sehr langwelligen Teiles derselben, wohl oft unterschätzt worden, was dahin wirken mag, daß die Elektronenausbeuten etwas zu groß gemessen wurden.

In Abb. 19 ist zur Übersicht nochmals der schematische Verlauf des Absorptionskoeffizienten τ, des Photoemissionskoeffizienten k und der Elektronenausbeute $p = k/\tau$ dargestellt.

[1] C. G. BARKLA, Phil. Trans. Bd. 217, S. 315. 1918.

Bezüglich der theoretischen Deutung der Elektronenausbeuten sei an dieser Stelle nur folgendes bemerkt: wir haben in Ziff. 22 gesehen, daß die Photoelektronen ihrer Geschwindigkeit nach im allgemeinen in zwei Gruppen zerfallen: solche, für die die Primärstrahlung selbst und solche, für die die Fluoreszenzstrahlung des Elektronenstrahlers als auslösende Strahlung im Sinne der EINSTEINschen Gleichung (17) fungiert. Die Elektronen der ersten Art haben unmittelbar auf der kurzwelligen Seite der Kante, zu welcher sie gehören, nach Gleichung (17) nur eine sehr kleine Energie. Sie können daher den Sprung im Emissionskoeffizienten nicht hervorrufen, dieser kann also nur von den Elektronen der anderen Art herrühren. Da aber der Sprung auch dann bestehen bleibt, wenn man den Elektronenstrahler sehr dünn macht, so daß die Fluoreszenzstrahlung keine Gelegenheit mehr hat, in der Umgebung ihres Ursprungsatoms Elektronen auszulösen[1], so muß man schließen, daß diese Auslösung auch schon im Ursprungsatom selbst stattfindet. Der Sprung beweist also die Existenz der „Photoelektronen zweiter Art", auf die schon in der Übersicht (Ziff. 1) hingewiesen wurde. Auf die Bedeutung dieses Vorganges für die Energiebilanz wird in Ziff. 46 und 47 ausführlicher eingegangen werden.

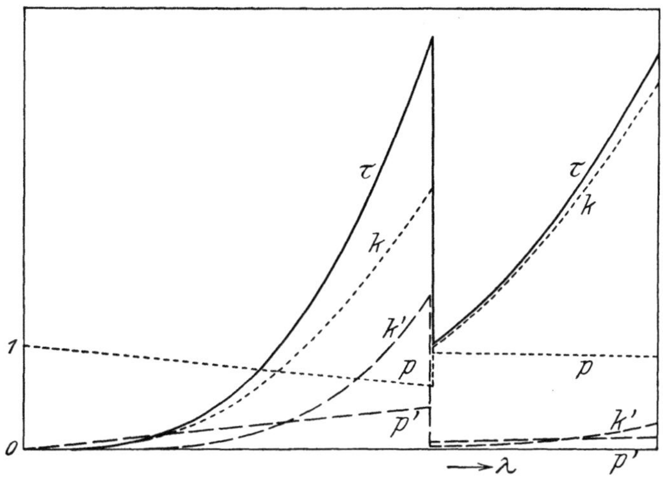

Abb. 19. Allgemeiner Verlauf des Absorptions-, Photoemissions- und Fluoreszenzkoeffizienten und der Elektronen- und Fluoreszenzausbeute.

36. Das Intensitätsverhältnis der Teilemissionen. Die Beobachtung des Sprunges in der Photoemission fester Platten oder des Ionisierungssprunges in Gasen liefert das Verhältnis der der betreffenden Absorptionskante entsprechenden Teilemission zu der gesamten Photoemission *in der Nähe der Absorptionskante*; dagegen kann aus derartigen Versuchen nicht streng geschlossen werden, ob und wie sich in größerer Entfernung von der Absorptionskante dies Verhältnis verschiebt, da hierzu Annahmen über die Änderung der Teilemissionen mit der Wellenlänge nötig wären. Die Verhältnisse liegen hier ähnlich wie bei der Absorption: aus den Absorptionssprüngen kann man nur auf das Verhältnis der Teilabsorptionen unmittelbar an der Absorptionskante schließen. Nun haben aber die Photoelektronen verschiedener Teilemissionen gemäß der photoelektrischen Gleichung auch verschiedene Geschwindigkeit, man kann sie daher durch magnetische Zerlegung direkt trennen und im Prinzip auch einzeln messen. Die Teilemissionen, gemessen in Elektronen*zahlen,* kann man als Maß der Teilabsorptionen ansehen. Die Verhältnisse der Teilabsorptionen können auf diese Weise in Bereichen bestimmt werden, welche weit von den betreffenden Kanten entfernt liegen. Dies ist von Wichtigkeit für das Verständnis des Absorptionsvorganges und für die Erschließung des Atombaues (vgl. Ziff. 10).

Als Meßmethode kommt wegen der geringen Intensität hauptsächlich die photographische in Frage; diese läßt allerdings keine große Genauigkeit zu. So

[1] C. G. BARKLA u. A. E. M. M. DALLAS, Phil. Mag. Bd. 47, S. 1. 1924; vgl. Ziff. 22.

tritt in den Geschwindigkeitsspektren der Sekundärelektronen stets die von den K-Elektronen herrührende Linie intensiver auf als die von den L-Elektronen herrührenden. ROBINSON macht in seinen bereits Ziff. 20ff. zitierten wichtigen Untersuchungen schätzungsweise Angaben über die Intensitäten der verschiedenen Geschwindigkeitsgruppen, von denen besonders diejenigen von Interesse sind, welche sich auf die drei L-Kanten des Elektronenstrahlers beziehen. Diese sind in Tabelle 19 zusammengestellt. Man kann wohl annehmen, daß die Zahlen der Tabelle ein qualitativ richtiges Bild geben von den relativen Zahlen der ausgelösten Elektronen, denn die Geschwindigkeitsunterschiede der drei Elektronengruppen sind nicht sehr groß. Man sieht nun, daß die Verhältnisse dieser Zahlen beträchtlich von der Lage der Absorptionskanten zu der Primärwellenlänge abhängen. Liegen diese verhältnismäßig nahe beieinander, so ist die von den L_{III}-Elektronen herrührende Linie bei weitem die stärkste; hierin besteht völlige Übereinstimmung mit den Aufschlüssen aus den Absorptionskurven, denn der L_{III}-Absorptionssprung ist stets der größte von den drei L-Sprüngen (Ziff. 12), d. h. in der Gegend der L-Kanten ist die L_{III}-Absorption die stärkste. Rückt jedoch die Primärwellenlänge weiter von den Kanten fort, so nimmt nach der Tabelle die L_{III}-Kante allmählich an Einfluß ab, die L_I-Kante aber zu, bis diese die stärkste Linie gibt. Für diese Fragen kann man auch die β-Strahlenspektren radioaktiver Elemente heranziehen; allerdings liegen hier die Verhältnisse insofern etwas anders, als diese β-Strahlenlinien durch eine γ-Strahlung erzeugt werden, welche im gleichen Atom entsteht (vgl. ds. Handb. Bd. XXII/1), und dieser Prozeß, welcher der „inneren Absorption" der Fluoreszenzstrahlung (Ziff. 44) ähnlich ist, mag andere Gesetze befolgen als die hier in Frage stehende Absorption einer von außen kommenden Röntgenstrahlung.

Tabelle 19. Relative Intensitäten der L-Photoelektronen (ROBINSON). $\lambda = 1{,}54$ Å (Cu $K\alpha$).

Elektronenstrahler	Mittlere L-Absorptionswellenlänge Å	Intensität		
		L_I	L_{II}	L_{III}
Ba	2,2	1	1	6
J	2,6	2	3	6
Sn	3,0	2	3	5
Ag	3,4	3	4	5
Mo	4,1	3	4	5
Sr	5,7	5	5	5
Cu	13	6	5	5

Ähnliche Verhältnisse wie in der L-Gruppe herrschen nach ROBINSON auch in der M- und N-Gruppe. Allgemein schließt ROBINSON, daß die Absorption und Photoemission in den Teilniveaus mit kleiner azimutaler Quantenzahl mehr und mehr gegenüber den anderen hervortritt, wenn die Absorptionskanten sich von der Primärwellenlänge entfernen, d. h. wenn bei festgehaltener Primärwellenlänge die Ordnungszahl des Elektronenstrahlers kleiner wird. Dies ist in guter Übereinstimmung mit der quantenmechanischen Theorie der Röntgenabsorption[1].

In derselben Richtung würde ein Ergebnis von BECKER[2] liegen, wonach sehr weiche Röntgenstrahlen ($\lambda = 25$ bis 80 Å) vorzugsweise die am losesten gebundenen und die freien Elektronen auslösen, während ja für härtere Strahlen das Umgekehrte gilt. Allerdings sind BECKERS Ergebnisse schwer mit späteren Messungen von RUDBERG[3] vereinbar.

Da durch die Auslösung eines Photoelektrons das Atom zur Aussendung bestimmter monochromatischer Fluoreszenzstrahlungen (Serien) disponiert wird, so müssen sich die Intensitätsverhältnisse im Elektronenspektrum auch im

[1] G. WENTZEL, ZS. f. Phys. Bd. 40, S. 575. 1927; M. STOBBE, Ann. d. Phys. Bd. 7, S. 661. 1930.
[2] J. A. BECKER, Phys. Rev. Bd. 24, S. 478. 1924.
[3] E. RUDBERG, Proc. Roy. Soc. London (A) Bd. 120, S. 385. 1928.

Spektrum der Fluoreszenzstrahlung widerspiegeln. In der Tat hat SKINNER[1] gezeigt, daß das Intensitätsverhältnis der beiden Linien $L\beta_3$ und β_2 sich mit der erregenden Wellenlänge in demselben Sinne ändert wie das Verhältnis der Teilabsorptionen durch die beiden Endniveaus (nämlich L_I und L_{III}).

Nach COSTER und VAN ZUYLEN[2] scheinen bei Erregung der L-Linien durch *Kathodenstrahlen* die Verhältnisse ganz ähnlich zu liegen wie bei der Erregung durch Röntgenstrahlen.

c) Die Richtungsverteilung der Photoelektronen.

37. Die longitudinale Asymmetrie der an dicken Schichten ausgelösten Photoelektronen. Von COOKSEY[3] wurde die Beobachtung gemacht, daß eine mit Röntgenstrahlen senkrecht bestrahlte dünne Metallfolie nach der Austrittsseite eine intensivere Elektronenstrahlung entsendet als nach der Einfallsseite. Diese Erscheinung wurde genauer untersucht von BEATTY, BRAGG und PORTER, COOKSEY und PHILPOT[4]. Alle diese Autoren bedienten sich des Plattenkondensators zur Bestimmung des Verhältnisses von Austritts- zu Einfallsstrahlung; dieses Verhältnis sei im folgenden als die „Asymmetrie" A bezeichnet. Das Meßverfahren geht aus den Ausführungen von Ziff. 16 ohne weiteres hervor. Die Dicke der Folien war im allgemeinen so groß, daß der Elektronenstrom seinen Sättigungswert erreicht hatte. Nur bei COOKSEY, welcher als einziger die Foliendicke variierte, mag für die kleinsten Schichtdicken die Sättigung vielleicht nicht ganz erreicht gewesen sein; für diese Schichtdicken ergaben sich um weniges kleinere Werte der Asymmetrie, sofern man überhaupt von einem systematischen Einfluß der Schichtdicke sprechen kann. Die Gesamtheit der Resultate stimmt darin überein, daß stets A größer als 1 ist, wenn auch oft nur wenig; den größten Wert geben BRAGG und PORTER mit 1,80 für Sn-Strahlen und Al-Strahler. Im übrigen geben die gewonnenen Zahlen aber kein einheitliches Bild, weshalb sie hier auch nicht im einzelnen wiedergegeben seien. Nicht nur die Absolutwerte verschiedener Beobachter stimmen schlecht überein, auch die Frage nach der Abhängigkeit von der Härte der Primärstrahlen und der Natur des Strahlers wurde verschieden beantwortet. Wo eine solche Abhängigkeit gefunden wurde, nahm die Asymmetrie mit zunehmender Strahlenhärte und abnehmendem Atomgewicht zu.

Die Versuche sind offenbar weit davon entfernt, quantitative Aufschlüsse über die wirkliche Anfangsrichtung der Elektronen zu geben, da die Elektronen vor ihrem Austritt stets sehr beträchtliche Schichten Materie zu durchsetzen hatten, wobei sie durch Zerstreuung eine starke Ablenkung aus ihrer ursprünglichen Richtung erlitten. Mit dünnen Schichten arbeitete SEITZ[5], welcher die *Zahl* der Photoelektronen durch Messung der Selbstaufladung der auf Zelluloid od. dgl. niedergeschlagenen Folie bestimmte. Die Asymmetrie nahm zu, wenn durch ein Gegenfeld oder einen Tusche- oder Schellacküberzug die langsamen Elektronen zurückgehalten wurden. Dies läßt wieder darauf schließen, daß die schnelleren Photoelektronen stärker asymmetrisch sind als die langsameren. Auch die Zunahme der Asymmetrie mit abnehmender Ordnungszahl des Elek-

---

[1] H. W. B. SKINNER, Proc. Cambridge Phil. Soc. Bd. 22, S. 379. 1924.

[2] D. COSTER u. J. VAN ZUYLEN, Nature (25. Juni) 1932.

[3] C. D. COOKSEY, Nature Bd. 77, S. 509. 1908; Bd. 82, S. 128. 1909; Phil. Mag. Bd. 24, S. 37. 1912.

[4] R. T. BEATTY, Proc. Cambridge Phil. Soc. Bd. 15, S. 492. 1910; W. H. BRAGG u. H. L. PORTER, Proc. Roy. Soc. London (A) Bd. 85, S. 349. 1911; A. J. PHILPOT, Proc. Phys. Soc. Bd. 26, S. 131. 1914.

[5] W. SEITZ, Ann. d. Phys. Bd. 73, S. 182. 1924; Phys. ZS. Bd. 25, S. 546. 1924.

tronenstrahlers wurde von SEITZ beobachtet. Über die vorerwähnten Versuche gehen die von SEITZ insofern hinaus, als sie zeigen, daß die Asymmetrie in der *Zahl* der Photoelektronen und nicht etwa in ihrer Energie liegt.

Die Asymmetrie der Röntgenelektronen wurde oft in Parallele gesetzt mit den ähnlichen Erscheinungen bei ultraviolettem Licht und bei γ-Strahlen. Hierzu ist jedoch zu bemerken, daß bei ultravioletter Primärstrahlung die verschiedentlich beobachtete Asymmetrie der Photoelektronen wohl nicht als gesichert angesehen werden kann[1], auch theoretisch schwer verständlich wäre. Bei den harten γ-Strahlen ist andererseits die Asymmetrie der Sekundärelektronen viel größer als bei Röntgenstrahlen, und die neueren Ergebnisse über die Zerstreuung kurzwelliger Strahlen zwingen auch zu dem Schluß, daß bei harten γ-Strahlen nicht die Photoelektronen, sondern die Rückstoßelektronen die Hauptrolle spielen (Ziff. 19 d. folg. Kap.), so daß auch hier wenig Gemeinsames besteht.

38. Aussagen der Theorie. Bevor nun die Versuche besprochen werden, welche nicht nur einen Integraleffekt wie die Asymmetrie, sondern die Richtungsverteilung im einzelnen lieferten, sei im folgenden zusammengestellt, was die heutige Theorie zu dem Problem der Richtungsverteilung zu sagen weiß, damit die Versuchsergebnisse sogleich mit den theoretischen Folgerungen verglichen werden können.

Einige vorquantenmechanische Ansätze rühren her von BOTHE[2], BUBB[3] und AUGER und PERRIN[4]. Obwohl diese in einzelnen Punkten das Richtige trafen, mußten sie notwendig von mehr oder weniger künstlichen Voraussetzungen ausgehen und brauchen daher hier nicht im einzelnen erörtert zu werden.

Es ist bezeichnend, daß die „alte“ Quantentheorie von den *Energie*verhältnissen in Form der EINSTEINschen photoelektrischen Gleichung Rechenschaft geben konnte, nicht aber von den *Impuls*verhältnissen, die in der Richtungsverteilung der Photoelektronen zutage treten; dies leistete erst die Quantenmechanik. Die wesentlichen Schritte sind in den Arbeiten von WENTZEL[5], SOMMERFELD[6], SOMMERFELD und SCHUR[7], FISCHER[8] und SAUTER[9] enthalten.

WENTZELS Theorie stellt nur eine erste Näherung für sehr langwellige Strahlung dar ($\lambda \gg$ Radius der absorbierenden Elektronenschale). Beschreibt man eine Emissionsrichtung durch den Winkel ϑ gegen die Richtung des Röntgenstrahles und das Azimut φ, welches im Falle polarisierter Röntgenstrahlen vom elektrischen Vektor aus zu rechnen ist, so ergibt sich nach WENTZEL die Elektronenzahl im Raumwinkelelement $d\Omega$ in dieser Richtung zu

$$n_{\vartheta\varphi}\,d\Omega \sim \sin^2\vartheta\cos^2\varphi\,d\Omega \sim \cos^2\omega\,d\Omega \text{ für polarisierte Strahlen,} \tag{20}$$

wenn ω der Winkel zwischen der Emissionsrichtung und dem elektrischen Vektor ist, um welchen also die Verteilung symmetrisch ist. Durch Mittlung über φ folgt daraus

$$n_\vartheta\,d\Omega \sim \sin^2\vartheta\,d\Omega \text{ für unpolarisierte Strahlen.} \tag{21}$$

---

[1] Vgl. R. POHL u. P. PRINGSHEIM, Die lichtelektrischen Erscheinungen, S. 36. Braunschweig 1914.

[2] W. BOTHE, ZS. f. Phys. Bd. 17, S. 137. 1923; Bd. 26, S. 74. 1924.

[3] F. W. BUBB, Phil. Mag. Bd. 49, S. 824. 1925.

[4] P. AUGER u. F. PERRIN, Journ. de phys. et le Radium Bd. 6, S. 93. 1927.

[5] G. WENTZEL, ZS. f. Phys. Bd. 41, S. 828. 1927; Phys. ZS. Bd. 29, S. 321. 1928.

[6] A. SOMMERFELD, Wellenmech. Erg.-Bd. S. 218.

[7] A. SOMMERFELD u. G. SCHUR, Ann. d. Phys. Bd. 4, S. 409. 1930; G. SCHUR, ebenda Bd. 4, S. 433. 1930.

[8] J. FISCHER, Ann. d. Phys. Bd. 8, S. 821. 1931.

[9] F. SAUTER, Ann. d. Phys. Bd. 9, S. 217. 1931.

Diese Funktion ist in dem Polardiagramm Abb. 20 dargestellt. Die Zahl $n'_\vartheta d\vartheta$ der Elektronen, welche in den Ringkegel $\vartheta \ldots \vartheta + d\vartheta$ entsandt werden, erhält man im wesentlichen durch Multiplikation mit $\sin\vartheta$:

$$n'_\vartheta d\vartheta \sim \sin^3\vartheta\, d\vartheta \text{ für polarisierte und unpolarisierte Strahlen}^1. \quad (22)$$

Sommerfeld und Schur haben die nächste Näherung durchgerechnet, die zu einer Beziehung der folgenden Form führt:

$$n_{\vartheta\varphi} d\Omega \sim (1 + \gamma \cos\vartheta) \sin^2\vartheta \cos^2\varphi\, d\Omega . \quad (23)$$

Das Klammerglied bedeutet, daß die Verteilung nicht mehr symmetrisch zu einer senkrecht zum Röntgenstrahl liegenden Ebene, sondern nach vorn verschoben ist (Abb. 21). Der Grund für diese „Voreilung" liegt in dem Strahlungsdruck, d. h. dem Impuls $h\nu/c$ des Lichtquants, welcher ja ebenso wie seine Energie bei dem Absorptionsakt verschwindet. Eine solche Voreilung als Wirkung des

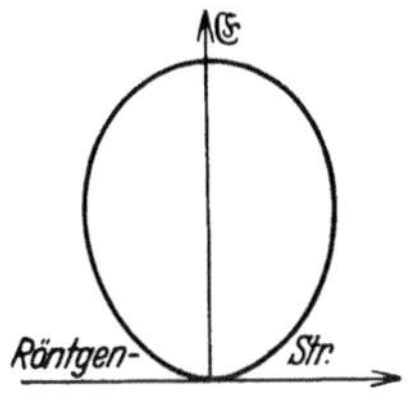

Abb. 20. Longitudinale Verteilung der Photoelektronen von weichen Röntgenstrahlen (theoretisch nach Wentzel).

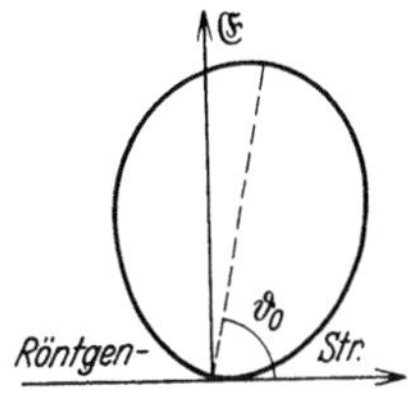

Abb. 21. Longitudinale Verteilung der Photoelektronen von harten Röntgenstrahlen (theoretisch nach Sommerfeld-Schur).

Strahlungsdruckes ist zuerst wohl von Richardson vorausgesagt worden[2]. Unter der Annahme, daß das Elektron genau diesen Vorwärtsimpuls $h\nu/c$ übernimmt, würde sich die Konstante γ zu

$$\gamma_0 = \frac{4h\nu}{\mu c v} \quad (24)$$

ergeben, wo μ die Elektronenmasse, v die Geschwindigkeit des Photoelektrons und c die Lichtgeschwindigkeit ist. In Wirklichkeit berechnen Sommerfeld und Schur für die aus der K-Schale ausgelösten Elektronen

$$\gamma(K) = \frac{4v}{c} . \quad (25)$$

Für den Fall z. B., daß die K-Ionisierungsarbeit $\ll h\nu$ ist, d. h. praktisch $h\nu = \frac{1}{2}\mu v^2$, bedeutet dies $\gamma = 2\gamma_0$. Für Auslösung aus den drei L-Schalen berechnet Schur entsprechend

$$n_{\vartheta\varphi}(L) \sim n_{\vartheta\varphi}(L_I) + n_{\vartheta\varphi}(L_{II} + L_{III});$$

$$n_{\vartheta\varphi}(L_I) = \left\{1 + \frac{4v}{c}(1 - \alpha)\cos\vartheta\right\} \sin^2\vartheta \cos^2\varphi . \quad (26)$$

$$\left.\begin{aligned} n_{\vartheta\varphi}(L_{II} + L_{III}) = \frac{\alpha}{1 + 3\alpha}\Big[1 + 8\alpha \sin^2\vartheta \cos^2\varphi + \\ \frac{2v}{c}\cos\vartheta\{1 + 2(1 + 11\alpha)\sin^2\vartheta\cos^2\varphi\}\Big], \end{aligned}\right\} \quad (27)$$

---

1 Zu diesen Beziehungen sind schon Auger und Perrin durch sehr allgemeine Überlegungen gelangt.

2 O. W. Richardson, Phil. Mag. Bd. 25, S. 144. 1913; vgl. auch W. Bothe, ZS. f. Phys. Bd. 17, S. 137. 1923; Bd. 26, S. 74. 1924; G. Mie, ebenda Bd. 33, S. 33. 1925; Phys. ZS. Bd. 26, S. 665. 1925.

wo $\alpha = \frac{E_L}{h\nu} = \frac{\lambda}{\lambda_L}$ und E_L bzw. λ_L eine mittlere L-Ionisierungsenergie bzw. L-Absorptionskante bedeutet. Der Ausdruck für die L_I-Schale ist von derselben Form wie der für die K-Schale (Abb. 21). Derjenige für die $L_{II} + L_{III}$-Schalen unterscheidet sich davon wesentlich insofern, als er nicht verschwindet für $\vartheta = 0$ oder π, er enthält einen „isotropen Bestandteil", der mit abnehmender Ordnungszahl immer mehr die Hauptrolle spielen sollte. Das Glied mit $\cos\vartheta$ bedeutet auch hier wieder eine Voreilung.

Die bisherigen Formeln gelten nur für nicht zu harte Strahlen, nämlich für $h\nu \ll \mu c^2$. Ohne diese Einschränkung hat FISCHER die folgende Formel abgeleitet:

$$n_{\vartheta\varphi}(K) \sim \frac{\sin^2\vartheta\cos^2\varphi}{\left(1 + \frac{h\nu}{2\mu c^2} - \frac{v}{c}\cos\vartheta\right)^4}. \tag{28}$$

Für kleine v/c ist dies mit (23) und (25) identisch. Da auch die Rechnung von FISCHER nichtrelativistisch ist, geht sie also nicht über SOMMERFELD und SCHUR hinaus. Immerhin spricht für den Ausdruck (28), daß er nicht wie (23) negativ werden kann. Der (28) entsprechende Ausdruck für die L-Elektronen ist sehr unübersichtlich gebaut.

Man pflegt als „Halbierungswinkel" einen Winkel $\vartheta = \vartheta_0$ so zu definieren, daß gleich viel Elektronen unter Winkeln $\vartheta < \vartheta_0$ wie $\vartheta > \vartheta_0$ ausgesandt werden; für K- und L-Elektronen berechnet sich dieser Winkel nach FISCHER zu

$$\cos\vartheta_0 = \frac{v}{c}. \tag{29}$$

Für den mittleren cos des Emissionswinkels ϑ, welcher den mittleren Vorwärtsimpuls der Elektronen bestimmt, berechnet sich

$$\left.\begin{aligned} \overline{\cos\vartheta(K)} &= \frac{4}{5}\frac{v}{c}; \\ \overline{\cos\vartheta(L)} &= \frac{4}{5}\frac{v}{c}\left(1 - \frac{1}{8 + 6\alpha + 16\alpha^2}\right). \end{aligned}\right\} \tag{30}$$

Die strenge relativistische Rechnung endlich ist von SAUTER auf der Grundlage der DIRACschen Theorie angegeben, leider aber nicht bis zu greifbaren Resultaten durchgeführt worden.

Die Aussagen der Theorie nach ihrem heutigen Stande lassen sich hiernach folgendermaßen zusammenfassen, zunächst für die Elektronen, welche den Kreisbahnen der BOHRschen Vorstellung entstammen (K, L_I, ...):

1. Die Verteilung über die Emissionswinkel (n_ϑ) folgt einer etwas in der Primärrichtung verdrückten $\sin^2$-Funktion [Gleichung (23)].

2. Die Voreilung der K-Elektronen hängt in erster Näherung nur ab von der Geschwindigkeit v, mit welcher die Elektronen das Atom verlassen [Gleichung (25)], sie nimmt also zu mit abnehmender Wellenlänge und abnehmender Ionisierungsarbeit, d. h. mit abnehmender Ordnungszahl des Elektronenstrahlers. Das gilt auch für die L_I-Elektronen, sofern man in einiger Entfernung von den L-Kanten bleibt.

3. Die Voreilung ist rund doppelt so groß wie sie der Strahlungsdruck allein bewirken würde.

4. Bei polarisierter Röntgenstrahlung geht die azimutale Verteilung mit $\cos^2\varphi$, wo das Azimut φ vom elektrischen Vektor aus zu rechnen ist.

5. Die Verteilungskurve (27) der $L_{II} + L_{III}$-Elektronen verläuft flacher als die der K- und L_I-Elektronen und verschwindet nicht in und entgegengesetzt der Primärrichtung.

Die älteren Asymmetriemessungen (Ziff. 37) enthielten einzig Hinweise auf den durch 2 beschriebenen Tatbestand. Genauere Resultate sind nur mit äußerst dünnen Folien oder Gasen zu erwarten.

39. Richtungsverteilung nach der GEIGERschen Zählmethode[1]. Die Versuchsanordnung zeigt Abb. 22. Das Röntgenbündel B, welches aus gefilterter, inhomogener Bremsstrahlung besteht, durchsetzt den mit dem Gas gefüllten Glassturz E. Von den längs der Röntgenstrahlen ausgelösten Photoelektronen wird durch einen Spalt M ein divergentes Bündel ausgeblendet, welches bis auf eine kleine Korrektion geometrischer Natur die gesuchte Richtungsverteilung aufweist. Ein gepanzerter Spitzenzähler J ist um die Spaltmitte als Achse drehbar angeordnet, so daß er in jeder Stellung auf den Spalt gerichtet ist und die in der entsprechenden Richtung aus M austretenden Photoelektronen einzeln registriert. Durch sukzessives Drehen des Zählers erhält man direkt die Verteilungskurve für die Zahl der Photoelektronen. Durch Variation des Druckes gewinnt man Anhaltspunkte dafür, wieweit durch den Einfluß der Zerstreuung der Elektronen

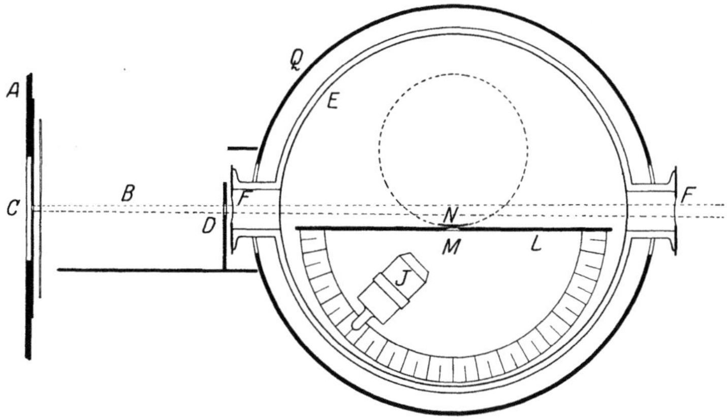

Abb. 22. Versuchsanordnung zur elektrischen Zählung von Photoelektronen.

auf dem Wege zum Zähler die Verteilungskurve noch verunstaltet ist. Bei den gewonnenen Kurven, von welchen Abb. 23 einige Beispiele gibt, dürfte der Einfluß der Zerstreuung nur noch klein sein, abgesehen von den Luftkurven, welche wegen Intensitätsmangels nicht bei genügend kleinen Drucken aufgenommen werden konnten. Bei den Halogenverbindungen kann man annehmen, daß praktisch allein das Halogen Elektronen aussendet. Für jede Kurve wurden etwa 2000 Elektronen gezählt. Die äußeren Kurven geben an, wieviel Elektronen in der Richtung des Fahrstrahls in die Raumwinkeleinheit emittiert werden (n_ϑ in Ziff. 38), die inneren Kurven dagegen, wieviel Elektronen unter dem betreffenden Winkel ϑ gegen die Primärrichtung (Emissionswinkel) ausgesandt werden (n'_ϑ). Die äußeren Kurven sind durchaus von dem theoretischen Typus Abb. 21 (theoretische Aussage 1), Ziff. 38: die Elektronendichte n_ϑ strebt bei $\vartheta = 0$ und π einem kleinen Wert, wenn nicht der 0 zu, ihr Maximum liegt bei einem Winkel $\vartheta < \frac{\pi}{2}$. Ob die Kurven allerdings den glatten Verlauf der Funktion (23) haben oder eine Struktur besitzen, wie z. B. in den Kurven 11 der Abb. 23 angedeutet, ist eine Frage, die auch die späteren Versuche[2] noch nicht zu klären vermochten (vgl. Abb. 25).

[1] W. BOTHE, ZS. f. Phys. Bd. 26, S. 59. 1924.
[2] P. AUGER, Journ. de phys. et le Radium Bd. 9, S. 225. 1928.

Zur Charakterisierung der Voreilung kann der „Halbierungswinkel" ϑ_0 dienen (Ziff. 38) oder die „Asymmetrie" A, das ist das Verhältnis der unter $\vartheta < \frac{\pi}{2}$ zu den unter $\vartheta > \frac{\pi}{2}$ ausgesandten Elektronen. Die beiden Größen sind in Tabelle 20 für eine Reihe miteinander vergleichbarer Versuche bei möglichst kleinen Drucken eingetragen. Sieht man zunächst von dem letzten Jodversuch ab, so läßt die nebenstehende Tabelle folgendes erkennen:

Tabelle 20. Halbierungswinkel ϑ_0 und Asymmetrie A der Photoelektronen.

Röhrenspannung $kV_{eff.}$	Elektronenstrahler	ϑ_0	A
60	J	78,2°	1,67
60	Br	76,5	1,88
60	Cl	73,7	2,31
50	Br	78,1	1,74
40	J	79,6	1,57
40	Br	77,3	1,84
25	Br	79,2	1,62
25	J	77,3	1,73

1. Der Halbierungswinkel nimmt ab mit zunehmender Röhrenspannung (also abnehmender wirksamer Wellenlänge) und mit abnehmender Ordnungszahl des Strahlers; die einzige Abweichung von der ersten Regel bei Br 40 kV dürfte noch innerhalb der Meßfehler liegen. Dies ist in qualitativer Übereinstimmung mit der theoretischen Aussage 2 über die Voreilung, denn es handelt sich durchweg in der Hauptsache um K-Elektronen.

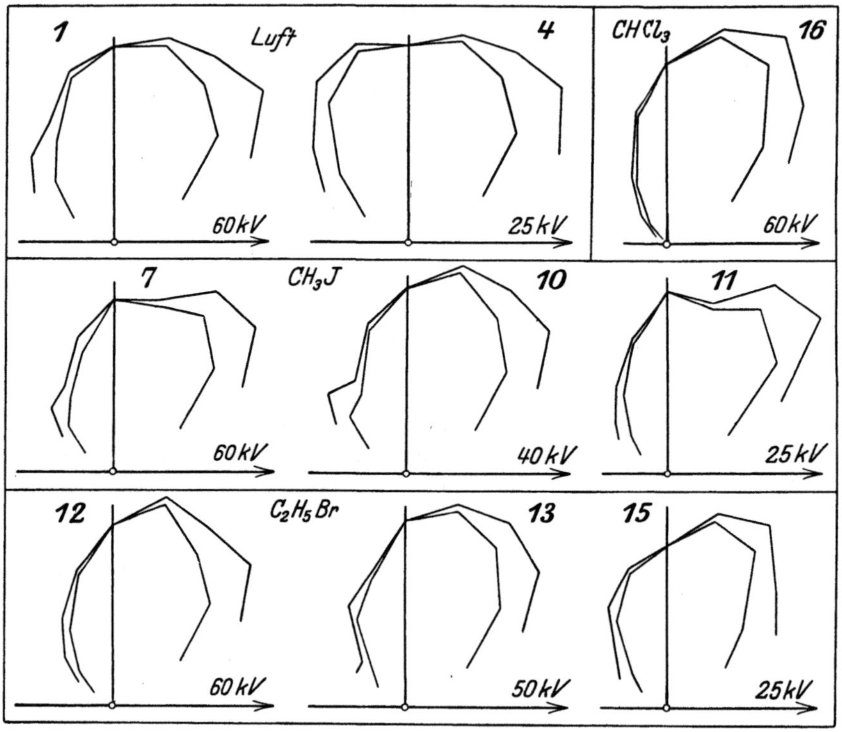

Abb. 23. Richtungsverteilung der Photoelektronen.

2. Die Asymmetrie variiert im entgegengesetzten Sinne wie der Halbierungswinkel, geht also parallel mit der Voreilung; auch dies ist theoretisch zu erwarten.

3. Bei dem letzten in Tabelle 20 aufgeführten Jodversuch ist entgegen dem sonstigen Verlauf der Halbierungswinkel kleiner, die Asymmetrie größer als beim entsprechenden Bromversuch. Hier war nun die Röntgenstrahlung so weich, daß sie zwar die K-Schale des Br, nicht aber die des J zu ionisieren vermochte. Die Voreilung wird also beim J-Versuch im wesentlichen durch die L_I-Elektronen bestimmt sein, und diese haben bei gleicher Wellenlänge größere Austrittsgeschwindigkeit v als die K-Elektronen des Br, weil die J L_I-Ionisierungsarbeit um rund 9 e-kV kleiner als die BrK-Ionisierungsarbeit ist. Somit ist gerade das Herausfallen des letzten J-Versuches in Übereinstimmung mit der theoretischen Aussage 2.

Obwohl die gemessenen Halbierungswinkel durchaus in dem theoretisch geforderten Bereich liegen, ist eine weitere quantitative Prüfung der Theorie, namentlich der Aussagen 3 bis 5 an Hand dieser Versuche noch nicht möglich, weil die auslösende Wellenlänge zuwenig definiert war.

40. Richtungsverteilung nach der WILSONschen Nebelmethode. Das Verfahren besteht darin, daß man ein eng ausgeblendetes Röntgenbündel durch

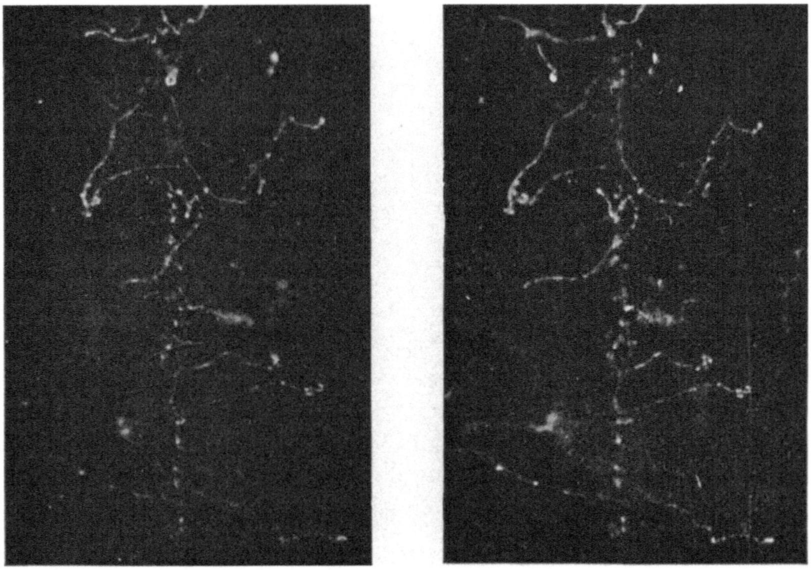

Abb. 24. Photoelektronen und Rückstoßelektronen in Luft (stereoskopisch). Röntgenstrahlen von oben nach unten.

eine Nebelkammer gehen läßt, welche mit dem zu untersuchenden Gas gefüllt ist; die Bahnen der entstehenden Photoelektronen werden stereoskopisch oder besser in zwei zueinander senkrechten Richtungen photographiert und ihre Anfangsrichtungen ausgemessen. Das Verfahren ist zwar sehr schwerfällig (für eine Verteilungskurve wurden bisher nicht mehr als etwa 1000 Bahnen ausgemessen), hat aber gegenüber dem Spitzenzähler den Vorzug, daß kein „Nulleffekt" auftritt.

Nach diesem Verfahren wurde zum erstenmal der allgemeine Charakter der Geschwindigkeitsverteilung, insbesondere die Voreilung festgestellt (Abb. 24)[1].

---

[1] W. BOTHE, ZS. f. Phys. Bd. 17, S. 148. 1923; vgl. auch C. T. R. WILSON, Proc. Roy. Soc. London (A) Bd. 104, S. 1. 1923.

Ausgedehntere Messungen wurden namentlich von AUGER[1] ausgeführt, der die zuletzt erreichte Genauigkeit der Winkelmessung mit 2° angibt, ferner von DE FOE[2], LOUGHRIDGE[3], NUTTALL, WILLIAMS und BARLOW[4], ANDERSON[5] und LUTZE[6]. Um die Zerstreuung der Elektronen im Gas herabzudrücken und so die Ausmessung der Anfangsrichtungen zu erleichtern, verdünnte AUGER die schweren Gase stark mit Wasserstoff, welcher ja selbst keine Photoelektronen liefert. Soweit diese Versuche mit inhomogenen Strahlen ausgeführt wurden, führten sie nicht weiter als die mit dem Spitzenzähler. Dagegen erlauben die späteren Messungen mit homogenen Röntgenstrahlen (meist kristallreflektierter $K\alpha$-Strahlung der Anode) einen mehr quantitativen Vergleich mit der Theorie. In der Abb. 25 ist $n'_\vartheta = n_\vartheta \sin\vartheta$ nach einer der genauesten Messungen von AUGER dargestellt[7], die sich auf $WK\alpha$-Strahlung ($\lambda = 0{,}21$ Å) und Argon bezieht; die ausgezogene Kurve ist nach FISCHER für K-Elektronen berechnet [Gleichung (28)]. Die Anwendung dieser nichtrelativistischen Formel bei so großer Elektronengeschwindigkeit findet in einer Bemerkung von SAUTER[8] eine gewisse Rechtfertigung. Obwohl wiederum der Charakter der Kurve durch diese Gleichung richtig wiedergegeben wird, bestehen doch deutlich systematische Abweichungen in dem Sinne, daß die Voreilung schwächer ist, als die Theorie verlangt. Die Unstimmigkeit dürfte schwerlich auf das Mitwirken der L-Elektronen zurückzuführen sein und eher zeigen, daß die Theorie für solche Fälle noch nicht zureicht. Andererseits ist sicher, daß die Voreilung größer ist, als infolge des Strahlungsdruckes allein zu erwarten wäre[7, 9]. In Tabelle 21 bedeutet A wieder die Asymmetrie, S das Verhältnis des gemessenen Halbierungswinkels ϑ_0 zu demjenigen $\vartheta_{0\,\text{theor.}}$, welcher sich bei einfacher Überlagerung des Strahlungsimpulses $h\nu/c$ über die $\sin^2$-Verteilung [Gleichung (21)] berechnen würde, nämlich $\cos\vartheta_{0\,\text{theor.}} = \frac{\gamma_0}{4} = \frac{h\nu}{\mu v c} \approx \frac{v}{2c}$. Die Größe σ bedeutet das Verhältnis des mittleren Vorwärtsimpulses der Elektronen $(\mu v \overline{\cos\vartheta})$ zu dem Impuls $h\nu/c$ des absorbierten Lichtquants. Nach SOMMERFELD und SCHUR sollte rund $S = 2$ sein. Man sieht, daß in der Tat durchweg $S > 1$,

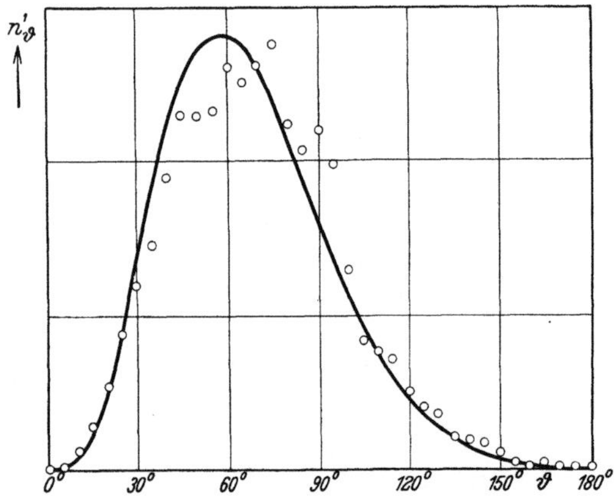

Abb. 25. Richtungsverteilung für $WK\alpha$ in Argon. (Nach AUGER; Kurve berechnet nach FISCHER.)

---

[1] P. AUGER, C. R. Bd. 177, S. 169. 1923; Bd. 178, S. 929 u. 1535. 1924; Bd. 186, S. 759. 1928; Bd. 187, S. 1141. 1928; Bd. 188, S. 447. 1929; Journ. de phys. et le Radium Bd. 8, S. 85. 1927; Bd. 9, S. 225. 1928; Bd. 10, S. 44. 1928; Helv. Phys. Acta Bd. 2, S. 275. 1929; Confér. d'actual. scient. et industr. 1931, Nr. 20; P. AUGER u. TH. MEYER, C. R. Bd. 192, S. 672. 1931.

[2] O. K. DE FOE, Phil. Mag. Bd. 49, S. 817. 1925.

[3] D. H. LOUGHRIDGE, Phys. Rev. Bd. 26, S. 697. 1925; Bd. 30, S. 488. 1927.

[4] E. J. WILLIAMS, Nature Bd. 121, S. 134. 1928; Bd. 123, S. 565. 1929; E. J. WILLIAMS, J. M. NUTTALL u. H. S. BARLOW, Proc. Roy. Soc. London (A) Bd. 121, S. 611. 1928.

[5] C. D. ANDERSON, Phys. Rev. Bd. 35, S. 1139. 1930.

[6] E. LUTZE, Ann. d. Phys. Bd. 9, S. 853. 1931.

[7] P. AUGER, Journ. de phys. et le Radium Bd. 9, S. 225. 1928.

[8] F. SAUTER, Ann. d. Phys. Bd. 9, S. 217. 1931.

[9] D. H. LOUGHRIDGE, Phys. Rev. Bd. 130, S. 488. 1927; E. J. WILLIAMS, Nature Bd. 121, S. 134. 1928.

daß aber der theoretische Wert 2 höchstens bei großen Wellenlängen annähernd erreicht wird. Die Größe σ sollte $0{,}8\,\gamma/\gamma_0 = 1{,}6$ sein[1]. Die experimentellen Werte sind zwar wiederum deutlich >1, erreichen aber ebenfalls nicht den theoretischen Wert. NUTTALL, WILLIAMS und BARLOW finden mit $\lambda = 0{,}60$ Å in N_2 und O_2 auch nur $\sigma = 1{,}4$. Dagegen findet FISCHER die Messungen von ANDERSON über die Voreilung in befriedigender Übereinstimmung mit seiner Theorie, sowohl für K- wie L-Elektronen. Auch LUTZE erhielt mit sehr harten Strahlen ($\lambda = 0{,}135$ Å) und Luft sehr gute Übereinstimmung mit FISCHERS Formel (28): $\vartheta_0 = 58°$; $A = 5{,}7$ gegenüber theoretisch $\vartheta_0 = 58°$; $A = 6{,}4$; allerdings wurden diese Messungen mit gefilterter Bremsstrahlung ausgeführt, so daß die Wellenlänge nicht sehr gut definiert war.

Tabelle 21. Voreilung der Photoelektronen aus Argon (AUGER u. MEYER).

Strahlung	λ	ϑ_0	$\overline{\cos\vartheta}$	A	S	σ
Mo$K\alpha$	0,87	77°	0,169	1,9	1,90	1,41
W$K\alpha$	0,22	69	0,313	3,3	1,56	1,34
U$K\alpha$	0,134	—	—	—	1,45	1,30

Somit trifft die Aussage 3 der Theorie im wesentlichen, wenn auch anscheinend nicht ganz quantitativ zu.

AUGER und MEYER haben auch U$K\alpha$-Strahlung auf Xenon wirken lassen und eine Richtungsverteilung gefunden, welche sich fast nicht unterscheidet von der mit W$K\alpha$ und Argon beobachteten. Da die Austrittsgeschwindigkeiten der K-Elektronen in beiden Fällen fast dieselben sind (60 bzw. 56 e-kV), so ist dies im Einklang mit der theoretischen Forderung 2, ebenso wie auch die Messungen von ANDERSON.

Über die Auslösung von Photoelektronen aus den L-Schalen liegen weniger ausgedehnte Beobachtungen vor; diejenigen von BOTHE (Ziff. 39) und ANDERSON wurden oben schon erwähnt. AUGER[2] ließ Mo$K\alpha$-Strahlung auf Xenon wirken; in diesem Falle wird die K-Schale nicht angegriffen, die beobachtete Photoemission stammt im wesentlichen aus den drei L-Schalen. AUGER, und ähnlich ANDERSON, stellten fest, daß die Verteilungskurve der L-Elektronen ein wesentlich flacheres Maximum hat als die der K-Elektronen, sich also der isotropen Verteilung mehr annähert. Dies ist im Sinne der theoretischen Forderung 5. Jedoch findet AUGER den Halbierungswinkel für L-Elektronen größer als für ebenso schnelle K-Elektronen, während FISCHER für beide Fälle denselben Wert (29) berechnet.

Nach AUGER kann man in der stärkeren Isotropie der L-Elektronen die Überlagerung der im Atom bereits vorhandenen Bahngeschwindigkeiten über die „normale" $\sin^2$-Verteilung erblicken, da nach der Wellenmechanik die K-Elektronen keine Bahngeschwindigkeit besitzen.

Die Trennung der L_I-, L_{II}- und L_{III}-Elektronen ist nach der Wilson-Methode kaum möglich. Aufschlußreicher sind hier die Versuche mit magnetischer Zerlegung der Photoelektronen (Ziff. 42).

41. Azimutale Verteilung der Photoelektronen. Eine azimutale Anisotropie ist natürlich nur mit polarisierten Röntgenstrahlen zu erwarten. Mit gewöhnlicher Bremsstrahlung fand WILSON[3] eine gewisse Bevorzugung des-

[1] NUTTALL, WILLIAMS und BARLOW, welche diese Größe eingeführt haben, benutzen noch den älteren SOMMERFELDschen Wert $\gamma = 1{,}8\gamma_0$ statt $2\gamma_0$ (Wellenmechan. Ergänzungs-Bd. S. 218) und berechnen daher $\sigma = 1{,}44$.

[2] P. AUGER, C. R. Bd. 188, S. 447. 1929.

[3] C. T. R. WILSON, Proc. Roy. Soc. London (A) Bd. 104, S. 1. 1923.

jenigen Azimutes φ, in welchem die Kathodenstrahlen im Röntgenrohr verlaufen. Da die Bremsstrahlung partiell polarisiert ist mit dem Hauptazimut des elektrischen Vektors parallel zu den erzeugenden Kathodenstrahlen, liegt hierin eine Bestätigung einer zuerst wohl von COMPTON[1] ausgesprochenen Vermutung, wonach der elektrische Vektor im wesentlichen die Emissionsrichtung bestimmen soll. Durch Verwendung weitgehend linear polarisierter Röntgenstrahlen erhielten BUBB[2] und KIRCHNER[3], ebenfalls nach der Nebelmethode, eine Verteilung, welche mit dem theoretischen $\cos^2\varphi$-Gesetz der K-Elektronen [Gleichung (23)] in den Grenzen der (nicht sehr großen) Versuchsgenauigkeit übereinstimmt (theoretische Aussage 4, Ziff. 38). KIRCHNER hat dabei gewisse Fehlerquellen subjektiver Art aufgedeckt, welche erklären, daß nach dieser Methode anfangs eine mehr $\cos^3$-ähnliche Verteilung erhalten wurde. Die Wellenlänge (0,3 bis 0,8 Å) und die Ordnungszahl (N_2, CO_2 und A wurden untersucht) sind nach KIRCHNER ohne Einfluß auf die Verteilung. PIETENPOL[4] hat die azimutale Verteilung mit dem Spitzenzähler aufgenommen; Abb. 26 zeigt seine Ergebnisse zusammen mit der theoretischen $\cos^2$-Kurve. Die bei $\varphi = \pm\frac{\pi}{2}$ stets noch beobachtete kleine Elektronenintensität dürfte auf den unvermeidlichen unpolarisierten Anteil der Röntgenstrahlen zurückzuführen sein.

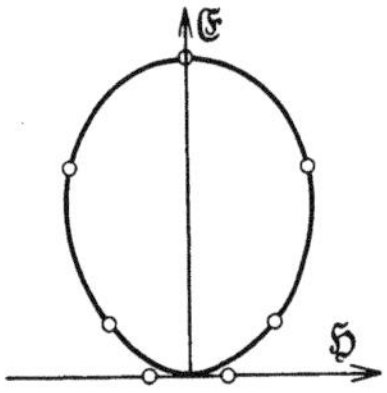

Abb. 26. Azimutale Richtungsverteilung. (Nach PIETENPOL.)

Dasselbe $\cos^2\varphi$-Gesetz gilt auch für die azimutale Verteilung der durch polarisiertes *ultraviolettes* Licht an einem Kalium-Atomstrahl ausgelösten Photoelektronen, wie LAWRENCE und CHAFFEE[5] und mit größerer Genauigkeit KRAUS[6] gezeigt haben.

42. Richtungsverteilung der einzelnen Geschwindigkeitsgruppen. Der Spitzenzähler wie auch die Nebelmethode erlauben ohne weiteres nur eine ganz grobe Trennung der langsamen und schnellen Photoelektronen, nämlich durch Absorptionsversuche bzw. Ausmessung der Bahnlängen. Um das Verhalten der einzelnen homogenen Gruppen im Geschwindigkeitsspektrum sauber getrennt untersuchen zu können, hat SEITZ[7] die Richtungsmessung mit magnetischer Geschwindigkeitszerlegung kombiniert, indem er eine dünne Folie senkrecht bestrahlte und gleichzeitig die Geschwindigkeitsspektren der nach vorn und nach hinten ausgesandten Elektronen photographierte. Es zeigte sich, daß die *Lage* der Linien in beiden Aufnahmen die gleiche war, daß aber die Linien auf der Austrittsseite intensiver waren als auf der Einfallsseite. Hiermit ist wiederum deutlich erwiesen, daß die Geschwindigkeit der Elektronen nicht von der Emissionsrichtung abhängt, wohl aber ihre Zahl. Die Asymmetrie erwies sich als abhängig von der Geschwindigkeit, in Übereinstimmung mit den Spitzenzählerversuchen (Ziff. 39) und in dem Sinne, wie später theoretisch berechnet (Aussage 2, Ziff. 38). Die „Fluoreszenz-Elektronengruppen" (Ziff. 22) erwiesen sich als symmetrisch, wie wegen der Isotropie der Fluoreszenzstrahlung (Ziff. 43) zu erwarten.

[1] A. H. COMPTON, Bull. Nat. Res. Counc. Bd. 4, Nr. 20, S. 25. 1922.

[2] F. W. BUBB, Phys. Rev. Bd. 23, S. 137. 1924.

[3] F. KIRCHNER, Ann. d. Phys. Bd. 83, S. 521. 1927; Bd. 84, S. 899. 1927; Phys. ZS. Bd. 27, S. 385 u. 800. 1926.

[4] C. J. PIETENPOL, Phys. Rev. Bd. 32, S. 564. 1928.

[5] E. O. LAWRENCE u. M. A. CHAFFEE, Phys. Rev. Bd. 36, S. 1099. 1930; Bd. 37, S. 1233. 1931.

[6] A. KRAUS, Ann. d. Phys. Bd. 14, S. 103. 1932.

[7] W. SEITZ, Phys. ZS. Bd. 25, S. 546. 1924; Bd. 26, S. 610. 1925; Verh. d. D. Phys. Ges. Bd. 6, S. 55. 1925.

Die Methode ist von WATSON[1] wesentlich vervollkommnet worden und hat dabei sehr interessante und klare Ergebnisse gezeitigt. Die Anordnung zeigt Abb. 27. Sie besteht im wesentlichen aus zwei Geschwindigkeitsspektrographen in der Anordnung von ROBINSON (*breite* Elektronenquelle, *schmaler* Spalt, Ziff. 20); diese sind um den gemeinsamen Elektronenstrahler R drehbar. R besteht aus einer Metallfolie, welche so dünn ist, daß die Zerstreuung der Elektronen darin nur noch geringen Einfluß hat. Die Folie wird von einem bei S eintretenden Röntgenbündel durchsetzt. Von den erzeugten Photoelektronen wird auf den photographischen Platten PP je ein Geschwindigkeitsspektrum entworfen. Die relative Intensität der Linien wird in Abhängigkeit von der Winkelstellung der Spektrographen untersucht. Wegen der geringen Dicke der Folie und der Geschwindigkeitszerlegung ist naturgemäß die Intensität der Linien sehr klein, es sind daher sehr lange Expositionszeiten nötig (etwa 120 Stunden).

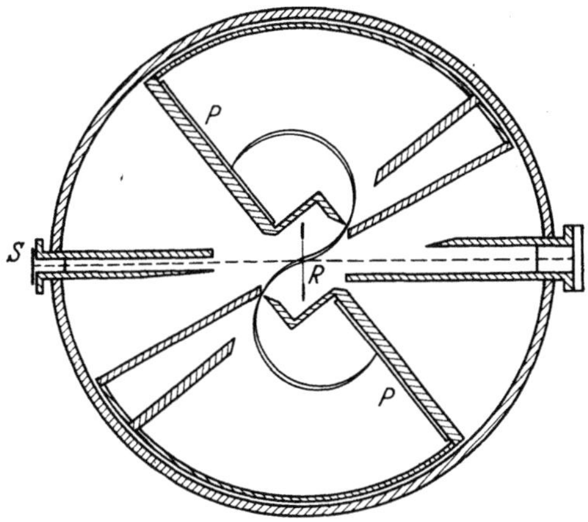

Abb. 27. Meßanordnung für Richtungsverteilung einzelner Geschwindigkeitsgruppen. (Nach WATSON.)

Abb. 28 und 29 geben Beispiele der so gewonnenen Aufnahmen. Abb. 28 zeigt Spektra der Photoelektronen, welche durch die Mo$K\alpha$-Strahlung in Silberchlorid ausgelöst werden, aufgenommen unter den rechts vermerkten Winkeln ϑ gegen die Primärrichtung. Die Deutung der Linien in der Ziff. 22 benutzten Bezeichnungsweise ist der Abbildung beigefügt. Man erkennt, daß die Intensitäten der AgL_I- und ClK-Linie genau parallel gehen, daß aber die (unaufgelöste) L_{II+III}-Linie in ganz anderer Weise von ϑ abhängt: Während bei 80° alle drei Linien etwa gleich stark sind, überwiegt bei 45° bereits deutlich die L_{II+III}-Linie, und bei 0°, also in der Primärrichtung, ist nur L_{II+III} erkennbar, die anderen beiden sind verschwunden. Bei 135° ist umgekehrt L_{II+III} die schwächste der drei Linien, bei 180° ist sie wieder allein vorhanden. Dies bedeutet zunächst, daß die L_{II+III}-Elektronen isotroper sind als die K- und L_I-Elektronen, in vollkommener Übereinstimmung mit der theoretischen Forderung 5 (Ziff. 38). Über die Ergebnisse der Nebelmethode geht dieser Befund insofern hinaus, als wirklich die L_{II+III}-Elektronen als die alleinigen Träger des isotropen Anteils nachgewiesen werden. Weiter ergibt sich, daß die L_{II+III}-Elektronen ihr Intensitätsmaximum bei einem kleineren Winkel ϑ haben als die K- und L_I-Elektronen (AUGER hatte nach der Nebelmethode gefunden, daß der Halbierungswinkel, welcher

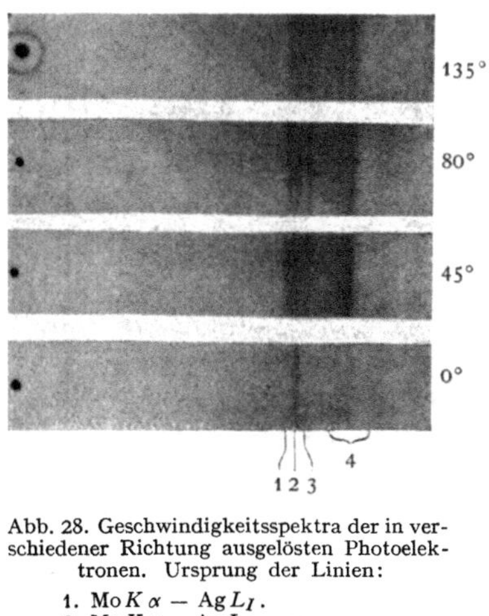

Abb. 28. Geschwindigkeitsspektra der in verschiedener Richtung ausgelösten Photoelektronen. Ursprung der Linien:
1. Mo$K\alpha$ — AgL_I.
2. Mo$K\alpha$ — AgL_{II+III}.
3. Mo$K\alpha$ — ClK.
4. Mo$K\alpha$ — (Ag, Cl) (M + · · ·).

[1] E. C. WATSON, Phys. Rev. Bd. 30, S. 479. 1927; E. C. WATSON u. J. A. VAN DEN AKKER, Proc. Roy. Soc. London (A) Bd. 126, S. 138. 1930.

nach der Theorie von SOMMERFELD-SCHUR-FISCHER derselbe für K- und L-Elektronen sein sollte, für die L-Elektronen *größer* ist; Ziff. 40).

Abb. 29 zeigt, daß ganz ähnliche Verhältnisse bei denjenigen Elektronen vorliegen, welche aus den verschiedenen M-Schalen (hier von Gold) stammen, ein Fall, der theoretisch noch nicht genauer behandelt wurde. Hiernach verhalten sich die M_I-Elektronen ebenso wie die K- und L_I-Elektronen, die M_{II}- und M_{III}-Elektronen etwa wie die L_{II}- und L_{III}-Elektronen, während bei den M_{IV+V}-Elektronen der isotrope Anteil noch stärker ist als bei den letzteren.

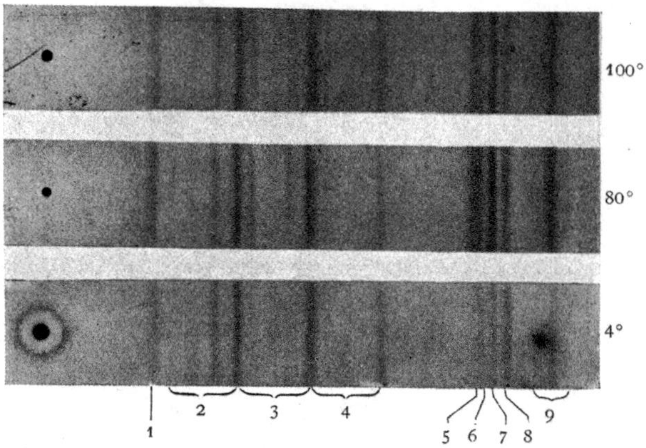

Abb. 29. Geschwindigkeitsspektra der in verschiedener Richtung ausgelösten Photoelektronen. Ursprung der Linien:

1. Mo $K\alpha_{1,2}$ — Au L_{III}.
2. Au $L\alpha_1$ — Au M.
3. Au $L\beta_1$ — Au M.
4. Au $L\gamma_1$ — Au M.
5. Mo $K\alpha_{1,2}$ — Au M_I.
6. Mo $K\alpha_{1,2}$ — Au M_{II}.
7. Mo $K\alpha_{1,2}$ — Au M_{III}.
8. Mo $K\alpha_{1,2}$ — Au M_{IV+V}.
9. Mo $K\alpha_{1,2}$ — Au N, O.

Bemerkenswert ist noch, daß WATSON die Richtungsunabhängigkeit der *Geschwindigkeit* in einer Gruppe mit einer Genauigkeit von 0,5% bestätigen konnte.

Um die exakte Verteilungsfunktion für jede Gruppe getrennt aufzunehmen, haben VAN DEN AKKER und WATSON[1] später statt der photographischen Platte ein GEIGER-MÜLLERsches Zählrohr eingebaut. Für die L_{III}-Elektronen von Gold ergab sich eine noch stärkere Isotropie, als die Theorie fordert.

IV. Die Fluoreszenzstrahlung und die Energiebilanz für die Absorption.

43. Qualität der Fluoreszenzstrahlung, Anregungsbedingungen, Zusammenhang mit der Absorption. BARKLA und SADLER[2] stellten fest, daß die von röntgenbestrahlten Körpern ausgehende diffuse Röntgenstrahlung aus zwei scharf unterschiedenen Anteilen besteht. Ein Teil hat im wesentlichen dieselbe Durchdringungsfähigkeit wie die Primärstrahlung und ist als gestreute Primärstrahlung aufzufassen. Daneben sendet der Körper aber noch eine Strahlung aus, deren Durchdringungsvermögen gänzlich unabhängig ist von der primären Strahlenhärte; diese stellt also eine „charakteristische Strahlung" des Körpers dar. Charakterisiert und von der Streustrahlung unterschieden wurde diese Strahlung durch ihren Absorptionskoeffizienten in Aluminium. Zunächst schienen die Verhältnisse insofern kompliziert, als einige Substanzen keine Andeutung einer charakteristischen Strahlung zeigten, bei anderen wieder war die charakteristische Strahlung so stark vertreten, daß daneben die Streustrahlung kaum oder gar nicht nachzuweisen war. Später konnten alle Erscheinungen unter einen einheitlichen Gesichtspunkt gebracht werden, indem man annahm, daß jedes Element zwei charakteristische Eigenstrahlungen besitzt, die K- und L-Strahlung. Die K-Strahlung ist stets viel durchdringender als die L-Strahlung,

[1] J. A. VAN DEN AKKER u. E. C. WATSON, Phys. Rev. Bd. 37, S. 1631. 1931.

[2] C. G. BARKLA u. C. A. SADLER, Phil. Mag. Bd. 16, S. 550. 1908; C. G. BARKLA, Jahrb. d. Radioakt. Bd. 5, S. 246. 1908; Phil. Mag. Bd. 22, S. 396. 1911.

und die Härte beider nimmt mit dem Atomgewicht gleichmäßig zu. MOSELEY u. a. zeigten später, daß genauer nicht das Atomgewicht, sondern die Ordnungszahl maßgebend ist. Bei den leichtesten Elementen sind beide charakteristischen Strahlungen so weich, daß sie damals noch nicht nachgewiesen werden konnten. Bei schwereren Elementen tritt zunächst die K-Strahlung und weiterhin auch die L-Strahlung auf. In den schwersten Elementen endlich wird, wenn man Primärstrahlen mittlerer Härte anwendet, nur die L-Strahlung erregt. Es zeigte sich nämlich, daß eine charakteristische Strahlung nur angeregt wird, wenn die Primärstrahlung härter als diese ist. In die Wellensprache übertragen ist dieses Resultat nichts anderes als die „STOKESsche Regel", welche für die Erregung optischer Fluoreszenz im allgemeinen gültig befunden wurde. Aus dieser Analogie heraus entstand die Bezeichnung „Fluoreszenzstrahlung" für die durch Röntgenstrahlen angeregte charakteristische Strahlung. Hieraus ergibt sich sofort, daß eine charakteristische Strahlung eines Elementes A nur dann in einem anderen Element B die entsprechende charakteristische Strahlung anregen kann, wenn B kleinere Ordnungszahl hat als A.

Die Erregung der Fluoreszenzstrahlung ist ebenso wie die der Elektronenstrahlung aufs engste mit der Absorption der Primärstrahlung verknüpft: läßt man die Primärstrahlung härter werden, bis eine Fluoreszenzstrahlung angeregt wird, so springt gleichzeitig die Absorption der Primärstrahlen in dem Sekundärstrahler auf einen höheren Wert, die Anregungsgrenzen sind gleichzeitig Absorptionsgrenzen. Hierin liegt der erste und deutlichste Hinweis darauf, daß die gesamte Absorption aufzufassen ist als zusammengesetzt aus mehreren Teilabsorptionen, von denen jede mit der Erregung einer charakteristischen Strahlung verbunden ist.

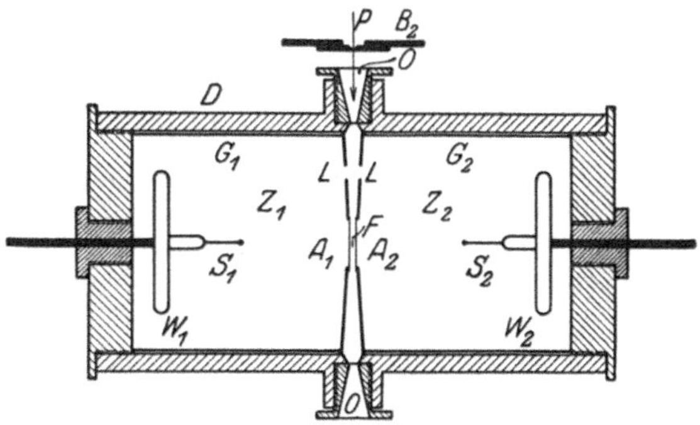

Abb. 30. Koinzidenzanordnung.

Die Fluoreszenzstrahlung ist unpolarisiert, und ihre Intensität ist nach allen Richtungen dieselbe; weder die Primärrichtung noch (bei polarisierten Primärstrahlen) die Richtung des elektrischen Vektors in der Primärstrahlung hat Einfluß auf die Intensitätsverteilung[1]. Die von benachbarten Atomen ausgehenden Fluoreszenzstrahlen interferieren nicht miteinander[2]. Die Fluoreszenzstrahlung verhält sich also, als ob sie von einem selbstleuchtenden Objekt herkäme, ganz im Gegensatz zur Streustrahlung.

Daher konnte die Fluoreszenzstrahlung auch zur Prüfung der Theorie der Lichtemission benutzt werden[3]. In Abb. 30 sind $Z_1 Z_2$ zwei mit Argon gefüllte Spitzenzähler. Die dünne Kupfer- oder Eisenfolie F wird durch die bei P eintretende Primärstrahlung zur K-Fluoreszenz angeregt. Die Fluoreszenzstrahlung wird in den Gasräumen der beiden Zähler zu einem wesentlichen Bruchteil in Photoelektronen umgesetzt. Die hierdurch hervorgerufenen Ausschläge der beiden Zähler zeigten keine zeitlichen Koinzidenzen. Dies beweist, daß beim elementaren Emissionsakt die Energie nur nach einer Seite ausgesandt wird, wie es der Licht-

[1] C. G. BARKLA, Proc. Roy. Soc. London (A) Bd. 77, S. 247. 1906; Phil. Mag. Bd. 15, S. 288. 1908; C. G. BARKLA u. T. AYRES, Phil. Mag. Bd. 21, S. 270. 1911; H. MARK u. L. SZILLARD, ZS. f. Phys. Bd. 35, S. 743. 1926; F. KIRCHNER, Ann. d. Phys. Bd. 81, S. 1113. 1926 (Nebelmethode); A. H. COMPTON, Proc. Nat. Acad. Amer. Bd. 14, S. 549. 1928.

[2] H. M. CAVE, Proc. Trans. Roy. Soc. Canada (3) Bd. 20, Sect. III, S. 187. 1926.

[3] W. BOTHE, ZS. f. Phys. Bd. 37, S. 547. 1926.

quantenvorstellung entspricht. Nach einer von BOHR, KRAMERS und SLATER zeitweise vertretenen statistischen Auffassung vom Umsatz der Strahlungsenergie hätten Koinzidenzen mit beträchtlicher Häufigkeit auftreten sollen.

Die Haupteigenschaften der Fluoreszenzstrahlung waren noch ohne das mächtige Handwerkzeug der Röntgenspektroskopie ermittelt worden; als einziges Mittel zur Charakterisierung einer Röntgenstrahlung diente ihre Absorbierbarkeit oder allenfalls diejenige der von ihr ausgelösten Photoelektronen. Als dann die Methode der Kristallreflexion die Möglichkeit gab, einerseits die Fluoreszenzstrahlung spektral zu zerlegen und andererseits die Fluoreszenzerregung durch wirklich (spektroskopisch) monochromatische Strahlen zu untersuchen, zeigte sich, daß diese Ergebnisse nur ein gewissermaßen stark verwaschenes Bild der wirklichen Verhältnisse darstellten. Die charakteristischen Strahlungen erwiesen sich nicht als wirklich homogen, wie BARKLA annahm, sondern aus je einem ganzen Linienspektrum bestehend, das bei der K-Strahlung relativ wenig, bei der L-Strahlung stärker ausgedehnt ist. Die K-Strahlung, welche bei älteren Untersuchungen meist als „homogene" Primärstrahlung benutzt wurde, kann hier meist als aus zwei Linien bestehend angesehen werden, der stärkeren α-Linie und der schwächeren β-Linie, welche z. B. beim Zink eine um etwa 10% kleinere Wellenlänge besitzt. Nach Ausweis der Absorptionsspektren können die Absorptions- und Anregungsgrenzen als scharf und miteinander vollkommen identisch angesehen werden, soweit die hier zu besprechenden Erscheinungen in Frage kommen. Sie liegen auf der kurzwelligen Seite der zugehörigen Linienserie, wie es die STOKESsche Regel fordert, und zwar sind sie gleichzeitig Seriengrenzen. Jede Serie kann nur als Ganzes angeregt werden, nicht Linie für Linie; daher genügt z. B. zur Anregung von $K\alpha$ nicht eine Strahlung, welche gerade etwas kurzwelliger als $K\alpha$ ist, sondern die erregende Strahlung muß eine kleinere Wellenlänge als die Kante K haben. Die relative Wellenlängendifferenz von $K\alpha$ gegen K nennt man den „STOKESschen Sprung"; dieser beträgt z. B. 10% bei Zn, 19% bei Pt. Für die L-Strahlungen erwiesen sich die Verhältnisse insofern beträchtlich komplizierter, als diese sich in drei Unterserien auflösen, welche sich in gewissem Grade unabhängig voneinander anregen lassen. Dementsprechend existieren auch drei nahe beieinander liegende L-Kanten, woraus sich erklärt, das BARKLA das L-Maximum der Absorption erheblich breiter fand als das K-Maximum. Eine weitere Serie, auf deren Existenz schon BARKLA aus seinen Versuchen mit einiger Wahrscheinlichkeit schließen konnte, die M-Serie, wurde 1916 von SIEGBAHN spektroskopisch nachgewiesen; sie zerfällt in 5 Unterserien mit 5 Absorptionskanten. Diese wie auch die noch höheren (bis P), welche sowohl nach ihren Wellenlängen, als auch nach der Kompliziertheit ihres Baues schließlich in die optischen Serien einmünden, sind für das folgende nur von untergeordnetem Interesse. Die für das klassische Röntgengebiet vorzüglich in Betracht kommenden K- und L-Serien zeichnen sich auch durch die außerordentlich einfache Art ihrer Abhängigkeit von der chemischen Natur der Elemente aus, ihre Wellenlängen sind glatte Funktionen der Ordnungszahl Z. Die Einzelheiten aller dieser Verhältnisse erfüllen das umfangreiche Gebiet der Röntgenspektroskopie und werden in Bd. XXI ds. Handbs. behandelt. Über die modellmäßige Deutung der Fluoreszenzspektren ist das Wichtigste schon in der einleitenden Übersicht dieses Kapitels gesagt worden.

Für das Folgende ist noch besonders im Auge zu behalten, daß eine Ionisation der K-Schale auch zur Emission von L-, M- . . . -Strahlung führen kann, indem die Auffüllung der K-Schale nicht unmittelbar von der Oberfläche des Atoms aus erfolgt, sondern zunächst aus der L-, M- . . . -Schale, so daß diese dann ionisiert erscheint.

Die ersten spektroskopischen Aufschlüsse wurden nicht direkt an der Fluoreszenzstrahlung erhalten, sondern an der charakteristischen Strahlung, welche schnelle Kathodenstrahlen beim Auftreffen auf eine Antikathode neben der kontinuierlichen Bremsstrahlung erzeugen. Die wesentliche Identität dieser im Röntgenrohr erregten charakteristischen Strahlung mit der Fluoreszenzstrahlung zeigen schon Absorptionsversuche von KAYE[1]; bestätigt wurde sie spektroskopisch von M. DE BROGLIE[2].

44. Die innere Absorption der Fluoreszenzstrahlung. Wie bereits in der einleitenden Übersicht (Ziff. 1) erwähnt wurde, kann die Rückkehr eines durch Photoemission angeregten Atomes zum Normalzustand auf zwei Wegen erfolgen, nämlich unter Aussendung von Fluoreszenzstrahlung oder aber unter abermaliger Elektronenemission. Auf die Möglichkeit der letzteren „strahlungslosen" Übergänge hat ROSSELAND[3] aus theoretischen Betrachtungen über das thermische Gleichgewicht zwischen Atomen und freien Elektronen geschlossen. Ein solcher Prozeß würde z. B. darin bestehen, daß in einem Atom, welches durch Photoemission ein K-Elektron verloren hat, ein L-Elektron in die K-Schale übergeht, während andererseits ein weiteres L-Elektron das Atom mit einer solchen Energie verläßt, daß die Gesamtenergie des Systems erhalten bleibt. Man kann den Vorgang auch so auffassen, als ob die K-Fluoreszenzstrahlung wirklich entstünde, aber schon in der L-Schale desselben Atoms wieder absorbiert würde. Es ist verständlich, daß diese „Absorption" nicht nach den gewöhnlichen Gesetzen erfolgen wird, der normale Absorptionskoeffizient für die Fluoreszenzstrahlung wird erst außerhalb des Ursprungsatoms in Kraft treten. Wir halten trotzdem die Bezeichnung „innere Absorption von Fluoreszenzstrahlung" für diese strahlungslose Umwandlung für zweckmäßig, da sie den Zusammenhang zwischen der Energie der „Photoelektronen zweiter Art" und den Wellenlängen der Spektrallinien und Absorptionskanten unmittelbar vor Augen führt. In dem erwähnten Beispiel ergibt sich nach Gleichung (17) die Elektronenenergie in der Bezeichnung der Ziff. 22[4]

$$E = K\alpha - L = K - 2L.$$

Im weiteren Verlauf könnte sich dann zwischen der L- und M-Schale das gleiche Spiel entwickeln, oder aber die weitere Umgruppierung der Elektronen könnte unter Strahlungsemission erfolgen.

Die Messungen haben gezeigt, daß solche strahlungslosen Umwandlungen keineswegs eine nur untergeordnete Rolle spielen. L. MEITNER[5] untersuchte das magnetische β-Strahlenspektrum des radioaktiven Thorisotops UX_1; als Strahlenquelle diente eine auf Platin niedergeschlagene äußerst dünne Schicht UX_1. Es zeigten sich u. a. drei Linien, welche identifiziert werden konnten als

$$\mathrm{Th}K\alpha - \mathrm{Th}L,$$
$$\mathrm{Th}K\alpha - \mathrm{Th}M,$$
$$\mathrm{Th}K\alpha - \mathrm{Th}N.$$

Dagegen war von den theoretischen Linien

$$\mathrm{Th}K\alpha - \mathrm{Pt}L \text{ usw.}$$

---

[1] G. W. C. KAYE, Phil. Trans. Bd. 209, S. 123. 1909; C. G. BARKLA u. C. A. SADLER, Phil. Mag. Bd. 17, S. 757. 1909.

[2] M. DE BROGLIE, C. R. Bd. 158, S. 1493 u. 1785. 1914.

[3] S. ROSSELAND, ZS. f. Phys. Bd. 14, S. 173. 1923.

[4] Wie H. ROBINSON (Nature Bd. 118, S. 224. 1926) gezeigt hat, sind hier genau genommen nicht die normalen Energieniveaus des Atoms einzusetzen, sondern etwas dagegen verschobene, weil die Auslösung der Photoelektronen zweiter Art aus einem bereits ionisierten Atom erfolgt.

[5] L. MEITNER, ZS. f. Phys. Bd. 17, S. 60. 1923.

keine Andeutung zu finden, obwohl die $K\alpha$-Strahlung, nachdem sie das Mutteratom verlassen hatte, sehr viel mehr Pt- als UX_1-Atome getroffen hätte. Hieraus geht zwingend hervor, daß jedes der Elektronen direkt aus einem Atom stammte, welches unter dem Einfluß der im Kern sich abspielenden Zerfallsvorgänge in der K-Schale angeregt war. Dies zeigt also, daß die K-Strahlung in dem Mutteratom außerordentlich viel leichter reabsorbiert wird, als man nach ihrem Absorptionskoeffizienten erwarten sollte.

Auf dieselbe Weise ist die relativ große Intensität der durch Fluoreszenzstrahlung erzeugten Linien in den Geschwindigkeitsspektren der Photoelektronen zu erklären (Ziff. 22), obwohl hier die benutzten Schichtdicken sehr viel größer waren und damit auch die Wahrscheinlichkeit, daß die Fluoreszenzstrahlung in normaler Weise außerhalb ihres Ursprungsatoms absorbiert wurde.

Den direkten Beweis für die große Häufigkeit innerer Absorptionsprozesse lieferte AUGER[1], indem er nach der WILSONschen Nebelmethode Aufnahmen von engen Röntgenbündeln machte, welche durch verschiedene höheratomige Gase gingen. Es zeigten sich dann neben den gewöhnlichen Photoelektronen, deren Reichweite mit der primären Strahlenhärte wuchs, noch solche, deren Reichweite gänzlich von der Primärstrahlung unabhängig war, deren Ausgangspunkt stets mit dem eines Photoelektrons der ersten Art zusammenfiel und deren Richtungsverteilung isotrop war, im Gegensatz zu den Elektronen erster Art; ihre Reichweite war die zu erwartende, wenn man als auslösende Strahlung die K-Strahlung des betreffenden Elementes annahm. Eine solche Doppelbahn kommt zweifellos durch einen Rosseland-Prozeß zustande. AUGER beobachtete auch Fälle, wo außer dem Photoelektron erster Art drei Elektronen zweiter Art auftraten. Ein typisches Beispiel zeigt Abb. 31. Die Wilsonkammer war hier mit Xenon gefüllt (verdünnt mit Wasserstoff), der enge Röntgenstrahl ist in der Mitte des Bildes horizontal verlaufend zu denken. Links sieht man zwei lange und zwei kurze Elektronenbahnen mit gleichem Ursprungsort. Dieser Prozeß kann folgendermaßen aufgefaßt werden:

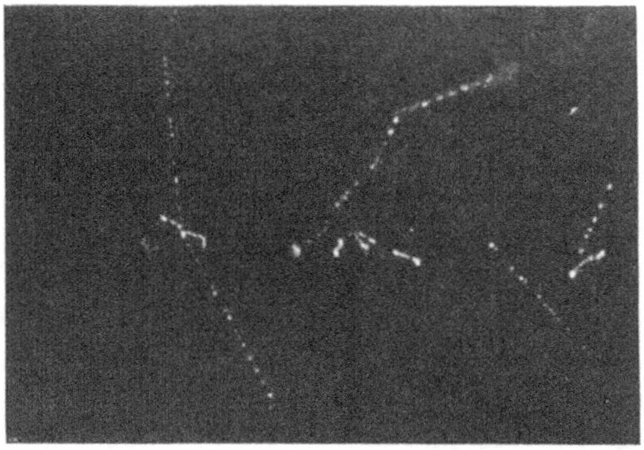

Abb. 31. Zusammengesetzter Photoeffekt in Xenon. (Nach AUGER.)

1. Ein K-Elektron verläßt das Atom als (schnelles) Photoelektron erster Art.

2. Ein L-Elektron fällt in die K-Schale, das entstehende $K\alpha$-Quant wird in der L-Schale absorbiert, wobei ein ebenfalls ziemlich schnelles Elektron zweiter Art von der Energie $h(\nu_K - 2\nu_L)$ entsteht.

3. Durch Auffüllung der beiden in der L-Schale frei gewordenen Plätze entstehen zwei L-Quanten, welche in den noch weiter außenliegenden Schalen absorbiert werden unter Aussendung zweier langsamerer Elektronen, etwa von der Energie $h(\nu_L - 2\nu_M)$.

Außerdem zeigt dieselbe Abb. 31 noch Fälle, wo die Primärstrahlung von vornherein nicht in der K-, sondern in der L-Schale absorbiert wurde, so daß nur ein langsames Elektron zweiter Art entstehen konnte.

[1] P. AUGER, C. R. Bd. 180, S. 65. 1925; Bd. 182, S. 773 u. 1215. 1926; Journ. de phys. et le Radium Bd. 6, S. 205. 1925; Journ. chim. phys. Bd. 22, S. 384. 1925; Ann. de phys. Bd. 6, S. 183. 1926; vgl. auch C. T. R. WILSON, Proc. Roy. Soc. London (A) Bd. 104, S. 1. 1923.

KIRCHNER[1] hat auf dieselbe Weise gezeigt, daß Photoelektronen zweiter Art in Argon auch dann entstehen, wenn die Anregung der K-Schale nicht durch Aussendung eines Photoelektrons, sondern eines Rückstoßelektrons erfolgt, also bei einem COMPTONschen Streuprozeß (Ziff. 17 d. folg. Kap.).

Auch wenn das Atom überhaupt nicht durch Röntgenstrahlen, sondern durch Elektronenstoß in einer inneren Schale ionisiert wird, können innere Absorptionsprozesse eintreten, wie AUGER zeigte (l. c.).

Ebenso wie die Fluoreszenzstrahlung unterliegt auch die von den *Kernen* ausgesandte γ-Strahlung der inneren Absorption, wie die Geschwindigkeitsspektra der β-Strahlen zeigen. Hierüber vgl. ds. Handb. Bd. XXII/1.

45. Bestimmung der Ausbeute an Fluoreszenzquanten nach der Nebelmethode. Die Wahrscheinlichkeit w, daß etwa ein K-Fluoreszenzquant das in der K-Schale angeregte Atom wirklich verläßt, ohne der inneren Absorption zu verfallen, ist eine wichtige Atomkonstante, sie ist unabhängig von der Art, wie das Atom in den angeregten Zustand versetzt wurde, wie die Gesamtheit der vorliegenden Messungen ergeben hat. Man braucht diese „Ausbeute an K-Fluoreszenzquanten" z. B., um die absolute Intensität einer Röntgenstrahlung aus der in einem schweren Gas erzeugten Ionisation zu bestimmen[2]. Diese Quantenausbeute kann man aus Nebelaufnahmen einfach ermitteln: man stellt fest, welcher Bruchteil der K-Photoelektronen erster Art nicht mit Elektronen zweiter Art gekoppelt erscheint. Eine Schwierigkeit liegt dabei allerdings in der Feststellung, ob ein solches Elektron erster Art aus der K-Schale oder einer anderen stammt. Bei den schwereren Atomen kann die Entscheidung nach der Länge der Nebelbahnen getroffen werden, wenn man die erregende Wellenlänge geeignet wählt. Bei leichten Atomen dagegen unterscheiden sich die aus der K- und L-Schale kommenden Elektronen so wenig in ihrer Energie, daß ihr Zahlenverhältnis aus der Messung des K-Absorptionssprunges entnommen werden muß, welcher gerade in diesen Fällen noch nicht sehr genau bekannt ist (Ziff. 12). Hinzu kommt, daß auch der Sauerstoff des Wasserdampfes und andere leichtatomige Verunreinigungen ganz ähnliche Photoelektronen erster Art liefern. Daher können für die Leichtelemente nur ungefähre Werte von w gewonnen werden.

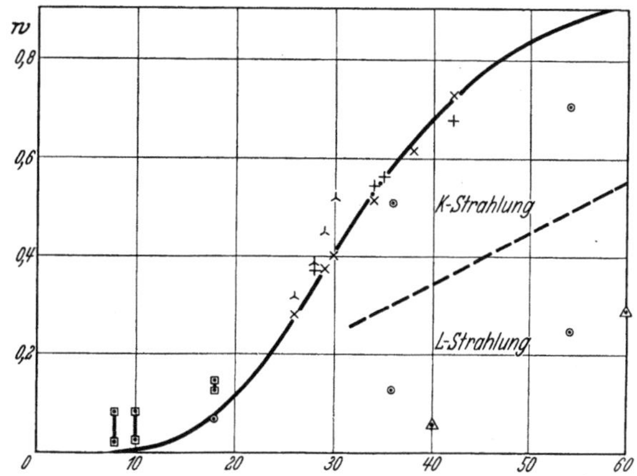

Abb. 32. Fluoreszenzquantenausbeuten.

⊙ AUGER, ⊡ LOCHER } Nebelmethode.
⅄ MARTIN, × HARMS, + COMPTON, △ v. HEVESY u. ALEXANDER } Fluoreszenzmethode.
(Kurve theoretisch nach WENTZEL.)

In Tabelle 22 und Abb. 32 sind die auf diese Weise von AUGER und von LOCHER[3] gewonnenen Quantenausbeuten w zusammengestellt. Auch einige entsprechende Messungen über die L-Strahlung von AUGER sind aufgenommen.

---

[1] F. KIRCHNER, Ann. d. Phys. Bd. 83, S. 969. 1927.
[2] A. H. COMPTON, Phil. Mag. Bd. 8, S. 961. 1929.
[3] G. L. LOCHER, Phys. Rev. Bd. 40, S. 484. 1932.

LOCHER weist darauf hin, daß noch sehr geringe Spuren von hochatomigen Verunreinigungen in einem leichten Gas sich durch diesen charakteristischen Effekt verraten.

Tabelle 22. Fluoreszenzquantenausbeuten nach der Nebelmethode.

Element	K-Strahlung		L-Strahlung
	AUGER	LOCHER	AUGER
O	—	0,023 bis 0,082	—
Ne	—	0,028 „ 0,083	—
A	0,07	0,128 „ 0,148	—
Kr	0,51	—	0,13
Xe	0,71	—	0,25

Man erkennt, daß bei leichten Elementen nur ein geringer Bruchteil der angeregten Atome wirklich Fluoreszenzstrahlung aussendet. Mit zunehmender Ordnungszahl steigt dieser Bruchteil aber stark an, die innere Absorption tritt dann mehr in den Hintergrund.

Die Nebelmethode ist offenbar auf wenige Gase beschränkt. Sie bedarf daher der Ergänzung durch die im folgenden zu besprechenden, allerdings weniger direkten Methoden.

46. Beziehungen der inneren Absorption zur Ausbeute an Fluoreszenz- und Elektronenenergie. Auf die Energiebilanz der Absorptionsvorgänge wirkt sich die Erscheinung der inneren Absorption nach zwei Richtungen aus: einerseits setzt sie offenbar die Fluoreszenzausbeute herab, andererseits wird die Elektronenausbeute vergrößert wegen der hinzukommenden Elektronen zweiter Art. Diese setzen sprungweise mit ihrer vollen Energie ein, wenn die Wellenlänge eine Absorptionskante unterschreitet, im Gegensatz zu den Elektronen erster Art, deren Energie beim Unterschreiten einer Absorptionswellenlänge allmählich von Null ansteigt. AUGER[1] hat dies an Nebelaufnahmen bestätigt gefunden. Daraus erklären sich überhaupt erst die beobachteten Sprünge in der Photoemission (Ziff. 26)[2]. Die Energie der intensivsten Elektronengruppen zweiter Art ist $h(\nu_{K\alpha} - \nu_L)$, $h(\nu_{K\alpha} - \nu_M)$ . . ., während die L-, M-, . . . -Elektronen erster Art an der K-Kante die nur wenig größeren Energien $h(\nu_K - \nu_L)$ . . . haben, und daraus erklärt sich weiter, daß beim Überschreiten der K-Kante meist keine deutliche Änderung im Durchdringungsvermögen der Photoelektronen beobachtet wurde und daß überhaupt die Absorbierbarkeit der Photoelektronen vielfach nur von der Primärwellenlänge abhängig gefunden wurde (Ziff. 17).

Diese Zusammenhänge mögen für die K-Fluoreszenzstrahlung näher erörtert werden; für die anderen Fälle gelten dann analoge Betrachtungen. Die „Energieausbeute an K-Fluoreszenzstrahlung“ p'_K sei das Verhältnis der in einem bestimmten Körper entstehenden K-Fluoreszenzenergie zu der *in der K-Schale* absorbierten Primärenergie:

$$p'_K = \frac{w_\alpha \cdot h\nu_\alpha + w_\beta \cdot h\nu_\beta + \cdots}{h\nu}, \tag{31}$$

worin ν_α . . . die Schwingungszahlen der einzelnen Fluoreszenzlinien, ν die der Primärstrahlung sind; w_α, w_β . . . sind die Wahrscheinlichkeiten, daß ein in der K-Schale ionisiertes Atom ein K_α-, K_β- . . . -Quant wirklich als solches aussendet, also

$$w = w_\alpha + w_\beta + \cdots \tag{32}$$

die K-Fluoreszenzquantenausbeute (Ziff. 45), $1 - w$ die Wahrscheinlichkeit eines inneren Absorptionsaktes. Bezieht man die K-Energieausbeute auf die gesamte,

[1] P. AUGER, Ann. de phys. Bd. 6, S. 183. 1925.

[2] W. KOSSEL, ZS. f. Phys. Bd. 19, S. 333. 1923; W. BOTHE, Phys. ZS. Bd. 26, S. 410 u. 473. 1925.

in *allen* Atomschalen absorbierte Primärenergie (wie es bei der Messung zunächst geschehen muß), so ist sie offenbar

$$p' = p'_K\left(1 - \frac{1}{\delta_K}\right), \tag{33}$$

wo δ_K der K-Absorptionssprung ist (Ziff. 12). Hierbei ist die unvermeidliche Annahme gemacht, daß das Verhältnis der Teilabsorptionen in den verschiedenen Elektronenschalen in einiger Entfernung von der Kante dasselbe ist wie an der Kante selbst. Sind nun $J_\alpha, J_\beta \ldots$ die aus spektroskopischen Messungen bekannten relativen Intensitäten der α-, β- . . . -Linie ($J_\alpha + J_\beta + \cdots = 1$), und führt man statt der Schwingungszahlen $\nu, \nu_\alpha \ldots$ die Wellenlängen $\lambda, \lambda_\alpha \ldots$ ein, so wird schließlich $w_\alpha = J_\alpha w; \ldots$

$$p'_K = \frac{w\lambda}{\overline{\lambda_K}}; \quad \frac{1}{\overline{\lambda_K}} = \frac{J_\alpha}{\lambda_\alpha} + \frac{J_\beta}{\lambda_\beta} + \cdots. \tag{34}$$

$\overline{\lambda_K}$ ist also eine gewisse mittlere Wellenlänge des K-Fluoreszenzspektrums. Es ist wohl zu beachten, daß die L-, M- . . . -Strahlung, welche im weiteren Verlauf eines K-Ionisationsaktes auftreten kann, hier nicht in die Ausbeute eingerechnet ist. In der Tat dürften diese viel weicheren Strahlungen bei den bisherigen Messungen bereits vor dem Eintritt in die Meßkammer durch Absorption ausgeschieden gewesen sein.

Für die Elektronenausbeute liegen die Dinge etwas verwickelter. Nimmt man an, daß die ganze Energie des angeregten Atoms, soweit sie nicht als K-Strahlung entweicht, in Elektronenenergie umgesetzt wird, so wäre für die Energieausbeute p_K an Elektronen, die bei der K-Absorption entstehen, $p_K + p'_K = 1$, man erhält also als *obere* Grenze

$$p_K < 1 - w\frac{\lambda}{\overline{\lambda_K}}. \tag{35}$$

Genau würde dieser Ausdruck nur dann gelten, wenn außer der K-Strahlung keine Fluoreszenzstrahlung entsteht, d. h. wenn entweder alle Photoelektronen zweiter Art aus der äußersten Schale, also mit verschwindender Austrittsarbeit, ausgelöst würden, oder wenn, soweit die Auslösung doch in einer inneren Schale erfolgt, die weiter entstehenden L-, M- . . . -Strahlungen vollständig durch innere Absorption in Elektronen übergeführt würden. In welchem Maße dies zutrifft, dafür liegen noch kaum Anhaltspunkte vor. Eine *untere* Grenze für p_K erhält man offenbar mit der Annahme, daß diese weicheren Strahlungen überhaupt keine innere Absorption erleiden. Es bezeichne dann $J_{\alpha L}$ die relative Wahrscheinlichkeit, daß ein K_α-Quant in der L-Schale wieder absorbiert wird ($J_{\alpha L} + J_{\alpha M} + J_{\beta L} + \cdots = 1$). Dann ist

$$p_K > \frac{\nu - \nu_K}{\nu} + (1 - w)\left(J_{\alpha L}\frac{\nu_\alpha - \nu_L}{\nu} + J_{\alpha M}\frac{\nu_\alpha - \nu_M}{\nu} + J_{\beta L}\frac{\nu_\beta - \nu_L}{\nu} + \cdots\right), \tag{36}$$

wo der erste und zweite Summand bezüglich die Ausbeute an Elektronen erster und zweiter Art darstellt; ν_K = Schwingungszahl der K-Kante. Führt man wie oben die Wellenlängen ein, so wird

$$p_K > 1 - \frac{\lambda}{\lambda_K} + (1 - w)\lambda\frac{\overline{E}}{hc}, \tag{37}$$

wo $\overline{E}$ die mittlere Energie der durch innere Absorption der K-Fluoreszenzstrahlung unmittelbar entstehenden Photoelektronen zweiter Art ist. Rechnet man ungünstig $\overline{E} = h(\nu_\alpha - \nu_L) = h(\nu_K - 2\nu_L)$, so gilt a fortiori

$$p_K > 1 - w\frac{\lambda}{\lambda_K} - (1 - w)\frac{2\lambda}{\lambda_L}. \tag{38}$$

Welchem der beiden Ausdrücke (35) und (38) sich die wirklichen Verhältnisse mehr annähern, wird von den noch wenig bekannten L-Quantenausbeuten und schließlich auch von den Versuchsbedingungen abhängen. Die Spanne ist aber nicht sehr weit, gemessen an der nicht sehr großen Genauigkeit der bisherigen Messungen.

Man sieht, daß sowohl aus Messungen der Elektronen- wie der Fluoreszenz-Energieausbeute Schlüsse auf die Quantenausbeute w gezogen werden können. In Abb. 19 ist der schematische Verlauf des Photoemissionskoeffizienten k, des Fluoreszenzkoeffizienten k' und der Energieausbeuten p und p' an Elektronen- und Fluoreszenzstrahlung in der Umgebung der K-Kante mit eingetragen. Die dort benutzten Bezeichnungen weichen etwas von den hier angewandten ab: die Kurven ergeben sich, wenn man die *gesamte* (K- + L- . . .) Emission an Elektronen und Fluoreszenzstrahlung ins Auge faßt und die Ausbeuten auf die *gesamte,* in allen Atomschalen absorbierte Primärenergie bezieht.

47. Bestimmung der Quantenausbeute an der Fluoreszenzstrahlung. Man verfährt nach Gleichung (33) und (34), indem man den Bruchteil p' der absorbierten Energie mißt, welcher als K-Fluoreszenzstrahlung wieder erscheint. Die Versuchsanordnung ist im Prinzip stets die in Abb. 33 dargestellte. Der ausgeblendete Primärstrahl P fällt unter dem Winkel φ_1 auf den Fluoreszenzstrahler F, welcher so dick ist, daß er sowohl für die Primär- wie für die Fluoreszenzstrahlung undurchlässig ist. Die von F unter dem Winkel φ_2 ausgehende Fluoreszenzstrahlung wird in einer Ionisationskammer C_F gemessen, welche dem Strahler den Raumwinkel $d\Omega$ darbietet. Die Primärstrahlung wird nach Wegnahme des Strahlers F in einer Kammer C_P gemessen. Ist L_P die Leistung (Energie/sec) der Primärstrahlung, so ist in einer Tiefe x unter der Oberfläche des Strahlers die Leistung $L_P e^{-\mu_P x/\cos\varphi_1}$, wo μ_P den Schwächungskoeffizienten im Strahler bedeutet. Hiervon wird in der Schicht dx der Bruchteil $\tau_P dx/\cos\varphi_1$ absorbiert (τ_P = Absorptionskoeffizient der Primärstrahlung im Strahler), wovon wieder der Bruchteil p' in Fluoreszenzenergie umgesetzt wird. Von der Fluoreszenzstrahlung gelangt in die Kammer C_F der Bruchteil $e^{-\mu_F x/\cos\varphi_2}\cdot d\Omega/4\pi$ (μ_F = Schwächungskoeffizient der Fluoreszenzstrahlung im Strahler). Somit wird die ganze in C_F eintretende Fluoreszenzleistung

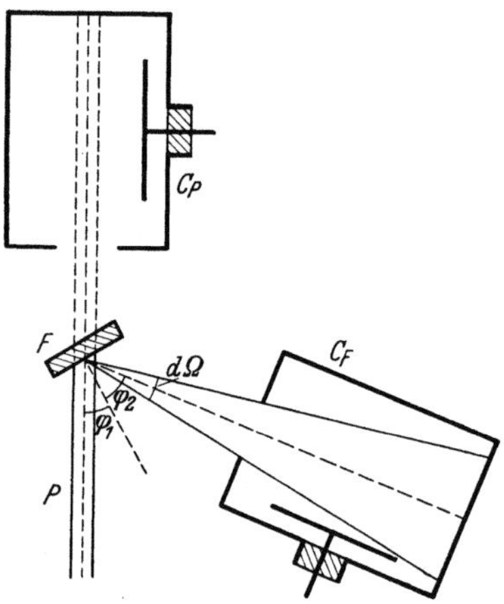

Abb. 33. Messung der Fluoreszenzausbeute.

$$\left.\begin{aligned} L_F &= p' L_P \frac{d\Omega}{4\pi}\frac{\tau_P}{\cos\varphi_1}\int_0^\infty e^{-\left(\frac{\mu_P}{\cos\varphi_1}+\frac{\mu_F}{\cos\varphi_2}\right)x}\,dx \\ &= \frac{d\Omega}{4\pi}\,\frac{\tau_P}{\mu_P+\mu_F\dfrac{\cos\varphi_1}{\cos\varphi_2}}\,L_P p'. \end{aligned}\right\} \tag{39}$$

Ist das Verhältnis L_F/L_P gemessen, so kann man mit Hilfe der bekannten Schwächungs- und Absorptionskoeffizienten p' berechnen, und daraus wieder p'_K mit Hilfe des Absorptionssprunges δ_K nach (33), schließlich w nach (34).

Die wesentliche experimentelle Schwierigkeit liegt in dem Vergleich von L_F und L_P, weil erstens die beiden Größen im allgemeinen sehr verschieden sein werden ($L_F \ll L_P$), zweitens die beiden Strahlungen verschiedene Wellenlänge haben. Da die ionisierende Wirkung in den beiden Kammern über die im Innern ausgelösten Elektronen geht, muß man für das Gas einmal den Photoemissionskoeffizienten k_g und weiter den Energieverbrauch ε pro Ionenpaar kennen, oder zum mindesten deren Abhängigkeit von der Wellenlänge. Füllt man die Kammern mit leichten Gasen, wie Luft, O_2 oder CO_2 (besser wegen des Argongehaltes der Luft), so kann die Elektronenausbeute im Gase $p_g = 1$ angenommen werden, also $k_g = \tau_g$, wobei jedoch die Bestimmung des Absorptionskoeffizienten τ_g aus dem direkt zu messenden Schwächungskoeffizienten (μ_g) Schwierigkeiten machen kann, wenn die Streuung einen wesentlichen Teil der Gesamtschwächung ausmacht. Füllt man andererseits die Kammern mit einem hochatomigen Gase wie Methylbromid, so kann man zwar die Streuung an dem Gase vernachlässigen und erhält auch eine größere Empfindlichkeit, aber die Elektronenausbeute p_g im Gase ist jetzt nicht von vornherein bekannt, da in diese gerade die Quantenausbeute w für das Füllgas eingeht. COMPTON[1] hat gezeigt, wie man in diesem Falle zum Ziel kommt, indem man als feste Strahler F solche untersucht, deren Ordnungszahlen in der Nähe derjenigen des Füllgases liegen. Mit Berücksichtigung dieser Verhältnisse und gegebenenfalls auch des Einflusses der von den Kammerwänden ausgehenden Photoelektronen erhält man, volle räumliche Ausnutzung der in der Kammer ausgelösten Elektronen vorausgesetzt, für die Ionisation pro Einheit der Kammerlänge l bei der Leistung L

$$\frac{dI}{dl} = \frac{L k_g}{\varepsilon} = \frac{L \tau_g p_g}{\varepsilon}.$$

Bei starker Absorption in der Kammer muß natürlich der Abnahme der Intensität längs der Kammer nach dem Schwächungskoeffizienten Rechnung getragen werden. Was ε betrifft, so kann man nach den heute vorliegenden genauen Messungen diese Größe als unabhängig von der Elektronenenergie ansehen (vgl. ds. Handb. Bd. XXII/2).

Eine Kontrolle derartiger Messungen liegt darin, daß die Quantenausbeute w des Fluoreszenzstrahlers unabhängig von der Primärwellenlänge herauskommen muß, sofern man nicht die höchst wahrscheinliche Annahme aufgeben will, daß der Vorgang der inneren Absorption unabhängig von dem primären Anregungsvorgang abläuft[2]. Die Energieausbeute p' an Fluoreszenzstrahlung müßte sich daher gemäß Gleichung (34) proportional λ ergeben (vgl. Abb. 19). Aus den ersten derartigen Messungen, welche SADLER ausgeführt hatte[3], schloß GLOCKER[4], daß der Fluoreszenzkoeffizient k' etwa proportional λ^4 ist; da der Absorptionskoeffizient τ etwa mit λ^3 geht, würde dies in der Tat heißen: $p' = k'/\tau \sim \lambda$. Die genauere Auswertung dieser Messungen führt jedoch auf eine Abhängigkeit der Quantenausbeute w von der Wellenlänge, wenn man ε als konstant ansieht[5]. KOSSEL hat nun auf Grund älterer Untersuchungen ein von der Elektronenenergie abhängiges ε angenommen und damit SADLERS Messungen neu ausgerechnet; dabei ergab sich in der Tat w unabhängig von der Wellenlänge. Heute ist jedoch die Konstanz von ε in dem in Frage kommenden Bereich so weit

[1] A. H. COMPTON, Phil. Mag. Bd. 8, S. 961. 1929.

[2] W. KOSSEL, ZS. f. Phys. Bd. 19, S. 333. 1923; W. BOTHE, Phys. ZS. Bd. 26, S. 410 u. 473. 1925.

[3] C. A. SADLER, Phil. Mag. Bd. 18, S. 107. 1909. — SADLER selbst hat seine Meßergebnisse nicht ganz korrekt ausgewertet; vgl. ds. Handb. 1. Aufl.

[4] R. GLOCKER, Phys. ZS. Bd. 17, S. 488. 1916.

[5] W. KOSSEL, l. c.; R. GLOCKER, ZS. f. Phys. Bd. 40, S. 479. 1927.

gesichert, daß man umgekehrt schließen muß, daß SADLERS Messungen noch verhältnismäßig unvollkommen waren. In der Tat haben die späteren genaueren Messungen der Fluoreszenzausbeute mit konstant angenommenem ε auch ein konstantes w ergeben[1]. Jedenfalls geht aber aus SADLERS Messungen bereits das wichtige Resultat hervor, daß w stets <1 ist und mit wachsender Ordnungszahl des Sekundärstrahlers stark ansteigt[2].

Zu den seither in größerem Umfange ausgeführten Messungen[1] ist im einzelnen folgendes zu bemerken. HARMS setzte die Primärkammer C_P *vor* den Fluoreszenzstrahler F und gab der Sekundärkammer C_F zwecks besserer Ausnutzung der Fluoreszenzstrahlung die Form eines Viertelkreises; in Gleichung (39) tritt dann $\int d\Omega$ an die Stelle von $d\Omega$. Weiter kontrollierte HARMS auch die Abhängigkeit der gemessenen Fluoreszenzintensität von der Winkelstellung des Strahlers F. MARTIN brachte den Fluoreszenzstrahler in den Mittelpunkt eines Halbkugelkondensators, welcher sowohl zur Messung des radial hindurchgehenden Primärstrahles als auch der Fluoreszenzstrahlung unter dem somit sehr großen Öffnungswinkel 2π diente. Wegen der interessanten Kompensationsmethode, welche MARTIN dabei anwandte, sei auf die Arbeit verwiesen. Bei den Messungen von COMPTON wurde wieder, wie bei den klassischen Untersuchungen von BARKLA und SADLER, Fluoreszenzstrahlung als fast homogene Primärstrahlung benutzt; die Ionisationskammer (es wurde dieselbe Kammer in den Stellungen C_P und C_F benutzt) war mit Methylbromid gefüllt; die Absorptionsverhältnisse in der Kammer wurden mit besonderer Sorgfalt untersucht und berücksichtigt.

Im Prinzip dieselbe Methode haben v. HEVESY und ALEXANDER[3] angewandt, um einige Ausbeuten an weicher L-Strahlung zu messen, wobei die Intensitäten photographisch gemessen wurden. Es ergaben sich die L-Quantenausbeuten 0,06 und 0,29 für Zirkon bzw. Neodym. Diese Zahlenwerte werden benötigt für die quantitative Spektralanalyse mit Röntgenstrahlen.

Tabelle 23. *K*-Fluoreszenzquantenausbeuten nach der Fluoreszenzmethode.

Element	MARTIN	HARMS(-COMPTON)	COMPTON
Fe	0,32	0,282	—
Ni	0,39	—	0,373
Cu	0,45	0,378	—
Zn	0,52	0,403	—
Se	—	0,517	0,547
Br	—	—	0,565
Sr	—	0,615	—
Mo	—	0,730	0,68

Die Ergebnisse der zuverlässigsten Messungen dieser Art sind in Tabelle 23 und Abb. 32 zusammengestellt. Dabei ist eine Umrechnung der Ergebnisse von HARMS übernommen, welche COMPTON (l. c.) an Hand neuerer Werte der eingehenden Konstanten vorgenommen hat. Wie Abb. 32 zeigt, schließen sich die Werte w, welche einerseits nach der Nebelmethode, also aus der Elektronenstrahlung, andererseits aus der Fluoreszenzausbeute unmittelbar gewonnen wurden, zu einem einheitlichen Bilde zusammen. Daraus kann man schließen, daß die Energiebilanz der absorbierten Primärenergie durch die Elektronen- und Fluoreszenzstrahlung zusammen ausgeglichen wird, und daß weitere Sekundärstrahlungen von wesentlicher Energie in dem untersuchten Wellenlängenbereich nicht auftreten. Einen ersten Hinweis darauf enthielt bereits die Feststellung von BRAGG und PORTER, daß die Ausbeute an Elektronenenergie unab-

[1] G. E. M. JAUNCEY u. O. K. DE FOE, Proc. Nat. Acad. Amer. Bd. 11, S. 520. 1925; M. BALDERSTON, Phys. Rev. Bd. 27, S. 696. 1926; M. J. HARMS, Ann. d. Phys. Bd. 82, S. 87. 1926; L. H. MARTIN, Proc. Roy. Soc. London (A) Bd. 115, S. 420. 1927; A. H. COMPTON, Phil. Mag. Bd. 8, S. 961. 1929.

[2] Vgl. auch W. H. BRAGG u. H. L. PORTER, Proc. Roy. Soc. London (A) Bd. 85, S. 349. 1911.

[3] G. v. HEVESY u. E. ALEXANDER, Naturwissensch. Bd. 19, S. 825. 1931.

hängig von der Wellenlänge und von der Natur des Absorbers ist, wenn man sie nicht auf die gesamte absorbierte Primärenergie bezieht, sondern von dieser die Energie der entstehenden Fluoreszenzstrahlung abzieht $[k/(\tau - k') = p/(1 - p') = \text{konst.}$; vgl. Ziff. 25].

Nach CHAPMAN u. GUEST[1] wird die Fluoreszenzintensität nicht durch die chemische Bindung beeinflußt.

48. Abschätzung der Quantenausbeute aus der Elektronenintensität, insbesondere dem Photoemissionssprung. BARKLA und THOMAS haben für Brom die Energieausbeute an K-Photoelektronen p_K in Abhängigkeit von der Primärwellenlänge absolut bestimmt, indem sie die Ionisierung in Methylbromid mit derjenigen in Luft verglichen für verschiedene Wellenlängen beiderseits der K-Kante des Broms (Ziff. 35). Will man hieraus auf die K-Quantenausbeute schließen, so stößt man zwar auf die in Ziff. 46 hervorgehobene Unsicherheit wegen des Verhaltens der mit der K-Anregung gekoppelten L-Strahlung, indessen kann man näherungsweise mit dem Ausdruck (35) rechnen, welcher in der Tat den in Ziff. 35 geschilderten Verlauf von p_K mit λ darstellt. Für die Wellenlänge der BrK-Kante wurde $p_K = 0{,}4$ gemessen. Mit $\lambda/\bar{\lambda}_K \approx 0{,}9$ ergibt dies w etwas kleiner als 0,67, was gut in die Abb. 32 paßt. BARKLA hat diese Messungen der Elektronenausbeuten noch mit denen von SADLER über die Fluoreszenzausbeuten kombiniert und erstmalig gezeigt, daß beide sich zu rund 1 ergänzen, daß also die Energiebilanz hergestellt ist. Demgemäß verlaufen auch in Abb. 19 die Kurven p und p' spiegelbildlich zueinander und ergänzen sich zu 1.

In ähnlicher Weise läßt sich aus dem K-Ionisierungssprung, welchen BEATTY in Selenwasserstoff gemessen hat (Ziff. 30, Abb. 18), und dem irgendwie abgeschätzten K-Absorptionssprung die K-Quantenausbeute für Selen angenähert ermitteln, indem man annimmt, daß auf der langwelligen Seite der K-Kante *alle* absorbierte Energie als Elektronenenergie wieder auftritt. Noch unsicherer dürften entsprechende Berechnungen aus dem Photoemissionssprung bei *festen* Substanzen sein; hierfür kämen etwa die Zinkmessungen von BRAGG und PORTER und die Zinn- und Silbermessungen von BARKLA und DALLAS in Frage (Ziff. 26, Abb. 16). Aber alle auf solche Weise abgeschätzten w-Werte passen in das allgemeine Bild der Abb. 32[2].

Nach Schätzungen, die L. MEITNER[3] an Hand der photographischen Geschwindigkeitsspektren von β-Strahlen radioaktiver Elemente vorgenommen hat, gehen bei den Elementen $Z = 83$ bis 88 etwa 10% der K-Fluoreszenzstrahlung durch innere Absorption verloren, so daß die Quantenausbeute etwa 0,9 beträgt.

49. Theoretische Darstellung der Quantenausbeute. Nimmt man versuchsweise die Vorstellung der „inneren Absorption" wörtlich und überträgt die empirischen Gesetzmäßigkeiten der gewöhnlichen (äußeren) Absorption auf diesen Fall, so ist $1 - w$ mit dem „atomaren Absorptionskoeffizienten" in Parallele zu setzen, also nach Ziff. 5 etwa

$$1 - w = \text{konst.}\, Z^4 \lambda^3$$

oder, da nach dem MOSELEYschen Gesetz rund $\lambda \backsim Z^{-2}$ ist,

$$1 - w = \text{konst.}\, Z^{-2}. \tag{40}$$

Nach MARTIN[4] wird in der Tat die Mehrzahl der gemessenen w-Werte befriedigend durch diese Funktion mit konst. $= 21^2$ dargestellt. Indessen würde dies für

---

[1] J. C. CHAPMAN u. E. D. GUEST, Proc. Cambridge Phil. Soc. Bd. 16, S. 136. 1911.

[2] Vgl. hierzu L. H. MARTIN, Proc. Roy. Soc. London (A) Bd. 115, S. 420. 1927.

[3] L. MEITNER, ZS. f. Phys. Bd. 34, S. 816. 1925.

[4] L. H. MARTIN, Proc. Roy. Soc. London (A) Bd. 115, S. 420. 1927.

$Z < 21$ auf $w = 0$ führen, während selbst für $Z = 8$ noch ein endliches w gemessen wurde (Tab. 22).

Eine quantenmechanische Abschätzung dieser Verhältnisse hat WENTZEL durchgeführt[1], indem er von der Vorstellung der „inneren Absorption" ganz abging und den Vorgang als „Zweielektronensprung" behandelte, was zweifellos angemessener ist. Die zugehörige Übergangswahrscheinlichkeit pro sec läßt sich nach den Regeln der Quantenmechanik abschätzen und ergibt sich annähernd unabhängig von der Ordnungszahl des angeregten Atoms. Da andererseits die Wahrscheinlichkeit pro sec für einen Einelektronensprung mit Aussendung eines Fluoreszenzquants etwa proportional Z^4 ist, muß auch das Verhältnis der Fluoreszenzquanten zu den strahlungslosen Übergängen proportional Z^4 sein, also die Quantenausbeute $w \approx Z^4/(Z^4 + \text{konst.})$. Dies entspricht recht gut dem tatsächlichen Verlauf von w, wie die in Abb. 32 mit konst. $= 33^4$ eingezeichnete Kurve zeigt. Hierbei ist noch nicht berücksichtigt, daß die Zahl der für den Zweielektronensprung zur Verfügung stehenden Elektronen mit der Ordnungszahl zunimmt.

50. Fehlen einer Röntgenphosphoreszenz. Es sind Versuche gemacht worden, um festzustellen, ob die Fluoreszenzstrahlung eine meßbare Zeit nach der Anregung des Atoms nachweisbar ist. Hierzu wurde der Fluoreszenzstrahler in rascher Bewegung durch das erregende Primärbündel und dann an einem Elektroskop vorbeigeführt. Die Resultate dieser Versuche waren negativ. Nach CHAPMAN und PIPER[2] dauert die Nachwirkung, sofern sie überhaupt vorhanden, weniger als $^1/_{3000}$ sec, nach BEARDEN[3] weniger als 10^{-5} sec. In der Tat ist nach allen Vorstellungen, die sich bisher bewährt haben, kein meßbares Nachleuchten zu erwarten, denn die Verweilzeiten eines in den inneren Schalen angeregten Atoms sind sicher noch wesentlich kleiner als die optischen, also jedenfalls $< 10^{-8}$ sec; eine dem „Wiedervereinigungsleuchten" der optischen Phosphore entsprechende Erscheinung ist im Innern der Atome überhaupt nicht vorstellbar.

Ebensowenig sind Ermüdungserscheinungen bei der Fluoreszenz beobachtet worden oder zu erwarten[4].

Anhang.

51. Die Energiemessung der Röntgenstrahlen. Die Aufgabe, den Energiefluß in einem Röntgenbündel zu messen, tritt sowohl an den Praktiker (Mediziner) als den Theoretiker vielfach heran; insbesondere ist der Vergleich von Röntgenenergien verschiedener Wellenlänge für viele Probleme von Wichtigkeit, z. B. für die Bestimmung der Energieverteilung im kontinuierlichen Bremsspektrum (vgl. Kap. 4 sowie Kap. 3, Ziff. 47). Die einwandfreieste Methode wäre offenbar die folgende: man läßt die Strahlen auf ein sie vollständig absorbierendes Metallblech fallen und mißt die erzeugte Wärme. Hierzu kann man sich eines Luftkalorimeters bedienen[5], wobei ähnliche Kompensationsmethoden anwendbar sind wie bei der Messung der Wärmeentwicklung radioaktiver Substanzen (vgl. ds. Handb. Bd. XXII/1)[6]. Auch mit Bolometer, Thermosäule, Radiometer und

---

[1] G. WENTZEL, ZS. f. Phys. Bd. 43, S. 524. 1927; Phys. ZS. Bd. 29, S. 321. 1928.

[2] J. C. CHAPMAN u. S. H. PIPER, Phil. Mag. Bd. 19, S. 901. 1910.

[3] J. A. BEARDEN, Nature Bd. 113, S. 857. 1924; s. auch G. L. LOCHER, Phys. Rev. Bd. 40, S. 884. 1932.

[4] J. C. CHAPMAN, Proc. Cambridge Phil. Soc. Bd. 16, S. 142. 1911.

[5] Z. B. L. KRIEGESMANN, ZS. f. Phys. Bd. 32, S. 542. 1925.

[6] Über ein Flüssigkeitskalorimeter für solche Zwecke; vgl. E. STAHEL, Strahlentherapie Bd. 33, S. 296. 1929.

Mikroradiometer können Röntgenenergien gemessen werden[1]. Bei der praktischen Ausführung muß Gewähr dafür geboten sein, daß keine merkliche Streu- oder Sekundärstrahlung (Fluoreszenz- und Elektronenstrahlung) das absorbierende Blech verläßt; hierauf ist um so mehr zu achten, wenn man, wie es z. B. bei sehr harten Strahlen nötig sein kann, das Blech dünner wählt und auf vollständige Absorption korrigiert.

Da die kalorimetrische Methode der Natur der Sache nach recht schwerfällig ist, wird häufig die Ionisationsmethode zur Energiemessung benutzt, und zwar wird gewöhnlich die in einer Luftschicht von bestimmter Dicke D erzeugte Ionisation J gemessen. Um hieraus auf die Energie E zu schließen, kann man bei mittelharten Röntgenstrahlen annehmen, daß die Ionisation allein von den Photoelektronen herrührt, welche an den Luftmolekeln ausgelöst werden; vorausgesetzt ist hierbei, daß der Einfluß der Kammerwände ausgeschaltet ist, entweder durch Anbringen von Schutzelektroden (nach Art der Abb. 17, Kap. 2)[2] oder dadurch, daß man die Kammerwände aus einem Material herstellt, welches sich in bezug auf Elektronenemission wie feste Luft verhält (vgl. Ziff. 16)[3]. Die Wirkung der im Gas entstehenden Streu- und Fluoreszenzstrahlung kann im allgemeinen außer Betracht bleiben. Bezeichnet also ε den Energiebetrag, welchen ein Elektron im Mittel verliert, während es ein Ionenpaar erzeugt, τ den Absorptionskoeffizienten der Röntgenstrahlen in Luft, so ist die in einer kurzen Kammer von der Länge D erzeugte Ionisation

$$J = \frac{E}{\varepsilon} \tau D , \tag{41}$$

denn $E\tau D$ ist die in der Kammer absorbierte und in den Photoelektronen wiedererscheinende Energie. Die Größe ε, der „Energieverbrauch pro Ionenpaar", kann ein für allemal durch Vergleich von Ionisations- und Wärmewirkung für jede Wellenlänge gewonnen werden. Diese Größe bildete lange Zeit ein erhebliches Unsicherheitsmoment. Nach den sorgfältigen Messungen von Kulenkampff[4] u. a. kann jedoch heute ε als konstant für Röntgenstrahlen von 0,5 bis 2 Å angesehen werden, und zwar fand Kulenkampff $\varepsilon = 35 \pm 5$ e-Volt. Da die ionisierende Wirkung der Röntgenstrahlen über die in der Luft ausgelösten Elektronen geht, kann man diese Zahl auch unmittelbar an Elektronenstrahlen bestimmen, was experimentell einfacher und genauer ist. So fand Eisl[5] für Elektronenenergien zwischen 9 und 59 e-kV: $\varepsilon = 32{,}2 \pm 0{,}5$ e-Volt (das Nähere hierüber s. ds. Handb. Bd. XXII, 2, S. 56). Mit diesem Wert kann man auch bei Röntgenstrahlen des von Kulenkampff untersuchten Wellenbereiches rechnen.

Bei Annäherung an die K-Kante des Argons (3,87 Å) könnte man zunächst befürchten, daß der Argongehalt der Luft, welcher immerhin etwa 15% zu der Absorption beiträgt, die Verhältnisse ändert, weil dann ein merklicher Teil der im Argon absorbierten Energie in A K-Fluoreszenzstrahlung übergeht. Da jedoch 93% von dieser durch innere Absorption wieder in Photoelektronen zweiter Art übergehen (Ziff. 45), also nur 7% wirklich entweichen, so macht der hieraus entstehende Fehler auf die Gesamtabsorption in Luft nur höchstens 1% aus.

[1] Vgl. R. Pohl, Die Physik der Röntgenstrahlen, S. 1 ff. Braunschweig 1912; T. E. Aurén, Medd. Vetensk. Nobelinst. Bd. 6, Nr. 13. 1925.

[2] Vgl. z. B. H. Behnken, Phys. ZS. Bd. 23, S. 3. 1924.

[3] H. Fricke u. O. Glasser, ZS. f. Phys. Bd. 29, S. 374. 1924; Phys. Rev. Bd. 23, S. 761. 1924; Amer. Journ. of Roentgen. Bd. 13, S. 462. 1925.

[4] H. Kulenkampff, Ann. d. Phys. Bd. 79, S. 97. 1926.

[5] A. Eisl, Ann. d. Phys. Bd. 3, S. 277. 1929.

Bei sehr kurzen Wellen treten jedoch als wesentliche Komplikation die Rückstoßelektronen auf, welche die Ionisation vergrößern. Die Gleichung (41) ist dann vollständiger zu schreiben (vgl. Ziff. 19, Kap. 2):

$$J = ED\left(\frac{\tau}{\varepsilon} + \frac{\sigma_r}{\varepsilon_r}\right), \tag{42}$$

wo σ_r der Rückstoßkoeffizient, ε_r der Energieverbrauch pro Ionenpaar für die Rückstoßelektronen ist. Setzt man überschlagsmäßig $\varepsilon_r = \varepsilon$ und nimmt für τ das λ^3-Gesetz, für σ_r den COMPTONschen theoretischen Ausdruck an [Gleichung (30) und (31), Kap. 2]:

$$\sigma_r = \sigma - \sigma_s = \frac{\alpha}{(1+2\alpha)^2}\,\sigma_0,$$

so zeigt folgende kleine Tabelle den Einfluß der Rückstoßelektronen auf die gemessene Ionisation:

λ = 1,0	0,5	0,3	0,2	0,1	0,02 Å
σ_r/τ = 0,002	0,024	0,18	0,8	9	1000

Diese Zahlen können als obere Grenzen angesehen werden, da in Wirklichkeit nur ein Teil der Streuung mit Elektronenrückstoß verbunden ist. Man ersieht hieraus jedoch z. B., daß harte γ-Strahlen in Luft praktisch nur Rückstoßelektronen, keine Photoelektronen erzeugen können. Das Verhältnis der echt absorbierten Energie ($ED\tau$) zur Ionisation J müßte hiernach mit abnehmender Wellenlänge abnehmen. Der entgegengesetzte Befund von GREBE und KRIEGESMANN[1] ist wohl nur aus der Unsicherheit der benutzten Absorptionskoeffizienten zu erklären und in der Tat mit anderen Messungen nicht im Einklang[2]. Bezieht man aber die Ionisation nicht nur auf die echt absorbierte, sondern auf die gesamte in Elektronen umgesetzte Energie $[ED(\tau + \sigma_r)]$, so sollte das Verhältnis unabhängig von der Wellenlänge sein, sofern $\varepsilon = \varepsilon_r$ und unabhängig von der Elektronengeschwindigkeit ist. Daß dies in der Tat der Fall ist, schließt GLOCKER[3] aus Messungen von KIRCHER und SCHMITZ[4], wobei jedoch im Auge zu behalten ist, daß σ_r bislang nicht experimentell bestimmt worden und daher nur theoretisch abzuschätzen ist, vermutlich mit erheblicher Unsicherheit. Die ganze Frage der Energiemessung harter Röntgenstrahlen bedarf noch ziemlich der Klärung (vgl. hierzu auch ds. Handb. Bd. XVII, Kap. 3).

Häufig füllt man die Ionisationskammer mit einem höheratomigen Gas statt Luft, um stärkere Absorption und damit größere Empfindlichkeit zu erzielen. In diesem Falle muß für eine absolute Energiemessung auch die Ausbeute an Elektronenenergie bekannt sein, die hier im allgemeinen nicht einfach gleich 1 angenommen werden kann, weil ein Teil der absorbierten Energie in Fluoreszenzstrahlung übergeht. Hierbei geht die Fluoreszenzquantenausbeute w (Ziff. 46) und ferner noch der Energieverlust pro Ionenpaar für Elektronenstrahlen in dem betreffenden Gase ein, die beide im allgemeinen nicht sehr genau bekannt sind[5]. Einfacher ist es daher, ein für allemal den „Ionisierungskoeffizienten i" für dieses Gas und die benutzte Wellenlänge zu bestimmen, d. h. die Ionenzahl pro cm³ und sec für die Intensität 1 (vgl. Ziff. 32). In Spalte 2 der Tabelle 24 sind einige auf Luft bezogene Relativwerte von i nach CROWTHER

[1] L. GREBE u. L. KRIEGESMANN, ZS. f. Phys. Bd. 28, S. 91. 1924; L. KRIEGESMANN, ebenda Bd. 32, S. 542. 1925; vgl. auch T. E. AURÉN, Medd. Vetensk. Nobelinst. Bd. 6, Nr. 13. 1926.

[2] R. BERTHOLD u. R. GLOCKER, ZS. f. Phys. Bd. 31, S. 259. 1925; W. RUMP, ebenda Bd. 43, S. 254. 1927; Bd. 44, S. 396. 1927.

[3] R. GLOCKER, ZS. f. techn. Phys. Bd. 7, S. 571. 1926.

[4] H. KIRCHER u. W. SCHMITZ, ZS. f. Phys. Bd. 36, S. 484. 1926.

[5] Vgl. A. H. COMPTON, Phil. Mag. Bd. 8, S. 961. 1929.

und ORTON[1] zusammengestellt. Durch Division mit dem Absorptionskoeffizienten τ erhält man daraus die relativen „Ionenausbeuten", welche in Spalte 3 aufgeführt sind. Das Reziproke dieser Zahlen $\tau/i = \varepsilon_R$ kann man wieder als den „relativen Energieverbrauch pro Ionenpaar *für Röntgenstrahlen*" auffassen (der wegen der Fluoreszenzstrahlung im allgemeinen von dem für *Elektronen* gültigen verschieden sein wird; vgl. Spalte 4). Mit diesen Zahlen hat man den Luftwert von ε in Gleichung (41) und (42) zu multiplizieren, um diese Gleichungen auch für andere Gasfüllungen benutzen zu können. Allerdings ist die Wellenlängenabhängigkeit von ε_R noch nicht genügend untersucht, doch kann man sie nach Ziff. 46 theoretisch übersehen (CROWTHER und ORTON finden Konstanz zwischen 1,54 und 1,93 Å).

Tabelle 24. Relativer Ionisierungskoeffizient (i), bei 0° C, 760 mm Hg, Ionenausbeute (i/τ) und Energieverbrauch pro Ionenpaar ($\varepsilon_R = \tau/i$) für Cu$K\alpha$-Strahlung in Gasen und Dämpfen (CROWTHER u. ORTON).

Gas	i	i/τ	ε_R
Luft	**1,00**	**1,00**	**1,00**
N_2	0,743	$0,99_3$	$1,00_7$
O_2	1,438	$1,10_3$	$0,90_6$
CO_2	1,535	$1,03_5$	$0,96_6$
H_2S	14,96	1,41	$0,70_9$
A	21,80	$1,32_0$	$0,75_7$
C_5H_{12}	1,32	1,45	$0,69_0$
C_6H_{14}	1,65	1,50	$0,66_7$
C_2H_5Cl	18,74	1,31	$0,76_3$
$CHCl_3$	52,7	$1,28_5$	$0,77_8$
CCl_4	73,8	1,33	$0,75_2$
$Zn(CH_3)_2$	18,9	1,37	$0,73_0$
C_2H_5Br	35,3	1,31	$0,76_3$
CH_3J	187,3	1,36	$0,73_5$

Auch die photographische Methode kann zur Energiemessung benutzt werden. Das photographische Schwärzungsgesetz für Röntgenstrahlen[2] ist insofern sehr einfach, als bei gegebener Wellenlänge die Schwärzung S nur von dem Produkt Intensität $I \times$ Belichtungszeit t abhängt. Ferner hat die Schwärzungskurve $S(It)$ für alle Wellenlängen dieselbe Form. Dagegen ist die Abhängigkeit der Plattenempfindlichkeit von der Wellenlänge verwickelter, sie weist zwei scharfe Sprünge auf, welche bei den K-Kanten des Silbers bzw. Broms liegen und auf die plötzliche Änderung des in der Schicht absorbierten Energiebetrages zurückzuführen sind. Rechnet man aber die jeweilige Schwärzung auf gleiche absorbierte Energie um, so fallen nach BERTHOLD und GLOCKER[3] die beiden Unstetigkeiten fort. BOWERS[4] bestimmte direkt das Verhältnis der photographischen Schwärzung S zu der im Film absorbierten Energie E; die Energie wurde bolometrisch gemessen. Es ergab sich folgende Abhängigkeit des Schwärzungsvermögens von der Wellenlänge:

$\lambda =$	0,19	0,22	0,47	0,56	0,71 Å
$S/E =$	1	1,1	1,1	1,3	1,7 ($\pm$10%)

Um eine deutlich sichtbare Schwärzung hervorzurufen, muß etwa 1 Erg pro cm² der Schicht absorbiert werden. BERTHOLD und GLOCKER[3] verglichen die photographische Schwärzung mit der Ionisation J, welche bei gleicher absorbierter Energie in Luft erzeugt wird. Das Verhältnis S/J weist genau denselben Verlauf auf wie S/E nach BOWERS, nimmt also mit abnehmender Wellenlänge etwas ab. Dies bedeutet wieder, daß E/J nahezu von der Wellenlänge unabhängig ist.

Die Gesamtheit der bisher vorliegenden Messungen, nicht nur der Ionisations- und photographischen Wirkung, sondern auch der sichtbaren Fluor-

[1] J. A. CROWTHER u. L. H. H. ORTON, Phil. Mag. Bd. 10, S. 329. 1930; Bd. 13, S. 505. 1932.
[2] Vgl. ds. Handb. Bd. XXIII/1, Kap. 4.
[3] R. BERTHOLD, Ann. d. Phys. Bd. 76, S. 409. 1925; R. BERTHOLD u. R. GLOCKER, ZS. f. Phys. Bd. 31, S. 259. 1925.
[4] A. BOWERS, Physica Bd. 5, S. 8. 1925.

eszenzerregung[1], der Widerstandsänderung von röntgenbestrahltem Selen[2] und der Leitfähigkeitsänderung röntgenbestrahlter fester Dielektrika[3] stützt sehr die an sich sehr plausible Annahme, daß alle diese Wirkungen einfach proportional der Energie der erzeugten Photo + Rückstoßelektronen sind, wenn auch der lückenlose experimentelle Beweis dafür noch nicht erbracht zu sein scheint[4].

Ein Vorschlag von Kossel[5] geht dahin, die zu messende Strahlung auf einen absorbierenden Körper auffallen zu lassen und die von diesem ausgesandte Röntgenfluoreszenzstrahlung zu messen. Die Fluoreszenzintensität ist proportional der *Zahl* der absorbierten Primärquanten, unabhängig von deren Wellenlänge, so daß man daraus mit Hilfe des bekannten Absorptionskoeffizienten der Primärstrahlung im Absorber auf deren Intensität schließen kann. Auf diese Weise hat man unmittelbar stets eine Strahlung von derselben bestimmten Wellenlänge zu messen, was im Hinblick auf das Vorstehende ohne weiteres als wesentlicher Vorteil zu erkennen ist. Praktische Ausführung hat dieser Vorschlag bisher nicht gefunden.

---

[1] A. Moffat, Phys. med. Soc. Erlangen Bd. 30, S. 70. 1898; E. Rutherford u. McClung, Phys. ZS. Bd. 2, S. 53. 1900; R. Glocker, E. Kaupp u. H. Widmann, Ann. d. Phys. Bd. 85, S. 313. 1928.

[2] H. Küstner, ZS. f. Phys. Bd. 27, S. 124. 1924; W. Schmitz, Fortschr. a. d. Geb. d. Röntgenstr. Bd. 25, S. 684. 1927.

[3] Chr. Roos, ZS. f. Phys. Bd. 36, S. 18. 1926.

[4] R. Glocker, ZS. f. Phys. Bd. 40, S. 479. 1927; Bd. 43, S. 827. 1927; Bd. 46, S. 764. 1928.

[5] W. Kossel, ZS. f. Phys. Bd. 19, S. 333. 1923.

Kapitel 2.

Zerstreuung von Röntgenstrahlen.

Von

W. Bothe, Heidelberg, und **F. Kirchner**, München.

Mit 34 Abbildungen.

a) Die klassische Streuung.

1. Vorbemerkungen. Bei der theoretischen Behandlung der Absorptionserscheinungen mußte man sich von Anfang an auf den Boden der Quantentheorie stellen, eine auch nur qualitative Deutung des Grundphänomens der Absorption, nämlich der Photoemission, unter Zugrundelegung klassischer Vorstellungen, ist nicht möglich. Ganz im Gegensatz hierzu hat sich auf dem Gebiet der Zerstreuungserscheinungen die klassische Theorie als geeignet erwiesen, von den wesentlichsten Zügen Rechenschaft zu geben. Erst die Entdeckung des Comptoneffektes und der damit zusammenhängenden Phänomene haben gezeigt, daß auch hier Quantenbeziehungen eingreifen; es handelt sich hierbei gewissermaßen um eine quantentheoretische Verfeinerung des Bildes, welches die klassische Theorie jedenfalls in großen Zügen, teilweise sogar exakt richtig gegeben hatte. Die folgende Darstellung soll deshalb so gehalten werden, daß zunächst die klassische Zerstreuungstheorie als Plattform für die Diskussion der experimentellen Resultate dient, soweit dies möglich ist. Sie wurde begründet durch J. J. Thomson, während auf experimentellem Gebiet wieder das umfangreiche Werk von Barkla und seinen Mitarbeitern richtungangebend war. Erst später werden dann diejenigen Beobachtungen berücksichtigt werden, welche zur quantentheoretischen Modifikation der Theorie zwangen.

Wir werden uns hier nur mit der *diffusen* Streuung befassen, welcher im optischen Gebiet der Tyndalleffekt einigermaßen entspricht. Die Erscheinungen, welche als eine *gerichtete* Streuung aufzufassen sind, wie Kristallreflexion, Brechung und Totalreflexion, werden an anderer Stelle dieses Handbuchs behandelt.

2. Die klassische Theorie der Zerstreuung an ungeordneten Zentren. Die Zerstreuung der Röntgenstrahlen kann nach Thomson[1] in folgender Weise gedeutet werden: die in dem streuenden Körper verteilten elektrischen Ladungen werden durch das elektrische Wechselfeld der Primärwelle in erzwungene Schwingungen versetzt und werden dadurch selbst zu Ausgangszentren elektromagnetischer Kugelwellen, welche eben die Streustrahlung darstellen. Hierbei können im wesentlichen nur die Elektronen wirksam sein, die positiven Ladungen, welche ja an die Hauptmasse des Atoms gebunden sind, erreichen im Vergleich zu den Elektronen nur verschwindend kleine Amplituden. Thomson rechnete so, als ob die streuenden Elektronen vollkommen frei wären, d. h. er nahm die Bindungs-

---

[1] J. J. Thomson, Conduction of Electricity through Gases, 3. Aufl., 2. Band. Cambridge 1933.

kräfte der Elektronen so klein an, daß ihre Eigenperiode sehr groß gegenüber der Periode der Primärwelle ist. Neuerdings haben zwar gewisse Erscheinungen bei der Kristallreflexion gelehrt, daß man, um klassisch rechnen zu können, den Atomelektronen ebenso wie im optischen Wellenlängenbereich auch im Röntgengebiet Eigenfrequenzen zuschreiben muß, und zwar spielen die Frequenzen der Absorptionskanten *ungefähr* die Rolle der klassischen Eigenfrequenzen. Hiernach müssen gewisse Abweichungen von der THOMSONschen Theorie der Streuung eintreten, wenn die Primärwellenlänge nahe bei einer Absorptionskante liegt. Da es sich aber nur um geringe Abweichungen handelt, rechnen wir der Einfachheit halber mit der THOMSONschen Voraussetzung freier Elektronen.

Die ebene polarisierte Primärwelle schreite in der Richtung z fort (Abb. 1), ihr elektrischer Vektor schwinge parallel x und sei gegeben durch

$$E = E_0 \sin\omega t, \tag{1}$$

wo E_0 die Amplitude, ω die Kreisfrequenz und t die Zeit ist. Die Intensität I_0 der Primärstrahlung ist dann

$$I_0 = \frac{c}{8\pi} E_0^2. \tag{2}$$

Ein von dieser Welle getroffenes Elektron (Ladung ε, Masse μ) schwingt gemäß der Gleichung

$$\mu \ddot{x} = E\varepsilon. \tag{3}$$

Die Dämpfung, welche wegen der Energieausstrahlung eintritt, und welche ein mit $\dddot{x}$ proportionales Glied in der Schwingungsgleichung bedingen würde, ist bei den in Betracht kommenden Frequenzen sehr klein und kann in erster Näherung unterdrückt werden. Mit (1) lautet die Lösung der Gleichung (3)

$$x = x_0 \sin\omega t; \qquad x_0 = -\frac{\varepsilon}{\mu\omega^2} E_0. \tag{4}$$

Die Amplitude x_0 des Elektrons sei klein gegen die Primärwellenlänge; dies ist eine auch in der Optik gebräuchliche Einschränkung, die praktisch belanglos ist. Wir fragen jetzt nach der Intensität der von dem Elektron ausgesandten Streustrahlung. Zunächst ist klar, daß die Intensität und Polarisation der Streustrahlung symmetrisch um die x-Achse ist, so daß wir unsere Betrachtungen auf die xz-Ebene beschränken können. Ist r die Entfernung des Aufpunktes A vom Elektron E, φ der Winkel, welchen EA mit der x-Achse bildet, so ist die Intensität in A:

$$I = \frac{c}{4\pi} \frac{\sin^2\varphi}{c^4 r^2} \varepsilon^2 \overline{\ddot{x}^2} = \frac{\varepsilon^2 \omega^4}{8\pi c^3 r^2} x_0^2 \sin^2\varphi$$

oder mit Benutzung von (2) und (4)

$$I = I_0 \frac{\varepsilon^4}{\mu^2 c^4 r^2} \sin^2\varphi. \tag{5}$$

Diese Intensitätsverteilung ist durch das Polardiagramm I der Abb. 1 wiedergegeben; die räumliche Verteilung erhält man durch Rotation dieser Kurve um die x-Achse. In der Richtung der x-Achse selbst verschwindet also die Streuintensität. Die Streustrahlung ist linear polarisiert, der elektrische Vektor schwingt in der durch Streurichtung und x-Achse bestimmten Ebene. Ist das Primärbündel unpolarisiert, so muß offenbar die Intensität und Polarisation der Streustrahlung symmetrisch um die *z-Achse* sein. Wir verlegen den Aufpunkt wieder in die xz-Ebene und zerlegen das Primärbündel von der Intensität I_0 in zwei gleich starke polarisierte Komponenten, von denen eine mit dem elektrischen Vektor parallel x, die andere parallel y schwingt. Jede der Komponenten hat die Intensität $I_0/2$, und sie sind inkohärent, so daß die von beiden herrührenden Streuwellen sich nach Intensität und Polarisation addieren. Die erste (x-) Komponente liefert nach Gleichung (5) in A eine in der Meridian- (xz-) Ebene schwingende Streustrahlung von der Intensität

$$I_{||} = \frac{I_0}{2} \frac{\varepsilon^4}{\mu^2 c^4 r^2} \cos^2 \Theta, \tag{6}$$

wo $\Theta = \pi/2 - \varphi$ den Streuwinkel bezeichnet. Die zweite (y-)Primärkomponente liefert eine senkrecht zu (xz) schwingende Streustrahlung von der Intensität $I_\perp$, welche sich von $I_{||}$ nur durch das Fehlen des Faktors $\cos^2 \Theta$ unterscheidet, denn $I_\perp$ ist die gleiche Intensität, welche die x-Komponente in der yz-Ebene liefert. Somit wird die gesamte Intensität I

$$I = I_0 \frac{\varepsilon^4}{\mu^2 c^4 r^2} \frac{1 + \cos^2 \Theta}{2} \tag{7}$$

(Abb. 1, Kurve II) und das Polarisationsverhältnis

$$\frac{I_{||}}{I_\perp} = \cos^2 \Theta . \tag{8}$$

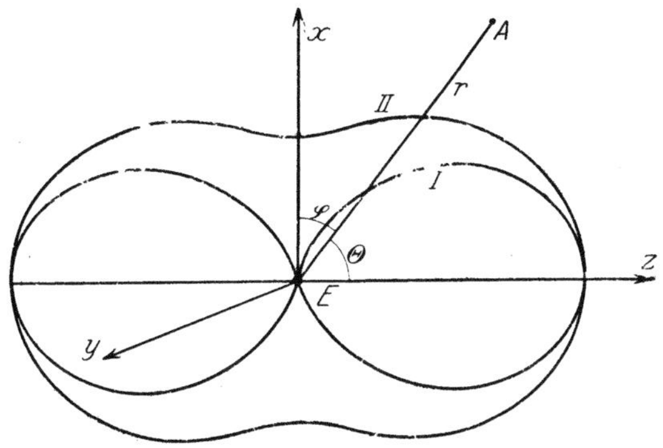

Abb. 1. THOMSONsche Richtungsverteilung der Streustrahlung.

In der Äquatorebene ist also die Streustrahlung vollkommen polarisiert; mit zunehmender Entfernung von der Äquatorebene nimmt die Polarisation ab, um an den Polen zu verschwinden.

Wir haben jetzt die gesamte Energie s zu berechnen, welche das Elektron pro sec nach allen Richtungen aussendet. Dies geschieht durch Integration von I über die Oberfläche der Kugel vom Radius r. Hierzu können wir mit dem gleichen Resultat die Ausdrücke (5) oder (7) benutzen. Mit (7) erhalten wir

$$s = \int_0^\pi I \cdot 2\pi r^2 \sin \Theta \, d\Theta = I_0 \frac{8\pi}{3} \frac{\varepsilon^4}{\mu^2 c^4} . \tag{9}$$

Vom einzelnen Elektron gehen wir zum materiellen Körper über. Wir denken uns eine Platte von der Dicke z senkrecht in den Weg der Primärstrahlen gesetzt; das Material der Platte enthalte n Elektronen pro cm³. Fürs erste nehmen wir an, daß die elementaren Streuwellen inkohärent sind. Die von 1 cm² der Platte pro sec ausgesandte Energie S ist dann

$$S = nzs.$$

Die Primärenergie, welche pro sec auf 1 cm² der Platte auffällt, ist I_0; hiervon wird ein Teil S in Streustrahlung umgesetzt, daher ist der Streukoeffizient des Materials

$$\sigma = \frac{S}{I_0 z} = \frac{ns}{I_0} = \frac{8\pi}{3} \frac{\varepsilon^4}{\mu^2 c^4} n = 6{,}60 \cdot 10^{-25} n . \tag{10}$$

Die Platte bestehe aus Atomen von der Ordnungszahl Z und dem Atomgewicht A. Z ist gleichzeitig die Zahl der Elektronen in einem Atom, daher ist der „atomare Streukoeffizient"

$$\sigma_a = \frac{8\pi}{3} \frac{\varepsilon^4}{\mu^2 c^4} Z = 6{,}60 \cdot 10^{-25} Z . \tag{11}$$

Da ferner 1 g des streuenden Materials L/A Atome enthält (L = LOSCHMIDTsche Zahl pro Mol), so wird der Massenstreukoeffizient

$$\frac{\sigma}{\varrho} = \frac{8\pi}{3} \frac{\varepsilon^4}{\mu^2 c^4} \frac{LZ}{A} = 0{,}400 \frac{Z}{A}. \qquad (12)$$

Sieht man vom Wasserstoff ab, so kann in grober Näherung $Z = A/2$ gesetzt werden, so daß

$$\frac{\sigma}{\varrho} \cong 0{,}2 \qquad (13)$$

wird. Für Wasserstoff dagegen ist $Z = A$, mithin

$$\left(\frac{\sigma}{\varrho}\right)_H = 0{,}400. \qquad (14)$$

Für eine chemische Verbindung gilt in Erweiterung der Gleichung (12)

$$\frac{\sigma}{\varrho} = 0{,}400 \frac{\Sigma Z}{M}, \qquad (15)$$

wo die Summe über alle Atome der Molekel zu erstrecken ist und M das Molekulargewicht bedeutet. Hiernach müßte der Massenstreukoeffizient unabhängig von der Wellenlänge und fast unabhängig von der chemischen Natur des Streustrahlers sein. Hierbei ist jedoch daran zu erinnern, daß die streuenden Elektronen als frei angesehen wurden. Dies ist sicher nicht zulässig, wenn die Wellenlänge in der Nähe der betreffenden Absorptionskante liegt oder wesentlich größer als diese ist. Im letzten Falle ist nach Analogie mit RAYLEIGHS Theorie der Lichtstreuung zu erwarten, daß der Streukoeffizient mit λ^{-4} abnimmt. Daher werden diejenigen Elektronen, deren Absorptionskanten kurzwelliger als die Primärstrahlung sind, praktisch keinen Beitrag zur Streuung liefern, also in den obigen Formeln von der Zahl Z in Abzug zu bringen sein[1]. Das Experiment bestätigt dies im wesentlichen[2]. Diese und andere Anomalien, welche mit der Dispersion der Röntgenstrahlen zusammenhängen, werden an anderer Stelle ausführlicher behandelt. Weiter ist zu beachten, daß in THOMSONS Theorie nicht nur die verschiedenen Atome des Streustrahlers, sondern auch die verschiedenen Elektronen des gleichen Atoms als unabhängig voneinander streuend angesehen wurden. Dies ist aber im allgemeinen nicht erlaubt; infolgedessen sind schon vom klassischen Standpunkt wegen des Auftretens von Interferenzen erhebliche Abweichungen namentlich bei kleinen Streuwinkeln zu erwarten (Ziff. 8).

Da nach der klassischen Vorstellung die dem Primärbündel entzogene Energie vollständig in der Streustrahlung enthalten ist, hat die Unterscheidung zwischen Streukoeffizient σ und Streustrahlungskoeffizient σ_s (Kap. 1, Ziff. 2) hier keinen Sinn, beide sind identisch. Bei der Besprechung der experimentellen Ergebnisse müssen jedoch diese beiden Größen auseinandergehalten werden, da sie sich nicht unwesentlich voneinander unterscheiden können (Ziff. 15).

3. Die Polarisation der Streustrahlung. Der experimentelle Nachweis, daß Röntgenstrahlen sich in ähnlicher Weise wie sichtbares Licht polarisieren lassen, bildete schon frühzeitig ein sehr gewichtiges Argument für die Äthertheorie der Röntgenstrahlen. Die Polarisation der gestreuten Röntgenstrahlen wurde von BARKLA[3] mittels einer Anordnung nachgewiesen, welche große Ähnlichkeit mit dem NÖRRENBERGschen Polarisationsapparat besitzt. Die aus einem Röntgenrohr austretenden Strahlen S_1 (Abb. 2) treffen auf eine Platte R_1 aus leichtatomigem Material (Kohle, Paraffin), welche als Polarisator dient. Die unter

[1] Vgl. z. B. W. BOTHE, ZS. f. Phys. Bd. 40, S. 653. 1927.
[2] Z. B. R. GLOCKER u. R. SCHÄFER, ZS. f. Phys. Bd. 73, S. 289. 1931.
[3] C. G. BARKLA, Proc. Roy. Soc. London (A) Bd. 77, S. 247. 1906.

90° gegen S_1 in der Richtung S_2 gestreuten Strahlen treffen auf eine zweite Platte R_2, den Analysator, und werden hier abermals gestreut. Auch diese Platte muß aus leichten Elementen bestehen, damit in ihr keine Fluoreszenzstrahlung erregt wird, welche ja unpolarisiert ist. In der durch die Mitte von R_2 senkrecht zu S_2 verlaufenden Ebene ist nun ein sehr empfindliches Elektroskop E aufgestellt, welches gemeinsam mit R_2 um S_2 als Achse geschwenkt werden kann. Der ganze Strahlengang muß sorgfältig gegen ungewollte Streustrahlung geschützt werden, da die Intensität der zweimal gestreuten Strahlung notwendig sehr klein gegen die Intensität in S_1 ist. Es zeigt sich, daß die Intensität in S_3 ein Maximum erreicht, wenn S_3 und S_1 parallel sind, ein Minimum, wenn S_3 senkrecht zu S_1 gerichtet ist. Dies ist genau das auf Grund der Wellentheorie zu erwartende Ergebnis: ist S_1 unpolarisiert, so ist S_2 polarisiert mit dem elektrischen Vektor senkrecht zu S_1 (senkrecht zur Zeichnungsebene), in derselben Richtung muß daher die an R_2 gestreute Intensität verschwinden. Dies war bei BARKLAS Versuchen nicht ganz der Fall, das Verhältnis der Intensitäten in der Maximum- und Minimumstellung von E betrug im günstigsten Falle 6,3:1,9. Hieran tragen zwei verschiedene Umstände die Schuld; erstens mußten Strahlenbündel von verhältnismäßig großem Öffnungswinkel benutzt werden, um genügende Intensität in S_3 zu erhalten, daher kamen Streuwinkel vor, welche erheblich von $\pi/2$ abwichen, so daß die Polarisation nicht vollkommen sein konnte. Ebenso mußten zweitens die Streustrahler ziemlich dick gewählt werden (8 mm), damit sie einen merklichen Bruchteil der auffallenden Strahlung in Streustrahlung umsetzen konnten; dies bedingt aber gleichzeitig, daß ein Teil der den Strahler verlassenden Strahlung mehrmals in diesem hin und her gestreut wird, und dadurch wird, wie sich leicht einsehen läßt, die Polarisation verwischt. Unter Berücksichtigung dieser beiden Umstände konnten COMPTON und HAGENOW[1] mit der BARKLAschen Versuchsanordnung zeigen, daß unter idealen Bedingungen die Polarisation unter dem Streuwinkel $\pi/2$ tatsächlich vollkommen wäre; es ergab sich nämlich, daß der Polarisationsgrad mit abnehmender Dicke des Streustrahlers (Papier, Al, S) wächst, und daß man bei Extrapolation auf die Schichtdicke 0 unter den Versuchsbedingungen von COMPTON und HAGENOW zu einem Polarisationsmangel von nur 4 bis 5% gelangte. Dies war aber sehr nahe der Wert, welcher theoretisch aus den endlichen Öffnungswinkeln der Strahlenbündel zu errechnen war.

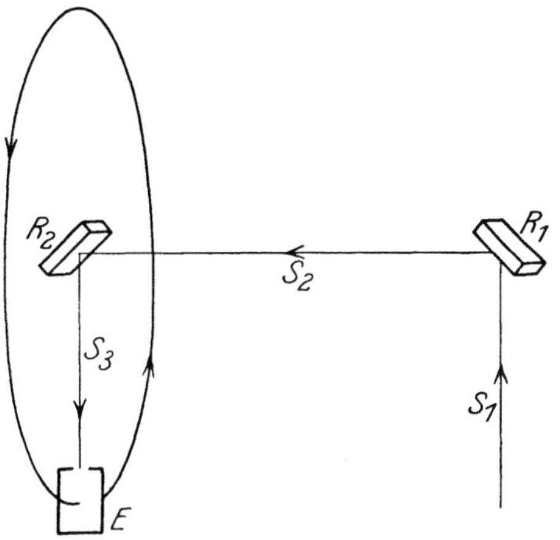

Abb. 2. Anordnung zur Untersuchung der Polarisation der Streustrahlung.

HAGA[2] benutzte als Analysator einen Kegel aus Kohle, welcher mit der Spitze gegen die Richtung S_2 gestellt wurde (Abb. 3). Ein zylindrisch gebogener photographischer Film FF umgab den Kegel koaxial, wobei durch Blenden Vorsorge getroffen war, daß der Film nicht von den Strahlen S_2, sondern nur von der vom Kohlekegel ausgehenden Streustrahlung getroffen werden konnte. Der

[1] A. H. COMPTON u. C. F. HAGENOW, Journ. Opt. Soc. Amer. Bd. 8, S. 487. 1924.
[2] H. HAGA, Ann. d. Phys. Bd. 23, S. 439. 1907.

Film zeigte nach dem Entwickeln ausgeprägte Schwärzungsmaxima und -minima an den zu erwartenden Stellen.

Diese Ergebnisse sind im Einklang mit der klassischen Theorie der Streuung. Daß auch bei der Kristallreflexion die klassisch zu erwartende Polarisation auftritt, ist von H. MARK und L. SZILARD[1] gezeigt worden.

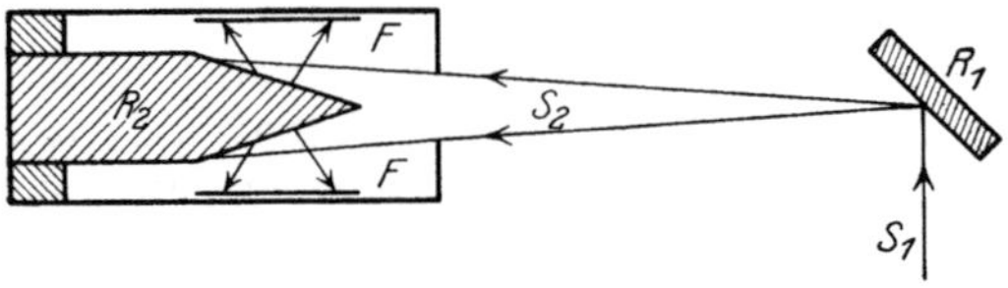

Abb. 3. Photographischer Nachweis der Polarisation der Streustrahlung (H. HAGA).

4. Richtungsverteilung der Streuintensität. Um die Abhängigkeit der Streuintensität vom Streuwinkel zu untersuchen, wurde meist der Streustrahler in der Mitte eines Teilkreises angebracht, dessen Ebene die Primärrichtung enthält, und auf welchem die Ionisationskammer, die zur Messung der Streuintensität diente, herumgeführt werden konnte. Die Hauptfehlerquelle bildet bei solchenMessungen die Absorption der Primär- und Streustrahlung im Strahler. Um sie zu eliminieren, wurden verschiedene Wege eingeschlagen. BARKLA und AYRES[2] verglichen die jeweilige Intensität I_Θ unter dem Streuwinkel Θ mit derjenigen, welche senkrecht zur Primärrichtung besteht $(I_{\pi/2})$; damit die Absorption der Streustrahlung unter diesen beiden Winkeln die gleiche ist, wurde die als Strahler dienende Platte jedesmal so gedreht, daß ihre Normale den Winkel zwischen den beiden Richtungen halbierte (Abb. 4a). Dagegen stellten CROWTHER[3] und OWEN[4] die Platte senkrecht zur Primärrichtung (Abb. 4b) und korrigierten für die Absorption im Strahler nach einer leicht abzuleitenden Formel. Ein anderes, ebenfalls von CROWTHER[5] angewandtes Verfahren bestand darin, die Platte bei jeder Ablesung so einzustellen, daß ihre Normale den Winkel zwischen Primär- und Streurichtung halbiert (Abb. 4c). Hierbei ist der Gesamtweg, welchen ein gegebener Strahl in der Primär- + Sekundärrichtung im Strahler zurücklegt, unabhängig davon, in welcher Tiefe der Platte der Strahl gestreut wird; da außerdem die Streustrahlung praktisch ebenso absorbierbar ist wie der Primärstrahl, so fällt der Einfluß der Absorption heraus, wenn man das Verhältnis von Primär- zu Streuintensität bildet. Diese älteren Versuche wurden noch mit inhomogener Bremsstrahlung ausgeführt. Dies war insofern ungünstig, als in dem Strahler Filtereffekte auftreten konnten; so waren bei den Messungen von BARKLA und AYRES, welche nicht auf Absorption korrigiert wurden, für Streuwinkel $\Theta < \pi/2$ die durch den Strahler ausgefilterten härteren Anteile der Primärstrahlung stärker bevorzugt als für $\Theta > \pi/2$, wie die Betrachtung der Abb. 4a ohne weiteres lehrt. Annähernd homogene Primärstrahlen benutzten erst später JAUNCEY[6] und HEWLETT[7] (Mo$K\alpha$), sowie FRIEDRICH und BENDER[8] (Pt$K\alpha$). Hierbei

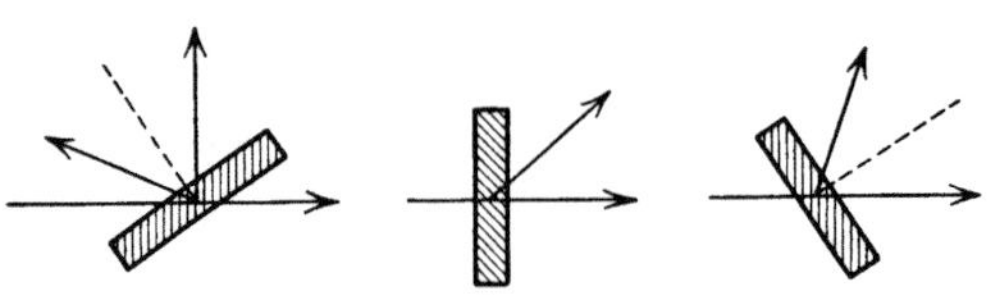

Abb. 4. Anordnungen zur Messung der Streuintensität.

[1] H. MARK u. L. SZILARD, ZS. f. Phys. Bd. 35, S. 743. 1926.
[2] C. G. BARKLA u. T. AYRES, Phil. Mag. Bd. 21, S. 270. 1911.
[3] J. A. CROWTHER, Proc. Cambridge Phil. Soc. Bd. 16, S. 112 u. 177. 1911; Proc. Roy. Soc. London (A) Bd. 86, S. 478. 1912.
[4] E. A. OWEN, Proc. Cambridge Phil. Soc. Bd. 16, S. 161. 1911.
[5] J. A. CROWTHER, Proc. Cambridge Phil. Soc. Bd. 16, S. 365. 1911.
[6] G. E. M. JAUNCEY, Phys. Rev. Bd. 20, S. 405. 1922.
[7] C. W. HEWLETT, Phys. Rev. Bd. 20, S. 688. 1922.
[8] W. FRIEDRICH u. M. BENDER, Ann. d. Phys. Bd. 73, S. 505. 1924.

hatte der Strahler die Form eines Zylinders, welcher in der Drehachse aufgestellt wurde; die für die Absorption anzubringende Korrektion wurde errechnet.

Die Verteilung der Streuintensität im Innern eines sehr ausgedehnten Körpers (Wasserphantom) wurde vielfach experimentell untersucht; diese Untersuchungen haben vorwiegend praktisches (medizinisches) Interesse[1]. Berechnungen der Streuintensität für ausgedehnte Körper bei gegebenem Streukoeffizienten und gegebener Richtungsverteilung der Streustrahlung führten u. a. GLOCKER und KAUPP[2] aus; derartige Berechnungen, welche kein direktes physikalisches Interesse bieten, sind meist recht verwickelt, insbesondere wenn man berücksichtigen wollte, daß in ausgedehnten Körpern ein Strahl mehrmals gestreut werden kann; letzterer Punkt ist bisher wenig beachtet worden.

Schon die ersten Versuche zeigten, daß die räumliche Verteilung der Streuintensität insofern erheblich von der theoretischen (Abb. 1) abweicht, als sie nicht symmetrisch in bezug auf die Äquatorebene ist. Insgesamt wird mehr Intensität nach vorn ($\Theta < \pi/2$) als nach hinten ($\Theta > \pi/2$) gestreut. Für die nach hinten gerichtete Streustrahlung scheinen die Abweichungen von der theoretischen Verteilung nicht groß zu sein, insbesondere hat $I_\pi/I_{\pi/2}$ nahe den theoretischen Wert 2[3]. Für $\Theta < \pi/2$ ist jedoch die Streuintensität größer, als sie nach dem Betrage der rückwärtigen Intensität sein sollte, und zwar im allgemeinen um so mehr, je kleiner der Streuwinkel ist. Abb. 5 zeigt die von OWEN erhaltenen Verteilungskurven für Papierstrahler. Diese Abbildung zeigt auch, daß die Asymmetrie der Streustrahlung von der Strahlenhärte abhängt; sie ist um so größer, je langwelliger die Strahlung ist. Die früheren Messungen von BARKLA und AYRES schienen zwar die umgekehrte Abhängigkeit anzudeuten; man kann wohl annehmen, daß hierbei der obenerwähnte Filtereffekt störend mitgewirkt hat[4]. Nach OWEN hängt die Asymmetrie auch von der Dicke des Strahlers ab, indem sie mit zunehmender Dicke erst etwas ansteigt, dann wieder abnimmt. Nach CROWTHER[5] nimmt dagegen die Asymmetrie mit wachsender Dicke des Strahlers beständig ab. In der Tat ist für einen anfänglichen Anstieg kein einfacher Grund einzusehen. Der Abfall erklärt sich dagegen zwanglos aus dem Auftreten von mehrfach hin und her gestreuten Strahlen, welche naturgemäß die Asymmetrie ebenso wie die Polarisation verwischen. Schließlich hängt die Asymmetrie auch stark von der Natur des Streustrahlers ab[6]. In Tabelle 1 ist das Intensitätsverhältnis für zwei symmetrisch zur Äquatorebene gelegene Richtungen und für verschiedene streuende Substanzen nach CROWTHER zusammengestellt. Bei den höheratomigen Elementen wurden hierbei sowohl Primär- wie Streustrahlung durch gleich starke Filter gemessen, so daß die

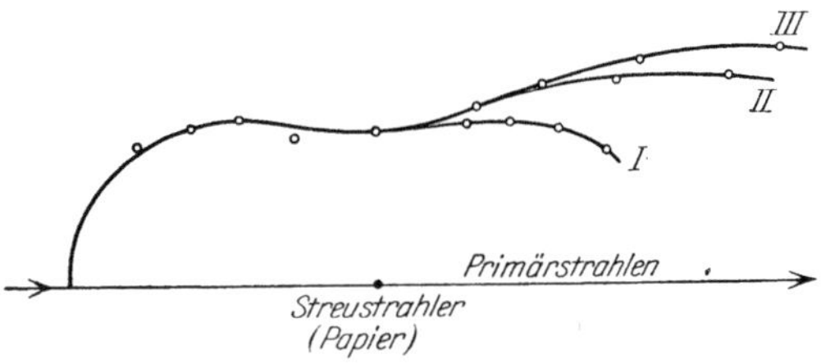

Abb. 5. Richtungsverteilung der Streuintensität (E. A. OWEN).
I 7 cm Parallelfunkenstrecke primär
II 4,5 „ „ „
III 2,5 „ „ „

[1] Ausführliche Literatur bei E. LORENZ u. B. RAJEWSKY, Strahlentherapie Bd. 20, S. 581. 1925; Zehn Jahre Forschung (Ber. d. Inst. f. physik. Grundl. d. Medizin, Frankfurt). Leipzig 1931.

[2] R. GLOCKER u. M. KAUPP, Phys. ZS. Bd. 22, S. 200. 1921.

[3] C. G. BARKLA u. T. AYRES, Phil. Mag. Bd. 21, S. 270. 1911.

[4] Eingehendere Diskussion des Widerspruches zwischen BARKLA und OWEN bei R. GLOCKER u. M. KAUPP, Ann. d. Phys. Bd. 64, S. 541. 1921.

[5] J. A. CROWTHER, Proc. Cambridge Phil. Soc. Bd. 16, S. 365. 1911.

[6] J. A. CROWTHER, Proc. Cambridge Phil. Soc. Bd. 16, S. 188. 1911.

von dem Strahler ausgehende Fluoreszenzstrahlung unterdrückt wurde. Ungeändert bleibt die Intensitätsverteilung, wenn man den Strahler in ein starkes magnetisches oder elektrisches Feld bringt[1].

Von den sehr sorgfältigen Messungen von HEWLETT[2], welche noch den Vorzug haben, sich auch über sehr kleine und sehr große Streuwinkel zu erstrecken, zeigen Abb. 6 und 7 Beispiele. Die Kurve für Lithium weist eine Reihe von Maxima auf; diese sind in Wirklichkeit scharfe Linien, welche nur durch die relativ große Öffnung der Ionisationskammer und die Ausdehnung des Strahlers verbreitert erscheinen; dies sind die durch Kristallreflexion entstehenden Spektrallinien, welche aus den photographischen Aufnahmen nach der Methode DEBYE-SCHERRER bekannt sind. Die kleinen Unregelmäßigkeiten zwischen 10 und 25° in der Benzolkurve führt HEWLETT auf etwas inhomogene Bremsstrahlung zurück, welche der primären Mo$K\alpha$-Strahlung beigemengt war. Entsprechende Resultate erhielten FRIEDRICH und BENDER mit der härteren Pt$K\alpha$-Strahlung.

Tabelle 1. Asymmetrie der Streustrahlung und relative Massen-Streustrahlungskoeffizienten (CROWTHER).

Streustrahler	Papier	Al	Ni	Cu	Sn
$\frac{I_{30°}}{I_{150°}}$	1,3	2,8	1,6	1,7	1,7
$\frac{\sigma_s}{\varrho}$	0,40	0,42	1,4	1,4	2,2

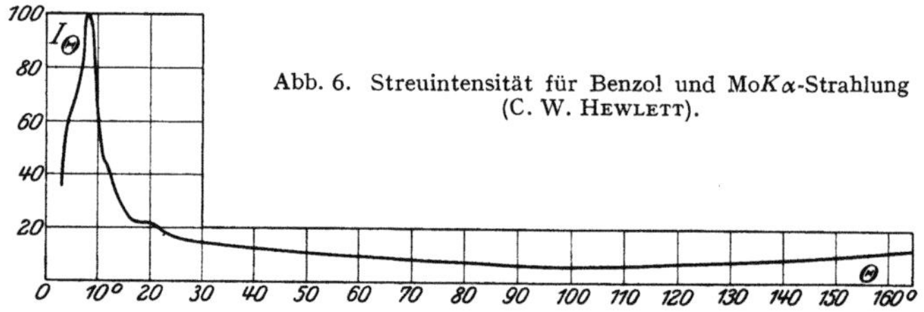

Abb. 6. Streuintensität für Benzol und Mo$K\alpha$-Strahlung (C. W. HEWLETT).

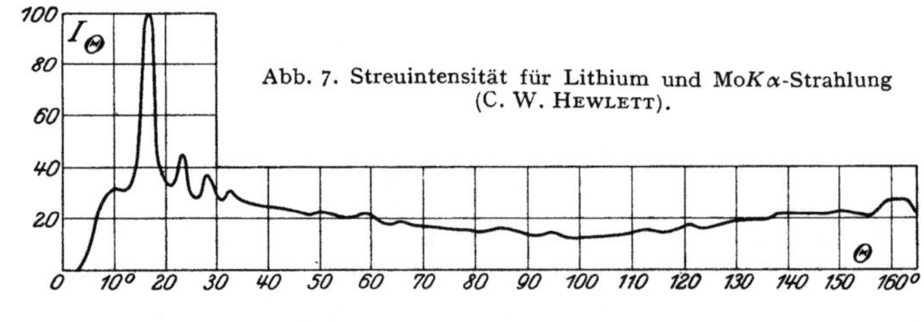

Abb. 7. Streuintensität für Lithium und Mo$K\alpha$-Strahlung (C. W. HEWLETT).

Die Benzolkurve Abb. 6 zeigt besonders deutlich, daß für kleine Streuwinkel der Verlauf der Intensität ein gänzlich anderer ist, als die einfache Theorie (Ziff. 2) erwarten läßt: bei $\Theta = 8,5°$ erreicht sie ein sehr ausgeprägtes Maximum, welches auch nach den kleineren Streuwinkeln hin steil abfällt; für $\Theta = 0$ strebt die Intensität dem Wert 0 zu. Die Erscheinung wurde zuerst am Wachs von FRIEDRICH[3] beobachtet, und zwar nach der photographischen

[1] Siehe Fußnote 6, S. 91.
[2] C. W. HEWLETT, Phys. Rev. Bd. 20, S. 688. 1922.
[3] W. FRIEDRICH, Phys. ZS. Bd. 14, S. 317. 1913.

Methode. Diese Methode, welche gegenüber der Ionisationsmethode den Vorteil großer Einfachheit hat und auch später vielfach angewandt worden ist, besteht darin, daß man hinter dem Streustrahler und senkrecht zur Primärrichtung eine photographische Platte aufstellt. Man erhält dann um den Durchstoßpunkt herum eine verwaschene, ringförmige Schwärzung, häufig auch mehrere Ringe. Es scheint, daß mit wenigen Ausnahmen alle sog. amorphen Substanzen und ebenso auch die mehratomigen Gase diese Erscheinung hervorbringen; sie ist auf inter- und intramolekulare Interferenzen zurückzuführen (Ziff. 8) und wird in Kap. 4 ausführlicher behandelt. Aber selbst für einzelne Atome bestehen Abweichungen von der THOMSONschen Richtungsverteilung, wie Messungen an Kristallen und einatomigen Gasen gezeigt haben. Diese sind auf Interferenzen zwischen den Streuwellen der einzelnen Atombereiche zurückzuführen. Der aus solchen Messungen abgeleitete „Atomfaktor", um welchen die wirkliche Streuamplitude sich von der THOMSONschen unterscheidet, kann zur Ermittlung der Ladungsverteilung im Atom dienen. Auf diesem Wege wurde die Unzulänglichkeit der Punktvorstellung des Elektrons erwiesen und die Wellenvorstellung bestätigt (das Nähere s. Kap. 4).

5. Die Intensität der Streustrahlung. Relative Streustrahlungskoeffizienten. Kennt man die Form der Richtungsverteilung der Intensität, so genügt es, die Intensität der Streustrahlung für eine einzige Richtung zu messen, um durch Integration der Verteilungskurve die gesamte nach allen Richtungen gestreute Energie S ermitteln zu können. Mißt man dann noch die Primärintensität I_0 in dem gleichen Maß und bestimmt das streuende Volumen V, bzw. dessen Gewicht G, so berechnet sich der Streustrahlungskoeffizient σ_s und der Massen-Streustrahlungskoeffizient σ_s/ϱ zu

$$\sigma_s = \frac{S}{I_0 V}; \qquad \frac{\sigma_s}{\varrho} = \frac{S}{I_0 G}. \tag{16}$$

Der Streukoeffizient σ, welcher die gesamte aus dem Primärbündel durch Streuprozesse ausscheidende Energie angibt, kann nur für längere Wellen mit σ_s identifiziert werden, im allgemeinen ist er größer als σ_s, um so mehr, je stärker der „Comptoneffekt" in Erscheinung tritt (Ziff. 15).

Die ersten *vergleichenden* Intensitätsmessungen wurden an leichtatomigen Gasen ausgeführt[1]. Das Gas war dabei in einen Kasten eingeschlossen, welchen das Primärbündel durchsetzte; die Streustrahlung wurde mit verhältnismäßig großem Öffnungswinkel ungefähr senkrecht zur Primärrichtung gemessen. Durch passend angeordnete Blenden war falsches Licht von den Kastenwänden usw. ausgeschlossen. CROWTHER wandte eine Kompensationsmethode an, indem er zwei gleiche Vorrichtungen dieser Art benutzte. Der eine Kasten war mit Luft, der andere mit dem jeweils zu untersuchenden Gas gefüllt. Die beiden Ionisationskammern waren auf entgegengesetztes Potential geladen, und die Drucke in den Kammern wurden nun so einreguliert, daß das mit beiden Innenelektroden verbundene Elektrometer in Ruhe blieb. Durch Umrechnung auf gleichen Druck ergab sich dann das relative Streuvermögen des Gases bezogen auf Luft. BARKLAS und CROWTHERS Resultate sind in Tabelle 2 zusammengestellt. Innerhalb der Meßfehlergrenze ergibt sich für die untersuchten Gase das Streuvermögen proportional der Dichte. Nimmt man gleiche Richtungsverteilung der Streuintensität für alle Gase an, so besagt dies, daß der Massen-Streustrahlungskoeffizient von der Natur des Gases unabhängig ist, wie es die THOMSONsche Theorie fordert. Eine deutliche Ausnahme bildet nur Wasserstoff, welcher etwa doppelt so stark

---

[1] C. G. BARKLA, Phil. Mag. Bd. 5, S. 685. 1903; J. A. CROWTHER, Phil. Mag. Bd. 14, S. 653. 1907.

streut, als seiner Dichte entsprechen würde. Aber auch diese Abweichung ist ganz im Sinne der Theorie (Ziff. 2). Dies gilt in gewissen Grenzen unabhängig von der Strahlenhärte.

Wie sich aber bald herausstellte, gelten diese einfachen Verhältnisse nur, solange der Strahler aus leichten Elementen besteht. Für höheratomige Strahler wächst das Streuvermögen mit dem Atomgewicht an, und zwar um so stärker, je weicher die Primärstrahlung ist. Dies zeigt Tabelle 3, welche die Messungsergebnisse von BARKLA und DUNLOP[1] darstellt. Als Primärstrahlung diente gefilterte Bremsstrahlung, deren mittlere Wellenlänge aus dem Absorptionskoeffizienten berechnet wurde. Auch hier wurde nur $I_{\frac{\pi}{2}}$, die senkrecht zur Primärrichtung gestreute Intensität, gemessen. Als Vergleichssubstanz diente Aluminium, dessen Streukoeffizient in dem benutzten Wellenlängenbereich nur schwach von der Primärwellenlänge abhängt. Allerdings ist nach neueren Messungen von BARKLA und SALE[2] nicht nur beim Aluminium, sondern selbst beim Wasserstoff, Kohlenstoff und Sauerstoff noch ein sehr leichter Anstieg des Streuvermögens mit der Wellenlänge vorhanden. Die Zahlen der Tabelle 3 deuten darauf hin, daß bei sehr kurzen Wellen der Massen-Streustrahlungskoeffizient auch für hochatomige Streustrahler von deren Natur unabhängig ist.

Tabelle 2. Relatives Streuvermögen der Gase.

Streuendes Gas	$I_{\frac{\pi}{2}}$ CROWTHER	$I_{\frac{\pi}{2}}$ BARKLA	Dichte
Luft	1,00	1,00	1,00
H_2	0,12	0,17	0,07
He	0,16	—	0,14
NH_3	0,66	—	0,59
N_2	0,97	—	0,97
O_2	1,12	—	1,11
N_2O	1,53	—	1,53
CO_2	1,54	1,45	1,53
SO_2	2,80	2,11	2,2
H_2S	—	1,08	1,18
$CH_3CO_2CH_3$	2,72	—	2,57

Tabelle 3. Relative Massen-Streustrahlungskoeffizienten, gemessen senkrecht zur Primärrichtung (BARKLA u. DUNLOP).

$\lambda_{\text{eff.}}$ Å	$\frac{(\sigma_s/\varrho)_{Cu}}{(\sigma_s/\varrho)_{Al}}$	$\frac{(\sigma_s/\varrho)_{Ag}}{(\sigma_s/\varrho)_{Al}}$	$\frac{(\sigma_s/\varrho)_{Sn}}{(\sigma_s/\varrho)_{Al}}$	$\frac{(\sigma_s/\varrho)_{Pb}}{(\sigma_s/\varrho)_{Al}}$
0,96	—	—	5,6	—
0,91	—	3,66	—	—
0,63	2,5	—	—	11,2
0,59	—	—	—	11,5
0,585	2,3	—	—	—
0,52	2,1	—	—	9,0
0,47	1,9	—	—	5,8
0,43	1,5	—	—	4,4
0,38	1,05?	—	—	2,85
0,316	1,12	—	—	2,65
0,314	1,07	1,37	—	2,1
0,311	—	—	1,47	—
0,306	—	1,25	—	1,9
0,305	1,05	—	—	1,7

Diese Messungen wurden sämtlich nur bei einem bestimmten Streuwinkel vorgenommen. Dagegen ermittelte CROWTHER[3] die gesamte nach allen Richtungen gestreute Energie in ihrer Abhängigkeit von der Natur des Strahlers mit Benutzung der experimentell bestimmten Verteilungskurven. Seine Resultate zeigt Tabelle 1, welche die Werte von σ_s/ϱ in willkürlichen Einheiten darstellt. Neuere Relativmessungen der gesamten Streuenergie von COADE[4] sind in Tabelle 4 zusammengestellt (vgl. Ziff. 6). Auch hier zeigt sich also bei den höheren Elementen ein starker Anstieg des Streustrahlungskoeffizienten mit dem Atomgewicht.

---

[1] C. G. BARKLA u. G. DUNLOP, Phil. Mag. Bd. 31, S. 222. 1916.
[2] C. G. BARKLA u. R. SALE, Phil. Mag. Bd. 45, S. 737. 1923.
[3] J. A. CROWTHER, Proc. Cambridge Phil. Soc. Bd. 16, S. 365. 1911.
[4] E. N. COADE, Phys. Rev. Bd. 36, S. 778. 1930.

6. Absolutwerte des Streustrahlungskoeffizienten. Nach der oben bereits angeführten Gleichung (16) bestimmten BARKLA und SADLER[1] erstmalig Absolutwerte des Massen-Streustrahlungskoeffizienten durch Vergleich der Streuintensität mit der Primärintensität bei 90° Streuwinkel. Für leichte Atome hat hiernach σ_s/ϱ den Wert 0,2, und hieraus errechnete BARKLA[2] für diese Elemente

Tabelle 4. Relativer Streustrahlungskoeffizient $\frac{\sigma_s}{\varrho}$, bezogen auf $\left(\frac{\sigma}{\varrho}\right)_{Al} = 1$ (COADE).

$\lambda_{\text{eff.}}$ Å \ Streukörper	C	Fe	Ag	Sn	Au
0,48	1,07	1,41		2,33	5,49
0,55	0,95	1,65	2,65	2,82	6,75
0,70	0,87	2,09	3,51	3,44	
1,09	0,79				

Elektronenzahlen, welche etwa die Hälfte des Atomgewichts betragen. In der Tat führt diese Annahme ja auf die Näherungsgleichung (13). So lieferten also die Zerstreuungsmessungen an Röntgenstrahlen bereits wichtige Aufschlüsse über den Atombau, als die neueren exakten Methoden zu dessen Erforschung noch nicht bekannt waren. Mit zunehmendem Atomgewicht zeigte sich wieder der Anstieg von σ_s/ϱ, für Cu und Ag wurden die Werte 0,4 bzw. 1,5 gemessen.

HEWLETT bestimmte in seiner oben bereits angeführten Arbeit den Massen-Streustrahlungskoeffizienten durch Integration der genau aufgenommenen Verteilungskurve (Abb. 6 und 7) und sehr sorgfältige Messung der auf den Strahler auffallenden Primärenergie. Letzterer Teil der Messung ist insofern schwierig, als die auffallende Primärenergie außerordentlich viel größer ist als die Streuenergie, welche durch den kleinen, der Öffnung der Ionisationskammer entsprechenden Raumwinkel gesandt wird. Um daher die beiden Energiebeträge vergleichen zu können, muß die Primärenergie durch Blenden, rotierende Sektoren od. dgl. in meßbarer Weise reduziert werden. HEWLETTS Ergebnisse zeigt Tabelle 5.

Tabelle 5. Streustrahlungskoeffizienten σ_s für Mo$K\alpha$-Strahlung nach HEWLETT.

Streustrahler	$\frac{\sigma_s}{\varrho}$ exp.	$\frac{\sigma_0}{\varrho}$ (THOMSON)
Diamant . . .	0,199	0,200
Graphit	201	
Lithium . . .	168	174
Benzol	238	215
Mesithylen . .	244	220
Octan	262	231

Diamantsplitter und Graphit gaben in guter Übereinstimmung miteinander den theoretischen Wert für Kohlenstoff, was besonders insofern bemerkenswert ist, als die Verteilungskurven deutliche Linieninterferenzen aufwiesen (ähnlich Abb. 7); diese „reflektierte" Intensität ist also in den gemessenen Koeffizienten eingerechnet; trotzdem ist dieser unabhängig von der Kristallform. Auch Lithium gibt trotz seiner erkennbar kristallinischen Struktur nahe den theoretischen Wert. Die Werte für die drei Flüssigkeiten sind merklich zu groß, was möglicherweise in Verunreinigungen, welche Fluoreszenzstrahlung aussenden, seinen Grund hat.

Ein anderes Meßprinzip, welches die Aufnahme der Verteilungskurve für die Streuintensität entbehrlich macht, benutzte STATZ[3]. Bringt man eine Hohlkugel aus dem zu untersuchenden Material und von der kleinen Dicke D in ein

[1] C. G. BARKLA, Phil. Mag. Bd. 7, S. 543. 1904; C. G. BARKLA u. C. A. SADLER, Phil. Mag. Bd. 17, S. 739. 1909.
[2] G. C. BARKLA, Phil. Mag. Bd. 21, S. 648. 1911.
[3] W. STATZ, ZS. f. Phys. Bd. 11, S. 304. 1922.

homogenes Strahlungsfeld von der Intensität I_0, so besteht im Zentrum die Streuintensität $I_0 \sigma_s D$, unabhängig von der Form der Richtungsverteilung der Streuintensität. Andererseits wird die Primärintensität um den Betrag μD geschwächt, so daß insgesamt die Intensität $I_0(1 - \mu D + \sigma_s D)$ herrscht. Mißt man also mittels einer kleinen Ionisationskammer, deren Empfindlichkeit nicht von der Strahlenrichtung abhängen darf, die Intensität einmal ohne, dann mit umgebender Kugelhülle, so läßt sich aus dem Verhältnis beider der Ausdruck $\mu - \sigma_s$ ableiten. Bei längeren Wellen, wo $\sigma_s = \sigma$ ist, ist dies der reine Absorptionskoeffizient τ, im allgemeinen ist jedoch

$$\mu - \sigma_s = \tau + \sigma_r, \tag{17}$$

wo σ_r der „Rückstoßkoeffizient" ist (vgl. Ziff. 19 u. Kap. 1, Ziff. 1). Bestimmt man μ gesondert mit einer Anordnung, bei welcher keine Streustrahlung mitgemessen wird (Kap. 1, Ziff. 3), so kann man σ_s berechnen. In der Praxis muß man Messungen bei verschiedenen Dicken ausführen und auf unendlich kleine Dicke interpolieren. STATZ' Resultate zeigt Tabelle 6. Die benutzten Strahlen sind schon von solcher Härte, daß der Unterschied zwischen σ und σ_s von Bedeutung ist.

Eine andere Meßanordnung, die zuerst von ISHINO für γ-Strahlen benutzt wurde (Ziff. 30), besteht darin, daß man Platten aus dem zu untersuchenden Material vor und hinter die Ionisationskammer stellt und so getrennt die gesamte nach vorn und hinten ausgesandte Streustrahlung mißt[1].

Schließlich haben noch MERTZ[2], SCHANZ[3] und COADE[4] die gesamte Streustrahlungsintensität mit einer den Streukörper praktisch ganz umgebenden Kugelionisationskammer gemessen; ihre Ergebnisse sind aus den Tabellen 7, 8 und 4 ersichtlich.

Tabelle 6.
Schwächungs- und Streustrahlungskoeffizienten (STATZ).

Aluminium			Wasser		
$\lambda_{\text{eff.}}$ Å	$\frac{\mu}{\varrho}$	$\frac{\sigma_s}{\varrho}$	$\lambda_{\text{eff.}}$ Å	$\frac{\mu}{\varrho}$	$\frac{\sigma_s}{\varrho}$
0,082	0,137	0,130	0,161	0,188	0,185
0,173	0,227	0,161	0,240	0,215	0,206
0,225	0,309	0,147	0,285	0,237	0,170
0,373	0,820	0,156	0,501	0,491	0,201
0,458	1,44	0,26			

Tabelle 7. Streustrahlungskoeffizient $\frac{\sigma_s}{\varrho} \cdot \frac{A}{2Z}$ (SCHANZ[5]).

$\lambda_{\text{eff.}}$ Å \ Streustrahler	C	Na	Mg	Al	S	H (aus Paraffin)
0,10	0,120	0,130	0,128	0,125	0,118	0,143
0,13	0,128	0,145	0,143	0,138	0,125	0,153
0,20	0,134	0,152	0,150	0,144	0,131	0,160
0,24	0,138	0,155	0,160	0,152	0,143	0,163
0,28	0,140	0,160	0,180	0,160	0,184	0,168

[1] M. BLAU u. K. ALTENBURGER, ZS. f. Phys. Bd. 25, S. 200. 1924.
[2] P. MERTZ, Phys. Rev. Bd. 28, S. 891. 1926.
[3] G. SCHANZ, ZS. f. Phys. Bd. 57, S. 669. 1929.
[4] E. N. COADE, Phys. Rev. Bd. 36, S. 778. 1930.
[5] Die in die Tabelle eingetragenen Werte sind der die endgültigen Resultate enthaltenden Abb. 18 (l. c. S. 690) entnommen.

Tabelle 8. Streustrahlungskoeffizient $\frac{\sigma_s}{\varrho}$ (Mertz).

$\lambda_{\text{eff.}}$ Å \ Streukörper	C	H_2O	Na	Li	B
0,32	0,166	0,198	0,173	0,133	0,154
0,43	0,182	0,206	0,191	0,165	0,162
0,54	0,194	0,210	0,248	0,157	0,162
0,66	0,214	0,216		0,169	0,169
0,79	0,234	0,228		0,200	0,179

7. Der Streukoeffizient. Ein Mittel, um den Streukoeffizienten σ zu bestimmen, besteht darin, daß man aus dem Schwächungskoeffizienten μ die einzelnen Summanden $\tau + \sigma$ unter gewissen Annahmen über deren Abhängigkeit von der Wellenlänge ableitet. Vielfach ist die Gleichung (2) oder (3) des vorigen Kapitels dahin ausgedeutet worden, daß der erste Summand den Absorptionskoeffizienten, der zweite, von λ unabhängige, den Streukoeffizienten darstellt. In dieser allgemeinen Form ist dies sicher nicht zulässig, denn der Streukoeffizient hängt ja im allgemeinen nicht unbeträchtlich von der Wellenlänge ab. Wohl aber kann man aus dem ersten Glied der Schwächungsformel den Absorptionskoeffizienten τ ungefähr abschätzen und entscheiden, ob dieser überhaupt einen merklichen Beitrag zur Gesamtschwächung liefert, ob also nicht μ mit σ praktisch identisch ist. Allenfalls kann man auch τ in Gestalt einer *kleinen* Korrektion in Abzug bringen. Auf diese Weise kann man also den Streukoeffizienten für kurze Wellen und leichtatomige Substanzen ermitteln. Dies ist bisher das einzige Mittel, für kurze Wellen, wo man mit einem Unterschied zwischen σ und σ_s rechnen muß, σ zu bestimmen, während man ja für längere Wellen beide Größen identifizieren kann. Auf diesem Wege kommt man nun zu dem wichtigen Resultat, daß mit abnehmender Wellenlänge der Streukoeffizient mehr und mehr unter den klassischen Wert σ_0 sinkt (vgl. Abb. 15); bei harten γ-Strahlen beträgt er nur noch $\frac{1}{4}\sigma_0$. Andererseits kann man für Wasserstoff für das ganze eigentliche Röntgengebiet unbedenklich $\sigma = \mu$ annehmen, da ja die Ionisationsmessungen gezeigt haben, daß die Absorption in Wasserstoff äußerst gering ist (Ziff. 31 des vor. Kap.). Nach Olson, Dershem und Storch[1] nimmt zwischen 1 und 0,2 Å der Massenschwächungskoeffizient für Wasserstoff von etwa 0,5 auf etwa 0,35 ab. Eine genauere Zusammenstellung und Diskussion der experimentellen Ergebnisse für H_2 findet sich bei G. A. Schott[2].

Zusammenfassend läßt sich über den Streukoeffizienten folgendes sagen. Den klassischen Wert besitzt er für die ersten Elemente des periodischen Systems nur in einem Bereich von einigen 0,1 Å. Für die schwereren Elemente ist in der Gegend von 0,3 Å der Streukoeffizient wahrscheinlich ebenfalls nicht sehr weit von dem klassischen Wert entfernt. Mit wachsender Wellenlänge nimmt er zu, und zwar um so stärker, je höher das Atomgewicht ist. Für sehr kurze Wellen endlich wird der Streukoeffizient für alle Elemente mit abnehmender Wellenlänge immer kleiner und strebt wahrscheinlich für $\lambda = 0$ dem Werte 0 zu.

8. Erweiterung der klassischen Streuungstheorie durch Berücksichtigung von Interferenzen. Die in Ziff. 2 gegebene Theorie der Zerstreuung hat als eine der Grundvoraussetzungen, daß die Phasen der von den einzelnen Zerstreuungszentren ausgehenden Streuwellen ungeordnet sind, denn nur dann addieren sich im Mittel die Intensitäten der Elementarwellen nach allen Richtungen hin. Dies ist aber nur möglich, wenn die Zentren nach Zufall im Raume verteilt sind. In der Natur gibt es nun kaum einen Fall, wo dies verwirklicht wäre

[1] A. R. Olson, E. Dershem u. H. H. Storch, Phys. Rev. Bd. 21, S. 30. 1923.
[2] G. A. Schott, Phys. Rev. Bd. 23, S. 119. 1924.

(außer etwa beim atomaren Wasserstoff), jeder reale Körper stellt in unserem Sinne eine Zwischenstufe zwischen dem idealen amorphen Körper und dem idealen Kristall dar; hierauf lassen sich zwei erfahrungsmäßige Abweichungen von der einfachen Theorie zurückführen, nämlich die Asymmetrie der Streustrahlung[1] und die Zunahme des Streukoeffizienten über den THOMSONschen Wert bei langen Wellen. Wegen der räumlichen Abhängigkeit der Zentren voneinander treten nämlich Phasenbeziehungen zwischen den Elementarwellen auf, d. h. es entstehen Interferenzen, und dadurch wird sowohl die Richtungsverteilung als auch die gestreute Energie beeinflußt. Der Interferenzgedanke wurde in mehr oder weniger bestimmter Form von WEBSTER und DARWIN[2] ausgesprochen, rechnerisch durchgeführt haben ihn zuerst DEBYE[3] und EHRENFEST[4].

Die Lagenbeziehungen zwischen den Elektronen, etwa in einer Flüssigkeit, sind mehrfacher Art. Erstens weisen die Elektronen eines einzelnen Atoms schon einen gewissen Grad von Ordnung auf, zum mindesten ist ihre Zahl ganz bestimmt, unterliegt also keinen statistischen Schwankungen. Zweitens haben die Atome einer Molekel gegeneinander bestimmte Lagen. Schließlich sind die Molekeln wieder wegen ihrer endlichen Dimensionen und dichten Packung weit von der Zufallsverteilung entfernt; der Abstand der Schwerpunkte benachbarter Molekeln schwankt in viel engeren Grenzen, als der Zufallsverteilung entsprechen würde. Dieser letztere Punkt, die Lagenbeziehungen zwischen den Molekeln, scheint praktisch meist der ausschlaggebende zu sein. Das allgemeine Problem ist also ein außerordentlich kompliziertes.

DEBYE[3] hat eine sehr eingehende Theorie entwickelt, welche den Einfluß der Lagenbeziehungen der ersten und zweiten Art zum Gegenstand hat. Das von DEBYE behandelte Problem ist folgendes. Gegeben ist ein aus gleichartigen Atomen zusammengesetzter Körper; jedes Atom soll aus einer gegebenen Zahl p von Elektronen bestehen, welche als starr miteinander verbunden anzusehen sind; die räumliche Lage und Orientierung der Atome soll zufallsmäßig sein. Der Körper wird von einer unpolarisierten Röntgenwelle durchlaufen, und es wird nach der Streuintensität in Abhängigkeit von der Richtung gefragt. Die Grundannahme ist, daß wirklich die Elektronen und nicht etwa die Atomschwerpunkte od. dgl. als Streuzentrum fungieren; diese Annahme scheint durch Beobachtungen über das Reflexionsvermögen der Kristalle einigermaßen gestützt[5]. Da nun die Atome unseres Körpers ungeordnet sind, ihre Beiträge zur Intensität sich also ohne Interferenzen addieren, genügt es, ein einzelnes Atom zu betrachten. Für jedes Elektron wird die klassische (THOMSONsche) Streuwelle nach Amplitude und Phase angesetzt. Ähnlich wie in der Theorie der optischen Beugungsphänomene ergibt sich dann durch Superposition aller Elementarwellen die Amplitude und Intensität der Streuwellen eines Atoms. Weiter ist dann noch über alle möglichen Orientierungen des Atoms zu mitteln. Das Ergebnis dieser ganz allgemein durchzuführenden Rechnung lautet, wenn I die wirkliche Streuintensität eines Atoms, I_{Th} den THOMSONschen Wert, also das $p$fache des Ausdruckes (7) bedeutet:

$$I = I_{\mathrm{Th}} \frac{1}{p} \sum_m \sum_n \frac{\sin\left(2 k a_{mn} \sin\frac{\Theta}{2}\right)}{2 k a_{mn} \sin\frac{\Theta}{2}}. \tag{18}$$

[1] Über eine weitere Ursache der Asymmetrie, welche bei kurzen Wellen in Kraft tritt, vgl. Ziff. 15.

[2] D. L. WEBSTER, Phil. Mag. Bd. 25, S. 234. 1913; C. G. DARWIN, ebenda Bd. 27, S. 325. 1914.

[3] P. DEBYE, Ann. d. Phys. Bd. 46, S. 809. 1915.

[4] P. EHRENFEST, Versl. Amsterdam Bd. 23, S. 1132. 1914.

[5] P. DEBYE u. P. SCHERRER, Phys. ZS. Bd. 19, S. 474. 1918.

Darin bedeutet Θ wieder den Streuwinkel, a_{mn} den Abstand des $n$ten vom $m$ten Elektron, $k = 2\pi/\lambda$ (λ = Primärwellenlänge). Beide Summationen sind über alle p Elektronen zu erstrecken. Die $\Sigma\Sigma$ stellt den Einfluß der Interferenzen dar. Ihren Verlauf in Abhängigkeit von λ und Θ übersieht man am besten, wenn man die beiden Grenzfälle langer und kurzer Wellen betrachtet.

a) $\lambda \gg a$. In diesem Falle hat jedes Summenglied praktisch den Wert 1, die ganze Summe wird p^2 und

$$I = I_{\mathrm{Th}}\, p, \tag{19}$$

d. h. die Streuintensität hat zwar die THOMSONsche Richtungsverteilung, ist aber $p$mal so groß, als sie etwa für ein System von p ungeordneten Elektronen wäre; dies ist ohne weiteres plausibel, für lange Wellen verhält sich ein Atom eben wie ein einziges Streuzentrum mit der Ladung $p\varepsilon$ und der Masse $p\mu$. [Die Ladung geht mit der 4. Potenz, die Masse mit der -2. Potenz ein; Gleichung (7).]

b) $\lambda \ll a$. Die Summenglieder ($m = n$) sind 1 für alle Streuwinkel. Die übrigen Glieder haben für sehr kleine Streuwinkel ebenfalls den Wert 1; mit wachsendem Streuwinkel nimmt ihr Wert jedoch rasch gegen 0 ab, um so schneller, je kleiner λ ist. Daher gilt für nicht zu kleine Streuwinkel

$$I = I_{\mathrm{Th}},$$

d. h. der Einfluß der Interferenzen verschwindet. Nur in einem engen Kegel um die Primärrichtung herum treten noch Interferenzen auf. Dieser Kegel ist um so spitzer, je kürzer die Wellenlänge ist. In der Primärrichtung selbst gilt in jedem Falle Gleichung (19).

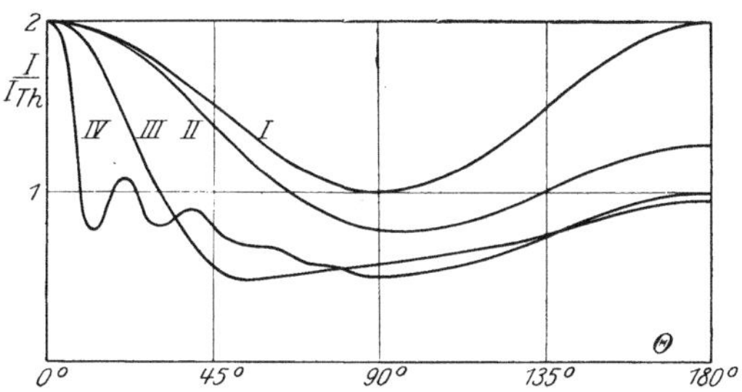

Abb. 8. Theoretische Streuintensität für zwei Elektronen im festen Abstand a (P. DEBYE). I: $4ka = 0$; II: $4ka = 2{,}5$; III: $4ka = 10$; IV: $4ka = 40$.

Für den Streukoeffizienten ergibt sich hieraus folgendes. Für sehr kurzwellige Strahlen hat er den klassischen Wert, da die Energie in dem kleinen Interferenzkegel keinen wesentlichen Beitrag liefert. Mit zunehmender Wellenlänge wird der Streukoeffizient im ganzen zunehmen, um bei sehr langen Wellen den $p$fachen Wert anzunehmen. Dies ist in der Tat ungefähr das Verhalten, welches der Streukoeffizient experimentell zeigt.

Wie die Richtungsverteilung der Streuintensität sich mit der Wellenlänge ändert, erkennt man aus der Abb. 8, welche den Fall $p = 2$ darstellt; hierfür wird[1]

$$I = I_{\mathrm{Th}}\left[1 + \frac{\sin\left(4ka\sin\frac{\Theta}{2}\right)}{4ka\sin\frac{\Theta}{2}}\right]. \tag{20}$$

Man sieht, daß unterhalb einer gewissen Wellenlänge die Streuintensität Maxima und Minima aufweist, dabei ist die Intensitätsverteilung unsymmetrisch zur Äquatorebene, und zwar wird in den vorderen Halbraum ($\Theta < \pi/2$) stets mehr Energie gestreut als in den hinteren Halbraum ($\Theta > \pi/2$). Auch diese Asymmetrie ist in dem Sinne, wie sie wirklich beobachtet wurde. Jedes Maximum der Verteilungskurven Abb. 8 würde einen Interferenzring bedeuten, dessen Winkelradius mit der Wellenlänge wächst.

Das praktische Ziel, welches DEBYE anstrebte, war, aus diesen Interferenzerscheinungen den Bau der Atome und der Molekeln zu erschließen. Die Theorie

[1] Vgl. auch P. EHRENFEST, Versl. Amsterdam Bd. 23, S. 1132. 1914.

ist aber streng nur auf Gase anwendbar, wie auch EHRENFEST betonte. In festen und flüssigen, sog. amorphen Körpern treten weitere schwer exakt zu berechnende Interferenzen auf, welche von den Lagenbeziehungen der dritten Art (s. oben) herrühren, also nicht mehr intraatomar oder intramolekular, sondern intermolekular sind. Welcher Art nun die tatsächlich beobachteten Interferenzringe sind, diese Frage war lange umstritten. KEESOM und DE SMEDT[1] wendeten auf ihre Versuchsergebnisse die Gleichung (20) an und berechneten aus dem Hauptring den Abstand $2a$ zweier Zerstreuungszentren. Es ergab sich dann meist eine Strecke, welche mit dem mittleren Molekelabstand gut übereinstimmt, wenn man diesen berechnet nach der Gleichung

$$2a_{\text{theor.}} = 1{,}33\sqrt[3]{\frac{M}{\varrho}}$$

(M = Molekulargewicht, ϱ = Dichte). Hieraus schlossen KEESOM und DE SMEDT, daß der Hauptring auf intermolekulare Interferenzen zurückzuführen ist. Eine deutliche Ausnahme bildete jedoch Schwefelkohlenstoff. Aus dem zweiten Ring berechnete sich ein Abstand, welcher mit dem gaskinetischen Molekeldurchmesser gut übereinstimmt. Abgesehen davon, daß die Anwendung der Gleichung (20) auf flüssige Körper bedenklich erscheint, ist KEESOMS Berechnungsweise auch insofern nicht ganz korrekt, als er die Winkelabhängigkeit von I_{Th} außer acht läßt und das Intensitätsmaximum mit demjenigen des Interferenzfaktors allein identifiziert. Im Gegensatz zu KEESOM vertrat WYCKOFF[2] die Ansicht, daß intramolekulare Interferenzen die Hauptrolle spielen, und brachte hierfür gewichtige Argumente bei. WYCKOFF photographierte die Interferenzringe von einzelnen Flüssigkeiten sowie von Gemischen derselben Flüssigkeiten und zeigte durch Ausphotometrieren der Aufnahmen, daß die Interferenzfigur eines Gemisches sich als Superposition der Figuren der einzelnen Komponenten verstehen läßt. Dies scheint jedenfalls zu zeigen, daß intramolekulare Interferenzen auftreten, schließt aber nicht aus, daß außerdem auch intermolekulare Interferenzen möglich sind. Gelegentlich ist auch die Auffassung vertreten worden, daß die Flüssigkeitsmolekeln in kristallitähnlichen Gruppen angeordnet sind, und daß ein gewisser Molekelabstand die Rolle einer Gitterkonstanten spielt[3]; man kann dies als einen allgemeineren Ausdruck der KEESOMschen Auffassung betrachten, nach welcher ein solcher Flüssigkeitskristallit nur aus zwei Molekeln bestehen würde. Für die Vorstellung der kristallitartigen Molekelgruppen scheint zu sprechen, daß die Streuintensität ähnlich wie bei Kristallen für kleine Streuwinkel dem Werte 0 zustrebt (vgl. Ziff. 4[4]).

Eine vollständig neue Basis wurde geschaffen einerseits durch die Übertragung des DEBYEschen Grundgedankens auf die nach der Wellenmechanik berechnete Ladungsverteilung im Einzelatom und anderseits durch die Interferenzversuche von DEBYE und seinen Mitarbeitern an organischen Dämpfen bzw. an Gasen, bei denen die intramolekularen Interferenzen unbeeinflußt durch die Lagenbeziehungen der dritten Art zutage treten. Die Bedeutung der intraatomaren und intramolekularen Interferenzen für die Erforschung der Atom- und Molekülstruktur wird in Kap. 4 ds. Bandes behandelt.

---

[1] W. H. KEESOM u. J. DE SMEDT, Proc. Amsterdam Bd. 25, S. 118. 1922; Bd. 26, S. 112. 1923; Versl. Amsterdam Bd. 31, S. 87 und Bd. 32, S. 72. 1923.

[2] R. W. G. WYCKOFF, Sill. Journ. Bd. 5, S. 455. 1923.

[3] E. HUPKA, Die Interferenz der Röntgenstrahlen, S. 18. Braunschweig 1914.

[4] M. v. LAUE u. H. MARK suchten zu zeigen, daß die gewöhnlichen Kristallinterferenzen ausreichen, um die asymmetrische Streuung bei kristallinischen Substanzen und inhomogenen Strahlen qualitativ zu erklären. (Berl.-Ber. 1926, S. 58.)

9. Zerstreuung durch Kristalle. Ein Kristall, welcher in einem monochromatischen, nahezu parallelen Röntgenbündel so orientiert ist, daß Interferenzen entstehen, zerstreut die Strahlen in zweifacher Weise: einmal in Form eines gerichteten („reflektierten") Strahlenbündels und außerdem auch diffus. Entsprechendes gilt auch für einen aus Kristalliten von ungeordneter Orientierung zusammengesetzten Körper. Es ist von vornherein klar, daß die in Ziff. 2 skizzierte Theorie auf diese Fälle noch weniger direkt anwendbar ist, als auf Flüssigkeiten. Es ist daher von großem Interesse, experimentell zu entscheiden, ob ein Kristall sich in bezug auf das Zerstreuungsvermögen wesentlich anders verhält als ein amorpher Körper oder nicht, wobei man entweder die gesamte Streustrahlung einschließlich der gerichteten oder nur die diffuse betrachten kann. So einfach diese Fragestellung klingt, ist die Sachlage doch recht verwickelt, denn ein großer Teil der Substanzen, an welchen überhaupt bisher Zerstreuungsuntersuchungen angestellt wurden, besitzt kristallinische Struktur, vor allem die Metalle. Aus diesem Gesichtspunkt ist es schon interessant, daß ein Einfluß kristallinischer Struktur auf das Streuvermögen bisher nicht beobachtet wurde. So hat HEWLETT[1] für Diamantsplitter, Graphit und Lithium, lauter kristallinische Substanzen, in guter Näherung für den Streustrahlungskoeffizienten den Wert gefunden, welcher für die amorphen Substanzen zu erwarten wäre. Wie nun JAUNCEY gezeigt hat (s. weiter unten), ist unter gewöhnlichen Verhältnissen selbst für einen Kristall, welcher auf möglichst starke Reflexion eingestellt ist, die reflektierte Energie höchstens von derselben Größenordnung wie die gesamte diffus gestreute Energie. Da aber in einem kristallinischen Körper nur verhältnismäßig wenige Kristallite reflektieren (bzw. bei inhomogenen Strahlen jeder Kristallit nur einen sehr kleinen Wellenlängenbezirk reflektiert), so kann man annehmen, daß praktisch die ganze von einem solchen Körper gestreute Strahlung diffuser Art ist. Die bisherigen Beobachtungen scheinen hiernach darauf hinzudeuten, daß die diffuse Streuung durch kristalline Körper sich nicht wesentlich von derjenigen durch amorphe Körper unterscheidet.

An Einkristallen ist diese Frage von JAUNCEY[2] geprüft worden. Ein dicker Steinsalz- oder Kalkspatkristall wurde so orientiert, daß er die monochromatische Primärstrahlung (Mo$K\alpha$) in erster oder zweiter Ordnung reflektierte, und die Intensität der Streustrahlung unter verschiedenen Winkeln zum Primärstrahl gemessen. Macht man die vereinfachende Annahme, daß die Streustrahlung im Kristall ebenso absorbierbar ist wie die Primärstrahlung, so kann man daraus die Intensitätsverteilung für einen unendlich dünnen Kristall ableiten. Es zeigte sich, daß diese sich für Streuwinkel $>50°$ nicht merklich von derjenigen für Glas und Aluminium unterschied (vgl. etwa Abb. 6). Bei kleineren Streuwinkeln verläuft nach JAUNCEY die Kurve für Kalkspat und Steinsalz unter denjenigen für Glas und Aluminium; das hohe Maximum, welches die Kurven Abb. 6 und 7 zeigen, ist für Einkristalle weit flacher und liegt auch bei größeren Streuwinkeln (vgl. Abb. 9), seine Lage hängt jedoch in demselben Sinne von der Wellenlänge ab: je kurzwelliger die Strahlung, um so kleiner wird der Streuwinkel maximaler Intensität. Ob der Kristall in Reflexionsstellung war oder nicht, war ohne merklichen Einfluß auf die Intensität unter einem bestimmten Streuwinkel. Das Verhältnis der Streuintensität zur Primärintensität wurde bei $90°$ Streuwinkel gemessen; es zeigte sich, daß die Intensität der Streustrahlung nicht sehr verschieden sein kann von derjenigen, welche nach der klassischen Theorie für einen amorphen Körper zu erwarten ist. Somit sprechen auch diese Versuche im ganzen dafür, daß die diffuse Streustrahlung von Kalkspat und Steinsalz

[1] C. W. HEWLETT, Phys. Rev. Bd. 20, S. 688. 1922; s. auch Ziff. 6.
[2] G. E. M. JAUNCEY, Phys. Rev. Bd. 20, S. 405. 1922.

sich nicht stark von derjenigen von Körpern wie Glas, Flüssigkeiten usw. unterscheidet.

Bei dem Vergleich der diffusen Energie mit der regulär reflektierten ist zu beachten, daß das Verhältnis beider sehr stark von der Homogenität und Parallelität des Primärbündels und von der Einstellung des Kristalls abhängt. Mit Mo$K\alpha$-Strahlung, welche noch durch Kristallreflexion monochromatisiert wurde und einen Öffnungswinkel von etwa 1° hatte, betrug die Energie im reflektierten Strahl etwa das 1,4fache der gesamten diffusen Streuenergie, wenn der Kalkspatkristall auf Reflexion in erster Ordnung eingestellt wurde; hierbei ist jedoch die Verschiedenheit der Eindringungstiefen für die reflektierte und diffuse Strahlung noch nicht berücksichtigt, so daß diese Zahl nicht streng zu nehmen ist. Für die höheren Ordnungen war das Verhältnis kleiner, ebenso wenn die Primärstrahlung weniger homogen war. Diese Resultate zeigen jedenfalls, daß nicht etwa die reguläre Reflexion auf Kosten der diffusen Streustrahlung erfolgt, vielmehr scheint es, daß die Reflexion eine Erscheinung ist, welche unabhängig von der diffusen Streuung ist und sich dieser einfach überlagert. Hierfür spricht ja auch, daß das Schwächungsvermögen eines Kristalls für parallel auffallende monochromatische Strahlung größer ist, wenn der Kristall in Reflexionsstellung ist, als wenn er sonst beliebig orientiert ist (Ziff. 14 des vor. Kap.).

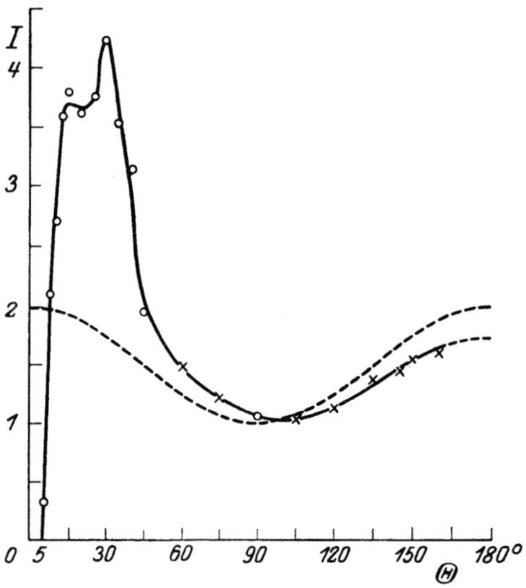

Abb. 9. Streuintensität von einem Steinsalzkristall (Mo$K\alpha$-Strahlung).

JAUNCEY versuchte noch zu entscheiden, ob die Streuung durch eine Kristallmolekel von deren Orientierung abhängt. Zu diesem Zweck hielt er die primäre Streurichtung fest und drehte den Kristall. Aus der Art der Änderung der Streuintensität schloß JAUNCEY, daß die Orientierung des Kristalls ohne Einfluß auf die Verteilung der Streuintensität von einer solchen Molekel ist, die Kristallmolekel bildet ein isotropes Streuzentrum.

Genauere Absolutmessungen der Streuintensität wurden am Steinsalz von JAUNCEY und MAY[1] ausgeführt. Es wurden dünne Kristallplättchen in der CROWTHERschen Anordnung Abb. 4c benutzt. Da in dieser Kristallstellung Reflexion der inhomogenen Beimengung im Primärbündel erfolgt, treten natürlich in der Streurichtung Laueinterferenzen auf; diese wurden eliminiert, indem beiderseits der Reflexionsstellung gemessen und auf die Reflexionsstellung interpoliert wurde. Die Ergebnisse zeigt Abb. 9, wo die gestrichelte Kurve die THOMSONsche ist. Man sieht auch hier, daß die Streuintensität nicht sehr verschieden von derjenigen eines idealen amorphen Körpers ist. Der durch Integration gewonnene Massen-Streustrahlungskoeffizient beträgt 0,23, während der THOMSONsche Wert 0,193 wäre. Die komplizierte Struktur des Maximums rührt von der Inhomogenität der Primärstrahlung her.

Als Besonderheiten, welche die diffuse Streustrahlung von Kristallen und kristallinen Substanzen zeigt, sind folgende zu verzeichnen. Die Streuintensität verschwindet für kleine Streuwinkel völlig, z. B. nach A. R. und W. DUANE[2]

[1] G. E. M. JAUNCEY u. H. L. MAY, Phys. Rev. Bd. 23, S. 128. 1924.
[2] A. R. u. W. DUANE, Phys. Rev. Bd. 20, S. 86. 1922.

für Aluminium und 29,35 kV-Bremsstrahlung bei 9°,7, nach HEWLETT[1] für Graphit und Diamant, Mo$K\alpha$-Strahlung bei 5° bzw. 6° (vgl. auch Abb. 7 und 9). Nach GRAY und ZINN[2] soll dagegen die Intensität der Streustrahlung an Graphit und Kohle bei Winkeln unterhalb 2° wieder stark zunehmen; dieser Befund bedarf aber noch einer genaueren Prüfung.

Daß das Intensitätsmaximum für Kristalle bei erheblich größeren Winkeln liegt und flacher ist als bei Flüssigkeiten, wurde bereits erwähnt. Schließlich scheint die diffuse Streuung für gewisse Kristalle einen Temperatureffekt zu zeigen. Ein Steinsalzkristall streut nach JAUNCEY[3] bei 295° um etwa 20 bis 30% stärker als bei 17°; beim Kalkspat konnte keine Temperaturabhängigkeit des Streuvermögens gefunden werden.

Die Ergebnisse von JAUNCEY über die Temperaturabhängigkeit der diffusen Streustrahlung von Steinsalz sind von CLAUS[4] bestätigt und erweitert worden. Die Meßresultate sind aus Tabelle 8 ersichtlich.

Tabelle 8. Temperaturabhängigkeit der diffusen Streustrahlung von Steinsalz (CLAUS).

Streuwinkel	28°	35°	45°	58°
$\dfrac{I_{120^\circ\,\text{abs.}}}{I_{300^\circ\,\text{abs.}}}$	0,58	0,64	0,68	0,79
$\dfrac{I_{750^\circ}}{I_{300^\circ}}$	1,20	1,26	1,23	

Eine quantitative Deutung der Resultate ist mit den bisher vorliegenden Theorien noch nicht möglich (vgl. Ziff. 10).

Daß die diffuse Streustrahlung eines Einkristalls durch eine Deformation beeinflußt wird, ist von R. BRILL[5] mit Hilfe des Spitzenzählers nachgewiesen worden; die diffuse Streuintensität eines KCl-Kristalls zeigte nach starkem Zusammendrücken eine Zunahme um 10 bis 20%.

10. Theorie der Zerstreuung in Kristallen. Ein idealer Kristall mit streng gitterförmig angeordneten Zerstreuungszentren würde Röntgenstrahlen ebensowenig diffus zerstreuen wie sichtbares Licht, denn die elementaren Streuwellen würden sich in jeder Richtung außer denjenigen, welche den LAUEschen Bedingungen genügen, durch Interferenz völlig auslöschen. Es muß also ein Element der Unordnung vorhanden sein, wenn ein Kristall eine merkliche diffuse Streustrahlung liefert. Nach DEBYE[6] sind schon die Temperaturschwingungen im Kristall hierzu ausreichend. Die sehr tiefgehende Theorie von DEBYE, welche an die Theorie der spezifischen Wärme anknüpft und gleichzeitig den Einfluß der Wärmebewegung auf den Charakter der gerichteten Streuung umfaßt, wird in Kap. 4 behandelt. Hier sei nur das Resultat für die diffuse Streuintensität I angegeben. Wir bezeichnen mit I_{Th} wieder die „normale“ Streuintensität, d. h. diejenige, welche unter einem bestimmten Streuwinkel Θ bestehen würde, wenn die Atome des Kristalls räumlich ungeordnet wären; dann ist nach DEBYE

$$I = I_{\text{Th}}(1 - e^{-M}),$$

wo M verschiedene Werte hat, je nachdem man eine Nullpunktsenergie annimmt oder nicht, nämlich

$$M = \frac{C}{A T_0 \lambda^2}(1 - \cos\Theta)\frac{1}{x^2}\int_0^x \frac{\xi}{e^\xi - 1}\,d\xi \qquad \text{ohne Nullpunktsenergie,}$$

$$M = \frac{C}{A T_0 \lambda^2}(1 - \cos\Theta)\left(\frac{1}{4} + \frac{1}{x^2}\int_0^x \frac{\xi}{e^\xi - 1}\,d\xi\right) \qquad \text{mit Nullpunktsenergie;}$$

---

[1] C. W. HEWLETT, Phys. Rev. Bd. 20, S. 688. 1922.
[2] J. A. GRAY u. W. H. ZINN, Canad. Journ. Res. Bd. 2, S. 291. 1930.
[3] G. E. M. JAUNCEY, Phys. Rev. Bd. 20, S. 421. 1922.
[4] W. O. CLAUS, Phys. Rev. Bd. 38, S. 604. 1931.
[5] R. BRILL, ZS. f. Phys. Bd. 61, S. 454. 1930. [6] P. DEBYE, Ann. d. Phys. Bd. 43, S. 47. 1914.

hierin bedeutet:

A das Atomgewicht der Gitteratome,

T_0 die für den Verlauf der spezifischen Wärme des Kristalls „charakteristische Temperatur“,

$x = T_0/T$, wo T die wirkliche Temperatur des Kristalls ist,

$C = 3h^2 L/k = 0{,}569 \cdot 10^{-12}$ (h und k: Strahlungskonstanten; L: LOSCHMIDTsche Zahl pro Mol).

Man sieht, daß für lange Wellen $M \to 0$ und $I \to 0$ geht. Ferner wird M um so größer, je höher die Temperatur ist; für sehr hohe Temperaturen wird $M \to \infty$ und $I \to I_{\mathrm{Th}}$, der Kristall streut dann wie ein amorpher Körper. Nur in der Nähe der Primärrichtung, also für kleine Θ, ist stets M und damit I sehr klein. Die Versuche von JAUNCEY (Ziff. 9) haben in der Tat beim Steinsalz einen Temperatureffekt ergeben. Auch das Verschwinden der diffusen Streuung bei kleinen Streuwinkeln ist beobachtet worden. Von einer quantitativen Übereinstimmung kann man aber nicht sprechen, z. B. sollte beim Kalkspat mit Mo$K\alpha$-Strahlen die Streuintensität bei $\Theta = 90°$ nur etwa 0,092 bzw. 0,227 (ohne und mit Nullpunktsenergie) der normalen THOMSONschen betragen, während JAUNCEY sie ungefähr ebenso groß wie diese fand. Auch scheint die Intensitätsabnahme in der Nähe der Primärrichtung erst bei wesentlich kleineren Streuwinkeln zu erfolgen, als die DEBYEsche Theorie verlangt. Im ganzen scheint es, daß die diffuse Streustrahlung der Kristalle der normalen näherkommt, als die Theorie erwarten läßt, was seinen Grund darin haben dürfte, daß die Temperaturbewegung nicht die einzige Quelle der diffusen Streustrahlung ist.

Die DEBYEsche Theorie ist von FAXEN[1] und WALLER[2] erweitert worden. WALLER erhielt für die Temperaturabhängigkeit der Interferenzintensität eine ähnliche Formel wie DEBYE; nur soll diese Intensität nicht proportional e^{-M} sein wie bei DEBYE, sondern prop. e^{-2M}. Dies ist durch Messungen von JAMES und FIRTH[3] an Kristallen im Temperaturgebiet von 86 bis 900° abs. quantitativ bestätigt worden (vgl. Kap. 4). Eine Proportionalität der diffusen Streuintensität mit $(1 - e^{-2M})$ kann man aber wohl schon deswegen nicht erwarten, weil in der Theorie die diffuse Comptonstreuung nicht enthalten ist. Auch eine von JAUNCEY und HARVEY[4] angegebene Beziehung zwischen der diffusen Streuintensität und der Intensität der Interferenzstrahlen, bei der die Temperaturabhängigkeit in den aus Interferenzmessungen ermittelten „Atomfaktor“ (vgl. Kap. 4) geschoben ist, reicht nicht zur vollständigen Deutung der in Ziff. 9 erwähnten Messungen an Steinsalz aus.

b) Die Quantenstreuung.

11. Die Härteänderung bei der Streuung. Die THOMSONsche Theorie verlangt, daß die Streustrahlung und die Primärstrahlung exakt übereinstimmende Wellenlängen haben, wenigstens solange der Streustrahler ruht. Demgegenüber zeigten schon Beobachtungen von BEATTY[5] an inhomogenen Strahlen und von SADLER und MASHAM[6] an homogenen Strahlen, daß die Streustrahlung ein geringeres Durchdringungsvermögen besitzt als die Primärstrahlung. Dies wurde in der Weise festgestellt, daß eine bestimmte Absorptionsfolie nacheinander in den Gang der Primär- und Streustrahlen gestellt wurde; im zweiten Falle ergab sich eine stärkere Schwächung der Streustrahlung als im ersten. Dieser Effekt

[1] H. FAXEN, Ann. d. Phys. Bd. 54, S. 615. 1918.
[2] J. WALLER, ZS. f. Phys. Bd. 17, S. 398. 1923.
[3] R. W. JAMES u. E. M. FIRTH, Proc. Roy. Soc. London (A) Bd. 117, S. 62. 1928.
[4] G. E. M. JAUNCEY u. G. G. HARVEY, Phys. Rev. Bd. 37, S. 1193 u. 1203. 1931.
[5] R. T. BEATTY, Phil. Mag. Bd. 6, S. 14 u. 604. 1907.
[6] C. A. SADLER u. P. MASHAM, Phil. Mag. Bd. 24, S. 138. 1912.

ist nach SADLER und MASHAM um so ausgeprägter, je härter die Primärstrahlung ist. Bei den harten γ-Strahlen des RaC, wo der Effekt sehr stark auftritt, war er schon vorher aus Untersuchungen von EVE, KLEEMAN, MADSEN und FLORANCE bekannt, und zwar ist nach Untersuchungen von FLORANCE, KOHLRAUSCH und COMPTON der Härteunterschied der gestreuten γ-Strahlen gegen die primären für große Streuwinkel größer als für kleine[1]. Wird die von homogenen Röntgenstrahlen herrührende Streustrahlung gefiltert, so nähert sie sich in ihrer Härte mehr und mehr wieder der Primärstrahlung, die homogenen Strahlen werden also bei der Streuung inhomogen. KOHLRAUSCH hat durch Analyse der Absorptionskurven der gestreuten γ-Strahlen festgestellt, daß der Bruchteil der Streustrahlung, welcher die gleiche Härte wie die härteste Komponente der Primärstrahlung hat, mit zunehmendem Streuwinkel Θ rasch abnimmt und für $\Theta > \pi/2$ überhaupt nicht merklich ist, während der weichere Anteil der Streustrahlung sich bis $\Theta = \pi$ verfolgen läßt. COMPTON hat diesen Befund bestätigt und vervollständigt, wobei er durch Filterung die härteren Komponenten der primären γ-Strahlung absonderte und diese allein benutzte. Nach COMPTON ist ebenfalls für Streuwinkel $\Theta > \pi/2$ der in bezug auf seine Härte nicht veränderte Bruchteil der Streustrahlen verschwindend gering ($\frac{1}{1000}$ und weniger), während er bei $\Theta = 45°$ etwa 3% beträgt. Bei harten Röntgenstrahlen ($\lambda = 0{,}12$ Å) sind die Werte für 90°: 15%, für 30°: 70%. Bei weicheren Röntgenstrahlen (λ ungefähr 0,5 Å) sind die Anteile der unveränderten Strahlung noch wesentlich größer. Die Streustrahlung wird also in ihrer Härte um so mehr verändert, je härter die Primärstrahlung und je größer der Streuwinkel ist; dagegen ist nach KOHLRAUSCH und COMPTON die Natur des Streustrahlers nur von geringem Einfluß. Neuere Untersuchungen haben jedoch gezeigt, daß bei harten γ-Strahlen die Verhältnisse nicht ganz so einfach liegen (Ziff. 29).

12. Frühere Erklärungsversuche. Anfänglich wurde vermutet, daß das Weicherwerden der Röntgenstrahlen bei der Zerstreuung auf sekundäre Einflüsse zurückzuführen ist, daß z. B. von einem inhomogenen Strahlengemisch die weichen Anteile stärker gestreut werden als die harten[2]; dem widersprechen die Versuche von SADLER und MASHAM, welche mit einigermaßen homogenen Strahlen ausgeführt wurden, sowie COMPTONS γ-Strahlenversuche, bei welchen die Streustrahlung sicher weicher war als die weichste in der Primärstrahlung enthaltene Komponente. Auch die Möglichkeit einer neuen charakteristischen Strahlung, welche härter als die K-Strahlung sein sollte (J-Strahlung), ist diskutiert worden[3]. Diese Erklärung ist deshalb hinfällig, weil die Härte dieser Strahlung durchaus nicht für den Strahler charakteristisch, sondern durch die Primärhärte bestimmt ist[4]. Schließlich hat COMPTON[5] auch eine von CROWTHER[6] zur Erklärung der

[1] A. S. EVE, Phil. Mag. Bd. 8, S. 669. 1904; R. D. KLEEMAN, ebenda Bd. 15, S. 638. 1908; J. P. V. MADSEN, ebenda Bd. 17, S. 423. 1909; D. C. H. FLORANCE, ebenda Bd. 20, S. 921. 1910; Bd. 27, S. 225. 1914; J. A. GRAY, ebenda Bd. 26, S. 611. 1913; K. W. F. KOHLRAUSCH, Wiener Ber. Bd. 126, S. 705. 1917; Bd. 128, S. 853. 1919; Phys. ZS. Bd. 21, S. 193. 1920; A. H. COMPTON, Phil. Mag. Bd. 41, S. 749. 1921.

[2] D. C. H. FLORANCE, l. c.; A. H. COMPTON, Phys. Rev. Bd. 14, S. 20. 1919; K. W. F. KOHLRAUSCH, l. c.

[3] J. LAUB, Ann. d. Phys. Bd. 46, S. 785. 1915; J. A. CROWTHER, Phil. Mag. Bd. 42, S. 719. 1921; C. G. BARKLA u. Mitarbeiter, zahlreiche Arbeiten in Phil. Mag. — Das von BARKLA behauptete „J-Phänomen" hat seinen Charakter im Laufe der Zeit gewandelt, ohne bestimmtere Formen anzunehmen. Auch heute noch muß BARKLA sagen, daß er die Bedingungen, unter denen das Phänomen auftreten soll, nicht in der Hand hat; eine Bestätigung von anderer Seite steht ebenfalls noch aus.

[4] J. A. GRAY, Journ. Frankl. Inst. 1920, S. 643; A. H. COMPTON, Phys. Rev. Bd. 18, S. 96. 1921.

[5] A. H. COMPTON, Phil. Mag. Bd. 41, S. 749. 1921.

[6] J. A. CROWTHER, Proc. Roy. Soc. London Bd. 86, S. 478. 1912.

Asymmetrie der Streustrahlung bereits herangezogene Hypothese vorgeschlagen, daß nämlich im Strahler Photoelektronen entstehen, welche Bremsstrahlung erzeugen. Daß eine solche „tertiäre" Bremsstrahlung in der Tat notwendig weicher als die Primärstrahlung sein muß, zeigt eine einfache Überlegung. Ist ν_0 die Schwingungszahl in der Primärstrahlung, so ist die Energie eines im Strahler ausgelösten Photoelektrons nach der EINSTEINschen Gleichung:

$$E = h(\nu_0 - \nu_s),$$

wenn ν_s die Schwingungszahl der Absorptionskante ist. Dieses Elektron erzeugt bei seiner Bremsung im Strahler selbst ein kontinuierliches Spektrum, dessen kurzwellige Grenze ν nach dem DUANE-HUNTschen Gesetz gegeben ist durch:

$$E = h\nu,$$

woraus folgt:

$$\nu = \nu_0 - \nu_s$$

oder in Wellenlängen umgerechnet:

$$\lambda - \lambda_0 = \frac{\lambda_0^2}{\lambda_s - \lambda_0}. \tag{21}$$

Hiernach wäre im Spektrum der Streustrahlung ein kontinuierliches Band zu erwarten, welches in dem durch (21) gegebenen Abstand auf der langwelligen Seite der Primärlinie beginnt. Die Existenz dieses Bandes ist zuerst von DUANE und seinen Mitarbeitern[1] auf Grund von Spektralaufnahmen der Streustrahlung behauptet, aber von anderen nicht bestätigt worden. Später sind im Streuspektrum von C, Al und Be von B. DAVIS und seinen Mitarbeitern[2] scharfe Linien mit Frequenzen $\nu = \nu_0 - \nu_s$ gefunden worden, die man für das Analogon der RAMANschen Streustrahlung im Sichtbaren gehalten hat. Aber auch diese Versuche haben der von verschiedenen Seiten[3] erfolgten sorgfältigen Nachprüfung nicht standgehalten.

13. Der Comptoneffekt. COMPTON[4] gelangte durch eine zusammenfassende Betrachtung der an Streustrahlen ausgeführten Absorptionsmessungen zu dem wichtigen Schluß, daß die absolute Wellenlängenvergrößerung, welche Röntgen- und γ-Strahlen bei der Streuung unter $90°$ erfahren, in einem sehr weiten Bereich unabhängig von der Primärwellenlänge ist, nämlich ganz roh 0,03 Å. Die direkte Messung dieser Wellenlängenänderung erfolgte durch COMPTON[5] auf spektroskopischem Wege. Das Prinzip der Versuchsanordnung zeigt Abb. 10, wo T ein Röntgenrohr mit Mo-Antikathode ist und R ein als Streustrahler dienendes Stück Graphit. Die von dem Graphit ausgehende Streustrahlung tritt nach sorgfältiger Ausblendung in ein Kristallspektrometer ein. Die Messung der spektralen Intensität erfolgte mit einer Ionisationskammer. Mit dem gleichen Spektrometer wurde auch das Spektrum der Primärstrahlen aufgenommen. Beide Spektren zeigten die K-Linien des Molybdäns auf einem kontinuierlichen Untergrund; der Vergleich ergab, daß die Linien in der Streustrahlung um 0,022 Å nach der langwelligen Seite gegen die der Primärstrahlen verschoben

---

[1] Verschiedene Veröffentlichungen in Proc. Nat. Acad. Amer. Bd. 9 bis 11. 1923 bis 1925.

[2] B. DAVIS u. D. P. MITCHELL, Phys. Rev. Bd. 31, S. 1119. 1928; B. DAVIS u. H. PURKS, ebenda Bd. 34, S. 1. 1929; Bd. 32, S. 331. 1928; Bd. 33, S. 292 u. 871. 1929.

[3] W. KAST, ZS. f. Phys. Bd. 58, S. 519. 1928; W. EHRENBERG, ebenda Bd. 53, S. 234. 1929; D. COSTER, I. NITTA u. W. J. THIJSSEN, Nature Bd. 123, S. 642. 1929; N. S. GINGRICH, Phys. Rev. Bd. 36, S. 1050. 1930; Phil. Mag. Bd. 6, S. 64. 1928; J. A. BEARDEN, Phys. Rev. Bd. 36, S. 791. 1930; F. L. NUTTING, ebenda Bd. 36, S. 1267. 1930; D. P. MITCHELL u. J. O'LEARY, ebenda Bd. 37, S. 103. 1931.

[4] A. H. COMPTON, Bull. Nat. Res. Counc. Bd. 4, Nr. 20, S. 16f. 1922.

[5] A. H. COMPTON, Phys. Rev. Bd. 22, S. 409. 1923.

waren, wenn der Streuwinkel etwa 90° betrug. Weiter untersuchten dann COMPTON[1] und ROSS[2], in welcher Weise die Verschiebung vom Streuwinkel abhängt. Dabei trat ein neuer wichtiger Zug der Erscheinung zutage: außer der verschobenen Linie zeigten die Spektrogramme durchweg noch eine Linie, welche ihrer Wellenlänge nach genau mit der Primärlinie übereinstimmte. COMPTONS Messungen, welche wieder nach der Ionisationsmethode ausgeführt wurden, ergaben die in Abb. 11 wiedergegebenen Spektralkurven. Die rechte Hälfte der Abb. 11 unterscheidet sich von der linken nur dadurch, daß ein engerer Spalt gewählt wurde. Deutlich zeigen diese Kurven die unverschobene Linie (l'nks) und daneben eine verschobene, deren Abstand von der unverschobenen mit dem Streuwinkel stetig wächst. Beim Streuwinkel $\pi/2$ beträgt der Abstand 0,024 Å. ROSS benutzte als erster statt der Ionisationskammer als Indikator die photographische Platte. Der photographische Befund wurde von COMPTON und BEARDEN sowie KALLMANN und MARK[3] (Abb. 12) bestätigt. Nach Versuchen von COMPTON und WOO[4] ist die Wellenlängenänderung der Mo$K\alpha$-Strahlung unabhängig vom Material des Strahlers (Li, B, C, H, O, Na, Mg, Al, Steinsalz, Si, S); dieser Befund wurde

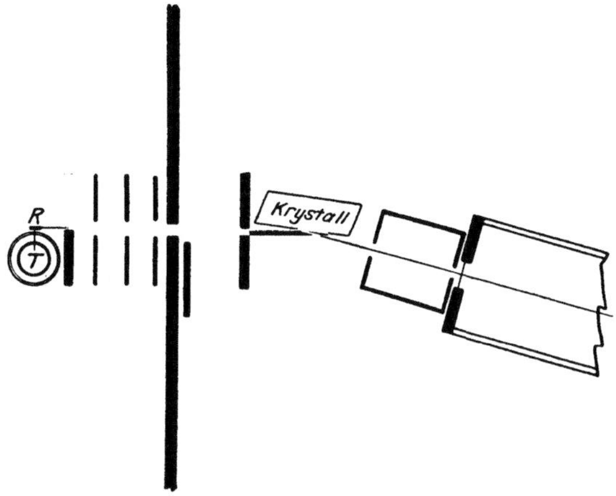

Abb. 10. Versuchsanordnung zum Comptoneffekt.

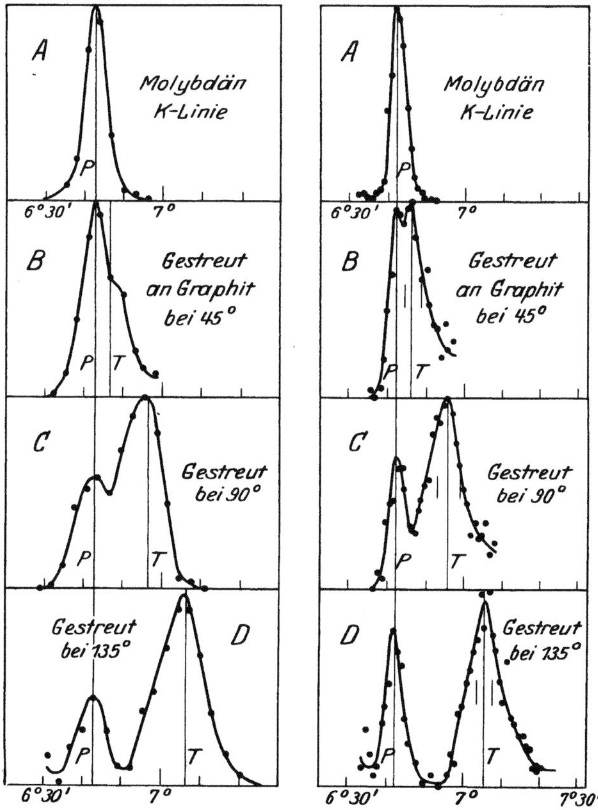

Abb. 11. Comptoneffekt an Graphit.

[1] A. H. COMPTON, Phys. Rev. Bd. 22, S. 409. 1923.

[2] P. A. ROSS, Proc. Nat. Acad. Amer. Bd. 9, S. 246. 1923; Phys. Rev. Bd. 22, S. 524. 1923; Journ. Opt. Soc. Amer. Bd. 11, S. 217. 1925.

[3] A. H. COMPTON u. J. A. BEARDEN, Proc. Nat. Acad. Amer. Bd. 11, S. 117. 1925; H. KALLMANN u. H. MARK, Naturwissensch. Bd. 14, S. 299. 1925.

[4] A. H. COMPTON u. Y. H. WOO, Proc. Nat. Acad. Amer. Bd. 10, S. 271. 1924; Y. H. WOO, ebenda Bd. 11, S. 123. 1925.

wiederum photographisch bestätigt durch ROSS[1] (C, Al, S, Cu, Mo, Ag, Pb). Ferner wurde durch eine größere Anzahl von sorgfältigen Untersuchungen (DE BROGLIE, DAUVILLIER, HAGEN, KALLMANN u. MARK, ROSS, WEBSTER[2]) der endgültige Nachweis erbracht, daß die Wellenlängenänderung auch unabhängig von der Wellenlänge selbst ist ($K\alpha$ von Cu, Zn, Mo, Rh, Ag, Wo; $L\alpha$ von Au).

Die Schwierigkeit derartiger Messungen beruht vor allem darauf, daß die an und für sich recht geringe Intensität der Streustrahlung durch die Kristallreflexion noch ganz erheblich reduziert wird. Daher muß der Abstand zwischen dem Brennfleck des Röntgenrohrs und dem Streustrahler möglichst klein gehalten, andererseits aber jede Primärstrahlung und ungewollte Streu- und Sekundärstrahlung vom Spektrographen ferngehalten werden. Die in Abb. 12 wiedergegebene Aufnahme erforderte etwa 200stündige Exposition[3].

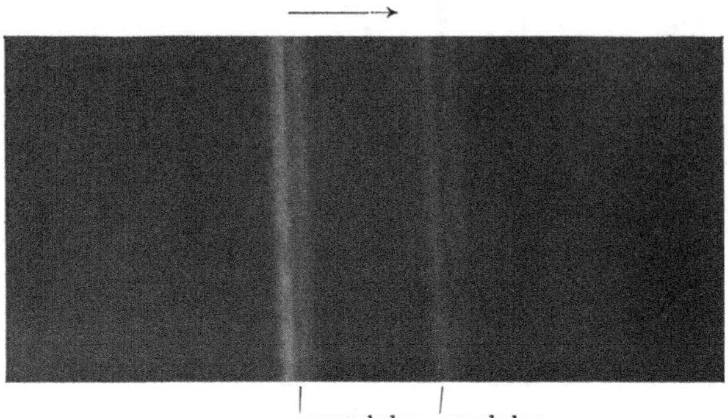

Abb. 12. Comptoneffekt. $ZnK\alpha_1\alpha_2$, unter 95° an Lithium gestreut. (Aufnahme von H. KALLMANN u. H. MARK.)

Die genauesten Messungen der Wellenlängenänderung selbst rühren her von SHARP[4], BEARDEN[5] und GINGRICH[6]. SHARP erhielt für den Streuwinkel 169° eine Wellenlängenänderung von 0,04825 ± 0,0002 Å, während sich aus der Lichtquantentheorie des Comptoneffekts (Ziff. 14) 0,04798 ± 0,0001 Å ergibt. BEARDEN und GINGRICH arbeiteten mit dem Doppelspektrometer. BEARDEN findet Übereinstimmung mit der Theorie innerhalb 1%; GINGRICH gibt als Resultat der Messungen

$$\frac{h}{\mu_0 c} = 0{,}02424 \pm 0{,}00004,$$

während der aus den atomaren Konstanten berechnete genaueste Wert dieses Quotienten 0,02417 ist. Gelegentlich ist vorgeschlagen worden, die genaue Messung der Comptonverschiebung zur Präzisionsbestimmung der atomaren Konstanten mit heranzuziehen; da es sich aber hier um einen relativ kleinen Linienabstand handelt, dürfte die Methode wohl kaum mit anderen Präzisionsmethoden konkurrieren können.

14. Elementare Theorie des Comptoneffektes. Zur Deutung des Comptoneffektes erwies es sich als notwendig, den Boden der klassischen Theorie zu verlassen. Einen Fingerzeig, in welcher Richtung dies zu geschehen hatte, boten die Erscheinungen der photoelektrischen Elektronenauslösung, bei welchen ja das Versagen der klassischen Theorie schon viel früher und augenfälliger zutage

[1] P. A. ROSS, Proc. Nat. Acad. Amer. Bd. 10, S. 304. 1924.

[2] M. DE BROGLIE u. A. DAUVILLIER, Journ. de phys. et le Radium Bd. 6, S. 369. 1925; G. HAGEN, Ann. d. Phys. Bd. 78, S. 407. 1925; H. KALLMANN u. H. MARK, ZS. f. Phys. Bd. 36, S. 120. 1926; P. A. ROSS, Journ. Opt. Soc. Amer. Bd. 11, S. 217. 1925; Phys. Rev. Bd. 26, S. 282. 1925; P. A. ROSS u. D. L. WEBSTER, Proc. Nat. Acad. Amer. Bd. 11, S. 56, 61 u. 224. 1925.

[3] Über eine sehr lichtstarke Anordnung vgl. J. W. M. DU MOND, Nature Bd. 116, S. 937. 1925.

[4] H. M. SHARP, Phys. Rev. Bd. 26, S. 691. 1925; Bd. 27, S. 102. 1926.

[5] J. A. BEARDEN, Phys. Rev. Bd. 36, S. 791. 1930.

[6] N. S. GINGRICH, Phys. Rev. Bd. 36, S. 1050. 1930.

getreten war. Wie der Photoeffekt (neben anderen Erscheinungen) EINSTEIN den Anstoß zur Einführung der Lichtquantenvorstellung gab, ist im vorigen Kapitel ausgeführt. Die Anwendung dieser Hypothese auf die Streuung der Röntgenstrahlen wurde gleichzeitig und unabhängig voneinander mit identischen Resultaten von DEBYE und COMPTON[1] durchgeführt. Der Erfolg war, daß nicht nur die Wellenlängenänderung, sondern damit eng zusammenhängend auch die übrigen verbleibenden Unstimmigkeiten mit der klassischen Vorstellung eine angemessene Deutung erhielten.

Nach dieser Vorstellung ist die Zerstreuung ebenso wie die Absorption ein diskontinuierlicher Vorgang, sie setzt sich aus Elementarprozessen zusammen, welche als voneinander unabhängig betrachtet werden können, und bei welchen jedesmal ein primäres Lichtquant von der Energie $h\nu_0$ und dem Impuls $h\nu_0/c$ beteiligt ist. Der elementare Comptonprozeß kann als ein Stoßprozeß zwischen einem Lichtquant und einem ursprünglich ruhenden freien Elektron aufgefaßt werden. Beim Stoß gibt das Lichtquant einen Teil seiner Energie an das Elektron ab, indem es diesem einen Rückstoß erteilt. Um von der Verminderung der Energie auf die der Frequenz zu kommen, kann man entweder postulieren, daß beide proportional gehen, oder man kann für diese Proportionalität eine Begründung suchen. Faßt man die Energie eines Lichtquants als kinetische Energie eines mit (Quasi-) Lichtgeschwindigkeit bewegten Gebildes von verschwindender Ruhemasse auf[2], so ergibt sich diese Proportionalität ohne weiteres als Konsequenz der relativistischen Mechanik und des Dopplerprinzips. Damit wird die Analogie zwischen dem Comptonprozeß und einem mechanischen Stoßprozeß vollkommen.

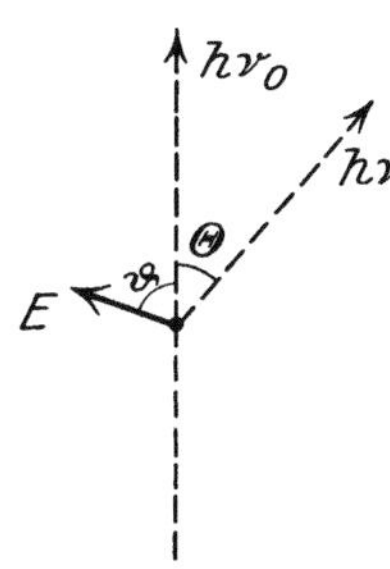

Abb. 13. Der elementare Comptonprozeß.

Die nötigen Bestimmungsgleichungen liefern die Erhaltungssätze für die Energie und den Impuls. Es bedeute ν_0 die Frequenz der primären, ν diejenige der unter dem Winkel Θ gestreuten Strahlung; ferner sei μ die Ruhemasse, $v = \beta c$ die Geschwindigkeit, $E = \mu c^2\left(\frac{1}{\sqrt{1-\beta^2}} - 1\right)$ die Energie, welche das Elektron bei dem Prozeß gewinnt, ϑ der Winkel, unter dem sich das Elektron gegen die Primärrichtung bewegt (Abb. 13). Der Energiesatz verlangt:

$$h\nu_0 = h\nu + \mu c^2\left(\frac{1}{\sqrt{1-\beta^2}} - 1\right).$$

Da der Impuls eines Lichtquants $= h\nu/c$, derjenige des Rückstoßelektrons $= \frac{\mu\beta c}{\sqrt{1-\beta^2}}$ ist, so lautet der Impulssatz für die Komponenten in der Primärrichtung

$$\frac{h\nu_0}{c} = \frac{h\nu}{c}\cos\Theta + \frac{\mu\beta c}{\sqrt{1-\beta^2}}\cos\vartheta,$$

in der Richtung senkrecht zur primären

$$0 = \frac{h\nu}{c}\sin\Theta + \frac{\mu\beta c}{\sqrt{1-\beta^2}}\sin\vartheta.$$

Diese drei Gleichungen enthalten die vier Variablen $\nu, \beta, \Theta, \vartheta$, so daß eine von diesen als Parameter verfügbar ist. Es ist zweckmäßig, hierfür den Streuwinkel Θ

[1] P. DEBYE, Phys. ZS. Bd. 24, S. 161. 1923; A. H. COMPTON, Phys. Rev. Bd. 21, S. 483. 1923.

[2] A. EINSTEIN, Phys. ZS. Bd. 18, S. 123. 1917; W. BOTHE, ZS. f. Phys. Bd. 17, S. 137. 1923.

zu wählen, welcher also in Übereinstimmung mit der Erfahrung alle Werte von 0 bis π annehmen kann. Um die Lösung der Gleichungen auf eine bequeme Form bringen zu können, führen wir die universelle Länge

$$\Lambda = \frac{h}{\mu c} = 0{,}0242\,\text{Å} \tag{22}$$

und deren Verhältnis zur Primärwellenlänge λ_0

$$\frac{\Lambda}{\lambda_0} = \alpha \tag{23}$$

ein. Dann ergibt sich für die Schwingungszahl der unter dem Winkel Θ gestreuten Strahlung

$$\nu = \frac{\nu_0}{1 + 2\alpha \sin^2 \frac{\Theta}{2}} \tag{24}$$

oder, wenn man die Wellenlängen $\lambda = \frac{c}{\nu}$, $\lambda_0 = \frac{c}{\nu_0}$ einführt:

$$\lambda - \lambda_0 = 2\Lambda \sin^2 \frac{\Theta}{2}. \tag{25}$$

Der „Rückstoßwinkel“ ϑ bestimmt sich aus

$$-\operatorname{tg}\vartheta = \frac{\cot\frac{\Theta}{2}}{1+\alpha}. \tag{26}$$

! Minuszeichen

Für nicht zu kurze Wellen halbiert hiernach die Rückstoßrichtung angenähert den Winkel zwischen der Primärrichtung und der umgekehrten Streurichtung. Die Rückstoßenergie bzw. -geschwindigkeit wird:

$$E = h\nu_0 \frac{2\alpha \sin^2\frac{\Theta}{2}}{1 + 2\alpha \sin^2\frac{\Theta}{2}} = h\nu_0 \frac{2\alpha \cos^2\vartheta}{(1+\alpha)^2 - \alpha^2\cos^2\vartheta}, \tag{27}$$

$$\beta = \frac{2\alpha \sin\frac{\Theta}{2}\sqrt{1 + (2\alpha+\alpha^2)\sin^2\frac{\Theta}{2}}}{1 + 2(\alpha+\alpha^2)\sin^2\frac{\Theta}{2}} = \frac{2\alpha(1+\alpha)\cos\vartheta}{(1+\alpha)^2 + \alpha^2\cos^2\vartheta}. \tag{28}$$

Die Gleichung (25) besagt, daß die Wellenlängenvergrößerung unabhängig von der Primärwellenlänge ist und mit zunehmendem Streuwinkel von 0 bis 2Λ wächst; für $\Theta = 90°$ beträgt sie Λ. In Abb. 11 sind die theoretischen Lagen der verschobenen Linien eingetragen, und man sieht, daß sie so gut in die experimentellen Intensitätsmaxima fallen, wie man nur irgend erwarten kann.

Compton hat auch seine Absorptionsmessungen an der gestreuten γ-Strahlung zur Prüfung der Theorie herangezogen und unter gewissen Annahmen über den Zusammenhang zwischen Schwächungskoeffizient und Wellenlänge gute Übereinstimmung für verschiedene Streuwinkel gefunden. Zum gleichen Resultat gelangte G. Hoffmann[1] mit einer verfeinerten Anordnung, die schärfere Strahlenbegrenzung und genauere Absorptionsmessungen ermöglichte. Gewisse Unstimmigkeiten[2] mit der Wellenlängenbestimmung der RaC-γ-Strahlen aus der Geschwindigkeit der Rückstoßelektronen verschwinden nach Heiting[3], wenn

[1] G. Hoffmann, ZS. f. Phys. Bd. 36, S. 251. 1926.
[2] K. W. F. Kohlrausch, Phys. ZS. Bd. 28, S. 8. 1927.
[3] Th. Heiting, Phys. ZS. Bd. 32, S. 549. 1931.

für den Streukoeffizienten statt der älteren Formeln die quantenmechanische Formel von KLEIN-NISHINA (vgl. Ziff. 15) angesetzt wird.

Zur Übersicht über die Verhältnisse diene die von DEBYE entworfene Abb. 14, welche den Fall $\lambda_0 = \Lambda$ darstellt. Das Polardiagramm oberhalb der Horizontalen gibt die Energie des gestreuten Quants in Abhängigkeit vom Streuwinkel Θ, das untere die Rückstoßenergie E in Abhängigkeit vom Rückstoßwinkel ϑ; die gleichnumerierten Fahrstrahlen gehören zu dem gleichen Elementarprozeß. Der Radius des gestrichelten Kreises ist gleich $h\nu_0$, der Energie des Primärquants.

Betreffs der Verallgemeinerung der Theorie auf ursprünglich bewegte Elektronen vgl. die unten aufgeführten Arbeiten[1]. Thermodynamische Gründe sprechen dafür, daß bei sehr großen Strahlungsdichten ($kT \gg h\nu$) der Comptoneffekt kompliziertere Formen annehmen kann, indem mehrere Primärquanten an einem Elementarprozeß beteiligt sind[2]; eine direkte Prüfung der verschiedenen sich darbietenden Vorstellungen liegt jedoch außerhalb des experimentell Möglichen.

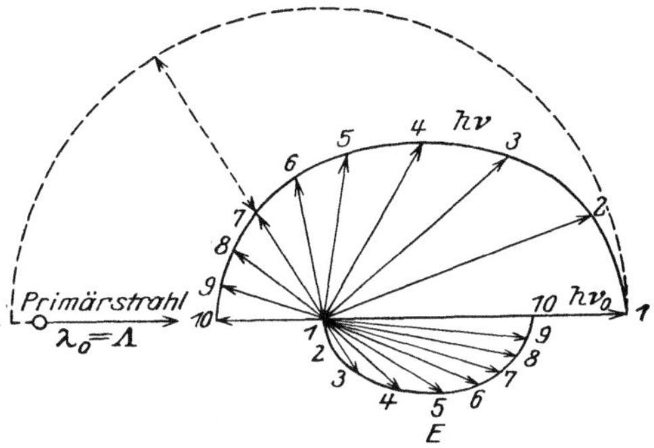

Abb. 14. Polardiagramm zum Comptoneffekt.

15. Berechnung der Streuintensität, des Streustrahlungs- und Streukoeffizienten. Die in Ziff. 14 gegebene Theorie zeigt nur, was geschieht, *wenn* ein Quant um einen Winkel Θ abgelenkt wird, sie liefert keinerlei Aussagen über die Wahrscheinlichkeit, *daß* ein Primärquant abgelenkt wird, sie gibt also über die Intensitätsverhältnisse keinen Aufschluß. Dies hängt augenscheinlich damit zusammen, daß die Ladung des Elektrons in die Rechnung überhaupt nicht eingeht. Um diese Lücke auszufüllen, war man vor der Entwicklung der Quantenmechanik zu korrespondenzmäßigen Betrachtungen (vgl. Ziff. 27) gezwungen, die zwar durchweg mehr oder minder willkürliche Annahmen notwendig machten, aber trotzdem zu einigermaßen brauchbaren Resultaten führten[3]. Z. B. ergaben sich nach einer von A. H. COMPTON durchgeführten Rechnung Streuintensität, Streukoeffizient und Streustrahlungskoeffizient zu

$$I = I_0 \cdot \frac{\varepsilon^4}{\mu^2 c^4 r^2} \cdot \frac{1}{\{1 + \alpha(1 - \cos\Theta)\}^5} \cdot \left\{\frac{1 + \cos^2\Theta}{2} + \alpha(1 + \alpha)(1 - \cos\Theta)^2\right\}, \quad (29)$$

$$\sigma = \sigma_0 \cdot \frac{1}{1 + 2\alpha}, \quad (30)$$

$$\sigma_s = \sigma_0 \cdot \frac{1 + \alpha}{(1 + 2\alpha)^2}. \quad (31)$$

Vom Standpunkt der Quantenmechanik ist die Intensität der Streustrahlung zuerst von DIRAC[4] und GORDON[5] berechnet worden; als Resultat erhielten sie

[1] L. DE BROGLIE, Ann. de phys. Bd. 3, S. 22. 1925; G. WENTZEL, Phys. ZS. Bd. 26, S. 436. 1925.

[2] W. PAULI jun., ZS. f. Phys. Bd. 18, S. 272. 1923; W. BOTHE, ebenda Bd. 23, S. 214. 1924.

[3] P. DEBYE, Phys. ZS. Bd. 24, S. 161. 1923; A. H. COMPTON, Phys. Rev. Bd. 21, S. 483. 1923; Y. H. WOO, ebenda Bd. 25, S. 444. 1925; G. E. M. JAUNCEY, ebenda Bd. 22, S. 233. 1923; Bd. 23, S. 313. 1924; W. BOTHE, ZS. f. Phys. Bd. 34, S. 819. 1925.

[4] P. A. M. DIRAC, Proc. Roy. Soc. London (A) Bd. 111, S. 405. 1926.

[5] W. GORDON, ZS. f. Phys. Bd. 40, S. 117. 1927.

übereinstimmend:

$$I = I_{\mathrm{Th}} \cdot \left(\frac{\nu}{\nu_0}\right)^3 = I_{\mathrm{Th}} \cdot \left(\frac{1}{1 + 2\alpha \sin^2 \frac{\Theta}{2}}\right)^3, \tag{32}$$

$$\sigma = \frac{3\sigma_0}{4} \cdot \frac{(1+\alpha)}{\alpha^3} \left\{\frac{2\alpha(1+\alpha)}{1+2\alpha} - \log(1 + 2\alpha)\right\}, \tag{33}$$

wo I_{Th} die nach der THOMSONschen Theorie [Ziff. 2, Gleichung (7)] berechnete Streuintensität bedeutet. Schließlich haben KLEIN und NISHINA[1] das Problem mit der relativistischen Quantenmechanik DIRACs behandelt und dabei gegenüber den letzten Formeln noch Abweichungen von der Ordnung α^2 gefunden. Die Prüfung der „KLEIN-NISHINAschen Streuformeln" ist verschiedentlich der Gegenstand von ausgedehnten experimentellen Untersuchungen gewesen; sie lauten:

$$I = I_{\mathrm{Th}} \cdot \frac{1}{\left(1 + 2\alpha \sin^2 \frac{\Theta}{2}\right)^3} \cdot \left\{1 + \frac{2\alpha^2 \sin^4 \frac{\Theta}{2}}{(1 + \cos^2\Theta)\left(1 + 2\alpha \sin^2 \frac{\Theta}{2}\right)}\right\}, \tag{34}$$

$$\sigma = \frac{3\sigma_0}{4}\left(\frac{1+\alpha}{\alpha^3}\left[\frac{2\alpha(1+\alpha)}{1+2\alpha} - \lg(1 + 2\alpha)\right] + \frac{1}{2\alpha}\lg(1 + 2\alpha) - \frac{1+3\alpha}{(1+2\alpha)^2}\right). \tag{35}$$

Die Art der Ableitung dieser Formeln ist wenig durchsichtig; sie geben aber — wenigstens bei leichten Atomen (vgl. Ziff. 29) — alle bisherigen Beobachtungsergebnisse bis zu den kurzwelligsten γ-Strahlen quantitativ wieder.

16. Zur experimentellen Prüfung der Intensitäts- und Streuformeln. Daß Streustrahlungskoeffizient, Streukoeffizient und sogar der gesamte Schwächungskoeffizient mit abnehmender Wellenlänge immer stärker unter den klassischen Wert des Streukoeffizienten herabsinken, geht schon aus den in den Tabellen 6, 7 und 8 in Ziff. 6 zusammengestellten Messungsergebnissen hervor. Für die Prüfung des Streukoeffizienten in Abhängigkeit von der Wellenlänge hat A. H. COMPTON[2] Schwächungsmessungen von HEWLETT[3] an Kohle benutzt. Der Absorptionskoeffizient τ wurde proportional zu λ^3 angenommen, aus der Schwächung bei langen Wellen extrapoliert und von dem Schwächungskoeffizienten in Abzug gebracht. Der verbleibende Streukoeffizient σ zeigte dann unterhalb von $\lambda \approx 0{,}5$ Å ein deutliches Absinken (bis auf ca. 75% des klassischen Wertes bei $\lambda \approx 0{,}1$ Å), das sich innerhalb der Fehlergrenzen mit den im letzten Abschnitt angegebenen theoretischen Streuformeln befriedigend darstellen läßt[4] (Abb. 15). Das starke Ansteigen des Streukoeffizienten oberhalb ca. 0,5 Å kann zwanglos auf das Auftreten von Interferenzen zurückgeführt werden. (Von der Eintragung der Streumessungen mit verschieden stark gefilterten RaC-γ-Strahlen

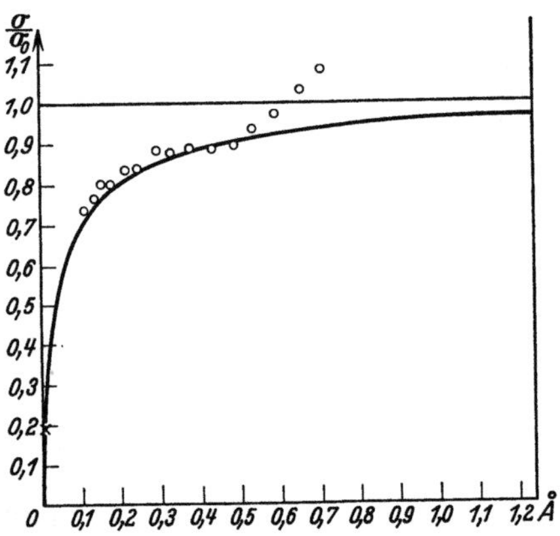

Abb. 15. Der Streukoeffizient des Kohlenstoffs.
Experimentell: o HEWLETT-COMPTON, × ThCγ (0,0047 Å) (Ziff. 29);
Theoretisch: — KLEIN-NISHINA (Gleichung 35).

[1] O. KLEIN u. Y. NISHINA, ZS. f. Phys. Bd. 52, S. 853. 1929.
[2] A. H. COMPTON, Phys. Rev. Bd. 21, S. 500. 1923.
[3] C. W. HEWLETT, Phys. Rev. Bd. 17, S. 284. 1921.
[4] Bei längeren Wellen ist freilich auch zu beachten, daß von der unverschobenen Linie keine Notiz genommen ist.

ist wegen der Unsicherheit der effektiven Wellenlänge abgesehen; man wird besser umgekehrt aus den Streumessungen mit Hilfe der Kurve der Abb. 15 die effektive Wellenlänge ermitteln.)

Die an den härtesten Röntgenstrahlen bisher gemessene Richtungsverteilung[1] (vgl. Abb. 16) läßt sich ebensogut durch die Formeln von DIRAC und GORDON (32) wie durch die von KLEIN und NISHINA (34) wiedergeben. Eine experimentelle Entscheidung zwischen den verschiedenen quantenmechanischen Formeln ist erst durch die Verwendung von extrem harten γ-Strahlen möglich geworden (Ziff. 29 u. 31, Tab. 24).

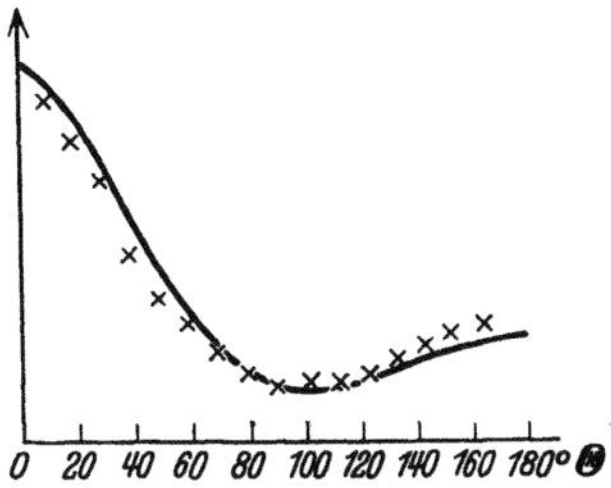

Abb. 16. Streuintensität für harte Röntgenstrahlen ($\lambda = 0{,}14$ Å). × × Messungen von FRIEDRICH und GOLDHABER. —— Berechnet nach DIRAC-GORDON (32).

17. Nachweis der Rückstoßelektronen. Die COMPTON-DEBYEsche Theorie der Wellenlängenänderung verlangt, daß jeder elementare Streuprozeß mit der Aussendung eines Elektrons verbunden ist. Die Energie eines solchen Rückstoßelektrons muß stets kleiner als $h\nu_0$, also kleiner als die Energie eines von der gleichen Primärstrahlung ausgelösten Photoelektrons sein. Die Rückstoßelektronen wurden nach der WILSONschen Nebelmethode von BOTHE in Luft und Wasserstoff und von C. T. R. WILSON[2] in Luft beobachtet. Auf den Luftaufnahmen (vgl. Abb. 24 des vor. Kap.)

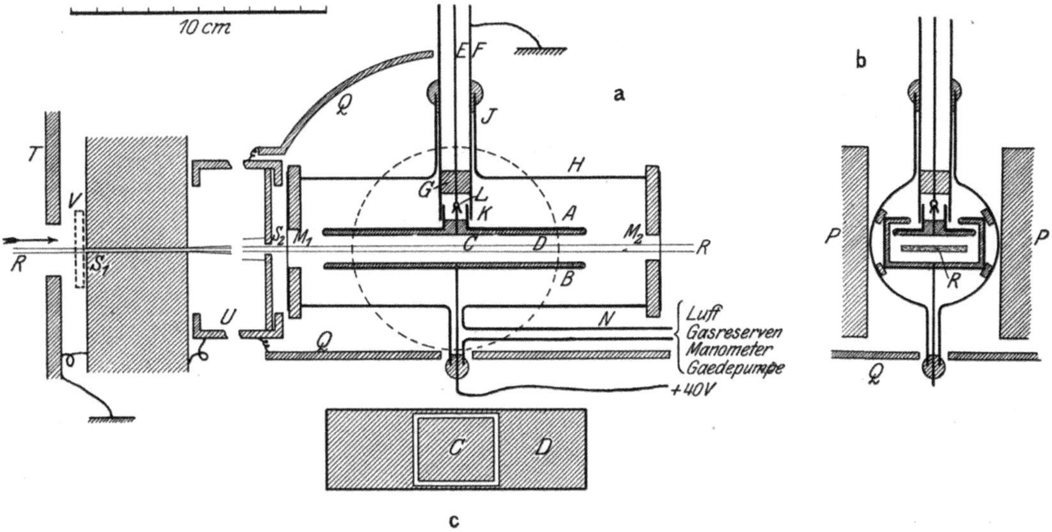

Abb. 17. Ionisationsmessungen an Rückstoßelektronen.

sieht man außer den verhältnismäßig langen Bahnspuren der Photoelektronen im Primärbündel selbst kleine, zum Teil kommaartige Nebelbildungen, welche die Rückstoßelektronen darstellen. Bei den Wasserstoffaufnahmen sind die Photoelektronen stark zurückgetreten, während die Rückstoßelektronen wohldefinierte Bahnen zeigen. Die Bahnen haben eine ausgesprochene Tendenz, nach vorne zu verlaufen, wie es ja aus dem Diagramm Abb. 14 zu erwarten ist.

[1] W. FRIEDRICH u. G. GOLDHABER, ZS. f. Phys. Bd. 44, S. 700. 1927; G. E. M. JAUNCEY u. G. G. HARVEY, Phys. Rev. Bd. 37, S. 698. 1931.

[2] W. BOTHE, ZS. f. Phys. Bd. 16, S. 319. 1923 (erst vermutungsweise als Atomstrahlen gedeutet); C. T. R. WILSON, Proc. Roy. Soc. London (A) Bd. 104, S. 1. 1923.

Auch die Ionisationsmethode ist zum Nachweis und zur Untersuchung der Rückstoßelektronen geeignet[1]. Das hierbei benutzte Prinzip ist ähnlich dem in Ziff. 16 des vorigen Kapitels auseinandergesetzten. Zur Untersuchung von Gasen wurden diese in einen Plattenkondensator AB gebracht, durch welchen ein dünnes Strahlenband in der Mitte zwischen den Platten hindurchgesandt wurde (Abb. 17); es wurde dann die Abhängigkeit der Ionisation vom Druck untersucht. Da durch Schutzelektroden (D) Vorsorge getroffen war, daß keine von den Gefäßwänden kommenden Sekundärelektronen in den eigentlichen Ionisationsraum (bei C) gelangten, so rührte die ganze gemessene Ionisation nur von den im Gas ausgelösten Photo- und Rückstoßelektronen her. Nimmt man zunächst nur eine Elektronenart von einigermaßen definierter Reichweite an, so wird Proportionalität zwischen Ionisation und Druck bestehen, solange der Druck so hoch ist, daß die Reichweite der Elektronen ganz im Innern des Gefäßes liegt. Ist dagegen der Druck so klein, daß die Elektronen zum großen Teil die Gefäßwand erreichen, so wird die Ionisation kleiner, als dieser Proportionalität entsprechen würde (Abb. 18). Für sehr kleine Drucke steigt die Kurve quadratisch an. Bezeichnet p_0 den Grenzdruck, bei welchem der gekrümmte Kurventeil in den geradlinigen einläuft, in Atmosphären gerechnet, $2a$ den Plattenabstand, so ist $p_0 a$ die maximale Transversalkomponente der Reichweite der Elektronen in dem betreffenden Gas bei Atmosphärendruck[2]. Abb. 19 zeigt Beispiele der so in Luft mit einem Plattenabstand von 11 mm gewonnenen Kurven. Der Knick in den Kurven beweist das Auftreten von Gruppen sehr kurzer Sekundärstrahlen. Durch Anlegen eines transversalen Magnetfeldes kann man die Knicke zum Verschwinden bringen, indem die Strahlenbahnen so weit zusammengerollt werden, daß sie auch bei kleinen Drucken die Gefäßwand nicht erreichen. Aus der Größe des hierzu nötigen Feldes konnte geschlossen werden, daß die Strahlen wirklich aus Elektronen bestehen. Daß die Kurven Abb. 19 oberhalb des Grenzdruckes nicht geradlinig verlaufen, ist den Photoelektronen zuzuschreiben, welche eine so große Reichweite haben, daß die von ihnen herrührende Ionisation in dem ganzen Meßbereich noch nahezu quadratisch vom Druck abhängt. Für die Untersuchung fester Körper diente im wesentlichen die in Ziff. 16 des vorigen Kapitels beschriebene Methode, wobei die Strahlen streifend auf die untere Platte der Anordnung Abb. 17 auffielen.

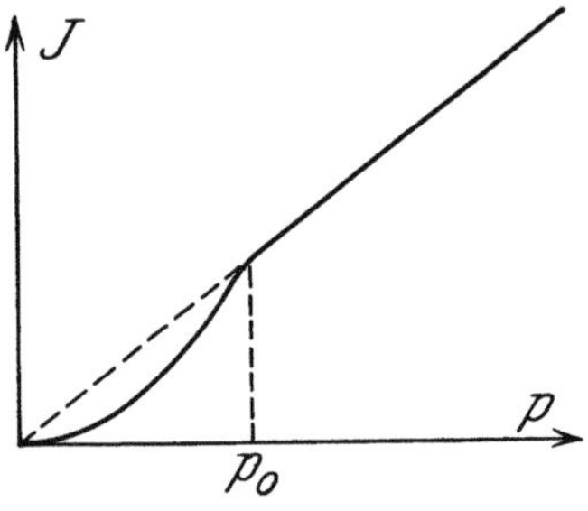

Abb. 18. Abhängigkeit der Ionisation vom Druck.

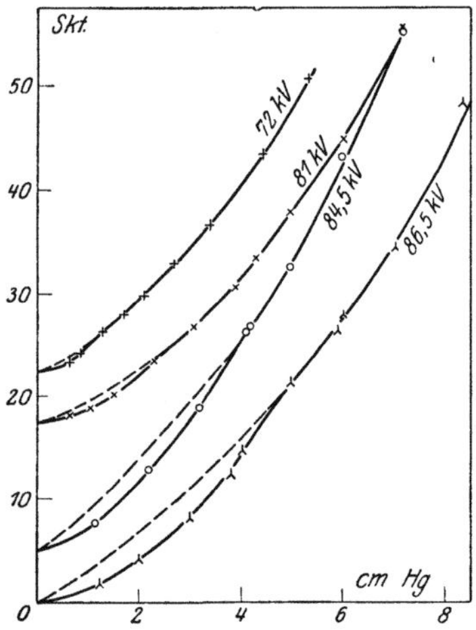

Abb. 19. Druck-Ionisationskurven für Rückstoßelektronen in Luft.

Nach der Ionisationsmethode wurden folgende Substanzen untersucht: Luft, H_2, He, Al, Graphit, Paraffin; als Primärstrahlung diente dabei gefilterte Bremsstrahlung mit Röhrenspannungen zwischen 60 und 86 kV_{max}.

[1] W. BOTHE, ZS. f. Phys. Bd. 20, S. 237. 1923.

[2] Nimmt man analog wie in Ziff. 16 des vorigen Kap. exponentielle Absorption der Elektronen mit dem Absorptionskoeffizienten α beim Druck 1 an, so wird der Verlauf der Ionisation durch eine Funktion $p\,(1 - e^{-\alpha a p})$ gegeben; diese hat ganz den Charakter der Abb. 18.

18. Reichweite und Geschwindigkeit der Rückstoßelektronen. Zu Geschwindigkeitsmessungen an Rückstoßelektronen wurde meist die Reichweite der Elektronen in bestimmten Gasen herangezogen. Nach WHIDDINGTON und anderen besteht zwischen Reichweite R und Geschwindigkeit v der Elektronen die einfache Beziehung[1]

$$R = a\,v^4, \tag{36}$$

wo a eine Konstante des betreffenden Gases ist. WILSON[2] schreibt statt dessen

$$R = b\,E^2, \tag{37}$$

wo E die Energie der Elektronen, b eine andere Konstante bedeutet. Für nicht zu große Geschwindigkeiten sind beide Darstellungen gleichwertig.

Nach Gleichung (27) und (37) sollten die unter dem Rückstoßwinkel ϑ ausgesandten Elektronen eine Reichweite

$$R = b\left\{h\nu_0\frac{2\alpha\cos^2\vartheta}{(1+\alpha)^2-\alpha^2\cos^2\vartheta}\right\}^2 \tag{38}$$

haben. Die Reichweite nimmt hiernach mit zunehmendem Rückstoßwinkel sehr schnell ab, in einer Weise, die im zugänglichen Wellenlängenbereich nicht sehr stark von der Wellenlänge abhängt. Die maximale Reichweite wird für $\vartheta = 0$ erreicht und ist

$$R_m = 4\,b\,(h\nu_0)^2\left(\frac{\alpha}{1+2\alpha}\right)^2 = 4\,b\,\mu^2 c^4\left(\frac{\alpha^2}{1+2\alpha}\right)^2. \tag{39}$$

Die Transversalkomponente der Reichweite $R_\perp = R\sin\vartheta$ erreicht ihr Maximum bei einem bestimmten Rückstoßwinkel ϑ_m, welcher nicht sehr stark von der Primärwellenlänge abhängt; für verhältnismäßig lange Wellen ist ϑ_m derjenige Winkel, für welchen $\cos^4\vartheta\sin\vartheta$ ein Maximum wird, d. h.

$$\cos^2\vartheta_m = \tfrac{4}{5}\,; \qquad \vartheta_m = 26^\circ,6. \tag{40}$$

Die Ionisationsversuche von BOTHE (Ziff. 17) beziehen sich auf die maximale Transversalkomponente der Reichweite. Aus dieser berechnet man durch Division mit $\sin\vartheta_m$ die Reichweite selbst und hieraus die Rückstoßgeschwindigkeit v unter dem Winkel ϑ_m, welche man andererseits aus Gleichung (28) berechnen kann (Tab. 9). Da die Primärstrahlen inhomogen waren, wurde mit der

Tabelle 9. Geschwindigkeit v der Rückstoßelektronen ($\vartheta = \vartheta_m$) (BOTHE).

Röhrenspannung kV_{max}	v (exp.) $\cdot 10^{-9}$	v_{max} (ber.) $\cdot 10^{-9}$	kV (ber.)
86,5	6,7	7,8	73
84,5	6,3	7,6	68
81	5,7	7,4	60,5
72	4,7	6,6	49

Grenzwellenlänge des Kontinuums gerechnet, so daß die theoretischen Geschwindigkeitswerte obere Grenzen darstellen, welche allerdings nicht sehr weit über den wirklichen liegen können. Spalte 4 der Tabelle 9 enthält die aus den beobachteten Reichweiten nach der theoretischen Formel rückwärts berechneten wirksamen Röhrenspannungen, welche in der Tat von einer Größe sind, wie man sie nach der spektralen Energieverteilung der Primärstrahlen durchaus erwarten würde.

---

[1] Vgl. ds. Handb. Bd. XXII/2.
[2] C. T. R. WILSON, Proc. Roy. Soc. London (A) Bd. 104, S. 1. 1923.

Die maximale Reichweite R_m bestimmten COMPTON und SIMON[1] nach der WILSONschen Nebelmethode. Den Vergleich mit der Theorie zeigt Tabelle 10. Zur Berechnung der theoretischen Werte diente Gleichung (39) mit dem von WILSON angegebenen Wert der Konstanten b; für die Primärwellenlänge wurde der Schwerpunkt des Spektrums der benutzten Bremsstrahlung abgeschätzt. Die Übereinstimmung ist so gut, wie man nach der Unsicherheit der Primärwellenlänge nur irgend erwarten kann, denn R_m ändert sich außerordentlich stark mit der Primärwellenlänge, nämlich ungefähr mit λ_0^{-4}. Diese starke Abhängigkeit bewirkt auch, daß die Rückstoßelektronen erst bei einer Röhrenspannung von etwa 50 kV_{max} beobachtbar werden, worauf ihre Reichweite mit steigender Spannung sehr rasch anwächst. Daß auch WILSONS Angaben über die Reichweite der Rückstoßelektronen mit der COMPTON-DEBYEschen Theorie vereinbar sind, zeigten COMPTON und HUBBARD[2].

Tabelle 10. Maximale Reichweiten R_m der Rückstoßelektronen in Luft (COMPTON u. SIMON).

$\lambda_{eff.}$ Å	R_m (exp.) mm	R_m (ber.) mm
0,71	0	0,06
0,44	0	0,3
0,29	2,5	1,8
0,20	6	6
0,17	9	12
0,13	24	25

Über die Abhängigkeit der Reichweite von der Rückstoßrichtung liegen Beobachtungen von COMPTON und SIMON[1] an 111 kV-Strahlen in Luft vor. Wie Tabelle 11 zeigt, sind Art und ungefährer Grad der Abhängigkeit die von der Theorie geforderten. Ähnliche Resultate erhielt SKOBELZYN[3] mit harten γ-Strahlen in Luft (vgl. auch Ziff. 31).

Tabelle 11. Richtungsabhängigkeit der Reichweite und Zahl der Rückstoßelektronen in Luft; $\lambda_{eff.} = 0{,}13$ Å (COMPTON u. SIMON).

Rückstoß-winkel ϑ	Mittlere Reichweite R (mm)		Zahl N_ϑ (Proz.)	
	exp.	theor.	exp.	theor.
0 bis 30°	9	11	34	28
30 „ 60°	4	4	39	50
60 „ 90°	0,9	0,3	27	22

Über die Abhängigkeit der Reichweite vom Material des Sekundärstrahlers geben BOTHES Ionisationsmessungen einigen Aufschluß (Tab. 12). Eine starke Abhängigkeit scheint nicht zu bestehen, doch ist ein Gang wohl vorhanden im Sinne abnehmender Reichweite mit zunehmender Ordnungszahl des Strahlers.

Tabelle 12. Maximale Transversalreichweiten $R_\perp$ der Rückstoßelektronen; Röhrenspannung 86,5 kV_{max} (BOTHE).

Elektronen-strahler	$R_\perp$ (mm) in		
	Luft	H_2	He
H_2 . . .	—	2,3	—
He . . .	—	—	1,3
C	0,3	2,2	—
Luft . .	0,3	—	—
Al. . . .	<0,25	1,7	—

An direkten Geschwindigkeitsmessungen an Rückstoßelektronen liegen sowohl solche mittels magnetischer Zerlegung wie auch mit der Gegenfeldmethode vor. Mittels magnetischer Zerlegung ist es BLESS[4] gelungen, einwandfreie photographische Geschwindigkeitsspektren von Rückstoßelektronen zu erhalten. Die Versuchsanordnung entsprach der in Kap. 1, Ziff. 20, eingehend beschriebenen Anordnung zur Aufnahme der Geschwindigkeitsspektren der Photoelektronen. Zum Unterschied gegenüber den dortigen „Linienspektren" wurden hier — da wegen der Verwendung eines zwar dünnen, aber doch massiven Streustrahlers

[1] A. H. COMPTON u. A. W. SIMON, Phys. Rev. Bd. 25, S. 306. 1925.
[2] A. H. COMPTON u. J. C. HUBBARD, Phys. Rev. Bd. 23, S. 439. 1924.
[3] D. SKOBELZYN, ZS. f. Phys. Bd. 28, S. 278. 1924.
[4] A. A. BLESS, Phys. Rev. Bd. 29, S. 918; Bd. 30, S. 871. 1927.

nicht nach den verschiedenen Emissionsrichtungen getrennt werden kann — lediglich kontinuierliche Spektren erhalten, die aber auf der Seite der größeren Geschwindigkeiten scharf begrenzt sind. Mit Mo$K\alpha$ ($\lambda = 0{,}71$ Å) ergab sich aus sieben verschiedenen Aufnahmen im Mittel eine maximale Energie der Rückstoßelektronen von 1,14 e-kV, während sie nach der Lichtquantentheorie eine solche von 1,10 kV haben sollten.

Mit der Gegenfeldmethode hat LUKIRSKY[1] die Anfangsenergie der Rückstoßelektronen zu messen versucht; für $\lambda = 3$ Å z. B. erhielt er 61 Volt. Es scheint aber nicht sichergestellt, ob es sich dabei tatsächlich um Rückstoßelektronen handelt, da bei derart langwelliger Strahlung die Zahl der Rückstoßelektronen gegenüber derjenigen der Photoelektronen sehr gering sein müßte.

19. Zahl und Intensität der Rückstoßelektronen. Da bei einem elementaren Streuprozeß der gleiche Energiebetrag ($h\nu_0$) aus dem Primärbündel ausscheidet wie bei einem elementaren Absorptionsprozeß, so muß das Zahlenverhältnis von Rückstoßelektronen (N_r) zu Photoelektronen (N_p) gleich dem Verhältnis σ/τ des Streukoeffizienten zum Absorptionskoeffizienten sein, wenn bei jedem Streuprozeß ein Rückstoßelektron entsteht, d. h. wenn keine unverschobene Linie im Spektrum der Streustrahlung auftritt. Die Tabelle 13 (nach COMPTON und SIMON) zeigt, daß in Luft die beiden Verhältnisse nahe gleich sind. Da mit abnehmender Wellenlänge der Absorptionskoeffizient sehr stark abnimmt, der Streukoeffizient aber nur langsam, so überwiegen bei weichen Strahlen die Photoelektronen, bei harten dagegen die Rückstoßelektronen. Das gilt nicht nur für die relativen Zahlen, sondern sogar a fortiori auch für die relativen Energien, denn mit abnehmender Wellenlänge nähert sich nach Gleichung (27) die Maximalenergie eines Rückstoßelektrons immer mehr derjenigen eines Photoelektrons. Von den harten γ-Strahlen muß man hiernach annehmen, daß sie zum mindesten in leichtatomigen Substanzen praktisch ausschließlich Rückstoßelektronen und keine Photoelektronen erzeugen (vgl. Ziff. 31).

Tabelle 13.
Zahlenverhältnis der Rückstoß- und Photoelektronen in Luft (N_r/N_p) (COMPTON u. SIMON).

$\lambda_{\text{eff.}}$ Å	N_r	N_p	$\frac{N_r}{N_p}$	$\frac{\sigma}{\tau}$
0,71	5	49	0,10	0,27
0,44	10	11	0,9	1,2
0,29	33	12	2,7	3,8
0,20	74	8	9	10
0,17	68	4	17	17
0,13	72	1	72	32

Soweit der Streukoeffizient mit der Elektronendichte im Streustrahler proportional geht, muß dasselbe für die Zahl der Rückstoßelektronen gelten. Hiermit ist im Einklang, daß nach BOTHES Schätzung in Wasserstoff und Helium etwa 5- bis 10mal weniger Rückstoßelektronen erzeugt werden als in Luft von gleichem Druck.

Genauere Messungen des Zahlenverhältnisses der Rückstoß- und Photoelektronen in verschiedenen Gasen sind mittels der Nebelkammer von NUTTALL und WILLIAMS durchgeführt worden; das Ergebnis zeigt die Tabelle 14.

Die Häufigkeitsverteilung der Rückstoßelektronen auf die verschiedenen Richtungen ist mit der Intensitätsverteilung der Streustrahlung durch die Gleichung (26) zwangsläufig verbunden. Bezeichnet $N_\Theta\, d\Theta$ die Zahl der Streuquanten in dem Hohlkegel vom Achsenwinkel Θ und der Dicke $d\Theta$, $N_\vartheta\, d\vartheta$ die entsprechende Zahl der Rückstoßelektronen, so ist

$$N_\vartheta\, d\vartheta = N_\Theta\, d\Theta,$$

[1] P. LUKIRSKY, ZS. f. Phys. Bd. 42, S. 516. 1927.

Tabelle 14. Zahlenverhältnis der Rückstoß- und Photoelektronen in verschiedenen Gasen (NUTTALL u. WILLIAMS).

λ in Å	Streumaterial	N_r	N_p	$\frac{N_r}{N_p}$	$\frac{\sigma}{\tau}$
0,709	O_2	26	205	0,13	0,17
0,614	O_2	129	608	0,21	0,27
0,545	O_2	109	358	0,30	0,38
0,614	N_2	223	722	0,31	0,40
0,545	N_2	109	202	0,54	0,57
0,614	A	7	209	0,03	0,03
0,545	A	4	139	0,03	0,04
0,57	Luft	153	454	0,34	0,37
0,35	Luft	139	83	1,67	1,57
0,614	H_2	28	11	2,5	2,9
0,614	H_2	73	21	3,5	4,4

wenn ϑ und $d\vartheta$ mit Θ und $d\Theta$ durch Gleichung (26) zusammenhängen. Legt man etwa die COMPTONsche Formel (29) für die Intensitätsverteilung der Streustrahlung zugrunde, so wird bis auf einen konstanten Faktor

$$N_\Theta \, d\Theta \sim \sin\Theta \cdot \frac{I}{h\nu} \, d\Theta,$$

wo ν wieder die durch Gleichung (24) gegebene Streufrequenz ist, somit

$$N_\vartheta \sim \sin\Theta \cdot \frac{I}{h\nu} \frac{d\Theta}{d\vartheta}.$$

Führt man ϑ statt Θ als Variable ein, so ergibt eine etwas umständliche Rechnung[1]:

$$N_\vartheta \sim \frac{(1+\alpha)^4 \operatorname{tg}^4\vartheta + (1+2\alpha)^2 \sin\vartheta}{\{(1+\alpha)^2 \operatorname{tg}^2\vartheta + 1 + 2\alpha\}^4 \cos^3\vartheta}. \tag{41}$$

Die relative Zahl der Rückstoßelektronen, welche in das Raumwinkelelement $d\Omega$ unter dem Winkel ϑ gegen die Primärstrahlung gesandt werden, berechnet sich hieraus zu $\frac{N_\vartheta \, d\Omega}{\sin\vartheta}$. Dies noch mit der Energie E eines Elektrons multipliziert [Gleichung (27)], ergibt die „Intensität" des Elektronenstromes in der Richtung ϑ. Die Intensität fällt mit wachsendem Streuwinkel rasch ab (Abb. 20), so daß der Hauptteil der Rückstoßenergie in der Nähe der Primärrichtung konzentriert ist. Hieraus erklärt sich die vielfach auf Grund experimenteller Ergebnisse vertretene Ansicht, daß die von γ-Strahlen ausgelösten Sekundärelektronen ursprünglich genau die Richtung der Primärstrahlen haben, denn diese Sekundärelektronen sind im wesentlichen nur Rückstoßelektronen.

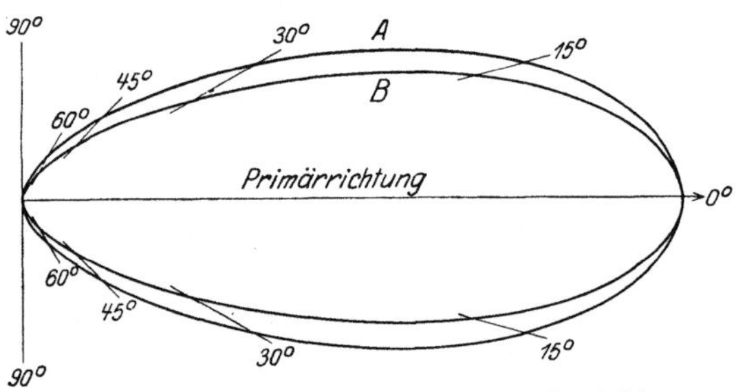

Abb. 20. Räumliche Intensitätsverteilung der Rückstoßelektronen. $A: \lambda = \infty$; $B: \lambda = 0{,}024$ Å.

Ebenso wie die Verteilung auf die verschiedenen Richtungen kann man auch die Verteilung auf die verschiedenen Reichweiten berechnen. Bezeichnet $N_R \, dR$ die relative Zahl der Elektronen, deren Reichweite zwischen R und $R + dR$ liegt, so gilt:

$$N_R \, dR = N_\vartheta \, d\vartheta,$$

[1] Vgl. A. H. COMPTON u. J. C. HUBBARD, Phys. Rev. Bd. 23, S. 439. 1924.

wo R und dR mit ϑ und $d\vartheta$ durch Gleichung (38) verknüpft sind. Führt man die maximale Reichweite R_m nach Gleichung (39) ein, so ergibt die Ausrechnung mit Benutzung von (41):

$$N_R \sim \sqrt{\frac{R_m}{R}} - 2 + 2\sqrt{\frac{R}{R_m}}. \tag{42}$$

Demnach ist die relative Häufigkeit der Elektronen, deren Reichweite einen bestimmten Bruchteil der maximalen beträgt, ganz unabhängig von der Primärwellenlänge. Die hiernach berechnete Verteilung der Elektronenzahlen auf die Reichweiten zeigt Abb. 21. Man sieht, daß die meisten Elektronen Reichweiten haben, welche sehr viel kleiner sind als die maximale.

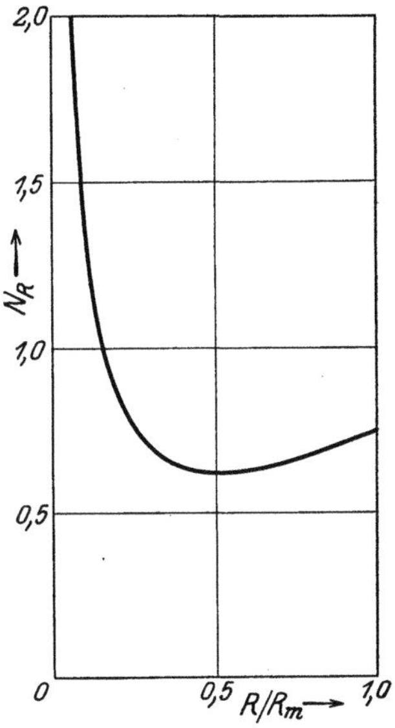

Abb. 21. Verteilung der Elektronenzahlen auf die Reichweiten.

Die Gleichung (42) wurde von COMPTON und SIMON[1] verifiziert. Tabelle 15 zeigt, daß die Unabhängigkeit der Verteilung von der Primärwellenlänge erfüllt ist, und daß die Verteilung mit der theoretischen übereinstimmt, soweit dies bei der verhältnismäßig geringen Zahl der beobachteten Elektronen möglich ist[2]. Da die Richtungsabhängigkeit der Reichweite ungefähr die theoretische ist, muß hiernach auch die Gleichung (41) erfüllt sein, wie dies in der Tat auch Tabelle 11 zeigt. Besonders bemerkenswert ist, daß COMPTON und SIMON in Übereinstimmung mit der Theorie keine langsamen Elektronen beobachteten, die eine Rückwärtskomponente gehabt hätten; Entsprechendes zeigte SKOBELZYN[3] an γ-Strahlen. Zur quantitativen Deutung der genaueren Messungen an γ-Strahlen reicht allerdings die Formel (41) nicht mehr aus (vgl. Ziff. 31).

Tabelle 15.
Verteilung der Rückstoßelektronen auf die Reichweiten (COMPTON u. SIMON).

Reichweite in Bruchteilen der maximalen $\left(\frac{R}{R_m}\right)$	N_R (Proz.)					
	0,29 Å	0,20 Å	0,17 Å	0,13 Å	Mittel	theor.
0 bis 0,2	44	66	60	54	56	53
0,2 „ 0,4	34	20	26	32	28	22
0,4 „ 0,6	19	8	4	8	10	14
0,6 „ 0,8	0	3	5	3	3	8
0,8 „ 1,0	3	3	5	3	3	3

FRICKE und GLASSER[4] untersuchten die Ionisationswirkung der Rückstoßelektronen mittels einer kleinen Ionisationskammer, deren Wandmaterial variiert wurde, während Gasfüllung und Primärstrahlung unverändert blieben. Sind die Dimensionen der Kammer klein gegen die Reichweite der Elektronen, so ist nach Ziff. 16 des vorigen Kapitels die Ionisationswirkung der Photoelektronen proportional k/α, wo k der Photoemissionskoeffizient, α der Elektronenabsorptionskoeffizient des Wandmaterials ist. Da nach LENARD α proportional der

[1] A. H. COMPTON u. A. W. SIMON, Phys. Rev. Bd. 25, S. 306. 1925.
[2] Bei der Berechnung der theoretischen Werte der Tabelle 15 wurde graphisch über den Wellenlängenbereich der inhomogenen Primärstrahlung summiert, daher weichen diese Zahlen von Gleichung (42) ab.
[3] D. SKOBELZYN, ZS. f. Phys. Bd. 28, S. 278. 1924.
[4] H. FRICKE u. O. GLASSER, ZS. f. Phys. Bd. 29, S. 374. 1924; Amer. Journ. of Roentg. Bd. 13, S. 453. 1925.

Dichte ϱ ist, so wird dieser Teil der Ionisation proportional k/ϱ. Entsprechendes gilt für die Rückstoßelektronen, so daß die gesamte Ionisation

$$J \sim \frac{k}{\varrho} + \frac{\sigma_r}{\varrho}$$

ist, wo σ_r wieder den Rückstoßkoeffizienten bedeutet. Da nun k/ϱ proportional Z^3 ist, σ_r/ϱ dagegen unabhängig von der Ordnungszahl Z, so kann man durch Variation des Wandmaterials die beiden Anteile der Ionisation trennen. Die Übereinstimmung mit der Theorie ist nur größenordnungsmäßig, wie auch kaum anders zu erwarten.

An polarisierten Röntgenstrahlen ist die *azimutale* Richtungsverteilung der Rückstoßelektronen von F. KIRCHNER[1] in der Nebelkammer ermittelt worden. Es zeigte sich, daß die Rückstoßelektronen ein zwar schwaches, aber deutlich ausgeprägtes Emissionsmaximum in der Richtung senkrecht zum elektrischen Vektor aufweisen. Nach der klassischen Elektrodynamik sollte auf das Elektron in dieser Richtung überhaupt keine Kraft wirken. Wenn man aber jedem Streustrahlquant nach dem Impulssatz ein in der gleichen Azimutalebene emittiertes Rückstoßelektron zuordnet, dann erhält man zu dem Intensitätsmaximum der Streu*strahlung* in Richtung senkrecht zum elektrischen Vektor auch ein zugehöriges Emissionsmaximum der Rückstoßelektronen. Der experimentelle Befund kann also — zusammen mit den Erfahrungen über die Richtungsverteilung der Streustrahlintensität — auch als Nachweis für die Gültigkeit des Impulserhaltungssatzes gewertet werden (über den direkten Nachweis vgl. Ziff. 28).

20. Die Polarisation der Streustrahlung. Nach einem von A. H. COMPTON vorgeschlagenen Äquivalenzprinzip (vgl. Ziff. 27) zwischen dem wirklichen Streufeld eines ursprünglich ruhenden und dem klassisch berechneten eines bewegten Elektrons sollte der Streuwinkel Θ_0 der maximalen Polarisation nicht bei 90° liegen, wie nach der THOMSONschen Theorie, sondern infolge des Dopplereffekts bestimmt sein durch:

$$\cos\Theta_0 = \overline{\beta} = \frac{\alpha}{1+\alpha}.$$

Der Polarisationswinkel Θ_0 sollte also kleiner sein als der klassische ($\pi/2$), und zwar um so mehr, je kurzwelliger die Primärstrahlung ist. Diese Gleichung wurde zuerst von JAUNCEY[2] aus seiner Korpuskularvorstellung hergeleitet, freilich in etwas weniger bestimmter Form. JAUNCEY und STAUSS[3] haben auch Versuche unternommen, um diesen Effekt nachzuweisen, indem sie polarisierte Röntgenstrahlen an Paraffin zerstreuten. Mit $\lambda_0 = 0{,}25$ Å fanden sie das Intensitätsminimum in der Streustrahlung bei $\Theta = 87°\,30'$ ($\Theta_{0\,\text{theor.}} = 84°\,47'$); mit $\lambda_0 = 0{,}54$ Å war keine Abweichung vom klassischen Polarisationswinkel nachweisbar ($\Theta_{0\,\text{theor.}} = 87°\,30'$). Dieser Befund ist aber von BARRETT und BEARDEN[4] nicht bestätigt worden; sie erhielten mit noch härterer Strahlung (190 kV) einen Polarisationswinkel von genau 90°. Später haben auch JAUNCEY und HASSLER[5] mit $\lambda = 0{,}27$ Å und LUKIRSKY[6] mit $\lambda \approx 0{,}1$ Å Linearpolarisation unter 90° erhalten. Das obengenannte Äquivalenzprinzip, welches sich bei der Berechnung der Streu*wellenlänge* bewährte, versagt hier offensichtlich. Es ist deshalb von besonderem Interesse, daß die quantenmechanischen Theorien des Comptoneffekts[7] im Gegensatz hierzu gerade einen Polarisationswinkel von genau 90° fordern.

[1] F. KIRCHNER, Ann. d. Phys. Bd. 81, S. 1113. 1926.
[2] G. E. M. JAUNCEY, Phys. Rev. Bd. 23, S. 313. 1924.
[3] G. E. M. JAUNCEY u. H. E. STAUSS, Phys. Rev. Bd. 23, S. 762. 1924.
[4] C. S. BARRETT u. J. A. BEARDEN, Phys. Rev. Bd. 29, S. 352. 1927.
[5] G. E. M. JAUNCEY u. G. HASSLER, Phys. Rev. Bd. 31, S. 1120. 1928.
[6] P. LUKIRSKY, ZS. f. Phys. Bd. 53, S. 793. 1929.
[7] P. A. M. DIRAC, Proc. Roy. Soc. London Bd. 111, S. 405. 1926.

Eine Abweichung anderer Art gegenüber der klassischen Theorie liefert die Theorie von KLEIN-NISHINA infolge des Elektronenspins[1]; hiernach sollte die Polarisation eines unter 90° gestreuten Strahls nicht ganz vollständig sein. Dieser Effekt ist aber bei Röntgenstrahlen wegen seiner Kleinheit bisher noch nicht beobachtet worden; dagegen müßte er an gestreuten γ-Strahlen nachweisbar sein[2].

21. Die unverschobene Linie. Die Beobachtungen über den Comptoneffekt ergaben außer der gemäß Gleichung (25) verschobenen Linie noch mehr oder weniger intensiv die unverschobene Linie von der Primärwellenlänge. Nach qualitativen Ergebnissen von COMPTON und ROSS[3] wächst das Intensitätsverhältnis der verschobenen zur unverschobenen Linie 1. mit zunehmendem Streuwinkel, 2. mit abnehmender Primärwellenlänge, 3. mit abnehmender Ordnungszahl des Streustrahlers[4]. In demselben Sinne lassen sich Absorptionsmessungen von COMPTON[5] deuten. COMPTON bestimmte, im wesentlichen nach der üblichen Methode (Ziff. 11), die Änderung des Absorptionskoeffizienten in Kupfer, welche Röntgenstrahlen von 0,15 bis 0,71 Å bei der Streuung an C, Al, Cu, Sn und Pb erfahren; der Streuwinkel wurde dabei zwischen 30 und 105° variiert. Aus der Änderung des Absorptionskoeffizienten wurde eine (fiktive) Wellenlängenänderung abgeleitet, unter der Annahme, daß homogene Strahlen bei der Streuung homogen bleiben. Für harte Strahlen und leichtatomige Strahler ergab sich der theoretische Wert der Gleichung (25), im übrigen lag die gemessene Wellenlängenänderung um so weiter unter der theoretischen, je langwelliger die Strahlung und je hochatomiger der Strahler war. Da aus den Spektralaufnahmen bekannt ist, daß nur eine unverschobene Linie und die entsprechend der Theorie verschobene Linie auftreten können, bedeutet das mehr oder weniger starke Unterschreiten der theoretischen Härteänderung das stärkere oder schwächere Auftreten der unverschobenen Linie. Auch die Ergebnisse über γ-Strahlen ordnen sich nach COMPTON in die angegebene Regel ein; bei der Streuung harter γ-Strahlen am Blei soll sich die unverschobene Linie trotz der kurzen Wellenlänge noch bemerkbar machen, an leichteren Elementen dagegen nicht (vgl. hierzu aber Ziff. 30). Ähnliche Absorptionsversuche wurden von DESSAUER und HERZ[6], ferner von DE FOE, JAUNCEY u. BOYD und von ALBRECHT[7] durchgeführt; bei allen diesen Versuchen blieb wegen des Auftretens der unverschobenen Linie die beobachtete Härteänderung merklich gegen die theoretische zurück, bei kleinen Streuwinkeln mehr als bei großen.

Quantitative Angaben über das Intensitätsverhältnis der verschobenen und unverschobenen Linie wurden auf Grund von spektrographischen Untersuchungen von ROSS[8], WOO[9] und VARIAN[10] gemacht (s. Tab. 16 u. 17).

Mit CuK-Strahlung und Graphit bzw. Paraffin als Streukörper findet VARIAN im Streuwinkelbereich von 70 bis 120° einen Anstieg des Intensitätsverhältnisses R von 0,3 auf 2.

---

[1] Y. NISHINA, Nature Bd. 122, S. 843. 1928; Bd. 123, S. 349. 1929; ZS. f. Phys. Bd. 52, S. 869. 1929.

[2] Vgl. P. LUKIRSKY, Nature Bd. 122, S. 275. 1928; ZS. f. Phys. Bd. 53, S. 803. 1929.

[3] P. A. ROSS, Phys. Rev. Bd. 25, S. 235. 1925; vgl. auch H. KALLMANN u. H. MARK, ZS. f. Phys. Bd. 36, S. 120. 1926.

[4] Nach G. E. M. JAUNCEY, R. A. BOYD u. W. W. NIPPER (Phys. Rev. Bd. 27, S. 103. 1926) zeigt MoK-Strahlung, an Bor unter 145 bis 150° gestreut, nur die verschobenen Linien.

[5] A. H. COMPTON, Phil. Mag. Bd. 46, S. 897. 1923.

[6] F. DESSAUER u. R. HERZ, ZS. f. Phys. Bd. 27, S. 56. 1924.

[7] O. K. DE FOE, Phys. Rev. Bd. 27, S. 675. 1926; G. E. L. JAUNCEY u. R. A. BOYD, ebenda Bd. 28, S. 620. 1926; E. ALBRECHT, ZS. f. Phys. Bd. 57, S. 326. 1929.

[8] P. A. ROSS, Proc. Nat. Acad. Amer. Bd. 11, S. 569. 1925; Phys. Rev. Bd. 26, S. 282. 1925.

[9] Y. H. WOO, Phys. Rev. Bd. 28, S. 426. 1926.

[10] R. H. VARIAN, Journ. Opt. Soc. Amer. Bd. 19, S. 351. 1929.

Tabelle 16. Intensitätsverhältnis R der verschobenen zur unverschobenen Linie (Woo). Primärstrahlung: Mo$K\alpha$; Streuwinkel $\Theta = 90°$.

Streustrahler	Li	Be	B	C	Na	Mg	Al	Si	S	K Ca	Cr	Fe	Ni	Cu
R:	∞	8,72	7	5,5	3	2,8	2,6	2,3	1,9	1,7	0,7	0,5	0,4	0,2

COMPTON vermutete zunächst, daß die unverschobene Linie bei der Wechselwirkung eines Strahlungsquants mit einer Gruppe von sehr vielen Elektronen entsteht; in solchem Falle würde an die Stelle der Elektronenmasse in der Theorie ein Vielfaches derselben treten, und die Wellenlängenänderung würde dann nach Gleichung (25) unmerklich klein werden. Diese Art von Zerstreuung sollte nach COMPTON stets dann auftreten, wenn die Abstände der Elektronen in solchem Verhältnis zur Wellenlänge stehen, daß klassisch gerechnet beobachtbare Interferenzwirkungen zu erwarten sind. Gegen diese Vorstellung muß man aber einwenden, daß man hiernach auch Verschiebungen von $\frac{1}{2}$, $\frac{1}{3}$ usw. der normalen erwarten sollte, entsprechend der Wechselwirkung mit 2, 3 usw. Elektronen; solche sind aber nicht beobachtet worden.

Tabelle 17. Comptonverschiebung $(\lambda - \lambda_0)$ und Intensitätsverhältnis (R) der verschobenen zur unverschobenen Linie (Ross).

Streustrahler	Primärstrahlung	Streuwinkel Θ	$\lambda - \lambda_0$ 10^{-3} Å	R
Graphit	Mo$K\alpha$	30°	3 ± 1	0,2
Graphit	Mo$K\alpha$	60°	12,0 ± 0,1	0,95
Graphit	Mo$K\alpha$	90°	23,6 ± 0,3	1,7
Al	Mo$K\alpha$	90°	24,4 ± 0,1	0,7
Al	Mo$K\beta$	90°	24,2 ± 0,1	1,0
S	Mo$K\alpha$	90°	24,0 ± 0,5	0,29
Cu	Mo$K\alpha$	90°	24,4 ± 0,2	0,32
Ag	Mo$K\alpha$	90°	23,8 ± 0,2	0,21
Pb	Mo$K\alpha$	90°	24,0 ± 0,2	0,024

Statt der gegenseitigen Abstände der Elektronen kann man mit besserem Erfolg auch die Stärke ihrer Bindung in Zusammenhang bringen mit der Intensität der unverschobenen Linie; je stärker die Elektronenbindung ist, um so größer ist die unverschobene Intensität (vgl. Ziff. 23).

22. Die Breite der Comptonlinie. Schon im Jahre 1923 hatte A. H. COMPTON darauf hingewiesen, daß die verschobene Linie gegenüber der unverschobenen etwas verbreitert erscheint. Die bei den älteren Untersuchungen beobachtete Verbreiterung war aber zum größten Teil dadurch verursacht, daß man zur Erzielung ausreichender Intensität ein relativ weitgeöffnetes Streustrahlenbündel verwenden mußte; von verschiedenen Autoren ist sogar behauptet worden, daß überhaupt keine Verbreiterung existiert, die über diese durch die Winkelabhängigkeit des Comptoneffekts selbst bedingte hinausgeht. Erst nach sorgfältiger Verbesserung der Versuchstechnik ist die Frage durch DU MOND[1], BEARDEN[2] u. a. dahin entschieden worden, daß eine merkliche Verbreiterung der Comptonlinie tatsächlich existiert. DU MOND arbeitete mit einer so feinen Ausblendung der Streustrahlung, daß der obenerwähnte störende Verbreiterungseffekt praktisch vollständig ausgeschaltet wurde. Er konstruierte zu diesem Zweck einen „Multikristallspektrographen", der aus fünfzig kleinen Seemannspektrographen mit je einem ausgesuchten Kalkspatkristall aufgebaut ist. Die Seemannspektrographen wurden nebeneinander so justiert, daß jeder die von einem kleinen Teil des ausgedehnten Streukörpers unter scharf definiertem Streuwinkel ausgehenden Strahlen reflektierte. Wegen der Einzelheiten der sehr mühsamen Justierungsarbeit muß auf die Originalarbeiten[3] verwiesen werden.

[1] J. W. DU MOND, Proc. Nat. Acad. Amer. Bd. 14, S. 875. 1928; Phys. Rev. Bd. 33, S. 643. 1929.
[2] J. A. BEARDEN, Phys. Rev. Bd. 36, S. 797. 1930.
[3] DU MOND u. KIRKPATRICK, Rev. Sci. Inst. Bd. 1, S. 88. 1930; DU MOND, Rev. of Mod. Physics Bd. 5, S. 19. 1933.

Die wichtigsten Resultate der Untersuchung sind aus den Abb. 22 bis 25 ersichtlich. Aus Abb. 22 und den zugehörigen Photometerkurven (Abb. 23) erkennt man, daß bei konstant gehaltener Wellenlänge die Verbreiterung mit zunehmendem Streuwinkel zunimmt, und zwar sowohl bei $K\alpha$, dessen unverschobene Linien weit aufgespalten sind, als auch bei $K\beta$. Auf der andern Seite zeigen die Abb. 24 und 25, daß die Verbreiterung, bezogen auf die gleiche Wellenlängenskala, mit abnehmender Wellenlänge deutlich abnimmt. Die hier beobachtete Verbreiterung ist von Du Mond im Anschluß an ältere Überlegungen von L. de Broglie[1], Wentzel[2] und Jauncey[3] als Dopplereffekt gedeutet worden. Bei der Ableitung der Comptonschen Wellenlängenänderung (Ziff. 14) wurde nämlich angenommen, daß das streuende Elektron vor dem Streuprozeß in Ruhe ist. Die Ableitung läßt sich

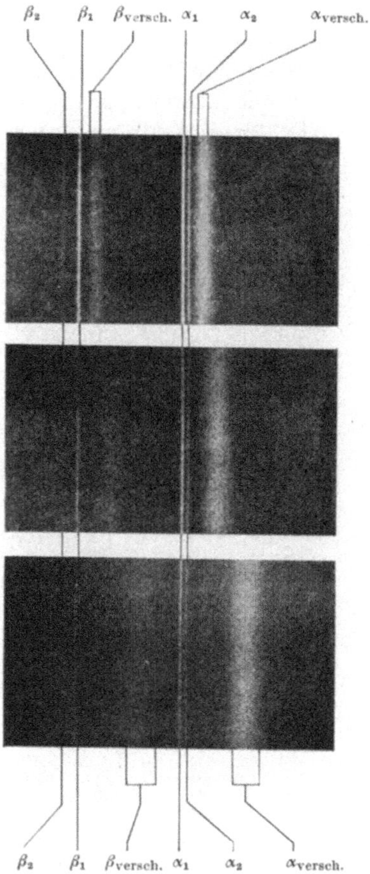

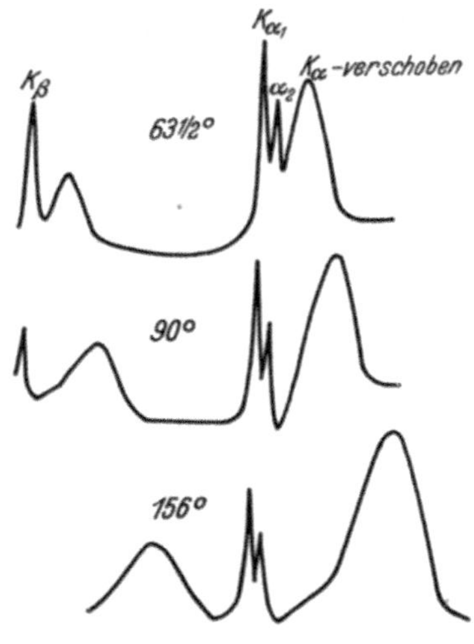

Abb. 22 und 23. Streuaufnahmen und zugehörige Photometerkurven von Mo — K_α und K_β an Graphit. Die Verbreiterung der Comptonlinien nimmt mit dem Streuwinkel zu (Du Mond).

aber leicht auf den Fall des bewegten Elektrons übertragen, wobei offenbar eine Wellenlängenänderung auftreten muß, die ganz dem Dopplereffekt entspricht, welcher bei der Reflexion des Lichtes an einem bewegten Spiegel entsteht. Solange die Wellenlängenänderung klein gegen die Wellenlänge selbst ist, ergibt sich ihre Größe, wie man unmittelbar aus der Abb. 26 sieht, zu

$$\delta\lambda = \lambda \cdot \frac{2v \cdot \cos\psi}{c} \cdot \sin\frac{\Theta}{2}. \tag{43}$$

Um diesen Betrag wird — in erster Näherung — die Comptonverschiebung geändert, wenn das streuende Elektron vor dem Prozeß eine Geschwindigkeit

[1] L. de Broglie, Ann. d. phys. Bd. 3, S. 22. 1925.
[2] G. Wentzel, Phys. ZS. Bd. 26, S. 441. 1925.
[3] G. E. M. Jauncey, Phys. Rev. Bd. 25, S. 314 u. 723. 1925.

$v(\psi)$ besitzt. Die gesamte Wellenlängenänderung wird demnach

$$\Delta\lambda = \frac{2h}{\mu c}\sin^2\frac{\Theta}{2} + \lambda\cdot\frac{2v}{c}\cos\psi\sin\frac{\Theta}{2}. \tag{44}$$

Wenn keine Geschwindigkeitsrichtung bevorzugt ist, dann kann $\cos\psi$ alle Werte zwischen $+1$ und -1 annehmen. Die hierdurch verursachte Breite der Comptonlinie ist demnach gegeben durch:

$$\lambda\cdot\frac{4v}{c}\sin\frac{\Theta}{2}.$$

(Die genauere von DU MOND [l. c.] durchgeführte Rechnung liefert ein nur wenig abweichendes Resultat; wir können deshalb auf ihre Wiedergabe verzichten.)

Bezüglich der Abhängigkeit der Comptonlinienbreite von der Wellenlänge und vom Streuwinkel sind also die Beobachtungen (vgl. Abb. 22 bis 25) qualitativ mit der Theorie in Einklang. Darüber hinaus versucht DU MOND zu zeigen, daß auch die absolute Verbreiterung durch die obigen Überlegungen quantitativ richtig wiedergegeben wird. Abb. 27 zeigt den photometrisch gemessenen Intensitätsverlauf der verbreiterten Comptonlinie bei Streuung von Mo$K\alpha$-Strahlung an Graphit unter 156,5°; wenn man die Verbreiterung auf den Dopplereffekt an bewegten Elektronen schiebt, ergibt sich daraus nach DU MOND eine Geschwindigkeitsverteilung der Elektronen, wie sie durch die Kurve *II* in Abb. 27 dargestellt wird. Diese aus den Beobachtungen ermittelte Geschwindigkeitsverteilung ist annähernd mit der für die L-Elektronen wellenmechanisch berechneten in Einklang.

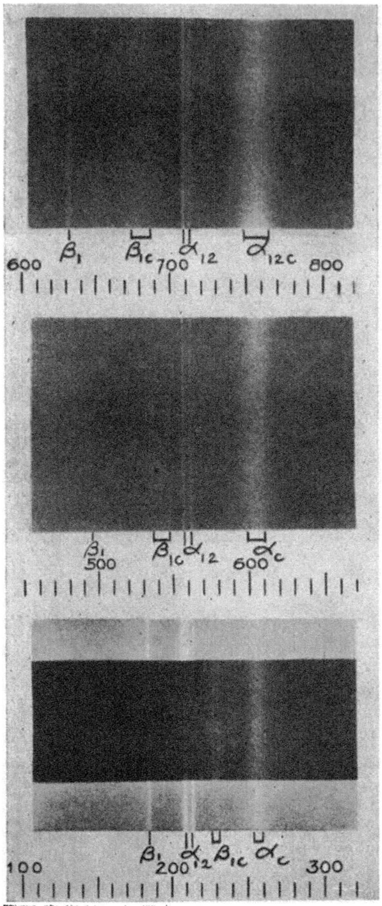

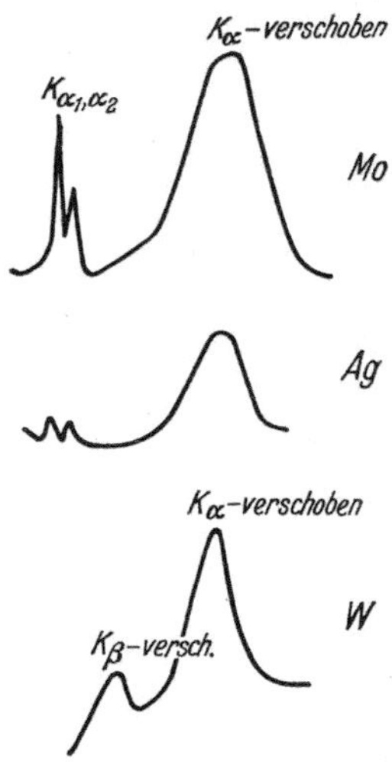

Abb. 24 u. 25. Streuspektren und Photometerkurven der an Graphit unter 156° gestreuten K-Strahlung von Mo, Ag und W (gleiche Wellenlängenskala). Die Breite der verschobenen Linie nimmt mit λ ab. (DU MOND.)

Von besonderem Interesse ist das Studium der Comptonverbreiterung bei solchen leichten Metallen, bei denen die verschobene Linie überwiegend durch die Leitungselektronen gestreut wird. Die Abb. 28 zeigt in ihrem obersten Teile das Streuspektrum von Mo$K\alpha$ unter 176° an Beryllium als Streukörper; die verschobene Linie ist stark verbreitert[1]. In den beiden darunterstehenden Abbildungen ist die Breite der verschobenen Linie getrennt berechnet für die zwei L-Elektronen als „Leitungselektronen" und für die zwei K-Elektronen; für die Leitungselektronen ist dabei in der mittleren Abbildung die aus der SOMMERFELDschen Leitfähigkeitstheorie folgende Geschwindigkeit (Fermistatistik), in der unteren Abbildung die nach der klassischen Statistik zu erwartende, ganz erheblich kleinere Geschwindigkeit angenommen. Das Experiment spricht also entschieden für die von der SOMMERFELDschen Theorie geforderten großen Geschwindigkeiten; dabei darf man allerdings nicht vergessen, daß eine genauere wellenmechanische Behandlung des Problems (vgl. Ziff. 23) unter Umständen doch noch andere Ursachen aufdecken kann, die zu einer Verbreiterung von derselben Größenordnung führen können.

Nicht recht in Einklang zu bringen mit diesen Überlegungen ist die in Abb. 12 reproduzierte Streuaufnahme von Zn$K\alpha$ an Lithium als Streukörper. Nach den obigen Überlegungen müßte hier wegen der größeren Wellenlänge die Breite der verschobenen Linie noch beträchtlich größer sein als in Abb. 28. Dies ist aber nicht der Fall; die beiden Linien des $K\alpha$-Dubletts sind sogar in der verschobenen Linie deutlich voneinander getrennt. Auch Messungen von BEARDEN und GINGRICH lassen sich schwer mit den Ergebnissen von DU MOND vereinen.

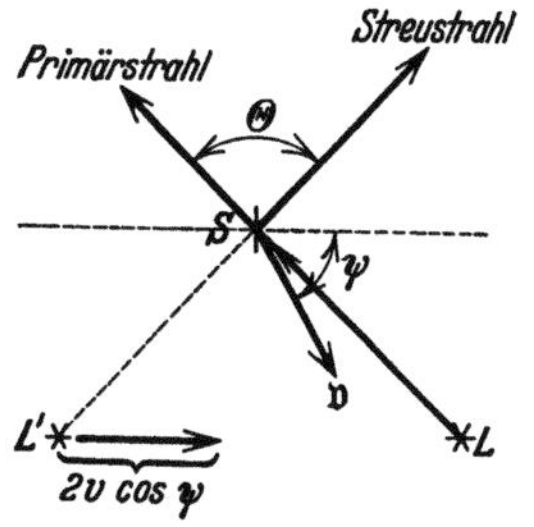

Abb. 26. Dopplereffekt am bewegten Streukörper (S). Das Bild der Lichtquelle L an dem mit $\mathfrak{v}$ bewegten „Spiegel" S bewegt sich mit der Geschwindigkeit $2\mathfrak{v}\cos\psi$. Eine Wellenlängenänderung wird durch die Projektion dieser Geschwindigkeit auf die Streustrahlrichtung, also durch $2\mathfrak{v}\cos\psi\sin\frac{\Theta}{2}$ verursacht.

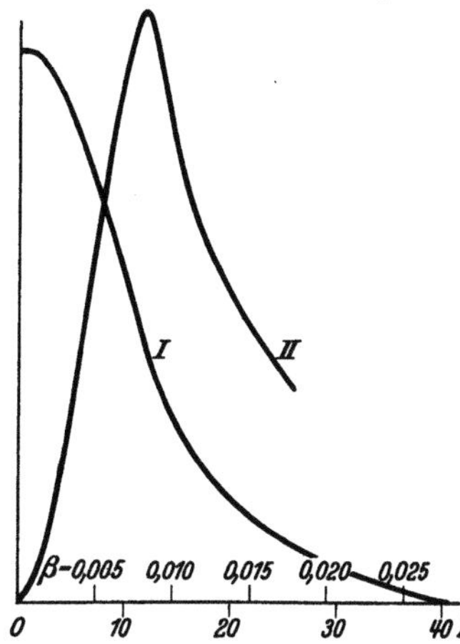

Abb. 27. Intensitätsverteilung der Comptonlinie von Mo — $K\alpha$ an Graphit unter 156° (Kurve I) und die daraus berechnete Geschwindigkeitsverteilung der streuenden Elektronen (Kurve II)

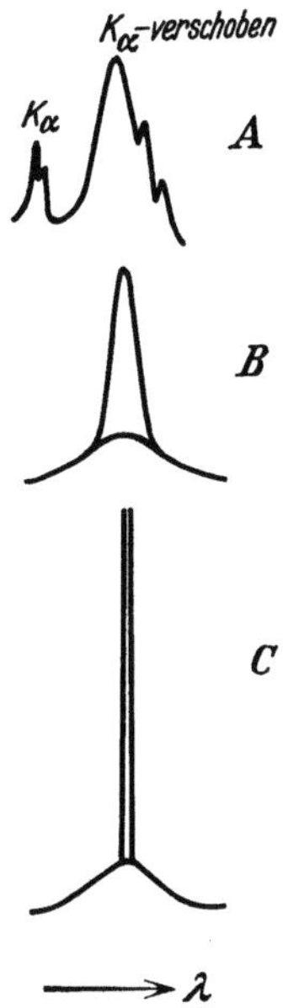

Abb. 28. Verbreiterung der Comptonlinie bei Beryllium.

A Beobachtetes Streuspektrum ($\Theta = 176°$). B Berechnete Breite der verschobenen Linie infolge der Geschwindigkeit der Elektronen: untere Kurve K-Elektronen, obere Kurve Leitungselektronen mit Geschwindigkeiten nach FERMI-SOMMERFELD. C wie B; aber Leitungselektronen mit Geschwindigkeiten nach der klassischen Statistik.

[1] Die auf der langwelligen Seite der verschobenen Linie auftretenden scharfen Linien sind Fluoreszenzlinien von einer Verunreinigung (Ba).

23. Ansätze zu einer verallgemeinerten Quantentheorie der Zerstreuung. COMPTON[1] selbst erweiterte seine ursprüngliche Theorie, indem er nicht nur das Streuelektron, sondern auch den Atomrest, also im wesentlichen den Atomkern zur Beteiligung an dem Stoßprozeß zuließ. Damit ist offenbar weiter Spielraum für die Anpassung der Theorie an das Experiment gewonnen, allerdings auf Kosten der bestechenden Einfachheit und Klarheit, welche die ursprüngliche Theorie auszeichnete. Es ist ohne Rechnung ersichtlich, daß jetzt nicht mehr durch den Streuwinkel allein der Elementarprozeß in allen Einzelheiten festgelegt ist, sondern es bleibt noch der vom Atomrumpf übernommene Impuls als Parameter verfügbar. Je nach der Größe des Rumpfimpulses kann das Streuelektron alle Energiewerte zwischen $E = 0$ und der ganzen Primärenergie $E = h\nu_0$ annehmen. Die Energie, welche der Rumpf aufnehmen kann, ist wegen dessen großer Masse stets nur ein verschwindender Bruchteil des Primärquants $h\nu_0$, daher gilt in jedem Falle

$$h\nu_0 = E + h\nu,$$

wo ν wieder die gestreute Frequenz bedeutet. Folgende Fälle sind dabei ausgezeichnet:

a) Das Elektron übernimmt die ganze Primärenergie, das Streuquant hat unendlich große Wellenlänge, also unendlich geringe Energie $h\nu$. Ein solcher Prozeß wäre in energetischer Beziehung mit dem Photoeffekt identisch.

b) Das Elektron übernimmt so viel Energie, daß es gerade die Austrittsarbeit leisten kann ($E = h\nu_s$). In diesem Falle wird $\nu = \nu_0 - \nu_s$ oder

$$\lambda - \lambda_0 = \frac{\lambda_0^2}{\lambda_s - \lambda_0} = R,$$

das ist die dem Ramaneffekt entsprechende Verschiebung (vgl. Ziff. 12).

c) Schließlich wären noch solche Fälle denkbar, wo die Rückstoßenergie nicht ausreichen würde, um das Elektron aus dem Atomverbande loszulösen ($E < h\nu_s$). In solchen Fällen soll nach COMPTON überhaupt keine merkliche Energieübertragung auf das Elektron und daher auch keine Wellenlängenänderung stattfinden; das Elektron ist gewissermaßen starr mit dem Atomkern verbunden, so daß in die theoretische Formel statt der kleinen Elektronenmasse die große Atommasse eingeht, was eine unmerklich kleine Wellenlängenänderung ergibt.

Hiernach würde das Spektrum der Streustrahlung bestehen aus einer unverschobenen Linie und einem Kontinuum von $\lambda = \lambda_0 + R$ bis $\lambda = \infty$.

Diese allgemeine Folgerung aus elementaren Impulsbetrachtungen hat aber lediglich formalen Charakter, weil auf der Grundlage der „alten" Quantentheorie keine Möglichkeit besteht, irgendwelche zwingenden Schlüsse auf die zu erwartende Intensitätsverteilung im Kontinuum zu ziehen. Das gleiche gilt für die in etwas anderer Richtung gehenden Überlegungen von JAUNCEY[2], in die speziellere Modellvorstellungen hineingearbeitet sind.

Vom Standpunkt der Quantenmechanik ist der Comptoneffekt am gebundenen Elektron — allerdings nur für den einfachsten Fall, das Wasserstoffatom — von WENTZEL[3] und STRATTON[4] behandelt worden. Da nach WENTZEL

[1] A. H. COMPTON, Phys. Rev. Bd. 24, S. 168. 1924. COMPTONS erweiterte Theorie wollte hauptsächlich den Angaben DUANES über die „tertiäre Bremsstrahlung" Rechnung tragen (Ziff. 12). Obwohl nun DUANE seinen Standpunkt aufgegeben hat, scheinen diese Überlegungen doch interessant genug, um eine kurze Wiedergabe zu rechtfertigen.

[2] G. E. M. JAUNCEY, Phil. Mag. Bd. 49, S. 427. 1925; Phys. Rev. Bd. 25, S. 314 u. 723. 1925.

[3] G. WENTZEL, ZS. f. Phys. Bd. 43, S. 1 u. 779. 1927.

[4] J. A. STRATTON, Phys. ZS. Bd. 28, S. 316. 1927.

die Comptonstreuung mit einem Übergang des streuenden Elektrons aus dem Grundzustand in irgendeinen Zustand des *kontinuierlichen* Eigenwertbereichs verknüpft ist, sollte die Comptonstrahlung in Wirklichkeit ein kontinuierliches Spektrum mit einem Maximum an der Stelle der Comptonlinie darstellen. Die Breite des Maximums sollte um so größer sein, je größer die Bindungsfestigkeit der streuenden Elektronen im Vergleich zur $h\nu$-Energie der gestreuten Strahlung ist. Diese Überlegungen lassen sich auf die K-Elektronen der schwereren Elemente übertragen; die Intensität der unverschobenen Linie im Verhältnis zur Gesamtstreuintensität sollte dann für weiche Strahlen etwa gegeben sein durch

$$\varepsilon = \left(\frac{4\,\nu_K}{3\,\nu_K + \Delta\nu}\right)^2,$$

wo ν_K die Frequenz der K-Absorptionsgrenze und $\Delta\nu$ die Frequenzänderung bei der Comptonstreuung bedeuten. Die Rechnungen von WENTZEL sind von J. FISCHER[1] weitergeführt und verallgemeinert worden.

Die strengeren quantenmechanischen Theorien des Comptoneffekts (SCHRÖDINGER[2], DIRAC u. GORDON, KLEIN u. NISHINA) beziehen sich bisher ausschließlich auf den Fall der Streuung durch *freie* Elektronen, die vor dem Prozeß als ruhend angenommen werden. Sie liefern die Impuls- und Energieerhaltungssätze in Übereinstimmung mit der elementaren Lichtquantentheorie (Ziff. 14). Ihre besondere Bedeutung besteht darin, daß sie zu einer exakten Berechnung der *Intensität* der Streustrahlung in solchen Fällen führt, wo man nur mit COMPTONscher Streuung zu tun hat (vgl. Ziff. 15).

24. Der Comptoneffekt im Gebiet sichtbarer Wellenlängen. ROSS[3] hat versucht, mit sichtbarem Licht, welches an Paraffin gestreut oder an versilbertem Glas mehrfach reflektiert wurde, den Comptoneffekt nachzuweisen. Das Ergebnis war negativ, es konnte keine Wellenlängenänderung festgestellt werden, obwohl die Versuchsanordnung eine solche vom COMPTONschen Betrage leicht nachzuweisen erlaubt hätte. Dies ist verständlich, wenn man berücksichtigt, daß schon im Röntgengebiet mit zunehmender Wellenlänge die unverschobene Linie immer stärker hervortritt, so daß man annehmen kann, daß sie im sichtbaren Gebiet allein vorhanden ist[4]. Für so lange Wellen können offenbar selbst die am schwächsten gebundenen Elektronen nicht mehr als frei angesehen werden. Dagegen glaubte COMPTON[5] die hauptsächlich am Sonnenrande auftretende Rotverschiebung der Spektrallinien („limb-effect") durch Streuung in der Atmosphäre freier Elektronen, welche die Sonne umgibt, erklären zu können; diese Verschiebung ist in der Tat von der Größenordnung der COMPTONschen. Diese Erklärung verliert jedoch sehr an Wahrscheinlichkeit, wenn man bedenkt, daß die Wärmebewegung freier Elektronen von der in Betracht kommenden Temperatur so groß ist, daß sie allein schon eine Dopplerverbreiterung ergeben müßte, welche die Comptonverschiebung weit übertrifft.

25. Der Comptoneffekt an Kristallen. Die Reflexion der Röntgenstrahlen an einem Kristall stellt sich ebenfalls als ein Streuvorgang dar. Die Frage, ob hierbei die Wellenlänge eine Änderung erfährt, wurde von KULENKAMPFF[6] durch einen interessanten Versuch entschieden. Von einer inhomogenen Strahlung

---

[1] J. FISCHER, Ann. d. Phys. Bd. 11, S. 489. 1931.

[2] E. SCHRÖDINGER, Ann. d. Phys. Bd. 82, S. 257. 1927.

[3] P. A. ROSS, Phys. Rev. Bd. 22, S. 201. 1923.

[4] Schon mit CuK-Strahlung, an Al gestreut, konnte ROSS keine verschobene Linie finden (P. A. ROSS, Journ. Opt. Soc. Amer. Bd. 11, S. 217. 1925).

[5] A. H. COMPTON, Phil. Mag. Bd. 46, S. 897. 1923.

[6] H. KULENKAMPFF, ZS. f. Phys. Bd. 19, S. 17. 1923.

wurde mit einem Kristallspektrographen das Spektrum entworfen und eine Folie, deren Absorptionskante in dem Wellenlängenbereich des Spektrums lag, einmal in den Weg des primären, dann des reflektierten Bündels gebracht. Die Lagen der Absorptionskante wurden für beide Fälle festgestellt und verglichen. Wäre eine Wellenlängenänderung eingetreten, so hätte in beiden Stellungen der Folie die Absorptionskante an verschiedenen Stellen des Spektrums liegen müssen, oder es hätte zum mindesten eine Verdoppelung der Kante eintreten müssen, wenn die Folie sich im reflektierten Bündel befand. Keines von beiden war der Fall. Somit tritt bei der Kristallreflexion keine Änderung der Wellenlänge ein. Zu dem gleichen Resultat gelangte Woo[1] durch Absorptionsmessungen sowie Ross[2] durch direkte Wellenlängenmessung des reflektierten Strahles mit Hilfe eines zweiten Kristalls.

Eine Wellenlängenänderung bei der Reflexion unter Erhaltung des Reflexionsgesetzes ist wellenoptisch nicht möglich, es müßten daher auch Abweichungen vom BRAGGschen Gesetz auftreten, wenn die Wellenlänge sich bei der Kristallreflexion änderte. Größe und Sinn dieser voraussichtlichen Abweichungen wurden diskutiert von JAUNCEY und ECKART, WOLFERS, HULBURT und JAUNCEY[3]. Eine konsequente Durchführung des Problems enthalten alle diese Betrachtungen nicht, vielleicht ist eine solche überhaupt nicht möglich, denn um der Wellenoptik gerecht zu werden, müßte man wieder mit bewegten Oszillatoren rechnen (Ziff. 27), und es wird immer einer gewissen Willkür unterliegen, wie man für einen gegebenen Zeitpunkt die gegenseitigen Abstände der den Gitterpunkten zugeordneten Oszillatoren annimmt; dieses „effektive Kristallgitter" legt ja die Phasenbeziehungen zwischen den elementaren Streuwellen fest. Jedenfalls sind bisher keinerlei Abweichungen vom BRAGGschen Gesetz beobachtet worden, die sich mit dem Comptoneffekt in Zusammenhang bringen ließen; die wirklich vorkommenden Abweichungen finden ihre quantitative Deutung in der Brechung der Röntgenstrahlen[4].

Dagegen zeigt die *diffuse* Streustrahlung von Kristallen den Comptoneffekt ebenso wie die von amorphen Körpern. JAUNCEY sowie DE BROGLIE und DAUVILLIER[5] beobachteten den Effekt bei der diffusen Streuung an großen Kristallen. Bei der Streuung an Zucker und Holz ist das Intensitätsverhältnis der verschobenen zur unverschobenen Linie das gleiche[6].

Dagegen fanden JAUNCEY und HARVEY[7], daß das Verhältnis der modifizierten zur gesamten Streuintensität an einem großen KCl-Kristall beträchtlich zunimmt (um nahezu 10%), wenn die Temperatur von 300° abs. auf 90° abs. erniedrigt wird; dies ist qualitativ verständlich, wenn man berücksichtigt, daß die durch die Wärmebewegung verursachte diffuse Zerstreuung (ohne Wellenlängenänderung) mit sinkender Temperatur abnehmen muß (vgl. Ziff. 10). Bei Streukörpern aus Kristallpulvern wurde ein entsprechender Temperatureffekt nicht gefunden[8].

---

[1] Y. H. Woo, Proc. Nat. Acad. Amer. Bd. 10, S. 145. 1924.

[2] P. A. Ross, Phys. Rev. Bd. 23, S. 290. 1924.

[3] G. E. M. JAUNCEY u. C. ECKART, Nature Bd. 112, S. 325. 1923; M. F. WOLFERS, C. R. Bd. 177, S. 759. 1923; E. O. HULBURT, Phys. Soc. Meeting Chicago 1923; G. E. M. JAUNCEY, Proc. Nat. Acad. Amer. Bd. 10, S. 57. 1924.

[4] Den direkten Nachweis, daß die von den einzelnen Gitterpunkten eines Kristalls herrührenden elementaren COMPTONschen Streuwellen miteinander nicht interferieren, erbrachten H. KALLMANN u. H. MARK (ZS. f. Phys. Bd. 36, S. 120. 1926).

[5] G. E. M. JAUNCEY, Phys. Rev. Bd. 20, S. 405. 1922; M. DE BROGLIE u. A. DAUVILLIER, C. R. Bd. 179, S. 11. 1924.

[6] A. H. COMPTON u. Y. H. Woo, Phys. Rev. Bd. 23, S. 763. 1924.

[7] G. E. M. JAUNCEY u. G. G. HARVEY, Phys. Rev. Bd. 40, S. 329. 1932.

[8] G. E. M. JAUNCEY u. H. BAUER, Phys. Rev. Bd. 34, S. 387. 1929.

26. Comptoneffekt im Interferenzfeld und im Magnetfeld. Daß der Comptoneffekt in einem Interferenzfelde ebenso verläuft wie in der ebenen Welle, wird klar herausgestellt durch den negativen Ausgang von Versuchen von BOTHE[1], eine Beeinflussung des Comptoneffekts durch gleichzeitige Bestrahlung aus verschiedenen Richtungen zu erzielen. Um eine Bestrahlung aus entgegengesetzten Richtungen mittels kohärenter Strahlen zu ermöglichen, verwendete BOTHE die in Abb. 29 skizzierte Versuchsanordnung. Die von der Röhre R kommende Strahlung wurde an P_1 und P_2 gestreut; die von P_1 und P_2 ausgehende Streustrahlung traf den eigentlichen Streukörper S aus entgegengesetzten Richtungen. Die Härte der von S kommenden Streustrahlung konnte mit Hilfe der Ionisationskammer J und der Absorptionsfilter F gemessen werden; sie ergab sich als unabhängig davon, ob beide Streukörper P_1, P_2 in Tätigkeit gesetzt wurden oder nur einer davon[2]. Nach M. ALLEN[3] ist dieses Ergebnis nach der Quantenmechanik zu erwarten.

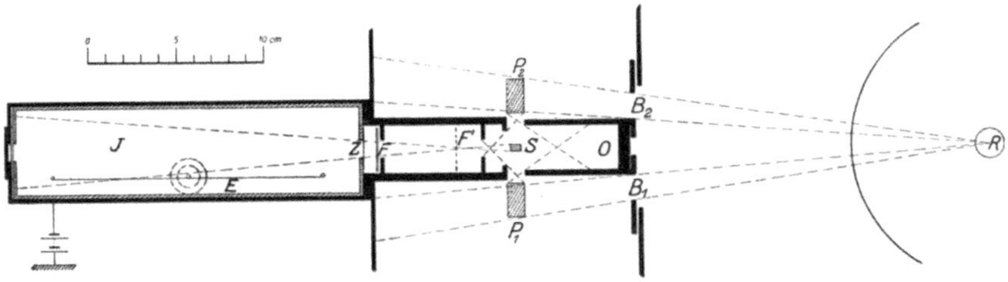

Abb. 29. Comptoneffekt im Interferenzfeld (BOTHE).

Ebenfalls ein negatives Resultat lieferte der Versuch BOTHES[4], den Comptoneffekt dadurch zu beeinflussen, daß der Streukörper (Paraffin) in ein starkes Magnetfeld gebracht wurde. In Richtung senkrecht zum Primärstrahl und zum magnetischen Feld (20000 Gauß) war die Intensität der an Paraffin gestreuten Strahlung auf $\pm 0{,}5\%$ und ihre Wellenlänge ($K\alpha$ von W) auf ca. $\pm 0{,}3\%$ dieselbe wie ohne Magnetfeld.

27. Die Korrespondenz zwischen Quantenstreuung und Wellenstreuung. COMPTON[5] hat einen einfachen Zusammenhang aufgedeckt zwischen der Quantenstreuung und der klassischen Streuung an einem bewegten Elektron. Er konnte zeigen, daß das wahre Streufeld des ruhenden Elektrons bezüglich der Richtungsabhängigkeit der Wellenlänge äquivalent ist dem klassischen Streufeld von einem mit der Geschwindigkeit

$$\overline{\beta} = \frac{\alpha}{1 + \alpha} \tag{45}$$

in der Primärrichtung bewegten Elektron. Es ist bemerkenswert, daß $\overline{\beta}$ gerade die Geschwindigkeit ist, mit welcher sich der Schwerpunkt des Systems Lichtquant-Elektron vor (und deshalb auch nach) dem Prozeß bewegt. In der Tat ist die Masse des primären Lichtquants $m = \frac{h\nu_0}{c^2}$, und da das Elektron ursprüng-

[1] W. BOTHE, ZS. f. Phys. Bd. 41, S. 332. 1927.

[2] Ein ähnlicher Versuch von ROSS (P. A. ROSS, Phys. Rev. Bd. 27, S. 637. 1926), bei welchem der Streukörper mit zwei getrennten Röntgenröhren bestrahlt wurde, dürfte nicht entscheidend sein, denn es läßt sich leicht zeigen, daß unter den erreichbaren Versuchsbedingungen die einzelnen, nicht kohärenten Wellenzüge der beiden Röhren so kurz und ihre mittleren Abstände so groß sind, daß sie praktisch niemals zur Interferenz miteinander kommen.

[3] M. ALLEN, Journ. Frankl. Inst. Bd. 207, S. 19. 1929.

[4] W. BOTHE, ZS. f. Phys. Bd. 41, S. 872. 1927.

[5] A. H. COMPTON, Phys. Rev. Bd. 21, S. 483. 1923.

lich ruht, ist die Geschwindigkeit des Schwerpunktes $c\frac{m}{\mu + m}$, was nach (22), (23) und (45) mit $\overline{\beta}$ identisch ist. Um also die Wellenlänge der Streustrahlung für alle Richtungen richtig anzugeben, kann man auch sagen, daß nicht das Elektron, sondern der gemeinsame Schwerpunkt von Elektron und Lichtquant als Streuzentrum fungiert. Daraus folgt, daß in einem Koordinatensystem, in welchem der Schwerpunkt ruht („Normalkoordinatensystem" nach PAULI[1]), keine Wellenlängenänderung bei der Streuung eintritt.

Von verschiedenen Forschern[2] ist die Frage untersucht worden, wieweit die klassische Theorie bei Zuhilfenahme von korrespondenzmäßigen Betrachtungen über die durch den Strahlungsdruck verursachte Effektivgeschwindigkeit der Streuelektronen imstande ist, von den beobachteten Erscheinungen Rechenschaft zu geben. Ein näheres Eingehen auf diese Überlegungen erübrigt sich aber, weil sie durch die quantenmechanischen Berechnungen überholt sind und auch auf die experimentelle Forschung keinen wesentlichen Einfluß ausgeübt haben.

28. Die Theorie von BOHR, KRAMERS und SLATER und ihre experimentelle Prüfung. BOHR, KRAMERS und SLATER[3] haben im Jahre 1924 durch Einführung ganz neuartiger Gedankengänge den Versuch gemacht, die Kluft zwischen Quanten- und Wellentheorie, welche bei den Zerstreuungserscheinungen wie kaum bei einer anderen Gelegenheit fühlbar wird, zu überbrücken. Indem wir diese Theorie gleich für den Comptoneffekt spezialisieren, kommen wir nach den Verfassern zu folgender Vorstellung. Befindet sich ein Elektron in der Primärwelle, so erzeugt es ein elektromagnetisches Streufeld, welches sich nach den klassischen Gesetzen ausbreiten soll, und zwar so, als ob es von einem virtuellen Elektron, welches sich mit der COMPTONschen Effektivgeschwindigkeit $\overline{\beta}$ in der Primärrichtung bewegt, nach klassischen Gesetzen erzeugt würde. Damit ist das Strahlungsfeld beschrieben; irgendeine Statistik, wie sie die Lichtquantenvorstellung einschließt, findet hierbei keinen Platz. Dagegen wird bezüglich der Kopplung zwischen dem Strahlungsfeld und der beteiligten Materie der Statistik ein viel breiterer Spielraum eingeräumt als früher. Denken wir uns das streuende Elektron mit einer die Streustrahlung vollkommen absorbierenden Hülle umgeben, so haben wir zweierlei materielle Änderungen: die Beschleunigung des reellen Streuelektrons zum „Rückstoßelektron" und den Absorptionsakt in der Hülle, den wir uns etwa als Auslösung eines Photoelektrons denken können. Nach der früheren Vorstellung sollte zwar der erste Prozeß statistisch erfolgen, doch war der zweite notwendig mit dem ersten verknüpft. Nach BOHR, KRAMERS und SLATER sollen jedoch beide Prozesse nicht in direktem Kausalzusammenhang miteinander stehen, sondern jeder von ihnen soll mit der Strahlung statistisch gekoppelt sein, so daß das Auftreten eines Photoelektrons in der Hülle nicht gebunden ist an das Auftreten eines Rückstoßelektrons und umgekehrt. Allerdings wird durch passende Normierung der beiden statistischen Wahrscheinlichkeiten erreicht, daß im *Mittel* auf jedes Rückstoßelektron ein Photoelektron kommt; damit ist den Erhaltungssätzen für Energie und Impuls, welche im Elementarprozeß suspendiert sind, wenigstens statistische Gültigkeit gesichert.

Diese Theorie wurde durch BOTHE und GEIGER[4] einer experimentellen Prüfung unterzogen. Das Prinzip der Versuchsanordnung zeigt Abb. 30. Als

[1] W. PAULI, ZS. f. Phys. Bd. 18, S. 272. 1923.

[2] K. FÖRSTERLING, Phys. ZS. Bd. 25, S. 313. 1924; O. HALPERN, ZS. f. Phys. Bd. 30, S. 153. 1924; W. LENZ, ebenda Bd. 25, S. 310. 1924; G. MIE, ebenda Bd. 33, S. 33. 1925; G. WENTZEL, Phys. ZS. Bd. 26, S. 436. 1925; W. BOTHE, ZS. f. Phys. Bd. 34, S. 819. 1925; G. BREIT, Phys. Rev. Bd. 27, S. 362. 1926.

[3] N. BOHR, H. A. KRAMERS u. J. C. SLATER, ZS. f. Phys. Bd. 24, S. 69. 1924.

[4] W. BOTHE u. H. GEIGER, ZS. f. Phys. Bd. 32, S. 639. 1925.

streuende Substanz diente Wasserstoffgas. Dieses erfüllte einen Spitzenzähler („e-Zähler"), durch dessen empfindlichen Bereich ein enges Röntgenbündel gesandt wurde; der Zähler sprach dann auf die einzelnen in diesem Bereich erzeugten Rückstoßelektronen an. Ein zweiter, mit einer Platinfolie verschlossener Zähler („$h\nu$-Zähler") diente zur Registrierung der aus dem gleichen Bereich kommenden Streustrahlung, indem diese auf der Innenseite der Platinfolie Photoelektronen erzeugte, welche den $h\nu$-Zähler zum Ansprechen brachten. Da nur ein ganz geringer Bruchteil der Streustrahlung in wirksame Photoelektronen umgesetzt werden konnte, waren die Ausschläge im $h\nu$-Zähler sehr viel spärlicher als im e-Zähler. Daher hätte zwar nicht jeder e-Ausschlag mit einem $h\nu$-Ausschlag, wohl aber umgekehrt jeder $h\nu$-Ausschlag mit einem e-Ausschlag zeitlich koinzidieren müssen, wenn eine direkte Kopplung zwischen den Rückstoßelektronen und Photoelektronen bestehen würde, und wenn der e-Zähler auf jedes Rückstoßelektron angesprochen hätte. Letzteres war nicht ganz der Fall, wie besondere Versuche ergaben, so daß bei direkter Kopplung nur auf etwa 10 $h\nu$-Ausschläge eine Koinzidenz mit einem e-Ausschlag zu erwarten gewesen wäre. Nach der Vorstellung von BOHR, KRAMERS und SLATER konnten praktisch keine Koinzidenzen auftreten, wie die Diskussion der Versuchsanordnung zeigte. Die Versuche ergaben im Mittel auf je 11 $h\nu$-Ausschläge eine Koinzidenz. Daß dieses Ergebnis nicht durch störende Nebenumstände vorgetäuscht wurde, ergab die ausführliche theoretische und experimentelle Diskussion; hierfür mag auf die Originalarbeit verwiesen werden, ebenso bezüglich der experimentellen Schwierigkeiten beim Nachweis der Koinzidenzen und deren Beseitigung.

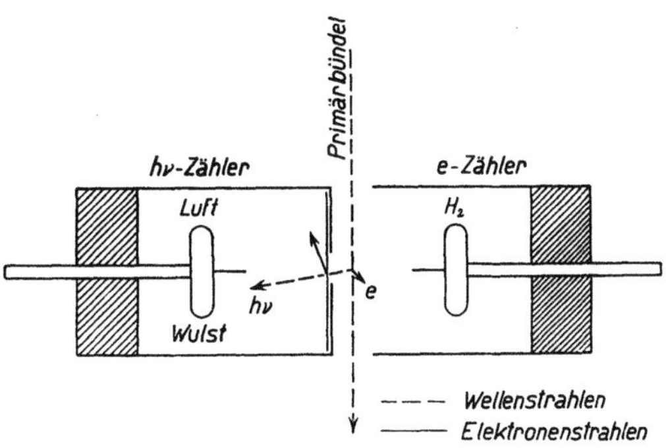

Abb. 30. Nachweis von Koinzidenzen zwischen Rückstoßelektronen und Streustrahlung.

COMPTON und SIMON[1] gelangten durch Versuche nach der WILSONschen Nebelmethode zu dem Schluß, daß auch die Rückstoßrichtung mit der Streurichtung gemäß Gleichung (26) gekoppelt ist.

Diese Versuche zeigen also, daß zwischen dem Auftreten der Rückstoßelektronen und der Auslösung von Photoelektronen durch die Streustrahlung ein direkter Kausalzusammenhang besteht, wie ihn die Lichtquantenhypothese veranschaulicht. Die Vorstellung von BOHR, KRAMERS und SLATER ist also nicht haltbar. Dagegen konnte auf Grund der HEISENBERGschen Quantenmechanik von KIKUCHI[2] eine befriedigende Deutung der Versuche gegeben werden.

Anhang.

Die Absorption und Zerstreuung der γ-Strahlen.

29. Der Schwächungskoeffizient für γ-Strahlen. Im vorstehenden ist schon mehrfach auf die extreme Stellung der kurzwelligen γ-Strahlen gegenüber den eigentlichen Röntgenstrahlen hingewiesen worden; die weicheren γ-Strahlentypen unterscheiden sich ihrem Verhalten nach in nichts von den Röntgen-

[1] A. H. COMPTON u. A. W. SIMON, Phys. Rev. Bd. 26, S. 289. 1925.
[2] S. KIKUCHI, ZS. f. Phys. Bd. 68, S. 803. 1931.

strahlen gleicher Härte. Bisher sind in der Hauptsache die γ-Strahlen des Radium C, neuerdings auch diejenigen des ThC'', genauer untersucht worden. Obwohl für die RaC-Strahlen häufig exponentielle Absorption gefunden wurde, sind sie nicht homogen, sondern bestehen nach Ausweis der β-Strahlenspektren[1] aus mehreren homogenen Gruppen von sehr verschiedener Wellenlänge (bis herab zu 0,0056 Å), von welchen diejenige von $\lambda = 0{,}0202$ Å die intensivste ist. Hierauf ist zum Teil zurückzuführen, daß für den Schwächungskoeffizienten sehr verschiedene Werte gefunden wurden[2]; hinzu kommt aber noch, daß derartige Messungen besonders leicht durch mitgemessene Streu- und Sekundärstrahlung gefälscht werden können, was bei der Wahl der Meßanordnung vielfach nicht beachtet wurde. Dies hängt damit zusammen, daß bei so kurzwelligen Strahlen, wie sie die härtesten γ-Strahlen darstellen, die wahre Absorption ganz zurücktritt gegenüber der Zerstreuung; solche Strahlen sind daher schwer auszublenden, so daß saubere Meßbedingungen im Sinne der Ziff. 3, Kap. 1, nicht leicht zu erreichen sind. Einwandfrei dürften in dieser Hinsicht z. B. die Messungen von KOHLRAUSCH sein[3]. Nach KOHLRAUSCH läßt sich die Absorptionskurve der γ-Strahlen eines Radiumpräparates in der Weise darstellen, daß man drei homogene Komponenten annimmt, von denen die weichste vom RaB, die beiden übrigen vom RaC herrühren. Bei Filterung durch mindestens 4 cm Blei verbleibt praktisch nur die härteste Komponente, welche einen vom Material nur wenig abhängigen Massenschwächungskoeffizienten besitzt (Tab. 18).

Tabelle 18. Schwächungskoeffizienten μ stark gefilterter γ-Strahlen von RaC (KOHLRAUSCH).

Absorber	$\frac{\mu}{\varrho}$	$\frac{\mu}{\sigma_0}$	Absorber	$\frac{\mu}{\varrho}$	$\frac{\mu}{\sigma_0}$
C	0,0489	0,245	Se	0,0431	0,251
Na	463	243	Zr	411	232
Mg	478	242	Nb	426	242
Al	467	243	Mo	414	237
P	496	257	Ag	429	246
S	458	229	Cd	407	238
K	559	288	Sn	411	245
Ca	466	233	Sb	412	242
Fe	451	243	Te	426	261
Co	461	252	W	445	276
Ni	463	242	Au	470	294
Cu	444	244	Hg	453	283
Zn	453	246	Pb	472	299
As	437	248	Bi	392	245

Bildet man die Verhältnisse μ/σ_0, wo $\sigma_0 = 0{,}400\, Z/A$ der klassische Wert des Streukoeffizienten ist, so ergibt sich dieses innerhalb enger Grenzen konstant $= 0{,}25$; nur bei den Schwermetallen scheint ein kleiner systematischer Anstieg vorhanden zu sein. Dies zeigt erstens, daß die Schwächung in der Hauptsache auf Zerstreuung zurückzuführen ist, zweitens, daß der Streukoeffizient bei so harten Strahlen wenig vom Material abhängt, im Gegensatz zu Röntgenstrahlen mittlerer Härte, woraus man schließen kann, daß keine merkliche Störung durch Debyeinterferenzen auftritt (Ziff. 8); hierfür sprechen auch direkte Versuche von COMPTON[4]. Mit $\sigma/\sigma_0 = 0{,}25$ gibt die Formel von KLEIN-NISHINA eine mittlere Wellenlänge dieser Komponente $\lambda = 0{,}008$ Å. ISHINO[5] sowie AHMAD und STONER[6] führten nur Messungen an solchen Strahlen aus, welche ein Bleifilter von 1 cm Dicke durchsetzt hatten; nach den Ergebnissen von KOHLRAUSCH zeigen solche

[1] C. D. ELLIS, Proc. Cambridge Phil. Soc. Bd. 22, S. 369. 1924.
[2] Vgl. die Zusammenstellung bei ST. MEYER u. E. v. SCHWEIDLER, Radioaktivität.
[3] K. W. F. KOHLRAUSCH, Wiener Ber. Bd. 126, S. 441, 683, 705 u. 887. 1917.
[4] A. H. COMPTON, Phil. Mag. Bd. 41, S. 770. 1921.
[5] M. ISHINO, Phil. Mag. Bd. 33, S. 129. 1917.
[6] N. AHMAD, Proc. Roy. Soc. London (A) Bd. 105, S. 507. 1924; N. AHMAD u. E. C. STONER, ebenda Bd. 106, S. 8. 1924.

Strahlen noch keine exponentielle Absorption, die so gewonnenen Resultate haben daher auch nur für diese Filterdicke Gültigkeit. ISHINOs Werte des Schwächungskoeffizienten $\frac{\mu}{\varrho}$ $\left(\text{bei ISHINO mit } \frac{\mu+\sigma}{\varrho} \text{ bezeichnet}\right)$ zeigt die Spalte 2 der Tabelle 19. AHMAD und STONER, welche eine größere Zahl absorbierender Elemente untersuchten, stellten den atomaren bzw. Massenschwächungskoeffizienten dar durch die Formeln:

$$\mu_a = 1{,}60 \cdot 10^{-31} Z^4 + 1{,}92 \cdot 10^{-25} Z\,, \tag{46}$$

$$\frac{\mu}{\varrho} = 9{,}7 \cdot 10^{-8} \frac{Z^4}{A} + 0{,}116 \frac{Z}{A}\,. \tag{47}$$

Es besteht also bei so schwacher Filterung noch eine ganz ausgeprägte Materialabhängigkeit, die der Absorption der weicheren Anteile zuzuschreiben ist. Nach dieser Darstellung behalten die im Röntgengebiet gültigen Schwächungsformeln (Ziff. 5 des vor. Kap.) auch hier ihre Gültigkeit, soweit die Abhängigkeit vom schwächenden Mittel in Frage kommt. Man kann diese Formeln auch hier wieder so deuten, daß man das erste Glied der Absorption, das zweite der Zerstreuung zuschreibt. Aus beiden Gliedern kann man dann die „effektive Wellenlänge" λ der Strahlen berechnen, aus dem Absorptionsglied durch Extrapolation vom mittleren Röntgengebiet her, aus dem Zerstreuungsglied mittels einer der theoretischen Formeln für den Streukoeffizienten[1].

Tabelle 19. Schwächungs- und Streustrahlungskoeffizienten für γ-Strahlen von Ra; 1 cm Bleifilter (ISHINO).

Absorber	$\frac{\mu}{\varrho}$	$\frac{\mu}{\sigma_0}$	$\frac{\sigma_s}{\varrho}$	$\frac{\sigma_s}{\sigma_0}$
Al	0,0659	0,343	0,045	0,234
Fe	632	340	42	226
Pb	727	460	34	215

Von AHMAD[2] und anderen Autoren[3] sind noch weitere Schwächungsmessungen an den mehr oder weniger stark gefilterten γ-Strahlen des RaC durchgeführt worden. Die Auswertung aller dieser Messungen wird aber — wie besonders von KOHLRAUSCH[4] betont wurde — stark erschwert durch den Umstand, daß das γ-Strahlenspektrum des RaC sehr linienreich ist, und daß die Intensitätsverteilung in diesem Spektrum noch nicht genügend genau bekannt ist. Wichtige Fortschritte wurden erst erzielt, als von verschiedenen Seiten die γ-Strahlen des ThC″ zu Schwächungsmessungen herangezogen wurden. Diese γ-Strahlung stellt bei genügender Filterung eine praktisch monochromatische Strahlung von $4{,}7 \cdot 10^{-11}$ cm Wellenlänge dar[5]. Schwächungsmessungen mit dieser Strahlung haben neuerdings interessante Abweichungen von der Klein-Nishina-Formel[6] zutage gefördert, die aller Wahrscheinlichkeit nach auf eine Wechselwirkung zwischen γ-Strahlen und Kernen zurückgeführt werden müssen. MEITNER und HUPFELD[7] verwendeten ein eng ausgeblendetes Strahlenbündel (maximaler

---

[1] L. BASTINGS (Nature Bd. 119, S. 51. 1927) glaubt eine Temperaturabhängigkeit der γ-Strahlenabsorption gefunden zu haben; vgl. dazu aber die negativen Versuche bei Röntgenstrahlen (Ziff. 14 des vor. Kap.).

[2] N. AHMAD, Proc. Roy. Soc. London Bd. 109, S. 206. 1925.

[3] F. WEISS-TESSBACH, Wiener Ber. Bd. 137, S. 551. 1928; J. A. CHALMERS, Phil. Mag. Bd. 6, S. 745. 1928; A. PICCARD, E. STAHEL u. F. DONY, C. R. Bd. 193, S. 529. 1931; Helv. Phys. Acta Bd. 4, S. 371. 1931.

[4] K. W. F. KOHLRAUSCH, Phys. ZS. Bd. 28, S. 1. 1927.

[5] Diese Annahme ist allerdings von SKOBELZYN (C. R. Bd. 194, S. 1568. 1932) bestritten worden; nach seinen Nebelkammerversuchen (vgl. Ziff. 31) enthält eine durch 4 cm Pb gefilterte ThC″-γ-Strahlung noch ca. 30% Quanten, die eine beträchtlich größere Wellenlänge haben, als der Hauptgruppe ($4{,}7 \cdot 10^{-11}$ cm) entspricht.

[6] Vgl. Ziff. 15.

[7] L. MEITNER u. H. H. HUPFELD, Naturwissensch. Bd. 18, S. 534. 1930; Phys. ZS. Bd. 31, S. 947. 1930; ZS. f. Phys. Bd. 67, S. 147. 1931.

Öffnungswinkel ∾1°!); die absorbierenden Platten wurden teils hinter dem Spalt, teils unmittelbar davor angebracht. Um einen möglichst eng begrenzten Teil der Streustrahlung mit zur Messung gelangen zu lassen, wurde das zur Intensitätsmessung des geschwächten Bündels dienende Zählrohr in sehr großem Abstand (275 bzw. 235 cm) von der Strahlenquelle aufgestellt. Eine ähnliche Anordnung verwendete CHAO[1], während TARRANT[2] mit relativ weit geöffnetem Strahlenbündel, aber kleinem „Streukörper" arbeitete und das Filter unmittelbar vor die zur Intensitätsmessung dienende Ionisationskammer brachte. Alle diese Messungen ergaben für leichte Substanzen vorzügliche Übereinstimmung mit der Klein-Nishina-Formel; bei schweren Substanzen dagegen wurde eine erhebliche zusätzliche Schwächung gefunden. Die Ergebnisse der Messungen von MEITNER und HUPFELD sind in der Tabelle 20 zusammengestellt. Die zweite Spalte dieser Tabelle enthält die gemessenen Schwächungskoeffizienten; aus

Tabelle 20. Schwächungskoeffizienten für γ-Strahlen von ThC'' ($\lambda = 4{,}7 \cdot 10^{-11}$ cm); 4 cm Bleifilter (MEITNER u. HUPFELD). Berechnet nach KLEIN-NISHINA: $\mu_\varepsilon \cdot 10^{25} = 1{,}25$.

Element	μ	$\mu_\varepsilon \cdot 10^{25}$	$\mu_K \cdot 10^{25}$	Element	μ	$\mu_\varepsilon \cdot 10^{25}$	$\mu_K \cdot 10^{25}$
6 C	0,0554	1,220	∾0	30 Zn	0,275	1,386	4,53
8 O	—	1,259	0,19	47 Ag	0,425	1,532	14,0
12 Mg	0,0654	1,257	0,26	50 Sn	0,295	1,588	17,6
13 Al	0,1043	1,322	1,13	74 W	0,801	1,719	35,8
14 Si	0,0929	1,336	1,41	80 Hg	0,568	1,729	39,5
26 Fe	0,294	1,366	3,41	82 Pb	0,474	1,743	41,7
29 Cu	0,340	1,377	4,12				

diesen sind durch Division mit der Zahl n der Hüllenelektronen pro cm³ die Schwächungskoeffizienten μ_ε „pro Elektron" berechnet. Wenn die Schwächung überhaupt nur durch Streuung an den Hüllenelektronen stattfände, dann müßte μ_ε für eine so kurzwellige Strahlung für alle Elemente gleich — und zwar nach der Theorie von KLEIN und NISHINA gleich dem am Kohlenstoff und Sauerstoff gemessenen Wert $1{,}25 \cdot 10^{-25}$ sein. Statt dessen ergibt sich aber mit zunehmendem Z ein deutlicher Anstieg. Bei $Z = 8$ und $Z = 12$ liegt die Abweichung noch innerhalb der Versuchsfehler, bei $Z = 13$ (Al) ist sie schon ganz beträchtlich.

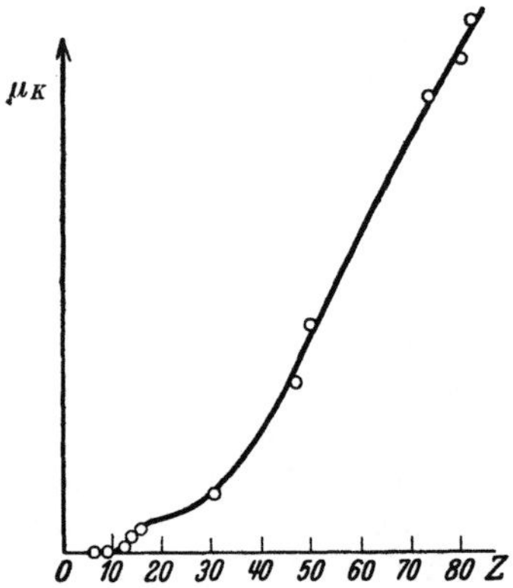

Abb 31. Beitrag des Atomkerns zum Schwächungskoeffizienten der γ-Strahlen von ThC''(MEITNER und HUPFELD).

Auf das Einsetzen einer photoelektrischen Absorption in der Elektronenhülle kann nur ein kleiner Teil des Anstiegs zurückgeführt werden, obwohl nach SAUTER[3] bei so kurzen Wellen und hohen Ordnungszahlen eine stärkere Absorption durch die Hüllenelektronen zu erwarten ist, als man durch Extrapolation aus dem Röntgengebiet erhalten würde. Der Hauptteil der Abweichung muß, wie schon erwähnt, offenbar auf eine Kernwirkung geschoben werden; der „Schwächungskoeffizient pro Atomkern" μ_K (Spalte 4 der Tab. 20) ergibt sich dann zu

$$\mu_K = Z(\mu_\varepsilon - \sigma_{\mathrm{Th}}) .$$

Aus der Abb. 31 ist ersichtlich, daß der Beitrag des Atomkerns zum Schwächungskoeffizienten des einzelnen Atoms bis $Z = 12$ (Mg) verschwindend klein bleibt, bei

[1] C. Y. CHAO, Proc. Nat. Acad. Amer. Bd. 16, S. 431. 1930; Phys. Rev. Bd. 36, S. 1519. 1930.
[2] G. T. P. TARRANT, Proc. Roy. Soc. London (A) Bd. 128, S. 345. 1930.
[3] F. SAUTER, Ann. d. Phys. Bd. 9, S. 217; Bd. 11, S. 454. 1931.

$Z = 13$ (Al) sprunghaft und von da an scheinbar monoton mit zunehmender Ordnungszahl ansteigt.

Qualitativ ähnliche Ergebnisse lieferten die entsprechenden Messungen mit der durch 4 cm Pb gefilterten γ-Strahlung des RaC ($\lambda_{\text{eff}} = 6{,}7 \cdot 10^{-11}$ cm); es scheint aber, als ob die Abweichungen von der Theorie bei dieser etwas weicheren Strahlung sich erst bei höheren Ordnungszahlen bemerkbar macht. Die Kernabsorption gefilterter γ-Strahlung des RaC wurde auch von JACOBSEN[1] und STAHEL[2] gefunden.

Die Abhängigkeit der durch den Kern verursachten Zusatzschwächung am Pb von der Wellenlänge ist von CHAO[3] mit Hilfe der an Al unter verschiedenen Winkeln (18 bis 36°) gestreuten Comptonstrahlung untersucht worden. Er glaubt, zwischen $\lambda = 5{,}9$ und $6{,}6 \cdot 10^{-11}$ cm einen Sprung der Kernschwächung gefunden zu haben, den er auf eine Anregung oder Umwandlung des Pb-Kerns zurückführt (vgl. unten).

Schließlich hat ROGERS[4] noch Schwächungsmessungen an gefilterten RaCγ-Strahlen nach der photographischen Methode durchgeführt. Er erhielt bis zu Ordnungszahlen $Z = 30$ Übereinstimmung mit der Klein-Nishina-Theorie, nämlich $\mu_\varepsilon = 1{,}56 \cdot 10^{-25}$, für $Z > 30$ einen monotonen Anstieg, der sich durch

$$\mu_\varepsilon = 1{,}56 \cdot 10^{-25} + 7{,}1 \cdot 10^{-32} \cdot Z^3$$

darstellen ließ.

Die zusätzliche Kernabsorption beträgt bei Pb und für RaC-γ-Strahlen nach MEITNER und HUPFELD etwa $\frac{1}{3}$ der Gesamtabsorption.

30. Die gestreute γ-Strahlung. Um die Intensität der Streustrahlung zu messen, sind mehrere Verfahren eingeschlagen worden. Das eine besteht darin, daß man Schwächungsmessungen mit verschiedenem Abstand des Absorbers von der Ionisationskammer ausführt, so daß die Kammer dem Absorber verschiedene Öffnungswinkel darbietet. Bei sehr großem Abstand gelangt keine Streustrahlung in die Kammer; in dieser Weise wurden ja im Prinzip die soeben angeführten Messungen des Schwächungskoeffizienten ausgeführt. Ist dagegen z. B. die Absorberplatte dicht an der Kammer angebracht, so mißt man die gesamte Streustrahlung mit, welche in einem Kegel von nahezu 90° Achsenwinkel ausgesandt wird, wodurch die Schwächung scheinbar kleiner wird. Aus der Differenz kann man auf die Streuintensität schließen, wobei allerdings der schräge Strahlengang und die Verschiedenheiten in der Härte der Streustrahlung schwer genau abzuschätzende Korrektionen erfordern. Ferner ist hierbei die Absorption der Streustrahlung in dem Streustrahler selbst zu berücksichtigen; diese Verhältnisse wurden ausführlich von FLORANCE und KOHLRAUSCH[5] diskutiert. ISHINO mißt auf diese Weisen den *Streustrahlungskoeffizienten* σ_s (dort mit σ bezeichnet), indem er für die ganze noch rückwärts gestreute Energie eine Korrektion von 15% anbringt. Die Resultate zeigt die Spalte 4 der Tabelle 19. AHMAD und STONER[6] messen die Streuenergie, welche zwischen zwei Kegeln, entsprechend den Streuwinkeln 20 und 80°, enthalten ist; die beobachtete Intensität ist mit der nach der Klein-Nishina-Formel berechneten in befriedigender Übereinstimmung.

Übersichtlichere Verhältnisse gewinnt man, wenn man dem Streustrahler die Form einer Kugelschale von der kleinen Dicke D gibt, welche das symmetrische

[1] J. C. JACOBSEN, Naturwissensch. Bd. 18, S. 951. 1930; ZS. f. Phys. Bd. 70, S. 145. 1931.
[2] E. STAHEL, Journ. de phys. et le Radium Bd. 2, S. 149. 1931.
[3] C. Y. CHAO, Proc. Roy. Soc. London Bd. 135, S. 206. 1932.
[4] J. S. ROGERS, Proc. Phys. Soc. Bd. 44, S. 349. 1932.
[5] D. C. H. FLORANCE, l. c. Ziff. 11; K. W. F. KOHLRAUSCH, l. c. Ziff. 29.
[6] N. AHMAD u. E. C. STONER, l. c.

Radiumpräparat konzentrisch umgibt. Bezeichnet I_0 die γ-Intensität in größerer Entfernung bei entfernter Kugelhülle, so besteht mit Kugelhülle die Intensität

$$I = I_0(1 - \mu D + \sigma_s D).$$

Diese Beziehung ist dieselbe, wie wenn man die Kugelhülle um die Ionisationskammer legt (Ziff. 6); sie erlaubt die Differenz $\mu - \sigma_s$ zu bestimmen, indem man I bei verschiedenen Dicken D mißt und auf unendlich kleine Dicke interpoliert. Die von NEUKIRCHEN[1] auf diese Weise gewonnenen Werte σ_s/ϱ für leichtatomige Substanzen zeigt Tabelle 21. Die γ-Strahlen waren dabei nur durch 2,6 mm Blei gefiltert; für μ wurden KOHLRAUSCHS Angaben benutzt. Der Wert für Al ist wesentlich kleiner als der von ISHINO gefundene.

Tabelle 21. Streustrahlungskoeffizienten für γ-Strahlen von Ra; 0,26 cm Bleifilter (NEUKIRCHEN).

Streustrahler	$\frac{\sigma_s}{\varrho}$	$\frac{\sigma_s}{\sigma_0}$
H_2O	0,0383	0,172
Al	323	0,168
Glyzerin	406	0,187
Terpentin	352	ca. 0,17

Unter Bedingungen, wo das Absorptionsglied der Schwächungsformel von Bedeutung ist, also bei hochatomigen Strahlern und schwacher Filterung, tritt natürlich außer der Streustrahlung auch Fluoreszenzstrahlung auf[2].

Um die *Richtungsverteilung* der Streuintensität im einzelnen zu untersuchen, geht man besser mit einer Ionisationskammer um den Streustrahler herum, ähnlich wie bei den entsprechenden Röntgenstrahlenuntersuchungen (Ziff. 4). Abb. 32 zeigt die so von KOHLRAUSCH[3] gefundenen Ergebnisse. Man erkennt die außerordentlich ausgeprägte Asymmetrie der Streustrahlung, die mit der COMPTONschen Vorstellung im Einklang ist (Ziff. 14). Ferner führt dieselbe Abbildung den eigentlichen Comptoneffekt sehr deutlich vor Augen: die innere Kurve, bei welcher die Streustrahlung durch 0,3 cm Blei gefiltert wurde, zeigt beim Vergleich mit der äußeren, ohne Filterung aufgenommenen, daß die Härte der Streustrahlung mit wachsendem Streuwinkel abnimmt. Allerdings hat KOHLRAUSCH mit ungefilterten Primärstrahlen gearbeitet, so daß man die Kurven auch ohne die Annahme einer Wellenlängenänderung dahin deuten könnte, daß die härteren Anteile der Primärstrahlung eine stärker asymmetrische Streustrahlung liefern als die weichen. Ähnliche Versuche von COMPTON[4] mit gefilterter Primärstrahlung lassen jedoch eine solche Deutung nicht zu.

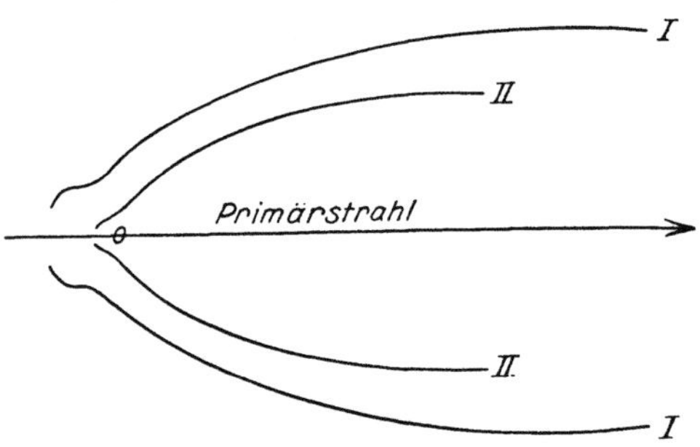

Abb. 32. Richtungsverteilung der Streuintensität für ungefilterte γ-Strahlen. *O* Streustrahler. *I* Streustrahlung ungefiltert. *II* Streustrahlung durch 0,3 cm Pb gefiltert.

Mit den nahezu homogenen, durch 2,7 cm Pb gefilterten γ-Strahlen des ThC″ hat CHAO[5] die Richtungsverteilung der Streustrahlung von Aluminium und Blei gemessen. Er erhielt mit Al im Winkelbereich 22 bis 135° gute Übereinstimmung mit der nach der Klein-Nishina-Formel berechneten Verteilung, mit Pb dagegen bei den Streuwinkeln 90 und 135° einen beträchtlichen Überschuß

[1] J. NEUKIRCHEN, ZS. f. Phys. Bd. 6, S. 606. 1921.
[2] D. C. H. FLORANCE, Phil. Mag. Bd. 27, S. 225. 1914.
[3] K. W. F. KOHLRAUSCH, Wiener Ber. Bd. 128, S. 853. 1919.
[4] A. H. COMPTON, Phil. Mag. Bd. 41, S. 749. 1921.
[5] C. Y. CHAO, Phys. Rev. Bd. 36, S. 1519. 1930.

über die nach dieser Formel berechnete Intensität. Die mittlere Härte der unter diesen Winkeln gestreuten Strahlung erwies sich als erheblich größer, als man sie für eine normale Comptonstreuung erwarten sollte; dies wäre zu erwarten, wenn es sich um eine Streuung durch den Atom*kern* handelte. Die Intensität der mit anomaler Härte zerstreuten Strahlung soll nach CHAO in erster Näherung unabhängig vom Streuwinkel sein.

Die von den Atomkernen infolge der zusätzlichen Schwächung (Ziff. 29) ausgesandte Strahlung ist ferner von MEITNER und HUPFELD einerseits, von GRAY und TARRANT anderseits durch Absorptionsmessungen näher untersucht worden. MEITNER und HUPFELD[1] verwendeten die mit 3 cm Pb gefilterte γ-Strahlung des RaC, die unter 90° an Fe bzw. Pb gestreut wurde. Während die am Eisen gestreute Strahlung gerade diejenige Härte zeigte, die ihr infolge der COMPTONschen Wellenlängenänderung zukommt, ergab sich am Pb ein Strahlen*gemisch* aus weicheren und härteren Komponenten. Die nach starker Filterung übrigbleibende härteste Komponente entsprach einem Absorptionskoeffizienten $\mu_{\text{Pb}} = 0{,}56\,\text{cm}^{-1}$, stimmte also praktisch mit der Primärstrahlung überein ($\mu_{\text{Pb}} = 0{,}555\,\text{cm}^{-1}$). Damit schien der Nachweis erbracht, daß es sich bei der Zusatzabsorption durch den Pb-Kern um eine Streuung am Atomkern ohne Wellenlängenänderung handelt. Dieser Schluß ist aber wieder zweifelhaft geworden durch Messungen von GRAY und TARRANT[2]. Die englischen Forscher arbeiteten mit ThC''γ-Strahlung bei größeren Streuwinkeln und schließen aus ihren Härtemessungen, daß höchstens 2% der vom Pb-Kern infolge der Zusatzabsorption nach rückwärts emittierten Strahlung gleiche Härte wie die Primärstrahlung haben können. GRAY und TARRANT[3] haben die Absorptionskurven der unter 125 bzw. 145° emittierten Sekundärstrahlung von Pb, Sn, Fe und H_2O ermittelt. Sämtliche Absorptionskurven lassen sich deuten durch die Annahme von zwei Komponenten mit Wellenlängen $\lambda = 13{,}5 \cdot 10^{-11}$ bzw. $27 \cdot 10^{-11}$ cm ($0{,}92 \cdot 10^6$ bzw. $0{,}47 \cdot 10^6$ e-Volt); die verschiedenen Elemente unterscheiden sich nur dadurch, daß die beiden Komponenten verschieden stark vertreten sind. Nach GRAY und TARRANT handelt es sich dabei um eine vermutlich durch α-Teilchen emittierte charakteristische Kernstrahlung, die durch genügend harte γ-Strahlung angeregt werden kann. Die minimale, gerade noch zur Anregung ausreichende $h\nu$-Energie wird aus Absorptionsmessungen mit RaCγ-Strahlung zu $1{,}8 \cdot 10^6$ e-Volt ($\sim$ ca. $7 \cdot 10^{-11}$ cm) geschätzt. Aus Messungen der „Fluoreszenzausbeute" schließen GRAY und TARRANT, daß jeder angeregte Kern *mehrere* γ-Strahlquanten emittieren soll; trotzdem bleibt aber noch die Frage offen, was der absorbierende Kern mit dem beträchtlichen Überschuß über die Anregungsenergie ($2{,}65 \cdot 10^6 - 1{,}8 \cdot 10^6$ e-Volt!) anfängt. Die theoretischen Versuche[4] zur Deutung des ganzen Erscheinungskomplexes scheinen in Anbetracht der noch ungeklärten experimentellen Lage verfrüht zu sein.

Ein negatives Resultat hatten Versuche von W. KUHN[5], eine „Kernresonanz" durch einen Unterschied der Streuung von ThC''γ-Strahlung an dem Bleiisotop RaG gegenüber derjenigen an gewöhnlichem Blei nachzuweisen.

31. Die von γ-Strahlen ausgelöste sekundäre Elektronenstrahlung. Hochatomige Elemente senden, mit γ-Strahlen bestrahlt, eine sekundäre Elektronenstrahlung aus, welche homogene Geschwindigkeitsgruppen enthält; diese sind

[1] L. MEITNER u. H. H. HUPFELD, Naturwissensch. Bd. 19, S. 775. 1931; ZS. f. Phys. Bd. 75, S. 705. 1932.

[2] L. H. GRAY u. G. T. P. TARRANT, Proc. Roy. Soc. London Bd. 136, S. 687. 1932.

[3] L. H. GRAY u. G. T. P. TARRANT, Proc. Roy. Soc. London Bd. 136, S. 662. 1932.

[4] G. BECK, Naturwissensch. Bd. 18, S. 896. 1930; berichtigt durch: L. LANDAU, ebenda Bd. 18, S. 1112. 1930; A. BRAMBERG, Phys. Rev. Bd. 39, S. 378. 1932.

[5] W. KUHN, Phil. Mag. Bd. 8, S. 625. 1929.

als Photoelektronen zu deuten. Wählt man als Elektronenstrahler ein Element, welches isotop ist mit dem Radioelement, welches die γ-Strahlen aussendet (z. B. Blei bei RaB[1]), so stimmt dieses sekundäre Geschwindigkeitsspektrum sehr weitgehend mit demjenigen der primären β-Strahlen überein, welche die γ-Strahlung eines radioaktiven Elementes stets begleiten. Hiernach sind auch die primären Linienspektra als durch die γ-Strahlung erzeugt aufzufassen. Diese sind von MEITNER, ELLIS u. a. sehr eingehend untersucht worden, worüber in Bd. XXII/1 ds. Handbs. 2. Aufl. ausführlicher berichtet wird. Das Auftreten homogener β-Strahlengruppen beweist die Existenz eines Linienspektrums in der γ-Strahlung; die Wellenlängen der Linien lassen sich nach den Prinzipien der Ziff. 20 des vorigen Kapitels messen. Auch an leichtatomigen Elementen lösen die γ-Strahlen des Radiums eine Elektronenstrahlung aus, die ihrer Geschwindigkeitsverteilung nach noch nicht näher untersucht ist; es kann aber kaum ein Zweifel darüber bestehen, daß diese Elektronen praktisch ausschließlich Rückstoßelektronen mit kontinuierlicher Geschwindigkeitsverteilung, keine Photoelektronen sind. Als entscheidende Argumente hierfür sind anzusehen, daß 1. die Schwächung der γ-Strahlen in diesem Fall praktisch nur durch Zerstreuung erfolgt (Ziff. 29), und daß 2. diese Zerstreuung mindestens zum überwiegenden Teil Quantenstreuung ist, wie der Grad der Härteänderung zeigt[2], so daß Rückstoßelektronen auftreten müssen. Hieraus ist weiter zu schließen, daß auch bei hochatomigen Strahlern über das Linienspektrum der Photoelektronen ein intensives Rückstoßelektronenspektrum gelagert ist, welches kontinuierliche Geschwindigkeitsverteilung zeigt, denn selbst bei hochatomigen Mitteln und schwach gefilterten Strahlen ist die Zerstreuung noch von der gleichen Größenordnung wie die Absorption. Die Existenz dieses Kontinuums wird auch durch das Aussehen der β-Strahlenspektren wahrscheinlich gemacht.

Solange die Photoelektronen nicht experimentell von den Rückstoßelektronen getrennt wurden, konnte aus den Messungen über die *Intensität* der Sekundärelektronen nur auf den gesamten Elektronenemissionskoeffizienten geschlossen werden (in unserer Bezeichnung $k + \sigma_r$). Aus den Messungen von KOHLRAUSCH und SCHRÖDINGER[3] geht hervor, daß dieser Koeffizient, auf die Masseneinheit bezogen, bei schwach gefilterter Radiumstrahlung für die leichtatomigen Elemente bis etwa zum Zink annähernd konstant ist, um dann mit dem Atomgewicht anzusteigen. Da dieser Verlauf auch ungefähr der des Schwächungskoeffizienten ist, kann man dies so deuten, daß σ_r/ϱ unabhängig vom Atomgewicht ist, und daß vom Zink ab die Photoemission sich in steigendem Maße bemerkbar macht.

Vielfach wurde die Einfalls- und Austrittselektronenstrahlung getrennt durch Ionisationsmessungen bestimmt und das Verhältnis beider, die Asymmetrie, berechnet. Die hierbei benutzten Verfahren sind im Prinzip ganz dieselben, welche bei den Röntgenelektronen angewandt wurden (Ziff. 16 des vor. Kap.); besondere Maßnahmen mußten aber zur Beseitigung der primären β-Strahlen und zur genügenden Ausblendung des γ-Strahlenbündels getroffen werden. Auch hier ist wie bei den Röntgenelektronen die Dicke des Elektronenstrahlers von entscheidendem Einfluß auf die Meßresultate. Die Tabelle 22, welche der Arbeit von BRAGG und MADSEN[4] entnommen ist, bezieht sich auf verhältnismäßig dicke Strahler. Man sieht, daß für leichtatomige Strahler die Asymmetrie in demselben Sinne wie bei den Röntgenstrahlen auftritt, daß sie aber viel aus-

[1] E. RUTHERFORD, H. ROBINSON u. W. F. RAWLINSON, Phil. Mag. Bd. 28, S. 281. 1914.
[2] A. H. COMPTON, Phil. Mag. Bd. 46, S. 897. 1923.
[3] K. W. F. KOHLRAUSCH u. E. SCHRÖDINGER, Wiener Ber. Bd. 123, S. 1319. 1914.
[4] W. H. BRAGG u. J. P. V. MADSEN, Phil. Mag. Bd. 16, S. 918. 1908.

geprägter ist, und zwar für harte (gefilterte) Strahlen noch stärker als für weiche (ungefilterte). Mit zunehmendem Atomgewicht des Strahlers nimmt die Asymmetrie ab und scheint sich bei den schwersten Elementen sogar umzukehren, so daß hier die Einfallsstrahlung intensiver als die Austrittsstrahlung wird. Diese Umkehrung beobachteten auch KOHLRAUSCH und SCHRÖDINGER[1] sowie PRELINGER[2]. ENDERLE[3] schließt jedoch aus seinen Versuchen, daß die Umkehrung dadurch vorgetäuscht wird, daß bei den gewöhnlich benutzten Strahlerdicken schon eine merkliche Absorption der γ-Strahlen erfolgt, so daß die Austrittsstrahlung einer kleineren γ-Intensität zugehört als die Einfallsstrahlung. Nimmt man den Strahler genügend dünn, so ergibt sich auch bei hochatomigen Substanzen eine Asymmetrie, welche größer als 1 ist. ENDERLES Werte für die Asymmetrie bei dünnen Strahlern und sehr stark gefilterten γ-Strahlen zeigt Tabelle 23.

Tabelle 22. Intensität sekundärer β-Strahlen (BRAGG u. MADSEN).

Elektronenstrahler	Weiche γ-Strahlen		Harte γ-Strahlen	
	Einfallsstrahlung	Austrittsstrahlung	Einfallsstrahlung	Austrittsstrahlung
C	170	2280	58	1150
Al	280	1810	120	795
S	340	1575	154	685
Fe	487	1350	163	560
Cu	558	—	202	523
Zn	618	1160	224	485
Sn	1051	1170	333	303
Pb	1723	2001	497	470

Tabelle 23. Asymmetrie A sekundärer β-Strahlen bei dünnen Strahlern (ENDERLE).

Strahler	Al	Fe	Ni	Cu	Ag	Au	Pb
A:	9,2	2,2	2,1	2,16	1,7	1,1	1,1

Soweit die Sekundärelektronen Rückstoßelektronen sind, wäre nach der Theorie eine unendlich große Asymmetrie zu erwarten, d. h. die Einfallsstrahlung müßte ganz verschwinden. Daß der experimentelle Befund hiervon abweicht, ist teils auf den Einfluß der Photoelektronen, teils auf die Zerstreuung und Absorption der Elektronen in dem verhältnismäßig dicken Strahler zurückzuführen. Man kann deshalb für den endgültigen Vergleich mit der Theorie wohl nur Versuche an sehr dünnen Strahlern bzw. Gasen heranziehen (s. weiter unten). Auf sekundäre Einflüsse ist wohl auch zurückzuführen, daß die Intensität der Austrittsstrahlung ein Minimum etwa beim Zink aufweist[4]. Man kann sich etwa vorstellen, daß der anfängliche Abfall mit zunehmendem Atomgewicht auf dem wachsenden Einfluß der Zerstreuung, der dann folgende Anstieg auf dem Einsetzen der Photoemission beruht; hierfür spricht, daß bei stärkerer Filterung der γ-Strahlen, d. h. Unterdrückung der Photoemission zugunsten der Rückstoßemission, das Minimum flacher wird. Die Einfallsstrahlung steigt mit dem Atomgewicht regelmäßig an, offenbar infolge zunehmender Zerstreuung.

Erheblich größere Werte der Asymmetrie hat FRÄNZ[5] mit einer ähnlichen Zählanordnung erhalten, wie sie von BOTHE zur Bestimmung der Richtungsverteilung der Photoelektronen von Röntgenstrahlen benutzt wurde (Kap. 1, Ziff. 39). Mit Kohlenstoff als Sekundärstrahler erhielt FRÄNZ praktisch nur Rückstoßelektronen, deren Verteilung annähernd der Formel (41) von COMPTON

[1] K. W. F. KOHLRAUSCH u. E. SCHRÖDINGER, Wiener Ber. Bd. 123, S. 1319. 1914.
[2] H. PRELINGER, Wiener Ber. Bd. 130, S. 279. 1921.
[3] A. ENDERLE, Wiener Ber. Bd. 131, S. 589. 1922.
[4] W. H. BRAGG u. J. P. V. MADSEN, Phil. Mag. Bd. 16, S. 918. 1908; A. S. EVE, ebenda Bd. 18, S. 275. 1909; HACKETT, Trans. Roy. Dubl. Soc. Bd. 9, S. 201. 1909.
[5] H. FRÄNZ, ZS. f. Phys. Bd. 39, S. 92. 1926.

und HUBBARD entsprach. Mit Blei als Sekundärstrahler dagegen wurde ein deutliches Maximum bei etwa 40° gefunden, das offenbar durch Photoelektronen verursacht war.

Genauere und sehr weitgehende Versuche über die wahre Richtungsverteilung der Sekundärelektronen hat SKOBELZYN[1] mit der Nebelkammer gemacht. Untersucht wurden wieder die γ-Strahlen eines starken RaC-Präparats, die in einem fein ausgeblendeten Bündel in die Nebelkammer eintraten. Um die Anfangsenergie der Rückstoßelektronen unmittelbar aus der Bahnkrümmung zu entnehmen, wurde ein Magnetfeld von ca. 1000 Gauß an die Nebelkammer gelegt.

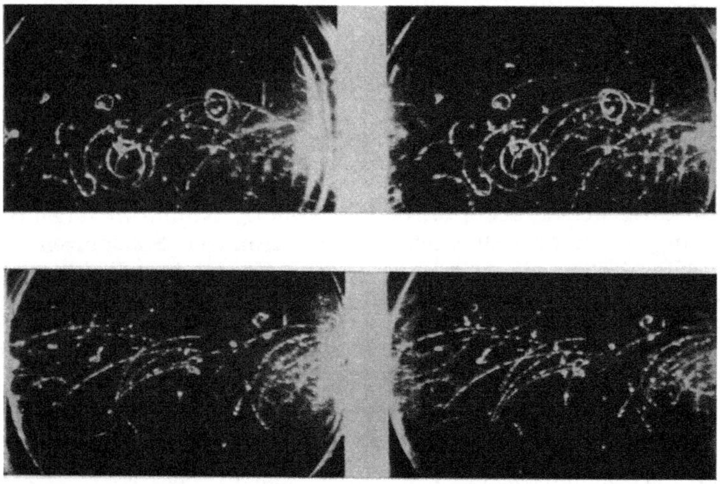

Abb. 33. Nebelkammeraufnahmen der Rückstoßelektronen von gefilterten γ-Strahlen (RaC) im Magnetfeld (SKOBELZYN)

Da es sich meist um Rückstoßelektronen von sehr großer Geschwindigkeit (200 bis 3000 kV) handelt, machen sich allmähliche Richtungsänderungen durch Vielfachstreuung praktisch gar nicht und plötzliche Richtungsänderungen durch Einzelstreuung nur selten bemerkbar (vgl. Abb. 33). Das sehr umfangreiche Beobachtungsmaterial wurde von SKOBELZYN mit Hilfe des Stereokomparators sorgfältig ausgewertet[2] und brachte zum erstenmal entscheidende Belege für

Tabelle 24. Richtungsverteilung der Rückstoßelektronen von γ-Strahlen des RaC (nach SKOBELZYN).

Winkelbereich	Gefiltert durch 3,5 mm Pb					Gefiltert mit 11,3 mm Pb	
	Beob.	Berechnet nach				Beob.	Berechnet nach KLEIN-NISHINA
		KLEIN-NISHINA		DIRAC-GORDON			
	N_0	N_1	$\frac{\lvert N_1 - N_0\rvert}{N_1}$	N_2	$\frac{\lvert N_2 - N_0\rvert}{N_2}$	N_0	N_1
0 bis 10°	117	95	0,23	48	1,44	64	44
10 ,, 20°	149	150	0,007	93	0,60	66	67
20 ,, 40°	242	264	0,08	280	0,14	82	108
40 ,, 60°	215	226	0,05	287	0,25	92	84
60 ,, 80°	161	144	0,12	171	0,06	46	50
80 ,, 90°	19	21	0,095	22	0,14	9	7

[1] D. SKOBELZYN, ZS. f. Phys. Bd. 28, S. 278. 1924; Bd. 43, S. 354. 1927; Bd. 58, S. 595. 1929; Bd. 65, S. 773. 1930; Bd. 67, S. 146. 1931.

[2] D. SKOBELZYN, ZS. f. Phys. Bd. 65, S. 773. 1930.

die Richtigkeit der nach der relativistischen Quantenmechanik entwickelten Theorie von KLEIN und NISHINA[1], während die älteren quantenmechanischen Theorien von DIRAC und GORDON hier offensichtlich versagen. Die Beobachtungen ermöglichen trotz der ziemlich starken Inhomogenität der γ-Strahlung (RaC, gefiltert durch 3,5 mm Pb, zum Teil 11,3 mm Pb) eine genaue Prüfung der Theorie, weil die Richtungsverteilung sich mit der Wellenlänge nur unbeträchtlich ändert. Die Ergebnisse der Messungen sind in der Tabelle 24 zusammengestellt; sie sprechen entschieden gegen die DIRAC-GORDONsche und für die KLEIN-NISHINAsche Theorie. Die verhältnismäßig gute Übereinstimmung besteht allerdings nur dann, wenn die beobachteten Häufigkeitszahlen in großen Winkelintervallen zusammengefaßt werden (vgl. auch Abb. 34). Bei der Aufteilung auf kleinere Winkelintervalle (2°) ergaben sich bei den verschiedenen Versuchsreihen systematische Abweichungen, deren Erklärung durch bloße statistische Schwankungen nach SKOBELZYN sehr unwahrscheinlich ist. Es hat nach SKOBELZYN den Anschein, als ob der Häufigkeitswert in Abhängigkeit von der Richtung mit beträchtlicher Amplitude um die mittlere, mit der nach KLEIN-NISHINA berechneten nahe zusammenfallende Kurve schwankt; eine Erklärung für dieses sonderbare Verhalten kann nicht gegeben werden.

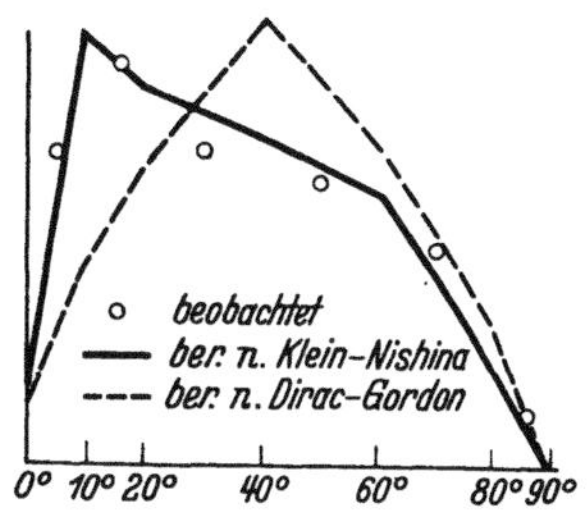

Abb. 34. Richtungsverteilung der Rückstoßelektronen der γ-Strahlung von RaC, gefiltert durch 3,5 mm Pb. (SKOBELZYN).

In neuerer Zeit hat SKOBELZYN die Messungen auf die härtere γ-Strahlung des ThC'' ausgedehnt. Dabei machte er die bemerkenswerte Feststellung[2], daß die durch 3 bis 4 cm Pb gefilterte γ-Strahlung nicht, wie allgemein angenommen worden ist, homogen ist, sondern noch zu einem beträchtlichen Anteil (30 bis 40%) weichere Komponenten als die Hauptgruppe bei $\lambda = 4{,}7 \cdot 10^{-11}$ cm enthält. Auch bei diesen Versuchen[3] zeigte die beobachtete Richtungsverteilung der Rückstoßelektronen wieder Abweichungen von der Klein-Nishina-Formel, die außerhalb der statistischen Fehlergrenzen liegen.

---

[1] Vgl. Ziff. 15.
[2] D. SKOBELZYN, C. R. Bd. 194, S. 1568. 1932.
[3] D. SKOBELZYN, C. R. Bd. 194, S. 1914. 1932.

Kapitel 3.

Das kontinuierliche Röntgenspektrum.

Von

HELMUTH KULENKAMPFF, München.

Mit 42 Abbildungen.

I. Allgemeines.

1. Die Strahlung einer Röntgenröhre. Untersucht man mit einem Spektrometer die Strahlung einer Röntgenröhre, so zeigt sich stets ein kontinuierliches Spektrum, dem sich die für das Material der Antikathode charakteristischen Spektrallinien überlagern. Daß die Strahlung nicht einheitlich ist, ist schon aus frühesten Untersuchungen bekannt, bei denen die Absorbierbarkeit der Strahlung in Schichten verschiedener Dicke bestimmt wurde. Verfeinerungen dieser Absorptionsanalyse der Strahlung ermöglichten auch bereits die Ermittlung der wesentlichen Eigenschaften der charakteristischen Strahlung.

Die sichere Feststellung eines kontinuierlichen Untergrundes und insbesondere seiner speziellen Beschaffenheit ist aber auf solchem Wege allein nicht möglich. Sie erfordert eine exakte spektrale Zerlegung der Strahlung, wie sie erstmalig im Jahre 1912 durch die Entdeckung der Interferenz am Kristallgitter von LAUE, FRIEDRICH und KNIPPING ermöglicht wurde.

Der bekannte Interferenzversuch von LAUE und seinen Mitarbeitern beweist zugleich die Existenz eines kontinuierlichen Spektrums. Nach der allgemeinen Theorie der Raumgitterinterferenzen besteht eine feste Beziehung zwischen der Gitterkonstanten des Kristalls, dem Einfallswinkel φ der Strahlung und der Wellenlänge λ der den Interferenzpunkt erzeugenden Strahlung. Da bei der LAUEschen Anordnung φ fest vorgegeben ist, ist die Tatsache, daß ein Interferenzbild stets erhalten wird, nur so zu deuten, daß jede geforderte Wellenlänge (innerhalb gewisser Grenzen) in der Strahlung auch vorhanden ist, diese also eine kontinuierliche Folge von Wellenlängen enthalten muß. Besondere Versuche von WULFF und USPENSKI[1] und von WAGNER[2] bestätigten überdies, daß die Strahlung eines einzelnen Interferenzpunktes, die monochromatisch sein muß, ihrerseits nicht imstande ist, ein vollständiges Interferenzbild zu erzeugen.

Prinzipiell erscheint es möglich, aus den Intensitäten der einzelnen Interferenzpunkte im Lauediagramm die relative Stärke der zugehörigen Wellenlängen in der einfallenden Strahlung abzuleiten. Im einzelnen ist aber dieses Problem so kompliziert, daß dahinzielende Rechnungen[3] erfolglos bleiben mußten. Als brauchbar und in der Folge äußerst fruchtbar erwies sich die BRAGGsche Methode der Reflexion an der äußeren Spaltfläche eines Kristalls. BRAGG selbst konnte

[1] G. WULFF u. N. USPENSKI, Phys. ZS. Bd. 14, S. 785. 1913.
[2] E. WAGNER, Phys. ZS. Bd. 14, S. 1232. 1913.
[3] P. P. EWALD, Ann. d. Phys. Bd. 44, S. 257. 1914.

auf diese Weise zuerst die Linien der charakteristischen Strahlung spektral nachweisen; MOSELEY und DARWIN[1] konnten, bei größerer Empfindlichkeit ihrer Anordnung, die Form des kontinuierlichen Untergrundes zum ersten Male näher untersuchen. Sie fanden dabei eine Verteilungskurve, welche ihrer Gestalt nach die Analogie zum Spektrum der Wärmestrahlung nahelegte. 1915 stellten dann DUANE und HUNT[2] fest, daß, sofern die Röntgenröhre mit definierter Spannung betrieben wird, das Spektrum auf der kurzwelligen Seite scharf begrenzt ist. Damit war experimentell gezeigt, daß auch im kontinuierlichen Spektrum der einzelne Strahlungsprozeß als quantenhaft zu betrachten ist.

Es kann damit die Frage auftauchen, ob etwa das kontinuierliche Spektrum in Wahrheit aus einer diskontinuierlichen Folge sehr eng benachbarter Linien bestehe. Eine experimentelle Beantwortung dieser Frage ist letzten Endes abhängig vom erreichbaren Auflösungsvermögen der Spektrometer; mit den besten verfügbaren Mitteln ist jedoch eine Struktur nicht nachweisbar. Eine solche kann auch ausgeschlossen werden auf Grund sehr allgemeiner Vorstellungen über die Entstehung des kontinuierlichen Spektrums.

2. Die Grundvorstellung über die Entstehung der Bremsstrahlung. Schon bald nach der Entdeckung der Röntgenstrahlen haben STOKES, WIECHERT und THOMSON sie als eine elektromagnetische Strahlung gedeutet. Ausgehend von der Tatsache, daß Röntgenstrahlen stets dann entstehen, wenn Elektronen großer Geschwindigkeit auf ein materielles Hindernis treffen, haben sie die Vorstellung entwickelt, daß das einzelne Elektron bei seinem Auftreffen auf die Antikathode gebremst wird. Nach den allgemeinen Gesetzen der klassischen Elektrodynamik muß ein solcher Vorgang mit der Emission einer elektromagnetischen Strahlung verknüpft sein, und diese, die „*Bremsstrahlung*“, tritt als Röntgenstrahlung in die Erscheinung.

Die weitere Berechnung der Ausstrahlung nach dieser einfachen Vorstellung setzt voraus die nähere Kenntnis des Bremsvorganges, d. h. der Beschleunigung nach Größe und Richtung; die Arbeiten aus älterer Zeit, die sich hiermit befassen, aber im wesentlichen nur noch historisches Interesse haben, mögen hier im einzelnen übergangen werden. Allgemein ergibt sich die Bremsstrahlung als ein einmaliger Impuls, vergleichbar etwa einem akustischen Knall, zu dessen Charakterisierung man früher den Begriff einer „Impulsbreite“ einführte. Die Möglichkeit einer spektralen Zerlegung der Strahlung bedeutet, mathematisch gesprochen, die Fourieranalyse dieses Impulses; sie führt von der Impulsbreite zur Wellenlänge und zur Energieverteilung im Spektrum.

Eine solche rein klassische Auffassung des Strahlungsvorganges unterscheidet sich von der heutigen wesentlich dadurch, daß bei ihr ein einzelnes Elektron bei der Bremsung ein ganzes Spektrum emittiert. Wegen des Quantencharakters der Strahlung ist dies aber nicht möglich. STARK[3] hat als erster klar darauf hingewiesen, daß die Strahlung des einzelnen Elektrons monochromatisch anzunehmen ist, mit einer Frequenz, die nach der allgemeinen Quantenbedingung aus der Energie des Elektrons folgt. Die Entdeckung der kurzwelligen Grenze des Spektrums durch DUANE und HUNT hat experimentell bewiesen, daß diese Auffassung richtig ist.

Nimmt man an, daß jedes an der Gesamtstrahlung beteiligte Elektron seine ganze kinetische Energie umsetzt, also auf die Geschwindigkeit Null gebremst wird, so müßte eine monochromatische Strahlung entstehen, wenn alle Elektronen gleiche Anfangsenergie haben. Das Auftreten eines kontinuierlichen

[1] J. H. MOSELEY u. C. G. DARWIN, Phil. Mag. Bd. 26, S. 210. 1913.
[2] W. DUANE u. F. L. HUNT, Phys. Rev. Bd. 6, S. 166. 1915.
[3] J. STARK, Phys. ZS. Bd. 8, S. 881. 1907.

Spektrums hat WAGNER[1] so zu deuten versucht, daß die Elektronen innerhalb der Antikathode bis zum Augenblick der Strahlungsemission Energieverluste verschiedenen Betrages erfahren, daß also eine kontinuierliche Verteilung der Anfangsenergien vorhanden ist. Die Energieverteilung im Spektrum und ihre Abhängigkeit von der Primärgeschwindigkeit der Elektronen zeigt aber, daß eine solche Deutung nicht möglich ist: bei Erhöhung der Primärgeschwindigkeit dürfte dann nämlich, entgegen der Beobachtung, die Intensität im langwelligen Teil des Spektrums nicht zunehmen. Durch neuere Versuche (Ziff. 20 und 22) ist außerdem direkt gezeigt worden, daß auch bei Ausschaltung von Energieverlusten ein kontinuierliches Spektrum entsteht.

Man muß also die Vorstellungen dahingehend verallgemeinern, daß ein Elektron von der Anfangsenergie E_1 auf eine Restenergie E_2 gebremst wird und nur die Differenz als Strahlung

$$h\nu = E_1 - E_2 \tag{1}$$

emittiert, wobei $E_1 \geqq E_2 \geqq 0$ ist. Die Anfangsenergie E_1 ist vorgegeben durch die beschleunigende Spannung an der Röntgenröhre bzw. durch die Verteilung, die sich im Innern einer Antikathode einstellt. Die Restenergie E_2 kann innerhalb der angegebenen Grenzen jeden beliebigen Wert annehmen.

Die Gestalt des Spektrums ist hiernach bestimmt durch die Statistik der Energieumsetzungen. Ein Versuch, sie theoretisch zu verstehen, führt also auf das Problem, die Wahrscheinlichkeit bestimmter Werte E_2 zu berechnen. Die einfache Quantentheorie liefert bekanntlich keinerlei Aussagen hierüber; verschiedene Versuche[2], sie durch mehr oder weniger willkürliche ad hoc-Annahmen über die Wahrscheinlichkeitsgesetze zu ergänzen, können hier übergangen werden, zumal sie auch nicht zu brauchbaren Resultaten führten.

3. Die klassisch-korrespondenzmäßige Theorie. Eine Berechnung unter allgemeinen Gesichtspunkten ermöglichte zuerst das BOHRsche Korrespondenzprinzip. Es liefert eine, allerdings formale, Vorschrift zur Berechnung von Wahrscheinlichkeiten der Ausstrahlung zunächst für das Gebiet der Serienspektren, d. h. für periodische Vorgänge. KRAMERS[3] und WENTZEL[4] haben gezeigt, daß es in sinngemäßer Umdeutung auch auf unperiodische Vorgänge, im speziellen auf das Problem der Bremsstrahlung, übertragen werden kann. Ausgangspunkt der Rechnung ist die Strahlung, wie sie sich nach den Angaben in Ziff. 2 aus den Ansätzen der klassischen Elektrodynamik ergibt; der Bremsvorgang muß also im einzelnen bekannt sein. Hierfür wird die Bewegung angenommen, die ein Elektron im COULOMBschen Felde des positiven Atomkernes beschreiben muß. Die Bahn ist eine Keplerhyperbel, die durch die Anfangsgeschwindigkeit des Elektrons, die Ladung des Atomkernes und den Abstand zwischen Atomkern und der anfänglichen Bahnrichtung gegeben ist; die Berechnung der Ausstrahlung ist dann ein rein mathematisches Problem. Die Fourieranalyse des Vorganges liefert das klassische Spektrum.

Gemäß dem oben Gesagten bedarf es nun einer Umdeutung im quantentheoretischen Sinne; die Hyperbelbahnen werden im allgemeinen strahlungslos durchlaufen und nur gelegentlich „springt" ein Elektron von einer Bahn mit der Anfangsenergie E_1 auf eine Bahn mit der kleineren Endenergie E_2. Das

---

[1] E. WAGNER, Phys. ZS. Bd. 21, S. 621. 1920.

[2] BERGEN DAVIS, Phys. Rev. Bd. 9, S. 64. 1917; A. MARCH, Phys. ZS. 1921 bis 1923 (zusammenfassende Darstellung Ann. d. Phys. Bd. 75, S. 711. 1924); H. BRILLOUIN, C. R. Bd. 170, S. 274. 1920.

[3] H. A. KRAMERS, Phil. Mag. Bd. 46, S. 836. 1923.

[4] G. WENTZEL, ZS. f. Phys. Bd. 27, S. 257. 1924.

Korrespondenzprinzip besagt, daß die hierbei emittierte Frequenz ν nach bestimmter Vorschrift einer Frequenz ν_{kl} des klassischen Spektrums zuzuordnen ist, und daß die Wahrscheinlichkeit des quantentheoretischen Überganges der klassischen Intensität gleichzusetzen ist. Die Relation zwischen ν und ν_{kl} selbst ist durch das Korrespondenzprinzip nicht bestimmt, ebenso wie es die Frage offen läßt, welche der beiden Bahnen des Elektrons — Anfangs- oder Endbahn — für die Berechnung der klassischen Ausstrahlung zu benutzen ist.

KRAMERS sieht die ergänzende Vorschrift darin, daß

$$\nu = \nu_{kl}$$

zu setzen ist. Damit wird die Energieverteilung im Spektrum gleich der im klassischen, jedoch nur bis zur Grenzfrequenz ν_0. Größere Frequenzen werden tatsächlich nicht emittiert; das korrespondierende klassische Spektrum muß also an dieser Stelle abgeschnitten werden[1]. Abweichend hiervon hat WENTZEL für die Zuordnung eine Vorschrift abgeleitet, die dem bei korrespondenzmäßigen Rechnungen üblichen Verfahren bei den Serienspektren entspricht und die eine Zusammenschiebung des klassischen Spektrums von der Art bedeutet, daß die quantentheoretische Grenzfrequenz ν_0 dem klassischen Wert $\nu_{kl} = \infty$ korrespondiert. Die nähere Berechnung zeigt, daß beide Vorschriften für die Energieverteilung im Spektrum zum gleichen Ergebnis führen.

Die weiteren Rechnungen hat KRAMERS so durchgeführt, daß er die Anfangsbahn zugrunde legte, während WENTZEL eine zwischen Anfangs- und Endbahn liegende wählte. Ein Vergleich mit dem experimentellen Befund zeigt, daß der Ansatz von KRAMERS in guter Näherung die richtige Energieverteilung liefert, während der von WENTZEL in diesem Falle zu einem wesentlich abweichenden Resultat führt.

Die Rechnungen sind sowohl von KRAMERS wie auch von WENTZEL nur unter der Voraussetzung kleiner Elektronengeschwindigkeiten, bei denen relativistische Glieder vernachlässigt werden können, durchgeführt. Eine weitere Vereinfachung liegt darin, daß allein das Feld des Atomkernes betrachtet wird, ohne Rücksicht auf eine etwaige Abschirmung durch die Atomelektronen. Schließlich ist angenommen, daß die klassische Ausstrahlung auf der Hyperbelbahn klein ist gegenüber der kinetischen Energie des Elektrons. Beachtet man gerade den letzten Umstand, so läßt sich gemäß der KRAMERSschen Anwendung des Korrespondenzprinzips der wesentliche Inhalt der Theorie sehr einfach dahin formulieren, daß bis zur Grenzfrequenz das Spektrum gleich dem rein klassisch berechneten ist.

4. Die wellenmechanische Theorie. Eine exakte Grundlage zur mathematischen Behandlung dieser Probleme liefert die Wellenmechanik, allerdings unter Verzicht auf ein unmittelbar physikalisch-anschauliches Verständnis der Einzelvorgänge. Die Anwendung auf die Bremsstrahlung ist zuerst von OPPENHEIMER[2] in Angriff genommen worden; eingehend ist sodann die Theorie einerseits durch SUGIURA[3], andererseits durch SOMMERFELD[4] und anschließende Arbeiten von SCHERZER[5] und MAUE[6] ausgebaut worden. Auch diese Rechnungen

[1] Die größeren Frequenzen des klassischen Spektrums werden ergänzend solchen Übergängen zugeordnet, bei denen das Elektron in einer der stationären Bahnen des Atoms eingefangen wird. Dieser Teil der Theorie ist von Bedeutung für die Berechnung der Absorption (vgl. dazu Kap. 1 des vorl. Bandes).

[2] J. R. OPPENHEIMER, ZS. f. Phys. Bd. 55, S. 725. 1929.

[3] Y. SUGIURA, Scient. Pap. Inst. of Phys. a. Chem. Res. Tokyo Bd. 11, S. 251. 1929; Bd. 13, S. 23. 1930; Phys. Rev. Bd. 34, S. 858. 1929.

[4] A. SOMMERFELD, Ann. d. Phys. Bd. 11, S. 257. 1931.

[5] O. SCHERZER, Ann. d. Phys. Bd. 13, S. 137. 1932.

[6] A.-W. MAUE, Ann. d. Phys. Bd. 13, S. 161. 1932.

beschränken sich auf kleine Geschwindigkeiten und den Fall reiner, nicht abgeschirmter Kernladungsfelder[1]. Die mathematischen Schwierigkeiten sind aber auch dann noch sehr groß und zwingen zu weiteren Näherungen, die den praktischen Wert der Theorie vielfach beeinträchtigen. Eine an sich sehr wünschenswerte allgemeine theoretische Beschreibung der Eigenschaften der Bremsstrahlung, die insbesondere über die experimentell erforschten Einzelfragen hinaus eine Verallgemeinerung und Extrapolation ermöglichen würde, steht auch von dieser Seite noch aus.

Die Grundlagen der wellenmechanischen Ansätze sind an anderer Stelle dieses Handbuches behandelt und müssen hier übergangen werden. Die Vorstellung eines am Kern gebremsten Elektrons ist die gleiche wie in der klassischen Theorie, jedoch brauchen, wie SOMMERFELD bemerkt, über den Bremsvorgang selbst keine bestimmten Annahmen gemacht zu werden. Es werden lediglich Anfangs- und Endzustand des Elektrons durch die zugehörigen ψ-Werte charakterisiert, und zwar werden beide Zustände gleichzeitig und im ganzen Raum, also nicht nur auf je einer Seite des Atomkernes, angenommen. Die Ausstrahlung berechnet sich dann, wie in der klassischen Theorie aus den elektrischen Momenten, hier aus den Matrixelementen.

Die mathematischen Methoden der Rechnung sind bei SUGIURA und SOMMERFELD im einzelnen verschieden. Über die Ergebnisse ist weiter unten im Zusammenhang mit den einschlägigen Beobachtungen Näheres gesagt.

5. Richtungseffekte. Bei der üblichen Erzeugungsweise der Röntgenstrahlen ist durch die einfallenden Kathodenstrahlen eine Vorzugsrichtung im Raume gegeben. Die allgemeine Vorstellung eines Bremsvorganges läßt deshalb erwarten, daß einerseits die Energie der emittierten Strahlung nicht kugelsymmetrisch verteilt ist, sondern von der Richtung gegen die Kathodenstrahlachse, dem „Azimut" ϑ, abhängt; es ist weiter zu erwarten, daß die Strahlung polarisiert ist. Der Betrag der Unsymmetrie und der Polarisation ist bedingt durch die spezielle Gestalt des Bremsweges; experimentelle Untersuchungen dieser Größen sind also in besonderem Maße geeignet, bestimmte theoretische Vorstellungen einer Prüfung zu unterziehen.

Es ist nun bemerkenswert, daß die einfache klassisch-korrespondenzmäßige Theorie in diesem Punkte völlig versagt, während sie gemäß dem oben Gesagten die Energieverteilung im Spektrum in guter Näherung richtig wiedergibt, zugleich in Übereinstimmung mit den wellenmechanischen Ansätzen. Die Rechnungen, die von WENTZEL[2] und ausführlicher anschließend an KRAMERS und an WENTZEL von NEUNHÖFFER[3] durchgeführt sind, liefern Ergebnisse, die in den wesentlichen Punkten der Erfahrung entgegengesetzt sind (vgl. Ziff. 44 und 56). Offenbar ist dies darin begründet, daß der Berechnung eine Hyperbelbahn zugrunde gelegt wird, bei der die Energieänderung durch die Ausstrahlung vernachlässigt wird (Ziff. 3), so daß asymptotisch Anfangs- und Endenergie des Elektrons die gleichen sind. Dies ist in Wahrheit nicht der Fall. Große Energieänderungen, die im Grenzfall bis zu einer Endenergie $E_2 = 0$ führen, sind aber auf Grund einer rein klassischen Ausstrahlung auf der Bahn nicht zu erhalten. Auch die Annahme einer mittleren Bahn, wie sie WENTZEL bei seinen Rechnungen benutzt hat, erweist sich als nicht brauchbar. Es wird allgemein nicht möglich sein, ohne Willkür eine zur Berechnung geeignete Bahnform anzugeben, d. h. die quantentheoretische Strahlung formal durch ein klassisches Bild zu beschreiben.

---

[1] Spezielle Rechnungen unter Berücksichtigung der Abschirmung sind von L. NEDELSKY (Phys. Rev. Bd. 42, S. 641. 1932) ausgeführt worden.

[2] G. WENTZEL, ZS. f. Phys. Bd. 27, S. 257. 1924.

[3] M. NEUNHÖFFER, Ann. d. Phys. Bd. 81, S. 493. 1926.

Für die Wellenmechanik besteht diese Schwierigkeit nicht, da hier von vornherein die Wellenfunktionen des Elektrons vor und nach der Bremsung mit den richtigen, der ausgestrahlten Frequenz entsprechenden Energien angesetzt werden können. Sie führt gerade bei den Problemen der Richtungsabhängigkeit und der Polarisation zu Ergebnissen, die weitgehend dem experimentellen Befund entsprechen.

Im Grenzfall langer Wellen, d. h. $E_2 \approx E_1$, muß ersichtlich auch die klassische Rechnung richtig sein. Empirisch ist dieses Gebiet nicht bekannt; MAUE[1], der beide Theorien einem Vergleich unterzogen hat, stellt fest, daß sie für diesen Grenzfall zu praktisch gleichen Ergebnissen führen.

6. Abgrenzung des Gebietes. Allgemein läßt sich eine Bremsstrahlung definieren als die Strahlung, die emittiert wird, wenn ein Elektron von einem Anfangszustand mit der Energie E_1 in einen Endzustand mit der Energie E_2 übergeht, wobei sowohl E_1 als auch E_2 beliebige, ungequantelte Werte haben können. Daß bei der Erzeugung der Röntgenstrahlen E_1 vorgegeben ist durch die angelegte Röhrenspannung, kann dabei außer Betracht bleiben, da ja diese willkürlich wählbar ist.

Es wäre zweckmäßig, hier alle Strahlungsvorgänge zusammenhängend zu behandeln, die im Sinne dieser Definition als Bremsstrahlung zu betrachten sind, unabhängig vom Spektralgebiet. Unsere Kenntnis ist aber fast ganz beschränkt auf das Gebiet, welches den Wellenlängen nach den Röntgenstrahlen zuzuordnen ist, so daß in praxi das Gebiet auf das engere des kontinuierlichen Röntgenspektrums zu beschränken ist. Einige neuere Untersuchungen bei optischen Wellenlängen sind in Ziff. 35 kurz erwähnt.

Das Gebiet soll weiter beschränkt werden auf den Fall der Emission, wie er auch bei den vorangehenden allgemeinen Bemerkungen bisher allein betrachtet wurde. Der umgekehrte Fall ist nicht etwa zu sehen in der normalen Röntgenstrahlabsorption, wie sie in Kap. 1 des vorliegenden Bandes behandelt ist; dieser würde in Emission ein Grenzkontinuum entsprechen. Ein kontinuierliches Bremsspektrum in Absorption würde entstehen, wenn freie Elektronen, die sich, etwa auf Hyperbelbahnen, im Kraftfeld positiver Atomkerne bewegen, unter Absorption von Strahlung kinetische Energie gewinnen. Ein solcher Vorgang kann also nur dann Bedeutung erlangen, wenn freie, schnell bewegte Elektronen in der Materie in merklicher Konzentration vorhanden sind. Dieser Fall ist im Laboratorium nicht realisierbar[2]. Er spielt aber eine sehr wesentliche Rolle bei den Berechnungen der Absorption im Innern der Sterne, wie sie EDDINGTON[3] und MILNE[4] ausgeführt haben. Bei den dort vorkommenden hohen Temperaturen ist die Mehrzahl der Atome weitgehend ionisiert und freie Elektronen entsprechend hoher Geschwindigkeit sind in großer Anzahl vorhanden.

Die Kenntnis des so abgegrenzten Gebietes beschränkt sich in der Hauptsache auf einen Wellenlängenbereich, der sich von etwa 3 bis 0,1 Å erstreckt; nähere Einzelheiten über die Eigenschaften der Bremsstrahlung sind dabei jeweils nur in wesentlich engeren Bereichen bekannt. Das Vorhandensein eines kontinuierlichen Röntgenspektrums ist einerseits bis zu beliebig langen Wellen nachgewiesen, andererseits bis zu Röhrenspannungen von 600 kV (s. Ziff. 31). Die angegebenen Grenzen näherer Kenntnis sind allein dadurch bedingt, daß zuverlässige Intensitätsmessungen in den angrenzenden Gebieten erhebliche experimentelle Schwierigkeiten bereiten.

---

[1] A.-W. MAUE, Ann. d. Phys. Bd. 13, S. 161. 1932.

[2] Auch die Lichtabsorption in Metallen ist hier nicht einzuordnen, da die Metallelektronen nicht in diesem Sinne als frei betrachtet werden können.

[3] A. F. EDDINGTON, Month. Not. Bd. 84, S. 103. 1924.

[4] E. A. MILNE, Month. Not. Bd. 85, S. 768. 1925.

II. Die kurzwellige Grenze.

7. Das DUANE-HUNTsche Gesetz. DUANE und HUNT[1] unternahmen zuerst eine genaue Untersuchung des Spektrums der Bremsstrahlung. Sie benutzten eine Coolidgeröhre, die mit der streng konstanten Gleichspannung einer großen Akkumulatorenbatterie betrieben wurde. Zur spektralen Zerlegung der Strahlung diente ein BRAGGsches Ionisationsspektrometer mit Kalkspatkristall.

Sie arbeiteten nach zwei Methoden: einmal untersuchten sie bei konstant gehaltener Röhrenspannung die Intensitätsverteilung im Spektrum (*Spektralkurven*), andererseits bei Einstellung des Spektrometers auf eine bestimmte Wellenlänge deren Intensität in Abhängigkeit von der Spannung (*Isochromaten*). Der allgemeine Charakter der Kurven, die sich so ergeben, ist in Abb. 1a bzw. 1b schematisch dargestellt. Es zeigt sich:

Das Spektrum endet an der kurzwelligen Seite bei einer scharf definierten Grenzwellenlänge λ_0; eine Strahlung bestimmter Wellenlänge wird erst dann emittiert, wenn die Röhrenspannung einen ebenso scharf definierten Mindestwert V_0 erreicht hat.

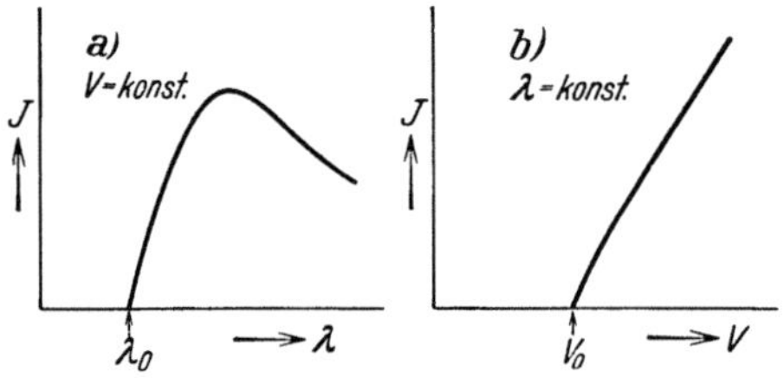

Abb. 1. Schema des Verlaufes einer Spektralkurve (*a*) und einer Isochromate (*b*).

Die weiteren Untersuchungen von DUANE und HUNT gingen dahin, die Abhängigkeit der Grenzwellenlänge λ_0 von der Röhrenspannung bzw. die der Grenzspannung V_0 von der Wellenlänge festzustellen. Qualitativ war bereits aus älteren Untersuchungen der Bremsstrahlung nach der Absorptionsmethode bekannt, daß der Grenzwert, dem der Absorptionskoeffizient bei wachsender Dicke des vorgeschalteten Filters zustrebt, bei höherer Röhrenspannung kleiner wird; die Grenze des Spektrums verschiebt sich also gegen kürzere Wellen. Die spektrometrischen Untersuchungen bestätigten dies (vgl. weiter unten Abb. 2 und 24 sowie Abb. 2, Kap. 1 in Bd. XXIII/1 ds. Handbs.); sie ergaben darüber hinaus den einfachen quantitativen Zusammenhang: je nachdem bei den Spektralkurven die Röhrenspannung V oder bei den Isochromaten die Wellenlänge λ variiert wird, ergibt sich das DUANE-HUNTsche Gesetz der Grenzwellenlänge in der Form

$$V \cdot \lambda_0 = \text{konst.} \quad \text{bzw.} \quad \lambda \cdot V_0 = \text{konst.}$$

Führt man statt der Wellenlänge λ die Frequenz ν ein, so zeigt sich die formale Übereinstimmung mit dem EINSTEINschen Gesetz des lichtelektrischen Effektes:

$$e \cdot V = h\nu .$$

Die Messungen gestatten die Bestimmung des Quotienten V/ν; DUANE und HUNT konnten zeigen, daß über die formale Übereinstimmung hinaus die von ihnen bestimmte Konstante zahlenmäßig $= h/e$ ist.

8. Experimentelle Prüfung des DUANE-HUNTschen Gesetzes. Weitere Untersuchungen hatten zum Ziel, die allgemeine Gültigkeit des DUANE-HUNTschen Gesetzes zu prüfen.

HULL und RICE[2] bewiesen aus Spektralkurven, die sie sowohl photographisch als auch nach der Ionisationsmethode aufnahmen, die Gültigkeit des DUANE-HUNTschen Gesetzes bis zur Spannung von 100 kV, die von einer Gleichspannungsanlage

[1] W. DUANE u. F. L. HUNT, Phys. Rev. Bd. 6, S. 166. 1915.

[2] A. W. HULL, Phys. Rev. Bd. 7, S. 156. 1916; A. W. HULL u. M. RICE, Proc. Nat. Acad. Amer. Bd. 2, S. 265. 1916.

geliefert wurde. LEDOUX-LEBARD und DAUVILLIER[1] erhielten anfangs abweichende Resultate, bestätigten später aber das Verschiebungsgesetz bis zu 110 kV und zeigten, daß bei gleicher Röhrenspannung die Grenzwellenlänge unabhängig ist vom Material der Antikathode (Wolfram, Platin und Nickel). DESSAUER und BACK[2] gingen noch erheblich weiter und konnten bis zu 245 kV die Grenzwellenlänge bestimmen, hier allerdings mit erheblicher Unsicherheit. Sie fanden als Grenze 0,057 Å, während das DUANE-HUNTsche Gesetz 0,050 erwarten läßt. Die Abweichung ist aber durch die Schwierigkeiten der Spannungsmessung, besonders wohl der exakten Bestimmung des Scheitelwertes der benutzten Wechselspannung, verständlich.

Nach der Seite der niederen Spannungen erstrecken sich Spektraluntersuchungen von WAGNER (s. unten) bis etwa 7000 Volt; weiter konnte MILLER[3] durch Absorptionsanalyse bis herunter zu 2500 Volt das Verschiebungsgesetz bestätigen, soweit diese Methode eine genaue Bestimmung der Grenzwellenlänge zuläßt.

MÜLLER[4] hat photographisch und unter Benutzung einer Influenzmaschine die Grenzwellenlänge bei Spannungen zwischen etwa 14 und 28 kV bestimmt und zeigte besonders eindringlich, daß ihre Lage von der Wahl des Antikathodenmaterials — er verglich die Spektren von Cu, Ag und Pt — unabhängig ist. Für genaue Bestimmungen ist jedoch die photographische Methode weniger geeignet. Da die Intensität allmählich bis zum Wert Null an der Grenze abfällt, ist deren Bestimmung aus dem photographischen Bilde schwer und kann von der Belichtungszeit abhängen. Dies dürfte die Ursache sein für ein abweichendes Resultat von ZECHER[5], der photographisch eine Abhängigkeit vom Antikathodenmaterial feststellen zu können glaubte.

9. Messungen in verschiedenen Emissionsrichtungen. Vom Standpunkt einer rein klassischen Theorie der Bremsstrahlung betrachtet, sollte diese, entsprechend einem Dopplereffekt, in Richtung der Kathodenstrahlen kurzwelliger sein als entgegengesetzt dieser Richtung[6]. Für die Auffassung der quantenhaften Natur des Emissionsprozesses ist es deshalb von Bedeutung, daß durch eine Reihe weiterer, besonders sorgfältiger Messungen festgestellt wurde, daß die Grenzwellenlänge innerhalb der erreichbaren Meßgenauigkeit von der Emissionsrichtung unabhängig ist.

Eine erste derartige Untersuchung ist von WAGNER[7] ausgeführt worden. Er benutzte eine Röhre mit zwei Kathoden, die so angeordnet waren, daß der stets in gleicher Richtung aus der Röhre austretende Röntgenstrahl mit der Kathodenstrahlrichtung einen Winkel von 90 oder 150° bildete; die Justierung des Spektrometers brauchte also beim Wechsel des Azimuts nicht geändert zu werden.

Es wurden zunächst für zwei Wellenlängen Isochromaten aufgenommen, und es ergab sich, wie Tabelle 1 zeigt, für die beiden Azimute mit größter Genauigkeit der gleiche Wert der Grenzspannung V_0; die Grenze des Spektrums zeigt also keinen Dopplereffekt. WEBSTER[8] bestätigte dieses Resultat

---

[1] R. LEDOUX-LEBARD u. A. DAUVILLIER, C. R. Bd. 163, S. 754. 1916; Bd. 164, S. 687. 1917.
[2] F. DESSAUER u. E. BACK, Verh. d. D. Phys. Ges. Bd. 21, S. 168. 1919.
[3] D. C. MILLER, Phys. Rev. Bd. 8, S. 326. 1916.
[4] A. MÜLLER, Phys. ZS. Bd. 19, S. 489. 1918.
[5] G. ZECHER, Ann. d. Phys. Bd. 63, S. 28. 1920.
[6] W. WIEN, Ann d. Phys. Bd. 18, S. 991. 1905.
[7] E. WAGNER, Phys. ZS. Bd. 21, S. 621. 1920.
[8] D. L. WEBSTER, Phys. Rev. Bd. 18, S. 155. 1921.

für höhere Spannungen zwischen 38 und 67 kV, allerdings nur mit einer Genauigkeit von 1%. Sehr sorgfältige Messungen haben schließlich noch DUANE, PALMER und CHI-SUN YEH[1] ausgeführt, welche die Grenze des Spektrums bei einer konstanten Spannung von 24413 Volt für die beiden Azimute 90 und 135° bestimmten. In der Tabelle ist das von ihnen direkt gemessene Produkt $V \cdot \sin\varphi$ (Kalkspat) angegeben, als Mittelwert mehrerer Versuchsreihen, die nur in den Zehnteln differieren und wiederum die völlige Konstanz der Grenzwellenlänge beweisen.

Tabelle 1. Bestimmungen der Grenzwellenlänge des Spektrums in verschiedenen Azimutrichtungen.

a) WAGNER (Isochromaten)

λ (Å)	V_0 (Volt)	
	$\vartheta = 90°$	$\vartheta = 150°$
1,538	8008	8005
1,232	9990	9990

b) DUANE, PALMER und CHI-SUN YEH (Spektralkurven)

V (Volt)	$V \cdot \sin\varphi$	
	$\vartheta = 90°$	$\vartheta = 135°$
24413	2040,0	2039,9

Ein gegenteiliges Resultat von ZECHER[2], der eine Verschiebung der Grenze zu finden glaubte, ist durch die Mängel der von ihm benutzten photographischen Methode zu erklären.

BRONSTEIN[3] hat darauf aufmerksam gemacht, daß beim Ausstrahlungsprozeß außer dem Energiesatz auch der Impulssatz erfüllt sein müsse. Dies verlangt, daß das Atom, in dessen Kernfeld das Elektron gebremst wird, kinetische Energie bekommt; die Grenzwellenlänge muß dann bei exakter Betrachtung vom Azimut abhängig sein. Der Betrag ist aber so gering, daß er sich der Beobachtung entzieht.

10. *h*-Bestimmung aus der kurzwelligen Grenze. Die allgemeine Gültigkeit des DUANE-HUNTschen Gesetzes zeigt, daß es nur einer verfeinerten Messung der maßgebenden Größen bedarf, um aus ihm die PLANCKsche Konstante h mit größter Präzision zu bestimmen. WEBSTER[4] vermochte zuerst durch verbesserte Spannungsmessung einen genaueren Wert anzugeben; weiterhin haben dann einerseits DUANE und seine Mitarbeiter[5], andererseits WAGNER[6] und sein Schüler FEDER[7] die Methode zu so großer Vollkommenheit ausgebildet, daß sie derzeit die genaueste Methode zur h-Bestimmung darstellt. Näheres hierüber findet man in Kap. 1, Bd. XXIII/1 ds. Handbs.

Wie dort angegeben ist, hat man als besten Mittelwert $h = (6{,}547 \pm 0{,}009) \cdot 10^{-27}$ erg sec anzunehmen. Wird V in Volt, λ in Å gemessen, so läßt sich das DUANE-HUNTsche Gesetz damit in der für praktische Berechnungen besonders bequemen Form schreiben:

$$V \cdot \lambda = 12330.$$

---

[1] W. DUANE, H. H. PALMER u. CHI-SUN YEH, Journ. Opt. Soc. Amer. Bd. 5, S. 213. 1921; Proc. Nat. Acad. Amer. Bd. 7, S. 237. 1921.

[2] G. ZECHER, Ann. d. Phys. Bd. 63, S. 28. 1920.

[3] M. BRONSTEIN, ZS. f. Phys. Bd. 32, S. 881. 1925.

[4] D. L. WEBSTER, Phys. Rev. Bd. 7, S. 599. 1916.

[5] F. C. BLAKE u. W. DUANE, Phys. Rev. Bd. 9, S. 568. 1917; Bd. 10, S. 93 u. 624. 1917; W. DUANE, H. H. PALMER u. CHI-SUN YEH, Phys. Rev. Bd. 18, S. 98. 1921; Proc. Nat. Acad. Amer. Bd. 7, S. 237. 1921.

[6] E. WAGNER, Ann. d. Phys. Bd. 57, S. 401. 1918; Phys. ZS. Bd. 21, S. 621. 1920.

[7] H. FEDER, Ann. d. Phys. Bd. 1, S. 497. 1929.

III. Energieverteilung im Spektrum.

a) Allgemeine Übersicht.

11. Das Spektrum in Abhängigkeit von der Geschwindigkeit der Kathodenstrahlen. Das DUANE-HUNTsche Gesetz bestimmt in einfacher und, wie in Ziff. 8 und 9 gezeigt wurde, universeller Form die Lage der kurzwelligen Grenze des Spektrums. Verfolgt man, bei konstant gehaltener Röhrenspannung, den Verlauf der Intensität von der Grenze ab weiter nach größeren Wellenlängen hin, so ergeben sich Kurven von dem allgemeinen Charakter, wie sie in Abb. 2 nach Messungen von ULREY[1] dargestellt sind: der Verschiebung der Grenzwellenlänge geht parallel eine Zunahme der Intensität im ganzen Spektrum, und zwar auch der längsten Wellen, so daß ein Überschneiden der verschiedenen Spektralkurven nicht auftritt. Die Intensität steigt von der Grenze ab steil zu einem Maximum an und fällt nach langen Wellen kontinuierlich ab. Weitere quantitative Aussagen über die Form des Spektrums gestatten aber diese Kurven nicht; vielmehr müssen zuvor zahlreiche Korrektionen angebracht werden, ohne die die Strahlung verschiedener Wellenlänge — und gerade darauf kommt es hier an! — nicht verglichen werden kann. Einzelheiten über diese Korrektionen sind weiter unten in Ziff. 15 und 29 ausführlich angegeben.

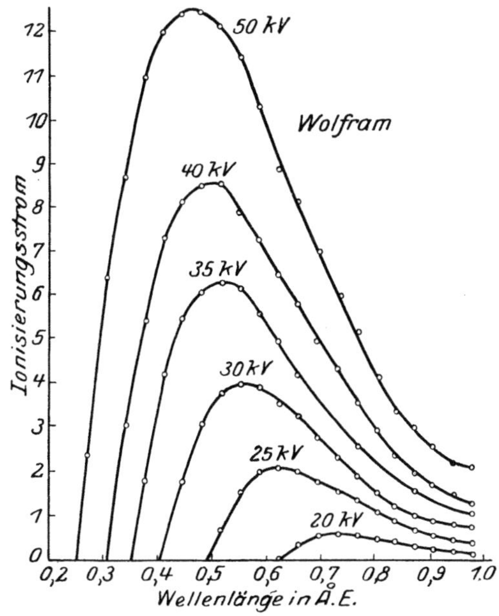

Abb. 2. Intensitätsverteilung im Spektrum bei verschiedenen Spannungen. (Nach ULREY, unkorrigiert.)

Die Kurven der Abb. 2 sind von ULREY gemessen bei Betrieb der Röntgenröhre mit der konstanten Gleichspannung einer Gleichspannungsanlage. Bei Betrieb mit Wechselspannung überlagern sich die Spektren der Elektronen verschiedener Geschwindigkeit; die Grenzwellenlänge ist in diesem Fall naturgemäß durch den Scheitelwert der Spannung bestimmt, wie auch experimentell von BEHNKEN[2] festgestellt worden ist. Die Intensitätsverteilung im Spektrum wird ein Überwiegen der größeren Wellenlängen zeigen, verglichen mit Gleichspannungsbetrieb, wenn der Wert dieser gleich dem Scheitelwert der Wechselspannung gewählt wird.

Dies möge Abb. 3 veranschaulichen, in der nach Messungen von DAUVILLIER[3] drei Spektralkurven dargestellt sind. Sie wurden mit verschiedener Spannungsform, jedoch mit der gleichen Röhre und der gleichen spektroskopischen Apparatur, aufgenommen. Letzteres ist natürlich erforderlich, da Unterschiede in der Apparatur auch die beobachtete Form des Spektrums ändern können. Man bemerkt, daß der Gleichspannungsbetrieb — die Stromstärke betrug hier

[1] C. T. ULREY, Phys. Rev. Bd. 11, S. 401. 1918.
[2] H. BEHNKEN, ZS. f. Phys. Bd. 3, S. 48. 1920.
[3] A. DAUVILLIER, Dissert. Paris 1920; Ann. de phys. Bd. 13, S. 49. 1920.

nur 1 mA gegenüber 3 in den beiden anderen Fällen — eine wesentlich bessere Ausbeute insbesondere an kurzwelliger Strahlung liefert.

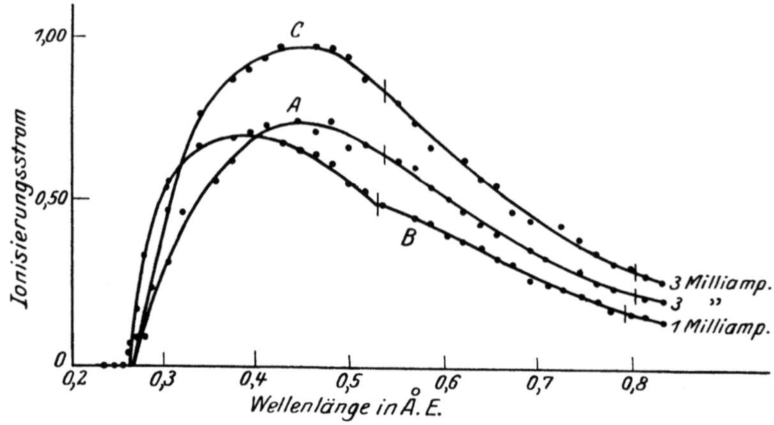

Abb. 3. Abhängigkeit der spektralen Intensitätsverteilung von der Spannungsform. (Nach DAUVILLIER.) A = Induktor $V_{max} = 46{,}0$ kV; B = Gleichspannung $V = 46{,}7$ kV; C = sinusförmige Wechselspannung $V_{max} = 46{,}0$ kV. (Die vertikalen Striche zeigen den Beginn der Überlagerung des Spektrums 2. und weiterhin 3. Ordnung an.)

12. Das Spektrum in Abhängigkeit vom Material der Antikathode. In Abb. 4 sind die Spektralkurven von drei verschiedenen Antikathodenstoffen wiedergegeben, nach Messungen von ULREY[1], der unter vergleichbaren Bedingungen die Spektren von insgesamt sechs verschiedenen Elementen (Cr, Cu, Mo, Pd, W, Pt) in einer Coolidgeröhre verglich. In Übereinstimmung mit früheren, mehr qualitativen Untersuchungen von HULL[2] und WAGNER[3] zeigen diese Kurven, daß die spektrale Intensitätsverteilung nahe die gleiche ist, und zwar ist diese Aussage weitgehend unabhängig von den in der vorangehenden Ziff. 11 erwähnten Korrektionen, da sich hier der Spektralbereich nicht ändert.

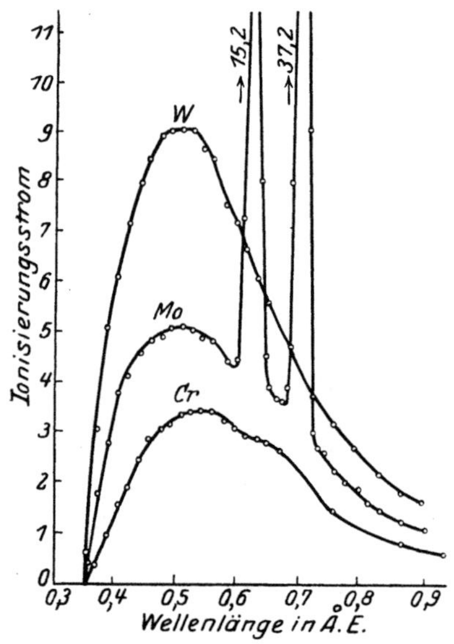

Abb. 4. Abhängigkeit der spektralen Intensitätsverteilung vom Material der Antikathode. (Nach ULREY.)

Abhängig vom Material ist die Intensität der Strahlung; sie ist angenähert proportional der Ordnungszahl Z (Näheres hierzu vgl. Ziff. 47).

Für das Verständnis des Elementarprozesses der Emission kann die Frage von Interesse sein, ob Temperatur oder Aggregatzustand der Antikathode von Einfluß auf die Strahlung sind.

Experimentell ist hierüber nichts bekannt. Auf Grund der Theorie von BOHR, KRAMERS und SLATER[4] hat MIE[5] einmal die

[1] C. T. ULREY, Phys. Rev. Bd. 11, S. 401. 1918.
[2] A. W. HULL, vgl. BERGEN DAVIS, Phys. Rev. Bd. 9, S. 64. 1917.
[3] E. WAGNER, Jahrb. d. Radioakt. Bd. 16, S. 216. 1919.
[4] N. BOHR, H. A. KRAMERS u. J. C. SLATER, ZS. f. Phys. Bd. 24, S. 69. 1924.
[5] G. MIE, ZS. f. Phys. Bd. 33, S. 33. 1925.

Vermutung ausgesprochen, daß die Intensität einer gasförmigen Antikathode größer als die einer festen sein müsse, aber die hierbei zugrunde gelegten Annahmen über den Elementarprozeß sind heute nicht mehr annehmbar. Dieser ist zweifellos durch das positive Kernfeld des Atoms bedingt, also vom Aggregatzustand unabhängig. Ein indirekter Einfluß ist aber denkbar insofern, als die Geschwindigkeit der Elektronen im Innern der Antikathode allmählich auf den Wert Null abnimmt; die sich so einstellende Geschwindigkeitsverteilung hängt ab von der Bindungsenergie insbesondere der äußeren Atomelektronen, und diese ihrerseits kann verschieden sein im gasförmigen und im festen Zustand[1].

Ein Einfluß der Temperatur ist in dem praktisch vorkommenden und zugänglichen Bereich experimentell nicht bekannt und auch kaum anzunehmen.

13. Beeinflussung durch das Linienspektrum. Etwa gleichzeitig mit der Entdeckung der kurzwelligen Grenze durch DUANE und HUNT stellten RUTHERFORD, BARNES und RICHARDSON[2] durch Absorptionsanalyse der Strahlung bei hohen Spannungen die Grenze und ihre Verschiebung mit der Spannung fest, wobei jedoch oberhalb etwa 145 kV (bis 175 kV) die Härte der Strahlung nicht mehr weiter zuzunehmen schien. Die damit scheinbar erreichte kürzeste Wellenlänge stimmt angenähert überein mit der Wellenlänge der K-Serie des als Antikathode benutzten Wolframs. Man könnte also das Resultat dieser Versuche so deuten, daß die Anregung der K-Linien die Emission von kontinuierlicher Strahlung noch kürzerer Wellenlänge verhindere; eine sichere Aussage gestattet aber die Methode der Absorptionsanalyse nicht[3].

Spätere Arbeiten (s. Ziff. 8) bewiesen, daß jedenfalls die kurzwellige Grenze gemäß dem DUANE-HUNTschen Gesetz auch jenseits der K-Grenze unbeeinflußt bleibt. Dagegen zeigt sich bei der genaueren spektralen Untersuchung, daß die Intensität in diesem Bereich vermindert ist. Die Spektren in Abb. 5, welche einer Arbeit von WEBSTER[4] entnommen sind, lassen dies deutlich erkennen. Bei 23,2 kV verläuft die Spektralkurve gleichmäßig gekrümmt; sobald aber bei höherer Spannung die K-Serie des Rh erregt ist, fällt jenseits der Seriengrenze A die Intensität des kontinuierlichen Spektrums plötzlich ab. Man könnte also daran denken, daß bei einem Teil der Bremsprozesse die freiwerdende Energie nicht ausgestrahlt, sondern zur Ionisierung des Atoms in der K-Schale verwendet wird. WEBSTER zeigte aber, daß der Intensitätssprung an der Seriengrenze nur dann sehr ausgeprägt ist, wenn die in das Spektrometer eintretenden Strahlen die Oberfläche der Antikathode fast streifend verlassen, und daß er bei Beobachtung unter größerem Winkel nahezu verschwindet. Es folgt daraus, daß die geringere Intensität dieses Spektralbereiches nicht auf einen Einfluß der Linienanregung zurückzuführen ist, sondern auf Schwächung der Strahlung durch Absorption in der Antikathode beruht (vgl. Ziff. 29), denn der Absorptionskoeffizient wächst beim Überschreiten der Seriengrenze sprunghaft auf den etwa 6- bis 7fachen Wert.

Diese Zunahme des Absorptionskoeffizienten hat ihre Ursache darin, daß durch die kurzwellige Strahlung die K-Schale ionisiert werden kann; bei der

[1] Vgl. hierzu Ziff. 16. Auch auf dem Gebiete der Kathodenstrahlen ist experimentell nichts darüber bekannt, ob die Konstante des THOMSON-WHIDDINGTONschen Gesetzes vom Aggregatzustand abhängig ist.

[2] E. RUTHERFORD, J. BARNES u. H. RICHARDSON, Phil. Mag. Bd. 30, S. 339. 1915.

[3] E. WAGNER, Phys. ZS. Bd. 18, S. 442. 1927; J. E. LILIENFELD, ebenda Bd. 19, S. 515. 1918; E. WAGNER, Jahrb. d. Radioakt. Bd. 16, S. 190. 1919; E. RUTHERFORD, Phil. Mag. Bd. 34, S. 153. 1917.

[4] D. L. WEBSTER, Phys. Rev. Bd. 7, S. 599. 1916.

Rekombination werden sodann die Linien der K-Serie emittiert. Die kontinuierliche Strahlung trägt also ihrerseits, wie hier nur kurz erwähnt sei, indirekt zur Linienanregung bei[1].

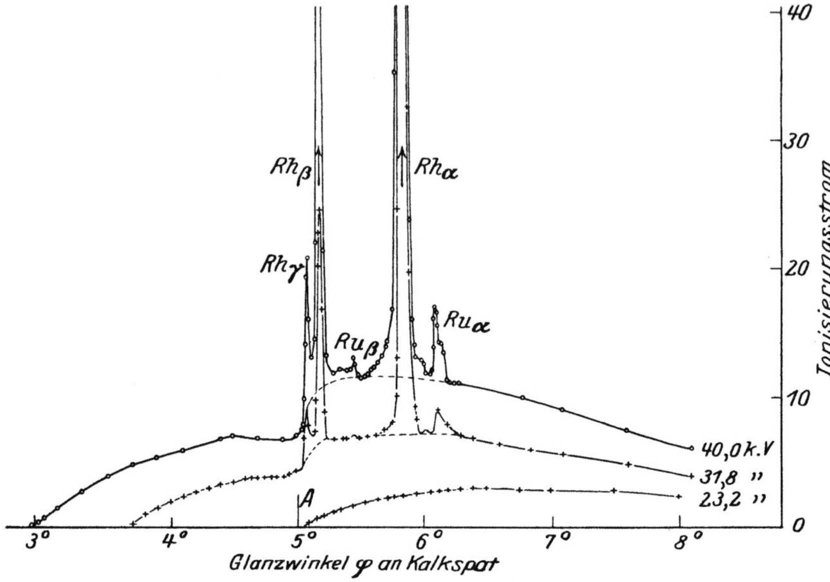

Abb. 5. Intensitätsverteilung im Spektrum einer Rh-Antikathode nach WEBSTER bei Spannungen unter und über der Anregungsspannung der K-Serie (23,6 kV).

14. Einfluß der Stromstärke. Aus den allgemeinen Vorstellungen über die Entstehung der Bremsstrahlung folgt, daß ihre Intensität streng proportional der Stromstärke in der Röntgenröhre, d. h. der Anzahl pro Zeiteinheit in die Antikathode eindringender Elektronen, sein muß, daß dagegen alle übrigen Eigenschaften der Strahlung durch Änderung der Stromstärke nicht beeinflußt werden. DAUVILLIER[2] und BEHNKEN[3] haben durch sorgfältige Messungen gezeigt, daß bei spektraler Zerlegung die Intensität jeder einzelnen Wellenlänge proportional der Stromstärke wächst, und daß damit die Form des Spektrums stets die gleiche bleibt. Erst wenn die Konzentration freier Elektronen von großer Geschwindigkeit innerhalb der Antikathode merkliche Werte erreicht, ist eine Beeinflussung anderer Art denkbar. LEDOUX-LEBARD und DAUVILLIER[4] haben berechnet, daß hierfür Stromdichten erforderlich wären, die wenigstens das 10^6fache des üblichen betragen.

Zur richtig definierten Bestimmung der Stromstärke reicht eine einfache galvanometrische Messung im allgemeinen nicht aus. Bei Gasentladungsröhren überlagert sich dem Elektronenstrom ein positiver Ionenstrom gleicher Größenordnung; allgemein bewirkt die Erscheinung der Rückdiffusion der Kathodenstrahlen, daß nicht alle auf die Antikathode auftreffenden Elektronen ihre Energie in ihr umsetzen. Zweckmäßig wird deshalb die Antikathode als Kalorimeter ausgebildet und die Energie der absorbierten Kathodenstrahlen bestimmt. Da die emittierte Röntgenstrahlung nur einen äußerst geringen Teil dieser Energie

[1] Vgl. dazu: D. L. WEBSTER, Proc. Nat. Acad. Amer. Bd. 13, S. 445. 1927; Bd. 14, S. 330. 1928; F. WISSHAK, Ann. d. Phys. Bd. 5, S. 507. 1930.
[2] A. DAUVILLIER, Ann. de phys. Bd. 13, S. 49. 1920.
[3] H. BEHNKEN, ZS. f. Phys. Bd. 3, S. 48. 1920.
[4] R. LEDOUX-LEBARD u. A. DAUVILLIER, La Physique des Rayons X, S. 30. Paris 1921.

ausmacht (Ziff. 51), kann sie hierbei vernachlässigt werden. Eine solche Messung ist bei Gasentladungsröhren ohne weiteres richtig, da hier die rückdiffundierten Elektronen an die Röhrenwandung gehen, nicht aber bei Glühkathodenröhren. Bei diesen ist die Feldstärke in der Nähe der Antikathode wesentlich größer, so daß die rückdiffundierten Elektronen zurückgelenkt werden. Sie treffen dann zum größten Teil nicht auf den Brennfleck, sondern auf andere Teile der Antikathode (Stilstrahlung); ihre Energie wird also im Kalorimeter mitgemessen, nicht aber die von ihnen erregte Strahlung. Der Bruchteil, der von der gemessenen Kathodenstrahlenergie abzusetzen ist, wird im allgemeinen mit etwa 20% angenommen, nach Messungen von LEDOUX-LEBARD und DAUVILLIER[1] an einer Coolidgeröhre. Es fehlen genauere Bestimmungen, vor allem unter verschiedenen Versuchsbedingungen[2].

b) Bestimmung der wahren Energieverteilung.

15. Die entstellenden Einflüsse. Die im vorangehenden wiedergegebenen Spektralkurven gaben nur ein qualitatives Bild. Will man zur wahren Energieverteilung gelangen, so hat man zu berücksichtigen, daß am Spektrometer Intensitätsgrößen gemessen werden, die zwar für eine bestimmte Wellenlänge der aus der Röntgenröhre austretenden wahren Energie proportional sind. Der Proportionalitätsfaktor aber wird im allgemeinen Funktion der Wellenlänge sein.

Es sind drei Faktoren, die hier berücksichtigt werden müssen:

1. Die Strahlung kann auf ihrem Wege durch das Spektrometer durch absorbierende Schichten geschwächt sein. Es wird jedoch immer verhältnismäßig einfach sein, die Absorption in Abhängigkeit von der Wellenlänge zu bestimmen und die gemessenen Intensitäten entsprechend zu korrigieren.

2. Das Reflexionsvermögen des zur spektralen Zerlegung benutzten Kristalls muß als Funktion der Wellenlänge betrachtet werden. In der 1. Auflage dieses Handbuches waren für das Reflexionsvermögen der Kristalle Steinsalz und Kalkspat Formeln angegeben, die auf Grund verschiedener Messungen[3] aufgestellt waren und die für allgemeingültig gehalten wurden. Nach neueren Messungen kann diese Ansicht nicht aufrechterhalten werden; das Reflexionsvermögen und insbesondere seine Abhängigkeit von der Wellenlänge kann für verschiedene Exemplare derselben Kristallart verschieden sein, je nach der Güte (Mosaikstruktur) des betreffenden Exemplares[4]. Es ist also nötig, jeweils eine besondere Bestimmung für das im Spektrometer gerade verwendete Kristallexemplar auszuführen.

3. Zur Messung der Strahlungsintensität wäre die zuverlässigste, aber leider nur selten anwendbare Methode die der Energiemessung mittels Bolometer, Thermosäule oder sonstiger Vorrichtungen, bei denen der absorbierte Bruchteil der auffallenden Strahlungsenergie direkt und vollständig in Wärmeenergie umgesetzt wird. Die relativ geringe Empfindlichkeit dieser Methoden beschränkt sie auf Fälle, in denen große Strahlungsintensitäten — bis herunter zur Größenordnung von etwa 10^{-7} cal/sec cm^2 — zu messen sind. Bei Spektraluntersuchungen sind die verfügbaren Intensitäten meist ganz erheblich, um 5 bis 6 Zehnerpotenzen, geringer.

---

[1] R. LEDOUX-LEBARD u. A. DAUVILLIER, La Physique des Rayons X, S. 45. Paris 1921.

[2] Untersuchungen über die hier nicht weiter besprochene „Stilstrahlung" bei E. LORENZ, Proc. Nat. Acad. Amer. Bd. 14, S. 20. 1928.

[3] W. L. BRAGG, W. JAMES u. H. BOSANQUET, Phil. Mag. Bd. 41, S. 309; Bd. 42, S. 1. 1921; B. DAVIS u. W. STEMPEL, Phys. Rev. Bd. 17, S. 608. 1921; Bd. 19, S. 504. 1922; E. WAGNER u. H. KULENKAMPFF, Ann. d. Phys. Bd. 68, S. 369. 1922; J. A. WASASTJERNA, Comm. Fenn. Bd. 2, Nr. 15. 1924.

[4] Vgl. dazu F. WISSHAK, Ann. d. Phys. Bd. 5, S. 545. 1930.

Man verwendet deshalb ausschließlich die Messung der Ionisierungswirkung in einem Gas oder die der photographischen Schwärzung. In beiden Fällen ist zu beachten, daß die beobachtete Wirkung unter sonst gleichen Bedingungen bestimmt wird durch den absorbierten Bruchteil der Strahlung; dieser ist, bei nicht zu kurzwelliger Strahlung, meist leicht zu ermitteln.

Der Sättigungsstrom in einer Ionisierungskammer ist proportional dem in Elektronenenergie umgesetzten Bruchteil der Strahlungsenergie; bei Verwendung schwerer Gase, deren Fluoreszenzstrahlung angeregt wird, ist hierauf Rücksicht zu nehmen[1]. Der Proportionalitätsfaktor ist, wie eine Reihe eingehender Untersuchungen aus den letzten Jahren gezeigt haben[2], unabhängig von der Wellenlänge. Sicher festgestellt ist dies in einem Wellenlängenbereich von etwa 2 bis 0,15 Å; es ist anzunehmen, daß es auch für andere Wellenlängen der Fall ist. Dem Betrage nach ergibt sich, wenn die aus dem Sättigungsstrom zu berechnende Anzahl pro sec gebildeter Ionenpaare mit n_i bezeichnet wird, die absorbierte Strahlungsenergie $= n_i \cdot \varepsilon$; nach den bisher genauesten Messungen von EISL ist für Luft: $\varepsilon = 32$ Volt/Ionenpaar.

Der Zusammenhang zwischen Strahlungsenergie und der erzeugten photographischen Schwärzung ist aus Untersuchungen von BOUWERS[3] und GLOCKER[4] bekannt. Auf die Wiedergabe von Einzelheiten soll hier verzichtet werden, zumal bei genauen Bestimmungen der Energieverteilung die Ionisationsmessung nach Möglichkeit vorzuziehen ist.

16. Die Strahlung innerhalb der Antikathode. Die unter Berücksichtigung der in Ziff. 15 besprochenen Korrektionen bestimmte spektrale Energieverteilung kann zwar für praktische Zwecke von Interesse sein, sie hat aber keine allgemeine Bedeutung. Die Strahlung entsteht im Innern der Antikathode und ist also bereits beim Austritt aus ihr gefiltert; sie wird weiter gefiltert beim Austritt aus der Röntgenröhre durch deren Wandung bzw. ein besonderes Fenster. Beide Einflüsse hängen ab von der speziellen Konstruktion der verwendeten Röntgenröhre.

Man kommt nur dann zu allgemein anwendbaren Gesetzen, die Schlußfolgerungen über den Elementarprozeß der Emission erlauben, wenn man auch diese Einflüsse berücksichtigt (s. Ziff. 29) und demgemäß die Energieverteilung der Strahlung am Orte ihrer Entstehung, d. h. im Innern der Antikathode, zu ermitteln sucht. Man wird von da aus auch rückwärts verhältnismäßig leicht das Spektrum berechnen können, welches man außerhalb einer Röhre bestimmter Bauart erhält.

Die so definierte wahre Energieverteilung wird noch Funktion der Röhrenspannung V, der Ordnungszahl Z des Antikathodenelementes und des Emissionswinkels ϑ, gemessen gegen die Richtung des Kathodenstrahls, sein. Dabei ist die Abhängigkeit von Z gemäß Ziff. 12 offenbar nur gering. Für die Abhängigkeit von V und ϑ ist es aber von ganz wesentlicher Bedeutung, zu unterscheiden zwischen dem Elementarprozeß der Emission und der integralen Erscheinung der Strahlung innerhalb einer normalen Antikathode. Unter Elementarprozeß soll dabei verstanden werden die Energieverteilung der Strahlung von Elektronen einer einheitlichen, genau angebbaren Anfangsenergie und Anfangsrichtung.

Im Innern einer Antikathode bleiben diese beiden Größen nicht einheitlich infolge Energieverlust und Diffusion der Kathodenstrahlen. Um die Strahlung des Elementarprozesses untersuchen zu können, muß man deshalb die experi-

---

[1] Vgl. dazu W. STOCKMEYER, Ann. d. Phys. Bd. 12, S. 71. 1932.
[2] A. EISL, Ann. d. Phys. Bd. 3, S. 277. 1929; dort weitere Literaturangaben.
[3] A. BOUWERS, Dissert. Utrecht 1924; ZS. f. Phys. Bd. 14, S. 374. 1923.
[4] R. GLOCKER, ZS. f. Phys. Bd. 43, S. 827. 1927.

mentelle Anordnung so treffen, daß diese beiden Einflüsse ausgeschaltet werden. Man kann beides zugleich erreichen, wenn man als Antikathode eine Schicht von hinreichend kleiner Dicke bzw. kleiner Dichte verwendet; als Kriterium hat dabei zu gelten, daß Energieverlust und Diffusion der Kathodenstrahlen beim Durchsetzen der Schicht genügend klein bleiben. Eine solche Antikathode soll als „*dünne Antikathode*" bezeichnet werden, zum Unterschied von der „*massiven Antikathode*" einer normalen Röntgenröhre.

Die Energie im Frequenzbereich $d\nu$ im Spektrum einer dünnen Antikathode möge mit

$$i_\nu = f(\nu, V, Z, \vartheta)$$

bezeichnet werden, bei der massiven Antikathode mit

$$J_\nu = F(\nu, V, Z, \vartheta).$$

Sofern man von der Diffusion der Kathodenstrahlen absieht, ist J_ν aus i_ν durch Integration längs des Weges s der Kathodenstrahlelektronen in der massiven Antikathode abzuleiten; das Integral ist bis zur Stelle s_ν zu erstrecken, an der die Energie bis auf den zur Erregung der Frequenz ν erforderlichen Mindestwert V_ν abgenommen hat:

$$J_\nu = \int_0^{s_\nu} i_\nu \, ds. \tag{2}$$

Kennt man das Gesetz der Energieabnahme der Kathodenstrahlen, so läßt sich die Integration über s ersetzen durch eine über V:

$$J_\nu = \int_{V_0}^{V_s} i_\nu \frac{ds}{dV} dV.$$

dV/ds ist durch Messungen an Kathodenstrahlen zu bestimmen. In Annäherung gilt das Thomson-Whiddingtonsche Gesetz:

$$\frac{dV}{ds} = -\frac{a}{V}; \quad a = a_0 \cdot \varrho \cdot \frac{Z}{A} \quad (\varrho = \text{Dichte},\ A = \text{Atomgewicht}). \tag{3}$$

Da jedoch i_ν Funktion von ϑ ist und da die Kathodenstrahlelektronen längs ihres Weges zunehmend diffus werden, ist nicht anzunehmen, daß der Zusammenhang zwischen i_ν und J_ν durch die einfache Formel (2) vollständig richtig beschrieben wird.

Es muß das Ziel vollständiger Untersuchungen sein, i_ν in Abhängigkeit von V, Z und ϑ zu bestimmen. Bei entsprechender Kenntnis der weiterhin maßgebenden Eigenschaften der Kathodenstrahlen würde man dann von hier aus alle weiteren Eigenschaften des Spektrums folgerichtig ableiten können. Leider ist die experimentelle Kenntnis vieler wesentlicher Größen noch mangelhaft.

c) Die spektrale Energieverteilung bei dünner Antikathode.

17. Spezielle Versuchsanordnungen. Eine im Sinne von Ziff. 16 dünne Antikathode läßt sich auf zweierlei Art realisieren: durch Verwendung einer Schicht geringer Dichte, d. h. eines Gases oder Dampfes als Antikathode oder durch eine dünne, metallische Schicht, d. h. eine Folie. Der erste Weg ist von Duane, der zweite von Kulenkampff und Nicholas beschritten worden.

Duane[1] benutzte einen Quecksilber-Dampfstrahl in einer Anordnung, die äußerlich den Diffusionspumpen ähnlich ist. Er hat mehrere in Einzelheiten

[1] W. Duane, Proc. Nat. Acad. Amer. Bd. 13, S. 662. 1927; Bd. 14, S. 450. 1928.

verschiedene derartige Anordnungen konstruiert; eine derselben ist in Abb. 6 wiedergegeben. Der im Siedegefäß C erzeugte Hg-Dampf strömt im Rohr D aufwärts, tritt dann durch eine Düse aus und wird innerhalb eines die Anode bildenden Metallkörpers A vom horizontal verlaufenden Kathodenstrahl durchsetzt. Die Röhre hat ein (andere Konstruktionen mehrere) Fenster F zum Austritt der Röntgenstrahlen.

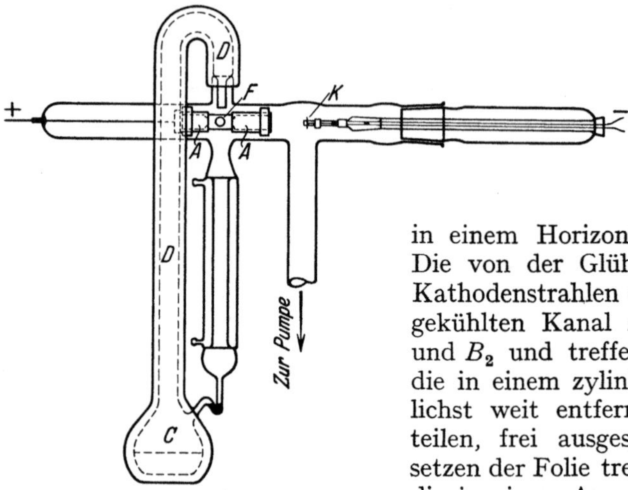

Abb. 6. Anordnung von DUANE zur Untersuchung der Strahlung einer dünnen Antikathode (Hg-Dampf).

Die von KULENKAMPFF[1] entwickelte Anordnung ist in Abb. 7 in einem Horizontalschnitt wiedergegeben. Die von der Glühkathode W ausgehenden Kathodenstrahlen durchlaufen einen wassergekühlten Kanal zwischen den Blenden B_1 und B_2 und treffen dann auf die Folie F, die in einem zylindrischen Gehäuse G, möglichst weit entfernt von massiven Metallteilen, frei ausgespannt ist. Nach Durchsetzen der Folie treffen sie auf die Anode A, die in einem Ansatzrohr so angebracht ist, daß die hier erregte Strahlung nicht stören kann. Eine Ionisierungskammer ($I.K.$) ist um F als Mittelpunkt drehbar angeordnet, so daß die Intensität in verschiedenen Richtungen ϑ zwischen 22 und 150° untersucht werden kann. Der Zylinder G hat in diesem Winkelbereich einen durchlaufenden horizontalen Schlitz, der mit Al-Folie abgedeckt ist.

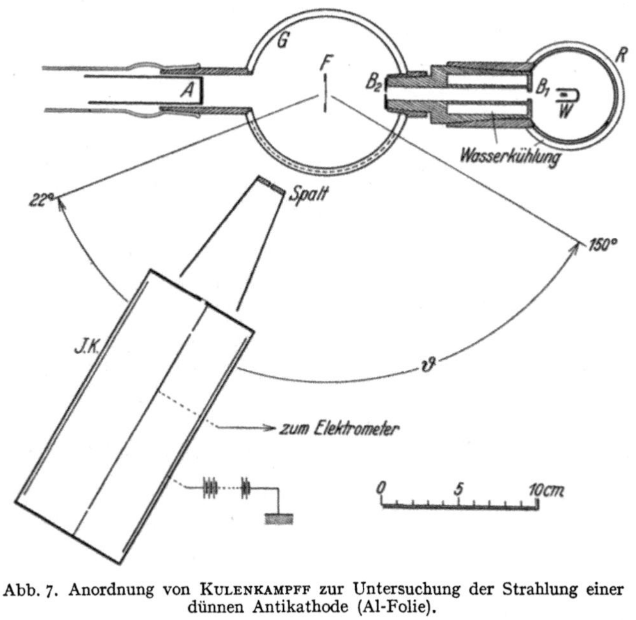

Abb. 7. Anordnung von KULENKAMPFF zur Untersuchung der Strahlung einer dünnen Antikathode (Al-Folie).

Als Folie wurde in dieser Anordnung Aluminiumfolie (Blattaluminium) verwendet; die Dicke ist nicht sehr gleichmäßig und beträgt etwa 0,6 μ. Ein wesentlicher Nachteil bei der Benutzung dünner Folien ist der, daß sie nur eine sehr geringe Brennfleckbelastung (etwa 0,1 mA) vertragen, und daß infolgedessen natürlich auch die Röntgenstrahlintensität entsprechend gering ist. Dieser Nachteil ist bei der DUANEschen Methode des Hg-Dampfstrahls nicht vorhanden; dagegen stört dort sehr erheblich der Umstand, daß im Dampfstrahl kein definierter Kathoden-

[1] H. KULENKAMPFF, Ann. d. Phys. Bd. 87, S. 597. 1928.

strahlbrennfleck vorhanden ist. Lochblendenaufnahmen bei DUANE zeigen, daß eine an Intensität überwiegende Strahlung von umgebenden massiven Metallteilen vorhanden ist. Es ist deshalb bei allen Messungen nötig, den Anodenraum durch eine Lochblende abzubilden und dann durch eine weitere Blende alle störenden Teile auszuschalten. Dies bedeutet aber eine beträchtliche Reduzierung der nutzbaren Strahlungsintensität.

Auf exakte spektrale Zerlegung der Strahlung, mittels eines Kristallspektrometers, ist bei diesen Anordnungen wegen der geringen erreichbaren Strahlungsintensitäten verzichtet. Durch geschickte geometrische Anordnung hat NICHOLAS[1] diese Schwierigkeit einigermaßen überwunden und spektrale Untersuchungen durchführen können. Abb. 8 zeigt die von ihm verwendete Anordnung. Als dünne Antikathode dienen auch hier Folien, und zwar Aluminium oder Gold. *K* ist die Kathode, *S* ein Spalt, der das punktiert eingezeichnete Kathodenstrahlbündel ausblendet. Zur spektralen Untersuchung sind fünf kleine, gleichartig gebaute Schneidenspektrographen *Sp* für photographische Aufnahmen innerhalb des Hochvakuums angeordnet; sie sind in Abb. 8 nur schematisch angedeutet. Um Ungleichheiten auszuschalten, können sie gegeneinander ausgetauscht werden.

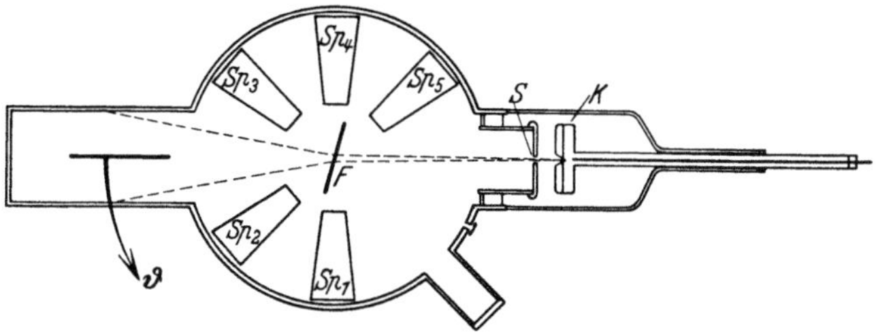

Abb. 8. Anordnung von NICHOLAS zur spektralen Untersuchung der Strahlung einer dünnen Antikathode (Al- und Au-Folien).

18. Kriterium für hinreichend dünne Antikathode. Um zu entscheiden, ob bei diesen Anordnungen die Bedingungen für eine „dünne“ Antikathode erfüllt sind, müßte man Energieverlust und Diffusion der Kathodenstrahlen in den Schichten genau kennen. Bei der Anordnung von DUANE ist die Dichte des Hg-Dampfes unbekannt; bei plausiblen Annahmen findet man aber, daß beide Bedingungen mehr als ausreichend erfüllt sind.

Nicht so günstig liegen die Verhältnisse bei den von KULENKAMPFF und NICHOLAS verwendeten Folien. Berechnet man allerdings den Energieverlust der Kathodenstrahlen beim Durchgang durch eine 0,6 μ starke Al-Schicht nach dem THOMSON-WHIDDINGTONschen Gesetz, so findet man, daß er für Spannungen oberhalb etwa 30 kV bedeutungslos ist und erst für die kleinste bei diesen Messungen verwendete Spannung etwa 12% erreicht. Auch die Diffusion erscheint nach einigen, allerdings nur rohen, Messungen von KULENKAMPFF erträglich, derart, daß der mittlere Streuwinkel in der Größenordnung von etwa $\pm 15^\circ$ ist. Diese für die hindurchgehenden Kathodenstrahlen ermittelten Daten geben aber kein vollständiges Bild, weil dabei gerade die stark abgelenkten Elektronen nicht erfaßt werden und weil diese auch die größeren Energieverluste erleiden. Besonders aufschlußreich sind hier neuere Untersuchungen von WAGNER[2], der die unter 90° gegen die Einfallsrichtung rückdiffundierten Elektronen durch magnetische Analyse ihres Geschwindigkeitsspektrums untersucht hat. Die Aufnahmen wurden photographisch gemacht; als „Antikathode“ dienten

[1] W. W. NICHOLAS, Bur. of Stand. Journ. of Res. Bd. 2, S. 837. 1929.
[2] P. B. WAGNER, Phys. Rev. Bd. 35, S. 98. 1930.

unter 45° gestellte massive Metallplatten oder dünne Folien. Aus seinen Ergebnissen[1] sind in Abb. 9 einige an Al erhaltene Kurven wiedergegeben; die Dicke der Folie betrug hier ebenfalls 0,6 μ. Man bemerkt, daß auch bei so dünner Schicht Elektronen mit beträchtlichen Energieverlusten auftreten. Bei kleiner Primärgeschwindigkeit ist ihre Menge bereits sehr angenähert die gleiche wie bei massiver Schicht. Dies bedeutet, daß (übrigens in guter Übereinstimmung mit älteren Zahlenangaben von LENARD[2]) die Dicke der Folie bereits für nahezu vollständige Rückdiffusion ausreicht, daß sich also in ihr schon weitgehend der normal diffuse Verlauf der Kathodenstrahlen einstellt. Wenn auch die Gesamtmenge der rückdiffundierenden Elektronen bei Al gering ist, so wird man doch bei Beurteilung der folgenden Ergebnisse hierauf Rücksicht nehmen müssen.

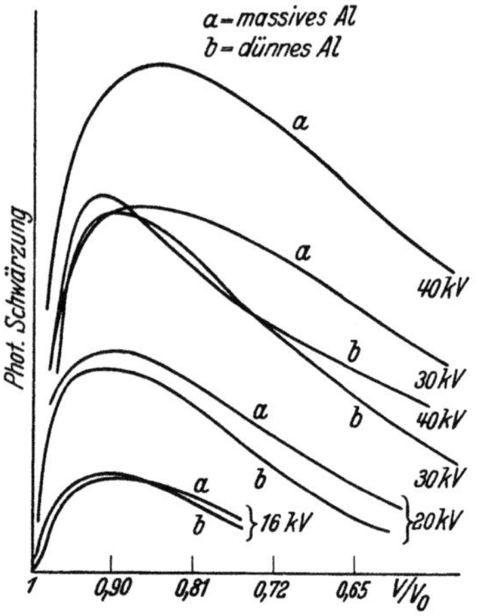

Abb. 9. Rückdiffusion der Elektronen aus dünner und massiver Schicht. (Nach P. B. WAGNER.)

19. Methode der Absorptionsanalyse des Spektrums. Wegen der bereits erwähnten äußerst geringen Strahlungsintensität, welche bei einer dünnen Antikathode erreichbar ist, beschränkten sich die ersten Untersuchungen von DUANE und KULENKAMPFF darauf, durch Absorptionsanalyse der Strahlung Anhaltspunkte über ihre spektrale Zusammensetzung zu erhalten. Man bestimmt bei dieser Meßmethode den Absorptionskoeffizienten der Gesamtstrahlung in einem geeigneten Filter — in der Regel Al — in Abhängigkeit von der Dicke eines vorgeschalteten Filters. Wäre die Strahlung monochromatisch, so müßte sich ein konstanter Absorptionskoeffizient ergeben, aus dessen Wert die Wellenlänge unmittelbar zu bestimmen wäre; bei einem kontinuierlichen Spektrum ist zu erwarten, daß mit zunehmender Vorschaltdicke der Absorptionskoeffizient abnimmt, und zwar um so rascher, je mehr der langwellige Teil des Spektrums überwiegt.

Es ist im allgemeinen aber nicht möglich, aus dem gemessenen Gang des Absorptionskoeffizienten rechnerisch die spektrale Verteilung zu bestimmen. Man kann aber folgendermaßen vorgehen: man macht eine plausible Annahme über die spektrale Verteilung und berechnet, welcher Absorptionskoeffizient für jede Vorschaltdicke zu erwarten ist. Man braucht hierfür nur den Absorptionskoeffizienten der einzelnen verwendeten Filter in Abhängigkeit von der Wellenlänge zu kennen, außerdem die Filterung der Strahlung im Fenster der Röhre und etwa sonst im Strahlengang befindliche absorbierende Schichten sowie schließlich die spektrale Empfindlichkeit der zur Messung verwendeten Ionisierungskammer. Diese Größen sind bekannt bzw. leicht zu messen, so daß einer solchen Berechnung keine Schwierigkeiten entgegenstehen. Eine Absorption der Strahlung im Innern der Antikathodenschicht braucht nicht berücksichtigt zu werden, da eine für die Kathodenstrahlen „dünne" Schicht dies in höherem Maße für Röntgenstrahlen entsprechender Frequenz ist. Man wird dann durch den Vergleich der berechneten Absorptionswerte mit den gemessenen feststellen können, ob die angenommene spektrale Verteilung möglich oder als mit den Messungen nicht verträglich auszuschalten ist.

---

[1] Weitere Einzelheiten hierzu s. in Kap. 1, Bd. XXII/2 ds. Handbs.

[2] P. LENARD, Quantitatives über Kathodenstrahlen aller Geschwindigkeiten. Heidelberg 1918.

Es hängt im Prinzip von der Genauigkeit der Absorptionsmessungen ab, bis zu welcher Schärfe eine solche Prüfung möglich ist. Da der Absorptionskoeffizient der Gesamtstrahlung gegen kleine Änderungen der spektralen Verteilung nicht sehr empfindlich ist, sind in praxi von dieser Methode nur orientierende Aufschlüsse zu erwarten.

20. Ergebnisse der Absorptionsanalyse. Um einen Anhaltspunkt zu gewinnen, welche Energieverteilung für das Spektrum einer dünnen Antikathode zu erwarten ist, kann man von den Überlegungen der Ziff. 16 ausgehen und für die massive Antikathode gemäß Ziff. 36 die angenähert gültige Formel

$$J_\nu = \text{konst.}\,(\nu_0 - \nu) \qquad (4)$$

zugrunde legen. Man erhält dann, wenn man weiter das THOMSON-WHIDDINGTONsche Gesetz in der einfachen Form (3) annimmt,

$$i_\nu = \frac{d J_\nu}{d s} = \frac{d J_\nu}{d V} \cdot \frac{d V}{d s} = \text{konst.}\,\frac{1}{V}, \qquad (5)$$

mithin bei festgehaltener Röhrenspannung V konstante Intensität (in Frequenzeinheiten) im ganzen Spektrum.

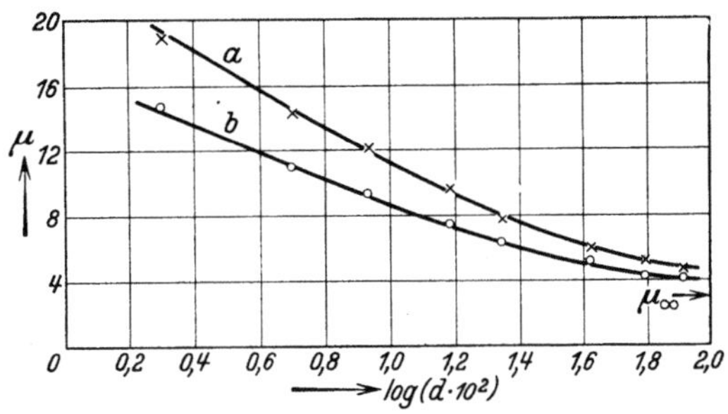

Abb. 10. Absorption der Strahlung in Aluminium.

Absorptionsuntersuchungen sind zuerst von DUANE mit der in Ziff. 17 beschriebenen Anordnung ausgeführt worden. Die Messungen wurden bei einer Spannung von 11,78 kV ausgeführt, die so gewählt ist, daß die L-Strahlung des Quecksilberdampfes noch nicht angeregt wird. Die M-Strahlung ist so langwellig, daß sie schon durch das Fenster der Röhre vollständig absorbiert wird. Beobachtet wurde die unter $\vartheta = 90°$ austretende Strahlung; die Intensitätsmessung erfolgte mittels einer Ionisierungskammer.

DUANE glaubte bei seinen ersten Untersuchungen dieser Art einen von der Dicke des Vorschaltfilters unabhängigen Wert des Absorptionskoeffizienten zu finden und schloß daraus, daß eine dünne Schicht monochromatisch nur Strahlung der Grenzfrequenz liefere. Das kontinuierliche Spektrum einer massiven Schicht müßte dann allein durch die Energieverluste der Kathodenstrahlen entstehen; es ist schon in Ziff. 2 hervorgehoben worden und folgt jetzt auch aus den obigen Betrachtungen, daß dies nicht möglich ist. Bei Fortsetzung der Versuche hat denn auch DUANE dieses Resultat nicht bestätigt gefunden. Bei gesteigerter Meßgenauigkeit ergab sich eine Abnahme des Absorptionskoeffizienten mit zunehmender Vorschaltdicke, die mit der Annahme $i_\nu = \text{konst.}$ im Einklang ist.

Ausgedehntere Messungen der gleichen Art wurden von KULENKAMPFF mit der an einer dünnen Al-Folie erzeugten Strahlung (Ziff. 17) ausgeführt. Die Beobachtungsrichtung ist auch hier zunächst $\vartheta = 90°$. Die Spannung kann, da eine störende Fluoreszenzstrahlung bei Al nicht in Betracht kommt, wesentlich höher gewählt werden und betrug bei diesen Messungen 31 kV ($\beta = 0{,}33$); dies hat den Vorteil, daß ein größerer Spektralbereich der Untersuchung zugänglich ist.

Die Ergebnisse sind in Abb. 10 graphisch dargestellt. Kurve *a* bezieht sich auf Messungen an einer massiven Al-Antikathode, die unter sonst ganz gleichen Bedingungen zum Vergleich und zur Prüfung der Meßmethode ausgeführt wurden, Kurve *b* auf die an der Al-Folie. In beiden Fällen geben die ausgezogenen Linien den nach Gleichung (4) bzw. (5) berechneten Verlauf wieder, die eingetragenen Punkte die mit einem 0,66 mm starken Al-Filter gemessenen Werte des Absorptionskoeffizienten. Der gemeinsame Grenzwert, dem beide Kurven zustreben müssen (Absorptionskoeffizient der Grenzfrequenz ν_0) ist am rechten Rande der Abbildung als μ_∞ angegeben.

Man bemerkt, daß für beide Kurven gute Übereinstimmung zwischen Berechnung und Messung besteht. Für den Fall *a* bedeutet dies, daß die Methode zuverlässig ist; die kleinen Abweichungen, die sich hier bei geringen Vorschaltdicken zeigen, können darauf zurückgeführt werden, daß die Absorption in der massiven Antikathode vernachlässigt ist. Die Übereinstimmung im Falle *b* bestätigt auch für die höhere Spannung das DUANEsche Resultat, daß die Annahme einer spektralen Verteilung i_ν = konst. mit der Beobachtung verträglich ist. Der Unterschied andererseits zwischen den Meßreihen *a* und *b* vermittelt einen gewissen Eindruck von der Empfindlichkeit der Methode.

Der Bereich des Spektrums, der bei diesen Messungen umfaßt wird, hängt natürlich ab von der geringsten Filterung, wie sie durch die Fenster der Röhre und Ionisierungskammer gegeben ist. Sie betrug bei KULENKAMPFF 0,2 mm Al; das Spektrum erstreckt sich in diesem Falle mit merklicher Intensität bis etwa 0,3 ν_0. Bei DUANE ist der Bereich der geringeren Röhrenspannung wegen kleiner und reicht nur etwa bis 0,6 ν_0.

21. Spektrale Untersuchungen: Intensität an der Grenzfrequenz. Verfeinerte Untersuchungen mittels Kristallspektrometers sind von NICHOLAS aus-

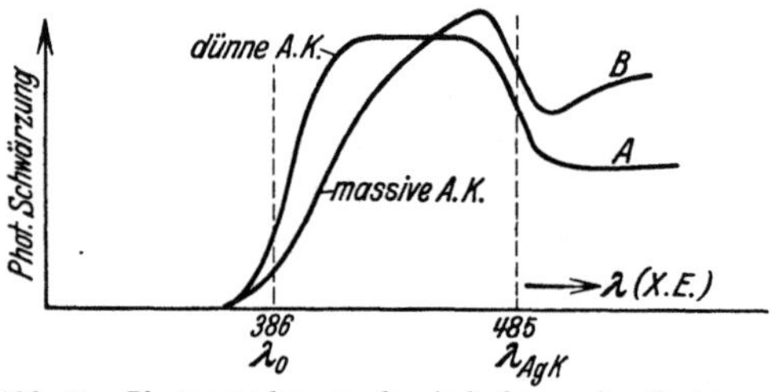

Abb. 11. Photometerkurven der Aufnahmen des Spektrums von einer dünnen und einer massiven Al- bzw. Cu-Schicht. (Nach NICHOLAS.)

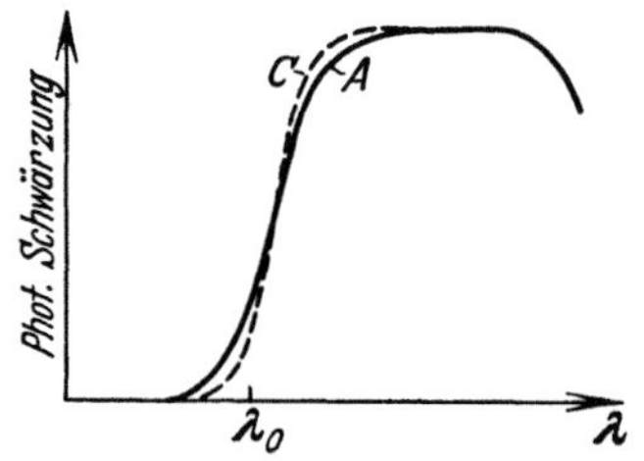

Abb. 12. Verlauf der Energieverteilung an der Grenze des Spektrums.

geführt worden; die von ihm verwendete Versuchsanordnung ist oben in Ziff. 17 beschrieben. Erforderlich ist hier eine Eichung der Spektrographen hinsichtlich des Reflexionsvermögens des Kristalls und der spektralen Empfindlichkeit des zur Aufnahme verwendeten photographischen Films. Diese ist von NICHOLAS ausgeführt worden durch Vergleichsaufnahme des Spektrums einer massiven Cu-Antikathode in der gleichen Anordnung, dessen Energieverteilung als bekannt vorausgesetzt werden muß.

Abb. 11 zeigt die Ergebnisse zweier Aufnahmen; *A* ist das Spektrum einer Al-Folie, *B* das der massiven Cu-Antikathode. Die Kurven sind Wiedergaben von Photometrierungen der photographischen Aufnahmen; als Ordinate ist die Schwärzung aufgetragen. Die Expositionszeiten waren so gewählt, daß in beiden Fällen die Schwärzungen etwa gleiche Beträge erreichen. Die Röhrenspannung betrug 32 kV; die kurzwellige Grenze des Spektrums liegt dann bei λ_0 = 386 X.E. Bei λ = 485 X.E. zeigt sich die Absorptionskante des Ag in der photographischen Schicht.

Zunächst interessiert hier die möglichst genaue Festlegung der spektralen Verteilungskurve in unmittelbarer Nähe der Grenzwellenlänge, insbesondere die Frage, ob an der Grenze die Intensität sprunghaft von einem endlichen Wert auf Null fällt. Die Aufnahmen selbst können etwas Derartiges nicht unmittelbar zeigen, und zwar wegen der endlichen Breite des Spektrographenspaltes; aus Intensitätsgründen mußte dieser überdies ziemlich weit (0,06 mm) gewählt werden. Eine Aussage darüber, in welchem Maße ein sprunghafter Abfall hierdurch verflacht erscheinen muß, läßt sich nun in eleganter Weise durch Vergleich mit der Ag-Absorptionskante gewinnen. In Abb. 12 ist noch einmal der Anfang der Kurve A aus Abb. 11 dargestellt sowie punktiert der aus der gleichen Abbildung zu entnehmende Kurvenverlauf an der Ag-Absorptionskante, umgekehrt und in der Ordinatenhöhe passend vergrößert. Man sieht so, daß beide Kurven sich nahe decken. Der verbleibende etwas flachere Verlauf der Kurve A kann leicht durch die folgenden zwei Umstände gedeutet werden: die Folie ist nicht unendlich dünn, so daß die Kathodenstrahlen noch einen merklichen Energieverlust in ihr erleiden, der sich zu etwa 1,3 kV berechnet, nach Ziff. 18 aber vielleicht größer anzusetzen ist. Außerdem war die Röhrenspannung bei den Versuchen von NICHOLAS nicht streng konstant, sondern hatte eine Welligkeit von etwa 0,3 kV. Hieraus resultiert insgesamt eine Unschärfe von etwa $\pm$ 1 kV oder rund 3% der Grenzwellenlänge; dies ist aber gerade der Betrag, um den sich die beiden Kurven der Abb. 12 noch unterscheiden.

Man ist also berechtigt, aus diesen Versuchen den Schluß zu ziehen, daß die Intensität an der Grenze unstetig von einem endlichen Wert auf Null abfällt.

22. Spektrale Untersuchungen: Energieverteilung im Spektrum. Der weitere Verlauf der Intensität nach der Seite kleinerer Frequenzen ist aus dem Vergleich je zweier Aufnahmen der in Abb. 11 wiedergegebenen Art zu bestimmen, nachdem die nötige Korrektion für endliche Spaltweite angebracht ist. Zur Berechnung der Energieverteilung im Spektrum der massiven Antikathode verwendet NICHOLAS eine Formel [Gleichung (12), Ziff. 36], die in der Nähe der Grenzfrequenz etwas von der oben benutzten einfachen Gleichung (4) abweicht.

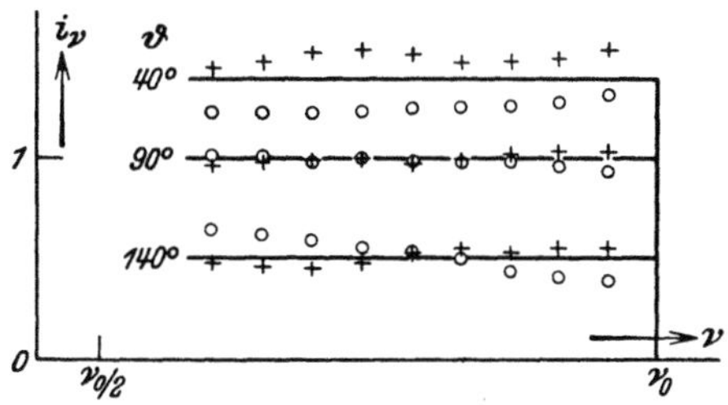

Abb. 13. Spektrale Energieverteilung der Strahlung einer dünnen Antikathode (Al und Au) bei $V = 45$ kV. (Nach NICHOLAS.)

Bei Auswertung der Aufnahmen mit 32 kV über einen größeren Bereich stört die Ag-Absorptionskante. NICHOLAS hat deshalb weitere Aufnahmen mit einer Röhrenspannung von 45 kV gemacht, und zwar mit Al-Folien (0,7 μ) und Au-Folien (0,09 μ) als Antikathode. Das Ergebnis der Auswertung dieser Aufnahmen ist in Abb. 13 dargestellt; es wurden Aufnahmen gemacht für drei Emissionsrichtungen von $\vartheta = 40$, 90 und 140°, von denen entsprechend den oben behandelten Untersuchungen zunächst nur die 90°-Richtung betrachtet werden soll. Die Intensitäten sind bei Al und Au verschieden, die Ordinaten in der Abbildung so gewählt, daß beide Kurven sich annähernd decken. In unmittelbarer Nähe der Grenzfrequenz, in einem Bereich von etwa 0,95 ν_0 bis ν_0, glaubt NICHOLAS eine kleine Abbiegung vom horizontalen Kurvenverlauf nach oben feststellen zu können. Die Gestalt des Spektrums einer massiven Antikathode ist aber gerade in diesem Bereich nicht sicher bekannt und wahrscheinlich von speziellen Versuchsbedingungen abhängig (vgl. Ziff. 37); demgemäß lassen sich auch keine zuverlässigen Schlußfolgerungen für die dünne Antikathode ziehen. In Abb. 13 sind deshalb in diesem Bereich keine Meßpunkte eingetragen.

Hiervon unabhängig ergibt sich das Resultat:

1. In einem Bereich von etwa $\nu_0/2$ bis nahe an die Grenzfrequenz ν_0 ist die Energieverteilung im Spektrum der unter $\vartheta = 90°$ emittierten Strahlung bei konstanter Spannung V:

$$i_\nu = \text{konst}; \tag{5a}$$

2. diese Energieverteilung ist die gleiche bei Al und Au, also zwei Elementen mit stark verschiedener Ordnungszahl.

Man darf allerdings die Genauigkeit dieser Messungen wohl nicht überschätzen. Sie leiden unter der Schwierigkeit geringer Strahlungsintensitäten und den allgemeinen Mängeln der photographischen Methode der Intensitätsmessung. NICHOLAS gibt, ohne nähere Diskussion, eine Fehlergrenze von etwa 10% an.

23. Abhängigkeit der Energieverteilung von der Emissionsrichtung. Die in Abb. 13 wiedergegebenen Messungen für die Emissionsrichtungen $\vartheta = 40$ und $140°$ zeigen zwar geringe Unterschiede untereinander und im Vergleich mit der Energieverteilung für $\vartheta = 90°$, jedoch übersteigen diese nicht die Fehlergrenzen. NICHOLAS zieht deshalb den Schluß, daß die spektrale Energieverteilung von der Emissionsrichtung unabhängig sei.

Dem scheinen jedoch Absorptionsmessungen zu widersprechen, die zeigen, daß die mittlere Härte der Strahlung von der Emissionsrichtung abhängt. Entsprechend den Messungen in Ziff. 20 hat KULENKAMPFF Absorptionsuntersuchungen in den Richtungen $\vartheta = 30$, 55 und $140°$ ausgeführt. Diese ergaben, daß unter $55°$ der Verlauf des Absorptionskoeffizienten in Abhängigkeit von der vorgeschalteten Filterstärke der gleiche ist wie unter $90°$, daß aber unter $30°$ und mehr noch unter $140°$ die Strahlung im Mittel langwelliger ist. Man kann daraus schließen, daß in einer Richtung zwischen 55 und $90°$ die Härte ein Maximum hat und von da nach beiden Seiten abnimmt.

Dies Ergebnis wird bestätigt durch Untersuchungen der azimutalen Intensitätsverteilung, die im einzelnen weiter unten (Ziff. 43) behandelt werden. Die in Abb. 32 wiedergegebenen Kurven zeigen, daß bei 31 kV die Härte ein Maximum bei etwa $\vartheta = 68°$ hat. Die Unterschiede der Verteilungskurven für verschiedene Wellenlängen können aber, wie dort näher begründet wird, zum Teil durch die Diffusion der Kathodenstrahlen vorgetäuscht sein. Jedoch hat auch DUANE, bei dessen Anordnung eine solche Fälschung nicht angenommen werden kann, durch Filterversuche der beschriebenen Art Unterschiede der Härte für die Richtungen $\vartheta = 0$ und $90°$ festgestellt. Ein zahlenmäßiger Vergleich ist nicht möglich wegen der verschiedenen Versuchsbedingungen.

Man wird annehmen müssen, daß die Abhängigkeit der spektralen Energieverteilung vom Azimut in Wahrheit zwar geringer ist, als es nach Abb. 32 den Anschein hat, daß sie aber dem Sinne nach reell ist. Es ist dann durchaus möglich, daß die kleinen Unterschiede bei den Messungen von NICHOLAS durch zufällige Fehler überdeckt sind.

24. Theoretische Berechnung der Energieverteilung. Als Ergebnis der heutigen experimentellen Kenntnis ist festzustellen, daß in einem Bereich von der Grenzfrequenz ν_0 bis etwa $\nu_0/2$ die Energieverteilung im Spektrum der dünnen Antikathode angenähert durch das einfache Gesetz (5a) zu beschreiben ist, und zwar dürfte die Näherung etwa gleich gut für die Emissionsrichtung $\vartheta = 90°$ als auch für die über alle Richtungen gemittelte Ausstrahlung gelten. Aus den Messungen der verschiedenen Beobachter ist zu schließen, daß keine wesentliche Abhängigkeit von der Kathodenstrahlgeschwindigkeit (im Bereich von 12 bis 45 kV) und von der Ordnungszahl des Antikathodenelementes besteht.

Die klassisch-korrespondenzmäßige Berechnung von KRAMERS (vgl. Ziff. 3) liefert für die Energieverteilung einen Ausdruck, der mit diesem allgemeinen Erfahrungsgesetz in guter Übereinstimmung ist. KRAMERS berechnet nicht die Ausstrahlung für eine bestimmte Emissionsrichtung ϑ, sondern mittelt von vornherein über alle Richtungen. Er erhält so

$$i_\nu = \text{konst.}\,\frac{1}{v^2}, \qquad (6)$$

gültig für Frequenzen im Spektrum, die nicht zu weit von der Grenzfrequenz entfernt liegen. Allgemein tritt als Faktor eine Funktion $g'(\gamma)$, worin $\gamma = \frac{2\pi\nu Z e^2}{m v^3}$, hinzu; KRAMERS zeigt, daß für $\gamma > 1$ $g'(\gamma) \approx 1$, also unabhängig von ν ist und nur für kleinere γ größere Werte annimmt. Dies ist nur für kleine Frequenzen der Fall, die außerhalb des experimentell interessierenden Bereiches liegen. Gleichung (6) ist also mit den Beobachtungen in Einklang.

Die wellenmechanische Berechnung der Energieverteilung ist von SOMMERFELD durchgeführt worden. Die Matrixelemente, die an Stelle der klassischen Momente zu setzen sind, ergeben sich hier für den Fall $\beta \ll 1$ zu

$$\left.\begin{aligned} M_x^2 &= 2\,|A n_1|^2 \left(\frac{(\beta_1+\beta_2)^2}{2\beta_1\beta_2}\right)^2 \left(\frac{\beta_1^2-\beta_2^2}{2\beta_1\beta_2}\log\frac{\beta_1+\beta_2}{\beta_1-\beta_2}+1\right). \\ M_y^2 = M_z^2 &= |A n_1|^2 \left(\frac{(\beta_1+\beta_2)^2}{2\beta_1\beta_2}\right)^2 \left(\frac{\beta_1^2+\beta_2^2}{2\beta_1\beta_2}\log\frac{\beta_1+\beta_2}{\beta_1-\beta_2}-1\right). \end{aligned}\right\} \quad (7)$$

Darin bedeuten β_1 die Anfangsgeschwindigkeit des strahlenden Elektrons, β_2 die nach der Ausstrahlung verbleibende Restgeschwindigkeit (in Einheiten v/c); $n_1 = \frac{\alpha Z}{\beta_1} = \sqrt{\frac{V_K}{V}}$ (α = Feinstrukturkonstante $\approx 1/_{137}$; V_K = Anregungsspannung des K-Niveaus). Die Koordinaten x, y, z sind so gewählt, daß die Einfallsrichtung der Kathodenstrahlen in die x-Richtung fällt; die z-Achse möge in der Ebene der Beobachtungen liegen, y senkrecht dazu.

Für die Ausstrahlung in der Richtung ϑ ist maßgebend der Ausdruck

$$M_x^2 \sin^2\vartheta + M_y^2 \cos^2\vartheta + M_z^2$$

für $\vartheta = 90°$ also

$$M_x^2 + M_z^2 .$$

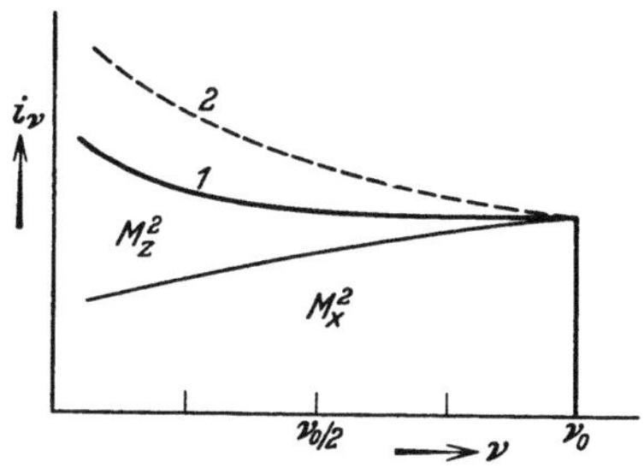

Abb. 14. Theoretische Energieverteilung im Spektrum einer dünnen Antikathode. (Berechnet nach SOMMERFELD [1] und MAUE [2].)

Mit den angegebenen Werten der Matrixelemente ergibt sich dann für $\vartheta = 90°$, unter Berücksichtigung verschiedener Normierungsfaktoren (vgl. hierzu SOMMERFELD l. c.),

$$i_\nu = \text{konst.}\, \frac{n_1^4}{e^{2\pi n_1}-1} \cdot \frac{1}{1-e^{-2\pi n_2}} \left\{\frac{3\beta_1^2-\beta_2^2}{2\beta_1\beta_2}\log\frac{\beta_1+\beta_2}{\beta_1-\beta_2}+1\right\} \quad (8)$$

mit $n_2 = \frac{\alpha Z}{\beta_2}$.

Die Formel erfordert eine numerische Auswertung, wenn man ihren Charakter übersehen will. Im Spektrum ist n_1 = konst.; näherungsweise ist dies auch für den Exponentialausdruck $(1 - e^{-2\pi n_2})$ der Fall, da für nicht zu kleine Frequenzen im Spektrum $2\pi n_2 \gg 1$ ist, allerdings nur für nicht zu leichte Elemente (s. unten). Es bleibt dann also der Ausdruck $\{\ldots\}$, bei dem die Frequenzabhängigkeit in β_2 enthalten ist.

Die numerische Auswertung dieses Klammerausdrucks ist in Abb. 14 als Kurve 1 graphisch dargestellt und zeigt, daß bis etwa $\nu_0/4$ sehr nahe i_ν = konst. ist und erst bei kleineren Frequenzen einen besonderen Anstieg bekommt. Dieser entspricht im Charakter dem Faktor g' in der KRAMERSschen Rechnung.

Beide Rechnungen führen also praktisch zum gleichen Resultat und zur gleichen Übereinstimmung mit der experimentellen Erfahrung. Die Vernachlässigung des Exponentialgliedes mit n_2 in (8) ist im Bereich der vorliegenden Messungen noch gestattet: bei Al ($Z = 13$) und einer mittleren Röhrenspannung $V = 40$ kV ist für $\nu = \nu_0/2$ noch $2\pi \cdot n_2 = 1,7$, der Fehler also nur etwa 10%.

Zu beachten bleibt, daß sowohl die klassische als auch die wellenmechanische Theorie die Voraussetzung $\beta \ll 1$ machen, die bei den Messungen nicht mehr als erfüllt angesehen werden kann. Für einen speziellen Fall, die azimutale Intensitätsverteilung an der kurzwelligen Grenze (s. Ziff. 44), hat SCHERZER[1] im Anschluß an SOMMERFELD gezeigt, daß die Unterschiede zwischen genäherter und streng relativistischer Rechnung von der Ordnung β^3 sind, so daß sie bei $\beta = 1/3$ noch ohne große Bedeutung bleiben.

In Abb. 14 ist durch eine Trennungslinie die Aufteilung auf die Glieder M_x^2 und M_z^2 angezeigt. Hiernach ist leicht zu übersehen, wie nach der SOMMERFELDschen Rechnung die Energieverteilung vom Azimut abhängt: beiderseits $\vartheta = 90°$ überwiegen die Glieder M_y^2 und M_z^2 zunehmend gegen $\vartheta = 0$ bzw. $180°$, die Strahlung wird also zunehmend weicher. Daß die Änderung symmetrisch zur 90°-Richtung erfolgt, liegt hier daran, daß die Ansätze nur für $\beta \ll 1$ gelten. SOMMERFELD hat durch Einführung der retardierten Potentiale die Rechnung ergänzt und findet so, daß die Richtung des Maximums der Härte durch

$$\cos\vartheta' = \beta$$

gegeben ist. Für $\beta = {}^1/_3$ liefert dies $\vartheta' = 71°$ in bester Übereinstimmung mit dem experimentellen Befund von Ziff. 23 ($\vartheta' = 68°$). Die Energieverteilung ist mit dieser Verallgemeinerung im einzelnen von SOMMERFELD nicht ausgerechnet worden.

Für den Fall der Gleichung (7) ergibt sich gemäß dem oben Gesagten die über alle Richtungen ϑ gemittelte Strahlung als weicher, verglichen mit der unter $\vartheta = 90°$ emittierten. Nach MAUE[2] folgt aus den Ansätzen von SOMMERFELD hierfür

$$\overline{i_\nu} = \text{konst.}\, \frac{n_1^3}{e^{2\pi n_1} - 1} \cdot \frac{n_2}{1 - e^{-2\pi n_2}} \log \frac{\beta_1 + \beta_2}{\beta_1 - \beta_2}. \tag{8}$$

Die hierdurch bestimmte Energieverteilung ist als Kurve 2 in Abb. 14 eingetragen; es ist strenggenommen richtig, diesen Verlauf mit der Aussage der klassischen Theorie zu vergleichen. Die Übereinstimmung beider Theorien erscheint dann etwas schlechter, mit den Messungen ist, in Anbetracht der ungenauen Kenntnis, auch die Kurve 2 vereinbar.

25. Isochromaten. In der Spektralformel $i_\nu =$ konst. ist die Konstante Funktion von Z und V. Die Frage der Abhängigkeit von Z ist weiter unten in Ziff. 49 besprochen; die von V bestimmt man experimentell am einfachsten durch Messung der Intensität in einem festgehaltenen Spektralbereich $d\nu$ bei Variation der Röhrenspannung, d. h. durch Aufnahme von Isochromaten.

Derartige Messungen an einer dünnen Antikathode (Al-Folie) sind von KULENKAMPFF mit der in Ziff. 17 beschriebenen Anordnung ausgeführt worden. Die spektrale Zerlegung wurde wegen der sonst zu geringen Strahlungsintensität durch eine geeignete Filterung ersetzt. Diese muß so beschaffen sein, daß durch das Filter ein einigermaßen definierter, nach beiden Seiten begrenzter Spektralbereich ausgesondert wird. Zu dem Zweck wurden als Filter Substanzen verwendet, deren K-Absorptionskante an geeigneter Stelle liegt, und zwar Zr, Ag und Sn. Die Absorptionskanten dieser drei Elemente liegen bei 0,687, 0,485 und 0,424 Å. Die Filterstärke war so bemessen, daß kürzere Wellen praktisch vollständig absorbiert werden und daß auch nach langen Wellen hin die durch-

[1] O. SCHERZER, Ann. d. Phys. Bd. 13, S. 137. 1932.
[2] A.-W. MAUE, Ann. d. Phys. Bd. 13, S. 161. 1932.

gelassene Intensität von der Kante rasch abfällt. Die Schwerpunkte der so ausgesonderten Spektralgebiete liegen bei etwa 0,73, 0,53 bzw. 0,46 Å. Zu beachten ist, daß derartige Filter nur brauchbar sind bis zu Spannungen, bei denen die Grenze des Spektrums nicht zu weit von der Absorptionskante des Filters liegt, da es für kürzere Wellen wieder stärker durchlässig wird. Der Isochromatenverlauf läßt sich also auf diese Weise nur in einem beschränkten Intervall bestimmen.

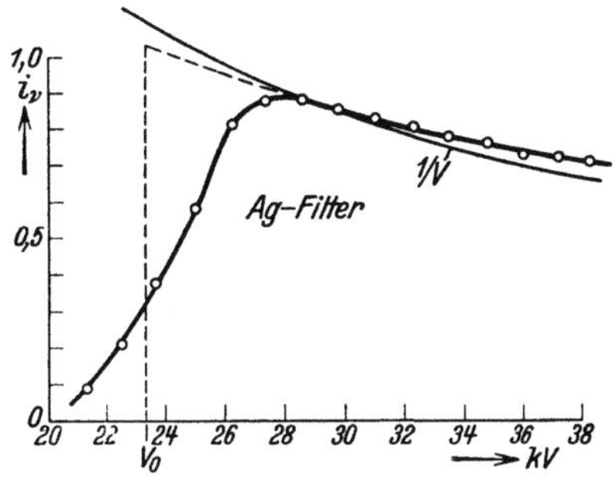

Abb. 15. Verlauf einer Isochromaten.

Abb. 15 zeigt als ein Beispiel die mit Ag-Filter gemessene Isochromate; die mit den anderen Filtern erhaltenen gaben praktisch den gleichen Verlauf. Der flache Anstieg der Kurve von der Seite kleiner Spannungen her ist bewirkt durch die beträchtliche Breite des Spektralgebietes und durch den Geschwindigkeitsverlust der Kathodenstrahlen in der Folie. Bei idealen Verhältnissen, d. h. bei unendlich kleinem Spektralbereich und unendlich dünner Folie, wäre danach der gestrichelt eingezeichnete Verlauf zu erwarten: die Intensität setzt bei der Grenzspannung der betreffenden Wellenlänge sprunghaft mit einem endlichen Wert ein und fällt mit steigender Spannung monoton ab. Zur Charakterisierung dieses Abfalls und zum Vergleich mit theoretischen Aussagen ist in der Abb. 15 eine Kurve proportional $1/V$ eingetragen; man bemerkt, daß der beobachtete Abfall etwas langsamer erfolgt.

26. Abhängigkeit der Isochromaten von der Emissionsrichtung. In gleicher Weise und mit der gleichen mittleren Wellenlänge wurde der Verlauf der Isochromaten für verschiedene Emissionsrichtungen untersucht. Die Ergebnisse dieser Messungen sind in Abb. 16 zusammengestellt; die Ordinaten sind dort für die einzelnen Kurven willkürlich so gewählt, daß bei $V = 28$ kV die Intensitäten gleich sind. Die Ordinatennullpunkte sind stufenweise gegeneinander verschoben und durch horizontale Striche am linken Rande gekennzeichnet. Für $\vartheta = 30$, 60, 90, 120 und 140° sind einige nach SOMMERFELD theoretisch berechnete Kurven gestrichelt eingetragen; vgl. hierzu Ziff. 28.

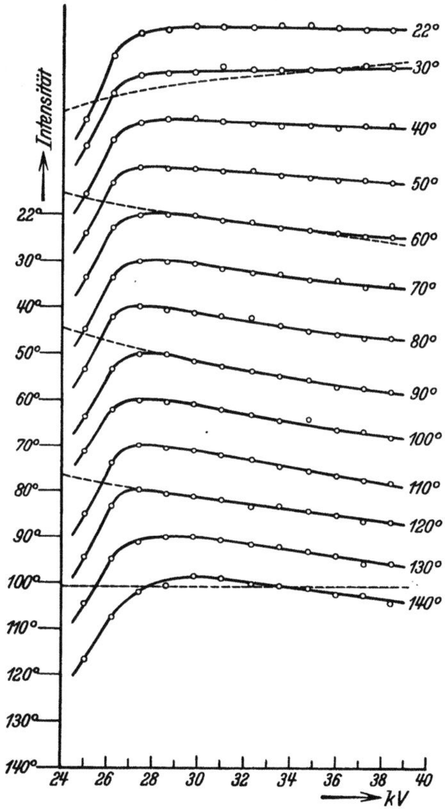

Abb. 16. Abhängigkeit des Isochromatenverlaufes von der Emissionsrichtung.

Die Genauigkeit dieser Messungen darf nicht überschätzt werden. Wesentlich ist qualitativ das Ergebnis, daß die Steilheit des Intensitätsabfalls bei steigender Spannung Funktion der Emissionsrichtung ist. Der Kurvenverlauf wird deutlich flacher bei großen und insbesondere bei kleinen Azimutwinkeln; am steilsten ist er in der Gegend von etwa $\vartheta = 90°$, vielleicht bei einem etwas größeren Winkel.

27. Zuverlässigkeit der experimentellen Ergebnisse. Überlegungen zweierlei Art machen es wahrscheinlich, daß die vorstehenden Messungen einen durchweg zu flachen Intensitätsabfall zeigen.

Einerseits ist dies zu schließen aus dem experimentell sehr viel genauer bekannten Isochromatenverlauf bei massiver Antikathode (Ziff. 33). In diesem Falle ist die Intensität sehr genau direkt proportional V; dabei ist infolge Diffusion der Kathodenstrahlen eine weitgehende Mittelung über alle Richtungen anzunehmen. Berechnet man hieraus nach den Überlegungen von Ziff. 16 den Isochromatenverlauf für die dünne Antikathode, so findet man, daß ein Verlauf proportional $1/V$ zu erwarten wäre, wenn man das THOMSON-WHIDDINGTONsche Gesetz gemäß Gleichung (3) ansetzt. Dieses ist zwar nicht sehr sicher, aber gerade bei leichten Elementen und im fraglichen Spannungsbereich können eventuelle Abweichungen von (3) nicht erheblich sein; dies ist insbesondere aus dem Verlauf der Ionisierungsfunktion von Kathodenstrahlen in Gasen[1] zu schließen.

Der experimentell gefundene Isochromatenverlauf ist schon für $\vartheta = 90°$ und folglich in höherem Maße für die über ϑ gemittelte Strahlung wesentlich flacher als $1/V$, und es bereitet ernstliche Schwierigkeiten, dies mit den Erfahrungen an massiven Antikathoden in Einklang zu bringen.

Andererseits kann die Isochromatenform entstellt sein durch den Geschwindigkeitsverlust, den die Elektronen in der Al-Folie erleiden. Nach den Messungen von WAGNER (Ziff. 18) kommen mit merklicher Häufigkeit Energieverluste noch bis etwa 40% vor; die höchste Spannung, bis zu der bei den Messungen die Isochromaten verfolgt werden konnten, liegt aber nur 38% über der Grenzspannung. Man muß also damit rechnen, daß im ganzen Bereiche sich die Strahlung verlangsamter Elektronen überlagert und damit die Kurven verflacht, ohne daß sich allerdings Näheres darüber sagen läßt, welche Beträge dies erreicht. Da die stark verlangsamten Elektronen auch stark diffus geworden sind, wird die Fälschung des Kurvenverlaufes da am größten sein, wo die Intensitäten an sich gering sind; das ist (Ziff. 42) bei großen und bei sehr kleinen Emissionswinkeln. Es ist also auch hier wie bei der Abhängigkeit der Härte von der Emissionsrichtung so, daß die Kathodenstrahldiffusion eine Vergrößerung der Richtungsunterschiede bewirken kann.

28. Theoretische Berechnung des Isochromatenverlaufes. Die allgemeinen Formeln der klassisch-korrespondenzmäßigen Rechnung von KRAMERS und der wellenmechanischen Rechnung von SOMMERFELD sind schon oben in Ziff. 24 angegeben. Hiernach führt die klassische Theorie zu einem Verlauf proportional $1/v^2 \sim 1/V$; sie gibt also das direkte Resultat der vorliegenden Messungen nicht gut wieder, ist aber in vollkommener Übereinstimmung mit dem Verlauf, der auf Grund der Messungen an massiver Antikathode und der möglichen Fehler bei dünner Antikathode als wahrscheinlich richtiger anzunehmen ist.

Die wellenmechanische Rechnung von SOMMERFELD führt zu einem anderen Resultat. Die Gleichung (7) in Ziff. 24 läßt den Isochromatenverlauf nicht unmittelbar übersehen. Es kommt hier jetzt im wesentlichen auf den ersten Faktor an. Der Klammerausdruck $\{\ldots\}$ kann nach Ziff. 24 als hinreichend konstant betrachtet werden, ebenso mit der gleichen Näherung das Exponentialglied mit n_2. Die numerische Auswertung ergibt zunächst für $\vartheta = 90°$ eine Kurve,

[1] E. BUCHMANN, Ann. d. Phys. Bd. 87, S. 509. 1928; E. KIPPHAN, ebenda Bd. 12, S. 401. 1932.

die sich mit der von KULENKAMPFF gemessenen praktisch vollkommen deckt; sie ist in Abb. 16 gestrichelt eingezeichnet.

Für andere Richtungen läßt sich entsprechend aus den oben wiedergegebenen Ansätzen der Verlauf leicht berechnen und auch hier ist nach Abb. 16 die Übereinstimmung mit der Messung gut, besonders soweit es die Abflachung der Kurven gegen kleinere Azimute betrifft. Es ist dabei zu beachten, daß die Rechnung wieder nur für den Fall $\beta \ll 1$ gilt, so daß die Verflachung symmetrisch beiderseits $90°$ erscheint. Eine vervollständigte Berechnung unter Berücksichtigung der Retardierung ist bisher nicht ausgeführt worden.

Nach den Ausführungen von Ziff. 27 über die Zuverlässigkeit der experimentellen Ergebnisse muß man aber diese Übereinstimmung als zufällig bezeichnen. Hierbei ist insbesondere noch der Umstand hervorzuheben, daß nach der SOMMERFELDschen Formel die Isochromatenform wesentlich von der Ordnungszahl Z abhängen müßte. Für den Grenzfall kleiner Z (und hinreichend großer V), d. h. $n_1 \ll 1$, ergibt die Formel einen viel steileren Abfall, der in nicht zu großer Entfernung von der Grenzspannung proportional $V^{-3/2}$ ist; für größere Z wird er flacher, als es in Abb. 15 für den Fall des Al gezeichnet ist. Nach Messungen an massiver Antikathode kann es aber als gesichert gelten, daß derartige Unterschiede in Wahrheit nicht vorhanden sind.

Nach den gleichen wellenmechanischen Grundannahmen wie bei SOMMERFELD, jedoch nach anderen Rechenmethoden, ist auch von SUGIURA[1] der Isochromatenverlauf theoretisch behandelt worden. Sein Ergebnis stimmt mit dem von SOMMERFELD nicht überein; die Ursache hierfür liegt anscheinend auf rein rechnerischem Gebiet. SUGIURA findet einen Intensitätsabfall, der merklich steiler als proportional $1/V$ verläuft; ebenso wie bei SOMMERFELD wird er beiderseits $\vartheta = 90°$ allmählich etwas flacher.

Zusammenfassend ist zu sagen, daß für den Isochromatenverlauf die klassische Theorie wahrscheinlich eine bessere Näherung darstellt als die wellenmechanische Rechnung.

d) Die spektrale Energieverteilung bei massiver Antikathode.

29. Bestimmung der Absorption in der Antikathode. Wenn man die wahre Energieverteilung im Innern einer massiven Antikathode bestimmen will, hat man zu berücksichtigen, daß die Röntgenstrahlen in mehr oder weniger großer Tiefe der Antikathode entstehen. Sie haben also beim Austritt bereits bis zur Oberfläche der Antikathode eine die spektrale Verteilung verändernde Schwächung durch Absorption erfahren.

Die Absorption ist berechenbar, wenn man die Eindringungstiefe der Kathodenstrahlelektronen kennt. Sie ist wegen des diffusen Strahlverlaufes wesentlich kleiner als die etwa aus dem THOMSON-WHIDDINGTONschen Gesetz sich ergebende Reichweite. In Annäherung könnte sie wohl am besten aus den LENARDschen Daten über die Absorption der Kathodenstrahlen[2] entnommen werden. Eine solche Berechnung ist aber unsicher und kann allenfalls da angewandt werden, wo sich überschlagsmäßig der Einfluß der Absorption als gering ergibt. Sie wird besonders zweifelhaft bei Messungen mit geringen Spannungen, weil hier die Unebenheiten auch einer gut polierten Antikathodenoberfläche sehr merklich gegenüber der Eindringungstiefe sein können.

---

[1] Y. SUGIURA, Scient. Pap. Inst. of Phys. a. Chem. Res. Tokyo Bd. 13, S. 23. 1930.

[2] P. LENARD, Quantitatives über Kathodenstrahlen aller Geschwindigkeiten. Heidelberg 1918.

Es ist also anzustreben, sie experimentell zu bestimmen. Eine hierfür brauchbare Methode[1] ist durch die schematische Zeichnung in Abb. 17 veranschaulicht. Ein Kathodenstrahlelektron K dringt bis zur Tiefe x (auf im allgemeinen gekrümmter Zickzackbahn) in die Antikathode ein; bei E möge die Emission des Röntgenstrahls R erfolgen, der dann die Strecke s im Innern der Antikathode zurückzulegen hat. Richtet man nun die Röntgenröhre so ein, daß die Antikathode um eine senkrecht zur Zeichenebene stehende Achse gedreht werden kann, so läßt sich der Winkel ψ, den ihre Oberfläche mit der Richtung R bildet, verändern, während der Winkel zwischen Kathodenstrahl und Röntgenstrahl der gleiche bleibt. Die Eindringungstiefe x bleibt hierbei erhalten, während s mit Vergrößerung von ψ abnimmt. Eine einfache Rechnung läßt erwarten, daß der Logarithmus der Intensität linear gegen $1/\sin\psi$ verlaufen muß. Diese Beziehung zeigte sich bei den Messungen erfüllt, so daß die wahre Intensität durch eine einfache graphische Extrapolation auf den Grenzfall $\psi = 90°$, d. h. $s = 0$, leicht zu bestimmen ist.

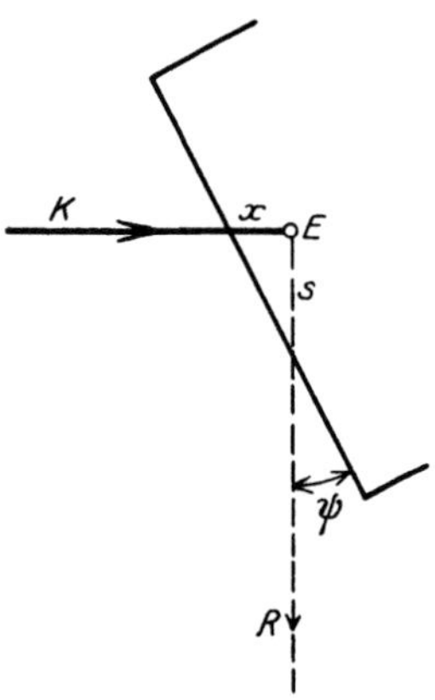

Abb. 17. Schema des Strahlenganges in der Antikathode.

Die Methode hat den Nachteil, daß eine spezielle Röhre mit drehbarer Antikathode nötig ist. Sie ist später von NICHOLAS[2] in der Weise abgeändert worden, daß bei fester Stellung der Antikathode die ganze Röhre um die Richtung K (Abb. 17) gedreht wurde. Hierdurch ändert sich ebenfalls in leicht angebbarer Weise die Weglänge s der Röntgenstrahlen im Innern, und zwar von einem Minimalwert in der Stellung der Abb. 17 auf Unendlich bei Drehung um 90°. Dieses Verfahren ist aber bedenklich, wenn die Oberfläche der Antikathode nicht ganz eben ist; auch ist es nötig, daß die Wandung der Röhre längs des Umfanges konstante Dicke hat.

WEBSTER und HENNINGS[3] haben eine andere Methode benutzt, die auf dem Sprung des Absorptionskoeffizienten an der K-Grenze beruht, wie er in Ziff. 13, Abb. 5, besprochen wurde. Kennt man die Werte des Absorptionskoeffizienten beiderseits der Kante, so läßt sich aus dem Intensitätsverhältnis an der Sprungstelle die Dicke der absorbierenden Schicht berechnen. Die Methode ist naturgemäß nur dann anwendbar, wenn die Antikathode aus einem Material besteht, dessen K-Absorptionskante im passenden Wellenlängengebiet liegt. WEBSTER und HENNINGS benutzten Molybdän und bestimmten bei verschiedenen Spannungen zwischen 21 und 70 kV die spektrale Intensitätsverteilung in der Umgebung der Kante; durch Ausblendung eines sehr engen Strahlenbündels konnten sie es dabei erreichen, daß sich, unbeeinflußt durch die starken K-Linien, der Kurvenverlauf so weit festlegen ließ, daß die Größe des Intensitätssprunges hinreichend genau bestimmt werden konnte. Hieraus läßt sich die absorbierende Schichtdicke als Funktion der Kathodenstrahlgeschwindigkeit berechnen. Die so gefundene Beziehung gilt dann genau genommen nur für die eine Wellenlänge der K-Kante; gegen die Verallgemeinerung auf andere Wellenlängen bestehen aber keine prinzipiellen Bedenken.

30. Bestimmung der Energieverteilung. Messungen, bei denen alle erforderlichen Korrektionen berücksichtigt sind, liegen bisher nur für ziemlich niedrige Röhrenspannungen von 7 bis 12 kV vor[4]. Als Strahlungsquelle diente hierbei

---

[1] H KULENKAMPFF, Ann. d. Phys. Bd. 69, S. 548. 1922.
[2] W. W. NICHOLAS, Phys. Rev. Bd. 29, S. 619. 1927.
[3] D. L. WEBSTER u. A. E. HENNINGS, Phys. Rev. Bd. 21, S. 301. 1923.
[4] H. KULENKAMPFF, Ann. d. Phys. Bd. 69, S. 548. 1922.

eine Gasentladungsröhre, deren Antikathode in einem Glasschliff senkrecht zur Kathodenstrahlrichtung drehbar war, so daß nach Abb. 17 die Absorption in der Antikathode experimentell bestimmt werden konnte. Die Kathodenstrahlenergie wurde kalorimetrisch gemessen (Ziff. 14); zur spektralen Zerlegung der

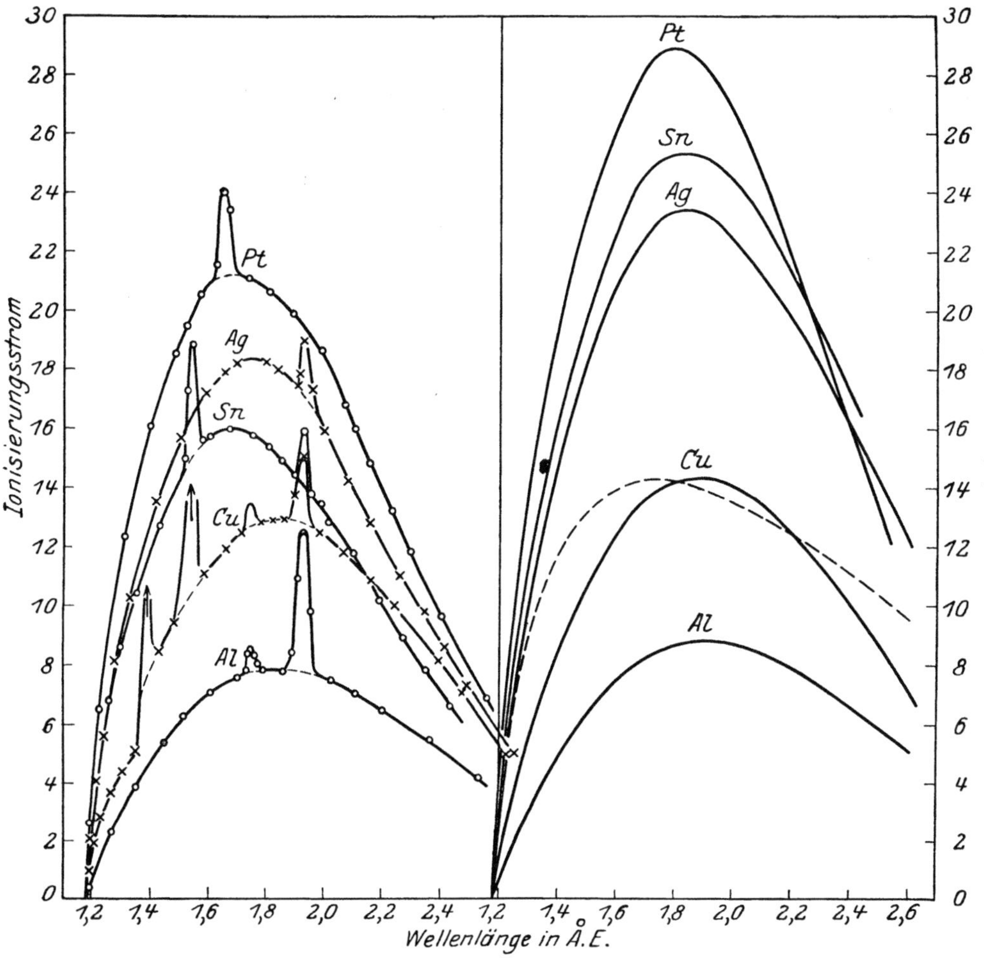

Abb. 18. Spektrale Energieverteilung bei $V = 10{,}47$ kV für verschiedene Antikathodenmaterialien. a) gemessene Kurven; b) korrigierte Kurven.

Strahlung diente ein einfaches BRAGGsches Spektrometer mit Kalkspatkristall und einer luftgefüllten Ionisierungskammer. Als Spannungsquelle wurde eine Akkumulatorenbatterie benutzt.

In der Abb. 18 sind einige Spektralkurven wiedergegeben, wie sie sich unmittelbar bei der Messung mit verschiedenem Antikathodenmaterial, bei der gleichen konstanten Spannung von 10470 Volt, ergaben. Der Ionisierungsstrom wurde durch die Aufladung eines Elektrometers in t sec gemessen; die einzelnen Kurven sind für verschiedene dort angegebene Zeiten gezeichnet. Daneben sind die gleichen Spektren dargestellt, jedoch korrigiert für die Absorption in der

Antikathode und unter Fortlassung der überlagerten Spektrallinien, welche zumeist von geringen Verunreinigungen herrühren. Man bemerkt die starke Änderung sowohl der Intensität als auch der Kurvenform, besonders bei den Elementen Silber und Zinn, welche zunächst bei der Messung in umgekehrter Reihenfolge erscheinen. Beim Zinn erwies sich die Absorption infolge einer etwas rauhen Oberfläche als besonders stark.

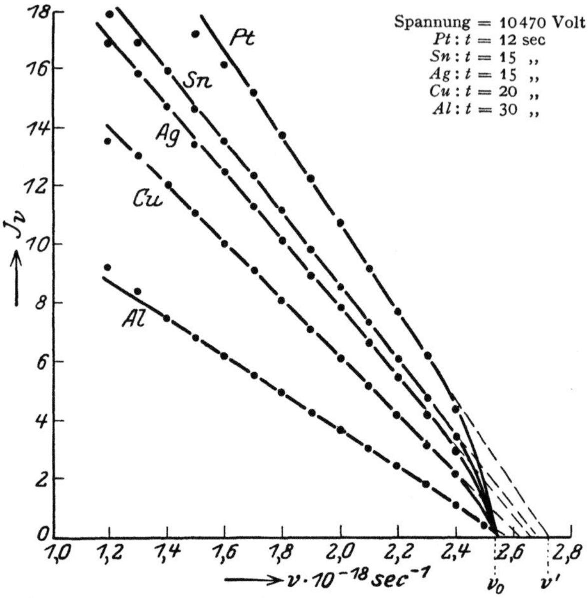

Abb. 19. Wahre Energieverteilung im Spektrum: Abhängigkeit vom Material der Antikathode.

Diese Kurven sind weiter zu korrigieren für Absorption im Fenster der Röntgenröhre und die in Ziff. 15 besprochenen Einflüsse des Spektrometers; das Reflexionsvermögen des hier verwendeten Kalkspatkristalls war in einer besonderen Untersuchung vorher gemessen[1]. Die Wirkung aller dieser Korrektionen ist in Abb. 18b für das Spektrum des Cu durch die gestrichelte Kurve veranschaulicht; sie stellt also jetzt die wahre Energieverteilung im Spektrum dar.

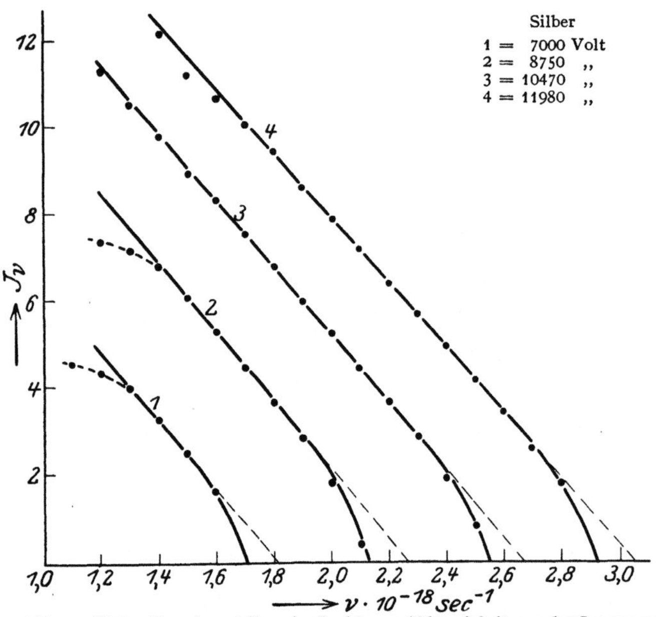

Abb. 20. Wahre Energieverteilung im Spektrum: Abhängigkeit von der Spannung.

Weitere Kurven sind hier nicht eingezeichnet, weil sich die Ergebnisse als übersichtlicher erweisen, wenn sie in Frequenzeinheiten $J_\nu = \frac{c}{\nu^2} J_\lambda$ gegen die Abszisse ν dargestellt werden.

Abb. 19 zeigt in dieser Form die Spektren der Abb. 18b, nachdem alle weiter analog der Cu-Kurve korrigiert sind und auch diese letzte Umrechnung angebracht ist. Abb. 20 und 21 geben entsprechend die Resultate weiterer Messungen mit Ag- und Pt-Antikathode bei verschiedenen Röhrenspannungen. Sämtliche Kurven zeigen für die Energieverteilung das gleiche einfache Gesetz: bis auf den

[1] E. WAGNER u. H. KULENKAMPFF, Ann. d. Phys. Bd. 68, S. 369. 1922.

gekrümmten Teil in unmittelbarer Nähe der Grenzfrequenz ν_0 ist das Spektrum gegeben durch die Gerade der Form

$$J_\nu = \text{konst.}\,(\nu_0 - \nu)\,.$$

Die aus den Beobachtungen gewonnenen Werte sind in den 3 Abbildungen durch die äquidistant eingetragenen Punkte angegeben. Man sieht, daß sie sich im allgemeinen recht gut den hindurchgelegten geraden Linien einfügen; nur bei Platin treten bei kleinen Frequenzen stärkere Abweichungen auf. Diese können darauf zurückgeführt werden, daß bei diesem Element die Absorption in der Antikathode besonders stark ist und ihre Bestimmung im langwelligen Teil deshalb mit Fehlern behaftet sein kann. Auf solche deutet auch die unsystematische Art des Abbiegens von der geraden Linie hin.

Die Neigung der Geraden ergibt sich nach Abb. 20 und 21 als unabhängig von der Röhrenspannung. Sie ist nach Abb. 19 abhängig von der Ordnungszahl Z, und zwar ist sie recht genau direkt proportional Z; Näheres hierzu vgl. Ziff. 47.

Abweichend vom linearen Verlauf zeigen alle Kurven an der Grenze ν_0 einen gekrümmten Anstieg; die Geraden schneiden in der Verlängerung die Abszissenachse bei einem Wert $\nu' > \nu_0$. Man bemerkt an den Kurven der Abb. 19, daß diese „Anfangskrümmung" stärker ausgeprägt ist bei den Elementen höherer Ordnungszahl. Nimmt man als Maß dafür die Differenz $(\nu' - \nu_0)$ an, so erweist sie sich als annähernd proportional Z und als unabhängig von der Spannung.

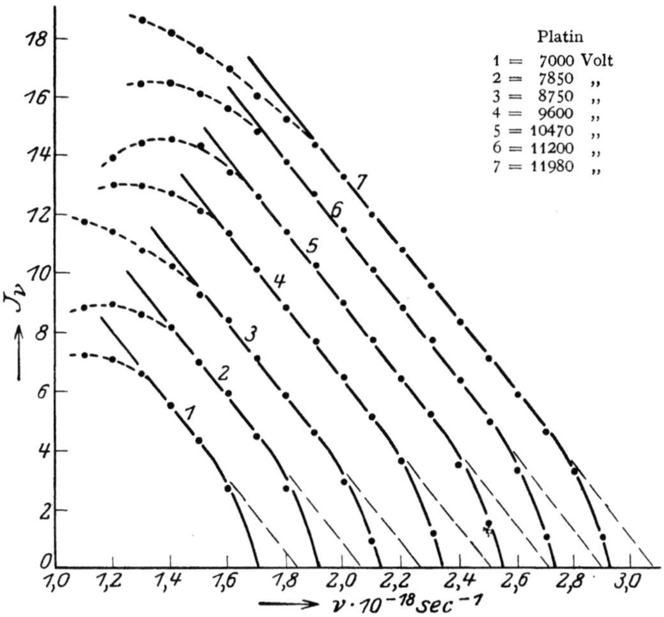

Abb. 21. Wahre Energieverteilung im Spektrum: Abhängigkeit von der Spannung.

31. Energieverteilung bei höheren Spannungen. Für höhere Spannungen, bei denen die Kenntnis der Energieverteilung von besonderem Interesse wäre, liegen keine exakt brauchbaren Messungen vor. Sorgfältige Messungen haben sowohl DAUVILLIER[1] (Spannungsbereich 31 bis 71 kV) als auch KIRKPATRICK[2] (51 und 71 kV) ausgeführt, aber es sind dabei nicht alle erforderlichen Korrektionen berücksichtigt. Bei beiden fehlt die Bestimmung der Absorption in der Antikathode und die des Reflexionsvermögens des Spektrometerkristalls. Vor allem aus dem letzteren Grund ist es nicht möglich, aus diesen Messungen sichere Schlüsse zu ziehen.

LAURITSEN[3] ist es gelungen, bei einer Spannung von 600 kV das kontinuierliche Spektrum mit einem Seemannspektrographen photographisch aufzunehmen.

[1] A. DAUVILLIER, Ann. de phys. Bd. 13, S. 49. 1920.
[2] P. KIRKPATRICK, Phys. Rev. Bd. 22, S. 37. 1923.
[3] C. C. LAURITSEN, Phys. Rev. Bd. 36, S. 1680. 1930.

Qualitativ zeigt sich auch hier eine Form des Spektrums, wie sie etwa die Kurven von ULREY in Abb. 2 veranschaulichen; da keinerlei Korrektionen berücksichtigt sind, läßt sich über die wahre Energieverteilung nichts aussagen.

Einige weitere Schlüsse lassen sich aus einer Untersuchung von BOUWERS[1] ziehen, der eine photographische Methode zur Intensitätsmessung verwendete. Diese ist im einzelnen umständlich und deshalb nicht sehr genau, BOUWERS hat aber die spektrale Empfindlichkeit seiner Spektrometeranordnung summarisch bestimmt durch Vergleich mit der bolometrisch gemessenen Energie einzelner intensiver Linien der K-Serie verschiedener Elemente. Dies macht es möglich, aus den gemessenen Schwärzungen die Energieverteilung zu berechnen; lediglich die Absorption in der Antikathode und im Fenster der Röntgenröhre (0,05 mm Al) ist dabei nicht berücksichtigt.

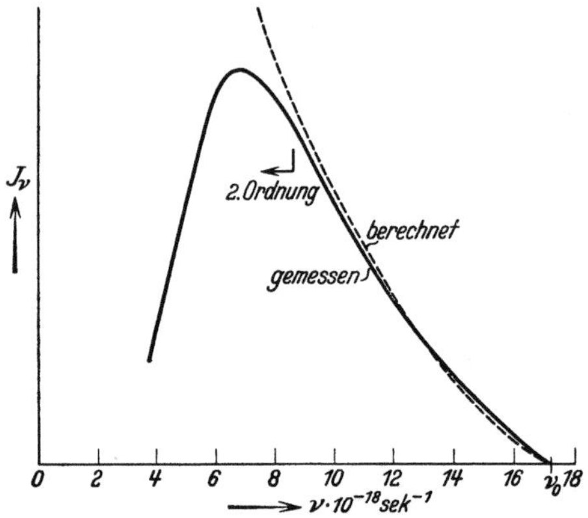

Abb. 22. Wahre Energieverteilung im Spektrum einer Wolframantikathode bei Wechselspannung ($V_{max} = 70$ kV). (Nach BOUWERS.)

BOUWERS benutzte bei seinen Messungen Wechselspannung, so daß sie nicht direkt die interessierende Energieverteilung für konstante Spannung geben. Wenn die Spannungsform bekannt ist, läßt sie sich aber im Prinzip hieraus berechnen. Eine solche Berechnung wäre allerdings recht unsicher, dagegen läßt sich leicht umgekehrt prüfen, ob die von ihm gefundene Gestalt des Spektrums mit bestimmten Annahmen verträglich ist. Nimmt man gemäß Ziff. 30, ohne Berücksichtigung einer Anfangskrümmung, $J_\nu = \text{konst.}\,(\nu_0 - \nu)$ an und ferner einen sinusförmigen Spannungsverlauf, so ergibt eine einfache Integration für die Energieverteilung bei Wechselspannung den Ausdruck

$$\tilde{J}_\nu = \text{konst.}\left\{2\nu_0 \cdot \cos \arcsin \frac{\nu}{\nu_0} - \nu\left(\pi - 2 \arcsin \frac{\nu}{\nu_0}\right)\right\}.$$

Dabei ist vorausgesetzt, daß die Entladungsstromstärke zeitlich konstant ist, was nach oszillographischen Aufnahmen von BOUWERS über einen hinreichenden Teil der Periode erfüllt ist.

Eine Messung mit Wolframantikathode bei einer Spannung von 70 kV ist von BOUWERS genau ausgewertet und, ohne nähere Diskussion der Kurvenform, in der Wellenlängenskala dargestellt. Abb. 22 zeigt diese Kurve umgerechnet auf Frequenzeinheiten und dazu gestrichelt eingetragen die nach der vorstehenden Formel berechnete Kurve. Es ist bemerkenswert, daß im Bereich von ν_0 bis etwa $\nu_0/2$ beide Kurven praktisch übereinstimmen; die Unterschiede sind sicher nicht größer als die Fehlerquellen der Meßmethode. Auffällig ist der starke Abfall der gemessenen Kurve gegen kleinere Frequenzen. Man kann vermuten, daß einerseits die von BOUWERS angebrachte Korrektion für Überlagerung des Spektrums zweiter (und weiterhin dritter) Ordnung zu groß ausgefallen ist; andererseits macht sich hier rasch zunehmend die Absorption in der Antikathode geltend, die bis etwa $\nu_0/2$ noch unbedeutend ist, wie man leicht überschlagen kann.

Auch diese Messungen ergeben also kein ganz klares Bild. Man wird sie aber so bewerten dürfen, daß sie die angenäherte Gültigkeit des bei niedrigen Spannungen gefundenen Spektralgesetzes auch für höhere Spannungen wahrscheinlich machen.

[1] A. BOUWERS, Dissert. Utrecht 1924.

32. Abhängigkeit von der Emissionsrichtung. Qualitativ ist aus älteren Absorptionsmessungen[1] bekannt, daß auch bei massiver Antikathode die Härte der Strahlung von der Emissionsrichtung abhängig ist, dergestalt, daß gegen kleinere Azimute die Strahlung härter wird. Spektrale Untersuchungen hierüber sind nur von WAGNER[2] ausgeführt worden, der bei 10,2 kV die Intensitätsverteilung im Spektrum einer Cu-Antikathode für die Emissionsrichtungen $\vartheta = 90$ bzw. $150°$ miteinander verglich. Er benutzte eine Röhre mit zwei Kathoden; die Antikathode war so angeordnet, daß ihre Oberfläche symmetrisch zu diesen stand. Die Absorption in der Antikathode ist dann für beide Richtungen die gleiche.

Die mittels Ionisationsspektrometer gemessenen beiden Spektren sind in Abb. 23 wiedergegeben. An den gestrichelten Kurventeilen liegen die starken *K*-Linien des Cu, die in der Zeichnung fortgelassen sind. Die Spektren geben keinen Aufschluß über die wahre Energieverteilung, da die erforderlichen Korrektionen nicht berücksichtigt sind. Da aber diese bei beiden Kurven die gleichen sind, sind sie untereinander vergleichbar.

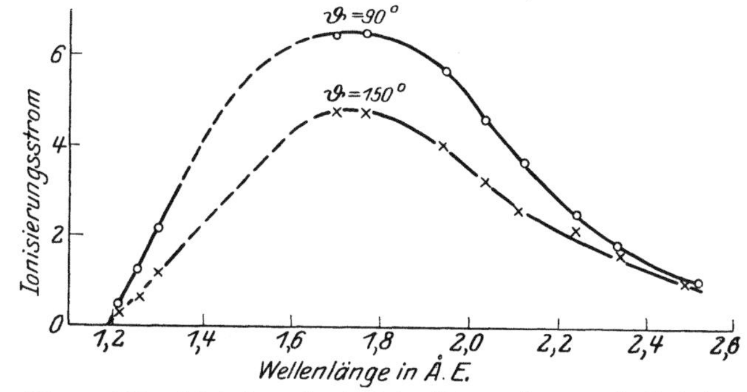

Abb. 23. Abhängigkeit der spektralen Intensitätsverteilung von der Emissionsrichtung. (Nach E. WAGNER.)

Es ergibt sich damit im allgemeinen Charakter etwa das gleiche Bild wie bei einer dünnen Antikathode: der verhältnismäßig geringere Anteil kurzwelliger Strahlung bei größerem Azimut. Hinsichtlich der genaueren Form der Spektralkurve ist aus Isochromatenmessungen (Ziff. 34) zu schließen, daß dies nur auf Unterschieden in der Anfangskrümmung beruht. Die Gesamtintensität der Strahlung ist bei größerem Azimut kleiner, in Übereinstimmung mit den später zu besprechenden Untersuchungen über die azimutale Intensitätsverteilung.

Es ist zu vermuten, daß die Härteunterschiede, wie sie sich hier bei massiver Antikathode zeigen, zum größten Teil erst sekundär, und zwar durch die Diffusion der Kathodenstrahlen, hervorgerufen werden. Hierauf soll in Ziff. 37 noch näher eingegangen werden.

33. Isochromaten. Die experimentelle Bestimmung des Isochromatenverlaufes ist einfacher und dadurch auch zuverlässiger durchzuführen als die der spektralen Energieverteilung, denn es erübrigen sich dabei die meisten Korrektionen, nämlich alle die, welche sich auf wellenlängenabhängige Größen beziehen. Es verbleibt nur die Korrektion für Absorption in der Antikathode, da mit wachsender Röhrenspannung die Kathodenstrahlen tiefer eindringen.

In einem großen Bereich — zwischen 10 und 70 kV — haben WEBSTER und HENNINGS[3] den Isochromatenverlauf für verschiedene Wellenlängen genau gemessen; jede einzelne Wellenlänge wurde dabei allerdings nur von der betreffenden Grenzspannung V_0 bis $2\,V_0$ verfolgt, damit nicht die Kurvenform durch

---

[1] J. STARK, Phys. ZS. Bd. 11, S. 107. 1910; H. KIRSCHBAUM, Ann. d. Phys. Bd. 46, S. 124. 1915; W. FRIEDRICH, ebenda Bd. 39, S. 377. 1912.

[2] E. WAGNER, Phys. ZS. Bd. 21, S. 621. 1920.

[3] D. L. WEBSTER u. A. E. HENNINGS, Phys. Rev. Bd. 21, S. 312. 1923.

Überlagerung von Reflexion zweiter Ordnung gefälscht wird. WEBSTER und HENNINGS benutzten eine Röntgenröhre mit Mo-Antikathode und bestimmten die Absorption in der Antikathode nach der in Ziff. 29 besprochenen Methode aus der Größe des K-Absorptionssprunges. Die Röhre wurde mit Gleichspannung betrieben; beobachtet wurde in der 90°-Richtung mit einem Ionisationsspektrometer.

Die Resultate sind in Abb. 24 zusammengestellt. Die gestrichelten Kurven geben den gemessenen Verlauf der Isochromaten an; nach der Korrektion für Absorption in der Antikathode gehen sie über in die ausgezogenen Kurven. Als Abszisse ist das Verhältnis der Spannung V zur jeweiligen Grenzspannung V_0 aufgetragen; als Ordinate — der Nullpunkt ist für die einzelnen Kurven verschieden und links angegeben — die Intensität J in Bruchteilen der bei $V/V_0 = 2$ gemessenen J_2. Nur durch diese Festsetzung erscheinen also die Kurven einander parallel.

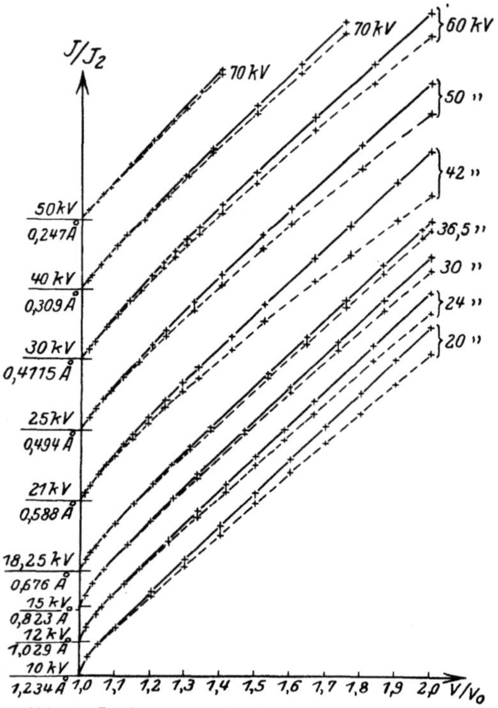

Abb. 24. Isochromaten. (Nach WEBSTER u. HENNINGS.)

Im übrigen zeigen die Isochromaten ein ganz ähnliches Bild wie die Spektralkurven in Abb. 19 bis 21: eine Anfangskrümmung und anschließend linearen Verlauf. Hieraus läßt sich jedoch noch kein Schluß ziehen auf die Energieverteilung im Spektrum, solange nicht die wirkliche Neigung der einzelnen Isochromaten gegeneinander bekannt ist. Ihre Bestimmung würde wieder den Vergleich von Strahlungsintensitäten verschiedener Wellenlänge erfordern und es müßten also die dafür maßgebenden Korrektionen berücksichtigt werden. Dies haben WEBSTER und HENNINGS nicht durchgeführt.

Messungen der gleichen Art sind von BÖGGILD[1] ausgeführt worden, der die nötigen Korrektionen in Rechnung setzt und damit die relativen Intensitäten richtig zu bestimmen sucht. Er findet so, daß die einzelnen Isochromaten verschiedene Neigung haben, und schließt daraus, daß die oben angegebenen Spektralgesetze für höhere Spannungen nicht gültig sein könnten. BÖGGILD hat aber den Reflexionskoeffizienten des verwendeten Kalkspatkristalls in Abhängigkeit von der Wellenlänge nicht gemessen, sondern gemäß den in Ziff. 15 erwähnten früheren Annahmen aus Messungen anderer Autoren übernommen. Seine Schlußfolgerung ist deshalb nicht zulässig.

34. Abhängigkeit der Isochromaten von der Emissionsrichtung. In ähnlicher Weise hat NICHOLAS[2] Messungen an Isochromaten ausgeführt und hierbei ihren Verlauf für drei verschiedene Emissionsrichtungen verglichen; die Antikathode bestand dabei aus Kupfer. Seine Resultate sind entsprechend der Darstellung von Abb. 24 in Abb. 25 wiedergegeben.

---

[1] J. BÖGGILD, ZS. f. Phys. Bd. 77, S. 100. 1932.

[2] W. W. NICHOLAS, Phys. Rev. Bd. 29, S. 619. 1927.

An den Kurven ist bemerkenswert, daß sie im größten Teil ihres Verlaufes gleichartig geradlinig sind. Unterschiedlich ist nur die Anfangskrümmung, die

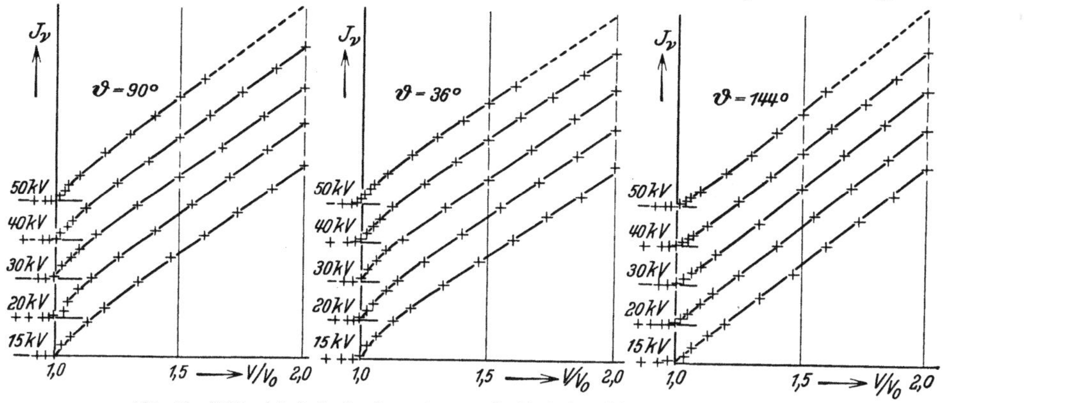

Abb. 25. Abhängigkeit der Isochromaten von der Emissionsrichtung. (Nach NICHOLAS.)

bei $\vartheta = 36°$ größer als bei $90°$ ist; bei $\vartheta = 144°$ ist sie bei den Isochromaten mit kleiner Grenzspannung fast nicht vorhanden, während sie bei höheren Spannungen in eine geringe nach unten konvexe Krümmung umgewandelt ist.

35. Bremsstrahlung langsamer Elektronen. Es sei hier nur kurz erwähnt, daß es MOHLER und BOECKNER[1] gelungen ist, das Spektrum der Bremsstrahlung sehr langsamer Elektronen (2 bis 20 Volt) zu untersuchen, das zwar den Wellenlängen nach im Gebiet ultravioletter Strahlung liegt, seiner Natur nach aber eine direkte Fortsetzung des kontinuierlichen Röntgenspektrums in dieses Gebiet bildet. Bei der geringen Intensität dieser Strahlung ist vor allem ein starker Elektronenstrom erforderlich. MOHLER und BOECKNER verwendeten keine normale Kathode, sondern eine niedervoltige Bogenentladung in Cs-Dampf und in dieser als „Antikathode" eine Langmuirsonde. Diese zieht bei positiver Vorspannung eine erhebliche Elektronenmenge aus der Bogenentladung auf sich; die Geschwindigkeit dieser Elektronen ist gegeben durch die Differenz des Sondenpotentials gegen das aus der Sondencharakteristik zu bestimmende Raumpotential. Das Spektrum der Strahlung konnte mit einem Quarzspektrographen aufgenommen werden, der mittels einer Wolframbandlampe auf absolute Intensitäten geeicht war.

An den Spektren ist bemerkenswert, daß sie deutlich eine kurzwellige Grenze zeigen, die bei Berücksichtigung der Kontaktpotentiale dem DUANE-HUNTschen Gesetz entspricht. Die weitere quantitative Deutung der Spektralkurven und der ebenfalls untersuchten Isochromaten bereitet einige Schwierigkeiten. Einerseits läßt sich nicht genau angeben, welcher Teil der Strahlung aus der Antikathode austritt, und zwar ist hier weniger an Absorption, sondern an Reflexion an der Oberfläche zu denken. Andererseits ist bei mehreren Metallen ein Spektrum überlagert, das man als Grenzkontinuum bezeichnen kann und das dem Übergang freier Metallelektronen in äußere Atomniveaus zuzuordnen ist.

Nach einer Theorie von NEDELSKY[2] läßt sich das Spektrum, soweit es mit einiger Sicherheit als reine Bremsstrahlung angesehen werden kann, nach den wellenmechanischen Ansätzen berechnen, wenn nicht ein reines Coulombfeld angesetzt, sondern eine starke Abschirmung berücksichtigt wird.

[1] F. L. MOHLER u. C. BOECKNER, Bur. Stand. Journ. of Res. Bd. 6, S. 673. 1931; Bd. 7, S 751. 1931.

[2] L. NEDELSKY, Phys. Rev. Bd. 39, S. 552. 1932; ausführlichere Behandlung der Theorie ebenda Bd. 42, S. 641. 1932.

36. Zusammenstellung der empirischen Ergebnisse. Die Ergebnisse der Spektraluntersuchungen von KULENKAMPFF (Ziff. 30) lassen sich, abgesehen vom genauen Kurvenverlauf an der Grenze ν_0, durch die folgende empirische Formel darstellen:

$$J_\nu = C \cdot Z[(\nu_0 - \nu) + bZ]. \tag{9}$$

Werden die Frequenzen ν in $\sec^{-1}$ gerechnet, so ist $b = 2{,}5 \cdot 10^{15} \sec^{-1}$; die Konstante C läßt sich durch Umrechnung der gemessenen Ionisierungsströme auf Energien bestimmen. Bezogen auf die pro Kathodenstrahlelektron in den ganzen Raum 4π emittierte Strahlungsenergie ergibt sie sich zu

$$C = 5 \pm 1{,}5 \cdot 10^{-50}\,\text{erg} \cdot \sec^{-2}.$$

Für die Intensität an der Grenzfrequenz gibt diese Formel einen senkrechten Abfall. Man könnte den tatsächlichen Verlauf dadurch wiedergeben, daß man die Konstante b durch eine e-Funktion ersetzte, aber die Messungen sind nicht genau genug, um eine solche Funktion eindeutig festzulegen.

Das Glied $b \cdot Z$ trägt der Anfangskrümmung Rechnung. Vernachlässigt man dieses, so erhält man als angenäherte Spektralgleichung das einfache Gesetz

$$J_\nu = C \cdot Z(\nu_0 - \nu). \tag{10}$$

Auf Grund direkter Messungen gilt dieses nur für niedrige Spannungen in der Größenordnung von 10 kV. In Ziff. 31 wurde aber gezeigt, daß Messungen von BOUWERS es wahrscheinlich machen, daß es mit guter Näherung auch noch bei höheren Spannungen, bis 70 kV, richtig ist. Diese Annahme wird weiter wesentlich gestützt durch die in Ziff. 33 besprochenen Isochromatenmessungen.

WEBSTER und HENNINGS haben ihre Messungen durch die Formel

$$J_\nu = k(\nu)\left[(e \cdot V - h\nu) + h \cdot b' \cdot \nu^{\frac{3}{2}}\left(1 - e^{-\frac{\varkappa}{\nu}\left(\frac{eV}{h\nu} - 1\right)}\right)\right] \tag{11}$$

mit $b' = 3{,}2 \cdot 10^{-16}$ und $\varkappa = 4{,}5 \cdot 10^{19}$

dargestellt. Führt man hier statt der Spannung V die Grenzfrequenz ν_0 ein, so zeigt sich, daß die Formel im wesentlichen mit (9) übereinstimmt. Sie unterscheidet sich nur in dem die Anfangskrümmung wiedergebenden Gliede. Abgesehen davon, daß WEBSTER und HENNINGS den Verlauf der Krümmung durch ihre Formel genauer dargestellt haben, ergibt sie sich hier als von ν abhängig; die Abhängigkeit von Z tritt nicht in Erscheinung, da WEBSTER und HENNINGS Messungen allein an Molybdän ausgeführt haben. Unbekannt ist zunächst noch die Funktion $k(\nu)$. Sie muß hier eingeführt werden, weil die relativen Intensitäten der Isochromaten für verschiedene Wellenlängen nicht gemessen wurden (Ziff. 33). Eine Aussage über $k(\nu)$ gewinnen WEBSTER und HENNINGS folgendermaßen: die Gesamtintensität $\int_0^{\nu_0} J_\nu d_\nu$ ist nach Ziff. 50 angenähert proportional $Z \cdot V^2$. Sofern man nun den Einfluß des zweiten Gliedes vernachlässigt ($b' = 0$), ergibt Gleichung (11) diesen Wert nur dann, wenn $k(\nu) = C \cdot Z$ gesetzt wird.

NICHOLAS[1] hat versucht, alle vorliegenden experimentellen Ergebnisse formelmäßig mit Einschluß der Anfangskrümmung und ihrer Abhängigkeit von der Emissionsrichtung (gemäß Ziff. 34) zusammenzufassen. Er gibt die folgende Spektralgleichung an

$$J_\nu = C \cdot Z\left[(\nu_0 - \nu) + a \cdot Z \cdot \nu_0\left(1 - e^{-16\frac{\nu_0 - \nu}{\nu}}\right)\right]. \tag{12}$$

[1] W. W. NICHOLAS, Bur. Stand. Journ. of Res. Bd. 5, S. 843. 1930.

a ist nach NICHOLAS abhängig von V und ϑ, während eine Abhängigkeit von Z nicht sicher in Erscheinung tritt. Der Größenordnung nach ist $a = 0{,}002$; NICHOLAS nimmt im Spannungsbereich von 25 bis 150 kV einen langsamen Abfall von etwa 0,0025 auf etwa 0,0015 an, jedoch streuen die verfügbaren Beobachtungen, die zudem nur bis 50 kV reichen, ganz erheblich. Die Abhängigkeit von ϑ bestimmt sich aus den Isochromaten von Ziff. 34 derart, daß bei $V = 40$ kV für $\vartheta = 36$, 90 und 144° a die Werte 0,003, 0,0024 und $-0{,}0012$ hat.

Man kann von diesen Formeln jetzt leicht wieder zur Darstellung in Wellenlängeneinheiten J_λ zurückkehren, die jedoch die einfachen Gesetzmäßigkeiten sowenig wie die Kurve für Cu in Abb. 19b hervortreten läßt. Benutzt man die vereinfachte Gleichung (10), so ergibt sich für die Wellenlänge des Intensitätsmaximums

$$\lambda_{\max} = \tfrac{3}{2}\,\lambda_0$$

oder in einer allerdings nur äußerlichen Analogie zum WIENschen Verschiebungsgesetz $\lambda_{\max} \cdot V =$ konst. Die Anfangskrümmung läßt in praxi das Maximum bei etwas kleinerer Wellenlänge erscheinen, besonders bei Elementen hoher Ordnungszahl.

37. Diskussion der Ergebnisse. Für eine Diskussion erweist sich die Annahme als zweckmäßig, daß bei einer dünnen Antikathode die Energieverteilung im Spektrum für $\vartheta = 90°$ von der einfachen Form (5):

$$i_\nu = \text{konst.}\,\frac{1}{V}$$

sei. Nimmt man für den Energieverlust der Kathodenstrahlen das THOMSON-WHIDDINGTONsche Gesetz in der Form (3) an und vernachlässigt man zunächst den Einfluß der Diffusion, so erhält man gemäß den Überlegungen von Ziff. 16 durch Integration für das Spektrum der massiven Antikathode die Gleichung (10). Diese Integration ist durch einen stufenweisen Aufbau des Spektrums aus den Beiträgen einzelner Schichten in Abb. 26a schematisch veranschaulicht.

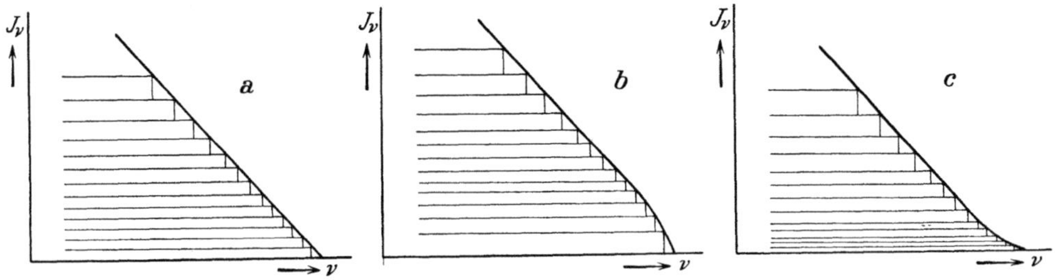

Abb. 26. Schematischer Aufbau des Spektrums einer massiven Antikathode.

Um nun den Einfluß der Diffusion der Kathodenstrahlen berücksichtigen zu können, muß man die azimutale Intensitätsverteilung kennen, über die im folgenden Abschnitt IV berichtet wird. Es sei hier insbesondere auf Abb. 31, Ziff. 42, hingewiesen. Die Strahlungsintensität ist am kleinsten nahe den Richtungen $\vartheta = 0$ und 180° und hat ein Maximum, das im Falle kleinster Kathodenstrahlgeschwindigkeiten ($\beta \ll 1$) bei $\vartheta = 90°$ liegt und mit wachsender Geschwindigkeit gemäß Abb. 31 nach kleineren Winkeln rückt.

Diejenigen Elektronen, die Frequenzen nahe ν_0 emittieren, können nur geringe Energieverluste erlitten haben und sind auch nur wenig aus ihrer ursprünglichen Richtung abgelenkt. Die azimutale Verteilung der von ihnen emittierten Strahlung ist also nahe die einer dünnen Antikathode. Mit zunehmendem Energieverlust werden die Kathodenstrahlen zugleich stärker diffus; derjenige Teil der langwelligen Strahlung also, der von stark verlangsamten Elektronen emittiert wird, wird in steigendem Maße räumlich gleichmäßig verteilt sein.

Für den Aufbau des Spektrums gemäß Abb. 26 kommt es nun darauf an, ob bei der dünnen Antikathode die Intensität in einem Azimut ϑ, i_ϑ, größer oder kleiner als die über alle ϑ gemittelte $\bar{i}$ ist. Ist im speziellen $\bar{i} < i_\vartheta$, so tragen ersichtlich die tieferen Schichten prozentual weniger zur Intensität in der Richtung ϑ bei, und man übersieht leicht, daß sich der Aufbau des Spektrums dem Sinne nach so ändert, wie es in Abb. 26b dargestellt ist. Dies ist immer der Fall für Richtungen in der Nähe des Maximums der azimutalen Intensitätsverteilung, im speziellen bei nicht zu großer Elektronengeschwindigkeit auch für $\vartheta = 90°$. Ist dagegen $\bar{i} > i_\vartheta$, was stets bei großen Winkeln der Fall sein wird, so folgt analog ein Aufbau nach Abb. 26c.

Die Kathodenstrahldiffusion hat also eine Anfangskrümmung der Spektralkurven bzw. Isochromaten zur Folge, die durchaus dem beobachteten Bilde entspricht. Insbesondere ist die Abhängigkeit der Krümmung von der Emissionsrichtung von der gleichen Art, wie sie NICHOLAS beobachtet hat (Abb. 25). Auch die Abhängigkeit von der Ordnungszahl Z ist verständlich, denn bezogen auf Strecken, die gleichen Energieverlust bewirken, ist die Diffusion bei schweren Elementen stärker als bei leichten.

Diese Betrachtungen allein würden also die Unterschiede der Härte der Strahlung für verschiedene Emissionsrichtungen (Ziff. 32) verständlich machen, auch wenn solche bei einer dünnen Antikathode nicht vorhanden wären. Es ist denkbar, daß die Diffusion der Kathodenstrahlen die reell im Elementarprozeß vorhandenen Unterschiede verwischt und dafür neue schafft. Daß in der Tat die Diffusion weitgehend ausgleichend wirkt, ist daraus zu schließen, daß die von NICHOLAS gemessenen Isochromaten (Abb. 25) im linearen Teil nichts mehr von den Richtungsunterschieden bei dünner Antikathode (Ziff. 26, Abb. 16) zeigen.

Außer durch die Diffusion wird die Anfangskrümmung der Spektralkurven bzw. Isochromaten beeinflußt durch die Rückdiffusion der Kathodenstrahlen. Diese bedeutet eine Verminderung der Anzahl für die Emission in Betracht kommender Elektronen; da nach Abb. 9, Ziff. 18, die rückdiffundierten Elektronen beträchtliche Energieverluste erlitten haben, kann sich die dadurch hervorgerufene Verminderung der Strahlungsintensität erst in einiger Entfernung von ν_0 bzw. V_0 bemerkbar machen. Es ergibt sich also auch hierdurch die Anfangskrümmung von Abb. 26b, und zwar in richtiger Abhängigkeit von der Ordnungszahl, da auch die Rückdiffusion mit Z zunimmt. Eine Krümmung im Sinne von Abb. 26c ist aber auf diese Weise nicht verständlich, und man muß deshalb die gesamten beobachteten Erscheinungen als eine Überlagerung der Wirkungen von Diffusion und Rückdiffusion betrachten.

Der Einfluß der Rückdiffusion kann von speziellen Eigenschaften der gerade verwendeten Röntgenröhre abhängen. Maßgebend ist einerseits der Auftreffwinkel der Kathodenstrahlen auf die Antikathode, andererseits die elektrischen Feldverhältnisse. Bei einer Ionenröhre treffen die rückdiffundierten Elektronen auf die Glaswand, während sie bei Glühkathodenröhren auf die Antikathode zurückgelenkt werden und unter Umständen zum Teil auf den Brennfleck treffen, also zur beobachteten Strahlung mit beitragen.

Es dürfte deshalb nicht möglich sein, eine für alle Fälle streng gültige Formel für die spektrale Energieverteilung aufzustellen. Gleichungen der Form (10) oder (12) sind wohl bis zu Spannungen von etwa 70 kV einigermaßen richtig, aber es ist bedenklich, sie für höhere Spannungen zu extrapolieren, besonders soweit die Anfangskrümmung in Betracht kommt. Es ist nämlich zu beachten, daß das neben der Rückdiffusion für die Krümmung maßgebende Verhältnis $i_\vartheta/\bar{i}$ sich mit der Spannung ändert und im speziellen für $\vartheta = 90°$ bei großen Spannungen wahrscheinlich < 1 wird (s. Ziff. 44, Abb. 35); hierauf nimmt auch die Formel (12) von NICHOLAS keine Rücksicht. Die gute Übereinstimmung der Messungen von BOUWERS mit der einfachen Formel (10) (Ziff. 31) könnte darauf hindeuten, daß schon bei 70 kV die Anfangskrümmung kleiner ist als nach (12).

IV. Die azimutale Intensitätsverteilung.

38. Die klassische Strahlung. Die Beobachtung zeigt, daß die Intensität der Strahlung nicht kugelsymmetrisch verteilt, sondern Funktion der Emissionsrichtung ist. Qualitativ gewinnt man am einfachsten ein Verständnis für diese Erscheinung, wenn man die Ausstrahlung eines gebremsten Elektrons nach der elementaren klassischen Elektrodynamik berechnet. Für den Fall kleiner Elektronengeschwindigkeiten ($\beta \ll 1$) ergibt diese Rechnung für die Intensität der in Richtung ϑ emittierten Strahlung im Abstand R von der Strahlungsquelle den Ausdruck:

$$S = \frac{e^2 \dot{v}^2}{4\pi c^3 R^2} \cdot \sin^2\vartheta .$$

Die allgemeine Rechnung auch für größere Geschwindigkeiten ist von SOMMERFELD[1] durchgeführt worden und liefert die Gleichung

$$S = \frac{e^2 \dot{v}^2}{4\pi c^3 R^2} \cdot \frac{\sin^2\vartheta}{(1 - \beta\cos\vartheta)^6}. \tag{13}$$

S bedeutet hierin den Augenblickswert der Ausstrahlung. Zur Berechnung der Gesamtintensität muß eine Integration über den ganzen Bremsvorgang ausgeführt werden; dies ist Aufgabe spezieller theoretischer Erweiterungen, die weiter unten besprochen werden.

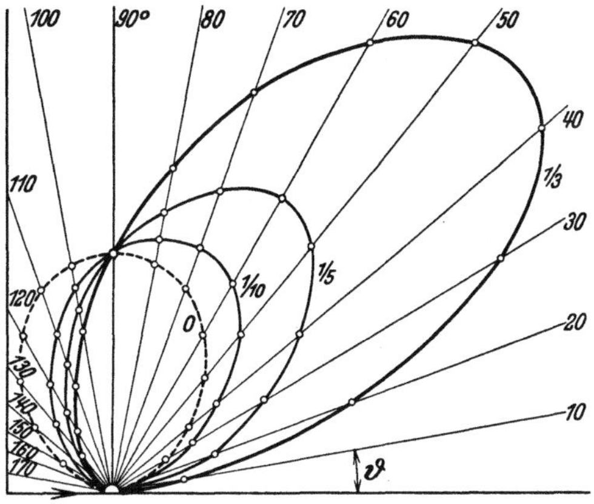

Abb. 27. Azimutale Intensitätsverteilung nach der klassischen Gleichung (13)

Abb. 27 zeigt einige nach Gleichung (13) berechnete Verteilungskurven für verschiedene Werte von β in Polarkoordinaten. Wenn auch die genaue Kurvenform noch von den Einzelheiten des Bremsvorganges abhängt, so werden doch die charakteristischen Eigenschaften verständlich:

1. Die Intensität hat ein Minimum in den Richtungen $\vartheta = 0$ und $180°$.

2. Die Intensität ist im allgemeinen unsymmetrisch zur Normalebene; das Intensitätsmaximum „eilt vor" in Richtung der einfallenden Kathodenstrahlen, und zwar zunehmend mit steigender Geschwindigkeit β.

39. Qualitative Untersuchungen. Die Form der Verteilungskurven und insbesondere die Lage ihres Maximums sind zweifellos Funktionen der Elektronengeschwindigkeit. Es ist also auch hier der Energieverlust der Kathodenstrahlen beim Eindringen in eine massive Antikathode zu beachten. In höherem Maße muß aber, da es sich um einen reinen Richtungseffekt handelt, die Diffusion der Kathodenstrahlen die wahren Verhältnisse verschleiern. Unter Versuchsbedingungen, die nicht von vornherein durch richtige Wahl der experimen-

[1] A. SOMMERFELD, Phys. ZS. Bd. 10, S. 969. 1909.

tellen Anordnung diesen Dingen Rechnung tragen, können also nur qualitative Aufschlüsse erwartet werden. Besonders zu bedenken ist ferner eine mögliche Fälschung durch überlagerte charakteristische Strahlung, deren Intensitätsverteilung kugelsymmetrisch ist. Sie wird vermieden bei Benutzung sehr leichter Elemente als Antikathoden; bei älteren Untersuchungen mit Platinantikathoden kann man in der Regel annehmen, daß die L-Strahlung die Röhrenwandung nicht merklich durchdringt und daß die K-Strahlung bei den verwendeten Spannungen noch nicht angeregt wird.

Daß die Intensitätsverteilung nicht symmetrisch zur Normalebene ist, ist zuerst von KAYE[1] gezeigt worden. Er bestimmte die Intensität der gesamten nach der Vorder- und Rückseite der Antikathode emittierten Strahlung und verwendete dabei eine besonders konstruierte Röhre, deren Antikathode aus einem für die Röntgenstrahlen genügend durchlässigen Blech bestand.

Bei eingehenderen Messungen in verschiedenen Richtungen ist darauf zu achten, daß nicht Fehler entstehen durch verschieden starke Absorption. So zeigt sich ein starker Intensitätsabfall, wenn die Beobachtungsrichtung mit der Oberfläche der Antikathode nur einen kleinen Winkel bildet, eine Erscheinung, die aber lediglich auf die Absorption zurückzuführen ist (Ziff. 29). Ferner ist es ersichtlich von besonderer Bedeutung, daß die Wandung der Röhre gleichmäßige Dicke hat.

Im Unterschied von dem Ergebnis von KAYE fand HAM[2], der eine Röhre mit mehreren gleichartigen Fenstern verwendete, zwischen $\vartheta = 60$ und $150°$ eine zur Normalebene symmetrische Verteilung mit dem Maximum unter $90°$. Dies wird darauf zurückzuführen sein, daß er bei sehr geringen Spannungen arbeitete, für die auch theoretisch ein solches Resultat zu erwarten ist. Möglicherweise spielt auch die Eigenstrahlung der von ihm verwendeten Bleiantikathode eine Rolle. Weitergehende Untersuchungen, welche die charakteristischen Züge der Intensitätsverteilung deutlich hervortreten lassen, wurden zuerst von STARK[3] ausgeführt. STARK verwendete eine Röntgenröhre mit Kohleantikathode, was eine Reihe wesentlicher Vorteile bedeutet. Eine störende Eigenstrahlung ist nicht vorhanden; die Absorption der Röntgenstrahlen in der Antikathode ist schwach, so daß Unterschiede für verschiedene Richtungen nur eine geringe Rolle spielen können. Schließlich ist in einer so leichtatomigen Substanz die Diffusion der Kathodenstrahlen zweifellos sehr gering. Die von STARK gemessenen Verteilungskurven bestätigen weitgehend das in Abb. 27 dargestellte qualitative Bild, insbesondere die stark unsymmetrische Verteilung. Nähere Aussagen hierüber sind allerdings nicht möglich, weil die Spannung (Induktor) undefiniert ist und weil die Intensitäten nur photographisch gemessen wurden. In der Richtung $\vartheta = 0°$ zeigen die Messungen von STARK das zu erwartende Minimum. Dieses hat auch FRIEDRICH[4], allerdings sehr schwach, nachweisen können. Er benutzte als Antikathode eine sehr dünne Platinschicht, welche durch Kathodenzerstäubung auf Aluminiumfolie niedergeschlagen war. Bei etwas dickerer Schicht verschwand das Minimum, da dann die schräg hindurchtretenden Strahlen wegen des größeren Weges in Platin zu stark geschwächt werden. Weitere Untersuchungen von FRIEDRICH über die azimutale Verteilung, die sowohl photographisch als auch ionometrisch ausgeführt wurden, zeigten im Gegensatz zu den Messungen von STARK nur geringe Unsymmetrie mit dem Intensitätsmaximum bei einem Winkel, der nur wenig kleiner als $90°$ ist.

---

[1] W. C. KAYE, Proc. Cambridge Phil. Soc. Bd. 15, S. 269. 1909.
[2] W. R. HAM, Phys. Rev. Bd. 30, S. 96. 1910.
[3] J. STARK, Phys. ZS. Bd. 10, S. 902. 1909; Bd. 11, S. 107. 1910.
[4] W. FRIEDRICH, Ann. d. Phys. Bd. 39, S. 377. 1912.

40. Untersuchungen von Loebe. Eine besonders schöne, vollkommen symmetrische Versuchsanordnung stammt von Loebe[1]. Der wesentliche Teil ist schematisch in Abb. 28 dargestellt. Gegenüber der Kathode K befindet sich als Antikathode ein Halbzylinder von 11 mm Radius aus gepreßtem Graphit G, der an der Messingplatte M durch ein 0,05 mm starkes Kupferblech vakuumdicht befestigt ist. Zur photographischen Aufnahme der Intensitätsverteilung ist konzentrisch dazu eine Kassette F von 30 mm Radius angeordnet, welche den Film aufnimmt. Die Kathodenstrahlen, erzeugt durch die konstante Spannung einer Influenzmaschine, treffen durch das Loch in der Messingplatte auf die Kohle und dringen dort bis zu einer gegenüber dem Radius zu vernachlässigenden Tiefe ein. Die Röntgenstrahlen haben also — in der Normalebene zur Zylinderachse — nach allen Richtungen genau gleich dicke Schichten zu durchsetzen.

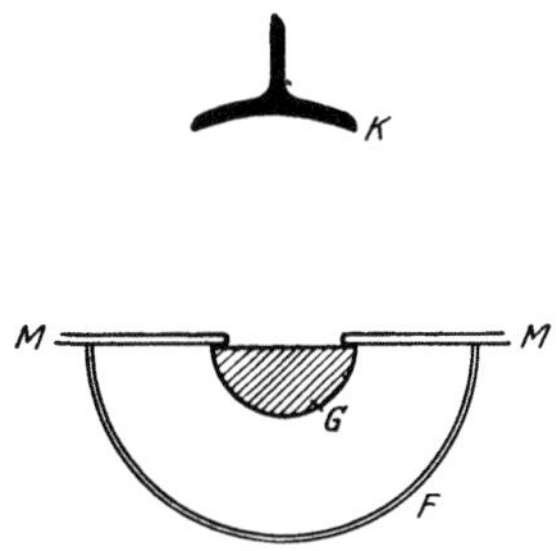

Abb. 28. Schema der Versuchsanordnung von Loebe zur Untersuchung der azimutalen Intensitätsverteilung.

Eine der so gewonnenen Verteilungskurven ist in Abb. 29 wiedergegeben; als Ordinate ist die mit einem Hartmannschen Photometer gemessene Schwärzung aufgetragen. Der allgemeinen Form nach bestätigt sie die Messungen von Stark, das Minimum im Azimut $\vartheta = 0^\circ$ tritt hier besonders schön hervor.

Auffallend ist die Beobachtung von Loebe, daß bei Filterung der Strahlung durch über den Film gelegte Kupferblechstreifen das Intensi-

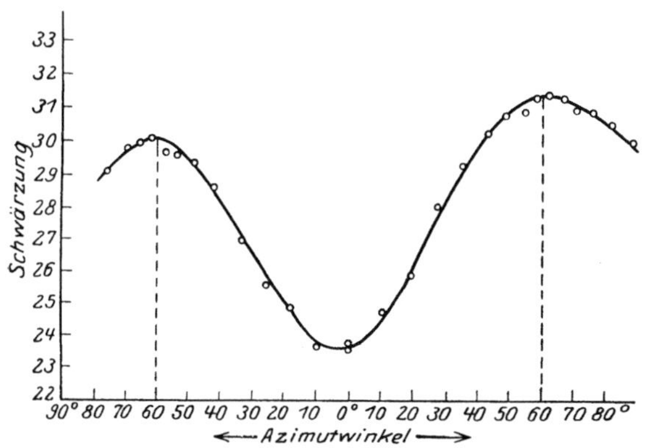

Abb. 29. Azimutale Intensitätsverteilung, nach photographischer Messung von Loebe.

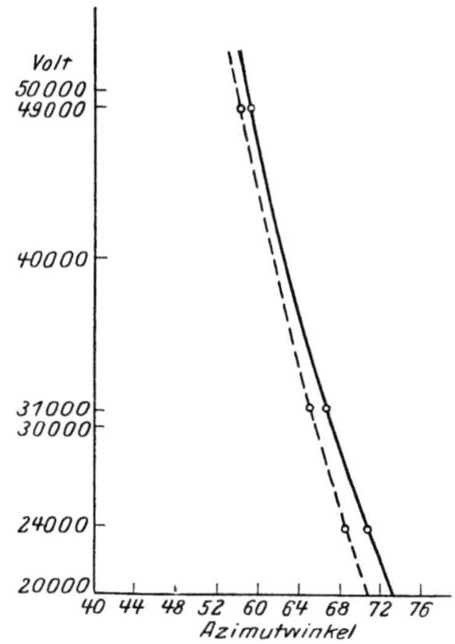

Abb. 30. Abhängigkeit des Intensitätsmaximums von der Spannung.
— — — Messungen von Loebe.
——— Theoretische Kurve nach Ziff. 44.

tätsmaximum nach größeren Winkeln verschoben wurde. Bei einer Röhrenspannung von 31 kV wurde z. B. durch ein Filter von 0,05 bzw. 0,10 mm Cu das Maximum von 62 auf 64 bzw. 69° verschoben. Näheres über diese Beobachtung, die sich auch bei Filterung durch Al, Zn, Ag, Pt und Pb zeigte, während Glas als Filter das Maximum nach kleineren Winkeln verschob, soll in Ziff. 43 gesagt werden. Loebe benutzte diese Messungen, um extrapolatorisch die Lage des Maximums für die vollständig ungefilterte Strahlung zu bestimmen,

[1] W. W. Loebe, Ann. d. Phys. Bd. 44, S. 1033. 1914.

d. h. die Filterung durch Graphit und das abschließende Kupferblech zu berücksichtigen.

Die so erhaltene Abhängigkeit der Lage des Maximums von der Elektronengeschwindigkeit ist als gestrichelte Kurve in Abb. 30 dargestellt; über die hier gleichfalls eingetragene theoretische Kurve vgl. Ziff. 44.

41. Einfluß des Antikathodenmaterials. Messungen gleicher Art mit anderen, insbesondere schwereren Elementen als Antikathode liegen nicht vor. Allgemein ist zu sagen, daß bei schweren Elementen die Intensitätsunterschiede merklich geringer gefunden werden. Direkt miteinander vergleichbare Messungen wurden von KIRSCHBAUM[1] ausgeführt; aus dem umfangreichen Material seiner Untersuchungen sei zahlenmäßig nur erwähnt, daß er für das Verhältnis der Intensitäten unter 80 und 120° bei Aluminium Werte zwischen 1,5 bis 1,9 fand, bei Platin dagegen nur zwischen 1,07 und 1,2. Sie hingen im einzelnen von der Spannung ab, die zwischen 13 und 47 kV variiert wurde. Es ist zu vermuten, daß die geringere Unsymmetrie bei schwereren Elementen durch die stärkere Diffusion der Kathodenstrahlen hervorgerufen ist. Jedenfalls darf man daraus nicht schließen, daß die wahre azimutale Intensitätsverteilung selbst von Z abhängig sei.

Das gleiche folgt aus den in Ziff. 23 (Abb. 13) besprochenen Messungen von NICHOLAS mit dünnen Antikathoden, die bei Al und Au keine die Beobachtungsfehler übersteigenden Intensitätsunterschiede zeigen.

42. Azimutale Intensitätsverteilung für die Grenzfrequenz des Spektrums. Genauere Kenntnisse sind nur zu erwarten, wenn die Energieverluste und vor allem die Diffusion der Kathodenstrahlen ausgeschaltet werden, also durch Messungen an einer dünnen Antikathode. Eingehende Untersuchungen dieser Art sind von KULENKAMPFF[2] ausgeführt worden. Er verwendete dabei die in Ziff. 17 beschriebene Anordnung, die es gestattete, durch Herumführen einer Ionisierungskammer die Intensitätsverteilung in einem Winkelbereich von 22 bis 150° zu messen. Als Antikathode diente eine 0,6 μ starke Al-Folie; es ist zu beachten, daß nach Ziff. 18 die Diffusion bei dieser Dicke noch nicht zu vernachlässigen ist. Die darin liegende Fehlerquelle ist also bei diesen Messungen wohl reduziert, aber noch nicht ganz vermieden.

Da nach Ziff. 23 die spektrale Zusammensetzung der Strahlung abhängig vom Azimut ist, ist es zweckmäßig, nicht nach einer Verteilungskurve schlechthin zu fragen, sondern diese für ein jeweils bestimmtes Wellenlängengebiet des Spektrums zu untersuchen. Eine Verteilungskurve der Gesamtintensität wäre nämlich nur dann eine definierte Größe, wenn man die Gesamtstrahlung gleichmäßig erfassen könnte, einschließlich der längsten Wellen. Wegen unvermeidlicher Absorptionen ist dies aber nicht möglich. Andererseits ist die Intensität einer dünnen Antikathode für eine Messung mit exakt spektral zerlegter Strahlung zu gering. Es mußte deshalb der Ausweg gewählt werden, durch geeignete Filter jeweils begrenzte Spektralgebiete auszusondern.

In einer ersten Meßreihe wurde die azimutale Intensitätsverteilung in Abhängigkeit von der Kathodenstrahlgeschwindigkeit bestimmt und hierbei die Strahlung durch Al jeweils so stark gefiltert, daß aus dem Spektrum nur ein kleiner Bereich nahe der Grenzfrequenz übrigblieb. Die mittlere Wellenlänge jedes Bereiches war, wie sich aus der Filterstärke berechnen läßt, um etwa 10% größer als die Grenzwellenlänge.

Es wurden Verteilungskurven für vier verschiedene Spannungen gemessen, die in Abb. 31 in Polarkoordinaten dargestellt sind; um das Bild übersichtlicher

[1] H. KIRSCHBAUM, Ann. d. Phys. Bd. 46, S. 85. 1915.

[2] H. KULENKAMPFF, Ann. d. Phys. Bd. 57, S. 597. 1928.

zu machen, sind hier keine einzelnen Meßpunkte eingetragen. Die relativen Intensitäten der vier Kurven ergeben sich bei dieser Messung in keinem vergleichbaren Maßstab; sie sind in Abb. 31 willkürlich gewählt. Die Lage der Intensitätsmaxima ist durch die Pfeile angezeigt.

In Übereinstimmung mit den älteren Messungen zeigen die Kurven die stark ausgeprägte Unsymmetrie und das mit der Kathodenstrahlgeschwindigkeit zunehmende Voreilen des Maximums. Die Intensitätsunterschiede sind hier stärker ausgeprägt; dies ist begründet einmal in der Herabminderung des Einflusses der Diffusion, sodann durch die Tatsache, daß durch die Verwendung der dünnen Antikathode nur die Strahlung derjenigen Elektronen gemessen wird, die nahe die volle Primärgeschwindigkeit haben.

Wegen des verbleibenden Resteinflusses der Diffusion werden aber auch diese Kurven gegenüber der wahren Form noch etwas verbreitert sein, aber es läßt sich nicht angeben, in welchem Maße. Der Einfluß ist größer bei den kleineren Geschwindigkeiten; es ist also möglich, daß die Verbreiterung, die sich zunehmend von Kurve *I* bis *IV*, abgesehen von der durch die Verschiebung des Maximums bedingten Formänderung, zeigt, nicht reell ist. Es läßt sich aber gerade unter Berücksichtigung dieses Umstandes die Schlußfolgerung ziehen, daß die Verteilungskurven für die Grenzfrequenz in den Azimuten 0 und 180° nicht nur ein Minimum haben, sondern auf den Wert Null heruntergehen.

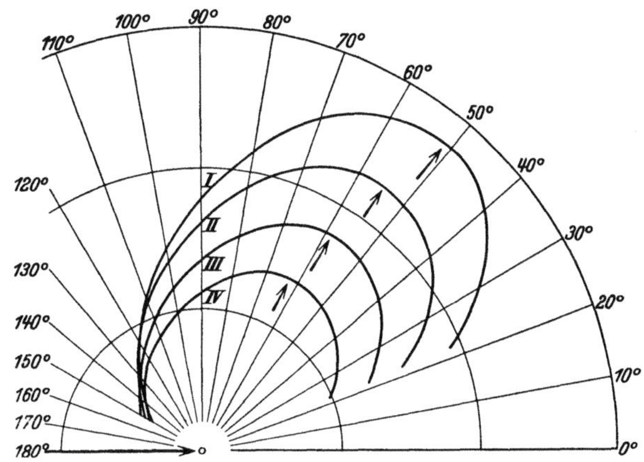

Abb. 31. Azimutale Intensitätsverteilung für die Grenzfrequenz bei verschiedenen Spannungen.
I = 37,8 kV; *II* = 31,0 kV; *III* = 24,0 kV; *IV* = 16,4 kV.

Duane und Hudson[1] haben am Hg-Dampfstrahl bei $V = 11{,}8$ kV und nicht besonders gefilterter Strahlung festgestellt, daß die Strahlungsintensität unter $\vartheta = 45°$ etwa doppelt so groß wie die unter 135° ist. Nähere Untersuchungen ließen sich mit dieser Anordnung nicht aufführen. Es ist von Interesse, daß schon bei dieser kleinen Kathodenstrahlgeschwindigkeit ($\beta = 0{,}2$) die Unsymmetrie zur 90-Richtung so stark ausgeprägt ist; der Intensitätsunterschied ist nahe der gleiche wie bei Kulenkampff, Abb. 31, für die kleinste Spannung von 16,4 kV.

43. Azimutale Verteilung für verschiedene Frequenzen im Spektrum. In einer zweiten Meßreihe wurde bei festgehaltener Röhrenspannung von 31,0 kV ($\beta = \frac{1}{3}$) die azimutale Verteilung für verschiedene Bereiche des Spektrums bestimmt. Um solche Bere.che auszusondern, wurden Filter aus Ag und Zr verwendet, deren Wirkung in Ziff. 25 bei Besprechung von Messungen des Isochromatenverlaufes erläutert wurde; hierzu trat als dritter Bereich die durch Al ausgefilterte Strahlung nahe der Grenze des Spektrums. Diese liegt bei der verwendeten Spannung bei $\lambda_0 = 0{,}40$ Å, die ausgefilterten Bereiche haben die mittleren Wellenlängen $\lambda = 0{,}43$, 0,53 und 0,73 Å.

Die entsprechenden drei Verteilungskurven sind, wiederum in Polarkoordinaten, in Abb. 32 wiedergegeben; die Intensitäten sind hier willkürlich für $\vartheta = 90°$

[1] W. Duane u. J. C. Hudson, Phys. Rev. Bd. 33, S. 635. 1929.

gleich gesetzt. Man bemerkt, daß sich dann die Kurven in ihrem Verlauf nicht decken; sie zeigen damit deutlich die Abhängigkeit der Härte der Strahlung vom Azimut (Ziff. 23). Bemerkenswert ist das Resultat, daß sich beim Fortschreiten gegen längere Wellen im Spektrum das durch die Pfeile markierte Intensitätsmaximum nach kleineren Winkeln verschiebt. Gleichzeitig zeigen die Kurven eine zunehmende Verbreiterung, deren Charakter es wahrscheinlich macht, daß für die längeren Wellen in den Richtungen $\vartheta = 0$ und $180°$ die Intensität nicht auf Null geht.

Von besonderer Bedeutung ist aber gerade hier die Frage, ob diese Verbreiterung und insbesondere die Verlagerung des Maximums dadurch vorgetäuscht sein kann, daß die Elektronen mit größeren Energieverlusten auch stärker diffus geworden sind. Beide Fragen lassen sich nicht mit Sicherheit verneinen, im Gegensatz zu der früher in den Ann. d. Phys. (l. c.) gegebenen Darstellung. Dort war die Meinung ausgesprochen, daß bei symmetrisch zur Anfangsrichtung der Elektronen erfolgender Diffusion auch die Verteilungskurven nur symmetrisch verbreitert erscheinen könnten. Dies ist nicht richtig, da die Verteilungskurven selbst nicht symmetrisch zur Normalebene sind. Man sieht bei näherer Überlegung, daß in diesem Falle die Diffusion in der Tat eine Verbreiterung von solcher Art bewirken kann, daß das Maximum nach kleineren Winkeln verlagert wird.

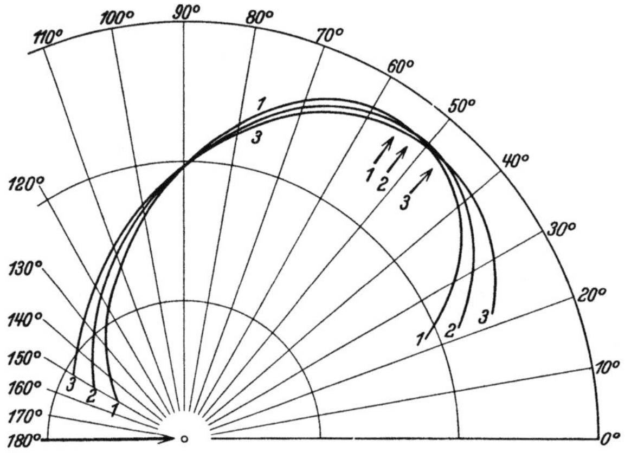

Abb. 32. Azimutale Intensitätsverteilung für verschiedene Wellenlängen bei konstanter Spannung $V = 31$ kV.
1: $\lambda = 0{,}43$ Å; 2: $\lambda = 0{,}53$ Å 3: $\lambda = 0{,}73$ Å.

Der früher angeführte experimentelle Befund, daß bei größerer (2- bis 4facher) Dicke der Al-Folie und damit sicher stärkerer Diffusion die Kurven symmetrisch zum Maximum verbreitert erscheinen, spricht nicht gegen diese Überlegung. Denn die dickere Schicht bewirkt größeren Energieverlust der Kathodenstrahlen und damit unter sonst gleichen Bedingungen gemäß Abb. 31 eine Verlagerung nach größeren Winkeln. Beide Effekte könnten sich zufällig angenähert kompensieren. Auf der anderen Seite ist aber eine gleichartige teilweise Kompensation zu bedenken, wenn man etwa die Verlagerung des Maximums allein einer Wirkung der Diffusion zuschreiben wollte. Denn sie verlagert zwar das Maximum nach kleineren Winkeln, wenn die Elektronengeschwindigkeit ungeändert bleibt; die Abhängigkeit von der Wellenlänge im Spektrum müßte man aber gerade darauf zurückführen, daß die stark diffus gewordenen Elektronen auch entsprechend verlangsamt sind. Für solche aber liegt das Maximum wieder bei größeren Winkeln.

Es läßt sich nicht angeben, welche Beträge diese einzelnen Einflüsse erreichen können. Sicher ist, daß die Kurvenform für lange Wellen durch die Diffusion entstellt ist. Es ist wahrscheinlich, daß trotzdem Unterschiede, insbesondere die Abhängigkeit des Maximums von der Wellenlänge, reell bestehen bleiben, aber sicher beweisen läßt sich dies aus den bisherigen Versuchen nicht.

Es ist von Interesse, in diesem Zusammenhang noch einmal die in Ziff. 40 besprochenen Messungen von LOEBE zu betrachten. Die Intensitätsmaxima liegen dort durchweg bei größeren Winkeln als bei dünner Antikathode. Dies ist, dem Sinne nach, leicht verständlich, wenn man bedenkt, daß die Messungen von LOEBE an massiver Antikathode eine Mittelung über einen großen Bereich verschiedener Kathodenstrahlgeschwindigkeiten bedeuten, also über Kurven von der Art der Abb. 31. Auch die von LOEBE bei wachsender Filterung beobachtete Verschiebung des Intensitätsmaximums ist auf Grund der obigen Ergebnisse qualitativ zu verstehen; allerdings ist es hier bei massiver Antikathode in erhöhtem Maße fraglich, ob man sie als reelle Abhängigkeit von der Wellenlänge im Spektrum oder als eine Wirkung der Kathodenstrahldiffusion aufzufassen hat. LOEBE selbst hat die Wirkung der Filter auf eine bevorzugt von den weichen Strahlenanteilen erregte Eigenstrahlung zurückgeführt, aber es ist nicht recht einzusehen, wie eine solche Beeinflussung entstehen sollte. Ungeklärt bleibt auch, warum LOEBE bei Filterung mit Glas eine Verschiebung im umgekehrten Sinne beobachtet hat.

44. Theoretische Berechnung der azimutalen Intensitätsverteilung. Bei theoretischen Betrachtungen interessiert vor allem die Lage des Intensitätsmaximums, erst in zweiter Linie die weitere Form der Verteilungskurven; da die Form auch experimentell noch unsicher ist, fehlt es hier an einer exakten Möglichkeit, eine theoretische Berechnung zu prüfen.

Die Verlagerung des Intensitätsmaximums bei Änderung der Röhrenspannung ist schon nach den elementaren, rein klassischen Vorstellungen qualitativ verständlich, wie Abb. 27 zeigt; Aufgabe verfeinerter quantentheoretischer Rechnung muß es sein, den quantitativen Zusammenhang anzugeben. Auffällig erscheint zunächst die Abhängigkeit von der Wellenlänge, jedoch läßt sich auch diese im rein klassischen Bilde plausibel machen, wie SOMMERFELD[1] in Ergänzung seiner alten Theorie gezeigt hat. Das Elektron, dessen Anfangsgeschwindigkeit β_1 sei, hat nach der Ausstrahlung eine Restgeschwindigkeit β_2, die im allgemeinen von Null verschieden ist. Verzichtet man bei der rein qualitativ orientierenden Betrachtung auf eine nähere Berechnung des Ausstrahlungsprozesses mit Integration über den Bremsweg, so kann man als maßgebende Geschwindigkeit in (13) für β einen Mittelwert $\beta_m = \frac{\beta_1 + \beta_2}{2}$ einsetzen. Es wird dann für die Grenzwellenlänge $\beta_m = \frac{\beta_1}{2}$, für $\lambda = \infty$ wird $\beta_m = \beta_1$; es ergibt sich also unmittelbar die Verschiebung im beobachteten Sinne. Es sei bemerkt, daß darüber hinaus dieser einfache Ansatz auch zahlenmäßig Werte liefert, die mit der Erfahrung recht gut übereinstimmen.

Berechnungen, die von exakteren Vorstellungen über den Bremsvorgang ausgehen, sind auf der Grundlage des Korrespondenzprinzips von WENTZEL[2] durchgeführt worden. Sie führen zu Ergebnissen, die der Erfahrung direkt widersprechen, nämlich maximale Intensität in den Richtungen 0 und 180°, Minimum unter 90°. In Ziff. 5 ist schon der allgemeine Grund angegeben, warum die korrespondenzmäßige Berechnung bei Problemen dieser Art versagt.

Eine Berechnung auf wellenmechanischer Grundlage ist später von SOMMERFELD[3] und SUGIURA[4] durchgeführt worden. Die SOMMERFELDsche Rechnung schließt an die in Ziff. 24 erwähnte Behandlung der spektralen Energieverteilung an, die jetzt unter Berücksichtigung der Retardierung zu erweitern ist. So

---

[1] A. SOMMERFELD, Proc. Nat. Acad. Amer. Bd. 15, S. 393. 1929.
[2] G. WENTZEL, ZS. f. Phys. Bd. 27, S. 257. 1924.
[3] A. SOMMERFELD, Ann. d. Phys. Bd. 11, S. 257. 1931.
[4] Y. SUGIURA, Scient. Pap. Inst. of Phys. a. Chem. Res. Tokyo Bd. 13. S. 23. 1930.

ergibt sich zunächst das Voreilen des Intensitätsmaximums; die weitere Durchrechnung, die hier im einzelnen nicht wiedergegeben werden kann, führt für den Winkel ϑ_m des Maximums auf den Ausdruck

$$\cos\vartheta_m = \frac{1}{2\beta_1}\left(\sqrt{1 + \frac{8\beta_1^2}{1-D}} - 1\right) \approx \frac{2\beta_1}{1-D}. \tag{14}$$

Dabei sind relativistische Glieder vernachlässigt, deren Berücksichtigung aber nach anschließenden Berechnungen von SCHERZER[1] das Resultat nicht wesentlich beeinflußt.

Die Größe D in (14) bedeutet das „Depolarisationsverhältnis" (vgl. Ziff. 56) und ist gegeben durch

$$D = \frac{M_z^2}{M_x^2}. \tag{15}$$

M_x^2 und M_z^2 sind die in Gleichung (7), Ziff. 24, angegebenen Matrixelemente. D ist $= 0$ für die kurzwellige Grenze und wächst monoton für längere Wellen im Spektrum. Gleichung (14) enthält also sowohl die Verschiebung des Maximums mit der Primärgeschwindigkeit β_1 als auch mit der Wellenlänge im Spektrum. Der zahlenmäßige Zusammenhang ist in Abb. 33 dargestellt und durch die eingetragenen Beobachtungspunkte mit den Ergebnissen der beiden Meßreihen von KULENKAMPFF verglichen. Wie man sieht, besteht in der absoluten Größe der Winkel und ebenso im Betrag der Verschiebung eine sehr gute Übereinstimmung.

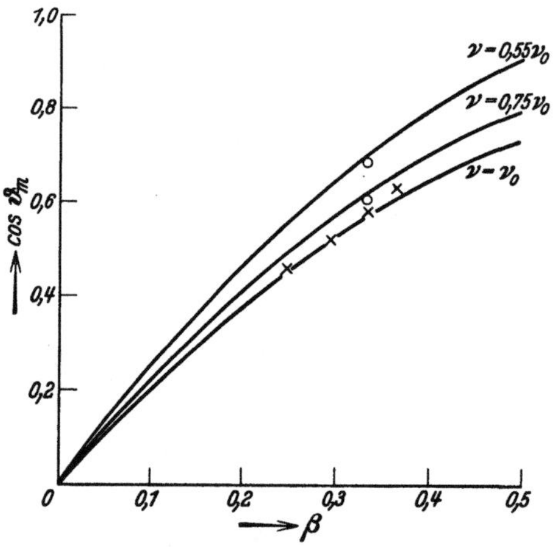

Abb. 33. Abhängigkeit des Intensitätsmaximums von der Spannung und von der Wellenlänge. (Theoretisch nach SOMMERFELD.)

Bei der Berechnung sind für D die Werte eingesetzt, die sich aus (7) und (15) ergeben. Es sei hier darauf hingewiesen, daß die experimentelle Bestimmung des Polarisationsgrades (Ziff. 55) für D größere Werte ergeben hat. Es ist möglich, daß dies auf die auch bei der Bestimmung des Polarisationsgrades störende Diffusion der Kathodenstrahlen zurückzuführen ist; es liegt aber dann nahe, bei den unter ganz den gleichen Versuchsbedingungen ausgeführten Bestimmungen von D der theoretischen Berechnung auch diese größeren Werte zugrunde zu legen. Die theoretischen Kurven werden dadurch im gleichen Sinne verschoben, wie es in Ziff. 43 anschaulich als mögliche Wirkung der Diffusion dargestellt wurde; die Übereinstimmung mit den experimentellen Werten wird aber merklich schlechter.

Die Form der Verteilungskurven ist im einzelnen von SOMMERFELD nicht berechnet worden. Dies hat SUGIURA in seiner Theorie getan, im Vergleich mit den gemessenen Kurven nach den Abb. 31 und 32. Hierbei zeigt sich in großen Zügen, soweit man dies erwarten darf, Übereinstimmung. Auffallend ist, daß die Rechnungen von SOMMERFELD und SUGIURA, die sich nicht in den Grundannahmen, sondern nur in den Methoden unterscheiden, in Einzelheiten zu verschiedenen Resultaten führen. Eine Gegenüberstellung, die ohne weiteres

[1] O. SCHERZER, Ann. d. Phys. Bd. 13, S. 137. 1932.

schwer fällt, hat SMITH[1] gegeben, indem er für den speziellen Fall der Verteilungskurve für die Grenzfrequenz die Formeln beider Theorien auf eine vergleichbare Form gebracht hat. Es ergibt sich nach SUGIURA:

$$i(\vartheta) = \frac{8e^2h^2n_1^4}{3m^2c^3(e^{2\pi n_1}-1)\cdot R^2}\Big[\sin^2\vartheta + \Big(\frac{5}{4}\sin^2\vartheta\cos\vartheta - 2\sin^3\vartheta\Big)\beta_1 + (2-\sin^2\vartheta)n_1^2$$
$$+ (4\cos\vartheta + 3\sin^3\vartheta - 2\cos\vartheta\sin^2\vartheta)\,\beta_1 n_1^2\Big],$$

nach SOMMERFELD:

$$i(\vartheta) = \frac{8e^2h^2n_1^4}{m^2c^3(e^{2\pi n_1}-1)\cdot R^2}\Big[\sin^2\vartheta + 4\sin^2\vartheta\cos\vartheta\cdot\beta_1 + \frac{1}{3}(7\sin^2\vartheta + 2)n_1^2$$
$$+ \frac{1}{3}(28\sin^2\vartheta\cos\vartheta + 4\cos\vartheta)\cdot n_1^2\beta_1\Big].$$

Beide Formeln unterscheiden sich merklich in den winkelabhängigen Gliedern und im Faktor 3 des Absolutwertes der Intensitäten. Es ist hier nicht der Ort, auf die offenbar auf rein mathematischem Gebiet liegende Ursache dieser Differenzen näher einzugehen.

In der alten, rein klassischen Theorie vom Jahre 1909 hatte SOMMERFELD die Gleichung (13) von Ziff. 38 ausgewertet unter der Annahme einer gleichmäßigen Bremsung auf gerader Bahn von der Anfangsgeschwindigkeit bis auf den Wert Null. Die Lage des Intensitätsmaximums, die so gefunden wird, ist als theoretische Kurve in Abb. 30 eingetragen zum Vergleich mit den Messungen von LOEBE. Diese bedeuten nach dem oben Gesagten eine Integration über alle Geschwindigkeiten im Innern der massiven Antikathode und über alle Wellenlängen im Spektrum, und es ist bemerkenswert, daß die Lage des Maximums mit der theoretisch berechneten gut übereinstimmt. Es soll hier aber nicht weiter erörtert werden, ob dies nur zufällig oder, mindestens formal mathematisch, tiefer begründet ist.

In Ziff. 37 war der Übergang von der dünnen zur massiven Antikathode behandelt worden und im besonderen der allmählich wachsende Einfluß der Kathodenstrahldiffusion, der einen Ausgleich der azimutalen Intensitätsunterschiede bewirkt. Im Hinblick auf Probleme dieser Art ist es von Interesse, die Intensität der in bestimmter Richtung emittierten Strahlung i_ϑ mit der über den ganzen Raum gemittelten $\bar{i}$ zu vergleichen. Greift man speziell die Richtung $\vartheta = 90°$ heraus, so ist den vorliegenden Messungen zu entnehmen, daß $i_{90}/\bar{i} > 1$ ist, daß aber mit wachsender Kathodenstrahlgeschwindigkeit das Verhältnis abnimmt. Der allgemeine Charakter der Verteilungskurven läßt erwarten, daß bei großen Geschwindigkeiten $i_{90}/\bar{i} < 1$ wird.

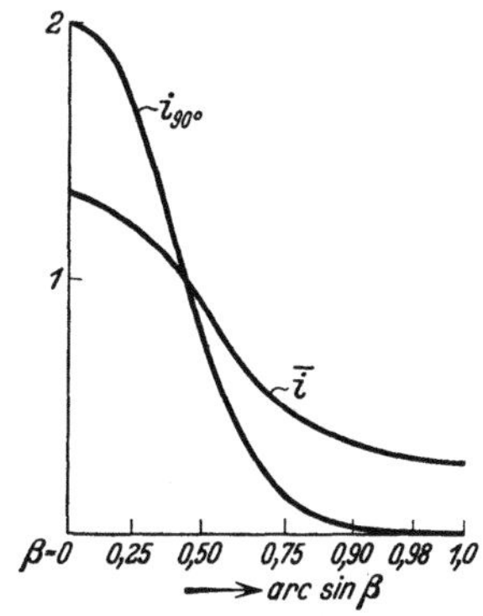

Abb. 34. Vergleich der unter 90° emittierten und der gemittelten Strahlungsintensität, theoretisch.

Eine Berechnung von SCHERZER[2], die an die Theorie von SOMMERFELD anschließt, bestätigt dies. In Abb. 34 sind die von SCHERZER berechneten Kurven für die relativen Intensitäten von $i_{90°}$ und $\bar{i}$ in Abhängigkeit von der Kathodenstrahlgeschwindigkeit wiedergegeben. Sie schneiden sich bei etwa $\beta = 0{,}43$, d. h. $V = 60$ kV.

---

[1] L. P. SMITH, Phys. Rev. Bd. 40, S. 885. 1932.

[2] Herr Dr. SCHERZER hat die Kurven freundlichst für diesen Zweck berechnet

Die Kurven sind berechnet für die Grenzfrequenz. Sie können also zur Abschätzung des Diffusionseinflusses auf die Intensitäten bei einer massiven Antikathode für längere Wellen nur zur allgemeinen Orientierung herangezogen werden.

V. Gesamtintensität und Nutzeffekt.

45. Definition. Unter der *Gesamtintensität* soll verstanden werden die über alle Frequenzen im Spektrum integrierte Intensität

$$I = \int_0^{\nu_0} J_\nu \, d\nu\,,$$

und zwar für die Emissionsrichtung $\vartheta = 90°$. Sie ist Funktion der Ordnungszahl Z des Antikathodenmaterials und der Röhrenspannung V. Sie kann am zuverlässigsten bestimmt werden aus der spektralen Energieverteilung durch Ausführung der Integration, außerdem durch direkte Messung der Intensität der spektral nicht zerlegten Gesamtstrahlung. In diesem Falle hat man zu beachten, daß die außerhalb einer Röntgenröhre beobachtbare Strahlung stets bereits gefiltert ist; um den dadurch für die Messung verlorengehenden Bruchteil der Strahlung zuverlässig zu bestimmen, müßte ebenfalls die spektrale Energieverteilung bekannt sein. Somit leiden alle Bestimmungen der Gesamtintensität darunter, daß die Energieverteilung nur in beschränktem Umfange bekannt ist.

Der *Nutzeffekt* ist definiert als das Verhältnis der insgesamt in der Antikathode erzeugten kontinuierlichen Röntgenstrahlung zu der der Antikathode zugeführten Kathodenstrahlenergie. Seine Bestimmung erfordert also genau genommen eine weitere Integration über alle Emissionsrichtungen ϑ. Da die azimutale Intensitätsverteilung nur unvollständig bekannt ist, wird praktisch der Nutzeffekt aus der Gesamtintensität für $\vartheta = 90°$ dadurch bestimmt, daß man näherungsweise die Integration durch die Annahme kugelsymmetrischer Verteilung der Ausstrahlung ersetzt. Nach Abb. 34, Ziff. 44, ist der wahre Nutzeffekt für kleine Kathodenstrahlgeschwindigkeiten wahrscheinlich kleiner, für große größer als die so definierte Größe. Der Unterschied wird bei leichten Elementen größer als bei schweren sein, weil bei diesen die Diffusion der Kathodenstrahlen stärker ausgleichend wirkt; dies kann eine Z-Abhängigkeit bewirken, die an sich im Emissionsvorgang nicht begründet ist.

Gesamtintensität und Nutzeffekt sollen sich beziehen auf die Strahlung einer massiven Antikathode.

46. Spezielle Meßmethoden. Für direkte Bestimmungen der Gesamtintensität ist eine Meßmethode erforderlich, welche gleichmäßig auf Strahlung verschiedener spektraler Zusammensetzung reagiert.

Am zuverlässigsten sind alle die Methoden, welche direkt die Energie der Strahlung als Erwärmung messen, also Bolometer, Thermosäule und Luftthermometer. Es muß jedoch dafür gesorgt sein, daß die auffallende Strahlung vollständig absorbiert wird, da andernfalls die Bestimmung des absorbierten Bruchteils bei inhomogener Strahlung prinzipielle Schwierigkeiten macht. Diese Forderung bringt es mit sich, daß die Konstruktionen im allgemeinen wesentlich abweichen von denen, die etwa bei Wärmestrahlungsmessungen üblich sind. Ein Nachteil dieser direkten Methoden ist ihre verhältnismäßig geringe Empfindlichkeit, welche die Ausführung der Messungen sehr erschwert.

Eine einfache indirekte Methode ist die der Ionisierungsmessung. Sie ist zur Untersuchung der Gesamtstrahlung zuerst von BEATTY und von RUTHERFORD und BARNES (s. Ziff. 49) angewandt worden; man mußte aber später mangels quantitativ zuverlässiger Kenntnis des Ionisierungsvorganges berechtigte Zweifel hegen, ob diese Methode hier angewandt werden darf. Erst die Untersuchungen der letzten Jahre (Ziff. 15), die sichergestellt haben, daß die im Mittel zur Bildung je eines Ionenpaares erforderliche Energie ε von der Wellenlänge der Strahlung unabhängig ist, rechtfertigen diese Messungen. Da ε zahlenmäßig bekannt ist, läßt sich aus dem Ionisierungsstrom auch der Absolutwert der Röntgenstrahlenergie bestimmen.

Völlig undefiniert ist dagegen eine früher gelegentlich angewandte Methode, bei der die Menge der an einer bestrahlten Metallplatte lichtelektrisch ausgelösten Elektronen als Maß der Röntgenstrahlenergie bestimmt wurde. Soweit derartige Messungen die auf andere Weise gewonnenen Resultate scheinbar bestätigen, muß dies als Zufall bezeichnet werden. Zweifellos ist es auch auf die Fehler dieser Methode zurückzuführen, daß z. B. SEITZ[1] bei niedrigen Spannungen (bis 3 kV) viel zu große Strahlungsintensitäten fand.

47. Abhängigkeit von der Ordnungszahl Z. Soweit Messungen vorliegen, hat sich die Energieverteilung im Spektrum als von Z unabhängig erwiesen (Ziff. 12 u. 30), bis auf die Anfangskrümmung in der Nähe der Grenzfrequenz. Diese kann nach Ziff. 37 wahrscheinlich auf sekundäre Einflüsse (Diffusion und Rückdiffusion der Kathodenstrahlen) zurückgeführt werden. Soweit man also hiervon absieht, muß sich der Einfluß des Antikathodenmaterials auf die Gesamtintensität allgemein durch einen allein von Z abhängigen Faktor ausdrücken lassen.

Für die Messungen bedeutet dies zugleich eine Vereinfachung insofern, als auf die wellenlängenabhängigen Faktoren in erster Näherung keine Rücksicht genommen zu werden braucht. Dagegen ist besonders darauf zu achten, daß nicht durch Eigenstrahlung die Ergebnisse gefälscht werden; dies wird in vielen Fällen wieder eine spektrale Zerlegung unvermeidlich machen.

Die ersten eingehenden Untersuchungen an einer großen Zahl verschiedener Elemente sind von KAYE[2] ausgeführt worden. Er bestimmte durch Ionisationsmessung die Gesamtintensität der spektral nicht zerlegten Strahlung bei einer konstanten Spannung von 22 kV: die Strahlung wurde in allen Fällen durch 2 mm Al gefiltert. Die K-Strahlung der schweren Elemente oberhalb Pd ($Z = 46$) wird bei der verwendeten Spannung noch nicht angeregt, die der leichten unterhalb Zn ($Z = 30$), ebenso die L-Strahlung der schwereren Elemente, wird durch das Filter absorbiert. Auf diese Weise sind also Fehler durch Überlagerung von Eigenstrahlung vermieden; es ist aber zu beachten, daß nur der kurzwellige Teil der Strahlung gemessen wurde.

Die Ergebnisse von KAYE sind als Kurve A in Abb. 35 eingetragen.

Spektrale Untersuchungen sind von ULREY[3] ausgeführt worden und schon in Ziff. 12 besprochen. Die Gesamtintensität läßt sich aus dem Flächeninhalt der von ihm gemessenen Kurven, abzüglich der K-Strahlung bei Mo und Pd, bestimmen (vgl. Abb. 4); die so gewonnenen Ergebnisse zeigt Kurve B in Abb. 35. Als Kurve C schließlich sind die Ergebnisse der in Ziff. 30 besprochenen Messungen von KULENKAMPFF[4] dargestellt, und zwar ist in passendem Maßstab aufgetragen die Neigung des geradlinigen Teiles der Spektralkurven von Abb. 19.

Übereinstimmend zeigen diese Untersuchungen, daß in guter Näherung die Gesamtintensität der Ordnungszahl Z direkt proportional ist.

---

[1] W. SEITZ, Phys. ZS. Bd. 7, S. 689. 1906.
[2] G. W. C. KAYE, Phil. Trans. (A) Bd. 209, S. 237. 1908.
[3] C. T. ULREY, Phys. Rev. Bd. 11, S. 401. 1918.
[4] H. KULENKAMPFF, Ann. d. Phys. Bd. 69, S. 548. 1922.

Im einzelnen zeigen die Messungen von KAYE einen etwas steileren Anstieg, der wohl darauf zurückzuführen ist, daß infolge der Filterung nur der kurzwellige Teil des Spektrums gemessen wurde, bei dem sich die mit Z zunehmende Anfangskrümmung bemerkbar macht. Umgekehrt zeigen die Ergebnisse von ULREY einen langsameren Anstieg, der sich damit erklären läßt, daß die nicht berücksichtigte Absorption in der Antikathode bei den schwereren Elementen stärker ist. Da hierdurch hauptsächlich der langwellige Teil des Spektrums beeinflußt wird, ist es plausibel, daß bei KAYE die Wirkung der Anfangskrümmung überwiegt.

Bei kleinen Kathodenstrahlgeschwindigkeiten sind von RICHARDSON und seinen Mitarbeitern[1] zahlreiche Untersuchungen an einer Reihe verschiedener

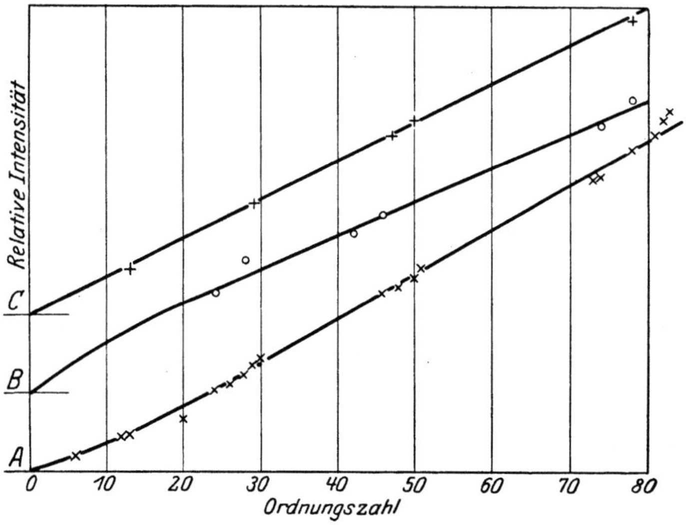

Abb. 35. Abhängigkeit der Gesamtintensität von der Ordnungszahl. *A*: KAYE; *B*: ULREY; *C*: KULENKAMPFF.

Antikathodenmaterialien ausgeführt worden, zunächst bei Spannungen von 200 bis 500 Volt, die später, um den Anschluß an das schon bekannte Gebiet zu gewinnen, bis 6000 Volt ausgedehnt wurden. Die Messungen wurden jedoch ohne spektrale Zerlegung der Strahlung ausgeführt und schließen also verschiedene Eigenstrahlungen mit ein, so daß sie über die Intensität der kontinuierlichen Strahlung allein nichts aussagen. Immerhin ist es von Interesse, daß in dem großen Bereich der Elemente von C bis Au sich die Intensität als annähernd konstant ergab, bis auf relativ kleine, unregelmäßige Schwankungen.

48. Ordnungszahl und Atomgewicht. Die Darstellung in Abb. 35 würde fast das gleiche Bild ergeben, wenn man als Abszisse statt der Ordnungszahl das Atomgewicht wählen würde, wie dies früher üblich war. Welches von beiden das richtige ist, läßt sich exakt entscheiden an solchen Elementen, die im periodischen System der Elemente in verkehrter Reihenfolge ihrer Atomgewichte stehen. DUANE und SHIMIZU[2] haben deshalb besonders sorgfältige Intensitätsvergleiche mit den Elementen Eisen, Kobalt, Nickel und Kupfer als Antikathode

---

[1] O. W. RICHARDSON u. F. S. ROBERTSON, Proc. Roy. Soc. London (A) Bd. 115, S. 280. 1927; Bd. 124, S. 188. 1929; L. P. DAVIES, ebenda Bd. 124, S. 268. 1929.

[2] W. DUANE u. TAKEO SHIMIZU, Phys. Rev. Bd. 11, S. 491. 1918; Bd. 14, S. 525. 1919.

ausgeführt. Die nachstehende Tabelle 2 zeigt die relativen Intensitäten, wie sie sich als Mittelwerte aus sieben Meßreihen bei verschiedenen Spannungen zwischen 20 und 40 kV ergaben; die K-Strahlung war hier ebenfalls durch ein Al-Filter vorher absorbiert. KULENKAMPFF untersuchte bei niedrigen Spannungen die Spektren der gleichen vier Elemente und erhielt die in der 5. Spalte aufgeführten Werte. Diese Untersuchungen beweisen also mit Sicherheit, daß die Ordnungszahl, nicht das Atomgewicht, das Maßgebende ist.

Tabelle 2. Vergleich der Strahlungsintensität verschiedener Antikathodenstoffe: Proportionalität mit der Ordnungszahl.

Element	Ordnungszahl	Atomgewicht	Relative Intensität	
			DUANE und SHIMIZU	KULENKAMPFF
Fe	26	55,84	26,0	25,9
Co	27	58,97	26,9	27,1
Ni	28	58,68	28,2	28,0
Cu	29	63,57	29,0	29,0

49. Verallgemeinerungen. Wenn man sich die Frage vorlegt, welche Faktoren im einzelnen die Abhängigkeit der Intensität von der Ordnungszahl Z beeinflussen bzw. bewirken, so bemerkt man, daß die ganze Erscheinung so komplexer Natur ist, daß die einfache Proportionalität mit Z in beträchtlichem Maße als zufälliges Ergebnis und demgemäß die allgemeine und strenge Gültigkeit zweifelhaft erscheint.

Eine nähere Diskussion muß zweckmäßig ausgehen von der Gesamtintensität bei dünner Antikathode. Experimentelle Untersuchungen darüber liegen nicht vor; es ist nur angenähert bekannt, daß die Intensität stärker als mit der 1. Potenz von Z ansteigt. Eine Aussage läßt sich gewinnen, wenn man von den folgenden Annahmen ausgeht: 1. Die Gesamtintensität ist bei massiver Antikathode proportional Z; 2. der Faktor a des THOMSON-WHIDDINGTONschen Gesetzes ist proportional $\varrho \cdot \frac{Z}{A}$; 3. die Einflüsse der Kathodenstrahldiffusion sind zu vernachlässigen. Nach den Überlegungen von Ziff. 16, Gleichung (2), folgt dann, daß für eine dünne Antikathode die Gesamtintensität proportional Z^2 ist.

Nimmt man diese Abhängigkeit als richtig an, so ergeben sich jetzt umgekehrt, wenn man die obigen vereinfachenden Annahmen fallen läßt, die folgenden Gesichtspunkte für die Intensität bei massiver Antikathode:

In erster Linie maßgebend ist die genaue Z-Anhängigkeit des Faktors a im THOMSON-WHIDDINGTONschen Gesetz. Da die Energieverluste der Kathodenstrahlen sich aus einzelnen Anregungen und Ionisierungen der durchquerten Atome zusammensetzen, hat NICHOLAS[1] darauf hingewiesen, daß sich möglicherweise in der Z-Anhängigkeit ein periodischer Gang, entsprechend der Stellung der betreffenden Elemente im periodischen System, zeigen könne, und daß speziell die Messungen von ULREY (Abb. 35, Kurve B) auf derartiges hindeuten. Aus direkten Messungen an Kathodenstrahlen ist über diese Frage Näheres nicht bekannt und es ist fraglich, ob die Genauigkeit der ULREYschen Messungen für eine so spezielle Aussage ausreicht. Bemerkenswert ist, daß auch in den älteren Messungen von KAYE ein ähnlicher Gang zu erkennen ist.

Eine weitere Frage ist die, wie weit, abgesehen von periodischen Schwankungen, im Mittel a proportional $\varrho \cdot \frac{Z}{A}$ ist. Nach Beobachtungen an Kathodenstrahlen ist es möglich, daß der Anstieg etwas langsamer erfolgt. Dies würde

[1] W. W. NICHOLAS, Bur. Stand. Journ. of Res. Bd. 5, S. 843. 1930.

dann bedeuten, daß die Intensität bei massiver Schicht etwas rascher als proportional Z ansteigen müßte.

Soweit derartige Einflüsse des Faktors a in nennenswertem Betrage vorhanden sind, werden sie selbst von der Primärgeschwindigkeit V der Kathodenstrahlen abhängen. Damit würde aber die Z-Abhängigkeit selbst auch Funktion von V.

Der Einfluß der Diffusion der Kathodenstrahlen wirkt sich in gleicher Weise aus, wie dies in Ziff. 37 für die spektrale Energieverteilung besprochen wurde. Für die Beobachtung unter $\vartheta = 90$ kommt die Intensität bei schweren Elementen der mittleren näher als bei leichten. Ist nun, bei nicht zu großer Röhrenspannung V, die Intensität unter $90°$ größer als die mittlere, so wird man einen etwas langsameren Anstieg mit Z beobachten; der Einfluß wirkt also dem rascheren Anstieg auf Grund möglicher Abweichungen vom THOMSON-WHIDDINGTONschen Gesetz entgegen. Nach Ziff. 37 und 44 ist dies aber bei hohen Spannungen nicht mehr zu erwarten.

50. Abhängigkeit von der Röhrenspannung *V*. Zur Bestimmung der Abhängigkeit von der Röhrenspannung bzw. des Nutzeffektes sind, besonders in früheren Jahren, eine große Zahl experimenteller Arbeiten ausgeführt worden[1]. Von diesen sind die ersten vorzugsweise unter dem Gesichtspunkt ausgeführt worden, die Strahlungsenergie überhaupt nachzuweisen und ihre Größenordnung festzulegen. In quantitativer Hinsicht leiden sie meist darunter, daß die Betriebsbedingungen der Röntgenröhre (Spannung und Spannungsform) recht undefiniert waren. Sie liefern deshalb keinen Beitrag zu den hier behandelten Fragen.

Die erste quantitativ brauchbare Bestimmung der Gesamtstrahlungsenergie stammt von W. WIEN[2], der zur Messung eine Thermosäule verwendete; er arbeitete jedoch nur bei einer Spannung von 58,7 kV (Induktor). Über einen größeren Spannungsbereich erstrecken sich anschließende Messungen von EDNA CARTER[3], die zum Teil mit einem Bolometer ausgeführt wurden, aber wegen zu geringer Strahlungsintensität nur ungenaue Werte gaben. Zuverlässig erscheinen, gemäß Ziff. 46, aus der großen Zahl späterer Arbeiten die mittels Ionisierungskammer ausgeführten Messungen von BEATTY[4] und von RUTHERFORD und BARNES[5]. Besonders sorgfältige Untersuchungen haben in neuerer Zeit dann BOUWERS[6], AURÉN[7] und RUMP[8] ausgeführt. Sie verwendeten wiederum Methoden zur direkten Energiebestimmung, BOUWERS ein Bolometer, AURÉN eine Thermosäule und RUMP ein besonders schön konstruiertes Luftthermometer.

Die sämtlichen Messungen wurden für die Emissionsrichtung $\vartheta = 90°$ ausgeführt; sie ergaben übereinstimmend, soweit die erforderlichen Korrektionen sich ausführen lassen, das Gesetz: Die Strahlungsenergie wächst proportional dem Quadrat der Spannung.

Als Beispiele derartiger Messungen sind in Abb. 36 und 37 die Resultate von BOUWERS und RUMP wiedergegeben. Die Kurven von BOUWERS sind zwar unmittelbar durch photographische Intensitätsmessung gewonnen worden, jedoch durch vergleichende Untersuchungen auf das Bolometer zurückgeführt. Bei

---

[1] Eine vollständige Literaturzusammenstellung gibt W. RUMP, ZS. f. Phys. Bd. 43, S. 254. 1927.

[2] W. WIEN, Ann. d. Phys. Bd. 18, S. 991. 1905.

[3] E. CARTER, Ann. d. Phys. Bd. 21, S. 955. 1906.

[4] R. T. BEATTY, Proc. Roy. Soc. London (A) Bd. 89, S. 314. 1913.

[5] E. RUTHERFORD u. J. BARNES, Phil. Mag. Bd. 30, S. 361. 1915.

[6] A. BOUWERS, Dissert. Utrecht 1924.

[7] T. E. AURÉN, Medd. från. K. Vetensk. Nobelinstitut Bd. 6, Nr. 13. 1925.

[8] W. RUMP, ZS. f. Phys. Bd. 43, S. 254. 1927.

den Kurven *A* bis *C* war die Strahlung durch vorgeschaltete Al-Filter in verschiedenem Maße geschwächt. Der Schwächung durch die Röhrenwandung kann dann angenähert durch Extrapolation auf die Filterstärke Null Rechnung getragen werden; sie führt auf die Kurve *D*. Dabei ist natürlich zu beachten, daß der langwellige Teil des Spektrums, der schon durch die Röhrenwandung allein vollständig absorbiert wird, auch durch die Extrapolation nicht erfaßt wird. Die Antikathode bestand bei diesen Messungen aus Wolfram, dessen *K*-Strahlung oberhalb 70 kV angeregt wird und sich dem Kontinuum überlagert, wie dies die Kurven *A* und *B* erkennen lassen.

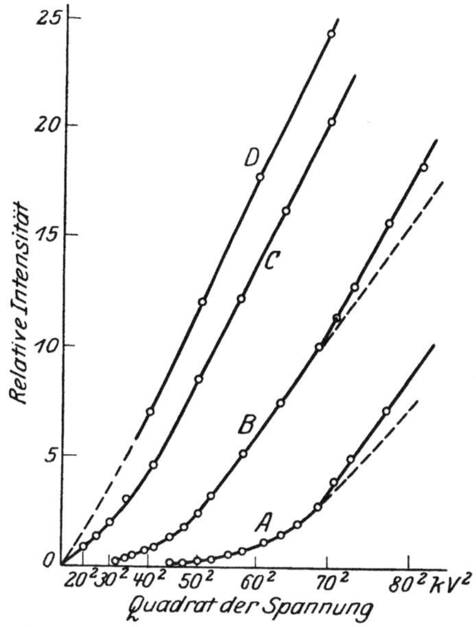

Abb. 36. Abhängigkeit der Gesamtintensität von der Spannung. (Nach BOUWERS.)
A: gefiltert 6 mm Al. *B*: gefiltert 1 mm Al.
C: gefiltert 0,1 mm Al. *D*: ungefiltert.

Die Messungen von RUMP erstrecken sich bis zu wesentlich höheren Spannungen. Die Schwächung durch die Röhrenwandung wurde auch hier extrapolatorisch aus der Schwächung durch vorgeschaltete Filter (Cu) ermittelt; die so erhaltene Kurve ist in Abb. 37 gestrichelt eingetragen. RUMP versuchte außerdem die Absorption innerhalb der Antikathode aus der Eindringungstiefe der Kathodenstrahlen und der durch Cu-Absorption bestimmten mittleren Wellenlänge zu berechnen. Der Einfluß erweist sich als verhältnismäßig gering, von der Größenordnung 5%; für drei Spannungen sind die entsprechend korrigierten Werte durch × in der Abbildung dargestellt. Zu beachten ist, daß die Messungen von RUMP, der gleichfalls eine Wolframantikathode benutzte, hauptsächlich oberhalb der Anregungsspannung für die *K*-Serie liegen, die Linienstrahlung also mit einschließen. Das gleiche gilt für die obengenannten, zwischen 60 und 100 kV ausgeführten Messungen von AURÉN. RUMP glaubt, daß der Einfluß der Linienstrahlung gering sei, weil er teilweise durch die erhöhte Absorption der kürzeren Wellen in der Antikathode kompensiert werde. Dies ist

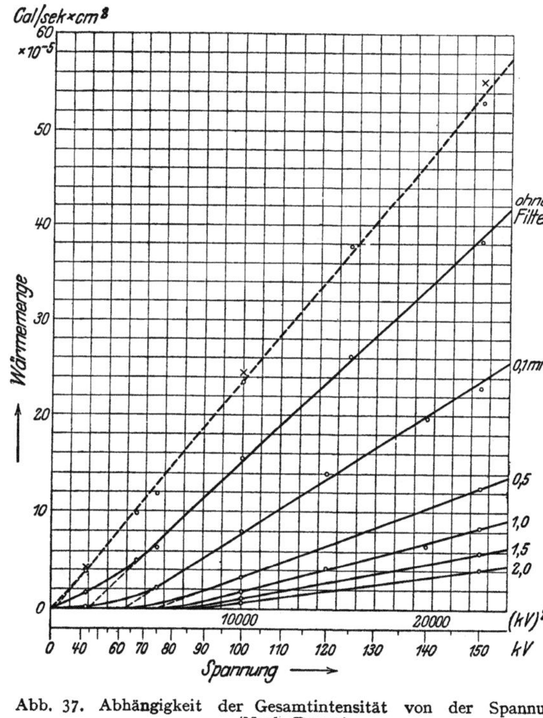

Abb. 37. Abhängigkeit der Gesamtintensität von der Spannung. (Nach RUMP.)

aber insofern nicht richtig, weil gerade durch diese Absorption die Linienstrahlung verstärkt wird (indirekte Anregung; vgl. Ziff. 13).

Der Verlauf der gefilterten Kurven in den Abb. 36 und 37 läßt ein Ergebnis von WEEKS[1] verstehen, der die Intensität proportional V^3 fand. Die Messungen sind zwar sorgfältig ausgeführt, aber es sind keine Absorptionskorrektionen berücksichtigt.

Man bemerkt, daß die extrapolierten Kurven in den beiden Abb. 36 und 37 nicht durch den Koordinatennullpunkt gehen; derartiges zeigen auch alle anderen Messungen. Man wird dies auf den nicht erfaßten äußerst langwelligen Teil des Spektrums zurückführen können.

Soweit Untersuchungen der spektralen Energieverteilung bei verschiedenen Spannungen vorliegen (Ziff. 30), bestätigen sie das quadratische Gesetz des Intensitätsanstieges, sofern man die Anfangskrümmung, deren Abhängigkeit von der Spannung sich nicht allgemein angeben läßt, außer Betracht läßt.

51. Nutzeffekt. Nach Ziff. 47 ist die Gesamtintensität angenähert proportional der Ordnungszahl Z des Antikathodenelementes, nach Ziff. 14 ferner der Entladungsstromstärke i. Für den Nutzeffekt ergibt sich also

$$\eta = \frac{\text{Röntgenstrahlenergie}}{\text{Kathodenstrahlenergie}} = \eta_0 \cdot \frac{i \cdot Z \cdot V^2}{i \cdot V} = \eta_0 \cdot Z \cdot V.$$

Zur zahlenmäßigen Berechnung von η_0 muß sowohl die Energie der Röntgenstrahlung als auch die der Kathodenstrahlen in absolutem Maße bekannt sein. Erstere ergibt sich bei den direkten Methoden zur Energiebestimmung unmittelbar, bei Ionisationsmessung auf dem Umwege über den zur Bildung je eines Ionenpaares erforderlichen Energiebetrag ε.

Für die zuverlässig erscheinenden Messungen sind die Werte für η_0 in Tabelle 3 zusammengestellt. Dabei sind in einigen Fällen gegenüber den von den betreffenden Beobachtern selbst angegebenen Zahlen Korrektionen angebracht.

Tabelle 3. Bestimmungen des Nutzeffektes $\eta = \eta_0 \cdot Z \cdot V$ der Bremsstrahlung.

Beobachter	Methode	Spannungsform	Spannungsbereich	$\eta_0 \cdot 10^{10}$
W. WIEN	Thermosäule	Induktor	58,7 kV_{max}	8,3
BEATTY	Ionisierung	Magnetisch homogenisierte Kathodenstrahlen	8 bis 40 kV	>4,4
RUTHERFORD und BARNES	Ionisierung	Gleichspannung	48 „ 96 kV	≈6,2
BOUWERS	Bolometer	Transformator	30 „ 106 kV_{max}	7,9
AURÉN	Thermosäule	Gleichspannung	60 „ 100 kV	7,2
	„	Transformator	50 „ 100 kV_{eff}	6,6
RUMP	Luftthermometer	Gleichspannung	43 „ 150 kV	14
KULENKAMPFF	Ionisierung (Spektrum)	Gleichspannung	7 „ 12 kV	9,2

Die mittels Ionisierungsmethode ausgeführten Messungen sind umgerechnet auf Grund der heute bekannten ε-Werte. BEATTY, der CH_3J-Dampf als Füllung der Ionisierungskammer verwendete, hat selbst ε berechnet aus der differentialen Ionisierung und dem Energieverlust von Kathodenstrahlen und mit ungenauen Daten für diese Größen $\varepsilon = 110$ Volt/Ionenpaar erhalten, während der richtige Wert für CH_3J-Dampf $\varepsilon = 24{,}2$ beträgt[2]. RUTHERFORD und BARNES, die Luftfüllung verwendeten, haben den für α-Strahlen bekannten Wert angenommen,

[1] P. T. WEEKS, Phys. Rev. Bd. 10, S. 564. 1917.

[2] Der Wert ist gleich dem von W. STOCKMEYER (Ann. d. Phys. Bd. 12, S. 71. 1932) für C_2H_5Br gemessenen gesetzt; daß beide sehr nahe gleich sind, folgt aus Messungen von BARKLA und PHILPOT (vgl. ds. Handb. Bd. XXII/2, Kap. 1, Ziff. 36).

der mit dem richtigen $\varepsilon = 32$ Volt/Ionenpaar gut übereinstimmt. Bei ihren Messungen ist jedoch, im Gegensatz zu den übrigen, die Schwächung der Strahlung in der Röhrenwandung nicht berücksichtigt. Sie schätzen ab, daß die Schwächung etwa einen Faktor 2 ausmache; entsprechend ist ihr Wert in Tabelle 3 korrigiert. BEATTY verwendete ein sehr dünnes (2 μ) Al-Fenster; sein Wert ist aber aus anderen Gründen wahrscheinlich zu klein und nur als untere Grenze anzusehen. Die Messungen von WIEN und BOUWERS sind nicht mit Gleichspannung ausgeführt; sie beziehen ihre Werte für den Nutzeffekt auf die Scheitelspannung. Im Vergleich mit den übrigen ist es sicher richtiger, wie dies auch AURÉN tut, die Effektivspannung einzusetzen. Beide Werte sind deshalb um einen Faktor $\sqrt{2}$ korrigiert. BOUWERS verwendete annähernd sinusförmige Wechselspannung, so daß diese Korrektion zuverlässig ist; unsicher ist sie bei WIEN, der mit Induktorspannung arbeitete.

Außer den direkt an der Gesamtstrahlung gemessenen Werten ist in der Tabelle ein Wert angegeben, der aus den in Ziff. 30 besprochenen Spektraluntersuchungen abgeleitet werden kann, sofern die Anfangskrümmung vernachlässigt wird. Er ergibt sich durch eine einfache Umrechnung aus der in Ziff. 36 angegebenen Konstanten C der Spektralformel.

Nicht aufgenommen ist ein Wert $\eta_0 = 2{,}6 \cdot 10^{-10}$, der sich aus den obenerwähnten Messungen von CARTER ergibt. Er fällt offensichtlich ganz aus der Reihe der übrigen heraus, ohne daß sich eine klare Ursache dafür angeben ließe.

Berücksichtigt man die unterschiedliche Genauigkeit und Zuverlässigkeit, so ergeben die Messungen einen mittleren Wert von etwa $\eta_0 = 8 \cdot 10^{-10}$, mit Ausnahme des erheblich höheren Wertes $\eta_0 = 14 \cdot 10^{-10}$ von RUMP. Diese Diskrepanz ist auffallend, weil gerade die Messungen von RUMP besonders sorgfältig erscheinen. Sie enthalten zwar, wie oben ausgeführt, im wesentlichen Bereich die K-Strahlung des Wolfram mit, jedoch kann dies wohl kaum den vollen Unterschied erklären. Auch sollte sich die K-Strahlung bei den Messungen von AURÉN in etwa gleichem Maße bemerkbar machen.

Es ist beim heutigen Stand der experimentellen Kenntnis nicht möglich, hierüber Sicheres zu sagen. Es läßt sich nur ein noch recht ungenauer Mittelwert angeben zu

$$\eta_0 = (10 \pm 3) \cdot 10^{-10}.$$

Für eine Wolframantikathode und eine Röhrenspannung $V = 100$ kV berechnet sich daraus ein Nutzeffekt von rund $7{,}4\,^0/_{00}$. Es ist nach den vorangehenden Ausführungen klar, daß in praxi hiervon stets nur ein kleiner Bruchteil nutzbar ist.

Eine eingehende kritische Betrachtung über die Frage des Nutzeffektes ist von NICHOLAS[1] angestellt worden. Er stützt sich dabei vor allem auf die Messungen von RUMP, benutzt jedoch nicht die von RUMP aus den Filtermessungen ermittelte Extrapolation, sondern berechnet die Absorption in der Antikathode und in der Röhrenwandung aus der Energieverteilung im kontinuierlichen Spektrum und einem — reichlich hoch erscheinenden — Betrag an überlagerter K-Strahlung. Die Energieteilung setzt er dabei nach der in Ziff. 36 angegebenen Gleichung (12) an und prüft sie zugleich durch Berechnung der Cu-Filterwirkung und Vergleich mit den Messungen von RUMP. Die Beweiskraft dieser Methode, die im Prinzip der in Ziff. 19 besprochenen gleicht, leidet hier darunter, daß der Betrag an K-Strahlung eine ziemlich willkürlich verfügbare Größe ist. NICHOLAS kommt zu dem Ergebnis, daß, gemäß obiger Definition aus der Strahlung unter $\vartheta = 90°$ berechnet, der Nutzeffekt proportional $V^{\frac{1}{2}}$ sei, daß aber bei Berück-

[1] W. W. NICHOLAS, Bur. Stand. Journ. of Res. Bd. 5, S. 843. 1930.

sichtigung der azimutalen Intensitätsverteilung der wahre, d. h. über alle Richtungen ϑ gemittelte, Nutzeffekt doch proportional V sei. Die in Ziff. 37 betonte Unsicherheit der Spektralformel läßt aber diese Schlußfolgerung nicht als sehr gesichert erscheinen und man wird derartige feinere Fragen offen lassen müssen, bis vollständigere Messungen vorliegen.

Es ist klar, daß die angegebene Formel für η im Bereiche sehr großer Elektronen-Energien (β-Strahlen und darüber) nicht mehr gültig sein kann, da sie hier schließlich Werte > 1 liefern würde. Man könnte vermuten, daß allgemein V durch v^2 zu ersetzen wäre. Soweit Beobachtungen vorliegen, widersprechen sie einer solchen Annahme nicht; es fehlt aber sowohl an experimenteller Kenntnis als auch an theoretischen Ansätzen für große Elektronen-Energien.

52. Vergleich mit theoretischen Rechnungen. Die einfache klassisch-korrespondenzmäßige Rechnung liefert für die Gesamtintensität und den Nutzeffekt Ausdrücke, die mit der Erfahrung in guter Übereinstimmung sind. In der Formulierung von KRAMERS ergibt sich für die Gesamtintensität einer dünnen Antikathode von der Ordnungszahl Z und der Dicke dx, die N Atome pro cm^3 enthält

$$\int_0^{\nu_0} i_\nu \, d\nu = \frac{16\pi^2}{3\sqrt{3}} \cdot \frac{Z^2 e^6}{h m c^3} \cdot N \cdot dx .$$

Dabei ist die einfache Spektralformel (6) (s. Ziff. 24) zugrunde gelegt und das Zusatzglied vernachlässigt, welches einen erhöhten Intensitätsanstieg im langwelligen Gebiet bedeutet.

Unter Benutzung des THOMSON-WHIDDINGTONschen Gesetzes (3) folgt daraus für die Gesamtintensität einer massiven Antikathode (L = LOSCHMIDsche Zahl)

$$I = \frac{8\pi^2}{3\sqrt{3}} \frac{Z e^6}{h m c^3} \cdot \frac{L}{a_0} \cdot V^2 ,$$

und für den Nutzeffekt

$$\eta = \frac{8\pi^2}{3\sqrt{3}} \frac{Z e^5}{h m c^3} \frac{L}{a_0} \cdot V . \tag{16}$$

Die Abhängigkeit von Z sowohl als von V erscheint also hier in der gleichen Form, wie sie als beste Näherung oben aus der Erfahrung abgeleitet wurde. In die zahlenmäßige Berechnung des Nutzeffektes geht die Konstante a_0 des THOMSON-WHIDDINGTONschen Gesetzes ein, die nur ungenau bekannt ist. Setzt man nach Messungen von TERRILL[1] an Al

$$a_0 = 4{,}6 \cdot 10^6 ,$$

so ergibt sich aus (16), wenn jetzt, wie oben, V in Volt gerechnet wird

$$\eta = 9{,}3 \cdot 10^{-10} \cdot Z \cdot V$$

in bemerkenswert guter Übereinstimmung mit dem experimentellen Mittelwert. Es ist dabei zu beachten, daß sich der angegebene Wert für die Konstante a_0 der Messung nach auf die nahezu in ursprünglicher Richtung durch eine Folie durchgehenden Elektronen bezieht, wahrscheinlich also etwas zu klein ist[2]. Der angegebene theoretische Wert für den Nutzeffekt wäre dann entsprechend zu groß; es folgt daraus, daß die klassische Rechnung, die naturgemäß nur als Näherung zu betrachten ist, wahrscheinlich etwas zu kleine Intensitäten liefert.

---

[1] A. TERRILL, Phys. Rev. Bd. 22, S. 101. 1923.

[2] Im Hinblick auf derartige Betrachtungen könnte hier ein Wert brauchbarer sein, der sich indirekt aus der Ionisierungswirkung von Kathodenstrahlen ableiten läßt und der sich (nach Messungen von E. KIPPHAN, Ann. d. Phys. Bd. 12, S. 401. 1932) zu etwa $a_0 = 5{,}8 \cdot 10^6$ ergibt. Damit würde der theoretische Wert $\eta = 8{,}2 \cdot 10^{-10} \cdot Z \cdot V$.

Es ist nicht möglich, einen entsprechenden Vergleich für die wellenmechanische Rechnung durchzuführen. Nach SOMMERFELD ergibt sich die Abhängigkeit von Z und V aus der Gleichung (8) in Ziff. 24, zunächst für die dünne Antikathode. Bei der Integration über ν kann wie oben in erster Näherung das Klammerglied $\{\ldots\}$ und der Nenner $1 - e^{-2\pi n_2}$ als konstant betrachtet werden; es ergibt sich dann für eine dünne Antikathode

$$\int_0^{\nu_0} i_\nu \, d\nu = \text{konst.} \frac{n_1^4}{e^{2\pi n_1} - 1},$$

mithin eine Abhängigkeit von den in n_1 enthaltenen Größen Z und V, die sich mit den Beobachtungen nicht vergleichen läßt.

Nach Ansätzen von MAUE[1] kann man durch eine Reihe von Näherungen schließlich zu einer Form gelangen, die bei Integration über ν und V für die Gesamtintensität ebenfalls Proportionalität mit $Z \cdot V^2$ gibt. Da diese mathematischen Näherungen aber dem physikalischen Tatbestand in keiner Weise entsprechen, soll darauf nicht näher eingegangen werden.

VI. Polarisation.

53. Nachweis der Polarisation durch BARKLA. Wie schon in Ziff. 5 bemerkt wurde, läßt die einfache klassische Vorstellung von der Entstehung der Bremsstrahlung erwarten, daß sie polarisiert ist. BARKLA[2] gelang es als erstem, dies experimentell nachzuweisen. Die von ihm angewandte Methode, zugleich die einzige bis heute bekannte (vgl. Kap. 2 des vorliegenden Bandes), beruht auf der Vorstellung von J. J. THOMSON, daß die Röntgenstrahlen die Elektronen einer bestrahlten Substanz in erzwungene Schwingungen versetzen. Die von der Antikathode $A.K.$ (Abb. 38) ausgehende Strahlung möge linear polarisiert sein mit dem elektrischen Vektor parallel der Richtung des Kathodenstrahls. Die erzwungene Schwingung der Elektronen des Sekundärstrahlers S führt dann zu einer Streustrahlung, deren Intensität in der Schwingungsrichtung Null, senkrecht dazu ein Maximum ist.

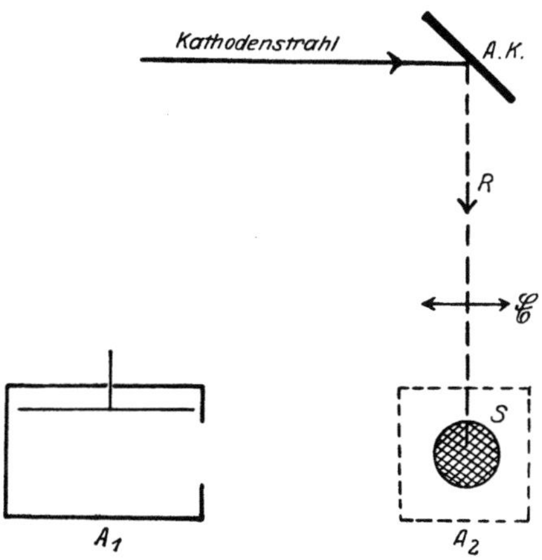

Abb. 38. Schema der Anordnung von BARKLA zur Untersuchung der Polarisation.

Wird also eine Ionisierungskammer in einer zu R senkrechten Ebene um S herumgeführt von der Stellung A_1 bis zur Stellung A_2 (senkrecht zur Zeichenebene S), so muß, wenn die primäre Strahlung polarisiert ist, ein Unterschied in der Intensität der Streustrahlung gemessen werden. Ist die Strahlung nicht vollständig polarisiert, so wird auch in die Richtung A_1 Intensität emittiert. Es sei die hier gemessene Intensität a_1, die in der Richtung A_2 gemessene a_2; man definiert dann den Polarisationsgrad p, ausgedrückt in Prozenten, durch die Gleichung

$$p = 100 \cdot \frac{a_2 - a_1}{a_2 + a_1}.$$

[1] A.-W. MAUE, Ann. d. Phys. Bd. 13, S. 161. 1932.

[2] C. G. BARKLA, Phil. Trans. (A) Bd. 204, S. 467. 1905.

Als Streustrahler eignen sich dabei naturgemäß nur Elemente so niedriger Ordnungszahl, daß nicht die in ihnen erregte Eigenstrahlung den Polarisationseffekt überdecken kann.

BARKLA benutzte als Streustrahler Paraffin. Um bei der Messung zeitliche Schwankungen der Strahlungsintensität auszugleichen, verwendete er gleichzeitig zwei Ionisierungskammern, die in den Stellungen A_1 und A_2 fest montiert waren, während die Röntgenröhre um die Richtung R als Achse herumgedreht wurde. Außerdem befand sich eine dritte Ionisierungskammer im direkten Strahl zur Kontrolle der Primärintensität. Bei Drehung der Röhre um je 90° zeigten nun die Kammern A_1 und A_2 abwechselnd maximale bzw. minimale Intensität. Die Zahlenwerte schwanken im einzelnen; im Mittel ergaben BARKLAS Versuche einen Polarisationsgrad von der Größenordnung 5%. Die Lage der Polarisationsebene stimmt mit der Einfallsrichtung der Kathodenstrahlen überein.

54. Anschließende Untersuchungen. Die Mehrzahl der nachfolgenden Untersuchungen kann hier übergangen werden, da sie außer einer qualitativen Bestätigung des BARKLAschen Resultates im Grunde nichts Neues brachten. Hervorzuheben sind besonders sorgfältige, im RÖNTGENschen Institut ausgeführte Messungen von BASSLER[1] und eine spätere eingehende Untersuchung von KIRKPATRIK[2]. Sie zeigten die Richtung, in der weitere Untersuchungen zu führen waren.

Das Prinzip der Versuchsanordnung ist stets das gleiche wie bei BARKLA. Die Erzeugungsbedingungen der Röntgenstrahlen sind bei BASSLER, der die Röhre durch ein Induktorium betrieb, wenig definiert. KIRKPATRIK verwendete einen Transformator; eine synchron betriebene Blende ließ die Röntgenstrahlen nur dann hindurch, wenn die Spannung auf ihrem Scheitelwert war. Die Anordnung entspricht also in ihrer Wirkung einem Betrieb mit Gleichspannung.

Übereinstimmend zeigen die Versuche von BASSLER und von KIRKPATRIK eine Abnahme des Polarisationsgrades bei steigender Röhrenspannung. BASSLER stellte bei „sehr weichem“ Zustand der Röhre als höchsten Wert 16% fest, während an der „sehr harten“ Röhre nur noch 2% gefunden wurden. Bei den Messungen von KIRKPATRIK ist der zahlenmäßige Zusammenhang exakter anzugeben. Von einem Höchstwert von 13% bei 25 kV sank der Polarisationsgrad stetig auf 4% bei 65 kV.

Wichtiger ist das Resultat beider Versuchsreihen, daß bei festgehaltener Spannung durch vorgeschaltete Filter der Polarisationsgrad erhöht wird, daß er also gegen die kurzwellige Grenze des Spektrums hin zunimmt. Während BASSLER diese Abhängigkeit nur qualitativ feststellte, hat KIRKPATRIK versucht, durch stufenweise Filterung den Verlauf der Polarisation im Spektrum genauer festzulegen. Seine Ergebnisse werden durch spätere spektrale Untersuchungen von ROSS und von WAGNER und OTT gut bestätigt (s. Ziff. 58) und sollen deshalb hier im einzelnen übergangen werden, zumal gerade das Gebiet in unmittelbarer Nähe der Grenzfrequenz, das von besonderem Interesse ist, nicht erfaßt wird.

Die Abhängigkeit des Polarisationsgrades von der Wellenlänge im Spektrum macht es wahrscheinlich, daß die beobachtete Abhängigkeit von der Spannung dadurch hervorgerufen ist, daß die Strahlung stets mindestens durch die Röhrenwandung gefiltert ist. Bei niedrigen Spannungen wird deshalb vorwiegend der kurzwellige Teil des Spektrums gemessen, während mit wachsender Spannung ein breiter werdendes Spektrum hervortritt, so daß die Gesamtstrahlung in zunehmendem Maße auch schwach polarisierte Teile enthält.

---

[1] E. BASSLER, Ann. d. Phys. Bd. 28, S. 860. 1909.
[2] P. KIRKPATRIK, Phys. Rev. Bd. 22, S. 226. 1923.

55. Bestimmung des Polarisationsgrades bei dünner Antikathode. In besonderem Maße muß bei Bestimmung des wahren Polarisationsgrades die Diffusion der Kathodenstrahlen stören. Zweifellos sind die im vorangehenden besprochenen Messungen hierdurch stark beeinflußt; es ist nicht einmal ohne weiteres zu entscheiden, ob der Abfall nach langen Wellen im Spektrum reell ist oder sekundär erst dadurch hervorgerufen wird, daß die langsameren Elektronen auch stärker diffus sind.

Um zu Ergebnissen zu gelangen, die Aussagen über den Elementarprozeß gestatten, müssen also Messungen an dünnen Antikathoden, im Sinne von Ziff. 16, ausgeführt werden. Hierbei ist besonders hinderlich die sehr geringe Strahlungsintensität. Sie erschwert schon alle Untersuchungen anderer Art; in viel stärkerem Maße ist dies bei Bestimmung der Polarisation der Fall, wie sich aus der anzuwendenden Meßmethode ohne weiteres ergibt. Die Ergebnisse sind deshalb noch recht unsicher.

Messungen wurden, mit den bereits in Ziff. 17 beschriebenen Anordnungen, von DUANE[1] mit einem Hg-Dampfstrahl und von KULENKAMPFF[2] mit einer Al-Folie als dünner Antikathode ausgeführt. Streukörper war in beiden Fällen Graphit; um einigermaßen ausreichende Empfindlichkeit zu erhalten, verwendete DUANE für die Intensitätsmessung einen Spitzenzähler, während KULENKAMPFF, der bei kürzeren Wellen arbeitete, eine sehr groß dimensionierte, mit CH_3J-Dampf gefüllte Ionisierungskammer benutzte. Die Beobachtungsrichtung ist wieder $\vartheta = 90°$.

DUANE beschränkte sich darauf, bei einer Spannung von 11,8 kV, bei der eine störende Eigenstrahlung des Hg noch nicht angeregt wird, die Polarisation der Gesamtstrahlung zu messen, die lediglich durch das Fenster der Röhre und innerhalb des Streukörpers gefiltert ist. Genauere Aussagen über den hierbei erfaßten Bereich des Spektrums lassen sich nicht machen. DUANE fand unter diesen Bedingungen einen Polarisationsgrad von im Mittel 50%; die Einzelwerte verschiedener Meßreihen schwanken zwischen 35 und 64%. Dieser Wert liegt bedeutend höher als alle früher an massiven Antikathoden beobachteten und beweist damit den starken Einfluß der Diffusion.

Die Messungen von KULENKAMPFF wurden bei höheren Spannungen, im Bereich von etwa 25 bis 38 kV, ausgeführt. Durch variierte Filterung der Strahlung wurde versucht, angenäherte Aussagen über den Verlauf der Polarisation im Spektrum zu gewinnen.

Bei einer ersten Versuchsreihe wurde bei konstanter Röhrenspannung von 38 kV, ähnlich den Versuchen von KIRKPATRIK, der Polarisationsgrad einerseits bei steigender Filterung durch Al untersucht, andererseits bei Filterung durch Pd und Sn, die die kurzwelligen Teile des Spektrums unterdrücken. Da die Absorptionskoeffizienten dieser Substanzen und die Energieverteilung im Spektrum bekannt sind, läßt sich durch geeignete Kombination dieser Messungen angenähert der Verlauf der Polarisation im Spektrum ermitteln. Es zeigt sich, in qualitativer Übereinstimmung mit den entsprechenden Ergebnissen von BASSLER und KIRKPATRIK, daß der Polarisationsgrad gegen die kurzwellige Grenze zunimmt und hier nahe 100% erreicht; für die nicht besonders gefilterte Gesamtstrahlung ergab sich in größenordnungsmäßiger Übereinstimmung mit DUANE ein Wert von 40%.

Bei einer zweiten Meßreihe wurde eine von ROSS[3] angegebene Filtermethode angewandt, die es ermöglicht, einen scharf definierten, kleinen Wellenlängen-

---

[1] W. DUANE, Proc. Nat. Acad. Amer. Bd. 15, S. 805. 1929.
[2] H. KULENKAMPFF, Phys. ZS. Bd. 30, S. 514. 1929.
[3] P. A. ROSS, Journ. Opt. Soc. Amer. Bd. 16, S. 433. 1928.

bereich aus dem Spektrum auszublenden. Es werden hierbei zwei Filter aus Elementen verwendet, die im periodischen System nahe benachbart sind und deren K-Absorptionskanten im gewünschten Bereich liegen. Die Dicke beider Filter wird so abgeglichen, daß sie gleich stark absorbieren, mit Ausnahme des Bereiches zwischen den beiden Absorptionskanten. Werden nun zwei Messungen mit jeweils einem dieser beiden Filter ausgeführt, so erhält man durch einfache Differenzbildung die Intensität allein des zwischen den beiden Absorptionskanten liegenden Gebietes. Nachteilig ist, besonders bei kleinen Strahlungsintensitäten, lediglich der Umstand, daß diese Differenz im allgemeinen klein gegenüber den Einzelwerten ist.

Als Filter wurden bei dieser Messung Pd und Ag benutzt, die einen Wellenlängenbereich zwischen 0,508 und 0,485 Å aussondern; die Polarisation wurde für diese mittlere Wellenlänge von 0,497 Å bei vier verschiedenen Röhrenspannungen von 27,5, 31, 34,5 und 38 kV bestimmt.

Die Ergebnisse beider Meßreihen sind in Abb. 39 zusammengestellt und einheitlich gegen die Abszisse λ/λ_0 bzw. V/V_0 aufgetragen; die + entstammen der Messung im Spektrum, die o der bei Variation der Spannung. Beide decken sich befriedigend. Die gemessenen Werte sind in dieser Darstellung bereits korrigiert hinsichtlich der Depolarisation, die durch die unvermeidliche endliche Winkelöffnung des verwendeten Strahlenbündels hervorgerufen ist. Diese war bei der Versuchsanordnung möglichst klein gehalten und war zwischen Antikathode und Streukörper zu vernachlässigen; zwischen diesem und der Ionisierungskammer betrug die Winkelöffnung etwa 10°. Man berechnet hieraus leicht, daß die Korrektion gering ist.

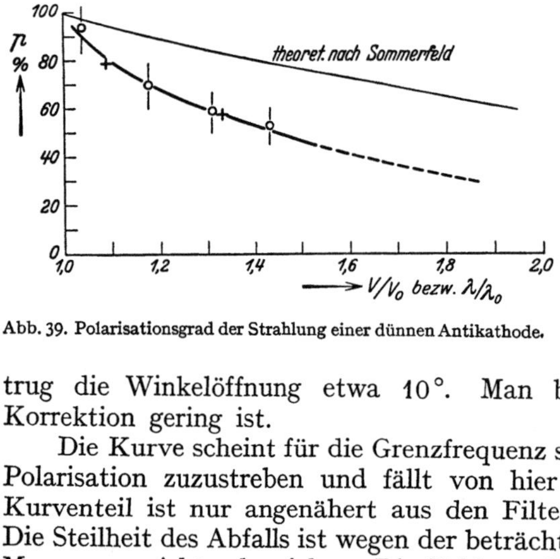

Abb. 39. Polarisationsgrad der Strahlung einer dünnen Antikathode.

Die Kurve scheint für die Grenzfrequenz sehr angenähert einer vollständigen Polarisation zuzustreben und fällt von hier gleichmäßig ab; der gestrichelte Kurventeil ist nur angenähert aus den Filterversuchen mit Al zu bestimmen. Die Steilheit des Abfalls ist wegen der beträchtlichen Fehlergrenzen der einzelnen Messungen nicht sehr sicher. Die Fehler selbst lassen sich nur angenähert abschätzen; die daraus folgenden Grenzen der Genauigkeit sind durch die eingezeichneten vertikalen Striche angedeutet.

56. Theoretische Berechnung des Polarisationsgrades. Auf der Grundlage der klassisch-korrespondenzmäßigen Theorie von KRAMERS und WENTZEL ist von NEUNHÖFFER[1] eine theoretische Behandlung der Polarisation durchgeführt worden. Die Rechnung läßt einen im Spektrum gegen kleine Frequenzen langsam ansteigenden Polarisationsgrad von der Größenordnung 60% erwarten, der im klassischen Spektrum für $\nu = \infty$ gegen Null geht. Nach der von KRAMERS bzw. von WENTZEL gewählten Vorschrift zur Bestimmung des quantentheoretischen Spektrums aus dem klassischen (Ziff. 4) bleibt p an der Grenzfrequenz von der Größe $\approx 60\%$ bzw. fällt hier steil auf Null ab. Sie steht also in offenbarem Widerspruch mit der Erfahrung, wie schon in Ziff. 4 bemerkt wurde. Eine neuere Berechnung von MAUE[2] führt auf der gleichen Grundlage zu einem

[1] M. NEUNHÖFFER, Ann. d. Phys. Bd. 81, S. 493. 1926.
[2] A.-W. MAUE, Ann. d. Phys. Bd. 13, S. 161. 1932.

von NEUNHÖFFER abweichenden Ergebnis, das jedoch ebenso gegen die Brauchbarkeit der klassischen Theorie spricht.

Eine wellenmechanische Berechnung hat zuerst OPPENHEIMER[1] ausgeführt, und zwar speziell für die Polarisation der Grenzfrequenz. Er findet, abhängig von der Größe n_1 (vgl. Ziff. 24), einen Wert von 100% für den Grenzfall großer und kleiner n_1, mit einem Minimum von 75% bei etwa $n_1 = 1$. Bei den Beobachtungen von KULENKAMPFF ist $n_1 =$ etwa 0,2 und das Ergebnis der Rechnung von OPPENHEIMER ist mit dem experimentellen Befund wohl verträglich.

Eine eingehendere Berechnung gibt SOMMERFELD[2] in seiner Theorie der Bremsstrahlung. Aus den in Ziff. 24 und 44 angegebenen Ansätzen folgt für $\vartheta = 90°$ ein „Depolarisationsverhältnis"

$$D = \frac{M_z^2}{M_x^2},$$

mit den in Gleichung (7) angegebenen Werten für die Matrixelemente wird

$$D = \frac{1}{2} \cdot \frac{\frac{\beta_1^2 + \beta_2^2}{2\beta_1\beta_2} \log\frac{\beta_1 + \beta_2}{\beta_1 - \beta_2} - 1}{\frac{\beta_1^2 - \beta_2^2}{2\beta_1\beta_2} \log\frac{\beta_1 + \beta_2}{\beta_1 - \beta_2} + 1}. \tag{16}$$

Der Polarisationsgrad bestimmt sich daraus zu

$$p = 100\frac{1 - D}{1 + D}.$$

Der hieraus folgende Verlauf ist als theoretische Kurve in Abb. 39 eingetragen.

Einer näheren Betrachtung bedarf dabei der Wert für die Grenzfrequenz. Aus Gleichung (16) ergibt sich durch Entwicklung des Zählers für diesen Fall $D = 0$, jedoch ist die Formel, wie hier nicht näher ausgeführt werden soll, ihrer Herleitung nach für diesen Fall nicht streng gültig. Eine gesonderte Behandlung der Grenzfrequenz bei SOMMERFELD zeigt, daß für $n_1 = 0$ auch $D = 0$ ist, und daß sich mit wachsendem n_1 D asymptotisch einem Wert von 0,25 nähert, der Polarisationsgrad also gegen $p = 60\%$ geht. Für den im Experiment vorliegenden Wert von etwa $n_1 = 0{,}2$ ist $p = 96\%$, die Grenzfrequenz also praktisch vollständig polarisiert.

Abb. 39 zeigt, daß der Unterschied der experimentellen und der theoretischen Kurve die Fehlergrenzen merklich übersteigt. Es entsteht die Frage, ob die Diffusion der Kathodenstrahlen in der Al-Folie eine so starke Depolarisation bewirken kann. Leider läßt sich dieser Einfluß zahlenmäßig auch nicht angenähert angeben; der Betrag der Diffusion, den man zur vollständigen Erklärung der Differenz annehmen müßte, erscheint aber reichlich hoch, und es ist zu vermuten, daß ein Teil des Unterschiedes reell ist. Hierauf deutet auch der von DUANE gemessene Wert, der bei plausiblen Annahmen über den insgesamt erfaßten Bereich des Spektrums gegenüber der SOMMERFELDschen Rechnung reichlich klein erscheint. Eine merkliche Fälschung durch Diffusion ist bei diesen Messungen nicht anzunehmen.

Die wellenmechanische Theorie von SUGIURA führt, abweichend von der SOMMERFELDschen, auf Werte für den Polarisationsgrad, die gegen längere Wellen im Spektrum zunehmen. Dies Resultat ist zweifellos fehlerhaft.

57. Übergang zur massiven Antikathode. Interessante Versuche, welche den Übergang von einer dünnen zu einer massiven Antikathode demonstrieren,

[1] J. R. OPPENHEIMER, ZS. f. Phys. Bd. 55, S. 725. 1929.
[2] A. SOMMERFELD, Ann. d. Phys. Bd. 11, S. 257. 1931.

sind von DASANNACHARYA[1] ausgeführt worden. Er verwendete eine Anordnung, die im Prinzip der von KULENKAMPFF ähnlich ist, wobei als Antikathode Al-Folien verschiedener Dicke dienten. Die Strahlung hat die Glaswandung der Entladungsröhre zu durchsetzen; es ist also zu bedenken, daß sie in nicht näher definierter Weise gefiltert ist.

Messungen des Polarisationsgrades wurden bei verschiedenen Spannungen zwischen 27 und 56 kV ausgeführt. Eine am weitesten ausgedehnte Meßreihe bei 37 kV zeigt den in Abb. 40 wiedergegebenen Verlauf in Abhängigkeit von der Al-Dicke der Antikathode; die größte Dicke von 25 μ ist für diese Elektronengeschwindigkeit als massive Antikathode zu werten. Der Polarisationsgrad nähert sich hier ersichtlich einem Grenzwert von etwas über 20%. Daß dieser höher liegt als die sonst an massiver Antikathode gemessenen Werte, ist zweifellos auf die Verwendung von Al anstatt der sonst üblichen schweren Metalle zurückzuführen und zeigt damit die geringere Diffusion der Kathodenstrahlen im leichteren Element.

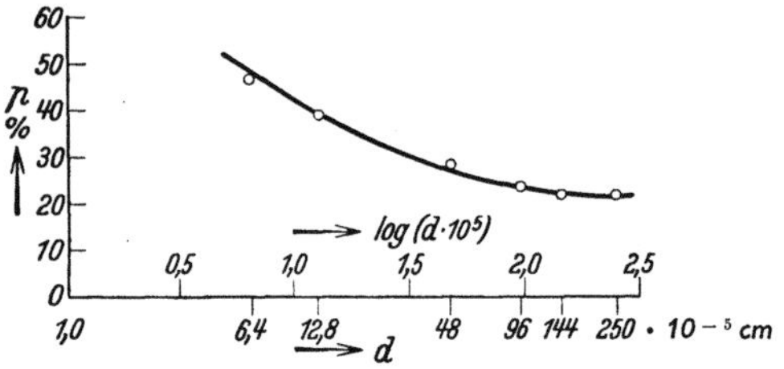

Abb. 40. Polarisationsgrad in Abhängigkeit von der Dicke der Antikathode.

58. Spektrale Untersuchungen an massiver Antikathode. Nähere Aussagen gestatten die Messungen von DASANNACHARYA nicht, da nur die Gesamtstrahlung untersucht wurde. Messungen mit exakt definierter Wellenlänge sind von ROSS[2] und von WAGNER und OTT[3] ausgeführt worden. ROSS benutzte eine normale Röntgenröhre mit Wolframantikathode und erreichte die spektrale Aussonderung durch die in Ziff. 55 beschriebene Methode der Differenzmessung mit zwei Filtern, in diesem Falle Ag und Cd. Der Wellenlängenbereich erstreckt sich von 0,485 bis 0,463 Å. Die Intensitäten sind hierbei verhältnismäßig groß, so daß saubere Versuchsbedingungen, insbesondere enge Ausblendung des Strahlenbündels, eingehalten werden konnten.

Die Messungen erstrecken sich über einen Spannungsbereich von 26 bis 60 kV; die Resultate sind in Abb. 41 als Funktion von V/V_0 dargestellt. Eine Unsicherheit besteht dabei hinsichtlich des einzusetzenden Wertes für die Grenzspannung V_0, da die am Streukörper (Graphit) gestreute Strahlung zum Teil durch Comptoneffekt eine Wellenlängenänderung von 0,024 Å erfährt und die Filterung erst nach der Streuung vorgenommen wurde. In der Abbildung ist ein mittlerer Wert $V_0 = 26{,}8$ kV angenommen worden.

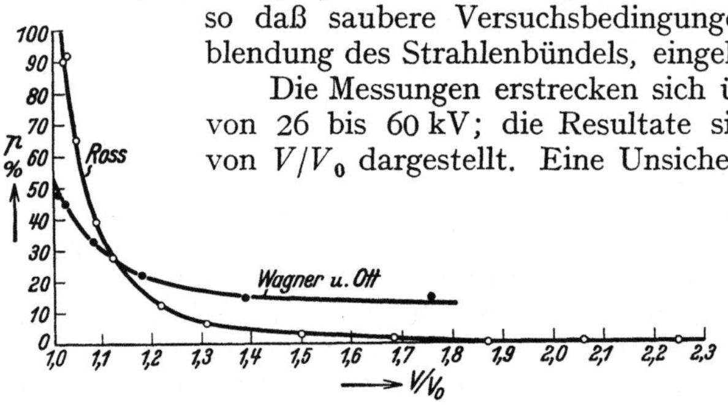

Abb. 41. Polarisationsgrad der Strahlung einer massiven Antikathode.

Man bemerkt, daß gegen die Grenze hin der Polarisationsgrad steil in einem verhältnismäßig engen Intervall ansteigt und mit großer Annäherung den Wert 100% erreicht. Dieser ist auch bei massiver Antikathode durch Diffusion nicht gefälscht, da die Elektronen, welche noch nahe oder ganz die volle Primär-

[1] B. DASANNACHARYA, Phys. Rev. Bd. 36, S. 1675. 1930.

[2] P. A. ROSS, Journ. Opt. Soc. Amer. Bd. 16, S. 375. 1928.

[3] E. WAGNER u. P. OTT, Ann. d. Phys. Bd. 85, S. 425. 1928.

geschwindigkeit haben, auch entsprechend wenig gestreut sind. Andererseits ist für größere V/V_0 der Polarisationsgrad, verglichen mit Abb. 39, bemerkenswert gering und schließlich praktisch $= 0$. Das Ergebnis ist von Interesse vor allem im Hinblick auf die Diffusion der Kathodenstrahlen. Man hat dabei zu beachten, daß die langwelligen Teile der Strahlung nicht nur von den verlangsamten, sondern auch von den wenig gestreuten schnellsten Elektronen emittiert werden. Die Diffusion muß also praktisch vollständig sein bereits nach einem Energieverlust, der geringer ist, als dem Werte entsprechen würde, bei dem nach Abb. 41 die Polarisation Null wird. Diese Schlußfolgerung, daß sich in einer massiven Antikathode eines schweren Elementes rasch vollständige Diffusion der Kathodenstrahlen einstellt, ist im Einklang mit der in Ziff. 34 besprochenen Abhängigkeit des Isochromatenverlaufes von der Emissionsrichtung. Sie rechtfertigt auch weitgehend die in Ziff. 45 bei der Berechnung des Nutzeffektes vorgenommene Mittelung.

Die Messungen von WAGNER und OTT sind die einzigen, welche mit direkter spektraler Zerlegung der Strahlung, mittels eines Kristallspektrometers mit Ionisierungskammer, ausgeführt wurden. WAGNER und OTT führten ihre Messungen mit einer relativ langwelligen Strahlung von 1,99 Å aus, die an einem Steinsalzkristall in 2. Ordnung unter einem Glanzwinkel von 45° reflektiert wird. Der reflektierte Strahl ist also um 90° abgelenkt und demnach selbst vollständig polarisiert. Die Verwendung eines besonderen Streukörpers zur Untersuchung des Polarisationszustandes der Primärstrahlung erübrigt sich also; an seine Stelle tritt direkt der Spektrometerkristall.

Die Messungen wurden in einem Spannungsbereich von 6,25 bis 10,88 kV durchgeführt, und zwar mit verschiedenen Antikathoden aus Fe, Cu, Ag und Pt. Dabei ergaben sich zwischen den verschiedenen Elementen keine Unterschiede im Polarisationszustand, die die Meßfehler übersteigen. Die mit Pt-Antikathode gemessenen Werte, die der größeren Intensität wegen die genauesten sind, sind neben denen von ROSS in Abb. 41 eingetragen.

Auffallend ist zunächst, daß sie bei Annäherung an die Grenze $V/V_0 = 1$ wesentlich tiefer liegen und bei weitem nicht auf einen Grenzwert von 100% hindeuten. Es sind aber gerade hier die Intensitäten äußerst gering und die Messungen dadurch sehr erschwert. Es ist anzunehmen, daß das Ergebnis von ROSS zuverlässiger ist. Umgekehrt finden WAGNER und OTT bei größerem V/V_0 höhere Werte. Da in diesem Bereich beide Meßmethoden genauere Werte liefern, ist dieser Unterschied zweifellos reell. Er ist wahrscheinlich so zu verstehen, daß bei der kleineren Kathodenstrahlgeschwindigkeit die Diffusion insgesamt geringer ist. Auffallend bleibt, daß auch hier WAGNER und OTT keine Unterschiede für die verschiedenen Elemente feststellen konnten.

59. Abhängigkeit der Polarisation von der Emissionsrichtung. Aus einfachen Symmetriebetrachtungen ist zu schließen, daß in den Azimutrichtungen 0 und 180° der Polarisationsgrad Null sein muß. Aussagen über die weitere Azimutabhängigkeit sind aber nicht ohne weiteres möglich und erfordern genaue Rechnungen. Auf der Grundlage der wellenmechanischen Theorie sind solche von SUGIURA[1] ausgeführt worden. Er findet über einen größeren Winkelbereich einen annähernd konstanten Wert, mit einem flachen Minimum bei 90° und nach beiden Seiten einen ziemlich steilen Abfall, der schon bei etwa 10 bzw. 160° den Wert Null erreicht. Im Hinblick auf die Berechnungen für $\vartheta = 90°$ (Ziff. 57) dürfte es aber fraglich sein, ob nicht das Resultat, besonders in weiteren Einzelheiten, fehlerhaft ist.

---

[1] Y. SUGIURA, Scient. Pap. Inst. Phys. a. Chem. Res. Tokyo Bd. 13, S. 23. 1930.

Experimentell ist über die Abhängigkeit wenig bekannt; es liegen nur Messungen von BASSLER[1] aus dem Jahre 1909 an einer Röhre mit Pt-Antikathode vor, die entsprechend der damaligen Versuchstechnik nur qualitativ zu werten sind. Sie ergaben, dem Sinne und der Größenordnung nach für etwas variierte Versuchsbedingungen übereinstimmend, einen Verlauf, wie er für ein Beispiel in Abb. 42 wiedergegeben ist. Die Röhrenspannung (Induktor) ist nicht exakt definiert, ebensowenig die spektrale Zusammensetzung der durch die Glaswand der Röhre gefilterten Strahlung. Gesichert erscheint die Beobachtung, daß der Polarisationsgrad nach großen Winkeln hin gegen Null abfällt, und daß er ein Maximum hat bei einem Winkel, der kleiner als 90° ist; dieses liegt, wie BASSLER feststellte, etwa in der Richtung des Intensitätsmaximums. Man hat früher diese Abhängigkeit so aufgefaßt, daß eine unpolarisierte Eigenstrahlung überlagert sei[2]; eine solche kommt aber bei den Versuchsbedingungen sicher nicht in Betracht.

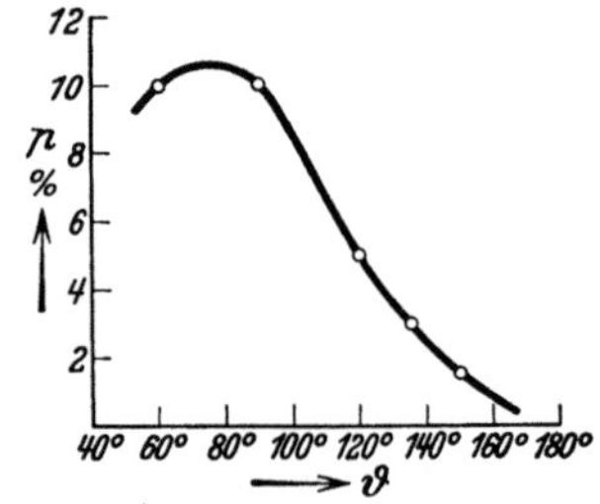

Abb. 42. Abhängigkeit des Polarisationsgrades von der Emissionsrichtung. (Nach BASSLER.)

Es muß jedoch die Frage offen bleiben, wie weit die beobachtete Azimutabhängigkeit beeinflußt ist durch die Diffusion der Kathodenstrahlen. Ebenso wie dies in Ziff. 43 für die Härte der Strahlung angegeben ist, kann sie allein eine Abnahme des Polarisationsgrades beiderseits des Intensitätsmaximums bewirken. Man muß deshalb davon absehen, weitere Schlußfolgerungen zu ziehen.

---

[1] E. BASSLER, Ann. d. Phys. Bd. 28, S. 860. 1909.
[2] A. SOMMERFELD, Phys. ZS. Bd. 10, S. 969. 1909.

Kapitel 4.

Die Erforschung des Aufbaues der Materie mit Röntgenstrahlen.

Von

P. P. EWALD, Stuttgart[1].

Mit 249 Abbildungen.

Von der Materie im *gasförmigen* Zustand hat man seit langem in der kinetischen Gastheorie ein zwar nicht sehr ins einzelne gehendes, aber im ganzen übersichtliches und zutreffendes Bild. Über den *flüssigen* Zustand sind unsere Kenntnisse auch heute noch unzulänglich. Hauptsächlich ist es unser Wissen um die Materie im *festen* Zustand, das seit 1912, dem Jahre der Entdeckung der Röntgeninterferenzen durch LAUE, FRIEDRICH und KNIPPING, ungeheure Fortschritte gemacht hat. Dabei haben wir erkannt, wie überaus individuell verschieden die festen Stoffe in ihrem Feinbau sind und wie aussichtslos die früheren Versuche waren, Theorien der festen Materie auf ähnlich allgemeinen und vereinfachten Bildern aufzubauen, wie sie bei der Gastheorie Erfolg brachten. Man hat gelernt, den *Kristall* als Prototyp der festen Materie zu betrachten, und muß die Eigenschaften der scheinbar isotropen festen Materie auf dem Wege über die anisotropen Eigenschaften des einzelnen Kristalls erklären.

Der Hauptteil dieses Kapitels wird daher der Röntgenuntersuchung der Kristalle gewidmet sein; ein kleinerer Teil betrifft den Zusammenhang mit den Eigenschaften der Haufwerke von Kristallen, die uns in den gebräuchlichen festen Baustoffen entgegentreten (Ziff. 42), und weitere kurze Teile behandeln die flüssigen, mesomorphen und gasförmigen Zustände, soweit Röntgenmethoden für ihre Erforschung verwandt werden (Ziff. 43 bis 45). Dabei wird von einer systematischen Darstellung der erforschten Strukturen abgesehen werden, da die bis zum Jahre 1928 (Ende) bestimmten Strukturen inzwischen in dem „Strukturbericht" der ZS. f. Krist. gesammelt und ausführlich diskutiert sind[2] und auch die LANDOLT-BÖRNSTEIN-Tabellen[3] die Strukturen bis Ende 1929 sowie die International Critical Tables[4] sie bis 1925 enthalten, während die Tables annuelles de constantes[5] Übersichten über die jährlichen Bestimmungen bis 1929 bringen.

---

[1] Den Herren Dr. C. HERMANN, Dr. H. HÖNL und Dr. W. SCHÄFER (sämtlich in Stuttgart) dankt der Verfasser für wesentliche Mitarbeit insbesondere bei den Ziffern 2—11, 37 und 43 (HERMANN), 20 (HÖNL) und 44, 45 (SCHÄFER).

[2] P. P. EWALD u. C. HERMANN, Strukturbericht 1913—1928. 818 Seiten. Leipzig: Akadem. Verlagsges. 1931.

[3] LANDOLT-BÖRNSTEIN, Erg.-Bd. II, 2. Berlin: Julius Springer 1931. Abb. s. auch im Hauptband und Erg.-Bd. I (Bearbeiter EWALD-HERMANN).

[4] Internat. Critical Tables Bd. 1 u. 2 (Bearbeiter R. W. G. WYCKOFF). New York: McGraw Hill Book Co. 1930.

[5] Tables annuelles de constantes et données numériques. Paris: Gauthier-Villars Bd. 7, 1930, für die Jahre 1925 u. 1926; Bd. 8, 1931, für 1927 u. 1928; Bd. 9, 1932, für 1929. (Bearbeiter MATTHIEU).

I. Der Kristall als anisotropes Kontinuum.

1. Kristalliner und amorpher Zustand. α) Anisotropie der inneren Eigenschaften. Die Abgrenzung des kristallinen gegen den nichtkristallinen Zustand geschieht am besten unter Berücksichtigung der regelmäßigen Atomlagerung, wie sie durch die Röntgeninterferenzen in Kristallen offenbar wird. Dem älteren Standpunkt entspricht es jedoch, wenn wir *zunächst den Kristall ohne Eingehen auf den Aufbau aus Atomen durch die Anisotropie seiner physikalischen (und chemischen) Eigenschaften zu definieren trachten.* Ein idealer *nicht*kristalliner homogener Körper, bei dem man vom Einfluß äußerer Kraftfelder (wie z. B. Gravitation) absehen kann, weist in bezug auf *alle* physikalischen Eigenschaften seines Innern volle Kugelsymmetrie, d. h. Unabhängigkeit von der Richtung im Körper, auf. Ein Kristall hingegen verhält sich mindestens bezüglich einiger physikalischer Eigenschaften „*anisotrop*", d. h. diese Eigenschaften sind in gesetzmäßiger Weise mit der Richtung im Kristall veränderlich. Beispiele sind etwa die Geschwindigkeit der Lichtfortpflanzung in Abhängigkeit von der Schwingungsrichtung des Lichtes, desgleichen die hierbei auftretende Absorption, die Schallgeschwindigkeit, die elektrische und thermische Leitfähigkeit, die Elastizität (YOUNGscher Modul) in Abhängigkeit von der Orientierung des Versuchsstäbchens, die Kontaktpotentiale, die Oberflächenspannung u. a. m. Charakteristisch ist es, daß alle diese Eigenschaften ausschließlich von der Orientierung gegen den Kristall abhängen und daher in jedem Volumelement des Kristalls bei paralleler Lage gleiche Werte haben müssen. Diese als „*Homogenität*" bezeichnete Eigenschaft des Kristalls ist wichtig, weil oft scheinbar einfache Kristalle vorliegen, die in Wirklichkeit aus mehreren verschieden orientierten Individuen zusammengewachsen sind. Solche „*Zwillinge*" oder gar „*Viellinge*" können an dem Wechsel irgendeiner physikalischen Eigenschaft beim Überschreiten der Zwillingsgrenze erkannt werden, und es läßt sich daraus die Lage der Zwillinge feststellen. Über die aus den physikalischen Eigenschaften hervortretenden Symmetrieeigenschaften der Kristalle vgl. Ziff. 5β.

β) Anisotropie der Wachstumseigenschaften. Trotzdem die oben aufgeführten physikalischen Eigenschaften starke Hinweise auf den Unterschied zwischen amorphem und kristallinem Zustand geben, ist es doch schwer, aus ihnen allein zu einer allgemeingültigen Formulierung dieses Unterschieds zu gelangen[1]. Denn ein gekühlter Glasblock (typisch amorph) kann innere Spannungen besitzen, so daß er eine regelmäßige Doppelbrechung über größere Bereiche zeigt, und andererseits ist ein doppelbrechender Kristall selten so homogen, daß er eine gleichmäßige Doppelbrechung im ganzen Innern anzeigt. Zudem sind die meisten kristallphysikalischen Eigenschaften schwer nachweisbar, wenn nicht reichliches und gut ausgebildetes Kristallmaterial vorhanden ist. Daher bilden die *äußeren Eigenschaften* der Auflösung und des Wachstums und die mit ihnen in engem Zusammenhang stehende der Flächenausbildung eine wertvolle Ergänzung, auch zur Abgrenzung zwischen kristallin und amorph.

Ob eine Kugel aus Steinsalz oder Glas geschliffen ist, läßt sich daran erkennen, daß die Glaskugel in einem Lösungsmittel (Flußsäure) sich löst, indem sie sich selbst ähnlich bleibt; während beim Kristall aus der Kugel charakteristische Lösungskörper entstehen[2], weil die chemische Angreifbarkeit durch das Lösungsmittel von der Richtung abhängt. In gleicher Weise wie die Auflösung läßt auch das regelmäßige, zur Ausbildung bestimmter ebener Grenzflächen

[1] Vgl. G. FRIEDEL, Ann. d. phys. Bd. 18, S. 273. 1922.

[2] Für eine Übersicht s. P. NIGGLI, Lehrb. d. Mineralogie Bd. I. Berlin: Gebr. Bornträger 1924.

führende Weiterwachsen eines genügend kleinen Kristallsplitters aus der Lösung oder Schmelze auf die kristalline Natur schließen. Allerdings sind uns die physikalisch-chemischen Gesetze des Wachstums noch sehr wenig bekannt[1, 2], und es gelingt nur in sehr empirischer Weise von Fall zu Fall, das Wachstum zu beeinflussen bzw. günstigste Wachstumsbedingungen herauszufinden. Trotzdem gilt, aus den eben angeführten Gründen mit Recht, die äußere Gestalt der Kristalle als eines der für den kristallinen Zustand charakteristischsten Merkmale. Das Wesentliche daran ist zum Unterschied von amorphen Körpern die mehr oder weniger vollständige *Ebenheit der Begrenzungsflächen*, das *Auftreten paralleler Flächen* und häufig die *Wiederholung bestimmter Winkel* zwischen den Flächen. (Genaueres s. Ziff. 3.) Die Ebenheit und Parallelität der natürlichen Wachstumsflächen ist oft erstaunlich gut[3]; bei manchen innerlich sehr regelmäßig gewachsenen Kristallen (Röntgenbefund!) jedoch gering, z. B. bei Diamant, der fast stets abgerundete Flächen und Kanten hat. Bei weniger gut gewachsenen Kristallen — z. B. den meisten Steinsalzstücken — ist schon mit bloßem Auge bei genauer Betrachtung des Reflexes z. B. eines Fensterkreuzes zu erkennen, daß die Fläche nach Art eines Mosaikpflasters aus kleinen in sich ebenen, gegeneinander aber schwach geneigten Bereichen besteht. Die Neigungen sind abgeschätzt worden[4] und dürften z. B. bei gutem Steinsalz (Würfelfläche) von der Größenordnung einiger Minuten sein[5]. Ähnlich verschieden ideal verhalten sich die Kristalle in bezug auf die Konstanz der Flächenwinkel (einschließlich des Spezialfalles der Parallelität). Solche Abweichungen von idealem Wachstum finden sich auch im Kristallinnern und haben auf manche physikalische Eigenschaften maßgebenden Einfluß (vgl. Ziff. 40 „Realkristall").

γ) Kristallzüchtung. Systematische Untersuchungen über die *Herstellung von möglichst fehlerfreien Kristallen* liegen aus neuerer Zeit insbesondere bei Metallkristallen vor. Es gibt neben der auf „*Rekristallisation*" nach vorangegangener plastischer Deformation beruhenden Methode (TAMMANN[6], CZOCHRALSKI[7]) vor allem zwei Anordnungen, um Einkristalle aus der Schmelze zu erzielen: die *Hubmethode* von CZOCHRALSKI[7] und die Methode der *progressiven Kristallisation* nach BRIDGMAN[8], KAPITZA[9], GOETZ[10] u. a. Bei der Hubmethode wird ein Kristall aus der Schmelze mit solcher Geschwindigkeit herausgezogen, daß die Kristallisationsgeschwindigkeit der quer zur Achse stehenden Fläche nicht überschritten wird. Man erhält lange, drahtförmige Kristalle von einigen Millimeter Durchmesser. Nachteil der Methode: Der kaum erstarrte Kristall wird durch das Gewicht des daranhängenden Endes sowie durch den kapillaren Zug der Oberfläche des geschmolzenen Metalls belastet und oft plastisch de-

[1] Siehe Fußnote 2, S. 208.

[2] J. P. VALETON, ZS. f. Krist. Bd. 59, S. 135 u. 335; Bd. 60, S. 1. 1924.

[3] Lord RAYLEIGH (Phil. Mag. Bd. 29, S. 96. 1910 [auch Scient. Pap. Bd. 5, S. 536]) hat festgestellt, daß Glimmerspaltstücke von $\sim 30\,\mu$ Dicke über große Gebiete sicher um weniger als 0,1% = 300 Å = 30 Netzebenenabstände in der Dicke schwankten.

[4] Vgl. Ziff. 40.

[5] Ausgesuchtes natürliches Steinsalz, aus der Mitte eines großen Blocks herausgespalten, hat nach P. KIRKPATRICK u. P. A. ROSS, Phys. Rev. Bd. 43, S. 596. 1933, Mosaikneigungen von 87″ (gegen Neigungen von 900″ bis 300″ an früher benutzten, ebenfalls optisch ausgesuchten Stücken). Nach eignen Erfahrungen kann man durch Züchtung aus der Schmelze nach KYROPOULOS (s. u.) Steinzalz mit noch erheblich geringeren Mosaikneigungen erhalten.

[6] G. TAMMANN, Kristallisieren und Schmelzen. Leipzig: L. Voss 1903.

[7] S. CZOCHRALSKI, Moderne Metallkunde. Berlin: Julius Springer 1924; s. auch S. FREED u. F. H. SPEDDING, Phys. Rev. Bd. 34, S. 945. 1929.

[8] P. W. BRIDGMAN, z. B. Handb. d. Exp. Physik Bd. 8, Teil 2.

[9] P. KAPITZA, z. B. Proc. Roy. Soc. London (A) Bd. 119, S. 358. 1928.

[10] A. GOETZ, z. B. Proc. Nat. Acad. Amer. Bd. 15, S. 646. 1929.

formiert. — Bei der progressiven Kristallisation nach BRIDGMAN[1] ist das Metall in einem Rohr enthalten und wird langsam durch einen vertikalen elektrischen Ofen gesenkt, wobei es im heißesten Teil des Ofens schmilzt und beim Eintritt in kühlere Teile progressiv erstarrt, und zwar von einem einzigen, in einer kapillaren Verengung des Rohres gebildeten Impfkristall aus. KAPITZA[2], GOETZ[3], SCHUBNIKOW[4] u. a. haben diese Methode verbessert durch Entlastung des Metalls vom Eigengewicht und dem Zug oder Druck des beim Erstarren nicht nachgebenden Rohres, indem sie die Anordnung horizontal legen und das Metall in einer Rille schmelzen und durch den Ofen ziehen, oder den Ofen von einem Ende aus erkalten lassen.

Genaue Anweisungen zur Erzeugung von Einkristallen von Cu, Ag, Au sowie von Legierungseinkristallen im Hochfrequenzofen gibt GRAF[5].

Für Nichtmetalle hat KYROPOULOS[6] ein Verfahren des Hebens aus der Schmelze angegeben (Ankristallisieren an gekühltes Platinrohr), das von POHL und Mitarbeitern zur Herstellung optisch fehlerfreier kiloschwerer Kristalle von Alkalihaliden sowie von AgCl benutzt worden ist.

Über Kristallisation aus der Gasphase vgl. MARCELIN[7] (organische Kristalle) sowie VAN ARKEL[8], aus Lösungen z. B. STÖBER[9], STRONG[10].

2. Begriff der kristallographischen Symmetrie. α) Definition. Innere wie äußere Eigenschaften (unter letzteren die an der Oberfläche zutage tretenden verstanden) sind beim Kristall weiter meist durch eine gewisse *Symmetrie* ausgezeichnet. Unter diesem für die gesamte Kristallographie fundamentalen Begriff versteht man, daß *an jeder Stelle des Raumes bzw. der Oberfläche zu jeder gegebenen Richtung sich eine oder mehrere andere Richtungen vorfinden, die sich in bezug auf die interessierende Eigenschaft völlig gleichartig verhalten.* Nur in singulären Richtungen kann hiervon infolge Zusammenfallens gleichwertiger Richtungen eine Ausnahme entstehen (z. B. wenn die gleichartigen Richtungen durch Spiegelung an einer Ebene auseinander hervorgehen und man die Ausgangsrichtung in die Spiegelebene selbst fallen läßt).

β) Symmetrieoperationen; physikalische Symmetrie. Die Art, *wie* Symmetrie in Kristallen entsteht, wird Gegenstand eines der nächsten Abschnitte sein. Immer sind es gewisse „*Symmetrieoperationen*" wie Spiegelungen oder Drehungen, welche die gleichwertigen Richtungen auseinander entstehen lassen. Hier genügt es, darauf hinzuweisen, daß zwar die verschiedenen Eigenschaften — optische, elastische, Strom- und Wärmeleitung, Pyro- und Piezoelektrizität, Kohäsion, Wachstums- und Auflösungsgeschwindigkeit, Ritzhärte, Kapillarkonstante — je für sich verschiedene Grade der Symmetrie aufweisen können, daß aber eine gewisse Übereinstimmung insofern herrscht, als die Symmetrieelemente (Drehachsen, Spiegelebenen usw.), wenn überhaupt vorhanden, bei allen Eigenschaften die gleiche Lage haben; und daß ferner auch bei den geringsymmetrischen Eigenschaften eine Mindestsymmetrie vorhanden ist, die sich in den höheren Symmetrien anderer (z. B. optischer) Eigenschaften wiederfindet, ergänzt durch die Zufügung noch weiterer Symmetrieelemente, d. h. durch die

[1, 2, 3] Siehe Fußnoten 8, 9 u. 10, S. 209.

[4] L. OBREIMOW u. L. SCHUBNIKOW, ZS. f. Phys. Bd. 25, S. 31. 1924.

[5] L. GRAF, ZS. f. Phys. Bd. 67, S. 388. 1931; E. OSSWALD, ebenda Bd. 83, S. 55. 1933; s. a. C. ROSSI, ebenda Bd. 74, S. 707. 1932; P. A. PALIBIN u. A. I. FROIMAN, ZS. f. Krist. Bd. 85, S. 322. 1933.

[6] S. KYROPOULOS, ZS. f. anorg. Chem. Bd. 154, S. 308. 1926; s. auch H. C. RAMSPERGER u. E. H. MELVIN, Journ. Opt. Soc. Amer. Bd. 15, S. 359. 1927.

[7] A. MARCELIN, Journ. chim. phys. Bd. 28, S. 605. 1931.

[8] A. E. VAN ARKEL, Physica Bd. 3, S. 76. 1923.

[9] F. STÖBER, ZS. f. Krist. Bd. 61, S. 299. 1925.

[10] J. STRONG, Phys. Rev. Bd. 36, S. 1663. 1930.

Gleichwertigkeitserklärung noch weiterer Richtungen. Dies führt auf die Vorstellung, daß die beobachtbare Symmetrie einer Eigenschaft aus zwei Quellen entspringt: aus einer *Eigensymmetrie des Kristallaufbaues* und aus der eventuellen Hinzufügung von Symmetrieeigenschaften, *die dem physikalischen Vorgang eigentümlich* sind. Am krassesten sehen wir dies an den skalaren Eigenschaften der Dichte oder Temperatur, die auch im unsymmetrischen Kristall durch ihre eigene Isotropie jegliche Richtungsabhängigkeit unterdrücken, d. h. *alle* Richtungen als gleichwertig erklären[1]. Die optische Wellengeschwindigkeit wiederum ist stets für Richtung und Gegenrichtung gleich; diese Eigenschaft bringt also ein Zentrum der Symmetrie mit sich, so daß — im Gegensatz etwa zur Piezoelektrizität — kein Unterschied zwischen Kristallen mit und ohne Symmetriezentrum an ihr zu erkennen ist[2]. Die Eigensymmetrie des Kristallaufbaues wird nicht höher sein können als die höchste Symmetrie, die *allen* physikalischen Eigenschaften gemeinsam ist. Denn wäre sie höher, so würden Richtungen im Kristall für gleichwertig erklärt, deren Verhalten in bezug auf manche Eigenschaften verschieden ist. Die *Wachstumserscheinungen* und speziell die beim Ätzen der Flächen mit Lösungsmittel entstehenden *Ätzfiguren* sind oft besonders empfindliche Kriterien für die geringste Symmetrie. Als Beispiel ist in Abb. 1 ein Pyritkristall abgebildet. Der vollendeten Würfelgestalt kann man nicht ansehen, daß der Kristall in Wahrheit die Normalen zu den Würfelebenen nicht als vierzählige Symmetrieachsen, sondern nur als zweizählige besitzt. Aber an den Streifungen, die bei genauem Betrachten an fast allen Pyriten wahrgenommen werden und die auf jeder Würfelfläche nur *einem* Kantenpaar parallel laufen, zeigt sich die geringere Symmetrie des Kristallaufbaues[3].

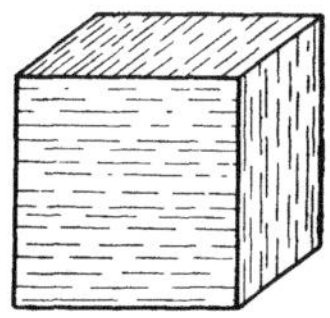
Abb. 1. Pyritwürfel mit Streifung.

γ) Symmetrie einer Kristallart. Bisher haben wir absichtlich zur Definition des kristallinen Zustandes nur solche Kriterien benutzt, die sich *an einem einzigen* Kristallindividuum anwenden lassen, ideale Beobachtungsmittel vorausgesetzt. Eine wesentliche *Ergänzung* finden sie, wenn wir verschiedene Individuen des chemisch gleichen Stoffes untersuchen können. Es zeigt sich nämlich dann, daß trotz verschiedenartigster Größe und Gestalt die Symmetrieeigenschaften an allen Individuen der gleichen Kristallart genau übereinstimmen. D. h. die Art und die gegenseitige Lage der Symmetrieelemente ist bei allen gleich. Es kann vorkommen, daß ein und derselbe Stoff in mehreren kristallographischen „*Modifikationen*" oder Arten vorkommt (*Polymorphie*), die auch gleichzeitig nebeneinander bestehen können; in dem Fall müßte man die Gesamtheit der Individuen nach ihren Symmetrien in Gruppen zu trennen suchen,

---

[1] Ob ein Quarzkristall in horizontaler oder vertikaler Lage mehr wiegt, ist mit einer Genauigkeit von 10^{-9} untersucht worden von P. R. HEYL, Scient. Pap. Bureau of Stand. 1924, Nr. 482. Ähnlich P. ZEEMAN, Proc. Amsterdam Bd. 20, S. 542. 1920.

[2] Über die Symmetrieklassen, in die die Kristalle nach ihren physikalischen Eigenschaften zerfallen, s. Ziff. 5β.

[3] Bei der Bewertung der Ätzfiguren für die Kristallsymmetrie ist es wichtig, daß die Ätzfiguren die Flächensymmetrie der angeätzten Fläche zeigen. Tabellen über die Flächensymmetrien finden sich bei P. NIGGLI, Lehrb. d. Mineral., 2. Aufl., Bd. I. Durch die Verschiedenheit von Kristallinnerem und -äußerem wird die Normale zur Begrenzungsebene polar ausgezeichnet. Die Flächensymmetrie entsteht durch sämtliche Symmetrieelemente, welche die polare Normale enthalten. — Eine Beeinflussung der Ätzsymmetrie durch niedrigsymmetrische Verunreinigungen des Lösungsmittels finden K. F. HERZFELD u. A. HETTICH, ZS. f. Phys. Bd. 38, S. 1. 1926; A. HETTICH, ZS. f. Krist. Bd. 64, S. 265. 1926; T. M. LOWRY u. M. A. VERNON, Trans. Faraday Soc. Bd. 25, S. 286. 1929; L. ROYER, C. R. Bd. 188, S. 1303. 1929; keine Beeinflussung fand J. J. P. VALETON, ZS. f. Phys. Bd. 39, S. 69. 1926.

die als besondere Modifikationen angesprochen werden und für deren jede die volle Übereinstimmung in der Symmetrie aller ihr angehörenden Individuen gilt. (Jedoch sind TiO_2 = Rutil/Anatas, CSi [in 2 der 4 Modifikationen] Beispiele dafür, daß Modifikationen manchmal nur durch Anwendung der quantitativen Gesetze unterschieden werden können. Durch bloße Symmetrie unterscheiden sich z. B. die Schwefelmodifikationen oder $CaCO_3$ = Kalkspat/Aragonit.)

Die Übereinstimmung der Symmetrie bei vielen Individuen trotz wechselnder äußerer Form ist wohl in Zweifelsfällen das überzeugendste makroskopische Kriterium für die kristalline Natur eines Stoffes.

δ) Pseudosymmetrie. Da alle physikalischen Messungen mit Fehlern behaftet sind, besitzt auch die physikalische Symmetrie einen quantitativen Beigeschmack. In Fällen, wo der Verdacht besteht, daß infolge der Unvollkommenheit der physikalischen Untersuchung die Ungleichwertigkeit von Richtungen nicht erkannt worden ist, spricht man von *Pseudosymmetrie*. Ein pseudokubischer Kristall kann z. B. ein tetragonaler mit dem Achsenverhältnis nahezu gleich Eins sein. Häufig entsteht Pseudosymmetrie durch gesetzmäßige eng verflochtene Zwillingsverwachsung.

3. Die rationalen Flächenstellungen und die Kristallachsen. α) Gesetz der Konstanz der Flächenwinkel. Die äußere Form, so wichtig sie zur Erkennung der kristallinen Natur ist, zeigt nur in Ausnahmefällen die volle der

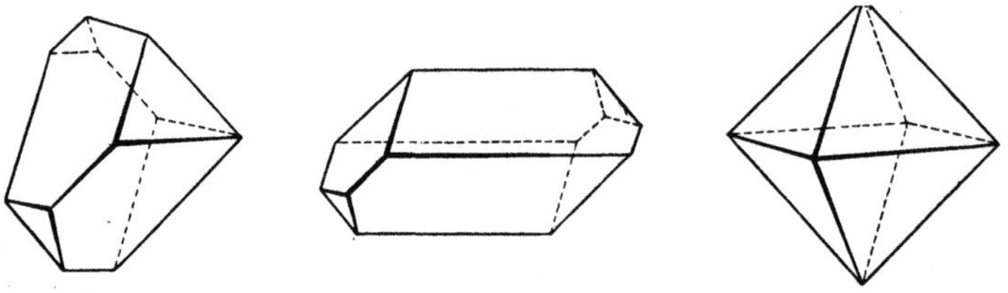

Abb. 2. Kristalltracht und Idealgestalt. Alle drei Körper haben als Idealgestalt das Oktaeder.

Symmetrie entsprechende Ausbildung, die sog. *Idealgestalt* der Kristallabbildungen. Zufälligkeiten beim Wachstum, wie das Aufliegen des Kristalls auf der Unterlage, die Behinderung durch Nachbarkristalle und vor allem die Ungleichmäßigkeiten in der Ausbildung der Konvektionsströme, welche den wachsenden Flächen die zum Aufbau benötigte übersättigte Lösung zuführen, bewirken oft, daß Flächen, die der inneren Symmetrie nach gleichwertig sind, bei verschiedenen Individuen ganz regellos verschieden groß sind. Daher beginnt die Ära der geometrischen Kristallographie mit der Loslösung von der Flächen*größe* und der alleinigen Betrachtung der Flächen*stellung* (Anlegegoniometer, CARANGEAU 1783; Reflexionsgoniometer, WOLLASTON 1809). Das Gesetz der Symmetriekonstanz fand daraufhin sein wichtiges quantitatives Gegenstück in dem *Gesetz der konstanten Flächenwinkel: an ein und derselben Kristallart treten stets nur Flächen unter bestimmten Neigungen gegeneinander auf.* Die verschiedene Größe der Flächen in verschiedenen Kristallindividuen ist also auf eine Parallelverschiebung der Flächen zurückzuführen. Umgekehrt gewinnt man die Idealgestalt mit gleichwertiger Ausbildung der Flächen, indem man sich alle vorkommenden Flächen in die gleiche Entfernung von einem Punkt — dem Zentrum der Kristallzeichnung — gebracht denkt (vgl. Abb. 2).

β) Stereographische Projektion. Die *Neigung oder Stellung von Flächen* wird am übersichtlichsten in der sog. *stereographischen Kristallprojektion* angegeben. Man denkt sich zu dem Zweck die Normalen der Flächen von einem gemeinsamen Punkt O aus abgetragen und zum Schnitt mit der Einheitskugel um O gebracht (Abb. 3). Die Durchstoßpunkte P und P' auf der Kugeloberfläche kennzeichnen dann die Flächenstellungen. Um die Kugeloberfläche in einer ebenen Zeichnung bequem zu übersehen, wird ihre obere Hälfte vom unteren Pol S aus, ihre untere Hälfte vom oberen Pol aus auf die Äquatorebene projiziert. Beide Projektionen füllen das Innere des Äquatorkreises aus und die Punkte der beiden Halbkugeln werden durch Kreuze und Kreise voneinander unterschieden. Um einen Punkt mit den Koordinaten ϑ (= Breite, vom Pol aus gezählt) und φ (= Länge, von willkürlichem Anfangspunkt aus gezählt) in die Projektion einzutragen, hat man in den ebenen Polarkoordinaten φ, ϱ der Projektion den Punkt mit gleichem Winkel φ und dem Abstand $OA = \varrho = \operatorname{tg} \vartheta/2$ aufzusuchen. Diese Abbildung der Kugeloberfläche auf die Ebene ist bekanntlich winkeltreu.

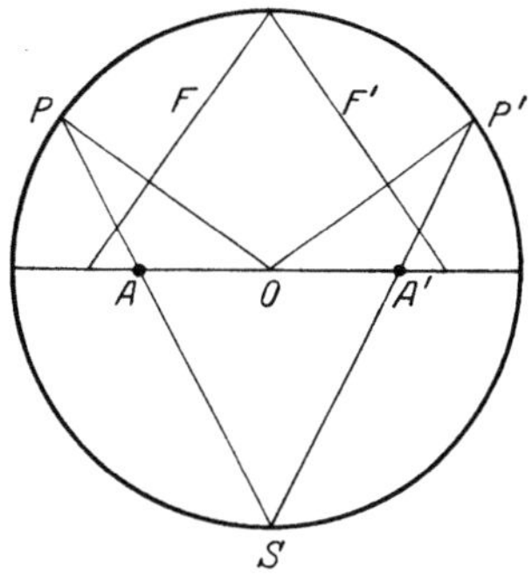

Abb. 3. Entstehung der stereographischen Projektion. A und A' repräsentieren die Flächen F und F'.

Von besonderer Wichtigkeit ist es, *an der stereographischen Projektion den Winkel zwischen zwei beliebigen Flächen ermitteln zu können.* Seien in Abb. 4a A und B die Durchstoßpunkte der Normalen der beiden Flächen mit der Einheitskugel. Auf die Kugelfläche ist die Gradteilung eingetragen, die in Abb. 4b zugleich mit den Punkten A und B in die Ebene der stereographischen Projektion projiziert erscheint (vom unteren Kugelpol aus). Denkt man sich nun in Abb. 4a A und B festgehalten, aber die Kugel mit ihrem Gradnetz um eine vertikale Achse gedreht, wie es der Pfeil angibt, so kommen die Punkte A und B auf einen Meridian der Gradteilung zu liegen. Dieser Drehung entspricht eine Drehung des stereographischen Netzes der Abb. 4b unter Festhaltung der Pro-

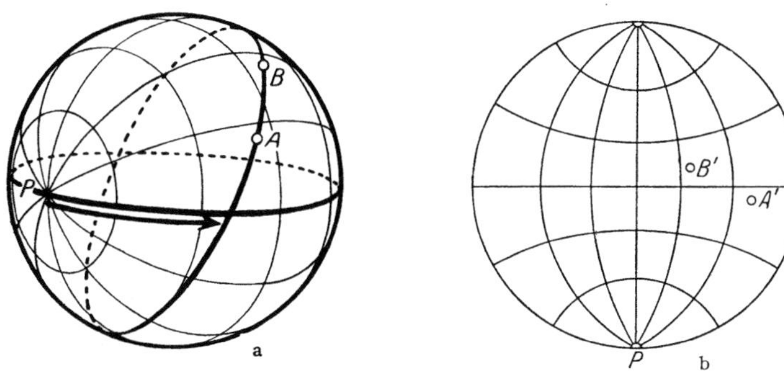

Abb. 4a u. b. Zur stereographischen Projektion.

jektionspunkte $A'B'$ so lange, bis $A'B'$ auf den gleichen Meridiankreis fallen. Aus der Anzahl Breitenkreise (in Abb. 4a bzw. 4b), die zwischen A und B liegen (bzw. A' und B'), ist der Winkel zwischen den Flächen abzulesen. — Beim kristallographischen Arbeiten benutzt man ein (evtl. auf durchsichtigem Zelluloid geritztes) „WULFF*sches Netz*“[1], das nichts anderes ist als die Abb. 4b mit feinerer Gradteilung (2° zu 2°), s. Abb. 5.

γ) Kristallachsen. Um die Neigungen beliebiger Flächen gegeneinander analytisch zu übersehen, ist es angemessen, die Stellung jeder einzelnen Fläche in einem Koordinatensystem festzulegen. Zur Wahrung der genügenden Allgemeinheit wählen wir drei beliebige, nichtkomplanare Vektoren $\mathfrak{a}_1\,\mathfrak{a}_2\,\mathfrak{a}_3$ als „*Achsenvektoren*“, d. h. wir betrachten durch ihre Richtungen und Längen die

[1] Bezugsquelle: E. Schweizerbarthsche Verlagsbuchhandlung. Stuttgart.

Richtungen und Einheiten der Koordinatenachsen als bestimmt (Abb. 6). Dann ist die *Stellung* einer Fläche gegeben durch die *Verhältnisse* der drei Abschnitte, die sie auf diesen Achsen abschneidet. Die Angabe der Abschnitte selbst würde die *Lage*, d. h. neben der Stellung auch den Abstand der Fläche vom Nullpunkt, festlegen; das wäre zu viel für unsere Zwecke: die Verhältnisse der Achsenabschnitte genügen. Es ist nun vorteilhaft, die abgeschnittenen Achsenstücke OA_1, OA_2, OA_3 in der Form (η ganzzahlig)

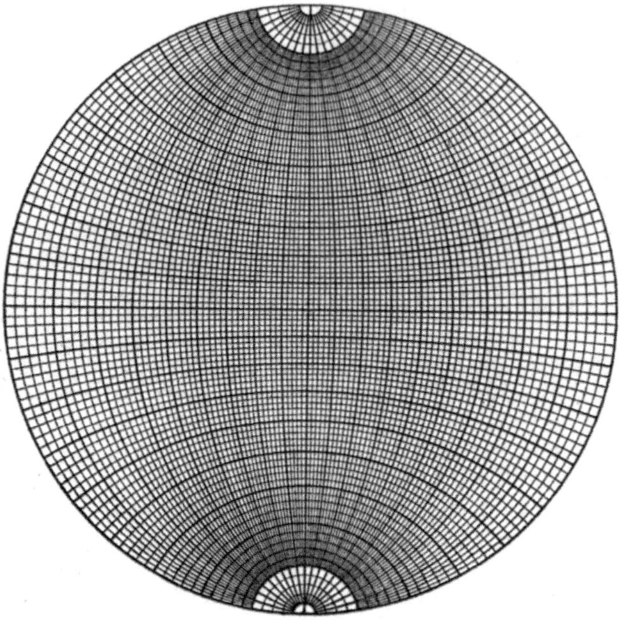

Abb. 5. WULFFsches Netz.

$$p\frac{\mathfrak{a}_1}{\eta_1}, \quad p\frac{\mathfrak{a}_2}{\eta_2}, \quad p\frac{\mathfrak{a}_3}{\eta_3},$$

zu schreiben, wobei also $1/\eta_1 : 1/\eta_2 : 1/\eta_3$ im Verhältnis der Abschnitte stehen und p ein beliebiger Proportionalitätsfaktor ist. Die Fläche kann dann ebensogut wie durch die Abschnitte durch die drei Zahlen $(\eta_1\,\eta_2\,\eta_3)$ gekennzeichnet werden, die selbst noch durch einen beliebigen Faktor geteilt werden dürfen, da es nur auf ihre Verhältnisse ankommt.

δ) Gesetz der rationalen Flächenstellung. Mittels dieser Bezeichnungsweise läßt sich nunmehr das *Grundgesetz der Kristallographie* aussprechen, das *Gesetz von der rationalen Stellung der Kristallflächen: Für jeden Kristall läßt sich ein Achsensystem* $(\mathfrak{a}_1\,\mathfrak{a}_2\,\mathfrak{a}_3)$ *derart angeben, daß alle Kristallflächen Symbole* $(\eta_1\eta_2\eta_3)$ *erhalten, die aus drei kleinen ganzen Zahlen bestehen.* Wir schreiben dies ganzzahlige Symbol dann spezieller $(h_1 h_2 h_3)$ (in runden Klammern) und bezeichnen die h_i als die MILLER*schen Indizes* der Kristallfläche[1]. Somit bedeutet beispielsweise das Symbol $(3\,2\,\bar{4})$, daß die Fläche parallel zu der Fläche ist, die durch die Endpunkte der Vektoren

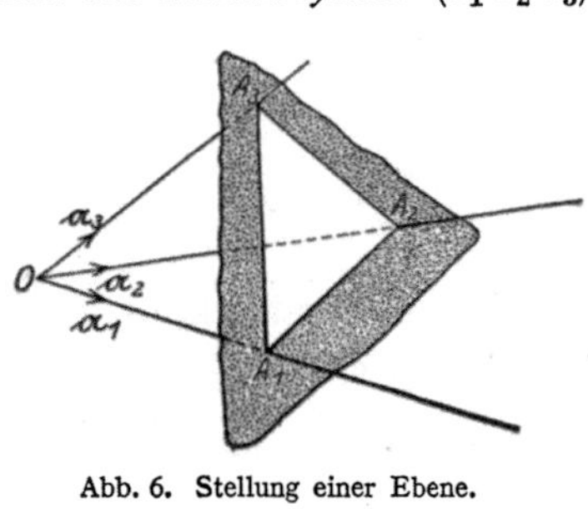

Abb. 6. Stellung einer Ebene.

$$\frac{\mathfrak{a}_1}{3}, \quad \frac{\mathfrak{a}_2}{2}, \quad -\frac{\mathfrak{a}_3}{4}$$

gelegt wird. (Das Minuszeichen wird der Platzersparnis halber *über* die Zahl gesetzt.) Ist ein Index 0, so ist die Fläche der betreffenden Achse parallel. Die Achsenebenen selbst erhalten die Symbole (100), (010), (001). Die Metrik auf den Achsen wird bestimmt durch die Fläche (111).

[1] Im allgemeinen wählt man die Zahlen h_i teilerfremd. Soll dies besonders betont werden, so schreiben wir $(h_1^* h_2^* h_3^*)$ statt $(h_1 h_2 h_3)$.

Das Grundgesetz (aufgestellt von R. J. HAÜY[1]) enthält erstens eine Aussage über die Beschränkung der an einem Kristall überhaupt möglichen Flächen auf solche, die zu den anderen vorhandenen Flächen im obigen Sinn „rationale“ (d. h. durch kleine ganze Zahlen zusammenhängende) Stellungen haben. Und zweitens spricht es die Existenz eines geeigneten Achsensystems aus, in bezug auf welches die Rationalität der Flächenstellungen erst einen Sinn hat. Dies Achsensystem $(\mathfrak{a}_1 \mathfrak{a}_2 \mathfrak{a}_3)$, abgekürzt mit $(\mathfrak{a})$ bezeichnet, ist *nicht eindeutig bestimmt.* Denn es folgt durch eine geometrische Überlegung, daß als *Richtungen* für die Achsen *irgend drei nichtkomplanare Schnittgeraden* zwischen drei beliebigen Kristallflächen gewählt werden dürfen. Hierdurch reduziert sich das Problem der Achsenbestimmung darauf, in diesen Richtungen die erforderlichen Einheitslängen zu ermitteln. Natürlich sind dabei nur die Verhältnisse der Längen $a_1 a_2 a_3$ sinnvoll. Auch bei diesen besteht noch die Möglichkeit, sie um rationale Faktoren abzuändern. Insbesondere zeigt die röntgenmäßige Strukturerforschung manchmal, daß ein Wechsel gegenüber dem zunächst aus den Flächenstellungen sich bietenden Achsensystem angebracht ist.

Den Beweis des soeben benutzten Satzes über die Richtungen der möglichen Kristallachsen s. Ziff. 10γ.

ε) Aufstellung. Tracht. Für die Praxis der Kristallographie ist es sehr wichtig, zur Beschreibung der Kristallflächen ein möglichst fest bestimmtes und an den Kristallen möglichst leicht auffindbares Achsensystem anzugeben, auf das die Beobachtungen aller Forscher einheitlich bezogen werden. Das Achsensystem ist in einem Kristall vollständig festgelegt, wenn außer den Achsenebenen (100), (010), (001) noch eine Ebene, etwa die „Einheitsebene“ (111), am Kristall aufgewiesen wird. Es genügen aber — wie leicht auf Grund der Transformationstheorie (Ziff. 10γ) einzusehen — *irgend* vier bezifferte Ebenen, die ein Tetraeder einschließen. Man wird als Bezugsebenen solche wählen, die durch häufiges Vorkommen und gute Ausbildung dazu prädestiniert sind. Man spricht davon, daß hiermit die *„Aufstellung“* des Kristalls bestimmt sei. Nach Möglichkeit wird man drei von diesen gleichzeitig als die Grundebenen (100), (010), (001) bezeichnen; aber es kann sein, daß Gründe vorliegen (etwa die Symmetrie), ihnen kompliziertere Indizes zu geben.

Der wichtigste Gesichtspunkt, nach dem unter den bezüglich des Rationalitätsgesetzes gleichwertigen Achsen eine Auswahl getroffen wird, ist die Kristallsymmetrie: *Die Achsen sollen derart sein, daß die Kristallsymmetrie in den Symbolen der Flächen zum Ausdruck kommt.* Man wird Beispiele dafür, wieweit sich dies erreichen läßt, am besten in Tabelle 2, Ziff. 5, in der Zeile: Symbole gleichwertiger Flächen, finden. Durch diese Forderung ist aber nur eine Einschränkung für die *Richtung* der Achsen, nicht der Maßstab auf ihnen, festgelegt.

Das Verhältnis der Achsenlängen (nur dies hat in der Kontinuumstheorie eine Bedeutung) wird nun weiter bestimmt durch die Forderung, daß die am häufigsten beobachteten und am besten ausgebildeten Flächen *möglichst einfache* rationale Stellungen, d. h. möglichst niedere Indizes (h_i) erhalten. Auch diese Forderung führt nicht stets zu einer eindeutigen Bestimmung. Denn die Ausbildung der Flächen — die *„Tracht“* — eines Kristalls ist beeinflußbar durch die Verhältnisse, unter denen die Kristallisation erfolgt (geringe Verunreinigungen der Lösung [„Lösungsgenossen“], schnelles und langsames Kühlen, Druck usw.). Es kann vorkommen, daß bei einem Mineral in einem Fundort etwa eine tafelige, in einem anderen Fundort eine spitze Tracht vorliegt. Es wird daher manchmal ungewiß, welches die wichtigsten Ebenen sind, die man als (100), (010), (001)

[1] Vgl. zur Geschichte der Formulierung des Grundgesetzes P. GROTH, Naturwissensch. Bd. 13, S. 61. 1925.

bezeichnen möchte. Bei tetragonalen und hexagonalen Kristallen tritt hinzu, daß die Nebenachsen (d. h. die auf der vier- bzw. sechszähligen Achse senkrechten) um 45 bzw. 30° gedreht werden können („*Nebenachsen*", „*Zwischenachsen*"), ohne die Symmetrie der Flächenbezeichnung zu stören. So bleibt in vielen Fällen bei der Achsenwahl ein gut Stück Konvention übrig. Indem man sich den Kristall in das Achsengerüst eingefügt denkt, spricht man von der „*kristallographischen* oder *morphologischen Aufstellung*". Die volle Strukturbestimmung mittels der Röntgenstrahlen führt oft auf eine abweichende Achsenwahl. Um den Zusammenhang zwischen kristallographischem Diskontinuum herzustellen, ist dann eine Angabe über die Beziehung der beiderlei Achsensysteme gegeneinander notwendig.

Am wichtigsten ist wohl die von FEDOROW[1] in seinem großen Werk „Das Kristallreich" durchgeführte Aufstellung der Kristalle, die die Flächenhäufigkeit als Ausgangspunkt nimmt. Das Achsenkreuz wird derart gewählt, daß das von ihm aufgespannte Translationsgitter die wichtigsten Kristallformen und -spaltflächen als dichtest belegte Netzebenen ergibt. Die Übersicht wird dadurch erleichtert, daß alle Bravaisgitter dargestellt werden als Deformationen aus den drei kubischen Gittern (P = hexaedrischer Typ, F = oktaedrischer Typ, I = dodekaedrischer Typ) und aus dem hexagonalen Gitter.

4. Die Kristallsymmetrie vom Kontinuumsstandpunkt aus. α) Die Symmetrieelemente. Mathematisch gesprochen bedeutet die Symmetrie eines Kristalls die Gesamtheit derjenigen Achsentransformationen, bei welchen der mathematische Ausdruck für die physikalischen Eigenschaften des Kristalles erhalten bleibt. Kristallrichtungen, die bei irgendeiner derartigen Transformation ineinander übergeführt werden, heißen „*gleichwertig*". Die einzelne derartige Transformation wird auch als eine „*Symmetrieoperation*" bezeichnet; alle Transformationen, die durch fortgesetzte Wiederholung der gleichen Symmetrieoperation entstehen, bilden zusammen ein „*Symmetrieelement*". Die Anzahl der Operationen, die ein Symmetrieelement bilden, heißt seine „*Zähligkeit*".

Zur Aufsuchung der verschiedenen möglichen Symmetrieoperationen geht man am besten von einem kartesischen Achsenkreuz von drei Vektoren $\mathfrak{a}_1, \mathfrak{a}_2, \mathfrak{a}_3$ aus, deren skalare Produkte die Bedingung erfüllen:

$$(\mathfrak{a}_i \mathfrak{a}_k) = \delta_{ik} = \begin{cases} 1, & \text{wenn} \quad i = k, \\ 0, & \text{wenn} \quad i \neq k. \end{cases} \tag{1}$$

Jeder Vektor läßt sich dann in Komponenten nach den Vektoren $\mathfrak{a}_i$ zerlegen:

$$\mathfrak{x} = x_1 \mathfrak{a}_1 + x_2 \mathfrak{a}_2 + x_3 \mathfrak{a}_3 . \tag{2}$$

Die Symmetrieoperation bedeutet den Übergang von einem kartesischen Achsensystem $\mathfrak{a}_i$ auf ein anderes $\mathfrak{a}'_i$ durch eine lineare Transformation:

$$\mathfrak{a}'_i = \sum_k \alpha_{ik} \mathfrak{a}_k . \tag{3}$$

Aus den Orthogonalitätsbedingungen (1), die für die gestrichenen sowohl wie für die ungestrichenen Vektoren gelten, leitet man leicht für die α_{ik} die Bedingung ab:

$$\sum_k \alpha_{ik} \alpha_{jk} = \delta_{ij} . \tag{4}$$

Die α_{ik} sind die Richtungskosinus der gestrichenen Vektoren gegen die ungestrichenen, sie kommen daher in der umgekehrten Transformation ebenfalls als Koeffizienten vor, nur in anderer Anordnung:

$$\mathfrak{a}_i = \sum \alpha_{ki} \mathfrak{a}'_k . \tag{5}$$

[1] E. v. FEDOROW, Ber. d. Russ. Akad. d. Wiss. Petrograd Bd. 36. 1920.

Aus dieser Gleichung folgt die zweite Orthogonalitätsbeziehung:

$$\sum_k \alpha_{ki}\,\alpha_{kj} = \delta_{ij}\,. \tag{6}$$

Für die Vektorkomponenten erhält man die gleichen Transformationsformeln wie für die Achsen:

$$x_i' = \sum \alpha_{ik}\,x_k \qquad \text{und} \qquad x_i = \sum \alpha_{ki}\,x_k'\,. \tag{7}$$

Nicht alle Achsensysteme sind gleich günstig für die Beschreibung eines Symmetrieelements. Wenn es Richtungen gäbe, die bei den Symmetrieoperationen in sich selbst übergehen, so wären diese offenbar besonders geeignete Koordinatenachsen. Diese Richtungen $\mathfrak{x}$ müßten die Bedingung erfüllen:

$$\mathfrak{x}' = \lambda\,\mathfrak{x} \tag{8}$$

oder in Komponenten:

$$x_i' = \lambda\,x_i\,. \tag{8'}$$

Setzt man für x_i' die Transformationsformeln ein, so erhält man ein System von drei linearen homogenen Gleichungen:

$$\sum_k \alpha_{ik}\,x_k = \lambda\,x_i\,, \tag{9}$$

das sich nur erfüllen läßt, wenn die Determinante verschwindet. Aus dieser Bedingung ergeben sich drei Werte für λ, von denen stets einer reell ist, während die beiden anderen konjugiert komplex sein können. Nach Einsetzen dieser λ-Werte erhält man dann drei Richtungen $x_1 : x_2 : x_3$, die bei der Transformation erhalten bleiben. Auch von diesen Richtungen ist stets eine reell; die beiden anderen können komplex sein.

Schreibt man zu den Gleichungen (9) noch die konjugiert komplexen Gleichungen auf:

$$\sum_k \alpha_{ik}\,x_k^* = \lambda^*\,x_i^*\,, \tag{9'}$$

multipliziert beide miteinander und summiert über i, so erhält man:

$$\sum_i \sum_k \sum_l \alpha_{ik}\,\alpha_{il}\,x_k\,x_l^* = |\lambda|^2 \sum_i |x_i|^2\,, \tag{10}$$

worin sich links die Summation über i nach (6) ausführen läßt:

$$\sum_k |x_k|^2 = |\lambda|^2 \sum_i |x_i|^2 \tag{11}$$

und, da die beiden Summen identisch und sicher nicht Null sind,

$$|\lambda|^2 = 1\,.$$

Alle λ sind somit Einheitswurzeln.

Bezieht man sich auf die drei so gefundenen Richtungen als Achsen, so lauten die Transformationsgleichungen:

$$x_1' = \lambda_1 x_1\,; \qquad x_2' = \lambda_2 x_2\,; \qquad x_3' = \lambda_3 x_3\,. \tag{12}$$

Sind alle λ reell, so gibt es nur vier Typen von Symmetrieelementen, da für λ nur die beiden Werte $+1$ und -1 vorkommen dürfen und die Reihenfolge der Achsen willkürlich ist. Die vier Typen lassen sich schematisch darstellen durch Angabe der drei λ-Werte:

$$(+1, +1, +1)\,; \quad (+1, +1, -1)\,; \quad (-1, -1, +1)\,; \quad (-1, -1, -1)\,. \tag{13}$$

Von den vier so gewonnenen Symmetrieelementen läßt das erste den Kristall von vornherein in seiner Stellung, d. h. es gibt keine zwei gleichwertigen

Richtungen in ihm. Die drei übrigen haben die Zähligkeit 2, da sie alle bei zweimaliger Anwendung den Kristall wieder in die Ausgangslage zurückbringen.

Kommen auch komplexe λ-Werte vor, so müssen diese konjugiert komplex sein und auf dem Einheitskreis liegen. Es gibt zwei Typen von Symmetrieelementen:

$$(e^{i\alpha}, e^{-i\alpha}, +1) \quad \text{und} \quad (e^{i\alpha}, e^{-i\alpha}, -1), \tag{14}$$

in denen im übrigen auch die vier genannten reellen Elemente enthalten sind für die Spezialfälle $\alpha = 0$ und $\alpha = \pi$. Die reelle Bedeutung dieser Operationen bekommt man durch komplexe Zusammenfassung der bisherigen Achsen zu neuen

$$\mathfrak{A}_1 = \frac{1}{\sqrt{2}}(\mathfrak{a}_1 + i\,\mathfrak{a}_2); \quad \mathfrak{A}_2 = \frac{1}{\sqrt{2}}(\mathfrak{a}_1 - i\,\mathfrak{a}_2); \quad \mathfrak{A}_3 = \mathfrak{a}_3: \tag{15}$$

$$\left.\begin{aligned} \mathfrak{A}_1' &= \mathfrak{A}_1 \cos\alpha + \mathfrak{A}_2 \sin\alpha, \\ \mathfrak{A}_2' &= -\mathfrak{A}_1 \sin\alpha + \mathfrak{A}_2 \cos\alpha, \\ \mathfrak{A}_3' &= \pm\,\mathfrak{A}_3. \end{aligned}\right\} \tag{16}$$

Es handelt sich also um eine Drehung vom Betrag α um die feste Achse $\mathfrak{A}_3$, die im zweiten Fall noch verbunden ist mit einer gleichzeitigen Umkehrung aller x_3-Koordinaten, d. h. mit einer Spiegelung an der $x_1 x_2$-Ebene. Soll eine endliche Zähligkeit des Symmetrieelementes sich ergeben, so muß α ein rationaler Bruchteil von 2π sein. Aus allen Symmetrieoperationen eines Symmetrieelementes kann man mindestens eine solche herausfinden, wo $\alpha = \frac{2\pi}{m}$ mit ganzzahligem m ist. Man nennt dieses Symmetrieelement dann für $\lambda_3 = 1$ eine *n-zählige Drehachse*, für $\lambda_3 = -1$ eine *n-zählige Drehspiegelachse*, wobei n den größten vorkommenden Wert m bedeutet.

An Stelle der Drehspiegelachsen führt man häufig auch den Begriff der Drehinversionsachse ein, indem man aus den Operationen diejenige mit $\alpha = \pi + \frac{2\pi}{n'}$ auswählt (n' möglichst groß). Auch das ist immer möglich, nur ist n' nicht immer gleich n. Man spricht dann von einer *n'-zähligen Drehinversionsachse*, deren Grundsymmetrieoperation in einer Drehung um $2\pi/n'$ besteht, verbunden mit einer Inversion, d. h. Umkehrung aller Achsenrichtungen.

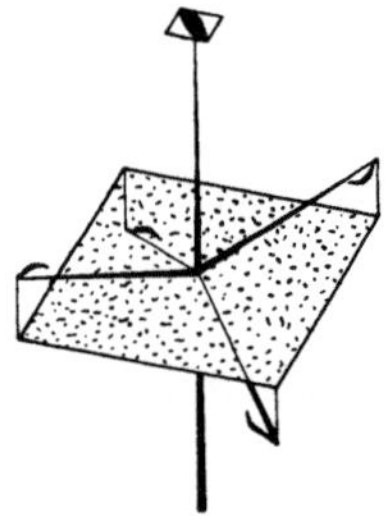

Abb. 7. Vierzählige Drehinversions- oder Drehspiegelachse.

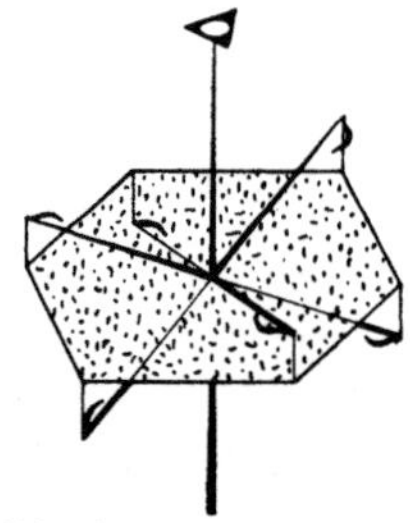

Abb. 8. Dreizählige Drehinversions- oder sechszählige Drehspiegelachse.

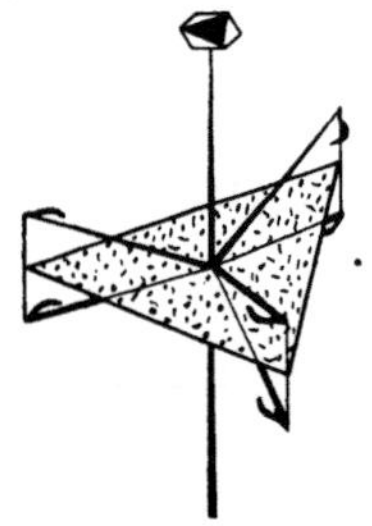

Abb. 9. Sechszählige Drehinversions- oder dreizählige Drehspiegelachse.

Die Bezeichnungen „n-zählige" Drehinversions- oder Drehspiegelachse sind etwas irreführend insofern, als die Zähligkeit dieser Symmetrieelemente im oben definierten Sinn nur dann gleich n ist, wenn n eine gerade Zahl ist. Man sieht ja leicht, daß nach einer ungeraden Anzahl von Anwendungen dieser Operationen die x_3-Richtung ihrer ursprünglichen Aufstellung entgegengerichtet ist, also die Ausgangsstellung nicht erreicht sein kann. Für ungerades n ist die Zähligkeit der „n-zähligen" Drehspiegel- oder Drehinversionsachse erst $2n$. Drehspiegel- und Drehinversionsachsen heißen gemeinsam auch *Achsen zweiter Art.*

Besondere Betrachtung verdienen noch die beiden einfachsten Drehinversionsachsen mit $n = 1$ und $n = 2$. Dies sind die beiden Drehinversionsachsen mit mehr als einer invarianten Richtung, die schon in der Aufzählung (13) enthalten sind. Beide haben die Zähligkeit 2. Für $n = 1$ erhält man die Transformation

$$x_1' = -x_1; \quad x_2' = -x_2; \quad x_3' = -x_3.$$

Hier werden alle Koordinaten gleichzeitig umgekehrt und jede Richtung geht in die Gegenrichtung über. Man spricht statt von einer einzähligen Drehinversionsachse (oder zweizähligen Drehspiegelachse) lieber von einem *Inversions-* oder *Symmetriezentrum.* Für $n = 2$ wird

$$x_1' = x_1; \quad x_2' = x_2; \quad x_3' = -x_3.$$

Nur die dritte Komponente wird umgekehrt; es handelt sich um eine Spiegelung des Kristalls an der Ebene der beiden Achsen $\mathfrak{a}_1$ und $\mathfrak{a}_2$. Man nennt dieses Element daher lieber *Spiegelebene,* statt „zweizählige Drehinversions-" oder „einzählige Drehspiegelachse".

β) Zähligkeit der kristallographischen Achsen. Es ist eine Besonderheit der kristallographischen Symmetrie, daß bei ihr *nur zwei-, drei-, vier- und sechszählige Achsen vorkommen können.* Diese Tatsache kann auf das Gesetz der rationalen Flächenstellung zurückgeführt werden.

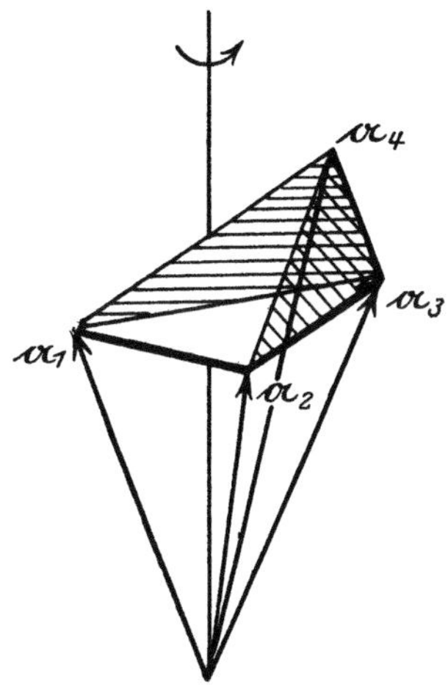

Abb. 10. Zum Gesetz der Zähligkeit der kristallographischen Achsen.

Sei in Abb. 10 eine n-zählige Drehachse vertikal. Zu einer möglichen Kristallkante $\mathfrak{a}_1$, die die Achse schneidet, gehören dann $(n - 1)$ weitere, von denen wir die beiden nächsten $\mathfrak{a}_2$ und $\mathfrak{a}_3$ zusammen mit $\mathfrak{a}_1$ als Kristallachsen wählen dürfen. Es ist zu zeigen, daß die nächste, durch $\mathfrak{a}_3$ und $\mathfrak{a}_4$ bestimmte Ebene nur dann rational ist, wenn $n = 2, 3, 4$ oder 6. Die Indizes dieser Ebene erhalten wir, indem wir sie parallel sich selbst verschoben denken, bis sie durch den Endpunkt von $\mathfrak{a}_2$ geht. Da sie $\mathfrak{a}_3$ parallel ist, genügt es, ihren Abschnitt $\mathfrak{a}_1/h_1$ auf der Achse $\mathfrak{a}_1$ festzustellen. — Bedeutet $\mathfrak{r}$ den Fahrstrahl zu einem beliebigen Punkt, so ist die Gleichung der durch $\mathfrak{a}_3$ und $\mathfrak{a}_4$ gehenden Ebene

$$(\mathfrak{r}[\mathfrak{a}_3\mathfrak{a}_4]) = 0.$$

(Das skalare Produkt hat die Bedeutung des von den drei Vektoren aufgespannten Rauminhalts; die Gleichung drückt aus, daß $\mathfrak{r}$ mit $\mathfrak{a}_3$ und $\mathfrak{a}_4$ komplanar ist.) Verrücken wir die Ebene, so daß sie durch den Punkt $\mathfrak{a}_2$ geht, so lautet ihre Gleichung offenbar

$$(\mathfrak{r} - \mathfrak{a}_2, [\mathfrak{a}_3\mathfrak{a}_4]) = 0.$$

Suchen wir den Schnitt mit der $\mathfrak{a}_1$-Achse, so ist für $\mathfrak{r}$ einzusetzen $\mathfrak{a}_1/h_1$, so daß wir für h_1 erhalten

$$h_1 = \frac{(\mathfrak{a}_1[\mathfrak{a}_3\mathfrak{a}_4])}{(\mathfrak{a}_2[\mathfrak{a}_3\mathfrak{a}_4])}.$$

Zähler und Nenner bedeuten die von den Vektoren aufgespannten Volumina. Da sie eine gemeinsame Höhe haben, verhalten sie sich wie die Inhalte der in der Abb. 10 schraffierten Dreiecke mit gemeinsamer Grundlinie, d. h. wie die Höhen dieser Dreiecke. Da der Außenwinkel des Polygons $2\pi/n$ ist, wird

$$h_1 = \frac{a\left(\sin\frac{2\pi}{n} + \sin 2\cdot\frac{2\pi}{n}\right)}{a\sin\frac{2\pi}{n}} = 1 + 2\cos\frac{2\pi}{n}.$$

Soll also die untersuchte Ebene rational sein, so muß $\cos 2\pi/n$ rational sein. Das ist aber nur für $n = 2, 3, 4, 6$ der Fall. Somit sind anderszählige Drehachsen mit der rationalen Flächenstellung unverträglich.

γ) Mögliche Achsenwinkel. Die Aufzählung aller möglichen Kombinationen von Symmetrieelementen wird wesentlich erleichtert durch einen einschränkenden *Satz über die Winkel, unter denen allein die Symmetrieachsen sich schneiden können.* Daß hier Einschränkungen bestehen müssen, ist leicht einzusehen. Denn nehmen wir an, eine n-zählige Achse schneide unter einem Winkel γ eine zweite, so müssen notwendig unter der gleichen Neigung γ weitere $n - 1$ Achsen vorhanden sind, die aus der angenommenen durch Drehung um die erste Achse entstehen. Bei Drehung um eine dieser n Achsen entstehen aus den n übrigen n^2 Achsen, deren jede wieder die Zahl ver-n-facht. Nur wenn die Ausgangslage γ der beiden angenommenen Achsen derart ist, daß die hinzukommenden Achsen sich schließlich stets überdecken, wird vermieden, daß zuletzt *alle* Richtungen zu Achsen werden. Die systematische Überlegung lehrt, daß allein folgende Winkel zwischen gleichwertigen Achsen möglich sind:

digonale Achsen:	0° 180° 60° 120° 90°,
trigonale Achsen:	0° 180°, 70° 31′ 44″ bzw. 109° 28′ 16″,
tetragonale Achsen:	0° 180° 90°,
hexagonale Achsen:	0° 180°.

Alle Achsen *können* mithin zweiseitig sein, d. h. nach Drehung um 180° erhält man eine gleichwertige Achse (Gegenrichtung). Ist dies nicht der Fall (also nur 0° als „gleichwertige Richtung"), so nennt man die Achse *einseitig* oder *polar* oder *hemimorph.*

δ) Kombination von Symmetrieelementen; Kristallklassen. Kommen in einem Kristall zwei Symmetrieelemente zugleich vor, so erhält man seine volle Symmetrie nicht einfach durch Zusammenfassung aller Operationen dieser Symmetrieelemente. Man muß vielmehr beachten, daß auch jede Stellung des Kristalls, die man durch Ausführung von zwei Symmetrieoperationen hintereinander erreichen kann, der Ausgangsstellung gleichwertig ist, und daß daher der unmittelbare Übergang zu ihr ebenfalls eine Operation der Kristallsymmetrie darstellt. Als einfachstes Beispiel sei der Fall betrachtet, daß gleichzeitig eine zweizählige Drehachse und ein Symmetriezentrum vorkommen. Dann wird ein Punkt $(x_1 x_2 x_3)$ durch die zweizählige Achse übergeführt werden in $(-x_1, -x_2, x_3)$, oder, wenn man nach dem kristallographischen Gebrauch das Minuszeichen über die Koordinate setzt, $(\bar{x}_1, \bar{x}_2, x_3)$; durch das Symmetriezentrum geht die ursprüngliche Lage über in $(\bar{x}_1, \bar{x}_2, \bar{x}_3)$. Zu diesen drei gleichwertigen Lagen kommt nun aber noch eine vierte, die man erhält, wenn man das Symmetriezentrum auf die zweite oder die zweizählige Achse auf die dritte Lage anwendet: $(x_1, x_2, \bar{x}_3)$, d. i. eine Spiegelebene, die auf der zweizähligen Drehachse senkrecht steht. Mit diesen vier Operationen ist die Symmetrie„*gruppe*" *abgeschlossen*[1], d. h. durch beliebige Zusammensetzungen von irgend zwei der aufgezählten Operationen erhält man stets wieder dieselben vier Kristallstellungen, nie eine neue. Man überzeugt sich leicht, daß, ebenso wie aus Zentrum und Achse die Spiegelebene entsteht, so auch aus Zentrum und Spiegelebene die zweizählige Achse und aus dieser und der dazu senkrechten Spiegelebene das Symmetriezentrum.

Eine ausführliche Untersuchung über die Zusammensetzungen verschiedener Symmetrieelemente würde hier zu weit führen. Ihr Ergebnis ist, daß sich die kristallographisch möglichen Symmetrieelemente nur zu 32 verschiedenen Sym-

[1] Vgl. die gruppentheoretische Darstellung der Kristallsymmetrie in Bd. III, S. 69ff. ds. Handb.

metrien zusammensetzen lassen, den sog. „*Kristallklassen*", die in Tabelle 2 Ziff. 5, dargestellt sind.

Die Darstellung der Symmetrien ist dabei so geschehen, daß an Stelle der Achsenrichtungen $\mathfrak{a}_1 \mathfrak{a}_2 \mathfrak{a}_3$ oder der Punktkoordinaten xyz die Indizes gleichwertiger Flächen (hkl) angegeben sind, die sich im übrigen genau wie die Achsen $\mathfrak{a}_i$ transformieren. Die Gesamtheit aller mit der Fläche (hkl) in einer Klasse gleichwertigen Flächen nennt man die „*Form*" $\{hkl\}$. Hat man also einen Kristall der oben betrachteten Symmetrie (zweizählige Achse, Zentrum und Spiegelebene), so bedeutet die „Form" $\{hkl\}$ die vier gleichwertigen Flächen (hkl), $(\bar{h}\bar{k}l)$, $(\bar{h}\bar{k}\bar{l})$, $(hk\bar{l})$. Außerdem ist jeder Kristallklasse eine anschauliche Zeichnung einer solchen allgemeinen Form beigegeben, sowie die stereographische Projektion der Form.

Nur die „allgemeine" Form mit drei voneinander und von Null verschiedenen Indizes ist stets einer exakten Beschreibung der Kristallsymmetrie gleichwertig. Sind einzelne Indizes einander gleich oder verschwinden sie, so kommt es — namentlich in den Kristallklassen hoher Zähligkeit — oft vor, daß mehrere gleichwertige Flächen zusammenfallen, so daß der Flächenreichtum der Form nicht mehr der Zähligkeit der Kristallsymmetrie entspricht. Man kann es solchen „*speziellen Formen*" dann nicht mehr ansehen, welche Symmetrieelemente noch vorhanden sind, bei denen einzelne Flächen in sich selbst übergehen. Z. B. bedeutet in allen fünf kubischen Kristallklassen die Form $\{0\,0\,1\}$ einen Würfel. Hat man einen Kristall, der *nur* Würfelflächen zeigt, so kann man aus diesen fünf Kristallklassen die wahre nur dadurch herausfinden, daß man, etwa durch Ätzen, das Auftreten anderer, womöglich allgemeiner Formen erzwingt, um zu sehen, wieviele Flächen in eine Würfelfläche zusammengefallen sind.

ε) Kristallsysteme. Für die Symmetrieelemente und Kristallklassen sind verschiedene Benennungen in Gebrauch.

Die eine von GROTH[1] stammende *Nomenklatur der Klassen* schließt sich eng an die allgemeinste Form an. So ist z. B. die in Abb. 42b abgebildete Form derjenigen Klasse, die überhaupt am meisten Symmetrieoperationen aufweist, ein 48-Flächner, der nach Belieben sich auffassen läßt als ein Würfel (Hexaeder), dessen Flächen je achtfach facettiert sind, oder als ein Oktaeder mit je sechsfach facettierten Flächen. Dieser Körper heißt deshalb Hexakisoktaeder (6×8-Flächner) und die entsprechende Klasse nach GROTH die hexakisoktaedrische. Die meisten dieser Klassenbezeichnungen werden beim Anblick der zugehörigen Formen verständlich sein[2].

Eine zweite Art der Benennung (nach SCHOENFLIES), die weitverbreitet, wenn auch nie ganz konsequent durchgeführt worden ist, geht aus von der Einordnung der Kristallklassen in sieben „*Kristallsysteme*", die dadurch gekennzeichnet sind, daß in allen Klassen eines Systems die gleichen Beziehungen zwischen den kristallographischen Achsenlängen und -winkeln bestehen. Zur Ableitung dieser Systeme geht man am zweckmäßigsten von der Theorie der Translationsgitter

[1] P. GROTH, Physikalische Kristallographie. Leipzig: W. Engelmann. Diese Klassenbezeichnung wurde eingeführt in der 3. Auflage von 1894.

[2] Im folgenden seien einige der kristallographischen Formenbezeichnungen philologisch erläutert, da es eine große Hilfe zum Auffassen und Behalten der Nomenklatur ist, die Herkunft der Bezeichnungsweise zu wissen. *Πεδίον* die (einfache) Ebene; *πίναξ* die Tafel (Doppelebene mit Zentrum der Symmetrie zwischen Ober- und Unterseite). *Δῶμα* das Haus (gedacht ist an das Dach, d. h. zwei gegeneinander geneigte Flächen, die durch eine Symmetrieebene ineinander übergehen); *σφήν* der Keil (zwei Flächen, die durch eine senkrecht zur Schnittkante stehende zweizählige Achse ineinander übergehen); *σκαληνός* ungleich, höckerig (bezieht sich beim Skalenoeder auf die Flächen und ihre Schnittlinien); *τραπέζιον* das Tischchen, das ungleichseitige Viereck.

aus (Ziff. 6). Vom Kontinuumsstandpunkt aus kann man die Systeme dadurch kennzeichnen, daß alle Klassen eines Systems eine *Hauptachse* gleicher „Zähligkeit" (im Sinne der Benennung, nicht der wahren Anzahl von Operationen, vgl. α) haben, wobei die Achsen zweiter Art als *Drehinversionsachsen, nicht als Drehspiegelachsen*, zu benennen sind. Man unterscheidet so das *trikline* System, in dem höchstens Symmetriezentren (einzählige Drehinversionsachsen) vorkommen, das *monokline* mit einer zweizähligen Dreh- oder Drehinversionsachse, das *rhombische* mit drei aufeinander senkrechten solchen Achsen, das *rhomboedrische, tetragonale* und *hexagonale* System mit einer ausgezeichneten drei-, vier- bzw. sechszähligen Hauptachse, und das *kubische* oder *reguläre* System mit vier dreizähligen Achsen, die sich wie die Raumdiagonalen eines Würfels schneiden. Innerhalb dieser Systeme unterscheidet man die Klassen mit den Bezeichnungen „*Holoedrie*", wenn alle Symmetrieelemente vorhanden sind, die zu der Hauptachse hinzutreten können, ohne das Kristallsystem zu erhöhen, „*Hemiedrie*", wenn die in der Holoedrie gleichwertigen Flächen in zwei ungleichwertige Formen, „*Tetartoedrie*", wenn sie in vier ungleichwertige Formen zerfallen. Da der Übergang von der Holoedrie zur Hemiedrie auf verschiedene Weise möglich ist, so werden die verschiedenen Hemiedrien als „*hemimorph*" (beide Enden der Hauptachse ungleichwertig), „*enantiomorph*" (nur Drehachsen, keine Drehinversionsachsen vorhanden), „*paramorph*" (Klassen mit horizontaler Spiegelebene) oder „zweiter Art" (Hauptachse ist Drehinversionsachse) unterschieden. Diese an sich sehr systematische Bezeichnungsweise ist dadurch ungeschickt geworden, daß man sich angewöhnt hat, die trigonalen und hexagonalen Achsen zweiter Art als *Drehspiegelachsen* zu zählen, statt, wie es die Beziehung zum Translationsgitter erfordern würde, als *Drehinversionsachsen*. (Gleichzeitig wird die Benennung „rhomboedrisches System" durch „trigonales System" ersetzt.) So kommt es, daß die Kristallklasse, welche die volle Symmetrie des Rhomboeders enthält, als eine hexagonale Hemiedrie erscheint, während eine Klasse zur trigonalen Holoedrie wird, die mit dem rhomboedrischen Gitter unverträglich ist und für kein anderes Translationsgitter die höchstmögliche Symmetrie besitzt.

ζ) Kristallklassensymbole. Neben dieser Benennung steht eine entsprechende *Bezeichnung durch Symbole* nach SCHOENFLIES. Dabei wird ausgegangen von den vorkommenden Drehachsen. Klassen mit nur einer Drehachse erhalten den Buchstaben C (zyklische Gruppen) mit einem Zahlenindex, der die Zähligkeit der Achse angibt, z. B. C_2, C_3, C_6 ... Klassen, die außerdem noch zweizählige Achsen senkrecht zu dieser Hauptachse haben, werden mit D bezeichnet, z. B. D_3, D_4 ... Ist die Hauptachse zweizählig, also vor den zweizähligen Achsen senkrecht zu ihr nicht durch höhere Symmetrie ausgezeichnet, so wird häufig an Stelle von D_2 auch V („Vierergruppe") geschrieben. Die beiden kubischen Klassen mit reiner Drehachsensymmetrie, die man sich anschaulich machen kann als die Gesamtheit aller Drehungen, die ein Tetraeder bzw. ein Oktaeder mit sich selbst wieder zur Deckung bringen, heißen T und O. Treten Spiegelebenen zu diesen Symmetrien hinzu, so werden sie durch einen Buchstabenindex angedeutet. Es bedeutet h = horizontal (senkrecht zur Hauptachse), v = vertikal (parallel zur Hauptachse), d = diagonal (in der Symmetrieebene zwischen zwei gleichwertigen zweizähligen Achsen). Zur Bezeichnung der Klasse, die als einziges Symmetrieelement eine Spiegelebene besitzt, wird anstatt C_{1h} oder C_{1v} auch einfach C_s geschrieben, um die Angabe der Orientierung zu vermeiden, die hier sinnlos wäre. Kristallklassen, die man nicht allein aus Drehachsen und Spiegelebenen aufbauen kann, erhalten zur Bezeichnung eines Symmetriezentrums den Index i; wo auch damit noch keine volle Beschreibung möglich ist, wird zur Bezeichnung der n-zähligen *Drehspiegelachse* das Zeichen S_n

Tabelle 1. Übersicht der Kristallklassenbezeichnungen.

System	Symbole: Schoenflies	Symbole: Wyckoff	Symbole: Hermann Mauguin vollständig	Symbole: Hermann Mauguin gekürzt	Symbole: Rinne, Schiebold, Sommerfeld[1]	Namen: Schoenflies	Namen: Miers[2]	Namen: Groth
Triklin	C_1	1*C*	1	1	*p*	Trikline Hemiedrie	Asymmetric	Triklin pedial
	$C_i, (S_2)$	1*Ci*	$\bar{1}$	$\bar{1}$	*i*	Trikline Holoedrie	Central	Triklin pinakoïdal
Monoklin	$C_s, (C_{1h})$	2*c*	*m*	*m*	*d*	Monokline Hemiedrie	Planar	Monoklin domatisch
	C_2	2*C*	2	2	*s*	Monokl. hemim. Hemiedrie	Digonal polar	Monoklin sphenoidisch
	C_{2h}	2*Ci*	2/*m*	2/*m*	*sd*	Monokline Holoedrie	Digonal equatorial	Monoklin prismatisch
Rhombisch	C_{2v}	2*e*	2 *m m*	*m m*	2*d*	Rhomb. hemim. Hemiedrie	Didigonal polar	Rhombisch pyramidal
	$D_2, (V)$	2*D*	2 2 2	2 2 2	2*s*	Rhomb. enantiom. Hemiedrie	Didigonal holoaxial	Rhombisch disphenoidisch
	$D_{2h}, (V_h)$	2*Di*	2/*m* 2/*m* 2/*m*	*m m m*	2*sd*	Rhombische Holoedie	Didigonal equatorial	Rhombisch dipyramidal
Tetragonal	S_4	4*c*	$\bar{4}$	$\bar{4}$	4 · *p*	Tetrag. Tetartoedr. II. Art	Tetragonal alternating	Tetrag. disphenoidisch
	C_4	4*C*	4	4	4*p*	Tetragonale Tetartoedrie	Tetragonal polar	Tetragonal pyramidal
	C_{4h}	4*Ci*	4/*m*	4/*m*	4*i*	Tetrag. param. Hemiedrie	Tetragonal equatorial	Tetragonal dipyramidal
	$D_{2d}, (V_d)$	4*d*	$\bar{4}$ 2 *m*	$\bar{4}$ 2 *m*	4 · *d*	Tetrag. Hemiedrie II. Art	Ditetrag. alternating	Tetragonal skalenoedrisch
	C_{4v}	4*e*	4 *m m*	4 *m m*	4*d*	Tetrag. hemim. Hemiedrie	Ditetragonal polar	Ditetragonal pyramidal
	D_4	4*D*	4 2 2	4 2	4*s*	Tetrag. enantiom. Hemiedrie	Tetragonal holoaxial	Tetragonal trapezoedrisch
	D_{4h}	4*Di*	4/*m* 2/*m* 2/*m*	4/*mmm*	4*s d*	Tetragonale Holoedrie	Ditetrag. equatorial	Ditetragonal dipyramidal
Rhomboedrisch	C_3	3*C*	3	3	3*p*	Rhomboedr. Tetartoedrie	Trigonal polar	Trigonal pyramidal
	$C_{3i}, (S_6)$	3*Ci*	$\bar{3}$	$\bar{3}$	3*i*	Hexag. Tetartoedrie II. Art	Hexagonal alternating	Rhomboedrisch
	C_{3v}	3*e*	3 *m*	3 *m*	3*d*	Rhomboedr. hemim. Hem.	Ditrigonal polar	Ditrigonal pyramidal
(Trigonal)	D_3	3*D*	3 2	3 2	3*s*	Rhomboedr. enantiom. Hem.	Trigonal holoaxial	Trigonal trapezoedrisch
	D_{3d}	3*Di*	$\bar{3}$ 2/*m*	$\bar{3}$ *m*	3*sd*	Rhomboedrische Holoedrie	Dihexag. alternating	Ditrigonal skalenoedrisch
Hexagonal	C_{3h}	6*e*	$\bar{6}$	$\bar{6}$	6 · *p*	Trig. paramorphe Hemiedrie	Trigonal equatorial	Trigonal dipyramidal
	C_6	6*C*	6	6	6*p*	Hexagonale Tetartoedrie	Hexagonal polar	Hexagonal pyramidal
	C_{6h}	6*Ci*	6/*m*	6/*m*	6*i*	Hexag. paramorphe Hem.	Hexagonal equatorial	Hexagonal dipyramidal
	D_{3h}	6*d*	$\bar{6}$ 2 *m*	$\bar{6}$ 2 *m*	6 · *d*	Trigonale Holoedrie	Ditrigonal equatorial	Ditrigonal dipyramidal
	C_{6v}	6*e*	6 *m m*	6 *m m*	6*d*	Hexag. hemimorphe Hem.	Dihexagonal polar	Dihexagonal pyramidal
	D_6	6*D*	6 2 2	6 2	6*s*	Hexag. enantiom. Hemiedrie	Hexagonal holoaxial	Hexagonal trapezoedrisch
	D_{6h}	6*Di*	6/*m* 2/*m* 2/*m*	6/*m m m*	6*sd*	Hexagonale Holoedrie	Dihexag. equatorial	Dihexagonal dipyramidal
Kubisch (Regulär, Tesseral)	*T*	*T*	2 3	2 3	*tp*	Kubische Tetartoedrie	Tesseral polar	Tetraedrisch-pentagondodekaedrisch
	T_h	*Ti*	2/*m* $\bar{3}$	*m* 3	*ti*	Kub. paramorphe Hemiedrie	Tesseral central	Dyakisdodekaedrisch
	T_d	*Te*	$\bar{4}$ 3 *m*	$\bar{4}$ 3 *m*	*td*	Kub. hemimorphe Hemiedrie	Ditesseral polar	Hexakistetraedrisch
	O	*O*	4 3 2	4 3	*ts*	Kub. enantiom. Hemiedrie	Tesseral holoaxial	Pentagonikositetraedrisch
	O_h	*Oi*	4/*m* $\bar{3}$ 2/*m*	*m* 3 *m*	*tsd*	Kubische Holoedrie	Ditesseral central	Hexakisoktaedrisch

[1] Den Symbolen von Rinne, Schiebold und Sommerfeldt entspricht ferner eine Benennung der Kristallklassen. Hierbei wird gelesen: *p* = pedial, *i* = pinakoidal, *d* = domatisch, *s* = sphenoidisch, *sd* = prismatisch, *2* = digyrisch, *3* = trigyrisch, *4* = tetragyrisch, *4·* = tetragyroidisch, *6* = hexagyrisch, *6·* = hexagyroidisch, *t* = regulär; also z. B. *6·d* = hexagyroidisch domatisch, *tsd* = regulär prismatisch usw.

[2] In den englisch sprechenden Ländern gebräuchlich.

verwendet. Doch ist dies nur in der einzigen Klasse S_4 erforderlich; die drei- und die sechszählige Drehspiegelachse lassen sich aus anderen Elementen zusammensetzen:

$$S_3 = C_{3h}; \quad S_6 = C_{3i}.$$

Eine im Grunde ähnliche Symbolik hat WYCKOFF[1] vorgeschlagen. Ihr Hauptunterschied gegen die SCHOENFLIESsche besteht darin, daß zur Ableitung der Klassen mit Symmetrieelementen zweiter Art in erster Linie das Symmetriezentrum herangezogen wird und erst, wo das versagt, Spiegelebenen im Symbol angedeutet werden. In der vorstehenden Tabelle 1 sind auch diese Symbole mit aufgezählt.

Auf etwas anderen Prinzipien beruht die Symbolik nach HERMANN und MAUGUIN[2], die sich wegen ihrer engen Beziehungen zu einer rationellen Raumgruppensymbolik immer mehr einbürgert. Hier wird ein „vollständiges" Klassensymbol gewonnen, indem man für eine Anzahl von ausgezeichneten Richtungen, die je nach dem Kristallsystem gewählt werden, alle ihnen parallelen Dreh- und Drehinversionsachsen angibt in der Weise, daß eine n-zählige Drehachse einfach mit der Zahl n, eine n-zählige Drehinversionsachse mit der überstrichenen Zahl $\bar{n}$ bezeichnet wird. Nur die Spiegelebene macht eine Ausnahme, indem sie anstatt des Symbols $\bar{2}$, das ihr als einer zweizähligen Drehinversionsachse zukommen würde, den Buchstaben m erhält. Diese Ausnahme hat ihre Begründung darin, daß die Verallgemeinerung der Symbole für die Raumgruppen dadurch sehr erleichtert wird. Die Tatsache, daß die Normale einer Spiegelebene mit einer n-zähligen Drehachse zusammenfällt, wird dadurch angedeutet, daß man die beiden Symbole in Form eines Bruches (je nach Bequemlichkeit mit waagerechtem oder schrägem Bruchstrich) übereinanderschreibt. Diese vollständigen Klassensymbole sind häufig noch recht lang und können dadurch verkürzt werden, daß man alle diejenigen Symmeterieelemente unerwähnt läßt, die sich aus den übrigen von selbst ergeben. Diese Kürzung, die in mehrfacher Weise möglich ist, geschieht so, daß der Übergang zu den Raumgruppensymbolen möglichst einfach wird. Die Vorteile der HERMANN-MAUGUINschen Klassensymbole können daher erst nach der Einführung der Raumgruppentheorie voll erkannt werden. Eine eingehendere Beschreibung folgt darum erst in Ziff. 8.

Unter den Klassenbenennungen verdient noch diejenige nach RINNE, SCHIEBOLD und SOMMERFELDT[3] Erwähnung. Sie geht von der allgemeinen Kristallform aus, die aufgebaut wird aus den einfachsten, triklinen und monoklinen Formen, dadurch, daß diese, symmetrisch um eine Hauptachse geordnet, sich „rhythmisch" wiederholen. Es bedeutet hier p das Pedion (keine Symmetrie), i das Pinakoid (erzeugt durch ein Symmetriezentrum), d das Doma (Spiegelebene), s das Sphenoid (zweizählige Achse) und sd das Prisma (i, s, d zugleich). Die Hauptachsen werden ebenso wie nach HERMANN-MAUGUIN durch eine Zahl bezeichnet, der die weiteren Symbole entweder sofort oder, wenn die Hauptachse eine Drehinversionsachse ist, durch einen Punkt getrennt, folgen. Zur Kennzeichnung des kubischen Systems wird die Zahl der Hauptachse durch den Buchstaben t ersetzt.

5. Übersicht über Kristallklassen[4]. α) In der folgenden Übersicht (Tab. 2) sind die 32 Kristallklassen einzeln charakterisiert. In der ersten Zeile steht das SCHOENFLIESsche und das vollständige und evtl. das gekürzte HERMANN-MAU-

---

[1] R. W. G. WYCKOFF, Sill. Journ. Bd. 6, S. 288. 1923.

[2] CH. MAUGUIN, ZS. f. Krist. Bd. 76, S. 542. 1931; C. HERMANN, ebenda S. 559.

[3] F. RINNE, E. SCHIEBOLD und E. SOMMERFELDT: Fortschr. Min. Krist. Petrogr. Bd. 16, S. 29. 1931.

[4] Erklärungen s. a. Ziff. 4 δ.

GUINsche Symbol sowie der Klassenname nach GROTH. Darauf folgt die stereographische Projektion der Symmetrieelemente und allgemeinen Ebenenlagen, und die Aufzählung aller Symmetrieelemente in der Bezeichnungsweise nach HERMANN und MAUGUIN, mit einigen zusätzlichen Kennzeichen. Es bedeuten:

$\dot{2}$, $\dot{3}$, $\dot{4}$, $\dot{6}$ polare Drehachsen (oberes und unteres Ende ungleichwertig),

$\underline{2}$, 3, 4, 6 zweiseitige Drehachsen (beide Enden gleichwertig),

$\bar{1}$ Symmetriezentrum,

m Spiegelebene,

$\bar{3} = 3 + \bar{1}$; $\bar{6} = 3/m$; $\bar{4}$ Drehinversionsachsen.

Zur Bezeichnung der Orientierung erhalten die Drehachsen und Spiegelebenen folgende Zeichen rechts oben angefügt:

| wenn die Richtung der Achse oder die Normale der Spiegelebene der Hauptachse (bzw. im kubischen System der Würfelnormale [001] parallel liegt;

¯ wenn diese Richtung einer Nebenachse (bzw. im kubischen System der Rhombendodekaedernormale [110]) parallel liegt;

/ wenn diese Richtung einer Zwischenachse (Winkelhalbierenden zwischen zwei benachbarten Nebenachsen, bzw. im kubischen System einer Oktaedernormale) parallel liegt.

Unter den Symmetrieelementen sind so viele unterstrichen, wie nötig sind, um daraus alle übrigen abzuleiten. Diese Auswahl ist weitgehend willkürlich. In der Tabelle 2 sind diejenigen Elemente gewählt worden, die in dem abgekürzten HERMANN-MAUGUIN-Symbol zur Kennzeichnung der Klasse benutzt werden.

Die Anordnung der Raumgruppen in Tabelle 2 ist die gleiche wie in der vergleichenden Tabelle 1.

β) Physikalische Kristallsymmetrie. Nicht mit jeder beliebigen physikalischen Methode ist es möglich, alle 32 Kristallklassen voneinander zu unterscheiden. Die meisten physikalischen Eigenschaften der Kristalle haben mit guter Annäherung Tensorcharakter, d. h. wenn man ihre Richtungsabhängigkeit, unter Bezug auf ein bestimmtes Koordinatensystem beschreibt und dann zu einem transformierten Koordinatenkreuz übergeht, so transformieren sich die „Komponenten" der physikalischen Eigenschaft linear mit Koeffizienten, die ganze rationale homogene Funktionen der Glieder der Transformationsmatrix sind (im Fall eines kartesischen Koordinatenkreuzes sind diese Glieder einfach die Richtungskosinus der neuen Achsen im alten Achsenkreuz). Der Grad dieser homogenen Funktionen heißt die „Stufe" des Tensors.

Eine systematische Beschreibung aller kristallphysikalischen Erscheinungen ist zuerst von VOIGT[1] gegeben worden. Sein Buch ist eingeteilt nach den Transformationseigenschaften (Tensorcharakter) der beiden physikalischen Größen, deren funktionale Abhängigkeit untersucht werden soll. Die hier aufgezählten Erscheinungen sind bei ihm in folgende Kapitel verteilt: Wechselwirkungen zwischen zwei Skalaren (spezifische Wärme), zwischen zwei Vektoren (Dielektrizität), zwischen zwei Tensortripeln (so nennt VOIGT die Tensoren zweiter Stufe; z. B. Elastizität), zwischen Skalar und Vektor (Pyroelektrizität, Pyromagnetismus), zwischen Skalar und Tensortripel (thermische Ausdehnung), zwischen Vektor und Tensortripel (Piezoelektrizität).

---

[1] W. VOIGT, Kristallphysik, 2. unveränderte Aufl. Leipzig: B. G. Teubner 1928.

Tabelle 2. Übersicht über die Kristallklassen.

Symbole	C_1 1	C_i $\bar{1}$	$C_s (C_{1h})$ m	C_2 2
Name nach GROTH	triklin pedial	triklin pinakoidal	monoklin domatisch	monoklin sphenoidisch
Stereograph. Projektion Abb. 11a—14a	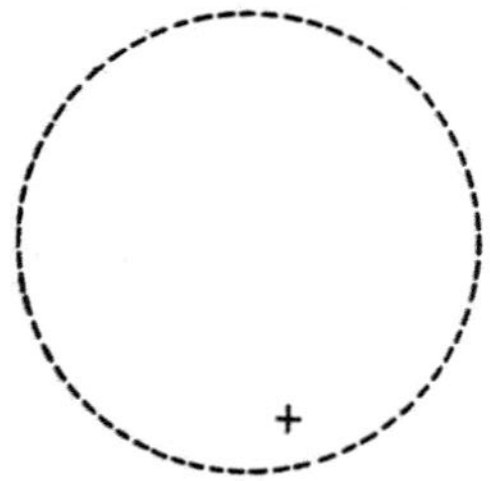	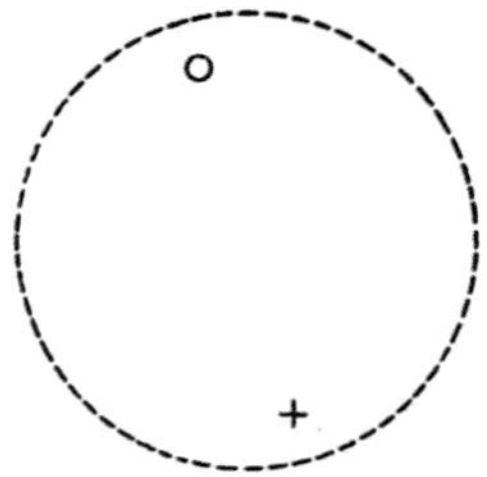	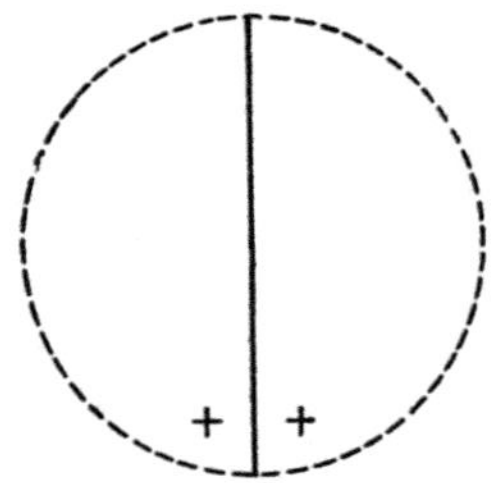	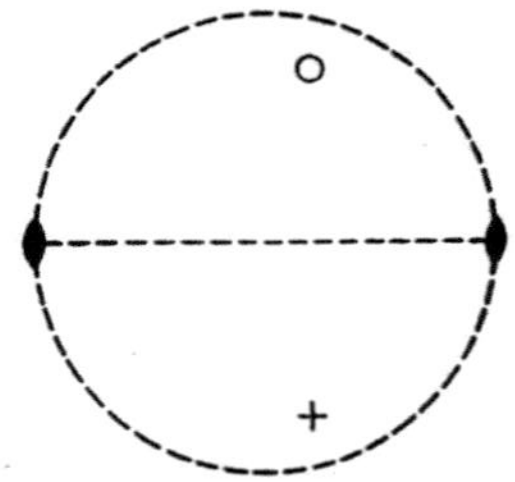
Symmetrieelemente	—	$\bar{1}$	m	$\dot{2}$
Anzugeben	$a:b:c;$ α, β, γ	wie C_1	$a:b:c;$ β	wie C_s
Bekannt	—		$\alpha = \gamma = 90°$	
Achsenwahl	beliebig	beliebig	b-Achse $\perp m$; a, c beliebig	$b \parallel 2$; a, c beliebig
Allgemeine Kristallform Abb. 11b—14b	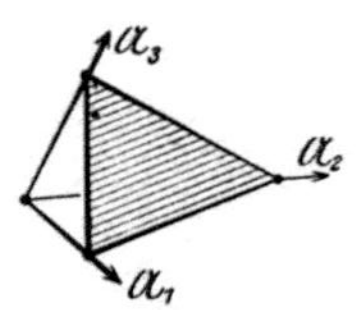	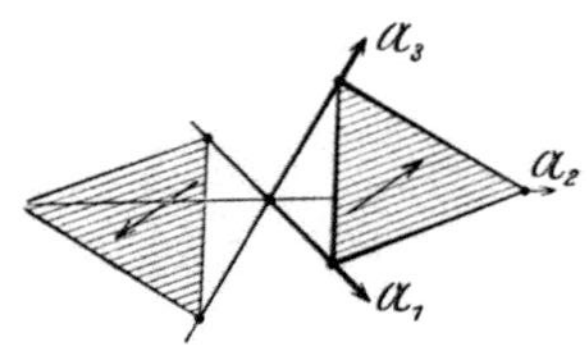	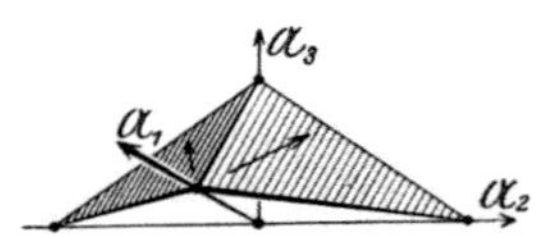	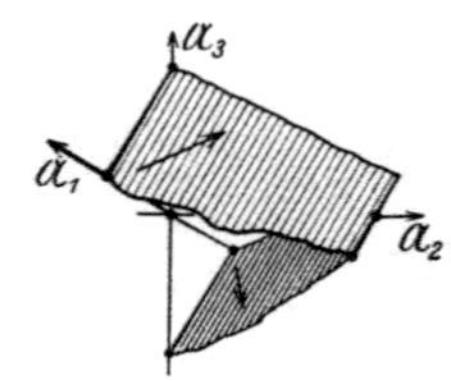
Gleichwertige Flächen	$(h\,k\,l)$	$(h\,k\,l)$, $(\bar{h}\,\bar{k}\,\bar{l})$	$(h\,k\,l)$, $(h\,\bar{k}\,l)$	$(h\,k\,l)$, $(\bar{h}\,k\,\bar{l})$

Tabelle 2 (Fortsetzung).

Symbole	C_{2h} $\frac{2}{m}$	C_{2v} $2mm$ mm	$D_2(V)$ 222	$D_{2h}(V_h)$ $\frac{2}{m}\frac{2}{m}\frac{2}{m}$ mmm
Name nach GROTH	monoklin prismatisch	rhombisch pyramidal	rhombisch disphenoidisch	rhombisch dipyramidal
Stereograph. Projektion Abb. 15a—18a	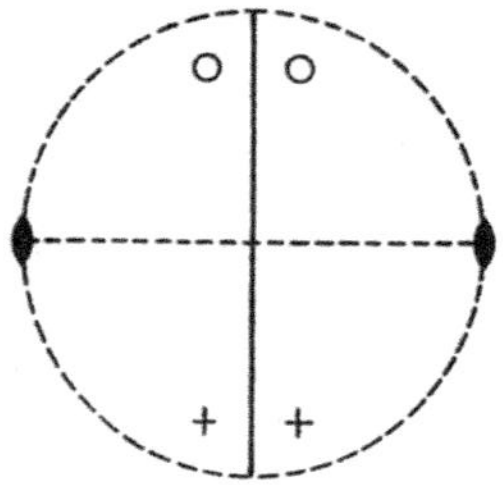	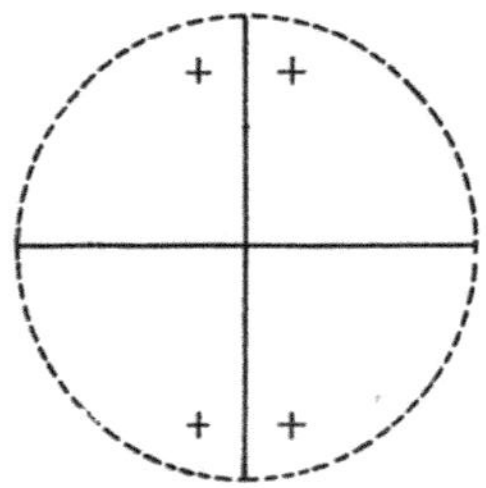	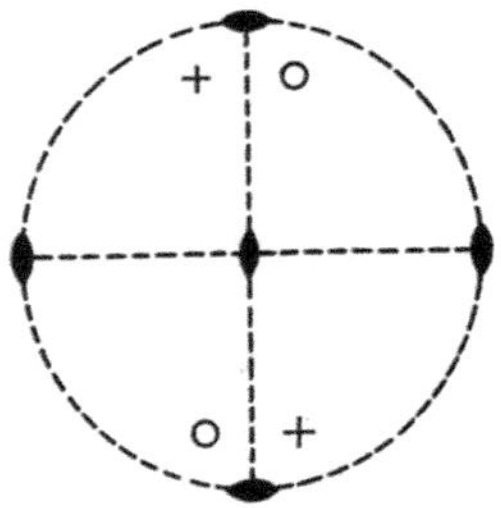	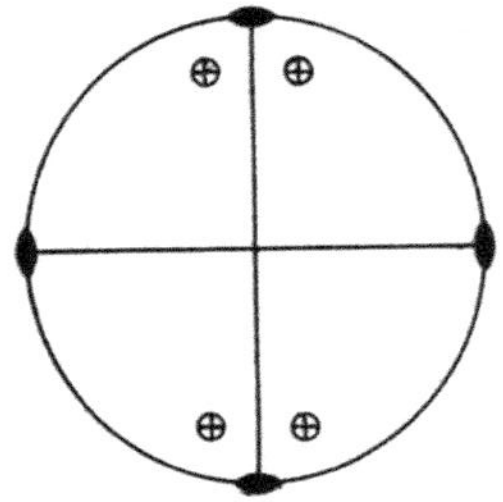
Symmetrieelemente	$\underline{2}^{\mid}, \underline{m}^{\mid}, \bar{1}$	$\dot{2}^{\mid}, \underline{m}^{-}, \underline{m}^{/}$	$\underline{2}^{\mid}, \underline{2}^{-}, 2^{/}$	$2^{\mid}, 2^{-}, 2^{/}, m^{\mid}, m^{-}, m^{/}, \bar{1}$
Anzugeben	wie C_s	$a:b:c$	wie C_{2v}	wie C_{2v}
Bekannt		$\alpha = \beta = \gamma = 90°$		
Achsenwahl	wie C_s	$c \parallel \dot{2}$; a, b in $m \perp \dot{2}$	$a, b, c \parallel 2$	wie D_2
Allgemeine Kristallform Abb. 15b—18b	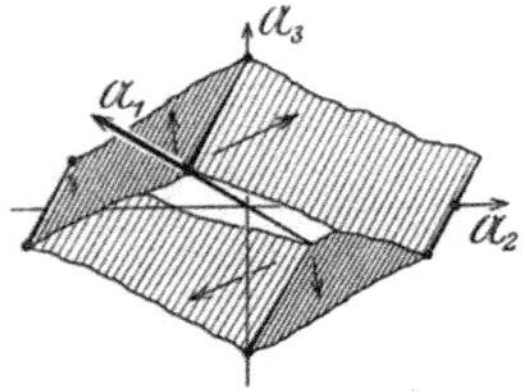	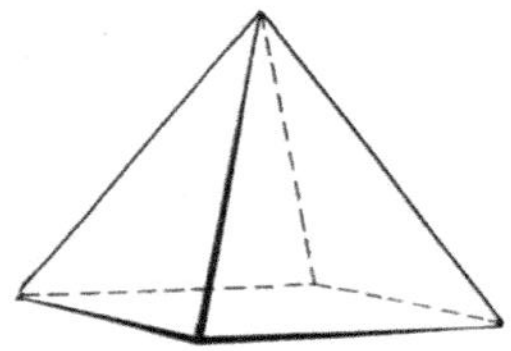	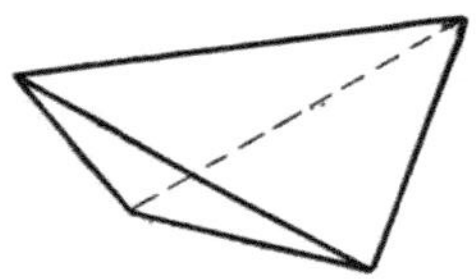	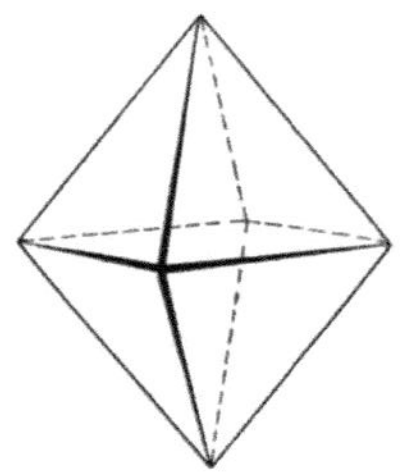
Gleichwertige Flächen	$(h\,k\,l)$, $(h\,\bar{k}\,l)$, $(\bar{h}\,k\,\bar{l})$, $(\bar{h}\,\bar{k}\,\bar{l})$	$(h\,k\,l)$, $(h\,\bar{k}\,l)$, $(\bar{h}\,k\,l)$, $(\bar{h}\,\bar{k}\,l)$	$(h\,k\,l)$, $(h\,\bar{k}\,\bar{l})$, $(\bar{k}\,h\,\bar{l})$, $(\bar{h}\,\bar{k}\,l)$	wie C_{2v}; dazu dieselben mit $\bar{l}$ statt l

Tabelle 2 (Fortsetzung).

Symbole	S_4 $\bar{4}$	C_4 4	C_{4h} $\frac{4}{m}$	$D_{2d}(V_d)$ $\bar{4}\,2\,m$
Name nach GROTH	tetragonal disphenoidisch	tetragonal pyramidal	tetragonal dipyramidal	tetragonal skalenoedrisch
Stereograph. Projektion Abb. 19a—22a	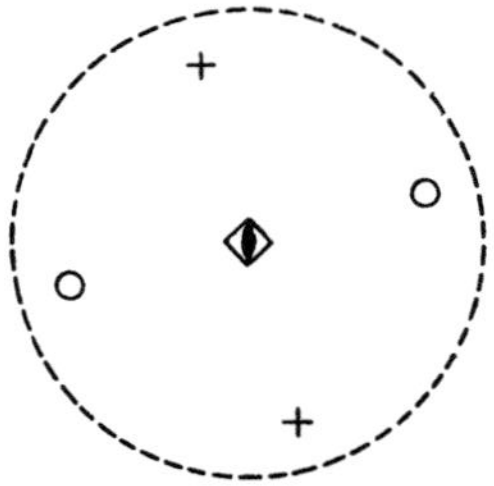	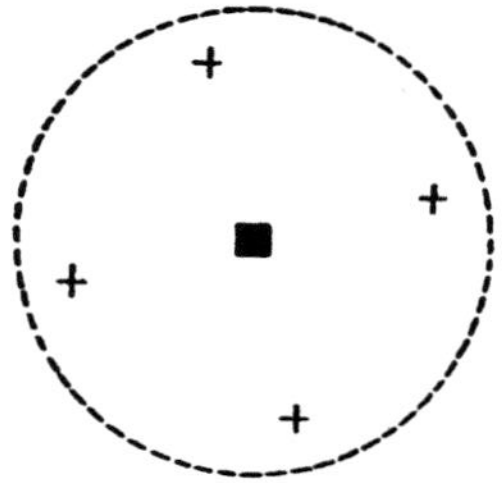	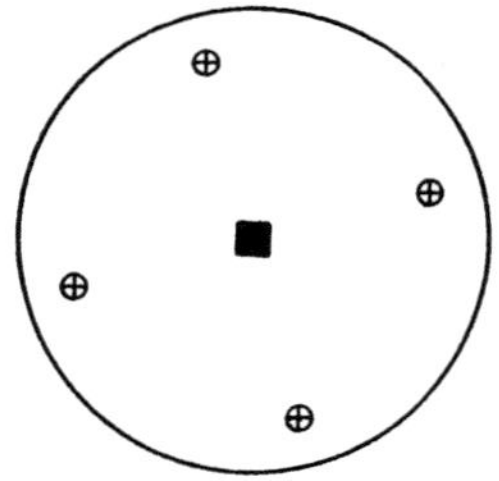	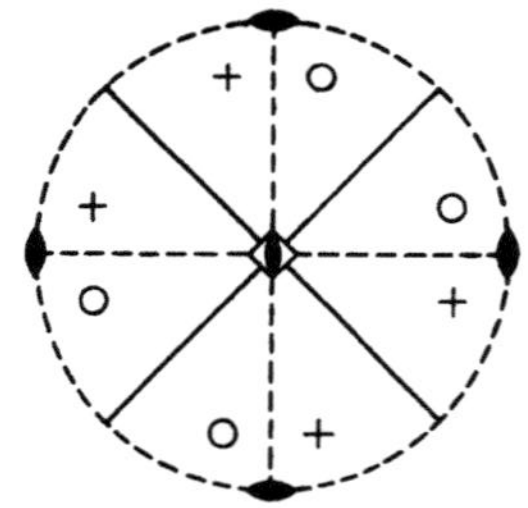
Symmetrieelemente	$\underline{\bar{4}}$, 2^{I}	$\dot{\underline{4}}^{\mathsf{I}}$, $\dot{2}^{\mathsf{I}}$,	$\underline{4}^{\mathsf{I}}$, $\bar{4}$, 2^{I}, $\underline{m}^{\mathsf{I}}$, $\bar{1}$	$\underline{\bar{4}}$, 2^{I}; $\underline{2}^{-}$, m^{I} (je 2 mal)
Anzugeben	$a:c$	wie S_4	wie S_4	wie C_4
Bekannt	$a = b$; $\alpha = \beta = \gamma = 90^\circ$			
Achsenwahl	$c \parallel 2$; $a, b \perp 2$	$c \parallel 4$, a, $b \perp 4$	wie C_4	$c \parallel 2^{\mathsf{I}}$; a, $b \parallel 2^{-}$ (oder m^{I})
Allgemeine Kristallform Abb. 19b—22b	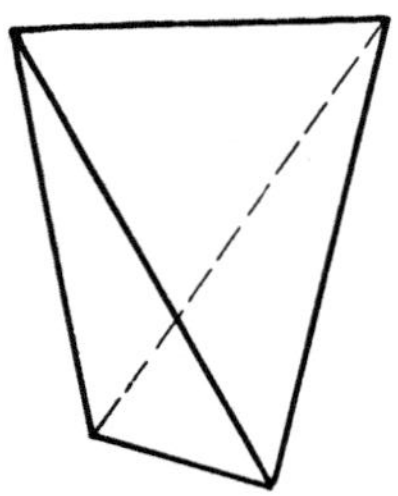	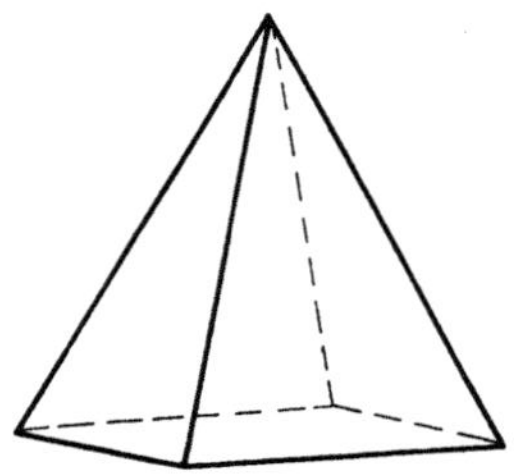	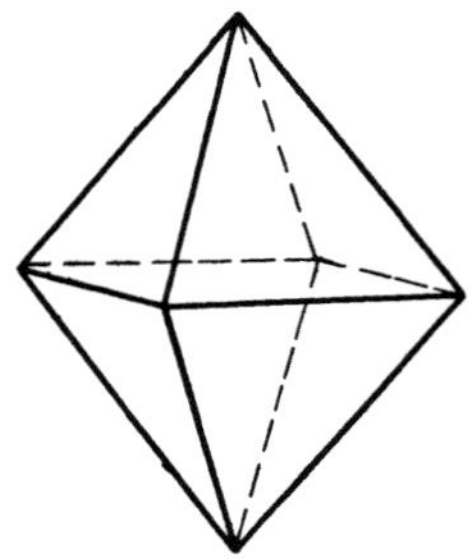	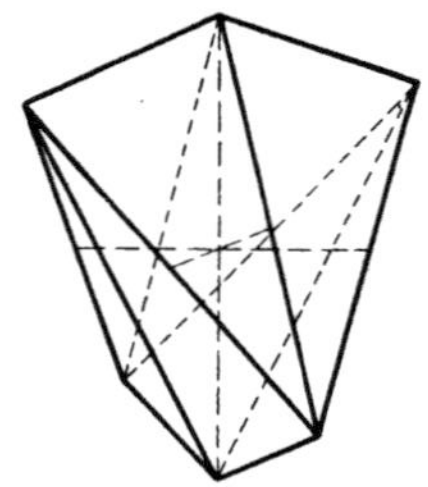
Gleichwertige Flächen	$(h\,k\,l)$ $(k\,\bar{h}\,\bar{l})$, $(\bar{h}\,\bar{k}\,l)$, $(\bar{k}\,h\,\bar{l})$	$(h\,k\,l)$ $(k\,\bar{h}\,l)$ $(\bar{h}\,\bar{k}\,l)$ $(\bar{k}\,h\,l)$	wie C_4, dazu dieselben mit $\bar{l}$ statt l	wie S_4, dazu $(k\,h\,l)$, $(h\,\bar{k}\,\bar{l})$, $(\bar{k}\,\bar{h}\,l)$, $(\bar{h}\,k\,\bar{l})$

Tabelle 2 (Fortsetzung).

Symbole	C_{4v} 4 *m m*	D_4 4 2 2 4 2	D_{4h} $\frac{4}{m}\frac{2}{m}\frac{2}{m}$ 4/*m m m*	C_3 3
Name nach Groth . .	ditetragonal pyramidal	tetragonal trapezoedrisch	ditetragonal dipyramidal	trigonal pyramidal
Stereograph. Projektion Abb. 23a—26a	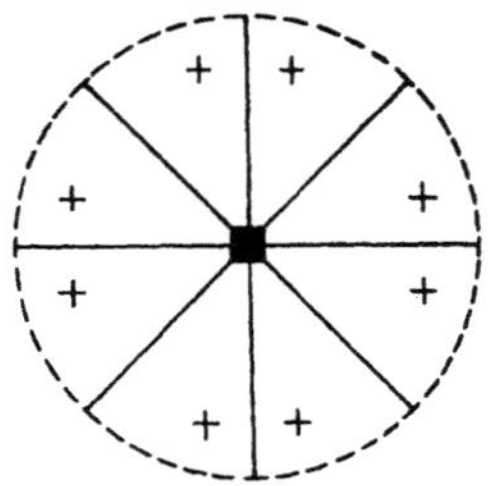	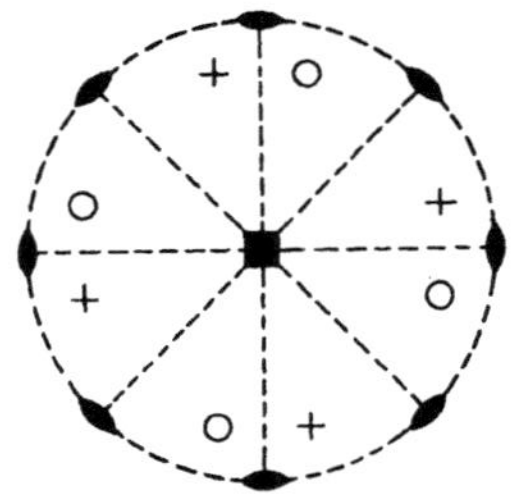	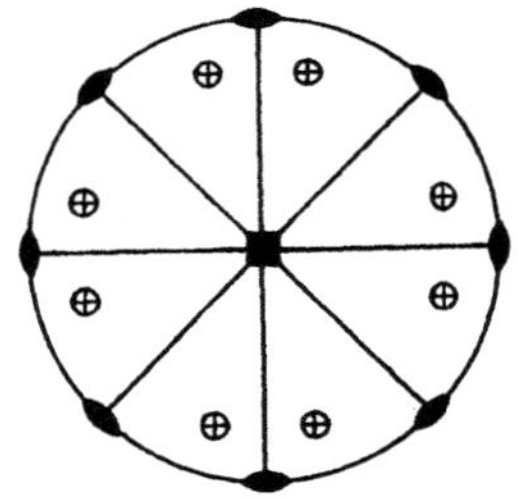	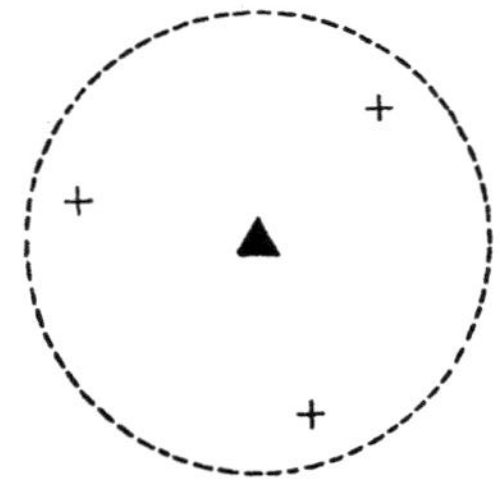
Symmetrieelemente . .	$\dot{4}^{\vert}$, $\dot{2}^{\vert}$; $\underline{m}^{-}$, $\underline{m}^{\vert}$ (je 2 mal)	$\underline{4}^{\vert}$, $2^{\vert}$; $\underline{2}^{-}$, $2^{\vert}$ (je 2 mal)	{ $4^{\vert}$, $\bar{4}$, $2^{\vert}$, $\underline{m}^{\vert}$, $\bar{1}$; 2^{-}, $2^{\vert}$, $\underline{m}^{-}$, $\underline{m}^{\vert}$ (je 2 mal)	$\underline{\dot{3}}$
Anzugeben . . . . . . }	wie C_4	wie C_4	wie C_4	$a_h : c_h$ oder α_r
Bekannt . . . . }				{ $a_h = b_h$; $\alpha_h = \beta_h = 90°$; $\gamma_h = 120°$ oder $a_r = b_r = c_r$; $\alpha_r = \beta_r = \gamma_r$
Achsenwahl	$c \parallel \dot{4}$; $a, b \parallel m$	$c \parallel 4$; $a, b \parallel 2^{-}$	wie D_4	$c_h \parallel \dot{3}$; $a_h, b_h \perp \dot{3}$; $a_r b_r c_r$ bel.
Allgemeine Kristallform Abb. 23b—26b	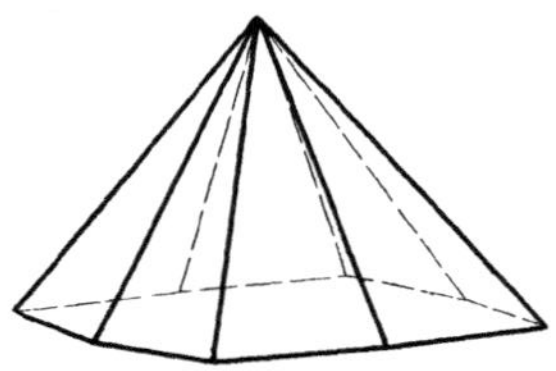	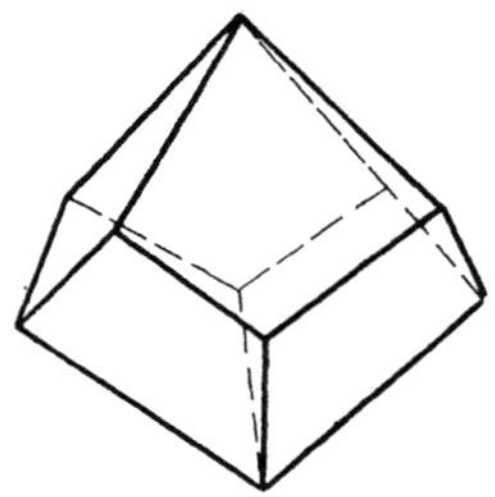	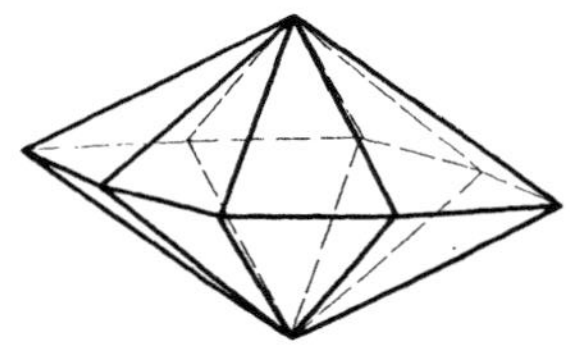	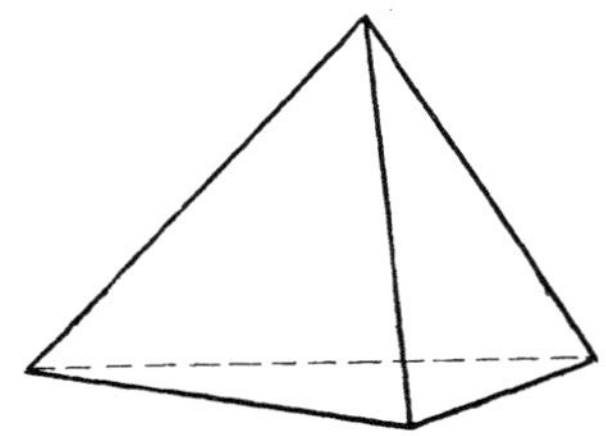
Gleichwertige Flächen {	wie C_4, dazu $(k\,h\,l)$, $(h\,\bar{k}\,l)$, $(\bar{k}\,\bar{h}\,l)$, $(\bar{h}\,k\,l)$	wie C_4, dazu $(k\,h\,\bar{l})$, $(h\,\bar{k}\,\bar{l})$ $(\bar{k}\,\bar{h}\,\bar{l})$, $(\bar{h}\,k\,\bar{l})$	wie C_{4v}, dazu dieselben mit $\bar{l}$ statt l	$(h\,k\,i\,l)$, $(k\,i\,h\,l)$, $(i\,h\,k\,l)$ $h + k + i = 0$

Tabelle 2 (Fortsetzung).

Symbole	$C_{3i}(S_6)$ $\bar{3}$	C_{3v} $3m$	D_3 32	D_{3d} $\bar{3}\frac{2}{m}$ $\bar{3}m$
Name nach GROTH	rhomboedrisch	ditrigonal pyramidal	trigonal trapezoedrisch	ditrigonal skalenoedrisch
Stereograph. Projektion Abb. 27a—30a	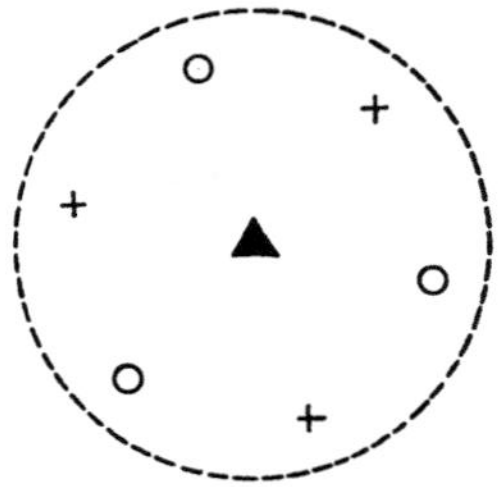	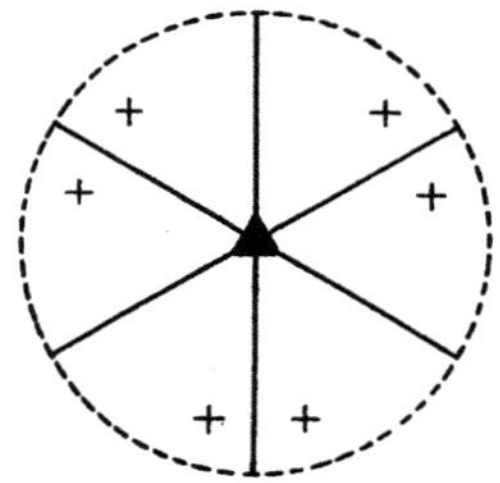	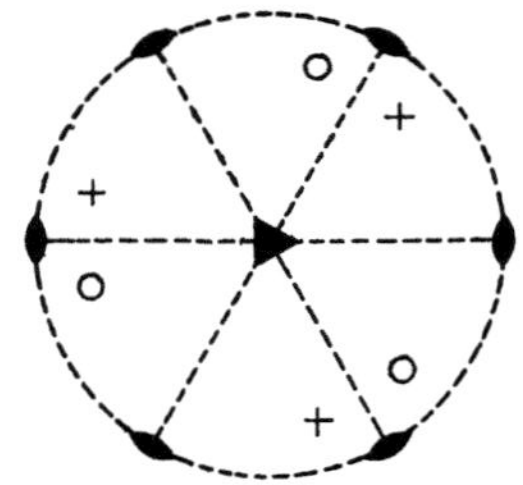	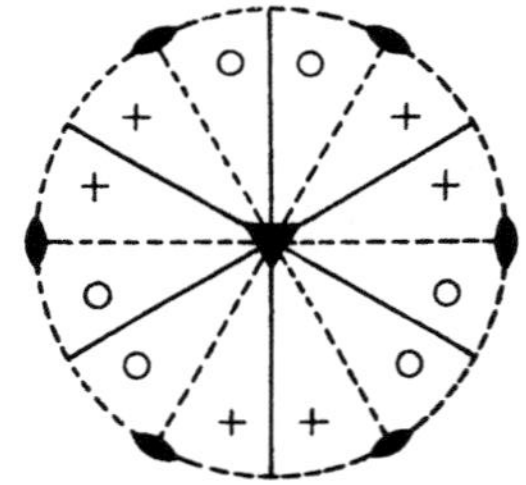
Symmetrieelemente	$\underline{\bar{3}}^{\mid}$, $3^{\mid}$, $\bar{1}$	$\underline{\dot{3}}^{\mid}$; $\underline{m}^{-}$ (3 mal)	$\underline{3}^{\mid}$; $\underline{\dot{2}}^{-}$ (3 mal)	$\underline{\bar{3}}^{\mid}$, $3^{\mid}$, $\bar{1}$; 2^{-}, $\underline{m}^{-}$ (je 3 mal)
Anzugeben	wie C_3	wie C_3	wie C_3	wie C_3
Bekannt	(wie C_3)	(wie C_3)		
Achsenwahl	(wie C_3)	$c_h \parallel \dot{3}$; $a_h, b_h \perp$ oder $\parallel m$; $a_r, b_r, c_r \parallel m$	$c_h \parallel 3$; $a_h, b_h \parallel$ oder $\perp \dot{2}$; $a_r, b_r, c_r \perp 2$	wie bei C_{3v} und D_3
Allgemeine Kristallform Abb. 27b—30b	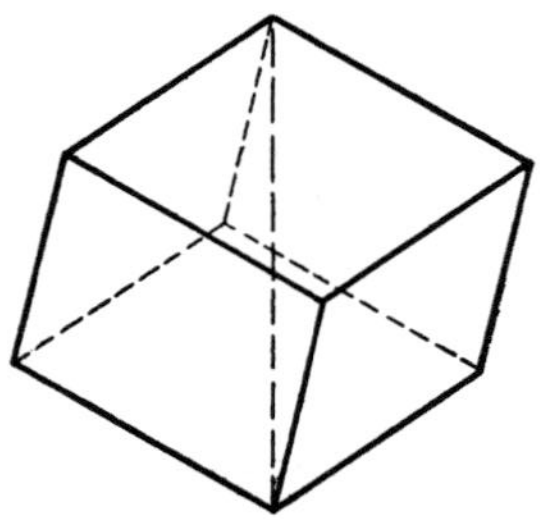	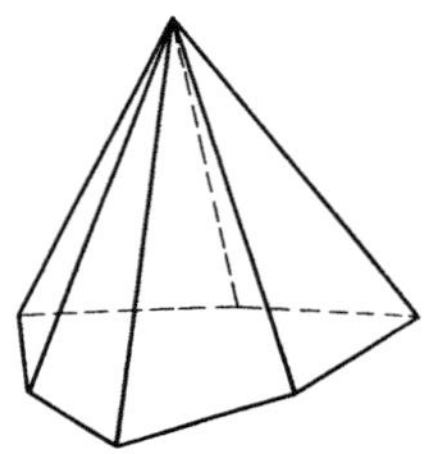	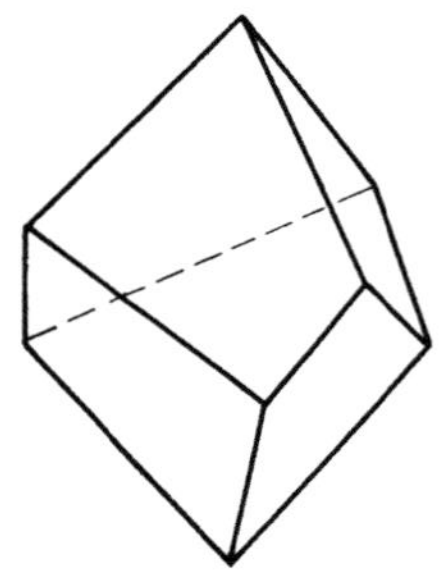	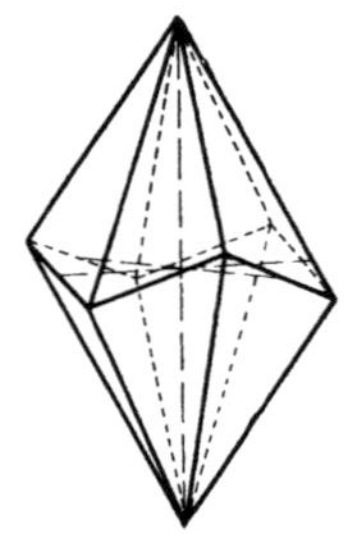
Gleichwertige Flächen	wie C_3, dazu dieselben mit umgekehrten Vorzeichen	wie C_3, dazu $(h\,i\,k\,l)$, $(k\,h\,i\,l)$, $(i\,k\,h\,l)$	wie C_3, dazu $(h\,i\,k\,\bar{l})$, $(k\,h\,i\,\bar{l})$, $(i\,k\,h\,\bar{l})$	wie D_3, dazu dieselben mit umgekehrten Vorzeichen

Tabelle 2 (Fortsetzung).

Symbole	C_{3h} $\bar{6}$	C_6 6	C_{6h} $\frac{6}{m}$	D_{3h} $\bar{6}2m$
Name nach GROTH	trigonal dipyramidal	hexagonal pyramidal	hexagonal dipyramidal	ditrigonal dipyramidal
Stereograph. Projektion Abb. 31a—34a	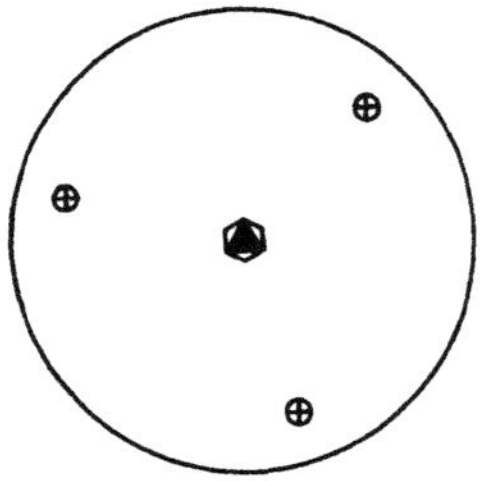	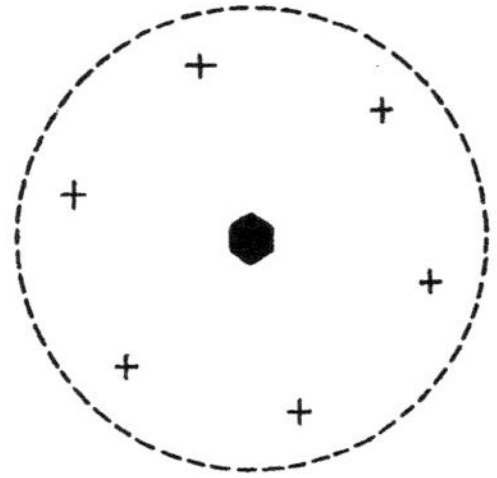	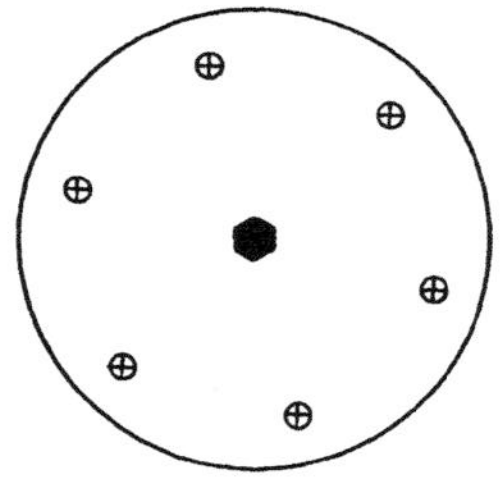	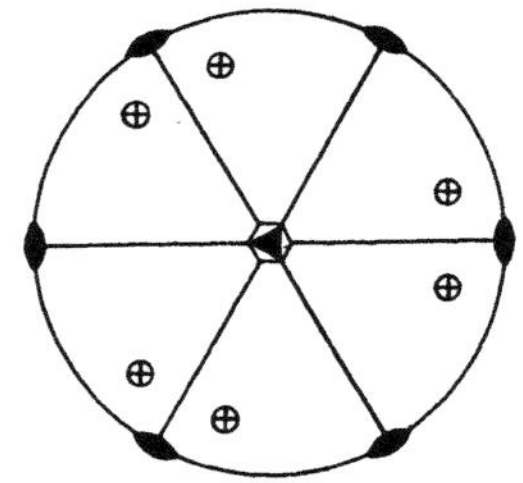
Symmetrieelemente	$\underline{\bar{6}}$, 3^{I}, m^{I}	$\underline{\dot{6}}^{\mathrm{I}}$, $\dot{3}^{\mathrm{I}}$, $\dot{2}^{\mathrm{I}}$	$\underline{6}^{\mathrm{I}}$, $\bar{6}$, $\bar{3}$, 3^{I}, 2^{I}, $\underline{m}^{\mathrm{I}}$, $\bar{1}$	$\underline{\bar{6}}$, 3^{I}, m^{I}; 2^{-}, $\underline{m}^{/}$ (je 3 mal)
Anzugeben	$a:c$	wie C_{3h}	wie C_{3h}	wie C_{3h}
Bekannt	$a=b$; $\alpha=\beta=90°$; $\gamma=120°$			
Achsenwahl	$c \parallel 3$: a, $b \parallel m$	$c \parallel \dot{6}$, a, $b \perp \dot{6}$		$c \parallel 3$; a, $b \parallel 2$ oder $\perp m$
Allgemeine Kristallform Abb. 31b—34b	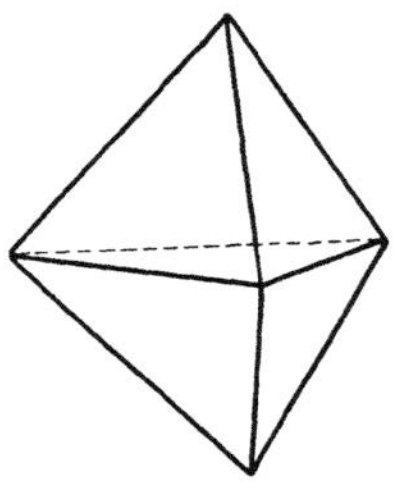	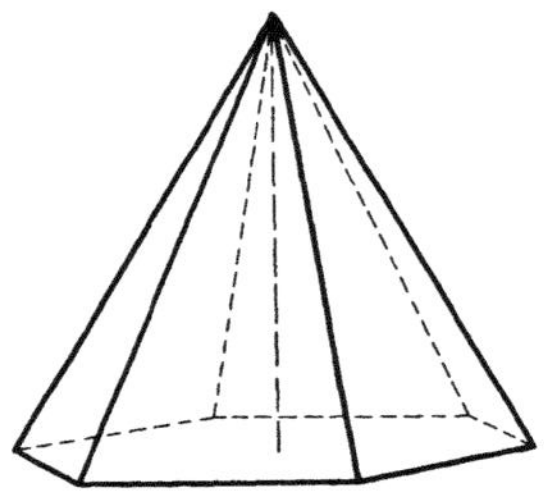	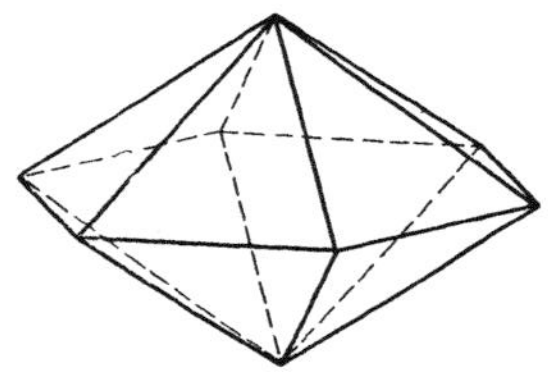	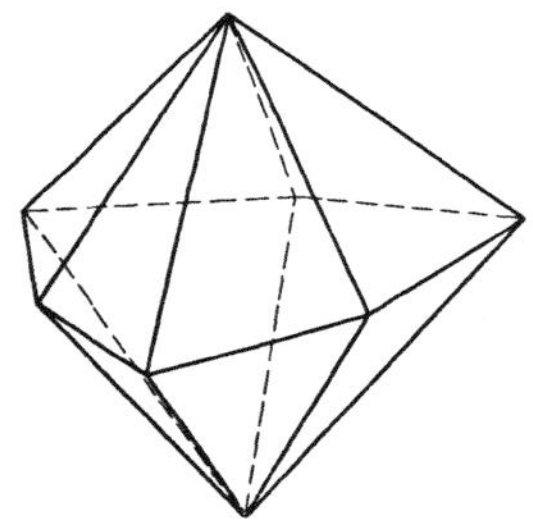
Gleichwertige Flächen	wie C_3, dazu dieselben mit $\bar{l}$ statt l	wie bei C_3, dazu $(\bar{h}\,\bar{k}\,\bar{i}\,l)$, $(\bar{k}\,\bar{i}\,\bar{h}\,l)$, $(\bar{i}\,\bar{h}\,\bar{k}\,l)$	wie bei C_6, dazu dieselben mit $\bar{l}$ statt l	wie bei C_{3v}, dazu dieselben mit $\bar{l}$ statt l

Tabelle 2 (Fortsetzung).

Symbole	C_{6v} $6mm$	D_6 622 62	D_{6h} $\frac{6}{m}\frac{2}{m}\frac{2}{m}$ $6/mmm$	T 23
Name nach GROTH . .	dihexagonal pyramidal	hexagonal trapezoedrisch	dihexagonal dipyramidal	tetraedr. pentagondodekaedr.
Stereograph. Projektion Abb. 35a—38a	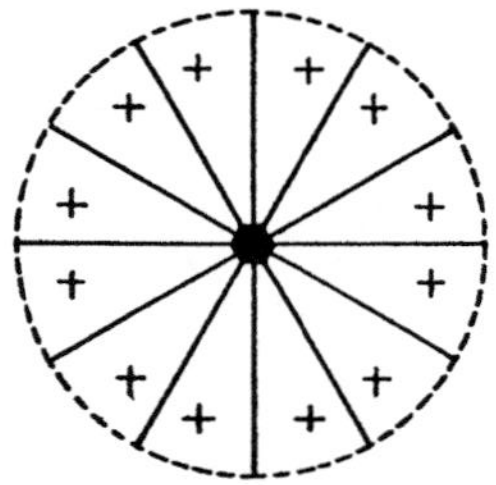	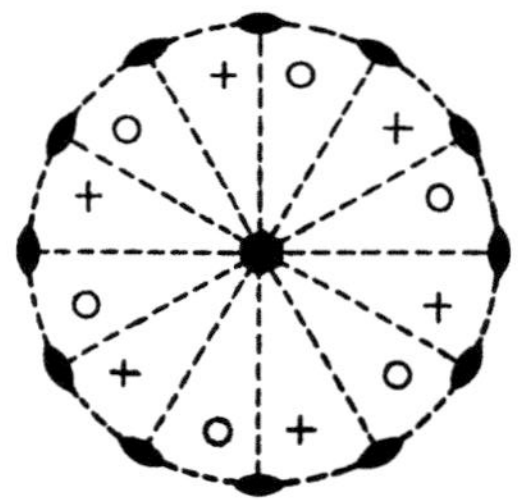	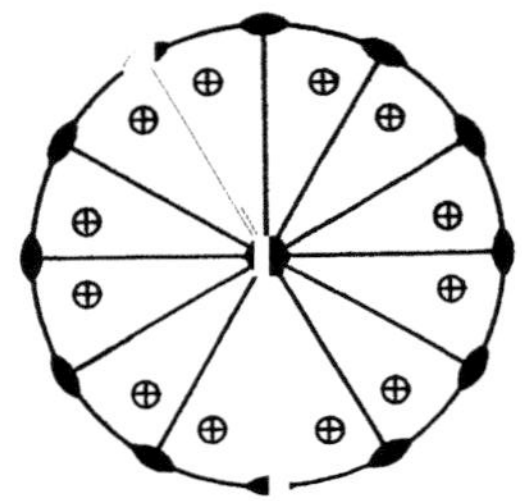	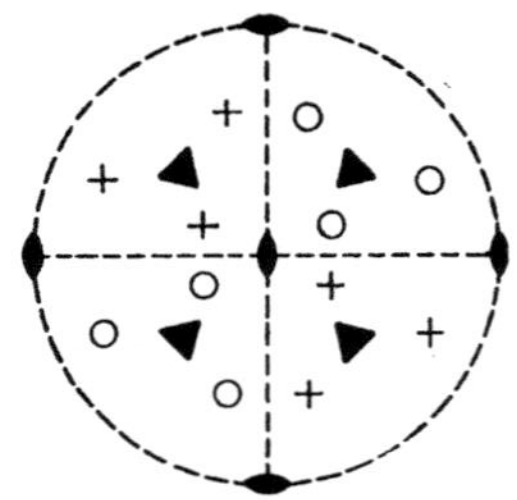
Symmetrieelemente . .	$\dot{6}^{\vert}$, $\dot{3}^{\vert}$, $\dot{2}^{\vert}$; $\underline{m}^{-}$, $\underline{m}^{/}$ (je 3 mal)	$\underline{6}^{\vert}$, $3^{\vert}$, $2^{\vert}$; $\underline{2}^{-}$, $2^{/}$ (je 3 mal)	$6^{\vert}$, $\bar{6}$, $\bar{3}$, $3^{\vert}$, $2^{\vert}$, $\underline{m}^{\vert}$, $\bar{1}$; 2^{-}, $2^{/}$, $\underline{m}^{-}$, $\underline{m}^{/}$ (je 3 mal)	$\underline{2}^{\vert}$ (3 mal); $\dot{\underline{3}}^{/}$ (4 mal)
Anzugeben	wie C_{3h}	wie C_{3h}	wie C_{3h}	—
Bekannt				$a = b = c$; $\alpha = \beta = \gamma = 90°$
Achsenwahl	$c \parallel \dot{6}$; $a, b \perp m^{-}$	$c \parallel 6^{\vert}$; $a, b \parallel 2^{-}$	wie D_6	$a, b, c \parallel 2$
Allgemeine Kristallform Abb. 35b—38b	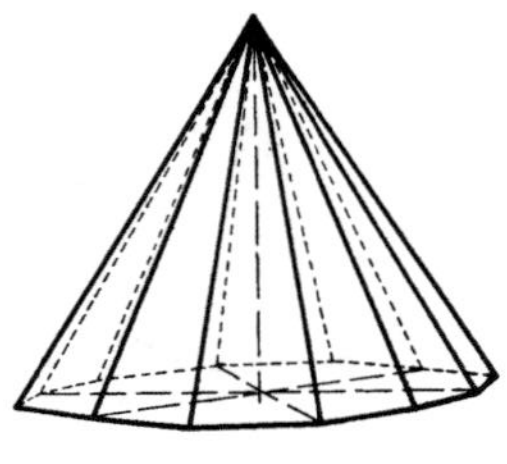	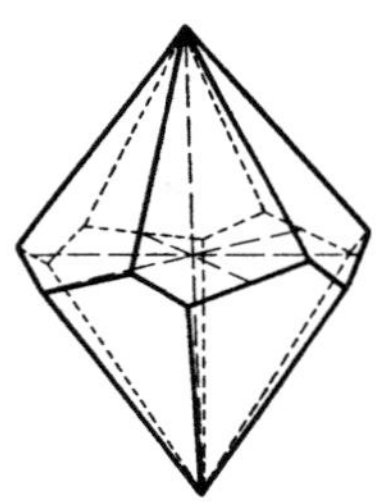	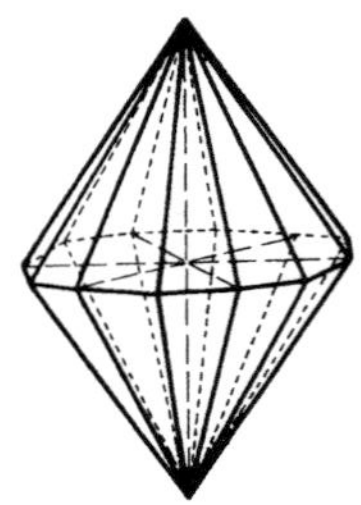	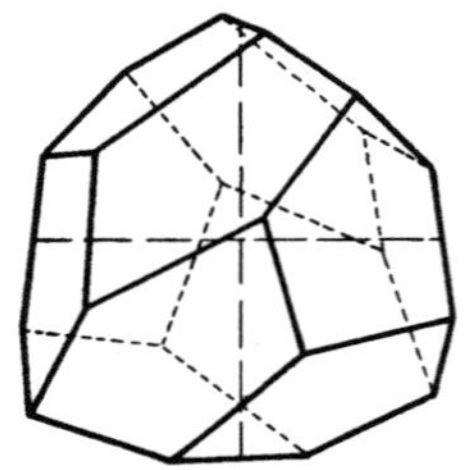
Gleichwertige Flächen	wie bei C_{3v}, dazu dieselben mit $\bar{h}\bar{k}\bar{i}$ statt hki	wie D_3, dazu dieselben mit $\bar{h}\bar{k}\bar{i}$ statt hki	wie C_{6v}, dazu dieselben mit $\bar{l}$ statt l	(hkl) $(h\bar{k}\bar{l})$ $(\bar{h}k\bar{l})$ $(\bar{h}\bar{k}l)$. (klh) $(k\bar{l}\bar{h})$ $(\bar{k}l\bar{h})$ $(\bar{k}\bar{l}h)$ (lhk) $(l\bar{h}\bar{k})$ $(\bar{l}h\bar{k})$ $(\bar{l}\bar{h}k)$

Tabelle 2 (Fortsetzung).

Symbole	$T_h \quad \frac{2}{m}\bar{3} \quad m3$	$T_d \quad \bar{4}3m$	$O \quad 432 \quad 43$	$O_h \quad \frac{4}{m}\bar{3}\frac{2}{m} \quad m3m$
Name nach GROTH . .	dyakisdodekaedrisch	hexakistetraedrisch	pentagonikositetraedrisch	hexakisoktaedrisch
Stereograph. Projektion Abb. 39a—42a	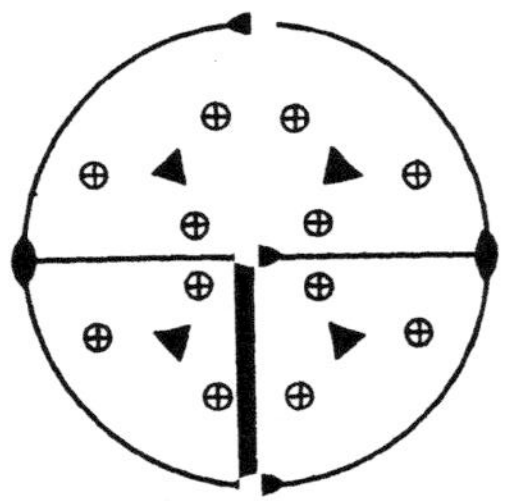	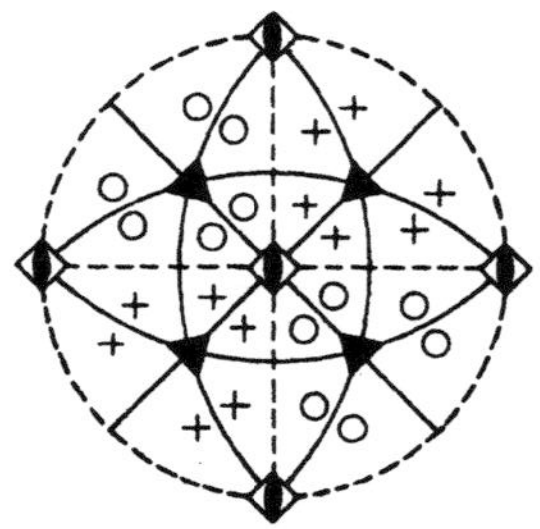	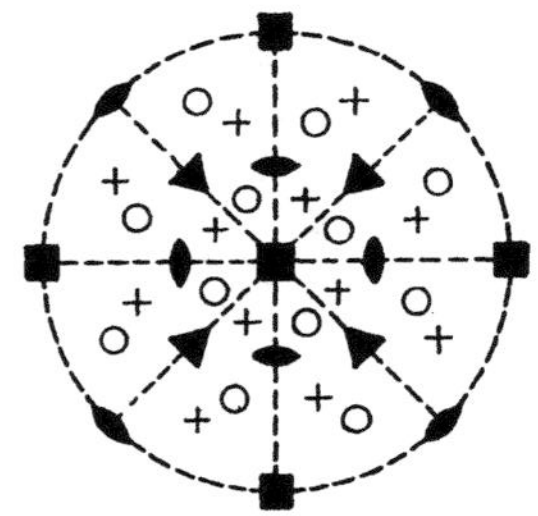	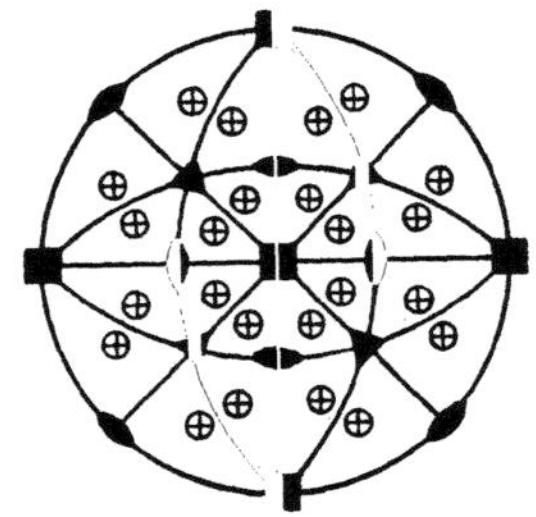
Symmetrieelemente . .	2^{I}, $\underline{m}^{\text{I}}$ (3 mal); $\bar{3}$, $\underline{3}$ (4 mal); $\bar{1}$	$\underline{\bar{4}}$, 2^{I}(3mal); m^{-}(6mal); $\underline{\dot{3}}$(4mal)	$\underline{4}^{\text{I}}$, 2^{I}(3mal); 2^{-}(6mal); $\underline{3}$(4mal)	4^{I}, $\bar{4}$, 2^{I}, $\underline{m}^{\text{I}}$ (3mal); 2^{-}, $\underline{m}^{-}$(6mal); $\bar{3}$, $\underline{3}$ (4mal); $\bar{1}$
Anzugeben	wie T	wie T	wie T	wie T
Bekannt				wie O
Achsenwahl			$a, \ b, \ c \parallel 4$	
Allgemeine Kristallform Abb. 39b—42b	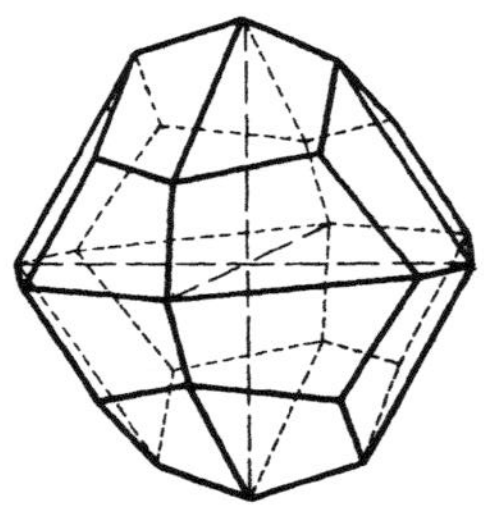	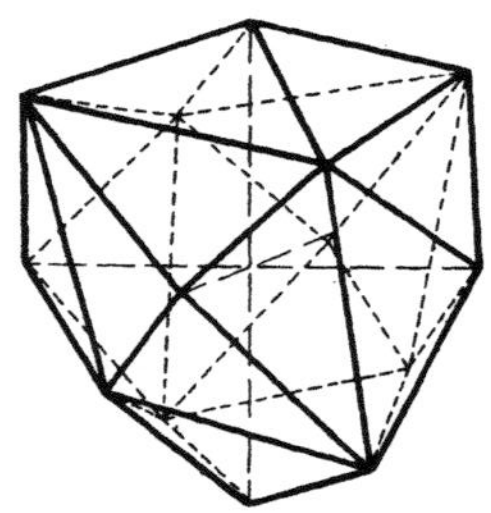	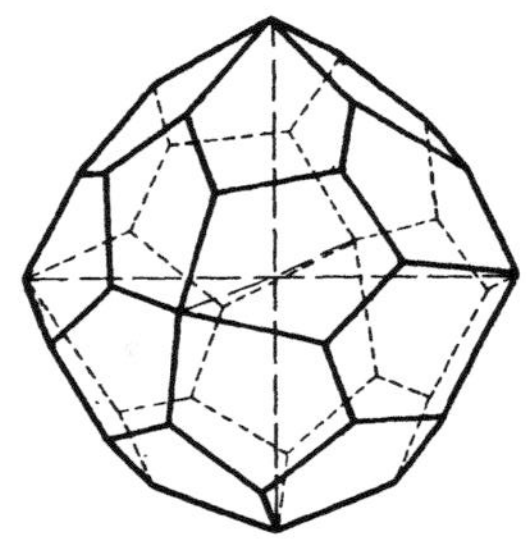	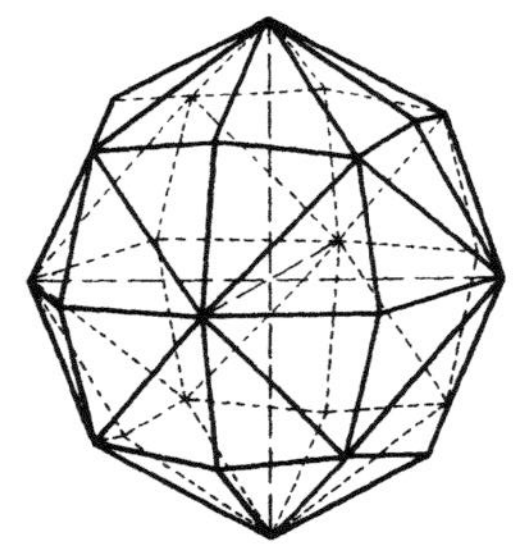
Gleichwertige Flächen	wie T, dazu dieselben mit umgekehrten Vorzeichen	wie T, dazu dieselben mit Vertauschung der beiden letzten Indizes	wie T, dazu: $(\bar{k}\bar{h}\bar{l})$ $(k h \bar{l})$ $(k \bar{h} l)$ $(\bar{k} h l)$ $(\bar{h}\bar{l}\bar{k})$ $(h l \bar{k})$ $(h \bar{l} k)$ $(\bar{h} l k)$ $(\bar{l}\bar{k}\bar{h})$ $(l k \bar{h})$ $(l \bar{k} h)$ $(\bar{l} k h)$	wie O, dazu dieselben mit umgekehrten Vorzeichen

Als Beispiele mögen gelten:

Dichte, spezifische Wärme für Tensoren nullter Stufe, d. h. Skalare. Sie werden von Koordinatentransformationen nicht beeinflußt. Ihre Messung kann daher keinerlei Aufschluß geben über die Kristallsymmetrie.

Pyroelektrizität für Tensoren erster Stufe, d. h. Vektoren. Bei Erwärmung kann ein Körper nur dann ein elektrisches Dipolmoment erhalten, wenn er wenigstens eine polare Richtung hat, die keiner anderen, insbesondere nicht ihrer Gegenrichtung, gleichwertig ist. Pyroelektrizität kann man daher nur beobachten in den Klassen: 1, 2, 3, 4, 6, *m*, *mm*, 3*m*, 4*mm*, 6*mm*. Dabei lassen sich die Klassen 1 und *m* noch dadurch von allen übrigen unterscheiden, daß bei steigender Temperatur die Richtung des Moments nicht erhalten bleiben muß, sondern für 1 mit zwei Freiheitsgraden, für *m* mit einem Freiheitsgrad (in beliebiger Richtung parallel der Spiegelebene) wandern kann. Die übrigen polaren Klassen lassen sich wohl von den nichtpolaren, nicht aber voneinander unterscheiden.

Pyromagnetismus, eine noch nie mit Sicherheit beobachtete Eigenschaft, deren Existenz aber theoretisch wahrscheinlich ist, ist ebenfalls ein Tensor erster Stufe, d. h. ein Vektor, der sich aber in einer Hinsicht wesentlich von dem vorigen Beispiel unterscheidet: Ein magnetisches Dipolmoment verhält sich nicht wie ein *polarer*, sondern wie ein *axialer* Vektor. Es wird besser nicht durch einen Pfeil dargestellt, sondern durch einen Kreis mit definiertem Umlaufssinn. Die Eigenschaft, bei Temperaturänderungen ein magnetisches Moment zu bekommen, wird man also zu suchen haben bei allen Kristallklassen, wo in einer einzigartigen Richtung ein Kreisstrom möglich ist mit einem Umlaufssinn, der dem entgegengesetzten nicht gleichwertig ist. Es sind dies die Klassen:

$$1,\ \bar{1};\ 2,\ m,\ 2/m;\ 3,\ \bar{3};\ 4,\ \bar{4},\ 4/m;\ 6,\ \bar{6},\ 6/m\,.$$

Hierin lassen sich noch 1 und $\bar{1}$ von den übrigen dadurch unterscheiden, daß die Richtung des magnetischen Moments mit der Temperatur beliebig variieren kann, während sie bei den übrigen Klassen festliegt.

Dielektrizitätskonstante und thermische Ausdehnung sind Tensoren zweiter Stufe, deren Symmetrieeigenschaften man sich am besten durch ein Ellipsoid veranschaulicht. Bei der Erwärmung einer aus einem Kristall geschnittenen Kugel wird diese nämlich, da die Ausdehnung von der Richtung abhängt, in erster Näherung sich zu einem Ellipsoid deformieren, und ebenso werden die Endpunkte des Vektors der dielektrischen Verschiebung $\mathfrak{D}$ eine Ellipsoidfläche erfüllen, wenn man dem Feldvektor $\mathfrak{E}$ bei festgehaltener Größe alle möglichen Richtungen gibt. Ersetzt man nun Kristalle aller Klassen durch solche Ellipsoide, die mindestens die Symmetrieelemente der betreffenden Klassen haben, so erkennt man, daß man fünf verschiedene Kristalltypen unterscheiden kann:

1. Im triklinen System ist das Ellipsoid dreiachsig. Die Achsenrichtungen können bei äußeren Einflüssen beliebig variieren.

2. Im monoklinen System ist das Ellipsoid dreiachsig. Eine seiner Achsen fällt mit der monoklinen *b*-Achse zusammen, die anderen sind frei drehbar.

3. Im rhombischen System ist das Ellipsoid noch immer dreiachsig, doch müssen seine drei Achsen stets mit den drei rhombischen Achsenrichtungen zusammenfallen. Ihre Verschiebung durch äußere Einflüsse ist unmöglich.

4. Im tetragonalen, rhomboedrischen und hexagonalen System ist nur noch ein Rotationsellipsoid möglich, dessen Rotationsachse mit der Hauptachse des Kristalles zusammenfällt.

5. Im kubischen System entartet das Ellipsoid zu einer Kugel.

Kristallklassen, die hierbei unter einer Nummer vereinigt werden, lassen sich durch Messungen der Dielektrizitätskonstante oder der thermischen Ausdehnung nicht unterscheiden, es sei denn, daß die Annäherung durch einen Tensor zweiter Stufe nicht mehr ausreichte und man zur Korrektur Tensoren höherer Stufe hinzunehmen müßte. Innerhalb der zugänglichen Temperaturen und elektrischen Felder ist das aber nur äußerst selten der Fall (für die Dielektrizitätskonstante z. B. bei Seignettesalz).

Die gleichen fünf Gruppen, die hier angegeben sind, lassen sich auch für die optische Doppelbrechung unterscheiden, die sich ja mit der MAXWELLschen Theorie vollständig aus der Dielektrizitätskonstante ableiten läßt. Die Gruppen 1, 2, 3 heißen zweiachsig doppelbrechend mit verschiedenen Typen der Dispersion der optischen Achsen, die Gruppe 4 umfaßt die einachsig doppelbrechenden, die Gruppe 5 die optisch isotropen Kristalle.

Optische Aktivität. Die Fähigkeit mancher Kristalle, die Polarisationsebene des Lichtes zu drehen, läßt sich ebenfalls in guter Näherung durch einen Tensor („Gyrationstensor", s. Bd. XXIV/2) zweiter Stufe darstellen, doch ist dieser im Gegensatz zu dem polaren Tensor der Dielektrizitätskonstante axial, d. h. er kehrt beim Übergang von einem Rechts- zu einem Linkskoordinatensystem sein Vorzeichen um. Hier erhält man charakteristische Richtungsabhängigkeiten für die Klassen 1, 2, *m*, 222, *mm*, $\bar{4}$ und $\bar{4}2m$. Die Klassen 3, 4, 6, 32, 42 und 62 zeigen ebenfalls diesen Effekt, lassen sich aber voneinander nach dieser Methode nicht unterscheiden. Das gleiche gilt für die Klassen 23 und 43. Die übrigen Kristallklassen sind nicht optisch aktiv, und zwar solche mit Symmetriezentren keinesfalls, während man bei den anderen den Effekt erwarten kann, wenn man die Meßgenauigkeit so weit treibt, daß die Annäherung durch Tensoren zweiter Stufe nicht mehr ausreicht.

Piezoelektrizität. Die Eigenschaft mancher Kristalle, bei äußerem Druck ein elektrisches Moment zu bekommen, läßt sich durch einen Tensor dritter Stufe beschreiben. Eine genaue Durchrechnung führt zu dem Ergebnis, daß die Richtungsabhängigkeit hier zu unterscheiden gestattet zwischen 17 verschiedenen Gruppen von Kristallklassen. Es lassen sich eindeutig bestimmen die Klassen 1, 2, 3, 222, 32, *m*, *mm*, 3*m*, $\bar{4}$, $\bar{6}$, $\bar{4}2m$, $\bar{6}2m$. Gleiche piezoelektrische Effekte zeigen 4 und 6, 42 und 62, 4*mm* und 6*mm*, 23 und $\bar{4}3m$. Keinen piezoelektrischen Effekt geben die Klassen mit Symmetriezentrum sowie 43 (diese letzte kann aber wieder einen Effekt geben, sowie die Annäherung durch einen Tensor dritter Stufe ungenügend wird).

Elastizität. Die elastische Formveränderung von Kristallen infolge äußerer Spannungen läßt sich, soweit das HOOKEsche Gesetz erfüllt ist, durch einen Tensor vierter Stufe darstellen. Sie erlaubt eine Unterscheidung zwischen den sieben Kristallsystemen, nicht aber zwischen den verschiedenen Klassen des gleichen Systems.

Auch die *Röntgeninterferenzen*, die an sich einen viel zu komplizierten Vorgang darstellen, um eine gewöhnliche Tensorbeschreibung zu erlauben, gestatten doch nicht eine Unterscheidung zwischen allen Kristallklassen. Es gilt nämlich für sie fast stets (vgl. Ziff. 15 ε) der Erfahrungssatz von G. FRIEDEL[1], daß eine Netzebene bei Reflexion an ihrer Vorder- und Rückseite das gleiche Reflexionsvermögen hat. Man kann also für keine Kristallrichtung durch Röntgeninterferenzen entscheiden, ob sie polar ist oder nicht, d. h. die Symmetrie des Röntgenbildes ist immer so hoch, als ob der Kristall zu seinen Symmetrieelementen

[1] G. FRIEDEL, C. R. Bd. 157, S. 1533. 1913.

noch ein Symmetriezentrum hätte. Man kann somit nur die folgenden 11 „*Lauesymmetrien*" unterscheiden:

1.	Die trikline	Lauesymmetrie mit den Klassen	$1, \bar{1}$.
2.	„ monokline	„ „ „ „	$m, 2, 2/m$.
3.	„ rhombische	„ „ „ „	$mm, 222, mmm$.
4.	„ hemitetragonale	„ „ „ „	$\bar{4}, 4, 4/m$.
5.	„ holotetragonale	„ „ „ „	$42m, 4mm, 42, 4/mmm$.
6.	„ hemitrigonale	„ „ „ „	$3, \bar{3}$.
7.	„ holotrigonale	„ „ „ „	$3m, 32, \bar{3}m$.
8.	„ hemihexagonale	„ „ „ „	$\bar{6}, 6, 6/m$.
9.	„ holohexagonale	„ „ „ „	$\bar{6}2m, 6mm, 62, 6/mmm$.
10.	„ hemitesserale	„ „ „ „	$23, m3$.
11.	„ holotesserale	„ „ „ „	$\bar{4}3m, 43, m3m$.

γ) Häufigkeit der Klassen. Unter den kristallographisch untersuchten Stoffen finden sich Beispiele für alle Symmetrieklassen, jedoch in sehr ungleichmäßiger Verteilung. Von den kristallographisch am besten untersuchten Mineralien kristallisiert die Mehrzahl monoklin oder rhombisch. BECKENKAMP[1] gibt folgende Statistik über 565 Minerale:

Triklin	Monoklin	Rhombisch	Rhomboedrisch	Hexagonal	Tetragonal	Kubisch
36	186	155	51	20	32	85

Von diesen kristallisieren holoedrisch 469 = 83%;

in Klassen mit Symmetriezentrum	kristallisieren	498 = 88 %
„ „ „ Spiegelebenen	„	503 = 89 %
„ „ „ nur Achsensymmetrie	„	26 = 4,6%
„ „ „ polaren Achsen	„	45 = 8 %

Es ist nicht gesagt, daß die Auswahl der Mineralien ein ganz richtiges Bild darüber gibt, wie sich *alle* kristallisierten Substanzen einreihen würden. Von den organischen Verbindungen ist bekannt, daß ziemlich wenige kubisch, sehr viele monoklin kristallisieren.

II. Der Kristall als homogenes Diskontinuum.

6. Die BRAVAISschen Raumgitter. α) Historisches. Die bisherigen Ausführungen über Kristalle knüpfen allein an die „makroskopischen" Eigenschaften dieser Körper an, d. h. an die Symmetrie der „Materialkonstanten": Brechungsindex, Wärmeleitfähigkeit, pyroelektrische Erregbarkeit, Wachstumsgeschwindigkeit von Flächen, Flächenwinkel und ähnliche andere, wie sie von der beobachtenden und messenden Physik und Kristallographie ohne Einführung der atomistischen Vorstellungen über den Kristallaufbau festgestellt werden konnten. Es ist wesentlich, sich heute klarzumachen, wieviel sich von diesem sicheren, experimentell gegebenen Standpunkt aus erreichen ließ, der deshalb mit Recht auch weiterhin das Fundament für einen systematischen Aufbau der Kristallographie bleiben kann. Dabei hat es schon in frühesten Zeiten nicht an dem richtigen Gedanken gefehlt, daß die einfachen ganzzahligen Gesetzmäßigkeiten der Kristalle durch die Annahme eines regelmäßigen Aufbaues aus kleinsten Teilchen zu begründen wären. Zuerst ist dieser Gedanke von R. J. HAÜY ausgesprochen worden[2]. Abb. 43 (nach seinem 1803 erschienenen Traité élémentaire de Physique) zeigt die Entstehung des Pentagondodekaeders {210} (= Pyrito-

[1] Zitiert nach P. NIGGLI, Lehrbuch der Mineralogie, S. 71.

[2] Essai d'une Théorie sur la structure des Crystaux . . . par M. l'Abbé HAÜY, de l'Acad. roy. des sciences, Professeur d'Humanités dans l'Université de Paris. Paris 1784.

eder, weil häufig Pyrit FeS_2 so wächst) aus den Annahmen kubischer ,,Moleküle'' (*molécules intégrantes*), eines rein kubischen *Kristall,,kernes''* und eines einfachen ,,*Dekreszenzgesetzes''*: daß nämlich das Verhältnis von Höhe zu Breite der Stufen, die durch die ,,Dekreszenz'' entstehen, wie 2 : 1 ist. (Eine fertige Pentagonfläche ist $OpqIt$.)

Man sieht, wie in dieser HAÜYschen Vorstellung der richtige Kern einer Erklärung der rationalen Flächenstellung durch Vorbildung gleicher Abstände noch vermischt ist mit unnötig komplizierten Annahmen über die Art dieser Vorbildung. Die Vorstellung von der regelmäßigen Lagerung der Moleküle im Kristall gewann aber an Boden und wurde z. B. von CAUCHY in berühmten Abhandlungen[1] zur Grundlage einer Theorie der Elastizität der Kristalle genommen, die ein direkter Vorläufer der heutigen Gitterdynamik (s. Kap. 4 in Band XXIV/2) ist. In dieser und anderen Abhandlungen zur Elastizitätstheorie wurden die Moleküle als punktförmige Kraftzentren angesehen, ähnlich wie in der NEWTONschen Himmelsmechanik die Weltkörper. Vielleicht ist es dem Einfluß dieser physikalischen Arbeiten zu verdanken, daß die HAÜYsche Vorstellung von der Gestalt der ,,molécules intégrantes'' verschwand. Die erste systematische Untersuchung über die ,,homogenen Discontinua'', die sich mit punktförmigen Molekeln aufbauen lassen, stammt von BRAVAIS[2] (1849). Seine 14 Anordnungstypen (Raumgitter) bilden die Grundlage für die heutige Strukturtheorie und seien deshalb ausführlich besprochen.

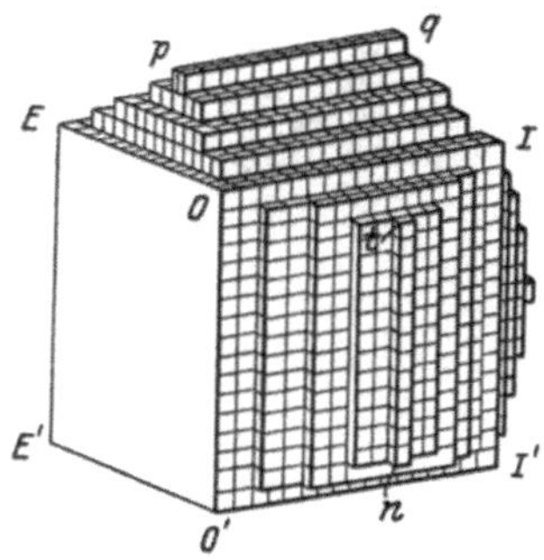

Abb. 43. Dekreszenzgesetz nach HAÜY.

β) Homogenes Diskontinuum. Bravaisgitter. Der Charakter des ,,*Diskontinuums''* besteht in der räumlichen Trennung der Kristallbausteine, wir nennen sie kurz Atome. Die ,,*Homogenität''* des Diskontinuums ihrerseits verlangt, daß ein physikalisches Volumelement des Kristalls — viele Atome enthaltend — ganz gleich ausfällt, einerlei an welcher Stelle des Kristalls es entnommen wird. Unter anderem muß deshalb der Aufbau nach allen Richtungen hin beliebig weit fortsetzbar sein, eine Forderung, die durch die Fähigkeit der Kristalle, regelmäßig weiterzuwachsen, physikalisch notwendig ist. Am einfachsten läßt sich diesen beiden Forderungen durch ein ,,*einfaches Translationsgitter''* genügen, d. h. ein Gitter, das aus einem *Ausgangsatom* (*Konstruktionsatom, einatomige oder einfache Basis oder Stammfigur*) entsteht, wenn man es nach drei (nichtkomplanaren) *Achsenvektoren* oder *Translationen* $\mathfrak{a}_i$ ($i = 1, 2, 3$) sich selbst parallel wiederholt (Abb. 44). Über die Beschaffenheit des Ausgangsatoms ist hierbei zunächst nichts vorausgesetzt. Doch wollen wir der Übersichtlichkeit halber erst an kleine kugelförmige Atome denken und nachher sehen, welchen Einfluß diese Annahme hat.

In Abb. 44 sind die kugelförmigen Atome gemäß drei *willkürlich* angenommenen Achsen wiederholt. Diese Achsen entsprechen dem Achsenkreuz eines triklinen Kristalls. Es ist offenbar, daß man gewisse Symmetrien in die Atomanordnung bringen kann, indem man die Achsen spezialisiert. BRAVAIS erkannte, *daß im ganzen 14 verschiedene Typen von Translationen zu unterscheiden sind* und daß unter Umständen Symmetrien in der Anordnung entstehen, die

[1] A. L. CAUCHY, Exercices de mathém. 1827.

[2] A. BRAVAIS, Abhandlungen über die Systeme von regelmäßig auf einer Ebene oder im Raume verteilten Punkten. 1848. Ostwalds Klassiker Nr. 90.

man den Achsen nicht ohne weiteres ansieht. Die 14 Typen sind in Tabelle 3 aufgezeichnet. Um die Winkelverhältnisse deutlicher hervortreten zu lassen, sind die Raumgitter auf *quadratische* Bretter gestellt. Bei den Abbildungen finden sich die SCHOENFLIESschen Symbole $\Gamma_{..}^{..}$ der Gitter und die Angaben, die zur Festlegung der Achsen nötig sind. Im allgemeinsten triklinen Fall sind dies drei Achsenlängen $|\mathfrak{a}_i|$ und drei Achsenneigungen, die aus $(\mathfrak{a}_i \mathfrak{a}_k) = |\mathfrak{a}_i| |\mathfrak{a}_k| \cos\alpha_{ik}$ entnommen werden können. Bei den kubischen Gittern reduzieren sich diese sechs Angaben auf eine einzige (Achsenlänge). Unter den Raumgittern sind neun, deren Achsen man sofort die Symmetrie des Gitters ansieht[1]. Es empfiehlt sich bei vielen Raumgittern, sie *nicht* als einfache Gitter mit den zugehörigen schiefwinkligen Translationen $\mathfrak{a}_i$, sondern als Zusammensetzung von Gittern mit Translationen $\mathfrak{A}_i$ aufzufassen (z. B. das körperzentrierte kubische aus zwei einfachen kubischen aufzubauen). In diesem Fall muß die „*Basis*" angegeben werden. In der Elementarzelle liegen dann mehrere völlig gleichwertige Gitterpunkte. Eine solche Zelle nennt man „*mehrfach-primitiv*". Die Transformationsformeln von den $\mathfrak{a}_i$ zu den $\mathfrak{A}_i$ und umgekehrt sind angegeben.

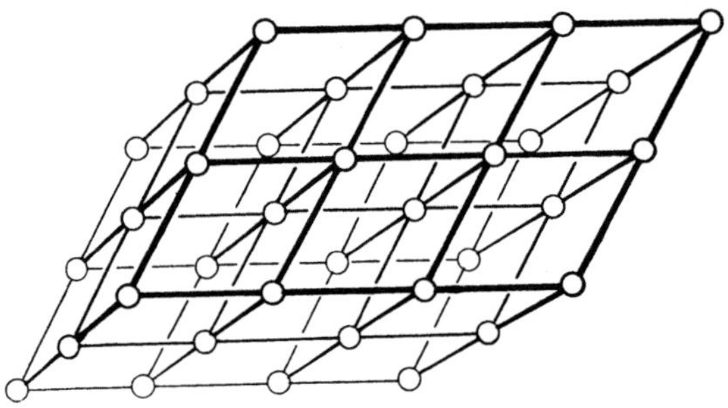

Abb. 44. Einfaches Raumgitter.

Die Strecken $\overrightarrow{01}$, $\overrightarrow{02}$, $\overrightarrow{03}$ bzw. $\overrightarrow{0c}$ in den Abbildungen geben diejenigen Achsen $\mathfrak{A}_i$, bei denen das Gitter als einfaches Gitter erscheint. Auf diese Zelle bezieht sich auch die Angabe des Volumens.

Das hexagonale Raumgitter läßt sich als Ineinanderstellung von rhomboedrischen, das rhomboedrische als hexagonales mit Basis ansehen. Daher ist bei diesen Gittern eine doppelte Beschreibung angegeben, die oft nützlich ist. Die beiden Abb. 59 und 60 beziehen sich auf diesen Zusammenhang[2].

---

[1] Nämlich außer den sieben in Tabelle 3 mit ungestrichenem Γ bezeichneten noch Γ_o'' und Γ_m''.

[2] Bei den tetragonalen Gittern ist die Lage der $\mathfrak{A}$-Achsen nicht ohne weiteres durch die äußere Kristallform bestimmt, sondern es bleibt die Wahl zwischen zwei Achsenkreuzen, die durch Drehung um die Hauptachse um 45° auseinander hervorgehen. Je nachdem, auf welches Achsenkreuz $\mathfrak{A}_i$ man sich bezieht, erscheint die Basis von Γ_t einfach oder doppelt, die von Γ_t' doppelt oder vierfach primitiv. Oft wählt man das kristallographische Achsenkreuz so, daß sich das Achsenverhältnis möglichst wenig vom kubischen unterscheidet; aber es ist nicht gesagt, daß dies für Strukturzwecke das Günstigste ist. Transformationen analog denen, die bei Γ_c' und Γ_c'' in Tabelle 3 gegeben sind, gestatten ohne Mühe von orthogonalen zu diagonalen Achsen überzugehen und umgekehrt. Ähnlich können bei dem hexagonalen Raumgitter die drei „Nebenachsen" um 30° in ihrer Ebene gedreht werden („Zwischenachsen"), wodurch die Zelle dreifach primitiv wird.

Tabelle 3 (mit Abb. 45—58).

Bravaisgitter.

I. Kubische Bravaisgitter.

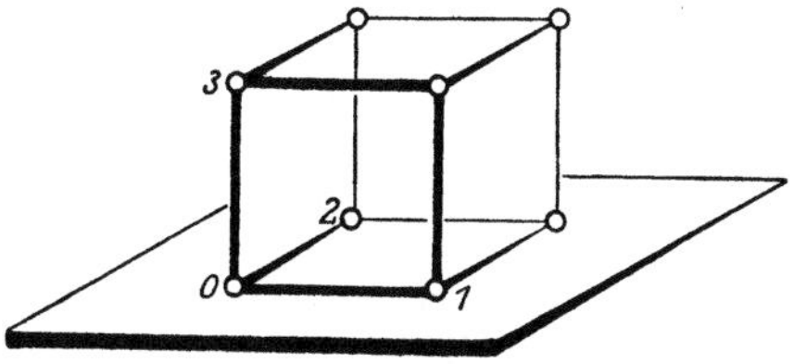

Abb. 45. Γ_c.

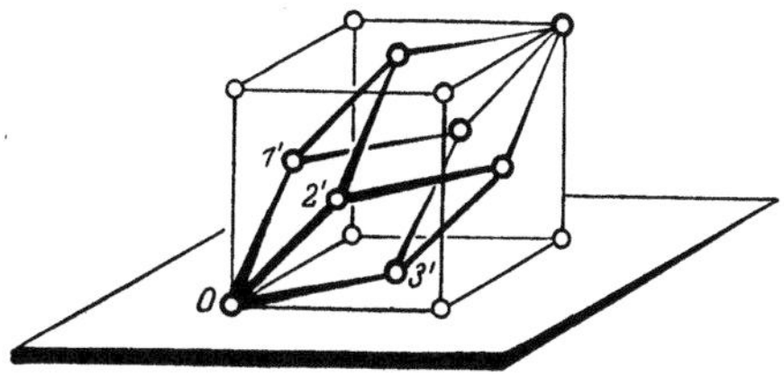

Abb. 46. Γ_c'.

1. Γ_c, *kubisches einfach primitives Gitter* (Abb. 45).

Achsen: $\mathfrak{A}_1, \mathfrak{A}_2, \mathfrak{A}_3 = (0\,1,\ 0\,2,\ 0\,3)$.

Bekannt: $\mathfrak{A}_1^2 = \mathfrak{A}_2^2 = \mathfrak{A}_3^2$; $(\mathfrak{A}_2\mathfrak{A}_3) = (\mathfrak{A}_3\mathfrak{A}_1) = (\mathfrak{A}_1\mathfrak{A}_2) = 0$,

anzugeben: $\mathfrak{A}_1^2$.

Volumen der Elementarzelle: $V = |\mathfrak{A}|^3$.

2. Γ_c', *kubisches flächenzentriertes Gitter* (Abb. 46).

$$\Gamma_c \text{ mit Basis: } (0\,0\,0,\ 0\tfrac{1}{2}\tfrac{1}{2},\ \tfrac{1}{2}0\tfrac{1}{2},\ \tfrac{1}{2}\tfrac{1}{2}0)\,.$$

$$\mathfrak{a}_1' = \tfrac{1}{2}(\mathfrak{A}_2 + \mathfrak{A}_3)\,; \quad \mathfrak{a}_2' = \tfrac{1}{2}(\mathfrak{A}_3 + \mathfrak{A}_1)\,; \quad \mathfrak{a}_3' = \tfrac{1}{2}(\mathfrak{A}_1 + \mathfrak{A}_2)\,.$$

$$\mathfrak{A}_1 = -\mathfrak{a}_1' + \mathfrak{a}_2' + \mathfrak{a}_3'\,; \quad \mathfrak{A}_2 = \mathfrak{a}_1' - \mathfrak{a}_2' + \mathfrak{a}_3'\,; \quad \mathfrak{A}_3 = \mathfrak{a}_1' + \mathfrak{a}_2' - \mathfrak{a}_3'\,.$$

Bekannt: $\mathfrak{a}_1'^2 = \mathfrak{a}_2'^2 = \mathfrak{a}_3'^2 = 2(\mathfrak{a}_2'\mathfrak{a}_3') = 2(\mathfrak{a}_1'\mathfrak{a}_3') = 2(\mathfrak{a}_1'\mathfrak{a}_2')$,

anzugeben: $\mathfrak{a}_1'^2$ (oder $\mathfrak{A}_1^2$).

Volumen der Elementarzelle: $v' = \frac{1}{4}V$.

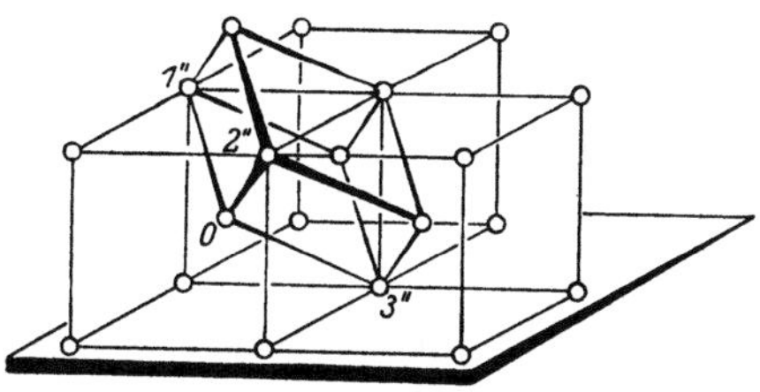

Abb. 47. Γ_c''.

3. Γ_c'', *kubisches innenzentriertes Gitter* (Abb. 47).

$$\Gamma_c \text{ mit Basis: } (0\,0\,0,\ \tfrac{1}{2}\tfrac{1}{2}\tfrac{1}{2})\,.$$

$$\mathfrak{a}_1'' = \tfrac{1}{2}(-\mathfrak{A}_1 + \mathfrak{A}_2 + \mathfrak{A}_3)\,; \quad \mathfrak{a}_2'' = \tfrac{1}{2}(\mathfrak{A}_1 - \mathfrak{A}_2 + \mathfrak{A}_3)\,; \quad \mathfrak{a}_3'' = \tfrac{1}{2}(\mathfrak{A}_1 + \mathfrak{A}_2 - \mathfrak{A}_3)\,.$$

$$\mathfrak{A}_1 = \mathfrak{a}_2'' + \mathfrak{a}_3''\,; \quad \mathfrak{A}_2 = \mathfrak{a}_3'' + \mathfrak{a}_1''\,; \quad \mathfrak{A}_3 = \mathfrak{a}_1'' + \mathfrak{a}_2''\,.$$

Bekannt: $\mathfrak{a}_1''^2 = \mathfrak{a}_2''^2 = \mathfrak{a}_3''^2 = -3(\mathfrak{a}_2''\mathfrak{a}_3'') = -3(\mathfrak{a}_3''\mathfrak{a}_1'') = -3(\mathfrak{a}_1''\mathfrak{a}_2'')$,

anzugeben: $\mathfrak{a}_1''^2$ (oder $\mathfrak{A}_1^2$).

Volumen der Elementarzelle: $v'' = \frac{1}{2}V$.

II. Hexagonale und rhomboedrische Bravaisgitter.

Vorbemerkung. Die beiden Gitter Γ_h und Γ_{rh} lassen sich je auf hexagonale Achsen gemäß Abb. 48 oder auf rhomboedrische Achsen gemäß Abb. 49 beziehen. Für die Transformation dienen Abb. 59 und 60 (S. 241).

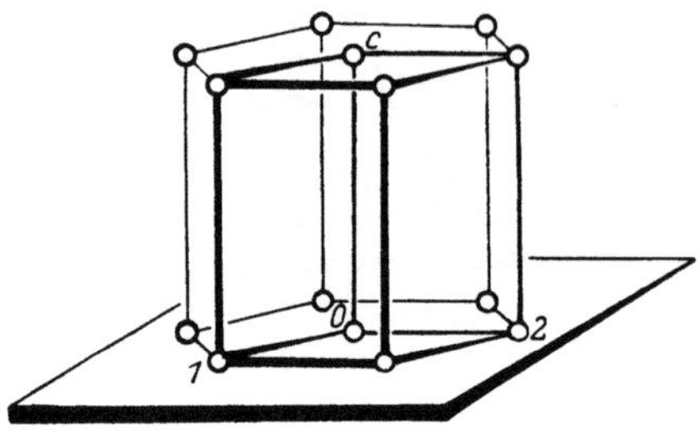

Abb. 48. Γ_h.

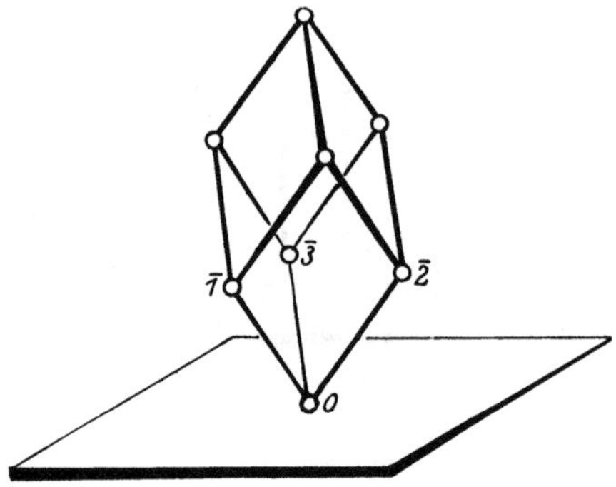

Abb. 49. Γ_{rh}.

1. Γ_h, *hexagonales Gitter*. a) Hexagonales Gitter, bezogen auf hexagonale Achsen (Abb. 48).

Achsen: $\mathfrak{A}_1, \mathfrak{A}_2, \mathfrak{A}_3 = (0\,1,\ 0\,2,\ 0\,c)$.

Bekannt: $\mathfrak{A}_1^2 = \mathfrak{A}_2^2 = -2(\mathfrak{A}_1\mathfrak{A}_2)$; $(\mathfrak{A}_1\mathfrak{A}_c) = (\mathfrak{A}_2\mathfrak{A}_c) = 0$, anzugeben: $\mathfrak{A}_1^2$, $\mathfrak{A}_c^2$.

Um die Symmetrie hervortreten zu lassen, kann in der Ebene $\mathfrak{A}_1\mathfrak{A}_2$ ein weiterer Achsenvektor $\mathfrak{A}_3 = -\mathfrak{A}_1 - \mathfrak{A}_2$ eingeführt werden.

Volumen der Elementarzelle: $V = \frac{1}{2}\sqrt{3}\,|\mathfrak{A}_1|^2\,|\mathfrak{A}_c|$.

b) Hexagonales Gitter, bezogen auf rhomboedrische Achsen (vgl. Abb. 60). Γ_{rh} mit Basis: $(0\,0\,0,\ \frac{1}{3}\frac{1}{3}\frac{1}{3},\ \frac{2}{3}\frac{2}{3}\frac{2}{3})$.

$\mathfrak{A}_1 = -\mathfrak{a}_1 + \mathfrak{a}_c$; $\quad \mathfrak{A}_2 = -\mathfrak{a}_2 + \mathfrak{a}_c$; $\quad \mathfrak{A}_3 = \mathfrak{a}_1 + \mathfrak{a}_2 + \mathfrak{a}_c$,

$\mathfrak{a}_1 = \frac{1}{3}(-2\mathfrak{A}_1 + \mathfrak{A}_2 + \mathfrak{A}_3)$; $\quad \mathfrak{a}_2 = \frac{1}{3}(\mathfrak{A}_1 - 2\mathfrak{A}_2 + \mathfrak{A}_3)$; $\quad \mathfrak{a}_c = \frac{1}{3}(\mathfrak{A}_1 + \mathfrak{A}_2 + \mathfrak{A}_3)$.

Bekannt: $\mathfrak{a}_1^2 = \mathfrak{a}_2^2 = -2(\mathfrak{a}_1\mathfrak{a}_2)$; $(\mathfrak{a}_1\mathfrak{a}_c) = (\mathfrak{a}_2\mathfrak{a}_c) = 0$, anzugeben: $\mathfrak{a}_1^2$, $\mathfrak{a}_c^2$.

Volumen der Elementarzelle: $v = \frac{1}{3}V$.

2. Γ_{rh}, *rhomboedrisches Gitter*. a) Rhomboedrisches Gitter, bezogen auf rhomboedrische Achsen (Abb. 49).

Achsen: $\mathfrak{A}_1, \mathfrak{A}_2, \mathfrak{A}_3 = (0\,\bar{1},\ 0\,\bar{2},\ 0\,\bar{3})$.

Bekannt: $\mathfrak{A}_1^2 = \mathfrak{A}_2^2 = \mathfrak{A}_3^2$; $(\mathfrak{A}_2\mathfrak{A}_3) = (\mathfrak{A}_3\mathfrak{A}_1) = (\mathfrak{A}_1\mathfrak{A}_2)$, anzugeben: $\mathfrak{A}_1^2$; $(\mathfrak{A}_2\mathfrak{A}_3)$.

Volumen der Elementarzelle: $V = [\mathfrak{A}_1^2 - (\mathfrak{A}_2\mathfrak{A}_3)]\sqrt{\mathfrak{A}_1^2 + 2(\mathfrak{A}_2\mathfrak{A}_3)}$.

b) Rhomboedrisches Gitter, bezogen auf hexagonale Achsen (vgl. Abb. 59). Γ_h mit Basis: $(0\,0\,0,\ \frac{2}{3}\frac{1}{3}\frac{1}{3},\ \frac{1}{3}\frac{2}{3}\frac{2}{3})$.

Aus der Abb. 59 erkennt man leicht die Beziehungen:

$$\mathfrak{A}_1 = \mathfrak{a}_2 - \mathfrak{a}_3;\quad \mathfrak{A}_2 = -\mathfrak{a}_1 + \mathfrak{a}_3;\quad \mathfrak{A}_c = \mathfrak{a}_1 + \mathfrak{a}_2 + \mathfrak{a}_3.$$

Daraus folgt:

$\mathfrak{a}_1 = \frac{1}{3}(-\mathfrak{A}_1 - 2\mathfrak{A}_2 + \mathfrak{A}_c)$; $\quad \mathfrak{a}_2 = \frac{1}{3}(2\mathfrak{A}_1 + \mathfrak{A}_2 + \mathfrak{A}_c)$; $\quad \mathfrak{a}_3 = \frac{1}{3}(-\mathfrak{A}_1 + \mathfrak{A}_2 + \mathfrak{A}_c)$.

Bekannt: $\mathfrak{a}_1^2 = \mathfrak{a}_2^2 = \mathfrak{a}_3^2$; $(\mathfrak{a}_2\mathfrak{a}_3) = (\mathfrak{a}_3\mathfrak{a}_1) = (\mathfrak{a}_1\mathfrak{a}_2)$, anzugeben: $\mathfrak{a}_1^2$; $(\mathfrak{a}_2\mathfrak{a}_3)$.

Volumen der Elementarzelle: $v = \frac{1}{3}V$.

III. Tetragonale Bravaisgitter.

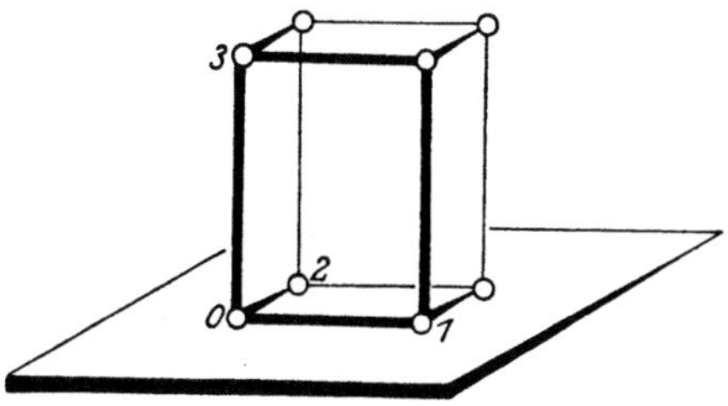

Abb. 50. Γ_t.

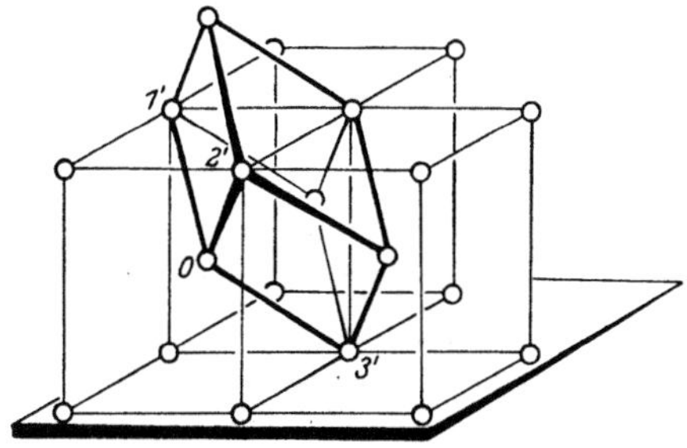

Abb. 51. Γ_t'.

1. Γ_t, *einfaches tetragonales Gitter* (SCHOENFLIES: Γ_q) (Abb. 50).

Achsen: $\mathfrak{A}_1, \mathfrak{A}_2, \mathfrak{A}_3 = (0\,1,\ 0\,2,\ 0\,3)$.

Bekannt: $\mathfrak{A}_1^2 = \mathfrak{A}_2^2;\quad (\mathfrak{A}_1\mathfrak{A}_2) = (\mathfrak{A}_1\mathfrak{A}_3) = (\mathfrak{A}_2\mathfrak{A}_3) = 0$,

anzugeben: $\mathfrak{A}_1^2;\ \mathfrak{A}_3^2$.

Volumen der Elementarzelle: $V = |\mathfrak{A}_1|^2\,|\mathfrak{A}_3|$.

Durch Drehung der Nebenachsen um 45° kann dieses Gitter zugleich als tetragonal basiszentriert angesehen werden.

2. Γ_t', *tetragonales innenzentriertes Gitter* (SCHOENFLIES: Γ_q') (Abb. 51).

Γ_t(a) mit Basis: $(0\,0\,0,\ \tfrac{1}{2}\tfrac{1}{2}\tfrac{1}{2})$.

$$\mathfrak{a}_1' = \tfrac{1}{2}(-\mathfrak{A}_1 + \mathfrak{A}_2 + \mathfrak{A}_3);\quad \mathfrak{a}_2' = \tfrac{1}{2}(\mathfrak{A}_1 - \mathfrak{A}_2 + \mathfrak{A}_3);\quad \mathfrak{a}_3' = \tfrac{1}{2}(\mathfrak{A}_1 + \mathfrak{A}_2 - \mathfrak{A}_3),$$

$$\mathfrak{A}_1 = \mathfrak{a}_2' + \mathfrak{a}_3';\quad \mathfrak{A}_2 = \mathfrak{a}_1' + \mathfrak{a}_3';\quad \mathfrak{A}_3 = \mathfrak{a}_1' + \mathfrak{a}_2'.$$

Bekannt: $\mathfrak{a}_1'^2 = \mathfrak{a}_2'^2 = \mathfrak{a}_3'^2;\quad (\mathfrak{a}_2'\mathfrak{a}_3') = (\mathfrak{a}_2'\mathfrak{a}_3') = -\tfrac{1}{2}\{\mathfrak{a}_1'^2 + (\mathfrak{a}_1'\mathfrak{a}_2')\}$,

anzugeben: $\mathfrak{a}_1'^2;\ (\mathfrak{a}_1'\mathfrak{a}_2')$ oder $(\mathfrak{a}_1'\mathfrak{a}_3')$.

Volumen der Elementarzelle: $v' = \tfrac{1}{2}V$.

Durch Drehung der Nebenachsen um 45° kann dieses Gitter zugleich als tetragonales allseitig flächenzentriertes Gitter angesehen werden.

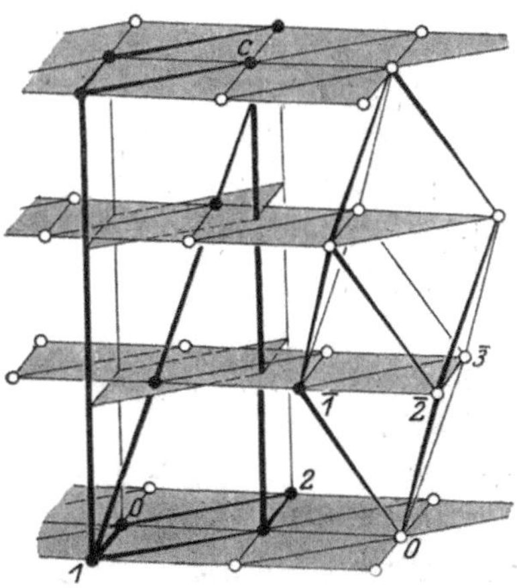

Abb. 59. Das einfache rhomboedrische Bravaisgitter Γ_{rh} als hexagonales Gitter mit dreifacher Basis.

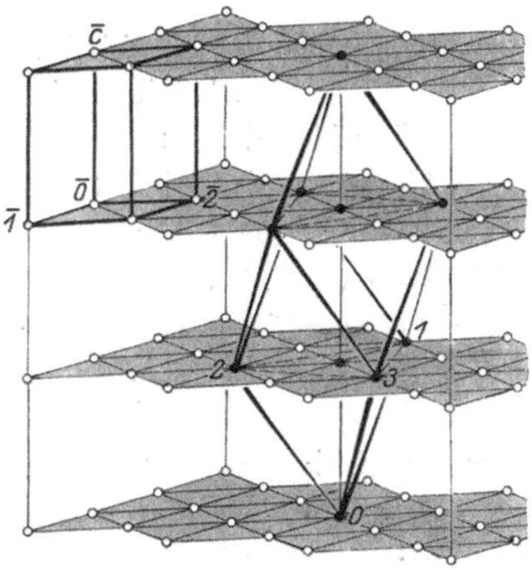

Abb. 60. Das einfache hexagonale Bravaisgitter Γ_h als rhomboedrisches Gitter mit dreifacher Basis.

(Die Achsen $\mathfrak{a}$ sind durch Überstreichung von den Achsen $\mathfrak{A}$ unterschieden.)

Vgl. hierzu Abb. 48 u. 49 und die darunter angegebenen Transformationen.

IV. Rhombische Bravaisgitter.

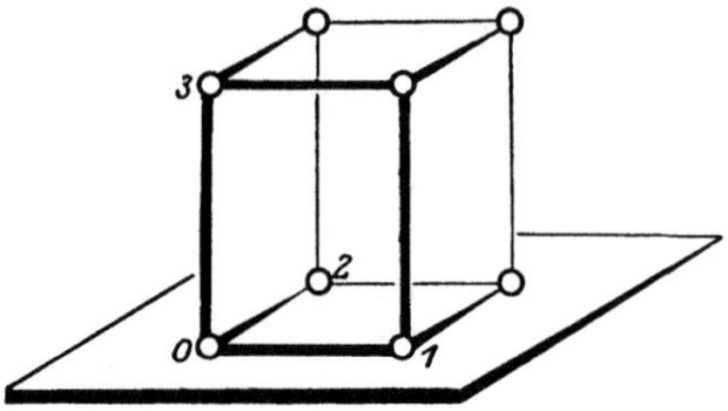

Abb. 52. Γ_o.

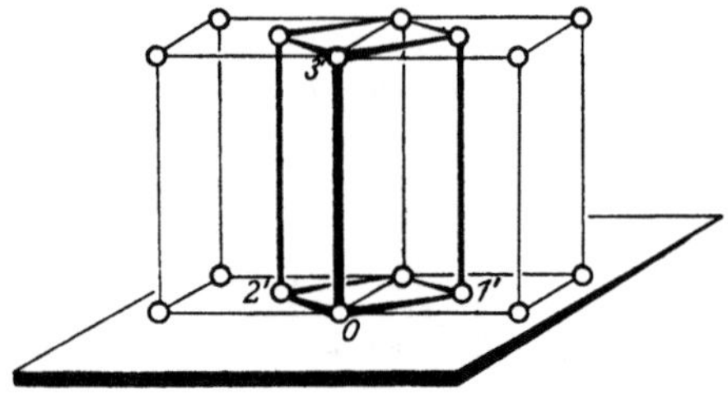

Abb. 53. Γ_o'.

1. Γ_o, *einfaches rhombisches Gitter* (SCHOENFLIES: Γ_v)[1] (Abb. 52).

Achsen: $\mathfrak{A}_1, \mathfrak{A}_2, \mathfrak{A}_3 = (0\,1,\ 0\,2,\ 0\,3)$.

Bekannt: $(\mathfrak{A}_2\mathfrak{A}_3) = (\mathfrak{A}_3\mathfrak{A}_1) = (\mathfrak{A}_1\mathfrak{A}_2) = 0$, anzugeben: $\mathfrak{A}_1^2,\ \mathfrak{A}_2^2,\ \mathfrak{A}_3^2$.

Volumen der Elementarzelle: $V = |\mathfrak{A}_1|\,|\mathfrak{A}_2|\,|\mathfrak{A}_3|$.

2. Γ_o', *rhombisches einseitig flächenzentriertes Gitter* (SCHOENFLIES: Γ_v') (Abb. 53).

Γ_o mit Basis: $(0\,0\,0,\ \tfrac{1}{2}\,\tfrac{1}{2}\,0)$.

$$\mathfrak{a}_1' = \tfrac{1}{2}(\mathfrak{A}_1 + \mathfrak{A}_2)\,; \quad \mathfrak{a}_2' = \tfrac{1}{2}(-\mathfrak{A}_1 + \mathfrak{A}_2)\,; \quad \mathfrak{a}_3' = \mathfrak{A}_3\,,$$

$$\mathfrak{A}_1 = \mathfrak{a}_1' - \mathfrak{a}_2'\,; \qquad \mathfrak{A}_2 = \mathfrak{a}_1' + \mathfrak{a}_2'\,; \qquad \mathfrak{A}_3 = \mathfrak{a}_3'\,.$$

Bekannt: $\mathfrak{a}_1'^2 = \mathfrak{a}_2'^2$; $(\mathfrak{a}_1'\mathfrak{a}_3') = (\mathfrak{a}_2'\mathfrak{a}_3') = 0$, anzugeben: $\mathfrak{a}_1'^2$, $\mathfrak{a}_3'^2$, $(\mathfrak{a}_1'\mathfrak{a}_2')$.

Volumen der Elementarzelle: $v' = \tfrac{1}{2}V$.

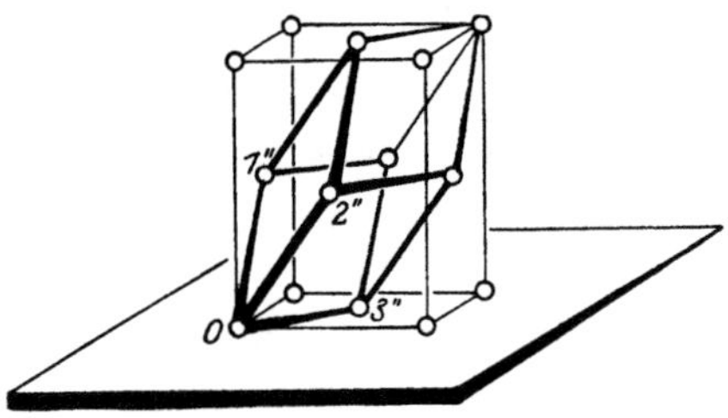

Abb. 54. Γ_o''.

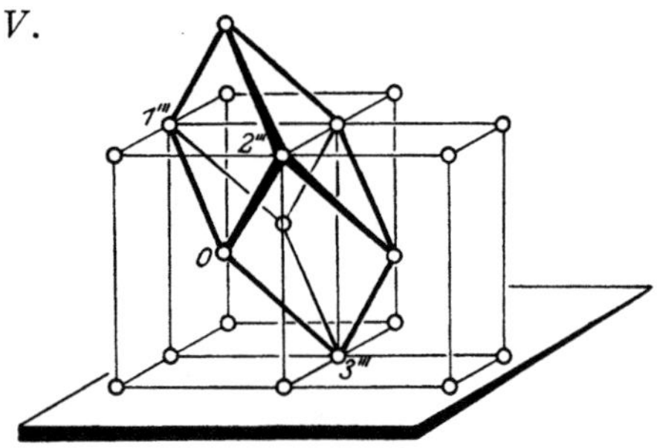

Abb. 55. Γ_o'''.

3. Γ_o'', *rhombisches allseitig flächenzentriertes Gitter* (SCHOENFLIES: Γ_v'') (Abb. 54).

Γ_o mit Basis: $(0\,0\,0,\ \tfrac{1}{2}\,\tfrac{1}{2}\,0,\ \tfrac{1}{2}\,0\,\tfrac{1}{2},\ 0\,\tfrac{1}{2}\,\tfrac{1}{2})$.

$$\mathfrak{a}_1'' = \tfrac{1}{2}(\mathfrak{A}_2 + \mathfrak{A}_3)\,; \qquad \mathfrak{a}_2'' = \tfrac{1}{2}(\mathfrak{A}_3 + \mathfrak{A}_1)\,; \qquad \mathfrak{a}_3'' = \tfrac{1}{2}(\mathfrak{A}_1 + \mathfrak{A}_2)\,,$$

$$\mathfrak{A}_1 = -\mathfrak{a}_1'' + \mathfrak{a}_2'' + \mathfrak{a}_3''\,; \quad \mathfrak{A}_2 = \mathfrak{a}_1'' - \mathfrak{a}_2'' + \mathfrak{a}_3''\,; \quad \mathfrak{A}_3 = \mathfrak{a}_1'' + \mathfrak{a}_2'' - \mathfrak{a}_3''\,.$$

Bekannt: $\mathfrak{a}_1''^2 = (\mathfrak{a}_1''\mathfrak{a}_2'') + (\mathfrak{a}_1''\mathfrak{a}_3'')$; $\mathfrak{a}_2''^2 = (\mathfrak{a}_2''\mathfrak{a}_3'') + (\mathfrak{a}_2''\mathfrak{a}_1'')$; $\mathfrak{a}_3''^2 = (\mathfrak{a}_3''\mathfrak{a}_1'') + (\mathfrak{a}_3''\mathfrak{a}_2'')$,
anzugeben: $(\mathfrak{a}_1''\mathfrak{a}_2'')$; $(\mathfrak{a}_2''\mathfrak{a}_3'')$; $(\mathfrak{a}_3''\mathfrak{a}_1'')$ oder $\mathfrak{a}_1''^2$, $\mathfrak{a}_2''^2$, $\mathfrak{a}_3''^2$.

Volumen der Elementarzelle: $v'' = \tfrac{1}{4}V$.

4. Γ_o''', *rhombisches innenzentriertes Gitter* (SCHOENFLIES: Γ_v''') (Abb. 55).

Γ_o mit Basis: $(0\,0\,0,\ \tfrac{1}{2}\,\tfrac{1}{2}\,\tfrac{1}{2})$.

$$\mathfrak{a}_1''' = \tfrac{1}{2}(-\mathfrak{A}_1 + \mathfrak{A}_2 + \mathfrak{A}_3)\,; \quad \mathfrak{a}_2''' = \tfrac{1}{2}(\mathfrak{A}_1 - \mathfrak{A}_2 + \mathfrak{A}_3)\,; \quad \mathfrak{a}_3''' = \tfrac{1}{2}(\mathfrak{A}_1 + \mathfrak{A}_2 - \mathfrak{A}_3)\,,$$

$$\mathfrak{A}_1 = \mathfrak{a}_2''' + \mathfrak{a}_3'''\,; \qquad \mathfrak{A}_2 = \mathfrak{a}_3''' + \mathfrak{a}_1'''\,; \qquad \mathfrak{A}_3 = \mathfrak{a}_1''' + \mathfrak{a}_2'''\,.$$

Bekannt: $\mathfrak{a}_1'''^2 = \mathfrak{a}_2'''^2 = \mathfrak{a}_3'''^2 = -\{(\mathfrak{a}_2'''\mathfrak{a}_3''') + (\mathfrak{a}_3'''\mathfrak{a}_1''') + (\mathfrak{a}_1'''\mathfrak{a}_2''')\}$,
anzugeben: $(\mathfrak{a}_2'''\mathfrak{a}_3''')$; $(\mathfrak{a}_3'''\mathfrak{a}_1''')$; $(\mathfrak{a}_1'''\mathfrak{a}_2''')$. Volumen der Elementarzelle: $v''' = \tfrac{1}{2}V$.

[1] Der Index o bedeutet „orthorhombisch“, SCHOENFLIES' v erinnert an die „Vierergruppe“.

V. Monokline Bravaisgitter.

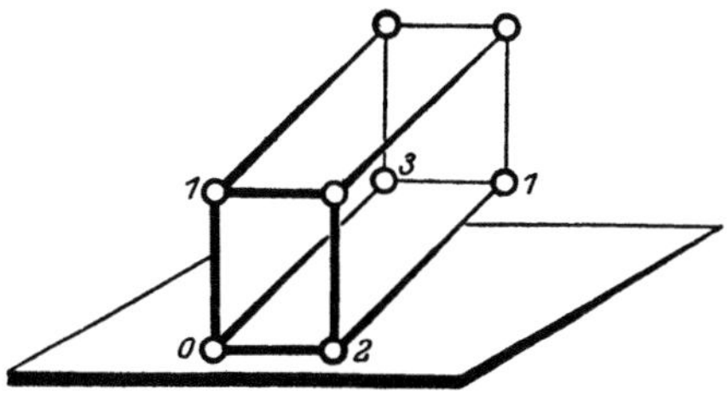

Abb. 56. Γ_m.

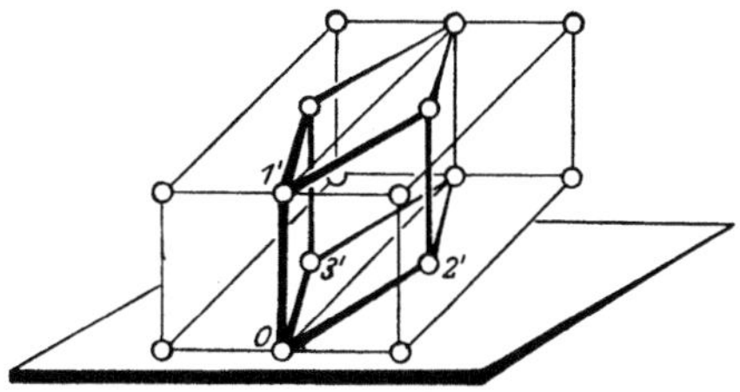

Abb. 57. Γ_m'.

1. Γ_m, *einfaches monoklines Gitter.* (In anderer Auffassung basiszentriertes monoklines Gitter.) (Abb. 56.)

Achsen: $\mathfrak{A}_1,\ \mathfrak{A}_2,\ \mathfrak{A}_3 = (0\,1,\ 0\,2,\ 0\,3)$.

Bekannt: $(\mathfrak{A}_1\mathfrak{A}_2) = (\mathfrak{A}_2\mathfrak{A}_3) = 0$,

anzugeben: $\mathfrak{A}_1^2,\ \mathfrak{A}_2^2,\ \mathfrak{A}_3^2,\ (\mathfrak{A}_1\mathfrak{A}_3)$.

Volumen der Elementarzelle: $V = |\mathfrak{A}_2| \cdot \sqrt{\mathfrak{A}_1^2\mathfrak{A}_3^2 - (\mathfrak{A}_1\mathfrak{A}_3)^2}$.

2. Γ_m', *monoklines einseitig flächenzentriertes Gitter.* (In anderer Auffassung auch innenzentriert oder allseitig flächenzentriert.) (Abb. 57.)

Γ_m mit Basis: $(0\,0\,0,\ 0\,\tfrac{1}{2}\,\tfrac{1}{2})$.

$$\mathfrak{a}_1' = \mathfrak{A}_1;\quad \mathfrak{a}_2' = \tfrac{1}{2}(\mathfrak{A}_2 + \mathfrak{A}_3);\quad \mathfrak{a}_3' = \tfrac{1}{2}(-\mathfrak{A}_2 + \mathfrak{A}_3),$$

$$\mathfrak{A}_1 = \mathfrak{a}_1';\quad \mathfrak{A}_2 = \mathfrak{a}_2' - \mathfrak{a}_3';\quad \mathfrak{A}_3 = \mathfrak{a}_2' + \mathfrak{a}_3'.$$

Bekannt: $\mathfrak{a}_2'^2 = \mathfrak{a}_3'^2;\ (\mathfrak{a}_1'\mathfrak{a}_2') = (\mathfrak{a}_1'\mathfrak{a}_3')$,

anzugeben: $\mathfrak{a}_1'^2;\ \mathfrak{a}_2'^2;\ (\mathfrak{a}_1'\mathfrak{a}_2');\ (\mathfrak{a}_2'\mathfrak{a}_3')$.

Volumen der Elementarzelle: $v' = \tfrac{1}{2}V$.

VI. Trikline Bravaisgitter.

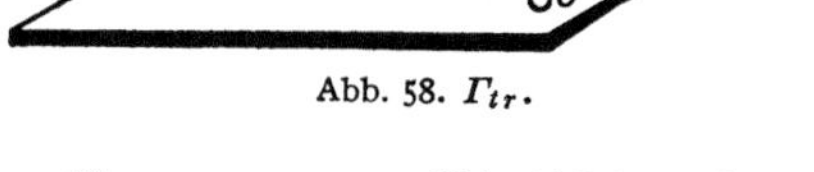

Abb. 58. Γ_{tr}.

Γ_{tr}, *triklines Gitter* (SCHOENFLIES: Γ_τ) (Abb. 58).

Achsen: $\mathfrak{A}_1,\ \mathfrak{A}_2,\ \mathfrak{A}_3 = (0\,1,\ 0\,2,\ 0\,3)$.

Bekannt: — — —

anzugeben: $\mathfrak{A}_1^2,\ \mathfrak{A}_2^2,\ \mathfrak{A}_3^2,\ (\mathfrak{A}_2\mathfrak{A}_3),\ (\mathfrak{A}_3\mathfrak{A}_1),\ (\mathfrak{A}_1\mathfrak{A}_2)$.

Volumen der Elementarzelle:

$$V = \sqrt{\mathfrak{A}_1^2\mathfrak{A}_2^2\mathfrak{A}_3^2 + 2(\mathfrak{A}_2\mathfrak{A}_3)(\mathfrak{A}_3\mathfrak{A}_1)(\mathfrak{A}_1\mathfrak{A}_2) - (\mathfrak{A}_2\mathfrak{A}_3)^2\mathfrak{A}_1^2 - (\mathfrak{A}_3\mathfrak{A}_1)^2\mathfrak{A}_2^2 - (\mathfrak{A}_1\mathfrak{A}_2)^2\mathfrak{A}_3^2}.$$

γ) Bemerkungen, insbesondere über Hemiedrie. An die Darstellung der Bravaisgitter seien einige Bemerkungen geknüpft:

1. *Einordnung in die Kristallsysteme.* Die Achsen ($\mathfrak{A}_i$) bzw. wo solche nicht unterschieden ($\mathfrak{a}_i$), weisen unmittelbar die Symmetrie der sieben Kristallsysteme auf. Es gehören mithin ins

trikline System	Γ_{tr}
monokline System	Γ_m, Γ'_m,
rhombische System . . .	Γ_o Γ'_o, Γ''_o, Γ'''_o,
tetragonale System . . .	Γ_t, Γ'_t,
kubische System	Γ_c, Γ'_c, Γ''_c,
rhomboedrische System } .	{ Γ_{rh},
hexagonale System. . } .	{ Γ'_h.

2. *Jedes* der Gitter hat — Kugelsymmetrie der Atome vorausgesetzt — die höchste Symmetrie, die in seinem System erreichbar ist: *die Bravaisgitter sind holoedrisch.* Man erkennt dies leicht aus den Abbildungen. Eine Folge davon ist, daß die Gitter, wie sie gezeichnet sind, *keine Erklärung für hemiedrisches Verhalten der Kristalle* geben.

3. *Hemiedrie* des Kristalls würde nach BRAVAIS auf eine geringere *Symmetrie der Atome* in den Raumgitterpunkten zurückzuführen sein. Sind nämlich z. B. in einem der kubischen Gitter die Atome selbst tetartoedrisch, so wird auch das ganze Gitter kubisch-tetartoedrisch sein, denn obzwar die Schwerpunktsanordnung der Atome alle kubisch-holoedrischen Symmetrieoperationen zuläßt, kommen bei denjenigen von ihnen, die über die Tetartoedrie hinausgehen, die Atome selbst nicht wieder mit sich zur Dekkung. Die Abweichung von der Holoedrie macht also bei BRAVAIS ebensolche unkontrollierbare und aus den geometrischen Verhältnissen des groben Kristalls abstrahierte Annahmen über die Gestalt der Bausteine nötig, wie HAÜY sie seiner ganzen Strukturtheorie zugrunde legte.

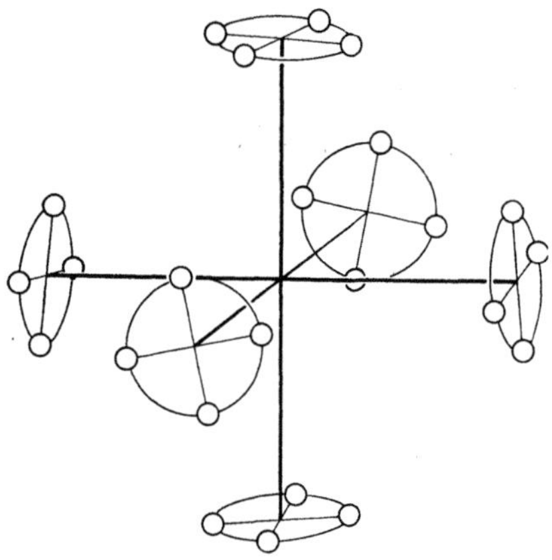

Abb. 61. Vierundzwanzigpunktner.

Es ist nun naheliegend, die BRAVAISsche Theorie in der Art zur Deutung der Hemiedrien zu erweitern, daß statt des einen (kugelsymmetrischen) Atoms eine ganze Gruppe von solchen in den Gitterpunkt eingesetzt wird derart, daß diese Gruppe in sich die von der Hemiedrie geforderte Teilsymmetrie der holoedrischen Symmetrie aufweist. Handelt es sich etwa darum, in einem kubischen Gitter die zu den Würfelflächen parallelen Spiegelebenen zu unterdrücken, so kann dies erreicht werden, wenn der in Abb. 61 wiedergegebene 24-Punktner (SOHNCKEs Bezeichnung) statt des einfachen Gitterpunktes eingesetzt wird. Dieser selbst läßt die vier-, drei- und zweizähligen Symmetrieachsen zu, aber keine Symmetrieebenen; man erhält also die „holoaxiale“ kubische Hemiedrie, d. h. Klasse O (vgl. die nächste Ziffer).

7. Die allgemeinen „Punktsysteme“ der Strukturtheorie. α) SOHNCKEsche Theorie. Gleitspiegelebenen. Die Entwicklung der kristallographisch-geometrischen Strukturlehre hat vor ihrem endgültigen Abschluß durch SCHOENFLIES und FEDOROW eine Zwischenstufe aufzuweisen, die an den Namen SOHNCKE[1] anknüpft. Sein Gedanke bei der Ausgestaltung der BRAVAISschen Lehre ist

[1] L. SOHNCKE, Entwicklung einer Theorie der Kristallstruktur. Leipzig 1879.

schon im letzten Absatz der vorigen Ziffer eingeleitet worden: die einfachen Gitterpunkte BRAVAIS' werden durch Gruppen von gleichartigen (nicht notwendig kugelsymmetrischen) Punkten ersetzt, die insgesamt ein mehr oder minder symmetrisches „Gittermolekül" bilden. Es entging SOHNCKE nicht, daß nicht notwendig alle Punkte eines solchen „Vielpunktners" sich um ein und denselben (gedachten) BRAVAISschen Gitterpunkt scharen müssen, sondern daß evtl. eine *Aufspaltung der Gruppe* möglich sei. Was hiermit gemeint ist, sieht man an Abb. 62a und b, die ein zweidimensionales reguläres (quadratisches) Gitter holoedrischer Symmetrie darstellt. Das ebene Bravaisgitter (die Schnittpunkte der Koordinatenlinien des oberen Bildes) hat vier- und zweizählige Drehachsen senkrecht zur Gitterebene und Spiegellinien längs den Translationen und diagonal zu ihnen. Die Spiegellinien (oder Spiegelebenen senkrecht zur Zeichenebene) sind durch die von NIGGLI eingeführte Symbolik ▥ am Rand markiert. Außerdem sind durch ▯ einige „*Gleitspiegellinien*" markiert, d. h. solche Linien, an denen das Gitter gespiegelt werden kann und dann nur noch einer Verrückung in Richtung der Linien (hier um die halbe Quadratdiagonale) bedarf, um mit der alten Lage zur Deckung zu kommen. In der oberen Abbildung sind ferner die Bravaispunkte durch 8-Punktner ersetzt. Offenbar bleiben die Symmetrieelemente des Gitters sämtlich erhalten. Die untere Abbildung zeigt die Aufspaltung der 8-Punktgruppe in zwei 4-Punktgruppen, die um verschiedene Gitterorte angeordnet sind, und zwar hier um die zwei Arten von vierzähligen Achsen (die durch die Ecken und die durch die Mitten der Grundquadrate gehenden). Man erkennt, daß die Achsen genau die gleichen geblieben sind. Die reinen Spiegellinien parallel den Quadratseiten sind verschwunden; dafür stellen sich Gleitspiegellinien ein. Andererseits treten reine Spiegellinien in den Diagonalrichtungen auf: die diagonalen Gleitspiegellinien der oberen Abbildung sind in reine Spiegellinien verwandelt worden.

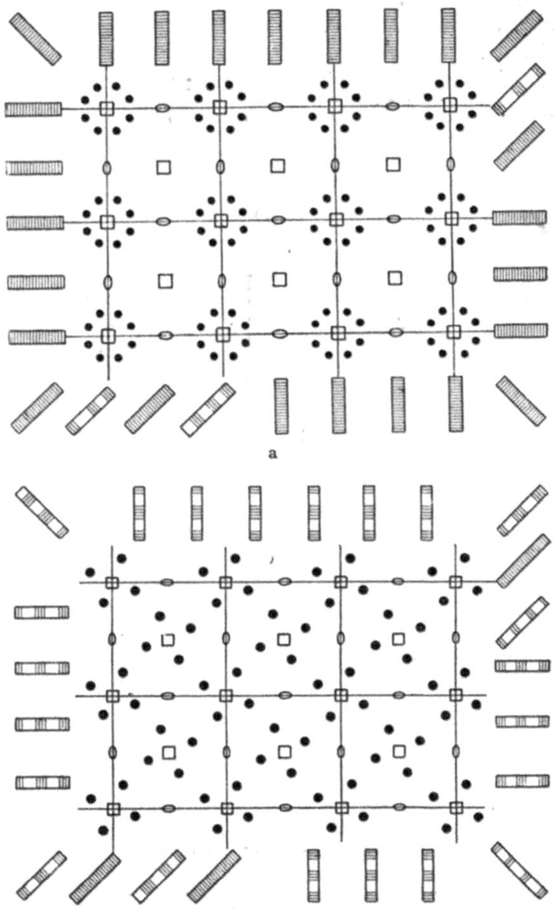

a

b

Abb. 62 a u. b. Zweidimensionales quadratisch-holoedrisches Gitter.

Offenbar ist das Gitter der unteren Abbildung für jede makroskopische Eigenschaft von der gleichen (holoedrischen) Symmetrie wie das der oberen. Denn wenn bei der Spiegelung an einer Symmetrielinie eine Verschiebung um Bruchteile der Gitterabstände notwendig ist, um die genaue Deckung mit der Ausgangslage zu erzielen, so ist das makroskopisch nicht bemerkbar.

β) Schraubenachsen. Auch im dreidimensionalen Gitter werden für die makroskopische Symmetrie *reine Spiegelebenen mit Gleitspiegelebenen als gleich* zu bewerten sein. Ähnliches kann bei Drehachsen stattfinden: eine n-zählige Drehachse, bei der die volle Lagengleichheit nach Umdrehung um $2\pi/n$ erst wieder hergestellt ist, wenn eine Translation τ in Richtung der Achse zugefügt wird, heißt eine *Schraubenachse*. Die Translation ist wieder von der Größe der Zelldimensionen. Bei der Schraubenachse kann allerdings ein Einfluß auf die makroskopische Symmetrie entstehen: wenn nämlich ein *Windungssinn* ausgezeichnet wird. Beispiele für zwei-, drei-, vierzählige Schraubenachsen mit und ohne

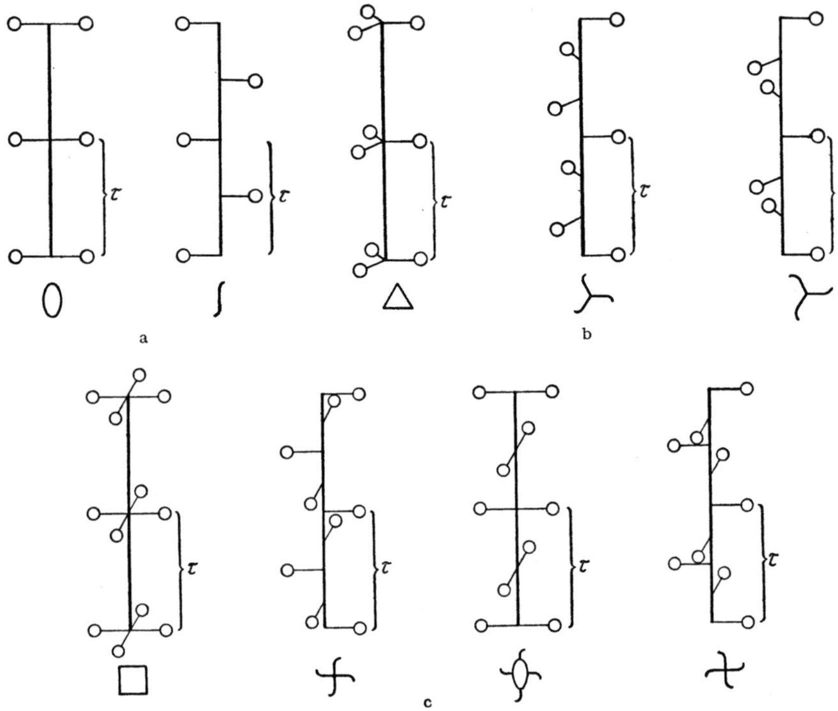

Abb. 63. 2-, 3- und 4-zählige Schraubenachsen und ihre Symbole.

Windungssinn zeigt Abb. 63. Ein Windungssinn geht auch für makroskopische Vorgänge nicht verloren, z. B. wird längs einer Schraubenachse mit Windungssinn im allgemeinen eine Drehung der Polarisationsebene des Lichtes stattfinden. Die typische Schraubenachse mit Windungssinn ist der Drillbohrer, bei dem Translation (des Schiebers) und Rotation (des Bohrers) eineindeutig gekoppelt sind. Hingegen entsteht die Schuppenanordnung im Tannenzapfen aus der Überschneidung zweier entgegengesetzt gewundener Schraubenlinien und weist keinen Windungssinn auf (wenigstens bei gleicher Ganghöhe der beiden Schraubenlinien).

γ) SCHOENFLIES-FEDEROW-Punktsysteme. Es ist charakteristisch für die über BRAVAIS hinausgehenden Strukturtheorien, daß sie die zur Verfügung stehenden Symmetrieelemente gegenüber den Elementen der endlichen Punktgruppen (bzw. der „Formen“ oder Kristallklassen) vermehren um die Gleitspiegelebenen und die Schraubenachsen. Hierdurch entsteht erst die Vielheit der Anordnungen.

Fassen wir kurz die Anforderungen zusammen, die an ein „*Punktsystem*", d. h. an ein aus lauter gleichartigen Atomen bestehendes Gitter, zu stellen sind:

1. *Diskontinuität,* d. h. der kleinste Abstand gleichwertiger Punkte, darf nicht unter alle Grenzen sinken;

2. *Homogenität,* d. h. es soll kein Gitterpunkt vor einem beliebigen anderen etwas voraus haben.

Diese letzte Forderung wird bei SOHNCKE enger ausgelegt als bei den beiden späteren Forschern, und deshalb gewinnt SOHNCKE nur 65 von den 230 SCHOENFLIESschen Punktsystemen. Wird nämlich über die Atome der Punktsysteme gar keine Voraussetzung gemacht — insbesondere also die Vorstellung von kugelförmigen Atomen (Ziff. 6β) fallen gelassen —, so wird im allgemeinen ein Atom von seinem Spiegelbild verschieden sein, d. h. man wird zu einem „rechten" ein davon verschiedenes „linkes" Atom konstruieren können. SOHNCKEs Voraussetzung ist, daß *alle* Atome des Punktsystems identisch, d. h. entweder rechte oder linke sind. SCHOENFLIES[1] und FEDOROW[2] hingegen lassen auch Gitter zu, die rechte und linke Atome in gesetzmäßigem Wechsel enthalten. Dies entspricht etwa dem Standpunkt, daß an sich höhersymmetrische Atome erst durch den Einbau in das Gitter derart verzerrt werden, daß sie „rechten" und „linken" Charakter bekommen. Doch ist die *Entstehung* dieses Charakters für die Strukturtheorie natürlich gleichgültig, das Wichtige ist nur, daß jetzt nicht mehr wie bei SOHNCKE der Anblick des gesamten Gitters von jedem Atom aus genau gleich zu sein braucht, sondern daß er auch *spiegelbildlich gleich* sein kann. Der Aufbau eines Gitters aus rechten und linken Molekülen ist etwa in Abb. 82 bei Al_2O_3 zu sehen; hier tragen die isoliert gedachten Moleküle Al_2O_3 zwar noch nicht in sich die Kennzeichen von rechten und linken Molekülen, aber wenn man die verschiedene Umgebung der (durch Schraffur unterschiedenen) Moleküle beachtet, so finden sich Moleküle mit „linker" und solche mit „rechter" Umgebung. Entsprechend könnte man sich etwa die Valenzkräfte beim einzelnen Al_2O_3-Molekül entweder „rechts" oder „links" verteilt denken. Ähnliches gilt auch für die CO_3-Gruppen des Calcit (Abb. 74).

Gehen wir von diesem Standpunkt der allgemeinen Strukturtheorie nochmals zu den *Bravaisgittern* zurück, so ist bei ihnen der Anblick des Gitters von jedem Atom aus *sogar in parallelen Richtungen* gleich; der Beobachter — auf einem Atom stehend gedacht — braucht sich beim Betreten eines neuen Atoms nicht erst zu wenden, um das alte Bild vor sich zu sehen. In anderer Weise lassen sich die Bravaisgitter als diejenigen Gitter charakterisieren, deren Gesamtsymmetrie von der holoedrischen ihres Systems nur in dem Grade abweicht, als die Eigensymmetrie der in den Gitterpunkten befindlichen Atome niedriger ist[3].

Der *Fortschritt der neuen Strukturtheorien* gegenüber der BRAVAISschen liegt darin, daß *zur Erklärung der Hemiedrien nicht auf Eigenschaften der Atome* zurückgegriffen zu werden braucht, sondern daß beliebige symmetrische oder unsymmetrische „Atome" die Gesamtsymmetrie des Gitters verbürgen.

Im Sinn der geschilderten Anordnungslehre ist dabei in den Kristallen mit verschiedenen Atomsorten unter einem „Gitteratom" oder „Kristallmolekül" jeweils eine Gruppe von echten Atomen zu verstehen, die der chemischen Zusammensetzung des Stoffes entspricht und die als Ausgangsgruppe für den Aufbau des „Punktsystems" dienen kann. Dies ist möglich, weil die „Atome"

---

[1] A. SCHOENFLIES, Kristallsysteme und Kristallstruktur. Leipzig 1891. Zweite, ganz neubearbeitete Auflage u. d. Titel: Theorie der Kristallstruktur. Berlin 1923.

[2] E. v. FEDOROW, ZS. f. Krist. Bd. 20, S. 28. 1892 usw.; Bd. 37, S. 22. 1903.

[3] Z.B. A. SCHOENFLIES, op. cit. sup. 2. Aufl., S. 210.

des Punktsystems ganz beliebig niedrige Eigensymmetrien haben dürfen. In vielen Fällen (Koordinationsgitter, Ziff. 11 α) ist jedoch eine solche Zusammenfassung bestimmter Atome zu einer Ausgangsgruppe sehr willkürlich. Hierauf hat vor allem GROTH hingewiesen und auf Grund physikalisch-chemischer Erfahrung die richtige Erkenntnis formuliert: *Ein Kristall ist die Ineinanderstellung verschiedener, von echten Atomen gebildeter Punktsysteme, die eine gemeinsame Raumgruppe und gemeinsame Translationen haben.*

Hiernach ist, um ein allgemeines Kristallgitter zu beschreiben, die Angabe seiner „*Zelle*" und ihres stets translatorisch sich wiederholenden Inhalts, der „*Basis*", notwendig. Die Angabe der Zelle erfordert die Kenntnis der drei Translationen ($\mathfrak{a}_1$, $\mathfrak{a}_2$, $\mathfrak{a}_3$) bzw., da das Gitter noch beliebig gedreht werden darf, der sechs skalaren Bestimmungsstücke: drei Achsenlängen und drei Achsenwinkel. Die Basis wird durch die Orte $\mathfrak{r}_k$ der Atome gegen den Nullpunkt der Zelle und durch geeignete Größen (z. B. die Massen m_k) beschrieben, die die Atomsorten zu unterscheiden gestatten und angeben, welches Atom am Ende jedes Basisfahrstrahls $\mathfrak{r}_k$ liegt. Da der Nullpunkt der Zelle willkürlich in ein Atom gelegt werden kann, bedarf eine Basis aus Z Atomen der Kenntnis von $Z - 1$ Vektoren $\mathfrak{r}_k$ und von Z Werten m_k.

δ) Raumgruppe. Es ist charakteristisch, daß die ganze geometrische Strukturlehre, vollendet wie sie seit 1891 dastand, *nicht das geringste über das Wesen der Kristall„atome"* aussagen konnte: ob es sich um das chemische Molekül oder um Polymerisationen desselben handelt oder ob gar die Atome so gleichmäßig verteilt sind, daß man von chemischen Molekülen gar nicht reden kann. Auch heute noch ist die Strukturlehre ein *formaler Rahmen,* in den sich notwendig alle Strukturen fügen müssen, sofern sie überhaupt möglich, d. h. mit der geometrischen Symmetrieforderung im Einklang sind. Aber zu einem *Verständnis* der Strukturen führt uns die reine Strukturlehre auch heute nicht, und es hieße Falsches von ihr verlangen, wollte man es erwarten. Hierzu ist erst die auf der Atomdynamik aufbauende Gitterdynamik zu benutzen.

Nur unter besonderen Umständen erfährt man aus der Strukturtheorie *gewisse Symmetrieeigenschaften der „Atome"* bzw. *Moleküle*: ist nämlich (z. B. durch die Röntgenuntersuchung) festgestellt, wo sie liegen oder — das ist oft schon genügend — *wie viele* Atome einer Art in der Zelle enthalten sind, so folgt daraus häufig, daß die Atome an Stellen liegen müssen, durch die ein oder mehrere Symmetrieelemente hindurchgehen. Man stelle sich das Entstehen eines Punktsystems so vor, daß zuerst ein Gerüst aus allen Symmetrieelementen („die *Raumgruppe*") vorhanden ist und nun ein Ausgangsatom irgendwo hineingelegt und durch die Drehachsen, Spiegelebenen usw. vervielfältigt wird. So entsteht für jede Raumgruppe ein Punktsystem mit einer Basis aus einer gewissen Zahl Z von Atomen. Die Zahl Z vermindert sich, wenn das Ausgangsatom bereits auf einer Drehachse oder Spiegelebene lag, da dann dies Symmetrieelement für seine Vervielfältigung ausfällt. Man bezeichnet die allgemeine Punktlage als Z-zählig, Lagen auf Symmetrieelementen als niedrigerzählig (bis einzählig) gemäß der Zahl gleichwertiger Punkte in der Zelle. Mit der niedrigen Zähligkeit ist aber notwendig verbunden, daß das Atom selbst die sämtlichen es durchsetzenden Symmetrieelemente aufweist: *die niedrigzähligen Lagen haben eine angebbare Mindestsymmetrie des Atoms zur Folge.* Bei den organischen Substanzen ist die Mindestsymmetrie des Moleküls oft schon das Ziel der Untersuchung, das sich verhältnismäßig leicht erreichen läßt und das eine Entscheidung zwischen verschiedenen chemischen Formeln herbeiführen kann.

Die eingehende Kenntnis der niedrigzähligen Lagen ist für die Praxis der Strukturermittlung sehr wichtig. Die große Mehrzahl der älteren durchgeführten

Bestimmungen führte auf niedrigzählige Lagen der Atome. Das NIGGLIsche Buch[1] gab zuerst in bequemer Form Tabellen über diese Lagen; die Tafeln von ASTBURY und YARDLEY[2], von WYCKOFF[3], MARK[4], SCHIEBOLD[5], SCHLEEDE und SCHNEIDER[6] sowie die *Internationalen Tabellen*[7] geben sie auch.

8. Ableitung und Nomenklatur der Raumgruppen. α) HERMANN-MAUGUINsche Nomenklatur. *1. Grundzüge.* Eine Übersicht über die 230 Raumgruppen gewinnt man an Hand der Bezeichnungsweise nach HERMANN und MAUGUIN folgendermaßen: Die Raumgruppen werden gekennzeichnet durch eine kleine Anzahl von Symmetrieelementen, aus denen man die nichtgenannten Elemente durch Zusammensetzen gewinnt. Dabei werden solche Symmetrieelemente ausgewählt, deren relative Lage möglichst einfach zu beschreiben ist, also in erster Linie Translationen, die gar nicht lokalisiert zu werden brauchen, dann Spiegelebenen, deren Lage, wenn die Orientierung bekannt ist, schon durch einen Parameter definiert ist, hierauf Achsen, die zwei Parameter brauchen und nur, wenn diese Symmetrieelemente nicht genügen, um alle übrigen Elemente der Gruppe zu erzeugen, noch Symmetriezentren und Drehinversionsachsen.

2. Bezeichnung der Translationen. Die Bezeichnung der *Translationen* geschieht durch große lateinische Buchstaben: P (primitiv), wenn die zugrunde gelegte, möglichst rechtwinklige Zelle zugleich kleinste Zelle ist; A, B, C wenn sie a-, b- oder c-flächenzentriert ist, d. h. wenn der Mittelpunkt einer ihrer Seitenflächen den Ecken translatorisch gleichwertig ist; F (flächenzentriert), wenn dies für die Mittelpunkte aller drei Seitenflächen gilt; I (innenzentriert), wenn der Zellmittelpunkt der Ecke gleichwertig ist. Schließlich wird R gebraucht für die rhomboedrische und gelegentlich H für die gewöhnliche hexagonale Translationsgruppe. Diese hat im allgemeinen das Symbol C, da sie sich darstellen läßt durch c-Flächenzentrierung einer rechtwinkligen Zelle (der sog. „orthohexagonalen") mit dem Achsenverhältnis $a : b = 1 : \sqrt{3}$. Nur in einigen Kristallklassen kann die Lage der Symmetrieelemente es wünschenswert erscheinen lassen, diese Zelle anders aufzustellen, so daß dann das Verhältnis $a : b = \sqrt{3} : 1$ entsteht. Zur Unterscheidung erhält eine Zelle dieser Aufstellung das besondere Symbol H. Man kann das Symbol H ganz vermeiden, wenn man durch die Anordnung der weiteren Zeichen für die Symmetrieelemente deren Lage relativ zu den kürzesten Translationen andeutet.

3. Blickrichtungen. Auf das Translationssymbol folgen 1 bis 3 Symbole für Symmetrieelemente mit verschiedenen „Blickrichtungen". Unter „Blickrichtung" einer Symmetrieachse oder Drehinversionsachse versteht man nach HEESCH[8] die Richtung der Achse, unter „*Blickrichtung*" einer Spiegelebene die Richtung senkrecht zu ihr. Nur das Symmetriezentrum hat keine Blickrichtung. Die benutzten Blickrichtungen sind: im monoklinen System allein die Orthoachse, im rhombischen die drei Achsenrichtungen in der Reihenfolge a, b, c; im tetragonalen und hexagonalen (das trigonale wird als Untergruppe des hexa-

---

[1] P. NIGGLI, Geometrische Kristallographie des Diskontinuums. Leipzig: Gebr. Borntråger 1919.

[2] W. T. ASTBURY u. K. YARDLEY, Phil. Trans. Roy. Soc. Bd. 224, S. 221. 1924.

[3] R. W. G. WYCKOFF, The analytical Expression of the Results of the Theory of Space-Groups. Published by the Carnegie Institution. Washington 1922, 2. Aufl. 1930.

[4] H. MARK, Die Verwendung der Röntgenstrahlen in Chemie und Technik. Leipzig: J. A. Barth 1926.

[5] E. SCHIEBOLD, Leipziger Abhandlgn. Bd. 40, Heft 5. 1929.

[6] A. SCHLEEDE u. E. SCHNEIDER, Röntgenspektroskopie und Kristallstrukturanalyse. Berlin u. Leipzig: W. de Gruyter 1929. 2 Bände, insbesondere Bd. 2.

[7] Siehe Ziff. 11 ε.

[8] H. HEESCH, ZS. f. Krist. Bd. 72, S. 177. 1929.

gonalen behandelt) die Hauptachse, die Richtung der kürzeren horizontalen Translation (Nebenachse) und die Winkelhalbierende zweier Nebenachsen (Zwischenachse); im kubischen schließlich die Normalen der Würfel-, Oktaeder- und Rhombendodekaederflächen.

4. Bezeichnung der Drehachsen und Drehinversionsachsen[1]. Zur Bezeichnung der *Drehachsen* dienen die Zahlen 2, 3, 4, 6. Schraubenachsen werden durch Hinzufügen von Indizes unterschieden: 6_2 ist z. B. eine Schraubenachse, bei der eine Drehung um $\frac{2\pi}{6} = 60°$ verbunden mit einer Verschiebung um $\frac{2}{6} = \frac{1}{3}$ der kleinsten Vertikaltranslation auftritt. Der Index kann alle positiven ganzen Zahlen unterhalb der Achsenzähligkeit durchlaufen.

Drehinversionsachsen werden dargestellt durch Überstreichen. So bedeutet $\bar{4}$ die vierzählige Drehinversionsachse (nach SCHOENFLIES S_4), $\bar{6}$ die sechszählige (SCHOENFLIES C_{3h}), $\bar{3}$ die dreizählige (C_{3i} oder S_6), $\bar{1}$ die „einzählige", d. h. das *Symmetriezentrum*. Sinngemäß sollte man mit $\bar{2}$ die Spiegelebene bezeichnen, doch braucht man hier, um auch die verschiedenen Arten von Gleitspiegelebenen darstellen zu können, ein anderes Symbol, nämlich kleine lateinische Buchstaben: Die einfache Spiegelebene erhält das Zeichen *m* (mirror, miroir); eine Gleitspiegelebene, deren Gleitkomponenten so beschaffen sind, daß die kürzesten Verbindungslinien von spiegelbildlich gleichen Teilchen Ketten nach der *a*-, *b*-, *c*- oder nach einer Diagonalrichtung bilden, wird mit *a*, *b*, *c* oder *d* bezeichnet (Gleitkomponenten für *a*, *b*, *c*: $\frac{1}{2}$ 0; für *d*: $\frac{1}{4}\frac{1}{4}$); eine Ebene schließlich, bei der diese Verbindungen sich zu Netzen parallel der Ebene zusammenschließen[2], heißt *n* (Komponenten $\frac{1}{2}\frac{1}{2}$).

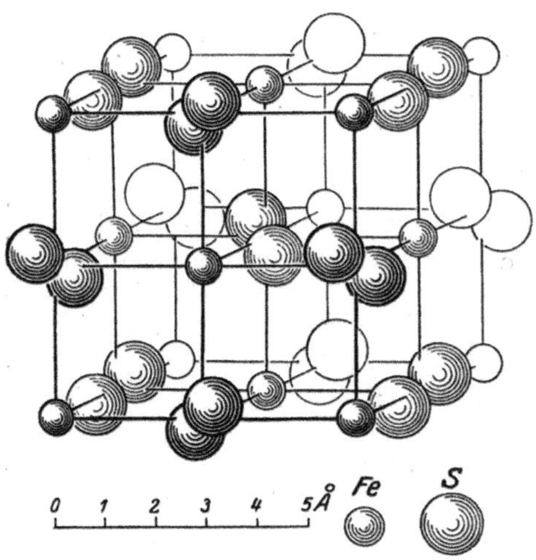

Abb. 64. Pyrit, FeS_2.

5. Bedeutung des Bruchstrichs. Es muß noch gesagt werden, daß eine Achse und eine Spiegelebene der gleichen Blickrichtung in Form eines Bruches übereinandergesetzt werden: $\frac{2}{m}$ (auch mit schrägem Bruchstrich, $2/m$), z. B. bedeutet eine zweizählige Achse, die eine Spiegelebene senkrecht durchsetzt. Schließlich wird die Zahl 1 verwendet, um anzudeuten, daß eine Blickrichtung kein Symmetrieelement enthält.

6. Beispiel: Pyritstruktur. Beispielsweise erhält man das vollständige Symbol der Pyritstruktur (FeS_2, Abb. 64) wie folgt: Das Kristallsystem ist kubisch, die Ausgangszelle daher der Würfel. Wie man durch Betrachtung der S_2-Hanteln erkennt, bringt keine Translation, die kürzer ist als die Würfelkante, das Gitter mit sich selbst zur Deckung. Die Würfelzelle ist daher einfach primitiv, das Translationssymbol *P*. Im kubischen System sind Blickrichtungen

[1] Vgl. Ziff. 5 α.

[2] Genau genommen gilt das nur für rechtwinklige Zellen, also noch nicht im monoklinen System. Doch wird auch hier eine Ebene mit Gleitkomponenten $\frac{1}{2}\frac{1}{2}$ in Analogie zu den übrigen Systemen mit *n* bezeichnet, obwohl sie eigentlich nur „Ketten" von nächstbenachbarten Teilchen erzeugt.

die Richtungen [001], [111] und [110] in dieser Reihenfolge; zu [001] gehört das Symbol $2_1/a$. An Symmetrieachsen parallel zur senkrechten Würfelkante findet man zweizählige Schraubenachsen 2_1. (Sie liegen in Abb. 64 in der rechten und linken Seitenfläche des Würfels und in der dazu parallelen Mittelfläche, um $\frac{1}{4}$ der Würfelkante hinter der Ebene der vordersten Fe-Atome). Ferner sieht man horizontale Gleitspiegelebenen in der Mitte zwischen je zwei Netzebenen von Fe-Atomen. Die Gleitung beträgt die halbe Würfelkante und läuft senkrecht zur Zeichenebene. Das Symbol der Ebenen ist a. Die Symmetriezentren am Ort der Fe-Atome und der Mittelpunkte der S_2-Hanteln werden durch die beiden angegebenen Symmetrieelemente erzeugt und brauchen nicht besonders genannt zu werden. Somit ist für [001] das Symbol $2_1/a$. Die zweite Blickrichtung [111] enthält dreizählige Drehachsen, deren Lage durch die Längsachsen der S_2-Hanteln gegeben ist. Durch das auf ihnen liegende Symmetriezentrum entstehen Drehinversionsachsen mit dem Symbol $\bar{3}$. Weitere Symmetrieelemente zu dieser Blickrichtung existieren nicht. Die dritte Blickrichtung [110] enthält keine Achsen oder Spiegelebenen und braucht daher im Raumgruppensymbol nicht erwähnt zu werden. Man erhält das vollständige Symbol $P2_1/a\bar{3}$.

β) Grundsätze der Ableitung; gekürzte HERMANN-MAUGUINsche Nomenklatur. Zur vollständigen *Ableitung* aller Raumgruppen ist die Untersuchung erforderlich, welche Translationsgruppen mit jedem Kristallsystem verträglich sind und welche davon bei gegebenen Achsenverhältnissen und -winkeln sich voneinander unterscheiden lassen, ferner welche Symmetrieelemente beim Zusammentreten der im Symbol genannten Translationen und Symmetrieelemente automatisch miterzeugt werden. Diese Untersuchung systematisch durchzuführen, ist hier kein Platz, jedoch gibt die folgende Ziff. 9 die Ableitung der Raumgruppen der Kristallklasse D_{3d} als Beispiel für die Methodik der Ableitung.

Im allgemeinen enthält schon die Angabe der Achsen und Spiegelebenen der genannten Blickrichtungen eine Anzahl von überzähligen Angaben. Man kann dementsprechend die Symbole kürzen. In der folgenden Tabelle 4 sind die vollständigen und gekürzten Symbole aller Raumgruppen zusammen mit der Bezeichnung nach SCHOENFLIES enthalten. Als Normalsymbole gelten die gekürzten Symbole der Tabelle 4, soweit sie nicht eingeklammert sind.

γ) „Aufstellung" der Raumgruppe. Außer der Bezeichnung der Symmetrieelemente einer Raumgruppe leistet diese Nomenklatur noch die Angabe der *Aufstellung*, d. h. sie vermag auszudrücken, welche Gitterrichtung zur *a*-, *b*- und *c*-Achse gewählt worden ist. Eine Umbenennung der Achsen äußert sich im Symbol in doppelter Weise: Erstens müssen die angegebenen Symmetrieelemente ihre Plätze wechseln, da ja die Bedeutung der Plätze durch das jeweilige Achsenkreuz gegeben wird. Zweitens ändern eine Anzahl von Translationsgruppen und Gleitspiegelebenen ihre Symbole, wenn die Achsen anders gewählt werden. Bei einiger Übung übersieht man schnell diese Symboländerungen bei Achsentransformationen. Z. B. geht bei den sechs möglichen Achsenvertauschungen das Symbol der rhombischen Gruppe *Pnma* über in: *Pnma*, *Pnam*, *Pmnb*, *Pmcn*, *Pbnm* und *Pcmn*; ebenso *Abm* (vollständiges Symbol *Abm*2) in *Abm*2, *Ab*2*m*, *Bma*2, *B*2*am*, *C*2*am* und *C*2*ma**. Weitere Beispiele sind

* Die Kürzung dieser Symbole durch Weglassen der aus den Spiegelebenen erzeugten zweizähligen Achse ist nur möglich, wenn aus dem Symbol die Blickrichtung der einzelnen Symmetrieelemente folgt, d. h. wenn die beiden Spiegelebenen den ersten beiden Blickrichtungen, der *x*- und *y*-Achse, zukommen und die zweizählige Achse daher der *z*-Achse parallel liegt. In allen anderen Fällen muß die 2 geschrieben werden, um die Zuordnung der Symmetrieelemente zu den Blickrichtungen eindeutig zu machen.

Tabelle 4. Schoenflies- und Hermann-Mauguin-Symbole der Raumgruppen.

Schoenflies	Vollständig	Gekürzt
C_1^1	$P1$	
C_i^1	$P\bar{1}$	
C_s^1	Pm	
C_s^2	Pc	
C_s^3	Cm	
C_s^4	Cc	
C_2^1	$P2$	
C_2^2	$P2_1$	
C_2^3	$C2$	
C_{2h}^1	$P\frac{2}{m}$	
C_{2h}^2	$P\frac{2_1}{m}$	
C_{2h}^3	$C\frac{2}{m}$	
C_{2h}^4	$P\frac{2}{c}$	
C_{2h}^5	$P\frac{2_1}{c}$	
C_{2h}^6	$C\frac{2}{c}$	
C_{2v}^1	$Pmm2$	Pmm
C_{2v}^2	$Pmc2_1$	Pmc
C_{2v}^3	$Pcc2$	Pcc
C_{2v}^4	$Pma2$	Pma
C_{2v}^5	$Pca2_1$	Pca
C_{2v}^6	$Pnc2$	Pnc
C_{2v}^7	$Pmn2_1$	Pmn
C_{2v}^8	$Pba2$	Pba
C_{2v}^9	$Pna2_1$	Pna
C_{2v}^{10}	$Pnn2$	Pnn
C_{2v}^{11}	$Cmm2$	Cmm
C_{2v}^{12}	$Cmc2_1$	Cmc
C_{2v}^{13}	$Ccc2$	Ccc
C_{2v}^{14}	$Amm2$	Amm
C_{2v}^{15}	$Abm2$	Abm
C_{2v}^{16}	$Ama2$	Ama
C_{2v}^{17}	$Aba2$	Aba
C_{2v}^{18}	$Fmm2$	Fmm
C_{2v}^{19}	$Fdd2$	Fdd
C_{2v}^{20}	$Imm2$	Imm
C_{2v}^{21}	$Iba2$	Iba
C_{2v}^{22}	$Ima2$	Ima
D_2^1	$P222$	
D_2^2	$P222_1$	
D_2^3	$P2_12_12$	
D_2^4	$P2_12_12_1$	
D_2^5	$C222_1$	
D_2^6	$C222$	

Schoenflies	Vollständig	Gekürzt
D_2^7	$F222$	
D_2^8	$I222$	
D_2^9	$I2_12_12_1$	
D_{2h}^1	$P\frac{2}{m}\frac{2}{m}\frac{2}{m}$	$Pmmm$
D_{2h}^2	$P\frac{2}{n}\frac{2}{n}\frac{2}{n}$	$Pnnn$
D_{2h}^3	$P\frac{2}{c}\frac{2}{c}\frac{2}{m}$	$Pccm$
D_{2h}^4	$P\frac{2}{b}\frac{2}{a}\frac{2}{n}$	$Pban$
D_{2h}^5	$P\frac{2_1}{m}\frac{2}{m}\frac{2}{a}$	$Pmma$
D_{2h}^6	$P\frac{2}{n}\frac{2_1}{n}\frac{2}{a}$	$Pnna$
D_{2h}^7	$P\frac{2}{m}\frac{2}{n}\frac{2_1}{a}$	$Pmna$
D_{2h}^8	$P\frac{2_1}{c}\frac{2}{c}\frac{2}{a}$	$Pcca$
D_{2h}^9	$P\frac{2_1}{b}\frac{2_1}{a}\frac{2}{m}$	$Pbam$
D_{2h}^{10}	$P\frac{2_1}{c}\frac{2_1}{c}\frac{2}{n}$	$Pccn$
D_{2h}^{11}	$P\frac{2}{b}\frac{2_1}{c}\frac{2_1}{m}$	$Pbcm$
D_{2h}^{12}	$P\frac{2_1}{n}\frac{2_1}{n}\frac{2}{m}$	$Pnnm$
D_{2h}^{13}	$P\frac{2_1}{m}\frac{2_1}{m}\frac{2}{n}$	$Pmmn$
D_{2h}^{14}	$P\frac{2_1}{b}\frac{2}{c}\frac{2_1}{n}$	$Pbcn$
D_{2h}^{15}	$P\frac{2_1}{b}\frac{2_1}{c}\frac{2_1}{a}$	$Pbca$
D_{2h}^{16}	$P\frac{2_1}{n}\frac{2_1}{m}\frac{2_1}{a}$	$Pnma$
D_{2h}^{17}	$C\frac{2}{m}\frac{2}{c}\frac{2_1}{m}$	$Cmcm$
D_{2h}^{18}	$C\frac{2}{m}\frac{2}{c}\frac{2_1}{a}$	$Cmca$
D_{2h}^{19}	$C\frac{2}{m}\frac{2}{m}\frac{2}{m}$	$Cmmm$
D_{2h}^{20}	$C\frac{2}{c}\frac{2}{c}\frac{2}{m}$	$Cccm$
D_{2h}^{21}	$C\frac{2}{m}\frac{2}{m}\frac{2}{a}$	$Cmma$
D_{2h}^{22}	$C\frac{2}{c}\frac{2}{c}\frac{2}{a}$	$Ccca$
D_{2h}^{23}	$F\frac{2}{m}\frac{2}{m}\frac{2}{m}$	$Fmmm$

Schoenflies	Vollständig	Gekürzt
D_{2h}^{24}	$F\frac{2}{d}\frac{2}{d}\frac{2}{d}$	$Fddd$
D_{2h}^{25}	$I\frac{2}{m}\frac{2}{m}\frac{2}{m}$	$Immm$
D_{2h}^{26}	$I\frac{2}{b}\frac{2}{a}\frac{2}{m}$	$Ibam$
D_{2h}^{27}	$I\frac{2_1}{b}\frac{2_1}{c}\frac{2_1}{a}$	$Ibca$
D_{2h}^{28}	$I\frac{2_1}{m}\frac{2_1}{m}\frac{2_1}{a}$	$Imma$
S_4^1	$P\bar{4}$	
S_4^2	$I\bar{4}$	
C_4^1	$P4$	
C_4^2	$P4_1$	
C_4^3	$P4_2$	
C_4^4	$P4_3$	
C_4^5	$I4$	
C_4^6	$I4_1$	
C_{4h}^1	$P\frac{4}{m}$	
C_{4h}^2	$P\frac{4_2}{m}$	
C_{4h}^3	$P\frac{4}{n}$	
C_{4h}^4	$P\frac{4_2}{n}$	
C_{4h}^5	$I\frac{4}{m}$	
C_{4h}^6	$I\frac{4_1}{a}$	
D_{2d}^1	$P\bar{4}2m$	
D_{2d}^2	$P\bar{4}2c$	
D_{2d}^3	$P\bar{4}2_1m$	
D_{2d}^4	$P\bar{4}2_1c$	
D_{2d}^5	$C\bar{4}2m$ (oder $P\bar{4}m2$)	
D_{2d}^6	$C\bar{4}2c$ (oder $P\bar{4}c2$)	
D_{2d}^7	$C\bar{4}2b$ (oder $P\bar{4}b2$)	
D_{2d}^8	$C\bar{4}2n$ (oder $P\bar{4}n2$)	
D_{2d}^9	$F\bar{4}2m$ (oder $I\bar{4}m2$)	
D_{2d}^{10}	$F\bar{4}2c$ (oder $I\bar{4}c2$)	
D_{2d}^{11}	$I\bar{4}2m$	
D_{2d}^{12}	$I\bar{4}2d$	

Tabelle 4 (Fortsetzung).

Schoenflies	Vollständig	Gekürzt
C_{4v}^1	$P4mm$	$P4mm$
C_{4v}^2	$P4bm$	$P4bm$
C_{4v}^3	$P4_2cm$	$P4cm$
C_{4v}^4	$P4_2nm$	$P4nm$
C_{4v}^5	$P4cc$	$P4cc$
C_{4v}^6	$P4nc$	$P4nc$
C_{4v}^7	$P4_2mc$	$P4mc$
C_{4v}^8	$P4_2bc$	$P4bc$
C_{4v}^9	$I4mm$	$I4mm$
C_{4v}^{10}	$I4cm$	$I4cm$
C_{4v}^{11}	$I4_1md$	$I4md$
C_{4v}^{12}	$I4_1cd$	$I4cd$
D_4^1	$P422$	$P42$
D_4^2	$P42_12$	$P42_1$
D_4^3	$P4_122$	$P4_12$
D_4^4	$P4_12_12$	$P4_12_1$
D_4^5	$P4_222$	$P4_22$
D_4^6	$P4_22_12$	$P4_22_1$
D_4^7	$P4_322$	$P4_32$
D_4^8	$P4_32_12$	$P4_32_1$
D_4^9	$I422$	$I42$
D_4^{10}	$I4_122$	$I4_12$
D_{4h}^1	$P\frac{4}{m}\frac{2}{m}\frac{2}{m}$	$P\frac{4}{m}mm$
D_{4h}^2	$P\frac{4}{m}\frac{2}{c}\frac{2}{c}$	$P\frac{4}{m}cc$
D_{4h}^3	$P\frac{4}{n}\frac{2}{b}\frac{2}{m}$	$P\frac{4}{m}bm$
D_{4h}^4	$P\frac{4}{n}\frac{2}{n}\frac{2}{c}$	$P\frac{4}{n}nc$
D_{4h}^5	$P\frac{4}{m}\frac{2_1}{b}\frac{2}{m}$	$P\frac{4}{m}bm$
D_{4h}^6	$P\frac{4}{m}\frac{2_1}{n}\frac{2}{c}$	$P\frac{4}{m}nc$
D_{4h}^7	$P\frac{4}{n}\frac{2_1}{m}\frac{2}{m}$	$P\frac{4}{n}mm$
D_{4h}^8	$P\frac{4}{n}\frac{2_1}{c}\frac{2}{c}$	$P\frac{4}{n}cc$
D_{4h}^9	$P\frac{4_2}{m}\frac{2}{m}\frac{2}{c}$	$P\frac{4}{m}mc$
D_{4h}^{10}	$P\frac{4_2}{m}\frac{2}{c}\frac{2}{m}$	$P\frac{4}{m}cm$
D_{4h}^{11}	$P\frac{4_2}{n}\frac{2}{b}\frac{2}{c}$	$P\frac{4}{n}bc$
D_{4h}^{12}	$P\frac{4_2}{n}\frac{2}{n}\frac{2}{m}$	$P\frac{4}{n}nm$
D_{4h}^{13}	$P\frac{4_2}{m}\frac{2_1}{b}\frac{2}{c}$	$P\frac{4}{m}bc$
D_{4h}^{14}	$P\frac{4_2}{m}\frac{2_1}{n}\frac{2}{m}$	$P\frac{4}{m}nm$

Schoenflies	Vollständig	Gekürzt
D_{4h}^{15}	$P\frac{4_2}{n}\frac{2_1}{m}\frac{2}{c}$	$P\frac{4}{n}mc$
D_{4h}^{16}	$P\frac{4_2}{n}\frac{2_1}{c}\frac{2}{m}$	$P\frac{4}{n}cm$
D_{4h}^{17}	$I\frac{4}{m}\frac{2}{m}\frac{2}{m}$	$I\frac{4}{m}mm$
D_{4h}^{18}	$I\frac{4}{m}\frac{2}{c}\frac{2}{m}$	$I\frac{4}{m}cm$
D_{4h}^{19}	$I\frac{4_1}{a}\frac{2}{m}\frac{2}{d}$	$I\frac{4}{a}md$
D_{4h}^{20}	$I\frac{4_1}{a}\frac{2}{c}\frac{2}{d}$	$I\frac{4}{a}cd$
C_3^1	$C3$	
C_3^2	$C3_1$	
C_3^3	$C3_2$	
C_3^4	$R3$	
C_{3i}^1	$C\bar{3}$	
C_{3i}^2	$R\bar{3}$	
C_{3v}^1	$C3m1$	$C3m$
C_{3v}^2	$H3m1$ (od. $C31m$)	$H3m$
C_{3v}^3	$C3c1$	$C3c$
C_{3v}^4	$H3c1$ (od. $C31c$)	$H3c$
C_{3v}^5	$R3m$	
C_{3v}^6	$R3c$	
D_3^1	$H321$ (od. $C312$)	$H32$
D_3^2	$C321$	$C32$
D_3^3	$H3_121$ (od. $C3_112$)	$H3_12$
D_3^4	$C3_121$	$C3_12$
D_3^5	$H3_221$ (od. $C3_212$)	$H3_22$
D_3^6	$C3_221$	$C3_22$
D_3^7	$R32$	
D_{3d}^1	$H\bar{3}\frac{2}{m}\bar{1}$ (od. $C\bar{3}\bar{1}\frac{2}{m}$	$H\bar{3}m$ $C\bar{3}1m$)
D_{3d}^2	$H\bar{3}\frac{2}{c}\bar{1}$ (od. $C\bar{3}\bar{1}\frac{2}{c}$	$H\bar{3}c$ $C\bar{3}1c$)
D_{3d}^3	$C\bar{3}\frac{2}{m}\bar{1}$	$C\bar{3}m$
D_{3d}^4	$C\bar{3}\frac{2}{c}\bar{1}$	$C\bar{3}c$

Schoenflies	Vollständig	Gekürzt
D_{3d}^5	$R\bar{3}\frac{2}{m}$	$R\bar{3}m$
D_{3d}^6	$R\bar{3}\frac{2}{c}$	$R\bar{3}c$
C_{3h}^1	$C\bar{6}$	
C_6^1	$C6$	
C_6^2	$C6_1$	
C_6^3	$C6_5$	
C_6^4	$C6_2$	
C_6^5	$C6_4$	
C_6^6	$C6_3$	
C_{6h}^1	$C\frac{6}{m}$	
C_{6h}^2	$C\frac{6_3}{m}$	
D_{3h}^1	$C\bar{6}m2$	$C\bar{6}m$
D_{3h}^2	$C\bar{6}c2$	$C\bar{6}c$
D_{3h}^3	$H\bar{6}m2$ (od. $C\bar{6}2m$)	$H\bar{6}m$
D_{3h}^4	$H\bar{6}c2$ (od. $C\bar{6}2c$)	$H\bar{6}c$
C_{6v}^1	$C6mm$	$C6mm$
C_{6v}^2	$C6cc$	$C6cc$
C_{6v}^3	$C6_3cm$	$C6cm$
C_{6v}^4	$C6_3mc$	$C6mc$
D_6^1	$C622$	$C62$
D_6^2	$C6_122$	$C6_12$
D_6^3	$C6_522$	$C6_52$
D_6^4	$C6_222$	$C6_22$
D_6^5	$C6_422$	$C6_42$
D_6^6	$C6_322$	$C6_32$
D_{6h}^1	$C\frac{6}{m}\frac{2}{m}\frac{2}{m}$	$C\frac{6}{m}mm$
D_{6h}^2	$C\frac{6}{m}\frac{2}{c}\frac{2}{c}$	$C\frac{6}{m}cc$
D_{6h}^3	$C\frac{6_3}{m}\frac{2}{c}\frac{2}{m}$	$C\frac{6}{m}cm$
D_{6h}^4	$C\frac{6_3}{m}\frac{2}{m}\frac{2}{c}$	$C\frac{6}{m}mc$
T^1	$P23$	
T^2	$F23$	
T^3	$I23$	
T^4	$P2_13$	
T^5	$I2_13$	

Tabelle 4 (Fortsetzung).

SCHOENFLIES	Vollständig	Gekürzt	SCHOENFLIES	Vollständig	Gekürzt	SCHOENFLIES	Vollständig	Gekürzt
T_h^1	$P\frac{2}{m}\bar{3}$	$Pm3$	T_d^3	$I\bar{4}3m$		O_h^3	$P\frac{4_2}{m}\bar{3}\frac{2}{n}$	$Pm3n$
			T_d^4	$P\bar{4}3n$				
T_h^2	$P\frac{2}{n}\bar{3}$	$Pn3$	T_d^5	$F\bar{4}3c$		O_h^4	$P\frac{4_2}{n}\bar{3}\frac{2}{m}$	$Pn3m$
			T_d^6	$I\bar{4}3d$				
T_h^3	$F\frac{2}{m}\bar{3}$	$Fm3$	O^1	$P432$	$P43$	O_h^5	$F\frac{4}{m}\bar{3}\frac{2}{m}$	$Fm3m$
			O^2	$P4_232$	$P4_23$			
T_h^4	$F\frac{2}{d}\bar{3}$	$Fd3$	O^3	$F432$	$F43$	O_h^6	$F\frac{4}{m}\bar{3}\frac{2}{c}$	$Fm3c$
			O^4	$F4_132$	$F4_13$			
T_h^5	$I\frac{2}{m}\bar{3}$	$Im3$	O^5	$I432$	$I43$	O_h^7	$F\frac{4_1}{d}\bar{3}\frac{2}{m}$	$Fd3m$
			O^6	$P4_332$	$P4_33$			
T_h^6	$P\frac{2_1}{a}\bar{3}$	$Pa3$	O^7	$P4_132$	$P4_13$	O_h^8	$F\frac{4_1}{d}\bar{3}\frac{2}{c}$	$Fd3c$
			O^8	$I4_132$	$I4_13$			
T_h^7	$I\frac{2_1}{a}\bar{3}$	$Ia3$	O_h^1	$P\frac{4}{m}\bar{3}\frac{2}{m}$	$Pm3m$	O_h^9	$I\frac{4}{m}\bar{3}\frac{2}{m}$	$Im3m$
T_d^1	$P\bar{4}3m$		O_h^2	$P\frac{4}{n}\bar{3}\frac{2}{n}$	$Pn3n$	O_h^{10}	$I\frac{4_1}{a}\bar{3}\frac{2}{d}$	$Ia3d$
T_d^2	$F\bar{4}3m$							

für einige tetragonale und trigonale Raumgruppen in Tabelle 4 enthalten. Die Achsentransformationen bedeuten dort Vertauschungen der Neben- und Zwischenachsen (Drehungen um 45 bzw. 30°).

Die für eine Raumgruppenableitung und -diskussion charakteristischen Überlegungen lernt man am besten an einem Beispiel kennen:

9. Raumgruppendiskussion der Klasse D_{3d} — $\bar{3}\,m$. α) Die Punktsymmetrie der Klasse. Im folgenden werden die sechs Raumgruppen der Holoedrie des rhomboedrischen Systems (Symbol nach SCHOENFLIES D_{3d}) abgeleitet. Das vollständige Klassensymbol ist $\bar{3}\,2/m$, da die vollständige Symmetrie des Rhomboeders (vgl. Abb. 49) sich zusammensetzt aus einer dreizähligen Hauptachse parallel [1 1 1], die durch ein Symmetriezentrum hindurchgeht und dadurch zur dreizähligen Drehinversionsachse $\bar{3}$ wird. Ferner ist die horizontale Verbindungslinie [0 1 $\bar{1}$] zweier gegenüberliegender Rhomboederkanten eine zweizählige Achse, und die Ebene senkrecht dazu, (0 1 $\bar{1}$), eine Spiegelebene des Rhomboeders. Man kann das Symbol kürzen, wenn man bedenkt, daß von den drei Elementen (des Symmetriezentrums, das in $\bar{3}$ ausgedrückt ist, der zweizähligen Achse 2 und der darauf senkrecht stehenden Spiegelebene m) je zwei das dritte erzeugen. Man kann daher, ohne die erzeugte Symmetrie herabzusetzen, eins dieser drei Elemente aus dem Symbol fortlassen, also $3\,2/m$ oder $\bar{3}\,2$ oder $\bar{3}\,m$ schreiben. Wir entscheiden uns für die letzte von diesen drei Abkürzungen, da die erste noch immer recht lang ist und die zweite nicht geeignet ist, die Raumgruppen voneinander zu unterscheiden. Wir werden nämlich sehen, daß in allen trigonalen und hexagonalen Raumgruppen horizontale zweizählige Drehachsen nie allein vorkommen, sondern immer gleichzeitig parallele Schraubenachsen vorhanden sind. Die einzige Variationsmöglichkeit des Symbols 2, nämlich die Ersetzung durch eine Schraubenachse, 2_1, würde daher zu keiner neuen Raumgruppe führen. Übrigens kann man auch die dreizählige Hauptachse so auffassen, als ob sie durch Zusammenwirken der drei Spiegelebenen entstanden sei: Spiegelt man einen beliebigen Ausgangspunkt nacheinander an zwei Spiegelebenen, die einander unter 120° schneiden, so ist das Ergebnis eine Drehung von 120° um die

Schnittkante der Ebenen. Man kann daher bei der Konstruktion der Raumgruppe der dreizähligen Achse nicht willkürlich den Charakter einer Dreh- oder Schraubenachse geben, sondern dieser folgt aus der Natur der Spiegelebenen.

β) Kombination mit Translationen. Das Zusammenwirken von Translationen mit Symmetrieelementen hat eine ähnliche Wirkung wie das von zwei anderen Symmetrieoperationen miteinander: Es entstehen neue Symmetrieelemente. Da eine Translation als bloße Parallelverschiebung an der Orientierung eines Moleküls nichts ändert, so muß das neue Symmetrieelement von gleicher Art sein wie das erzeugende.

Betrachten wir etwa eine dreizählige Achse in A (Abb. 65), die durch eine Translation in die Lage B gebracht werden möge. Das Atom *1* werde durch die Achse A in *1*, *2*, *3* übergeführt. Diese drei Atome gehen durch die Translation in *1'*, *2'*, *3'* über. Wir fragen nach der Beziehung zwischen *1* und *2'*. Die relative Orientierung ist so, als wäre der Übergang durch eine dreizählige Achse C erzeugt. Diese müßte auch die Punkte A und B ineinander überführen, also von beiden gleichweit entfernt sein; ferner muß der Winkel $\sphericalangle ACB = 120°$ sein. Damit ist die Lage von C eindeutig festgelegt. Die Achse C ist Dreh- oder Schraubenachse, je nachdem ob die Translation AB senkrecht auf der Achsenrichtung steht (wie im hexagonalen Translationsgitter) oder schief (wie im rhomboedrischen Gitter).

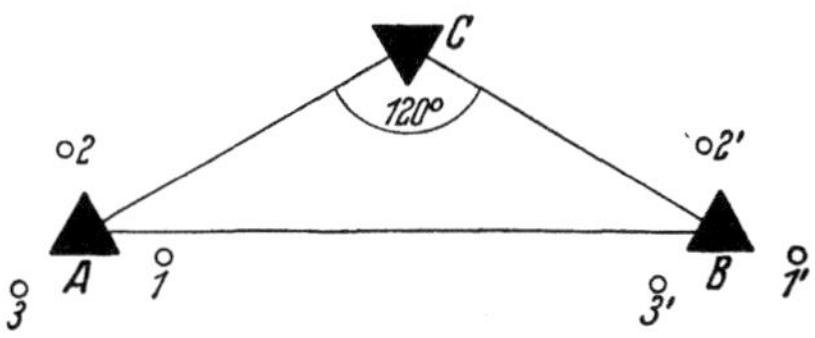

Abb. 65. Die dreizählige Achse A erzeugt zusammen mit der Translation AB die dreizählige Achse C.

Analog befindet sich in der Mitte zwischen zwei translatorisch gleichwertigen Symmetriezentren, Spiegelebenen oder zweizähligen Achsen stets ein zweites Symmetrieelement gleicher Natur, aber evtl. mit anderen Gleitkomponenten.

γ) Mögliche Lage der Symmetrieelemente gegen die Translationen. Zur Ableitung aller möglichen Raumgruppen der Kristallklasse $D_{3d} - \bar{3}m$ ist jetzt noch eine Betrachtung nötig, in welcher Weise die Symmetrieelemente im Translationsgitter liegen können. Im rhomboedrischen Gitter ist das eindeutig bestimmt: Hier kann eine Spiegelebene nur so liegen, daß sie zu einer Zellkante parallel ist und den Winkel zwischen den beiden anderen halbiert, eine zweizählige Achse nur senkrecht zu diesen Ebenen. Dagegen gibt es in der hexagonalen Zelle für jedes dieser Elemente zwei Möglichkeiten: entweder parallel zu den kürzesten horizontalen Translationen oder zu deren Winkelhalbierenden. In diesen Symbolen müssen also entweder drei Stellen benutzt werden, von denen eine immer das bedeutungslose Zeichen 1 trägt, oder man muß verschiedene Translationszeichen, C und H, einführen (vgl. Ziff. 8 α 2) und kommt dann mit zwei Zeichen aus.

Über die Natur der Spiegelebenen, aus denen sich, wie gezeigt, alle übrigen Symmetrieelemente der Gruppe erschließen lassen, ist folgendes zu bedenken: Im hexagonalen sowohl wie im rhomboedrischen Gitter geht eine Spiegelebene in die nächste translatorisch gleichwertige, parallele Ebene durch eine schiefe Translation über, die man in allen Fällen „horizontal", d. h. parallel zur Basisebene (0001) bzw. (111) des Gitters wählen kann. Die dadurch erzeugte ungleichwertige Spiegelebene in der Mitte zwischen diesen beiden muß sich dann stets durch eine horizontale Gleitkomponente von ihnen unterscheiden. Es kommen also stets im gleichen Gitter nebeneinander m- und a- bzw. b-Ebenen oder c- und n-Ebenen vor. Charakteristisch für die Raumgruppe ist nur, ob auch senkrechte Gleitkomponenten (d. h. parallel zur dreizähligen Achse) vorhanden sind oder nicht.

Die gleiche Überlegung, angewandt auf die zweizähligen Achsen, zeigt ferner, daß stets Dreh- und Schraubenachsen nebeneinander vorkommen.

δ) Wir haben somit sechs Raumgruppen zu betrachten: $C\bar{3}m$, $C\bar{3}c$, $H\bar{3}m$, $H\bar{3}c$, $R\bar{3}m$, $R\bar{3}c$. (Die vier ersten können anders geschrieben werden als: $C\bar{3}m1$, $C\bar{3}c1$, $C\bar{3}1m$, $C\bar{3}1c$.) Wir besprechen diese Raumgruppen in der von SCHOENFLIES gewählten Reihenfolge:

$\underline{D_{3d}^1 - H\bar{3}m}$. Die Zelle ist hexagonal. Drei vertikale echte Spiegelebenen[1], *parallel* den kürzesten Horizontaltranslationen (darum H), schneiden sich unter Winkeln von 120° und erzeugen in ihrem Schnitt eine dreizählige Drehachse. Wegen der Translationsgruppe entstehen zwei weitere dreizählige Drehachsen in den Mittellinien der dreiseitigen Prismen, die von den Spiegelebenen gebildet werden. Eine der dreizähligen Achsen muß ein Symmetriezentrum tragen, das aber die Gesamtheit der Symmetrieelemente in sich überführen muß und keine neuen dreizähligen Achsen oder Spiegelebenen erzeugen darf. Die einzige dreizählige Achse, auf der das möglich ist, ist die zuerst erzeugte im Schnitt der drei echten Spiegelebenen. Durch Zusammensetzung dieses Zentrums mit den Translationen entstehen sieben weitere Symmetriezentren, die zum Teil nicht mehr auf dreizähligen Achsen liegen. Schließlich erhält man die zweizähligen Achsen der Raumgruppe durch Zusammensetzen der Zentren und der Spiegelebenen. Das Gesamtbild der Symmetrieelemente ist in Abb. 66 dargestellt.

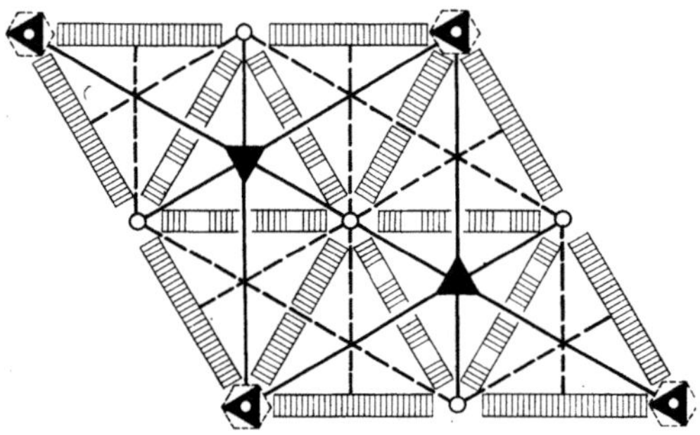

Abb. 66. Die Raumgruppen D_{3d}^1 und D_{3d}^2.

Analytisch drückt sich die Lage der Symmetrieelemente so aus: Wählt man als Nullpunkt der Koordinatenbeschreibung ein Symmetriezentrum auf einer dreizähligen Achse, so erhält man als Koordinaten je eines beliebigen Punktes auf den drei Spiegelebenen: $0xz$; $x0z$; xxz; auf den drei Gleitspiegelebenen: $\frac{1}{2}xz$; $x\frac{1}{2}z$; $x, \frac{1}{2}+x, z$. Die Koordinaten der ersten dreizähligen Achse sind $00z$; die der beiden anderen $\frac{1}{3}\frac{2}{3}z$ und $\frac{2}{3}\frac{1}{3}z$; die der Symmetriezentren 000; $00\frac{1}{2}$; $\frac{1}{2}00$; $\frac{1}{2}0\frac{1}{2}$; $0\frac{1}{2}0$; $0\frac{1}{2}\frac{1}{2}$; $\frac{1}{2}\frac{1}{2}0$; $\frac{1}{2}\frac{1}{2}\frac{1}{2}$; die der zweizähligen Drehachsen $x\bar{x}0$; $x, 2x, 0$; $2x, x, 0$; $x\bar{x}\frac{1}{2}$; $x, 2x, \frac{1}{2}$; $2x, x, \frac{1}{2}$; die der zweizähligen Schraubenachsen: $x, \frac{1}{2}-x, 0$; $x, \frac{1}{2}+2x, 0$; $\frac{1}{2}+2x, x, 0$; $x, \frac{1}{2}-x, \frac{1}{2}$; $x, \frac{1}{2}+2x, \frac{1}{2}$; $\frac{1}{2}+2x, x, \frac{1}{2}$.

Diese Symmetrieelemente erzeugen aus einem an beliebiger Stelle ins Gitter gelegten Atom xyz elf weitere:

$$\begin{matrix}(xyz; & \bar{y}, x-y, z; & y-x, \bar{x}, z; & yxz; & \bar{x}, y-x, z; & x-y, \bar{y}, z; \\ \bar{x}\bar{y}\bar{z}; & y, y-x, \bar{z}; & x-y, x, \bar{z}; & \bar{y}\bar{x}\bar{z}; & x, x-y, \bar{z}; & y-x, y, \bar{z}).\end{matrix}$$

Liegt der Ausgangspunkt auf einem Symmetrieelement ohne Gleitkomponenten, d. h. hat das Atom eine gewisse „Eigensymmetrie", so vermindert sich die Zahl der gleichwertigen Lagen. So gehören nur noch sechs Punkte zusammen, wenn die Eigensymmetrie eine Spiegelebene, $\underline{m}$, ist:

$$\begin{matrix}(0xz; & \bar{x}\bar{x}z; & x0z; \\ 0\bar{x}\bar{z}; & xx\bar{z}; & \bar{x}0\bar{z})\end{matrix}$$

oder eine zweizählige Achse, $\underline{2}$:

$$\begin{matrix}(x\bar{x}0; & x, 2x, 0; & 2\bar{x}, \bar{x}, 0; \\ \bar{x}x0; & \bar{x}, 2\bar{x}, 0; & 2x, x, 0),\end{matrix} \quad \text{bzw.} \quad \begin{matrix}(x\bar{x}\frac{1}{2}; & x, 2x, \frac{1}{2}; & 2\bar{x}, \bar{x}, \frac{1}{2}; \\ \bar{x}x\frac{1}{2}; & \bar{x}, 2\bar{x}, \frac{1}{2}; & 2x, x, \frac{1}{2}).\end{matrix}$$

[1] Wenn im Text von Spiegelebenen, Achsen usw. gesprochen wird, so bedeutet dies wegen der Translationen eigentlich Scharen von Ebenen, Achsen usw.

An den Schnittpunkten je einer zweizähligen Achse und einer Spiegelebene entstehen Symmetriezentren. Die volle Symmetrie dieser Punkte ist $\underline{2/m}$. Sie gehören nur noch zu je drei zusammen:

$$(0\,\tfrac{1}{2}\,0;\quad \tfrac{1}{2}\,\tfrac{1}{2}\,0;\quad \tfrac{1}{2}\,0\,0) \quad \text{und} \quad (0\,\tfrac{1}{2}\,\tfrac{1}{2};\quad \tfrac{1}{2}\,\tfrac{1}{2}\,\tfrac{1}{2};\quad \tfrac{1}{2}\,0\,\tfrac{1}{2}).$$

Punkte der Eigensymmetrie $\underline{3}$ (eine dreizählige Achse) gehören zu je vier zusammen:

$$(\tfrac{1}{3}\,\tfrac{2}{3}\,z,\quad \tfrac{1}{3}\,\tfrac{2}{3}\,\bar{z},\quad \tfrac{2}{3}\,\tfrac{1}{3}\,z,\quad \tfrac{2}{3}\,\tfrac{1}{3}\,\bar{z}).$$

Im Schnittpunkt dieser Achsen mit den zweizähligen entstehen Punkte der Eigensymmetrie $\underline{32}$, die paarweise zusammengehören:

$$(\tfrac{1}{3}\,\tfrac{2}{3}\,0;\quad \tfrac{2}{3}\,\tfrac{1}{3}\,0) \quad \text{und} \quad (\tfrac{1}{3}\,\tfrac{2}{3}\,\tfrac{1}{2};\quad \tfrac{2}{3}\,\tfrac{1}{3}\,\tfrac{1}{2}).$$

Auf der Vertikalen durch den Nullpunkt herrscht die Symmetrie $\underline{3m}$. Auch diese Punkte gehören paarweise zusammen:

$$(0\,0\,z;\quad 0\,0\,\bar{z}).$$

Schließlich haben die beiden Punkte $(0\,0\,0)$ und $(0\,0\,\tfrac{1}{2})$ die volle Klassensymmetrie $\underline{\bar{3}\,2/m = \bar{3}m}$. Ein Atom, das hier liegt, wird durch alle Symmetrieelemente in sich selbst oder in ein translatorisch gleiches übergeführt und braucht daher keine weiteren gleichwertigen in der Zelle.

$\underline{D_{3d}^2 - H\bar{3}c}$. Die Raumgruppe läßt sich genau so aufbauen wie $\underline{H\bar{3}m}$, nur sind die echten Spiegelebenen m ersetzt durch Gleitebenen mit vertikaler Gleitung von $\tfrac{1}{2}c$, die Gleitebenen mit horizontaler durch solche mit schräger Gleitung. Auf die Lage der dreizähligen Achsen und der Zentren hat das keinen Einfluß, nur die zweizähligen Dreh- und Schraubenachsen, die durch Zusammensetzen von Spiegelebenen und Zentren entstehen, werden durch diese neuen Gleitungen um $\tfrac{1}{4}c$ nach oben verschoben. Zusammengehörige Punktlagen sind daher:

Ohne Eigensymmetrie 12 gleichwertige:

$$(x, y, z;\quad \bar{y}, x-y, z;\quad y-x, \bar{x}, z;\quad y, x, z+\tfrac{1}{2};\quad \bar{x}, y-x, z+\tfrac{1}{2};\quad x-y, \bar{y}, z+\tfrac{1}{2};$$
$$\bar{x}, \bar{y}, \bar{z};\quad y, y-x, z;\quad x-y, x, \bar{z};\quad \bar{y}, \bar{x}, \bar{z}+\tfrac{1}{2};\quad x, x-y, \bar{z}+\tfrac{1}{2};\quad y-x, y, \bar{z}+\tfrac{1}{2}).$$

Eigensymmetrie 2; 6 gleichwertige:

$$(x\,\bar{x}\,\tfrac{1}{4};\quad x, 2x, \tfrac{1}{4};\ 2\bar{x}, \bar{x}, \tfrac{1}{4};\quad \bar{x}\,x\,\tfrac{3}{4};\quad \bar{x}, 2\bar{x}, \tfrac{3}{4};\quad 2x, x, \tfrac{3}{4}).$$

Eigensymmetrie $\bar{1}$; 6 gleichwertige: $(0\,\tfrac{1}{2}\,0;\ \tfrac{1}{2}\,\tfrac{1}{2}\,0;\ \tfrac{1}{2}\,0\,0;\ 0\,\tfrac{1}{2}\,\tfrac{1}{2};\ \tfrac{1}{2}\,\tfrac{1}{2}\,\tfrac{1}{2};\ \tfrac{1}{2}\,0\,\tfrac{1}{2})$.

Eigensymmetrie 3; 4 gleichwertige:

$$(0\,0\,z;\quad 0\,0\,\bar{z};\quad 0, 0, z+\tfrac{1}{2};\quad 0, 0, \bar{z}+\tfrac{1}{2}) \quad \text{und} \quad (\tfrac{1}{3}\,\tfrac{2}{3}\,z;\quad \tfrac{1}{3}, \tfrac{2}{3}, \bar{z}+\tfrac{1}{2};\quad \tfrac{2}{3}, \tfrac{1}{3}, z+\tfrac{1}{2};\quad \tfrac{2}{3}, \tfrac{1}{3}, \bar{z}).$$

Eigensymmetrie 32; 2 gleichwertige:

$$(0\,0\,\tfrac{1}{4};\quad 0\,0\,\tfrac{3}{4}), \quad \text{sowie} \quad (\tfrac{1}{3}\,\tfrac{2}{3}\,\tfrac{1}{4};\quad \tfrac{2}{3}\,\tfrac{1}{3}\,\tfrac{3}{4}) \quad \text{und} \quad (\tfrac{2}{3}\,\tfrac{1}{3}\,\tfrac{1}{4};\quad \tfrac{1}{3}\,\tfrac{2}{3}\,\tfrac{3}{4}).$$

Eigensymmetrie $\bar{3}$; 2 gleichwertige: $(0\,0\,0;\ 0\,0\,\tfrac{1}{2})$.

$\underline{D_{3d}^3 - C\bar{3}m}$. Diese Raumgruppe unterscheidet sich von $D_{3d}^1 - H\bar{3}m$ dadurch, daß hier die Spiegelebenen die Blickrichtung der kürzesten horizontalen Translationen haben, d. h. auf ihnen senkrecht stehen. Die Projektion der Symmetrieelemente in die Basisebene sieht sehr ähnlich aus wie dort, nur sind die Spiegelebenen mit den zweizähligen Drehachsen vertauscht, ebenso die Gleitspiegelebenen mit den Schraubenachsen. Die dreizähligen Achsen und die Symmetriezentren behalten die Plätze wie in $H\bar{3}m$ (Abb. 67).

Die Punktlagen sind hier daher:

Ohne Eigensymmetrie; 12 gleichwertige:

$(x\,y\,z;\ \bar{y}, x-y, z;\ y-x, \bar{x}, z;\ y\,x\,\bar{z};\ \bar{x}, y-x, \bar{z};\ x-y, \bar{y}, \bar{z};$
$\bar{x}\,\bar{y}\,\bar{z};\ y, y-x, \bar{z};\ x-y, x, \bar{z};\ \bar{y}\,\bar{x}\,z;\ x, x-y, z;\ y-x, y, z).$

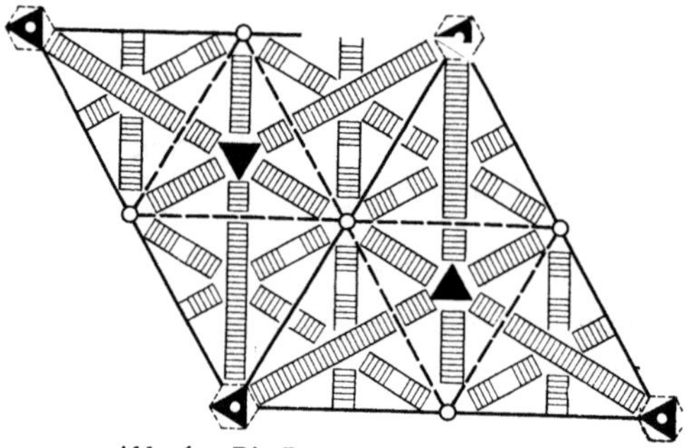

Abb. 67. Die Raumgruppen D_{3d}^3 und D_{3d}^4.

Eigensymmetrie m; 6 gleichwertige:

$(x\,\bar{x}\,z;\ x, 2x, z;\ 2\bar{x}, \bar{x}, z;$
$x\,x\,\bar{z};\ \bar{x}, 2\bar{x}, \bar{z};\ 2x, x, \bar{z}).$

Eigensymmetrie 2; 6 gleichwertige:

$(0\,x\,0;\ \bar{x}\,\bar{x}\,0;\ x\,0\,0;$
$0\,\bar{x}\,0;\ x\,x\,0;\ \bar{x}\,0\,0)$

und

$(0\,x\,\tfrac{1}{2};\ \bar{x}\,\bar{x}\,\tfrac{1}{2};\ x\,0\,\tfrac{1}{2};$
$0\,\bar{x}\,\tfrac{1}{2};\ x\,x\,\tfrac{1}{2};\ \bar{x}\,0\,\tfrac{1}{2}).$

Eigensymmetrie $2/m$; 3 gleichwertige:

$(0\,\tfrac{1}{2}\,0;\ \tfrac{1}{2}\,\tfrac{1}{2}\,0;\ \tfrac{1}{2}\,0\,0)$

und

$(0\,\tfrac{1}{2}\,\tfrac{1}{2};\ \tfrac{1}{2}\,\tfrac{1}{2}\,\tfrac{1}{2};\ \tfrac{1}{2}\,0\,\tfrac{1}{2}).$

Eigensymmetrie $3m$; 2 gleichwertige: $(0\,0\,z;\ 0\,0\,\bar{z})$ und $(\tfrac{1}{3}\,\tfrac{2}{3}\,z;\ \tfrac{2}{3}\,\tfrac{1}{3}\,\bar{z})$.

Eigensymmetrie $\bar{3}\,\frac{2}{m} = \bar{3}m$; einfache Punktlagen: $(0\,0\,0)$ und $(0\,0\,\tfrac{1}{2})$.

$D_{3d}^4 - C\bar{3}c$. Diese Raumgruppe entsteht aus der vorigen dadurch, daß alle ihre Symmetrieebenen eine vertikale Gleitkomponente $\frac{1}{2}c$ bekommen. Wie in $H\bar{3}c$ hat das auf die Lagen der dreizähligen Achsen und Symmetriezentren keinen Einfluß, dagegen werden die zweizähligen Dreh- und Schraubenachsen um $\frac{1}{4}c$ parallel verschoben. Die Punktlagen sind:

Ohne Eigensymmetrie; 12 gleichwertige:

$(x\,y\,z;\ \bar{y}, x-y, z;\ y-x, \bar{x}, z;\ y, x, \bar{z}+\tfrac{1}{2};\ \bar{x}, y-x, \bar{z}+\tfrac{1}{2};\ x-y, \bar{y}, \bar{z}+\tfrac{1}{2};$
$\bar{x}\,\bar{y}\,\bar{z};\ y, y-x, \bar{z};\ x-y, x, \bar{z};\ \bar{y}, \bar{x}, z+\tfrac{1}{2};\ x, x-y, z+\tfrac{1}{2};\ y-x, y, z+\tfrac{1}{2}).$

Eigensymmetrie 2; 6 gleichwertige: $(0\,x\,\tfrac{1}{4};\ \bar{x}\,\bar{x}\,\tfrac{1}{4};\ x\,0\,\tfrac{1}{4};\ 0\,\bar{x}\,\tfrac{3}{4};\ x\,x\,\tfrac{3}{4};\ \bar{x}\,0\,\tfrac{3}{4})$.

Eigensymmetrie $\bar{1}$; 6 gleichwertige: $(0\,\tfrac{1}{2}\,0;\ \tfrac{1}{2}\,\tfrac{1}{2}\,0;\ \tfrac{1}{2}\,0\,0;\ 0\,\tfrac{1}{2}\,\tfrac{1}{2};\ \tfrac{1}{2}\,\tfrac{1}{2}\,\tfrac{1}{2};\ \tfrac{1}{2}\,0\,\tfrac{1}{2})$.

Eigensymmetrie 3; 4 gleichwertige: $(0\,0\,z;\ 0\,0\,\bar{z};\ 0, 0, z+\tfrac{1}{2};\ 0, 0, \bar{z}+\tfrac{1}{2})$
und $(\tfrac{1}{3}\,\tfrac{2}{3}\,z;\ \tfrac{2}{3}\,\tfrac{1}{3}\,\bar{z};\ \tfrac{1}{3}, \tfrac{2}{3}, z+\tfrac{1}{2};\ \tfrac{2}{3}, \tfrac{1}{3}, \bar{z}+\tfrac{1}{2})$.

Eigensymmetrie 32; 2 gleichwertige: $(0\,0\,\tfrac{1}{4};\ 0\,0\,\tfrac{3}{4})$.

Eigensymmetrie $\bar{3}$; 2 gleichwertige: $(0\,0\,0;\ 0\,0\,\tfrac{1}{2})$.

$D_{3d}^5 - R\bar{3}m$. Hier ist die Translationsgruppe rhomboedrisch; die kleinste Zelle wird aufgespannt von drei gleich großen Translationen, die miteinander gleiche Winkel bilden. Die Lage der Spiegelebenen ist eindeutig so, daß sie einer dieser Translationen parallel liegen und den Winkel zwischen den beiden anderen halbieren. Die zweizähligen Achsen stehen natürlich senkrecht auf diesen Ebenen. Liegt in der rhomboedrischen Zelle eine dreizählige Drehachse in der Richtung [111], so entstehen durch Zusammensetzen dieser Operation mit den Translationen weitere dreizählige Achsen. Da aber hier die nächsten translatorisch gleichwertigen Achsen ineinander übergeführt werden durch Translationen, die nicht senkrecht auf ihnen stehen, sondern auch Parallelkomponenten haben, so sind die neuen Achsen Schraubenachsen, und zwar, wie man analytisch leicht erkennt, gleichviel Rechts- wie Linksschrauben. In jedem Gitter des rhomboedrischen Systems mit rhomboedrischer Translationsgruppe sind also alle Arten von dreizähligen Achsen nebeneinander vorhanden. Wählt man den Nullpunkt auf der Drehachse (Abb. 68), so hat ein Punkt der Drehachse die Koordinaten xxx; ein Punkt der Rechtsschraubenachse: $x, x - \frac{1}{3}, x + \frac{1}{3}$; ein Punkt der Linksschraubenachse: $x, x + \frac{1}{3}, x - \frac{1}{3}$. Ein allgemeiner Punkt auf den drei Spiegelebenen hat die Koordinaten xxz; xzx oder zxx. Parallel dazu gibt es Gleitspiegelebenen mit Gleitkomponenten, deren Größe gleich der halben Projektion der Translationen in die Spiegelebenen ist, d. h. gleich $\frac{1}{2}(\mathfrak{a}_2 + \mathfrak{a}_3)$ und den zyklisch vertauschten. Ihre Punkte sind $x, x + \frac{1}{2}, z$; $x + \frac{1}{2}, z, x$ und $z, x, x + \frac{1}{2}$. Symmetriezentren gibt es in 000; $\frac{1}{2}\frac{1}{2}\frac{1}{2}$; $\frac{1}{2}00$; $0\frac{1}{2}0$; $00\frac{1}{2}$; $0\frac{1}{2}\frac{1}{2}$; $\frac{1}{2}0\frac{1}{2}$; $\frac{1}{2}\frac{1}{2}0$. Zweizählige Achsen stehen am Ort der Zentren senkrecht auf den Spiegelebenen. Ihre Punkte sind daher $x\bar{x}0$; $0x\bar{x}$; $\bar{x}0x$; $x\bar{x}\frac{1}{2}$; $\frac{1}{2}x\bar{x}$; $\bar{x}\frac{1}{2}x$. Parallel dazu liegen wiederum Schraubenachsen in $x, \bar{x} + \frac{1}{2}, 0$; $0, x, \bar{x} + \frac{1}{2}$; $\bar{x} + \frac{1}{2}, x, 0$; $x, \bar{x} + \frac{1}{2}, \frac{1}{2}$; $\frac{1}{2}, x, \bar{x} + \frac{1}{2}$; $\bar{x} + \frac{1}{2}, \frac{1}{2}, x$.

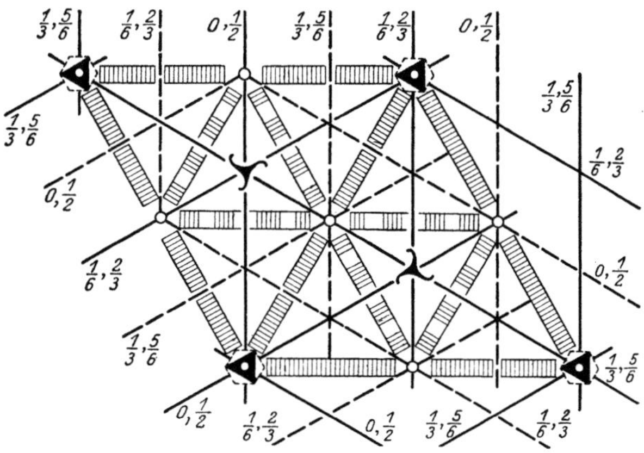

Abb. 68. Die Raumgruppen D_{3d}^5 und D_{3d}^6.

Insgesamt erhält man folgende Punktlagen:

Ohne Eigensymmetrie; 12 gleichwertige:

$$(xyz;\ zxy;\ yzx;\ \bar{x}\bar{y}\bar{z};\ \bar{z}\bar{x}\bar{y};\ \bar{y}\bar{z}\bar{x};\ xzy;\ yxz;\ zyx;\ \bar{x}\bar{z}\bar{y};\ \bar{y}\bar{x}\bar{z};\ \bar{z}\bar{y}\bar{x}).$$

Eigensymmetrie m; 6 gleichwertige:

$$(xxz;\ xzx;\ zxx;\ \bar{x}\bar{x}\bar{z};\ \bar{x}\bar{z}\bar{x};\ \bar{z}\bar{x}\bar{x}).$$

Eigensymmetrie 2; 6 gleichwertige:

$$(x\bar{x}0;\ 0x\bar{x};\ \bar{x}0x;\ \bar{x}x0;\ 0\bar{x}x;\ x0\bar{x}) \quad \text{und} \quad (x\bar{x}\tfrac{1}{2};\ \tfrac{1}{2}x\bar{x};\ \bar{x}\tfrac{1}{2}x;\ \bar{x}x\tfrac{1}{2};\ \tfrac{1}{2}\bar{x}x;\ x\tfrac{1}{2}\bar{x}).$$

Eigensymmetrie $2/m$; 3 gleichwertige:

$$(\tfrac{1}{2}00;\ 0\tfrac{1}{2}0;\ 00\tfrac{1}{2}) \quad \text{und} \quad (0\tfrac{1}{2}\tfrac{1}{2};\ \tfrac{1}{2}0\tfrac{1}{2};\ \tfrac{1}{2}\tfrac{1}{2}0).$$

Eigensymmetrie $3m$; 2 gleichwertige: $(xxx;\ \bar{x}\bar{x}\bar{x})$.

Eigensymmetrie $\bar{3}\frac{2}{m} = \bar{3}m$; einfache Lagen: (000) und $(\frac{1}{2}\frac{1}{2}\frac{1}{2})$.

$\underline{D_{3d}^6 - R\bar{3}c}$. In diesem Raumgruppensymbol ist mit c zunächst eine Gleitspiegelebene gemeint, deren Gleitung parallel der dreizähligen Hauptachse läuft und sich vektoriell schreiben würde $\frac{1}{2}(\mathfrak{a}_1 + \mathfrak{a}_2 + \mathfrak{a}_3)$. Setzt man nun solche Ebenen an die Stellen, wo in $R\bar{3}m$ Spiegelebenen liegen, so treten an die Stellen der dortigen Gleitspiegelebenen andere, deren Gleitungen gleich den halben Elementartranslationen sind, so daß also auch Ebenen vorhanden sind, denen mit Bezug auf die benutzte Zelle das Symbol c zukommt. Im übrigen werden wie in $H\bar{3}c$ und $C\bar{3}c$ auch hier die dreizähligen Dreh- und Schraubenachsen und Symmetriezentren durch diese zusätzlichen Gleitungen nicht beeinflußt und nur die zweizähligen Achsen um $\frac{1}{4}(\mathfrak{a}_1 + \mathfrak{a}_2 + \mathfrak{a}_3)$ parallel verschoben. Die Punktlagen werden:

Ohne Eigensymmetrie; 12 gleichwertige:

$$(x\,y\,z;\quad z\,x\,y;\quad y\,z\,x;$$
$$\bar{x}\,\bar{y}\,\bar{z};\quad \bar{z}\,\bar{x}\,\bar{y};\quad \bar{y}\,\bar{z}\,\bar{x};$$
$$x+\tfrac{1}{2},\, z+\tfrac{1}{2},\, y+\tfrac{1}{2};\quad y+\tfrac{1}{2},\, x+\tfrac{1}{2},\, z+\tfrac{1}{2};\quad z+\tfrac{1}{2},\, y+\tfrac{1}{2},\, x+\tfrac{1}{2};$$
$$\bar{x}+\tfrac{1}{2},\, \bar{z}+\tfrac{1}{2},\, \bar{y}+\tfrac{1}{2};\quad \bar{y}+\tfrac{1}{2},\, \bar{x}+\tfrac{1}{2},\, \bar{z}+\tfrac{1}{2};\quad \bar{z}+\tfrac{1}{2},\, \bar{x}+\tfrac{1}{2},\, \bar{x}+\tfrac{1}{2}).$$

Eigensymmetrie 2; 6 gleichwertige: $(x,\, \tfrac{1}{2}-x,\, \tfrac{1}{4};\quad \tfrac{1}{4},\, x,\, \tfrac{1}{2}-x;\quad \tfrac{1}{2}-x,\, \tfrac{1}{4},\, x;$
$\bar{x},\, \tfrac{1}{2}+x,\, \tfrac{3}{4};\quad \tfrac{3}{4},\, \bar{x},\, \tfrac{1}{2}+x;\quad \tfrac{1}{2}+x,\, \tfrac{3}{4},\, \bar{x})$.

Eigensymmetrie $\bar{1}$; 6 gleichwertige: $(\tfrac{1}{2}\,0\,0;\quad 0\,\tfrac{1}{2}\,0;\quad 0\,0\,\tfrac{1}{2};$
$0\,\tfrac{1}{2}\,\tfrac{1}{2};\quad \tfrac{1}{2}\,0\,\tfrac{1}{2};\quad \tfrac{1}{2}\,\tfrac{1}{2}\,0)$.

Eigensymmetrie 3; 4 gleichwertige:

$$(x\,x\,x;\quad \bar{x}\,\bar{x}\,\bar{x};\quad \tfrac{1}{2}+x,\, \tfrac{1}{2}+x,\, \tfrac{1}{2}+x;\quad \tfrac{1}{2}-x,\, \tfrac{1}{2}-x,\, \tfrac{1}{2}-x).$$

Eigensymmetrie 32; 2 gleichwertige: $(\tfrac{1}{4}\,\tfrac{1}{4}\,\tfrac{1}{4};\quad \tfrac{3}{4}\,\tfrac{3}{4}\,\tfrac{3}{4})$.

Eigensymmetrie $\bar{3}$; 2 gleichwertige: $(0\,0\,0;\quad \tfrac{1}{2}\,\tfrac{1}{2}\,\tfrac{1}{2})$.

10. Das reziproke Gitter und die Fourierdarstellung des Gitters. α) Die reziproken Achsen und das einfache reziproke Gitter. In der Strukturtheorie herrscht eine Beschreibung der Gitter nach Gitter*punkten* vor: in dem durch die Translation gegebenen Koordinatengerüst ist angegeben, wo gleichwertige Punkte liegen. Die beschreibende Kristallographie sowohl wie die Strukturuntersuchung mit Röntgenstrahlen liefert in erster Linie eine *Beschreibung des Gitters nach seinen Flächen oder Netzebenen.* Es ist stets möglich, durch Angabe der Flächen — deren Schnittpunkte die Gitterpunkte sind — eine völlig äquivalente und gewissermaßen duale Beschreibung zu der üblichen zu erhalten. Dies geschieht durch das „*reziproke Gitter*", das zunächst für einfache Translationsgitter entwickelt werden möge.

Sei $\mathfrak{a}_i$ das Translationstripel des Atomgitters. In der Vektorrechnung[1] wird zu einem Vektortripel $\mathfrak{a}_i$ ein dazu reziprokes $\mathfrak{b}_i$ definiert durch die sechs Gleichungen

$$(\mathfrak{b}_i \mathfrak{a}_i) = 1, \qquad (\mathfrak{b}_i \mathfrak{a}_k) = 0. \qquad (i \neq k \text{ gleich } 1,\, 2,\, 3) \tag{1}$$

Die zweite Gleichung besagt, daß die $\mathfrak{b}_i$ die Polarecke zu der der $\mathfrak{a}_i$ bilden ($\mathfrak{b}_1 \perp$ auf $\mathfrak{a}_2$ und $\mathfrak{a}_3$ usw.); die erste Gleichung normiert die Längen der $\mathfrak{b}_i$. Durch diese Normierung und die daraus entspringende volle Symmetrie der Definitionsgleichungen in den $\mathfrak{a}_i$ und $\mathfrak{b}_i$ unterscheiden sich die reziproken von den durch GRASSMANN[2] in die Kristallographie eingeführten „*polaren*" *Achsen.*

Aus den Definitionsgleichungen folgt die explizite Darstellung der $\mathfrak{b}_i$ durch die $\mathfrak{a}_i$ und umgekehrt:

$$\mathfrak{b}_1 = \frac{[\mathfrak{a}_2 \mathfrak{a}_3]}{(\mathfrak{a}_1 [\mathfrak{a}_2 \mathfrak{a}_3])}, \ldots; \qquad \mathfrak{a}_1 = \frac{[\mathfrak{b}_2 \mathfrak{b}_3]}{(\mathfrak{b}_1 [\mathfrak{b}_2 \mathfrak{b}_3])}, \ldots \tag{2}$$

Die Nenner dieser Ausdrücke haben die Bedeutung des von den $\mathfrak{a}_i$ bzw. $\mathfrak{b}_i$ aufgespannten Volums v_a bzw. v_b. Dabei gilt, wie leicht zu sehen, $v_a \cdot v_b = 1$. Gibt man den $\mathfrak{a}_i$ die Dimensionen Länge, so werden die $\mathfrak{b}_i$ von der Dimension einer reziproken Länge, wegen (1). Ist das ($\mathfrak{a}_i$)-Achsensystem festgelegt durch Angabe der Längen $|\mathfrak{a}_i| = a_i$ und der Kosinus der Achsenwinkel $\cos\alpha_i = (\mathfrak{a}_k \mathfrak{a}_j)/a_k a_j$, so stellen sich die entsprechenden Größen für die reziproken Achsen auf Grund leichter Vektoralgebra wie folgt dar. Man bilde zuerst

$$v_a^2 = a_1^2 a_2^2 a_3^2 (1 - \cos^2\alpha_1 - \cos^2\alpha_2 - \cos^2\alpha_3 + 2\cos\alpha_1 \cos\alpha_2 \cos\alpha_3),$$

---

[1] C. RUNGE, Vektoranalysis Bd. I. Leipzig: S. Hirzel 1919; J. SPIELREIN, Lehrbuch der Vektorrechnung, 2. Aufl. Stuttgart: K. Wittwer 1926; M. LAGALLY, Vektorrechnung. Leipzig: Akad. Verlagsges. 1928.

[2] Siehe z. B. Enzykl. d. math. Wiss. Bd. V, 1; 7, Art. LIEBISCH.

sodann ist

$$\left.\begin{aligned} b_1^2 &= 1/v_a^2 \cdot a_2^2 a_3^2 \sin\alpha_1, \ldots \\ (\mathfrak{b}_1 \mathfrak{b}_2) &= 1/v_a^2 \cdot a_3^2 a_1 a_2 (\cos\alpha_1 \cos\alpha_2 - \cos\alpha_3), \ldots \end{aligned}\right\} \tag{2'}$$

oder

$$\cos\beta_3 = \frac{\cos\alpha_1 \cos\alpha_2 - \cos\alpha_3}{\sin\alpha_1 \sin\alpha_2}.$$

Ein Beispiel hierfür vgl. Ziff. 33.

Die reziproken Vektoren sind nicht nur in der Kristallographie, sondern überall da nützlich, wo man in schiefwinkligen Koordinaten rechnen will. Ihr allgemeiner Nutzen beruht darauf, daß sich mit ihrer Hilfe die Zerlegung eines beliebigen Vektors $\mathfrak{r}$ nach den schiefwinkligen Achsen $\mathfrak{a}_i$ ausführen läßt:

$$\mathfrak{r} \equiv \mathfrak{a}_1(\mathfrak{b}_1 \mathfrak{r}) + \mathfrak{a}_2(\mathfrak{b}_2 \mathfrak{r}) + \mathfrak{a}_3(\mathfrak{b}_3 \mathfrak{r}). \tag{3}$$

Ebenso gilt natürlich

$$\mathfrak{r} \equiv \mathfrak{b}_1(\mathfrak{a}_1 \mathfrak{r}) + \mathfrak{b}_2(\mathfrak{a}_2 \mathfrak{r}) + \mathfrak{b}_3(\mathfrak{a}_3 \mathfrak{r}). \tag{3'}$$

Man bezeichnet $(\mathfrak{b}_i \mathfrak{r})$ als die (bezüglich der Achsen $\mathfrak{a}_i$) achsenparallelen oder kontravarianten, $(\mathfrak{a}_i \mathfrak{r})$ als die achsenebenen-normalen oder kovarianten Komponenten von $\mathfrak{r}$.

Für die Kristallographie werden die reziproken Achsen $\mathfrak{b}_i$ dadurch besonders wertvoll, daß der enge Zusammenhang zu den Netzebenen besteht: *der Vektor*

$$\mathfrak{h} = h_1 \mathfrak{b}_1 + h_2 \mathfrak{b}_2 + h_3 \mathfrak{b}_3 \tag{4}$$

steht senkrecht auf der MILLER*schen Netzebene* $(h_1 h_2 h_3)$ *im Atomgitter* $\mathfrak{a}_i$ [1]. Bildet man mit den $\mathfrak{b}_i$ als Translationen ein Gitter, das *„reziproke Gitter"*, so ist darin $\mathfrak{h}$ der Fahrstrahl vom Ursprung zu dem Gitterpunkt $h_1 h_2 h_3$, *und wir erhalten durch alle Fahrstrahlen im reziproken Gitter einen einfachen Überblick über alle rationalen Ebenenstellungen im Atomgitter.* Da es erfahrungsgemäß den meisten Menschen leichter fällt, mit Geraden (Vektoren), die durch einen gemeinsamen Anfangs- und einen Endpunkt bestimmt sind, zu operieren als mit Ebenen, die durch drei Achsenabschnitte gegeben sind, gewinnen viele kristallographische Operationen mit Netzebenen an Anschaulichkeit, wenn man sie ins reziproke Gitter übersetzt.

Hierzu kommt, daß auch der Abstand d_h der Netzebenen bzw. ihre Besetzungsdichte σ_h eine einfache geometrische Deutung im reziproken Gitter erhält. σ_h ist definiert als die Anzahl Gitterpunkte pro Flächeneinheit einer Netzebene $(h_1 h_2 h_3)$. Ist N die Zahl der Gitterpunkte in der Volumeinheit, so gilt offenbar

$$\sigma_h \cdot \frac{1}{d_h} = N \quad \text{oder} \quad = \frac{1}{v_a}.$$

Die Besetzungsdichte wird um so geringer, der Abstand der Netzebenen um so kleiner sein, je höher die Indizes der Ebene. Quantitativ gilt hierüber: Sei $\mathfrak{h}^*$ der Fahrstrahl zum *ersten* Gitterpunkt in der durch die Netzebenennormale gegebenen Richtung, so ist[2]

$$d_h = 1 : |\mathfrak{h}^*|. \tag{5}$$

β) Andere reziproke Gitter. Gelegentlich sind andere Gitter statt des hier definierten als reziprok bezeichnet worden. NIGGLI[3] führt ein F- und ein

[1] Zum Beweise zeigt man, daß das Vektorprodukt aus den beiden in der Netzebene gelegenen Vektoren $\mathfrak{a}_1/h_1 - \mathfrak{a}_2/h_2$ und $\mathfrak{a}_1/h_1 - \mathfrak{a}_3/h_3$ parallel zu $\mathfrak{h}$ ist.

[2] $\mathfrak{h}^*$ ist die Form (4) mit teilerfremden ganzen Zahlen $(h_1 h_2 h_3)$; vgl. Ziff. 3 δ, Anm. 1, S. 214.

[3] P. NIGGLI, Handb. d. Experimentalphysik Bd. VII, 1, S. 8—11. Leipzig: Akad. Verlagsges. 1928.

G-Gitter neben dem unseren (das er D-Gitter nennt) ein, deren Achsen so mit unseren $\mathfrak{b}_i$ zusammenhängen:

$$F\text{-Gitter: } \mathfrak{b}_i' = v_a \mathfrak{b}_i, \qquad G\text{-Gitter: } \mathfrak{b}_i'' = v_a^{2/3} \mathfrak{b}_i.$$

Im F-Gitter gibt die Länge des Fahrstrahls $\mathfrak{h}'^*$ den Inhalt des Netzebenenparallelogramms; für das G-Gitter hat die Zelle den Inhalt v_a wie im Atomgitter. Diese Definitionen ergeben für die Achsen im reziproken Gitterraum nicht die Dimension 1 : Länge, weshalb wir die oben gegebene vorziehen.

Für die Auswertung monochromatischer Röntgenaufnahmen wird öfters ein reziprokes Gitter benutzt[1], das nicht von den Achsen $\mathfrak{a}_i$, sondern von $\mathfrak{a}_i/\lambda$ (λ Wellenlänge) ausgeht, da das Röntgenbild nur diese Verhältniswerte ergibt. Die Anbringung dieses Faktors ist für den praktischen Zweck bequem, aber sie verwischt die ursprünglich rein geometrische Natur des reziproken Gitters, indem sie ihm einen wellenkinematischen Anstrich gibt, der ihm fremd ist. Aus dem gleichen Grund sind auch wellenkinematisch naheliegende Faktoren 2π aus der ursprünglich vom Verf. gegebenen Definition[2] fortzulassen.

γ) Transformationseigenschaften. Wichtig ist das Verhalten der Achsen $\mathfrak{a}_i$ und $\mathfrak{b}_i$ bei *linearen Transformationen.* Da sowohl in den Gleichungen (1) wie (3), (3') invariante Größen ausgedrückt sind, folgt, daß $\mathfrak{b}_i$ sich kontravariant zu $\mathfrak{a}_i$ transformieren muß. Führen wir z. B. neue Atomachsen $\mathfrak{A}_i$ ein durch die Gleichungen

$$\begin{aligned} \mathfrak{A}_1 &= \alpha_{11}\mathfrak{a}_1 + \alpha_{12}\mathfrak{a}_2 + \alpha_{13}\mathfrak{a}_3 \\ &\cdots\cdots\cdots\cdots \\ \mathfrak{A}_3 &= \alpha_{31}\mathfrak{a}_1 + \quad\cdots\quad + \alpha_{33}\mathfrak{a}_3, \end{aligned}$$

deren Auflösung gleich angegeben sei

$$\begin{aligned} \mathfrak{a}_1 &= \beta_{11}\mathfrak{A}_1 + \beta_{12}\mathfrak{A}_2 + \beta_{13}\mathfrak{A}_3 \\ &\cdots\cdots\cdots\cdots \\ \mathfrak{a}_3 &= \beta_{31}\mathfrak{A}_1 + \quad\cdots\quad + \beta_{33}\mathfrak{A}_3, \end{aligned}$$

so wird das Schema der β_{ik}, kolonnenweise statt zeilenweise gelesen, angeben, wie sich die $\mathfrak{B}_i$ durch die alten $\mathfrak{b}_i$ ausdrücken und ebenso das α_{ik}-Schema von oben nach unten gelesen den Übergang von $\mathfrak{B}_i$ zu $\mathfrak{b}_i$ vermitteln. Man stellt sich die Transformation am besten in dem Sinn vor, daß das Atomgitter bzw. das reziproke Gitter das physikalisch gegebene Ding ist, das in verschiedenen Systemen beschrieben werden soll. Demgemäß wird die alte Netzebene $(h_1 h_2 h_3)$ mit den neuen $(\mathfrak{A}_i)$-Achsen neue Indizes $(H_1 H_2 H_3)$ erhalten. Da

$$\mathfrak{h} = \sum h_i \mathfrak{b}_i = \sum H_i \mathfrak{B}_i$$

invariant ist, müssen die h_i sich entgegengesetzt wie die $\mathfrak{b}_i$, d. h. so wie die $\mathfrak{a}_i$ transformieren (gemäß Schema α_{ik}). Hiervon hat man bei der Entzifferung von Röntgenogrammen oder der Verwertung von Goniometermessungen oft Gebrauch zu machen. Insbesondere kommt oft der Übergang von hexagonalen zu rhomboedrischen Achsen vor, dessen Transformationstafeln in Tabelle 3, II, S. 240, zu finden sind.

Ein Fahrstrahl $\mathfrak{r}$, der im Achsensystem $(\mathfrak{a}_i)$ die achsenparallelen Komponenten $l_1 l_2 l_3$ hat, wird im neuen System $(\mathfrak{A}_i)$ neue Komponenten $L_1 L_2 L_3$ haben derart, daß

$$\mathfrak{r} = l_1\mathfrak{a}_1 + l_2\mathfrak{a}_2 + l_3\mathfrak{a}_3 = L_1\mathfrak{A}_1 + L_2\mathfrak{A}_2 + L_3\mathfrak{A}_3.$$

---

[1] E. SCHIEBOLD, Fortschr. d. Min., Krist., Petrogr. Bd. 11, S. 115. 1927.

[2] P. P. EWALD, Phys. ZS. Bd. 14, S. 465. 1913.

Da nach (3) und (3') $L_i = (\mathfrak{r}\mathfrak{B}_i)$, $l_k = (\mathfrak{r}\mathfrak{b}_k)$ ist, erhält man die L_i aus den l_k so wie die $\mathfrak{B}_i$ aus den $\mathfrak{b}_k$. Die allgemeine Transformation läßt sich also in dem Schema zusammenfassen:

$$
\begin{array}{r|ccc|l}
 & h_1 & h_2 & h_3 & \\
 & \mathfrak{a}_1 & \mathfrak{a}_2 & \mathfrak{a}_3 & \\
\hline
H_1;\ \mathfrak{A}_1 = & \alpha_{11} & \alpha_{12} & \alpha_{13} & \mathfrak{B}_1;\ L_1 \\
H_2;\ \mathfrak{A}_2 = & \alpha_{21} & \alpha_{22} & \alpha_{23} & \mathfrak{B}_2;\ L_2 \\
H_3;\ \mathfrak{A}_3 = & \alpha_{31} & \alpha_{32} & \alpha_{33} & \mathfrak{B}_3;\ L_3 \\
\hline
 & \mathfrak{b}_1 = & \mathfrak{b}_2 = & \mathfrak{b}_3 = & \\
 & l_1 & l_2 & l_3 &
\end{array}
\qquad
\begin{array}{r|ccc|l}
 & H_1 & H_2 & H_3 & \\
 & \mathfrak{A}_1 & \mathfrak{A}_2 & \mathfrak{A}_3 & \\
\hline
h_1;\ \mathfrak{a}_1 = & \beta_{11} & \beta_{12} & \beta_{13} & \mathfrak{b}_1;\ l_1 \\
h_2;\ \mathfrak{a}_2 = & \beta_{21} & \beta_{22} & \beta_{23} & \mathfrak{b}_2;\ l_2 \\
h_3;\ \mathfrak{a}_3 = & \beta_{31} & \beta_{32} & \beta_{33} & \mathfrak{b}_3;\ l_3 \\
\hline
 & \mathfrak{B}_1 = & \mathfrak{B}_2 = & \mathfrak{B}_3 = & \\
 & L_1 & L_2 & L_3 &
\end{array}
$$

Es ist leicht, von der Darstellung

$$\mathfrak{r} = l^1\mathfrak{b}_1 + l^2\mathfrak{b}_2 + l^3\mathfrak{b}_3 = L^1\mathfrak{B}_1 + L^2\mathfrak{B}_2 + L^3\mathfrak{B}_3$$

ausgehend die Transformationsformeln für die achsenebenen-normalen Komponenten eines Vektors $\mathfrak{r}$ bzw. für die achsenparallelen Komponenten einer Flächennormale $\mathfrak{h} = h^1\mathfrak{a}_1 + h^2\mathfrak{a}_2 + h^3\mathfrak{a}_3$ anzugeben[1].

δ) Zonen. Unter einer *Zone* wird die Gesamtheit der Flächen verstanden, die einer gegebenen Richtung, der *Zonenachse*, parallel sind. Zwei (einfach unendliche) Netzebenenscharen durchsetzen sich in einer (zweifach unendlichen) Schar von parallelen Gittergeraden, während umgekehrt diese Geradenschar alle Netzebenenscharen bestimmt, die sie als Zonenachsen enthalten (*Zonenschar*). Durch zwei Zonenachsen ist die einzelne Ebene, durch zwei Scharen von Zonenachsen die einzelne Netzebenenschar festgelegt.

Will man aus zwei Flächensymbolen $(h_1h_2h_3)$ und $(h_1'h_2'h_3')$ die zugehörige Zonenachse A finden, so ist das Vektorprodukt $[\mathfrak{h}\mathfrak{h}']$ zu bilden. Da hierbei die Produkte $[\mathfrak{b}_1\mathfrak{b}_2]$ usw. die Richtungen der Achsen $\mathfrak{a}_3$ usw. haben, ergibt sich die Richtung der Zonenachse im Atomgitter durch Ausführung der Komponenten des Vektorproduktes nach dem bekannten Schema:

Symbole der zweiten Fläche	h_1	h_2	h_3	h_1	h_2	h_3
kreuzweise multipliziert mit		×	×	×		
Symbolen der ersten Fläche	h_1'	h_2'	h_3'	h_1'	h_2'	h_3'
Symbol der Zonenachse		$(h_2h_3' - h_3h_2')$,		$(h_3h_1' - h_1h_3')$,		$(h_1h_2' - h_2h_1')$

Nach demselben Schema des Vektorprodukts bestimmt die Zugehörigkeit zu zwei Zonen die Indizes der Netzebene

Eine Netzebene durch den Nullpunkt des reziproken Gitters stellt eine Zonenschar im Atomgitter dar, so wie eine Netzebenenschar des Atomgitters durch eine (durch den Nullpunkt gehende) Gittergerade des reziproken Gitters dargestellt wird.

Wählt man im Kristall drei beliebige nicht gleichzonige (tautozonale) Flächen als Achsenebenen und eine weitere Fläche als Einheitsfläche, so bedeutet dies im reziproken Gitter, daß erstens die Richtungen der drei Vektoren $\mathfrak{b}_i$ und zweitens die Darstellung des Vektors in der vierten Richtung durch die drei anderen festgelegt werden, so daß auch die Längen der $\mathfrak{b}_i$ — bis auf einen gemeinsamen Faktor — bestimmt sind. Das ist die in Ziff. 3 δ, ε beschriebene Festlegung der Achsen des Kristalls zunächst für die reziproken Achsen, durch Auflösung ist daraus aber sofort auch das System $(\mathfrak{a}_i)$ zu gewinnen.

[1] Vgl. P. Niggli, Handb. d. Experimentalphysik Bd. VII, 1, S. 27. Leipzig 1928.

ε) Beispiele. Am reziproken Gitter deuten wir am einfachsten das in Ziff. 2δ ausgesprochene Gesetz, daß drei beliebige (nichtkomplanare) Kristallkanten geeignete Achsenrichtungen abgeben; es läßt sich auch so aussprechen: Drei beliebige nicht gleichzonige Kristallflächen dürfen als Achsenebenen gewählt werden. Ihnen entsprechen im reziproken Gitter drei beliebige Fahrstrahlen $\mathfrak{h}_1$, $\mathfrak{h}_2$, $\mathfrak{h}_3$, und es ist anschaulich klar, daß alle Richtungen des reziproken Gitters durch ein aus drei beliebigen Fahrstrahlen des Gitters aufgebautes (im allgemeinen gröbermaschiges) Gitter ebensogut dargestellt werden.

Das reziproke eines kubischen Gitters der Kante a ist ein ebensolches Gitter der Kante $1/a$. Ein rhombisches Gitter hat ein ebensolches reziprokes von den Kanten $1/a$, $1/b$, $1/c$. Ein rhomboedrisches Gitter vom Kantenwinkel α hat als reziprokes ein rhomboedrisches Gitter vom Kantenwinkel β:

$$\cos\beta = \frac{-\cos\alpha}{1+\cos\alpha}.$$

Das reziproke zu einem hexagonalen Gitter (die Nebenachsen bilden den Winkel 120°) ist hexagonal, aber nicht in der üblichen Aufstellung, da die positiven Richtungen der Nebenachsen den Winkel 60° bilden. (Die übliche Aufstellung wird erreicht nach Vorzeichenumkehr bei einer Nebenachse.) Die reziproken zu den Achsen des flächenzentriert-kubischen Gitters haben die Richtung der Achsen des körperzentriert-kubischen und umgekehrt (in der Lagebeziehung wie bei Abb. 46 und 47).

ζ) Reziprokes Gitter mit Gewicht. Auch für ein *Gitter mit Basis*, das ist ein Punktsystem oder — bei verschiedenen Atomsorten — sogar eine Ineinanderstellung mehrerer Punktsysteme, muß eine Beschreibung nach Ebenen so gut wie nach Punktlagen (Ziff. 7γ) angängig sein[1]. Das bisher betrachtete reziproke Gitter ist dazu nicht befähigt, da es als einfaches Translationsgitter stets die holoedrische Symmetrie seines Systems aufweist. Andererseits muß das bisherige reziproke Gitter in den Grundzügen erhalten bleiben, da ja die rationalen Ebenenstellungen auch im Punktsystem durch die Translationen allein bestimmt sind. Betrachtet man eine Netzebenenschar des Punktsystems, so besteht sie aus einer periodischen Folge von im allgemeinen ungleich dicht besetzten und ungleich entfernten Ebenen. Durch Angabe der Besetzungsdichten und Abstände der einzelnen Netzebenen aller Scharen sind die Atomorte als Schnitte der Netzebenen festgelegt. *Diese* Angaben müssen also auf einer Punktreihe $p\,\mathfrak{h}^*$ (p ganzzahlig) des reziproken Gitters abzulesen sein. Ausgehend von dem Gesichtspunkt, daß das reziproke Gitter etwas Invariantes sein muß, d. h. z. B. bei Auswechslung der Translationen ($\mathfrak{a}_i$) des Atomgitters gegen damit rational zusammenhängende ($\mathfrak{A}_i$) unverändert bleiben muß, gelingt es, eine *Gewichtsfunktion* $\mathfrak{G}_h$ zu bestimmen, die jedem Punkt des bisherigen reziproken Gitters beigelegt werden muß. Diese Gewichtsfunktion ist wesentlich identisch mit dem „Strukturfaktor" der Interferenzentheorie (genauer „Strukturamplitude"). Seien die Atomsorten des Gitters durch gewisse Zahlen m_t voneinander unterschieden (Massen, Streuvermögen, Ionenladungen) und seien $\mathfrak{r}_t$ die Fahrstrahlen zu den Atomen der Basis. Dann ist das Gewicht des Punktes $\mathfrak{h}$ im reziproken Gitter

$$\mathfrak{G}_h = \frac{1}{v_a}\sum_t m_t e^{2\pi i(\mathfrak{h}\mathfrak{r}_t)}. \tag{5}$$

Die Gewichte sind im allgemeinen komplex, d. h. sie bestehen aus einem Betrag Γ_h und einer Phase γ_h:

$$\mathfrak{G}_h = \Gamma_h \cdot e^{i\gamma_h}. \tag{6}$$

[1] P. P. Ewald, ZS. f. Krist. Bd. 56, S. 129. 1921.

Ist das Gitter zentrisch-symmetrisch (zum Atom m_t, $\mathfrak{r}_t$ findet sich auch m_t, $-\mathfrak{r}_t$), so ist $\mathfrak{G}_h$ reell, kann aber positiv oder negativ sein (m_t zunächst als reelle Konstanten vorausgesetzt).

Besonders einfach, nämlich selbst periodisch, wird das reziproke Gitter, falls die Basis des Atomgitters „rational" ist, d. h. alle vorkommenden Basisfahrstrahlen $\mathfrak{r}_t$ zu den Endpunkten eines Gitters mit den Translationen $(\mathfrak{A}_1, \mathfrak{A}_2, \mathfrak{A}_3) = (\mathfrak{a}_1/p_1, \mathfrak{a}_2/p_2, \mathfrak{a}_3/p_3)$ führen (p_1, p_2, p_3 sind beliebige ganze Zahlen). Die Gewichte $\mathfrak{G}_h$ wiederholen sich nach (5) dann gitterartig mit den Translationen $(\mathfrak{B}_1, \mathfrak{B}_2, \mathfrak{B}_3) = (p_1 \mathfrak{b}_1, p_2 \mathfrak{b}_2, p_3 \mathfrak{b}_3)$. Da jede Basis durch eine rationale beliebig genau angenähert werden kann, setzen wir im folgenden eine rationale Basis voraus.

Die *Reziprozität* bleibt dann bei der Gewichtsbestimmung erhalten: betrachtet man das reziproke Gitter als das Ausgangsgitter mit den Translationen $\mathfrak{B}_i$, dessen $\mathfrak{G}_h$ die Rolle der m_t spielen, und bildet davon wieder das reziproke, so kommt man zum alten Atomgitter einschließlich Angabe der Basisorte und Basismassen zurück (bis auf eine Inversion). Es ist nämlich das Gewicht $\gamma_{t'}$, das für den Punkt $\mathfrak{r}_{t'}$ entsteht,

$$\gamma_{t'} = \frac{1}{v_B} \sum \mathfrak{G}_h e^{2\pi i \mathfrak{r}_{t'} \mathfrak{h}} \tag{7}$$

beim Einsetzen von (5) und Ausführung der Summe gleich der Masse $m_{-t'}$, die im Atomgitter an der Stelle $-\mathfrak{r}_{t'}$ lag. Will man die Inversion vermeiden, so hat man zu unterscheiden zwischen einem „vorwärts reziproken" Gitter mit Gewichten (5) und einem „rückwärts reziproken" mit Gewichten

$$\overline{\mathfrak{G}_h} = \frac{1}{v_a} \sum_t m_t e^{-2\pi i (\mathfrak{h}\mathfrak{r}_t)}. \tag{5'}$$

Das Gitter ohne Inversion erhält man direkt, wenn man vom vorwärts reziproken das rückwärts reziproke bildet.

Würde man aus den Intensitäten der Röntgeninterferenzen die $\mathfrak{G}_h$ selbst gewinnen, so wäre die Konstruktion des Atomgitters daraus eine einfache Aufgabe der Algebra, die durch die Gleichung (5) erledigt wäre. Tatsächlich gewinnt man nur die Γ_h [Gleichung (6)], da die Intensitätsmessung die Phasen bzw. bei zentrisch-symmetrischen Kristallen die Vorzeichen prinzipiell nicht erfassen kann.

η) Fourierdarstellung des Gitters[1]. Das (mit Gewichten versehene) reziproke Gitter steht in einem engen Zusammenhang mit der Fourierentwicklung der Massenverteilung im Gitter. Betrachten wir zunächst ein Gitter mit der Zelle $(\mathfrak{a}_i)$ und einer in dieser Zelle kontinuierlich verteilten Massendichte $\varrho(\mathfrak{r})$. Jede in dem (im allgemeinen schiefwinkligen) Bereich $(\mathfrak{a}_i)$ periodische Fourierentwicklung hat die Gestalt — gemeint ist der reelle Teil der Funktion, die Koeffizienten können aber komplex sein —

$$F(\mathfrak{r}) = \sum_{-\infty}^{+\infty} A_h e^{2\pi i (\mathfrak{h}\mathfrak{r})}. \tag{8}$$

h steht für ein Tripel von Summenzeigern $(h_1 h_2 h_3)$; die (dreifache) Summe geht über das ganze reziproke Gitter ($\mathfrak{h}$ der Fahrstrahl darin). Daß dies die Form der Fourierentwicklung sein muß, folgt aus der Tatsache, daß, wenn $\mathfrak{r}$ um einen der Vektoren $\mathfrak{a}_i$ oder einen beliebigen Gittervektor $\mathfrak{R}_l = l_1 \mathfrak{a}_1 + l_2 \mathfrak{a}_2 + l_3 \mathfrak{a}_3$ vermehrt wird, $(\mathfrak{h}\mathfrak{R}_l) = h_1 l_1 + h_2 l_2 + h_3 l_3$ ganzzahlig ist und somit die Summe

[1] P. P. Ewald, ZS. f. Krist. Bd. 56, S. 129. 1921; vgl. auch A. L. Patterson, ebenda Bd. 76, S. 177. 1931.

Glied für Glied den alten Wert annimmt. Durch Multiplikation mit $e^{-2\pi i(\mathfrak{h}\mathfrak{r})}$ und Integration über das Volumen der Zelle erhält man in bekannter Weise den einzelnen Koeffizienten der Entwicklung:

$$A_h = \frac{1}{v_a}\int F(\mathfrak{r})\, e^{-2\pi i(\mathfrak{h}\mathfrak{r})}\, dv. \tag{9}$$

In der Fourierdarstellung der Massendichte $\varrho(\mathfrak{r})$ ist diese in eine Summe von wellenförmig verteilten Dichten aufgelöst; die maximalen Amplituden und Phasen dieser Wellen (beides zusammengefaßt in den komplexen Amplituden A_h) sind eine zu der Angabe von $\varrho(\mathfrak{r})$ völlig äquivalente duale Darstellung des Gitters, die wir am einfachsten übersehen, wenn wir die A_h als „Fouriergewichte" in das reziproke Gitter eingetragen denken, dessen Fahrstrahlen $\mathfrak{h}$ ja bereits die Fouriervektoren, d. h. die Ausbreitungsvektoren der Fourierwellen, sind.

Denken wir uns nunmehr die Dichte $\varrho(\mathfrak{r})$ immer mehr auf die isolierten Punkte $\mathfrak{r}_t$ konzentriert, so zwar daß das Integral über die nächste Umgebung von $\mathfrak{r}_t$ die m_t liefert, zwischen den Punkten $\mathfrak{r}_t$ jedoch $\varrho = 0$ wird. Durch dieses Verfahren gelangen wir von der kontinuumsmäßigen zu der diskontinuumsmäßigen Auffassung des Gitters zurück. Der Koeffizient A_h der Entwicklung geht hierbei über in

$$A_h = \frac{1}{v_a}\sum m_t e^{-2\pi i(\mathfrak{h}\mathfrak{r}_t)} = \overline{\mathfrak{G}}_h \tag{9'}$$

also nach (5′) in das (rückwärts reziproke) Gewicht $\overline{\mathfrak{G}}_h$. Demnach stellt das reziproke Gitter mit Gewichten nichts anderes als die Fourierentwicklung der Massendichte dar und es besteht im allgemeinen keinerlei prinzipieller oder rechentechnischer Unterschied zwischen der Behandlung des periodischen Diskontinuums oder Kontinuums. Jedoch kann das Diskontinuum in speziellen Fällen eine Vereinfachung mit sich bringen, indem das reziproke Gitter selbst periodisch wird. Das ist dann der Fall, wenn die Basis rational ist. Von dem periodischen Fouriergitter her betrachtet verstehen wir dann den Übergang zum Atomgitter folgendermaßen: Wir zerlegen die Fourierreihe in $\varkappa$ Teilreihen je mit den Translationen $p_i \mathfrak{b}_i$ des Übergitters und je mit konstantem Gewicht bzw. Koeffizienten $\mathfrak{G}_\varkappa$. Eine solche Reihe konvergiert zwar nicht im eigentlichen Sinne (wegen der nicht abnehmenden Koeffizienten), aber sie stellt, wie man weiß, eine Zackenfunktion $Z(\mathfrak{r})$ dar, d. h. eine Funktion, die überall in der Zelle Null ist, bis auf eine Stelle $\mathfrak{r}_x$, wo sie integrabel unendlich wird mit dem Integralwert $\mathfrak{G}_\varkappa$. Wegen der Translationen $p_i \mathfrak{b}_i$ dieser Teilreihe erzeugt sie eine Masse von der Größe $\mathfrak{G}_\varkappa$ in jedem Punkte des Untergitters von den Translationen $\mathfrak{a}_i/p_i$. Ist $p_1 p_2 p_3 = I$ die *„Irrationalitätszahl"* der Basis, so gibt es I solche Teilreihen und die I Massen der I Punkte des Untergitters (Massen Null mitgezählt) entstehen durch die Superposition der I Gewichte $\mathfrak{G}_\varkappa$ des reziproken Gitters [wobei zu jedem Gewicht gemäß Formel (7) ein Phasenfaktor hinzutritt, weil das einzelne Teilgitter $\varkappa$ gegen den Ursprung des reziproken Gitters verschoben ist]. Bei einer rationalen Basis ist die Anzahl der Bestimmungsstücke im Atomgitter und im reziproken Gitter somit gleich (wenn man die Nullmassen des Untergitters mitzählt); die Verschiebung eines Teilchens in einen irrationalen Punkt macht jedoch in dieser Zählung die Anzahl der Bestimmungsstücke unendlich groß, während die Verschiebung für die übliche Darstellung der Basis durch Angabe von $(m_t, \mathfrak{r}_t)$ belanglos ist, da man dort nicht ausdrücklich anzugeben pflegt, welche Punkte der Zelle keine Massen tragen.

Besteht im Diskontinuum die Basis aus T punktförmigen Teilchen von bekannten Massen, so enthält sie stets nur $3(T-1)$ wesentliche Koordinatenvariable, da die Nullpunktslage im Gitter ja unwesentlich ist. Die unendliche Zahl von Fourierkoeffizienten muß sich also durch die Kenntnis der vorhandenen

Massen auf $3(T-1)$ unabhängige Größen *stets* reduzieren lassen, sobald bekannt ist, daß die Basis aus den punktförmigen Massen m_t besteht, einerlei ob sie rational oder irrational angeordnet sind.

Diese Verhältnisse sind für die Aufgabe der Strukturbestimmung sehr wichtig. Die Intensitätsmessungen führen auf eine partielle Kenntnis des reziproken Gitters. Daraus läßt sich die Strukturbestimmung auf zwei Arten anpacken. Wir unterscheiden die *algebraische* und die *funktionale Strukturbestimmung*[1]. Die *algebraische Strukturbestimmung* hat als Ziel die Ermittlung der Koordinatenangaben für die als bekannt angesehenen Atommassen, wobei nicht ausgeschlossen ist, die Atome etwa als ausgedehnte Gebilde von bekannter Gestalt anzusetzen, nur muß die Lage jedes Atoms durch wenige Koordinaten bestimmt sein [Schwerpunktskoordinaten, evtl. drei Positionswinkel, maximal also $(6T-3)$ Variable für die Basis]. Die algebraische Strukturbestimmung ist ihrem Wesen nach mit der Vorstellung vom Diskontinuum verknüpft. Ihr Gegenstück ist die *funktionale Strukturbestimmung*, die von der kontinuumsmäßigen Auffassung des Inhaltes der Gitterzelle ausgeht. Die funktionale Analyse zielt ab auf den Aufbau der Fourierentwicklung (7) aus den Beobachtungen. Die Variablenzahl ist unbeschränkt, jede neue Intensitätsbeobachtung liefert eine Aussage über einen neuen Fourierkoeffizienten und ändert die bis dahin erhaltene Massenverteilung der Basis ab. Zwischen den Fourierkoeffizienten bestehen keine Bindungen, abgesehen von solchen, die durch die Kristallsymmetrie bestimmt sind. Das Ergebnis der funktionalen Analyse ist eine Dichteverteilung in der Zelle, die nun ihrerseits, um physikalisch gedeutet zu werden, in die Dichtebeiträge verschiedener Atome aufgeteilt werden muß. Es ist eine Eigentümlichkeit der festen Materie, daß sie zwischen beiden Auffassungen, der kontinuierlichen und der diskontinuierlichen, steht. Zwar ist kein Teil der Zelle von Materie (Ladung) entblößt, wie man es zeichnet, wenn man die Atome als Punkte oder als undeformierte Kugeln zeichnet, aber andererseits ballt sich der Hauptteil des Zellinhalts in Kugeln um gewisse Stellen $\mathfrak{r}_t$ zusammen. Ist man daher von der Fourieranalyse ausgegangen, so kann man das Ergebnis in groben Zügen deuten als Nebeneinanderlagerung von kugelförmigen Atomen von gewissen Radien. Kommt man umgekehrt vom Diskontinuumsstandpunkt her (dem historisch älteren bei der Deutung der Röntgeninterferenzen), so gibt die Einführung kugelförmiger Atome (statt punktförmiger) bereits eine gute Annäherung, ohne aus dem Bereich der algebraischen Strukturanalyse hinauszuführen. Daher ist vorauszusehen, daß der derzeitige Zustand der Strukturanalyse auf die Dauer bestehen bleiben wird, daß nämlich das Problem der Struktur sowohl algebraisch wie funktional aufgefaßt wird (vgl. auch Ziff. 38).

ϑ) Die Projektionseigenschaften des reziproken Gitters. *a*) *Projektion des Atomgitters auf eine Gittergerade.* Greifen wir im reziproken Gitter eine Gittergerade $p\mathfrak{h}^*$ mit den Gewichten $\mathfrak{G}_h = \mathfrak{G}_{ph^*}$ heraus, so ist zu zeigen, daß diese ein Bild der darauf senkrechten Netzebenenschar des Atomgitters ist. Die „Identitätsperiode" dieser Schar, d. h. der Netzebenenabstand in einem der einfachen Gitter, aus denen das zusammengesetzte aufgebaut ist, ist $d^* = 1/|\mathfrak{h}^*|$ [Gleichung (4)]; die einzelnen nichtidentischen Ebenen der Schar mögen vom Ursprung die Abstände d_s $(< d^*)$ haben, und ihre Belastung (Summe der Massen, die im Parallelogramm der Netzebene liegen, dividiert durch dessen Flächeninhalt) sei σ_s. Dann ist nach (5)

$$\mathfrak{G}_{ph^*} = \frac{1}{v_a}\sum_t m_t e^{2\pi i p(\mathfrak{h}^*\mathfrak{r}_t)} = \frac{1}{v_a}\sum_t m_t e^{2\pi i p\cdot\frac{1}{d^*}\cdot\mathfrak{r}_{t\|}}; \tag{10}$$

[1] P. P. Ewald, Helvet. Phys. Acta, Bd. 2, S. 278. 1929.

dabei ist $\mathfrak{r}_{t\|}$ die Komponente des Basisfahrstrahls parallel zu $\mathfrak{h}$, also für alle Atome in der $s$ten Netzebene gleich d_s. Beachtet man, daß $v_a = (d^* \cdot$ Inhalt des Parallelogramms) ist, so läßt sich auch schreiben:

$$\mathfrak{G}_{p h^*} = \frac{1}{d^*} \sum_s \sigma_s e^{2\pi i p \frac{d_s}{d^*}}. \tag{10'}$$

Die Gewichte dieser Punktreihe sind mithin ebenso groß, als rührten sie von einem eindimensionalen Gitter der Periode d^* her, dessen Basis durch die Belastungen und Abstände der Netzebenen gegeben ist. Indem man das Reziproke bildet, kann man also von einer Gittergeraden des reziproken Gitters zur Kenntnis der Ebenenfolge im dreidimensionalen Atomgitter bzw. der Projektion der Massenverteilung des Atomgitters auf eine Richtung (die Normale jener Ebenen) gelangen. [Das letztere läßt sich direkt daraus sehen, daß die Gewichte $\mathfrak{G}_{p h^*}$ (10) gänzlich unabhängig von den Komponenten von $\mathfrak{r}_t$ quer zu $\mathfrak{h}$ sind, so daß diese ebensogut gleich Null gesetzt, d. h. alle Basisteilchen auf die Richtung $\mathfrak{h}$ projiziert werden können.]

b) Projektion des Atomgitters auf eine Gitterebene. Die Gewichte in einer durch den Nullpunkt des reziproken Gitters gehenden Gitterebene E sind die Koeffizienten einer zweidimensionalen Fourierreihe, die die Massenverteilung im Gitter, projiziert auf eine zu der Ebene E des reziproken Gitters parallele Ebene, angibt. Denn die Fahrstrahlen $\mathfrak{h}$ in dieser Ebene stehen alle senkrecht auf der Geraden $\mathfrak{Z}$, die die zugehörige Zonenachse des Atomgitters ist. Infolgedessen geht in die Gewichte der Ebene E bei der Bildung von $(\mathfrak{h}\mathfrak{r}_t)$ die Komponenten von $\mathfrak{r}_t \| \mathfrak{Z}$ nicht ein und man kann sie Null setzen, d. h. das Gitter auf die Ebene senkrecht zur Zonenachse projizieren, ohne an ihnen etwas zu ändern. — Man kann das gleiche auch so zeigen: Da jede einzelne durch den Nullpunkt des reziproken Gitters gehende Gittergerade die Folge der Belastungen der dazu senkrechten Netzebenen angibt, so enthält eine ganze durch den Nullpunkt des reziproken Gitters gehende Netzebene alle Einzelheiten der Belastungen der ganzen Zonenachse. Diese bestimmen aber die auf die Ebene projizierte Massenverteilung.

ι) Nullgewichte, Auswahlregeln. Die Symmetrien der Basis der 230 SCHOENFLIESschen Punktsysteme bringen Beziehungen zwischen den Gewichten der reziproken Gitter mit sich, die noch nie systematisch dargestellt worden sind. Erst die Kenntnis dieser Beziehungen würde gestatten, bei der Fourieranalyse von Strukturen in systematischer Weise die Einschränkungen zu verwerten, die z. B. bei Kenntnis der Raumgruppe bestehen. Hierdurch würde die Fouriermethode an die übliche algebraische Methode der Strukturermittlung enger angeschlossen werden. Systematisch untersucht sind nur die *Nullgewichte*, aber auch nur soweit sie sich periodisch im reziproken Gitter wiederholen. Man spricht in diesem Falle von „*Auslöschungsgesetzen*“, weil die entsprechenden Röntgeninterferenzen infolge Verschwindens des Strukturfaktors (s. Ziff. 15) ausgelöscht sind. Die Periodizität der Nullstellen kann ein-, zwei- oder dreidimensional sein. Die Auslöschungsgesetze lassen sich dementsprechend so formulieren:

1. Zugleich mit der Intensität von $\mathfrak{h} = (hkl)$ verschwinden alle Intensitäten von $\mathfrak{h} + m\mathfrak{H}$, wenn $\mathfrak{H}$ ein fester, ganzzahliger Vektor im reziproken Gitter ist und m alle ganzen Zahlen durchläuft. Die einzige Möglichkeit, daß ein solches Auslöschungsgesetz besteht, ohne daß gleichzeitig weitere Auslöschungen auftreten müssen, ist die, daß die Vektoren $\mathfrak{h}$ und $\mathfrak{H}$ einander parallel liegen. Dann stellen die sämtlichen Vektoren $\mathfrak{h} + m\mathfrak{H}$, denen Nullgewichte zukommen, eine

„Serie" von höheren Ordnungen ein und desselben Grundreflexes dar. Man nennt diese Art von Auslöschungsgesetzen nach BRANDENBERGER[1] *„serial"*.

2. Zugleich mit der Intensität von $\mathfrak{h} = (hkl)$ verschwinden alle Intensitäten von $\mathfrak{h} + m\mathfrak{H} + n\mathfrak{K}$. Hier kann das Auslöschungsgesetz für sich nur existieren, wenn $\mathfrak{h}$, $\mathfrak{H}$ und $\mathfrak{K}$ komplanar sind. Sämtliche ausgelöschten Reflexe gehören hier der gleichen Zone an. Ein solches Auslöschungsgesetz heißt *„zonal"*.

3. Es gibt drei Vektoren $\mathfrak{H}$, $\mathfrak{K}$, $\mathfrak{L}$ derart, daß zugleich mit $\mathfrak{h} = (hkl)$ auch alle Reflexe $\mathfrak{h} + m\mathfrak{H} + n\mathfrak{K} + p\mathfrak{L}$ verschwinden und die Gesamtheit der Nullgewichte ein dreidimensionales Gitter bildet. Solche Auslöschungsgesetze heißen *„nach h, k, l integral"*.

Gesetzmäßige Auslöschungen im allgemeinen entstehen, wenn zu jedem Atom im Gitter weitere vorhanden sind, deren Beugungsvermögen und Koordinaten gewisse Beziehungen zueinander erfüllen, so daß sich die von ihnen gestreuten Wellen in den betreffenden Richtungen durch Interferenz vernichten können. Dabei gibt es verschiedene Möglichkeiten:

1. Die Interferenz findet zwischen beliebigen Atomen verschiedener Art statt. Dieser Fall ist rechnerisch nur schwierig zu behandeln, zumal das Beugungsverhältnis verschiedener Atomarten sich im allgemeinen nicht durch eine konstante Zahl ausdrückt, sondern auch noch mit dem Ablenkungswinkel variiert. Diese Auslöschungen heißen *Kompensations*auslöschungen.

2. Die interferierenden Atome sind chemisch gleich, aber nicht alle strukturell gleichwertig, d. h. die Symmetrieelemente der Struktur führen nicht eines von ihnen in jedes beliebige andere über. Die Interferenz entsteht dadurch, daß mehrere strukturell ungleichwertige Teilchen spezielle Koordinaten haben. So entstehen *Kompositions*auslöschungen.

3. Die interferierenden Atome sind chemisch und strukturell gleichwertig. Die Auslöschung kann durch die Symmetrieelemente der Struktur bedingt sein oder erst durch spezielle Koordinaten eines einzigen Atoms zustande kommen. Solche Auslöschungen heißen *elementar*.

Die Art der Diskussion von Auslöschungsgesetzen der letzten beiden Arten erkennt man am einfachsten an einem einfachen Beispiel. Wir betrachten das seriale Auslöschungsgesetz, daß Reflexe $(00l)$ nur beobachtet werden, wenn l durch eine ganze Zahl p teilbar ist. [Im Sinne der obigen Definition des serialen Auslöschungsgesetzes gibt es $p-1$ Vektoren $\mathfrak{h}$: $\mathfrak{a}_3^*$, $2\mathfrak{a}_3^* \ldots (p-1)\,\mathfrak{a}_3^*$ und $\mathfrak{H} = p\,\mathfrak{a}_3^*$.] Zur Erklärung dieses Gesetzes brauchen wir p gleiche interferierende Atome mit Koordinaten $x_n\, y_n\, z_n$ $(n = 1 \ldots p)$. Der Strukturfaktor für den Reflex $(00l)$ lautet dann:

$$S_{00l} = \sum_{n=1}^{p} e^{2\pi i z_n l}.$$

Das ist eine Summe von p komplexen Zahlen vom Absolutbetrag 1. Sie soll Null sein für $l = 1, 2, \ldots p-1$ und einen endlichen Wert haben für $l = p$. Zieht man aus der Summe den sicher nicht verschwindenden Faktor $e^{2\pi i z_1 l}$ heraus, so erkennt man, daß man zur Befriedigung der $p-1$ ersten Gleichungen gerade $p-1$ Relativkoordinaten $z_n - z_1$ $(n = 2 \ldots p)$ zur Verfügung hat. Die einzigen Lösungen sind die, wo die $z_n - z_1$ in irgendeiner Reihenfolge die Werte $\frac{1}{p}, \frac{2}{p}, \ldots, \frac{p-1}{p}$ haben. Das angegebene seriale Gesetz besagt also, daß zu jedem Atom in der Zelle $p-1$ weitere Atome gleicher Art vorhanden sein müssen, deren z-Koordinaten sich voneinander je um $\frac{1}{p}\, a_3$ unterscheiden, während ihre x- und y-Koordinaten ganz beliebig sein können. Sobald daher die Lage eines

[1] E. BRANDENBERGER, ZS. f. Krist. Bd. 76, S. 1. 1930.

Atoms bekannt ist, ist für $p - 1$ weitere je eine Ebene parallel zu (001) als geometrischer Ort bekannt.

Allgemein ist die Bedeutung eines *serialen* Gesetzes eine solche Festlegung von parallelen Ebenen als geometrischen Örtern von Nachbaratomen. Bei komplizierteren Formen von serialen Gesetzen brauchen diese Ebenen nicht äquidistant zu sein oder nicht für alle Atome der Zelle den gleichen Abstand zu haben. Die Diskussion solcher Gesetze ist durchgeführt worden von SEYFARTH[1] und BRANDENBERGER[2].

Ein *zonales* Gesetz läßt sich auffassen als eine einfach unendliche Menge von simultanen serialen Gesetzen. Die Lage der Atome wird durch sie eingeschränkt auf die Schnittgebilde von verschiedenen tautozonalen Scharen von parallelen Ebenen, d. h. auf eine Anzahl von parallelen Geraden. Von den Relativkoordinaten der interferierenden Atome werden zwei festgelegt, nur die dritte bleibt willkürlich. Ein nach *hkl integrales* Gesetz endlich enthält seriale Gesetze einer zweifach unendlichen Schar von Ebenenrichtungen. Die Relativkoordinaten der interferierenden Atome sind hier vollständig bestimmt.

Von besonderem Interesse sind solche Auslöschungen, die durch die Symmetrieelemente der Raumgruppen erzeugt werden, unabhängig von den speziellen Parameterwerten der Struktur. Nur einige sehr spezielle Auslöschungsgesetze lassen sich so erklären, doch wenn man diese Gesetze findet, so ist die Wahrscheinlichkeit, daß es sich um „Raumgruppenauslöschungen" handelt, recht groß.

So entstehen *seriale* Auslöschungsgesetze durch *Schraubenachsen*, da bei diesen äquidistante Ebenen entstehen, die gleich stark mit beugender Masse belegt sind. Die betreffenden Auslöschungsgesetze lauten (die Schraubenachse liege stets parallel der z-Richtung): Die Interferenz

für die Achsen $2_1, 4_2, 6_3$	$(00l)$ wird nur beobachtet für	$l = 2n$
„ „ „ $3_1, 3_2, 6_2, 6_4$	„ „ „ „ „	$l = 3n$
„ „ „ $4_1, 4_3$	„ „ „ „ „	$l = 4n$
„ „ „ $6_1, 6_5$	„ „ „ „ „	$l = 6n$

Zonale Auslöschungen entstehen durch *Gleitspiegelebenen*, da bei ihnen eine Spiegelung, die eine Koordinate beliebig verändern kann, verbunden ist mit einer Parallelverschiebung von der gleichen Größe für alle Atome. Die wichtigsten hier vorkommenden Gesetze lauten [die Spiegelebene liege parallel (001)]: Die Interferenz

für die Gleitebene a	(Gleitung $\frac{1}{2}\,0\,0$):	$(hk0)$ wird nur beobachtet für	$h = 2n$
„ „ „ b	(„ $0\,\frac{1}{2}\,0$):	„ „ „ „ „	$k = 2n$
„ „ „ n	(„ $\frac{1}{2}\,\frac{1}{2}\,0$):	„ „ „ „ „	$h + k = 2n$
„ „ „ d	(„ $\frac{1}{4}\,\frac{1}{4}\,0$):	„ „ „ „ „	$h + k = 4n$ (nur bei zentrierter c-Fläche)

Integrale Auslöschungen entstehen durch Translationen, wenn man zum Indizieren eine Zelle benutzt, die nicht einfach primitiv ist. Solche durch Translationen bedingte, integrale Auslöschungen lassen sich immer durch Wahl einer kleineren Gitterzelle wegtransformieren. Die häufigsten sind:

(hkl) wird nur beobachtet für	$h + k = 2n$:	Translationsgruppe C
„ „ „ „ „	$k + l = 2n$:	„ A
„ „ „ „ „	$h + l = 2n$:	„ B
„ „ „ „ „	$h + k + l = 2n$:	„ I
„ „ „ „ „	$h + k$ und $k + l = 2n$:	„ F
„ „ „ „ „	$h - k + l = 3n$:	„ R, wenn hkl sich auf ein hexagonales Achsenkreuz beziehen,
„ „ „ „ „	$h + k + l = 3n$:	Translationsgruppe C, wenn hkl sich auf ein rhomboedrisches Achsenkreuz beziehen.

[1] H. SEYFARTH, ZS. f. Krist. Bd. 67, S. 131. 1928.
[2] E. BRANDENBERGER, ZS. f. Krist. Bd. 76, S. 1. 1930.

Die Raumgruppenbezeichnung nach HERMANN und MAUGUIN ist so gewählt, daß man auch aus den abgekürzten Symbolen alle Raumgruppenauslöschungen ersehen kann. Z. B. gelten für die Raumgruppe $I4_1/a - C_{4h}^6$ folgende Auslöschungsgesetze:

Auf Grund von I: integral: (hkl) wird nur beobachtet, wenn $h + k + l = 2n$,
„ „ „ a: zonal: $(hk0)$ „ „ „ „ $h = 2n$
(wegen des integralen Gesetzes heißt das, daß zugleich $k = 2n$ ist),
„ „ „ 4_1: serial: $(00l)$ wird nur beobachtet, wenn $l = 4n$.

Weitere elementare und Kompositionsauslöschungen sind möglich, wenn innerhalb einer Raumgruppe nur spezielle Punktlagen besetzt sind oder alle Atome spezielle Koordinatenwerte haben. Ist z. B. in $I4_1/a$ nur eine Punktlage der Symmetrie $\bar{4} - S_4$ besetzt, d. h. die Punkte $(000, \frac{1}{2}\frac{1}{2}\frac{1}{2}, 0\frac{1}{2}\frac{1}{4}, \frac{1}{2}0\frac{3}{4})$, so werden das zonale sowohl wie das seriale Gesetz integral. Die Auslöschungsgesetze lauten dann: (hkl) wird nur beobachtet, wenn $h + k + l = 2n$ und $2k + l \neq 4n + 2$ ist. Man erkennt, daß die zweite Bedingung für $l = 0$ gleichbedeutend ist mit der zonalen und für $h = k = 0$ mit der serialen Raumgruppenauslöschung (hier muß man allerdings für ungerade l noch die erste Bedingung hinzunehmen). In diesem speziellen Fall entstehen also die gleichen Auslöschungen wie im allgemeinen, doch treten noch eine Anzahl weiterer hinzu, z. B. werden bei der speziellen Anordnung die Reflexe (202) und (114) ausgelöscht, die bei beliebiger Massenverteilung innerhalb der Raumgruppe erlaubt sind.

11. Fortbildung und Verfeinerung der Strukturtheorie. α) Beispiele von Kristallgittern; Gittercharakter. Erst die ersten Strukturbestim-

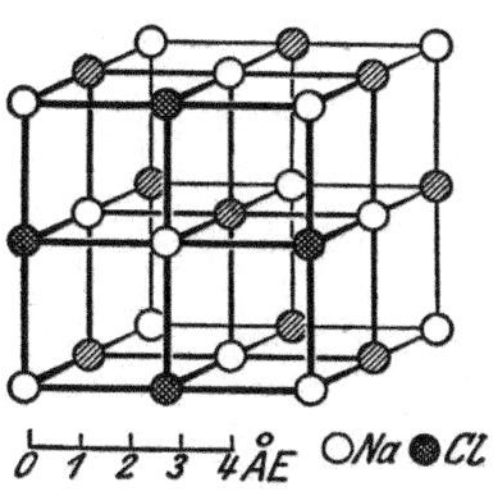

Abb. 69. Steinsalz NaCl.

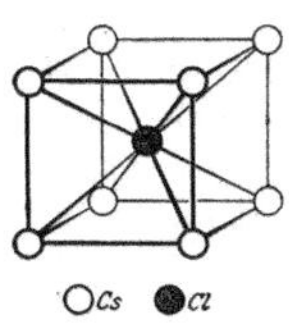

Abb. 70. Cäsiumchlorid CsCl.

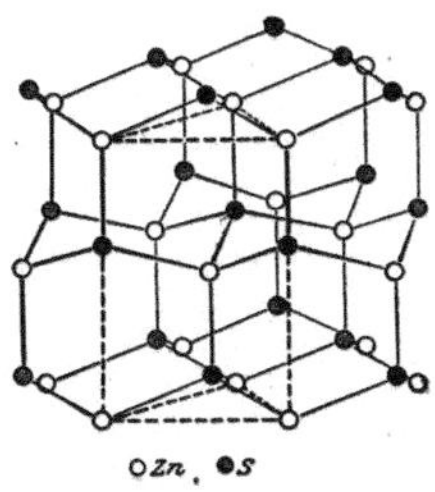

Abb. 71. Wurtzit ZnS.

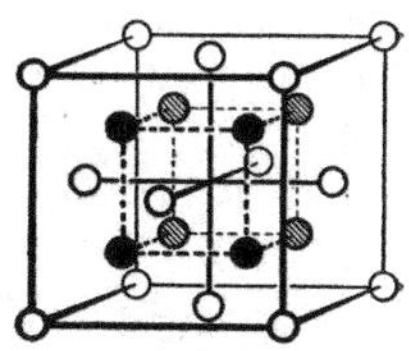
Abb. 72. Fluorit CaF_2.

mungen von W. L. BRAGG brachten eine Entscheidung über die Natur der in den Strukturtheorien noch völlig unbestimmt gebliebenen „Teilchen", auf die die Strukturlehre anzuwenden ist. Zur Deutung der Röntgenbilder von NaCl, KCl, KBr mußte angenommen werden, daß in den Gitterpunkten Teilchen mit Amplituden ungefähr proportional den Atomgewichten von Na, K, Cl, Br streuten. Damit war eine Bestätigung der von GROTH vertretenen Ansicht erreicht, daß die gleichwertigen Punkte der SCHOENFLIESschen Theorie Atome wären und daß das ganze Kristallgitter als eine Durchdringung von Gittern der gleichen Raumgruppe, jedoch mit verschiedenen Atomsorten gebildet, angesehen werden müsse.

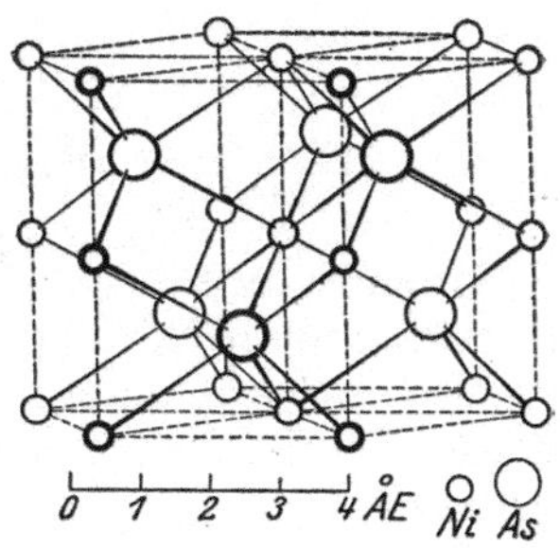

Abb. 73. Nickelin NiAs.

Bei den einfachen, früh gefundenen Gittern (Abb. 69—73) hört der Molekülbegriff auf, in festem Zustand anwendbar zu sein: Es ist nicht ohne Willkür möglich, ein Atom mit *einem* seiner Nachbarn zu einem Molekül zu vereinen, weil es eine größere Zahl symmetrisch gleichberechtigter Nachbarn hat. Solche Gitter, in denen ohne Verletzung der Symmetrie nicht ein Atom mit einer endlichen Zahl von anderen Atomen verbunden werden kann, heißen *Atom-* bzw. *Ionengitter* (letzteres wenn die Teilchen geladen sind), zusammenfassend auch *Koordinationsgitter*. Ihr Kennzeichen kann auch so angegeben werden: Jede zwischen zwei Atomen geschlagene Verbindung setzt sich aus Symmetriegründen mindestens in einer Dimension zusammenhängend bis ins Unendliche fort.

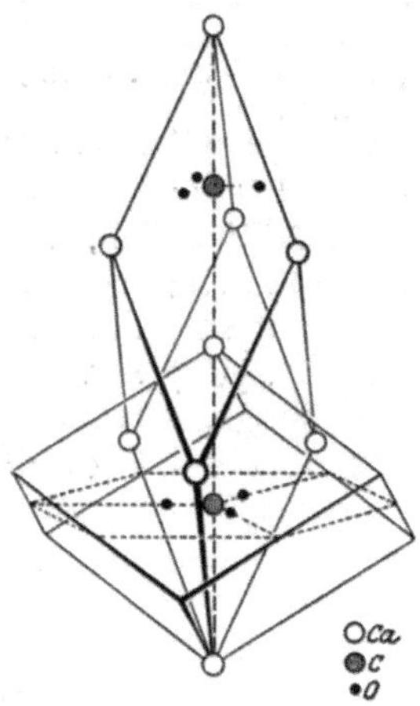

Abb. 74. Calcit $CaCO_3$.

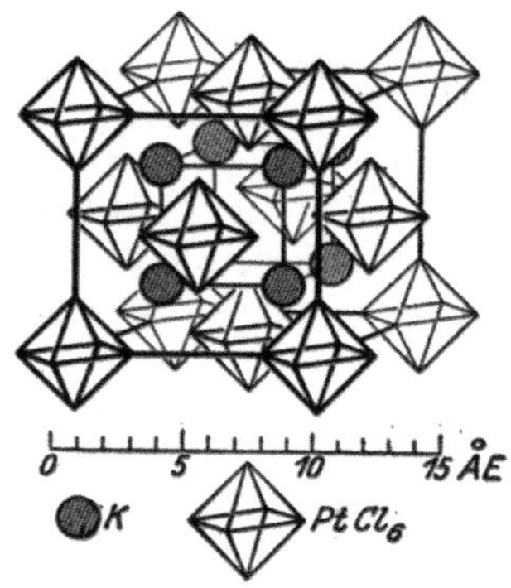

Abb. 75. Kaliumplatinhexachlorid $K_2[PtCl_6]$.

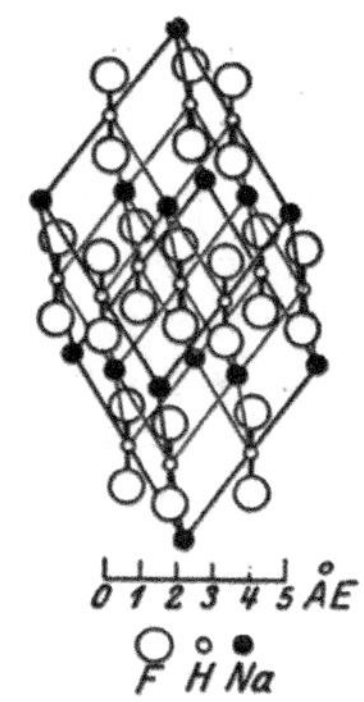

Abb. 76. Natriumhydrofluorid $NaHF_2$ (Natriumazid NaN_3).

Von den Koordinationsgittern sind zu unterscheiden die „*Radikalgitter*", z. B. Abb. 74—78. Auch in ihnen lassen sich nicht die fertigen Moleküle der chemischen Formel abgrenzen, ohne Verbindungen einzuführen, die dann der Symmetrie halber bis ins Unendliche zu erstrecken wären. Wohl aber lassen sich in den wiedergegebenen Beispielen die O-, Cl-, N-Atome eindeutig einem bestimmten Zentralatom zuordnen und mit ihm zu einem „Radikal" zusammenfassen. Die Bezeichnung Radikalionengitter wurde von REIS[1] eingeführt.

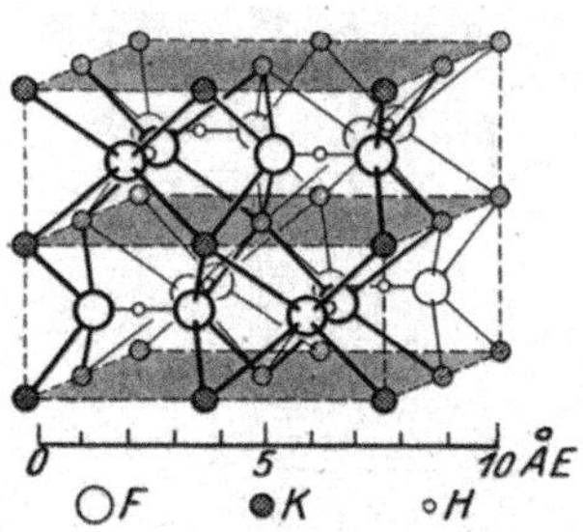

Abb. 77. Kaliumhydrofluorid KHF_2 (Kaliumazid KN_3).

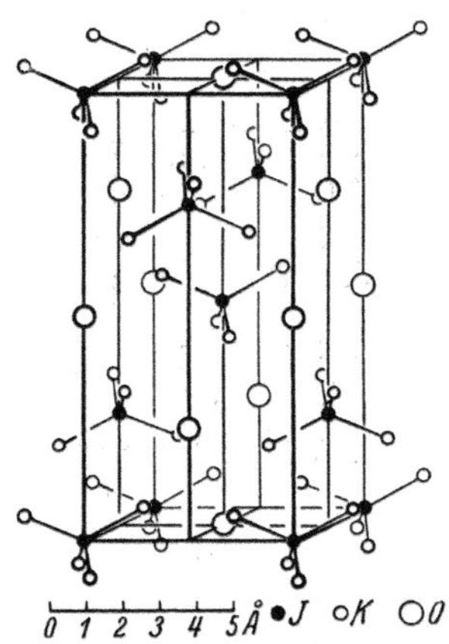

Abb. 78. Kaliumperjodat KJO_4 (Scheelit $CaWO_4$).

In anderen Fällen (Abb. 79—82) erkennt man das ganze chemische Molekül als Einheit inmitten des Gitters („*Molekülgitter*"). Insbesondere bei nichtpolaren organischen Verbindungen ist dies ohne Schwierigkeit möglich (Abb. 79, 80). Weniger deutlich in einigen anorganischen Kristallen (Abb. 81, 82, auch 203, 204), in denen wegen der gleichmäßigeren Packungsdichte der Atome zunächst nicht viel Unterschied gegenüber den Koordinationsgittern bemerkt wird. Erst das Studium der Symmetrie ergibt die Möglichkeit, hier Moleküle zusammenzufassen. Grenzfälle von Molekülgittern, z. B. Korund Al_2O_3, werden gelegentlich auch den Koordinationsgittern zugezählt.

β) Molekül- und Radikaldefinition im Gitter. So einfach in klaren Fällen die Entscheidung zwischen den Gittercharakteren ist, so lange hat man

[1] A. REIS, ZS. f. Phys. Bd. 1, S. 204. 1920; Bd. 2, S. 57. 1920; ZS. f. Elektrochem. Bd. 26, S. 412. 1920.

sich um eine klare Formulierung mühen müssen. Insbesondere REIS[1] und WEISSENBERG[2] in Deutschland, SHEARER[3] in England haben hieran Anteil.

SHEARER denkt sich den Kristall in so kleine Elementarbereiche aufgeteilt, daß keine zwei Punkte im Innern eines Bereichs gleichwertig sind. Es müssen deshalb alle Drehachsen, Spiegelebenen und Symmetriezentren ganz in den Grenzflächen des Bereichs liegen, während Schraubenachsen und Gleitspiegelebenen ihn durchkreuzen dürfen. Atome, die ganz im Innern eines Bereichs liegen, können zu einem Molekül verbunden gedacht werden, da keine gleichwertige Verbindungslinie durch die Grenze des Bereichs hindurch tritt. Schwierigkeiten entstehen bei dieser Definition, wenn Atome in symmetrischen Lagen, d. h. auf den Grenzen zwischen zwei Bereichen vorkommen. Man muß dann evtl. in manchen Fällen benachbarte Bereiche zu einem größeren verschmelzen, um ein volles Formelgewicht als Molekül bezeichnen zu können.

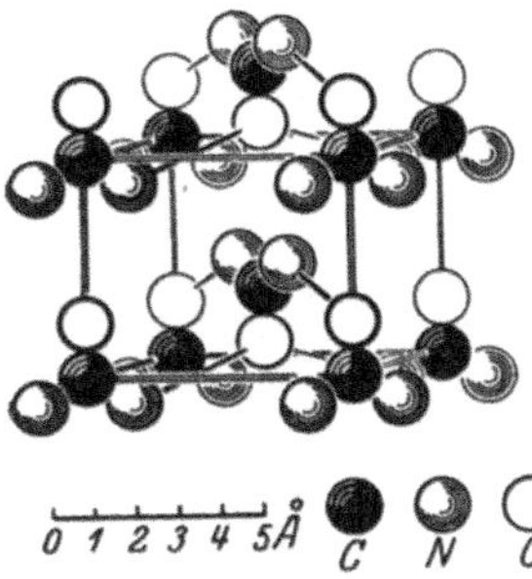

Abb. 79. Harnstoff $CO(NH_2)_2$.

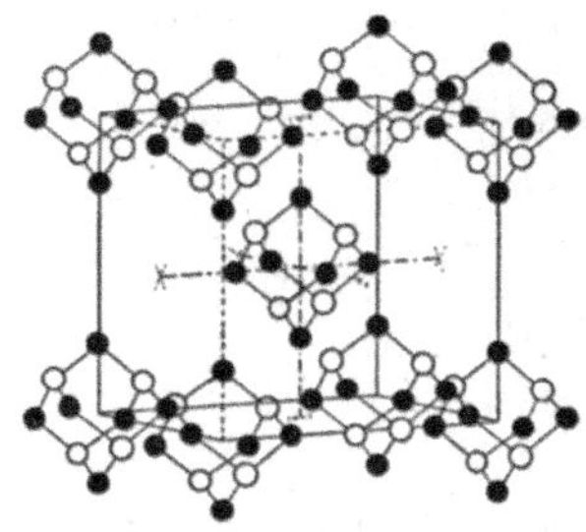

Abb. 80. Urotropin (Hexamethylentetramin) $N_4C_6H_{12}$.

In der WEISSENBERGschen (auf Vorarbeiten von REIS beruhenden) Theorie werden zunächst geometrische, später dynamische Zusammenfassungen der Atome zu Gruppen im Gitter vorgenommen. Eine „*Insel*" im Kristall wird definiert als eine Menge von — gleichwertigen oder ungleichwertigen — Atomen, die sich durch Linien verbinden lassen, ohne daß aus Symmetrie gleichwertige Verbindungslinien von einem Atom dieser Menge zu einem solchen einer anderen Menge gezogen werden müßten. Beispiele solcher Inseln sind die Radikale und Moleküle der oben abgebildeten Kristallgitter. Aber auch die drei O-Atome allein einer CO_3-Gruppe im Calcit oder die beiden äußeren N-Atome einer N_3-Gruppe im Gitter des NaN_3 oder KN_3 bilden derartige Inseln, da die Verbindungslinien dieser Atome unter sich ungleichwertig denjenigen zum Zentralatom hin sind. Versucht man derartige Konstruktionen von Inseln in Koordinationsgittern wie NaCl, CsCl oder NiAs, so erkennt man bald, daß von jedem dabei erreichten Atom neue gleichwertige Verbindungen ausgehen, und daß die so konstruierte „Insel", d. h. die Gesamtheit aller so verbundenen Atome, unend-

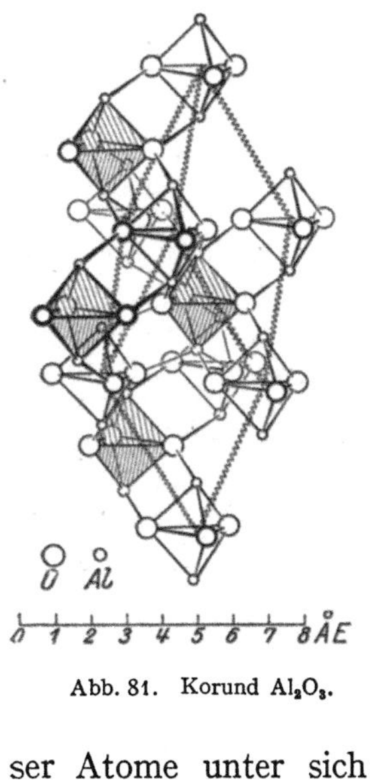

Abb. 81. Korund Al_2O_3.

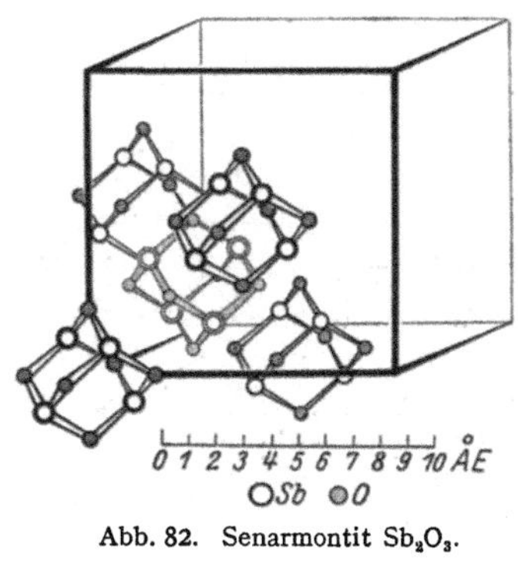

Abb. 82. Senarmontit Sb_2O_3.

[1] Siehe Fußnote 1, S. 272.
[2] K. WEISSENBERG, ZS. f. Krist. Bd. 62, S. 12 u. 52. 1925.
[3] G. SHEARER, Proc. Phys. Soc. London. Bd. 35, S. 81. 1923.

lich groß wird. Auch dabei gibt es wieder Unterschiede. Im Gitter des NiAs erstreckt sich z. B. die Insel, die man durch Verbinden eines Ni-Atoms mit dem senkrecht darüberliegenden erhält, nur nach einer Dimension ins Unendliche; verbindet man es mit einem anderen Atom derselben Horizontalebene, so erhält man eine Insel, die nach zwei Richtungen unendlich ist; schließlich füllt eine Insel, die durch Verbindung eines Ni- und eines As-Atoms entsteht, den ganzen Raum. WEISSENBERG unterscheidet daher *Mikroinseln, Inselketten, Inselnetze* und *Inselraumgitter*, je nachdem sie nach 0, 1, 2 oder 3 Richtungen unendlich ausgedehnt sind.

Um zu einer plausiblen Moleküldefinition zu kommen, muß man — vom rein Geometrischen zum Dynamischen übergehend — die Verbindungslinien nach den Anziehungskräften ordnen, die zwischen den verbundenen Atomen bestehen. Zieht man zuerst nur die Linien, die den stärksten Kräften entsprechen, fügt darauf diejenigen für die nächstschwächeren hinzu usf., so erhält man nacheinander eine Anzahl von ausgezeichneten Inseln, von WEISSENBERG „*Dynaden*" genannt, die auch wieder als Mikro-, Ketten-, Netz- und Raumgitterdynaden unterschieden werden. Die Charakterisierung des Gitters als Koordinations-, Radikal- oder Molekülgitter wird sich dann richten nach der Natur der *größten vorkommenden Mikrodynaden*: Bestehen diese aus den Einzelatomen, so hat man ein Koordinationsgitter; umfassen sie eine endliche Zahl von Atomen, die aber noch nicht die chemische Zusammensetzung des ganzen Kristalls ergeben, so hat man ein Radikalgitter; enthalten sie schließlich alle Atome eines oder mehrerer chemischer Moleküle, so entsteht ein Molekülgitter, und man wird nach WEISSENBERG die ganze Mikrodynade als das Kristallmolekül oder den „Kristallbaustein" bezeichnen. Von Interesse für das Verhalten des Kristalls sind außer den größten Mikrodynaden auch die *kleinsten Dynaden von unendlicher Ausdehnung*. Je nach ihrer Dimensionszahl zeigt der Kristall häufig mehr nadligen oder tafligen Habitus, ist faserig wie Asbest oder blättrig wie Glimmer oder, wenn man von den Mikrodynaden gleich zum Raumgitter übergehen muß, in allen Richtungen ungefähr gleichmäßig ausgebildet ohne einzigartige ausgezeichnete Ebenen oder Zonen der Spaltbarkeit.

γ) Topologische Strukturanalyse. Die Hauptschwierigkeit in der Anwendung des Dynadenbegriffs liegt in unserer Unkenntnis der Kräfte im Innern des Kristalls. Alle bisherigen Versuche, im Einzelfall Dynaden von anderen beliebigen Inseln zu unterscheiden, haben daher die unbekannte Reihenfolge der Bindungsstärke durch die bekannte der Atomabstände ersetzt. Man kehrt damit von dem physikalisch sinnvollen aber schwer auf wirkliche Kristalle anwendbaren Begriff der Dynade in den Bereich rein geometrischer Untersuchungen zurück. Die praktische Bedeutung der so gebildeten Begriffe ist nicht von vornherein zu erkennen, dafür haben die Begriffe aber den Vorteil, daß man mit ihnen jede beliebige Kristallstruktur erfassen und einordnen kann. In diesem Sinne handelt es sich um eine Erweiterung der Raumgruppentheorie. Hier wie dort kann aus rein mathematischen Untersuchungen eine endliche Zahl von Typen aufgestellt werden, in die sich jede Kristallstruktur einordnen läßt. Derartige Untersuchungen sind vor allen Dingen durchgeführt worden von P. NIGGLI[1] und seinen Mitarbeitern. Sie haben ihren Ausgangspunkt in zwei Fragestellungen: 1. Welche Werte müssen Achsenverhältnis und Punkt-

[1] P. NIGGLI, Die topologische Strukturanalyse. ZS. f. Krist. Bd. 65, S. 391. 1927; Bd. 68, S. 404. 1928; T. ITO, ebenda Bd. 70, S. 393; Bd. 71, S. 536. 1929; Bd. 73, S. 365. 1930; F. LAVES, ebenda Bd. 73, S. 202 u. 275. 1930; P. NIGGLI u. F. LAVES, ebenda Bd. 73, S. 381. 1930; P. NIGGLI zum Teil mit E. BRANDENBERGER u. W. NOWACKI, Stereochemie der Kristallverbindungen I—IX; ZS. f. Krist. Bd. 74. 1930 bis Bd. 83. 1932.

koordinaten in einer vorgegebenen Raumgruppe haben, damit die kürzesten Verbindungen zweier Atome endliche Inseln (Baugruppen oder Baueinheiten genannt) bzw. Inselketten, -netze oder -raumgitter zusammenfassen? Diese Fragen werden in der „topologischen Strukturanalyse" behandelt, sowohl für Gitter aus einer einzigen Atomart wie für Verbindungsgitter. 2. In welchen geometrischen Formen (Koordinationsfiguren) können sich kugelförmige Atome um ein Zentralatom von gleichem oder anderem Radius gruppieren? Diese Frage ist in einfachen, häufig realisierten Fällen von V. M. GOLDSCHMIDT[1] behandelt worden, um die Verschiedenheit der Kristallstrukturen von chemisch nahe verwandten Substanzen zu erklären (vgl. Ziff. 39 β). In voller Allgemeinheit ist sie von der NIGGLIschen Schule untersucht worden, insbesondere von T. ITO.

Die mit diesen Hilfsmitteln abgeleitete Übersicht über alle möglichen Gittertypen, die sich als Packungen kugelförmiger Atome auffassen lassen, ist noch nicht in voller Allgemeinheit durchgeführt worden. Immerhin gibt es vollständige Untersuchungen über Verbindungen einfacher Typen wie AB_2 oder A_2B_3, ferner ist für Elemente und Verbindungen AB der Fall der „systemsymmorphen" Gitter vollständig diskutiert worden, d. h. der Fall, daß die Symmetrie jedes Gitteratoms entweder die Klasse des ganzen Kristalls ist oder eine Untergruppe, die dem gleichen System angehört. Darüber hinaus hat HEESCH[2] für Elemente auch weitere nichtsystemsymmorphe Packungen untersucht.

Betreffs anderer Weiterentwicklung der Strukturlehre vgl. Ziff. 39β.

Eine Erweiterung des reziproken Gitters zur Darstellung dünner Kristallblättchen benutzt KIRCHNER[3]. Vgl. hierzu das „Blöckchengitter" in Ziff. 18β.

δ) Gittertheorie in 1- und 2-Dimensionen. In ganz anderer Richtung ist die Theorie der Raumgruppen erweitert worden durch Untersuchungen, die teils an die Symmetrie der unendlichen Gitterbausteine, teils an die Symmetrieeigenschaften der flüssigen Kristalle anknüpfen, und die zur Zusammenstellung von räumlichen Symmetriegruppen mit nur einer oder zwei linear unabhängigen Translationen führten. Diese Symmetriegruppen, von HERMANN[4] „Ketten- und Netzgruppen" von HERRMANN und ALEXANDER[5] „ein- und zweidimensionale Raumgruppen" von WEBER[6] und HEESCH[7] „ebene Symmetriegruppen" genannt, sind von verschiedenen, unabhängig voneinander arbeitenden Forschern aufgestellt worden. Einige der zahlreichen Anwendungsmöglichkeiten dieser Begriffe sind in den zitierten Arbeiten sowie in einer Untersuchung von HERMANN[8] über die theoretisch möglichen Zwischenstadien zwischen kristalliner und amorpher Struktur dargestellt worden.

ε) Die „Internationalen Tabellen zur Kristallstrukturbestimmung". Als bequeme Zusammenfassung der strukturtheoretischen und der sonstigen, bei der Bestimmung der Kristallstrukturen notwendigen Daten sind die obigen Tabellen von einer Reihe von Strukturforschern bearbeitet worden[9]. In ihrem geometrischen Hauptteil gehen sie in folgenden

---

[1] Geochemische Verteilungsgesetze Bd. VII und VIII; Skrifter Norske Vid. Akad. Oslo, I. Mat.-Nat. Klasse 1926, Nr. 2 u. 8.

[2] H. HEESCH, ZS. f. Krist. Bd. 84, S. 399. 1933.

[3] F. KIRCHNER, Ann. d. Phys. Bd. 13, S. 38. 1932.

[4] C. HERMANN, ZS. f. Krist. Bd. 69, S. 250. 1928; vgl. auch CH. MAUGUIN, ZS. f. Krist. Bd. 76, S. 542. 1931.

[5] E. ALEXANDER u. K. HERRMANN, ZS. f. Krist. Bd. 69. S. 285. 1928; Bd. 70, S. 328 u. 367. 1929.

[6] L. WEBER, ZS. f. Krist. Bd. 70, S. 309. 1929.

[7] H. HEESCH, ZS. f. Krist. Bd. 71, S. 95. 1929.

[8] C. HERMANN, ZS. f. Krist. Bd. 79, S. 186. 1931.

[9] Internationale Tabellen zur Kristallstrukturbestimmung, herausgegeben von C. HERMANN. Berlin: Gebr. Bornträger 1933 (im Druck).

Punkten über die früheren Zusammenstellungen[1] der Ergebnisse der SCHOENFLIESschen Theorie hinaus:

1. Benutzung der HERMANN-MAUGUINschen Nomenklatur neben der SCHOENFLIESschen.
2. Liste der Strukturfaktoren (Gewichte im reziproken Gitter) für die allgemeine Punktlage jeder Raumgruppe.
3. Aufzählung der für die allgemeine und die speziellen Punktlagen jeder Raumgruppe charakteristischen Auslöschungen, und zwar in doppelter Ordnung: 1. nach Raumgruppen, 2. nach Auslöschungsgesetzen.
4. Zusammenstellung der strukturell wichtigsten Transformationen.
5. Hilfstabellen zur Berechnung der quadratischen Formen $\mathfrak{h}^2$ (somit der Netzebenenabstände).

In dem mathematisch-physikalischen Teil enthalten die Tabellen Tafeln von trigonometrischen Funktionen in einer zur Verwertung der Aufnahmen, sowie zur Fourieranalyse (Ziff. 38 δ) geeigneten Form, ferner u. a. Atomfaktoren für alle Atomsorten und einen Katalog von graphischen Hilfsmitteln zur Bezifferung von Strukturaufnahmen.

III. Allgemeine Theorie der Röntgeninterferenz in idealen Kristallen.

12. Historische Bemerkungen. Versuche, die Röntgenstrahlen an Spalten oder Gittern zu beugen, um Klarheit über ihr Wesen zu erhalten, sind seit der Entdeckung der Strahlen oft angestellt worden. RÖNTGEN selbst schreibt in seiner ersten Mitteilung[2]: „Nach Interferenzerscheinungen der X-Strahlen habe ich viel gesucht, aber leider, vielleicht nur infolge der geringen Intensität derselben, ohne Erfolg.“ Bekanntlich sind kurz vor der LAUEschen Entdeckung einigermaßen zuverlässige Beugungserscheinungen an keilförmig zulaufenden Spalten erhalten worden[3], die von KOCH[4] ausphotometriert und von SOMMERFELD[5] zur Bestimmung einer wirksamen Wellenlänge von etwa 0,4 Å verwandt worden sind. Diese Bestimmung bildete, wie v. LAUE in seinem Nobelvortrag hervorhebt, den einen Pfeiler, auf dem die LAUEsche Entdeckung sich aufbaut. Daß die Ausführung der Interferenzbeobachtungen 17 Jahre nach RÖNTGENS Entdeckung möglich wurde, liegt zum guten Teil an der Vervollkommnung, die Röhren und Röntgeninstrumentarien inzwischen durch den Bedarf der medizinischen Diagnose und Therapie erfahren hatten. Der andere Pfeiler, von dem LAUES Gedanke sich erhob, war die Vorstellung vom regelmäßigen gitterartigen Aufbau der Kristalle, ein an sich alter Gedanke, der aber gerade in den vorangehenden Jahren durch seine erfolgreiche Benutzung bei der Theorie der spezifischen Wärmen[6] und der Kristalloptik[7] neues Interesse bei den Physikern gefunden hatte. Für die experimentelle Ausführung des LAUEschen Gedankens, die den Herren FRIEDRICH und KNIPPING zu verdanken ist, waren sehr wesentlich die Erfahrungen, die man über die Stärke der Streustrahlung, insbesondere bei der von BARKLA entdeckten „charakteristischen Strahlung“, gesammelt hatte. Ohne die richtige Abschätzung der benötigten (sehr großen) Belichtungsdauer hätten sonst diese Versuche leicht aus dem gleichen Grunde wie die RÖNTGENS scheitern können.

---

[1] Siehe Ziff. 7 δ.
[2] C. W. RÖNTGEN, Sitz.-Ber. phys.-med. Ges. Würzburg 1895, S. 9.
[3] B. WALTER u. R. POHL, Ann. d. Phys. Bd. 25, S. 715. 1908; Bd. 29, S. 331. 1909.
[4] P. P. KOCH, Ann. d. Phys. Bd. 38, S. 507. 1912.
[5] A. SOMMERFELD, Ann. d. Phys. Bd. 38, S. 473. 1912.
[6] Vgl. ds. Handb. Bd. X (Art. SCHRÖDINGER).
[7] P. P. EWALD, Münchener Dissert. Göttingen 1912; s. auch Ann. d. Phys. Bd. 49, S. 1 u. 117. 1916.

Für die Erforschung der Kristallstruktur war die nächstbedeutungsvolle Entdeckung im Anschluß an die Arbeiten an LAUE, FRIEDRICH und KNIPPING die Ausbildung des „*Spektrometerverfahrens*" durch W. H. BRAGG und W. L. BRAGG[1]. Auch hierzu mußten verschiedene Ideen zusammenkommen: zunächst die Auffassung der Röntgeninterferenzen als Reflexionen des Primärstrahls an den inneren Netzebenen des Kristalls; weiter der von MOSELEY geäußerte Vorschlag, daß auch Reflexe von der Kristalloberfläche zu erwarten seien, und zwar für jede Wellenlänge unter bestimmten Winkeln; und schließlich die Kenntnis, die gerade W. H. BRAGG aus jahrelanger Arbeit mit „charakteristischen Strahlen" gewonnen hatte, wie eine möglichst monochromatische Röntgenstrahlung herzustellen sei. Die Fülle schönster Kristallbestimmungen, die aus den beiden Laboratorien von W. H. BRAGG (Vater) und W. L. BRAGG (Sohn) stammen, sind die unmittelbare Frucht dieser Methode.

Der nächste wesentliche Schritt, der das Anwendungsgebiet der Röntgeninterferenzen stark erweiterte und die späteren Metall- und Faseruntersuchungen vorbereitete, war die Entdeckung und Diskussion der *Pulverinterferenzen*, die während des Krieges unabhängig von DEBYE und SCHERRER[2] in Göttingen (1916) und von HULL[3] in Schenectady (1917) erfolgte.

Nicht unerwähnt bleiben darf die gewaltige Arbeit der *Röntgenspektroskopiker* (MOSELEY, WAGNER, SIEGBAHN, DUANE u. v. a.), deren Hauptinteresse die Erforschung der Röntgenstrahlen bzw. des Atombaues ist, die aber durch ihre genauen Wellenlängenbestimmungen auch für die Kristallvermessung die einheitliche Grundlage geschaffen haben.

Schließlich ist gewissermaßen als Abschluß des logischen Aufbaues der Strukturbestimmung der Beugungsversuch von A. H. COMPTON[4] zu nennen, der durch Beugung der Röntgenwellen an einem optischen Beugungsgitter von gar nicht besonders hoher Strichdichte eine *absolute Bestimmung* der Röntgenwellenlänge nach dem beim Licht üblichen Verfahren ermöglichte, während vorher aus den Interferenzen nur das Verhältnis der Wellenlänge zu dem — unbekannten oder nur auf Grund einer vollen Strukturbestimmung anzugebenden — Identitätsabstand im Gitter zu entnehmen war.

13. Übersicht über die Theorie der Interferenzen. Bei der Theorie der Röntgeninterferenzen hat man das *rein Geometrische* von den *Intensitätsfragen* zu trennen. Für das erste, nämlich die Frage, *unter welchen Richtungen Maxima des Beugungsfeldes auftreten*, genügt die Betrachtung, die von der primitiven Theorie der optischen Strichgitter her geläufig ist: unter welchen Richtungsbedingungen haben *alle* von den Zellen des Kristallgitters ausgehenden Kugelwellen ganzzahlige Gangunterschiede? Offenbar ergibt sich in diesen Richtungen die stärkste Wellensumme, die möglich ist. In eng benachbarten Richtungen werden sekundäre Maxima auftreten wie beim Strichgitter; um die in ihnen steckende Intensität zu erhalten, ist eine weitere wellenkinematische Verfolgung des Vorgangs notwendig, die von LORENTZ[5] zuerst angegeben worden ist. Doch leidet diese ganze wellenkinematische Theorie, die auf M. LAUES (1912) zugleich mit der ersten Veröffentlichung formulierten Ansätzen fußt[6], an zwei Mängeln: sie berücksichtigt weder das dynamische Verhalten der Atome gegenüber den Röntgenstrahlen, wie es sich im Atomfaktor äußert (Ziff. 20), noch wird der

[1] W. H. BRAGG u. W. L. BRAGG, Proc. Roy. Soc. London (A) Bd. 88, S. 428. 1913.
[2] P. DEBYE u. P. SCHERRER, Göttinger Nachr. 1915/16.
[3] A. W. HULL, Phys. Rev. Bd. 10, S. 661. 1917.
[4] A. H. COMPTON u. R. L. DOAN, Proc. Nat. Acad. Amer. Bd. 11, S. 598. 1925.
[5] H. A. LORENTZ, veröffentlicht durch P. DEBYE, Ann. d. Phys. Bd. 43, S. 49. 1914; s. Ziff. 18β.
[6] M. LAUE, Münchener Ber. 1912, S. 303.

Wechselwirkung der Atome untereinander, ihrer wechselseitigen Zustrahlung, Rechnung getragen (dynamische Theorie der Interferenzen, Ziff. 16). Neben diesen beiden wesentlichen Faktoren ist für eine gute Wiedergabe der Intensitäten noch eine Abänderung an dem ideal regelmäßigen Kristallmodell durch Einführung von Störungen der Regelmäßigkeit durch Temperaturbewegung (DEBYEscher Faktor, Ziff. 19) und Mosaikbildung (Ziff. 21) vorzunehmen.

Die Grundlage für alle weitergehenden Theorien bleibt dabei LAUES wellenkinematische Theorie für den idealen Kristall, der wir uns zunächst zuwenden.

14. LAUEsche Theorie. Interferenzen in einem einfachen Gitter. α) Ableitung der LAUEschen Fundamentalgleichung. Wir denken uns zunächst ein *Gitter mit einfacher Basis*, d. h. aus gleichen Atomen bestehend, an den Orten

$$\mathfrak{R}_l = l_1 \mathfrak{a}_1 + l_2 \mathfrak{a}_2 + l_3 \mathfrak{a}_3 . \tag{1}$$

Die Atome seien durch „Massen" m gekennzeichnet, genauer durch ihr Streuvermögen, das selbst eine Funktion der Wellenlänge und der Einfalls- und Beobachtungsrichtungen sein kann, was wir jedoch nicht zum Ausdruck bringen wollen. Grob gesprochen ist m proportional dem Atomgewicht oder der Elektronenzahl des Atoms.

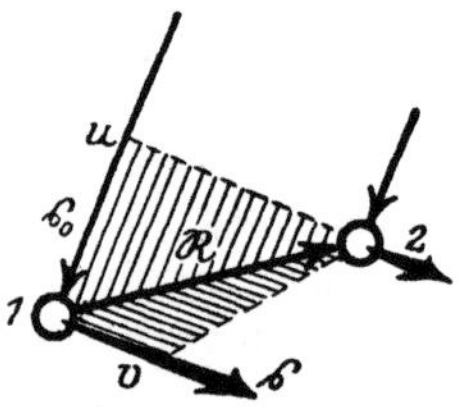

Abb. 83. Gangunterschiede.

Die Bedingung für Interferenz ist, daß alle Zellen im ganzen Gitter phasengleich zusammenwirken. Hierzu müssen (Abb. 83) alle Wegunterschiede

$$(\mathfrak{R}_l, \mathfrak{s} - \mathfrak{s}_0) = \text{ganze Vielfache von } \lambda$$

sein. Soll diese Bedingung unabhängig von den ganzen Zahlen l_i gelten, so ist notwendig [und wegen der Linearität der Gleichung (1) auch hinreichend], daß sie für die drei Wertetripel $(l_1 l_2 l_3) = (100), (010), (001)$ erfüllt ist, d. h. daß jeweils die auf den Kristallachsen benachbarten Atome zusammenwirken. Dies gibt die LAUE*schen Interferenzbedingungen*:

$$\left.\begin{aligned} (\mathfrak{a}_1, \mathfrak{s} - \mathfrak{s}_0) &= h_1 \lambda \\ (\mathfrak{a}_2, \mathfrak{s} - \mathfrak{s}_0) &= h_2 \lambda \\ (\mathfrak{a}_3, \mathfrak{s} - \mathfrak{s}_0) &= h_3 \lambda \end{aligned}\right\} h_1 h_2 h_3 \text{ drei ganze Zahlen.} \tag{2'}$$

Das ganzzahlige Tripel $(h_1 h_2 h_3)$ heißt die *Ordnung* der Interferenz oder des Spektrums (letztere Bezeichnung ist vom optischen Gitter herübergenommen). Für Kristalle mit orthogonalen Achsen (rhombisch, tetragonal, kubisch) sind die Komponenten von $\mathfrak{s}_0$ bzw. $\mathfrak{s}_1$ die Richtungskosinus der Einfalls- bzw. Beobachtungsrichtung gegen die Achsen und man kann die Gleichungen in der von LAUE ursprünglich angegebenen Gestalt schreiben:

$$\left.\begin{aligned} \alpha - \alpha_0 &= h_1 \frac{\lambda}{a} \\ \beta - \beta_0 &= h_2 \frac{\lambda}{b} \\ \gamma - \gamma_0 &= h_3 \frac{\lambda}{c} \end{aligned} \quad \begin{array}{l} (a, b, c \text{ Achsenlängen} \\ \alpha, \beta, \gamma \text{ bzw. } \alpha_0, \beta_0, \gamma_0 \\ \text{die Richtungskosinus.} \end{array}\right\} \tag{2''}$$

Im allgemeinen Fall vereinigt man die drei skalaren Gleichungen (2′) zu einer völlig äquivalenten und besonders übersichtlichen Vektorgleichung:

$$\boxed{\mathfrak{s} - \mathfrak{s}_0 = \lambda \mathfrak{h}} \quad \text{LAUE}\textit{sche Fundamentalgleichung.} \tag{2}$$

Hierin ist $\mathfrak{h} = h_1 \mathfrak{b}_1 + h_2 \mathfrak{b}_2 + h_3 \mathfrak{b}_3$ der schon oben (Ziff. 10 α) eingeführte Fahrstrahl im reziproken Gitter; die Gleichung entsteht aus den vorigen (2′) durch

Multiplikation dieser mit $\mathfrak{b}_1$ bzw. $\mathfrak{b}_2$, $\mathfrak{b}_3$ und Addition auf Grund der für jeden beliebigen Vektor $\mathfrak{v}$ (hier $\mathfrak{s} - \mathfrak{s}_0$) gültigen Identität:

$$\mathfrak{v} = \mathfrak{b}_1(\mathfrak{a}_1\mathfrak{v}) + \mathfrak{b}_2(\mathfrak{a}_2\mathfrak{v}) + \mathfrak{b}_3(\mathfrak{a}_3\mathfrak{v}) \quad \text{[vgl. Ziff. } 10\alpha].$$

β) Kugelkonstruktion. Gleichung (2) führt sofort zu einer *geometrischen Konstruktion* der Interferenzrichtungen, die zu einer gegebenen Einfallsrichtung $\mathfrak{s}_0$ und Wellenlänge λ gehören. Trägt man nämlich (Abb. 84) im reziproken Gitter vom Ursprung O aus den Vektor $-\mathfrak{s}_0/\lambda$ ab, so gelangt man zu dem „*Ausbreitungspunkt*" A. Da $\mathfrak{h}$ ein Gitterfahrstrahl und $\mathfrak{s}/\lambda$ ein Vektor von der Länge $1/\lambda$ sein muß, ergeben sich die Interferenzrichtungen als die Vektoren vom Ausbreitungspunkt A zu irgendwelchen Gitterpunkten, die auf der um A geschlagenen Kugel vom Radius $1/\lambda$ (die durch den Nullpunkt geht) liegen[1].

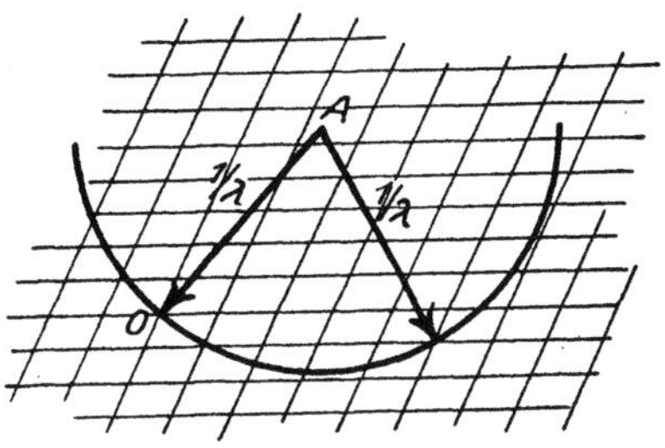

Abb. 84. Konstruktion der Interferenzrichtungen mit der Ausbreitungskugel.

Diese Konstruktion mit Hilfe der „*Ausbreitungskugel*" gibt oft den besten Überblick über die Gesamtheit der Interferenzerscheinung und insbesondere über Symmetrieverhältnisse. Sie gestattet auch sofort den „*Reziprozitätssatz*"[1] abzulesen, der so ausgesprochen werden kann: Das Bündel der Interferenzstrahlen ist eine Einheit; es ist ganz gleichgültig, welcher der Interferenzstrahlen eines Bündels als Primärstrahl angesehen wird, es entsteht stets das gleicheBündel. Dieser Satz bildet die Grundlage der dynamischen Theorie.

γ) BRAGGsche Auffassung. Betrachtet man in der Konstruktion Abb. 84 den Primärstrahl und einen beliebigen Interferenzstrahl, so baut sich über dem Vektor $\mathfrak{h}$ ein gleichschenkliges Dreieck von der Schenkellänge $1/\lambda$ auf. Da aber nach Ziff. 10 α $\mathfrak{h}$ die Normalenrichtung der Ebene $(h_1 h_2 h_3)$ ist, so erkennt man hieraus die Berechtigung der von W. L. BRAGG[2] ausgesprochenen Auffassung: *Jeder Interferenzstrahl entsteht aus dem Primärstrahl durch „Spiegelung" an einer (inneren oder äußeren) Netzebene des Kristallgitters; dabei gehört zur Interferenz $(h_1 h_2 h_3)$ gerade die* MILLER*sche Ebene $(h_1 h_2 h_3)$ als Spiegelebene.* Sind die $(h_1 h_2 h_3)$, die nach ihrer Bedeutung als Gangunterschiede sehr wohl einen gemeinsamen Faktor haben können, nicht teilerfremd, und bezeichnet man mit $h_1^* h_2^* h_3^*$ das gekürzte Flächensymbol (Ziff. 3 δ), so schreibt man

$$(h_1 h_2 h_3) = n\,(h_1^* h_2^* h_3^*) \tag{3}$$

und nennt die Interferenz auch die *Reflexion n-ter Ordnung an der Fläche* $(h_1^* h_2^* h_3^*)$. Die Reflexion sechster Ordnung an (110) ist also auch (660) zu schreiben.

Interessiert man sich für die Reflexe an einer bestimmten Fläche, so hat man die Gittergerade im reziproken Gitter zu betrachten, die nach Ziff. 10 α das Bild dieser Fläche ist. Damit außer einem Anfangspunkt ein weiterer Punkt $n\mathfrak{h}^*$ dieser Geraden (Punktabstand $|\mathfrak{h}^*| = 1/d_h$ nach Ziff. 10 α) auf der Ausbreitungskugel vom Radius $1/\lambda$ liegt, muß der Ausbreitungspunkt so liegen (Abb. 85), daß

$$n\,|\mathfrak{h}^*| = 2\,\frac{1}{\lambda}\sin\vartheta$$

oder

$$\boxed{n\lambda = 2 d_h \sin\vartheta} \quad \text{BRAGG}\textit{sche Fundamentalgleichung} \tag{4}$$

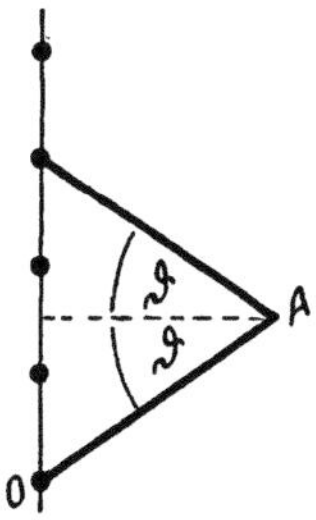

Abb. 85. Ableitung des BRAGGschen Gesetzes.

---

[1] P. P. EWALD, Phys. ZS. Bd. 14, S. 465. 1913; M. v. LAUE, Enzykl. d. math. Wissensch. Bd. V, S. 24.

[2] W. L. BRAGG, Proc. Cambridge Phil. Soc. Bd. 17, S. 43. 1913.

ist. Dabei ist d_h der Abstand der Netzebenen $(h_1 h_2 h_3)$ und ϑ der gegen die Spiegelebene gemessene Einfalls- bzw. Reflexionswinkel (sog. „Glanzwinkel", eine auch in der geometrischen Optik gebräuchliche Bezeichnung). Die zweite Form dieser Gleichung ist die vielgebrauchte BRAGG*sche Reflexionsbedingung*[1], neben (2) die wichtigste Formel der ganzen Theorie.

Läßt man Strahlen von ein und derselben Wellenlänge unter wechselnden Winkeln auf eine Netzebenenschar auffallen, so entstehen nur unter gewissen Winkeln Reflexe, eben den durch die BRAGGsche Reflexionsbedingung ausgewählten, deren Sinus sich wie die ersten ganzen Zahlen verhalten und umgekehrt proportional zum Netzebenenabstand sind. So erhielt BRAGG Reflexionen, die für KCl in folgender Form ausgetragen werden können (Abb. 86). Abszisse ist dabei der Ablenkungswinkel 2ϑ (bei den kleinen Winkeln ist $2\vartheta \cong 2\sin\vartheta$), Ordinate die Intensität des Reflexes. Uns interessiert nur die Abszisse der Reflexion, die innerhalb jeder Reihe dem Gesetz (4) mit $n = 1, 2, 3, \ldots$ genügt und von einer Reihe zur anderen Netzebenenabstände anzeigt, die sich wie Würfelkante a zu halber Würfelflächendiagonale $(a/\sqrt{2})$, zu einem Drittel Würfelkörperdiagonale $(a/\sqrt{3})$ verhalten. Dies sind die Abstände in einem gewöhnlichen kubischen Gitter, wie man entweder direkt oder aus der Länge der Fahrstrahlen $\mathfrak{h}^*$ des zugehörigen reziproken Gitters ersieht (s. Ziff. 10 α).

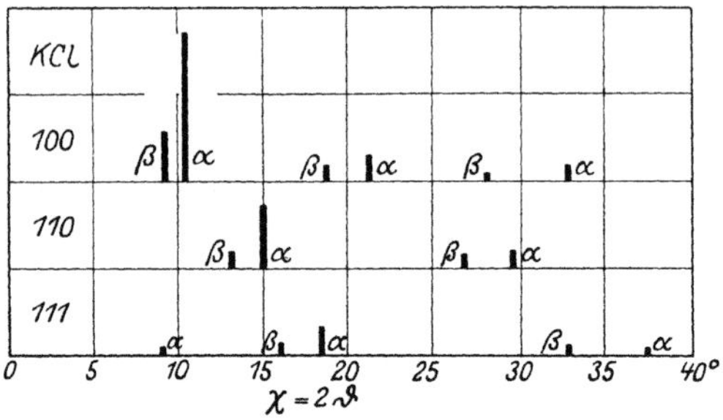

Abb. 86. Reflexionen an KCl.

δ) Folgerungen aus den Fundamentalgleichungen. Aus den Gleichungen (2) bzw. (4) (aus letzteren unter weiterer Berücksichtigung der Gittergeometrie) erhält man die Zusammenhänge zwischen Wellenlänge λ, Reflexionswinkel ϑ bzw. Abbeugungswinkel χ $(= 2\vartheta)$ und Ordnungstripel $(h_1 h_2 h_3)$ bzw. $\mathfrak{h}$:

$$\lambda = -2\frac{(\mathfrak{h}\mathfrak{s}_0)}{\mathfrak{h}^2}, \tag{5}$$

$$\cos\chi = 1 - 2\frac{(\mathfrak{h}\mathfrak{s}_0)^2}{\mathfrak{h}^2}, \tag{6}$$

$$= 1 + \lambda(\mathfrak{h}\mathfrak{s}_0), \tag{6'}$$

$$\sin\vartheta = \tfrac{1}{2} n\lambda\,|\mathfrak{h}^*| = \tfrac{1}{2}\lambda\,|\mathfrak{h}|. \tag{6''}$$

Ferner sei darauf aufmerksam gemacht, daß beim Übergang zu neuen Achsen $(\mathfrak{a}_i \to \mathfrak{A}_i)$ auch die Gangunterschiede zwischen den längs der Achsen benachbarten Atome andere werden $(h_i \to H_i)$. Wegen der Identität der Gangunterschiede mit MILLERschen (ungekürzten) Indizes der Spiegelebene gilt für die Transformation der h_i das Schema in Ziff. 10 β.

15. Interferenzen im zusammengesetzten Gitter. α) Strukturamplitude. Die bisherigen Ausführungen knüpften an ein Gitter mit einfacher Basis an. Befinden sich in der Zelle mehrere Atome, so behalten sie ihre Gültigkeit trotzdem. Denn es bleibt die in Ziff. 14 α ausgesprochene Bedingung für das Auftreten eines Interferenzmaximums bestehen: daß alle Gitterzellen phasengleich zusammenwirken müssen. Wäre das nicht der Fall, so würde die aus einem Teil des Kristalls kommende optische Wirkung die aus einem anderen Teil kommende

[1] W. H. BRAGG u. W. L. BRAGG, Proc. Roy. Soc. London Bd. 88, S. 428. 1913.

wegen entgegengesetzter Phasen aufheben. Auch im Gitter mit Basis sind also (2) bzw. (4) die Interferenzbedingungen. *Es können keine neuen Interferenzen auftreten.* Aber es ist nicht mehr angängig, bei einer ausgedehnten Basis das Streuvermögen als gleich in allen Richtungen anzusehen. Man wird gleichmäßige Streuung zunächst noch für die einzelnen Atome voraussetzen (über die Erweiterung dieser Voraussetzung s. Ziff. 20), aber wegen der mit der Wellenlänge vergleichbaren Entfernungen $\mathfrak{r}_t$ innerhalb der Basis treten zwischen den Basisbestandteilen Gangunterschiede auf. Außerdem wird zwischen den Streuvermögen verschiedenartiger Atome unterschieden werden müssen, die wir ψ_t nennen. Diese sind im allgemeinen reell und ungefähr proportional der Atommasse oder der Elektronenzahl des Atoms (Ansatz von W. L. BRAGG 1913), bei genauerer Betrachtung jedoch richtungs- und frequenzabhängig, unter Umständen auch komplex (Phasendifferenzen gegenüber der anregenden Welle).

Stellen wir uns das Gitter mit Basis als zusammengesetzt aus s einfachen Gittern vor, so kann dieselbe Überlegung auch so geführt werden: Jedes einfache Gitter gibt Interferenzen nur nach Gleichung (2) bzw. (4). In jeder Interferenzrichtung summieren sich die optischen Felder der s einfachen Gitter, und zwar mit Phasenunterschieden.

Nimmt man ein im Gitternullpunkt ($\mathfrak{r}_t = 0$) befindliches (wirkliches oder hinzugedachtes) Atom als Norm für die Phasenangaben, so läßt sich der Gangunterschied der vom Basisatom t stammenden Welle durch Anwendung von Abb. 83 bestimmen zu

$$1/\lambda \cdot (\mathfrak{r}_t, \mathfrak{s} - \mathfrak{s}_0)\,,$$

und nach der Fundamentalgleichung ist dies gleich $(\mathfrak{r}_t \mathfrak{h})$. Ebenso groß infolge der Wegdifferenz ist der Gangunterschied des vom $t$ten Teilgitter erzeugten Interferenzstrahls gegen den als Norm gewählten. Die Amplitude, die vom $t$ten Gitter stammt, setzen wir gleich ψ_t. Dabei verschieben wir die Diskussion, wie dies ψ_t selbst vom Bau des Atoms abhängt, auf einen späteren Zeitpunkt (Atomfaktor, Ziff. 20). Außer in unmittelbarer spektraler Nähe einer Absorptionskante kann man praktisch ψ_t als reelle Größe voraussetzen, d. h. die vom Atom ausgehende Kugelwelle hat mit der das Atom zur Aussendung veranlassenden Welle in deren Fortschreitungsrichtung gleiche Phase mit ihr (vgl. jedoch ε). Nach der Regel, wie in komplexer Darstellung Wellen mit Gangunterschieden überlagert werden[1], ist mithin die *Amplitude des Interferenzstrahls* $(h_1 h_2 h_3)$ *proportional zu*

$$S = \sum_t \psi_t \, e^{2\pi i (\mathfrak{h} \mathfrak{r}_t)}\,. \tag{9}$$

[1] Bei komplexer Darstellung eines Schwingungsvorganges schreibt man an Stelle der trigonometrischen Funktionen

$$a \cos 2\pi(\omega t + \delta) \quad \text{bzw.} \quad a \sin 2\pi(\omega t + \delta)$$

(a Amplitude, ω Schwingungszahl, δ Phase der Schwingung)

die Exponentialfunktion $a e^{2\pi i(\omega t + \delta)}$, meint aber nur den reellen oder den mit i multiplizierten imaginären Teil. Genauer läßt sich dies durch ein vorgesetztes Operationszeichen $\mathfrak{Re}$ oder $\mathfrak{Im}$ andeuten. Häufig wird der Faktor $e^{2\pi i \delta}$ noch mit a zur „*komplexen Amplitude*" $A = a e^{2\pi i \delta}$ vereinigt, so daß die Form $A e^{2\pi i \omega t}$ entsteht. Wenn man gleichwohl kurzweg von der Amplitude A spricht, so ist darunter eine Größe verstanden, die gleichzeitig maximale Schwingungsweite und Phasenverschiebung angibt.

Der *Überlagerung* von Schwingungen entspricht die *algebraische Addition* ihrer komplexen Ausdrücke. Dabei ist die Reihenfolge von $\mathfrak{Re}$ bzw. $\mathfrak{Im}$ und Summation vertauschbar. Hierin liegt der Vorzug dieser Schreibweise: Hat man z. B. bei den Interferenzrechnungen eine Folge von Wellen zu überlagern, deren jede sich um eine konstante Phasenverschiebung

Wir bezeichnen diesen Faktor, der den Einfluß der geometrischen Anordnung der Basis auf die Interferenzen wiedergibt, als den *Strukturfaktor*, genauer als die *Strukturamplitude*. Der Vergleich mit Ziff. 10 ε zeigt, daß die Strukturamplitude nichts anderes ist als das „Gewicht" im (vorwärts) reziproken des Atomgitters. Im allgemeinen ist dieser Faktor komplex. Das bedeutet, daß die Interferenzstrahlen eines an einem Gitter mit Basis erzeugten Interferenzenbündels im allgemeinen Phasenunterschiede gegeneinander aufweisen. Könnte man diese Phasenunterschiede bemerkbar machen, so wäre damit die Möglichkeit einer der mikroskopischen Abbildung vergleichbaren eigentlichen „Abbildung" der Feinstruktur des Kristalls gegeben, wie zuerst durch v. LAUE[1] betont worden ist (vgl. Ziff. 10 ε).

Besitzt das Gitter Symmetriezentra und wird der Nullpunkt in ein solches gelegt, so wird — bei reellen m_t — S reell (gleich einer Summe von cos-Termen). Es sind dann nur noch gleiche oder entgegengesetzte Phasen (+ und —) innerhalb des Bündels möglich.

β) Strukturintensität. Die Intensität der Interferenzstrahlen ist ziemlich allgemein dem *Quadrat* des Betrages der Strukturamplitude proportional gesetzt worden[2]. Das entspricht dem Gedankengang der LAUEschen Theorie, ist aber im Rahmen der dynamischen Theorie nicht richtig (Ziff. 17 δ). Man erhält das Quadrat des Betrages, indem man S mit dem konjugiert komplexen Wert $\bar{S}$ multipliziert:

$$J = S\bar{S} = \sum_t \sum_{t'} \psi_t \psi_{t'} e^{2\pi i (\mathfrak{h}\mathfrak{r}_t - \mathfrak{r}_{t'})}. \tag{10}$$

Eine andere, viel benutzte, aber formell weniger einfache Darstellung besteht darin, erst S in reellen und imaginären Teil zu spalten,

$$S = A + iB \quad \text{mit} \quad A = \sum \psi_t \cos 2\pi(\mathfrak{h}\mathfrak{r}_t) \quad \text{und} \quad B = \sum \psi_t \sin 2\pi(\mathfrak{h}\mathfrak{r}_t),$$

und dann zu bilden

$$J = A^2 + B^2. \tag{10'}$$

Ist ψ_t komplex, so ist, um von S auf J überzugehen, unter Benutzung des zu ψ_t konjugiert komplexen Wertes $\bar{\psi}_t$ zu bilden:

$$J = S\bar{S} = \sum_t \sum_{t'} \psi_t \bar{\psi}_{t'} e^{2\pi i (\mathfrak{h}\mathfrak{r}_t - \mathfrak{r}_{t'})}. \tag{10''}$$

γ) Raumgruppenkriterien. Wenn auch das Ineinanderschieben einfacher Gitter zu einem Gitter mit Basis keine neuen Interferenzen erzeugen kann, so gibt es doch *charakteristische Ausfallserscheinungen*, die in sicherster Weise einen *Rückschluß auf die Raumgruppe des Kristalls* gestatten, vorausgesetzt, daß Beobachtungen an genügend vielen Netzebenen vorliegen. Dies ist systematisch in Ziff. 10 ι besprochen worden.

---

von der vorhergehenden unterscheidet, so entsteht bei der komplexen Rechnung eine geometrische Reihe, deren Summe leicht zu bilden ist.

Die Produktbildung unterliegt nicht gleich einfachen Gesetzen, deshalb ist bei Energieberechnungen Vorsicht geboten. Die Bildung des Quadrats der reellen Amplitude z. B. geschieht durch Multiplikation der komplexen Amplitude mit ihrem konjugiert komplexen Wert, denn

$$A\bar{A} = a^2 e^{2\pi i \delta} e^{-2\pi i \delta} = a^2$$

[vgl. Formel (10) und (10'')].

[1] M. v. LAUE, Naturwissensch. Bd. 8, S. 968. 1920.

[2] Das entspricht der Vorstellung einer monochromatischen ebenen Welle, für welche der elektromagnetische Energiestrom $\mathfrak{S} = c/4\pi \cdot [\mathfrak{E}\mathfrak{H}]$ durch das Amplitudenquadrat schon wesentlich gekennzeichnet wird. Bei der Beurteilung der experimentell gewonnenen Intensitäten von Röntgeninterferenzen genügt diese einfache Vorstellung nicht, vielmehr muß der Öffnungswinkel des Strahlenbüschels und der in ihm enthaltene Spektralbereich in Betracht gezogen werden. Vgl. Ziff. 18 β.

Als besonders wichtige Beispiele für systematischen Ausfall betrachten wir *körper- und flächenzentrierte Gitter*. Bei ersteren sind die Zellen aller einfachen Gitter zentriert, d. h. zu jedem Basisatom $(m_t, \mathfrak{r}_t)$ findet sich ein zweites $[m_t, \mathfrak{r}_t + \frac{1}{2}(\mathfrak{a}_1 + \mathfrak{a}_2 + \mathfrak{a}_3)]$. Infolgedessen läßt sich aus der Strukturamplitude (9) der Faktor

$$\{1 + e^{2\pi i \cdot \frac{1}{2}(\mathfrak{h}, \mathfrak{a}_1 + \mathfrak{a}_2 + \mathfrak{a}_3)}\} = \{1 + e^{\pi i (h_1 + h_2 + h_3)}\} \tag{11}$$

ausklammern. Dieser ist gleich 0, wenn $h_1 + h_2 + h_3$ ungerade, andernfalls, entsprechend dem Zusammenwirken der zwei einfachen Gitter, aus denen jedes körperzentrierte besteht, gleich 2. *Das Ausfallen aller Interferenzen mit ungerader Indexsumme ist* (gleichgültig ob es sich um recht- oder schiefwinklige Achsen handelt) *das Kriterium für eine körperzentrierte Zelle.* Beim flächenzentrierten Gitter treten zu jedem Atom $(m_t, \mathfrak{r}_t)$ drei weitere gleiche, die um $\frac{1}{2}(\mathfrak{a}_1 + \mathfrak{a}_2)$, $\frac{1}{2}(\mathfrak{a}_2 + \mathfrak{a}_3)$, $\frac{1}{2}(\mathfrak{a}_3 + \mathfrak{a}_1)$ verschoben sind. Aus der Strukturamplitude tritt mithin der Faktor

$$\{1 + e^{\pi i (h_1 + h_2)} + e^{\pi i (h_2 + h_3)} + e^{\pi i (h_3 + h_1)}\} \tag{11'}$$

heraus, der nur die Werte 4 oder 0 annehmen kann: *Fallen alle Interferenzen mit „gemischten“* (d. h. teils geraden, teils ungeraden) *Indizes aus, so ist die Zelle flächenzentriert* (vgl. Ziff. 17 δ, Anm.).

Wir haben hierin Spezialfälle der in Ziff. 10 ι erwähnten Ausfallserscheinungen zu erblicken, die zu Auswahlkriterien für die Raumgruppen führen.

Stehen die Streuvermögen der Basisatome in einfachen rationalen Verhältnissen, so kann dadurch Ausfall von Flecken in anderer Art auftreten: während bisher die Wirkungen von strukturell gleichwertigen Atomen einander kompensierten, ist es dann auch bei ungleichen Atomsorten möglich. Beispiele bilden die Flecken (111) bei MgO (GERLACH[1]) sowie (222) bei CaF_2 (BRAGG[2]). Im letzteren Fall (Fluorit) ist $m_F = \frac{1}{2} m_{Ca}$, und zwei mit Fluor besetzte Netzebenen kompensieren eine mit Calcium besetzte (vgl. die Struktur, Abb. 72). Solche Auslöschungen werden „*zufällige*“ genannt (in Ziff. 10 ι „Kompensationsauslöschungen“); es sind auch keine wahren Auslöschungen, da verschiedene Atome ihr Streuvermögen mit der Richtung oder besser Ordnung in verschiedener Weise ändern (Ziff. 20) und die Auslöschung also bestenfalls für eine Ordnung vollkommen sein könnte.

δ) Strukturen mit und ohne Parameter. Es kann sein, daß die Bestimmung der Raumgruppe durch die Auslöschungen genügt, um zusammen mit einer Dichtemessung und der Bestimmung der Zellgröße aus den geometrischen Daten der Interferenzen (Ablenkungswinkel) die Struktur schon eindeutig festzulegen. Denn aus den letztgenannten Messungen kann die Zahl Z der in der Zelle unterzubringenden Moleküle bzw. Atome entnommen werden. Ist diese Zahl geringer als die Zahl gleichwertiger Punkte in der Raumgruppe bei allgemeiner Punktlage, so müssen die Atome auf geeignete Symmetrieelemente gelegt werden, um ihre Zahl im richtigen Verhältnis zu reduzieren. Diese Reduktion braucht nicht eindeutig zu sein, aber wenn es mehrere Möglichkeiten gibt, so handelt es sich meist um ein Entweder-Oder, nicht um kleine Differenzen. Die ersten Strukturbestimmungen von Kochsalz, Diamant, Zinkblende waren von dieser Art, wenn sie auch nicht auf Grund der Raumgruppentheorie durchgeführt worden sind. Dabei können zwei Fälle eintreten: entweder alle Atome müssen in Punkte ohne Freiheitsgrad gelegt werden, dann ist die Struktur durch die Symmetrie vollständig festgelegt (Steinsalz, Diamant, ZnS). Oder aber einige

---

[1] W. GERLACH u. O. PAULI, ZS. f. Phys. Bd. 7, S. 116. 1921; ähnlich bei NaF: P. DEBYE u. P. SCHERRER, Phys. ZS. Bd. 19, S. 474. 1918.

[2] W. L. BRAGG, Proc. Roy. Soc. London (A) Bd. 89, S. 468. 1914.

Atome behalten noch Bewegungsfreiheit. Dann sind ein Teil der Basiskoordinaten anzugeben, doch meist in einer durch die Symmetriebedingung stark vereinfachten Form. So ist bei Calcit $CaCO_3$ (Abb. 74) der Abstand C—O der einzige Parameter der Struktur, da Ca und C in Lagen ohne Freiheitsgrad liegen, und die Richtungen, unter denen die O um die dreizählige Achse liegen, durch eine Symmetrieachse festgelegt sind. Ähnlich ist bei Pyrit (Abb. 64) die S_2-Gruppe zwischen dem flächenzentrierten kubischen Gitter der Eisenatome (nonvariante Lagen) festgelegt, wenn der Abstand S—S als Teil der ganzen Körperdiagonale der Würfelzelle bekannt ist. *Ein* Parameter kann somit die Koordinaten vieler Basisteile bestimmen.

Mit der Zahl der Parameter wächst die Schwierigkeit einer Strukturbestimmung. Zwei Parameter galten lange als das Maximum, das zu bewältigen war. Wir kommen in Ziff. 38 darauf zurück. Hier sei nur betont, daß zur Parameterbestimmung eine explizite Benutzung des Strukturfaktors und der nicht verschwindenden Intensitäten an Interferenzen erforderlich ist. Deshalb hat erst die vermehrte Einsicht in die Entstehung der Intensitäten, an deren Gewinnung vor allem mit aller Energie W. L. BRAGG gearbeitet hat, die Entzifferung von Strukturen mit nahezu unbegrenzter Zahl von Parametern (z. B. 8 im Fall des Diopsids, Ziff. 38 γ 2) ermöglicht.

ε) FRIEDELscher Satz. Schließlich möge auf die Frage eingegangen werden, *welche Symmetrieeigenschaften der Kristalle sich in den Röntgeninterferenzen vorfinden.* Wie FRIEDEL[1] zuerst — wenn auch ohne stichhaltige Begründung — behauptet hat, ist der Vorgang der Interferenzabspaltung selbst zentrisch-symmetrisch. Daher fallen alle jene Klassen zusammen, die sich nur durch Symmetriezentren unterscheiden, und es bleiben nur die elf am Schluß von Ziff. 5 β vermerkten Gruppen übrig.

Die grundlegende Behauptung über die Zentrosymmetrie der Interferenzen läßt sich auch so aussprechen: Ersetzt man $\mathfrak{h}$ durch $-\mathfrak{h}$ (bzw. $h_1 h_2 h_3$ durch $\bar{h}_1 \bar{h}_2 \bar{h}_3$), so bleibt die *Intensität* der Interferenz ungeändert. Denn daß die Strahl*richtungen* sich bei Umkehr des Welleneinfalls einfach alle umkehren, folgt unmittelbar aus der Zentrosymmetrie des gewöhnlichen reziproken Gitters und der Kugelkonstruktion. Auch für die Intensitäten ist aber die Behauptung bei gewissen Voraussetzungen über die Natur des atomaren Streuvermögens richtig. Nehmen wir an, daß alle ψ_t in Gleichung (9) reell seien, so wird der Ersatz von $\mathfrak{h}$ durch $-\mathfrak{h}$ die Strukturamplitude S in ihren konjugiert komplexen Wert $\bar{S}$ überführen und der liefert die gleiche Intensität. Sind aber die ψ_t selbst komplex, so entsteht ein völlig anderer Wert der Strukturamplitude, und der FRIEDELsche Satz gilt nicht. Dieser Fall ist selten und tritt nur bei sehr stark absorbierenden Substanzen ein. Das komplexe ψ_t bedeutet ja eine Phasenverschiebung in der Reaktion des Atoms auf die einfallende Welle, wie sie nur in unmittelbarster spektraler Nähe einer Absorptionsstelle in merklicher Größe zu erwarten ist (vgl. Ziff. 23 ϑ sowie Gleichung (28′) in Ziff. 20 γ 3). Immerhin ist die nicht-zentro-symmetrische Natur des Interferenzeffekts im Fall der Zinkblende mit Sicherheit nachgewiesen worden[2].

ζ) Die LAUEsche Beugungsfunktion. Die bisherigen Ausführungen über die LAUEsche Theorie haben ganz an die Fundamentalgleichung (2), Ziff. 12. angeknüpft, die die Richtungen völlig phasengleichen Zusammenwirkens aller Atome im Kristall ausdrückt. LAUE[3] hat in der ersten Veröffentlichung sofort

[1] G. FRIEDEL, C. R. Bd. 157, S. 1533. 1913.

[2] D. COSTER, ZS. f. Phys. Bd. 68, S. 345. 1930; I. G. GEIB u. K. LARK-HOROWITZ, Phys. Rev. Bd. 42, S. 908. 1932.

[3] M. LAUE, Münchener Ber. 1912; Ann. d. Phys. Bd. 41, S. 971. 1913.

eingehendere Formeln kinematischen Inhalts gegeben, welche das Ergebnis der Summation der atomaren Kugelwellen *auch in anderen als den Hauptinterferenzrichtungen* enthalten. Die Intensität in der sehr großen Entfernung R vom Kristall ergibt sich durch elementare Summation der Kugelwellen des Gitters zu:

$$J = \frac{|\psi|^2}{R^2} \frac{\sin^2 \frac{N_1 \pi}{\lambda} (\mathfrak{s} - \mathfrak{s}_0, \mathfrak{a}_1)}{\sin^2 \frac{\pi}{\lambda} (\mathfrak{s} - \mathfrak{s}_0, \mathfrak{a}_1)} \cdot \frac{\sin^2 \frac{N_2 \pi}{\lambda} (\mathfrak{s} - \mathfrak{s}_0, \mathfrak{a}_2)}{\sin^2 \frac{\pi}{\lambda} (\mathfrak{s} - \mathfrak{s}_0, \mathfrak{a}_2)} \cdot \frac{\sin^2 \frac{N_3 \pi}{\lambda} (\mathfrak{s} - \mathfrak{s}_0, \mathfrak{a}_3)}{\sin^2 \frac{\pi}{\lambda} (\mathfrak{s} - \mathfrak{s}_0, \mathfrak{a}_3)}. \quad (12)$$

Dabei ist ψ (abhängig von Einfalls- und Austrittsrichtungen $\mathfrak{s}_0$ und $\mathfrak{s}$) das Streuvermögen des einzelnen Atoms bzw. der Basis; der Kristall ist parallelepipedisch abgeschnitten und enthält in den drei Achsenrichtungen bez. N_1, N_2, N_3 Atome. Der einzelne Sinusquotient hat einen Maximalwert für $\frac{1}{\lambda}(\mathfrak{s} - \mathfrak{s}_0, \mathfrak{a}_1) = h_1$ usw., nämlich N_i^2. Demnach scheint das Intensitätsmaximum dem Quadrat der vorhandenen Atome proportional (s. hierzu Ziff. 18). Die Intensität hängt nur von der Differenz der Vektoren $\mathfrak{s}$ und $\mathfrak{s}_0$ ab; setzt man $\frac{1}{\lambda}(\mathfrak{s} - \mathfrak{s}_0) = \mathfrak{h} + \varDelta\mathfrak{h}$ ($\varDelta\mathfrak{h}$ die Abweichung des Endpunktes der Vektorendifferenz der linken Seite von einem Gitterpunkt des reziproken Gitters), so hat man

$$J = \frac{|\psi|^2}{R^2} \frac{\sin^2 N_1 \pi (\mathfrak{a}_1 \varDelta\mathfrak{h})}{\sin^2 \pi (\mathfrak{a}_1 \varDelta\mathfrak{h})} \cdot \frac{\sin^2 N_2 \pi (\mathfrak{a}_2 \varDelta\mathfrak{h})}{\sin^2 \pi (\mathfrak{a}_2 \varDelta\mathfrak{h})} \cdot \frac{\sin^2 N_3 \pi (\mathfrak{a}_3 \varDelta\mathfrak{h})}{\sin^2 \pi (\mathfrak{a}_3 \varDelta\mathfrak{h})}. \quad (13)$$

Dies hängt von $\mathfrak{h}$ selbst sowie von $\mathfrak{s}$ und $\mathfrak{s}_0$ nicht mehr ab: um jeden Gitterpunkt im reziproken Gitter wiederholt sich die Intensitätsverteilung in gleicher Weise (vgl. Ziff. 18 und 41).

16. Die dynamische Theorie der Interferenzen. α) Ausgangspunkt der dynamischen Theorie. Die dynamische Theorie will für die Fortpflanzung von Röntgenstrahlen in einem Kristall das gleiche leisten wie die Dispersionstheorie des Lichtes für dessen Ausbreitung. Dazu gehört in erster Linie die Berücksichtigung der wechselseitigen Beeinflussung der Atome durch Zustrahlung. Den Grundgedanken der dynamischen Theorie kann man so aussprechen: So gut wie der einfallende Strahl wird auch jeder Interferenzstrahl die Atome zum Aussenden von Streuwellen anregen. Wegen des Reziprozitätssatzes (Ziff. 14 β) entstehen dadurch keine neuen Interferenz*richtungen*; aber die *Intensitäten* werden durch die Wechselwirkung maßgebend beeinflußt werden. Es erhebt sich daher zunächst die Frage: Wie muß die Verteilung der Intensitäten innerhalb des Interferenzbündels sein, damit dies Bündel überhaupt existenzfähig oder, anders gesagt, dynamisch in sich abgeschlossen ist? Im Grunde ist dies dieselbe Fragestellung wie bei der optischen Dispersionstheorie. Auch dort fragt man nämlich: In welcher Art muß eine ebene Welle im dispergierenden Körper angesetzt werden, damit sie dynamisch möglich ist, d. h. damit die Welle mit einer vom Ort unabhängigen Amplitude sich fortpflanzen kann und dabei die Atome zum Aussenden von Sekundärwellen gerade in solchem Maße veranlaßt, wie es notwendig ist, um aus ihnen die optische Welle selbst zusammenzubauen[1]?

Während für das sichtbare Licht die einzelne ebene Welle die einfachste für sich existenzfähige Form des optischen Feldes ist, spielt für Röntgenfrequenzen ein ganzes Interferenzbündel die gleiche Rolle. Aus wieviel Strahlen dies Bündel

---

[1] Wegen dieser Fassung der Dispersionstheorie vgl. P. P. Ewald, Physica Bd. 4, S. 234. 1924; Fortschr. d. Chem., Phys. u. phys. Chem. Bd. 18, H. 8. 1925; sowie L. Natanson, Phil. Mag. Bd. 38, S. 269. 1919.

besteht, das hängt — nach der LAUEschen Theorie bzw. der Kugelkonstruktion — von der Richtung *irgendeines* der Interferenzstrahlen ab (Reziprozitätssatz). Wir können zunächst einen beliebigen der Interferenzstrahlen als „*Primärstrahl*" 1 auszeichnen, indem wir seine Richtung gegeben denken. Wie in der optischen Dispersionstheorie betrachten wir erst die Ausbreitung eines solchen einfachsten Feldes *ganz im Innern des allseits unendlich ausgedehnten Kristalls.* Erst später folgt bei der Betrachtung eines abgeschnittenen, berandeten Kristalls die Einführung einer „*einfallenden Welle*", und hiermit wird dann auch eindeutig festgelegt, welcher der Strahlen des Interferenzbündels als „Primärstrahl" im gewöhnlichen Sinne zu betrachten ist (nämlich derjenige, der die — nur um einen sehr kleinen Winkel gebrochene — Fortsetzung des einfallenden Strahls ins Kristallinnere hinein bildet).

Wir benutzen also in Zukunft die LAUEsche Theorie als eine *erste Näherung*, die uns zur Orientierung über die geometrische Beschaffenheit des Interferenzfeldes dient (auftretende Interferenzstrahlen und ihre Winkel). Abweichend von dieser Theorie und der optischen Dispersionstheorie gemäß werden wir über die Geschwindigkeiten der einzelnen Interferenzstrahlen keine Voraussetzung machen dürfen. In der geeigneten Festsetzung dieser Geschwindigkeiten liegt vielmehr für die Röntgenwellen wie für gewöhnliches Licht das Regulativ, um die Dynamik in Ordnung zu bringen. Wir müssen die Möglichkeit offenlassen, daß jeder Interferenzstrahl seine eigene etwas vom Vakuumswerte $c = 3 \cdot 10^{10}$ cm/sec abweichende Phasengeschwindigkeit hat. Es hat also keinen Sinn, von *einem* Brechungsindex *des Mediums* für Röntgenstrahlen zu sprechen: Sobald mehrere Interferenzstrahlen auftreten, hat jeder Strahl seinen eigenen „Brechungsindex".

β) Zusammenhang zwischen Wellengeschwindigkeit und Intensität. An sich wäre die Abweichung des Brechungsindex vom Vakuumswerte 1 von geringerem Interesse. Sie ist erst später experimentell *direkt* ermittelt worden[1]. Aber in unmittelbarem Zusammenhang damit steht die *Intensität der Strahlen*, wie für das Innere eines unbegrenzten Kristalls die eingehende, genaue Berechnung des optischen Feldes als Summe der ausgesandten Kugelwellen lehrt. Ist nämlich q die Phasengeschwindigkeit und setzt man den „Brechungsindex"[2]

$$\mu = \frac{c}{q} = 1 + \varepsilon,$$

so ist der Rechnung gemäß die Amplitude eines mit der Geschwindigkeit q forteilenden Strahles proportional zu[3]

$$\frac{1}{\varepsilon}.$$

Verdeutlichen wir uns das aus einem Primärstrahl von bekannter Frequenz ω und Richtung $\mathfrak{s}_1$, aber unbekannter, etwas von c abweichender Geschwindigkeit q_1 durch Summation der Kugelwellen[4] entstehende Interferenzfeld im reziproken Gitter, so besteht es (Abb. 87) aus einer Reihe von starken Interferenzwellen, deren Richtungen $\mathfrak{s}_i$ und Geschwindigkeiten

$$q_i = \frac{\omega \lambda_i}{2\pi} \quad (\omega \text{ die Kreisfrequenz})$$

---

[1] A. LARSSON, M. SIEGBAHN u. I. WALLER, Naturwissensch. Bd. 12, S. 1212. 1924; M. SIEGBAHN, Journ. de phys. et le Radium Bd. 6, S. 228. 1925; A. LARSSON, ZS. f. Phys. Bd. 35, S. 401. 1926; E. HJALMAR, Ann. d. Phys. Bd. 79, S. 550. 1926.

[2] In den Arbeiten über den Brechungsindex wird meist $\mu = 1 - \delta$ gesetzt, so daß ε mit $-\delta$ identifiziert werden kann.

[3] Vgl. die in Fußnote 1, S. 285, zitierten Arbeiten des Verfassers.

[4] Diese Summation wurde zum erstenmal ausgeführt von P. P. EWALD, Münchener Dissert. 1912 (Göttingen 1913), und zwar gültig für beliebige Wellenlängen, so daß der Fall der Röntgenstrahlen, der Fall des sichtbaren Lichtes und — in der Grenze — der Fall elektrostatischer Potentiale eingeschlossen ist ($\lambda = \infty$) (vgl. Ann. d. Phys. Bd. 64, S. 253. 1921).

durch die Pfeile vom Ausbreitungspunkt A zu den der Ausbreitungskugel *nah* benachbarten Gitterpunkten des reziproken Gitters dargestellt werden. Die Pfeillänge beträgt dabei $1/\lambda_i$, und weicht ab von dem Radius $1/\lambda_0$ der Ausbreitungskugel (λ_0 die zur Frequenz ω gehörende Vakuumswellenlänge). Die Ausbreitungskugel geht nicht mehr durch den Nullpunkt, da auch die Geschwindigkeit des Primärstrahles offengelassen wurde. Der Wert ε ist also der nach außen positiv gezählte Abstand eines Gitterpunktes von der Ausbreitungskugel, gemessen mit deren Radius als Einheit. [Denn es ist $\mu = \lambda_0/\lambda_i = 1 + (1/\lambda_i - 1/\lambda_0)/1/\lambda_0$.] Die Nähe eines Gitterpunktes an der Ausbreitungskugel gibt direkt ein Maß für die Amplitude des zugehörigen Interferenzstrahls. Rückt der Punkt auf die Kugel, so wird die Amplitude unendlich groß, tritt er durch die Kugel hindurch, so ändert die Amplitude das Vorzeichen (Phasensprung um 180°). Diese für Resonanzvorgänge charakteristischen Erscheinungen führten auf die Bezeichnung „*Resonanzfehler*" für ε.

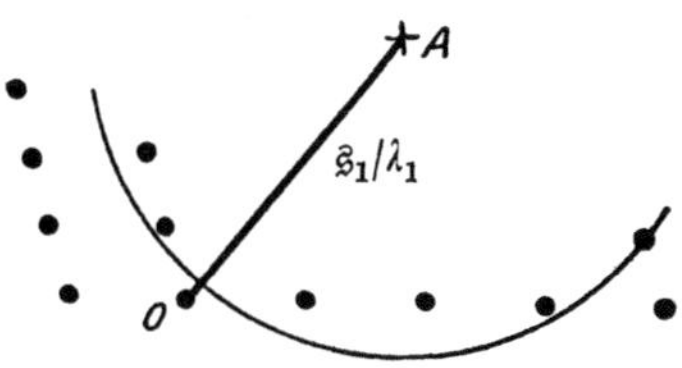

Abb. 87. Konstruktion der Interferenzfelder im Kristall.

Aus der Abb. 87 ist abzulesen, daß auch jetzt noch der *Reziprozitätssatz* gilt, der kurz so ausgesprochen werden kann: Sowohl für die Lage wie Intensität der Interferenzstrahlen eines Bündels ist es ganz gleichgültig, welcher von ihnen als „Primärstrahl" bezeichnet wird, d. h. durch welchen der Strahlen man sich die Sekundärwellen der Atome angeregt denkt.

γ) Binnenproblem, Dispersionsflächen. Wir betrachten nun als Grundlage für den Aufbau der dynamischen Theorie die zur einfachen Laueschen Theorie gehörige Konstruktion der Interferenzstrahlen mit Hilfe der in Abb. 84 und 87 geschilderten Ausbreitungskugel. Diese gibt an, welche und wie viele Punkte des reziproken Gitters überhaupt in genügender Nähe der Ausbreitungskugel gelegen sind, um — auch unter Berücksichtigung der Wechselwirkung — *starke* Interferenzen zu erzeugen. Dies seien n Punkte. Die Abgrenzung, bis zu welchem Abstand von der Laueschen Ausbreitungskugel solche Punkte zu berücksichtigen sind, ist nicht ängstlich zu nehmen, denn es ergibt sich, daß die weiter entfernten Punkte von geringerem Einfluß auf das Ergebnis sind.

Um nun die Ausbreitung des Feldes im Innern zu schildern, denken wir uns die Richtung $\mathfrak{s}_1$ des einen „Primär"strahls gegeben; dann kann die Auswahl des dynamisch möglichen röntgenoptischen Feldes nur in der Festlegung des Ausbreitungspunktes A innerhalb der Richtung $\mathfrak{s}_1$ bestehen. Man erhält sie durch Betrachtung des Kräftespiels bei den Atomschwingungen (die man als „Dipolschwingungen" auffaßt), genau wie in der optischen Dispersionstheorie. Doch soll hier nur das Ergebnis geschildert werden: Es zeigt sich nämlich, daß die Festlegung des Ausbreitungspunktes A nicht *ein*deutig, sondern $2n$-deutig ist (n die Anzahl der berücksichtigten Interferenzstrahlen), so daß auf $\mathfrak{s}_1$ $2n$ dynamisch mögliche Ausbreitungspunkte entstehen. Es werde nun die Richtung $\mathfrak{s}_1$ *etwas* abgeändert, aber nicht so stark, daß dadurch die Anzahl n der Interferenzstrahlen modifiziert werden müßte. Dann schließen sich die zu jeder Richtung gehörenden $2n$ Ausbreitungspunkte zu einer $2n$-schaligen Fläche, der „*Dispersionsfläche*", zusammen. Diese Fläche ist der geometrische Ort für die dynamisch möglichen Ausbreitungspunkte, sofern überhaupt die betrachteten n Interferenzstrahlen in merklicher Stärke entstehen.

Es sei die *Dispersionsfläche für den einfachsten Fall zweier Strahlen: Primärstrahl und ein Sekundärstrahl* (reflektierter Strahl) wirklich aufgezeichnet, allerdings maßstäblich gegenüber dem reziproken Gitter ungeheuer (etwa

10^5-mal) vergrößert[1] (Abb. 88). Die Fläche muß aus vier Schalen bestehen; es sind hier zwei auf der Einfalls- (Zeichen-) Ebene senkrecht stehende Hyperbelzylinder, welche als Asymptotenebenen die Normalebenen zu den beiden Strahlrichtungen haben. Der Punkt L der Abbildung („*Lauepunkt*") bedeutet denjenigen Punkt der Einfallsebene, der von beiden Gitterpunkten 1 und 2 des reziproken Gitters den Abstand $1/\lambda_0$ hat; die Pfeile $L\,1$ und $L\,2$ geben die Richtungen der beiden Strahlen gemäß der LAUEschen Theorie. L liegt bei einfachen Gittern auf der einen Hyperbelschale; bei Gittern mit Basis haben die Schalen — bei gleichem Mittelpunkt — engeren oder weiteren Abstand. Nach der dynamischen Theorie sind Strahlen von etwas abweichenden Richtungen und Wellenlängen (bzw. Geschwindigkeiten q) ebenfalls möglich, z. B. wenn A als Ausbreitungspunkt genommen wird, ein Primärstrahl von geringerer Neigung und von Überlichtgeschwindigkeit als Phasengeschwindigkeit und ein Sekundärstrahl, der stärker geneigt ist und $q < c$ hat (umgekehrt für A^*). Der punktierte Hyperbelzylinder bezieht sich auf Strahlen, deren elektrischer Vektor *in* der Strahlenebene liegt, der ausgezogene auf Strahlen mit $\mathfrak{E} \perp (\mathfrak{s}_1, \mathfrak{s}_2)$. Daß die Dispersionsfläche hier und in den folgenden Zeichnungen *zwischen* dem Lauepunkt und den Gitterpunkten 1, 2 hindurchgeht, bedeutet negatives ε, d. h. Brechungsindex $\mu < 1$, wie es dem „Normalfall" für Röntgenstrahlen entspricht (s. unten). Bei „anomaler Dispersion" ($\mu > 1$) wäre die Lage umgekehrt.

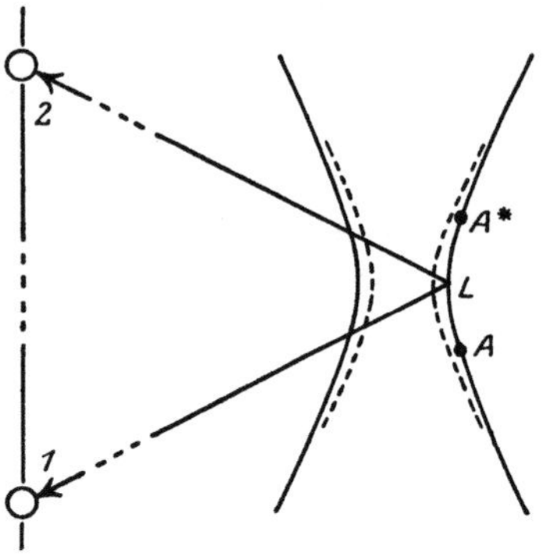

Abb. 88. Vollständige Dispersionsfläche für 2 Strahlen.

Die Dispersionsfläche ist der Schlüssel für die Behandlung der Röntgenoptik, so wie das FRESNELsche Ellipsoid der Schlüssel zur Kristalloptik ist. Es ist daher gut, sich die Entstehung dieser Fläche noch weiter plausibel zu machen. Wäre Strahl 1 allein vorhanden, so würde er nach den Grundsätzen der Dispersionstheorie eine gewisse, von c nur um etwa 10^{-6} abweichende Geschwindigkeit haben. Man kann, *solange keine Interferenzstrahlen entstehen*, genau wie in der Lichtoptik, von einem Brechungsindex als einer *Materialkonstante* sprechen und zu seiner Berechnung die übliche Dispersionsformel heranziehen. Wollte man sich die Ausbreitung dieses einen Strahls im Bilde klarmachen, so müßte man als „Dispersionsfläche" um den Punkt 1 als Ausgangspunkt (Abb. 89) eine Kugel vom Radius $1/\lambda = \mu/\lambda_0$ schlagen, da die Konstante μ (wenigstens mit der gebrauchten Genauigkeit der theoretischen Betrachtung) von der Richtung des Strahls nicht abhängt.

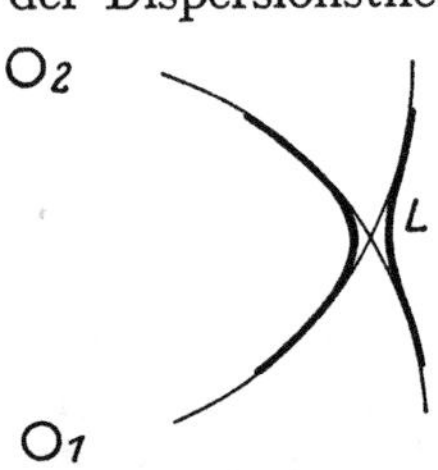

Abb. 89. Entstehung der Dispersionsfläche.

Wendet man übersichtshalber die alte DRUDE-LORENTZsche Vorstellung vom Entstehen der Refraktion an[2], so liegt für die Mehrzahl der Elektronen des Stoffes normalerweise die Röntgenfrequenz höher als ihre Eigenfrequenzen. Daher befindet man sich, optisch gesprochen, im Gebiet jenseits der Eigenschwingungen, mit $\mu < 1$. Nur die am festesten gebundenen K-Elektronen haben evtl. Eigenfrequenzen ihrer Bindung, die die Röntgenfrequenz noch übertreffen, so daß ein positiver Beitrag zu $\mu^2 - 1 = 2\pi N e^2/m \dfrac{1}{\omega_0^2 - \omega^2}$ entsteht, der unter Umständen groß wer-

[1] D. h. die Punkte 1, 2 des reziproken Gitters in Abb. 88 müßten etwa 5 km weiter links liegen, falls der Maßstab der rechten Hälfte der Abbildung innegehalten würde.

[2] Die wellenmechanischen Formeln werden in Ziff. 20 behandelt; s. auch in ds. Handb. 2. Aufl., Bd. XXIV/1.

den kann. Wir setzen in den Zeichnungen den „normalen“ Fall $\mu < 1$, $\lambda < \lambda_0$ voraus und bezeichnen die Summe über alle Resonatoren der Basis $\varepsilon_0 = \frac{2\pi}{v} \sum \frac{e^2/m}{\omega_0^2 - \omega^2}$ als den „*normalen Resonanzfehler*“. Mit diesem wäre die Dispersionskugel um Punkt 1 zu zeichnen. Eine zweite Dispersionskugel vom gleichen Radius $1/\lambda$, um den Punkt 2 geschlagen, würde alle Ausbreitungspunkte enthalten, die einen im Punkt 2 endigenden Strahlpfeil liefern können, *solange nur dieser eine Strahl* im Kristallinnern vorhanden ist. An der Durchsetzungslinie beider Kugeln wären aber beide Strahlen zugleich stark, und die Wechselwirkung bedingt, daß der Ausbreitungspunkt von den Kugeln heruntertritt, d. h. die Dispersionsfläche spaltet sich auf (Abb. 89 für die eine Polarisationsrichtung). Wegen der Kleinheit des Aufspaltungsgebietes dürfen die Kugeln durch ihre Tangentialebenen und die Umdrehungsfläche um die Achse $\overline{1, 2}$ durch den Hyperbelzylinder ersetzt werden. In besonderen Fällen (z. B. Ablenkung um 0° oder 180°) versagt offenbar diese Näherung. Manche derartige Fälle sind bei I. WALLER[1] diskutiert.

Auch in komplizierteren Fällen gibt die obige einfache Überlegung über die Entstehung der Dispersionsfläche einen ersten Überblick. G. MAYER[2] hat theoretisch den Fall dreier komplanaren Interferenzen und experimentell den Fall der gleichzeitigen Reflexion von Mo Kα-Strahlen an Diamant (040), (220) und ($\bar{2}$20) untersucht (um die „Aufhellungen“ [Ziff. 29] festzustellen). Seine Arbeit enthält Berechnungen und Zeichnungen der Dispersionsfläche für drei Strahlen sowie die Ableitung einiger weiterer allgemeiner Eigenschaften der Dispersionsfläche.

Berücksichtigt man für die Theorie der Röntgeninterferenzen in einem einfachen Gitter nicht nur die n „starken“ Interferenzstrahlen, sondern sämtliche durch die Gittervektoren des reziproken Gitters dargestellten Strahlen, so erhält man eine strenge Lösung des Ausbreitungsvorgangs, die für alle Wellenlängen Gültigkeit beansprucht. Für ein kubisches Gitter erhält man auf diese Weise im Fall sichtbaren Lichtes leicht die LORENTZsche Dispersionsformel zurück. Den Übergang von Röntgen- zu Lichtoptik an Hand einer unendlich-viel-schaligen Dispersionsfläche findet man provisorisch behandelt bei EWALD[3].

δ) Randproblem, Pendellösung. So wie in der Optik neben dem Problem der Dispersion das der Reflexion und Refraktion behandelt werden muß, so führt auch hier die alleinige Betrachtung des Ausbreitungsvorganges im Kristall*innern* (die in der Dispersionsfläche zusammengefaßt ist) noch nicht zu experimentell prüfbaren Beziehungen. Hierzu muß vielmehr ein *begrenzter Kristall* zugrunde gelegt werden, auf dessen *Oberfläche* eine Röntgenwelle *einfällt*. Welches Feld wird im Kristallinnern durch diese Anregung entstehen und wie wird die Intensität der wieder austretenden Interferenzstrahlen sein?

Die Antwort möge wieder nur für den *wichtigsten Fall zweier Interferenzstrahlen* gegeben werden (*Primärstrahl und reflektierter Strahl*). Es sei (Abb. 90 und 91) $P1$ der Pfeil, der die einfallende Welle darstellt, daher P der „*Anregungspunkt*“; ferner sei L der „Lauepunkt“, die Hyperbel die Dispersionsfläche für Strahlen, deren elektrischer Vektor senkrecht zur Strahlenebene schwingt (auf solche mögen wir uns der Einfachheit halber beschränken). Die Richtung der Kristalloberfläche sei durch die schraffierte Linie außerhalb der Abbildung angedeutet; der Allgemeinheit wegen setzen wir *nicht* symmetrische Reflexion voraus, d. h. daß die Kristalloberfläche die Spiegelebene, die zu den

[1] I. WALLER, Theoretische Studien zur Interferenz- und Dispersionstheorie der Röntgenstrahlen. Upsala Univers. Årskrift 1925.

[2] G. MAYER, Über Aufhellungen in Röntgenspektrogrammen. ZS. f. Krist. 1928, S. 585.

[3] P. P. EWALD, Sommerfeld-Festschrift, S. 134. Leipzig: S. Hirzel 1928.

beiden Strahlen gehört, sei. Dann ist die Behauptung der Theorie: durch den Anregungspunkt P entsteht im Kristallinnern das Röntgenfeld, das durch die Ausbreitungspunkte A und A^* völlig gekennzeichnet ist, wenn noch hinzugefügt wird, mit welcher Stärke die den Punkten A bzw. A^* entsprechenden Felder auftreten. A und A^* werden erhalten, indem man von P aus senkrecht zur Oberfläche fortschreitend die Schnitte mit der Dispersionsfläche aufsucht. Wir haben nun zwischen zwei charakteristisch verschiedenen Fällen zu unterscheiden: Im „*Lauefall*" dringen beide Strahlen in das Kristallinnere ein. Die Kristalloberfläche liegt etwa parallel der Richtung *12* oder ähnlich (Abb. 90). Die durch die Senkrechte zur Oberfläche gefundenen Ausbreitungspunkte A und A^* liegen auf *verschiedenen* Hyperbelzweigen. — Der andere Fall ist der „*Braggfall*", auf den sich Abb. 91 bezieht. Hier gehören A und A^* zur *selben* Hyperbelschale. Wird jedoch der einfallende Strahl gedreht, d. h. der Anregungspunkt P auf der Normalen zu $1P$ verschoben, so gelangt man zu Anregungen, bei denen *überhaupt kein reeller Schnitt* mit der Dispersionsfläche

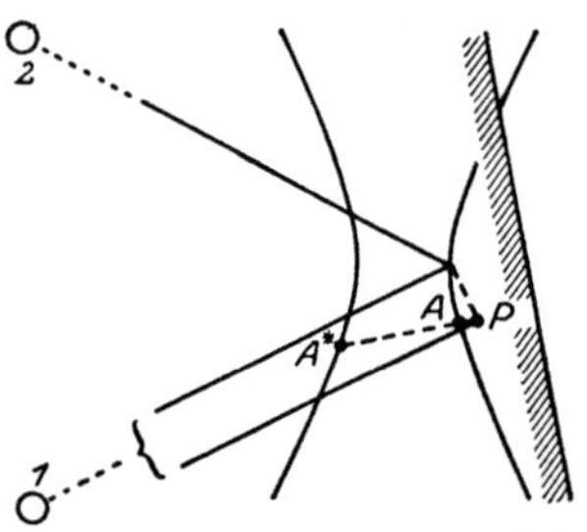

Abb. 90. Einfallender und reflektierter Strahl, Lauefall.

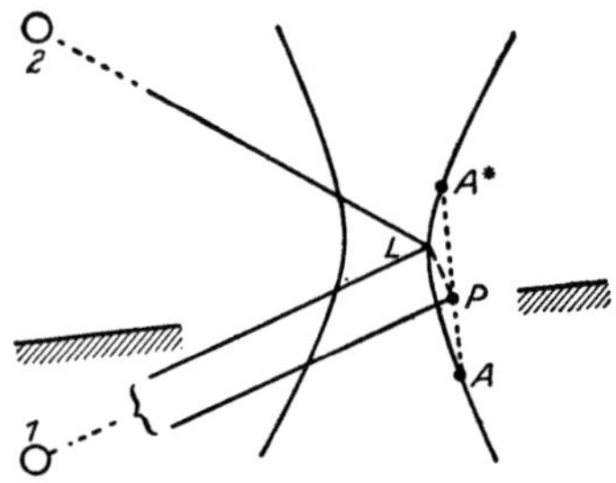

Abb. 91. Einfallender und reflektierter Strahl, Braggfall.

entsteht. (Diesen letzten Fall werden wir sogleich näher betrachten.) Wandert P noch weiter in der Richtung PL der Abb. 91, so entstehen wieder zwei Schnitte, die beide auf der anderen Hyperbelschale liegen.

Wir beschäftigen uns jetzt mit den *Folgerungen aus der Existenz zweier reeller Schnitte A und A^**, wobei es zunächst einerlei ist, ob diese Schnitte beim Lauefall oder beim Braggfall auftreten. Im Kristallinnern entstehen dann sowohl in der Richtung des Primärstrahls wie in der des Sekundärstrahls genau genommen je zwei Strahlen von etwas verschiedenen Richtungen und Geschwindigkeiten. Zwei solche Wellen lassen sich zu einer einzigen von langsam veränderlicher Amplitude (*Schwebungen*) zusammenfassen.

Im *Lauefall* setzt am Rand die Primärwelle (welche bis auf eine kleine Brechung als Fortsetzung der einfallenden angesehen werden kann) mit einem Schwebungsmaximum von der Größe der einfallenden Amplitude ein, die Sekundärwelle hat einen Schwebungsknoten, ihre Amplitude ist Null. Verfolgt man das Feld vom Rand aus in größere Tiefen, so wächst die Amplitude der Sekundärwelle auf Kosten der Primärwelle an. Dem Schwebungscharakter entspricht es, daß die Sekundärwelle bei zunehmender Tiefe wieder geringere Amplitude — bis auf Null herab — erhält. Die Energieströmung erfolgt dann wieder ganz in Richtung der Primärwelle. Dies Pendeln des Energiestroms zwischen den Richtungen 1 und 2 führt auf die Bezeichnung „*Pendellösung*". Es besteht eine weitgehende formale Analogie zwischen der (räumlichen) Ausbreitung der Energie in Primär- und Sekundärstrahl und der zeitlichen Verteilung der Energie in einem Paar gekoppelter Pendel (etwa zwei Pendeln, die von einer gemeinsamen Querschnur herunterhängen). Man befindet sich, wenn anders die Interferenz stark auftreten soll, stets in der nächsten Nähe der vollständigen Resonanz. Unter diesen Umständen wird Energie, die dem ersten Pendel erteilt wird, nach einiger Zeit sich fast ganz beim zweiten vorfinden, um dann wieder aufs erste zurückzufließen.

Bei der Pendellösung ist der ganze Kristall parallel zur Oberfläche in *Schichten* zerlegt, die durch die Tiefe einer vollen Schwebung gegeben sind und an der Oberfläche ansetzen. An der Oberseite jeder Schicht fängt sozusagen der Kristall aufs neue an, insofern, als der Sekundärstrahl dort wieder mit der Amplitude Null anhebt (Abb. 92). Die Weite einer solchen Schicht wird um so größer, je näher Richtungen und Geschwindigkeiten der beiden, von A und A^* in Abb. 90 bzw. 91 ausgehenden Wellen des Primärstrahls bzw. Sekundärstrahls zusammenfallen. Hier tritt nun schon ein wesentlicher Unterschied zwischen Laue- und Braggfall auf: Im *Lauefall* (Abb. 90) können A und A^* nicht näher als in die Entfernung der Hyperbelscheitel aneinanderkommen. Daher übersteigt die Schichtweite nicht eine gewisse Größe, die auf etwa $^1/_{20}$ mm (bei $\lambda = 1 \cdot 10^{-8}$, $\varepsilon = 10^{-6}$, Abbeugungswinkel χ klein) abgeschätzt werden kann. Die Schichttiefe variiert im allgemeinen so schnell mit wechselndem Einfallswinkel, daß sie

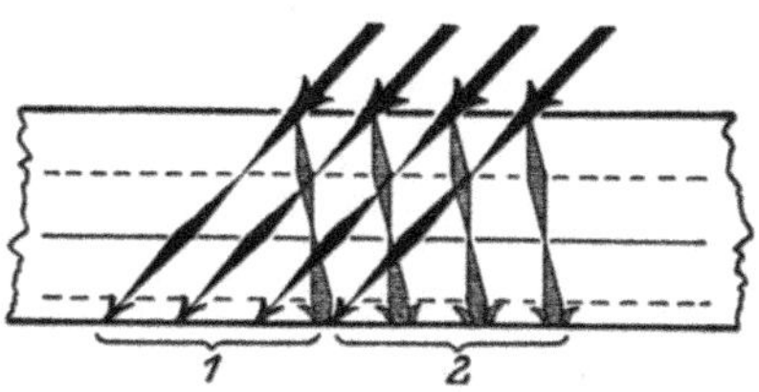

Abb. 92. Pendellösung im Lauefall.

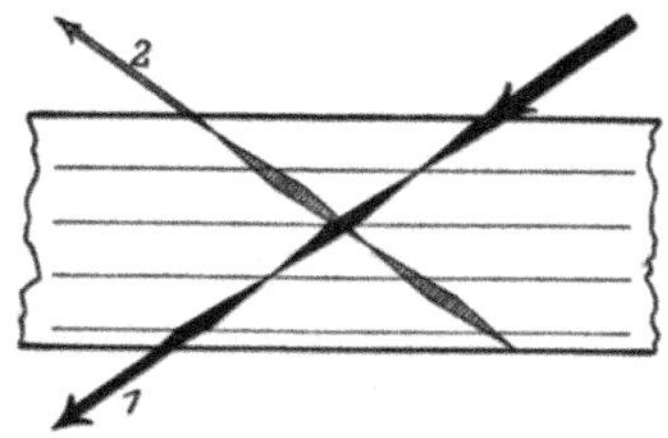

Abb. 93. Pendellösung im Braggfall.

experimentell wegen der Schwierigkeit der Herstellung genügend ebener einfallender Wellen nicht nachweisbar ist. In der unmittelbaren Umgebung des LAUEschen Einfallswinkels ist der Nachweis aussichtsreicher.

Denkt man sich den Kristall in einer Tiefe H parallel zur Oberfläche abgebrochen (Kristallplatte), so treten die Strahlen mit der Amplitude aus, die sie in der Tiefe H gerade erreicht haben.

Im *Braggfall,* zu dem wir nunmehr übergehen, können die Schnitte A und A^*, da sie auf der gleichen Hyperbelschale liegen, sich beliebig nahekommen. Die Schichtweite wird dabei größer und größer, und in dem Maß, als P sich dem Lauepunkt L nähert, würde sie leichter nachweisbar werden, wenn nicht gleichzeitig die Empfindlichkeit der Schichttiefe gegen kleine Änderungen des Einfallswinkels immer größer würde. Der Wert $^1/_{100}$ mm der Schichtweite wird erreicht, wenn der einfallende Strahl schätzungsweise 5 bis 20″ vom LAUE-BRAGGschen Reflexionswinkel entfernt ist. Rückt P bei Variation der Einfallsrichtung, von unten kommend (Abb. 91), in L hinein, so verschmelzen die Wellenpaare von A und A^* je zu einer einzigen Welle, und die Schichtung wird unendlich. Gleiches, nur in umgekehrter Reihenfolge, wiederholt sich, wenn P über das Gebiet hinaustritt, in dem keine reellen Schnittpunkte mit der Dispersionsfläche entstehen.

Es sei noch bemerkt, daß im Braggfall die Amplitude des reflektierten Strahls, der sich von der Oberfläche einer Platte von der Dicke H loslöst, gleich ist der Amplitude des Strahls 2 in der Tiefe 0, die des durchgelassenen gleich der Amplitude des Strahls 1 in der Tiefe H. Der reflektierte Strahl setzt (Abb. 93) an der Unterseite der Platte mit der Amplitude 0 ein (weil sonst nämlich auf die Unterseite auch ein Strahl einfallen müßte); seine Amplitude nimmt nach oben hin erst zu, dann wegen der Schwebungen bei genügender Dicke der Platte wieder ab. Mit welcher Amplitude er austritt, hängt von der Plattendicke H ab. Bei Annäherung der Ausbreitungspunkte A und A^* aneinander findet schließlich auch in einer dicken Platte keine volle Schwebung mehr Platz, und der reflektierte Strahl nimmt monoton nach oben hin zu.

ε) Totalreflexion. Was geschieht, wenn der Anregungspunkt P in Abb. 91 so liegt, daß keine reellen Schnitte mit der Dispersionsfläche entstehen? Es ist dann kein Interferenzsystem der bisher betrachteten Art dynamisch möglich. Man sieht aber leicht, daß der Ansatz *exponentiell gedämpfter Wellen* zu dynamisch möglichen Feldern führt. Für die Befriedigung des Randproblems kommen nur Wellen in Frage, deren Amplitude in Ebenen parallel zur Oberfläche konstant ist, aber mit wachsender Tiefe z exponentiell zu- oder abnimmt. Das sind *inhomogene Wellen*, wie sie z. B. bei Behandlung der optischen Totalreflexion im dünneren Medium auftreten. Aus diesem Grunde heißen die Lagen der Anregung P, die zu keinem reellen Schnitt mit der Dispersionsfläche führen, das *Gebiet der Totalreflexion.* Analytisch stellen sich inhomogene Wellen durch *komplexe Ausbreitungsvektoren*

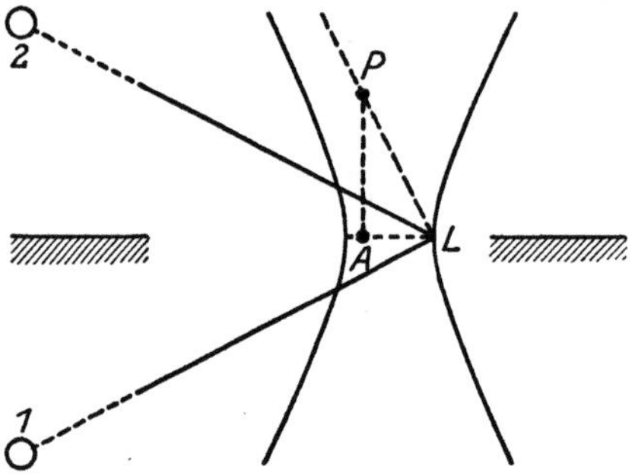

Abb. 94. Konstruktion der Ausbreitungsvektoren im Gebiet der Totalreflexion.

$$\mathfrak{K}_i = \mathfrak{k}_i + i k_0 \varkappa \mathfrak{z}$$

dar: Der reelle Teil ist der Ausbreitungsvektor, der die Phasengeschwindigkeit und die Stellung der *Ebenen konstanter Phase* angibt und der bisher allein genügte. Der imaginäre Teil, der durch den Einheitsvektor $\mathfrak{z}$ senkrecht zur Oberfläche den Vektorcharakter, durch die unbestimmte Größe $\varkappa$ die Größe erhält, gibt die *Ebenen konstanter Amplitude* und den Sinn und die Größe des exponentiellen Amplitudenabfalles an. Um uns die beiden inhomogenen Wellen im Kristallinnern an der Dispersionsfläche vorzustellen, ergänzen wir diese (Abb. 94) durch die Verbindungslinie der Hyperbelscheitel. Fällen wir von P aus auf diese das Lot (bei symmetrischer Reflexion), so ergibt der Schnittpunkt A, mit *1* bzw. *2* verbunden, die reellen Teile der Ausbreitungsvektoren. Die beiden in Richtung jedes Interferenzstrahls auch jetzt noch vorhandenen Wellen geben *keine Schwebungen* mehr, da sie gleiche Richtung und Phasengeschwindigkeit haben. Die eine von ihnen wächst aber mit der Tiefe z exponentiell an, die andere nimmt ebenso ab. Damit an der Unterseite der Platte der reflektierte Strahl mit der Amplitude 0 anfängt (kein einfallender Strahl an der Unterseite!), darf die exponentiell anwachsende Lösung an der Unterseite nicht stärker sein, als dort die exponentiell gedämpfte Lösung ist. An der Oberseite ist deshalb bei dickeren Kristallen die anwachsende Welle unmerklich schwach und ohne Einfluß auf den reflektierten Strahl. Man kann überhaupt im Gebiet der Totalreflexion zur Grenze unendlich dicker Kristallplatten übergehen, da die Unterseite wegen der Dämpfung von verschwindendem Einfluß ist. Die Lösung stellt sich dann so dar (Abb. 95), daß bei beiden Wellen die Intensität nach dem Innern hin exponentiell abfällt: Jede Netzebene reflektiert ein und denselben Bruchteil der auf sie fallenden Energie, und diese reflektierte Energie erreicht

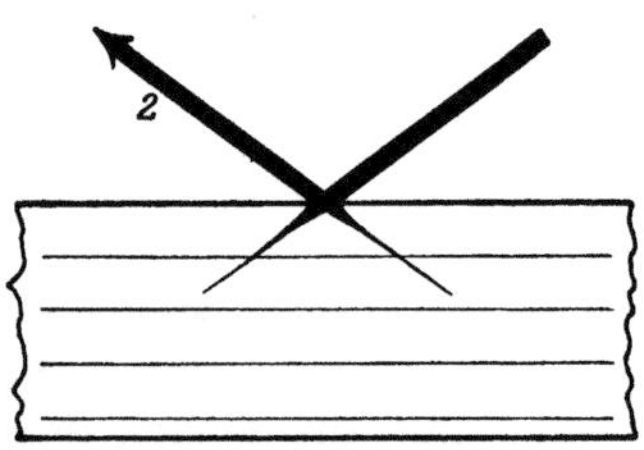

Abb. 95. Extinktion im Gebiet der Totalreflexion.

(im Gegensatz zum Lauefall) nicht mehr die tieferen Netzebenen; daher das exponentielle Gesetz. Alle einfallende Energie muß zur Oberfläche wieder austreten. Daher ist im ganzen Bereich dieses Lösungstyps die reflektierte Amplitude (bei symmetrischer Reflexion und Vernachlässigung der Absorption) gleich der einfallenden. Es entsteht die Reflexionskurve Abb. 100 (Ziff. 17 γ). Bei unsymmetrischer Reflexion treten aus demselben Grund Faktoren wie

$$\sqrt{\frac{\sin 2(2\vartheta-\varphi)}{\sin 2\varphi}}$$

(φ = Winkel des einfallenden Strahls gegen Oberfläche, ϑ = Winkel der BRAGGschen Reflexionsbedingung)

vor die reflektierte *Amplitude*, welche davon herrühren, daß die Einheit der Oberfläche sich in die Richtungen des einfallenden und des reflektierten Strahls verschieden projiziert und die Normalkomponente der Energieströmung bei beiden Strahlen verschieden ist. Doch heben sich diese Faktoren bei Berechnung der reflektierten Gesamtenergie wieder fort und sind ohne tieferes Interesse.

ζ) Extinktion und Absorption. Das exponentielle Abklingen des röntgenoptischen Feldes nach innen wird von EWALD als „*dynamische Absorption*", von DARWIN als „*primary extinction*" bezeichnet (secondary extinction kommt beim Mosaikkristall vor)[1]. Es ist wichtig, sich von ihrer Größe Rechenschaft zu geben. Die Amplitudenabnahme auf der Strecke einer Wellenlänge ist $e^{-2\pi\varkappa}$ (wie aus dem Ausdruck für den komplexen Ausbreitungsvektor folgt). $\varkappa$ selbst variiert innerhalb des Streifens der Totalreflexion; an den Rändern (Anschluß an die Pendellösung) ist es Null, in der Mitte erreicht es den Maximalwert (bei symmetrischer Reflexion) $\frac{\varepsilon}{2\sin\vartheta}$. Da die Strecke, die der Strahl bis zur Erreichung der Tiefe λ durchläuft, $s=\lambda/\sin\vartheta$ ist, kann man die maximale Dämpfung in der Form

$$e^{-\pi\varepsilon s/\lambda}$$

schreiben. Die gewöhnliche Massenabsorption wäre für die Amplitude als

$$e^{-\mu s/2}$$

anzusetzen. Der Vergleich zeigt, daß die dynamische Extinktion maximal wirkt wie eine Massenabsorption mit dem Koeffizienten

$$\mu = 2\pi\frac{\varepsilon}{\lambda} \backsim \frac{6\cdot 1\cdot 10^{-6}}{1\cdot 10^{-8}} = 600\,.$$

Der gewöhnliche Absorptionskoeffizient[2] für $\lambda = 1$ Å in Steinsalz ist etwa $\mu = 50$, also bedeutend kleiner. Bis auf einen ganz schmalen Rand kurz vor dem Übergang zur „Pendellösung" ist die dynamische Extinktion ungleich wirksamer als die Massenabsorption. Jedoch muß für eine Verfeinerung der Theorie in Fällen starker Absorption diese berücksichtigt werden.

Hierfür steht leider nur der Ansatz zur Verfügung, der bereits in der klassischen DRUDE-LORENTZschen Dispersionstheorie benutzt wurde. Die für die Absorption notwendige Phasendifferenz zwischen der auf das Atom auffallenden ebenen Welle und der ausgesandten Kugelwelle (komplexer Charakter von ψ, Ziff. 15 ε) wird dabei durch die formale Einführung eines „Reibungsgliedes" in die Schwingungsgleichung der Dipole erreicht. Auf dieser Grundlage hat zuerst WALLER[3], neuerdings PRINS[4] die Absorption neben der Extinktion berücksichtigt.

---

[1] Vgl. Ziff. 21 β. Im Anschluß an DARWIN wird im folgenden von dynamischer *Extinktion* statt *Absorption* gesprochen.

[2] Hierunter ist nicht μ/ϱ, sondern μ selbst verstanden.

[3] P. WALLER, Uppsala Univ. Årsskr. 1925.

[4] J. H. PRINS, ZS. f. Phys. Bd. 63, S. 477. 1930.

Es findet im Fall des reflektierten Strahls erstens eine Herabsetzung der Gesamtintensität (entsprechend dem Energieverlust im Kristallinnern) statt und zweitens unsymmetrische Deformation der Reflexionskurve (Abb. 100), deren Einzelheiten mit den Annahmen sich ändern, die über die Phasen der Streuwellen gemacht werden. Abb. 96 gibt eine der von PRINS berechneten Kurven, die etwa dem Fall von Calcit bei der CaK- oder von Zinkblende bei der ZnK-Kante entspricht (ϑ = BRAGGscher Winkel, $\alpha = 1 - \mu$ = Defekt des Brechungsindex). Aus der Unsymmetrie der Reflexionskurve folgt, daß die Korrektur des BRAGGschen Reflexionsgesetzes für den Linienschwerpunkt gegenüber Ziff. 16 α modifiziert, und zwar schätzungsweise bis zu 10% verkleinert werden muß. Auch die Halbwertbreite der Linie wird durch die Absorption verkleinert, ferner der Integralwert der Kurve (Ziff. 23 ι).

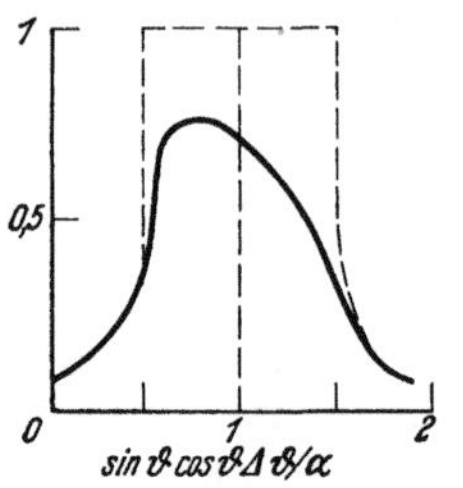

Abb. 96. Reflexionskurve nach der dynamischen Theorie unter Berücksichtigung der Absorption berechnet (gestrichelt ohne Absorption, vgl. Abb. 100). (PRINS, l. c.)

17. Vergleich der dynamischen Theorie mit der Erfahrung. Die Geltung der dynamischen Theorie ist an besonders gut kristallisierte Substanzen geknüpft. Für die üblichen Kristalle ist eine weitere Ausgestaltung der Theorie unerläßlich (vgl. Ziff. 21). Beim Arbeiten mit sehr guten Kristallen sind folgende Abweichungen von der LAUE-BRAGGschen Theorie festgestellt worden, die außer der logischen Vollständigkeit (insbesondere betreffs aller Energiefragen) für die Notwendigkeit der Ansätze der dynamischen Theorie sprechen:

α) Abweichungen vom BRAGGschen Reflexionsgesetz bei symmetrischer Reflexion. Wie Abb. 91 zeigt, liegt der Streifen der Totalreflexion in einfachen Kristallen ganz auf einer Seite des Lauepunktes. In Kristallen mit Basis ist die Mittellinie der Dispersionshyperbel nicht abgeändert, nur ihr Scheitelabstand. Daher erfolgt die Reflexion in einem Winkelgebiet symmetrisch um einen Winkel ϑ_m, der vom Winkel ϑ_0 (dem LAUE-BRAGGschen) etwas abweicht. Der gemessene Winkel ϑ_m wird im Normalfall (Brechungsindex <1), auf den die Abbildungen sich beziehen, größer als ϑ_0 sein. Die Abweichung beträgt z. B. bei Pyrit[1] MoKα_1 Strahlung 4″ bei Reflexion (100). Am sichersten läßt sich die Abweichung in verschiedenen Ordnungen n vergleichen, indem man $\sin\vartheta/n$ aufträgt, das nach BRAGG für alle Ordnungen gleich sein müßte. In der Tat wurde man zuerst dadurch auf die Abweichungen aufmerksam, daß das aus verschiedenen Ordnungen berechnete Verhältnis $\lambda : d$ sich verschieden ergab[2]. In Abb. 97 sind nach A. LARSSON[3] die Werte $\log(\sin\vartheta/n)$ gegen die Ordnungen aufgetragen. Dazu die aus der Theorie gewonnene Beziehung[4]

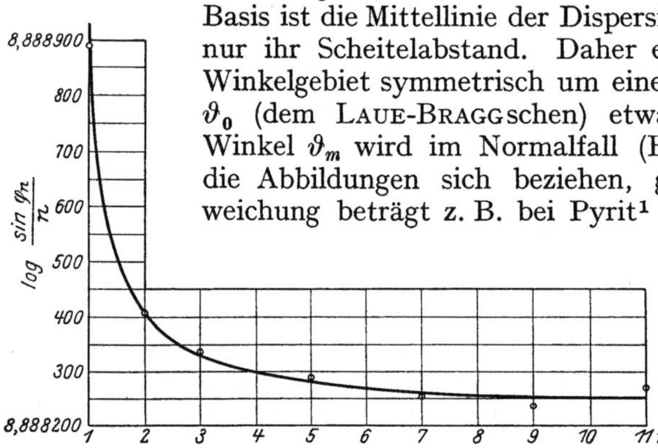

Abb. 97. Abweichungen vom BRAGGschen Gesetz an Glimmer.

$$\log \frac{\sin\vartheta}{n} = C + \frac{A}{n^2} \quad (C \text{ und } A \text{ von } n \text{ unabhängig}).$$

[1] BERGEN DAVIS u. R. v. NARDROFF, Proc. Nat. Acad. Amer. Bd. 10, S. 60. 1924.

[2] W. STENSTRÖM, Experimentelle Untersuchung der Röntgenspektra. Dissert. Lund 1919.

[3] A. LARSSON, Ark. f. Mat., Astron. och Fys. Bd. 19A, Nr. 14. 1925.

[4] P. P. EWALD, ZS. f. Phys. Bd. 2, S. 332. 1920.

Die Messungen erstrecken sich bis zur 11. Ordnung und stimmen vorzüglich mit der Formel überein. (Man beachte die Genauigkeit der Messungen; die Einzelablesungen schwanken nur um etwa $\pm 1''$!) Die nebenstehende Tabelle 5[1] zeigt, daß die Berücksichtigung dieser Abweichungen es ermöglicht, auch im Röntgengebiet die „spektroskopische" Genauigkeit, d. h. relative Wellenlängenbestimmung auf 10^{-6} genau zu erreichen: Die erste Spalte gibt die CuKα-Linie, wie sie sich aus den verschiedenen Ordnungen unter Verwertung der theoretischen Formel berechnet, die zweite zeigt die systematischen Abweichungen nach der BRAGGschen Formel.

Tabelle 5. Präzision der Röntgenwellenlängenmessung.

Ordnung	λ in X-Einheit	λ nach BRAGG
1	1537,260	1537,260
2	1537,261	1535,457
3	1537,261	1535,123
4	1537,261	1535,006
5	1537,261	1534,952
6	1537,261	1534,922
7	1537,262	1534,905
8	1537,262	1534,893
9	1537,262	1534,885
10	1537,262	1534,880

Von großem Einfluß wird der Brechungsindex und die damit verknüpften Abweichungen vom BRAGGschen Gesetz im Gebiet der extrem weichen Röntgenstrahlung. THIBAUD und SOLTAU[2] haben zwischen 17 und 68 Å Wellenlängen an Strichgittern (réseau tangent), DAUVILLIER[3] die gleichen an Fettsäurekristallen gemessen. Es ergeben sich unter Anwendung der gewöhnlichen BRAGGschen Formel bzw. der gewöhnlichen Formeln für optische Beugungsgitter z. B. folgende Wellenlängen:

Strahlenart	λ_{Gitter}	$\lambda_{\text{Fettsäure}}$
$K\alpha$ von C	44,9	45,5
$K\alpha$ von B	68,0	73,5

Während der Brechungsdefekt $\delta = 1 - \mu$ für 1 Å von der Ordnung $3 \cdot 10^{-6}$ ist, wird er für 100 Å $3 \cdot 10^{-2}$ (geht mit λ^2!). So ergibt die Differenz der oben aufgeführten Bestimmungen der BKα-Wellenlänge $\delta = 1{,}13 \cdot 10^{-2}$, so wie dispersionstheoretisch (KALLMANN-MARKsche Formel) etwa $1{,}0 \cdot 10^{-2}$ zu erwarten ist. Auch die Linienbreite, die bei 68 Å etwa 7,5 Å beträgt (gemessenes $\Delta\vartheta$ nach der BRAGGschen Formel in ein $\Delta\lambda$ umgerechnet), ist auf die große Breite des Reflexionsgebiets zurückzuführen.

β) Unsymmetrische Reflexion. Denkt man sich in Abb. 98 die Kristalloberfläche so gelegt, daß der einfallende Strahl fast streifend eintritt, so liefert die Konstruktion der Ausbreitungspunkte (Abb. 91) ein Gebiet der Totalreflexion, dessen Mitte um eine viel größere Strecke ML verschoben ist (Abb. 99) als bei symmetrischer Reflexion. Umgekehrt ist die Verschiebung ein Minimum, wenn der reflektierte Strahl streifend die Oberfläche verläßt. BERGEN DAVIS[4] hat den glücklichen Gedanken gehabt, die Abweichungen vom BRAGGschen Gesetz durch streifende Inzidenz auf einen passend abgeschliffenen Kristall zu vergrößern und der genauen Messung leichter zugänglich zu machen. Ein ungeschliffener Pyrit gab bei symmetrischer Reflexion an (100) (MoKα-Strahlung) 4'' Abweichung; nach Abschleifen der Oberfläche, bis der einfallende Strahl nur mehr einen Winkel von 14' 11,5'' mit ihr machte, ergaben sich 159'' Abweichung.

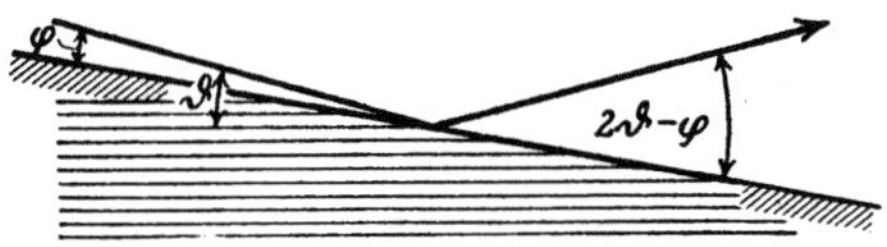

Abb. 98. Unsymmetrische Reflexion.

[1] A. LARSSON, ZS. f. Phys. Bd. 35, S. 401. 1925.
[2] J. THIBAUD u. A. SOLTAU, C. R. Bd. 185, S. 642. 1927; Journ. de phys. Bd. 8, S. 484. 1927.
[3] A. DAUVILLIER, Journ. de phys. Bd. 8, S. 1. 1927.
[4] BERGEN DAVIS u. H. M. TERRILL, Proc. Nat. Acad. Amer. Bd. 8, S. 357. 1922.

Es läßt sich zeigen[1], daß die Mitte des Reflexionswinkels nach der obigen dynamischen Theorie dieselbe Lage hat, als wenn man mit einem normalen Brechungsindex μ des Kristalls rechnet[2] und das Bragg sche Gesetz für das Kristallinnere mit abgeänderter Wellenlänge λ' und abgeänderten Neigungswinkeln ϑ' anwendet:

$$n\lambda' = 2d\sin\vartheta'; \qquad \mu = \frac{\lambda}{\lambda'} = \frac{\cos\vartheta_m}{\cos\vartheta'}.$$

(Diese Formeln gelten nur für symmetrische Reflexion; für unsymmetrische sind sie leicht abzuändern.) Diese Übereinstimmung entsteht dadurch, daß in Abb. 99 für die *Mitte* des Streifens der Totalreflexion der Hyperbel*mittel*punkt maßgebend ist, der nach der unter γ gegebenen Erklärung der Dispersionsfläche in der Tat gerade derjenige Punkt ist, für den beide Strahlen den normalen Wert des Brechungsindex haben. Was aber aus der eben angedeuteten Rechnungsweise nicht hervorgeht, ist die *Breite* des Gebiets der Totalreflexion (s. unten).

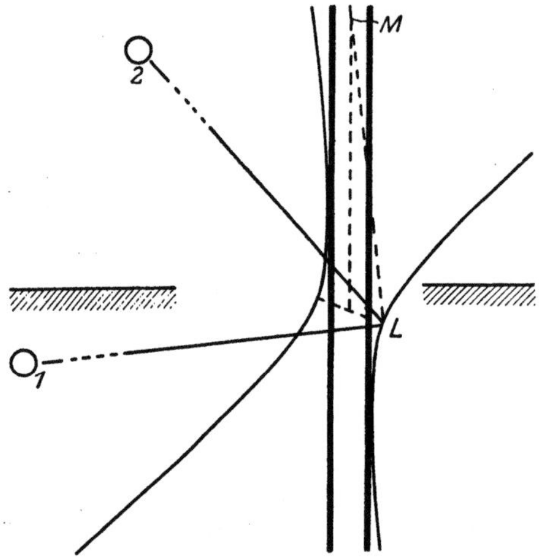

Abb. 99. Gebiet der Totalreflexion bei unsymmetrischem Einfall.

Bergen Davis und v. Nardroff[3] haben aus den Abweichungen den normalen Brechungsindex des Pyrits für eine Reihe von Wellenlängen ermittelt. Es ergab sich das sehr interessante Resultat, *daß die gewöhnliche* Drude-Lorentz*sche Dispersionsformel auch in diesem Frequenzgebiet anwendbar ist.* Ja, ihre Anwendung wird viel einfacher als in der Lichtoptik, weil die Zahl der Elektronen und ihre Eigenfrequenzen bekannt sind: Man hat alle Elektronen aller Atome zu berücksichtigen; sie sind als „frei" (Eigenfrequenz $\omega_0 = 0$) anzusehen, sofern sie genügend weit außen am Atom liegen, nur für die Elektronen, deren Wiederkehr in ihre Normalbahn ein Strahlen des Atoms mit einer Frequenz bedingt, die der auffallenden benachbart ist, muß die Eigenfrequenz (und zwar wie es scheint die Frequenz der Absorptionskante) eingesetzt werden[4]. Für Pyrit (FeS_2; Fe hat 2 K- und 24 andere Elektronen, S 2 K- und 14 andere; K-Absorptionsfrequenzen $\nu_{Fe} = 0{,}575 \cdot 10^8 \cdot c$, $\nu_S = 0{,}1987 \cdot 10^8 \cdot c$) sieht die Dispersionsformel so aus:

$$\delta = -\varepsilon = 1 - \mu = \frac{Ne^2/m}{2\pi}\left[\frac{2}{\nu^2 - \nu_{Fe}^2} + \frac{4}{\nu^2 - \nu_S^2} + \frac{24 + 2 \cdot 14}{\nu^2}\right]$$

(N = Zahl der Moleküle FeS_2 im ccm, e und m Ladung und Masse des Elektrons).

Die Tabelle 6 gibt den Vergleich zwischen berechnetem und gemessenem $1 - \mu$. Diese weitgehende Anwendbarkeit der Dispersionstheorie stärkt das Zutrauen zur Behandlung der Röntgenoptik nach den Methoden der klassischen

---

[1] R. v. Nardroff, Phys. Rev. Bd. 24, S. 143. 1924; P. P. Ewald, ZS. f. Phys. Bd. 30, S. 1. 1924.

[2] Dies hatte bereits Stenström (Fußnote 2 auf S. 294) getan.

[3] Bergen Davis u. R. v. Nardroff, Proc. Nat. Acad. Amer. Bd. 10, S. 384. 1924.

[4] Gemäß Ziff. 20 (Atomfaktor) kommt es nicht allein auf die Zahlen der Elektronen an, sondern der Atomfaktor geht mit seiner Richtungsabhängigkeit in die Dispersionsformel ein. Hierauf beruhen die verbleibenden Abweichungen der berechneten von den beobachteten Zahlenwerten in Tabelle 6.

Tabelle 6. Brechungsindex von Pyrit für Röntgenstrahlen aus der Reflexion an Pyrit. $\delta = 1 - \mu$.

	δ berechnet:	δ beobachtet:
für Mo K_β, ($\lambda = 0{,}6310$)	$2{,}64 \cdot 10^{-6}$	$2{,}87 \cdot 10^{-6}$ $\pm 0{,}20$
Mo K_α, ($\lambda = 0{,}7077$)	$3{,}31 \cdot 10^{-6}$	$3{,}35 \cdot 10^{-6}$ $\pm 0{,}20$
Cu K_β, ($\lambda = 1{,}389$)	$13{,}53 \cdot 10^{-6}$	$13{,}2 \cdot 10^{-6}$ $\pm 0{,}4$
Cu K_α, ($\lambda = 1{,}537$)	$17{,}6 \cdot 10^{-6}$	$17{,}6 \cdot 10^{-6}$ $\pm 0{,}5$

Optik. Allerdings haben neuere Untersuchungen[1] charakteristische Unterschiede im Dispersionsverlauf bei Röntgenstrahlen und Licht nachgewiesen; diese berühren aber nicht den vollen kinematischen Teil der Dispersions- (und somit auch Interferenz-) Theorie, sondern allein die quantenmäßige Reaktion der „Atomresonatoren" auf die Strahlung (s. Ziff. 20, Atomfaktor).

Die Intensität bei unsymmetrischer Reflexion. Die größeren Abweichungen vom BRAGGschen Gesetz bei streifender Inzidenz bringen nach Abb. 99 notwendig eine größere Breite des Gebiets der Totalreflexion mit sich (gemessen in Winkelverschiebung des Anregungspunktes P). Die gesamte bei Drehung des Kristalls oder bei nicht extrem ausgeblendetem einfallenden Bündel reflektierte Strahlung also muß direkt proportional zur Abweichung sein. Bei streifender Inzidenz sollte die Intensität des reflektierten Strahls groß, bei streifendem Austritt klein sein. Dies ist von NARDROFF beobachtet worden. Seine Angaben reichen leider kaum zur quantitativen Verwertung hin[2].

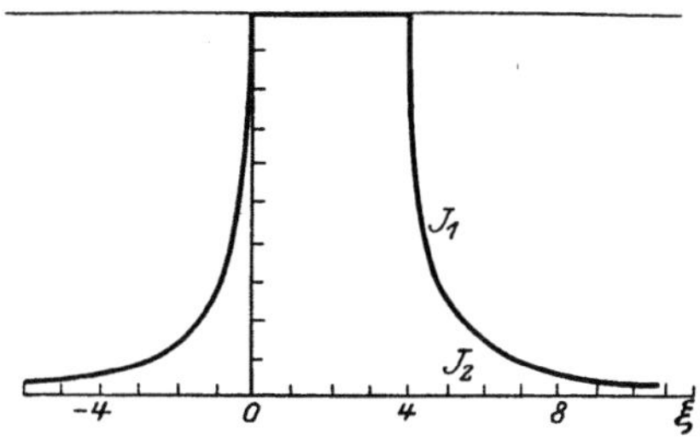

Abb. 100. Reflexionskurve im Braggfall gemäß der dynamischen Theorie ohne Berücksichtigung der Absorption (vgl. Abb. 96).

γ) Winkelabhängigkeit der Intensität. Man kann ohne großen Fehler annehmen, daß in einem idealen Kristall — bei gleichem Strukturfaktor — stets der gleiche Bruchteil (schätzungsweise über 80%) der reflektierten Intensität durch Totalreflexion erzeugt wird. Für die Berechnung der Intensität ist dann die Breite des Gebiets der Totalreflexion maßgebend, und zwar ausgedrückt als Winkelintervall für den einfallenden Strahl. Die Reflexionskurve für Polarisation (d. h. Richtung der elektrischen Feldstärke) senkrecht zur Ebene der Strahlen und unter Annahme eines einfachen Gitters zeigt Abb. 100. Bei symmetrischer Reflexion ist dabei der Zusammenhang zwischen der Abszisse ξ und der Abweichung $\Delta\vartheta$ des Einfallswinkels vom BRAGGschen Winkel ϑ_0 ($\vartheta = \vartheta_0 + \Delta\vartheta$);

$$\Delta\vartheta = \frac{\xi}{\sin 2\vartheta_0}\,\varepsilon_0. \quad [\varepsilon_0 = \text{normaler Resonanzfehler, Ziff. } 16\beta.]$$

Die andere Polarisationsrichtung hat eine entsprechende Kurve, nur ist das Gebiet der Totalreflexion bei gleicher Mittellinie um einen Faktor $\cos 2\vartheta_0$ verengert. Ebenso bewirkt das Auftreten eines Strukturfaktors, d. h. das nichtoptimale Zusammenwirken aller Basisbestandteile, eine Verengerung des Gebiets der Totalreflexion gegenüber der Breite, die bei der Konzentration der

[1] Weitere Dispersionsmessungen bei A. LARSSON, ZS. f. Phys. Bd. 35, S. 401. 1926; E. HJALMAR, Ann. d. Phys. Bd. 79, S. 550. 1926; H. MARK u. H. KALLMANN, Naturwissensch. Bd. 14, S. 648. 1926; C. M. SLACK, Phys. Rev. Bd. 27, S. 691. 1926. Die wellenmechanische Dispersionstheorie (E. SCHRÖDINGER, Ann. d. Phys. 1926) gibt die charakteristischen Abweichungen zwischen der Dispersion im Licht- und Röntgengebiet wieder; s. auch J. FRENKEL, Einf. i. d. Wellenmech. Berlin: Julius Springer 1929.

[2] In Fußnote 1 auf S. 296 zitiert; s. aber P. P. EWALD, Phys. ZS. Bd. 26, S. 29. 1925.

Basis in einem Punkt auftreten würde. Sehen wir vom Strukturfaktor ab und setzen wir voraus, daß die einfallende Strahlung unpolarisiert und gleichmäßig über die Winkel verteilt ist, so ergeben sich als reflektierte Intensitäten für die beiden Polarisationsrichtungen:

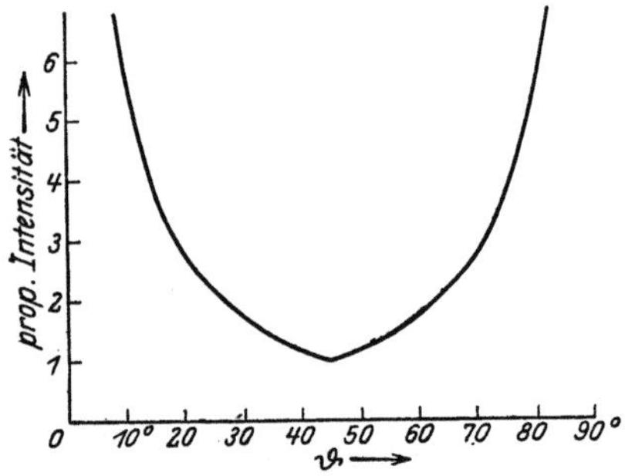

Abb. 101. Theoretische Intensität nach der dynamischen Theorie.

$$J_{\perp} \sim 4\varepsilon_0 \frac{1}{\sin 2\vartheta_0}, \qquad J_{\parallel} \sim 4\varepsilon_0 \left| \frac{\cos 2\vartheta_0}{\sin 2\vartheta_0} \right|.$$

In $J_{\parallel}$ wechselt der $\cos 2\vartheta_0$ beim Überschreiten des Ablenkungswinkels $2\vartheta_0 = 90°$ das Vorzeichen. Dies läßt sich an der Dispersionsfläche als eine Vertauschung der beiden Hyperbeläste deuten; für $\vartheta_0 = 45°$ entartet die Hyperbel in ein Geradenpaar. Da es für die Intensität nur auf den Absolutwert ankommt, sind im Ausdruck für $J_{\parallel}$ Absolutstriche gesetzt.

Addition beider Intensitäten ergibt bei unpolarisierter einfallender Strahlung als reflektierte Intensität:

$$\vartheta_0 \leqq 45°: J \sim 4\varepsilon_0 \operatorname{cotg}\vartheta_0; \qquad \vartheta \geqq 45°: J \sim 4\varepsilon_0 \operatorname{tg}\vartheta_0.$$

Diese theoretische Winkelabhängigkeit ist in Abb. 101 aufgetragen. Man bemerke übrigens, daß das Verhältnis der in beiden Polarisationsrichtungen reflektierten Energien den Wert

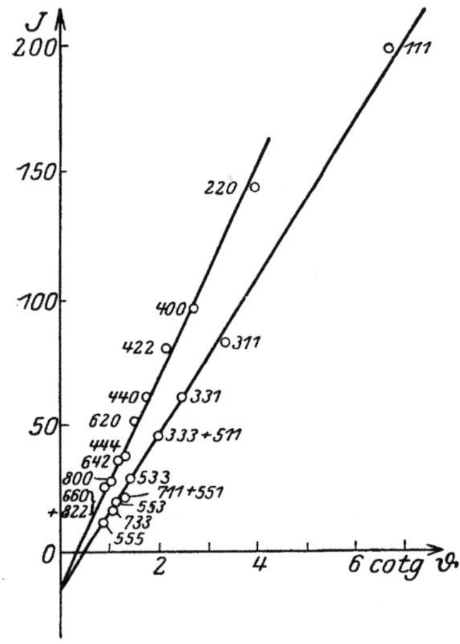

Abb. 102. Intensitätsmessungen von W. H. BRAGG (l. c.) an Diamant.

$$1 : \cos 2\vartheta_0 = 1 : \cos\chi \quad (\chi \text{ Abbeugungswinkel})$$

hat. Nach der LAUEschen Theorie müßte das Amplitudenverhältnis $1 : \cos\chi$, das Intensitätenverhältnis $1 : \cos^2\chi$ sein, wie es im sog. Polarisationsfaktor zum Ausdruck kommt (s. Ziff. 20 β).

Die Winkelabhängigkeit des Reflexionsvermögens scheint bei ausgesuchten Kristallen der obigen Formel nahezukommen. Messungen von Sir W. H. BRAGG[1] an kleinen runden, von den Röntgenstrahlen völlig umspülten Diamanten ergaben die in Abb. 102 aufgetragenen Werte der reflektierten Intensitäten. Sie fallen, gegen $\operatorname{cotg}\vartheta_0$ aufgetragen, innerhalb der Meßgenauigkeit von etwa 5% auf zwei Gerade, die sich auf der Achse $\vartheta = 90°$ schneiden. Die zwei Geraden (statt einer) rühren vom Strukturfaktor des Diamanten her, der nur zwei Werte aufweist (s. Anm. unter δ); daß die Geraden nicht durch den Nullpunkt gehen, rührt vielleicht davon her, daß bei einer Korrektur für Streustrahlung ein konstanter Betrag (nämlich die in der charakteristischen Strahlung enthaltene Energie) zuviel abgezogen worden ist[2]. Der Wiederanstieg der Intensität für $\operatorname{cotg}\vartheta < 1$ ist in der Abbildung nicht zu bemerken, da die Messungen nicht weit genug gehen.

Es muß darauf aufmerksam gemacht werden, daß für die Übereinstimmung zwischen Theorie und Versuch außer der Güte des Kristalls noch zwei Punkte

[1] W. H. BRAGG, Proc. Phys. Soc. London Bd. 33, S. 304. 1921.
[2] P. P. EWALD, Phys. ZS. Bd. 26, S. 29. 1925.

wesentlich sind: a) die Umspülung des kleinen Kristalls mit Röntgenstrahlen („*Bademethode*"). Es kann hierdurch erstens im ganzen Kristall die Wechselwirkung zwischen Primär- und Sekundärstrahl eintreten, die bei Begrenzung des Einfalls durch Blenden (namentlich bei der Laueanordnung) mangelhaft ist. Außerdem bleibt der Anteil der Streustrahlung bei allen Kristallstellungen gleich. b) Die runde Form des Diamanten. Gemäß γ hängt die Intensität davon ab, wie die Oberfläche gegen die reflektierende Netzebene liegt. Würde die Bademethode angewandt auf einen blättchenförmigen Kristall, so würden diejenigen Reflexe stark bevorzugt werden, bei denen der Einfall streifend zur großen Kristallfläche stattfindet. Die von verschiedenen Teilen der Oberfläche stammenden Intensitäten werden verschieden sein, aber da ein möglichst runder Kristall ausgesucht worden war, betrifft dieser „*Kristallformfaktor*" alle Interferenzordnungen gleichmäßig. Er würde sich erst bei einer absoluten Intensitätsberechnung geltend machen.

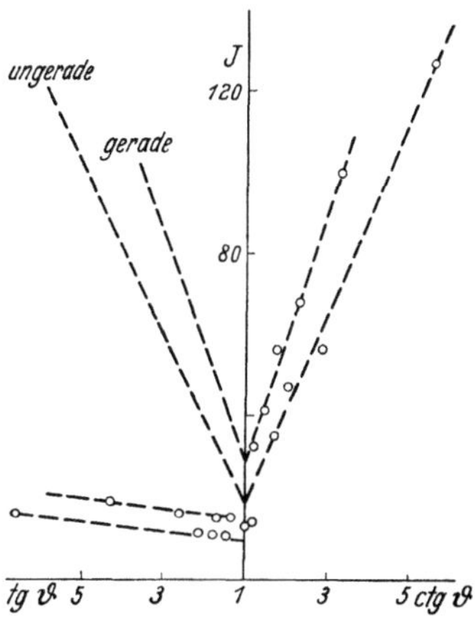

Abb. 103. Intensitätsmessungen am Diamant von MARK, EHRENBERG und EWALD (l. c.). Gestrichelt der theoretische Wiederanstieg der Intensität bei großen Abbeugungswinkeln. Gerade und ungerade Reflexe unterscheiden sich durch den Strukturfaktor.

Nach der gleichen Methode sind die Reflexionen an Diamant von EHRENBERG, MARK und EWALD untersucht worden[1]. Für kleinere Reflexionswinkel (unter 90° Ablenkung) decken sich die Ergebnisse mit denen von W. H. BRAGG; die Reflexe unter Winkeln $\vartheta_0 > 45°$ hängen zwar linear von $\operatorname{tg}\vartheta_0$ ab, aber sie steigen viel weniger rasch mit ϑ_0 an, als es die theoretische Formel erwarten läßt. Abb. 103 zeigt die Meßergebnisse an einem ellipsoidischen Diamanten; die geraden Reflexe liegen auf der höheren, die ungeraden auf der tieferen Kurve. Für Winkel $\vartheta < 45°$ ist als Abszisse $\operatorname{cotg}\vartheta$, für große Winkel $\operatorname{tg}\vartheta$ (nach links aufgetragen) benutzt. Der theoretische Intensitätsverlauf der Abb. 101 würde hierbei die symmetrisch gelegenen punktierten Geraden geben. Bei großen Winkeln ist also die Intensitätsschwächung, die auf den Atomfaktor geschoben werden kann, groß. BRINDLEY[2] hat mit dem inzwischen berechenbar gewordenen Atomfaktor von C die theoretische Kurve reduziert und findet eine starke Schwächung der Intensität unter großen Winkeln, so daß Kurven vom Typ der in Abb. 104 gezeichneten erhalten werden. (Die nicht ganz sicher anzugebende Schwächung der Intensität infolge der Nullpunktsbewegung läßt die Möglichkeit einer geringen Verzerrung dieser Kurve offen.) In Abb. 104 sind außer den Messungen an einem möglichst runden, ellipsoidischen Diamantkriställchen (Durchmesser 1,5 bis 1,9 mm) auch die an einem oktaederförmigen Kriställchen (von etwa 3 mm Höhe) eingetragen (wobei jeweils durch Multiplikation mit $\sqrt{2}$, dem Verhältnis der Strukturamplituden von geraden und ungeraden Reflexen, die ungeraden Reflexe auf die Kurve für gerade Ordnungen umgerechnet wurden). Aus dem Auseinanderfallen der Messungen an beiden Kriställchen geht wohl deutlich der Einfluß der äußeren Form auf die Intensität hervor — im Gegensatz zu der Auffassung der Interferenzen als bloßem Volumeffekt. Nach der dynamischen Theorie ist in der Tat im Lauefall nur das halbe „integrale Reflexionsvermögen" (Ziff. 23 ι) zu erwarten wie im Braggfall. Bei der Bademethode wird ein Teil

[1] W. EHRENBERG, H. MARK u. P. P. EWALD, ZS. f. Krist. Bd. 66, S. 547. 1927.

[2] G. W. BRINDLEY, Proc. Leeds Phil. Soc. Bd. 2, S. 271. 1932; Proc. Roy. Soc. London (A) Bd. 140, S. 301. 1933.

der Reflexionswirkung annähernd durch den einen, ein anderer annähernd durch den anderen Fall dargestellt. Dieser Kristallformfaktor der Bademethode bedarf noch der theoretischen Behandlung. Es ist zu erwarten, daß dann die experimentellen Kurven vollends deutbar werden.

δ) Abhängigkeit der Intensität von der Struktur. In einem Kristall mit Basis ist die Dispersionsfläche für zwei Strahlen enger oder weiter als in einem entsprechenden einfachen. Ihr *Mittelpunkt* zwar liegt vom Lauepunkt in der gleichen Entfernung ε_0 ($\mu = 1 + \varepsilon_0$) wie bisher; daher sind die Abweichungen vom BRAGGschen Gesetz ebenso groß, als wäre die Basis in einem Punkt konzentriert. Aber der Scheitelabstand der beiden Hyperbeläste hat jetzt die Größe

$$4\varepsilon_0 |S| = 4\varepsilon_0 \left| \sum_t \psi_t \, e^{2\pi i (\mathfrak{h} \mathfrak{r}_t)} \right| .$$

$|S|$ ist der Betrag der Strukturamplitude. Sind die ψ_t reell und von einerlei Vorzeichen, so ist $|S|$ stets *kleiner*, als wenn die Basis in den einen Punkt $\mathfrak{r}_t = 0$ konzentriert wäre. Läßt man aber zu — komplexe ψ_t —, daß nicht alle Atome auf das erregende Feld mit einer Streuwelle der gleichen Phase ansprechen, so kann es vorkommen, daß eine Schwächung, die durch die räumliche Ausdehnung der Basis entsteht, teilweise, ganz oder sogar überkompensiert wird durch diese Phaseneffekte. Vgl. hierzu die Ausführungen zum Atomformfaktor bzw. ψ in Ziff. 23 η.

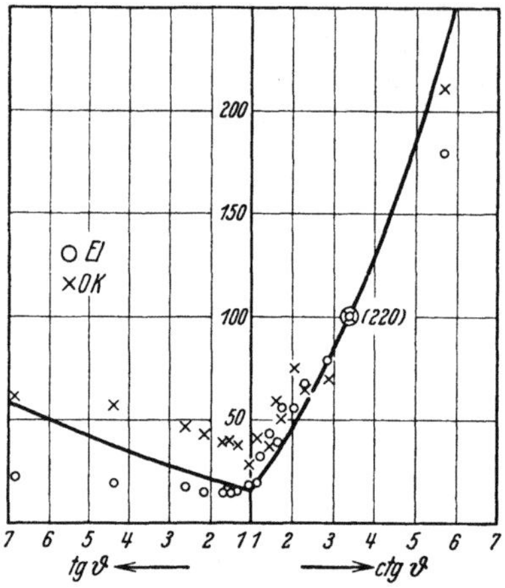

Abb. 104. Intensitätsmessungen von MARK, EHRENBERG und EWALD (l. c.) an elliptischem und oktaedrischem Diamant. Die ungeraden Reflexe sind im Verhältnis der Strukturamplitude reduziert. Die Kurve nach BRINDLEY (l. c.) entsteht aus dem geradlinig-symmetrischen Verlauf (Abb. 103) durch Multiplikation mit dem Atomfaktor. Sie ist dem Punkt (220) angepaßt.

Da somit das Gebiet der Totalreflexion proportional zu $|S|$ ist, sollte das gleiche für die reflektierte Gesamtintensität gelten, für die wir nunmehr zusammen mit dem unter γ Gesagten die Darstellung erhalten:

$$J \sim \begin{cases} 4\varepsilon_0 |S| \operatorname{cotg}\vartheta & \text{für } \vartheta < 45^\circ \\ 4\varepsilon_0 |S| \operatorname{tg}\vartheta & \text{für } \vartheta > 45^\circ . \end{cases}$$

Nach der LAUEschen Theorie wäre die Intensität proportional zu $|S|^2$.

An den W. H. BRAGGschen Diamantmessungen (Abb. 102) bestätigt sich bei großen Intensitäten die Proportionalität mit $|S|$. Die Interferenzen des Diamanten[1] zerfallen in solche, für die $\sum h_i$ bei Teilung durch 4 den Rest 0, ± 1 oder 2 läßt. Die Interferenzen $\equiv 2$ (mod 4) müssen ausfallen, sofern man die Atome als punktförmige Ausgangsstellen der Kugelwellen ansehen kann, die übrigbleibenden geraden Interferenzen ($\equiv 0$) haben $|S| = 2$, die ungeraden ($\equiv \pm 1$) $|S| = \sqrt{2}$. Man überzeugt sich in Abb. 102, daß tatsächlich die ungeraden Interferenzen auf der unteren, die gerade auf der oberen Linie liegen, und daß die Ordinaten der beiden Geraden bei gleicher großer Abszisse sich recht gut wie $1 : \sqrt{2}$ verhalten, nicht aber wie $1 : 2$ (den Werten $|S|^2$).

Somit ist man berechtigt, gut gewachsene Diamanten als ideale Kristalle anzusehen. Auch ausgesuchter Calcit kommt dem idealen Kristall nahe. BERGEN

[1] Diamant besteht aus zwei flächenzentrierten kubischen Gittern, die um ein Viertel der Körperdiagonale des Grundwürfels gegeneinander verschoben sind. Nach Ziff. 15 γ treten dabei von beiden Teilgittern nur „ungemischte" Indizes auf, die sich gemäß dem Faktor $(1 + e^{\frac{1}{2}\pi i (h_1 + h_2 + h_3)})$ überlagern, der nur die Werte 0, $\sqrt{2}$ und 2 annehmen kann.

Davis und Purks[1] berichten von einem Calcitspaltstück, das im Doppelspektrometer für den zweiten Kristall ein Reflexionsvermögen von 48% gab (= Intensität des am zweiten Kristall reflektierten zur Intensität des auf ihn auffallenden, vom ersten Kristall reflektierten Strahls), bei einer Halbwertsbreite bis herab zu 1,25″ (vgl. Ziff. 23 ι).

Harte Edelsteine, wie Beryll, Topas[2], Diamant, haben oft ein besonders gutes und gegen mechanische Behandlung des Kristalls unempfindliches Reflexionsvermögen.

IV. Die Intensität der Röntgeninterferenzen.

18. Reflexionsvermögen und Lorentzfaktoren. α) Definition und Messung des Reflexionsvermögens. Die *Intensität eines Lichtstrahls* ist durch den Poyntingschen Vektor $\mathfrak{S} = c[\mathfrak{E}\mathfrak{H}]$ definiert, der angibt, wieviel Energie pro Sekunde durch den Quadratzentimeter senkrecht zum Strahl hindurchtritt. Diese Energie kann etwa durch Absorption in Wärme verwandelt und bolometrisch gemessen werden. Wird der Maximalwert der elektrischen Feldstärke $\mathfrak{E}_0$ in Volt/cm und der zeitliche Mittelwert $\bar{\mathfrak{S}}$ in Joule/cm²sec gemessen, so lautet die Formel

$$\bar{\mathfrak{S}} = 0{,}132 \cdot 10^{-2}\, \mathfrak{E}_0^2 . \tag{1}$$

Man nennt $\mathfrak{S}$ in der Lichttechnik auch den Lichtstrom. Seine technische Einheit ist 1 Lux = 1 Lumen/m² = $1{,}5 \cdot 10^{-6}$ Joule/cm²sec.

Das Reflexionsvermögen R einer spiegelnden oder diffus reflektierenden Fläche wird in der Optik definiert als das Verhältnis des auf die Fläche einfallenden zu dem die Fläche verlassenden Lichtstrom. Handelt es sich um ebene Wellen, so ist also

$$\mathfrak{S}_{\text{Refl}} = R\, \mathfrak{S}_{\text{Einfall}} . \tag{2}$$

R wird in der Optik durch die Fresnelschen Formeln als — langsam veränderliche — Funktion des Einfallswinkels für jeden Polarisationszustand des Lichtes gegeben. Bei Röntgenstrahlen ist R als Funktion dieses Winkels sehr plötzlichen Schwankungen unterworfen, da es praktisch Null für die meisten Einfallswinkel und groß nur in der unmittelbaren Nähe der Braggschen Winkel ist — gleichgültig, ob man nun einen endlichen Reflexionsbereich auf Grund der dynamischen Theorie (z. B. die Kurven Abb. 100 oder Abb. 96) oder auf Grund der Endlichkeit des Kristalls (Formeln Ziff. 15 ζ) voraussetzt. Von „ebenen" Wellen kann bei Röntgenstrahlen nur dann gesprochen werden, wenn ihre Öffnung klein gegen den Winkelbereich ist, in dem merkliche Reflexion stattfindet (s. unter 4). Für ideale Kristalle ist dies ein Bereich von einigen Bogensekunden, bei Mosaikkristallen hängt er von der Streuung des Mosaiks und der Größe der kohärenten Bezirke ab. Nur durch besondere Methoden kann die Reflexion als Funktion des Einfallwinkels $\vartheta - \vartheta_n$ gemessen werden (ϑ_n Braggscher Winkel für Reflex n ter Ordnung, ϑ Glanzwinkel bei benachbartem Einfall): etwa bei der Untersuchung der Linienform mit dem Doppelspektrometer an ausgesucht guten Kristallen. Im allgemeinen wird nicht das $R(\vartheta)$, sondern das *gesamte, „integrale" Reflexionsvermögen* für ein Spektrum der n ten Ordnung nach W. L. Bragg folgendermaßen bestimmt. — Mißt man etwa bei der Braggschen Spektrometeranordnung mit Ionisierungskammer, so wird man einerseits den — ohne Kristall — direkt durch den Primärstrahl in der Kammer erzeugten Ionisierungsstrom I messen. Ebenso könnte der bei einer bestimmten Kristallstellung durch den reflektierten Strahl erzeugte Ionisierungsstrom i festgestellt und das Verhältnis $i:I$ als Reflexions-

---

[1] Bergen Davis u. H. Purks, Phys. Rev. Bd. 34, S. 180. 1929.

[2] H. Mark u. G. v. Susich, Phys. ZS. Bd. 30, S. 526. 1929.

vermögen des Kristalls bei diesem Einfallswinkel angesprochen werden. Dabei würde aber der Kristall aus dem einfallenden Strahlenbündel nur einen gewissen Winkelbereich zur Reflexion verwerten können, und der erhaltene Verhältniswert würde somit um so kleiner werden, je größer man den im Primärstrahl aufgefangenen Winkelbereich macht. Diese Abhängigkeit von der Schärfe der Ausblendung wird vermieden, wenn man den Kristall durch die ganze Reflexionsstellung hindurchdreht — etwa mit der Winkelgeschwindigkeit ω — und die gesamte durch die Ionisierungskammer gegangene Ladung $E = \int i\,dt$ mißt. Für die Ausblendung gilt dabei nur die Bedingung, daß das ganze einfallende — bzw. bei der Messung von I durch den Spalt der Ionisierungskammer tretende — Strahlenbündel von der Öffnung Φ bei der Reflexion vom Kristall abgefangen wird. Dann wird nämlich jedes seiner Elementarbündel $d\Phi$ bei der Reflexion am gedrehten Kristall die ganze Reflexionskurve durchlaufen, und es wird E genau wie I proportional zu Φ sein, das im Verhältniswert herausfällt. $\int i\,dt : I$ hat daher den gleichen Wert wie für ein Elementarbündel. Für dieses hätte man $i = RI$ zu setzen und somit

$$E = \int i\,dt = \int i\,\frac{d\vartheta}{\omega} = \frac{I}{\omega}\cdot\int R(\vartheta)\,d\vartheta. \tag{3}$$

Daher wird $\frac{E\omega}{I} = \int R(\vartheta)\,d\vartheta$ (integriert über den Bereich einer Interferenz). Dieses „*integrale Reflexionsvermögen*“ ist eine reine Zahl und unabhängig von der Güte der Ausblendung und der Streuung der Stellungen der Teilchen eines Mosaikkristalls (letzteres vorausgesetzt, daß der Kristall wirklich durch die Gesamtheit der reflektierenden Stellungen durchgedreht wird). — Man kann auch I und i als Maß für die *Leistungen* des Primär- und des Interferenzstrahls, E als die beim Durchdrehen reflektierte *Energie* bezeichnen (DARWIN[1]).

Das integrale Reflexionsvermögen behält auch dann seinen Sinn, wenn die Bedingung der Monochromasie nicht streng erfüllt ist. Sofern sämtliche beteiligten Wellenlängen ihre BRAGGschen Winkel innerhalb des Winkelbereichs haben, durch den der Kristall gedreht wird — d. h. sofern man nur die ganze Interferenz „ausleuchtet“ —, entsteht kein größeres integrales Reflexionsvermögen durch spektral inhomogene Strahlung, weil sowohl I als auch E dem verwendeten Spektralbereich proportional sind. Jedoch erhält man, falls R von der Wellenlänge abhängt, natürlich einen Mittelwert von R über λ.

Die *Messung von* $E\omega/I$ geschieht im Prinzip so, daß die Ionisierungskammer mit weitem Spalt zunächst zum Auffangen des gesamten Primärstrahls eingestellt wird und aus der in x Sekunden erreichten Entladung des Elektrometers von bekannter Kapazität der Strom I ermittelt wird. Dann wird die Ionisierungskammer — wieder mit so weitem Spalt, daß der ganze Interferenzvorgang erfaßt wird — in die Interferenzrichtung gestellt und der Kristall mit passender Drehgeschwindigkeit ω durch die Reflexionsstellung gedreht, wobei das Elektrometer die Ladung E verliert.

Praktisch ist wegen der sehr großen Intensitätsunterschiede dieser Vergleich nur unter besonderen Vorsichtsmaßregeln und nur für ziemlich starke Interferenzen durchführbar. Man hat daher den zweiten Reflex an der Steinsalzwürfelebene als Zwischennormale eingeführt [Reflex (400)] und vergleicht die zu messenden Intensitäten mit ihm[2]. So sind z. B. die in Ziff. 23 ε, 38 γ 2 und

[1] C. G. DARWIN, Phil. Mag. Bd. 27, S. 675. 1914; Bd. 43, S. 800. 1922.

[2] Der stärkere Reflex (200) kann wegen des schwer bestimmbaren und von Kristall zu Kristall stark variierenden Einflusses der sekundären Extinktion schlecht theoretisch verwertet werden.

38 δ benutzten „absoluten" Reflexionsvermögen gewonnen worden. Das absolute Reflexionsvermögen von Steinsalz (400) für Mo-Strahlen $\lambda = 0{,}710$ Å bestimmten in einer sorgfältigen Arbeit JAMES und FIRTH[1] zu $98{,}4 \cdot 10^{-6}$ bei Zimmertemperatur [Reflex (200) : $492 \cdot 10^{-6}$]. Dabei ist optisch gutes natürliches Steinsalz benutzt worden. Das ist kein eigentlich physikalisch scharf definiertes Material — z. B. dürfte man nicht auf die Reflexionsbreite aus dieser Angabe schließen wollen (Ziff. 23 ε und ζ) —, aber das integrale Reflexionsvermögen mittelstarker Reflexe ist gegen die hier noch möglichen Verschiedenheiten ziemlich unempfindlich, so daß diese leicht zu beschaffende Normale sich bewährt hat.

β) Integralwerte der Reflexion. Lorentzfaktoren. Die einfallende Intensität sei zunächst auf das räumliche Winkelelement $d^2\Omega_0$ und den elementaren Spektralbereich $d\lambda$ beschränkt, so daß wir sie $d^3J_0 = J_0 d^2\Omega_0 d\lambda$ setzen[2]. Von der abgebeugten Strahlung betrachten wir zunächst auch nur die in ein Element $d^2\Omega$ gestreute. Da keine Transformation der Wellenlänge bei der kohärenten Streuung vorkommt, setzen wir diese gestreute Intensität

$$d^5J = d^3J \cdot d^2\Omega = L(\mathfrak{s}, \mathfrak{s}_0, \lambda)\, d^3J_0\, d^2\Omega, \tag{4}$$

wo L die LAUEsche Funktion ist, die die in die Richtung $\mathfrak{s}$ gestreute Intensität mit der in Richtung $\mathfrak{s}_0$ einfallenden verknüpft (Ziff. 15 ζ).

Aus d^5J erhalten wir die gesamte Intensität einer Interferenz $(h_1 h_2 h_3)$ durch Integration. Ihr Betrag wird unter allen Umständen von der Begrenzung der Strahlen durch die Blenden und vom benutzten Spektralbereich abhängen. Denn wenn $\mathfrak{s}_0, \mathfrak{s}$ und λ unbegrenzt variiert werden könnten, so könnte man sich z. B. immer in einem Hauptmaximum von L bewegen, und es entstände überhaupt keine endliche Gesamtintensität der Interferenz (h). Es handelt sich nun darum, die Diskussion der Ausblendung zu umgehen, indem die „trivialen" Integrationen abgespalten werden. Darunter verstehen wir die Integrationen über solche Variable (Winkel, Wellenlänge), daß der Integrand von ihnen nur noch durch die einfallende Intensität J_0, nicht durch die schon ausgeführten Integrale über L abhängt. Derartige Betrachtungen sind zuerst von H. A. LORENTZ angestellt worden, und man nennt deshalb die durch die Integration über die nichttrivialen Variablen entstehenden Faktoren *Lorentzfaktoren*. Wir betrachten zunächst den einfachsten und für die Praxis der Intensitätsmessungen wichtigsten Fall.

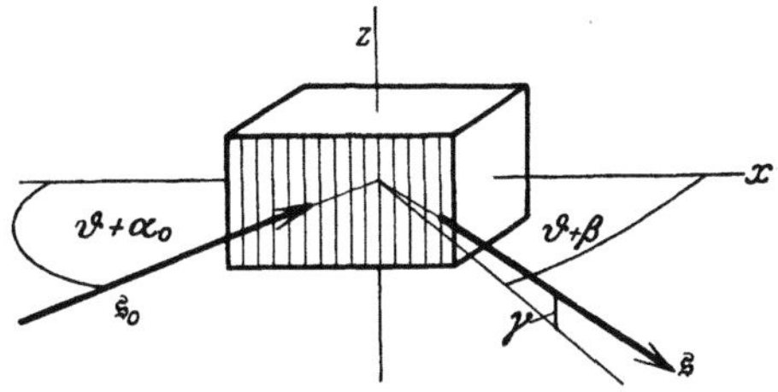

Abb. 105. Zur Ableitung des Lorentzfaktors für Spektrometerverfahren.

1. Lorentzfaktor für Spektrometerverfahren. Der Einfall auf die reflektierende Kristallfläche erfolge unter $\vartheta + \alpha_0$ (ϑ = BRAGGscher Winkel), die Reflexion in der Richtung $(\vartheta + \beta, \gamma)$, d. h. nicht notwendig unter dem Reflexionswinkel oder in der Einfallsebene (Abb. 105). Ist $d\varphi_0$ ein Winkelelement des einfallenden Strahls senkrecht zur Einfallsebene, so ist $d^3J_0 = J_0\, d\lambda\, d\varphi_0\, d\alpha_0$, und es wird

$$d^5J = d^3J \cdot d\beta\, d\gamma = J_0\, L\, d\beta\, d\gamma\, d\lambda\, d\varphi_0\, d\alpha_0. \tag{5}$$

Unter Festhaltung des Einfalls integrieren wir über β und γ und erhalten mit

$$d^3J = J_0\, d\lambda\, d\varphi_0\, d\alpha_0 \int L\, d\beta\, d\gamma \tag{5'}$$

---

[1] R. W. JAMES u. E. M. FIRTH, Proc. Roy. Soc. London (A) Bd. 117, S. 62. 1927.

[2] Die Schreibweise zeigt durch die Exponenten an d die Ordnung der betreffenden Größe an. J_0 ist hier auf die Flächeneinheit quer zum Bündel $d\Omega_0$ bezogen — sonst wäre die Ordnung des Differentials wegen des Faktors $dx_0\, dy_0$ noch um 2 Potenzen höher.

die gesamte von $d^3 J_0$ erzeugte Intensität. Diese läßt sich entsprechend dem Durchdrehen des Kristalls durch die Reflexionsstellung nach α_0 weiterintegrieren. Es entsteht

$$d^2 J = J_0 \, d\lambda \, d\varphi_0 \int L \, d\alpha_0 \, d\beta \, d\gamma \,. \tag{5''}$$

Das hier auftretende Integral hat einen einfachen Wert. Wir werten es für einen Kristall mit orthogonalem Achsensytem aus — doch gilt das Ergebnis allgemein. Die in der Funktion

$$L(\mathfrak{s}_0, \mathfrak{s}, \lambda) = |\psi|^2 \frac{\sin^2 \frac{1}{2} N_1 A_1}{\sin^2 \frac{1}{2} A_1} \cdot \frac{\sin^2 \frac{1}{2} N_2 A_2}{\sin^2 \frac{1}{2} A_2} \cdot \frac{\sin^2 \frac{1}{2} N_3 A_3}{\sin^2 \frac{1}{2} A_3} \tag{6}$$

vorkommenden Größen A_i haben nach Abb. 105 den Wert

$$\left.\begin{aligned} A_1 &= \frac{2\pi}{\lambda}(\mathfrak{s} - \mathfrak{s}_0, \mathfrak{a}_1) = \frac{2\pi}{\lambda} a_1 (\cos(\vartheta + \beta) - \cos(\vartheta + \alpha_0)), \\ A_2 &= \frac{2\pi}{\lambda}(\mathfrak{s} - \mathfrak{s}_0, \mathfrak{a}_2) = \frac{2\pi}{\lambda} a_2 (-\sin(\vartheta + \beta) - \sin(\vartheta + \alpha_0)), \\ A_3 &= \frac{2\pi}{\lambda}(\mathfrak{s} - \mathfrak{s}_0, \mathfrak{a}_3) = \frac{2\pi}{\lambda} a_3 \sin\gamma . \end{aligned}\right\} \tag{6'}$$

Daher wird unter Benutzung der Funktionaldeterminante zur Transformation der Variablen α_0, β, γ auf A_1, A_2, A_3

$$\left.\begin{aligned} \frac{\partial(A_1, A_2, A_3)}{\partial(\alpha_0, \beta, \gamma)} = \begin{vmatrix} \frac{\partial A_1}{\partial \alpha_0} & \frac{\partial A_1}{\partial \beta} & \frac{\partial A_1}{\partial \gamma} \\ \frac{\partial A_2}{\partial \alpha_0} & \cdots & \cdots \\ \cdots & \cdots & \cdots \end{vmatrix} &= \left(\frac{2\pi}{\lambda}\right)^3 a_1 a_2 a_3 \cos\gamma \sin(2\vartheta + \alpha_0 + \beta) \\ &= \left(\frac{2\pi}{\lambda}\right)^3 v_a \sin 2\vartheta + \text{kleine Größen} \end{aligned}\right\} \tag{7'}$$

das Integral

$$\left.\begin{aligned} \int L \, d\alpha_0 \, d\beta \, d\gamma &= \frac{1}{(2\pi/\lambda)^3 v_a \sin 2\vartheta} \int L \, dA_1 \, dA_2 \, dA_3 \\ &= \frac{N\lambda^3}{v_a \sin 2\vartheta} \, {}^{*}. \qquad \begin{matrix} (N = N_1 N_2 N_3) \\ (v_a = a_1 \, a_2 \, a_3) \end{matrix} \end{aligned}\right\} \tag{7}$$

Somit ist die Intensität der Interferenz

$$d^2 J = J_0 \, d\lambda \, d\varphi \cdot |\psi|^2 \frac{N\lambda^3}{v_a \sin 2\vartheta} \,. \tag{8}$$

Man sieht nun, daß die Ausdehnung des einfallenden Bündels senkrecht zur Einfallsebene eine triviale Integration liefert. Nicht ganz so einfach ist es mit λ, da der letzte Faktor ja von λ abhängt, und zwar durch den Faktor $\lambda^2/\cos\vartheta$ (da $\lambda/\sin\vartheta$ bei gegebener Ordnung der Interferenz konstant bleibt). Wir setzen nun eine so geringe spektrale Ausdehnung der einfallenden Strahlung voraus, daß in diesem Intervall $\lambda^2/\cos\vartheta$ durch einen Mittelwert ersetzt werden kann[1]. Setzen wir dann noch

$$\int J_0 \, d\lambda \, d\varphi_0 = \overline{\overline{J}}_0 \,, \tag{8'}$$

so wird die gesamte in die Interferenz gelangende Intensität

$$\overline{J} = \iint d^2 J = \overline{J}_0 \cdot |\psi|^2 \frac{N\lambda^3}{v_a \sin 2\vartheta} \,. \tag{8''}$$

* Es ist

$$\int \frac{\sin^2 \frac{1}{2} N A}{\sin^2 \frac{1}{2} A} \, dA = 2N\pi \,, \tag{7''}$$

falls über die ganze Beugungsfunktion erstreckt.

[1] D. h. wir behandeln die Integration nach λ als trivial.

Der als Bruch geschriebene Faktor ist der Lorentzfaktor für das Spektrometerverfahren. $\overline{J}$ entspricht der beim Durchdrehen erhaltenen Ladung des Elektrometers, also der Größe E im Ausdruck $E\omega/J_0$. Unter Einführung des Volumens des Kriställchens $V = N v_a$ schreiben wir auch

$$\overline{J} = \overline{J}_0 V \cdot |\psi|^2 \frac{\lambda^3}{v_a^2 \sin 2\vartheta}, \tag{8'''}$$

woraus unter Einführung des Atomfaktors F (Ziff. 20) die volle Intensitätsformel für Spektrometeranordnung folgt:

$$\overline{J} = \overline{J}_0 \cdot \left(\frac{e^2/m c^2}{r}\right)^2 \frac{1 + \cos^2 2\vartheta}{2} \cdot \left|\sum_t F_t e^{2\pi i (\mathfrak{h} \mathfrak{r}_t)}\right|^2 \cdot \left(\frac{\lambda^3 V}{v_a^2 \sin 2\vartheta}\right). \tag{8''''}$$

Die Bedeutung der durch Punkte getrennten letzten drei Faktoren ist: THOMSONsche Streuformel des einzelnen Elektrons (Ziff. 20 β), Strukturfaktor (Ziff. 15 β) mit Atomfaktoren F_t, LORENTZscher Integrationsfaktor.

2. *Lorentzfaktor für Drehkristallverfahren.* Der Einfall geschehe senkrecht zur Drehachse (z-Achse). Dann gilt für die Interferenzen auf dem Äquator die soeben besprochene Integration. Wird der Kristall um einen großen Winkel gedreht, so ist natürlich auf die Häufigkeit der gleichwertigen Flächen zu achten, die bei der Umdrehung an die gleiche Stelle reflektieren.

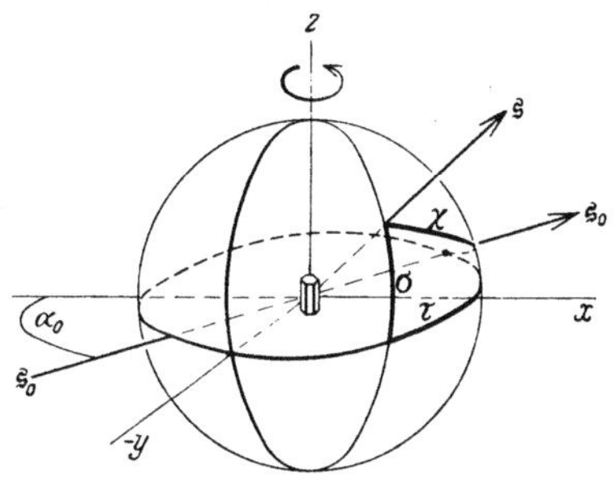

Abb. 106. Zur Ableitung des Lorentzfaktors für Schichtlinien.

Für Interferenzen auf Schichtlinien führen wir in geringer Abänderung der Abb. 105 die Winkel σ (Schichtlinienwinkel) und τ (äquatoriale Komponente der ganzen Ablenkung χ) ein (Abb. 106). Mit ihnen werden die Komponenten von $\mathfrak{s}_0$ und $\mathfrak{s}$

$$\mathfrak{s}_0 = (\cos\alpha_0, \sin\alpha_0, 0), \qquad \mathfrak{s} = (\cos(\tau - \alpha_0)\cos\sigma, -\sin(\tau - \alpha_0)\cos\sigma, \sin\sigma)$$

und daher

$$\left.\begin{aligned} A_1 &= \frac{2\pi}{\lambda} a_1 (\cos(\tau - \alpha_0)\cos\sigma - \cos\alpha_0) \\ A_2 &= \frac{2\pi}{\lambda} a_2 (-\sin(\tau - \alpha_0)\cos\sigma - \sin\alpha_0) \\ A_3 &= \frac{2\pi}{\lambda} a_3 \sin\sigma. \end{aligned}\right\} \tag{9}$$

Es ist analog zu früher zu bilden

$$\int L\, d\alpha_0\, d\tau\, d\sigma = \int L \frac{dA_1\, dA_2\, dA_3}{\Delta},$$

wobei jetzt die Funktionaldeterminante wird

$$\left.\begin{aligned} \Delta &= \frac{\partial(A_1, A_2, A_3)}{\partial(\alpha_0, \tau, \sigma)} \\ &= \begin{vmatrix} \sin(\tau-\alpha_0)\cos\sigma + \sin\alpha_0, & -\sin(\tau-\alpha_0)\cos\sigma & -\cos(\tau-\alpha_0)\sin\sigma \\ \cos(\tau-\alpha_0) - \cos\alpha_0 & -\cos(\tau-\alpha_0) & \sin(\tau-\alpha_0)\sin\sigma \\ 0 & 0 & \cos\sigma \end{vmatrix} \cdot \left(\frac{2\pi}{\lambda}\right)^3 a_1 a_2 a_3 \\ &= \cos^2\sigma \sin\tau \cdot \left(\frac{2\pi}{\lambda}\right)^3 v_a. \end{aligned}\right\} \tag{9'}$$

Somit wird die gesamte beim Durchdrehen durch eine Interferenzlage des Kristalls aufgefangene Intensität, analog zu (8)

$$d^2 J = J_0 d\lambda\, d\varphi_0 \cdot (\psi)^2 \frac{N\lambda^3}{v_a \cos^2\sigma \sin\tau}\,. \tag{10}$$

[Für den Äquator, $\sigma = 0$, geht dies wegen $\tau = 2\vartheta$ in (8) über.]

Die weiteren Integrationen (nach $d\lambda$, $d\varphi_0$) bieten nichts Neues. Der auf diese Weise entstandene Winkelfaktor $1/\sin\tau\cos^2\sigma$ kann verglichen werden mit dem von OTT[1] für Drehaufnahmen angegebenen Intensitätsfaktor. OTTS Überlegung besagt, daß zu dem für den Äquator geltenden Faktor $1/\sin 2\vartheta$ bei Schichtlinien noch der Faktor $1/\sqrt{1-(\sin\sigma/\sin 2\vartheta)^2}$ zuzufügen ist, weil die schräg zur Drehachse stehende reflektierende Netzebene mit einer zu dem Wurzelausdruck proportionalen Geschwindigkeit durch den Reflexionsbereich durchgedreht und daher die Reflexionsdauer um diesen Faktor vermindert wird. Man erkennt auf Grund des Zusammenhanges zwischen Abbeugungswinkel $\chi = 2\vartheta$, σ und τ

$$\cos\chi = \cos\sigma\cos\tau\,, \tag{11}$$

daß der OTTsche Ausdruck, multipliziert mit dem unter (8) abgeleiteten,

$$\frac{1}{\sin\chi\sqrt{1-(\sin\sigma/\sin\chi)^2}} = \frac{1}{\cos\sigma\,\sin\tau}$$

von dem obigen um einen Faktor $\cos\sigma$ abweicht. Dies kommt daher, daß OTTS Überlegung bei der Berechnung der Durchdrehgeschwindigkeit gegen die BRAGGsche Reflexionsbedingung verstößt und gewöhnliche Spiegelungsgesetze voraussetzt, was nicht erlaubt ist.

3. *Lorentzfaktoren für ungeregeltes Pulver.* Bei der Ableitung dieser Faktoren geht man von der fertigen Integration für Fall 1 aus[2], die die reflektierte Intensität proportional zum Volumen des Kriställchens ergibt. Je nachdem, ob man die Gesamtintensität, die in einen DEBYE-SCHERRER-Ring gelangt, ausdrücken will, oder ob man sich für die Schwärzung interessiert, die man beim Durchphotometrieren eines Films in einer Ordnung erhält (also die Intensität, die auf konstante Länge der Ringe entfällt), erhält man etwas verschiedene Winkelausdrücke. Auch die Anordnung der photographischen Schicht ist hierbei zu berücksichtigen (Platte senkrecht zum Primärstrahl, zylindrischer Film senkrecht oder parallel zum Primärstrahl) — was durch elementare Betrachtung im Einzelfall einfach ist. Das Pulver selbst wird als ungeregelt (Ziff. $42\beta 3$) vorausgesetzt und muß bei Vorwegnahme der Integration wie unter 1 nicht notwendig aus gleichartigen Kriställchen bestehen. Man kann allerdings bezweifeln, ob die Voraussetzung der Betrachtung unter 1, nämlich der Einfall unter genügend großem Winkelbereich (entsprechend dem Durchdrehen jedes Kriställchens durch die ganze Reflexionsstellung), bei kleinen Pulverteilchen und scharfer Ausblendung auch dann stets erfüllt ist, wenn das Präparat während der Aufnahme nicht gedreht wird.

4. LORENTZ' *ursprünglicher Faktor.* Bei LORENTZ'[3] ursprünglicher Überlegung wird die Integration über die Austrittsrichtungen $d\mathfrak{s}$ unterdrückt zugunsten der Integration über die Einfallsrichtungen $d\mathfrak{s}_0$ und den Spektralbereich $d\lambda$. Es entsteht dann

$$d^2 J = J d^2\Omega = J_0 \frac{4\pi N}{v_a} |\psi|^2 \frac{1}{\mathfrak{h}^2} d^2\Omega.$$

Wesentlich hieran ist der Faktor $1 : \mathfrak{h}^2 = \lambda^2/4\sin^2\vartheta = d_h^2/n^2$. Er bedeutet z. B.

---

[1] H. OTT, ZS. f. Phys. Bd. 22, S. 201. 1924.

[2] Vgl. A. H. COMPTON, X-rays and Electrons.

[3] Siehe P. DEBYE, Ann. d. Phys. Bd. 43, S. 49. 1914; sowie J. KERN, Phys. ZS. Bd. 15, S. 136. 1914; auch M. v. LAUE, Enzyklop. d. math. Wissensch. Bd. V, 3, Art. 24, § 52.

beim Übergang zu Reflexen höherer Ordnung an einer Netzebenenschar (d_h = konstant) eine Abnahme der Intensität wie $1/n^2$.

Die Voraussetzungen für die geforderte scharfe Ausblendung (die ebensogut auch am Primärstrahl vorgenommen sein könnte, wobei dann statt über $d\mathfrak{s}_0$ über $d\mathfrak{s}$ integriert würde) sind bei den Versuchen nicht erfüllt. Wie OTT[1] betont, ist die Halbbreite des Hauptmaximums von der Ausdehnung

$$\Delta \mathfrak{s}_0 \sim \frac{\lambda}{l},$$

wo l die lineare Erstreckung des Kristalls in der Einfallsebene. Eine Ausblendung von $^1/_{10}$ mm Durchmesser in 10 cm Abstand gibt ein $\Delta \mathfrak{s}_0 = 10^{-3}$; mit $\lambda = 1$ Å dürfte der Kristall, um über die erste FRESNELsche Zone nicht hinauszuragen, nur eine Kantenlänge $l < 10^3$ Å $= 10^{-5}$ cm haben. Außer bei Kriställchen eines extrem feinen Pulvers wird also die Ausblendung nie so scharf sein, daß dadurch die Veränderlichkeit der Lauefunktion unterdrückt wird, wie es für den Faktor $1 : \mathfrak{h}^2$ Voraussetzung ist. Er ist somit durch einen der vorangehend besprochenen Faktoren zu ersetzen.

19. Der Temperatureinfluß. α) Einfachste Theorie des Temperatureinflusses. Die Temperaturbewegung der Atome in Kristallen mit normaler Bindung (etwa NaCl) erteilt den Atomen mittlere Ausschläge, die mit der Röntgenwellenlänge durchaus vergleichbar sind. Diese Ausschläge verschwinden nicht völlig mit abnehmender Temperatur, da — wie die Röntgenuntersuchungen unmittelbar ergeben haben — das Kristallgitter eine „Nullpunktsenergie" besitzt (s. Ziff. 23 γ). Über die Größenordnung der Ausschläge geben Arbeiten von WALLER und JAMES[2] über Steinsalz und von JAMES und BRINDLEY[3] über Sylvin Auskunft. Die mittleren Beträge der Ausschläge für K und Cl sind gleich, da die Ionen sich kaum unterscheiden; im Steinsalz hat Na den größeren Ausschlag.

Tabelle 6. Mittlere Ausschläge $\sqrt{\overline{u^2}}$ der Atome in KCl, NaCl und NaF.

T_{abs}	(K, Cl)	Na	Cl	(Na, F)[4]
290°	0,255 Å	0,242 Å	0,217 Å	0,182
86°	0,149 Å			

Da der Atomabstand in NaCl 2,814 Å, in KCl 3,138 Å, in NaF 2,31 Å beträgt, ist die mittlere Verschiebung der Atome bei normaler Temperatur schon fast $^1/_{10}$ ihres Abstands und z. B. bei Benutzung von MoK-Strahlung ($\lambda = 0{,}71$ Å) ein Drittel der Wellenlänge. Das ist natürlich von erheblichem Einfluß auf die Interferenzfähigkeit des Gitters, da die Phasen der gestreuten Wellen und die Diskontinuität der höheren Netzebenen durch die Verlagerung der Atome erheblich gestört werden.

Den Phasenunterschied, der durch eine Verschiebung des Atoms um einen Vektor $\mathfrak{r}$ aus der Gleichgewichtslage neu entsteht, kann man bequem auf Grund der Spiegelungsvorstellung erhalten: Verschiebung des Atoms innerhalb der Spiegelebene (d. h. der Ebene, die die Einfalls- in die Beobachtungsrichtung überführt, einerlei, ob der Kristall dabei in Reflexionsstellung ist oder nicht) ändert die Phase *nicht* ab. Man hat also nur die Verschiebung ξ *normal* auf der Spiegelebene in Rechnung zu ziehen.

[1] H. OTT, Handb. d. Experimentalphysik Bd. VII, 2, S. 44ff. Leipzig 1928.
[2] I. WALLER u. R. W. JAMES, Proc. Roy. Soc. London Bd. 117, S. 2111. 1927; s. auch R. W. JAMES u. E. M. FIRTH, ebenda Bd. 117, S. 62. 1927.
[3] R. W. JAMES u. G. W. BRINDLEY, Proc. Roy. Soc. London Bd. 121, S. 155. 1928.
[4] J. J. SHONKA, Phys. Rev. Bd. 43, S. 947. 1933.

Die Dynamik der Kristallgitter hat ganz bestimmte Vorstellungen über die Art der thermischen Bewegung in einem Kristall ausgebildet und das Ergebnis der Intensitätsrechnung hängt bis zu einem gewissen Grade von der Anwendung dieser Vorstellungen ab. Wir erhalten aber die charakteristischen Teile der von DEBYE[1] zuerst aufgestellten Formel, wenn wir die einfachere Vorstellung zugrunde legen, die auch für die elementare Theorie der spezifischen Wärme von EINSTEIN genügte: daß die Atome des festen Körpers unabhängig voneinander an Gleichgewichtslagen durch eine elastische Bindung von der Stärke f gebunden sind. Ist die potentielle Energie bei einem Ausschlag ξ senkrecht zur Spiegelebene $f\xi^2/2$, so ist die Wahrscheinlichkeit, ein Atom im Abstand ξ anzutreffen, nach dem BOLTZMANNschen Prinzip (T absolute Temperatur, $k = 1{,}37 \cdot 10^{-16}$ Erg/Grad)

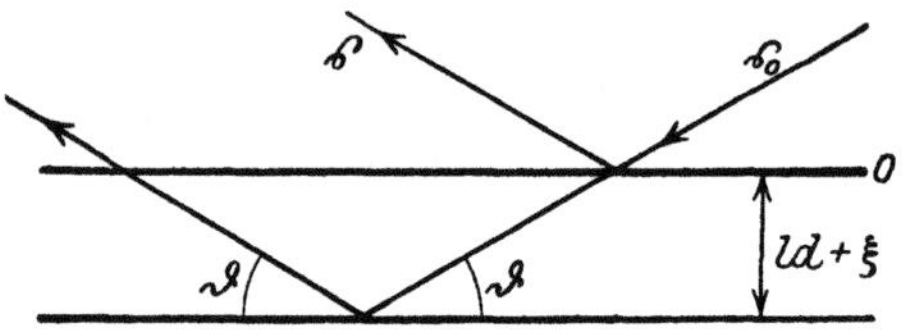

Abb. 107. Zur Ableitung des Temperatureinflusses.

$$W(\xi) = \sqrt{\frac{f}{2\pi k T}}\, e^{-\frac{f}{2kT}\xi^2}.$$

Nehmen wir nun etwa die durch die Kristallmitte gehende Spiegelebene O (Abb. 107) als Norm für die Phasenzählung an, so wird ein in der Tiefe $ld + \xi$ liegendes Atom dagegen mit einem Gangunterschied zur Wirkung kommen von der Größe $(ld + \xi) \cdot 2 \sin \vartheta$ ($\vartheta = \chi/2$ = halber Abbeugungswinkel).

Wir wollen nun für den Augenblick die Spiegelebenen durch den Index l, das einzelne Atom in ihnen durch den Index ϱ bezeichnen und die Summation über alle Atome so führen, daß erst über alle Atome einer Spiegelebene (ϱ) summiert wird, sodann über l. Für die erste Summation sei das Zeichen S eingeführt. Die Summe aller Kugelwellen wird proportional zu

$$\sum_l \mathop{\mathsf{S}}_{\varrho} e^{\frac{2\pi i}{\lambda}\cdot 2\sin\vartheta(ld+\xi)}$$

und daher die Intensität

$$J = \sum_l \sum_{l'} \mathop{\mathsf{S}}_{\varrho} \mathop{\mathsf{S}}_{\varrho'} e^{\frac{2\pi i}{\lambda} 2\sin\vartheta\{(l-l')d+\xi-\xi'\}}.$$

Sofern ξ und ξ' sich auf verschiedene Atome beziehen, sind sie voneinander als unabhängig anzusehen (gerade dies wird von der Gitterdynamik bestritten); der zeitliche Mittelwert der Summe kann dann durch Anwendung des Wahrscheinlichkeitsgesetzes berechnet werden. Indem wir die auf das gleiche Atom $(l, \varrho) = (l', \varrho')$ bezüglichen N Summenglieder (N = Gesamtzahl der Atome) je vom Wert 1 hervorziehen

$$J = N + \sum\sum \mathsf{S}\mathsf{S}' e^{\frac{2\pi i}{\lambda}\cdot 2\sin\vartheta\{(l-l')d+\xi-\xi'\}},$$

behalten wir in der verkürzten Summe (Akzent am Summenzeichen!) nur Glieder mit unabhängigen Ausschlägen ξ, ξ'. Der wahrscheinlichste Wert (= zeitl. Mittelwert) der Exponentialfunktion für ein bestimmtes Atompaar ist

$$\iint_{-\infty}^{+\infty} e^{\frac{2\pi i}{\lambda}\cdot 2\sin\vartheta(\xi-\xi')} \cdot W(\xi)\, W(\xi')\, d\xi\, d\xi',$$

wofür man leicht findet $e^{-\left(\frac{2\pi\sin\vartheta}{\lambda}\right)^2 \frac{4kT}{f}}$.

[1] P. DEBYE, Verh. d. D. Phys. Ges. Bd. 15, S. 678. 1913.

Der Wert ist unabhängig von der Lage des Atompaares und tritt daher vor die Summe. Diese hat genau die gleiche Gestalt, wie für das ideale Gitter ohne Temperaturstörung, bis auf den Umstand (der durch den Akzent angedeutet wurde), daß die N Glieder $(l, \varrho) = (l', \varrho')$ herausgenommen worden sind. Bezeichnen wir also mit J_0 die Intensität, die bei völlig ruhenden Atomen unter gleichen Einfalls- und Beobachtungsbedingungen gefunden würde, so ist die Intensität bei der Temperatur T:

$$\begin{aligned} J &= N + e^{-\left(\frac{2\pi \sin\vartheta}{\lambda}\right)^2 \cdot \frac{4kT}{f}} \{J_0 - N\} \\ &= e^{-BT} J_0 + N(1 - e^{-BT}); \qquad B = \left(\frac{2\pi}{\lambda} \sin\vartheta\right)^2 \frac{4k}{f}. \end{aligned} \tag{1}$$

Da wir wissen, daß J_0 auf die Interferenzrichtungen und ihre nächste Umgebung beschränkt ist, sehen wir, daß durch die Temperaturbewegung ein *allgemeiner Streuhintergrund* geschaffen wird. Dieser Hintergrund unterlagert sich auch den Interferenzen. Da das Maximum von J_0 proportional zu N^2 ist, wird die Schärfe der Interferenzen dadurch nicht wesentlich beeinträchtigt. Je kleiner aber die Kristalle eines Pulvers, oder auch die in sich kohärenten Teile eines großen — scheinbar einheitlichen — Kristallindividuums, um so mehr stört die allgemeine Streuung. Bei kleinen Abbeugungswinkeln ist der Streuhintergrund *schwach*; er nimmt von 0 bis 180° Abbeugung monoton zu. Dies ist verständlich, weil ein und dieselbe Rauhigkeit der einzelnen Netzebene um so weniger Phasenunterschied hervorbringt, je streifender der Einfall ist. (Auch ein Asphaltpflaster liefert bei sehr schrägem Draufblicken eine erkennbare Spiegelung der Straße.) Je mehr aber die Netzebenen ideal spiegeln, um so mehr vernichten sich — außer in den Interferenzlagen — ihre Wirkungen.

Für Interferenzrichtungen ist $2\sin\vartheta/\lambda = n/d = |\mathfrak{h}|$, und man sieht, daß die Schwächung einer Interferenz proportional zu

$$e^{-\frac{kT}{f}(2\pi\mathfrak{h})^2} \tag{2}$$

ist. Hierin ist einer der Gründe zu sehen, daß die Zahl der Interferenzen auch bei Verwendung eines ausgedehnten Spektrums beschränkt ist. Vergleicht man die aufeinanderfolgenden Reflexe an einer Fläche, so stehen ihre Intensitäten im Verhältnis

$$\exp(-\mathrm{Const} \cdot T \cdot n^2).$$

Die im Exponenten vorkommende Konstante läßt sich auf die quasielastische Kraft f zurückführen, die auch für die primitive Theorie der spezifischen Wärme wesentlich ist. $f/m = \omega_0^2 = (2\pi\nu_0)^2$ liefert nämlich die Eigenfrequenz der Atome, die in der EINSTEINschen Formel (vgl. ds. Handb. Bd. X, Kap. 1) vorkommt:

$$c_v = 3RH\left(\frac{\Theta}{T}\right); \qquad H(x) = \frac{x^2 e^x}{(e^x - 1)^2}; \qquad \Theta = \frac{h\nu_0}{k}. \tag{3}$$

Auch die ultraroten Eigenfrequenzen (Reststrahlfrequenzen) der Kristalle lassen eine Schätzung von ν_0 zu.

M. v. LAUE hat gezeigt[1], daß für ein zusammengesetztes Gitter, in welchem die Basisatome — im Sinne der bisherigen Darstellung — an feste Ruhelagen elastisch gebunden sind, der Temperatureinfluß sich folgendermaßen darstellt: Jede Atomsorte erhält wegen ihrer besondern Bindung f_k einen gesonderten Exponenten B_k. Die Intensität der Interferenz wird erhalten, indem man im Strukturfaktor (9), Ziff. 15 α das Streuvermögen ψ_k jeweils mit $e^{-B_k T}$ multi-

[1] M. v. LAUE, Ann. d. Phys. Bd. 42, S. 1561. 1913.

pliziert. — Unter Berücksichtigung der Gitterdynamik läßt sich dies Resultat nicht aufrechterhalten.

β) Gitterdynamische Theorie des Wärmeeinflusses. Obwohl die Formel (1) bereits die wesentlichsten Teile des Wärmeeinflusses enthält, ist sie doch wegen der vereinfachenden Annahme von der Unabhängigkeit der Atome nicht in den Einzelheiten zutreffend. Sie entspricht einer vereinfachten Darstellung der ersten beiden Noten von DEBYE[1] und etwa der Art, wie DARWIN[2] den Wärmeeinfluß behandelt. In der endgültigen Fassung der DEBYEschen Theorie[3] wird die Wärmebewegung im Kristall durch das System der ebenen elastischen Wellen dargestellt, das das Gitter durchzieht.

Hierbei kommt es nach wie vor auf die Wahrscheinlichkeit des Ausschlags ξ eines Atoms an; aber diese läßt sich mit dem BOLTZMANNschen Prinzip nur berechnen, indem die *Normalkoordinaten des Gitters* eingeführt werden. Denn die Energie, die zu einem Ausschlag ξ gehört, hängt auch von den Ausschlägen ξ' der andern Atome ab, weil alle aneinander, nicht an feste Gitterorte gebunden sind.

Unter der gleichen Annahme hatte bereits SCHRÖDINGER[4] den Wärmeeinfluß bei einem eindimensionalen Kristall untersucht. Er fand entgegen DEBYES Resultat, daß bei steigender Temperatur die Interferenzen sich verbreitern und schließlich durch ihre Unschärfe verschwinden müßten. Der Unterschied gegen DEBYES Behandlung der Punktreihe besteht darin, daß bei diesem auch beliebig weit entfernte Atome sich bis auf ihre beiden individuellen Wärmeausschläge in den „kohärenten" Gitterorten befinden, während bei gegenseitiger Koppelung durch Addition der Verschiebungen der zwischenliegenden Atome die entfernten Atome viel stärker verschoben sein können. Dies bedingt einen andern Charakter des Wärmeeinflusses. Aber es ist physikalisch wahrscheinlich, daß im dreidimensionalen Gitter dieser Unterschied sehr gering ist oder gar fortfällt. Denn dort ist im Gegensatz zum eindimensionalen Fall die Verschiebung zweier entfernter Atome das Resultat der Übertragung auf so vielen Wegen, daß nur kleine Schwankungen um die Mittellage der Entfernung vorkommen werden, ähnlich wie bei der zur obigen Ableitung der Formel gemachten Annahme.

In der Tat findet denn auch DEBYE eine der früheren ganz ähnliche Formel. An Stelle der durch die Bindungskraft f bestimmten Frequenz ν_0 tritt ein $\nu_{\max}$ auf, die *Grenzfrequenz des elastischen Spektrums*. Sie kann zur Definition der „*charakteristischen Temperatur* Θ" verwandt werden, die auch in der DEBYEschen Theorie der spezifischen Wärme eine wichtige Rolle spielt:

$$\Theta = \frac{h\,\nu_{\max}}{k}. \tag{4}$$

Der Wärmeinhalt des Kristalls besteht aus *gequantelten* Normalschwingungen.

Nach der Aussage der neueren Quantentheorie und der Wellenmechanik kommen diese Schwingungen auch bei $T = 0$ nicht zur Ruhe, sondern sind je mit einem halben Schwingungsquant angeregt (Nullpunktsenergie des Oszillators, s. ds. Handb. Bd. XXIV/1). Gegenüber der DEBYEschen Rechnung ist, wie I. WALLER[5] in wichtigen Arbeiten gezeigt hat, die Abzählung der Normalschwingungen zu modifizieren: es gibt dann nur halb so viele unabhängige, als DEBYE angesetzt hatte. Insgesamt entstehen so die folgenden Formeln zur Berechnung des Einflusses der Atomschwingungen: Die Intensität in einer Abbeugungs-

[1] P. DEBYE, Verh. d. D. Phys. Ges. Bd. 15, S. 678 u. 738. 1913.
[2] C. G. DARWIN, Phil. Mag. Bd. 27, S. 315. 1914.
[3] P. DEBYE, Ann. d. Phys. Bd. 43, S. 49. 1914.
[4] E. SCHRÖDINGER, Phys. ZS. Bd. 15, S. 79 u. 497. 1914.
[5] I. WALLER, Uppsala Univ. Årskr. 1925.

richtung 2ϑ gegen den Primärstrahl ist — bis auf die von der Wärmebewegung unabhängigen Faktoren —

$$J = e^{-2M} J_0 + N(1 - e^{-2M}). \tag{5}$$

Hierin ist, wie in (1), J_0 die Intensität, die bei völlig ruhenden Atomen des ideal regelmäßigen Gitters in der Richtung 2ϑ gefunden werden würde, d. h. etwa die LAUEsche Interferenzfunktion (12) oder (13), Ziff. 15 ζ, die in den eigentlichen Interferenzrichtungen Maxima von der Größenordnung N^2 hat.

Ferner ist

$$M = \frac{6h^2}{mk\Theta} \frac{\sin^2\vartheta}{\lambda^2}\left(\frac{1}{4} + \frac{\Phi(x)}{x}\right) = \frac{\frac{3}{2}h}{m\nu_{\max}} \mathfrak{h}^2 \left(\frac{1}{4} + \frac{\Phi(x)}{x}\right), \tag{6}$$

worin $x = \Theta/T$ und

$$\frac{\Phi(x)}{x} = \frac{1}{x^2}\int_0^x \frac{\xi\, d\xi}{e^\xi - 1}. \tag{7}$$

Für tiefe Temperaturen, $x = \gg 1$, läßt sich für diese Funktion und den Exponenten M angeben[1]

$$\frac{\Phi(x)}{x} = \frac{\pi^2}{6x^2}; \qquad M = \frac{6h^2}{mk\Theta} \frac{\sin^2\vartheta}{\lambda^2} T \tag{8'}$$

(mit 1% Fehler für $0 < T < \Theta/8$, mit 10% bei $T \leqq \Theta/5{,}5$). Für hohe Temperaturen, $x \ll 1$, ist die Annäherung

$$\frac{\Phi(x)}{x} = \frac{1}{x}; \qquad M = \frac{6h^2}{mk\Theta} \frac{\sin^2\vartheta}{\lambda^2} \frac{T}{\Theta} \tag{8''}$$

(mit 1% Fehler für $T \geqq 1{,}6\,\Theta$, mit 10% Fehler von $T = 1{,}2\,\Theta$ ab). Über das Zwischengebiet, das durch diese Annäherungsformeln nicht bedeckt wird, orientiert die Tabelle 7 nach DEBYE[2].

Tabelle 7. DEBYEsche Funktion $\Phi(x) = \frac{1}{x}\int^x (e^\xi - 1)^{-1}\xi\, d\xi$.

x	$\Phi(x)$	x	$\Phi(x)$	x	$\Phi(x)$	x	$\Phi(x)$
0	1	1,2	0,740	3	0,483	9	0,183
0,2	0,951	1,4	0,704	4	0,388	10	0,164
0,4	0,904	1,6	0,669	5	0,321	12	0,137
0,6	0,860	1,8	0,637	6	0,271	14	0,114
0,8	0,818	2,0	0,607	7	0,234	16	0,103
1,0	0,778	2,5	0,540	8	0,205	20	0,0822

Ohne Berücksichtigung der *Nullpunktsenergie* würde in der Klammer in (6) das Glied $\frac{1}{4}$ fehlen. Für den Fall hoher Temperaturen ist die Nullpunktsunruhe ohne Einfluß; daher geht (8″) im wesentlichen in den Exponenten BT aus (1) über. Zur vollen Übereinstimmung ist in (1) statt der elastischen Kraft f nicht die entsprechende Reststrahlfrequenz ν_0, sondern eine um den Faktor $\sqrt{\frac{2}{3}}$ kleinere Frequenz einzuführen.

Die angegebenen Formeln beziehen sich auf ein einfaches Gitter. Für ein *Gitter mit Basis* liegen die Verhältnisse ziemlich verwickelt, weil einerseits die Intensität eines Interferenzstrahls sich nach dem Strukturfaktor aus unabhängigen Beiträgen der gesonderten Atomsorten zusammensetzt, andrerseits in

[1] Nach H. OTT (Handb. d. Experimentalphysik Bd. VII, 2, S. 55 ff.), wo der Temperatureinfluß sehr eingehend besprochen ist.

[2] P. DEBYE, Ann. d. Phys. Bd. 43, S. 49. 1914.

der Temperaturbewegung alle Atomsorten miteinander verkoppelt sind. Würde man, wie in der oben erwähnten Arbeit von LAUE, annehmen, daß die Atome der Basis unabhängig voneinander die Wärmebewegungen mit Frequenzen ν_k ausführen, so würde der Temperatureinfluß damit beschrieben sein, daß in der Strukturamplitude das Streuvermögen ψ_k zu ersetzen wäre durch $\psi_k e^{-M_k}$. Dies Ergebnis geht nach WALLER[1] unter Berücksichtigung der Gitterdynamik für ein kubisches Gitter vom NaCl-Typ aus zwei Atomsorten über in den Streufaktor $\psi_1 e^{-M_1} \pm \psi_2 e^{-M_2}$ (für gerade bzw. ungerade Ordnungen), wobei $M_k = 8\pi^2 \frac{\sin^2\vartheta}{\lambda^2} \overline{u_{kx}^2}$. $\overline{u_{kx}^2}$ ist der quadratische Mittelwert der Elongationskomponente des $k$ten Atoms in irgendeiner Richtung. Für ihn ergibt die Gitterdynamik unter Berücksichtigung der Nichtlinearität der Gitterkräfte

$$\overline{u_{kx}^2} = \beta_k T + \gamma_k/T + \delta_k/T^3 + \cdots$$

Der Koeffizient γ_k hängt hierin nicht von den Gitterkräften ab und kann sofort angegeben werden:

$$\gamma_k = \frac{1}{12 m_k} \left(\frac{h}{2\pi}\right)^2 \frac{1}{k}. \qquad (k \text{ Boltzmannkonstante})$$

δ_k braucht aus den Atomkräften nur grob geschätzt zu werden, da sein Einfluß gering ist (NaCl, $\delta \sim -1{,}1 \cdot 10^{-14}$); aus den zwei β_k's läßt sich mit genügender Annäherung ein mittleres $\overline{\beta} = \frac{m_1\beta_1 + m_2\beta_2}{m_1 + m_2}$ bilden, das mit den Elastizitätskonstanten in formelmäßigem Zusammenhang steht und aus ihnen berechnet wird. Es folgt für Steinsalz $\overline{\beta} = 5{,}7 \cdot 10^{-21} \left[\frac{\text{cm}^2}{\text{grad}}\right]$. Hiermit ist der Temperatureinfluß für das NaCl-Gitter ganz berechenbar. WALLER und JAMES[2] kontrollieren die Theorie (vgl. Ziff. 23 γ), indem sie aus den Röntgenmessungen $\overline{\beta}$ entnehmen; was $\overline{\beta} = 5{,}8 \cdot 10^{-21}$ ergibt. (Wohl zufällig besonders nahe Übereinstimmung.)

Bei dem obigen Ausdruck für $\overline{u_{kx}^2}$ ist Nullpunktsbewegung der Atome vorausgesetzt, wie es zur Übereinstimmung mit den experimentellen Ergebnissen erforderlich ist. Diese Nullpunktsbewegung hat u. a. zur Folge, daß auch für *Diamant* mit seiner extrem hohen charakteristischen Temperatur ein erhebliches Absinken der Intensitäten mit steigender Ordnung gemäß Formel stattfindet, wenn auch die Temperatur ohne merklichen Einfluß auf diese Abnahme ist. Dieser Einfluß der Nullpunktsaufrauhung der reflektierenden Ebenen ist manchmal übersehen worden[2].

γ) Darstellung des Temperatureinflusses im reziproken Gitter. FAXÉN, später WALLER, finden ferner im Gegensatz zu DEBYE eine *Anhäufung der Streustrahlung in der Umgebung der Interferenzrichtungen*, im Gegensatz zu der durch den zweiten Summanden in (1) ausgedrückten räumlich gleichmäßigen Verteilung. Hier nähert sich das Ergebnis also der von SCHRÖDINGER für den eindimensionalen Kristall aufgestellten Behauptung. Auch BRILLOUIN[3], der mit einem andersartigen mathematischen Verfahren den Temperatureinfluß untersucht hat, findet ähnliche Ergebnisse. Von seiner Methode und von seinen und FAXÉNS Ergebnissen erhält man folgendermaßen eine Vorstellung: Man betrachte zunächst ein Kontinuum, das nur von *einer* longitudinalen elastischen Welle von dem Ausbreitungsvektor $\mathfrak{w}$ durchzogen wird. Diese Welle verdichtet das Medium räumlich periodisch (von der zeitlichen Ausbreitung der Welle kann man absehen)

[1] Siehe I. WALLER u. R. W. JAMES, Proc. Roy. Soc. London (A) Bd. 117, S. 214. 1927.

[2] So zuletzt in dem sonst ausgezeichneten Bericht über Atomfaktoren von W. EHRENBERG u. K. SCHÄFER, Phys. ZS. Bd. 33, S. 97. 1932, insbesondere S 118.

[3] L. BRILLOUIN, Ann. de phys. Bd. 17, S. 88. 1922.

und wirkt grob gesprochen ähnlich, als ob in Abständen der elastischen Wellenlänge neue Netzebenen (Massenanhäufungen) entstanden wären. Ist die BRAGGsche Reflexionsbedingung in bezug auf diese erfüllt, so wird eine bevorzugte „Reflexion" an diesen Ebenen auftreten. Gegenüber der üblichen BRAGGschen Bedingung besteht aber der Unterschied, daß nur ein Reflex 1. Ordnung entstehen kann, da die Massendichte selbst harmonisch (und nicht diskontinuierlich) verteilt ist[1]. Ist d_{el} die Wellenlänge der elastischen Welle, also $|\mathfrak{w}| = 2\pi/d_{el}$ ihr Ausbreitungsvektor, so läßt sich die Reflexionsbedingung

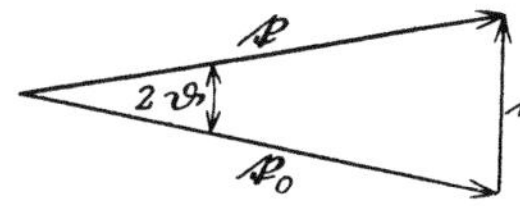

Abb. 108. Richtung der Interferenz an einer Wärmewelle.

$$\lambda = 2d_{el}\cdot\sin\vartheta \quad \text{oder} \quad |\mathfrak{w}| = 2|\mathfrak{k}|\sin\vartheta$$

durch die Konstruktion Abb. 108 klarmachen ($\mathfrak{k}_0$ und $\mathfrak{k}$, beide von Betrag $|\mathfrak{k}|$, sind die Ausbreitungsvektoren der einfallenden und reflektierten Röntgenwelle). Zu einer festen Einfalls- und gegebenen Beobachtungsrichtung läßt sich also eine elastische Welle bestimmen, die die nötigen Spiegelebenen liefert. Denken wir nunmehr an das kristalline *Diskontinuum*, so sind die spiegelnden Ebenen der bisherigen Überlegung nicht überall, sondern nur in den Gitterpunkten besetzt. Infolgedessen muß zwischen zwei Atomen der gleichen Spiegelebene nicht mehr der Gangunterschied Null herrschen, sondern es darf ein beliebiger ganzzahliger sein. Die Bedingung hierfür ist aber, daß zwischen den Endpunkten von $\mathfrak{k}$ und $\mathfrak{k}_0$ ein beliebiger Fahrstrahl $2\pi\mathfrak{h}$ im reziproken Gitter liegt. So kommt es, daß sich als die Bedingung für ein Intensitätsmaximum bei FAXÉN ergibt

$$\mathfrak{k} - \mathfrak{k}_0 = 2\pi\mathfrak{h} + \mathfrak{w}\,.$$

Nun wird in der Gitterdynamik gezeigt, daß die Endpunkte der Ausbreitungsvektoren $\mathfrak{w}$ aller überhaupt möglichen elastischen Wellen gerade den Bereich einer Zelle des reziproken Gitters erfüllen[2]. Wir können also um einen beliebigen Punkt H (Abb. 109) des reziproken Gitters eine Zelle abgrenzen und die Konstruktion des zu einem Primärstrahl $\mathfrak{k}_0 = 2\pi\mathfrak{s}_0/\lambda$ gehörenden Sekundärstrahls so ausführen: Wir schlagen um den Anregungspunkt (= Ausbreitungspunkt) A die Kugel vom üblichen Radius $1/\lambda$; sie schneidet aus der H umgebenden Zelle ein Flächenstück aus, aus Punkten W bestehend. $2\pi\cdot\overrightarrow{HW}$ sind vorkommende elastische Ausbreitungsvektoren $\mathfrak{w}$. AW ist die zu den Wellen $\mathfrak{w}$ und $\mathfrak{k}_0$ gehörende Sekundärwelle $\mathfrak{k}$. Hiernach ist also die eigentliche Interferenzrichtung von Nachbarrichtungen umgeben, in die infolge der Wärmebewegung auch gespiegelt wird. Die Intensität dieser Spiegelung nimmt nach außen schnell ab, und es ist überhaupt nicht sicher, ob die Größenordnung zur Beobachtung einer Verflachung der Interferenz ausreicht. Für die nähere Diskussion sei auf WALLERS umfassende Schrift verwiesen.

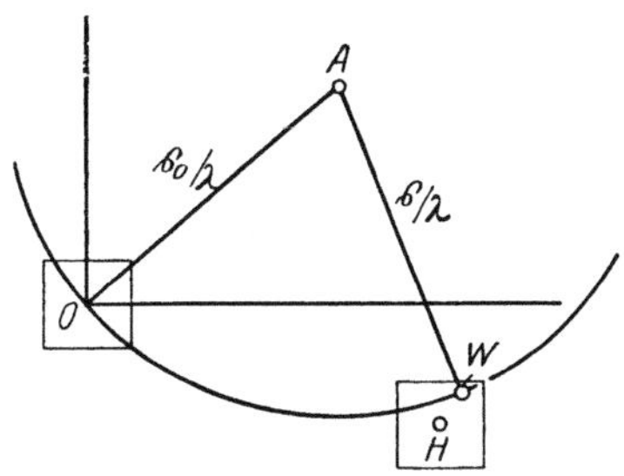

Abb. 109. Zusammensetzung der Interferenzen im Kristall und an Wärmewellen.

---

[1] Die Massenverteilung sei $\cos 2\pi x/\Lambda$, Λ hier die elastische Wellenlänge. Dann hat die von einer Schicht dx in der Tiefe x ausgehende Sekundärwelle bei der Reflexion $n$ter Ordnung die Amplitude

$$\cos 2\pi\frac{x}{\Lambda}\cdot e^{-2\pi i n x/\Lambda}\cdot dx\,,$$

und die von allen Schichten zusammengebrachte Wirkung ist das Integral hierüber. Es erhält nur große Werte, wenn $n = 1$.

[2] Vgl. auch P. P. EWALD, ZS. f. Krist. Bd. 56, S. 129. 1921.

δ) Temperatureinfluß nach der dynamischen Interferenztheorie. Ganz anders als nach der DEBYEschen Theorie ist nach WALLER der Mechanismus der Wärmebewegung gemäß der *dynamischen Interferenztheorie.* Denken wir etwa an die symmetrische Reflexion an der Oberfläche eines idealen Kristalls. Im Gebiet der Totalreflexion (Ziff. 16ε), das den Hauptteil der Energie liefert, ist die Reflexion vollständig. Hört die Totalreflexion infolge der Wärmebewegung auf? Nein, sondern die Wärmestörung wirkt auf die Dynamik der Röntgeninterferenzen genau wie eine Verbreitung der „Basis" innerhalb der Zelle ein (Strukturfaktor): sie verändert die Dispersionsfläche. Die Dispersionsfläche der zwei Strahlen Abb. 94 rückt zusammen, und damit wird auch die Breite des Gebiets der Totalreflexion geringer und hierdurch das gesamte Reflexionsvermögen. Im übrigen ergibt sich trotz dieser verschiedenen Wirkungsweise die gleiche Abhängigkeit von der Temperatur wie in der nichtdynamischen Theorie.

ε) Temperatureinfluß durch Kristalldeformation. In ganz anderer Weise wirkt die Temperatur auf die Intensitäten durch *Deformation des Kristalls* ein. Erstens kann bei Laueaufnahmen die Deformation der Zelle bei feststehendem Kristall und fester Einfallsrichtung bewirken, daß ein Interferenzfleck, der ja einen abgeänderten Spektralbereich enthält, stark in der Intensität wechselt, wenn die Reflexion von Eigenstrahlung der Antikathode in Frage steht. Zweitens können die inneren Verschiebungen der Basis (gemessen relativ zur Zelle, also auch vorhanden, wenn z. B. ein Radikal bei der Wärmeausdehnung des Gitters starr bleibt) durch Änderung des Strukturfaktors auf die Intensität wirken. Dies ist an Calcit[1], wo die Änderungen sehr klein sind, sowie an Seignettesalz[2] beobachtet worden.

20. Der Atomfaktor. α) Historisches. Einer der wichtigsten Faktoren für die Intensität ist der „Atomfaktor", genauer der *„Atomamplitudenfaktor"* (komplex) und der *„Atomintensitätsfaktor"* (Quadrat des Betrages des vorigen). Er entsteht durch die räumliche Ausdehnung des Atoms, die mit der Röntgenwellenlänge ja durchaus von gleicher Größenordnung ist und somit — klassisch gedacht — Phasendifferenzen zwischen den Streuwellen bedingt, die von verschiedenen Teilen des Atoms stammen. Hierdurch ergibt sich eine Richtungsabhängigkeit des Streuvermögens des Atoms, so daß die bisher als konstant behandelten Größen ψ_k, z. B. im Strukturfaktor, von Interferenz zu Interferenz andere Werte, und — was für die Technik der Strukturbestimmung noch wichtiger ist — bei verschiedenen Atomen sogar wechselnde Verhältnisse aufweisen.

Bereits LAUE hatte in der ersten Arbeit einen Atomfaktor ψ eingeführt, über den sich damals jedoch nichts sagen ließ. W. L. BRAGG rechnete die ersten Strukturen unter der Voraussetzung aus, daß ψ dem Atomgewicht proportional wäre; später ersetzte man diese Angabe durch Proportionalität mit der Zahl der Elektronen. DEBYE machte darauf aufmerksam, daß dies für hinreichend kleine Abbeugungswinkel erlaubt ist, selbst wenn das Atom nicht klein gegen die Röntgenwellenlänge ist. Zunächst ergab sich, in den darauffolgenden Jahren, die Aufgabe, aus den Röntgeninterferenzen den Atomfaktor zu isolieren und so auf experimentellem Wege Aussagen zu gewinnen, die die theoretischen Vorstellungen über die Elektronenanordnung im Atom stützen könnten. Die Schwierigkeit für die Durchführung dieses Programms lag in der mangelhaften Kenntnis der sonstigen, die Intensitäten beeinflussenden Faktoren, vor allem des Einflusses der Unregelmäßigkeiten des Kristalls durch Wärmebewegung und Mosaikbildung (Ziff. 19). Immerhin konnte in der 1. Auflage dieses Handbuchs (1926) über Erfolge dieser Verwertung der Röntgeninterferenzen berichtet werden. Vor allem

[1] C. TSUBOI, Proc. Phys. Math. Soc. Japan Bd. 8, S. 197. 1927.
[2] H. STAUB, Phys. ZS. Bd. 34, S. 292. 1933.

W. L. Bragg und seine Mitarbeiter untersuchten seit 1925 zielbewußt die beiden genannten Faktoren im Hinblick auf die Isolierung des Atomfaktors. Aber auch von theoretischer Seite wandelte sich das Bild mit der Geschwindigkeit, die dem stürmischen Entwicklungsgang der Atomtheorie zu jener Zeit entsprach. 1926 erschienen Schrödingers Arbeiten zur Wellenmechanik, die die Berechnung des Atomfaktors auf eine neue Grundlage stellten. Hartree, der in enger Zusammenarbeit mit W. L. Bragg die (in der 1. Auflage referierten) Atomfaktoren auf Grund der Bahnvorstellungen berechnet hatte, erfand die Methode des *„self-consistent field“* — des *abgeglichenen Feldes* —, um nunmehr nach der Wellenmechanik zu rechnen. Gewissermaßen als Krönung der W. L. Braggschen Bestrebungen ging die gemeinsame Arbeit seines experimentellen Mitarbeiters James, des Spezialisten für Atomfaktorberechnung Hartree und des Spezialisten für den Wärmeeinfluß Waller aus seinem Institut hervor, in der die befriedigende Übereinstimmung zwischen Meßergebnis und Theorie erreicht und die Frage nach der Existenz der Nullpunktsenergie im Gitter endgültig bejaht wurde. Seit jener Arbeit (Anfang 1928) sind nicht nur eine Reihe von weiteren Atomfaktoren auf dem gleichen Wege in Übereinstimmung mit der wellenmechanischen Theorie gefunden worden, sondern es ergab sich durch die Entdeckung der Elektroneninterferenzen die Möglichkeit einer weiteren Kontrolle der Atomfaktoren nach dieser den Röntgeninterferenzen verwandten, aber von ihr völlig unabhängigen Methode[1]. Ferner war nunmehr der Weg geebnet für eine Ausgestaltung der Methoden der Strukturbestimmung durch eine rationelle Messung und Verwertung der Intensitäten der Interferenzen. Man ist heute in der Lage, die Atomfaktoren in fast allen Fällen nach mehreren, im Ergebnis übereinstimmenden Methoden bis auf wenige Prozent genau berechnen zu können und findet sie fertig tabuliert vor[2] (vgl. jedoch Abschn. ε).

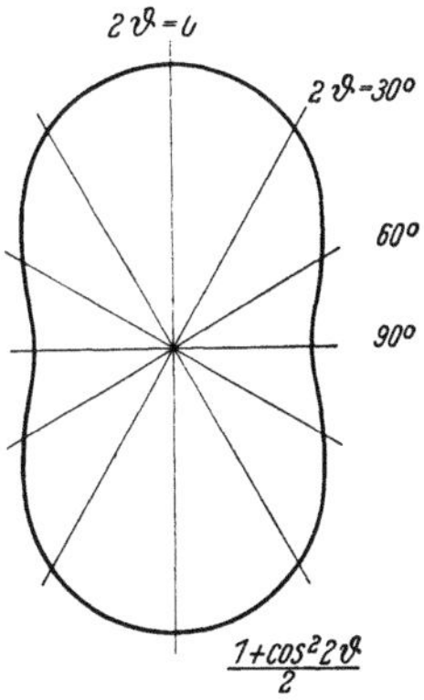

Abb. 110. Polardiagramm des Polarisationsfaktors $\frac{1}{2}(1 + \cos^2 2\vartheta)$.

β) Definition des Atomfaktors. Der Atomfaktor ist das Verhältnis der Ausstrahlung des wirklichen Atoms (Amplitude bzw. Intensität in einer bestimmten Richtung) zu der Ausstrahlung eines einzelnen Elektrons gemäß der J. J. Thomsonschen Formel. Am Atomfaktor ist erstens eine Richtungs- und zweitens eine Frequenzabhängigkeit zu untersuchen.

Die klassische Streuung eines Elektrons unter der Anregung durch eine ebene monochromatische Welle von der Intensität I sei durch das Hertzsche Feld des schwingenden Dipols gegeben. Ist die Welle nicht polarisiert, so ist die unter dem Winkel χ gestreute Intensität im Abstand r (Thomson*sche Streuformel*)

$$I_e = I\left(\frac{e^2/mc^2}{r}\right)^2 \frac{1+\cos^2\chi}{2}. \quad (e^2/mc^2 = 2{,}816 \cdot 10^{-13}\,\text{cm.}) \qquad (1)$$

Der Faktor $\frac{1}{2}(1+\cos^2\chi)$ heißt der *Polarisationsfaktor*, da seine beiden Bestandteile den beiden Polarisationsrichtungen (elektrischer Vektor senkrecht zur und in der Abbeugungsebene) entsprechen. Der Polarisationsfaktor ist die ganze Winkelabhängigkeit der Streuung, die das *Elektron* hervorbringen kann. Polardiagramm s. Abb. 110. Frequenzabhängig ist die gestreute Intensität überhaupt

[1] Die Übereinstimmung wurde zuerst gezeigt an Aufnahmen von G. P. Thomson (Elektronenbeugung in Goldfolien), von N. F. Mott (Nature Bd. 124, S. 986. 1929) sowie gleichzeitig von F. Kirchner (Naturwissensch. Bd. 11, S. 64. 1932).

[2] R. W. James, Phil. Mag. Bd. 12, S. 81. 1931; ZS. f. Krist. Bd. 78, S. 470. 1931; J. Sherman u. L. Pauling, ebenda Bd. 81, S. 1. 1932; Internat. Tabellen zur Strukturbestimmung von Kristallen (vgl. Ziff. 11 ε).

nicht. Wäre das Elektron, statt frei, mit einer Eigenfrequenz ω_0 gebunden, so würde klassisch zu (1) der Faktor $(\omega^2/\omega_0^2 - \omega^2)^2$ hinzutreten.

Es ist hervorzuheben, daß das THOMSONsche Elektron eine Fiktion bedeutet. Bei der Ableitung der Formel (1) ist sowohl die Lorentzkraft $e/c\,[\mathfrak{v}\mathfrak{H}]$ ($\mathfrak{v}$ momentane Geschwindigkeit des schwingenden Elektrons, $\mathfrak{H}$ magnetischer Vektor der einfallenden Welle) als auch die Rückwirkung des Strahlungsfeldes des Elektrons auf dieses selbst (Strahlungsdämpfung) vernachlässigt worden. Berücksichtigt man zunächst die Einwirkung des magnetischen Anteils des elektromagnetischen Feldes der einfallenden Lichtwelle, so wird auf das Elektron ein Strahlungsdruck ausgeübt, dem zufolge ein freies Elektron in Richtung des Primärstrahls beschleunigt wird. Daher strahlt (infolge Dopplereffekt) dieses Elektron stets eine gegen die einfallende Welle abgeänderte Frequenz aus (das quantentheoretische Analogon hierzu ist der Comptoneffekt). Man könnte aus diesem Grunde Bedenken tragen, den Atomfaktor als Verhältnis der Atomstreuung zu der eines THOMSONschen Elektrons zu definieren; es ist aber zu beachten, daß für gebundene Elektronen eines schweren Atoms wenigstens bei dem kohärenten Anteil der Streustrahlung diese Schwierigkeit wegfällt und die Streuintensität des THOMSONschen Elektrons daher bei der Beurteilung der Intensität der kohärenten Streustrahlung des Atoms einen bequemen Maßstab bietet[1]. Auf diese Weise läßt sich auch die scheinbar formale Definition, die im ersten Satz dieser Ziffer ausgesprochen wurde, physikalisch rechtfertigen[2].

Nimmt man ferner für die vom freien Elektron ausgesandte Welle bei Schwingungen senkrecht zur bzw. in der Streuebene als Amplitude die reellen Werte

$$\frac{e^2/m c^2}{r} \quad \text{bzw.} \quad \frac{e^2/m c^2}{r} \cos\chi,$$

so ist hiermit die *Phase* der Welle festgelegt: in der Richtung des Primärstrahls superponiert sich die Kugelwelle phasengleich der einfallenden. Dies ist nicht mehr zutreffend, wenn man die Strahlungsdämpfung berücksichtigt. Stärker noch macht sich diese für ein gebundenes Elektron von der Eigenfrequenz ω_0 geltend, das durch Resonanz zu großer Amplitude gelangen kann. Für den Atomdipol, der ja nur seine Kugelwelle von gegebener Form aussenden kann, besteht nur *eine* Möglichkeit, die in alle Richtungen zerstreute oder durch Quantenabsorption verwandelte Energie aus der auf ihn fallenden ebenen Welle zu entnehmen: indem er die Phase seiner Kugelwelle gegen diese passend einreguliert. (Man berechne den POYNTINGschen Energiestrom bei der Superposition einer ebenen Welle und einer Kugelwelle von versetzter Phase und betrachte seine Divergenz, indem man die Normalkomponente über eine das Atom umgebende Kugel integriert (vgl. PLANCKS Ableitung der Strahlungsdämpfung, OSTW. Klassiker Bd. 206). Da sowohl die Quantenabsorption als auch die Strahlungsdämpfung außer in der spektralen Nähe einer Absorptionskante sehr klein sind, so genügt im allgemeinen die Annahme einer reellen Amplitude.

γ) Berechnung des Atomfaktors nach klassischen Methoden. Das Atom enthalte Z Elektronen (Index n, m), die von einem Bezugspunkt O aus gemessen, die Lagen $\mathfrak{r}_n$ haben. Der Streuwinkel sei $\chi = 2\vartheta$. Die Berechnung

---

[1] Was die gesamte, aus kohärentem und nichtkohärentem Anteil bestehende Streuintensität betrifft, so hat G. WENTZEL (ZS. f. Phys. Bd. 43, S. 1. 1927) gezeigt, daß für die spektral unzerlegte Streustrahlung in jeder Richtung (für nicht zu harte Strahlung!) gilt: $J_{\text{koh.}} + J_{\text{ink.}} = J_{\text{Thomson}}$. Auch hierbei erweist sich die Bezugnahme auf das THOMSONsche Elektron als zweckmäßig.

[2] Wir werden im folgenden, wo keine Gefahr eines Mißverständnisses vorhanden ist, das THOMSONsche Elektron — dem gewöhnlichen Gebrauch folgend — auch kurzweg als freies (evtl. fiktives freies) Elektron bezeichnen.

des Atomfaktors besteht darin, die Phasendifferenzen der Streuwellen, die von den einzelnen Elektronen ausgehen, in Rechnung zu ziehen. Wir denken uns durch O die „reflektierende Ebene" nebst ihrer Normalen ON gelegt und legen $\mathfrak{r}_n$ durch Polarkoordinaten $(r_n, \alpha_n, \varphi_n)$ fest (Abb. 111). Die Phasendifferenz der $n$ten Streuwelle (gegen die von O ausgehend gedachte) ist dann durch den Abstand $y_n = r_n \cos\alpha_n$ des Elektrons von der Spiegelebene (unabhängig von φ_n) gegeben durch

$$x_n = 2y_n \sin\vartheta \cdot 2\pi/\lambda = (4\pi r_n \cos\alpha_n \sin\vartheta)/\lambda. \quad (2)$$

Infolgedessen ist die gesamte Intensität, die in die Richtung χ gestreut wird (der Querstrich bedeutet das Zeitmittel über eine Schwingung),

$$\left.\begin{aligned} I &= 2I_e \overline{\Big\{\sum_n \cos(\omega t - x_n)\Big\}^2} \\ &= I_e \sum_n \sum_m (\cos x_n \cos x_m + \sin x_n \sin x_m), \end{aligned}\right\} \quad (3)$$

wobei die x_n als unveränderlich innerhalb der Schwingungsdauer angesehen werden. Diese allgemeingültige Formel kann nun unter besonderen Annahmen weiter ausgeführt werden. Seien z. B. in einem kugelsymmetrischen Atom die Elektronen nach Wahrscheinlichkeitsdichten $u_n(r)$ verteilt — d. h. $\sum_n u_n(r)\,dr$ die wahrscheinlichste Zahl Elektronen, die auf der Kugelschale (r, dr) angetroffen wird —, und sei ihre Verteilung unabhängig von den Winkeln α und φ. Dann ist die Wahrscheinlichkeit, ein Elektron auf der Zone $(\alpha, d\alpha)$ anzutreffen, $u(r)\frac{1}{2}\sin\alpha\,d\alpha$ und die Mittelung über die Lagen kann — zunächst bei festem r_n — vorgenommen werden, wobei $x_n = z_n \cos\alpha_n$ gesetzt wird:

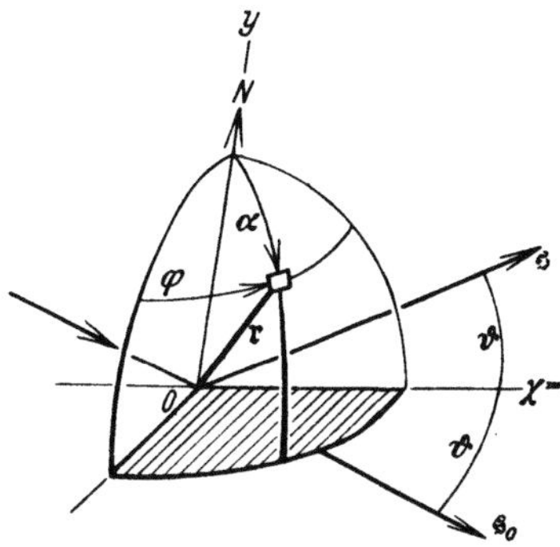

Abb. 111. Koordinaten zum Text.

$$\left.\begin{aligned} I_r = I_e \Big\{ & \iint \sum_{n \neq m}{}' \sum{}' [\cos(z_n\cos\alpha_n)\cos(z_m\cos\alpha_m) + \sin(z_n\cos\alpha_n)\sin(z_m\cos\alpha_m)] \\ & \cdot \tfrac{1}{4} u(r_n) \cdot u(r_m) \sin\alpha_n \sin\alpha_m\, d\alpha_n\, d\alpha_m \\ & + \int \sum_n [\cos^2(z_n\cos\alpha_n) + \sin^2(z_n\cos\alpha_n)]\, \tfrac{1}{2} u(r_n) \sin\alpha_n\, d\alpha_n \Big\}. \end{aligned}\right\} \quad (4)$$

Hier ist von der Doppelsumme über alle n und m die Summe über die Diagonalglieder $n = m$ abgespalten worden. Sie liefert einfach den Wert $\sum u_n(r)$, da die $[\cdots] = 1$ ist und die einzelne Integration die Gesamtwahrscheinlichkeit liefert, ein Elektron irgendwo auf der Kugelschale (r, dr) vorzufinden.

Auch an den Gliedern der Doppelsumme können die beiden Integrationen elementar ausgeführt werden, so daß entsteht:

$$I_r = I_e \Big\{ \sum_n u_n(r) + \sum_{n \neq m}{}' \sum{}' u_n(r_n)\, u_m(r_m) \frac{\sin z_n}{z_n} \frac{\sin z_m}{z_m} \Big\}. \qquad \left(z_n = \frac{4\pi r_n \sin\vartheta}{\lambda}\right)$$

Die Gesamtausstrahlung des Atoms wird durch Integration über r erhalten:

$$I_s' = \int I_r\, dr = I_e \Big\{ Z + \sum{}' \sum{}' \iint u_n(r_n)\, u_m(r) \frac{\sin z_n}{z_n} \frac{\sin z_m}{z_m}\, dr_m\, dr_n \Big\}.$$

Setzt man die Verteilungsfunktionen $u(r)$ für alle Elektronen gleich, indem man evtl. nur eine Elektronenschale gesondert betrachtet, so wird schließlich, da die Doppelsumme $Z^2 - Z$ Glieder enthält,

$$I_s = I_e \Big\{ Z + (Z^2 - Z) \Big[\int \Big(u(r) \frac{\sin z}{z} \Big) dr \Big]^2 \Big\}. \quad (5)$$

Legt man diese Intensität gleichmäßig auf alle Elektronen des Atoms um und führt noch die Abkürzung

$$\varkappa = \frac{4\pi}{\lambda}\sin\vartheta = 2k\sin\vartheta \tag{6}$$

ein, so wird die mittlere Streuung pro Elektron unter dem Streuwinkel 2ϑ

$$S = I_e\left\{1 + (Z-1)\left[\int u(r)\frac{\sin\varkappa r}{\varkappa r}\,dr\right]^2\right\}. \tag{5'}$$

Der Faktor $\{\cdots\}$ ist als *Atom(intensitäts)faktor pro Elektron des Atoms* zu bezeichnen.

Zu dieser Rechnung von A. H. COMPTON[1] ist zu bemerken, daß sie insofern gänzlich auf einem klassischen Bild des Atoms beruht, als dessen Elektronen während des Ausstrahlungsaktes als völlig genau lokalisierbare THOMSONsche Elektronen betrachtet werden und die Mittelwertsbildung so erfolgt, daß die *Intensitäten* addiert werden, die von den Elektronen während der einzelnen Phasen ihres Bahnablaufs gestreut werden. Es dürfen, damit die Rechnung berechtigt ist, keinerlei Phasenbeziehungen zwischen den Elektronen des Atoms bestehen. Auch die Streuung, die durch ein einzelnes Elektron erfolgt, geschieht unabhängig von den Orten, die es sonst auf seiner Bahn erreichen mag, und hat daher einfach den klassischen Wert I_e. Man sieht dies z. B. aus der letzten Formel, wenn man $Z = 1$ setzt. Ein Wasserstoffatom sollte nach der COMPTONschen Rechnung genau so streuen, wie ein freies Elektron.

Die der COMPTONschen entgegengesetzte klassische Rechnung stellt die Mittelung über die Phasen der Elektronenbahnen vor die Berechnung der Interferenzwirkung. Dies würde dem Ansatz der wellenmechanischen Interferenzrechnung entsprechen, bei dem angenommen wird, daß alle Volumelemente des Atoms gleichzeitig ausstrahlen mit Amplituden, die den Ladungsdichten, und mit Phasen, die den geometrischen Wegdifferenzen der Strahlen proportional sind.

Unter diesen Voraussetzungen ist, unter Benutzung der vorigen Zeichen, analog zu Gleichung (3) die unter der Ablenkung 2ϑ durch das Volumelement dv gestreute Amplitude

$$dA = a\,dv\cos(\omega t - x) = a\,dv\cos(\omega t - \varkappa r\cos\alpha).$$

Die Amplitude a ist dabei der mittleren Ladungsdichte im Koordinatenbereich $(r, dr;\ \alpha, d\alpha)$ proportional zu setzen. Machen wir für diese den (wie bei der COMPTONschen Rechnung bereits spezialisierten) Ansatz gleichförmiger Dichteverteilung über alle Winkel α

$$w(r,\alpha) = Z u(r)\tfrac{1}{2}\sin\alpha,$$

so ist die Gesamtamplitude der Kugelwelle unter dem Streuwinkel 2ϑ

$$A_\vartheta = b\cdot Z\cdot\int\!\!\int\cos(\omega t - \varkappa r\cos\alpha)\cdot u(r)\cdot\tfrac{1}{2}\sin\alpha\,dr\,d\alpha.$$

Die unter 2ϑ gestreute Intensität ist dann

$$I_\vartheta = b^2\cdot Z^2\cdot\tfrac{1}{2}(C^2 + S^2),$$

wo

$$C = \int\!\!\int u(r)\cos(\varkappa r\cos\alpha)\tfrac{1}{2}\sin\alpha\,d\alpha\,dr = \int u(r)\frac{\sin\varkappa r}{\varkappa r}\,dr$$

und

$$S = \int\!\!\int u(r)\sin(\varkappa r\cos\alpha)\tfrac{1}{2}\sin\alpha\,d\alpha\,dr = 0$$

ist. Den Faktor b kann man durch Vergleich mit der Streuung eines einzelnen

[1] A. H. COMPTON, Phys. Rev. Bd. 35, S. 925. 1930. Analoge frühere Rechnungen für Elektronenringe s. z. B. bei P. DEBYE, Ann. d. Phys. Bd. 46, S. 809. 1915.

klassisch-punktförmig gedachten Elektrons bestimmen, indem man $Z = 1$ und $u(r)$ gleich einer Zackenfunktion vom Inhalt 1 am Nullpunkt setzt:

$$I_e = b^2$$

(denn auf 1 reduziert sich in einem Falle das Integral C). Es ergibt sich also aus dieser Rechnung

$$I_\vartheta = I_e \cdot Z^2 \left[\int u(r) \frac{\sin \varkappa r}{\varkappa r} d r \right]^2. \tag{7}$$

Diese Formel bringt zum Ausdruck, daß die gesamte statistische Ladungsverteilung gleichzeitig an der Ausstrahlung beteiligt ist. Sie findet sich auf wellenmechanischer Grundlage z. B. in WENTZELs Untersuchung über den Comptoneffekt[1], aber auf klassischer Grundlage wohl auch schon früher. Die Formel unterscheidet sich von der früheren wesentlich durch die einfache Proportionalität mit Z^2; rechnet man die Streuung pro Elektron des Atoms, so würde statt (5′) kommen:

$$S = I_e Z \left[\int u(r) \frac{\sin \varkappa r}{\varkappa r} d r \right]^2. \tag{7′}$$

Auch das Wasserstoffatom hätte einen von 1 abweichenden Atomfaktor. Für kleine Winkel ($\sin \varkappa r / \varkappa r = 1$) ist die gestreute Intensität natürlich die gleiche, wie von einem Zfach geladenen Elektron.

Auf Grund klassischer Modellvorstellungen wäre es nicht unwahrscheinlich, daß die Verteilungsfunktionen der Elektronen des gleichen Atoms nicht unabhängig voneinander wären. Man könnte z. B. erwarten, daß die Elektronen möglichst große Abstände voneinander einzuhalten suchen u. ä. Um den Atomfaktor unter einer solchen Voraussetzung zu berechnen, setzt man die Amplitude am besten komplex an:

$$A = A_e \sum_n e^{-i\omega t + i x_n},$$

wo A_e die von einem Elektron gestreute Amplitude ist. Nimmt man die Änderungen der x_n als langsam gegenüber der Wellenfrequenz an, so sind die Intensitäten zu addieren, die in den einzelnen Zeitelementen ausgesandt werden und die durch

$$d I = I_e \cdot \sum_j \sum_k e^{i(x_j - x_k)} \cdot d t$$

gegeben sind. Ist die Wahrscheinlichkeit, die Z Elektronen in Volumelementen $d v_1 \ldots d v_Z$ anzutreffen, $W(\mathfrak{r}_1 \ldots \mathfrak{r}_Z)$, so ist die vom Atom in die Richtung $\chi = 2\vartheta$ gestreute Intensität

$$I = I_e \cdot \int \cdots \int W(\mathfrak{r}_1 \ldots \mathfrak{r}_Z) \sum_j \sum_k e^{i(x_j - x_k)} d v_1 \ldots d v_Z. \tag{8}$$

Die weitere Auswertung des Integrals hängt von den Annahmen über W ab. Hängt W nur von den $\frac{1}{2} Z(Z-1)$ Abständen der Elektronen voneinander ab, so treten in W die gleichen Differenzen auf, wie in $x_j - x_k$, und ein Teil der Integrationen läßt sich bei passenden Annahmen ausführen. (Man vergleiche für den Gang der Rechnung die Theorie der Flüssigkeitsinterferenzen[2].) Als Beispiel für die Rechnung nach dieser Formel sei der Atomfaktor für ein Atom angeführt, bei dem zwei Elektronen stets diametral zueinander auf einer Kugelfläche vom

---

[1] G. WENTZEL, ZS. f. Phys. Bd. 43, S. 779, insbesondere S. 781. 1927; P. DEBYE, Ann. d. Phys. Bd. 46, S. 809. 1915.

[2] P. DEBYE u. H. MENKE, Erg. d. techn. Röntgenkunde Bd. II, S. 1, insbesondere S. 10ff.

Radius a ohne Vorzugslagen umlaufen (wie etwa beim ursprünglichen BOHRschen He-Modell). Es folgt aus (8) leicht

$$I = I_e \cdot 2\left(1 + \frac{\sin 2\varkappa a}{2\varkappa a}\right), \tag{9}$$

während Formel (5') ohne Voraussetzung der Phasenbeziehung zwischen den beiden Elektronen liefern würde

$$I = I_e 2\left(1 + \left(\frac{\sin \varkappa a}{\varkappa a}\right)^2\right) \tag{9'}$$

und Formel (7) ergibt

$$I = I_e \cdot 2^2 \left(\frac{\sin \varkappa a}{\varkappa a}\right)^2. \tag{9''}$$

δ) Berechnung des Atomfaktors mit wellenmechanischen Methoden. *1. Grundsätzliches zur Atomfaktorberechnung.* Wie man aus dem Vorstehenden sieht, führen die Betrachtungen auf der Grundlage von Atommodellen mit Elektronenbahnen zu keiner befriedigenden Möglichkeit, Atomfaktoren zu berechnen. Die Phasenbeziehungen zwischen den Elektronen sind für die Interferenzwirkung wesentlich — und sie bleiben unbestimmbar, solange man bei den Elektronenbahnen stehenbleibt, wie durch die Entwicklung der Quantentheorie bis 1925 erwiesen worden ist. Um so erfreulicher ist es, daß die Wellenmechanik[1], die ja in der Verlegung des Atomgeschehens in den hochdimensionalen Raum der Argumente der ψ-Funktion (Konfigurationsraum) einen Ersatz für die Bestimmung der Elektronenphasen entdeckt hat, eine eindeutige und im ganzen recht erfolgreiche Berechnung der Atomfaktoren ermöglicht.

Trotzdem soll gleich zu Anfang betont werden, daß bei fast allen bisherigen Behandlungen des Atomfaktors von der wellenmechanischen Methode nicht in vollem Umfang Gebrauch gemacht worden ist. Die Berechnung des Atomfaktors ist, allgemein betrachtet, ein Problem der Dispersionstheorie, und es wäre demnach das natürlichste, von der SCHRÖDINGERschen wellenmechanischen Dispersionstheorie[1] auszugehen und diese in geeigneter Weise dem speziellen Problem anzupassen (vor allem: Berücksichtigung der Retardierungen; s. unten). Dieser direkte Weg, welcher im Sinne der Quantenmechanik in konsequenter Weise zu einer *dynamischen* Theorie des Atomfaktors führt, ist erst jüngst von HÖNL[2] im Anschluß an die WALLERsche[3] Dispersionstheorie beschritten worden. Wir werden weiter unten die Ansätze und Ergebnisse dieser dynamischen Theorie diskutieren, um von hier aus die früheren das Problem wesentlich restringierenden Methoden zu rechtfertigen bzw. die Grenzen ihrer Gültigkeit abzuschätzen.

Die Erfolge dieser frühen Methoden beruhen bei unserm Problem wesentlich darauf, daß sie der räumlichen Ausdehnung der Atome in sinngemäßer Weise Rechnung zu tragen gestatten. An Stelle der von den einzelnen Elektronen der Elektronenbahnmodelle ausgehenden Streuwellen tritt jetzt die Gesamtheit der von allen Volumelementen des Atoms gestreuten interferierenden Sekundärwellen. Die Berechnung des Atomfaktors besteht hiernach aus zwei Teilen: aus der Ermittlung der Ladungsverteilung und der Berechnung ihrer Streuwirkung. Nur für die erstere wird die Wellenmechanik herangezogen. Das Atom wird dabei anschaulich als eine im dreidimensionalen Raume ausgebreitete *Ladungswolke* vorgestellt, deren einzelne Volumelemente „klassisch", d. h. gemäß der THOMSONschen Formel streuen. Die Benutzung des hochdimensionalen Konfigurationsraumes, welchen die exakte wellenmechanische Berechnung der Ladungsverteilung

[1] E. SCHRÖDINGER, Abhandlungen zur Wellenmechanik. Leipzig 1924.

[2] H. HÖNL, Ann. d. Phys. im Erscheinen. 1933; vgl. auch ZS. f. Phys. Bd. 84, S. 1. 1933.

[3] I. WALLER, ZS. f. Phys. Bd. 51, S. 213. 1928.

eigentlich nötig macht (s. unten), erscheint hier nur als ein Umweg; es kommt nur auf die „Projektion" von $\psi\psi^*$ in den dreidimensionalen Anschauungsraum an. Man bemerkt das Undynamische dieser Auffassung, die aus der Berechnung der gestreuten Welle ein rein wellenkinematisches Interferenzproblem an gegebenen Ladungsverteilungen macht. Hieran liegt es, daß eine dispersionsmäßige Abhängigkeit des Atomfaktors von der Frequenz des einfallenden Röntgenlichts, wie sie auch experimentell festgestellt worden ist[1], bei dieser Behandlung überhaupt nicht zur Geltung kommen kann.

2. *Wellenkinematische Theorie des Atomfaktors.* Es soll nun zunächst über die *bisherigen Berechnungen des Atomfaktors* als einer Interferenzwirkung der Ladungswolke des Atoms kurz berichtet werden. Die einzelnen Arbeiten unterscheiden sich voneinander durch die Art der Berechnung der Elektronenverteilung im Atom. HARTREE[2] benutzt die Methode des abgeglichenen Feldes (self-consistent field); W. L. BRAGG[3] im Anschluß an THOMAS[4] die auf der Statistik des Elektronengases beruhende; PAULING und andere[5] approximieren die Ladungsverteilung durch Wasserstoff-Eigenfunktionen, für welche sich der Atomfaktor leicht explizit angeben läßt, wobei sie geeignet gewählte Abschirmungszahlen einführen[6]. Hat man auf eine dieser Arten die gesamte Elektronendichte ϱ als Funktion des Ortes $\mathfrak{r}$ ermittelt, so ergibt sich die Streuung aus dem bekannten klassischen Interferenzansatz, bei dem jedes Volumelement wie eine freie Ladung behandelt wird und die Phase der Streuwellen durch den gesamten Lichtweg von der Einfallsrichtung $\mathfrak{s}_0$ in die Beobachtungsrichtung $\mathfrak{s}$ über das betreffende Volumelement bestimmt ist. Man gelangt so analog zu (8) zu der Formel:

$$J_\vartheta = J_e \cdot \left| \int \varrho(\mathfrak{r})\, e^{ik(\mathfrak{s}-\mathfrak{s}_0,\, \mathfrak{r})}\, dv \right|^2. \tag{10}$$

Hierbei ist im Gegensatz zu (7) zunächst noch nichts über Kugelsymmetrie der Ladungsverteilung vorausgesetzt. Statt $k(\mathfrak{s} - \mathfrak{s}_0, \mathfrak{r})$ kann man unter Einführung von $\varkappa$, vgl. (6), und des Einheitsvektors $\mathfrak{n}$ der Normalen der „Reflexionsebene", die den einfallenden Strahl in den gestreuten spiegelt, gesetzt werden: $\varkappa(\mathfrak{n}\mathfrak{r})$. Die Streuung pro Elektron wird somit:

$$S_\vartheta = I_e \cdot \frac{1}{Z} \left| \int \varrho(\mathfrak{r})\, e^{i\varkappa(\mathfrak{n}\mathfrak{r})}\, dv \right|^2, \tag{11}$$

wenn die Ladungsdichte so normiert wird, daß

$$\int \varrho(\mathfrak{r})\, dv = Z \tag{11'}$$

ist.

Auf Grund dieses Rechenverfahrens ist die Mehrzahl der zu Strukturbestimmungen verwerteten Atomfaktoren ermittelt worden. Wir wollen hier den *Atomfaktor für ein in der K-Schale gebundenes Elektron* explizit angeben. Nach der Wellenmechanik ist die normierte Eigenfunktion des Grundzustandes eines wasserstoffähnlich gebundenen Elektrons:

$$\psi_0 = \frac{1}{\sqrt{\pi a^3}} \cdot e^{-r/a} \tag{12}$$

[1] R. GLOCKER u. W. SCHÄFER, ZS. f. Phys. Bd. 73, S. 289. 1931; A. RUSTERHOLZ, ebenda Bd. 63, S. 1. 1930; Bd. 65, S. 226. 1930; Helv. Phys. Acta Bd. 4, S. 178. 1931; Ann. d. Phys. Bd. 82, S. 538. 1933.

[2] D. R. HARTREE, Proc. Cambridge Phil. Soc. Bd. 24, S. 89 u. 426. 1928; Bd. 25, S. 225. 1929.

[3] W. L. BRAGG u. J. WEST, ZS. f. Krist. Bd. 69, S. 118. 1929.

[4] L. H. THOMAS, Proc. Cambridge Phil. Soc. Bd. 23, S. 542. 1927.

[5] L. PAULING, Proc. Roy. Soc. London (A) Bd. 114, S. 181. 1927; L. PAULING u. J. SHERMAN, ZS. f. Krist. Bd. 81, S. 1. 1932.

[6] Vgl. ds. Handb. 2. Aufl. Bd. XXIV/1, Kap. 4, Ziff. 20.

$\left(a = \frac{h^2}{4\pi^2 m e^2} \cdot \frac{1}{Z - s}\right.$ Radius der BOHRschen Grundbahn bzw. mittlerer „Radius" der K-Schale, s Abschirmungskonstante $\cong 5/16$). Geht man mit $\varrho = \psi_0^2$ in Formel (10) ein, so wird der Atomamplitudenfaktor[1]

$$F = \frac{1}{\pi a^3} \int e^{-2\frac{r}{a} + i\varkappa(\mathfrak{n}\mathfrak{r})} dv.$$

Führt man ein Polarkoordinatensystem r, Θ, Φ ein, dessen Achse $\Theta = 0$ mit $\mathfrak{n}$ übereinstimmt, so wird

$$\left.\begin{aligned} F &= \frac{1}{\pi a^3} \int_0^{2\pi} d\Phi \int_0^{\pi} \sin\Theta\, d\Theta \int_0^{\infty} dr\, r^2 e^{-\left(\frac{2}{a} - i\varkappa\cos\Theta\right) r} \\ &= \frac{4}{a^3} \int_0^{\pi} \frac{\sin\Theta\, d\Theta}{\left(\frac{2}{a} - i\varkappa\cos\Theta\right)^3} = \frac{1}{\left(1 + \frac{a^2\varkappa^2}{4}\right)^2} \end{aligned}\right\} \qquad (12')$$

und schließlich der Atomintensitätsfaktor:

$$|F|^2 = \frac{1}{(1+\alpha^2)^4}, \qquad \alpha = \frac{a\varkappa}{2} = \frac{2\pi a}{\lambda} \sin\vartheta. \qquad (12'')$$

Wie man aus (12″) ersieht, erhält man für $\vartheta = 0$ „normale" Streuung, d. h. diejenige Intensität, wie sie dem klassischen ausdehnungslosen Elektron entspricht: in der Tat treffen in Richtung des Primärstrahls alle Streuwellen mit gleicher Phase zusammen, wobei es dann auf die Ausdehnung des Atoms nicht mehr ankommt. Der Abfall der Intensität mit zunehmendem ϑ erfolgt um so rascher, je größer die Ausdehnung der Ladungswolke im Vergleich zur Wellenlänge des Röntgenlichts, je größer also das Verhältnis a/λ ist. Auch dies ist ohne weiteres verständlich; denn je ausgebreiteter die Gesamtladung ist, desto mehr werden sich die Wirkungen der einzelnen Volumelemente durch Interferenz gegenseitig vernichten. F ist ferner nur Funktion von $\sin\vartheta/\lambda$. Dieses Resultat gilt, wie man auf Grund vorstehender Ableitung leicht überblickt, allgemein, sofern nur die Ladungsverteilung kugelsymmetrisch ist, da in dem Integral außer den Integrationsvariablen dann nur noch $\varkappa$, vgl. (11), vorkommt.

Die Verallgemeinerung von Formel (12) für beliebige Elektronenzustände wasserstoffähnlicher Atome haben PAULING und SHERMAN[2] ausgeführt, wobei die allgemeinen Züge des Atomfaktors für den H-Grundzustand erhalten bleiben. Bei Benutzung geeigneter Abschirmungszahlen für die einzelnen Elektronenschalen, zu deren Bestimmung PAULING und SHERMAN wesentliche Gesichtspunkte entwickeln, läßt sich die Streuwirkung der in den L-, M-, ... -Schalen gebundenen Elektronen mit guter Annäherung berechnen.

Von den obengenannten Methoden, auf Grund von Ladungsverteilungen Atomfaktoren zu berechnen, ist die HARTREEsche (self-consistent field) die genaueste. Die Berechnung der Ladungsverteilung nach der HARTREEschen Methode

---

[1] Der Zusammenhang zwischen dem in Ziff. 15 für den Strukturfaktor eingeführten ψ und F ist dieser:

$$\psi = \frac{e^2/m c^2}{r} \sqrt{\frac{1 + \cos^2 \lambda\vartheta}{2}} \cdot F.$$

Die englische Schule schreibt manchmal f für den Streufaktor der ganzen Zelle, also für den Strukturfaktor (9), Ziff. 15 α, unter Einbeziehung der Winkel- und Frequenzabhängigkeit der $\psi_\varkappa$ (vgl. Ziff. 21 δ).

[2] L. PAULING u. J. SHERMAN, ZS. f. Krist. Bd. 81, S. 1. 1932.

ist allerdings bisher nur für wenige Atome und Ionen durchgeführt worden (He, Li, O, F^-, Na, Na^+, Al, Al^+, Al^{++}, Al^{+++}, Si^{++++}, Cl^-, K^+, Ca^{++}, Rb^+). Der Atomfaktor F selbst ergibt sich aus der Ladungsdichte $\varrho(r)$ mittels einer Quadratur:

$$F = \int_0^\infty \frac{\sin \varkappa r}{\varkappa r} \cdot 4\pi r^2 \varrho(r)\, dr. \qquad (13)$$

Der Faktor $4\pi r^2 dr \cdot \sin\varkappa r/\varkappa r$ des Integranden entspricht dem Atomfaktor einer Kugelschale vom Radius r und der Dicke dr [1].

In den meisten Fällen muß man sich damit begnügen, die gemessenen Streuintensitäten mit den nach der THOMAS-FERMIschen oder PAULING-SHERMANschen Methode berechneten Atomfaktoren zu vergleichen. Beide Berechnungsarten weichen in entgegengesetztem Sinne von der exakteren HARTREEschen ab: Während die statistische Methode von THOMAS und FERMI alle individuellen Eigenschaften der Atome „wegmittelt", wird von PAULING und SHERMAN der Schalenaufbau der Atome zu stark betont. Dies tritt deutlich in Abb. 112 hervor, welche die Atomfaktoren der Alkali-Ionen nach den drei Methoden als Funktion von $\sin\vartheta/\lambda$ wiedergibt[2]. Die HARTREEsche Kurve verläuft — von sehr kleinen Abbeugungswinkeln abgesehen — im allgemeinen *zwischen* der THOMAS-FERMIschen und PAULING-SHERMANschen. Man wird daher zweckmäßigerweise auch in den zahlreichen Fällen, in denen nur die THOMAS-FERMIsche und PAULING-SHERMANsche Atomfaktorberechnung vorliegt, zwischen den beiden Kurven mitteln. Die Abweichung der Thomas-Fermi-Kurve von den beiden andern bei sehr kleinen Streuwinkeln beruht darauf, daß sich die THOMAS-FERMIschen F-Werte auf neutrale Atome beziehen (für $\vartheta = 0$ wird F gleich der Zahl der Elektronen des Atoms oder Ions). Der Unterschied macht sich aber nur bei sehr kleinen Streuwinkeln bemerkbar, da der Beitrag des Valenzelektrons zum F-Wert mit wachsendem Abbeugungswinkel ϑ wegen der Ausgedehntheit der zugehörigen $\psi\psi^*$-Verteilung sehr rasch gegen Null strebt. Da es keine Interferenzen unter beliebig kleinen Winkeln gibt, ist es daher praktisch nicht möglich, aus Atomfaktorbestimmungen auf die Valenzbetätigung der Ionen im Gitter Schlüsse zu ziehen.

PAULING und SHERMAN geben in ihrer Arbeit Kurven und Tabellen für fast sämtliche Atome sowie eine große Anzahl von Ionen. Ausführliche Tabellen zum Vergleich der THOMAS-FERMIschen und HARTREEschen F-Werte haben ferner JAMES und BRINDLEY[3] berechnet; in diesen Arbeiten sind auch Verfahren angegeben, wie man zwischen den von HARTREE für einige Elemente berechneten F-Werten geeignet interpolieren kann.

3. *Dynamische Auffassung.* Wir kehren zur dynamisch-dispersionstheoretischen Auffassung des Atomfaktors zurück. Der Zustand eines Atoms mit Z Elektronen läßt sich nach der Wellenmechanik darstellen durch eine Funktion ψ, deren Argumente sämtliche Freiheitsgrade des Systems — ihre Zahl ist, wenn man vom Spin absieht, $3Z$ — und außerdem die Zeit t sind. Es ist daher bequem, das quantenmechanische „Geschehen" in den hochdimensionalen Konfigurationsraum zu verlegen, ähnlich wie in der GIBBSschen statistischen Mechanik, als deren Weiterbildung die Wellenmechanik aufgefaßt werden kann[4]. Die

[1] Man vgl. den analogen DEBYEschen Ausdruck für „Elektronenbahnen" unter γ.
[2] Aus L. PAULING u. J. SHERMAN, l. c. S. 28; ZS. f. Krist. Bd. 81, S. 28. 1932 (Abb. 10 unverändert).
[3] W. JAMES u. W. BRINDLEY, Phil. Mag. Bd. 12, S. 81. 1931; ZS. f. Krist. Bd. 78, S. 470. 1931.
[4] H. HÖNL u. C. ECKART, Phys. ZS. Bd. 31, S. 145. 1930.

ψ-Funktion unterliegt einer zeitabhängigen Differentialgleichung, der SCHRÖDINGERschen Wellengleichung:

$$\frac{h}{2\pi i}\frac{\partial \psi}{\partial t} = H\psi \tag{14}$$

(H Operator der Hamiltonfunktion, als Differentialoperator von der 2. Ordnung; h PLANCKsche Konstante), welche der klassischen „Bewegungsgleichung" ent-

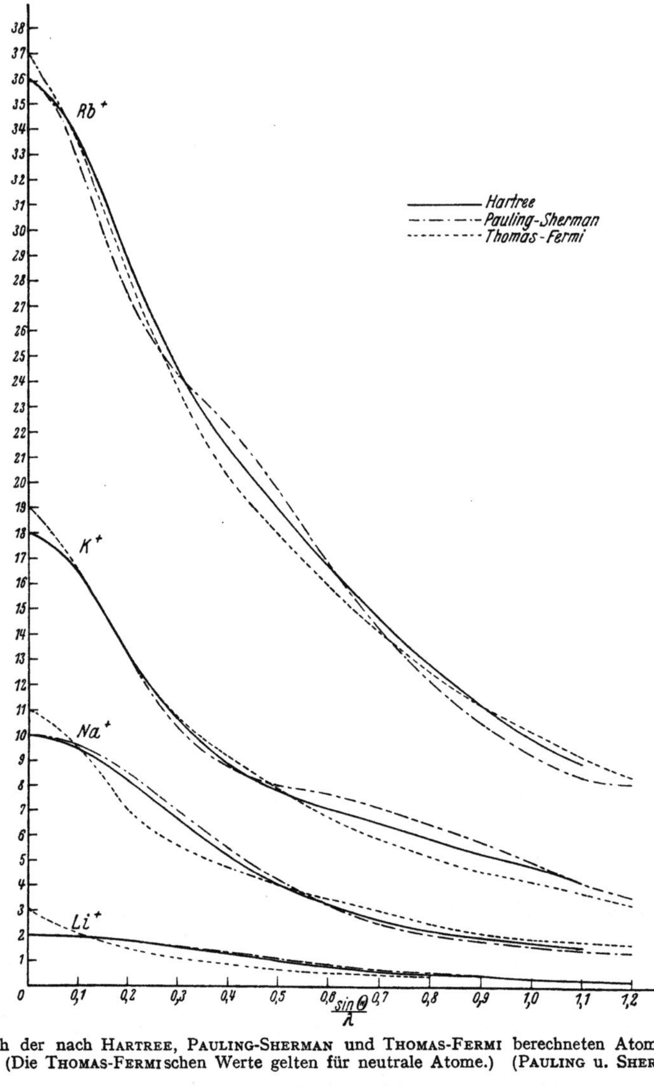

Abb. 112. Vergleich der nach HARTREE, PAULING-SHERMAN und THOMAS-FERMI berechneten Atomfaktoren für die Alkali-Ionen. (Die THOMAS-FERMIschen Werte gelten für neutrale Atome.) (PAULING u. SHERMANN, l. c.)

spricht. Ist ψ zu einer bestimmten Zeit bekannt, so ist es durch (14) auch für alle späteren Zeiten eindeutig festgelegt. Eigenzustände ψ_k sind dadurch charakterisiert, daß $\psi = \psi_k$ von der Zeit rein periodisch abhängt in der Form:

$$\psi_k = u_k(\mathfrak{r}_1, \mathfrak{r}_2, \ldots, \mathfrak{r}_Z) \cdot e^{2\pi i \frac{E_k}{h} t} \tag{15}$$

und $u(\mathfrak{r}_1, \ldots, \mathfrak{r}_Z)$ im Unendlichen verschwindet; E_k sind die Energien der möglichen stationären Zustände des Systems — Wir nehmen an, daß sich das Atom vor der Bestrahlung in einem bestimmten stationären Zustand n befunden hat (Eigenfunktion ψ_n); wir bezeichnen den HAMILTONschen Operator des ungestörten Atoms mit H^0. Zur Zeit $t = 0$ treffe der Kopf der Röntgenwelle das Atom. Wir können der Wechselwirkung des Atoms mit der Röntgenwelle eine Störungsenergie H^1 entsprechen lassen, und haben dann für $t > 0: H = H^0 + H^1$ und als Schrödingergleichung:

$$\frac{h}{2\pi i}\frac{\partial\psi}{\partial t} = (H^0 + H^1)\,\psi\,. \tag{16}$$

Für $t > 0$ ist ψ_n nicht mehr Lösung dieser Differentialgleichung. Man kann aber zu jedem Zeitpunkt t die ψ-Funktion nach dem vollständigen Orthogonalsystem der Eigenfunktionen ψ_m des ungestörten Atoms entwickeln und daher schreiben:

$$\psi = \sum_m a_m(t)\,\psi_m(t) = \sum_m a_m(t)\,u_m\cdot e^{\frac{2\pi i}{h}E_m t}, \tag{17}$$

wobei die Koeffizienten a_m Funktionen der Zeit sein werden. Einsetzen von ψ in die Schrödingergleichung (16) liefert dann ein System von totalen Differentialgleichungen für die a_m, aus welchen zusammen mit den Anfangsbedingungen für $t = 0: a_n = 1,\, a_m = 0\ (m \neq n)$ ψ zu jeder späteren Zeit berechnet werden kann[1]. Es sei $\mathfrak{E}$ die elektrische Kraft der in der Richtung $\mathfrak{s}_0$ einfallenden linear polarisierten Lichtwelle, $\mathfrak{E}_0$ der Amplitudenvektor, also — wir benutzen den reellen cos —

$$\mathfrak{E} = \mathfrak{E}_0\cdot\tfrac{1}{2}\left(e^{2\pi i\nu t - ik(\mathfrak{s}_0\mathfrak{r})} + e^{-2\pi i\nu t + ik(\mathfrak{s}_0\mathfrak{r})}\right); \tag{18}$$

ferner ist

$$\mathfrak{E} = -\frac{1}{c}\frac{\partial\mathfrak{A}}{\partial t}, \tag{18'}$$

wenn $\mathfrak{A}$ das Vektorpotential der Lichtquelle bedeutet. Nach der klassischen Elektrodynamik ist nun die Störungsenergie

$$H^1 = -\frac{e}{c}\sum_s(\mathfrak{A}\mathfrak{v}_s), \tag{19}$$

wobei $\mathfrak{v}_s$ der Geschwindigkeitsvektor des $s$ten Elektrons ist und über sämtliche Elektronen zu summieren ist. In der Quantenmechanik ist $\mathfrak{v}_s$ (über den Impuls p_s) zu ersetzen durch den nur an den Koordinaten des $s$ten Elektrons angreifenden Operator:

$$\mathfrak{v}_s = \frac{p_s}{m_0} = \frac{h}{2\pi i m_0}\operatorname{grad}_s\ldots,\qquad \operatorname{grad}_s = \mathfrak{i}\frac{\partial}{\partial x_s} + \mathfrak{j}\frac{\partial}{\partial y_s} + \mathfrak{k}\frac{\partial}{\partial z_s} \tag{19'}$$

(m_0 Masse des Elektrons). Daher wird unter Einsetzung des aus (18) und (18′) berechneten $\mathfrak{A}$ in (19) der Störungsanteil der Schrödingergleichung:

$$\left.\begin{aligned} H^1\psi &= -\frac{eh}{2\pi i m_0 c}\sum_s(\mathfrak{A},\operatorname{grad}_s\psi)\\ &= -\frac{eh}{8\pi^2 m_0\nu}\sum_s{}'\left\{e^{2\pi i\nu t - ik(\mathfrak{n}_0\mathfrak{r}_s)} - e^{-2\pi i\nu t + ik(\mathfrak{n}_0\mathfrak{r}_s)}\right\}(\mathfrak{E}_0,\operatorname{grad}_s\psi)\,. \end{aligned}\right\} \tag{19''}$$

---

[1] Dieses (DIRACsche) Verfahren der „Variation der Konstanten“ entspricht hier nicht „säkularen“ Störungen des Atoms, da die Frequenz des Röntgenlichts von der gleichen Größenordnung ist wie die Eigenfrequenzen E_k/h der stationären Zustände (im Bilde der BOHRschen Elektronenbahnen: wie die Umlaufsfrequenzen der Elektronen). Vgl. die entsprechende Behandlung des Photoeffektes bei H. BETHE, Ann. d. Phys. Bd. 4, S. 443. 1930.

Führt man die oben angedeutete Störungsrechnung durch, so erhält man für das gestörte ψ in erster Näherung:

$$\psi = u_n \cdot e^{\frac{2\pi i}{h} E_n t} - \frac{e h}{8\pi^2 m_0 \nu} \sum_m' \left\{ \frac{(\mathfrak{E}_0 \mathfrak{B}^0_{mn}) \cdot e^{\frac{2\pi i}{h}(E_n + h\nu)t}}{E_n - E_m + h\nu} + \frac{(\mathfrak{E}_0 \mathfrak{B}^{0*}_{nm}) \cdot e^{\frac{2\pi i}{h}(E_n - h\nu)t}}{E_n - E_m - h\nu} \right\} u_m \quad (20)$$

mit den „Matrixelementen":

$$\mathfrak{B}^0_{mn} = \sum_s \int d\tau \cdot e^{-ik(\mathfrak{n}_0 \mathfrak{r}_s)} u_m^* \operatorname{grad}_s u_n, \qquad \mathfrak{B}^{0*}_{nm} = -\sum_s \int d\tau \cdot e^{+ik(\mathfrak{n}_0 \mathfrak{r}_s)} u_m^* \operatorname{grad}_s u_n. \quad (20')$$

Die $\sum'(m)$ steht zugleich für das Integral über die kontinuierlichen Eigenzustände des Atoms, der Akzent am $\sum$-Zeichen bedeutet, daß das Glied mit $m = n$ fortzulassen ist. Da in der Schrödingergleichung die imaginäre Einheit i explizit vorkommt, so war es notwendig, die reelle Störungsfunktion (18) in zwei konjugiert komplexe Bestandteile aufzuspalten; ihnen entsprechen die beiden Summanden unter $\sum'(m)$ mit den Frequenzen $\frac{2\pi}{h}(E_n \pm h\nu)$. Charakteristisch für das Problem sind ferner die Resonanznenner $E_n - E_m \pm h\nu$, welche die eigentliche Dispersion, d. h. Frequenzabhängigkeit der Streuung bewirken, sowie die Retardierungsfaktoren $e^{-ik(\mathfrak{s}_0 \mathfrak{r}_s)}$ in den die Matrixelemente $\mathfrak{B}_{mn}$ und $\mathfrak{B}^*_{nm}$ darstellenden Integralen.

Es handelt sich nunmehr darum, das Moment $\mathfrak{M}$ der durch die Störung verursachten Ausstrahlung des Atoms zu berechnen. Das für die *optische* Dispersionstheorie bewährte Verfahren (Vernachlässigung der Retardierung, Wellenlänge λ groß gegen die Atomdimensionen) gibt im Falle des Einelektronenproblems

$$\mathfrak{M} = \int \mathfrak{r} \varrho \, d\tau = -e \int \mathfrak{r} \psi \psi^* d\tau \quad (21)$$

(ϱ Ladungsdichte). Bei mehreren Elektronen muß man vom $3\,Z$-dimensionalen Raum in den dreidimensionalen zurückkehren. Man erhält die Ladungsdichte für das $s$te Elektron, indem man $\psi\psi^*$ über die Koordinaten aller übrigen Elektronen integriert:

$$\varrho_s = -e \int \psi \psi^* d\tau'_s, \qquad d\tau = d\tau_s d\tau'_s \quad (22)$$

und das gesamte Streumoment, indem man die Vorschrift (21) auf jedes einzelne Elektron anwendet:

$$\mathfrak{M} = \sum_s \int \mathfrak{r}_s \varrho_s d\tau_s = -e \int \sum_s \mathfrak{r}_s \psi \psi^* d\tau. \quad (21')$$

Infolge der Vernachlässigung der Retardierung streut das Atom in der optischen Dispersionstheorie ebenso wie ein HERTZscher Dipol, und es ist daher z. B. die Winkelabhängigkeit der Intensität der Streustrahlung bei unpolarisierter einfallender Strahlung *unabhängig* von der Frequenz durch den „Polarisationsfaktor" $\frac{1}{2}(1 + \cos^2 2\vartheta)$ bestimmt. Im optischen Gebiet ist es daher angängig, die Winkelabhängigkeit von der dispersionsmäßigen Frequenzabhängigkeit zu trennen.

Diese Vereinfachung ist für kurze Wellen nicht mehr möglich. Bei der Berechnung der Streuung ist jetzt zu beachten, daß die durch die zeitlich veränderliche Ladungsdichte bzw. Stromverteilung erregten elektrodynamischen Potentiale sich mit Retardierungen zusammensetzen. Das konsequente Verfahren, das Streumoment bei Berücksichtigung der Retardierung zu berechnen, besteht nun darin, daß man von der wellenmechanischen *Stromdichte* ausgeht, die sich bei Anwesenheit eines Vektorpotentials $\mathfrak{A}$ für das $s$te Elektron ausdrücken läßt[1]:

$$\mathfrak{j}_s = \frac{h}{4\pi i m} \int \left(\psi^* \operatorname{grad} \psi - \psi \operatorname{grad} \psi^* - \frac{e}{mc} \mathfrak{A} \psi \psi^* \right) d\tau_s \quad (22)$$

[1] Vgl. O. KLEIN, ZS. f. Phys. Bd. 41, S. 407. 1927; W. GORDON, ebenda Bd. 49, S. 117. 1926.

und hieraus das Streumoment bildet:

$$\mathfrak{M} = \sum_s \int j_s e^{ik(\mathfrak{s}\mathfrak{r}_s)} d\tau_s + \text{konj. Gl.} \tag{23}$$

Für ψ ist in (22) die Lösung (20) des Störungsproblems einzusetzen. Diese Ansätze führen auf die WALLERsche Dispersionsformel[1], deren für die kohärente Streustrahlung maßgebendes Glied lautet:

$$\left.\begin{aligned}\mathfrak{M}_{\text{koh}} = -\frac{e^2}{8\pi^2 m_0 \nu^2}\left\{\gamma_{nn}\mathfrak{E}_0 - \frac{h^2}{4\pi^2 m_0}\sum_m \left[\frac{(\mathfrak{E}_0\mathfrak{B}^0_{mn})\mathfrak{B}^*_{mn}}{E_m - E_n - h\nu} + \frac{(\mathfrak{E}_0\mathfrak{B}^0_{nm})\mathfrak{B}^*_{nm}}{E_m - E_n + h\nu}\right]\right\} e^{2\pi i\nu t} \\ + \text{konjug. Glied.}\end{aligned}\right\} \tag{24}$$

Hierin sind die Größen $\mathfrak{B}^0_{mn}$, $\mathfrak{B}^0_{nm}$ und die zugehörigen konjugiert komplexen Werte aus (20′) zu entnehmen; $\mathfrak{B}^*_{mn}$ und $\mathfrak{B}^*_{nm}$ sind die entsprechend definierten Größen, wobei nur im Retardierungsfaktor unter dem Integranden $\mathfrak{s}_0$ durch $\mathfrak{s}$ zu ersetzen ist. E_m und E_n bedeuten den Energieinhalt des Atoms in Anregungs- und Grundzustand. Schließlich ist

$$\gamma_{nn} = \sum_s \int \psi_n \psi_n^* e^{ik(\mathfrak{s} - \mathfrak{s}_0, \mathfrak{r}_s)} d\tau \tag{24′}$$

($d\tau$ hochdimensional), was, soweit sich ψ_n als Linearkombination von Produkten der Eigenfunktionen für die einzelnen Elektronenzustände im Atom darstellen läßt, identisch ist mit

$$\gamma_{nn} = \int\int\int \left(\sum_s \varrho_s(\mathfrak{r})\right) e^{ik(\mathfrak{s} - \mathfrak{s}_0, \mathfrak{r})} dx\, dy\, dz\,, \tag{24″}$$

d. h. mit dem „Atomamplitudenfaktor“ F der geometrisch-interferenzmäßigen Theorie.

Aus (24), (24″) geht hervor, daß die elementare Theorie des Atomfaktors eine erste Näherung des umfassenderen dispersionstheoretischen Problems darstellt. Zu dem interferenzmäßig deutbaren Gliede (proportional γ_{nn}) tritt jedoch ein weiteres hinzu, welches die Resonanznenner $E_m - E_n \mp h\nu$ enthält und daher zu einer dispersionsmäßigen Frequenzabhängigkeit des Streumomentes $\mathfrak{M}$ Veranlassung gibt. Nur im Grenzfall hoher Frequenz ist das „Dispersionsglied“ gegenüber dem ersten wegen des Auftretens der großen Nenner zu vernachlässigen, so daß man auf die geometrische Theorie zurückkommt. Andrerseits läßt sich zeigen[2], daß im entgegengesetzten Grenzfalle großer Wellenlängen, in welchem die Retardierungen vernachlässigt werden können, die Vereinigung der beiden Glieder auf die einfachere KRAMERS-HEISENBERGsche Dispersionsformel[3] führt.

Im allgemeinen Falle kann man, von dem KRAMERS-HEISENBERGschen Grenzfall als erster Näherung ausgehend, das Dispersionsglied nach Potenzen von $1/\lambda$ entwickeln. Diese Entwicklung ist — vollständig wenigstens für die Elektronen der K-Schale — von HÖNL durchgeführt worden[4]. Zunächst kann man $\sum(m)$ nach den (virtuellen) Übergängen der Elektronen aus den einzelnen Atomschalen in Zustände des kontinuierlichen Energiespektrums ordnen — alle andern Übergänge *eines* Elektrons sind wegen des PAULIschen Prinzips verboten — und auf diese Weise den Beitrag einer jeden Schale des Atoms gesondert berücksichtigen [dabei sind die in $\sum(m)$ ebenfalls vorgesehenen Mehrfachanregungen des Atoms vernachlässigt, für welche aber die zugehörigen Übergangswahrscheinlichkeiten sehr klein sind]. Das Ergebnis der Entwicklung ist: Für jede Atom-

---

[1] I. WALLER, ZS. f. Phys. Bd. 51, S. 213. 1928.
[2] Siehe I. WALLER, l. c.
[3] H. A. KKAMERS u. W. HEISENBERG, ZS. f. Phyz. Bd. 31, S. 681. 1925.
[4] H. HÖNL, Ann. d. Phys., im Erscheinen; ZS. f. Phys. Bd. 84, S. 1. 1933.

schale S läßt sich der Beitrag zu $\sum(m)$ [innerhalb der geschweiften Klammer in (24)], den wir weiterhin mit $\mathfrak{D}_S$ bezeichnen, in der Form schreiben:

$$\mathfrak{D}_S = |\mathfrak{E}_0| \sum_l \Phi_l^S(\chi, \varphi) G_l^S. \tag{25}$$

Die Funktionen Φ_l^S der Polarwinkel χ, φ der Streurichtung (χ = Abbeugungswinkel) bedeuten mit $l = 1, 2, 3, \ldots$ der Reihe nach die Winkelverteilungen des Moments eines *Dipol, Quadrupol, Oktopol* usf.[1]; die G_l^S können nach dem Parameter

$$\varkappa_S = \frac{2\pi a_S}{\lambda} \tag{25'}$$

entwickelt werden — a_S bedeutet einen „mittleren" Radius der betreffenden Schale S (der Index S soll von jetzt ab unterdrückt werden):

$$\left.\begin{aligned} G_1 &= g_1^{(0)} + \varkappa^2 g_1^{(2)} + \varkappa^4 g_1^{(4)} + \cdots \\ G_2 &= \qquad\;\; \varkappa^2 g_2^{(2)} + \varkappa^4 g_2^{(4)} + \cdots \\ G_3 &= \qquad\qquad\qquad\;\; \varkappa^4 g_3^{(4)} + \cdots \end{aligned}\right\} \tag{25''}$$

Dabei sind die $g_l^{(2\tau)}$ reine Funktionen des Verhältnisses ν/ν_K, wenn ν die eingestrahlte Frequenz, ν_K die Kantenfrequenz der betreffenden Atomschale (bzw. ihrer Unterteilungen wie $L_{\mathrm{I,\,II,\,III}}$) bedeuten.

In der Darstellung (25) bis (25″) tritt der Aufbau des „Atomfaktors" deutlich zutage. $\mathfrak{D}$ stellt sich zunächst als eine Reihe nach Multipolgliedern dar, von denen jedes seine eigene charakteristische Frequenzabhängigkeit besitzt. Andrerseits enthalten die G_l sowohl die „Geometrie" des Atoms, wie die Entwicklung nach dem rein geometrischen Parameter $\varkappa$ anzeigt, als auch die „Dispersion", wie die $g_l^{(2\tau)}(\nu/\nu_K)$ zum Ausdruck bringen. Wie man aus (25″) ersieht, treten die höheren Multipolglieder erst mit höheren Potenzen von $\varkappa$ auf. Deshalb, vgl. (25′), ist die Entwicklung für die inneren Atomschalen in allen praktischen Fällen stark konvergent, und man braucht sich nur auf ganz wenige Glieder der Reihe zu beschränken: bei der K-Schale hat man praktisch nur das Dipolglied, bei der L-Schale außerdem noch das Quadrupolglied mitzunehmen[2]. Was die Frequenzabhängigkeit der $g_l^{(2\tau)}$ betrifft, so ist noch zu bemerken, daß diese Funktionen sämtlich für $\nu = \nu_K$ eine logarithmische Unendlichkeitsstelle besitzen[3], wie dies z. B. von der KALLMANN-MARKschen Dispersionsformel[4] her bekannt ist.

Vernachlässigen wir die Retardierung zunächst vollständig (Grenzfall großer Wellenlänge); dann wird $\mathfrak{M}$ das Moment eines Dipols und wir können die beiden Glieder von $\mathfrak{M}$ (proportional γ_{nn} und $\mathfrak{D}$) zusammenfassen, wobei zu beachten ist, daß im Grenzfall großer Wellen $\gamma_{nn} = Z$ wird:

$$\mathfrak{M} = \mathfrak{p}_0 \left\{ Z - n_K + \varphi_K\left(\frac{\lambda}{\lambda_K}\right) - n_L + \varphi_L\left(\frac{\lambda}{\lambda_L}\right) - \cdots \right\}. \tag{26}$$

Dabei ist

$$\mathfrak{p}_0 = -\frac{e^2}{4\pi^2 m_0 \nu^2} \mathfrak{E} \tag{26'}$$

das Moment eines „THOMSONschen Elektrons", so daß die Streuintensität bei unpolarisierter Primärstrahlung einfach proportional $\frac{1}{2}(1 + \cos^2\chi)$ wird; n_K, n_L

---

[1] l ist ursprünglich die azimutale Quantenzahl der Eigenfunktionen des kontinuierlichen Energiespektrums; die Winkelabhängigkeit ergibt sich aus einem Additionstheorem für die Kugelflächenfunktionen.

[2] Für extrem harte Strahlung, für welche man übrigens relativistische Korrektionen anbringen müßte, sind die Reihen nach $\varkappa$ natürlich nicht mehr konvergent.

[3] Die Funktionen $g_l^{(2\tau)}$ ergeben sich aus der Summation über m (bzw. Integration über den kontinuierlichen Energieparameter E) und enthalten die „integrierten" Resonanznenner.

[4] H. KALLMANN u. H. MARK, Ann. d. Phys. Bd. 82, S. 585. 1927; Naturwissensch. Bd. 14, S. 649. 1926.

ist die „Zahl der Dispersionselektronen" der L-, K-, ... -Schale, die φ_K, φ_L, ... entsprechen der KALLMANN-MARKschen Funktion[1], welche dem Einfluß der „Bindung" der Elektronen gemäß einer gewissen Verteilung von Ersatzoszillatoren Rechnung trägt (λ_K, λ_L, ... Wellenlänge der K-, L-, ... -Kante). Führt man die Rechnung unter Berücksichtigung der Abschirmung durch[2], so ergibt sich zunächst für die Oszillatorendichten $\frac{df}{d\nu}$ ein von der KALLMANN-MARKschen Annahme eines ν^{-3}-Gesetzes abweichendes Verteilungsgesetz, das insbesondere für die den K-Übergängen entsprechenden Oszillatoren mit großer Annäherung die Form

$$\frac{df}{d\nu} = \frac{a}{\nu^3} - \frac{b}{\nu^4} \tag{27}$$

(a, b positive Konstante) besitzt. Demgemäß wird sowohl die Form der Funktionen φ_K, φ_L, ... als auch die Zahl der Dispersionselektronen n_K, n_L ... gegenüber KALLMANN und MARK abgeändert, welch letztere von KALLMANN und MARK als mit der Zahl der Elektronen in der betreffenden Schale identisch angenommen werden. Das Moment $\mathfrak{M}$ kann direkt durch Messung des Brechungsindex bestimmt werden. Abb. 113 zeigt den Vergleich der KALLMANN-MARKschen Dispersionskurve mit den von HÖNL für Si und Ca berechneten. Die eingetragenen Meßpunkte entsprechen den sorgfältigen Bestimmungen des Brechungsindex von Kalkspat und Quarz durch LARSSON[3]. Wie man sieht, schließen sich die Meßpunkte, insbesondere was die Si-Punkte anlangt, der HÖNLschen Kurve wesentlich besser an als der KALLMANN-MARKschen. Daß die HÖNLsche Kurve auf der langwelligen Seite der Kanten von Ca und Si höher liegt als die KALLMANN-MARKsche, liegt wesentlich an der genauen Bestimmung der Zahl der Dispersionselektronen der K-Schale. LARSSON schätzt n_K für Ca und Si auf etwa 1,5, die theoretischen Werte sind 1,53 (Si) und 1,41 (Ca). n_K ist ferner von PRINS[4] für Eisen bestimmt worden (mittels Totalreflektion von Röntgenstrahlen an Stahlspiegel); er findet $n_K = 1{,}3$, während sich theoretisch der Wert 1,33 ergibt.

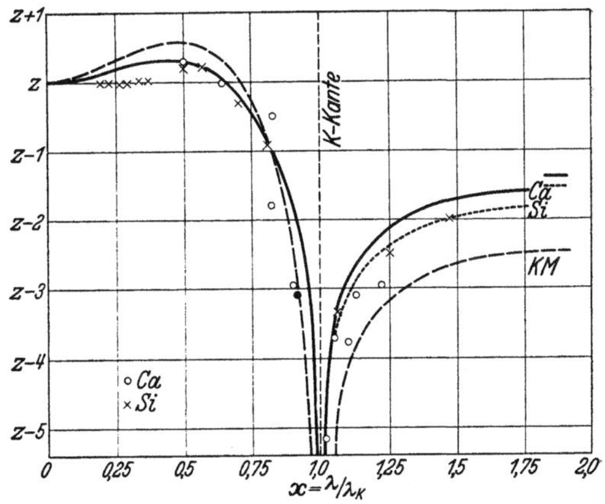

Abb. 113. Verlauf der Dispersionskurve an der K-Kante. ——— theoretische Kurve für Ca, ---------- theoretische Kurve für Si (auf der kurzwelligen Seite der Kante fällt die Si-Kurve mit der Ca-Kurve praktisch zusammen), – – – – KALLMANN-MARKsche Kurve. Die Lage der Kanten von Ca und Si sind reduziert eingezeichnet; Abszisse jeweils $\lambda : \lambda$-Kante. Ordinate: $\left(\frac{1-n_0}{\lambda^2}\right)\frac{2\pi m c^2}{N e^2}$. Die Meßpunkte (× und o) nach A. LARSSON.

Bei den Dispersionsmessungen kommt die *Winkelabhängigkeit des Streumoments* noch nicht zum Ausdruck, da für den Brechungsindex nur die Streustrahlung in Richtung des Primärstrahls maßgebend ist. Für diese Abhängigkeit muß man daher die Kristallinterferenzen heranziehen. Die Streuintensität selbst ist ein in $\mathfrak{M}$ quadratischer Ausdruck. Indem wir im Sinne der Definition des

[1] Siehe Fußnote 4, S. 328.

[2] H. HÖNL, ZS. f. Phys., l. c.; die (innere und äußere) Abschirmung kann auf Grund eines von H. BETHE (ds. Handb., 2. Aufl., Bd. XXIV/1, S. 478) angegebenen Potentialansatzes für die Elektronen berechnet werden.

[3] A. LARSSON, Exp. Unters. üb. d. Dispersion d. Röntgenstrahlen, Dissert. Uppsala 1929.

[4] J. A. PRINS, ZS. f. Phys. Bd. 47, S. 479. 1928.

Atomfaktors (ds. Ziff. β) alle Intensitäten auf die Streuintensität eines THOMSONschen Elektrons beziehen, wird, sobald sich das gesamte Streufeld des Atoms nicht mehr dipolmäßig darstellen läßt, der Atomfaktor selbst winkelabhängig werden[1]. Überlagern wir dem Dipolfeld der K-Schale noch das Quadrupolfeld, so nimmt der Intensitätsfaktor F^2 die Gestalt an:

$$F^2 = A + \varkappa^2\left(B + C\,\frac{4\cos^3 2\vartheta}{1+\cos^2 2\vartheta}\right) + \cdots. \tag{28}$$

Die Größen A, B, C sind frequenzabhängig; es ist

$$\left.\begin{aligned} A &= (F_0 + \xi_1^{(0)})^2 + \eta_1^{(0)2}, \\ B &= 2(F_0 + \xi_1^{(0)})\,\xi_1^{(2)} + 2\eta_1^{(0)}\eta_1^{(2)}, \\ C &= (F_0 + \xi_1^{(0)})\,\xi_2^{(2)} + \eta_1^{(0)}\eta_2^{(2)}. \end{aligned}\right\} \tag{28'}$$

Hierin ist F_0 der Atomfaktor der elementaren interferenzmäßigen Theorie (Funktion von $\sin\vartheta/\lambda$); $\xi_0^{(1)}$ ist der anomale Beitrag des Dipolmoments der K-Schale zu F_0, $\xi_1^{(2)}$ und $\xi_2^{(2)}$ sind entsprechende Beträge höherer Ordnung (proportional $\varkappa^2$) von Dipol und Quadrupol; die zugehörigen Größen $\eta_1^{(0)}$, $\eta_1^{(2)}$, $\eta_2^{(2)}$ entsprechen der Absorption und haben einen Phasenunterschied der Streuwelle gegen die Primärstrahlung zur Folge. Vernachlässigt man das Glied mit $\varkappa^2$, das für die K-Schale tatsächlich völlig innerhalb der Meßgenauigkeit liegt, und entwickelt ferner nach dem Absorptionsglied, das gegen das Hauptglied stets klein ist, so wird

$$F = \sqrt{A} = F_0 + \xi_1^{(0)} + \frac{1}{2}\,\frac{\eta_1^{(0)2}}{F_0 + \xi_1^{(0)}} + \cdots. \tag{29}$$

$\eta_1^{(0)}$ vertritt hier eigentlich die Gesamtabsorption $\sum\limits_S \eta_1^{(0)S}$ (S Schalenindex), welche aus dem empirischen Absorptionsindex bestimmt werden kann. Das Absorptionsglied spielt in der Nähe der K-Kante nur auf der kurzwelligen Seite eine Rolle (auf der langwelligen Seite ist $\eta_1^{(0)K} = 0$ und $\eta_1^{(0)L}$ noch sehr klein — Sprung des Absorptionskoeffizienten!) und bringt wegen des Nenners F_0 ($\sin\vartheta/\lambda$) $+\ \xi_1^{(0)}$ eine schwache Winkelabhängigkeit des Atomfaktors hervor, die in geringem Abstand von der Kante das winkelabhängige Quadrupolglied (proportional C) immerhin bei weitem überwiegt. Diese Verhältnisse ändern sich aber schon bei der L-Schale, wo das Quadrupolglied größenordnungsmäßig 50mal größer ist als bei der K-Schale und damit den Hauptbestandteil der Winkelabhängigkeit von F ausmacht, für welche aber die ausführlichen Rechnungen gegenwärtig noch nicht vorliegen.

Für Atomfaktorbestimmungen in der Nähe der K-Kante ist somit die Darstellung (29) des F-Faktors vollständig ausreichend[2]. In Abb. 114 ist die von HÖNL berechnete F-Kurve für Eisen zusammen mit den Meßergebnissen von GLOCKER und SCHÄFER[2] an Fe und Cr (letztere Meßpunkte auf Fe reduziert, was bei dem geringfügigen Unterschied in Z ohne weiteres erlaubt ist) und von BRADLEY und HOPE[3] eingezeichnet; zum Vergleich ist die KALLMANN-MARKsche Kurve mit eingezeichnet worden. Insbesondere sind die (neueren) Meßwerte von

[1] Es ist zu beachten, daß das Streufeld einer „Ladungswolke" (Hauptbestandteil des Atomfaktors), was die Polarisationseigenschaften anlangt, sich dipolmäßig verhält, obwohl es sich nach Multipolen entwickeln läßt.

[2] R. GLOCKER u. K. SCHÄFER, ZS. f. Phys. Bd. 73, S. 289. 1931; die eingezeichneten Meßpunkte nach neueren verbesserten Ergebnissen. Die von GLOCKER und SCHÄFER ursprünglich angegebene Winkelabhängigkeit der F-Werte käme nach den neuen Meßresultaten in Übereinstimmung mit (29) in Fortfall.

[3] A. J. BRADLEY u. R. A. H. HOPE, Proc. Roy. Soc. London (A) Bd. 136, S. 272. 1932.

GLOCKER und SCHÄFER in bester Übereinstimmung mit der theoretischen Erwartung. Erwähnenswert ist noch die von GLOCKER und SCHÄFER vorgenommene Nachprüfung eines BRADLEY-HOPEschen Meßpunktes für Chromstrahlung auf der langwelligen Seite der K-Kante ($\lambda = 2{,}29$ Å, $\lambda/\lambda_K = 1{,}31$), der ursprünglich eine bedeutende Abweichung zeigte, nach dem neueren Meßergebnis aber genau auf der theoretischen Kurve liegt.

Wenn demnach, wie die Diskussion der allgemeinen, sowohl frequenz- wie winkelabhängigen Formeln (28) und (29) zeigt, die feineren Züge des Atomfaktors, insbesondere die Winkelabhängigkeit, bei den Messungen in der Nähe der K-Kante wegen der Grenzen der Meßgenauigkeit nicht zur Geltung gelangen können, so dürfte doch durch die HÖNLsche Arbeit außer der befriedigenden Übereinstimmung der Meßergebnisse mit dem berechneten anomalen Verhalten des Dipolgliedes die prinzipielle Klarstellung erreicht sein, daß und inwiefern die dispersionsmäßige Auffassung des Atomfaktors eine Ergänzung der interferenzmäßigen darstellt. Es wird damit zugleich ersichtlich, daß zur experimentellen Prüfung der dynamischen Theorie des Atomfaktors nur die Abweichungen von dem Ergebnis der älteren kinematischen Theorie in Frage kommen — so daß auch weiterhin das Bedürfnis besteht, diese Rechnungen so genau als möglich durchzuführen.

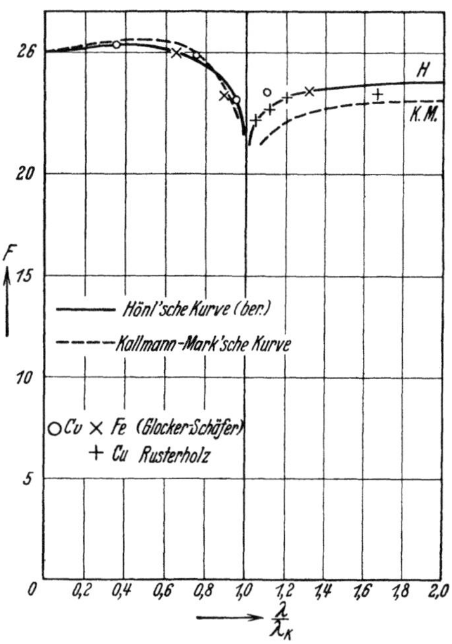

Abb. 114. Vergleich der HÖNLschen Dispersionskurve für Eisen mit der KALLMANN-MARKschen Kurve und den neuesten Messungen.

21. Die Theorie des Mosaikkristalls nach DARWIN. α) Der Mosaikkristall. DARWIN[1] hat — in erstaunlich frühzeitiger Erkenntnis, zum Teil bereits in einer Arbeit mit MOSELEY[2] aus dem Jahr 1913 — darauf hingewiesen, daß ein ganz wesentlicher Intensitätseinfluß durch die Unvollkommenheiten des Kristallgitters entsteht, und zwar merkwürdigerweise eine Steigerung der Intensität, je unvollkommener das Gitter ist. Er hat als erster versucht, sich über den Absolutwert der gesamten bei einer Reflexion aufgefangenen Energie Rechenschaft zu geben, die heute durch die Größe $E\omega/I$ gemessen wird (Ziff. 18 α).

Wir legen der Betrachtung einen „*Mosaikkristall*" zugrunde, d. h. einen Kristall, der aus kleinen in sich idealen (kohärenten) Blöckchen von unbestimmtem mittleren Volumen ΔV besteht, die mit kleinen Neigungen und Versetzungen gegeneinander gelagert sind. Sei (Abb. 115) ON die mittlere Normalenrichtung der Kristall„fläche"; man wird zur Beschreibung des Kristalls von den einzelnen Blöckchen die Neigung der Normalen gegen ON angeben müssen. Ist $\mathfrak{s}_1$ die Einfalls-, $\mathfrak{s}_2$ die (mittlere) Reflexionsrichtung, so kommt es ersichtlich nur auf die Neigung der Normalen in der Einfallsebene an (Abweichungen der Blöckchennormalen längs AB). Die Neigungen in dazu senkrechter Richtung (CD) bewirken

[1] C. G. DARWIN, Phil. Mag. Bd. 27, S. 315 u. 675. 1914; auch W. L. BRAGG, ebenda Bd. 50, S. 306. 1925; W. L. BRAGG, R. W. JAMES u. C. G. DARWIN, ebenda Bd. 1, S. 897. 1926.

[2] H. G. J. MOSELEY u. C. G. DARWIN, Phil. Mag. Bd. 26, S. 210. 1913.

ein Austreten des reflektierten Strahls aus der mittleren Einfallsebene — und dies findet durch die Beiträge von Blöckchen, die außerhalb der Einfallsebene liegen, seine Kompensation.

Zur Charakterisierung des Kristallmosaiks genügt also die Angabe, welches Teilvolumen $W(\nu)\,\Delta V\,d\nu$ eine um den ebenen Winkel zwischen ν und $\nu + d\nu$ von ON abweichende Normalenrichtung hat.

β) Tiefenwirkung, Absorption, sekundäre Extinktion. Die Vergrößerung des Reflexionsvermögens beim Mosaik gegenüber dem einheitlichen Kristall ist eine *Tiefen*wirkung. Nimmt man eine einzige Blockschicht, so würde die Normalenstreuung nur zur Folge haben, daß die zeitliche Folge der Reflexblitze beim Durchdrehen verschoben wäre, aber es würde nicht insgesamt mehr reflektiert werden. Wenn sich aber unter der ersten Schicht weitere befinden, so kann ein Strahl, der die erste an einer Stelle wegen ungeeigneter Lage des Blöckchens ungespiegelt durchsetzt hat, im weiteren Verlauf an ein geeignet orientiertes Stück kommen und so doch noch gespiegelt wieder austreten.

Da hierbei der reflektierte Strahl den Kristall bis zu ganz andern Tiefen durchsetzt als bei der Reflexion am idealen Kristall, wo im Gebiet der Totalreflexion die starke Extinktion den Spiegelungsvorgang auf die oberste Schicht beschränkt, so tritt im Mosaik der *Absorptionskoeffizient* als Faktor beim Reflexionsvermögen auf. Sei nämlich $IQ\,\Delta V$ die Energie, die *ein* Block vom Volum ΔV pro Sekunde aus einem einfallenden Strahl I entnimmt und reflektiert. Q ist das Reflexionsvermögen im optischen Sinn, bis auf die Abweichung, daß für Licht die reflektierte Energie auf die Oberfläche, nicht auf das Volum ΔV bezogen werden würde. Q selbst hängt sowohl vom mittleren Reflexionswinkel ϑ, als von der Abweichung ν gegen diese Stellung ab. Sei ferner μ der Schwächungskoeffizient der Strahlung. Dieser setzt sich zusammen aus dem wahren Massenabsorptionskoeffizienten, dem gewöhnlichen Streukoeffizienten und schließlich einem Teil, der „*secondary extinction*“, der durch die „primary extinction“ (Ziff. 16 ζ) verursacht wird, d. h. durch die dynamische Extinktion des Strahls bei teilweiser gleichzeitiger Reflexion in höher gelegenen Blöckchen von geeigneter Stellung. (Dies wirksame μ wird auf sofort anzugebende Weise experimentell eigens bestimmt.) Da der Strahl, um in der Tiefe z reflektiert zu werden, eine Strecke $2z/\sin\vartheta$ durchlaufen muß und dabei das vom Strahl bedeckte Volumen proportional $dz : \sin\vartheta$ ist, wird das Reflexionsvermögen des ganzen Kristalls folgendermaßen mit dem des einzelnen Blocks zusammenhängen

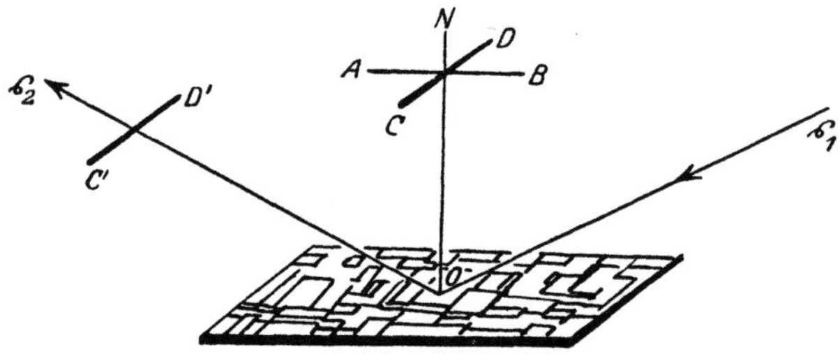

Abb. 115. Mosaikkristall.

$$\frac{E\omega}{I} = \int\int_0^\infty Q(\nu)\, e^{-2\mu z/\sin\vartheta}\, W(\nu)\, d\nu\, \frac{dz}{\sin\vartheta} = \frac{1}{2\mu}\int Q(\nu)\, W(\nu)\, d\nu\,.$$

Läßt man andererseits den Strahl an inneren Netzebenen des Kristalls reflektieren (Lauefall), indem man ihn auf der Rückseite einer Platte von der Dicke D austreten läßt, so findet man

$$\frac{E\omega}{I} = \int\int_0^D Q(\nu)\, e^{-\mu D/\cos\vartheta}\, W(\nu)\, d\nu\, \frac{dz}{\cos\vartheta} = \frac{D}{\cos\vartheta}\, e^{-\mu D/\cos\vartheta}\int Q(\nu)\, W(\nu)\, d\nu\,.$$

Durch Kombination beider Versuche wird das wirksame μ bestimmt. Man findet beispielsweise[1] als Einfluß der Extinktion eine Erhöhung des „Absorptionskoeffizienten" um 52% (von 10,7 auf 16,30).

γ) Einfluß der Blockgröße. Ein weiterer leicht verständlicher Punkt der Theorie des Mosaikkristalls betrifft das *Verhältnis zwischen dynamischer Theorie und Lauetheorie.* Die dynamische Theorie (ohne Berücksichtigung der Wärmestörung) ist vollkommen auf der Voraussetzung der Kohärenz des Kristallgitters aufgebaut. Nur so wird die Wechselwirkung der Interferenzstrahlen an jedem Gitterpunkt einen angebbaren Wert haben. Aber einzelne Ergebnisse dieser Theorie müssen auch über diese Voraussetzung hinaus gelten, vor allem die in Abb. 92 und 93 dargestellte allmähliche Ablenkung des Energiestroms aus der Einfalls- in die Interferenzrichtung. Haben wir *kleine Kristalle,* so wird die Wechselwirkung überhaupt schwach bleiben, und man wird die LAUEsche Theorie als ausreichende Näherung auch für Intensitätsrechnungen betrachten dürfen. In Ziff. 16δ wurde das Hin- und Herpendeln der Energie vom Primär- in den Sekundärstrahl mit dem gleichen Vorgang bei gekoppelten Pendeln verglichen. Diese Analogie ist weiter zu verfolgen: Bekanntlich steigt im Fall sehr guter Resonanz die Amplitude eines schwingungsfähigen Systems in der ersten Zeit linear an, wenn es aus der Ruhe heraus der Einwirkung einer periodischen Zwangskraft ausgesetzt wird (Anfang einer ersten, sehr langen Schwebung). Ebenso nimmt auch die Amplitude des Sekundärstrahls mit der Tiefe zunächst *linear* zu, solange die Tiefe klein bleibt gegenüber der Schichtungsweite bzw. der Halbwerttiefe (Ziff. 16δ). Unter diesen Umständen ist die abgebeugte Intensität proportional dem *Quadrat* der Dicke oder des Volumens des abbeugenden Kristallsplitters. Das gleiche Ergebnis entstand in der LAUEschen Theorie auch für größere Kristalle, wofern das Hauptmaximum der Beugung betrachtet wurde (vor der Lorentzintegration). Das Ergebnis kann offenbar nicht der beobachtbaren Intensität entsprechen, da diese dem Volumen (oder gar der Oberfläche) des Kristalls direkt proportional sein muß. In der LAUEschen Theorie wird dies durch die Lorentzintegration erklärt. In der dynamischen Theorie hört die Proportionalität mit V^2 auf, sobald die Kristalldicke vergleichbar mit der Schichtweite bzw. im Gebiet der Totalreflexion vergleichbar mit der Halbwertdicke ist. Mit wachsender Kristalldicke muß ein Übergang von der einen Formel zur anderen stattfinden, in dem Sinn, daß, wenn m die Netzebenenzahl eines Blocks ist, die Intensität bei kleinen m proportional m^2, bei großen proportional m ist (Volumeffekt). DARWIN findet als Ergebnis der Wechselwirkung, daß das Reflexionsvermögen eines Blocks, welches auf Grund der LAUEschen Theorie Q (proportional m^2) wäre, genauer ist

$$Q' = Q\,\frac{\mathfrak{Tg}\, m q}{m q}\,, \tag{1}$$

d. h. Q für dünne, Q/mq für dicke Blöcke. q ist dabei das Reflexionsvermögen einer einzelnen Netzebene. Die Berücksichtigung der Wechselwirkung bringt also eine Abänderung des errechneten Q-Wertes mit sich[2].

δ) Das integrale Reflexionsvermögen. Die Berechnung des „integralen Reflexionsvermögens" $E\omega/I$ ist hiermit auf die Angabe des „optischen" Reflexionsvermögens Q für den einzelnen Block und für jede Abweichung ν von der eigentlichen Reflexionsstellung, sowie auf die Integration des entstehenden Ausdrucks zurückgeführt. Vom Standpunkt der LAUEschen Theorie aus ist diese

[1] W. L. BRAGG, R. W. JAMES u. C. H. BOSANQUET, Phil. Mag. Bd. 42, S. 12. 1921.
[2] Vgl. I. WALLER, Ann. d. Phys. Bd. 79, S. 261. 1926.

Integration nichts anders als die LORENTZsche. Bei DARWIN ist dies eine erste Näherung. Sie ergibt (vgl. Ziff. 18 β 1)

$$\bar{Q} = \frac{N^2 f^2 \lambda^3}{\sin 2\vartheta}; \tag{2}$$

hierbei ist N die Anzahl Zellen in der Volumeinheit. f ist „die Streuamplitude einer Zelle", die sowohl den Strukturfaktor wie den Atomfaktor enthält. Ihre genaue Definition ist so

$$f = \sum_t \frac{e^2/m}{c^2} \cdot A_t e^{2\pi i (\mathfrak{h} \mathfrak{r}_t)}. \tag{3}$$

Der erste Faktor dieser Summanden bedeutet die Amplitude des elektrischen Feldes, die von einem freien Elektron im Nullpunkt der Zelle gestreut würde; es mögen sich statt dessen in den Punkten $\mathfrak{r}_t$ Atome mit dem Atomamplitudenfaktor A_t (ausschließlich des Polarisationsfaktors) befinden, das ergibt den Rest der Summanden.

ε) Faßt man alle Faktoren (Polarisation, Temperatur) zusammen, die vorher besprochen wurden, so ergibt sich nach DARWIN für das „integrale Reflexionsvermögen" in erster Näherung (entwickelt wird nach dem Reflexionsvermögen selbst):

$$\frac{E\omega}{I} = V \cdot \frac{N^2 f^2 \lambda^3}{\sin 2\vartheta} \cdot \frac{1+\cos^2 2\vartheta}{2} \cdot e^{-B\sin^2\vartheta} \cdot \frac{\mathfrak{T}\mathfrak{g}\, mq}{mq} \cdot \frac{1}{2\mu} = V \cdot \frac{\bar{Q}'}{2\mu}. \tag{4}$$

In zweiter Näherung erhält man, wenn die ganze vorstehende rechte Seite mit $V\bar{Q}'/2\mu$ bezeichnet wird,

$$\frac{E\omega}{I} = V \frac{\bar{Q}'}{2(\mu + g_2 \bar{Q}')}, \tag{5}$$

wobei g_2 durch die mittlere Neigung $\bar{\nu}$ ausgedrückt werden kann (genauer ist $\bar{\nu}$ die Wurzel aus dem mittleren Abweichungsquadrat $\overline{\nu^2}$ bei Annahme einer GAUSSschen Fehlerkurve für die Abweichungen der Blocknormalen von der mittleren Normalen der Fläche):

$$g_2 = \frac{1}{2\sqrt{\pi}\cdot\bar{\nu}} *. \tag{6}$$

Für $\bar{\nu}$ errechnet DARWIN aus den BRAGG-JAMES-BOSANQUETschen Intensitätsmessungen an Steinsalz (100) $\bar{\nu} = 6'$ — während die direkte Messung der Reflexionsbreite einen größeren Wert (10′ bis 20′) wahrscheinlich macht (vgl. Ziff. 23 ι).

Die DARWINsche Formel ist unabhängig von ihm auch von A. H. COMPTON[1] abgeleitet worden. Eine ausführliche Diskussion der Intensitätsfrage s. auch bei W. L. BRAGG, Berichte des Solvaykongresses 1927.

22. Kontinuumstheorien der Röntgeninterferenzen. α) Verhältnis von Kontinuums- und Diskontinuumstheorie. Wie für jede physikalische Erscheinung, läßt sich auch für die Röntgeninterferenz eine Deutung unter Aufrechterhaltung der Vorstellung von kontinuierlich verteilter Materie geben. Dies steht in keinem Widerspruch dazu, die Röntgeninterferenzen als eines der kräftigsten Argumente für den atomistischen Aufbau der Materie anzusehen. Denn es stellt sich ja niemand in Wahrheit unter diskontinuierlichem Aufbau einen Aufbau aus mathematischen Massenpunkten vor. Daher erscheint es als eine

* Dieser Ausdruck ist gegenüber dem von DARWIN gegebenen um einen Faktor $1/\pi$ abgeändert (s. W. OTT, Handb. d. Experimentalphysik Bd. VII, 2, S. 107). Die GAUSSsche Fehlerfunktion ist in der Form angesetzt $W(\nu) = e^{-\nu^2/2\overline{\nu^2}} = \sqrt{2\pi\bar{\nu}}$.

[1] A. H. COMPTON, Phys. Rev. Bd. 9, S. 29. 1917; vgl. auch sein Buch X Rays and Electrons. 1928.

reine *Zweckmäßigkeitsfrage*, ob man durch den Namen Atom betont, daß die Materie in gewissen Bezirken stark verdichtet (gegenüber der nächsten Umgebung) vorkommt oder ob man durch den Namen Kontinuum bezeugt, daß es sich nicht um Unstetigkeiten im mathematischen Sinne handelt. Die prinzipielle philosophische Disjunktion zwischen Kontinuum = beliebig weit teilbarer, und Diskontinuum = nicht beliebig weit teilbarer Materie, ist daher für den Physiker ziemlich belanglos, und er wird jeweils das Bild bevorzugen, das ihm suggestiver erscheint. Im Falle der Kristalle gibt die Vorstellung vom Gitteraufbau aus Atomen eine so einleuchtende Deutung für die beobachtbaren verwickelten Massenverteilungen, welche die Kontinuumstheorie rein phänomenologisch durch stetige dreidimensionale Fourierreihen darstellt, ohne zunächst für deren Koeffizienten von Kristall zu Kristall Brücken schlagen zu können, daß man die Über legenheit der atomistischen Ausdrucksweise für den Anfang der Kristallstrukturuntersuchungen wohl unzweideutig wird anerkennen dürfen.

Denkt man jedoch an die wellenmechanische Vorstellung von der Verteilung der Materie im Kristall, so ist ihr die Kontinuumstheorie angemessen. Insbesondere, sofern die Interferenzeigenschaften nicht bloß mit einem nicht näher bestimmbaren phänomenologischen Ansatz in Zusammenhang gebracht werden (wie bei der sofort zu besprechenden Kontinuumstheorie von Lohr und von Laue), sondern auf die Eigenschaften der durch die Schrödingergleichung beherrschten kontinuierlichen wellenmechanischen Ladungsverteilung zurückgeführt werden können.

β) Räumlich-periodisches Kontinuum. Die ausführlichste Kontinuumstheorie stammt von E. Lohr[1]. Den Ausgangspunkt bildet die Jaumannsche Form der Maxwellschen Gleichungen[2] und der Ansatz einer Dielektrizitätskonstante, die um einen festen Mittelwert räumlich periodisch schwankt. Ihr veränderlicher Teil ist durch eine dreifache Fourierreihe dargestellt. Das einzelne Glied einer solchen Reihe kann als ebene Welle gedeutet werden, deren „Ausbreitungsvektor“ oder „Fouriervektor“ ein Fahrstrahl in dem zur Periodizitätszelle gehörenden reziproken Gitter ist. Man gelangt also zu einer ganz ähnlichen Behandlung des Interferenzproblems, wie sie bei Brillouins Kontinuumstheorie des Wärmeeinflusses in Ziff. 19 γ geschildert wurde, nur daß jetzt die Periodizität der Materiewellen von der Größenordnung der Zelldimensionen ist und daher die Laueschen Interferenzrichtungen durch sie entstehen. Wegen der Existenz der Dielektrizitätskonstanten tritt eine kleine Abänderung der Interferenzrichtungen auf, in gleicher Art, wie in Ziff. 16 γ, Abb. 89, geschildert. Im Gegensatz zur dynamischen Theorie bestimmt sich aber diese Abweichung nicht dynamisch, sondern ist durch die angesetzte Form des Brechungsindex (Dielektrizitätskonstante) bestimmt. Bei der Behandlung des Randgebiets treten im Lauefall nur Pendellösungen, im Braggfall in den Außengebieten Pendellösungen, im Kerngebiet Totalreflexion auf, genau wie in Ziff. 16. Auch ergibt sich genau wie in der dynamischen Theorie eine Intensitätsverteilung, die zu den bekannten Abweichungen vom Braggschen Gesetz führt.

Neuerdings hat Laue[3] die (dreidimensionale) dynamische Interferenztheorie kontinuumsmäßig aufgebaut, ausgehend von den Maxwellschen Gleichungen und von einer dreidimensional-periodischen Dielektrizitätskonstante, wie bei Lohr. Die Behandlung geht nicht über die Ergebnisse von Ewald einerseits, Lohr andrerseits hinaus, ist aber leichter lesbar als bei diesen beiden.

---

[1] E. Lohr, Wiener Ber. Bd. 133, S. 5, 517–572. 1924.

[2] G. Jaumann, Physik d. kontinuierlichen Medien. Wiener Denkschr. Bd. 95, S. 461. 1918; s. auch E. Lohr, Wärmestrahlung und Kontinuitätstheorie. Wiener Denkschr. Bd. 99, S. 11. 1924; sowie Wiener Ber. Bd. 121, S. 633. 1912.

[3] M. v. Laue, Erg. d. exakt. Naturwissensch. Bd. 10, S. 133. Berlin: Julius Springer 1931.

γ) Eindimensional-periodisches Kontinuum. Die Ausbreitung von optischen Wellen in periodisch geschichteten Medien ist wiederholt behandelt worden. Erwähnt sei z. B. die Arbeit von SCHLAPP[1], die die MAXWELLschen Gleichungen in einem Medium mit einfach-periodischer Dielektrizitätskonstante zu integrieren sucht. Dies führt auf eine Differentialgleichung, die in der Störungstheorie des Mondes nach G. W. HILL genannt wird. An physikalischen Ergebnissen entstehen die üblichen Lösungsformen: Pendellösung und Totalreflexion, diesmal einschließlich der Abweichungen vom BRAGGschen Gesetz, die proportional zum Überschuß der angesetzten Dielektrizitätskonstanten über den Vakuumswert 1 sind. Bei mehrfacher Periodizität der Materialeigenschaften wird die Intensität des reflektierten Strahls proportional der Strukturamplitude, nicht ihrem Quadrat.

δ) Methode der Fourieranalyse. Mit der Kontinuumstheorie eng verwandt ist die Methode der Fourieranalyse zur Ermittlung der Kristallstrukturen. Sie wird in Ziff. 38 δ besprochen.

23. Die Ergebnisse der experimentellen Intensitätsforschung[2]. α) Einführung. Während noch in der 1. Auflage dieses Artikels (1926) der Standpunkt eingenommen werden mußte, daß die Intensitätsfragen von der experimentellen Seite her meist nicht befriedigend behandelt worden seien, kann heute, dank vor allem den Arbeiten W. L. BRAGGS und seiner Mitarbeiter, eine für die Zwecke der Strukturanalyse praktisch genügende Beherrschung der Intensitäten festgestellt werden. Experiment und Theorie sind sich dabei entgegengekommen, da die Hauptschwierigkeit für eine Intensitätsanalyse, der Atomfaktor, von beiden Seiten her weggeräumt wurde, wie oben geschildert. Die experimentellen Arbeiten lassen sich einteilen in solche, die die Kontrolle der eigentlichen Gitterwirkung und ihrer Faktoren (Lorentzfaktor, Temperaturfaktor, Strukturfaktor) und in solche, die darüber hinaus die Ermittlung des Atomfaktors zum Ziel haben. Dabei bezieht sich der Fortschritt fast allein auf den Mosaikkristall, d. h. einen Kristall, in dem keine dynamische Wechselwirkung, insbesondere keine „primary extinction" (Ziff. 16 ζ) innerhalb des einzelnen Teilchens berücksichtigt zu werden braucht. Auch auf Kristallpulver von genügender Feinheit können die Rechnungen angewandt werden. Es sollen hier einige der experimentellen Untersuchungen besprochen werden, soweit sie einzelne der Faktoren gesondert betreffen.

β) Polarisationsfaktor. Als überzeugendste Arbeit hierüber ist die von MARK und SZILARD[3] zu bezeichnen. Diese Autoren lassen z. B. an einer Platinfolie als Analysator die Debye-Scherrer-Kegel (222) (unter 86°) und (311) (unter 80°) mit CuKα-Strahlen entstehen, die selbst schon unter 86° [Interferenz (422)] an NaCl-Pulver gestreut worden war. Der Interferenzkegel bildet sich auf einem parallel dem einfallenden Strahl um die Analysatorfolie gelegten Filmzylinder als gerade Linie ab, deren Mitte dem Azimut senkrecht zur Streuebene des einfallenden Strahls entspricht. An dieser Stelle fallen die Interferenzen auf dem Kegel aus, in der Streuebene selbst sind sie maximal, entsprechend dem Verlauf von $\cos^2\chi$ im Polarisationsfaktor $\frac{1+\cos^2\chi}{2}$, der bei 90° Ablenkung Null wird (Abb. 116). — In einem anderen Versuch wurde CuKα unter 84° an Eisen (211) gestreut und der Sekundärstrahl an Gips (060) (76° Ablenkung) analysiert. Neben

[1] R. SCHLAPP, Phil. Mag. Bd. 1, S. 1009. 1926.

[2] Zusammenfassungen hierzu: W. L. BRAGG, Berichte des Solvaykongresses 1925. Gauthier-Villars; A. H. COMPTON, X Rays and Electrons. MacMillan 1926/28; W. L. BRAGG, R. W. JAMES u. C. G. DARWIN, Phil. Mag. Bd. 1, S. 897. 1926; W. L. BRAGG u. J. WEST, ZS. f. Krist. Bd. 69, S. 118. 1928.

[3] H. MARK u. L. SZILARD, ZS. f. Phys. Bd. 35, S. 742. 1926.

dem (zum Strich ausgezogenen und deutlich den Polarisationseffekt aufweisenden) Kegel der gestreuten CuKα- und CuKβ-Linien entstehen gleichmäßig durchlaufende Linien der im Eisen erregten Fluoreszenzstrahlung FeKα und FeKβ unter etwa 101° Ablenkung im Gips — ein Beweis. daß die erregte Fluoreszenzstrahlung des Eisens im Gegensatz zur reinen Streustrahlung nicht polarisiert ist (Abb. 117).

Abb. 116. Nachweis des Polarisationsfaktors durch Streuung polarisierter Strahlen an einer Pt-Folie. (MARK u. SZILARD, l. c.)

γ) Temperaturfaktor. Auf die Isolierung dieses Faktors ist viel Arbeit verwandt worden. Als gelöst kann man das Problem betrachten seit der experimentellen Arbeit von JAMES und FIRTH[1] von 1927, die frühere Arbeiten von JAMES[2] abschließt, und ihre Diskussion durch JAMES und WALLER[3]. Hier werden an NaCl die Intensitäten der Reflexe von MoKα-Strahlung bei einigen 80° abs. (flüssige Luft) mit denen bei Zimmertemperatur und bei Temperaturen bis zu 900° abs. verglichen, unter ständiger Beziehung auf das Vergleichsspektrum (400). Bei den geraden Interferenzen, in denen Na und Cl gleichphasig zusammenwirken, fand sich bei der Abkühlung eine Verstärkung der Reflexion, die von dem 1,23fachen für (400) bis zum 4fachen (10·2·2) ging und größer war, als bei entsprechendem Abbeugungswinkel die Verstärkung in den ungeraden Interferenzen, in denen Na und Cl gegeneinander wirken. Dies ist in Übereinstimmung mit der von WALLER[4] entwickelten Theorie (vgl. Ziff. 19β).

Abb. 117. Nachweis, daß die an einem Eisenkristall unter fast 90° gestreute Interferenzstrahlung (Cu-Strahlung) polarisiert, die in ihm entstandene Fluoreszenzstrahlung unpolarisiert ist. (MARK u. SZILARD, l. c.)

Die DEBYE-WALLERsche Theorie wird gut bestätigt im Temperaturbereich von 0 bis etwa 500° abs. Bei den Temperaturen bis herauf zu 900° abs. (Schmelzpunkt des NaCl etwa 1050° abs.) äußert sich die Temperaturerhöhung stärker als nach der Formel zu erwarten — was mit der nichtlinearen Bindung im Gitter verständlich ist. Die Abb. 118 läßt den stärkeren Abfall der Reflexe (400), (600), (800) bei hohen Temperaturen erkennen (Meßpunkte, theoretische Kurven). Die Größe der mittleren Wärmebewegung findet man in Tabelle 6, Ziff. 19α.

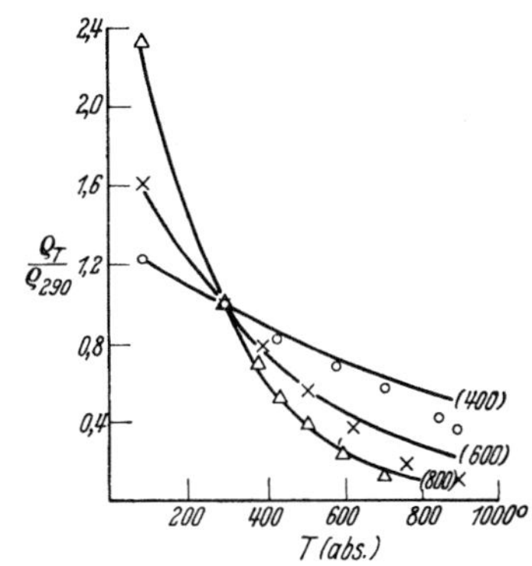

Abb. 118. Temperaturverlauf der Intensität dreier Reflexe an Steinsalz. (JAMES u. BRINDLEY, l. c.)

Als besonders wichtiges Ergebnis dieser Untersuchungen konnte zum erstenmal ganz direkt der *Nachweis der Existenz einer Nullpunktsenergie* in dem von PLANCK angesetzten Betrag ($\frac{1}{2}\,h\nu$ für einen Oszillator der Frequenz ν) nachgewiesen werden. Abb. 119 aus der Arbeit von JAMES, WALLER und HARTREE[5] zeigt die Atomfaktoren für Cl^- und Na^+

[1] R. W. JAMES u. E. M. FIRTH, Proc. Roy. Soc. London (A) Bd. 117, S. 62. 1927.

[2] R. W. JAMES, Proc. Manchester Lit. a. Phil. Soc. Bd. 71, S. 1. 1926; Phil. Mag. Bd. 49, S. 585. 1925.

[3] I. WALLER u. R. W. JAMES, Proc. Roy. Soc. London (A) Bd. 117, S. 214. 1927.

[4] I. WALLER, Uppsala Univ. Årskr. 1925.

[5] R. W. JAMES, I. WALLER u. D. R. HARTREE, Proc. Roy. Soc. London (A) Bd. 118, S. 334. 1928.

aus den Beobachtungen mit (×) und ohne (o) Nullpunktsenergie gerechnet und verglichen mit den nach Hartree wellenmechanisch berechneten Kurven. Der Vergleich spricht eindeutig zugunsten der Nullpunktsenergie.

Als Beispiel einer Untersuchung des Temperaturfaktors, die unabhängig von der Manchester-Schule ist, sei auf Goetz und Hergenrothers[1] Arbeit über Wismut hingewiesen.

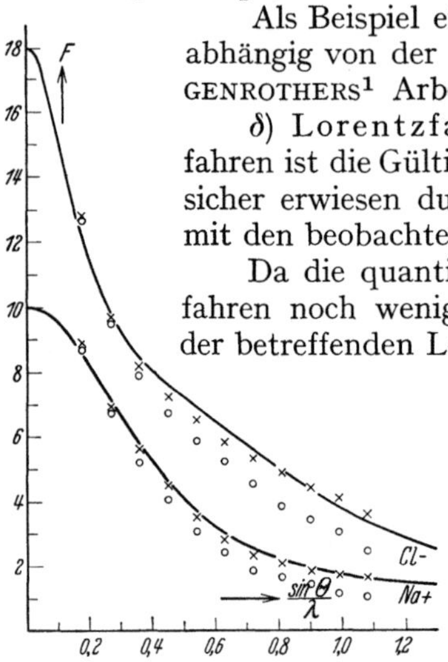

Abb. 119. Atomfaktoren für Na+ und Cl− aus den Intensitätsmessungen an Steinsalz gewonnen unter Benutzung des Temperaturfaktors mit (×) und ohne (o) Nullpunktsenergie. Kurven = Atomfaktoren nach Hartree. (James, Waller, Hartree, l. c.)

δ) Lorentzfaktoren. Mindestens für das Spektrometerverfahren ist die Gültigkeit des dafür errechneten Lorentzfaktors $1 : \sin\chi$ sicher erwiesen durch die Übereinstimmung der damit berechneten mit den beobachteten Intensitäten, wofür Tabelle 8 ein Beispiel gibt. Da die quantitative Intensitätsverwertung bei den andern Verfahren noch wenig ausgeübt worden ist, fehlt für sie die Kontrolle der betreffenden Lorentzfaktoren.

ε) Mosaikeinfluß, sekundäre Extinktion. Die Berücksichtigung der Kristallunvollkommenheiten ist die größte Schwierigkeit bei der Intensitätsverwertung. Die Unkenntnis des wirksamen Schwächungskoeffizienten μ ist nur in günstigen Fällen durch Intensitätsvergleich des Laue- und des Braggfalles an einer Platte zu beheben (Ziff. 21 β). Auch die Bestimmung an einer Platte, deren Dicke durch Abschleifen geändert wird, führt nicht immer zum Ziel[2], weil das Gefüge des Kristalls durch die Behandlung leidet.

Bragg und West[2] geben als gangbarsten Weg an, die ganz starken Reflexe zunächst gänzlich auszuschalten, da ihre Intensität stark und unkontrollierbar beeinflußt wird. Bei ihnen wirkt sich die Extinktion so stark aus, daß bei einigen Silikaten die stärksten Flecke um 80% geschwächt sind (gegen den berechneten Wert ohne Extinktion), während die mittleren und schwachen Intensitäten um nicht mehr als 20% herabgesetzt werden. Demgemäß wird zur Strukturbestimmung ein für die Reflexe mittlerer Stärke passender g-Wert (Ziff. 21 δ) bestimmt und die eigentliche Struktur-, d. h. Parameterbestimmung an den schwachen Reflexen vorgenommen, bei denen die mit diesem g-Wert auszuführende Korrektion ohnehin nur klein ist. Liegt die Struktur geometrisch fest, so kann nun der Einfluß der Extinktion auf die intensiven Reflexe gewonnen werden, falls man sich für ihn interessiert.

Als Beispiel für den Einfluß der Extinktion seien nach Bragg-West Zahlenwerte und Rechenformeln für Diopsid [$CaMg(SiO_3)_2$, monoklin] angeführt:

Zelle: $a = 9{,}71$ Å, Zellvolumen $V = 438 \cdot 10^{-24}$ ccm,
$b = 8{,}89$ Å, Anzahl Zellen pro ccm $N = 2{,}28 \cdot 10^{21}$.
$c = 5{,}24$ Å,
$\beta = 74°10'$.

Strahlung RhKα, $\lambda = 0{,}614$ Å; linearer Absorptionskoeffizient $\mu = 12{,}8\ \text{cm}^{-1}$.

Als g-Wert wurde an Flächen der Zone $\|b$ bestimmt $g = 1{,}06 \cdot 10^4$ *. Der auf Extinktion nicht korrigierte F'-Wert der Zelle (enthaltend Atomfaktoren und

[1] A. Goetz u. R. C. Hergenrother, Phys. Rev. Bd. 40, S. 137 u. 643. 1932.

[2] W. L. Bragg u. J. West, ZS. f. Krist. Bd. 69, S. 118. 1928.

* Dieser Wert gibt nach (6), Ziff. 21 δ, eine Mosaikstreuung $\bar{\nu}$ von nur 5″, so daß der benutzte Diopsid dem idealen Kristall näher steht als dem Mosaikkristall. Infolgedessen ist in den starken Reflexen die dynamische Extinktion sehr wirksam.

Strukturfaktor) folgt aus dem beobachteten integralen Reflexionsvermögen $\varrho' = E\omega/I$ der Reflexe gemäß

$$\varrho' = \frac{N(e^2/mc^2)^2\lambda^3}{4\mu}\,\frac{1+\cos^2 2\vartheta}{\sin 2\vartheta}\,F'^2,$$

während der wahre F-Wert erhalten wird, wenn statt ϱ'

$$\varrho = \frac{\varrho'}{1-2g\varrho'}$$

auf der linken Seite benutzt wird. Mit den Zahlenwerten für Rh-Strahlung wird so

$$F = 2{,}30\cdot 10^4\sqrt{\frac{\varrho'}{1-2g\varrho'}}\sqrt{\frac{\sin 2\vartheta}{1+\cos^2 2\vartheta}}.$$

Der Vergleich der letzten beiden Spalten der Tabelle 8 läßt erkennen, wie sehr die starken, wie wenig die schwachen Reflexe von der Extinktion betroffen sind.

Tabelle 8. F-Werte für Diopsid.

$\sin\vartheta$	Reflex	$\varrho'\cdot 10^6$	F'(unkorr.)	F(Korr.)
0,0477	110	—	—	—
0,0954	220	23,8	34,8	47,6
0,1040	310	32,8	43,6	76,0
0,1084	130	2,5	12,0	12,4
0,1431	330	18,2	37,6	48,8
0,1480	420	5,6	21,2	22,4
0,1525	240	2,7	15,2	15,6

Mit der Frage des Mosaikcharakters des Kristalls hängt aufs engste die Frage zusammen, ob für die Intensitäten die Strukturamplitude $|S|$ oder deren Quadrat $|S|^2$ maßgebend ist. Im idealen Kristall von großer Ausdehnung, auf den die dynamische Theorie anzuwenden ist, erwartet man $|S|$, im Mosaikkristall, dessen einzelne kohärente Bezirke gemäß der Laufunktion streuen, $|S|^2$. Sicher ist, daß bei zweifellosen Mosaikkristallen $|S|^2$ gilt. Auch bei dem eben angeführten Beispiel des Diopsid ist nach dieser Formel gerechnet worden (F^2 enthält das $|S|^2$). Andererseits sind selbst bei Pulveraufnahmen öfters bessere Wiedergaben der gemessenen Intensitäten durch $|S|$ als durch $|S|^2$ behauptet worden[1]; doch handelt es sich hierbei nicht um ionometrische Intensitätsmessungen, sondern um photographische, bei denen der Intensitätsmaßstab schwer zu beurteilen ist. Sicher hingegen ist wiederum, daß in den ausgesucht guten Kristallen, über deren Untersuchung in dieser Ziffer, ι, berichtet wird, nur mit $|S|$ gerechnet werden darf, wie dort geschehen.

Um also die Intensitäten quantitativ verwerten zu lönnen, wird man, W. L. Bragg folgend, dafür sorgen müssen, daß die Kristalle genügend mosaikartig sind — was evtl. durch Polieren oder andere Eingriffe zu fördern ist[2].

ζ) Einfluß der Oberfläche. Bereits Bragg, James und Bosanquet[3] betonen in ihrer ersten wichtigen Arbeit über die Intensität der Reflexion an Steinsalz den großen Einfluß, den Bearbeitung auf das Reflexionsvermögen der Kristallflächen hat. Politur zerstört die Güte der Spaltflächen und setzt daher, gemäß den Anschauungen über die Wirkung des Mosaiks, das Reflexionsvermögen herauf: NaCl (100) nach Spalten von oben nach unten reflektierte mit Einfallsebene horizontal bzw. senkrecht 25,4 bzw. 12,9% von dem, was nach der Politur dieser Ebene reflektiert wurde. Der Einfluß des Polierens geht etwa millimetertief.

Mit viel Einzelheiten ist der Einfluß der Oberflächenbeschaffenheit von Sakisaka[4] untersucht worden. Er verwendet zu den entscheidenden Messungen

[1] Unentschieden bleibt die Frage z. B. bei H. Ott, ZS. f. Krist. Bd. 63, S. 1. 1926, oder R. W. G. Wyckoff u. E. D. Crittenden, ebenda S. 244.

[2] Der Einfluß der Art des Wachstums auf die Güte des Kristalls geht hervor aus den Messungen über die Linienbreite an Calcit, Steinsalz, Seignettesalz, Baryt von P. Kirkpatrick u. P. A. Ross, Phys. Rev. Bd. 43, S. 596. 1933, der Einfluß der Ätzbehandlung der Oberfläche auf die Reflexionsbreite aus K. V. Manning, ebenda S. 1050.

[3] W. L. Bragg, R. W. James u. C. H. Bosanquet, Phil. Mag. Bd. 41, S. 309. 1921.

[4] Y. Sakisaka, Proc. Phys. Math. Soc. of Jap. Bd. 12, S. 189. 1930.

ein Doppelspektrometer, in dem der gut monochromatisierte und parallele Strahl auf den vorbehandelten zweiten Kristall fällt. Dessen Oberfläche ist entweder unbehandelt (*A*), also Wachstums- oder Spaltfläche, oder poliert (*B*) bzw. mit Schmirgeln oder Karborundpulver steigender Grobheit [(*C*) — (*J*)] gerauht. Die Reflexionskurven werden punktweise aufgenommen. Es finden sich zwei Gruppen von Kristallen: Quarz, Topas, Natriumchlorat erhalten bei Vergröberung der Oberfläche eine größere Gesamtreflexion (Integral unter der Reflexionskurve) bei relativ geringer Verbreiterung der Kurven, aber starkem Anwachsen des maximalen Reflexionsvermögens. Andererseits zeigen Steinsalz, Pyrit, Schwefel, Zinkblende ein Sinken des Kurvenmaximums, so daß trotz erheblicher Verbreiterung der Kurve das integrale Reflexionsvermögen mit wachsender Rauhheit der Oberfläche abnimmt oder konstant bleibt. Durch genaue Vermessung des Querschnitts des reflektierten Bündels bei optimaler Reflexionsstellung des Kristalls (unter Verwendung eines sehr engen Spalts vor der Ionisierungskammer) wird die Eindringungstiefe und somit der Einfluß an Extinktion gefunden. Für Oberflächenbeschaffenheit „*F*“ (Schleifen mit zweitfeinstem Karborundpulver) ist z. B. die Eindringtiefe in Quarz vor der Größenordnug 0,12 mm, in Schwefel wesentlich größer. — Die Erscheinungen können zusammengefaßt werden unter dem Gesichtspunkt, daß beim Schleifen (1) die Parallelität und (2) die Größe der ungestörten Bezirke im Kristall vermindert wird. Teilt man nun die Kristalle ein in solche mit (*a*) großen und (*b*) kleinen homogenen Mosaikbezirken, so daß in (*a*) die primäre Extinktion groß, in (*b*) klein ist, und ferner in solche mit annähernd parallelen (α) bzw. nichtparallelen (β) Mosaikbezirken [bei (α) große, bei (β) kleine sekundäre Extinktion], so wirkt (1) im Sinn einer Verbreiterung und Verflachung der Reflexionskurve, wobei bei (α) durch Herabsetzung der sekundären Extinktion das integrale Reflexionsvermögen bei der Aufrauhung steigt. Andererseits wirkt (2) besonders auf Kristalle vom (*a*)-Typ durch Verringerung der primären Extinktion dahin, daß das Maximum des Reflexionsvermögens steigt, solange, bis durch die Verkleinerung der Fragmente die Linienbreite der Reflexion ein Anwachsen des Maximums vereitelt (Beispiel Quarz). Ein weiteres Studium des Einflusses der Oberflächenbeschaffenheit erscheint wünschenswert.

Von Einfluß auf das Reflexionsvermögen ist ferner die Lage der Außenfläche des Kristalls zu den reflektierenden inneren Netzebenen. Ist z. B. eine Reflexionsfläche mit einem Fehler in der Orientierung angeschliffen, so ist die Umkehr des Strahlengangs von Einfluß auf das Reflexionsvermögen. Eine Neigung der Außenfläche um weniger als 30′ bringt in den Reflexen 1. Ordnung Unterschiede wie 100 zu 116,6, in 2. Ordnung 21,3 zu 21,8 an NaCl (100) hervor. Es ist daher ungünstig, die 1. Ordnung als Vergleichsintensität heranzuziehen; Bragg und Mitarbeiter[1] nehmen statt dessen die 2. Ordnung, deren Stärke sie willkürlich gleich 19,9 setzen, so daß der erste Reflex an der Würfelfläche, (200), nach der besten Bestimmung den Wert 100 erhält. Der Einfluß der Asymmetrie der äußeren Begrenzung ist von W. H. Bragg schon früh gefunden worden.

η) Atomfaktor. Die Bestimmung von Strukturen mit mehreren Parametern, die eine Zeitlang als schier unlösbares Problem galt, heute aber zu den täglichen Aufgaben gehört, ist erst möglich, seitdem verläßliche Daten über die Atomfaktoren zu haben sind. Insofern ist jede sorgfältige Strukturbestimmung mit quantitativer Intensitätsverwertung aufs neue eine Bestätigung für die Atomfaktoren. Dabei ist nicht nur wesentlich ihr allgemeiner Intensitätsabfall bei größeren Winkeln, sondern insbesondere spielt für den Strukturfaktor eine wich-

[1] W. L. Bragg, R. W. James u. C. H. Bosanquet, Phil. Mag. Bd. 41, S. 309. 1921.

tige Rolle der verschieden schnelle Abfall für verschiedene Atome. So hat z. B. W. L. BRAGG bei der Entzifferung der Silikatstrukturen wiederholt davon Gebrauch gemacht, daß die großen Sauerstoffionen unter großen Winkeln weniger streuen als die gedrungenen Si^{++++} oder Al^{+++}. Daher lassen sich die Lagebestimmungen für diese Atome abtrennen, indem zunächst nur Interferenzen unter großer Abbeugung verwendet werden.

Die aus den sorgfältigsten Messungen der einzelnen Interferenzen vermittels der Formeln (4), (5), Ziff. 21 δ, ermittelten Atomfaktoren stimmen innerhalb der Meßgenauigkeit von rd. 1% mit dem wellenmechanisch berechneten Verlauf überein — so daß der Atomfaktor, insoweit er nicht gerade dynamische, über seine wellenkinematische Berechnung hinausgehende Züge aufweist (Ziff. 20 γ), als Problem erledigt ist. Infolge der Sicherstellung des Atomfaktors ist die nächstdringliche und jetzt angreifbare Aufgabe der Intensitätsforschung die bessere Erfassung der Gitterwirkung des Realkristalls (Mosaikeinfluß) geworden.

ϑ) Dispersion beim Atomfaktor. Die in Ziff. 20 γ 3 gegebene Theorie und ihre Vorläufer (KALLMANN-MARK[1]) sind wiederholt geprüft worden, worüber einiges schon in Ziff. 20 zu finden ist. Hier mögen einige ältere Beobachtungen erwähnt sein, die den Phasenumschlag der Streuwellen beim Durchschreiten der Resonanzstelle nachweisen.

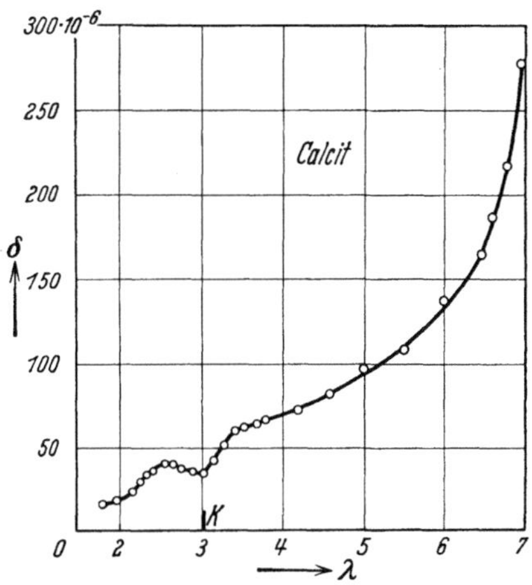

Abb. 120. Dispersionsverlauf in Calcit nach der Methode des Grenzwinkels der Totalreflexion gewonnen. (DERSHEM, l. c.)

MARK und SZILARD[2] untersuchten an RbBr (Steinsalztyp) die Reflexion an der Oktaederfläche unter Verwendung von Cu-, Sr- und Br-K-Strahlung. Da die Ionen Rb und Br gleiche Elektronenzahlen haben, sollten die ungeraden Reflexe (111) und (333) fortfallen oder sehr weitgehend geschwächt sein. Dies ist erfüllt für Cu- und Br-Strahlung, die diesseits bzw. jenseits der Absorptionskanten von Rb und Br liegen. Mit Sr-Strahlung hingegen, die zwischen diesen Kanten liegt, traten beide Reflexe mit ziemlich guter Intensität auf, entsprechend der Phasenumkehr bei nur einem der beiden Atomfaktoren infolge des Resonnanznenners der Dispersionsformel.

An $SrCl_2$ weisen MARK und TOLKSDORF[3] das Auftreten „verbotener" Flecken bei Benutzung einer zwischen den Absorptionskanten von Sr und Cl liegenden Strahlung nach, das ähnliche Gründe hat.

Von 0° und 180° abweichende Phasendifferenzen haben die Untersuchungen an Zinkblende-Spaltflächen ergeben, die zur Prüfung des FRIEDELschen Satzes angestellt wurden[4] (Reflexion an Fläche und Gegenfläche verschieden, s. Ziff. 15 ε).

Eine direkte Aufnahme der Dispersionskurve der Röntgenstrahlen gibt natürlich ebenfalls Aufschluß über das dynamische Verhalten der Atomfaktoren des Kristalls. Als Beispiel sei die von DERSHEM[5] aus dem Grenzwinkel der

---

[1] H. KALLMANN u. H. MARK, Ann. d. Phys. Bd. 82, S. 585. 1927.
[2] H. MARK u. L. SZILARD, ZS. f. Phys. Bd. 33, S. 685. 1925.
[3] H. MARK u. S. TOLKSDORF, ZS. f. Phys. Bd. 33, S. 681. 1925.
[4] S. NISHIKAWA u. K. MATUKAWA, Proc. Imp. Acad. (Jap.) Bd. 4, S. 96. 1928; Jap. Journ. Phys. Bd. 5, Ref. 8. 1928; D. COSTER, ZS. f. Phys. Bd. 68, S. 345. 1930; I. G. GEIB u. K. LARK-HOROWITZ, Phys. Rev. Bd. 42, S. 908. 1932.
[5] E. DERSHEM, Phys. Rev. Bd. 33, S. 659. 1929.

Totalreflexion an Calcit erhaltene Dispersionskurve wiedergegeben (Abb. 120). Ordinate ist der Brechungsdefekt $\delta = 1 - \mu$ (μ Brechungsindex); die Wellenlängen, mit denen gemessen wurde, wurden durch Monochromatisierung mit einem Gipskristall aus dem kontinuierlichen Spektrum gewonnen.

Schließlich seien WYCKOFFS[1] Bestimmungen des Atomfaktors genannt, aus denen hervorgeht, daß er sich nicht allein als Funktion von $\sin \vartheta/\lambda$ darstellen läßt, wie es die wellenkinematische Theorie fordert. Auch dies ist ein Anzeichen für den Dispersionseinfluß auf die Winkelabhängigkeit dieses Faktors.

ι) Untersuchung idealer Kristalle mit dem Doppelspektrometer. Nachdem EHRENBERG und MARK[2] und gleichzeitig BERGEN DAVIS[3] das Doppelspektrometer systematisch zur Untersuchung der Reflexionseigenschaften der Kristalle herangezogen hatten, sind mit diesem außerordentlich wirksamen Instrument eine große Reihe von Untersuchungen von ständig steigender Präzision gemacht worden.

Das Doppelspektrometer wird in den zwei Hauptstellungen (1, —1) oder parallel und (1, 1) oder „antiparallel" benutzt, deren Bezeichnung nach Abb. 121 wohl klar ist, wenn man an die Bedeutung der Ordnung des Spektrums als Gangunterschied zwischen Nachbaratomen denkt. Die Konstruktion von Doppelspektrometern, mit denen die Kristallstellungen bis auf Bogensekunden genau beherrscht werden, ist wiederholt beschrieben worden[4].

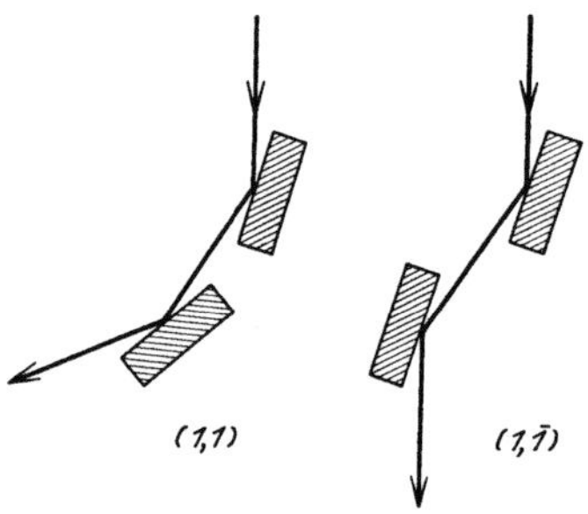

Abb. 121. Hauptstellungen des Doppelspektrometers.

Mit dem Doppelspektrometer wird ein Kristall*paar* untersucht, das aus einem einzigen Stück durch Spalten hervorgegangen ist (meist ausgesuchte Calcitstücke). Die Spaltflächen werden nicht bearbeitet, da Politur das Kristallgefüge der Oberfläche nur stört. Der erste Kristall reflektiert aus dem einfallenden Strahlenbündel gemäß seiner Reflexionskurve — z. B. Abb. 100 — einen vom Winkel abhängenden Anteil

$$J_0 \int R(\vartheta)\, d\vartheta\,,$$

der nun auf den zweiten Kristall bei dessen genauer Parallelstellung Strahl für Strahl unter dem gleichen Winkel auftrifft, so daß von diesem insgesamt

$$J_0 \int R(\vartheta)^2 d\vartheta$$

reflektiert wird. Mißt man diesen Betrag prozentual gegen den auf Kristall *II* auffallenden Betrag, so heißt

$$P = 100 \cdot \frac{\int R(\vartheta)^2 d\vartheta}{\int R(\vartheta)\, d\vartheta}$$

der *Reflexionsprozentsatz* („*Percent Reflection*").

Steht Kristall *II* nicht genau parallel zu *I*, sondern in der Strahlenebene um einen Winkel η gegen diese Stellung verdreht, so trifft ihn ein von *I* unter ϑ reflektierter Strahl unter dem Winkel $\vartheta - \eta$. In Abhängigkeit vom $\sphericalangle\, \eta$ wird von *II* reflektiert

$$\Phi(\eta) = J_0 \int R(\vartheta)\, R(\vartheta - \eta)\, d\vartheta\,.$$

---

[1] R. W. G. WYCKOFF, ZS. f. Krist. Bd. 73, S. 181. 1930.

[2] W. EHRENBERG u. H. MARK, ZS. f. Phys. Bd. 42, S. 807. 1927.

[3] BERGEN DAVIS u. H. PURKS, Proc. Nat. Acad. Amer. Bd. 13, S. 419. 1927.

[4] H. MARK, Die Verwendung der Röntgenstrahlen in Wissenschaft und Technik. J. A. Barth 1926; BERGEN DAVIS, Phys. Rev. Bd. 17, S. 602. 1921. Die Spektrometer, mit denen die nachfolgend referierten Untersuchungen ausgeführt wurden, s. bei J. H. WILLIAMS u. S. K. ALLISON, Journ. Opt. Soc. Amer. Bd. 18, S. 473. 1929; Phys. Rev. Bd. 35, S. 1476. 1930; L. G. PARRATT, ebenda Bd. 41, S. 553. 1932.

Die Kurve $\Phi(\eta)$ kann graphisch aus $R(\vartheta)$ ermittelt werden. Sie hat den Typ einer GAUSSschen Glockenkurve, sofern als R die PRINSsche Kurve Abb. 96 genommen wird[1] oder sofern bei Zugrundelegung der Kurve Abb. 100 die Ausblendung des auf E einfallenden Strahls scharf ist gegenüber dem Winkelbereich der Totalreflexion[2]. Man kann von dieser auch experimentell aufgenommenen Kurve die halbe Breite beim halben maximalen Ordinatenwert („*Halbwerthalbbreite*") messen, die als *Reflexionsbreite* $W_{\frac{1}{2}}$ bezeichnet wird.

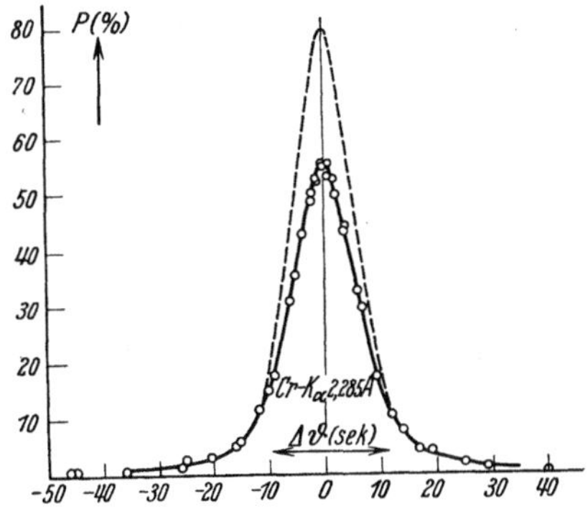

Abb. 122. Reflexionskurve von Calcit für CrKα-Strahlung. Gestrichelte Kurve nach DARWIN-EWALD, ausgezogene nach PRINS (Absorption berücksichtigt), berechnet von ALLISON. Meßwerte o von ALLISON. (ALLISON, l. c.)

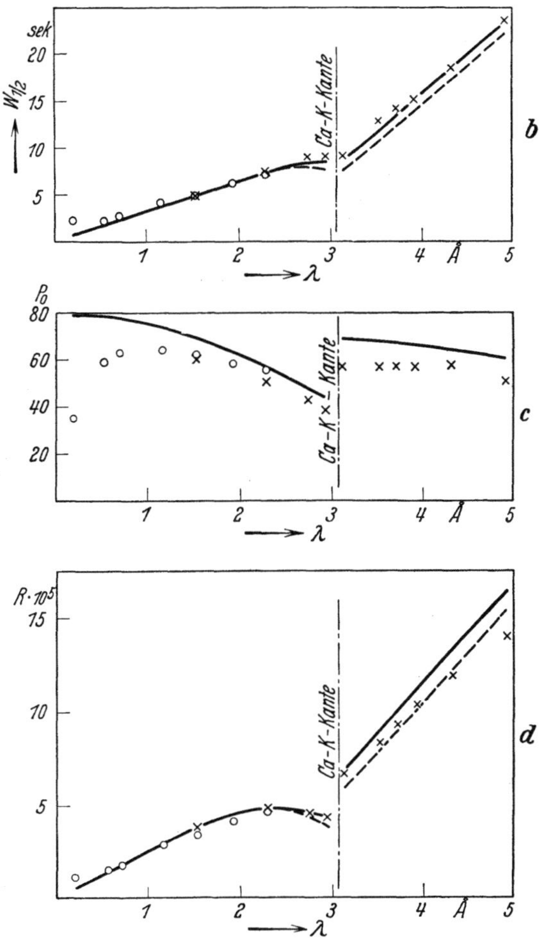

Abb. 123. Calcit; Halbweite $W_{\frac{1}{2}}$, Prozentreflexion P_0 und Reflexionsvermögen R nach ALLISON und PARRATT. ——— Theoretische Kurven von PARRATT nach DARWIN-EWALD-PRINS. – – – – Dieselben unter grober Berücksichtigung der Dispersion des Atomfaktors. o Meßwerte von ALLISON. × Meßwerte von PARRATT. (Nach den zitierten Arbeiten von ALLISON und PARRATT.)

Wird schließlich Kristall *II* durch den ganzen Winkelbereich, unter dem er die vom festen Kristall *I* zugeführte Strahlung reflektiert, durchgedreht, so empfängt man insgesamt $\int \Phi(\eta)\, d\eta$. Als *Reflexionsvermögen* (*Coefficient of Reflection*) wird bezeichnet

$$R = \frac{\int \Phi(\eta)\, d\eta}{\int R(\vartheta)\, d\vartheta}.$$

ALLISON und sein Mitarbeiter PARRATT haben in sehr sorgfältigen Untersuchungen an einem ihrer Calcitpaare sehr gute Bestätigungen der dynamischen Theorie erbracht. Dazu ist es erforderlich, die einfache Theorie zu ergänzen durch Berücksichtigung erstens der Absorption im Kristall (PRINS) und zweitens des Struktur- und Atomformfaktors. Werden hier die besten gemessenen oder sonst zu beschaffenden Werte benutzt, so kommt man einer vollständigen quantitativen Erklärung der gefundenen Werte $W_{\frac{1}{2}}$, P und R schon sehr nahe. Abb. 122 zeigt die von ALLISON am Calcitpaar *III* gemessenen Werte von $\Phi(\eta)$ („*rocking curve*"). Gestrichelt ist die aus der dynamischen Theorie ohne Absorption, ausgezogen

[1] L. G. PARRATT, Phys. Rev. Bd. 41, S. 561. 1932.
[2] S. K. ALLISON, Phys. Rev. Bd. 38, S. 203. 1931.

die mit Absorption nach PRINS gerechnete Kurve. Die gerechnete Kurve stimmt — ohne jede frei zu wählende Konstante — mit der Messung völlig überein. Bei der Reflexionsbreite $W_{\frac{1}{2}}$ zeigte sich auch im Gebiet der Ca-K-Kante volle Übereinstimmung zwischen Beobachtung (Kreuze in Abb. 123) und Rechnung (Kurve), während der Prozentsatz P und das Reflexionsvermögen systematische Abweichungen zeigen, die teils durch die fehlende Berücksichtigung der Wärmebewegung bei den theoretischen Kurven, bei den langen Wellen vielleicht auch durch fehlerhafte Absorptionswerte zu erklären sind.

V. Die experimentellen Verfahren der Röntgenuntersuchungen von Kristallen.

24. Vorbemerkung. Herstellung und Nachweis der Röntgenstrahlen[1]). α) Die Hauptverfahren. Das historisch älteste ist das von LAUE, FRIEDRICH und KNIPPING[2] angegebene Verfahren; es ist in Verbindung mit der Strukturtheorie und bei Kenntnis des benutzten Spektrums zur Kristallbestimmung geeignet, wie die zahlreichen nach dieser Methode ausgeführten Bestimmungen zur Genüge zeigen[3]. Prinzipiell einfacher, weil mit einfarbigem Röntgenlicht arbeitend, sind das *Spektrometerverfahren* von BRAGG[4] und die ihm sehr nahestehenden *Drehkristall-* und *Röntgengoniometerverfahren*[5]. Diese Verfahren setzen einheitliche Kristalle (unbeschadet des Mosaikcharakters) voraus; es bedeutete daher eine große Erweiterung des Anwendungsgebiets, als es DEBYE und SCHERRER[6] (sowie unabhängig von ihnen, aber später HULL[7]) gelang, Interferenzaufnahmen von *Pulvern* zu erhalten und zu diskutieren. Andere prinzipiell verschiedene Verfahren sind angegeben worden (Ziff. 28—30), aber sie sind nur in seltenen Fällen zur Strukturbestimmung tatsächlich zu verwenden.

β) Strahlungsart und Nachweis. Als monochromatische Strahlungen werden bei diesen und den Pulververfahren meist die K-Eigenstrahlungen gewisser Antikathodenmaterialien benutzt. Um die β-Linie loszuwerden und allein mit den nah benachbarten α_1- und α_2-Linien zu arbeiten, bedient man sich mit Vorteil geeignet dicker Filter aus solchen Stoffen, die eine Absorptionskante zwischen den ($\alpha_1\,\alpha_2$)- und β-Linien der Antikathode haben. Die Tabelle 9 gibt eine Zusammenstellung brauchbarer Strahlungen nebst Filtern. Die „mittlere Wellenlänge" ist ein aus α_1 und α_2 unter Berücksichtigung ihres Intensitätsverhältnisses[8] von etwa 1 : 2 gebildetes Mittel. Nur bei hohem Auflösungsver-

[1] Es soll hier nur an einige diesbezügliche Punkte erinnert werden. Ausführlicheres s. ds. Handb. Bd. XIX. An neueren Darstellungen und Hilfsbüchern für den Betrieb von Röntgeneinrichtungen für Strukturbestimmung vgl. H. MARK, Röntgenstrahlen in Chemie und Technik. Handb. der physikalischen Chemie Bd. XIV. Leipzig 1926; R. GLOCKER, Materialprüfung mit Röntgenstrahlen. Berlin 1927; J. EGGERT u. E. SCHIEBOLD, Ergebnisse der technischen Röntgenkunde, 2 Bde. Leipzig 1930 u. 1931; A. SCHLEEDE u. E. SCHNEIDER, Röntgenspektroskopie und Kristallstrukturanalyse, 2 Bde. Berlin 1929; A. H. COMPTON, X Rays and Electrons. London 1926; M. SIEGBAHN, Spektroskopie der Röntgenstrahlen, 2. Aufl. Berlin 1931; F. KIRCHNER, Allgemeine Physik der Röntgenstrahlen. Handb. der Experimentalphysik Bd. XXIV, 1. Leipzig 1930.

[2] M. LAUE, W. FRIEDRICH u. P. KNIPPING, Münchener Ber. 1912, S. 303.

[3] Siehe z. B. das Buch von R. W. G. WYCKOFF.

[4] W. H. u. W. L. BRAGG, Proc. Roy. Soc. London (A) Bd. 88, S. 428. 1913.

[5] H. SEEMANN, Phys. ZS. Bd. 20, S. 55 u. 169. 1919; E. SCHIEBOLD u. F. RINNE, Einführung in die krist. Formenlehre, 3. Aufl., S. 198. Leipzig 1919; s. auch M. POLANYI, E. SCHIEBOLD u. K. WEISSENBERG, ZS. f. Phys. Bd. 23, S. 337. 1924; vgl. Ziff. 25 β.

[6] P. DEBYE u. P. SCHERRER, Göttinger Nachr. 1915 u. 1916; Phys. ZS. Bd. 18, S. 291. 1917.

[7] A. HULL, Phys. Rev. Bd. 10, S. 661. 1917.

[8] Siehe M. SIEGBAHN, Spektroskopie der Röntgenstrahlen (Berlin: Julius Springer 1924) Ziff. 22 oder etwa A. JÖNSSON, ZS. f. Phys. Bd. 36, S. 426. 1926.

Tabelle 9. Erzeugung monochromatischer Röntgenstrahlung (Wellenlängen in X-Einheiten [10^{-3} Å]).

	α_2	α_1	Mittleres (α_1 α_2)	β_1	K-Kante	Filter Stoff	Filter Kante	Filter $\frac{mg}{cm^3}$	Halbwerts-schicht Al in cm
26 Fe	1936,51	1932,30	1933,70	1752,72	1737,7	Mn	1889,3		0,003
28 Ni	1658,54	1654,61	1655,92	1497,03	1489,0	Co	1601,8		0,004
29 Cu	1541,16	1537,30	1538,59	1389,33	1378,5	Ni	1489,0	17	0,005
30 Zn	1435,87	1432,06	1433,33	1292,71	1296,3	Cu	1378,5	20	0,006
33 As	1177,41	1173,44	1174,76	1055,11	1043,5	Ge	1114,6		0,011
34 Se	1106,42	1102,41	1103,75	990,00	979,0	As	1043,5		0,013
35 Br	1041,72	1037,68	1039,03	930,73	917,9	Se	979,0		0,016
37 Rb	927,73	923,61	924,98	826,73	814,3	Br	917,9		0,023
38 Sr	877,75	873,28	874,67	781,06	769,6	Rb	814,3		0,027
42 Mo	711,87	707,59	709,02	630,75	618,42	Zr	687,2	55	0,055
44 Ru	645,88	641,54	642,99	—	558,4	Mo	618,42	70	0,064
45 Rh	616,37	612,01	613,46	544,67	533,0	Ru	558,4		0,083
46 Pd	588,60	584,21	585,67	519,48	507,5	Rh	533,0	72	0,092
47 Ag	562,59	558,16	559,67	495,85	485,0	Pd	507,5	79	0,102
50 Sn	493,88	489,41	490,09	434,25	424,2	Cd	463,2		0,14
74 W	213,52	208,85	210,47	184,36	178,06				0,88
78 Pt	190,10	185,28	186,89	163,4	158,1	W	178,06		1,05

mögen (sehr enger Spalt, hohe Ordnung der Interferenz) sind α_1 und α_2 getrennt. Damit die Linien sich möglichst stark von dem kontinuierlichen Untergrund abheben, ist es notwendig, die Spannung weder zu hoch zu wählen (da sonst der Untergrund zu stark wird) noch zu niedrig [da die Linienintensität mit $(V-V_k)^{\frac{3}{2}}$ bzw.[1] mit $(V^2-V_k^2)$ wächst, wo $V_k = \frac{12{,}34}{\lambda_k}$ — in Kilovolt und Ångströmeinheiten — die zur Absorptionskante gehörige Spannung ist]. Praktisch ergibt sich als die günstigste Betriebsspannung das 1,5fache der zur Erreichung der Linie notwendigen kritischen Spannung. Die Flächendichten der Filter sind in der vorletzten Spalte von Tabelle 9 nur dort angegeben, wo genügendes experimentelles Material für ihre Bestimmung vorlag. Die Filterdicke ist so bestimmt, daß die übrigbleibende α-Linie eine Schwächung auf ein Drittel ihres Wertes erfährt. Abb. 124 gibt einen Überblick über das von HULL benutzte Spektrum unter folgenden Betriebsbedingungen: Antikathode Mo; Spannung $\sim$ 30 kV (durch Glühkathodengleichrichter [„Kenotrons" oder „Glühventile"] gleichgerichteter Wechselstrom, der durch Kapazitäten auf etwa 1% Schwankungen ausgeglichen wurde). Filter: a) keines, b) 0,35 mm Zirkon, c) 0,5 mm Zirkon (gepulvertes Mineral $ZrSiO_4$). — Abb. 125 zeigt das gleiche für niedere Spannungen nach einer neueren Arbeit von PRINS[2].

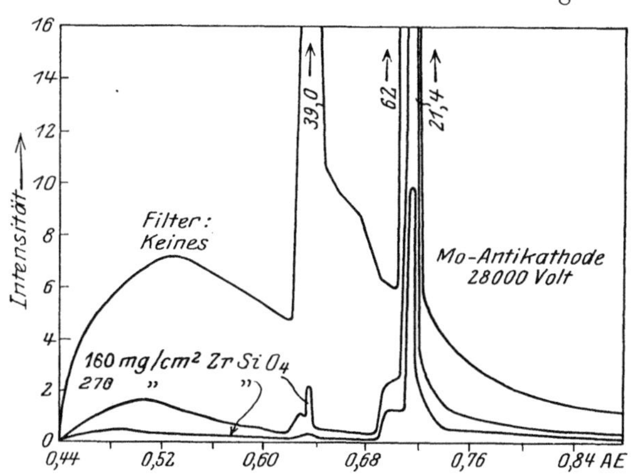

Abb. 124. Spektrum filtrierter Röntgenstrahlung nach HULL.

[1] Erste Angabe nach D. L. WEBSTER, Phys. Rev. Bd. 7, S. 599. 1916; zweite Angabe nach B. A. WOOTEN, ebenda Bd. 13, S. 71. 1919; A. JÖNSSON, ZS. f. Phys. Bd. 43, S. 845. 1927.

[2] J. A. PRINS, ZS. f. Phys. Bd. 71, S. 446. 1931.

Von großem Einfluß auf das Spektrum ist natürlich die *Zeitspannungskurve*, die die Spannungsquelle im Betrieb liefert. So würden z. B. bei einem sog. Halbwellenapparat (Ausnutzung nur einer Halbperiode des vom Transformator gelieferten hochgespannten Wechselstroms infolge der Gleichrichterwirkung der Röntgenröhre) 30 kV Spitzenspannung nicht genügen, um die Mo-Strahlung anzuregen.

Für weiche Strahlen muß bei technischen Röntgenröhren durch „Lindemannfenster" den Strahlen eine Austrittsmöglichkeit aus der Röhre ohne die starke Schwächung wie in gewöhnlichem Glas gegeben sein (praktisch von Kupferstrahlung $CuK\alpha = 1{,}537$ Å an erforderlich, da das nächsthöhere als Antikathode

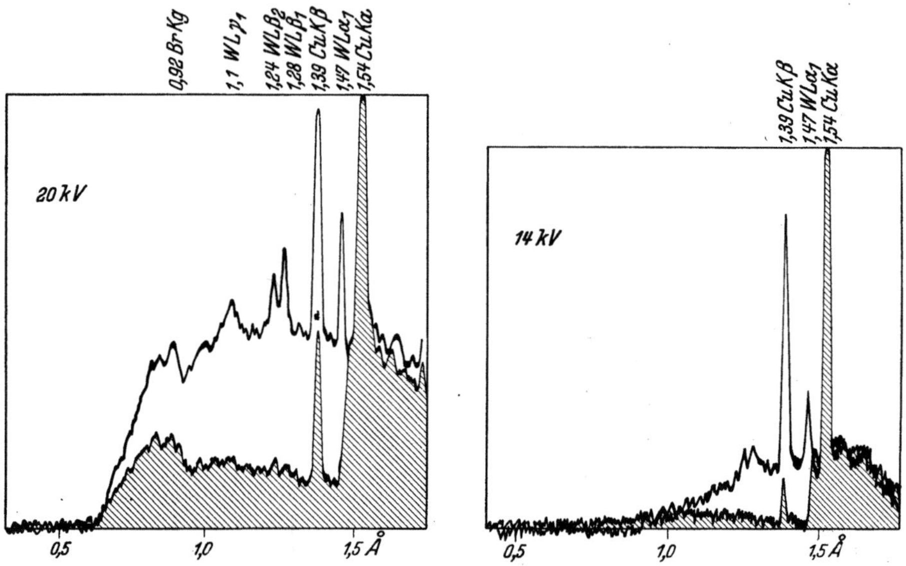

Abb. 125. Einfluß eines Ni-Filters auf die Emission einer Röhre mit Cu-Antikathode bei 20 und 14 kV Spannung. Unschraffiert: ohne Filter, schraffiert: mit Filter. Cu- und W-Linien, Ni-Kante und bei 20 kV Einfluß der Br-Kante der Plattenemulsion [PRINS, l. c.].

geeignete Element Mo erheblich härtere Strahlung liefert, $MoK\alpha = 0{,}708$ Å). Das „Lindemannglas" ist ein Berylliumborat, das keine schweren Atomsorten enthält. Bei gewöhnlichem Glas ist das austretende Spektrum oft durch die Bariumabsorptionskante des Glases begrenzt: $BaK_g = 0{,}330$ Å.

Bei Laboratoriumsröhren, die an der Pumpe bleiben, wendet man Fenster aus Aluminiumfolie oder aus Azetatzellulosefilmen (Cellophan u. ä.) an. Vgl. Art. „Röntgenspektroskopie". — Möglichst weitgehend monochromatische und ebene Röntgenstrahlen stellt man durch Reflexion an einen ersten Kristall her. Einen kompakt gebauten Monochromator (mit Zuckerkristall) beschreibt RUSTERHOLZ[1].

Es ist zu beachten, daß je nach den Nachweismitteln die wirksame Spektralkurve noch erheblich verzerrt werden kann.

Den Einfluß der Absorptionskanten auf die Empfindlichkeit des Strahlennachweises sieht man bei der Wirkung auf die photographische Platte. WAGNER[2] zeigte den Empfindlichkeitssprung der Platte bei der Silber-K-Kante $\lambda = 0{,}485$, sowie der Brom-K-Kante $\lambda = 0{,}918$. Den Empfindlichkeitssprung bei der Silber-

[1] A. RUSTERHOLZ, Helv. Phys. Acta Bd. 4, S. 68. 1931.

[2] E. WAGNER, Ann. d. Phys. Bd. 46, S. 868. 1915; R. BERTHOLD, ebenda Bd. 76, S. 409. 1925.

kante bestimmten GLOCKER und FROHNMAYER[1] zu 1 : 2, bei der Br-Kante wesentlich kleiner.

Beim Nachweis mit Ionisierungskammer ist es üblich, die Kammer mit einem schweren Gas zu füllen, um die Absorption zu erhöhen. Im Anschluß an W. H. BRAGG viel benutzt ist Methyljodid CH_3J und Äthylbromid. Die kritischen Stellen der Absorptionssprünge sind bei ihnen durch die Grenzwellenlängen 0,918 Å (Br) und 0,374 Å (J) gegeben.

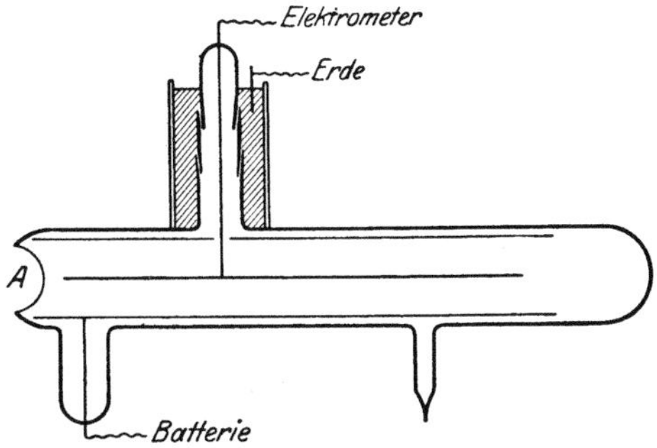

Abb. 126. Ionisierungskammer nach DUANE u. BLAKE, l. c.

Da Methyljodid Hartgummi angreift, müssen die Durchführungen an der Ionisierungskammer aus Schwefel genommen werden. Das Gas zersetzt sich mit der Zeit, und die Empfindlichkeit des Ionisierungsnachweises ändert sich daher ständig, so daß das Arbeiten mit Methyljodid lästig ist. Bedeutend empfehlenswerter ist nach dem Vorgang von MARK[2] eine Füllung mit einem schweren Edelgas, Argon oder Xenon, zumal dies unter Atmosphärendruck oder einem stets kontrollierbaren kleinen Überdruck von einigen mm Hg eine erheblich größere Dichte hat als Methyljodiddampf bei gewöhnlicher Temperatur.

Eine gasdichte Ionisierungskammer nach DUANE und BLAKE[3] zeigt Abb. 126.

In Verbindung mit der Ionisierungskammer werden *Elektrometer* von kleiner Kapazität benutzt. Ein Saitenelektrometer (50 bis 100 Skalenteile pro Volt) ist wegen seines stabilen Nullpunktes empfehlenswert und eignet sich gut zu einer Kompensationsschaltung[4] (Abb. 127), bei welcher die Ladung, die infolge der Ionisierung auf die zentrale Elektrode der Kammer *J* kommt, durch die Influenzladung kompensiert wird, die man vermöge des Zylinderkompensators *C* und der Potentiometerschaltung *P* erzeugt. Abgelesen wird dabei die vom Potentiometer entnommene Spannung.

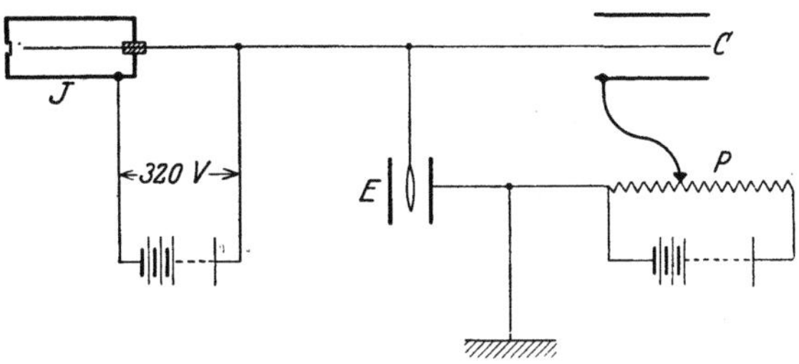

Abb. 127. Kompensationsschaltung nach BRAGG, JAMES u. BOSANQUET, l. c.

Ein selbstregistrierender ionometrischer Nachweis wurde von A. H. COMPTON[5] angegeben. Er benutzt ein Elektrometer hoher Empfindlichkeit (25000 mm pro Volt).

Auch das sehr empfindliche Hoffmannelektrometer wird benutzt[6].

Zum bloßen Nachweis sehr schwacher Interferenzen ist von der Verstärkung durch Stoßionisation Gebrauch gemacht worden[7]. Dabei wird zwischen die innere und äußere Elektrode der Ionisierungskammer eine Spannung gelegt, die nur

[1] R. GLOCKER u. W. FROHNMAYER, Ann. d. Phys. Bd. 76, S. 369. 1925.
[2] H. MARK, Röntgenstrahlen in Chemie und Technik. Handb. der physikalischen Chemie Bd. XIV. Leipzig: J. A. Barth 1926.
[3] W. DUANE u. F. C. BLAKE, Phys. Rev. Bd. 10, S. 624. 1917; s. auch z. B. R. C. HERGENROTHER, Physics Bd. 2, S. 211. 1932.
[4] W. L. BRAGG, R. W. JAMES u. C. W. BOSANQUET, Phil. Mag. Bd. 41, S. 309. 1921.
[5] A. H. COMPTON, Phys. Rev. Bd. 7, S. 646; Bd. 8, S. 703. 1916.
[6] R. C. HERGENROTHER, Physics Bd. 2, S. 211. 1932.
[7] Z.B. H. G. J. MOSELEY u. C. G. DARWIN, Phil. Mag. Bd. 26, S. 210. 1913.

wenig geringer ist als die Funkenspannung. Zur genauen Messung eignet sich diese Art von Verstärkung nicht, da der Verstärkungsfaktor sehr labil ist.

Empfindlichkeit zeichnet den Nachweis der Röntgenstrahlen mit der GEIGERschen Zählkammer aus[1].

Auch die Verwendung einer Röhrenvoltmeteranordnung ist verschiedentlich empfohlen worden[2].

Ganz geringe Intensitäten können auch photographisch durch Auszählen der geschwärzten Körner der Schicht gemessen werden[3].

25. Das Spektrometer, Drehkristall- und Röntgengoniometerverfahren. α) Das Röntgenspektrometer. Das Röntgenspektrometer (Abb. 128) besteht aus dem drehbaren Tisch, auf dem der Kristall montiert ist, aus der um die gleiche Achse schwenkbaren Ionisierungskammer und der Blendenanordnung, die das Kollimatorrohr ersetzt. Der Kristall selbst ist auf einem Goniometerkopf oder

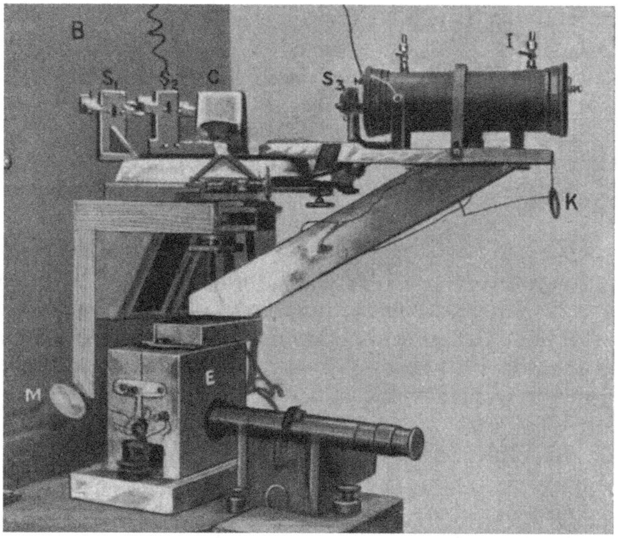

Abb. 128. Spektrometer nach BRAGG.

einer sonstigen Vorrichtung befestigt, die ihn um die zwei zur Spektroskopachse senkrechten Achsen schwenkbar macht. Das Elektroskop pflegt unter dem Apparat in der Verlängerung der Spektroskopachse zu stehen, so daß die Zuleitungen bei allen Stellungen der Kammer die gleiche Form haben und in Blechrohren elektrostatisch geschützt geführt werden können. Die drei Spalte S_1, S_2 und S_3 gestatten (S_1) eine gröbere Abblendung, (S_2) Ausblendung einer bestimmten Kristallstelle und (S_3) Begrenzung der Öffnung der Ionisierungskammer. Normalerweise ist Spalt S_2, der ganz nahe an die Kristallfläche gerückt werden kann, die eigentliche Strahlenbegrenzung. Abweichend von dieser Anordnung setzt MARK[4] ein WULFFsches Fadenelektrometer über das eigentliche Spektrometer,

[1] H. GEIGER und W. MÜLLER, Phys. ZS. Bd. 29, S. 839. 1928; Bd. 30, S. 489. 1929.

[2] J. BRENTANO, ZS. f. Phys. Bd. 54, S. 571. 1929; W. A. WOOSTER und B. W. ROBINSON, Nature Bd. 131, S. 545. 1933; C. E. WYNN-WILLIAMS, Phil. Mag. Bd. 6, S. 324. 1928; s. jedoch J. BRENTANO, ebenda Bd. 7, S. 685. 1929.

[3] Aus dem Streulicht in der photogr. Schicht bestimmte J. BRENTANO (ZS. f. Phys. Bd. 70, S. 74. 1931) die Schwärzung, durch Auszählen der Körner P. GÜNTHER und G. WILCKE, ZS. f. phys. Chem. Bd. 119, S. 219. 1926.

[4] H. MARK, Die Verwendung d. Röntgenstrahlen u. Chemie u. Technik, S. 184ff. Leipzig 1926.

dessen Teilkreisablesung und Dreheinrichtung so besser zugänglich sind. HERGENROTHER[1], der das sehr empfindliche Hoffmannelektrometer benutzt, läßt dies feststehen und dreht die Röntgenröhre (Metallix oder Spezialröhre) mit um die Kristallachse. Das Gegenstück hierzu ist WOOSTERS[2] Zweikreisspektrometer, bei dem die Ionisierungskammer mit dem Elektrometer (SCHONLANDtyp)[3] zu einer Einheit zusammengebaut und nicht allein horizontal, sondern auch vertikal um den Kristall schwenkbar ist.

Ein Punkt von wesentlicher Bedeutung für die Wirkungsweise des Spektrometers, vor allem bei photographischer Registrierung der Interferenzen ist die „*Fokussierung*". Von der Blende geht ein Strahlenbündel aus, dessen Öffnung erheblich größer ist als die Reflexionsbreite des Kristalls. Ist aber der Kristall groß genug, um die Strahlen aufzufangen, so kommen trotzdem alle Strahlen des Bündels zur Reflexion, indem sie bei der Umdrehung des Kristalls *nacheinander und an verschiedenen Teilen* der Spiegelfäche in Reflexionsstellung kommen. Man überzeugt sich leicht von der von W. H. BRAGG erkannten Eigenschaft, daß alle reflektierten Strahlen durch einen Punkt hindurchgehen, der von der Drehachse des Kristalls die gleiche Entfernung hat wie der Spalt. Im Spektrographen müssen also die Blenden S_1 und S_3 bzw. statt letzterer die photographische Platte auf dem gleichen Kreis um die Spektrometerachse liegen, und der Kristall muß sorgfältig so justiert werden, daß seine Spiegelebene durch die Drehachse geht. Einstellverfahren und Diskussion der Fehlerquellen siehe in den SIEGBAHNschen Arbeiten zur Präzisionsspektrographie, sowie in seinem Buch „Spektroskopie der Röntgenstrahlen"[4].

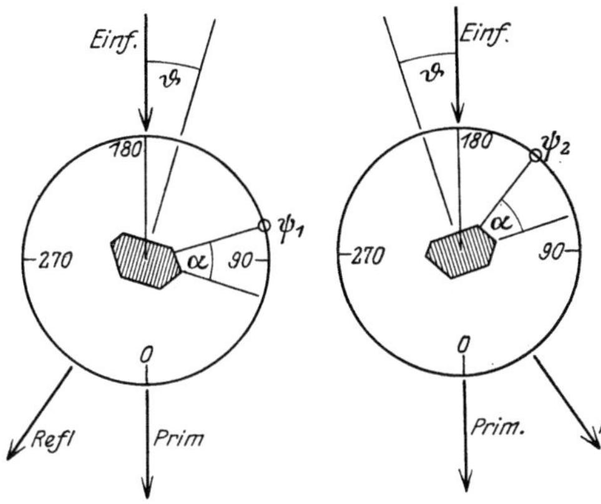

Abb. 129. Methode der Messung mit Spektrometer. (Schraffiert die Spiegelebenen.)

Das Charakteristische an den Röntgenspektrometermessungen ist, daß die *Reflexionsstellungen des Kristalls* abgelesen werden, nicht die Winkel der Reflexe. Man erhält sowohl die Reflexionswinkel ϑ der Spiegelebenen und damit nach der Reflexionsbedingung ihren Netzebenenabstand, als auch die Winkel α dieser Ebenen gegen eine als Bezugsfläche gewählte Kristallfläche, indem man die Reflexionsstellungen ψ_1 und ψ_2 des Kristalls nach links und nach rechts notiert (Abb. 129):

$$\psi_2 - \psi_1 = 2\vartheta, \quad \psi_2 + \psi_1 = 2\,(90^\circ + \alpha)\,.$$

Auf die Stellung der Kammer kommt es dabei nicht an, und ihr Spalt S_3 kann beliebig weit sein — abgesehen davon, daß er etwaige andere Reflexe, die bei benachbarten Kristallstellungen (aber im allgemeinen unter erheblich andern Reflexionswinkeln) auftreten könnten, abzuschirmen hat. *Daß zusammen mit den Identitätsperioden auch ihre gegenseitigen Neigungen unmittelbar gemessen werden, ist ein Vorzug des* BRAGG*schen Verfahrens und des Ionisierungsnachweises,* der sonst nur noch dem Weissenbergverfahren zukommt (ds. Ziff., γ). Schon beim

[1] R. C. HERGENROTHER, Physics Bd. 2, S. 211. 1932.
[2] W. A. WOOSTER, Trans. Faraday Soc. Bd. 25, S. 401. 1929.
[3] B. F. J. SCHONLAND, Proc. Cambridge Phil. Soc. Bd. 25, S. 340. 1929.
[4] M. SIEGBAHN, Spektroskopie der Röntgenstrahlen, 2. Aufl. Berlin: Julius Springer 1931.

Drehkristallverfahren mit photographischem Nachweis fällt die Kenntnis der Kristallstellung beim Akt der Reflexion fort und somit die unmittelbare Zuordnung der Richtungen zu den Identitätsabständen. Ebenso bei Pulveraufnahmen. Dieser Ausfall an Daten muß bei den genannten Verfahren durch die „Bezifferung" (Aufstellen einer quadratischen Form) ausgeglichen werden.

Die Gefahren beim BRAGGschen Verfahren liegen hauptsächlich in ungenügender Justierung. Die Drehachse muß mit einer Zonenachse des Kristalls zusammenfallen, dann gewinnt man beim Drehen die Reflexe an sämtlichen Flächen dieser Zone[1]. Ist die Drehachse falsch eingestellt, so liegen die Reflexe nicht in der Ebene, in der die Ionisierungskammer geschwenkt wird, und bei groben Fehlern können Reflexe verlorengehen. Wegen der Länge des Eintrittsspaltes der Ionisierungskammer ist dies weniger wahrscheinlich, als daß Reflexe, die in Wirklichkeit nicht zum Hauptspektrum, sondern zur ersten Schichtlinie (s. unten) gehören, unbeabsichtigt mit vermerkt werden. Je größer der Identitätsabstand auf der Zonenachse, um die gedreht wird, um so leichter kann dies stattfinden.

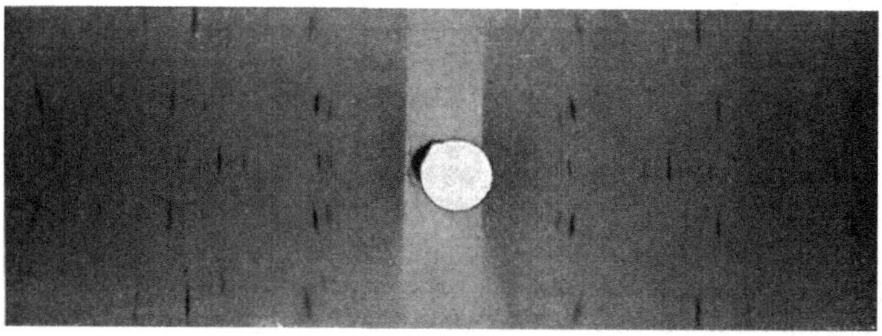

Abb. 130. Drehaufnahme an Zink nach MARK, POLANYI, SCHMID, l. c.

Die Kombination von Spektrometermessungen mit einer photographischen Drehaufnahme, die den vollen Überblick über die vorhandenen Reflexe erleichtert, ist empfehlenswert.

β) Das Drehkristallverfahren. Die *Drehaufnahmen*[2] bedeuten experimentell im Grunde nur eine Ausführung des BRAGGschen Verfahrens mit photographischem Nachweis. Neu hinzukommt die Möglichkeit, bei *einer* Aufnahme die Spektren auch solcher Ebenen zu registrieren, die gegen die Drehachse geneigt sind. Durch die große Anzahl gleichzeitig erhaltener Daten wird die Langsamkeit des photographischen Nachweises des Einzelflecks gegenüber dem Ionisierungsnachweis ausgeglichen. Abb. 130 und 176, 177 (Ziff. 36α) zeigen typische Drehaufnahmen, die erstere um eine Achse mit kleinem, die beiden anderen um Achsen mit größerem Identitätsabstand. Man unterscheidet das *Hauptspektrum* oder die *Schichtlinie 0* oder den *Äquator* von den Nebenspektren oder den Schichtlinien *1*, *2*, ..., *—1*, *—2*, ... Die experimentelle Anordnung ist die gleiche wie für Pulveraufnahmen (in Abb. 143 u. 146), nur daß der Kristall auf einem Goniometerkopf fein justierbar aufgestellt ist und während der Aufnahme um 360° oder Bruchteile davon gedreht wird. Auch muß die Kamera die Benutzung eines genügend breiten Filmstreifens gestatten, um die Nebenspektra — bis zu Schichtwinkeln von etwa

[1] Definition von Zone s. Ziff. 10δ.

[2] Nachdem schon früher gelegentlich als Drehaufnahmen anzusprechende Aufnahmen zu spektroskopischen Zwecken gemacht worden waren (DE BROGLIE, C. R. Bd. 157, S. 924. 1913; HERWEG, Verh. d. D. Phys. Ges. Bd. 15, S. 555. 1913), wurden Apparatur und Methodik der Drehaufnahmen zur Strukturbestimmung entwickelt von H. SEEMANN und E. SCHIEBOLD (vgl. Fußnote 5 zu Ziff. 24α).

[3] H. MARK, M. POLANYI u. E. SCHMID, ZS. f. Phys. Bd. 12, S. 58. 1922.

60° — aufzufangen. Die *Anordnung der Flecken auf Schichtlinien* kann man sich sofort klarmachen, wenn man sich daran erinnert, daß die Zonenachse, um die gedreht wird, eine Gittergerade ist. Die Interferenzen, bei denen zwischen der Wirkung benachbarter Atome dieser Gittergeraden h_3 Wellenlängen Gangunterschied bestehen, liegen auf einem Kegelmantel um die Achse und schneiden den zylindrischen Film auf einem Parallelkreis zu seinem „Äquator" (Abb. 131). Ist d der Identitätsabstand auf der Drehachse, σ der „Schichtwinkel", R der Radius des Filmzylinders, s der Abstand der Schichtlinie vom Äquator auf dem Film, so ist

$$d \sin\sigma = h_3 \lambda; \qquad s = R \operatorname{tg}\sigma.$$

Nimmt man zur Gitterbeschreibung als die eine Translation $\mathfrak{a}_3$ den fraglichen Identitätsabstand, so ist durch die Abzählung der Schichtlinien mit großer Sicherheit der Index h_3 der Interferenzen bzw. der Identitätsabstand auf einer Achse bestimmt.

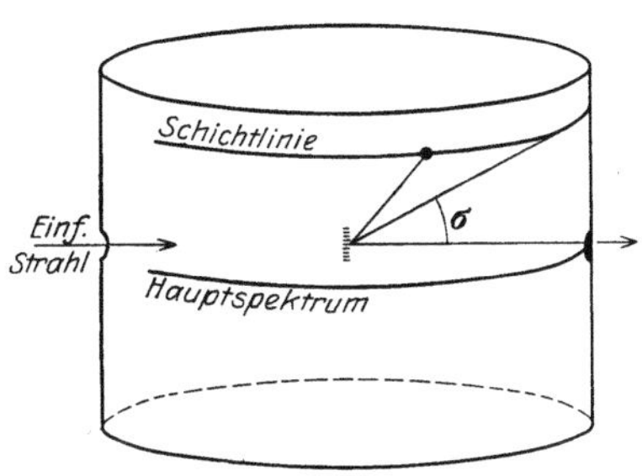

Abb. 131. Schichtwinkel.

Innerhalb jeder Schichtlinie sind die Intereferenzflecke noch mit den beiden Indizes h_1 und h_2 zu beziffern (s. Ziff. 36).

Eine volle Drehaufnahme mit Drehung um 360°, zumal wenn die Drehrichtung eine Richtung hoher Symmetrie ist, bringt häufig Reflexe von ungleichwertigen Ebenen an den gleichen Punkt des Films. Dadurch wird die Diskussion der Intensitäten erschwert. Um solche Reflexe zu trennen, verwendet man „*Schwenkaufnahmen*" („beschränkte Drehaufnahmen"), bei denen der Schwenkwinkel und die Grundstellung des Kristalls passend gewählt werden müssen. Von besonderer Bedeutung wird dies, wenn der Kristall einer niedrigeren Lauesymmetrie (Ziff. 5β) angehört, als die Holoedrie des Kristallsystems (das rhomboedrische System als Hemiedrie des hexagonalen gerechnet).

Um z. B. einen rhomboedrischen von einem hexagonalen Kristall zu unterscheiden, wird eine Schwenkung von 30° um die Hauptachse genügen, wobei der Primärstrahl den ganzen Winkel zwischen einer Neben- und einer Zwischenachse beschreibt. Ein hexagonaler Kristall liefert dabei ein Diagramm mit spiegelbildlich gleicher oberer und unterer Hälfte, während beim rhomboedrischen diese Symmetrieeigenschaft fehlt.

Bei der Intensitätsberechnung einer Drehaufnahme entsteht ein besonderer Faktor dadurch, daß für die verschiedenen Ebenen die Änderungsgeschwindigkeit des Reflexionswinkels ϑ verschieden ist, und zwar nach Ott[1] proportional zu $\sqrt{1 - (\sin\sigma/\sin 2\vartheta)^2}$. Ceteris paribus wird wegen der Dauer der Reflexionsstellung die Intensität umgekehrt proportional zu dieser Änderungsgeschwindigkeit sein. Dies ist bei der Lorentzintegration Ziff. 18β2 schon berücksichtigt.

Für gewöhnlich wird bei Schichtlinienaufnahmen ein kurzer, der Drehachse paralleler Spalt benutzt. Mit H. Mark[2] kann man, um die Schichtlinienabstände so scharf wie möglich zu erhalten, den Spalt quer zur Drehachse nehmen. Bei großen Schichtwinkeln σ ist eine Verbreiterung der Linien infolge schiefer Durchsetzung der photographischen Schicht nur umständlich zu vermeiden.

Eine von Bernal[3] angegebene, von den Werken W. G. Pye u. Co. in Cambridge (England) hergestellte Universalapparatur zeigt Abb. 132a, b. Links ist

[1] H. Ott, ZS. f. Phys. Bd. 22, S. 201. 1924.
[2] H. Mark, ZS. f. phys. Chem. Bd. 111, S. 321. 1924.
[3] J. D. Bernal, Journ. scient. instr. Bd. 14, S. 273. 1927; Bd. 5, S. 1. 1928; Bd. 6, S. 1 und 344. 1929.

der Apparat mit Filmzylinder für Drehaufnahmen, rechts mit Platte für Spektral- oder Pulveraufnahmen aufgestellt. Das Kennzeichnende an der sehr sorgfältigen Konstruktion ist die genaue Innehaltung „kinematischer Bestimmtheit" für alle Teile, in dem Sinn, wie sie sich z. B. in THOMSON und TAITS Natural Philosophy erörtert findet.

M. RUHEMANN[1] hat eine Kammer für *Drehaufnahmen an verfestigten Gasen* gebaut, mit der Sauerstoff und Stickstoff in Einkristallen oder fast einkristallinen Präparaten untersucht wurde, was neben der früher nur möglichen Untersuchung mit Pulveraufnahmen bei diesen zum Teil niedrig symmetrischen Modifikationen wichtig ist. Die Kälte wird in der Kammer selbst erzeugt, indem ein kleiner LINDEscher Gegenströmer mit Expansionsdüse in sie eingebaut ist und bei Drehaufnahmen mit dem Kristall mitgedreht wird. Abb. 133 zeigt im Querschnitt die Spi-

a b

Abb. 132. Universalapparat für Röntgenuntersuchung nach BERNAL, a: für Pulver und Drehaufnahmen, b: für Spektrometer oder Laueaufnahmen. (Hersteller W. G. Pye u. Co, Cambridge).

rale des Gegenströmers, die am obersten Ende den Expansionstopf trägt, dessen Öffnung durch ein Schräubchen einreguliert wird. Das innere Rohr des Gegenströmers wird direkt an eine Wasserstoffbombe (150—100 Atm. Druck) angeschlossen. Der ganze Gegenströmer (Durchmesser der Spirale etwa 4 cm, Durchmesser der Rohre 2 bzw. $3^1/_2$ mm), kommt in die Kamera, die in ein doppelwandiges evakuiertes Metallgefäß eingebaut ist, das mit flüssiger Luft gefüllt wird. Die Kristalle kondensieren sich in einem axial von oben hineinragenden Rohr, dessen unteres, dünn ausgezogenes Ende S beim Abkühlen in einem Quecksilbertropfen B auf dem Expansionstopf einfriert, guten Abschluß und guten thermischen Kontakt sichernd. Durch Regelung des Druckes in der Wasserstoffzuleitung bzw. der Expansionsdüse kann die Temperatur auf 1—2° konstant gehalten werden, so daß die verschiedenen polymorphen Modifikationen von N_2 erhalten werden. Bei langsamem Abkühlen füllt sich die Kapillare mit einem oder wenigen großen einheitlichen Kristallen, und man kann durch Drehen des ganzen inneren Teils im Schliff S Drehaufnahmen herstellen. Ein Fenster und ein Lämpchen im Dewargefäß erlauben die Beobachtung der Kristallisation.

[1] M. RUHEMANN, ZS. f. Phys. Bd. 76, S. 368. 1932.

γ) Röntgengoniometer. Unter den Drehverfahren nehmen eine besondere Stellung die sog. *Goniometerverfahren* ein, d. h. solche Verfahren, bei denen wie beim BRAGGschen Röntgenspektrometer neben dem Abbeugungswinkel des reflektierten Strahls sich auch die zu jeder Reflexion gehörige Kristallstellung entnehmen läßt.

Der Gedanke und die erste Ausführung dieser Instrumente stammt von WEISSENBERG[1]. Man beschränkt die Aufnahme durch eine „Schichtblende" auf eine einzige Schichtlinie. Diese wird auf dem Film in Richtung der Drehachse des Kristalls auseinandergezogen, indem parallel zur Drehachse und dem Drehwinkel des Kristalls proportional während der Aufnahme die Trommel mit dem Film verschoben wird. Mißt man auf dem Film die Abstände der Reflexe parallel zur Drehrichtung durch eine Koordinate y, so gibt konst. $(y_2 - y_1)$ für zwei Flecke direkt den Winkel an, um den der Kristall zwischen den Reflexionsstellungen gedreht worden ist.

Dies Verfahren hat sich einen festen Platz vor allem bei der Ermittlung der Strukturen komplizierter Kristalle gesichert, deren große Zelle eine unübersichtliche Zusammendrängung der Reflexe auf den Schichtlinien gewöhnlicher Drehaufnahmen mit sich bringt. Diese werden nunmehr von der linienhaften zu einer flächenhaften Anordnung auseinandergezogen.

Abb. 134 zeigt ein Röntgengoniometer nach BÖHM[2] mit horizontaler Verschiebung, Abb. 135 das Diagramm des rhombischen Diaspor (c-Achse als Drehachse). (Oben die unzerlegte Äquatorschichtlinie.) Die Kopplung der Dreh- und Fortbewegung geschieht bei verschiedenen Ausführungen mittels einer Schraubenspindel, durch Riementrieb oder Verzahnung; die Umschaltung des Motors durch Quecksilberkippschalter. Die Belichtungszeiten im Röntgengoniometer sind etwa so hoch wie für Schwenkaufnahmen um kleine Winkel. (Bei vollen Drehaufnahmen tritt gegenüber Weissenbergaufnahmen eine Intensitätserhöhung dadurch ein, daß Reflexe gleichwertiger Flächen zur Deckung kommen.)

DAWSON[3] hat ein Röntgengoniometer nach dem Prinzip von Abb. 136 gebaut,

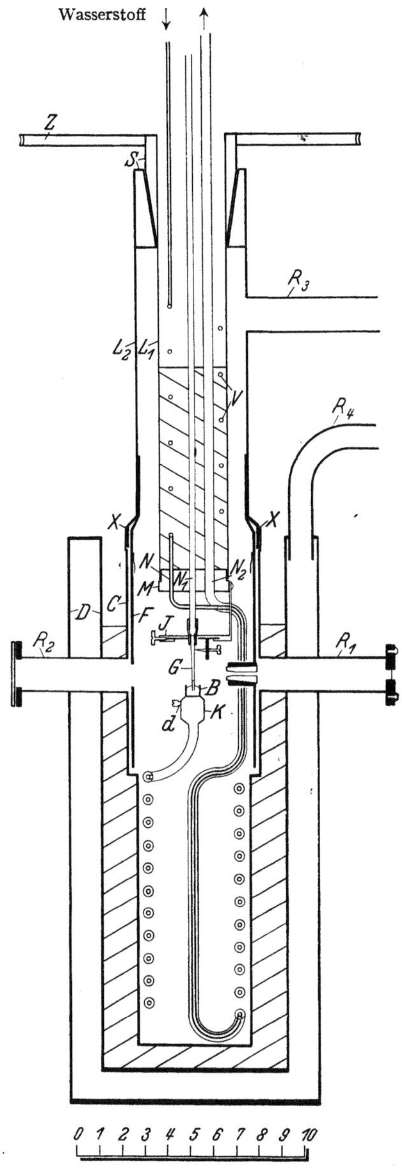

Abb. 133. Kammer für Drehkristallaufnahmen bei tiefen Temperaturen von RUHEMANN (l. c.). d Expansionsdüse, D Metall-Dewargefäß, J Justiereinrichtung für den Kristall in G, F Film, R_1 R_2 Blendenrohr, Z Zahnrad zum Drehen des ganzen Gegenströmers mit Kristall während der Aufnahme.

[1] K. WEISSENBERG, ZS. f. Phys. Bd. 23, S. 229. 1924.
[2] J. BÖHM, ZS. f. Phys. Bd. 39, S. 557. 1926. Bezugsquelle: Seemannlaboratorium, Freiburg i. Br.
[3] W. E. DAWSON, Phil. Mag. Bd. 5, S. 756. 1928.

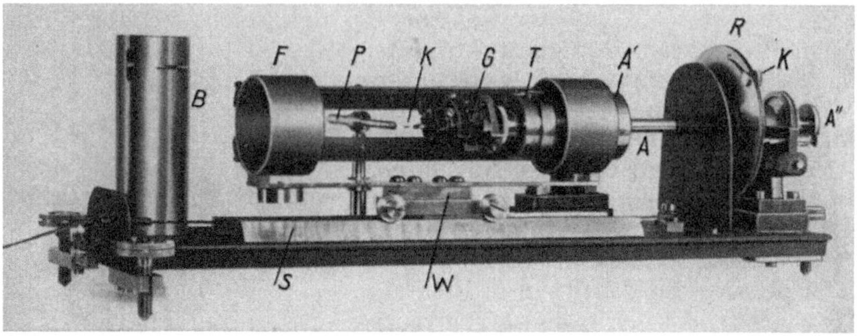

Abb. 134. Röntgengoniometer nach BÖHM.

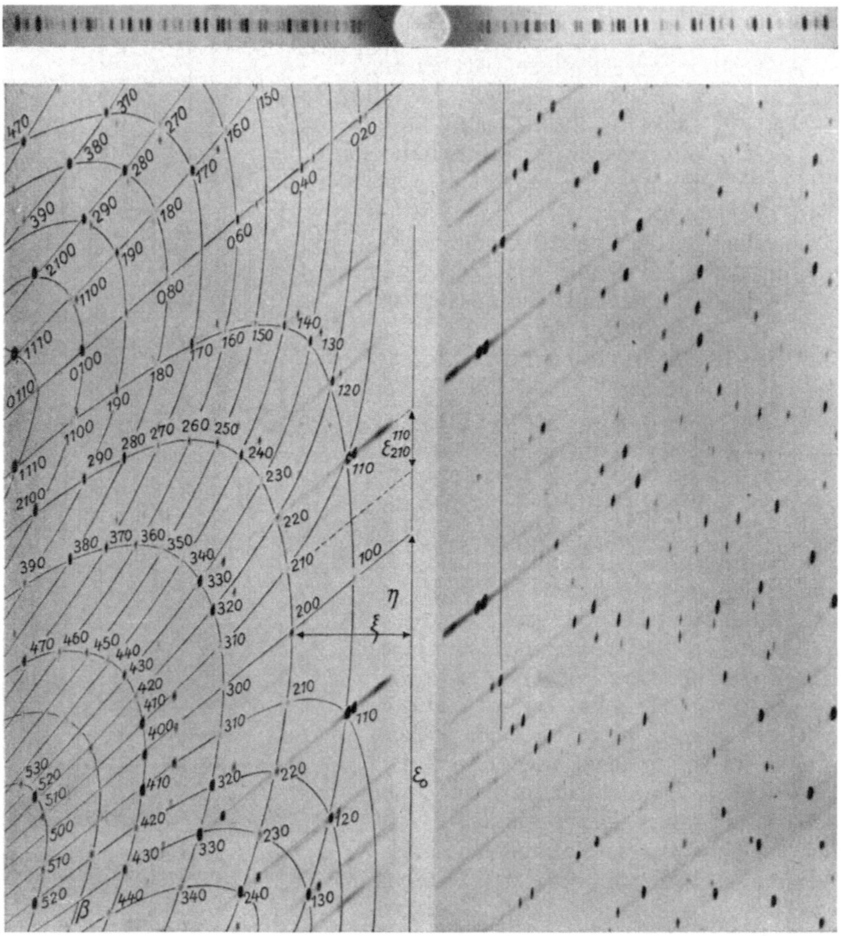

Abb. 135. Weissenbergdiagramm von Diaspor nebst Bezifferung. Darüber das gewöhnliche Drehdiagramm (Äquator). (BÖHM, l. c.)

bei dem der ebene Film senkrecht zum Primärstrahl steht und durch die Drehung des Kristalls quer zur Drehachse in seiner Ebene verschoben wird. Hier wird im Gegensatz zu WEISSENBERG nicht eine Schichtlinie ausgeblendet, sondern ein

Debye-Scherrer-Kreis. Die Flecke, die auf der Platte entstehen, stammen also von wenigen Flächenarten. Hierdurch eignet sich die Anordnung besonders zur Orientierungsbestimmung von Kristallen (z. B. Metalleinkristallen) bei bekannter Struktur. Eine Modifikation hierzu wurde von KRATKY[1] vorgeschlagen.

Von SCHIEBOLD[2] wurden bei Drehaufnahmen die feststehende Platte (senkrecht zum Primärstrahl) mit der mit dem Kristall mitgedrehten Platte (SEEMANNsche Anordnung[3]) kombiniert und so die zu den Reflexen gehörenden Kristallstellungen ermittelt. — Über das Röntgengoniometer von SAUTER s. Ziff. 37.

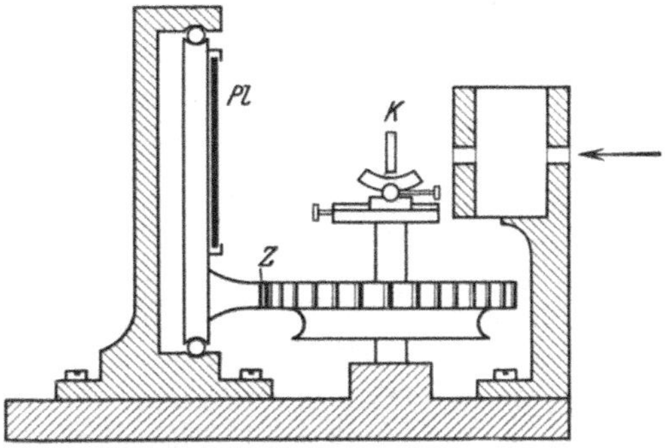

Abb. 136. Schema des Röntgengoniometers von DAWSON (l. c.). Mit der Drehung des Kristalls K ist durch die Zahnstange Z eine Querverschiebung der Platte Pl gekoppelt.

δ) Weitwinkelverfahren. Mit den Drehverfahren eng verwandt sind die sog. Weitwinkelverfahren (SEEMANN[4]), bei denen ein weit geöffnetes Bündel monochromatischer Strahlung auffällt. Entweder der Kristall dreht sich um mehrere Achsen, so daß der Einfall innerhalb eines beträchtlichen Raumwinkels geschieht, oder es wird durch Verkleinerung der Abstände und entsprechend geringer Ausblendung das gleiche erreicht.

In der letzten Weise geht SEEMANN[4] vor. Abb. 137 und 138 geben Aufnahmen an Steinsalz wieder, bei denen der Zentralstrahl ‖[001] verlief und die Öffnung des Kegels fast 180° betrug. Platte und Röntgenröhre befinden sich dabei auf der gleichen Seite des Kristalls. Das Zustandekommen der Kreise, Ellipsen und Hyperbeln kann man sich sofort mit Hilfe der Lagenkugel klarmachen.

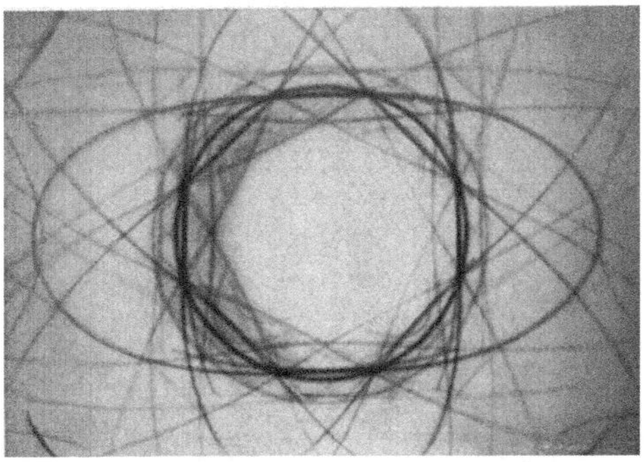

Abb. 137.

Bei LINNIKS Anordnung[5] hingegen durchsetzt der Röntgenstrahl die Kristallplatte, die mitsamt der photographischen Platte (beide sind fest miteinander verbunden) durch einen Kurbelmechanismus um zwei Achsen geschaukelt wird (Abb. 139). Auf der Platte entstehen Hyperbeln, wie im Innengebiet der Aufnahme Abb. 137 von SEEMANN.

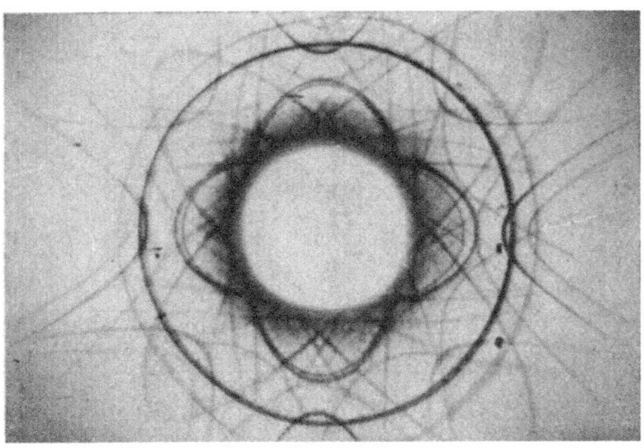

Abb. 138.

Abb. 137 u. 138. Weitwinkel-Röntgendiagramme von Steinsalz im auffallenden Licht (001), bei verschiedenen Abständen. (SEEMANN u. KANTOROWICZ, l. c.)

[1] O. KRATKY, ZS. f. Krist. Bd. 72, S. 529. 1930.
[2] E. SCHIEBOLD, Fortschr. d. Min., Krist., Petrogr. Bd. 11, S. 113. 1927.
[3] H. SEEMANN, Phys. ZS. Bd. 20, S. 169. 1919.
[4] H. SEEMANN u. O. KANTOROWICZ, Naturwissensch. Bd. 18, S. 526. 1930; vgl. auch H. SEEMANN, Ann. d. Phys. Bd. 53, S. 461. 1917.
[5] W. LINNIK, ZS. f. Phys. Bd. 61, S. 220. 1930.

Eine originelle und schöne Konstruktion ist die *Mikrokamera* von KRATKY[1]. Sie dient dazu, Weitwinkelaufnahmen von mikroskopisch kleinen Kristallen — bis herab zu $^1/_{100}$ mm größte Ausdehnung — herzustellen. Durch kleine Abmessungen wird nur etwa die doppelte Belichtungszeit erforderlich wie für gröbere Präparate. Die ganze Kammer ist

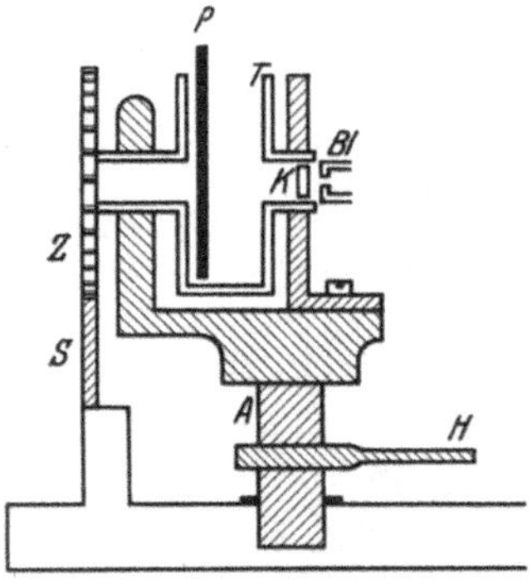

Abb. 139. Anordnung von LINNIK (l. c.). Kristall *K* und Platte *P* sind am Bügel *T* befestigt und werden durch den Hebel *H* um die Achse *A* geschwenkt und dabei durch Sperrklinke *S* und Zahnrad *Z* gleichzeitig um die Plattennormale gedreht. Hierdurch und durch weite Blende wird ein gleichmäßiger Einfall in einem Kegel von etwa 40° Öffnung erreicht.

Abb. 140. Mikrokamera von KRATKY (l. c.) nebst Film in natürlicher Größe.

groß wie ein Fingerhut, der runde Film groß wie der Kopf einer Reißzwecke (Abb. 140). Die Blende, die einen ebenen Strahlenfächer durchläßt von etwa 30° × 1° Öffnung, ist aus zwei aufeinander geschliffenen Stücken durch Einpressen von Vertiefungen hergestellt. Der Film ist entsprechend dem primären Strahlenbündel in der Mitte gelocht (Abb. 141). Der Kristall haftet an einem Kollodiumhäutchen und wird mit der gewünschten Richtung quer zur Längsrichtung des Spaltes auf diesen gelegt. Die ganze Kammer kommt z. B. in den Seitentubus einer Ottröhre[2]. Die Doppelflecken entstehen auf der Vorder- und Hinterseite des doppelt gegossenen Films. Man sieht Reflexe der α- und β-Strahlung. Abb. 142 zeigt eine Mikroaufnahme an Ramiefaser[3], und zwar hergestellt an etwa einem Fünftel des Querschnitts einer einzelnen Faser durch Ausblendung eines Streifens von $^1/_{100}$ mm Breite innerhalb einer einzigen Faser (zum Studium der Wachstumstextur).

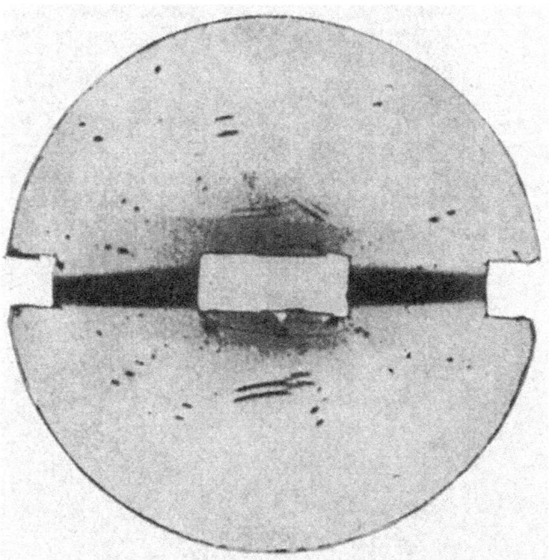

Abb. 141. Laueaufnahme an einem $KClO_3$-Kristall. 0,025 mm lang, 0,012 mm dick. Eingestellte Richtung: *c*-Achse. Vergr. 1 : 5,37. (KRATKY, l. c.)

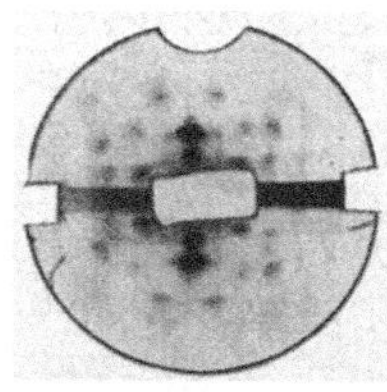

Abb. 142. Mikroaufnahme eines Teils einer Ramiefaser. (ECKLING und KRATKY, l. c.)

26. Pulververfahren (DEBYE-SCHERRER). α) Kammern. Über die verwendete Strahlung gilt das in Ziff. 24β Gesagte. Je kurzwelliger die Strahlung, um so enger ist das Interferenzbild. Daher ist es manchmal von Vorteil, zwei Aufnahmen, mit weicher und harter Strahlung (etwa Cu und Rh oder Mo) zu kombinieren, von denen die erste die niedrigst indizierten Linien, die zweite die hochindizierten Linien besser zu messen gestattet.

---

[1] O. KRATKY, ZS. f. Krist. Bd. 73, S. 567. 1930; Bd. 76, S. 261. 1930. Mikro-Röntgengoniometer: O. KRATKY u. K. ECKLING, ZS. f. phys. Chem. (B) Bd. 19, S. 278. 1932.
[2] H. OTT, Phys. ZS. Bd. 27, S. 598. 1926.
[3] K. ECKLING u. O. KRATKY, ZS. f. phys. Chem. (B) Bd. 10, S. 368. 1930.

Von großer Wichtigkeit ist es, *klare* Diagramme zu bekommen. Damit die zahlreichen Linien — namentlich nicht-kubischer Substanzen — scharf zu trennen sind, müssen sie selbst scharf sein, und es muß die allgemeine Schwärzung des Films durch Streustrahlung soweit wie möglich unterdrückt werden. Die Linienschärfe erreicht man durch enge Lochblenden und sehr dünne Präparate. Um die Intensität nicht zu sehr herabzusetzen, kann man kurze Spalte parallel zum Pulverpräparat verwenden; die Linien bleiben damit auf dem Äquator des Films scharf, so daß die Meßgenauigkeit nicht leidet.

Bleibt Bremsspektrum in nennenswerter Menge in der Strahlung, so kann es leicht besondere Effekte, namentlich nahe dem Primärfleck, vortäuschen[1].

Abb. 143. Kammer für Pulveraufnahmen von DEBYE und SCHERRER.

Die nach DEBYE und SCHERRER übliche Kamera zeigt Abb. 143[2]. Der Filmradius von nur 28 mm (1 mm auf dem Film = 2°) ist zur Erzielung genauer Winkelwerte reichlich klein; ein Filmradius von 4 cm (geeignet zum Gebrauch der medizinischen 18 × 24-Röntgenfilms) hat sich gut bewährt. Die Aufnahmezeit verlängert sich allerdings mit der Vergrößerung des Filmradius. Kammern von 20 cm Radius benutzte DAVEY[3] in Verbindung mit einer sehr gleichmäßig laufenden Coolidgeröhre. Die notwendige Belichtung betrug 200 mA-Stde. (Mo-Strahlung). Zwei solche nur für Aufnahmen bis zu 90° Ablenkung konstruierte Kammern sind in Abb. 149 zu sehen.

Die Beseitigung von Streustrahlung ist im wesentlichen eine Frage geschickter Ausblendung. Sehr häufig gibt der letzte Blendenrand selbst Pulverinterferenzen, die man zwar auf dem Film als solche erkennen kann (da sie ja einen anderen Ausgangsort haben als die regulären Interferenzen), die aber das Bild unnötig verwirren und unbedingt vor Inbetriebnahme des Apparates beseitigt werden sollten. Die aus Abb. 144 hervorgehende Blendenform von DEBYE und SCHERRER schirmt sie ab. Eine zweite Quelle starker Streustrahlung ist die Durchstoßstelle des Primärstrahles mit dem Film bzw. der Rückwand des Apparates. Daher muß, um dem Primärstrahl freien Durchtritt zu gestatten, der Film gelocht und der Auftreffpunkt des Primärstrahls in einen Ansatzstutzen der Kammer verlegt bzw. mit einer Bleimanschette abgeschlossen werden.

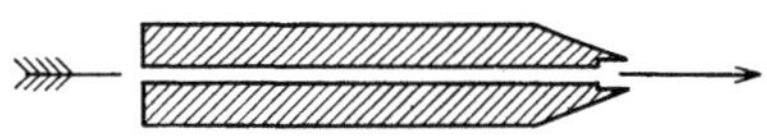

Abb. 144. Blendenform nach DEBYE und SCHERRER.

SCHERRER benutzte seine Kammer mit einer von R. v. TRAUBENBERG angegebenen gashaltigen Spezialröhre[4]; andere Röhrentypen mit kleinem Abstand Antikathode—Spalt dürften dafür aber bequemer sein[5]. Für härtere Strahlen (ab Fe-K oder W-L) sind die technischen Röntgenröhren, die nicht an der Pumpe zu liegen brauchen, vorzuziehen, da sie keiner Wartung bedürfen.

[1] Z. B. C. V. RAMAN u. P. KRISHNAMURTI, Nature Bd. 124, S. 53. 1929.
[2] Vgl. auch P. SCHERRER in R. ZSIGMONDY, Kolloidchemie, 3. Aufl. Leipzig 1920.
[3] W. P. DAVEY, Gen. Electr. Rev. (Schenectady) Bd. 25, S. 564. 1922.
[4] R. v. TRAUBENBERG, Phys. ZS. Bd. 18, S. 241. 1917.
[5] Näheres hierüber s. M. SIEGBAHN, Spektroskopie der Röntgenstrahlen. Berlin: Julius Springer 1931; H. OTT, Phys. ZS. Bd. 27, S. 598. 1926.

Normale Belichtungszeiten bei 4 cm Filmradius, Cu-Ka-Strahlung, NaCl-Kristallen und 10 mA sind etwa 100 Minuten.

Abb. 145 zeigt eine von der Firma C. H. F. Müller in Hamburg in den Handel gebrachte Kamera nach der Konstruktion von W. M. LEHMANN, Abb. 146

Abb. 145. Kammer für Pulveraufnahmen nach W. M. LEHMANN, hergestellt von C. H. F. Müller, Hamburg. *A* Uhrwerk. *B* Blende. *C* und *D* große und kleine Filmtrommel.

eine von WESTGREN[1] entwickelte Kamera zur Untersuchung von Drähten bei hohen Temperaturen. In dieser ist der Draht nur am oberen Ende fest eingespannt und hängt mit dem unteren Ende in Quecksilber. Er wird durch einen Strom zum Glühen gebracht, der durch die Drehvorrichtung auf dem isolierenden Kameradeckel zugeleitet wird. Seine Temperatur wird optisch durch die rückwärtige Öffnung der Kamera bestimmt. Energische Kühlung der Kamera geschieht durch zwei Wasserspülungen, deren obere den Film trägt, während auf die untere ein Schutzschirm aus Papier geschoben wird, um die Wärmestrahlung des Drahtes vom Film fernzuhalten.

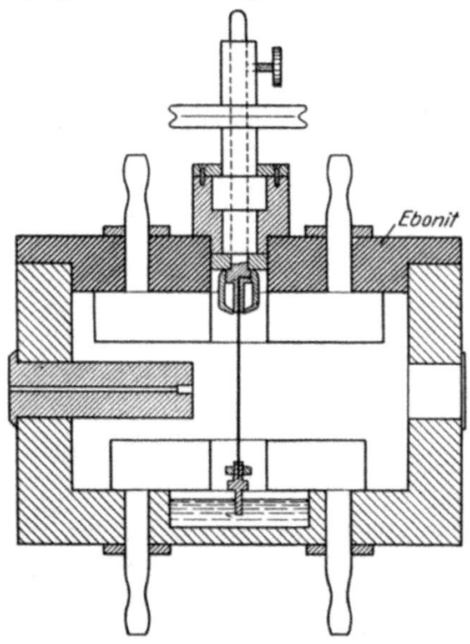

Abb. 146. WESTGRENsche Kammer zur Untersuchung von Metalldrähten bei hoher Temperatur.

β) Präparat. Das Kristallpräparat wird in verschiedener Weise hergestellt. Grobe Stäbchen bis herab zu $^1/_2$ mm Dicke erhält man durch Einfüllen in kleine Hülsen aus Zigarettenpapier, die man durch Umwickeln eines Drahtes herstellt. Manche Substanzen lassen sich aus einer Glaskapillare in Form eines Stäbchens herausdrücken, das auf einige Millimeter Länge genügend fest zusammenhält. Man stellt das Kapillarrohr mit dem herausragenden Präparat in die Kammer. Nötigenfalls ist etwas Bindemittel (Gelatine, Gummiarabikum) zuzusetzen, um das Stäbchen fester zu machen. Sehr dünne Präparate erzielt man durch Wälzen eines mit Klebstoff bestrichenen Kokonfadens oder Haares oder eines Spinnfadens

[1] Nach Svenska Fysikersamfundets Årsbok „Kosmos" 1923. Eine andere Konstruktion s. bei F. M. JAEGER u. J. E. ZANSTRA, Proc. Amsterdam Bd. 34, S. 15. 1931; vgl. auch N. W. TAYLOR, Journ. scient. instr. Bd. 2, S. 751. 1931. Weitere Kammern für hohe Temperaturen: F. SKAUPY, ZS. f. Elektrochem. Bd. 23, S. 487. 1927; W. M. COHN, ZS. f. Phys. Bd. 50, S. 123. 1928; für hohe Temperatur und hohen Druck: J. O. LINDE u. G. BORELIUS, Ann. d. Phys. Bd. 84, S. 747. 1927.

in dem sehr feinen Kristallpulver. Mit bloßem Auge kaum sichtbare Mengen genügen, um gute Aufnahmen zu geben. Die Kammer muß für die genaue Zentrierung dieser Fadenpräparate eigens eingerichtet sein. Die Fadenpräparate haben den Vorteil, daß die Absorption im Präparat eine kleinere Rolle spielt als bei massiven Stäben und auch die unvermeidliche, im Präparat entstehende Streustrahlung geringer ist. Bei Stäbchen werden die gleichen beiden Ziele erreicht, indem man das Pulver mit leichten indifferenten Stoffen vermengt, z. B. Stärkemehl. — Leeraufnahmen mit langer Belichtung sind erforderlich zur Kontrolle, ob nicht die Zusatzsubstanzen (Zigarettenpapier, Gelatine, Fäden, Stärke) oder die Blendenränder selbst Interferenzen geben.

γ) Genauigkeit. Der Genauigkeit des Pulververfahrens ist außer durch den Präparaten- und Blendendurchmesser eine weitere Grenze gesetzt durch die Registrierung der Interferenzen auf einem gebogenen Film. Zunächst ist es sehr wichtig, daß die Filmachse mit der Präparatmitte zusammenfällt. Dies wird durch die Art der Herstellung — Drehen auf einer guten Bank ohne Neueinspannung, bzw. durch sorgfältig gelagerte Filmträger (vgl. Abb. 145) — sichergestellt. Weiter entstehen Fehler durch das Schrumpfen des Films nach dem Entwickeln und durch sein Abrollen zur Vermessung. Man muß bedenken, daß es eine große Erleichterung in der Bezifferung — gerade bei Pulveraufnahmen — bedeutet, wenn die Genauigkeit der Abbeugungswinkel innerhalb möglichst enger Grenzen verbürgt werden kann. Es sollten die Winkel möglichst auf 5′ genau festgestellt werden (das ist ein Wert, wie er bei goniometrischer Vermessung an den besseren Flächen von Einzelkristallen meist gut erreichbar ist), und das bedeutet bei einem Filmradius von 4 cm eine Kenntnis des Linienortes auf etwa 0,01 mm. Fehler von dieser Größe entstehen durch Filmschrumpfen[1].

Größere Fehler als durch mangelhafte Zentrierung entstehen durch die Stäbchendicke. Vor allem bei stark absorbierenden Substanzen wird hauptsächlich die Vorderseite des Präparats reflektieren, und zwar je nach dem Abbeugungswinkel ein mehr oder weniger großer Teil der Vorderseite. Die Interferenzlinie wird dadurch unsymmetrisch bzw. verschoben, und zwar um Strecken von der Ordnung der Stäbchendicke. Es sind zwar rechnerische Korrekturen angegeben worden[2]; aber das geeignetere Verfahren, das mechanische wie optische Korrekturen zugleich ergibt, ist die Vermischung der zu untersuchenden Substanz bei einer zweiten Aufnahme mit einer bekannten *Eichsubstanz*, z. B. NaCl, MgO, CdO[3], Al u. ä. Man hat dann die Abbeugungswinkel der unbekannten Substanz nur zwischen denen der Eichensubstanz zu interpolieren und ist bei genügend starker Vermischung beider sicher, daß die Stäbchendicke, Absorption und die mechanischen Unvollkommenheiten auf beide Spektra gleichmäßig einwirken. — Die Eichsubstanz muß natürlich so weit von der zu untersuchenden chemisch verschieden und zu ihr indifferent sein, daß nicht Umsetzungen oder Mischkristalle beim Vermengen entstehen! — Bei sehr genauen Angaben ist darauf zu achten[4], daß Steinsalz infolge der durch seine Ablagerung bedingten Verunreinigungen eine um etwa $^1/_3{}^0/_{00}$ größere Gitterzentrale besitzt, als chemisch reines NaCl (Steinsalz bei 18° C 5,62800 als Normale angenommen[5], NaCl dagegen $5{,}626_4$).

---

[1] Siehe J. M. Cork, Journ. Opt. Soc. Amer. Bd. 11, S. 505. 1925; A. P. Weber, ZS. f. wiss. Photogr. Bd. 23, S. 149. 1925.

[2] O. Pauli, ZS. f. Krist. Bd. 56, S. 591. 1921; A. Hadding, Centralbl. f. Min. 1921, S. 631; C. F. Blake, Phys. Rev. Bd. 26, S. 60. 1925; H. Ott, Phys. ZS. Bd. 24, S. 209. 1923; H. Bohlin, Ann. d. Phys. Bd. 61, S. 55. 1920; N. S. Kolkmeyer u. A. L. Th. Moesveld, ZS. f. Krist. Bd. 80, S. 63. 1931.

[3] J. Brentano u. J. Adamson, Phil. Mag. Bd. 7, S. 507. 1929.

[4] T. Barth u. G. Lunde, ZS. f. phys. Chem. Bd. 126, S. 417. 1927.

[5] S. Sekito, Sc. Reports Tôhoku Univ. Bd. 20, S. 313. 1931.

Durch Eichung der Pulveraufnahme sind auch mit dieser Methode Präzisionsbestimmungen von Gitterlängen möglich. — Ein weiteres von DAVEY mehrfach benutztes Verfahren besteht darin, in die untere Hälfte einer Glaskapillare die zu untersuchende Substanz und *darüber* eine Eichsubstanz zu schichten. Eine Metallmanschette in Höhe der Trennungslinie sorgt dafür, daß die Spektren sich nicht durchkreuzen, und man erhält die beiden Aufnahmen unmittelbar übereinandergrenzend auf dem gleichen Film. Das Verfahren ist in Fällen nützlich, wo es schwer ist, neutrale Eichsubstanzen zu finden, sonst aber ist es experimentell schwieriger als das Mischungsverfahren und eliminiert nicht so radikal den Einfluß der Absorption, der sehr wichtig ist. — Auch elektrolytischer Überzug des Präparats (z. B. Metalldrahts) mit Cu oder Au ist öfters zum Eichen verwandt worden. Ein etwas anderes Verfahren schlägt SEKITO[1] ein.

Eine Diskussion der Verfahren zur Präzisionsbestimmung von Gitterdimensionen aus Pulveraufnahmen findet sich bei KOLKMEIJER und MOESVELD[2]. Diese Autoren wenden gegen die Eichung durch Zumischung eines Eichpulvers ein, daß die Referenzlinien und die anderen Linien einander bei großer Nähe beeinflussen (Verschwimmen der photographischen Wirkung). Man muß sich daher auf Linien beschränken, die im Diagramm genügend frei liegen. Die Genauigkeit, die sich ohne Eichsubstanz, aber unter Beobachtung aller Feinheiten beim Bau der Kammer, Herstellung und Auswertung der Aufnahme erzielen läßt, wird von ihnen zu 0,1% angegeben.

Von den zahlreichen Arbeiten über die höchste erreichbare Genauigkeit beim Pulververfahren seien die von BRADLEY und JAY[3] erwähnt, in denen durch sorgfältigen Bau der Kammer und geeignete Diskussion die Gitterkonstanten (relativ zur Wellenlänge) auf $3 \cdot 10^{-5}$ genau ermittelt werden.

Hervorgehoben sei, daß aus den Beziehungen

$$n\lambda = 2d\sin\vartheta, \quad \text{differenziert } \Delta\vartheta = -\frac{\Delta d}{d}\,\mathrm{tg}\,\vartheta$$

sich ergibt, daß bei gegebener relativer Änderung $\Delta d/d$ der Gitterkonstante die zugehörige Änderung $2\Delta\vartheta$ des Abbeugungswinkels um so größer ist, je näher der Abbeugungswinkel 2ϑ an 180° liegt. Diese Beziehung ist öfters zur Konstruktion von Kammern zum Vergleich der Gitterkonstanten von Legierungen verwertet worden[4].

δ) Spezialkammern. Die zahlreichen Aufgaben, die sich mit der Pulvermethode angreifen lassen, haben eine Reihe von Spezialkonstruktionen gezeitigt. Vor allem hat man heiz- und kühlbare Kammern benutzt, um Modifikationsänderungen zu untersuchen. Für mäßige Erwärmung oder Kühlung ist es wohl am bequemsten, das Präparat mit einer Art Schornstein zu umgeben, der durch Deckel und Boden der Kammer geführt ist und das Präparat mit kalter oder warmer Luft zu umspülen gestattet (ohne daß der Film durch die Hitze leidet). Die WESTGRENsche Kammer zum Studium der Modifikationsänderungen des Eisens ist schon oben erwähnt worden. Verfestigte Gase sind von KEESOM[5] und

[1] Siehe Fußnote 5, S. 359.

[2] N. H. KOLKMEIJER u. A. L. TH. MOESVELD, ZS. f. Krist. Bd. 80, S. 63. 1931.

[3] A. J. BRADLEY u. A. H. JAY, Proc. Phys. Soc. Bd. 44, S. 563. 1932; Bd. 45, S. 507. 1933.

[4] U. DEHLINGER, ZS. f. Krist. Bd. 65, S. 162. 1927; G. SACHS u. J. WEERTS, ZS. f. Phys. Bd. 60, S. 481. 1930; Bd. 64, S. 344. 1930. Das Verfahren geht wohl zurück auf A. WESTGREN u. G. PHRAGMÉN, Nature Jan. 1924; vgl. auch VAN ARKEL, Physica Bd. 5, S. 208. 1925.

[5] W. H. KEESOM u. J. DE SMEDT, Proc. Amsterdam Bd. 25, Nr. 3. 1922.

im Anschluß an ihn von MARK[1] und SIMON[2] in Kammern untersucht worden, in deren Achse das untere, kapillar ausgezogene Ende einer Thermosflasche hineinragte (Abb. 147). Die Thermosflasche selbst wurde mit flüssiger Luft bzw. flüssigem Wasserstoff gefüllt und die Kammer mit dem gut getrockneten und gereinigten zu untersuchenden Gas beschickt, das sich dann kleinkristallin an der Kapillare außen ansetzte. Auf mögliche Fehlerquellen bei diesem Verfahren infolge gerichteten Ankristallisierens (z. B. Nadeln senkrecht zur Oberfläche) macht MARK[1] aufmerksam. — Ähnliche Kältekammern sind von McLENNAN[3] sowie VEGARD[4] benutzt worden. Das gleiche

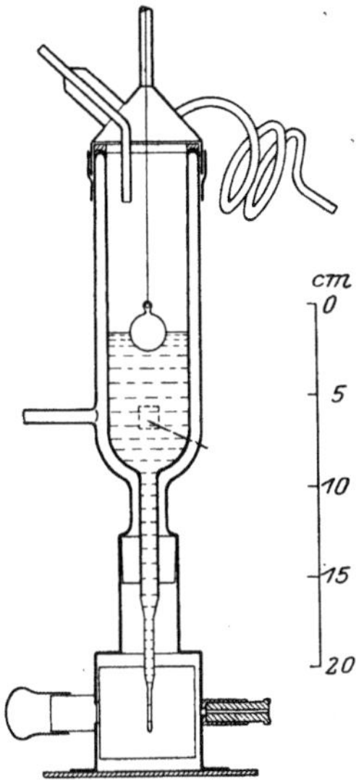

Abb. 147. Röntgenuntersuchung verfestigter Gase nach KEESOM.

Prinzip wie bei seiner Kammer für Drehkristallaufnahmen (eingebaute Kältemaschine) benutzt M. RUHEMANN[5] auch für Pulveraufnahmen. Abb. 148 zeigt die Anordnung schematisch. Das Gas wird nach dem Vorgang von B. RUHEMANN-ZARNIKO[6] mittels eines ganz dünnwandig aufgeblasenen Glasröhrchens dem gekühlten Kupferdraht zugeführt, an dem es bei schneller Kühlung als Kristallpulver sich absetzt.

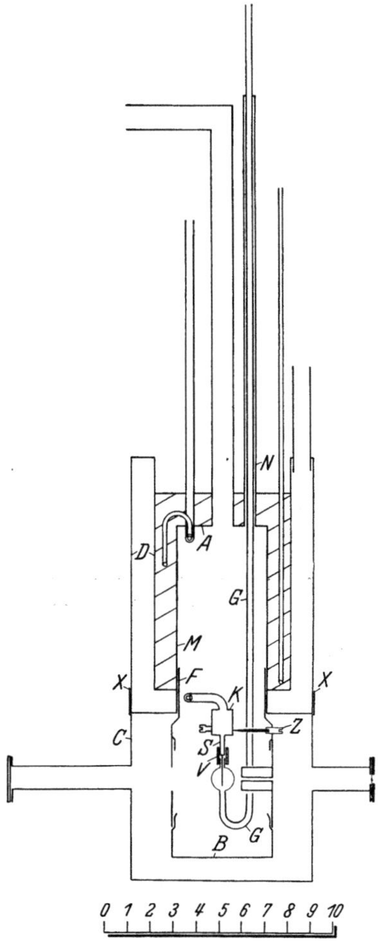

Abb. 148. Kältekammer von RUHEMANN (l. c.) für Pulveraufnahmen. (Vgl. Abb. 133.) Das Pulver kristallisiert bei schneller Abkühlung am Kupferstäbchen an, das unter dem Expansionstopf *S* des nicht gezeichneten Gegenströmers sitzt.

DAVEY[7] hat als erster eine technische Anordnung von Kammern zur Pulveraufnahme

---

[1] H. MARK u. E. POHLAND, ZS. f. Krist. Bd. 61, S. 293. 1925.

[2] F. SIMON u. CL. v. SIMSON, ZS. f. Phys. Bd. 25, S. 160. 1924; F. SIMON u. E. VOHSEN, ZS. f. phys. Chem. Bd. 133, S. 165. 1928.

[3] J. C. McLENNAN u. J. O. WILHELM, Phil. Mag. Bd. 3, S. 383. 1927; J. C. McLENNAN u. W. G. PLUMMER, Trans. Roy. Soc. Canada Bd. 21, S. 99. 1927.

[4] L. VEGARD, ZS. f. Phys. Bd. 68, S. 184. 1931 (gute Konstruktionszeichnung!).

[5] M. RUHEMANN, ZS. f. Phys. Bd. 76, S. 368. 1932.

[6] B. RUHEMANN u. F. SIMON, ZS. f. phys. Chem. (B) Bd. 15, S. 389. 1931.

[7] W. P. DAVEY, Gen. Electr. Rev. (Schenectady) 1922, S. 565; A. W. HULL, Journ. Frankl. Inst. Bd. 193, S. 189. 1922; vgl. den Siemensschen Strukturuntersuchungsapparat nach BERTHOLD.

angegeben, die 15 Aufnahmen gleichzeitig mit einer Röntgenröhre auszuführen gestattet, zwecks Fabrikationskontrolle in chemischen Fabriken. Abb. 149 zeigt das ganze Aggregat: den Transformator und die daraufgesetzte Coolidgeröhre, deren Antikathode sich in Höhe der 15 Schlitze befindet, und zwei von den 15 vertikal angeordneten Kammern, die wenig mehr als 90° umfassen. An ihrer gebogenen Außenwand liegt innen der Film an; an der Vorderwand befinden sich Blenden und das Präparat.

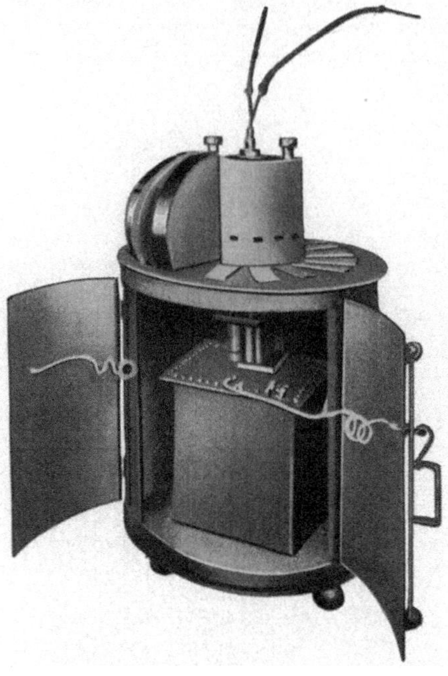

Abb. 149. Anordnung für 15 Pulveraufnahmen von DAVEY (l. c.).

W. H. BRAGG[1] führt Pulveruntersuchungen auf dem Spektrographen aus, indem er mit dem Pulver eine Glasplatte bestäubt, die an Stelle des einheitlichen Kristalls auf den Spektrometertisch kommt. Infolge der Fokussierungseigenschaft (Ziff. 25 α) entstehen auch bei weitem einfallenden Bündel an den über die Platte verstreuten zur Reflexion geeignet orientierten Kriställchen scharfe Interferenzen. Die Ionisierungskurve (Abb. 150)[1] wurde von ihm punktweise aufgenommen. Auch das Drehkristallverfahren wird von W. L. BRAGG mit Ionisierungsnachweis angewandt[2].

Man vergleiche hierzu Abb. 132b, in der das BERNALsche Universalinstrument mit einem ebenen Pulverpräparat und Platte aufgestellt ist, um aus den Interferenzen hoher Ablenkung eine Präzisionsbestimmung der Gitterkonstanten vorzunehmen.

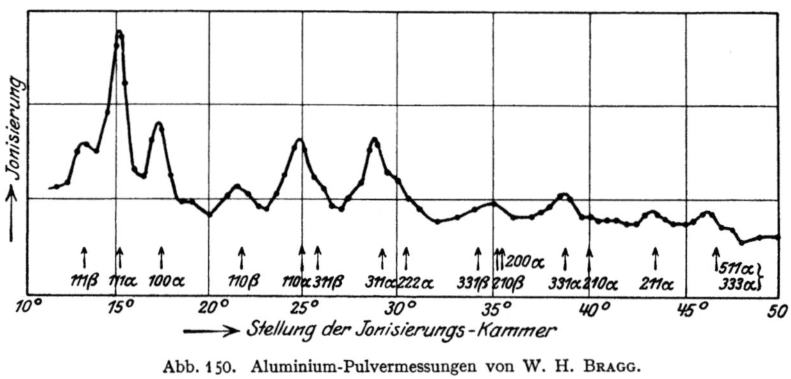

Abb. 150. Aluminium-Pulvermessungen von W. H. BRAGG.

BRENTANO[3] verbessert die Linienschärfe bei der BRAGGschen Anordnung durch geeignete bewegliche Ausblendung im Innern der Kamera.

Zur Erhöhung der Intensität und weil es bei manchen Substanzen Schwierig-

---

[1] W. H. BRAGG, Proc. Phys. Soc. Bd. 33, S. 222. 1921.
[2] W. L. BRAGG u. G. B. BROWN, ZS. f. Krist. Bd. 63, S. 122. 1926.
[3] J. BRENTANO, Proc. Phys. Soc. Bd. 37, S. 184. 1925.

keiten bereitet, sie in Stäbchenform zu bringen, haben SEEMANN[1] sowie BOHLIN[2] ebenfalls Flächen aus dem zu untersuchenden Kristallpulver hergestellt (gepreßt) und dabei von der fokussierenden Eigenschaft Gebrauch gemacht (Abb. 151). Wesentlich für die Linienschärfe ist, daß der Spalt, das Pulver und der Film genau einen einzigen Kreis bilden.

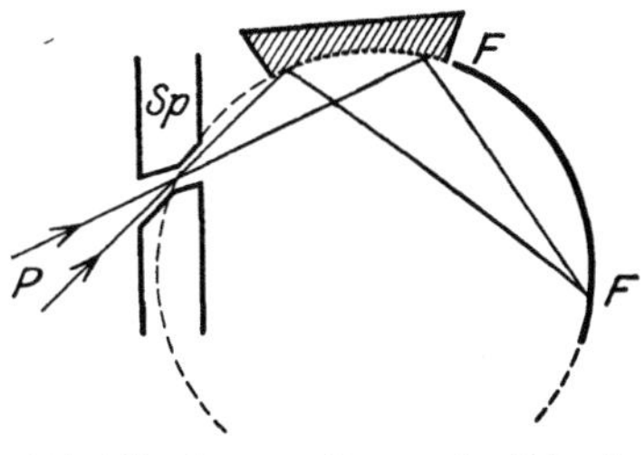

Abb. 151. SEEMANN-BOHLINsche Fokussierung.

27. Aufnahmen bei stehendem Kristall (Laueverfahren). α) „Weißes" Röntgenlicht. Die Aufnahmen bei stehendem Kristall setzen die Benutzung weißen, d. h. nichtmonochromatischen, Röntgenlichts voraus. Die feststehenden — inneren oder äußeren — Netzebenen müssen sich die zu ihren Neigungen ϑ gegen den einfallenden Strahl gemäß der Reflexionsbedingung $n\lambda = 2d\sin\vartheta$ passenden Wellenlängen aussuchen können. Das Interferenzbild selbst ist, um mit optischen Ausdrücken zu reden, *bunt*; jeder Interferenzfleck enthält eine monochromatische Strahlung von im allgemeinen anderer Wellenlänge. Nur durch Symmetrieverknüpfung oder zufällige Beziehungen können mehrere Flecke die gleiche Wellenlänge enthalten. Öfter aber kommt es vor, daß *ein* Fleck „*Obertöne*" enthält, d. h. verschiedene λ-Werte, die den Ordnungen $n = 1, 2, \ldots$ in der obigen Gleichung entsprechen. Für die Diskussion ist dieser Umstand lästig; es ist daher oft von Vorteil, weißes Röntgenlicht von begrenztem Spektrum zu benutzen, das man sich durch Filter herstellt.

Wegen der hohen Empfindlichkeit der photographischen Platte für Strahlen etwas härter als die Silberabsorptionskante $\lambda = 0{,}485$ Å eignet sich der Spektralbereich im allgemeinen gut, den man bei einer Spannung von etwa 60 kV unter Verwendung einer Zinnfolie ausblendet (wirksam 0,485 bis 0,424 Å). Einen breiteren Bereich erhält man z. B. durch ein Bariumfilter (Absorptionsgrenze 0,33 Å), oft auch ohne besonderes Filter infolge Ba-Gehaltes des Glases der Röntgenröhre. Als Antikathode ist solches Material zu verwenden, das möglichst *keine* Eigenstrahlung in dem benutzten Intervall emittiert, z. B. Pt, W, Mo. Auf jeden Fall ist es sehr wünschenswert und spart selbst bei Aufnahmen zur bloßen Feststellung der Symmetrie manche Enttäuschung, wenn man sich durch eine Spektralaufnahme (z. B. mit dem SEEMANNschen Schneidenspektrographen[3]) Gewißheit über das verwendete Spektrum beschafft. Ist das Spektrum von Linien durchzogen, so können ganz kleine Einstellungsfehler, die geometrisch noch nicht nachweisbar sind, die Intensitäten der Flecken so stark abändern, daß falsche Schlüsse auf die Symmetrie gezogen werden.

Beim Laueverfahren ist (infolge Verwendung von Platten) mehr als bei den andern Verfahren die Benutzung von *Verstärkungsschirmen*[3] üblich. Die wirksame Spektralkurve wird hierdurch insofern abgeändert, als der Silberabsorptionssprung zum Teil ausgeglichen wird, da ja ein erheblicher Teil der gesamten photographischen Wirkung durch das ultraviolette Licht des Schirmes entsteht. Nach Untersuchungen von GLOCKER[4] und SCHLECHTER[5] steigt die verstärkende Wirkung mit der Intensität erheblich an. Ganz schwache Flecken, die an der Sichtbarkeitsgrenze liegen, werden nicht deutlicher, neue nicht hervorgerufen.

---

[1] H. SEEMANN, Ann. d. Phys. Bd. 59, S. 455. 1919. Bezugsquelle: Seemannlaboratorium, Freiburg i. Br.

[2] H. BOHLIN, Ann. d. Phys. Bd. 61, S. 430. 1920.

[3] Siehe ds. Handb. Bd. XIX.

[4] R. GLOCKER, Fortschr. a. d. Geb. d. Röntgenstr. Bd. 29, S. 100. 1922.

[5] E. SCHLECHTER, Phys. ZS. Bd. 24, S. 29. 1923.

Zudem ändert sich die Verstärkung erheblich mit der Wellenlänge. Für Aufnahmen zur Strukturbestimmung, bei denen es auf Intensitätsdiskussion ankommt, wird man daher den Schirm nicht verwenden, sondern hauptsächlich für Einstellaufnahmen und zur Erzielung effektvoller Bilder.

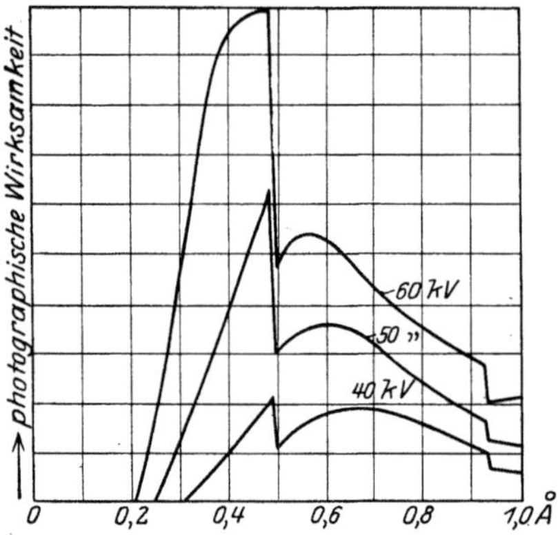

Abb. 152. Photographisch wirksames Spektrum nach WYCKOFF.

Lehrreich ist die Kurve, die WYCKOFF[1] für die photographische Wirkung des Röntgenlichts berechnet unter Benutzung der photographischen Gesetze und der von ULREY[2] gewonnenen spektralen Intensitätskurven bei verschiedenen Spannungen. Abb. 152 gibt das bei Betrieb einer Wolframröhre zu erwartende photographische Spektrum für die Spannungen 60, 50 und 40 kV. Steigert man die Spannung auf über 60 kV, so treten Wellenlängen auf, die kleiner als die halben Wellenlängen im spektralen Maximum sind und die als mögliche Obertöne die Diskussion des Bildes erschweren würden.

β) Apparaturen. Die *Aufnahmeapparate* sind verhältnismäßig weniger gut durchkonstruiert als bei den andern Verfahren. Der historische LAUE-FRIEDRICH-

Abb. 153. Anordnung von LAUE, FRIEDRICH und KNIPPING.

KNIPPINGsche Apparat[3], der sich jetzt im Deutschen Museum in München befindet, ist in Abb. 153 wiedergegeben. Die eigentliche Strahlenbegrenzung wird

[1] R. W. G. WYCKOFF, The Structure of Crystals, 2. Aufl., S. 146. New York 1931.
[2] C. T. ULREY, Phys. Rev. Bd. 11, S. 401. 1918.
[3] M. LAUE, W. FRIEDRICH u. P. KNIPPING, Münchener Ber. 1912, S. 303.

durch den dem Kristall zugewandten Teil der Blende gegeben; dies ist eine drehbar befestigte Bleiplatte von 8 mm Dicke, welche Bohrungen von 2 mm, 1 mm und $^1/_2$ mm Durchmesser enthält, die nach Wahl in den Strahlengang gestellt werden können. Der Kristall — am besten ein Plättchen von $^1/_2$ bis 1 mm Dicke, bei stark absorbierenden Substanzen ein dünneres — ist in üblicher Weise mit Klebwachs auf dem Tischchen eines Goniometers befestigt. Die Einstellung geschieht vermittels eines entfernt aufgestellten Fernrohrs, dessen Achse die optische Achse bildet, auf die der Reihe nach die Blenden, der Röhrenbrennfleck und schließlich der Kristall eingestellt werden. Die Platte steht auf einem eigenen Plattenhalter. Belichtung z. B. für die bekannten Zinkblendeaufnahmen etwa 1800 mA/min, ohne Verstärkungsschirm. Die Strahlenausnutzung ist infolge der großen Abstände recht ungünstig (Antikathode—Blende etwa 27 cm [verwendet wurden damals die medizinischen Röntgenröhren mit 30 cm Kugeldurchmesser]; Blende—Kristall 5 cm, Kristall—Platte 3 bis 7 cm). Der an einem Gestell durch Gegengewicht ausbalancierte Bleikasten wird nach Einstellen des Apparates darüber gestülpt, um die Streustrahlung abzuhalten. (Da die Röhre selbst nicht eingebaut war, blieb der Beobachter ungeschützt!)

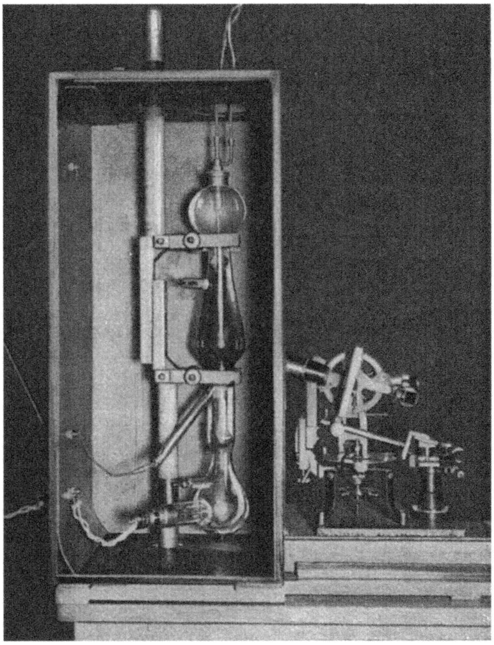
Abb. 154. Anordnung von RINNE.

Wesentlich bessere Röhrenausnutzung gab der Apparat von RINNE[1] (Abb. 154) durch Verwendung der schlanken Röhrenform (bei ihm einer Lilienfeldröhre) und Aufbau mehrerer Aufnahmeapparate um die Röhre herum. Die Röhre ist in einem mit Bleiblech verkleideten Schutzhaus auf Porzellanisolatoren bzw. Durchführungen montiert; die Aufnahmeapparate, bestehend aus einer Doppelblende mit aufgeklebtem Kristallplättchen und dem Plattenhalter, sind auf schräg gestellten Schienen verschiebbar angeordnet, so daß sie die Strahlen der Antikathode streifend entnehmen — was bekanntlich die wirksame Flächenhelle der Antikathode steigert. Es wird meist mit Verstärkungsschirm und Blende von etwa $1^1/_2$ mm Durchmesser gearbeitet. Belichtung für eine übliche Aufnahme (Calcit) etwa $^1/_2$ Stunde bei 15 mA.

Eine etwas andere Konstruktion gibt WYCKOFF[2] in seinem Buch an. Die Benutzung der BERNALschen Kammer, Abb. 132b, für Laueaufnahmen ist selbstverständlich. — Abb. 155 zeigt nach dem Katalog von A. Hilger Ltd. in London einen von dieser Firma in den Handel gebrachten Apparat, der für alle Arten von Aufnahmen (Spektrographen-, Drehkristall-, Pulver- und Laueaufnahmen) eingerichtet ist. — Zu Aufnahmen bei hohen Temperaturen dienen Spezialkammern[3].

[1] F. RINNE, Leipziger Ber. Bd. 67, S. 303. 1915.
[2] R. W. G. WYCKOFF, The Structure of Crystals, 2. Aufl., S. 125. New York 1931.
[3] M. LAUE u. J. S. v. D. LINGEN, Phys. ZS. Bd. 15, S. 75. 1914.

Eine Schwenkblende, an der der Kristall ähnlich wie bei RINNE nahe der Röhre befestigt, aber genau eingestellt werden kann, benutzt LEHMANN[1]. W. L. BRAGG[2] braucht eine kleine Zweikreiseinstellung für den Kristall (Abb. 156). Eine in einem Kugelgelenk drehbare Blende findet JOFFÉ[3] vorteilhaft.

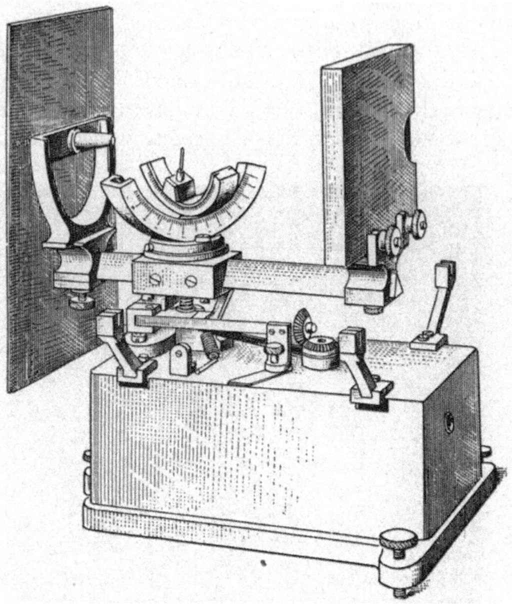

Abb. 155. Müllerspektrograph der Firma A. Hilger, London. Eingestellt für Laueaufnahmen.

Für viele Zwecke ist es erforderlich, den *genauen Abstand Kristall—Platte* zu kennen — nämlich immer dann, wenn aus der absoluten Größe der Abbeugungswinkel ein Achsenverhältnis des Kristalls bestimmt werden muß. Die Genauigkeit sollte, um an die goniometrische Bestimmung von Achsenverhältnissen heranzukommen, mindestens $^1/_{20}$ mm betragen; der Abstand ist von der Kristallmitte aus zu rechnen. Wahrscheinlich ist das Genaueste, für eine Aufstellung der Platte genau senkrecht zum Primärstrahl zu sorgen (evtl. Kontrolle mittels des Fernrohrs, wie bei LAUE-FRIEDRICH-KNIPPING) und den Abstand aus der Aufnahme selbst rechnerisch zu ermitteln. Oder aber man stellt zwei Platten mit genau meßbarem Schichtabstand (durch einen planparallel gefrästen Zwischenrahmen von 1 bis 2 cm Breite auseinandergehalten) hintereinander, so daß die stärkeren Flecken auch auf der zweiten Platte sichtbar werden. Aus dem Verhältnis der Abstände ähnlicher Flecken auf beiden Platten ermittelt man leicht zeichnerisch oder rechnerisch die Entfernung des wirksamen Beugungszentrums im Kristall.

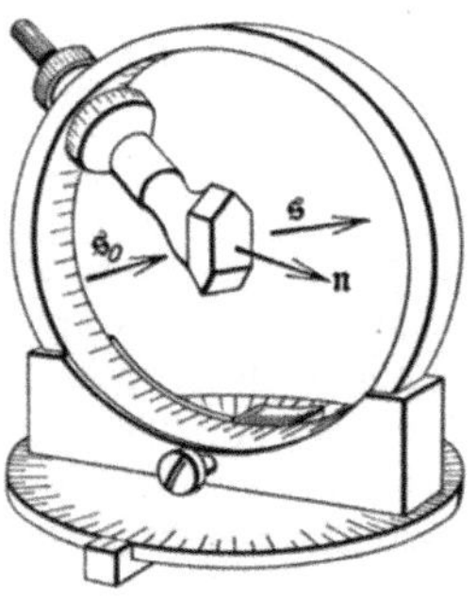

Abb. 156. Kristallhalter von W. L. BRAGG. (BRAGG u. WEST, l. c.)

Da sich Reste von Antikathodeneigenstrahlung nicht vermeiden lassen, und wegen des Empfindlichkeitssprunges der Platte, muß die Einstellung sehr genau sein, um auch in den Intensitäten genau symmetrische Aufnahmen zu erhalten (Abweichung von der symmetrischen Lage kleiner als Öffnungswinkel der einfallenden Strahlen). Für viele Zwecke der Diskussion ist es aber ganz vorteilhaft, Aufnahmen zu haben, die um einige Minuten aus der vollen Symmetrie verdreht sind. Dann befinden sich in den sonst völlig gleichberechtigten Flecken (die z. B. die Kristallplatte unter fast gleichen Neigungen durchlaufen haben und daher durch Absorption, schiefen Einfall auf die photographische Schicht usw. gleichmäßig betroffen sind) verschiedene Wellenlängen, und man gewinnt aus ihnen einen Anhalt über das wirksame Spektrum. Die Verdrehung des Kristalls aus der Symmetriestellung ist entweder am Goniometer abzulesen

[1] W. M. LEHMANN, ZS. f. Krist. Bd. 60, S. 379. 1924.
[2] W. L. BRAGG u. J. WEST, ZS. f. Krist. Bd. 69, S. 118. 1928.
[3] A. JOFFÉ, ZS. f. Phys. Bd. 22, S. 286. 1924.

(wenn letztere bekannt ist) oder aus der Aufnahme, z. B. aus ihrer gnomonischen Projektion, zu ermitteln.

Gelegentlich sind Laueaufnahmen mit monochromatischen Aufnahmen kombiniert (RINNE[1]) oder absichtlich mit divergentem Strahlenbündel hergestellt worden. Den Einfluß der Divergenz des Primärstrahls auf die Form der Laueflecken haben LAUE und TANK[2] sowie neuerdings LEONHARDT[3] untersucht. Benutzt man bei einer Laueaufnahme an einem kleinen Kristall diesen selbst als Blende (Strahlenbegrenzung), so erhält man bei schwach absorbierenden Kristallen in den Flecken die Kristallgestalt, insbesondere die äußeren Kanten, projiziert jeweils in der Richtung der reflektierten Strahlen auf die photographische Platte. Zu diesem Effekt trägt bei, daß das Auge vor allem auf die Änderungen der Schwärzungszunahme (2. Differentialquotient der Schwärzung) anspricht, wie sie an den Reflexen der Kristallkanten entstehen.

γ) Laueaufnahmen mit großer Ablenkung („Laueepigramme")[4]. Bereits in den frühesten Zeiten der Röntgeninterferenzen hatte man am Diamant — als einziger Substanz — Lauereflexe „nach vorn", d. h. mit Ablenkungen von mehr als 90°, erzielt. Für die Sonderstellung des Diamanten wirken mehrere Ursachen zusammen; vor allem die kleinen Atomabstände und die geringe Schwächung der Interferenzen durch Wärmebewegung[5]. Neuerdings hat man auch bei anderen Substanzen Laueepigramme erhalten und vor allem zur Untersuchung der Deformationsvorgänge in Metallen herangezogen. Hier tritt nämlich das Bedürfnis auf, das unzerstörte Werkstück der Röntgenuntersuchung unterwerfen zu können, wobei *Durch*strahlung wegen der Dicke ausgeschlossen ist. Der springende Punkt zur Erzielung von Reflexen „nach vorn" ist die Verwendung eines Bremsspektrums mit großen Wellenlängen. BOAS und SCHMID[6] verwenden eine Coolidgeröhre mit Lindemannfenstern, REGLER[7] in seiner fast gleichzeitig erschienenen Arbeit[8] ein Glühkathodenrohr von SEEMANN. Bekanntlich lassen sich alle vom Kristall ausgehenden Reflexe auf Kegeln unterbringen, die die als Zonenachsen wirkenden Gittergeraden umgeben. Der Schnitt dieser Kegel mit einer hinter dem Kristall aufgestellten Platte gibt die durch den Primärfleck gehenden Ellipsen, auf denenbdie üblichen Laueflecken liegen. Auf einem zwischen Röntgenröhre und Kristall aufgestellten (gelochten) Film entstehen als Schnitte Hyperbeln, bzw. durch den Primärfleck hindurch gerade Linien, als geometrische Orte der zu einer Zone gehörenden Reflexe. Die geradlinigen Fleckenreihen gehören zu Zonenachsen senkrecht zum Primärstrahl; die Winkel zwischen ihnen auf dem Film sind gleich den Winkeln, die diese Zonenachsen einschließen (Abb. 157).

REGLER benutzt zum Auffangen der Reflexe eine Einfach- oder Doppelkonuskammer (Abb. 158, 159), in die ein halbkreisförmiger Film hineinpaßt. (Letztere liefert Lauebilder in Reflex- *und* Durchgangsstellung von dünnen Präparaten.) Abb. 160 bis 162 zeigen Aufnahmen an Glimmer (Durchgang), Glimmer (Reflex) sowie an gewalztem Kupferblech (Reflex, Cu-Strahlung). Die Indizierung dieser Diagramme ist nicht schwer.

---

[1] F. RINNE, Kristallographische Formenlehre, 4. u. 5. Aufl. Leipzig 1922.
[2] M. LAUE u. F. TANK, Ann. d. Phys. Bd. 41, S. 1003. 1913.
[3] J. LEONHARDT, ZS. f. Krist. Bd. 63, S. 478. 1926.
[4] Diese Bezeichnung (vgl. epi- und diaskopische Projektion) sei gestattet, um das verschieden gebrauchte „vorwärts" und „rückwärts" zu vermeiden.
[5] E. KELLER, Ann. d. Phys. Bd. 46, S. 157. 1915.
[6] W. BOAS u. E. SCHMID, Metallwirtsch. Bd. 10, S. 917. 1931.
[7] F. REGLER, ZS. f. Phys. Bd. 74, S. 547. 1932.
[8] Vgl. auch L. CHROBAK, ZS. f. Krist. Bd. 82, S. 342. 1932.

δ) Blendenlose Durchstrahlung. Die Anwendung der Intensitätstheorien auf Laueaufnahmen ist dadurch erschwert, daß infolge der engen Ausblendung des Primärstrahls nur in einem Teil der Kristallplatte die von der

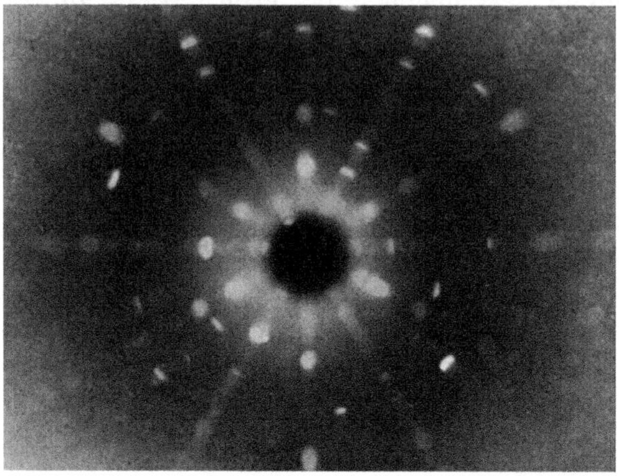

Abb. 157. Glimmerkristall. Laueepigramm auf flachem Film.

Theorie verlangte Wechselwirkung zwischen ihm und den Sekundärstrahlen stattfinden kann. Nur bei Kristallplatten, die dünn sind gegenüber dem Blendendurchmesser, ist die Voraussetzung der freien Wechselwirkung — bis auf einen zu vernachlässigenden Randstreifen — erfüllt. Vom Standpunkt der theoretischen

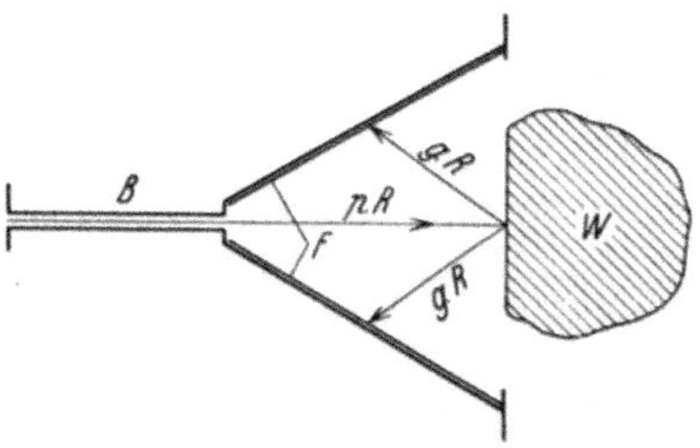

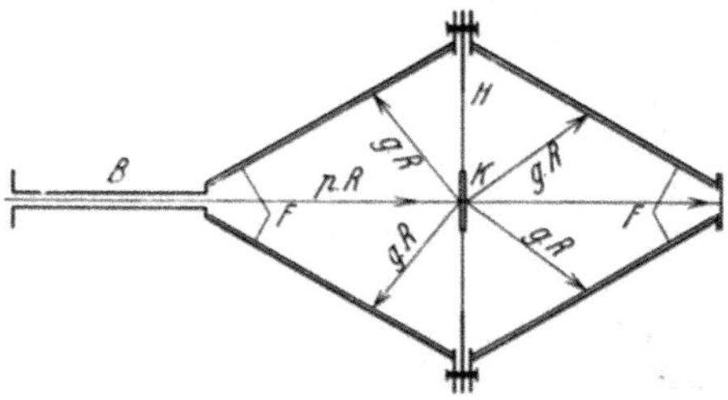

Abb. 158. Einfachkegelkammer.

Abb. 159. Doppelkegelkammer.

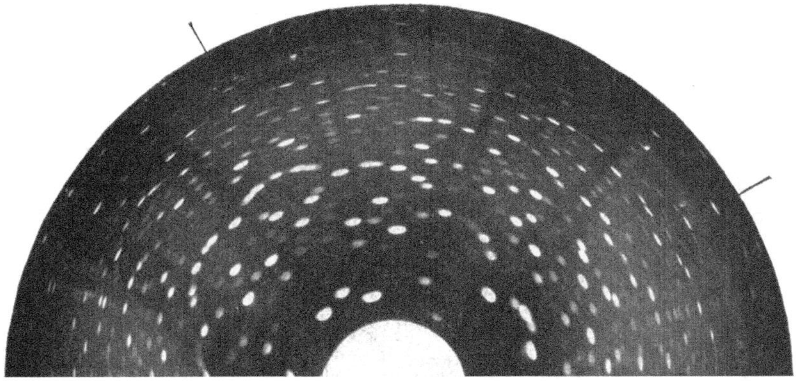

Abb. 160. Glimmerkristall. Lauediagramm auf Kegelfilm.

Abb. 161. Glimmerkristall. Laueepigramm auf Kegelfilm.

Abb. 162. Gewalztes Cu-Blech mit Cu-K-Strahlung. Epigramm auf Kegelfilm.

Abb. 157—162. Kamera und Aufnahmen von REGLER (l. c.).

Erfassung der Intensitäten sind die von SEEMANN[1] angegebenen Anordnungen die einfachsten, bei denen die Blende hinter die Kristallfläche gelegt wird. Doch sind sie praktisch nur bei einigermaßen weichen Strahlen durchführbar, wo eine dünne Blende genügt.

Diesen letzten Methoden nahe verwandt ist eine von RUTHERFORD und ANDRADE[2] zur Wellenlängenbestimmung der γ-Strahlen benutzte Anordnung (Abb. 163): Das Radiumpräparat R wirkt als punktförmige Strahlenquelle, die Steinsalzplatte reflektiert mit den inneren Würfelflächen, und die Blende sorgt in Verbindung mit dem Bleiklötzchen, das den Zentralstrahl von der Platte fernhält, dafür, daß nur reflektierte Strahlen die Platte treffen. Die Ausmessung des Abstandes der Interferenzlinien auf der Platte gab als Wellenlängen der benutzten (sehr weichen) γ-Strahlung des Ra B Werte von $\gamma = 0{,}07$ Å an aufwärts. Vermutlich entstehen die Streifen aber nicht durch die γ-Strahlung selbst, sondern es sind die K-Linien von Pb, die durch sie im Radiumpräparat sekundär erregt werden[3].

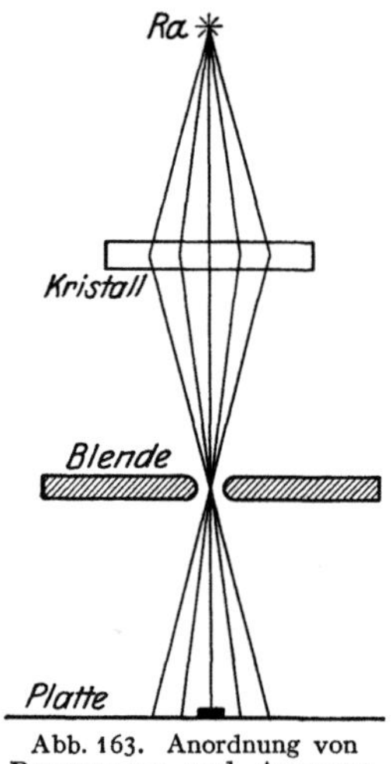

Abb. 163. Anordnung von RUTHERFORD und ANDRADE.

Daß auch das Prinzip von RUTHERFORD-ANDRADE für Präzisionsmessungen (von Röntgenlinien, aber damit auch von Kristalldimensionen) geeignet ist, haben CORK und STEPHENSON[4] gezeigt.

28. Das DUANE-CLARKsche Verfahren. Im Grunde gehört das von DUANE und CLARK ausgearbeitete Verfahren[5] zu den Verfahren mit feststehendem Kristall und weißem Röntgenlicht. Es unterscheidet sich aber prinzipiell von dem Laueverfahren dadurch, daß eine *absolute Bestimmung der in jedem Interferenzfleck enthaltenen größten Wellenlänge* vorgenommen wird. Das ist eine Ergänzung, die für jede Serie von Netzebenenabständen den absoluten Maßstab liefert, der im Laueverfahren fehlt. Die Bestimmung geschieht auf Grund der EINSTEINschen Gleichung zwischen dem Potential V, das die Kathodenstrahlen erzeugt, und der minimalen, aus ihm entstehenden Wellenlänge λ bzw. maximalen Frequenz $\nu = c/\lambda$:

$$eV = h\nu \quad \text{oder} \quad \lambda_{\text{Å}} V_{\text{Kilovolt}} = 12{,}34\,.$$

Die Anwendung geschieht so: Das Röntgenrohr (Coolidgerohr) wird mit Gleichspannung betrieben, der Kristall steht fest, ein Interferenzstrahl wird mit der Ionisierungskammer beobachtet. Nun wird die Röhrenspannung gesenkt, dabei verringert sich die Intensität der Interferenz, weil die zu ihrer Erzeugung notwendige Wellenlänge in geringerem Maße produziert wird. Bei einer kritischen Voltzahl $V_{\min}$ wird die Intensität in der Ionisierungskammer Null, und es ergibt sich daraus die reflektierte Wellenlänge. Enthält die Interferenz diese Wellenlänge nicht als Grundton, so konstatiert man immerhin bei dem $V_{\min}$ für den Oberton einen Knick in der Kurve, die die Ionisierung als Funktion der Spannung darstellt, auch wenn diese Kurve nicht bis auf Null geht.

---

[1] H. SEEMANN, Phys. ZS. Bd. 18, S. 242. 1917.

[2] E. RUTHERFORD u. E. N. DA C. ANDRADE, Phil. Mag. Bd. 27, S. 854. 1914.

[3] Neuere Erfolge bei der Spektroskopie der γ-Strahlen nach dem gewöhnlichen Spektrographenprinzip s. bei J. THIBAUD, Thèse. Paris 1925; Journ. de phys. (6) Bd. 6, S. 82. 1925; M. FRILLEY, Ann. d. phys. Bd. 11, S. 483. 1929.

[4] J. M. CORK u. B. R. STEPHENSON, Phys. Rev. Bd. 25, S. 197. 1925; Bd. 27, S. 530. 1926.

[5] G. L. CLARK u. W. DUANE, Phys. Rev. Bd. 20, S. 85. 1922. Bericht über dies Verfahren mit Instrumentenzeichnungen s. J. C. HUDSON, Journ. Opt. Soc. Amer. Bd. 9, S. 259.

Voraussetzung für diese ganze Methode ist eine sichere Messung der angelegten Spannung und eine sehr wenig pulsierende Spannung. Die Methode ist hierdurch eigentlich auf die wenigen amerikanischen Laboratorien zugeschnitten, wo eine Akkumulatorenbatterie bis zu 50000 Volt — bei 40 mA Entnahme — zur Verfügung steht[1]. Man könnte daran denken, gleichgerichteten und durch Kapazitäten seiner Schwankungen beraubten Wechselstrom für diese Methode dienstbar zu machen. Seine Schwankungen lassen sich (bei Verwendung einer 500-Perioden-Maschine, großer Kapazitäten und sorgfältiger Konstanthaltung der Primärspannung) auf etwa $^1/_2$% herabdrücken. Doch ist das Verfahren in der Art noch nicht ausprobiert worden.

29. Das Verfahren der Aufhellungslinien. Dies Verfahren ist zwar zur praktischen Kristallbestimmung noch nicht erprobt worden; da es aber auf Grundlagen beruht, die von denen der anderen Verfahren stark abweichen, so mag es als ein weiteres Hauptverfahren genannt sein.

Wie WAGNER, SIEGBAHN und wohl andere Röntgenspektroskopiker schon 1919 wußten, entstehen bei der Aufnahme des Spektrums von weißem Röntgenlicht etwa an einer Steinsalz-Würfelfläche innerhalb des Spektrums feine Linien geringer Schwärzung (Aufhellung der Platte). Diese Linien finden sich nicht, wenn der Kristall vor einer zweiten Spektralaufnahme um die Normale der reflektierenden Fläche gedreht worden ist. Sie entstehen dadurch[2], daß außer der „Hauptreflexionsfläche", welche das kontinuierliche Spektrum entwirft, bei manchen Kristallstellungen und zugehörigen Wellenlängen weitere „Nebenreflexionsebenen" in Wirksamkeit treten, die einen Teil der auffallenden Energie statt in das Hauptspektrum in eine andere Richtung werfen. Diese Erscheinung ist neuerdings sehr schön von BERG[3] experimentell studiert worden. Verwendet man zur Erzeugung des Hauptspektrums einen Spalt von einiger Länge, so gibt es Aufhellungslinien, die das Hauptspektrum senkrecht durchziehen, und solche, die schräg dazu laufen. Erstere entstehen bei Nebenreflexion an Ebenen, deren Zonenachse die Drehachse des Kristalls ist, letztere an schief zur Drehachse gelegenen Ebenen. Die ersteren werden von einer einheitlichen Wellenlänge erzeugt, innerhalb der letzteren variiert die Wellenlänge während der Kristalldrehung in dem Maße, als verschiedene Teile des (einigermaßen weit geöffneten) Einfallsbündels zur Reflexion an den verschiedenen Teilen der schrägen Ebene kommen. Die Geometrie dieser Erscheinung ist mit dem reziproken Gitter leicht aufzustellen und gestattet Rückschlüsse auf die Kristallstruktur[4].

Im Prinzip ähnlich ist das von SCHACHENMEIER[5] angegebene Verfahren. Nur werden hier zwei Kristalle benutzt: der eine zerlegt das weiße Röntgenlicht (Analysator) und erzeugt vermöge zweier gekreuzter Spalte im Verlauf der Drehung ein astigmatisches Strahlenbündel, dessen Strahlen je nach ihrer Richtung verschiedene Wellenlänge besitzen. Diesem Strahlenbündel wird der zu bestimmende Kristall fest in den Weg gestellt. Seine Netzebenen suchen sich aus dem auf ihn fallenden Bündel die zur Reflexion geeigneten heraus und werfen sie in andere Richtungen. Infolgedessen erscheint das vom Analysator entworfene kontinuierliche Spektrum von Aufhellungslinien durchzogen.

---

[1] A. H. ARMSTRONG u. W. W. STIFLER, Journ. Opt. Soc. Amer. Bd. 11, S. 509. 1925.

[2] Siehe E. WAGNER, Phys. ZS. Bd. 21, S. 632. 1920.

[3] O. BERG, Wiss. Veröffentl. a. d. Siemens-Konz. Bd. 5, S. 89. Berlin: Julius Springer 1926; s. auch Naturwissensch. Bd. 14, S. 887. 1926.

[4] Bei der Elektronenbeugung treten die Aufhellungslinien, die dort nach ihrem ersten Beobachter KIKUCHI heißen, stark hervor, so daß Strukturbestimmungen auf diese Art eher aus Elektronen- als aus Röntgenbeugungsaufnahmen zu erwarten sind.

[5] R. SCHACHENMEIER, ZS. f. Phys. Bd. 19, S. 94. 1923; s. auch Phys. Ber. Bd. 5, S. 460. 1924.

30. Varianten. Begreiflicherweise existieren zahlreiche Abänderungen der Hauptverfahren, die zum Teil schon oben besprochen wurden. Im folgenden mögen einige nützliche Hinweise auf Abänderungen und Einzelheiten und auf die entsprechende Literatur Platz finden. Grundsätzlich ist, insbesondere für Präzisionsbestimmungen von Gitterkonstanten, die ganze hoch entwickelte Technik der Röntgenspektroskopie auch für die Kristalluntersuchung wichtig. Man findet diese in Bd. XXI dieses Handbuchs, sowie in dem Buch von SIEGBAHN (Spektroskopie der Röntgenstrahlen, Berlin: Julius Springer 1932) dargestellt. Auch die letzten Bände der Zeitschriften, insbesondere von Phys. Rev., Physics, Rev. Scient. Instruments, sind zur Information über Sonderverfahren für Messungen von hoher Genauigkeit sehr ergiebig.

SEEMANNS *„spaltlose" Anordnungen.* a) „Schneidenmethode": Auf die reflektierende Kristallfläche wird eine stumpfe Schneide aus Wolfram aufgesetzt. Für die Reflexion wirksam ist hierdurch nur der unmittelbar unter der Schneide gelegene Kristallteil. Eine Linienkante bleibt trotz der Eindringungstiefe der Strahlen in dem Kristall scharf. H. SEEMANN, Phys. ZS. Bd. 18, S. 242. 1917.

b) „Fenstermethode": *Vor* dem Kristall liegt keine Blende, erst *hinter* dem Kristall. (Ebendort.)

Geometrische Optik der Röntgenstrahlen in bezug auf die experimentellen Verfahren: H. SEEMANN, Phys. ZS. Bd. 18, S. 242. 1917; Bd. 27, S. 10. 1926; Bd. 7, S. 133. 1930; W. S. UHLER, Phys. Rev. Bd. 11, S. 1. 1918; G. GOUY, Ann. de phys. Bd. 5, S. 241. 1916; J. BRENTANO, Proc. Phys. Soc. London Bd. 37, S. 184. 1925.

Blendenkonstruktion. H. S. UHLER, Phys. Rev. Bd. 11, S. 1. 1918: Wird als Kollimator ein System aus zwei gleichen Spalten (Weite b) in den Abständen s_1 und s_2 vom Kristall verwendet, so füllt der reflektierte Strahl (rotierender Kristall, Spektrographenmethode) zwischen den Entfernungen s_1 und s_2 vom Kristall die gleiche Breite b gleichmäßig aus.

W. SOLLER, Phys. Rev. Bd. 24, S. 158. 1924: Angabe eines *Kollimatorspaltes,* d. h. einer Blende, die durch Zusammenlegen von sehr dünnen (0,08 mm) Pb-Blechen mit lichten Abständen von 1,24 mm hergestellt wird. Länge 206 mm, d. h. Schachtlänge = 166 mal Schachtbreite. Eine solche Blende (vgl. die medizinische „Buckyblende") gestattet bei gleicher Auflösung des Spektrographen viel größere Kristallstücke zu benutzen und steigert daher die Intensität. Es wird eine Kollimatorblende vor, eine hinter dem Kristall verwandt. Dabei ergibt sich eine Bestimmung der Linienlage auf 7″ genau (bei 45° Ablenkung).

UHLER-COOKSEYS *Verschiebungsmethode* (Phys. Rev. Bd. 16, S. 305. 1920). Zur Präzisionsbestimmung von Gitterkonstanten oder Spektrallinien werden auf die gleiche Platte zwei Aufnahmen gemacht, zwischen denen die — entsprechend montierte — Platte um eine genau meßbare Strecke parallel verschoben wird. Hierdurch erübrigt sich die Benutzung des schwer bestimmbaren Abstandwertes Kristall—Platte. Die Winkelmessung reduziert sich auf zwei Längenmessungen auf der gleichen Platte. Damit nicht durch ungleiche Schwärzungen innerhalb der Linien Verschiebungen der Linienschwerpunkte vorgetäuscht werden, müssen gewisse Blendenbedingungen erfüllt sein (s. oben).

Das *Spektrometerverfahren mit feststehendem Kristall* erfordert ein sehr weit geöffnetes Strahlenbündel, so daß mehrere Reflexe gleichzeitig entstehen. Hierfür benutzt man ein in der Nähe des Kristalls aufgestelltes Metallblech als *Sekundärstrahler.* Auf den Kristall wird — als einzige Blende — eine Schneide aufgesetzt, wie bei dem SEEMANNschen Schneidenspektrographen. Siehe z. B. P. A. ROSS, Phys. Rev. Bd. 23, S. 662. 1924.

Präzisionsmethoden zur Bestimmung der Gittergröße: a) mit Pulververfahren: WESTGREN und PHRAGMÉN (Journ. Iron a. Steel Inst. Bd. 109, S. 159. 1924) verwenden Interferenzen hoher Ordnung (Ablenkung etwa 140°), die auf einer im Innern der Pulverkamera aufgestellten Platte aufgefangen werden; b) mit der SEEMANNschen Schneidenmethode: sehr gründliche Untersuchung dieser Methode auf ihre Brauchbarkeit zur Präzisionsbestimmung von Wellenlängen bzw. Gitterabständen sowie weitere Diskussion der bei Präzisionsmessungen auftretenden Fehlerquellen bei A. P. WEBER, ZS. f. wiss. Photogr. Bd. 23, S. 249. 1925.

Pulveraufnahmen bei großem Ablenkungswinkel: W. F. DE JONG (Physica Bd. 7, S. 23. 1927) bringt das Pulver auf das Stück Zylinderwand, wo normalerweise die Austrittsstelle für den Primärstrahl liegt. Primär- und Interferenzstrahl bilden einen Peripheriewinkel, statt (wie normal) einen Zentriwinkel in Kammerquerschnitt. Die Dispersion wird hierdurch verdoppelt. Vgl. J. WEIGLE u. H. SAÏNI, Soc. de phys. et d'histoire naturelle de Genève Bd. 49, S. 129. 1932 (relative Gitterkonstantenbestimmung auf 10^{-4} bis 10^{-5} genau; Gitterdehnung von NaCl bei 10° Temperaturerhöhung nachgewiesen).

Kombination von Laue- und Drehkristallaufnahme (F. RINNE, Kristallogr. Formenlehre usw., 4. u. 5. Aufl. Leipzig 1922). Der Hauptteil der Belichtung erfolgt bei festem Kristall und weißer Strahlung; anschließend wird der Kristall durch einen kleinen Winkelbereich gedreht, so daß die starken Emissionslinien, die sich vom Untergrund der weißen Strahlung abheben, noch zur Reflexion nach Art eines Schichtliniendiagramms gelangen.

Drehkristallaufnahmen mit Ionisierungskammer statt mit Platte oder Film werden von W. L. BRAGG benutzt (ZS. f. Krist. Bd. 63, S. 122. 1926).

Schichtlinienverfahren mit mitbewegter Platte (H. SEEMANN, Phys. ZS. Bd. 20, S. 317. 1919). Bei SEEMANNS ursprünglicher Anordnung war die Platte mit dem Kristallhalter starr verbunden. Die Linien des Hauptspektrums sind dann auf der Platte nur durch den einfachen Glanzwinkel ϑ getrennt. Da auch die Bezifferung eher komplizierter ist als bei dem Drehkristallverfahren mit fester Platte, so hat sich diese Anordnung nicht eingebürgert.

Pulverkamera für weiche Strahlen. Um das Fenster der Vakuumkamera zu umgehen, bauen SCHADE und GANTZKOW (ZS. f. Phys. Bd. 15, S. 184. 1923) Kamera und Röhre zu einer Einheit zusammen; s. auch G. HÄGG, ZS. f. Krist. Bd. 86. 1933.

BOHLIN*sches Verfahren:* H. BOHLIN, Ann. d. Phys. Bd. 61, S. 421. 1920; H. SEEMANN, ebenda Bd. 59, S. 455. 1919; F. KIRCHNER, ebenda Bd. 69, S. 59. 1922; E. ÖHMANN, Nature Bd. 127, S. 270. 1931.

Pulveraufnahmen mit ebenem Präparat. W. H. BRAGG (Proc. Phys. Soc. London Bd. 33, S. 222. 1921) hat zuerst auf die Achse seines Spektrometers ein Al-Blech montiert und mit dem Ionisierungsverfahren Aufnahmen gemacht. J. BRENTANO (Proc. Phys. Soc. London Bd. 37, S. 184. 1925) hat die Geometrie dieses Verfahrens diskutiert und durch Einführung einer Blende, die sich beim Drehen der Pulverplatte axial verschiebt, *scharfe* Linien über den ganzen Kreisumfang erhalten (photographisch).

Benutzung gebogener Glimmerblättchen zur Konzentration der reflektierten Strahlen in einem Brennpunkt auf der Achse: DARBORD, Journ. de Phys. 1922, S. 218.

Benutzung gebogener Kristalle zur Konzentration der Strahlung in der Biegungsebene: Y. CAUCHOIS, Journ. de Phys. Bd. 3, S. 320. 1932; H. H. JOHANN, ZS. f. Phys. Bd. 69, S. 185. 1931; T. JOHANSSON, Naturwissensch. Bd. 20, S. 159. 1932; ZS. f. Phys. Bd. 82, S. 507. 1933; A. SANDSTRÖM u. E. CARLSSON, ZS. f. Phys. Bd. 80, S. 597. 1933.

Vielkristallspektrograph. Statt einen Glimmerkristall zylindrisch zu biegen, werden 50 Calcitspaltflächen auf einem Kreis angeordnet. Technisch sehr gut durchgeführt, so daß große Auflösung mit großer Intensität vereint ist. Dient zum Studium der Linienform. J. W. M. DU MOND u. H. A. KIRKPATRICK, Rev. Sci. Instr. Bd. 1, S. 88. 1930.

Systematik der Röntgengoniometer nebst Angabe eines solchen für die Texturbestimmung, z. B. in Metallen: O. KRATKY, ZS. f. Krist. Bd. 72, S. 529. 1930; E. SCHIEBOLD, Ergebn. d. techn. Röntgenkunde Bd. II, S. 86. 1932 (dort auch Angabe mehrerer hier nicht erwähnter Verfahren).

Neue Interferenzmethode mit Pulverpräparat zwischen zwei Spalten: H. SEEMANN, Phys. ZS. Bd. 33, S. 755. 1932.

Ausgleich der Intensitäten zwischen inneren und äußeren Interferenzflecken bei Laueaufnahmen durch rotierenden Sektor, der die Intensität der inneren Flecken herabsetzt (Spezialkassette): H. KERSTEN u. W. LANGE, Rev. Sci. Instr. Bd. 3, S. 493. 1932.

Orientierung von Kristallen mittels Röntgenaufnahmen (s. Ziff. 42γ1): R. GROSS, Centralbl. f. Min. 1920, S. 52; W. P. DAVEY, Phys. Rev. Bd. 23, S. 764. 1924 (Doppelaufnahme auf einem feststehenden und einem mit dem Kristall gedrehten Film); A. MÜLLER, Proc. Roy. Soc. London (A) Bd. 105, S. 500. 1924; E. SCHIEBOLD, Preisschrift der Fürstl. Jablonowskischen Gesellschaft. Leipzig 1925; E. SCHIEBOLD u. G. SACHS, ZS. f. Krist. Bd. 63, S. 32. 1926 (Benutzung der Laueaufnahme); S. TAKEYAMA, Mem. Coll. Science Kyoto Imp. Univ. Bd. 11 A, S. 469. 1928.

VI. Die Strukturermittlung aus Interferenzaufnahmen.

31. Vorbemerkungen. Die Daten, die bei den Interferenzverfahren erhalten werden, sind bei aller Verschiedenheit im einzelnen doch stets nur grundsätzlich von zweierlei Art: 1. *geometrische Daten*, bestehend in Aussagen über die Reflexionsstellungen des Kristalls (Spektrometerverfahren) oder die Abbeugungswinkel der Interferenzstrahlen (übrige Verfahren), und 2. *Intensitätsdaten*, das sind bestenfalls genaue ionometrische Angaben über die Intensitäten der Interferenzstrahlen oder photometrische Registrierungen der Schwärzungen (z. B. von Debye-Scherrer-Aufnahmen). Aber auch Schätzungen ohne den Versuch einer quantitativen Angabe, sondern mit alleiniger Entscheidung über „stärker" und „schwächer" liefern oft genügende Angaben zu einem sicheren Entscheid über die Struktur.

Diesen beiden Typen von Daten entsprechen bei der Strukturermittlung zwei ebenso verschiedene Schritte: aus den *geometrischen* Daten wird die Bestimmung der *Grundzelle* des Gitters vorgenommen, aus den *Intensitäten* auf die Anordnung der *Basis* in dieser Zelle geschlossen. Dies ist wenigstens das prinzipielle und allgemeine Schema einer Strukturbestimmung. Oft findet es sich, daß scheinbar schon die geometrischen Daten allein zur vollen Bestimmung auch der Basislagen genügen. Das ist dann der Fall, wenn gemäß der Strukturtheorie in der Grundzelle die notwendige Zahl von Molekülen bzw. Atomen nur in einer einzigen Art untergebracht werden kann („nonvariante Punktlagen"). In Wirklichkeit gehört auch hier zur Prüfung der stillschweigend gemachten Annahmen eine Intensitätsdiskussion notwendig zur vollen Strukturbestimmung. Diese Annahmen laufen entweder darauf hinaus, daß gewisse Atome gleichberechtigt auftreten sollen (etwa alle C-Atome im Diamant) oder daß die aus den geometrischen Daten ermittelte Zelle auch wirklich die wahre, d. h. strukturtheoretisch richtige Zelle sei — was doch erst durch die Strukturermittlung zu beweisen wäre. Es macht eben einen großen Unterschied, ob die Strukturermittlung nur *eine mögliche,* oder *die wahre* bzw. systematisch *alle möglichen* Anordnungen geben soll[1]. Manchmal kann allerdings die Intensitätsdiskussion sich darauf reduzieren, daß der Ausfall gewisser Sorten von Interferenzen konstatiert wird. Dann gehören *scheinbar* diese Aussagen noch zu den geometrischen.

Wir besprechen zunächst den Schluß auf die Zelle aus den geometrischen Daten und darauf die Ermittlung der Raumgruppe und der Basis aus den Intensitäten.

32. Allgemeines über die Bezifferung der Inferenzbilder und die Ermittlung der Gitterzelle. α) Bedeutung der Wellenlänge für die Bezifferung. Unter der Bezifferung wird die Ermittlung eines einheitlichen Systems von Indizes $(h_1 h_2 h_3)$ für die beobachteten Interferenzen verstanden. Dies ist geradezu identisch mit der Festlegung auf gewisse Achsen. Denn nach der Bedeutung der h_i als Gangunterschieden zwischen Atomen, die nach den drei Translationen des Gitters benachbart sind (Ziff. 14 α), hat die Festlegung der h_i nur dann Sinn, wenn die Translationen $\mathfrak{a}_i$ gegeben sind. Andererseits bedeutet jeder Wechsel in den Achsen einen gleichen Wechsel in den Indizes (vgl. Ziff. 14 δ).

Während zu einem zusammengehörigen Achsen- und Bezifferungssystem bei Transformation *zwangläufig* ein anderes folgt, ist doch *allein aus den geometrischen Daten* niemals eine *Eindeutigkeit* in der Zuordnung von Achsen und Indizes erreichbar. Denn offenbar ist es stets möglich, einem Interferenzbild, das bei den Achsen $\mathfrak{a}_i$ durch die Indizes h_i erklärt wird, *bei gleichen Achsen* andere, durch lineare ganzzahlige Transformationen aus dem h_i entstehende Indizes η_i zuzuordnen, wenn man nur die Annahme zuläßt, daß (infolge des Strukturfaktors) nicht alle Interferenzen aufzutreten brauchen. So könnte man beispielsweise sämtliche Ordnungen verdoppeln — müßte dann aber gleichzeitig feststellen, daß alle ungeraden Interferenzen ausfallen.

Ganz anders wird dies Verhältnis, wenn man zu den rein geometrischen (Winkel-) Daten der Aufnahmen noch eine Längenbestimmung zufügt, sei es die Kenntnis einer Wellenlänge oder eines Gitterabstandes im Kristall. Nachdem *einmal* das doppelte Problem der *gleichzeitigen* Bestimmung beider Größen in glücklichster Weise von W. L. BRAGG[2] gelöst worden ist, kann man für die

---

[1] Dieser Punkt ist besonders von WYCKOFF in seinem Buch betont worden.

[2] W. L. BRAGG, Proc. Cambridge Phil. Soc. Bd. 17, S. 43. 1913; s. auch ZS. f. anorg. Chem. Bd. 90, S. 153. 1915.

heutigen Bestimmungen die Wellenlänge λ für alle Verfahren mit monochromatischem Licht als gegeben ansehen. Das Laueverfahren benutzt keine charakteristische Wellenlänge und bedarf daher einer solchen Kenntnis nicht — oder nur in ganz untergeordneter Weise. Dies ergibt einerseits die Schwierigkeiten bei der *alleinigen* Benutzung des Laueverfahrens, andererseits ist es aber der Grund dafür, daß die *erste* Strukturbestimmung, die zur *ersten* Wellenlängenbestimmung nötig war — die soeben zitierte —, aus dem Lauebild gewonnen wurde.

β) Molekülzahl der Basis. Man wird daher heute eine Strukturbestimmung folgendermaßen in Angriff nehmen: Gegeben λ; gemessen die Abbeugungswinkel der Interferenzstrahlen. Letztere sind verträglich mit einer Bezifferung (h_i) und zugehörigen Achsen $(\mathfrak{a}_i)$, *die durch λ ihrer absoluten Größe nach bestimmt sind.* v_a sei das von ihnen aufgespannte Volumen, $m_{\mathrm{H}} = 1{,}64 \cdot 10^{-24}$ g die absolute Masse eines Wasserstoffatoms (genauer von $^1/_{16}$ Atom O), μ das Molekulargewicht der Substanz. Z Moleküle seien in der Zelle, dann ist die Dichte σ des Kristalls gleich Zellmasse durch Zellvolumen, und man erhält für die Molekülzahl der Basis

$$Z = \frac{\sigma}{\mu m_{\mathrm{H}}} v_a = \frac{\sigma}{1{,}64 \cdot \mu} v_a ,$$

wenn die Achsen $\mathfrak{a}_i$ in Ångströmeinheiten, v_a in Å^3, gemessen werden. Diese Zahl Z hängt durch v_a von der Achsenwahl und der Bezifferung ab. Eine erste Bedingung, die sie erfüllen muß, ist, daß sie innerhalb der Fehlergrenzen ganzzahlig sein muß. Erscheint sie gebrochen, so muß durch Achsentransformation ein geeignetes Vielfaches des bisherigen Volumens als Inhalt der neuen Grundzelle gewonnen werden. Man gelangt so zu einer ersten, provisorisch als richtig anzusehenden Bezifferung und hat das Bezifferungsverfahren insofern zu einem vorläufigen Abschluß gebracht, als alle aus Intensitätsgründen etwa notwendig werdenden Abänderungen dieses Achsensystems durch Transformation aus den bisherigen, die geometrische Lage der Interferenzen und die Dichte des Kristalls richtig gegeneinander abpassenden Achsen gewonnen werden.

γ) Auswahl der Raumgruppen. Auf Grund der Annahme, daß gewisse, chemisch gleiche Atome im Kristall auch strukturell gleichwertig auftreten sollen, führt die Strukturermittlung von den geometrischen Daten aus manchmal noch einen Schritt weiter: Es kann sich aus dieser Annahme, aus dem Wert der Zahl Z und der chemischen Formel nämlich ergeben, *daß eine Reihe von Raumgruppen ausscheidet, weil sich in ihnen nicht die erforderliche Zahl gleichberechtigter Teilchen unterbringen läßt.* Man erhält so eine *Auswahl* möglicher Raumgruppen — und zwar die einfachsten —, aber nicht *alle* möglichen Raumgruppen. Denn es wäre durchaus denkbar, daß bei einer neuerlichen Achsentransformation, die auf eine größere Grundzelle und Zahl Z führt, neue Raumgruppen befähigt werden, die Basisatome aufzunehmen. Offenbar ist eine Strukturbestimmung *erst dann als eindeutig und damit endgültig anzusehen, wenn gezeigt ist, daß auch alle denkbaren Erweiterungen der Basis stets wieder auf die gleiche räumliche Atomanordnung — nur in wechselnder Beschreibung — zurückführen.* Dieser Beweis ist im allgemeinen durch die Diskussion des Strukturfaktors zu führen, aber es fehlt noch sehr an den gittertheoretischen Grundlagen dazu[1]. Im besonderen kann man es an der Beibringung einer Art statistischen Materials genug sein

[1] Z. B. wieviel Intensitäten müssen gemessen werden, um ein Gitter eindeutig zu bestimmen? Gibt es überhaupt immer eine eindeutige Zuordnung? Zwei Strukturen (vom gleichen Typ, aber mit verschiedenen Parameterwerten), die sich in den Strukturintensitätsfaktoren nicht unterscheiden, diskutiert für Bixbyit $(Fe, Mn)_2O_3$ L. PAULING, ZS. f. Krist. Bd. 75, S. 128. 1930.

lassen, um mit großer Wahrscheinlichkeit zu schließen, daß alle Erweiterungen der Basis tatsächlich die mit einer kleineren Basis beschreibbare Struktur ergeben, etwa nach folgendem Gedankengang: Vergrößerung der Basis bedeutet Erhöhung der Ordnung der Interferenzen. Soll diese Vergrößerung nicht bloß formal sein, so muß sie sich darin bemerkbar machen, daß auch neue, nur zwischen die *vergrößerten* Ordnungszahlen der Interferenzen einschiebbare Interferenzen auftreten[1]. Umgekehrt: kann man alle Interferenzen, die nach der Art der Aufnahme zu erwarten sind, durch eine gewisse Zellenwahl erklären und finden sich keine weiteren, so wird man schließen, daß eine Vergrößerung der Zelle nur auf eine formal umständlichere Beschreibung des gleichen Gitters führen würde. In der Beibringung besonders zahlreichen Materials zu dieser Frage liegt ein Hauptvorteil des Laue- und des Drehkristallverfahrens. Man erhält mit ihnen leicht Reflexe von Hunderten von Netzebenen unter den verschiedensten Bedingungen[2], während das Spektrometer und das Pulververfahren viel weniger Daten liefern. Eine Übersicht über die möglichen und die vorhandenen Flecken liefert das „*Indexfeld*" (s. Ziff. 34 η). — Die mit der Dichte des Kristalls und dem Indexfeld übereinstimmende Bezifferung ist solange als verbindlich anzusehen, als nicht gewichtige Gründe der Intensitäten (des Strukturfaktors) in Verbindung mit der Strukturtheorie zu einer letzten Abänderung zwingen.

Sollte sich — abweichend von dem oben Angenommenen — bei der mit der Dichte übereinstimmenden Zelle überhaupt *keine* Raumgruppe finden, in der eine Unterbringung der erforderlichen Atomzahl möglich ist, so ist damit sofort die Notwendigkeit gegeben, auf eine größere Zelle überzugehen.

Die Kenntnis der kristallographischen Symmetrie schränkt die Auswahl an Raumgruppen erheblich ein. Aber wegen der Unsicherheit, welche Bedeutung die kristallographisch festgestellte Symmetrie für die Anordnung der Atomschwerpunkte besitzt (NaCl und KCl können z. B. hemiedrische Ätzfiguren aufweisen), sollte man sich eigentlich prinzipiell nicht auf diese Angabe verlassen.

33. Die Bezifferung beim Spektrometerverfahren. Bei diesem Verfahren reduziert sich die Bezifferung auf ein Minimum, weil es das einzige ist, das zu jedem Reflex aus der Kristallstellung die reflektierende Fläche unmittelbar angibt (Ziff. 25 α). Ihre (gekürzten) MILLERschen Indizes seien $(h_1^* \, h_2^* \, h_3^*)$. (Goniometrische Vermessung oder sonst Festlegung auf ein Achsensystem auf Grund der Reflexe darf vorausgesetzt werden.) Es bleibt nur übrig, den gemessenen Reflexen die richtigen Ordnungen zuzuschreiben. In der Literatur geschieht dies meist so inkonsequent, daß der Bezifferungsakt scheinbar bei diesem Verfahren ausfällt.

Als Beispiel möge die *Vermessung des Calcits* nach W. H. BRAGG behandelt werden. Abb. 164 gibt die mit Rh-K-Strahlen $\lambda = 0{,}6121$ erhaltenen Spektren graphisch wieder, Abszisse ist $\sin\vartheta$. Der Bezeichnung der Flächen ist dabei das kristallographisch übliche Achsensystem zugrunde gelegt, dessen Zelle dem Spaltungsrhomboeder des Calcits ähnlich ist ($\alpha = 101°\,55'$). Ist a die Kante des Elementarrhomboeders, so ergibt sich für das reziproke Gitter (s. Ziff. 10 α)

$$\mathfrak{b}_i^2 = \frac{1{,}120}{a_i^2}, \qquad \cos(\mathfrak{b}_i \mathfrak{b}_k) = 0{,}261 \ (\beta = 74°\,52').$$

---

[1] Insbesondere bei Drehaufnahmen hat die Frage, ob sich zwischen die zunächst beobachteten Schichtlinien bei langer Belichtung weitere einschieben, die zu einer Vergrößerung des Identitätsabstands zwingen, oft eine Rolle gespielt. Man vgl. etwa die Strukturbestimmungen an SnJ_4 (Strukturbericht) oder an RbN_3 [P. GÜNTHER, J. PORGER u. P. ROSBAUD, ZS. f. phys. Chem. (B) Bd. 6, S. 459. 1930; L. PAULING, ebenda Bd. 8, S. 326. 1930, sowie spätere Arbeiten]. Auch die „Überstrukturen" bei Metallegierungen äußern sich durch die eingeschobenen Röntgeninterferenzen (vgl. Ziff. 40 δ).

[2] Man vgl. etwa die Arbeiten der RINNEschen Schule: Leipziger Ber. Bd. 36, Nr. 2. 1919; Bd. 38, Nr. 3. 1921.

Hierdurch ist der Fahrstrahl $\mathfrak{h}$ des reziproken Gitters festgelegt und die Sinus der Reflexionswinkel erster Ordnung sind aus der Form

$$\sin^2\vartheta = (\lambda/2)^2\mathfrak{h}^2 = \frac{\lambda^2 b^2}{4}\{h_1^2 + h_2^2 + h_3^2 + 2\cos\beta\,(h_1h_2 + h_1h_3 + h_2h_3)\}$$

zu erhalten. Der kleinste an (100) beobachtete Winkel ist $5°\,48'$, $\sin^2\vartheta = 0{,}0102$. Dies liefert als Reflex (100) interpretiert, für den Faktor der quadratischen Form

$$(\lambda/2)^2 \cdot \mathfrak{b}^2 = 0{,}0102\,,$$

woraus $a = 3{,}21$ Å folgt. Aus der quadratischen Form berechnen sich weiter folgende Reflexwinkel (mittlere Zeile):

Reflex	111	$\bar{1}02$	$\bar{1}11$	$1\bar{1}1$	110	100
$\sin\vartheta$ ber.	0,216	0,123	0,213	0,159	0,161	0,101
$\sin\vartheta$ beob.	0,108	0,124	0,214	0,081	0,161	0,101

Man kann sich für die Reflexe ein *Ordnungsnetz* konstruieren mit den berechneten $\sin\vartheta$-Werten als Einheiten. Die beobachteten Werte sind, unter Angabe der Intensitäten durch die Länge der Striche, in Abb. 164 in dies Netz eingetragen. Man sieht, daß die Reflexe an 111 und $1\bar{1}1$ *nicht* durch das Ordnungsnetz aufgenommen werden, sondern daß sie halbwegs zwischen die Netzabstände fallen. Will man den Rhomboederwinkel der Achsen wahren, so muß ihre Länge verdoppelt werden, so daß der bisherige Reflex (100) nunmehr als (200) zu bezeichnen ist usw. Das Ordnungsnetz wird hierdurch doppelt so dicht und nimmt nunmehr *alle* Reflexe auf. An den Flächen $\bar{2}11$, 100, $1\bar{1}0$, 110 treten jetzt nur noch *gerade* Reflexe auf. Das Rhomboedervolumen der neuen Achsen $a = 6{,}42$ Å, $\alpha = 101°\,55'$ beträgt $0{,}924 \cdot a^3 = 245{,}2$ Å^3. Bei der Dichte 2,712 enthält es $Z = 4$ Moleküle vom Gewicht $100 \cdot 1{,}64 \cdot 10^{-24}$ g (genauer folgt $Z = 4{,}06$).

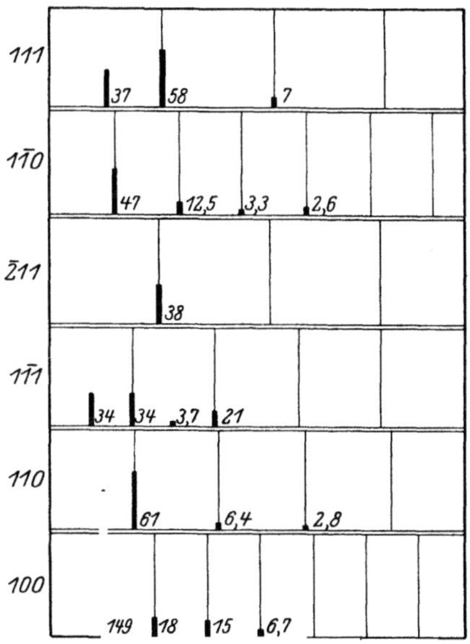

Abb. 164. Calcitspektren nach W. H. Bragg.

Hiermit ist ein erstes Achsensystem als Grundlage für die Struktur gefunden, das provisorisch beibehalten werden kann. Die weitere experimentelle Untersuchung würde aber nochmals Reflexe liefern, die *zwischen* Striche des Ordnungsnetzes fallen. Allerdings sind diese Reflexe verhältnismäßig schwach; aber sie zwingen dazu, nochmals die Achsenlänge zu verdoppeln, um alle Flecken unter Wahrung des kristallographischen Achsenwinkels deuten zu können. Die neue Zelle müßte 32 Moleküle aufnehmen. Man sieht aber aus den Auslöschungen, daß geschickter unter Preisgabe des kristallographischen Achsenwinkels eine Rhomboederzelle eingeführt wird, die die oben angeführten Beobachtungen auch wiedergibt: da durch die erste Achsenverdopplung alle „gemischten" Interferenzen fortfallen (Kriterium des flächenzentrierten Gitters für die Achsen $a = 6{,}42$ Å), werden statt der Kanten dieses Rhomboeders seine halben Flächendiagonalen als Achsen $\mathfrak{A}_i$ eingeführt. Ihr Achsenwinkel ist $A = 75°\,54'$, ihre Länge 4,03 Å und das zugehörige $Z = 1$. Die weiteren, diesen Achsen widersprechenden Beobachtungen machen ihre Verdopplung ($Z = 8$) bzw. eine nochmalige Transformation nötig. Tatsächlich sind diese Beobachtungen nicht gemacht worden, sondern man hat mit den Achsen $\mathfrak{a}_i$ die Intensi tätsdiskussion begonnen und erst zum Schluß zur Beschreibung der fertigen Struktur die endgültigen Achsen eingeführt. Aber das wäre bei systematischer Anwendung der Strukturtheorie anders gewesen.

34. Die Bezifferung beim Laueverfahren[1]. α) Ordnungen der Reflexe geometrisch nicht bestimmbar. Beim Laueverfahren läßt sich prinzipiell nur eine Bezifferung in gekürzten Symbolen angeben, solange man nicht die Kenntnis des Spektrums und die Kenntnis einer Gitterkonstante hinzunimmt. Erst dann ist nämlich abzuschätzen, welche *Ordnungen* bzw. *Obertöne* in den Interferenzflecken enthalten sein können.

β) BRAGGs Zonenellipsen. Die ersten symmetrischen Aufnahmen wurden nach einem von W. L. BRAGG angegebenen Verfahren beziffert, das auf der Einordnung der Flecken auf *Zonenellipsen* beruht. Diese Ellipsen lassen sich in guter Näherung durch Kreise ersetzen, die durch den Primärfleck gehen und deren Mittelpunkt der Einstich der Zonenachse auf der Platte ist. Durch eine einfache Überlegung über die zugehörige Kristallstellung gelangt man bei hinreichend symmetrischen Aufnahmen leicht zur Bezifferung der Zonen und erhält das Symbol des Fleckes in bekannter Weise (Ziff. 10 δ) durch seine Zugehörigkeit zu zwei Zonen. Dies Verfahren arbeitet schnell und direkt, wenn die Aufnahme reichhaltig genug ist, um keine Zweifel über die Zonenzusammengehörigkeit der Flecke zuzulassen. Im allgemeinen ist aber wohl heute zur Bezifferung von Lauebildern das Verfahren der gnomonischen Umzeichnung vorzuziehen.

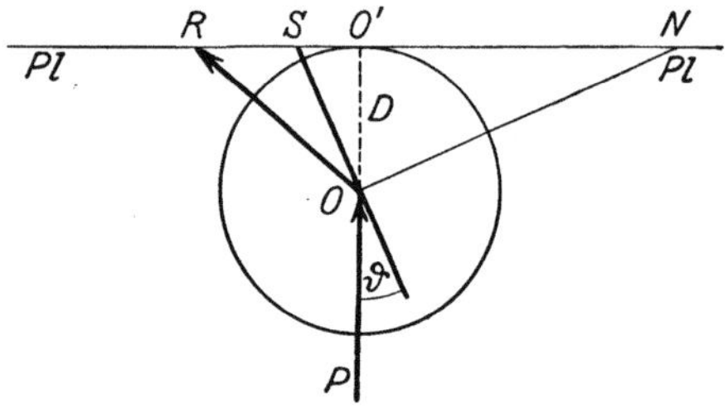

Abb. 165. Entstehung der gnomonischen Projektion.

γ) Gnomonische Projektion. Die *gnomonische Projektion* als Hilfsmittel zur Bezifferung von Lauebildern wurde von RINNE[2] verwandt und vor allem von WYCKOFF[3] ausgestaltet. Abb. 165 zeigt den Zusammenhang zwischen dem Abstand RO' des Interferenzpunktes R auf der Platte Pl vom Auftreffpunkt O' des Primärstrahls PO' und der Lage der gnomonischen Umzeichnung N des Fleckes R. Die Ebene, in welche die gnomonische Projektion eingetragen werden soll, ist dabei einfachheitshalber als die Ebene der photographischen Platte angenommen worden (Abstand D vom Kristall). Stellen wir den Zu-

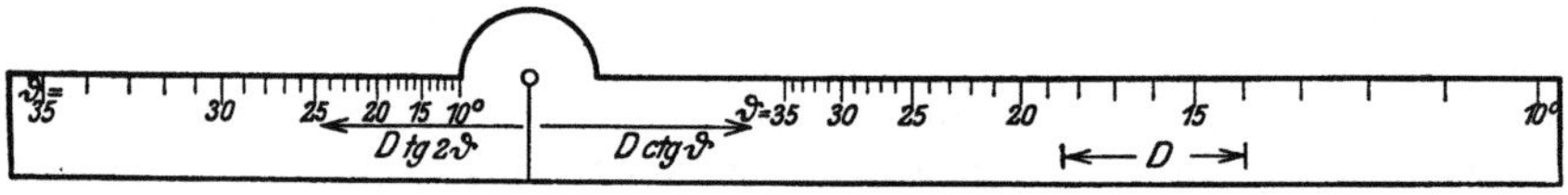

Abb. 166. Gnomonisches Lineal.

sammenhang allgemein so auf, daß die gnomonische Ebene den Abstand D' von der Platte hat, so ist, da ON senkrecht auf der reflektierenden Fläche OS stehen muß,

$$\frac{O'N}{O'R} = \frac{D'}{D} \frac{\operatorname{cotg}\vartheta}{\operatorname{tg}2\vartheta}.$$

Es ist bequem, das Verhältnis D'/D offenzulassen, damit man erreicht, daß die gnomonische Umzeichnung ganz außerhalb des Lauebildes liegt.

Zur Ausführung der Umzeichnung bedient man sich nach WYCKOFFs Vorbild des „gnomonischen Lineals“ (Abb. 166), dessen Mitte durch eine Nadel

[1] Vgl. zu dieser Ziffer die in Ziff. 42 γ 1 besprochene Orientierungsmethode für Metalleinkristalle.

[2] F. RINNE, Leipziger Ber. Bd. 67, S. 303. 1915.

[3] R. W. G. WYCKOFF, Sill. Journ. Bd. 50, S. 317. 1920.

im Primärfleck festgespießt wird und dessen einer Schenkel auf einem Papierabzug des Lauebildes von Punkt zu Punkt geführt wird, während die entsprechenden Marken des anderen Schenkels die Orte der Umzeichnungen angeben. Die Übertragung geht so sehr schnell und mit großer Genauigkeit.

Der Vorteil der gnomonischen Projektion ist, daß alle Flecke, die einer *Zone* angehören, auf eine *Gerade* zu liegen kommen und daß ein Zonenbüschel (d. h. solche Zonen, daß ihre Achsen eine Ebene bilden) Gerade liefern, die durch einen Punkt hindurchgehen — evtl. durch den unendlich fernen (parallele Geraden). Da es nicht schwer ist, zu beurteilen, wie durch die Punkte der Umzeichnung, evtl. unter einem gewissen Maß von Fehlerausgleichung, Gerade zu legen sind, ist die Zonenzugehörigkeit der Flecken nach dieser Methode besonders leicht festzustellen.

Die Deutung der gnomonischen Projektion im Zusammenhang mit dem reziproken Gitter ist besonders anschaulich. Da die Fahrstrahlen $\mathfrak{h}$ dieses Gitters die sämtlichen Ebenennormalen *ON* der Abb. 165 darstellen, sind die Punkte der gnomonischen Projektion nichts anderes als die Durchstoßpunkte dieser Fahrstrahlen mit der Projektionsebene.

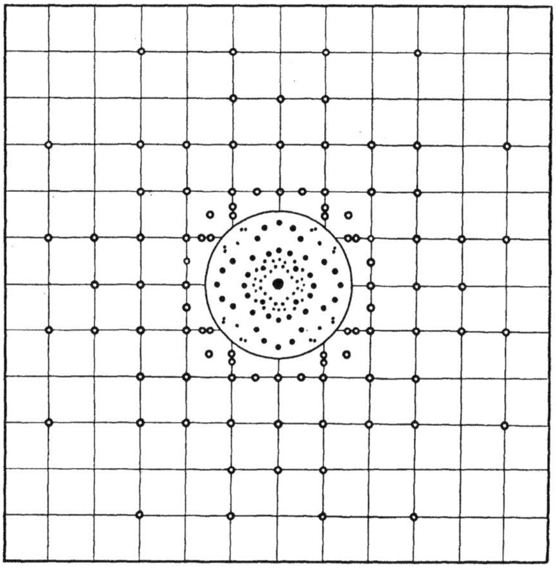

Abb. 167. Laueaufnahme an Periklas und gnomonische Umzeichnung. (WYCKOFF, l. c.)

Abb. 167[1] zeigt in der Mitte die Darstellung einer vierzähligen Aufnahme von Periklas (MgO), um sie herum die gnomonische Projektion. Wie man sieht, läßt sich durch die Mehrzahl der Punkte ein quadratisches Netz legen. Es ist dies das Bild der ersten Netzebene des reziproken Gitters senkrecht zum Primärstrahl (also hier der Netzebene $h_3 = 1$). Eine Reihe von Punkten fällt aber in die Netzmaschen. Wollten wir sie einordnen, so müßten wir das Netz doppelt so eng machen oder (für 8 von den Punkten, die auf $^1/_3$-Abstände fallen) dreimal so eng. Das heißt: diese Punkte gehören den Netzebenen $h_3 = 2$ oder 3 des reziproken Gitters an, und hieraus folgt sofort ihre Bezifferung.

Aus dem Zusammenhang zwischen reziprokem Gitter und gnomonischer Projektion ist ersichtlich, daß die Indizes von Punkten, die zwischen die indizierten Punkte einer Netzteilung fallen, nach einer Schwerpunktsrechnung interpoliert werden können: verhalten sich die Abstände des unbekannten Punktes $(x_1 x_2 x_3)$ zu zwei bekannten $(h_1 h_2 h_3)$ und $(h_1' h_2' h_3')$, *zwischen* denen er liegt, wie $a:b$, so sind seine Indizes

$$(x_1 x_2 x_3) = b\,(h_1 h_2 h_3) + a\,(h_1' h_2' h_3');$$

liegt er auf der Geraden $(h_1 h_2 h_3) \rightarrow (h_1' h_2' h_3')$ über den zweiten Fleck hinaus und hat die Abstände a und b von ihnen $(a > b)$, so ist

$$(x_1 x_2 x_3) = a\,(h_1' h_2' h_3') - b\,(h_1 h_2 h_3).$$

Natürlich sind evtl. die Zahlen $x_1 x_2 x_3$ noch zu kürzen.

[1] Nach R. W. G. WYCKOFF, The Structure of Crystals. New York 1924.

δ) Aufzählungsindex. Der Index h_3, der im vorliegenden Fall auf jeder zur Projektionsebene parallelen Netzebene des reziproken Gitters konstant ist, heißt der „*Aufzählungsindex*", weil es das natürliche ist, die Interferenzen symmetrischer Lauebilder nach diesem Index zu ordnen, wenn man sich durch Aufzählung aller möglichen und Vergleich mit allen vorkommenden Interferenzen die statistische Übersicht über die Richtigkeit der gewählten Zelle verschaffen will. Allgemeiner kann man sich bei beliebiger Einfallsrichtung $\mathfrak{s}_0$ stets das reziproke Gitter in Netzebenen senkrecht zu dieser zerlegt denken. $(\mathfrak{h}\,\mathfrak{s}_0) =$ konst. ist dann die Gleichung einer solchen Ebene und diese lineare Kombination der drei Indizes, deren Wert von Ebene zu Ebene in gleichen Schritten zu-

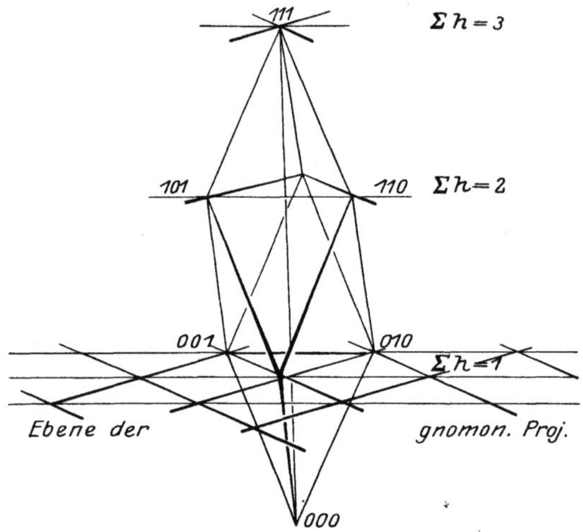

Abb. 168. Gnomonische Projektion eines rhomboedrischen Kristalls. Reziprokes Gitter mit Ursprung 000 und Andeutung von 3 Netzebenen.

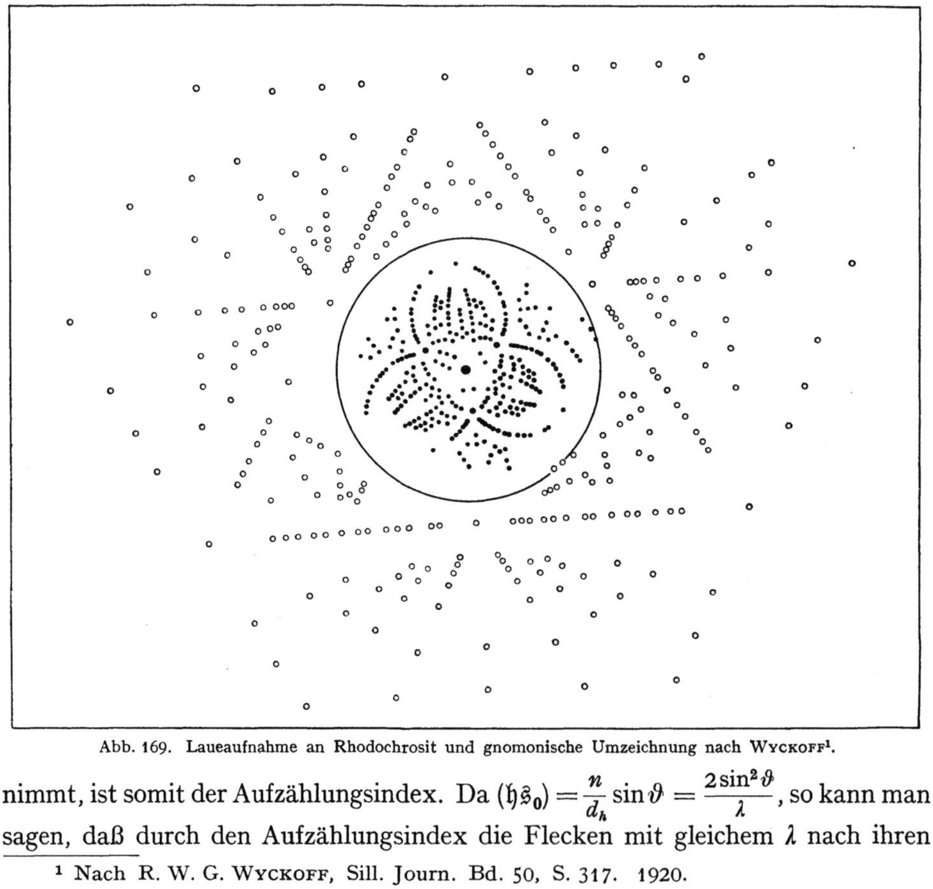

Abb. 169. Laueaufnahme an Rhodochrosit und gnomonische Umzeichnung nach WYCKOFF[1].

nimmt, ist somit der Aufzählungsindex. Da $(\mathfrak{h}\mathfrak{s}_0) = \frac{n}{d_h}\sin\vartheta = \frac{2\sin^2\vartheta}{\lambda}$, so kann man sagen, daß durch den Aufzählungsindex die Flecken mit gleichem λ nach ihren

[1] Nach R. W. G. WYCKOFF, Sill. Journ. Bd. 50, S. 317. 1920.

Ablenkungswinkeln $\chi = 2\vartheta$, bei gleichem ϑ aber nach ihren Wellenzahlen $1/\lambda$ geordnet werden. Im Fall sehr „irrationaler" Einfallsrichtung (z. B. nur etwas gegen die vierzählige Achse geneigt) fallen die Vorteile bei der Benutzung des Aufzählungsindex fort und man wird der Übersichtlichkeit wegen für die Aufzählung denjenigen Index benutzen, der zur nächsten „rationalen" Richtung $\mathfrak{s}_0$ gehört.

ε) Beispiele für die Benutzung der gnomonischen Projektion. Die Netzteilung der gnomonischen Projektion hat im allgemeinen den Primär-

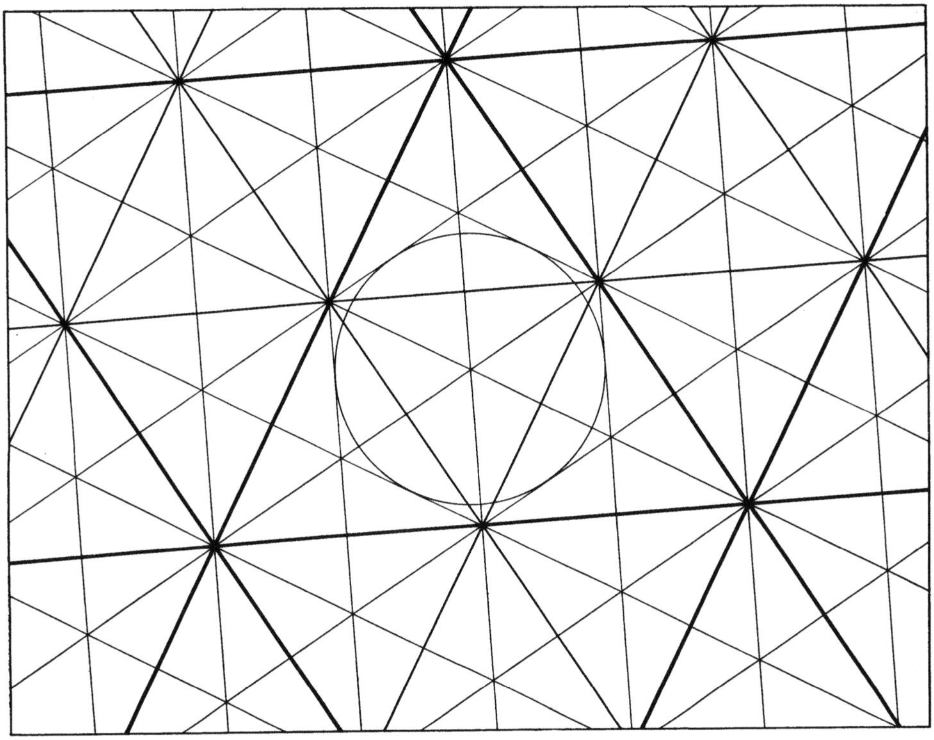

Abb. 170. Gnomonisches Koordinatennetz zu Abb. 169.

fleck nicht als Gitter- bzw. Nullpunkt. Dies kann auch bei symmetrischen Aufnahmen für die vom niedrigsten Aufzählungsindex herrührende (und daher im allgemeinen auffälligste) Netzteilung gelten, insbesondere bei rhomboedrischen Kristallen, auf die sich Abb. 168 bezieht. Man sieht, wie die *erste* Netzebene des reziproken Gitters (in welche der Einfachheit wegen die gnomonische Projektion verlegt ist), eine *den Primärpunkt umschließende Dreiecksteilung* gibt. Der Aufzählungsindex ist hier $\sum h_i = h_1 + h_2 + h_3 = 1$. Auch die nächste Ebene $\sum h = 2$ würde eine (halb so große) Dreiecksteilung *um* den Primärpunkt geben, und erst die Flecke mit $\sum h = 3$ geben eine weitere Dreiecksteilung, ein Drittel so groß wie die erste, die den Primärfleck enthält. In Abb. 169 ist eine Aufnahme des dem Calcit fast gleichen rhomboedrischen $MnCO_3$ längs der trigonalen Achse mit ihrer gnomonischen Umzeichnung wiedergegeben. Die starkbesetzten, weit nach außen hinausgreifenden drei Zonen der Aufnahme ergeben in der gnomonischen Projektion die dichtbesetzten Geraden, die den Anfang der stark gezeichneten Dreiecksteilung in Abb. 170 bilden. Abb. 170 ist als „Deckblatt" zu Abb. 169 aufzufassen; die Koordinaten sind in letztere nicht gleich eingetragen, um dem Leser die unbeeinflußte Auffassung der gnomonischen Umzeichnung nicht zu stören. — Auf der Suche nach weiteren Zonengeraden kommt man zwanglos zu der zweiten, in Abb. 170 mittelstark gezeichneten Netzteilung, die zur Hälfte auf die schon vorhandene fällt. Das ist gemäß Abb. 168 die Ebene der Punkte mit $\sum h = 2$. Zuletzt findet man Geraden einer dritten Lage (dünn ausgezogen in Abb. 170), und diese bilden die erste Netzteilung, deren Anfang mit dem Projektionszentrum, dem Primärfleck, zusammenfällt. Sie enthalten die Punkte $\sum h = 3$. Aus diesen Lageverhältnissen folgt die Berechtigung, die ersten Eckpunkte der fett ausgezogenen Teilung als die Punkte 100, 010, 001 anzusehen. Alle anderen Indizes folgen aus diesen drei Fundamentalpunkten durch Interpolation nach der obigen Regel.

Ist der Plattenabstand und der angenommene Abstand der Projektionsebene (d. h. das gnomonische Lineal) bekannt, so lassen sich ohne Mühe Formeln ableiten, die den Rückschluß auf die Achsenverhältnisse zunächst im reziproken, sodann im Kristallgitter gestatten.

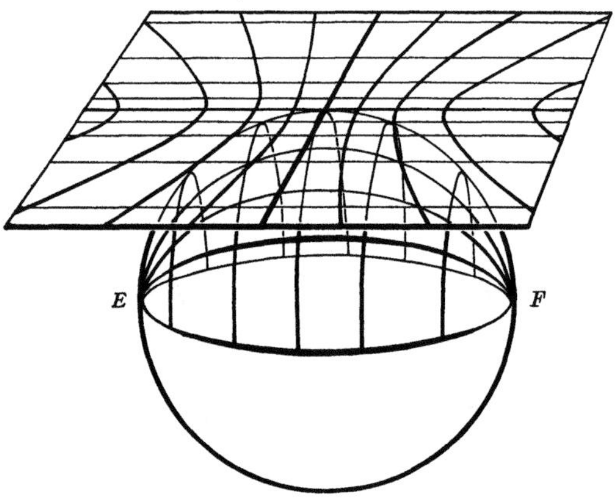

Abb. 171. Zur Rotation der gnomonischen Projektion.

An den gnomonischen Umzeichnungen lassen sich ferner in bequemer Weise *Achsentransformationen* deuten und beurteilen: sie entsprechen verschiedenartigen Zusammenfassungen der Punktreihen zu Geraden. Hat man mehrere verschiedene Laueaufnahmen ein und desselben Kristalls, so wird man jede zunächst für sich so deuten, wie es die gnomonische Umzeichnung nahelegt. Um dann auf einheitliche Achsen für alle Aufnahmen zu kommen, stellt man am bequemsten Transformationsformeln zwischen den vorläufigen, zur Deutung der Platten benutzten Achsensysteme bzw. Indizes auf. Dies ist nicht schwierig, da meist die Orientierungen der Aufnahmen gegeneinander bekannt sind.

ζ) HILTONsches Netz. Ein anderes Mittel, verschiedene gnomonische Projektionen in Beziehung zu setzen, ist die *Rotation der Projektionsebene*. Das Prinzipielle dabei ist leicht abzulesen, wenn man sich vorstellt, daß die Projektionsebene, d. h. die Ebene, mit der die Fahrstrahlen des reziproken Gitters zum Durchstoß gebracht werden, nicht mehr senkrecht zum Primärstrahl gewählt, sondern schräg angenommen wird. Zur praktischen Ausführung der Rotation bedient man sich des „HILTON*schen Netzes*", Abb. 172[1], dessen Bedeutung aus Abb. 171[2] hervorgeht: Die Richtung jedes Fahrstrahls $\mathfrak{h}$ kann auf einer „Lagenkugel" durch Länge und Breite festgelegt werden, beide beurteilt gegen die Rotationsachse *EF* der Ebene. Die Breitenkreise projizieren sich in die gnomonische Ebene als Hyperbeln, die Längenkreise als parallele, aber nicht äquidistante Gerade. Wird die Ebene rotiert, oder was auf dasselbe hinausläuft, die Lagenkugel mit den Durchstoßpunkten der Fahrstrahlen gegen sie um *EF* gedreht, so ist der neue Ort des Durchstoßes von $\mathfrak{h}$ mit der Ebene auf derselben Hyperbel gelegen, aber um eine gewisse Zahl von Längenkreisen — entsprechend dem Drehwinkel — verschoben. Legt man also das HILTONsche Netz unter die — auf durchsichtigem Papier ausgeführte — Zeichnung, so kann man die Ebene

[1] H. HILTON, Mineral. Mag. Bd. 14, S. 18. 1904.
[2] Nach R. W. G. WYCKOFF, The Structure of Crystals. New York 1924.

der gnomonischen Projektion um beliebige Winkel drehen, das heißt z. B. von der zweizähligen Aufnahme eines kubischen Kristalls zu der vierzähligen übergehen. (Natürlich werden durchaus nicht immer auf der zweizähligen Aufnahme alle die Flecke vorhanden sein, die auf der vierzähligen symmetrisch gleich sind.) Bei unbekannter Orientierung der Laueaufnahme kann das HILTONsche Netz zur Ermittlung der Verdrehung aus einer bekannten Lage dienen. Das geht namentlich dann bequem, wenn (bei Verdrehungen bis etwa 10°) noch eine Ähnlichkeit des unsymmetrischen mit dem symmetrischen Bilde unmittelbar festzustellen ist.

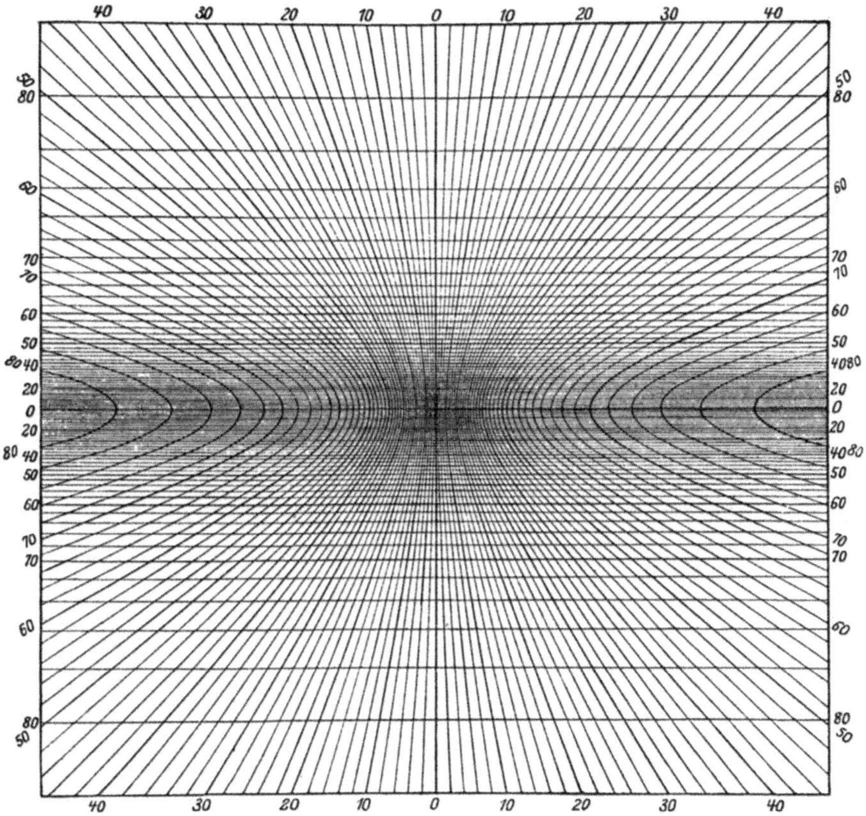

Abb. 172. HILTONsches Netz.

η) MAUGUINsches Verfahren. Während die gnomonische Projektion das bequemste Mittel ist, um fleckenreiche Aufnahmen ganz durchzuindizieren, ist ein von MAUGUIN viel benutztes Verfahren geeignet, die Indizes von einzelnen Flecken festzustellen, die aus irgendeinem Grunde interessieren. Voraussetzung ist, daß das Achensystem, auf das die Flecken bezogen werden, bekannt ist. Seien z. B. die a- und b-Achse parallel zur photographischen Platte, so macht Abb. 173 das Verfahren ohne weiteres verständlich. Oben ist der Kristall mit einfallendem Röntgenstrahl gezeichnet, auf der Platte die Achsen a und b in solchen Einheiten, daß die Entfernung Kristall—O als Einheit der c-Achse gilt. Zum Lauefleck F und dem Primärfleck P liegt die reflektierende Ebene so (gelegt durch den Kristall im Punkt A der c-Achse), daß ihre Spur quer zu PF und so verläuft, daß $PS = D \operatorname{tg} \vartheta$, $SF = D (\operatorname{tg} 2\vartheta - \operatorname{tg} \vartheta)$ ist. MAUGUIN benutzt nun eine Glasplatte mit rechtwinkligem Achsenkreuz, deren eine Achse auf der einen

Hälfte den Maßstab $D\,\mathrm{tg}\,\vartheta$, auf der anderen Hälfte $D(\mathrm{tg}\,2\vartheta - \mathrm{tg}\,\vartheta)$ trägt. Sie wird so verschoben, daß auf letzterer Skala der Fleck F und zugleich auf ersterer der Primärfleck P am gleichen Zahlenwert liegen, worauf die Querachse auf den Achsen a und b die Achsenabschnitte der Spiegelebene abzulesen gestattet (c-Abschnitt gleich 1 gesetzt).

η) Indexfeld. Nachdem die Laueaufnahme derart eine erste, ihre rein geometrischen Eigenschaften befriedigende Bezifferung erhalten hat, kann man auf Grund der Kenntnis des Spektrums und einer Gitterdimension (genauer gesagt, wird nur das Verhältnis der gebrauchten Wellenlängen zu der Gitterkonstante benötigt) darangehen, *die Bezifferung durch Angabe der in den Punkten*

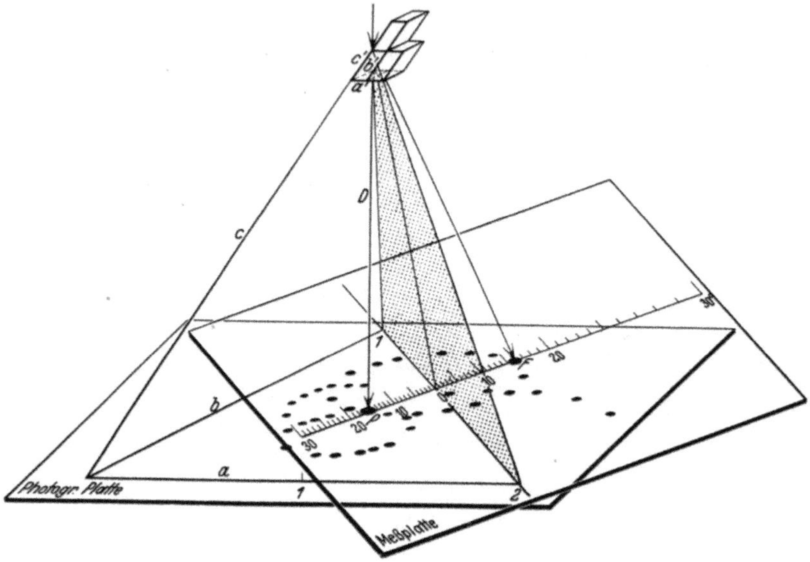

Abb. 173. MAUGUINsches Bezifferungsverfahren.

enthaltenen Ordnungen n zu vervollständigen. Zu diesem Zweck hat man die Flecke in einer tabellarischen Übersicht aufzuzählen und für jeden gemäß der Formel

$$\lambda = 2\frac{(\mathfrak{h}\mathfrak{s}_0)}{\mathfrak{h}^2}$$

die Wellenlänge auszurechnen. Meist ist es rechnerisch bequemer, $1/\lambda$ anzugeben, das für alle Flecke mit gleichem Aufzählungsindex proportional $\mathfrak{h}^2$ ist. Die Ordnungen der Flecke sind so zu wählen, daß alle Wellenlängen in den benutzten Spektralbereich fallen. Was dann an Flecken ausfällt, muß durch den Strukturfaktor erklärt werden.

Eine bequeme graphische Übersicht über diese Aufzählung gewährt das „*Indexfeld*"[1]. Wegen der seitlichen Begrenzung der Platte sind keine Flecken zu erwarten, deren Abbeugungswinkel χ größer als ein gewisses X ist. (Die Platte wird als kreisförmig idealisiert.) Ferner sind die Flächen, die in unmittelbare Nachbarschaft des Primärflecks fallen würden, durch dessen Hof oder Ausblendung verdeckt. Es muß also

$$\sin\chi/2 = \frac{(\mathfrak{h}\mathfrak{s}_0)}{|\mathfrak{h}|}$$

[1] R. GROSS, Centralbl. f. Min. 1918; vgl. auch die Darstellung durch R. GROSS in OSTWALD-LUTHER, Physiko-chemische Messungen, 4. Aufl. (Leipzig: Akad. Verlagsges. 1925).

zwischen zwei Grenzen s und S liegen, oder nach Umformung

$$\mathfrak{h}^2 \quad \text{zwischen} \quad \frac{(\mathfrak{h}\,\mathfrak{s}_0)}{S^2} \quad \text{und} \quad \frac{(\mathfrak{h}\,\mathfrak{s}_0)^2}{s^2}\,.$$

Andererseits ergeben die minimale und maximale Wellenlänge für $\mathfrak{h}^2$ die Beschränkung

$$\mathfrak{h}^2 \quad \text{zwischen} \quad 2\,\frac{(\mathfrak{h}\,\mathfrak{s}_0)}{\lambda_{\max}} \quad \text{und} \quad 2\,\frac{(\mathfrak{h}\,\mathfrak{s}_0)}{\lambda_{\min}}\,.$$

Schließlich muß wegen des Lorentz- und Debyefaktors der Intensität $\mathfrak{h}^2$ unterhalb eines — empirisch zu bestimmenden — Grenzwerts bleiben. Trägt man also $\mathfrak{h}^2$ als Abszisse, den Aufzählungsindex $A = (\mathfrak{h}\,\mathfrak{s}_0)$ als Ordinate ab, so entsteht in dieser Ebene (Abb. 174) ein geschlossenes Gebiet, in welches alle Flecken hineinfallen müssen, die von einem einfachen Gitter mit der angenommenen Zelle geliefert werden würden. Um die Vollständigkeit des beobachteten Fleckensystems zu prüfen, hat man neben dieser Zeichnung eine systematische Tabelle der in Frage kommenden $\mathfrak{h}^2$-Werte aufzustellen. Man kann dann etwaige Ausfallgesetze, die durch den Strukturfaktor zu erklären sind, bemerken.

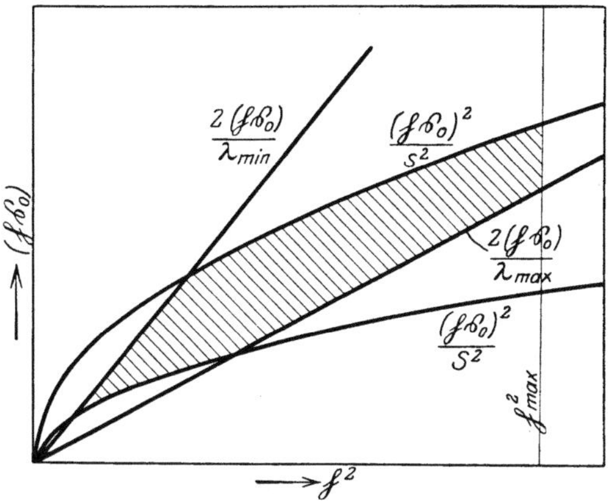

Abb. 174. Indexfeld.

35. Die Bezifferung beim Pulververfahren. α) Die quadratische Form. Beim Pulververfahren ist durch die regellose Orientierung der Kristalle nur der Abbeugungswinkel als charakteristische Größe der Interferenzen erhalten geblieben. Die Bezifferung muß sich daher gänzlich an die aus der Fundamentalgleichung durch Quadrieren folgende Formel (5), Ziff. 14 δ, anschließen

$$\lambda^2\mathfrak{h}^2 = 2(1 - \cos\chi) = 4\sin^2\vartheta\,. \tag{1}$$

Sie besagt, daß die aus der Aufnahme gefundenen $\sin^2\vartheta$-Werte sich in eine „*quadratische Form*"

$$\frac{\lambda^2}{4}\,\mathfrak{h}^2 = C\{h_1^2\mathfrak{b}_1^2 + h_2^2\mathfrak{b}_2^2 + h_3^2\mathfrak{b}_3^2 + 2h_2h_3(\mathfrak{b}_2\mathfrak{b}_3) + 2h_3h_1(\mathfrak{b}_3\mathfrak{b}_1) + 2h_1h_2(\mathfrak{b}_1\mathfrak{b}_2)\} \tag{2}$$

einordnen lassen müssen. Die Koeffizienten dieser Form sind die sechs Größen $\mathfrak{b}_1^2 \ldots (\mathfrak{b}_1\mathfrak{b}_2)$, die nach Ziff. 10 α das Achsensystem des reziproken Gitters, und somit auch das des Kristallgitters genau festlegen.

Die erste Verwertung der Pulveraufnahme wird die Feststellung der Werte von $\sin^2\vartheta$ sein, wobei auf die in Ziff. 26 γ erwähnten Korrekturen bzw. Interpolationen Rücksicht zu nehmen ist.

β) Textkritik[1]. Diese erfolgt in zweifacher Hinsicht. Erstens nämlich finden sich häufig Linien, die von verschiedenen Strahlungen herrühren — sei es, daß ohne Filter gearbeitet wurde und daher die α- *und* β-Linien Interferenzen erzeugt haben, sei es, daß bei großen Ablenkungswinkeln die α- und α'-Linien getrennt sind. Das Verhältnis der fraglichen Wellenlängen ist bekannt, und daher auch das Verhältnis der Konstanten C und C', die z. B. für α- und β-Linien gelten. Man wird also nach Linienpaaren suchen, deren $\sin^2\vartheta$-Werte in diesem Verhältnis stehen. Zusammengehörende Linien sind meist auch an den Intensi-

[1] A. Johnsen u. O. Toeplitz, Phys. ZS. Bd. 19, S. 47. 1918.

täten und an der gesetzmäßig mit wachsendem ϑ steigenden Trennung als solche zu erkennen bzw. vermuten. Natürlich können aber β-Linien der einen auf α-Linien einer anderen Ordnung fallen, und es erleichtert die Diskussion wesentlich, wenn mit streng monochromatischer Strahlung gearbeitet wird. Ist dies nicht der Fall und hat man zusammengehörige Linien gefunden, so kann man die an den schwächeren β-Linien abgelesenen $\sin^2\vartheta$-Werte benutzen, um die entsprechenden Werte der α-Linien zu verbessern, indem man den β-Wert durch Multiplikation mit $(\lambda_\alpha/\lambda_\beta)^2$ auf α-Strahlung umrechnet und dann unter Abschätzung der Ablesegenauigkeit mit dem direkten α-Wert kombiniert. Dies Verfahren kann eine erwünschte Verbesserung geben; es enthält aber mehrere Voraussetzungen. Erstens nämlich, daß die Verbesserung nicht über den Genauigkeitsgrad der interpolatorischen Bestimmung der $\sin^2\vartheta$-Werte hinausgeht (es wird angenommen, daß mit einer Eichsubstanz gearbeitet wird). Und zweitens entsteht statt einer Verbesserung eine Verschlechterung, wenn die zur Korrektur benutzte Linie gar nicht eine β-Linie, sondern eine α-Linie in anderer Ordnung war. Namentlich bei linienreichen Spektren wird es sehr leicht vorkommen, daß sich zu α-Linien scheinbare β-Begleiter finden, da ja bei der Beziehung beider Linien aufeinander die *Summe* der Meßfehler beider Linien die Genauigkeitsgrenze liefert. So wertvoll daher diese Textkritik ist, so sollte sie doch nur dann unternommen werden, wenn durch eine zweite Aufnahme mit ganz anderer Strahlung oder mit einem Filter, dessen Absorptionssprung zwischen den fraglichen Wellenlängen liegt, die Wellenlängen der Linien sichergestellt sind.

Das Suchen nach dem konstanten Verhältnis $(\lambda_\alpha/\lambda_\beta)^2$ erleichtert man sich eventuell, indem man die Werte $\log\sin^2\vartheta$ aufträgt. Man hat dann nach konstanten Abständen der Punkte zu suchen.

γ) RUNGEsches Verfahren. Mit den „gereinigten" $\sin^2\vartheta$-Werten allein der α-Linien beginnt nun die Aufstellung der quadratischen Form. Das Verfahren von RUNGE[1] wird als das übersichtlichste und am leichtesten auf den speziellen Fall anzupassende bevorzugt. Im reziproken Gitter kann man sich die Aufgabe so klarmachen: Gegeben sind [Gleichung (1)] die $\mathfrak{h}^2$-Werte, d. h. im reziproken Gitter die Absolutwerte der Abstände von Gitterpunkten (nicht notwendig aller) vom Nullpunkt. Es kommen offenbar in jedem Gitter nur bestimmte Abstandsverhältnisse vor. Denkt man sich die Zelle des reziproken Gitters, und mit ihr das ganze Gitter, wie eine Nürnberger Schere gestreckt und gestaucht, so werden die Abstandsverhältnisse der Gitterpunkte sich ändern; und umgekehrt muß man also aus den vorkommenden Abständen auf die Winkel und Längen der Gitterzelle rückschließen können. Bei einem kubischen reziproken Gitter von der Kantenlänge $1/a$ kommen beispielsweise die Abstände

$$\mathfrak{h}^2 = 1/a^2,\ 2/a^2,\ 3/a^2, \ldots \quad \text{nicht aber} \quad 7/a^2,\ 15/a^2$$

vor. Verzerrt man das kubische zu einem rhomboedrischen Gitter, so sind die Abstandsverhältnisse nicht mehr ganzzahlig und die früher gleichberechtigten Oktanten geben verschiedene Werte. Der Linienreichtum einer Pulveraufnahme läßt unter Berücksichtigung der Härte der verwendeten Strahlung einen Wahrscheinlichkeitsschluß darauf ziehen, ob das Pulver von hoch- oder niedrigsymmetrischen Kristallen herrührt.

Die Einordnung in eine quadratische Form bedeutet geometrisch, *zu den Abstandswerten ein Gitter zu konstruieren.* Die Hauptschwierigkeiten hierbei sind einmal die Meßgenauigkeit, sodann das Ausfallen von Interferenzen. Offenbar nämlich liegen die größeren Abstandswerte zunehmend dichter, und es wird immer schwerer, eine eindeutige Zuordnung zwischen dem — auf sagen wir

[1] C. RUNGE, Phys. ZS. Bd. 18, S. 509. 1917.

$\pm 2\%$ — bekannten Abstandswert und einem Gitterpunkt von bestimmter Richtung anzugeben. Deshalb bedeutet gerade bei diesem Verfahren jede geringste Steigerung der Genauigkeit der Messung und insbesondere die Messung der niedrigsten Ordnungen einen sehr großen Vorteil für die Sicherheit der Schlüsse. Das Ausfallen von Interferenzen (Gitterpunkten) stört insofern, als es nicht möglich ist, auf die Anwesenheit eines zur Kontrolle benötigten Abstandswertes zu rechnen.

Man sucht nun nach RUNGE zunächst nach Gitter*geraden*, die durch den Nullpunkt des reziproken Gitters gehen; d. h. man sucht aus der Tabelle der $\sin^2\vartheta$-Werte jene heraus, die in den Verhältnissen der einfachen Quadrate $1:4:9:16:25\ldots$ stehen. Möglicherweise sind nur die höheren Glieder dieser Reihen vorhanden; dann sind die ersten Glieder zu ergänzen, da sie ausfallenden Flecken entsprechen. Man nimmt nun die zwei kleinsten $\sin^2\vartheta$-Werte, die vorkommen — sei es unter den gemessenen Werten, sei es unter den ergänzten Reihengliedern. Diese entsprechen den zwei kleinsten im Gitter festgestellten Abständen. Versuchsweise wird angesetzt, daß die zugehörigen Q-Werte (d. h. $4/\lambda^2 \cdot \sin^2\vartheta$) $1 \cdot \mathfrak{b}_1^2$ und $1 \cdot \mathfrak{b}_2^2$ bedeuten. Ist dies richtig, so ist unter den Q-Werten auch

$$Q_+ = (\mathfrak{b}_1 + \mathfrak{b}_2)^2 = Q_1 + Q_2 + 2\mathfrak{b}_1\mathfrak{b}_2$$

und

$$Q_- = (\mathfrak{b}_1 - \mathfrak{b}_2)^2 = Q_1 + Q_2 - 2\mathfrak{b}_1\mathfrak{b}_2$$

zu erwarten, deren Summe gleich $2(Q_1 + Q_2)$ ist. Findet man zwei solche Werte, so gibt $Q_+ - Q_- = 4(\mathfrak{b}_1\mathfrak{b}_2)$ die Neigung der Achsen $\mathfrak{b}_1$ und $\mathfrak{b}_2$ gegeneinander. Man kann dann fortfahren, zunächst weitere lineare Kombinationen $(h_1\mathfrak{b}_1 + h_2\mathfrak{b}_2)^2$ aufzusuchen, also die Abstände in einer Achsenebene des reziproken Gitters. Hat man so eine Reihe gemessener Werte eingeordnet, so baut man das reziproke Gitter in der dritten Dimension aus, indem man wiederum den kleinsten der noch ungeklärten Q-Werte als $\mathfrak{b}_3^2$ anspricht, und ähnlich wie oben die Achsenebenen $(h_3\mathfrak{b}_3 + h_1\mathfrak{b}_1)^2$ bzw. $(h_3\mathfrak{b}_3 + h_2\mathfrak{b}_2)^2$ erforscht, woraus sich dann alle Koeffizienten der Form ergeben.

Bei der Anwendung des RUNGEschen Verfahrens entstehen *Schwierigkeiten* aus zwei Gründen: erstens wegen des Ausfalls von Interferenzen. Es ist gar nicht gesagt, daß die Punkte 100, 010, 001 bei einer bequemen Achsenwahl auftreten. Man könnte unter Umständen schneller zum Ziele kommen, indem man die kleinsten Q-Werte als 200, 020, 002 anspricht. Das würde etwa bedeuten, daß man von vornherein solche Achsen einführt, in denen sich das Gitter als flächenzentriert darstellt. Eine Erweiterung der RUNGEschen Methode in diesem Sinn ist von WEVER[1] ausgeführt worden. Nach dieser Richtung hin läßt sich bei Versagen der Methode offenbar noch mehr unternehmen.

Zweitens kann es Schwierigkeiten bereiten, wenn derselbe kleinste $\mathfrak{b}^2$-Wert tatsächlich öfter vorkommt. Nehmen wir den Fall eines kubischen, quadratischen oder rhomboedrischen Kristalls, so wären die geeignetsten Achsen solche, bei denen zwei oder drei $\mathfrak{b}^2$-Werte gleich groß sind. Auf diese Beschreibung könnte man bei dem RUNGEschen Verfahren nicht kommen, wenn man es nicht ausdrücklich in diesem Sinne ergänzt.

Für das RUNGEsche Verfahren sind die *kleinsten* $\sin^2\vartheta$-Werte die wichtigsten. Um sie mit einiger Sicherheit zu erhalten, empfiehlt es sich, linienarme Aufnahmen mit Cu- oder Fe-Strahlung zu machen, bei denen auch die innersten Interferenzringe schon neben die Schwärzung des Primärflecks bzw. neben die ausgeblendete Stelle des Films fallen. Aufnahmen mit härteren Strahlungen dienen dann zur Bestätigung der Achsen $\mathfrak{b}_i$.

[1] F. WEVER, Mitt. a. d. K. W. I. f. Eisenforsch. Bd. 4, S. 67. 1922.

Um von einem Achsensystem $\mathfrak{b}_i$ bzw. $\mathfrak{a}_i$ auf das der Gittersymmetrie angemessene überzugehen, ist eine „Reduktion" der quadratischen Form vorzunehmen. Sie ist von JOHNSEN[1] bequem dargestellt worden.

δ) Graphische Verfahren zur Bezifferung kubischer, tetragonaler, rhomboedrischer und hexagonaler Pulverdiagramme sind von HULL[2] angegeben worden.

Sie beruhen darauf, daß in den quadratischen Formen dieser Kristallsysteme nur eine multiplikative und eine Systemkonstante vorkommt. Z. B. für hexagonale Kristalle

$$\sin^2\vartheta = \frac{\lambda^2}{4}\mathfrak{h}^2 = \left(\frac{\lambda}{a}\right)^2\left\{h_1^2 + h_2^2 + \sqrt{3}\,h_1 h_2 + \left(\frac{1}{2}\frac{a}{c}\right)^2 h c^2\right\}.$$

Um die multiplikative Konstante (den Maßstab der Zeichnung) unschädlich zu machen, wird $\log\sin\vartheta$ gewählt und für die niedrigsten Kombinationen der Indizes als Funktion der Systemkonstanten als Kurve aufgetragen. Die auf einen Papierstreifen aufgetragenen Werte von $(\log\sin\vartheta)_{\text{gemessen}}$ können leicht bei einem gewissen Wert der Systemkonstanten in diese Tafel eingepaßt werden, wenn die Aufnahme mit hexagonalen Achsen überhaupt zu indizieren ist. Daraus bestimmt sich c/a.

Dies sehr handliche und viel benutzte Verfahren ist von WILHELM[3] auf rhombische Kristalle (2 Systemkonstanten) erweitert worden, indem für den Bereich $a:b:c = a:1:c$ mit a von 0,9 bis 1,7 als Ordinate 8 Tafeln entworfen worden sind für c-Werte, die zwischen 0,4 und 1,7 um je 0,1 auseinanderliegen.

Neben den HULLschen Kurven existieren auch Nomogramme[4] und andere graphische Verfahren[5] zur Bezifferung von Pulveraufnahmen. Weitere Hilfsmittel sind Tabellen der möglichen Werte der quadratischen Form im kubischen System, die in verschiedener Form aufgestellt worden sind[6].

ε) Korrektionsformeln und Genauigkeit der Auswertung. Über die *genauesten Methoden der Auswertung von Pulveraufnahmen* bzw. über *Korrektionsformeln*, die den Einfluß der Exzentrizität des Präparats, seiner Dicke und Absorption, der Filmdeformation u. ä. in einem Ausgleichsverfahren zu beseitigen trachten, gibt es zahlreiche Arbeiten. Es genüge, einiges hierüber aufzuführen.

G. KETTMANN (ZS. f. Phys. Bd. 53, S. 198. 1929) stellt fest, daß alle Fehlerquellen für $\vartheta = 90°$ (Rückstrahlung) belanglos werden. Es wird somit eine Gittergröße (etwa a im kubischen System, sonst z. B. c/a aus passenden Linienpaaren und darauf erst c oder a selbst) aus den gemessenen groben Glanzwinkeln berechnet und der (nicht konstante) Wert in Abhängigkeit vom Glanzwinkel aufgetragen und auf $\vartheta = 90°$ extrapoliert. Erreichte Genauigkeit selbst an gewöhnlichen Aufnahmen hierbei etwa 1‰.

Auch Pulveraufnahmen unbekannter Herkunft lassen sich zunächst grob, sodann durch dies Verfahren relativ sicher verwerten, wenn man durch Aufsuchen der Ablenkung 90° (ungekrümmte Debye-Scherrerlinie) eine erste Orientierung im Diagramm gewonnen hat.

A. E. VAN ARKEL (ZS. f. Krist. Bd. 67, S. 235. 1928) bringt erstens eine technische Verbesserung an, durch die die Genauigkeit der Verwertung der letzten Interferenzen erhöht wird: der Film wird so eingelegt, daß diese in die Filmmitte fallen, nicht auf die zusammengebogenen Enden. Zweitens aber berücksichtigt er die (der Filmlänge proportionale) Quellung oder Schrumpfung des Films, die eine scheinbare Abänderung der Gitterkonstante hervorruft von der Größe

$$\Delta d = \text{konst.}\; l \operatorname{tg} \frac{l}{4r}$$

---

[1] A. JOHNSEN, Fortschr. d. Miner., Krist. u. Petrogr. Bd. 5, S. 17. 1916.

[2] A. W. HULL u. W. P. DAVEY, Phys. Rev. Bd. 17, S. 266 u. 549. 1921.

[3] J. O. WILHELM, Trans. Roy. Soc. Canada Bd. 21, S. 41. 1927.

[4] E. SCHNEIDER, ZS. f. Krist. Bd. 78, S. 503. 1931; J. B. FRIAUF, Journ. Opt. Soc. Amer. Bd. 18, S. 479. 1929.

[5] P. BJURSHÖM, ZS. f. Phys. Bd. 69, S. 346. 1931; F. EBERT, ZS. f. Krist. Bd. 78, S. 489. 1931.

[6] L. W. MCKEEHAN, Sill. Journ. Bd. 17, S. 548. 1929; Internat. Tab. zur Strukturbest. siehe Ziff. 11 *ε*.

(l Abstand analoger Linien rechts und links, r Kameraradius). Diese Korrektion ist am kleinsten für die höchsten Interferenzen. Es werden deshalb nur die letzten Linien zur Festlegung des Wertes von d benutzt. In günstigen Fällen (scharfe Linien, Messung mit Komparator) ist die Genauigkeit $^1/_{10}\,^0/_{00}$ erreichbar.

N. F. KOLKMEIJER und A. L. Th. MOESVELD (ZS. f. Krist. Bd. 80, S. 63. 1931): Versuch, systematische Fehler durch Korrekturformeln, unsystematische nach der Methode der kleinsten Quadrate zu beseitigen. Der Rechenaufwand erscheint reichlich groß.

F. LIHL (ZS. f. Krist. Bd. 83, S. 193. 1932) untersucht den Einfluß der Divergenz, der Eindringtiefe und der Präparatdicke. Die Außen- und die Innenkanten der Linien erfordern gesonderte Korrekturformeln, da z. B. die Lage der Außenkanten, nicht aber die der Innenkanten, von der Absorption im Präparat unabhängig sind. Die Formeln von KOLKMEIJER-MOESVELD und von HADDING erscheinen als Sonderfälle.

O. LOHRMANN, Mitt. a. d. K. W. I. f. Eisenforsch. Bd. 14, Lief. 10. 1932. Kritische Besprechung der Korrektionsverfahren. Eichung durch Bestaubung des Präparats mit Kupferbronze.

Einfluß der Absorption: Siehe z. B. A. CLASSEN, Phil. Mag. Bd. 9, S. 57. 1930; H. MÖLLER u. A. REIS, ZS. f. phys. Chem. Bd. 139 (Haberheft), S. 425. 1928; G. GREENWOOD, Phil. Mag. Bd. 3, S. 963. 1927 (Graphische Auswertung des Absorptionsintegrals für runde Stäbchen).

36. Die Bezifferung beim Drehkristallverfahren. α) Prinzip der Bezifferung. Je nachdem, ob zur Aufnahme Platten (senkrecht zum Primärstrahl) oder Films (zylindrisch um die Drehachse als Mittellinie) verwandt werden, gestaltet sich die Berechnung der Indizes in den Einzelheiten verschieden. Wir legen hier eine Aufnahme mit *Film* zugrunde. Wie Abb. 130, Ziff. 25 β, zeigt, sind die Schichtlinien auf dem aufgerollten Film Gerade, die de mFilmäquator oder Hauptspektrum parallel laufen. Man hat zuerst aus den überhaupt vorkommenden Abständen der Flecke senkrecht zum Äquator den größten gemeinsamen Teiler herauszusuchen und kann daraufhin die Numerierung der Schichtlinien vornehmen. Voraussetzung ist, daß die Drehachse mit einer dicht besetzten Geraden des Gitters hinreichend genau zusammenfällt, so daß sich Schichtlinien überhaupt klar abheben. Nicht alle Schichtlinien brauchen vorzukommen. Sodann kann man etwa den gemäß Abb. 175 definierten Winkel τ auf dem Film ausmessen und den gesamten Ablenkungswinkel χ vermittels der Beziehung

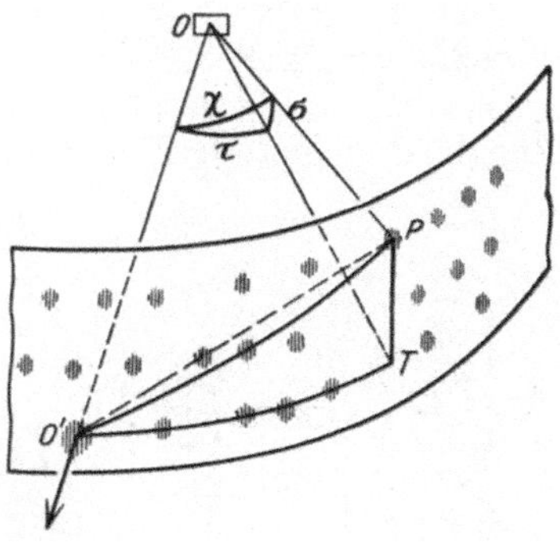

Abb. 175. Berechnung des Abbeugungswinkels mit Hilfe des Schichtwinkels.

$$\cos\chi = \cos\sigma\cos\tau$$

entnehmen. $\cos\chi$ läßt sich durch eine quadratische Form darstellen, da nach Gleichung (6) Ziff. 14 δ $\cos\chi = 1 - \mathfrak{h}^2\lambda^2/2$ ist. Da h_3 als Schichtindex bekannt ist, reduziert sich hierdurch die Bezifferung auf die Einordnung der Werte $2\cdot(1-\cos\chi)/\lambda^2$ in eine quadratische Form von zwei Variablen. Vgl. unten (γ).

β) Beispiel: Karborund. Lehrreich sind die zwei Aufnahmen von OTT[1] an Karborund (CSi) mit Drehung um die Normale zur Blättchenebene. Karborund kommt in vier sehr wenig voneinander unterschiedenen Modifikationen vor, die erst durch die kristallographisch-goniometrischen Untersuchungen BAUMHAUERS erkannt worden sind. Abb. 176 bezieht sich auf den trigonalen CSi I, Abb. 177 auf den hexagonalen CSi II. Beide Modifikationen haben abnorm große Identitätsabstände längs der Hauptachse: CSi II 15,17 Å, CSi I gar das 5/2fache: 37,95 Å. Daher sind die Schichtlinien in Abb. 176 noch enger zu-

[1] H. OTT, ZS. f. Krist. Bd. 62, S. 201. 1925; Bd. 61, S. 515. 1925.

sammengerückt als in Abb. 177 (vgl. hierzu Abb. 130, Ziff. 25 β). Der Kristall mußte bis auf $^1/_5$ mm Durchmesser abgebrochen werden, damit die anfangs

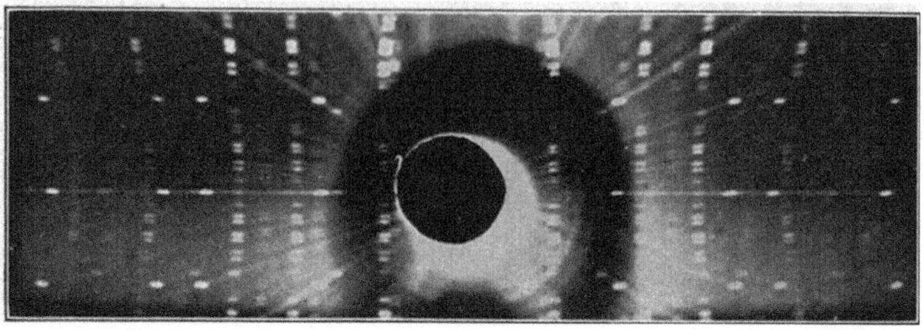

Abb. 176. Schichtliniendiagramm von Karborund I nach OTT.

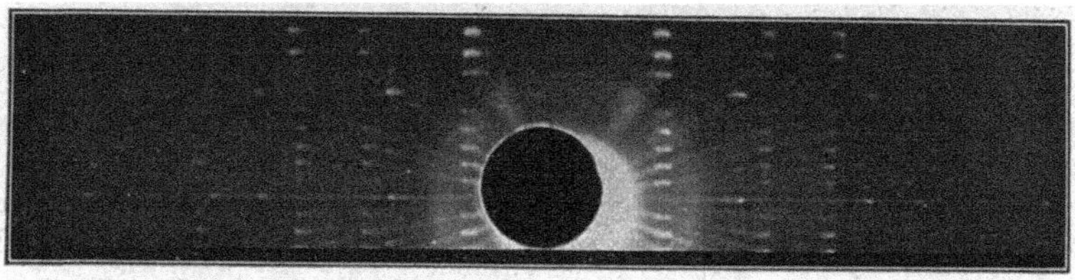

Abb. 177. Schichtliniendiagramm von Karborund II nach OTT.

verschwommenen Linien die wahre Aufspaltung zeigten! Die Einstellung der Drehachse muß dabei auf drei Bogenminuten genau sein, weil sonst die Schichtlinien durcheinanderfließen. Das sind Verhältnisse, die zeigen, wie nur peinlich genaues Arbeiten Erfolg verbürgt.

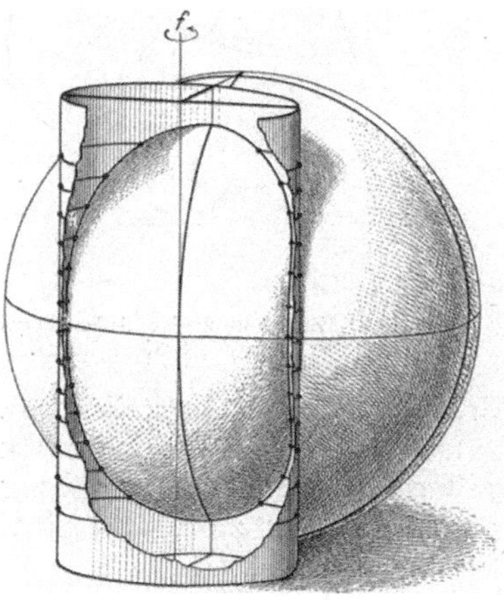

Abb. 178. Entstehung der vertikalen Kolonnen im Drehdiagramm.
Der Anfangspunkt des reziproken Gitters liegt auf der Drehachse f im Berührungspunkt der Kugel.

γ) Die Anordnung der Flecken. Bei allen Schichtlinienaufnahmen ist die *Anordnung der Flecken auf vertikalen Geraden* auffallend (richtiger gesagt, gestreckten Kurven vierten Grades, etwa wie sie bei Durchsetzung einer Kugel und eines Zylinders entstehen). In den vorgeführten Beispielen ist sie extrem ausgeprägt. Man versteht sie, wenn man im reziproken Gitter die Richtung der Strahlen konstruiert, die von solchen (dichtbesetzten) Geraden erzeugt werden, die zur Drehachse f parallel sind. In Abb. 178 ist die Ausbreitungskugel und eine solche Gittergerade gezeichnet, die bei der Rotation des Kristalls (und damit auch des reziproken Gitters unter Festhaltung der Ausbreitungskugel) einen Zylinder beschreibt, der diese durchsetzt. Auf der Ausbreitungskugel entsteht als geometrischer Ort für die Endpunkte der vom Mittelpunkt A ausgehenden Ausbreitungsvektoren die Durchsetzungskurve von Kugel und Zylinder. Denkt man sich die Pfeile von A zu diesen Punkten bis zum Schnitt mit dem um den Äquator der Ausbreitungskugel gelegten Filmzylinder verlängert, so erhält man auf diesem Fleckenreihen, die noch merklich geradlinig und normal zum Hauptspektrum sind. In diesen Fleckenreihen variiert nur der Schichtindex h_3, die beiden ersten Indizes sind die gleichen wie im Hauptspektrum, für welches $h_3 = 0$ ist.

Die Bezifferung läßt sich also auch darauf zurückführen, die beiden ersten Indizes im Hauptspektrum zu ermitteln, evtl. unter Ergänzung dieses Spektrums durch die Durchstoßpunkte von Fleckenkolonnen, die im Hauptspektrum ausgefallen sein können. Im reziproken Gitter bedeutet dies, das ebene Netz der Punkte $h_1 \mathfrak{b}_1 + h_2 \mathfrak{b}_2$ zu konstruieren, von dem die Durchstoßpunkte mit dem Äquator der Ausbreitungskugel bei der Drehung um $\mathfrak{f}$ bekannt sind. Aus den Durchstoßpunkten läßt sich auch die Größe der Fahrstrahlen bzw. ihr Quadrat

$$\mathfrak{h}^2 = \frac{\lambda^2}{4} \sin^2\vartheta = h_1^2 \mathfrak{b}_1^2 + h_2^2 \mathfrak{b}_2^2 + 2 h_1 h_2 (\mathfrak{b}_1 \mathfrak{b}_2)$$

angeben. Wir haben in dieser Bezifferung genau die gleiche Aufgabe vor uns wie bei Pulveraufnahmen, nur mit dem sehr erleichternden Unterschied, daß es sich hier um eine quadratische Form von 2 Variablen (statt 3) mit 3 Koeffizienten (statt 6) handelt. Das Prinzip der Einordnung ist das gleiche wie dort[1].

δ) Graphische Hilfsmittel. Auch für Drehdiagramme fehlen nicht *graphische Hilfsmittel* zur Bezifferung. Am weitesten gehen die Netze von BERNAL[2] und von RÖSCH[3], die viel angewandt werden. BERNAL gibt folgende drei Netze[4]:

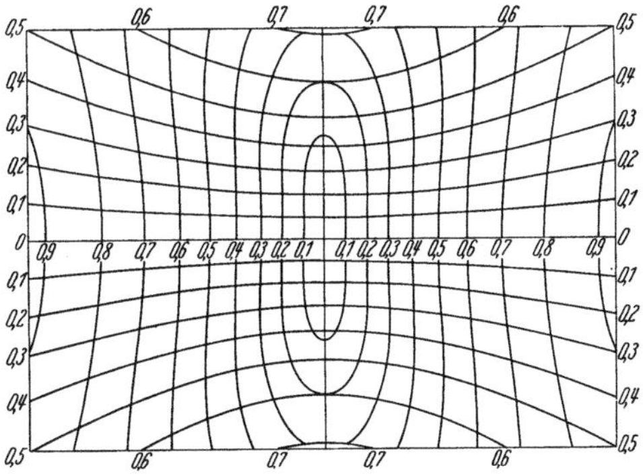

Abb. 179. BERNALS Netz 1 für Platte. Hyperbeln: $\mathfrak{h}_{\parallel \mathfrak{f}}$ = konst. (Schichtlinien); Ovale: $\mathfrak{h}_{\perp \mathfrak{f}}$ = konst.

1. (Abb. 179) Für *Platte* senkrecht zum Primärstrahl die Spur a) der Schichtlinien (Schnitt der Interferenzkegel um die Drehachse mit der Platte, Hyperbeln), b) der Linien $|\mathfrak{h}_{\perp \mathfrak{f}}|$ = konst., d. h. geometrischer Ort aller Interferenzen mit gleichem Betrag der Querkomponente (bezüglich der Drehachse $\mathfrak{f}$) des Fahrstrahls im reziproken Gitter. (Die Längskomponente von $\mathfrak{h}_{\parallel \mathfrak{f}}$ ist durch die Ordnung der Schichtlinie gegeben.) Die Kurven b erhält man, indem man die in Abb. 178 gezeichnete Kurve vom Mittelpunkt der Ausbreitungskugel aus auf eine vor der Zeichenebene dieser Abbildung befindliche Platte projiziert.

2. (Abb. 180) Das gleiche Kurvensystem, jedoch nicht auf eine Platte, sondern auf einen zylindrischen Film projiziert. (Der Film ist in Abb. 178 um die Drehachse gelegt zu denken und tangiert die Kugel im Äquator.)

3. (Abb. 181) Kurven konstanten Glanzwinkels ϑ = konst. und konstanten Winkels zwischen Spiegelebene und Drehachse, also $(\mathfrak{h}, \mathfrak{f})$ = konst. $\cdot |\mathfrak{h}|$. Die ersteren geben auf dem zylindrischen Film die Durchsetzungen, die von Debye-Scherrer-Aufnahmen geläufig sind. Den Verlauf der zweiten Kurvenschar übersehen wir aus Abb. 182. Der um die Drehachse $\mathfrak{f}$ gezeichnete Kegel (es sind ein

---

[1] Vgl. etwa G. GREENWOOD, Miner. Mag. Bd. 21, S. 258. 1927; H. MARK, Die Verw. d. Röntgenstrahlen in Chem. u. Technik, S. 331 ff. Leipzig 1926; am ausführlichsten: E. SCHIEBOLD, Fortschr. d. Miner., Krist. u. Petrogr. Bd. 11, S. 697—864. 1927.

[2] J. D. BERNAL, Proc. Roy. Soc. London (A) Bd. 113, S. 117. 1926; Anwendung: W. H. GEORGE, Phil. Mag. Bd. 7, S. 373. 1929; Bd. 8, S. 442. 1929.

[3] S. W. RÖSCH, Leipziger Abhandlgn. Bd. 39. 1926; s. auch E. SCHIEBOLD, l. c.

[4] Die Netze Abb. 179 bis 181, 183, 184 sind gegenüber den Originalarbeiten in der Größe und der Feinheit der Teilung stark reduziert.

enger und ein weiter gezeichnet) ist im reziproken Gitter der geometrische Ort für alle Netzebenennormalen, die einen festen Winkel zur Drehachse haben. Die Durchsetzung mit der Kugel gibt für schmale Kegel lanzettförmige Kurven,

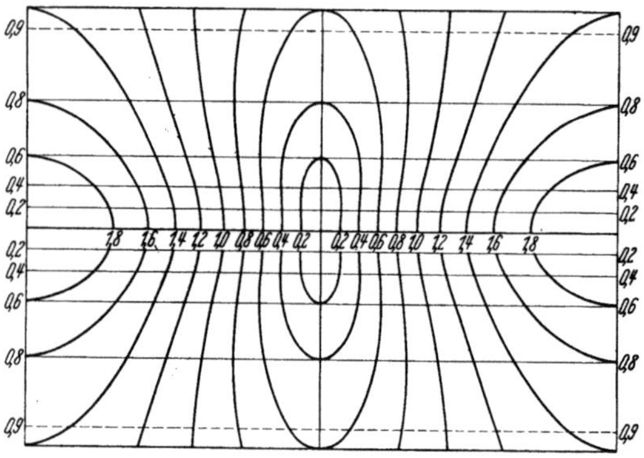

Abb. 180. BERNALS Netz 2 für Film. Gleiche Angaben wie in Netz 1 für zylindrischen Film.

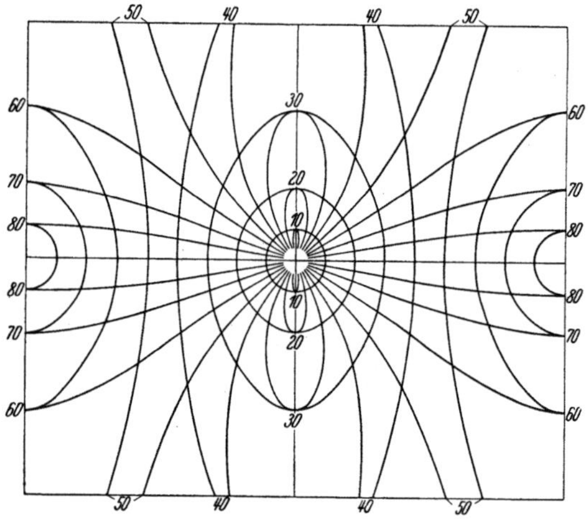

Abb. 181. BERNALS Netz 3 für Film. Ovale Kurven $|\mathfrak{h}|$ = konst. (ϑ = konst.); zweite Kurvenschar „Kegelkurven" $\sphericalangle(\mathfrak{h}, \mathfrak{f})$ = konst.

die sich ohne große Verzerrung auf den Film projizieren; bei weiten Kegeln erhält man Wellenlinien über dem Filmäquator („Kegelkurven").

RÖSCHS Netze betreffen etwas abweichende Größen. Unter Zugrundelegung eines zylindrischen Films gibt er an:

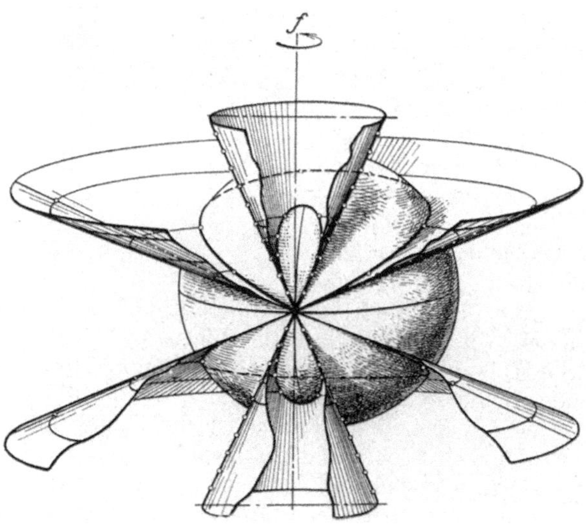

Abb. 182. Schnitte der Ausbreitungskugel mit zwei Gittergeraden $\mathfrak{h} = p\,\mathfrak{h}^*$ bei der Rotation des reziproken Gitters um f. Der enge Kegel liefert die lanzettförmigen Kurven in Abb. 181, der weite die sinusartigen.

1. (Abb. 183) Kurven ϑ = konst. und Kurven konstanter Neigung der Einfalls- bzw. Reflexionsebene gegen die Ebene, die die Einfallsrichtung $\mathfrak{s}_0$ und die Drehachse $\mathfrak{f}$ enthält (Nullmeridianebene). Man hat, um diese Kurven zu erhalten, in den Abb. 178 und 182 die Äquatorebene um die Einfallsrichtung gedreht zu denken und diese gegen die Drehachse geneigten Großkreise vom Kugelmittelpunkt aus auf den Filmzylinder zu projizieren.

2. (Abb. 184) Die gleichen „Kegelkurven" wie bei BERNAL (3) [d. h. Kurven $\sphericalangle(\mathfrak{h},\mathfrak{f})$ = konst.], sowie Kurven konstanten Winkels zwischen der Nullmeridianebene $(\mathfrak{f}, \mathfrak{z}_0)$ und der Meridianebene durch die Spiegelebenennormale [also Ebene $(\mathfrak{f}, \mathfrak{h})$]. Diese Kurven entstehen, wenn man die Ebene durch $\mathfrak{f}$, die zunächst die Ausbreitungskugel tangiert, um $\mathfrak{f}$ dreht, wobei Kugelkalotten abgeschnitten werden. Die Projektion dieser (nicht größten) Schnittkreise geben die RÖSCHschen Kurven.

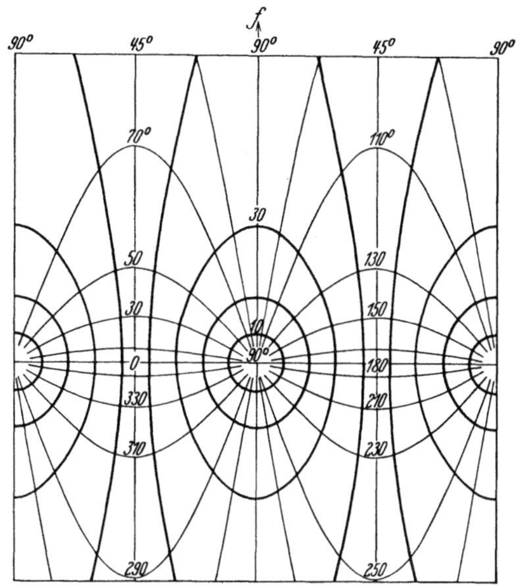

Abb. 183. RÖSCHS Netz 1 für Film. Ovale: ϑ = konst. wie bei BERNALS Netz 3. Sinuslinien = konstantes Azimut der Reflexionsebene um den einfallenden Strahl.

Zum Gebrauch werden diese Netze evtl. unter Veränderung des Maßstabes (um dem wahren Wert des Radius des Filmzylinders Rechnung zu tragen) auf einen Film kopiert und über die Interferenzaufnahme gelegt. Oder der Film der Aufnahme wird vor dieser mit dem Netz (im passenden Maßstab) durch Aufkopieren versehen[1].

Besonders nützlich ist das Netz 2 von RÖSCH für Schwenkaufnahmen, d. h. Drehaufnahmen mit beschränktem Drehbereich, wie sie vor allem bei hemiedrischen Kristallklassen (u. a. bei rhomboedrischen Kristallen) erforderlich sind, damit nicht Reflexe von strukturell ungleichwertigen Flächen (verschiedene Strukturfaktoren) zur systematischen Deckung kommen — was die Verwertung der Intensitäten beschränkt.

Neben den Netzen, die wohl das bequemste Arbeiten gestatten, werden graphische Verfahren[2], Nomogramme[3] und konstruktive Methoden[4] angewandt.

Um den zuerst von OTT[5] für Drehaufnahmen angegebenen Faktor der spez. Belichtungszeit bequem anwenden zu können, der umgekehrt proportional zu Änderderungsgeschwindigkeit $\dot{\vartheta}$ von ϑ

$$\dot{\vartheta} = \omega\sqrt{1 - \frac{\cos^2\gamma}{\cos^2\vartheta}}$$

$$= \omega\sqrt{1 - \left(\frac{\sin\sigma}{\sin 2\vartheta}\right)^2}$$

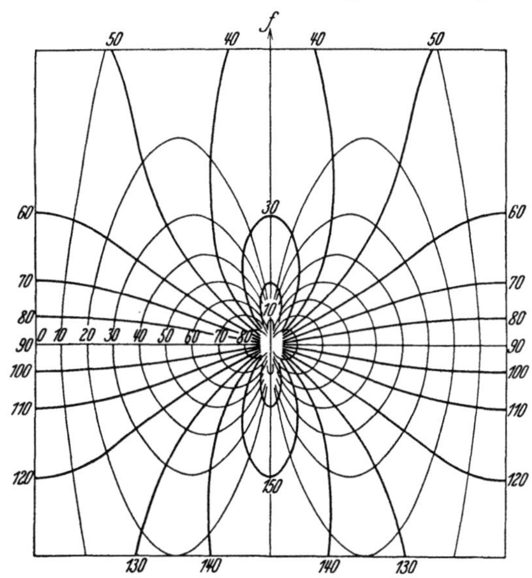

Abb. 184. RÖSCHS Netz 2 für Film. Kegelkurven wie in BERNALS Netz 3 und Kurven konstanten Azimuts von $\mathfrak{h}$ um $\mathfrak{f}$.

[1] W. H. GEORGE, Phil. Mag. Bd. 7, S. 373. 1929.
[2] W. BÜSSEM u. K. HERRMANN, ZS. f. techn. Phys. Bd. 9, S. 148. 1928.
[3] J. B. FRIAUF, Journ. Opt. Soc. Amer. Bd. 18, S. 479. 1929.
[4] L. J. B. LA COSTE, Rev. Sci. Instrum. Bd. 3, S. 356. 1932.
[5] H. OTT, ZS. f. Phys. Bd. 22, S. 201. 1924.

ist (Ziff. 18 β 2), haben COX und SHAW[1] ein Netz für den Faktor $1/\dot{\vartheta}$ entworfen. Da es für diesen Faktor nur auf den $\sphericalangle$ (𝔥 𝔣) ankommt, unterscheidet sich das Netz nur in der Bezifferung von den Kegelkurven auf BERNALS Netz 3 oder auf RÖSCHS Netz 2. Durch einen zweiten, numerisch angegebenen Faktor korrigieren COX und SHAW die direkt gemessenen Intensitäten wegen der verschieden schrägen Durchsetzung der photographischen Schicht (nur vom Schichtwinkel σ abhängig). Größerem σ entspricht bei gleicher Intensität der Strahlen die größere Schwärzung.

37. Die Bezifferung von Röntgengoniometeraufnahmen. α) Prinzipielles und Ausführung. Die bisher beschriebenen Röntgenmethoden liefern stets eine Abbildung des dreidimensionalen reziproken Gitters in eindimensionale (Pulveraufnahmen) oder zweidimensionale Mannigfaltigkeiten (Drehkristall- und Laueaufnahmen). Man kann daher diese Diagramme nicht auf rein geometrischem Wege in das reziproke Gitter zurückprojizieren, sondern muß zahlentheoretische (Analyse von quadratischen Formen) oder physikalische Mittel (Kenntnis der spektralen Intensitätsverteilung) zu Hilfe nehmen, um die Indizierung zu ermöglichen. Selbst so erhält man bei niedrigsymmetrischen Gittern oft keine eindeutige Interpretation der Diagramme.

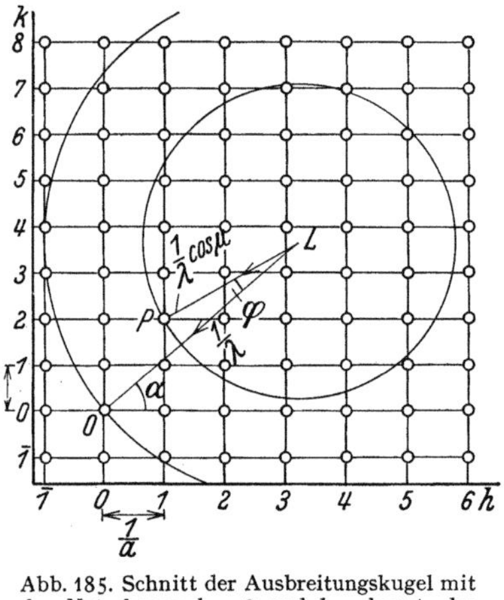

Abb. 185. Schnitt der Ausbreitungskugel mit den Netzebenen $h_3 = 0$ und $h_3 =$ konst. des reziproken Gitters (μ=Schichtlinienwinkel σ).

Die Idee der *Röntgengoniometer* [Ziff. 25 γ] besteht darin, aus dem ganzen dreidimensionalen reziproken Gitter eine zweidimensionale Schar von Gitterpunkten herauszugreifen und diese durch die Röntgenreflexe in geeigneter Weise auf Film oder Platte abzubilden, derart, daß der Ort des Reflexes einen eindeutigen Schluß auf den Ort des Gitterpunktes im reziproken Gitter erlaubt. Bisher sind zwei wesentlich verschiedene Typen von solchen Goniometern angegeben worden, von WEISSENBERG[2] und SAUTER[3]. In beiden Fällen wird aus dem reziproken Gitter eine Netzebene herausgegriffen, die den Punkt (000) enthalten kann (also alle Reflexe einer Zone enthält), aber nicht muß. Man erhält die gewünschte Auswahl von Reflexen, indem man durch Drehung des Kristalls wie im Drehdiagramm eine Verteilung der Reflexe auf Schichtlinien erzeugt und durch einen Metallschirm alle Schichtlinien außer einer vom Film fernhält. (Bei SAUTER wird nur die rechte Hälfte einer Schichtlinie benutzt.) Um die Reflexe dieser Schichtlinie auf einen zweidimensionalen Bereich des Diagramms zu verteilen, wird der Film während der Aufnahme bewegt. Nur durch die Art dieser Bewegung und ihre Kopplung mit der Drehung des Kristalls unterscheiden sich die verschiedenen Goniometerentwürfe voneinander.

Bei dem Goniometer nach WEISSENBERG wird durch eine Schlitzblende in einem zur Drehachse des Kristalls konzentrischen Zylinder eine Schichtlinie ausgesondert und allein benutzt. Der Film liegt zylindrisch um die Drehachse des Kristalls und wird während der Drehung parallel zu ihr gleichförmig verschoben,

[1] E. G. COX u. W. F. B. SHAW, Proc. Roy. Soc. London (A) Bd. 127, S. 71. 1930.

[2] K. WEISSENBERG, ZS. f. Phys. Bd. 23, S. 229. 1924. Spezielle technische Ausführungen bei J. BÖHM, ZS. f. Phys. Bd. 39, S. 557. 1926; H. BRAEKKEN, ZS. f. Krist. Bd. 81, S. 309. 1932.

[3] E. SAUTER, ZS. f. Krist. Bd. 84, S. 461; Bd. 85, S. 156. 1933; vgl. auch E. SCHIEBOLD, Erg. d. techn. Röntgenkunde Bd. 2, S. 86. 1932.

derart, daß jedem Azimut des Kristalls ein Breitenkreis des Films entspricht, der gerade belichtet werden kann. Rollt man den entwickelten Film auf, so hat man in der Abszisse jedes Reflexes (parallel den Mantellinien des Zylinders) ein Maß für die Stellung des Kristalls, in der der Reflex erzeugt wurde, in der Ordinate (senkrecht zu den Mantellinien) ein Maß für den Ablenkungswinkel.

Bei dem Goniometer nach SAUTER hat man einen ebenen Film, der am einfachsten senkrecht zum Primärstrahl orientiert wird und der sich während der Drehung des Kristalls mit der gleichen Winkelgeschwindigkeit wie dieser in seiner Ebene dreht. Hier entspricht daher jeder Stellung des Kristalls ein schmaler belichteter Sektor des Films. Aus der Zentraldistanz eines Reflexes gewinnt man den Ablenkungswinkel, aus dem Azimut die Stellung des Kristalls.

β) Die Bezifferung. Die *Indizierung* der Goniometeraufnahmen ist sehr einfach. Einen Index bzw. eine Linearkombination der Indizes kennt man für alle Reflexe aus der Ordnung der herausgegriffenen Schichtlinie; die beiden weiteren Indizes erhält man dadurch, daß alle Reflexe auf zwei Kurvenscharen (etwa h_1 = konst. und h_2 = konst.) angeordnet sind. Der Unterschied bei den verschiedenen Anordnungen besteht nur in der geometrischen Form dieser Kurvenscharen.

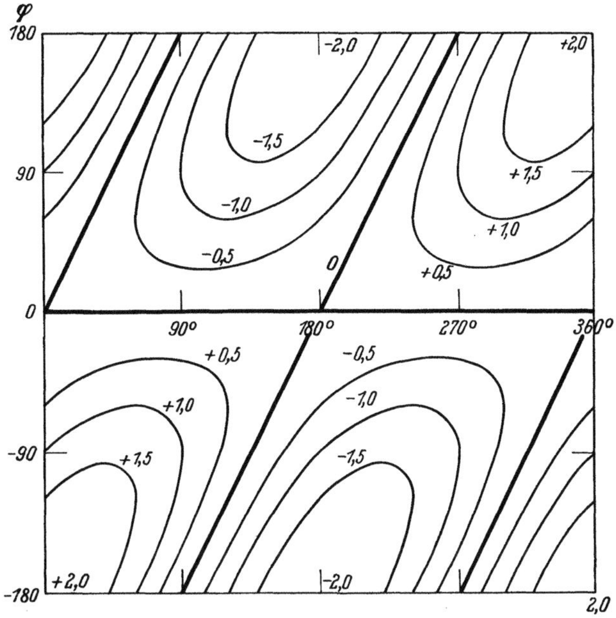

Abb. 186. Weissenbergdiagramm der Äquatorschichtlinie $h_3 = 0$ eines rhombischen Kristalls. Kurven h_1 = konst. mit Zahlenwerten $h_1 \lambda/a$. Die Kurven h_2 = konst. sind gegen die gezeichneten um $\alpha = 90°$ verschoben.

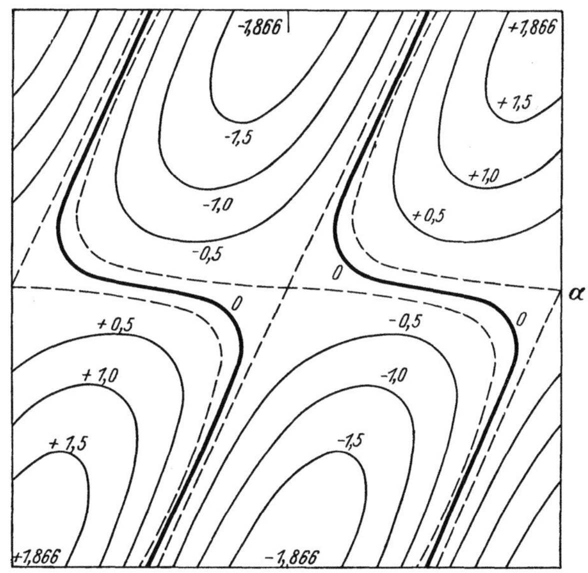

Abb. 187. Wie für Fig. 186, jedoch Kurven h_1 = konst. für die Schichtlinie $h_3 = 0.5 \cdot \lambda/c$ (d. h. $\sigma = 30°$). Die gestrichelten Kurven gehören zu $h_1 \lambda/a = \pm (1 - \cos\sigma) = \pm\, 0{,}134$ und bilden die Grenze zwischen S- und U-förmigen Kurven.

Man leitet den analytischen Ausdruck für diese Kurven leicht ab, wenn man im reziproken Gitter die Indizes $h_1 h_2 h_3$ umrechnet auf die Winkel σ, ϑ, α (σ = geographische Breite der Schichtlinie vom Äquator aus gezählt; ϑ = BRAGGscher Glanzwinkel; α = Kristallazimut). Für den Spezialfall eines einfach rhombischen Translationsgitters sieht die Rechnung so aus: Die Drehachse sei parallel der h_3-Achse. In Abb. 185 ist eine Ebene h_3 = konst. des reziproken Gitters gezeichnet sowie die Schnittkreise der Ausbreitungskugel mit dieser Ebene (Radius $1/\lambda \cdot \cos\sigma$) und mit der Ebene $h_3 = 0$ (Radius $1/\lambda$). Der Ausbreitungsvektor des Primärstrahls, $\overrightarrow{LO}$, liegt ganz in der

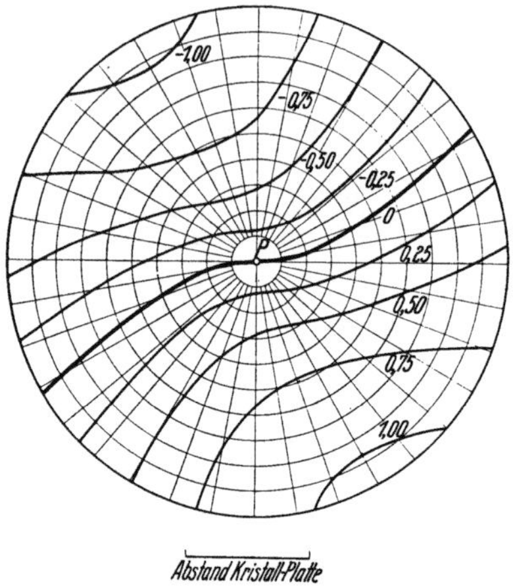

Abb. 188. Kurven h_1 = konst. für ein SAUTERsches Diagramm der Äquatorschichtlinie $h_3 = 0$ eines rhombischen Kristalls. P Durchstich des Primärstrahls. Ziffern: $h_1\,\lambda/a$. Die Kurven h_2 = konst. entstehen aus den gezeichneten durch Drehung der Kurvenschar um P um 90°.

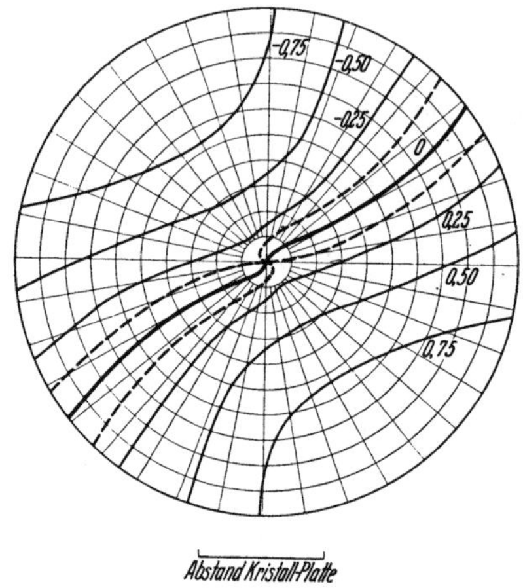

Abb. 189. Wie für Abb. 188, jedoch für Schichtlinie $h_3 = 0{,}5\,\lambda/c$ (d. h. $\sigma = 30°$). Die gestrichelten Kurven entsprechen denen in Abb. 187.

Ebene $h_3 = 0$ und bildet mit der h_2-Achse den Winkel α. Der reflektierte Strahl, $\overrightarrow{LP}$, projiziert sich in der Zeichnung auf die Länge $1/\lambda \cdot \cos\sigma$. Sein Winkel 2ϑ gegen den Primärstrahl projiziert sich als φ, wo $\cos\varphi = \cos 2\vartheta/\cos\sigma$. Man erhält leicht für die Indizes $(h_1 h_2 h_3)$ des Punktes P die Beziehungen:

$$\frac{h_1}{a} = \frac{1}{\lambda}(\cos\alpha - \cos\sigma\cos(\alpha - \varphi)),$$

$$\frac{h_2}{b} = \frac{1}{\lambda}(\sin\alpha - \cos\sigma\sin(\alpha - \varphi)),$$

$$\frac{h_3}{c} = \frac{1}{\lambda}\sin\sigma.$$

Nun ist in allen Goniometeraufnahmen σ und damit h_3 konstant. Bei der WEISSENBERGschen Anordnung ist α der Abszisse und φ der Ordinate direkt proportional. Die Kurven h_1 = konst. und h_2 = konst. lassen sich daher auf rechtwinkligem Koordinatenpapier leicht zeichnen (Abb. 186/187).

In der Anordnung von SAUTER erhält man ein Diagramm, in dem, bezogen auf Polarkoordinaten, der Radiusvektor r proportional $\operatorname{tg}\varphi$, das Azimut gleich α wird. Man kann diese Kurven daher ebenfalls leicht konstruieren (vgl. Abb. 188 und 189).

Aus der Gestalt der Kurven h = konst. sind die Vorzüge und Nachteile beider Goniometeranordnungen gut zu erkennen: Im Weißenbergdiagramm erhält man sämtliche Reflexe der untersuchten Schichtlinie ($\varphi = -180° \ldots +180°$). Die Kurven h_1 = konst. und h_2 = konst. sind aber stark gekrümmt und schneiden sich in gewissen Gegenden des Films unter sehr spitzen Winkeln.

Außerdem liegen die Reflexe auf ihnen, namentlich für kleine φ-Werte, oft recht weit auseinander, so daß man im praktischen Diagramm diese Kurven gelegentlich nicht vollkommen eindeutig ziehen kann. Dagegen ist das Sauterdiagramm auf kleine φ-Winkel beschränkt. Bei der beschriebenen Anordnung würden Punkte mit $\varphi = 90°$ in das unendlich Ferne fallen. Die Kurven $h_1 =$ konst. und $h_2 =$ konst. sind aber immer als zwei schwach deformierte Geradenscharen projiziert, die sich nahezu rechtwinklig schneiden, namentlich in der nächsten Umgebung des Nullpunktes. Die Indizierung ist hier daher noch etwas einfacher als im Weißenbergdiagramm. Diese Diagramme stellen die Ebenen des reziproken Gitters in sehr geringer Verzerrung dar. Zur Vergrößerung des Meßbereichs hat SAUTER (l. c.) noch abgeänderte Verfahren mit verschiedener Neigung des Films gegen den Primärstrahl angegeben. Die Formeln werden dabei etwas komplizierter, die Auswertung der Diagramme ist aber nicht wesentlich verschieden von der der übrigen Goniometerdiagramme.

38. Die Verwertung der Intensitäten zur Strukturbestimmung. α) Algebraische und funktionale Strukturbestimmung. Gemäß dem in Ziff. 31 Gesagten dienen die Intensitäten zur Erforschung der Basis, nachdem die Bezifferung eine zunächst mögliche Zelle festgelegt hat. Die endgültige Bestätigung erfährt die Zelle selbst durch die erfolgreiche Ermittlung der Basis.

Erst in den letzten Jahren ist man durch die Arbeiten der Manchesterschule dem Ideal, quantitative Intensitätsdaten zu ermitteln und benutzen zu können, nahe gekommen. In früheren — und der Mehrzahl der derzeitigen — Strukturbestimmungen hat man sich auf bloße Intensitätsschätzungen beschränken müssen, wie sie auch bei den photographischen Verfahren leicht vorzunehmen sind. In dieser Ziffer sollen deshalb die beiden Entwicklungsstufen getrennt besprochen werden. Dabei wird im Anschluß an W. L. BRAGG besonders zu betonen sein der Nutzen, den unter den quantitativen Intensitätsmessungen *absolute* — nicht nur relative — mit sich bringen.

Die quantitative Intensitätsverwertung hängt aufs engste mit der Kenntnis der Atomfaktoren zusammen. Beide Gebiete haben sich aneinander entwickelt. Der Verwertung der Atomfaktoren in der Strukturbestimmung entspricht die Annahme räumlich ausgedehnter Atome (im Gegensatz zum Dipolbild des Atoms) und die Strukturbestimmung sieht sich nunmehr vor zwei Möglichkeiten gestellt: entweder die Struktur des einzelnen Atoms (d. h. die Verteilung der elektrischen Ladungsdichte in ihm) wird mit zum Gegenstand der Strukturbestimmung des Kristalls gemacht, oder sie wird (etwa aus der Atomtheorie oder aus der Untersuchung der Streuwirkung des Dampfes) als gegeben angesehen. Im zweiten Fall geht vom Atom nur der Ort, d. h. seine Schwerpunktskoordinaten[1], in die Strukturangaben ein, die zu ermitteln sind. Hat die Basis Z Atome, so sind also — ohne Berücksichtigung der Symmetrie — $3(Z-1)$ Koordinaten zu ermitteln (da *ein* Atom beliebig in den Ursprung der Zelle gelegt werden kann). Die Strukturermittlung ist hiermit ein *algebraisches Problem*, nämlich Ermittlung dieser maximal $3(Z-1)$ Unbekannten aus den Gleichungen, die in dem Betrag des Strukturfaktors diese Koordinaten und die Indizes der Flecke mit den gemessenen Intensitäten verknüpfen. Drückt sich das Resultat der Strukturanalyse als Angabe der Basiskoordinaten aus, so ist die Analyse derart algebraisiert worden.

---

[1] Da die äußeren Teile des Atoms wegen der großen Phasendifferenzen zur Gesamtstreuung kaum beitragen, ist der Einfluß der chemischen Bindung sehr gering. Die Atome können erfahrungsgemäß fast stets als kugelsymmetrisch angesehen werden (abgeschossene innere Schalen), so daß die Orientierung des Atoms gegen das Gitter nicht zu berücksichtigen ist.

Demgegenüber erhält man eine *funktionale Analyse*, wenn man die Ladungsdichte ϱ als eine — im Prinzip jedenfalls — stetig verteilte Größe ansieht, die durch Angabe der *Ortsfunktion* $\varrho(\mathfrak{r})$ im ganzen Innern der Zelle festgelegt werden muß. Hierbei sind die Ladungsverteilungen der Atome selbst mitzubestimmen. Man könnte z. B. bei voller Durchführung einer solchen Analyse feststellen, ob die gleiche Atomsorte bei allen Arten kristallchemischer Bindung sich im gleichen Quantenzustand befindet[1]. Bei genügend weit getrennten Atomen läßt sich aus der Dichtefunktion $\varrho(\mathfrak{r})$ eine Kontrolle der Ladungsverteilung $\psi\psi^*$ entnehmen, die zur Berechnung des Atomfaktors diente. — Zur funktionalen Analyse dient der in Ziff. 10η erörterte enge Zusammenhang zwischen der Intensität der Interferenzen und den Fourierkoeffizienten der Entwicklung von $\varrho(\mathfrak{r})$; die Darstellung ihres Ergebnisses erfordert eine Darstellung von $\varrho(\mathfrak{r})$ — was im allgemeinen durch Projektion der Dichteverteilung auf einige ausgesuchte Ebenen erreicht wird (Höhenschichtenzeichnungen der Projektionen).

Die Einteilung in dieser Ziffer ist folgende:

a) *Algebraische* Analyse auf Grund *qualitativer* Intensitätsschätzung.

b) *Algebraische* Analyse aus *quantitativen* Intensitätsdaten.

c) *Funktionale* Analyse aus *quantitativen* Intensitätsdaten.

Bei dieser Diskussion setzen wir voraus, daß die Intensitätsdaten nach irgendwelchen Verfahren photographisch oder ionometrisch gewonnen, sodann aber schon mit den für das betreffende Verfahren richtigen Faktoren „bereinigt" worden sind (also z. B. Flächenhäufigkeit beim Pulververfahren, spezifische Belichtungsdauer beim Drehkristallverfahren, schräge Durchsetzung der photographischen Schicht bei den photographischen Verfahren usw.). Ob wir daneben den Temperaturfaktor berücksichtigen, steht bei der funktionalen Analyse in unserem Belieben, da die erhaltene Dichtefunktion durch die Temperaturbewegung zwar etwas verwischt erscheint, aber als zeitlicher Mittelwert über alle Lagen einen guten Sinn hat. Der Atomfaktor *darf* bei der funktionalen Analyse *nicht* an den gemessenen Werten angebracht werden. Hingegen *müssen* beide Faktoren bei der algebraischen Analyse berücksichtigt werden, da sonst keine Übereinstimmung zwischen den beobachteten Intensitäten, den berechneten Atomfaktoren und der erwarteten Intensität erreicht werden kann.

β) Algebraische Strukturanalyse auf Grund von Intensitätsschätzungen. Zum Glück für die Anfänge der Strukturanalyse lassen sich weitreichende Schlüsse unter Verwendung sehr ungenauer Intensitätsdaten, ja bei bloßer Schätzung des „Stärker" oder „Schwächer" geeigneter Fleckengruppen ziehen.

Es sei ein das Geometrische erklärendes Achsensystem $\mathfrak{a}_i$ gefunden und durch eine genügend zuverlässige Dichtebestimmung bekannt, welche ganze Zahl Z von Molekülen in der Zelle liegt. Wir werden im einzelnen unterscheiden müssen, ob die kristallographische Symmetrieklasse als bekannt angesehen werden darf oder nicht.

1. Z Moleküle nur in nonvarianten Lagen. Es kann bei gegebener Symmetrie vorkommen, daß durch die Zahl Z und die chemische Formel die Struktur schon völlig festgelegt ist. Ist z. B. $Z = 1$, so liegt „das" Molekül, d. h. sein Schwerpunkt oder ein bestimmtes seiner Atome, im Eckpunkt der Zelle. Damit sind die Lagen der einzelnen Atome noch nicht bestimmt. Sei der Kristall z. B. als ditrigonal-skalenoedrisch bekannt (D_{3d}, vgl. die Diskussion der Raumgruppen in Ziff. 9), so daß nur die Raumgruppen D_{3d}^1 bis D_{3d}^6 in Betracht kommen. Sei ferner seine chemische Formel AB, so daß je ein A- und ein B-Atom untergebracht werden muß. Dann ergibt sich schon, daß dies *nicht* möglich ist in

[1] Siehe Fußnote 1 auf voriger Seite.

den Raumgruppen D_{3d}^2, D_{3d}^4 und D_{3d}^6, da in ihnen mindestens je zwei, durch Inversionszentren gleichwertige Atome auftreten müssen. Von den übrigen Raumgruppen weisen D_{3d}^1 und D_{3d}^3 die beiden benötigten einzähligen Punkte in den Lagen 000 und $00\frac{1}{2}$ auf, D_{3d}^5 in 000 und $\frac{1}{2}\frac{1}{2}\frac{1}{2}$. *Eine* dieser Lageverteilungen kommt nur in Betracht: die Strukturtheorie führt auf ein scharfes Entweder-Oder. Selbst eine ganz grobe Intensitätsbetrachtung läßt zwischen den beiden Möglichkeiten entscheiden, wofern die Atomsorten A und B einigermaßen vergleichbares Streuvermögen haben: bei der ersten Lagerung erhalten alle Flecke mit ungeraden dritten Imdex h_3 die Intensität proportional $(A - B)^2$, bei geradem h_3 aber $(A + B)^2$, während bei der zweiten Lagerung diese beiden Faktoren für ungerade bzw. gerade Indexsumme $h_1 + h_2 + h_3$ auftreten.

Man erkennt an diesem Beispiel, wie wichtig die Untersuchung einer *Reihe* als isomorph festgestellter Kristall sein kann. Denn dann kann unter Umständen auch im Fall, daß die Atome A und B sehr verschieden stark streuen und $(A + B)^2$ sich von $(A - B)^2$ nicht sicher unterscheiden läßt, die Struktur durch Analogie entschieden werden.

Es wurde soeben vorausgesetzt, daß die Zugehörigkeit des Kristalls zur Klasse D_{3d} bekannt sei. Ist hingegen nur bekannt, daß der Kristall rhomboedrisch ist, so kommen noch eine Reihe anderer Raumgruppen in Betracht, nämlich alle rhomboedrischen, die zwei einzählige Lagen aufweisen: C_{3i}^1, C_{3i}^2, D_3^1, D_3^2, D_3^7 weisen zwei oder mehr feste (parameterlose) einzählige Lagen auf; C_3^1, C_3^4, C_{3v}^1, C_{3v}^2, C_{3v}^5 gestatten, die beiden Atome in einzähligen Lagen mit einem Parameter (d. h. nur durch gewisse Achsen festgelegt) unterzubringen. Wie man sieht, ist die Einschränkung durch Kenntnis der Kristallklasse eine große Erleichterung. Bei den Lagen mit Parameter muß zudem das Entweder-Oder gänzlich verschiedener Anordnungen durch eine Parameterbestimmung aus den Intensitäten ersetzt werden, vgl. unten. Manche Autoren fühlen sich in einem solchen Fall berechtigt, die parameterfreien Anordnungen zu bevorzugen — ein Vorgehen, das gewiß mehr der Natur des Autors als der des Kristalls gemäß ist.

2. Struktur mit einem Parameter. Manchmal läßt sich wegen der Atomzahlen, die in der Zelle unterzubringen sind, für eine Reihe von Atomen eine feste Platzanweisung erzielen, und es bleibt nur *eine* Atomsorte in Lagen, die durch *einen* Parameter festgelegt sind. (Beispiel: Calcit; die Ca- und C-Atome sind parameterfrei untergebracht, O hat einen Parameter u.) Ob diese Struktur richtig ist, kann nur dadurch entschieden werden, daß ein Parameterwert ausfindig gemacht wird, der imstande ist, alle Intensitäten zu erklären. Gelingt dies nicht, so vgl. unten.

Der Parameterwert wird bestimmt, indem man den Strukturfaktor für eine Reihe von Flecken als Funktion des Parameters in Kurvenform aufträgt. Es ist zu dem Zweck bequem, den Parameter, der meist das Verhältnis zweier Längen, also eine reine Zahl ist, durch Multiplikation mit $180/\pi$ in Winkelmaß umzuwandeln, da der Strukturfaktor sich aus Sinus und Kosinus zusammensetzt, die dann bequem aufgeschlagen werden können. Die verschiedenen Flecken reagieren auf eine Parameteränderung sehr verschieden; die Intensitätsfolgen kehren sich oft in sehr kleinen Intervallen geradezu um, so daß es meist keine Mühe macht, aus dem Verlauf weniger Strukturfaktoren die möglichen Bereiche für den Parameter auszusondern, die nun an weiteren Fleckenpaaren genau zu untersuchen sind. Wegen der Ungenauigkeit der Intensitätsangaben liefert zwar jedes Fleckenpaar noch einen verhältnismäßig breiten Spielraum für den Parameter, aber die Überdeckung aller Spielräume findet bei fleckenreichen Aufnahmen, z. B. für Laueaufnahmen, nur an einer sehr engbegrenzten Stelle statt. Daher sind Parameterangaben auf 1% oft möglich.

Für die bequeme Berechnung der Strukturfaktoren enthalten die Internationalen Tabellen für Kristallstrukturbestimmung (Ziff 11 ε) die Funktionen $\sin 2\pi x$ und $\cos 2\pi x$ für x zwischen 0 und 1 in Schritten von 0,001 tabuliert. Bei dieser Funktion entspricht also dem vollen Durchlaufen des Eintrittskreises eine Zunahme von x um 1. Der Funktionswert hängt daher nur von den Dezimalstellen des Arguments ab. Dieser Umstand ist bequem bei der Berechnung des Strukturfaktors, dessen Summanden bzw. Faktoren

$$\begin{matrix}\sin\\ \cos\end{matrix} 2\pi(h_1 x + h_2 y + h_3 z)$$

(x, y, z Koordinaten des Atoms gemessen in den Zellkanten) auch für große Werte der linearen Form im Argument gebraucht werden.

Läßt sich mit *einem* Parameter keine Deutung der Intensitäten erzielen, so ist es nötig, entweder unter Beibehaltung der Zelle Lagen mit mehr Freiheitsgraden in Betracht zu ziehen — diese sind, falls vorhanden, natürlich auch dann zu diskutieren, wenn sich eine passende einparametrige Struktur findet —; oder aber, falls mit der alten Zelle keine mehrparametrigen passenden Lagen vorhanden sind, so ist zu einer größeren Zelle überzugehen. Bei größerem Z steigt die Unterbringungsmöglichkeit, weil mehr Atome in parameterhaltige Lagen rücken. Natürlich wird die Bestimmung auf rein röntgenmäßiger Grundlage um so schwieriger.

3. Struktur mit mehreren Parametern. Um mehrere Parameter systematisch zu bestimmen, muß man das oben für einen Parameter geschilderte Verfahren in zwei oder mehr Dimensionen durchführen: die Intensitäten bei einer Reihe von Flecken in Funktion der Parameter berechnen und durch Vergleich mit der Messung gewisse Gebiete als allein mögliche für die Parameter ausscheiden. Dies ist bei zwei Parametern in verschiedenen Fällen durchgeführt worden[1].

Am besten sind die Aussichten, wenn die Bestimmung mehrerer Parameter *getrennt* möglich ist. Es möge sich z. B. bei einem tetragonalen Kristall um zwei Parameter handeln, deren einer (u) eine Verschiebung in der Basis (001), der andere (v) in einer Seitenebene (100) angibt. Gelingt es, eine Reihe von Reflexen an (001) und an (100) zu vermessen, so geschieht die Bestimmung der Parameter *nacheinander,* da die Reflexe an (001) unabhängig von u, die anderen unabhängig von v sind. Man hätte dies als *separierte* Parameterbestimmung von der *simultanen* zu unterscheiden (vgl. hierzu Abb. 192).

4. Rolle des Atomfaktors bei der Analyse aus Intensitätsschätzungen. Auch bei der qualitativen Intensitätsverwertung muß dem Atomfaktor Rechnung getragen werden. Bei einem ausgedehnten Atom fällt die relative Intensität der gestreuten Strahlung viel schneller mit ϑ ab als bei einem kleinen Atom. Das muß selbst bei einem Vergleich von „stärker" und „schwächer" im Auge behalten werden. Man könnte die algebraische Analyse in der Weise ausgestalten, daß auf fleckenreichen Diagrammen Zonen annähernd gleichen Abbeugungswinkels abgegrenzt werden, in denen die Verhältnisse der Atomfaktoren jeweils als konstant angesehen werden dürfen. Jede Zone müßte für sich diskutiert werden, wobei neben den Parametern auch die Streuverhältnisse — wenigstens grob — als Unbekannte zu bestimmen wären. Doch wird man lieber quantitative Messungen vornehmen.

Immerhin sind alle Forderungen an eine exakte Bestimmung erfüllt in dem von EWALD[2] schon 1914 behandelten Fall des Pyrits. Pyrit gehört einer kubi-

[1] Z.B.: R. W. G. WYCKOFF, Sill. Journ. Bd. 1, S. 127. 1921; R. G. DICKINSON u. A. L. RAYMOND, Journ. Amer. Chem. Soc. Bd. 45, S. 22. 1923; S. B. HENDRICKS, Sill. Journ. Bd. 14, S. 269. 1927; W. L. BRAGG u. J. WEST, ZS. f. Krist. Bd. 69, S. 118. 1928.

[2] P. P. EWALD, Phys. ZS. Bd. 15, S. 399. 1914; P. P. EWALD u. W. FRIEDRICH, Ann. d. Phys. Bd. 44, S. 1183. 1914.

schen Hemiedrie an, die auch im Lauebild bemerkbar ist. Reflexe wie $(18\bar{2})$ und $(81\bar{2})$ oder $(37\bar{2})$ und $(73\bar{2})$, die für andere kubische Kristallklassen symmetrisch gleich sein müssen, unterscheiden sich in den Intensitäten, und der Vergleich mit dem Strukturfaktor (als Funktion des Parameters aufgetragen) läßt durch „stärker und schwächer" eine sehr genaue Parameterbestimmung zu. Dabei haben die zu vergleichenden Strahlen gleichen Abbeugungswinkel, gleiche Neigung zur photographischen Platte, sie enthalten gleiche Wellenlängen und schließlich entstehen sie (als Flecken mit gemischten Indizes) ohne Einwirkung des Eisengitters allein durch die Schwefelatome, die durch den Parameter festgelegt werden — so daß auch der Atomfaktor aus der Bestimmung herausfällt. Eine moderne Fourieranalyse des Pyrits[1] bestätigt im wesentlichen die alte Parameterbestimmung.

In der Praxis der Strukturbestimmungen lassen sich oft Anordnungen ausscheiden, die zu allzu kleinen Atomabständen oder zu chemisch sehr unwahrscheinlichen Atomgruppierungen u. ä. führen. Mit der steigenden Einsicht in die inneren Gesetze des Kristallbaus (s. ds. Handb. Bd. XXIV/2) haben solche Methoden erhöhte Bedeutung gewonnen[2]; ja es ist die Ansicht ausgesprochen worden, daß die Kristallstruktur oft aus der chemischen Formel allein vorhergesagt werden könne und nur durch Röntgenuntersuchung einiger weniger Reflexe zu bestätigen sei.

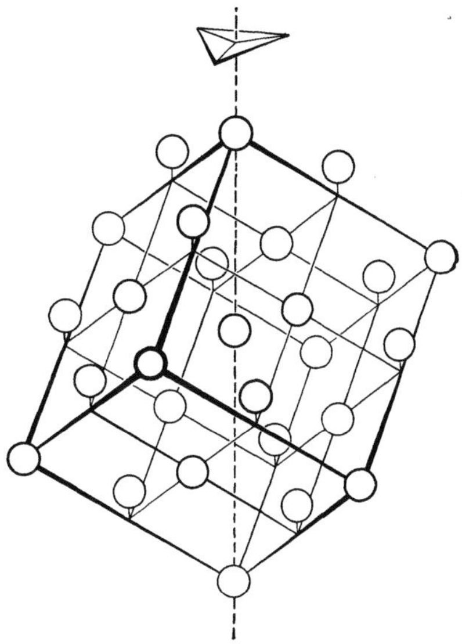

Abb. 190. Antimon.

γ) Algebraische Strukturbestimmung mit quantitativen Intensitätsdaten (Fourieranalyse). *1. Relative Intensitätsmessung; Genauigkeit der Parameterbestimmung.* Über diesen Gegenstand liegt eine sehr vollständige und klare Darstellung von W. L. Bragg und J. West vor[3], auf die verwiesen werden kann. Wir besprechen zunächst die Verwertung genauer *relativer* Intensitätsdaten in derselben Weise, wie es für die Intensitätsschätzungen soeben beschrieben wurde. Der Fortschritt gegenüber dem vorigen Abschnitt besteht dabei nur in der Einengung der Auswahlbereiche für den oder die Parameter. Als Beispiel hierfür sei die Bestimmung von Goetz und Hergenrother[4] des Strukturparameters von Wismut angeführt. Das Wismutgitter Abb. 190 besteht aus zwei flächenzentrierten rhomboedrischen Gittern, die mit der Verschiebung $a(2u, 2u, 2u)$ ineinandergestellt sind (a = Rhomboederkante, u = Parameter, wie im Strukturbericht[5] sowie Landolt-Börnstein Ergänzungsband angegeben; in der 1. Aufl. ds. Handb. wurde mit u der doppelte Wert bezeichnet). Statt u verwenden die Autoren die relative Verschiebung der (111)-Ebenen der beiden rhomboedrischen Gitter, ausgedrückt durch den Parameter $b/d = 3(2u - 1/3)$. Die Abb. 191 enthält die zu erwartende Intensität der Reflexe an der (111)-

[1] H. M. Parker und W. I. Whitehouse, Phil. Mag. Bd. 14, S. 939. 1932.

[2] Z. B. die Arbeiten von V. M. Goldschmidt, Osloer Akad. Ber. 1924—1927; W. L. Bragg, The Structure of the Silicates. Leipzig: Akad. Verlagsges. 1930.

[3] W. L. Bragg u. J. West, ZS. f. Krist. Bd. 69, S. 118. 1928.

[4] A. Goetz u. R. C. Hergenrother, Phys. Rev. Bd. 40, S. 137. 1932.

[5] P. P. Ewald u. C. Hermann, Strukturbericht 1913—1928, S. 25. Leipzig: Akad. Verlagsges. 1931.

Ebene als Funktion des Parameters b/d aufgetragen. Außerdem sind die ionometrisch gemessenen Intensitäten dort eingetragen, wo sie am besten hinpassen. Die große Intensität (222) ist durch Extinktion geschwächt und es ist zu erwarten, daß die berechnete Kurve über dem Mittelwert verläuft. Reflex (666) wurde überhaupt nicht gefunden. Die angeklammerten Bereiche geben nach GOETZ und HERGENROTHER die Genauigkeit der Parameterbestimmung durch HASSEL und MARK (1924; Drehkristallaufnahmen mit qualitativer Intensitätsverwertung), JAMES (1921; ionometrische Messung an Spaltflächen — grobe aber quantitative Messungen) und sie selbst (1932) an. Man sieht hieran den Wert des quantitativen Intensitätsvergleichs. Die Genauigkeit der Parameterbestimmung in einem solchen Fall wird beschränkt einmal durch den schwer zu berücksichtigenden Einfluß der Extinktion [siehe (222)] und sodann durch die Fehler in der Kenntnis des Atomfaktors. Denn diese drücken sich darin aus, daß die einzelnen Kurven der Abb. 191 mit verschiedenen Faktoren zu multiplizieren wären.

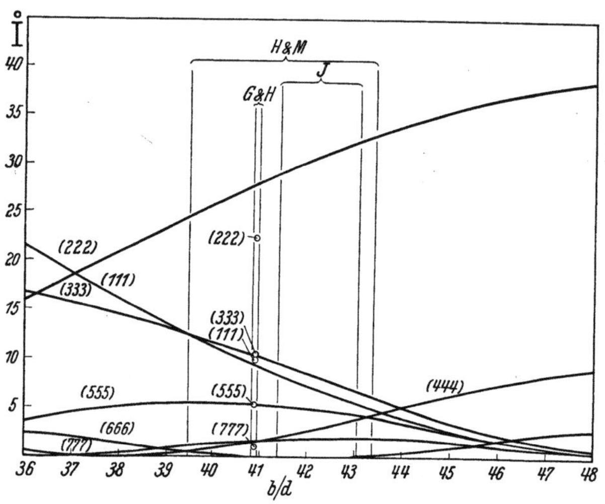

Abb. 191. Genauigkeit der Parameterbestimmung (GOETZ u. HERGENROTHER, l. c.).

2. *Absolute Intensitätsmessungen* nach BRAGG — durch Vergleich mit dem normierten (400)-Reflex an Steinsalz — bieten den großen Vorteil, daß sich der Grad des phasengleichen Zusammenwirkens der Atome überblicken läßt. Erreicht z. B. der Reflex an einer Ebene den maximal möglichen Wert, so kann daraus sofort geschlossen werden, daß *alle* Atome an diese Ebenen gebunden sind — ein Schluß, der aus relativen Messungen nicht möglich wäre. BRAGG und WEST[1] geben im Anschluß an die Diopsiduntersuchung[2] folgendes Beispiel für den Wert absoluter Bestimmungen.

Der monoklin-holoedrische Diopsid $CaMg(SiO_3)_2$ enthält in der Zelle 4 Moleküle. In der Viertelzelle, deren Projektion auf die Ebene der Achsen a, c in Abb. 192 ausgefüllt ist, ist somit ein Molekül unterzubringen. Aus Gründen der Atomzahl müssen die Ca- und Mg-Atome auf die Punkte A, B und D verteilt sein. Durch ein Symmetriezentrum in A sind die zwei SiO_3-Gruppen miteinander verknüpft, so daß an Parametern in der Projektion der Struktur 2 Koordinaten für Si, 3 mal 2 für O, insgesamt also 8 zu bestimmen sind. Es ist nun z. B. für den Reflex (004), der unter dem Winkel mit $\sin\vartheta = 0{,}2438$, also mit $\lambda = 0{,}71$ (MoKα) bei $(\sin\vartheta)/\lambda = 0{,}343$ auftritt, ein Reflexionsvermögen $\varrho' = 34{,}0 \cdot 10^{-6}$ gemessen worden. Unter der Annahme des Extinktionskoeffizienten (s. Ziff. 23 ε) $g = 1{,}06 \cdot 10^4$ folgt hieraus unter Berücksichtigung der anderen Faktoren der Intensitätsformel (Ziff. 23 ε) der Streufaktor der Zelle $F = 136$ und für die Viertelzelle $F' = {}^1/_4 \cdot 136 = 34$. Zu einem Reflex der Form $(00l)$ tragen nun Ca und Mg wegen ihrer Lage in den Punkten A, B, D voll bei. Nach der Atomfaktorkurve ist für $(\sin\vartheta)/\lambda = 0{,}343$ ihr Beitrag 9,2 und 5,6, so daß der Wert

[1] W. L. BRAGG u. J. WEST, l. c. S. 141.

[2] B. WARREN u. W. L. BRAGG, ZS. f. Krist. Bd. 69, S. 168. 1928.

34 — 9,2 — 5,6 = 19,2 von den zwei SiO_3-Gruppen aufgebracht werden muß. Der Atomfaktor für Si ist 6,7, für O 2,6 bei diesem $(\sin\vartheta)/\lambda$-Wert. Selbst wenn also die 6 O phasengleich mit Ca und Mg zusammenwirken würden, bliebe ein positiver Beitrag von 19,2 — 6 · 2,6 = 3,6 durch die Si-Atome aufzubringen. Der Beitrag jedes Si zum Strukturfaktor muß also positiv, mindestens von der Größe 1,8 sein. Danach läßt sich angeben, in welchen, den *a*-Kanten der Zelle parallelen Streifen die Si-Atome liegen, bzw. in welchen sie nicht liegen dürfen. Die verbotenen Streifen sind in der Abb. 192 schraffiert und mit (004) bezeichnet. Man beachte, wie dies Argument eine wesentliche Einengung der Si-Lage gibt, ohne Kenntnis der Sauerstoffparameter. Die Absolutmessung führt in höherem Maße als die relativen Messungen zu einer Separation der Parameterbestimmung.

Die Ebenen (h00) liefern analog verbotene Streifen parallel der c-Achse, die Ebenen (h0l) schrägliegende (Abb. 192). Insgesamt bleiben durch die Messung von 5 Reflexen nur die kleinen, den Punkten A, B, C und D naheliegenden unschraffierten Bereiche für die 2 Si-Atome frei, zwischen deren Besetzungsmöglichkeiten einige weitere, auch grobe, Intensitätsbetrachtungen zu entscheiden gestatten.

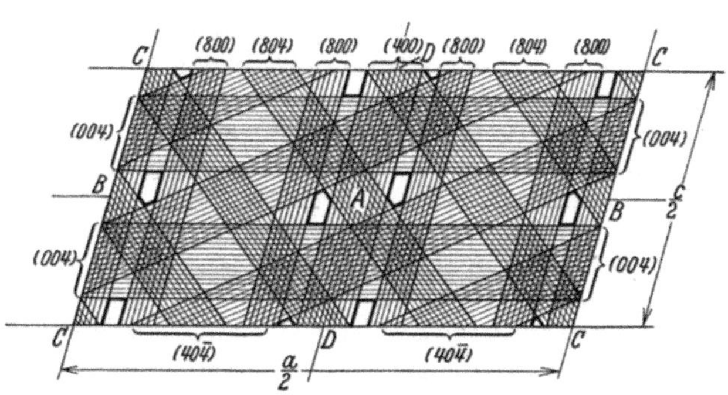

Abb. 192. Parameterbestimmung für Diopsid. Infolge der Intensitätsmessungen an den angegebenen Flächen scheiden die schraffierten Gebiete für die Unterbringung der Si-Atome aus. (Nach W. L. Bragg u. J. West, ZS. f. Krist. Bd. 69, S. 118. 1928.)

Allein die quantitativen absoluten Messungen haben die Erfüllung des Programms gebracht, das W. L. Bragg schon 1925 ausgesprochen hat: Strukturen mit beliebig vielen Parametern systematisch und sicher zu entziffern.

δ) Funktionale Analyse aus quantitativen Intensitätsdaten (Fourieranalyse). Die Strukturfaktoren sind nach Ziff. 15 α nichts anderes als die Gewichte des reziproken Gitters. Die Kenntnis der Intensitäten gibt zwar nur ihre absoluten Beträge; besitzt aber das Kristall ein Symmetriezentrum, das in den Nullpunkt des Achsenkreuzes ($\mathfrak{a}_i$) gelegt wird[1], so werden alle Gewichte reell und es bleibt nur eine Unsicherheit des Vorzeichens übrig. Andererseits sind die Gewichte nichts anderes als die Fourierkoeffizienten der Massen- bzw. Dichteverteilung in der Zelle (Ziff. 10 η). Ist aus der Intensitätsmessung in der Ordnung $\mathfrak{h}$ ein Streufaktor $F^2_{\mathfrak{h}}$ der Zelle ermittelt worden (Ziff. 23 ε), so stellt die Fourierreihe

$$\varrho(\mathfrak{r}) = \sum F_{\mathfrak{h}} e^{2\pi i(\mathfrak{h}\mathfrak{r})}$$

die Dichtefunktion $\varrho(\mathfrak{r})$ dar, wenn die Vorzeichen von $F_{\mathfrak{h}}$ richtig gewählt werden. (Bei Anwesenheit des Symmetriezentrums kann die Reihe auch

$$\varrho(\mathfrak{r}) = \sum F_{\mathfrak{h}} \cos 2\pi(\mathfrak{h}\mathfrak{r})$$

geschrieben werden.)

Zur genauen Ermittlung einer kontinuierlichen Dichtefunktion ϱ müßten unendlich viele Koeffizienten, d. h. Intensitäten gemessen sein. Das läßt sich mit Röntgenstrahlen prinzipiell nicht erreichen. Daher kann man in Analogie zur Optik der Instrumente von einem endlichen Auflösungsvermögen des Röntgen-

[1] Das Folgende ist ein wesentlicher Grund für die Wahl des Ursprungs bei der Darstellung der Raumgruppen in den Internationalen Tabellen gewesen.

verfahrens sprechen[1]. Aber selbst wenn die räumliche Funktion $\varrho(\mathfrak{r})$ durch Summation über eine genügende Zahl von Gliedern der Fourierreihe mit einiger Genauigkeit ermittelt wäre, würde das Resultat sehr unübersichtlich sein und könnte nur auf dem Umweg über zahlreiche Schnitte durch die Zelle veranschaulicht werden.

Daher war es ein geschickter und natürlicher Schritt, als W. L. BRAGG, die in Ziff. 10 ϑ 2 geschilderten Projektionseigenschaften des reziproken Gitters benutzend, aus den gemessenen Intensitäten sofort zur Konstruktion von *Projektionen* der Dichtefunktion auf die Grundebenen der Struktur überging. In der Tat liefert ja die Gesamtheit der an einer Zone von Flächen meßbaren Reflexe die Fourierkoeffizienten in einer Gitterebene des reziproken Gitters, und ihre Zusammenstellung zur zweidimensionalen Fourierreihe liefert die gesuchte Projektion der Dichtefunktion parallel zu der Zonenachse.

Es bleibt auch bei der Projektion die Schwierigkeit bestehen, daß nur eine gewisse Zahl von Daten aus den Röntgenuntersuchungen zu erhalten und daher die Fourierreihen nicht ganz vollständig sind; und ferner die Schwierigkeit der Vorzeichenbestimmung der Koeffizienten (bzw. sogar ihrer komplexen Winkelargumente; wir setzen im folgenden Existenz des Symmetriezentrums voraus). Daher gibt es fast soviel Möglichkeiten für die Fourierreihen, als Vorzeichenpermutationen unter den benutzten Gliedern möglich sind (diese Zahl wird durch Symmetrie- und andere Betrachtungen zwar eingeschränkt, bleibt aber dennoch groß).

Man ist nun am einfachsten dran, wenn die Struktur in groben Zügen bereits durch eine algebraische Bestimmung bekannt ist. Denn aus ihr kann dann das Vorzeichen eines jeden $F_{\mathfrak{h}}$ mit genügender Sicherheit entnommen werden. Man erhält so eine funktionale Darstellung der Struktur, und diese gestattet eine unabhängige Kontrolle für die Richtigkeit der benutzten Vorzeichen: es müssen die Gesamtladungen der Atome, die aus den Dichten in der Nähe ihrer Projektionspunkte durch Integration zu erhalten sind, richtig herauskommen. Hierbei zeigt sich wieder die Erleichterung durch absolute Messungen, die erst die rechte Sicherheit in diese Bestimmungen bringt. Bei relativen Messungen wird nur das Verhältnis der Fourierkoeffizienten ermittelt — oder genauer gesagt, es bleibt zwischen dem konstanten Koeffizienten (000) (der die Gesamtladung der Zelle bedeutet und der einer direkten Bestimmung nicht zugänglich ist [Primärstrahl!]) und dem variablen Teil der Reihe ein unbekannter Faktor bestehen. Infolgedessen ist die ganze Höhenlage und der Maßstab der Dichtefunktion unbestimmt, was die Kontrolle durch die Gesamtladungen erschwert.

Tabelle 10. Werte von $F(h0l)$ bei Diopsid für h und l gerade (sonst $F = 0$).

h \ l	$\bar{8}$	$\bar{6}$	$\bar{4}$	$\bar{2}$	0	2	4	6	8
0	38	$\overline{29}$	136	$\overline{175}$	**432**	$\overline{175}$	136	$\overline{29}$	38
2	0	0	19	$\overline{88}$	0	46	0	$\overline{36}$	0
4	0	$\overline{72}$	90	$\overline{128}$	15	$\overline{80}$	77	$\overline{49}$	0
6		0	0	0	100	$\overline{82}$	59	$\overline{30}$	
8			33	$\overline{51}$	76	$\overline{32}$	0		
10				$\overline{63}$	56	$\overline{44}$			
12					0				

Ein *Beispiel* erläutere die Fouriermethode. Bei dem monoklinen Diopsid ergab die Intensitätsbestimmung an der Zone von Flächen $(h0l)$ (b-Achse als Zonenachse) nach W. L. BRAGG[2] folgende Strukturfaktoren der Zelle — wobei die negativen, über die Zahlen gesetzten Vorzeichen auf Grund der Grobbestimmung der Struktur von WARREN und BRAGG (l. c.)

[1] Vgl. W. L. BRAGG u. J. WEST, Phil. Mag. Bd. 10, S. 823. 1930; W. L. BRAGG, Brit. Journ. of Radiology Bd. 2, S. 65. 1929.

[2] W. L. BRAGG, Proc. Roy. Soc. London (A) Bd. 123, S. 537. 1929.

angesetzt wurden. Der Wert $F(000) = 432$ stellt die Gesamtzahl der Elektronen [4 Moleküle $Mg(SiO_3)_2$ zu je $20 + 12 + 2 \cdot 14 + 6 \cdot 8$ Elektronen] dar und ist nicht gemessen.

Mit diesen Koeffizienten wird nun die Fourierreihe

$$S(x, z) = \sum \sum F(h0l) \cos 2\pi (hx/a + lz/c)$$

aufgebaut, wobei x und z die achsenparallelen Koordinaten sind. Die 30 bis 40 Fourierglieder werden nun für die Punkte (x, z) einer genügend feinen Unterteilung der Zelle aufsummiert (BRAGG hatte 24×12 solche Punkte, in der Grundfläche $a/2 \times c/4$, aus der der Rest durch Symmetrie folgt). Man erhält die Dichtefunktion in Form der folgenden Tabelle von 13×24 Werten $^1/_{10} S(x, z)$.

Tabelle 11. Projektion der Massenverteilung von Diopsid auf die (010)-Fläche.

$S(x, z) \times 10^{-1}$.

↑	364	291	138	33	20	48	55	48	76	127	162	159	150	159	162	127	76	48	55	48	20	33	138	291	364
	330	242	121	25	14	39	36	34	71	131	167	160	136	128	125	101	70	63	74	64	23	21	117	264	330
	249	206	76	8	8	19	24	20	54	115	146	128	91	78	74	68	72	77	94	78	29	9	82	192	249
	150	106	24	$\overline{13}$	3	27	17	9	40	95	109	82	52	28	32	45	57	87	109	97	34	$\overline{3}$	31	114	150
	73	36	$\overline{14}$	$\overline{24}$	16	26	20	5	18	59	67	40	7	0	14	36	63	98	127	87	50	$\overline{5}$	1	52	73
	32	5	$\overline{30}$	$\overline{26}$	8	30	20	19	17	38	40	15	$\overline{10}$	$\overline{7}$	14	40	66	104	130	117	59	8	$\overline{2}$	24	32
$c/4$	17	$\overline{4}$	$\overline{25}$	$\overline{21}$	6	18	14	8	13	25	13	1	$\overline{13}$	$\overline{4}$	18	41	65	94	110	100	57	10	3	20	17
	18	4	$\overline{14}$	$\overline{16}$	$\overline{5}$	1	4	8	16	16	4	$\overline{7}$	$\overline{12}$	2	16	34	53	71	82	70	46	16	14	23	18
	21	10	$\overline{3}$	$\overline{11}$	$\overline{16}$	$\overline{16}$	$\overline{8}$	11	25	14	2	$\overline{8}$	$\overline{7}$	2	21	21	36	51	56	46	27	16	18	24	21
	18	14	3	$\overline{5}$	$\overline{12}$	$\overline{7}$	11	33	35	34	6	2	2	4	5	13	28	43	35	32	17	13	14	20	18
	21	16	14	0	2	14	34	61	56	36	10	12	12	12	6	19	30	56	54	37	22	26	14	14	21
	12	14	17	21	19	33	50	78	68	43	21	18	22	18	15	27	55	74	66	40	28	33	17	10	12
↓	(2)	8	19	25	29	45	73	87	71	39	21	24	28	24	21	39	71	87	73	45	29	25	19	8	2

Nullp. ← $a/2$ →

Aus diesen Werten läßt sich das Höhenschichtenbild Abb. 193a durch Interpolation und Eintragen der Höhenschichten in Stufen von $\Delta\,(^1/_{10}S) = 40$ gewinnen. Diesem Bild ist gegenübergestellt das Ergebnis der algebraischen Analyse von WARREN und BRAGG (Abb. 193b). Man bemerkt, daß die starken Dichteanhäufungen des Fourierbildes der Überdeckung von Ca und Mg in der Projektion entsprechen. Auch die Verteilung der Si- und O-Atome der unteren Abbildung spiegelt sich getreulich in der oberen wieder. Die punktierten Linien sind Linien $S = 0$; die Dichte innerhalb dieser Kurven erscheint negativ. In Wirklichkeit ist dies eine Folge des mangelhaften Auflösungsvermögens des Verfahrens: weitere Fourierglieder würden diese kleinen negativen (ebenso wie die kleinen positiven) Werte erheblich beeinflussen können, so daß auf sie kein allzu großer Wert gelegt werden darf.

Aus der Tabelle der $S(xz)$-Werte läßt sich durch Integration z. B. die Gesamtladung gewinnen, die der Projektion der Ca- und Mg-Atome in Abb. 193a entspricht. In dieser Tabelle ist $c/4$ in 12 und $a/2$ in 24 Teile geteilt. Jede Zahl $S(xz) \cdot 10^{-1}$ entspricht also $^1/_{10}$ der Ladung in $1 : 4 \times 24^2$ der ganzen Grundfläche, auf die projiziert ist. Zählt man nun die S-Werte zusammen, die den Maximalwert 3640 der linken oberen Ecke der Tabelle umgeben, wobei man bis zu kleinen S-Werten vorzuschreiten hat und die volle Umgebung (nicht nur den Quadranten) berücksichtigen muß, so erhält man die Summe $\sum S(x, z) \cdot 10^{-1} \cong 6520$ und die Ladung

$$65200 : 4 \cdot 24^2 = 28{,}4\,.$$

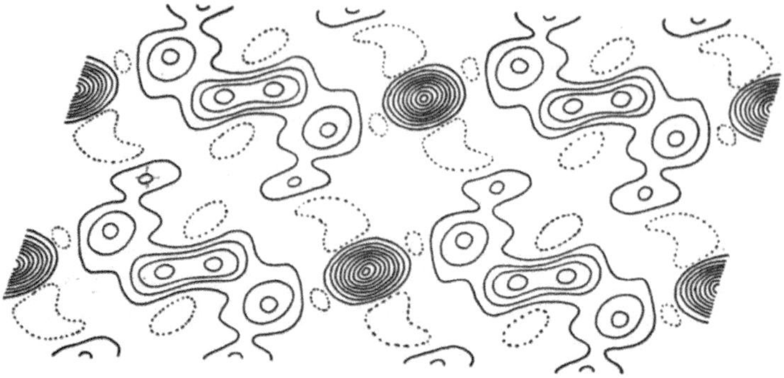

Abb. 193 a. Schichtliniendarstellung der Massenverteilung in der Diopsidzelle, durch Fourieranalyse und Projektion auf die (010)-Ebene gewonnen. (W. L. BRAGG, ZS. f. Krist. Bd. 70, S. 488. 1929.)

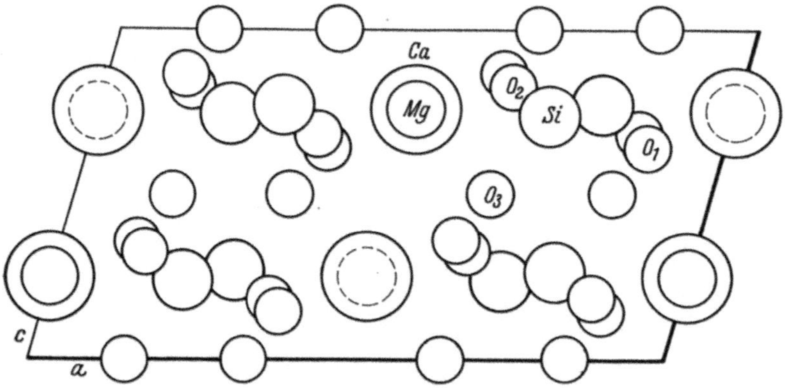

Abb. 193 b. Projektion der durch algebraische Analyse gewonnenen Massenverteilung im Diopsid auf die Ebene (010). (B. WARREN u. W. L. BRAGG, ZS. f. Krist. Bd. 69, S. 168. 1928.)

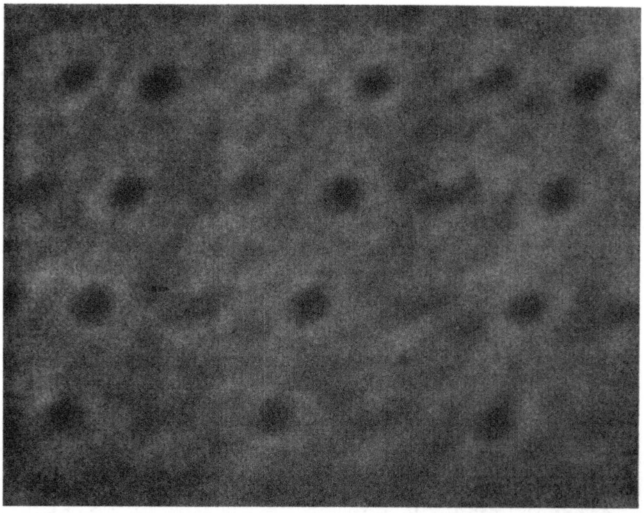

Abb. 194. Photographische Summation der Fourierreihe von Abb. 193a und b. (W. L. BRAGG, ZS. f. Krist. Bd. 70, S. 489. 1929.)

Diese Ladung entspricht der Überdeckung von Ca^{++} (18) und Mg^{++} (10). Die Unschärfe der Abgrenzung der Projektion verbietet es, zu weitgehende Folgerungen aus der Übereinstimmung dieser Zahlen zu ziehen, also etwa mit Sicherheit den Ionisierungsgrad hinaus zu entnehmen.

2. Photographische Summation. W. L. BRAGG hat die Summation der Fourierreihe versuchsweise auf optisch-photographischem Wege durchgeführt[1]. Jedes Glied der Fourierentwicklung $F_{\mathfrak{h}} \cos 2\pi (hx/a + lz/c)$ stellt ja eine wellenförmige Massenverteilung von bestimmter Richtung dar, deren Amplitude durch $F_{\mathfrak{h}}$ gegeben ist. BRAGG stellt sich — durch eine unscharfe Aufnahme eines Drahtgitters — eine gestreifte photographische Platte von ungefähr der geeigneten wellenförmigen Verteilung der Schwärzung her. Diese wird in richtiger Lage und Vergrößerung auf ein Bromsilberpapier projiziert und wirkt mit einer Belichtungsdauer proportional zu $F_{\mathfrak{h}}$ darauf ein. Auf dem gleichen Papier werden auch alle anderen Fourierglieder zur Exposition gebracht und das Bild dann entwickelt. Das Vorzeichen der Koeffizienten wurde dadurch berücksichtigt, daß entweder eine Stelle stärkster oder geringster Schwärzung der gestreiften Platte auf den Eckpunkt der Zelle projiziert wurde — so daß die „negativen" Glieder weniger als die Durchschnittsschwärzung, die positiven mehr als diese auf dem Bromsilberpapier im Ursprung erzeugen. Sofern man nicht aus dem mittleren Schwärzungsgebiet (linearer Schwärzungsverlauf) dabei hinauskommt, stellt die Abweichung der Schwärzung vom Mittelwert direkt die projizierte Dichtefunktion $\varrho(\mathfrak{r})$ dar. Abb. 194 zeigt die der Zeichnung Abb. 193 entsprechende Ansicht.

Das Verfahren, so geistreich es ist, ist später nicht ausgebildet worden und dürfte wegen der geringen Präzision seiner Aussagen dem rechnerischen nachstehen. Es gewährt aber einen guten Einblick in das Wesen der funktionalen Analyse.

3. Direkte Phasenbestimmung. Das Hauptproblem der funktionalen Analyse bleibt die Ermittlung der Vorzeichen der Fourierglieder — bzw. beim Fehlen eines Symmetriezentrums ihrer Phasen, möglichst ohne auf eine vorangegangene algebraische Analyse zurückgreifen zu müssen. Ein interessanter Weg ist von J. WEST[2] bei der Bestimmung des Kaliumdihydrophosphats KH_2PO_4 beschritten worden. Die tetragonale Raumgruppe, die Molekülzahl $Z = 4$ der Zelle und, aus Symmetriegründen, die Lage der K- und P-Atome ist von diesem bekannt, die 3 Parameter der gleichwertigen, in allgemeiner Lage befindlichen Sauerstoffatome sind zu bestimmen. Indem WEST die Reflexe $(hk0)$ der Flächen mit c als Zonenachse betrachtet, stellt er fest, daß wegen der bestimmten Lagen der K und P diese sowie O zu den Reflexen mit geradem h beitragen, zu denen mit ungeradem h jedoch allein die O-Atome. Reflexe mit ungeradem h sind schwach gegen solche mit geradem. Daher muß der Beitrag der O-Atome bei geradem h stets gleichsinnig mit dem bekannten Beitrag der P und K sein. Somit sind für gerade h die Vorzeichen der Fourierglieder bekannt und WEST summiert nun zuerst die Teilreihe mit geradem h. Sie liefert für $^1/_{16}$ der ganzen Zellgrundfläche die Verteilung von Abb. 195. Das Bild hat höhere Symmetrie, als der Struktur zukommt (die Diagonale AC der Struktur ist keine Symmetrielinie der Projektion, wie es nach dieser Abbildung aussieht). Auch würden die zwei Dichteanhäufungen neben denjenigen im Ursprung (die der Überdeckung von P und K entspricht) doppelt soviel O-Atome liefern, als erlaubt. WEST betrachtet nun *eine* dieser Verdichtungen als die wahre angenäherte Lage von O und berechnet hieraus die Vorzeichen der Fourierglieder mit h ungerade. Diese un-

[1] W. L. BRAGG, Proc. Roy. Soc. London (A) Bd. 123, S. 537. 1929.
[1] J. WEST, ZS. f. Krist. Bd. 74, S. 306. 1930.

geraden Summenglieder allein liefern die Dichtefunktion der Abb. 196, die zur Diagonale AC schief-symmetrisch ist. Die Superposition beider Bilder, d. h. die volle Reihe, bringt die untere Verdichtung fast zum Verschwinden und verstärkt die obere, so daß die Gesamtverteilung der Abb. 197 entsteht, die in der ganzen Zellgrundfläche Abb. 198 liefert.

Der Gedanke WESTS, aus Teilreihen von Gliedern mit großen Koeffizienten eine Annäherung an die volle Lösung zu gewinnen, auf Grund deren die fehlenden

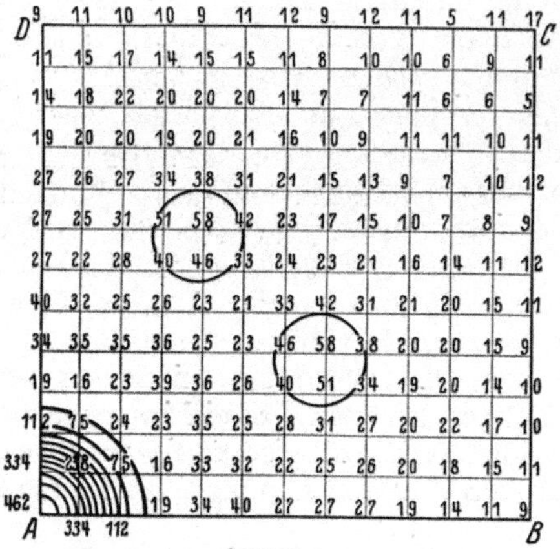

Abb. 195.

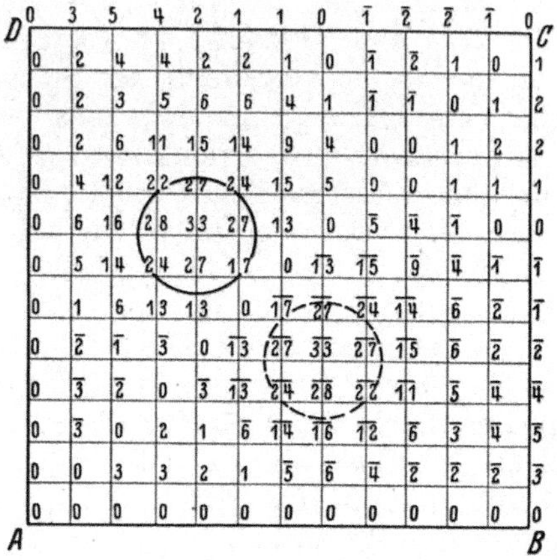

Abb. 196.

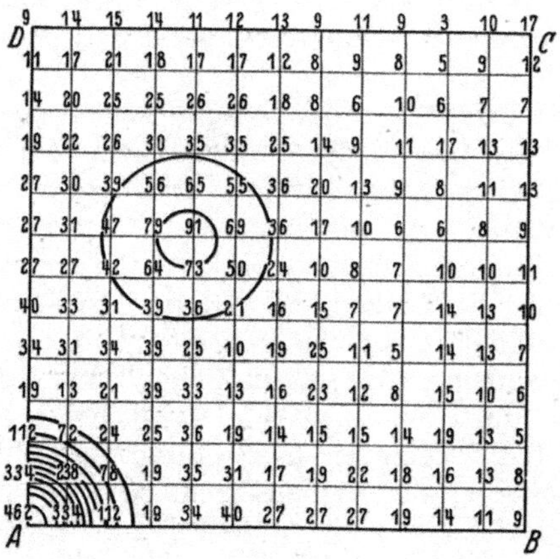

Abb. 197.

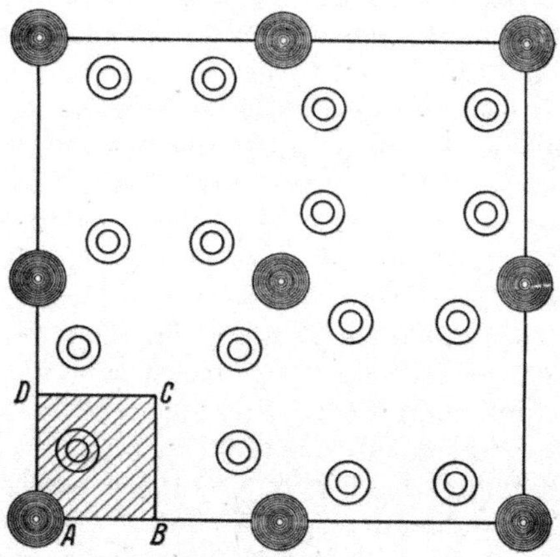

Abb. 198.

Abb. 195 bis 198. Fourieranalyse von KH_2PO_4. Die drei ersten Figuren stellen den in der letzten schraffierten Ausschnitt aus der ganzen Zelle für die einzelnen Stufen der Analyse dar. (J. WEST, ZS. f. Krist. Bd. 74, S. 306. 1930.)

Unterlagen zur Verwertung der restlichen Glieder gewonnen werden, verdient alle Beachtung.

4. Leistung und Grenze der Fouriermethode. Abb. 199 bringt das Ergebnis einer Untersuchung von Hexachlorbenzol C_6Cl_6 durch Mrs. LONSDALE[1]. Man bemerkt die scharfe Scheidung der Moleküle voneinander, die 6 schweren und nicht wesentlich deformierten Chlor- und die 6 gegen die Cl-Atome hin deformierten Kohlenatome.

[1] K. LONSDALE, Proc. Roy. Soc. London (A) Bd. 133, S. 536. 1931.

Abb. 200 stammt aus einer Fourierbestimmung von Anthrazen von ROBERTSON[1] und stellt aus der Projektion auf die (a, c)-Ebene dieses monoklinen Kristalls ein Molekül neben die entsprechende Ansicht nach der stereochemischen Formel.

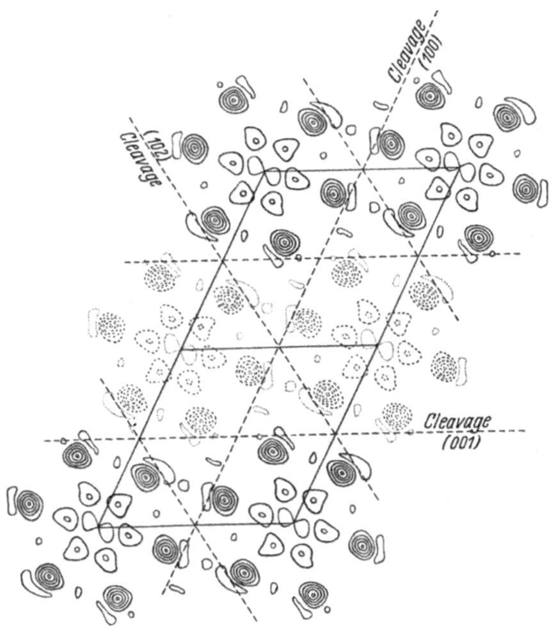

Abb. 199. Fourierdarstellung von CCl_6. [K. LONSDALE, Proc. Roy. Soc. London (A) Bd. 133, S. 536. 1931]

Abschließend sei über die Fouriermethode folgendes gesagt:

1. Die Kenntnis des Gewichts — also der mit Vorzeichen bzw. Phasen versehenen F-Werte — ist eine der gewöhnlichen Beschreibung durch Angabe der Atomsorte bzw. der Dichtefunktion $\varrho(\mathfrak{r})$ völlig gleichwertige Beschreibung des Kristalls, die für manche Zwecke sogar praktischer sein dürfte als die alte Methode der Beschreibung. Es liegt z. B. nahe, die röntgenmäßig ermittelten Fourierkoeffizienten unmittelbar zur Berechnung physikalischer Eigenschaften zu verwerten, wie Brechungsindex, Dielektrizitätskonstante, Leitfähigkeit. Doch ist dies allein auf Grund des Anblicks der Ladungsverteilung nicht möglich, da die ,,Bindungsfestigkeit'', d. h. das dynamische Verhalten der Ladung hierzu auch bekannt sein muß. Man vergleiche das in Ziff. 20 über Dispersionstheorie Gesagte.

2. Um die Ladungsverteilung in einem Idealkristall zu gewinnen, müssen die Intensitäten vom Einfluß der Wärmebewegung einschließlich der Nullpunktsbewegung befreit werden. Sie nehmen dann nach außen, d. h. mit zunehmendem $|\mathfrak{h}|$ langsam ab und die Fouriersummen konvergieren schlecht. Andererseits weiß man nach Ziff. 10η, daß einem Faktor der Form $e^{-M\mathfrak{h}^2}$ an den Gewichten im reziproken Gitter, wie es von selbst ohne Korrektur durch den Debyefaktor entsteht, ,,verschmierte'' Atome in Form einer GAUSSschen Glockenkurve entsprechen. Diese schnell konvergenten Reihen enthalten die Mittelung der Dichte

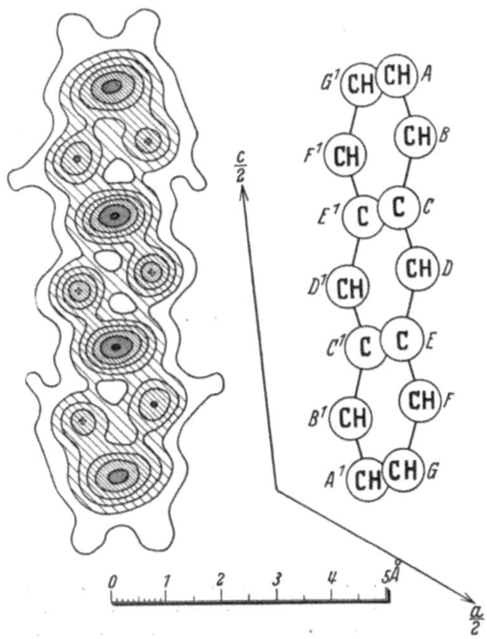

Abb. 200. Anthrazenmolekül, Ausschnitt aus einer Fourierbestimmung von Anthrazen [J. M. ROBERTSON, Proc. Roy. Soc. London (A) Bd. 140, S. 79. 1933].

[1] J. M. ROBERTSON, Proc. Roy. Soc. London (A) Bd. 140, S. 79. 1933.

über alle Werte, die sie infolge der Temperatur- und Nullpunktsbewegung annimmt. BRAGG und WEST[1] haben vorgeschlagen, bei zu langsamer Konvergenz künstlich einen $e^{-B\sin^2\vartheta}$-Faktor zuzufügen. Es ist klar, daß das Ziel schneller Konvergenz nur auf Kosten einer Verwischung der Einzelheiten der Struktur erreicht wird.

5. *Eindimensionale Fourieranalyse.* Wie in Ziff. 10 ϑ 1 gezeigt wurde, sind die Gewichte einer durch den Nullpunkt des reziproken Gitters gehenden Gittergerade die Fourierkoeffizienten für die Entwicklung der Belastungsfolge der zu der Gerade senkrecht stehenden Netzebenen. Ergänzt man also die Intensitätsmessungen an den verschiedenen Ordnungen $p\mathfrak{h}^*$ der Reflexion an der Netzebene senkrecht zu $\mathfrak{h}^*$ durch die Annahme von Vorzeichen bzw. Phasen der Wurzel aus den Intensitäten, so läßt sich mit diesen Werten als Koeffizienten die Fourierreihe aufbauen, die die Massenverteilung im Gitter projiziert auf die Netzebenennormale $\mathfrak{h}$ ergibt. Dies Verfahren ist von DUANE[2], HAVIGHURST[3] u. a. angewandt worden. Es zeigt z. B. die gleichmäßige Belastung aller Netzebenen (100) im Steinsalz, im Gegensatz zu der periodisch wechselnden Belastung von (111) durch Na bzw. Cl. Ferner läßt sich erkennen, inwieweit die Netzebenen voneinander durch leere Schichten getrennt sind (obwohl dabei auf die Unvollkommenheit der Wiedergabe infolge des Abbrechens der Fourierreihe zu achten ist). Schließlich ist die absolute Größe der Ladung durch Integration der Fourierreihe über die Umgebung einer einzelnen Netzebene anzugeben — freilich wieder mit einer Unsicherheit, die den Rückschluß auf den Ionisierungszustand der Atome nicht sicher gestattet. Alles dies ist analog zu der Fourieranalyse in zwei Dimensionen.

Besteht die einzelne Netzebene, wie die (111)-Ebenen des Steinsalztyps, aus *einer* Atomsorte, so läßt sich von der Dichteprojektion $\sigma(z)$ (z Abstand auf der Normalen zur Netzebene) übergehen zu der Dichteverteilung $s(r)$ um den einzelnen Atomkern, wenn man die Annahme macht, daß diese Dichte nur vom Abstand r vom Atomkern abhängt (kugelsymmetrisches Atom). Diese Annahme wäre für die isolierten Ionen Na^+ und Cl^- nach der Wellenmechanik richtig, da sie nur abgeschlossene Schalen enthalten. Im Kristall könnte eine Verzerrung durch das Potentialfeld der Symmetrie O_h, das am Orte jedes Ions herrscht, hinzukommen. BETHE[4] hat diesen Starkeffekt durch ein inhomogenes elektrisches Feld von gegebener Symmetrie untersucht und dabei allerdings nur die Änderung der Termwerte, nicht die Deformation der $\psi\psi^*$-Verteilung berechnet. — Diese Deformation wird bei hochsymmetrischen Feldern und Ionen mit abgeschlossenen Elektronenschalen nicht groß werden können. Setzt man also die Ladungsdichte als $s(r)$ an, so kann mit A. H. COMPTON[5] die Umrechnung so vorgenommen werden:

$s(r)\,dr$ gibt die gesamte Ladung an, die in der Kugelschale vom Volumen $4\pi r^2 dr$ enthalten ist. Die Ladungsdichte ist also $s(r)\,4\pi r^2$. In einem ringförmigen Volumelement, das zu Zylinderkoordinaten mit der Flächennormale z als Achse $\Theta = 0$ gehört, ist die Ladung enthalten

$$(s(r)/4\pi r^2)\cdot 2\pi\varrho\, d\varrho\, dz$$

und daher ist die ganze in der Höhe $(z, z + dz)$ enthaltene Ladung, soweit sie von einem Atom stammt,

$$\int_0^\infty \frac{s(r)}{4\pi r^2}\cdot 2\pi\varrho\, d\varrho\cdot dz = \sigma(z)\,dz.$$

---

[1] W. L. BRAGG u. J. WEST, Phil. Mag. Bd. 10, S. 823. 1930.

[2] W. DUANE, Proc. Nat. Acad. Amer. Bd. 11, S. 489. 1925.

[3] R. J. HAVIGHURST, Proc. Nat. Acad. Amer. Bd. 11, S. 502 u. 507. 1925; Sill. Journ. Bd. 10, S. 15. 1925 usw.

[4] H. BETHE, Ann. d. Phys. Bd. 3, S. 133. 1929.

[5] A. H. COMPTON, X Rays and Electrons, § 73.

In der Integration über ϱ von 0 bis ∞ läßt sich, da z konstant ist, wegen $r^2 = \varrho^2 + z^2$ das $\varrho\, d\varrho$ durch $r\, dr$ ersetzen, so daß man hat

$$\sigma(z) = \int_z^\infty \frac{s(r)}{2r}\, dr\,.$$

Die linke Seite ist aus den Messungen bekannt und z. B. als Fourierreihe aus den Intensitäten zu gewinnen:

$$\sigma(z) = \frac{1}{A} \sum F_n \cos 2\pi n \frac{z}{a} \qquad (*)$$

(a = Identitätsabstand, A = Anzahl Atome pro cm² der Netzebene). Dies gibt die Möglichkeit, die radiale Ladungsdichte $s(r)$ direkt mittels des gemessenen Fourierkoeffizienten auszudrücken. Es ist ja

$$\frac{d\sigma}{dz} = -\frac{s(z)}{2z}$$

oder, wenn die Variable r statt z genannt wird,

$$s(r) = \frac{4\pi}{aA} r \sum n F_n \sin 2\pi n \frac{r}{a}\,. \qquad (**)$$

Die Gesamtladung Z des Atoms wird als $\int s(r)\, dr$ erhalten, wobei bei genügend weit getrennten Atomen r von 0 bis $a/2$ läuft:

$$z = \int_0^{a/2} s(r)\, dr = -\frac{a}{A} \sum (-1)^n F_n\,.$$

Da die differenzierte Fourierreihe (**) langsamer konvergiert als die für $\sigma(z)$ gefundene (*), spielen die nicht bestimmbaren höheren Glieder in ihr eine wichtigere Rolle, so daß die Entnahme von Einzelheiten über den Schalenbau mit einiger Vorsicht geschehen muß. Abb. 201 zeigt die von Compton angegebene Ladungsdichte $s(r)$ (in Elektronen pro Ångström) für Chlor aus den Messungen an NaCl. Die ersten drei Maxima dürften dem Schalenbau des Chlor entsprechen, der weitere Verlauf (insbesondere die negativen Dichtewerte!) sind durch ungenügende Gliedzahl der Fourierreihe bedingt.

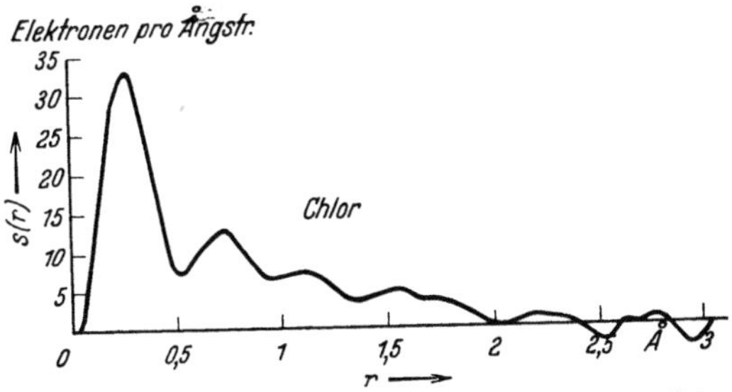

Abb. 201. Radiale Ladungsverteilung im Chlorion, aus Intensitätsmessungen an NaCl. In der Kugelschale um den Atomkern von der Dicke dr ist die Ladung $s(r) \cdot 4\pi r^2 dr$ enthalten. (Nach A. H. Compton, Buch.)

39. Ergebnisse und Anwendungsgebiete der Röntgenuntersuchung der Materie. α) Darstellung der geometrischen Ergebnisse. In den voranstehenden Ziffern war hauptsächlich von den *Methoden* der Röntgenuntersuchung die Rede. Ihre *Ergebnisse* finden sich in fast allen Kapiteln ds. Handb. benutzt. Denn die neue Methode hat seit ihrer Entdeckung 1912 (trotz des Krieges) in ungestümem Drang sich fortentwickelt und auf den verschiedensten Gebieten Anwendung gefunden. Einen Überblick über die Entwicklung gibt Abb. 202, welche die Anzahl der Arbeiten, die Strukturbestimmungen enthalten (nach allerdings nicht sehr exakten Unterlagen), zu erfassen sucht. (Der scheinbare Rückgang der Zahl von Arbeiten in den Jahren 1929 und 1930 dürfte durch unvollständige Erfassung der Literatur verursacht sein.) Die Zahl der untersuchten Kristallstrukturen bewegt sich gegenwärtig (1933) um die 2000. Ewald und HERMANN[1] haben die im Zeitraum 1913 bis Ende 1928 bestimmten Strukturen in einem „Strukturbericht“ zusammengestellt (von dem ein zweiter Band für 1928—1932 in Vorbereitung ist) und geben darin rund 1300 Substanzen als untersucht an, deren Strukturen, soweit sie vollständig bestimmt sind, in einige 120 „Typen“ eingeordnet werden. Andere, weniger umfangreiche Sammlungen der Ergebnisse, finden sich in den Tabellenwerken[2] sowie als selbständige Veröffentlichungen[3].

Was die *Darstellung der Ergebnisse* betrifft, so ist hierfür noch kein durchaus befriedigender Weg gefunden. Zwei Arten der Sammlung bieten sich dar: die eine geordnet nach den inneren Zusammenhängen der Strukturen, also nach kristallchemischen Gesichtspunkten, die andere geordnet nach der formalen geometrischen Beschreibung. EWALD und HERMANN haben im Strukturbericht den zweiten Weg gewählt, einmal, weil die exakte, koordinatenmäßige Darstellung für die weitere Verwertung der Struktur den Ausgangspunkt und für die Aufzählung eine bequeme und sichere Grundlage bildet, und zweitens, weil hiermit zugleich eine Anordnung nach den Typen der chemischen Formel verbunden werden kann [z. B. Verbindungen AB, AB_2, A_nB_m, ABX_3, $A(BX_3)_2$, . . .], durch die die Atomzahlen und die geometrische Konfiguration bestimmt werden. Demgegenüber erhält eine Anordnung nach kristallchemischer Verwandtschaft — soweit sie sich von der obigen unterscheidet — zur Zeit noch nicht die wünschenswerte Eindeutigkeit und Durchsichtigkeit.

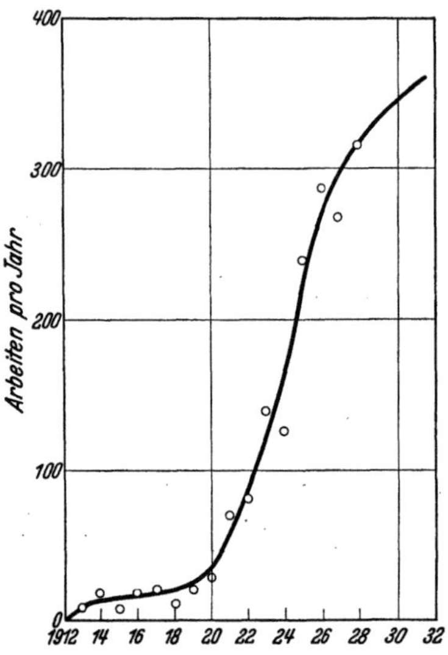

Abb. 202. Zahl der jährlichen Strukturuntersuchungen 1912—1932.

Bei der zeichnerischen Darstellung der einzelnen Struktur lassen sich verschiedene „Style“ unterscheiden[4]: von der ganz schematischen Eintragung der Atomlagen in die perspektivisch oder in Rissen dargestellten Zelle bis zur Herauszeichnung einzelner Gruppen von kugelförmigen oder gar deformierten Atomen. Die Atome durch Kugeln bestimmter Größe darzustellen, ist für die Fragen der

[1] P. P. EWALD u. C. HERMANN, Strukturbericht 1913—1928. Leipzig: Akad. Verlagsges. 1931 (Erg.-Bd. der ZS. f. Krist.). Die Fortsetzung erscheint wie der erste Band in Anhängebogen zur ZS. f. Krist. Der Strukturbericht enthält neben der Sammlung der Daten Referate der einzelnen Arbeiten. Diese fallen bei den weiterhin zu nennenden Datensammlungen fort.

[2] LANDOLT-BÖRNSTEIN, Erg.-Bd. II. Berlin: Julius Springer 1931 (Bearbeiter EWALD-HERMANN). Der Erg.-Bd. II enthält die vollständige Datensammlung, so daß ein Zurückgreifen auf den Hauptband und Erg.-Bd. I nicht nötig ist; International Critical Tables Bd. I. New York 1926 (Bearbeiter WYCKOFF); Tables Annuelles de constantes et données numériques. Paris: Gauthier-Villars. Erscheint jährlich, zuletzt 1932 mit Daten aus dem Jahre 1929. Bearbeiter M. MATHIEU.

[3] Z.B. R. W. G. WYCKOFF, The Structure of Crystals, 2. Edition. New York 1931; The Chemical Catalog Co. In der umfangreicheren zweiten Hälfte dieses Lehrbuchs werden die ausgeführten vollen Strukturbestimmungen kritisch besprochen; C. M. NEUBURGER, Die Gitterkonstanten der Elemente. Leipzig: Akad. Verlagsges. 1932; I. E. KNAGGS, B. KARLIK u. C. F. ELAM, Tables of Cubic Crystal Structure. London: Ad. Hilger Ltd. 1932. Aufzählung der bekannten kubischen Strukturen geordnet nach der Größe der Gitterkonstanten, zum Gebrauch bei Analyse mittels Röntgeninterferenzen: E. SCHIEBOLD, Die Struktur der Silikate. Ergebn. d. exakt. Naturwissensch. Bd. XI. Berlin: Julius Springer 1932.

[4] Für räumliche Modelle wurde ähnliches vom Verfasser gelegentlich der Besprechung der BRAGGschen Stereoskopbilder von Kristallstrukturen (Verlag Ad. Hilger Ltd., London) ausgeführt (ZS. f. Krist. Bd. 74, S. 433. 1930).

Raumerfüllung sicher berechtigt. Ein Überblick über die gesamte Basis wird bei komplizierteren Strukturen aber dadurch erschwert, daß die vorderen Atome dann die hinteren verdecken. Jedenfalls ist eine klare Zeichnung der Photographie von Modellen meist vorzuziehen[1]. Bei komplizierten Strukturen bleibt nichts übrig als eine Schematisierung von Molekülen, Atomketten und ähnlichen Gebilden und Angabe der Lage dieser Bauelemente zueinander (z. B. organische Strukturen, Silikate).

Der „Strukturbericht" brachte zum erstenmal die systematische Darstellung der Umgebung der einzelnen Atome durch „*Nachbarschaftsbilder*", die die Koordinationsverhältnisse der Atome schnell zu überblicken gestatten und die Grundlage für die Herstellung von räumlichen Modellen[2] sind.

Für die Beschreibung durchs Wort gilt ähnliches wie für die Zeichnung. Eine Schilderung der Atomumgebungen einschließlich der Angabe der kürzesten Abstände der Atome ist jetzt fast allgemein gebräuchlich und erscheint notwendig. Auch das Zurückgreifen auf einfachere Strukturtypen, in denen dann einzelne Atomsorten durch Atomgruppen ersetzt werden, erleichtert oft die Auffassung der komplizierten Struktur. Ebenso die Angabe von Baugruppen, Inseln, Ketten usw. (s. Ziff. 11 δ).

β) Kristallchemie. Hierüber findet sich in Bd. XXIV/2 ds. Handb. das ausführliche Kapitel von H. G. Grimm und H. Wolff. *Hier* sind neben einigen Einzelfragen, die methodisches Interesse haben, die allgemeinen Ergebnisse nur insoweit zu besprechen, als sie ihrerseits als Hilfsannahmen neben der reinen Röntgenuntersuchung bei der Strukturbestimmung benutzt werden.

1. Fragen des Bindungscharakters. Aufs deutlichste tritt in den typischen Fällen der Bindungscharakter in der Gitterstruktur hervor. Neben die polare („heteropolare") und nichtpolare („homoiopolare") Bindung tritt in der neueren Klassifikation[3] noch die diamantartige und die metallische. Auf der Grundlage der Kräfte kann polar und nichtpolar ersetzt werden durch: wesentlich bedingt durch Coulombsche Kräfte zwischen den ionisierten Atomen bzw. bedingt durch van der Waalssche Dipol- und sonstige Polarisationskräfte. Die diamantartige Bindung tritt bei Verbindungen auf, die den Abschluß einer Elektronenuntergruppe gestatten. Bei ihr wie bei der metallischen Bindung kommt es auf die Gesamtzahl der Valenzelektronen im Verhältnis zur Atomzahl an, nicht, wie bei den polaren Stoffen auf die Elektronenzahlen der einzelnen Atome. So bleibt nach Tabelle 12 (nach Goldschmidt[4]) der Atomabstand innerhalb der Verbindungsreihe mit Diamantbindung von SnSn, InSn, CdTe, AgJ konstant. Wären diese Verbindungen polar, so würden die Abstände sich mit steigender Ionenladung wesentlich verkleinern.

Bei Metallen ist festgestellt worden[5], daß oft gewisse Verhältnisse wie 2:3 und 13:21 der *Anzahl Atome zur Zahl der Valenzelektronen* kritisch sind, in dem Sinn, daß Änderungen der Struktur bei ihrem Überschreiten auftreten und Metallverbindungen mit gleichem Verhältnis ähnlich kristallisieren. So liegt die

[1] Vgl. jedoch die schönen Stereoskopaufnahmen von Bragg (vor. Anm.). Bereits früher wurden Stereoskopaufnahmen von Modellen in den Handel gebracht (Göttinger Phys. Werkstätten).

[2] Solche sind, nach diesen Angaben hergestellt, erhältlich bei der Firma Kristall-Struktur, München SW, Goetheplatz 1.

[3] Siehe z. B. H. G. Grimm u. A. Sommerfeld, ZS. f. Phys. Bd. 36, S. 36. 1926; V. M. Goldschmidt, ZS. f. Elektrochem. Bd. 34, S. 453. 1928; Trans. Faraday. Soc. Bd. 25, S. 253. 1929.

[4] V. M. Goldschmidt, Trans. Faraday Soc. Bd. 25, S. 253. 1929.

[5] W. Hume-Rothery, Journ. Inst. Metals Bd. 35, S. 313. 1926; A. Westgren u. J. Phragmén, ZS. f. Metallkde. Bd. 18, S. 279. 1926; J. D. Bernal, Ergebn. d. techn. Röntgenkunde Bd. II, S. 200. Leipzig: Akad. Verlagsges. 1931.

Existenzgrenze der γ-Phase einiger Kupferlegierungen bei den Verbindungen Cu_5Zn_8, Cu_9Al_4, $Cu_{31}Sn_8$, die alle dem Wert 13:21 entsprechen.

Oft liegen über die Bindungsart einer Substanz ziemlich genaue und sicher begründete Anschauungen auf Grund des chemischen und physikalischen Verhaltens vor (opt. Verhalten, Leitfähigkeit, Härte, Flüchtigkeit, Stellung der Atomsorten im period. System usw.). Steht die Strukturbestimmung hierzu im Gegensatz, so ist ihr gegenüber meist Mißtrauen geboten. Denn nur in wenigen Fällen haben sich die wohlbegründeten chemischen Ansichten nicht bestätigt!

Tabelle 12. Konstanz der Atomabstände bei Diamantbindung.

Atomnummern bzw. Elektronenzahlen	Verbindung	Gitterkonstante	Atomabstand
50 ; 50	SnSn	6,46 Å	2,79 Å
49 ; 51	InSb	6,452	2,793
48 ; 52	CdTe	6,463	2,799
47 ; 53	AgJ	6,491	2,811

2. Konstitutionsformeln. Andererseits dienen Strukturuntersuchungen, auch wenn sie unvollständig bleiben, oft zur *Entscheidung zwischen Konstitutionsformeln*, die chemisch nicht eindeutig bestimmbar sind. Dies gilt sowohl auf anorganischem Gebiet im Bereich der WERNERschen Koordinationslehre[1] als auf organischem Gebiet[2]. Auf anorganischem Gebiet verdienen besonders die systematischen Arbeiten von V. M. GOLDSCHMIDT[3] über die Kristallchemie der einfachen Verbindungen sowie die großartigen Untersuchungen von W. L. BRAGG[4] und Mitarbeitern genannt zu werden, die der *Silikatchemie* völlig neue Grundlagen gegeben haben; auf organischem Gebiet sind die Röntgenstrahlen nach den vielversprechenden Anfängen BERNALS[5] u. a. berufen, ein wichtiges Hilfsmittel zur Klärung der Konstitution der sehr verwickelten *physiologisch-chemisch* wichtigen Substanzen, wie Aminosäuren, Proteine usw., zu werden, die wegen der Schwierigkeit ihrer Herstellung manchmal nur in sehr geringer Menge rein dargestellt werden können. Die Röntgenmethode ergänzt hier die besten Methoden der Mikroanalyse, die zudem kaum so tiefgehende Aufschlüsse über die Konstitution geben würde. Die Schlußweise dieser Untersuchung, wie sie übrigens schon sehr frühzeitig bei anderen Stoffen von verwickeltem chemischem Aufbau von JAEGER[6] verwendet worden ist, ist anwendbar, sobald die Raumgruppe durch Auslöschungen und die Zellgröße feststeht: Aus der Zahl der Moleküle in der Zelle folgt die Unterbringung des Moleküls an gewissen ausgezeichneten Punkten der Zelle, und damit werden an das Molekül selbst Sym-

[1] Z. B. finden sich in den Strukturen der Metasilikate nicht die Gruppen $[SiO_3]$, die in den chemischen Konstitutionsformeln eine wichtige Rolle spielten, sondern nur Koordinationen $[SiO_4]$.

[2] Unterscheidung der Substitutionsorte in Äthanderivaten: K. YARDLEY, Proc. Roy. Soc. London (A) Bd. 118, S. 449. 1928. Gleichwertigkeit beider O-Atome in der Gruppe (CH_3COO) in bas. Berylliumazetat: G. T. MORGAN u. W. T. ASTBURY, Proc. Roy. Soc. London (A) Bd. 112, S. 441. 1926; s. auch J. WYART, Bull. Soc. France Miner. Bd. 49. 1926.

[3] V. M. GOLDSCHMIDT, „Geochemische Verteilungsgesetze der Elemente". Schriften der Norwegischen Akademie d. Wiss. in Oslo, Math.-naturw. Kl., insbesondere 1926, Nr. 8, woselbst ein Verzeichnis von 45 Untersuchungen von GOLDSCHMIDT und Schülern.

[4] W. L. BRAGG, Die Struktur der Silikate. Leipzig: Akad. Verlagsges.; ZS. f. Krist. Bd. 74, S. 237. 1930; Trans. Faraday Soc. Bd. 25, S. 291. 1929; s. auch den Bericht von E. SCHIEBOLD in Ergebn. d. exakt. Naturwissensch. Bd. XI, S. 354. 1932.

[5] J. D. BERNAL, ZS. f. Krist. Bd. 78, S. 363. 1931.

[6] F. M. JAEGER, Lectures on the Principle of Symmetry. Amsterdam 1920.

metrieansprüche gestellt, die manche Konstitutionsformeln schon ausscheiden. Zum Beispiel: Hexamethylentetramin $C_6H_{12}N_4$ hat nach der Bestimmung von DICKINSON[1] zwei Moleküle in der kubischen Zelle. Diese müssen demnach mindestens Tetraedersymmetrie haben, wodurch erstens die vier N- und zweitens die sechs C-Atome je untereinander gleichwertig sind. Hiermit ist von den Konstitutionsformeln, wie sie von chemischer Seite vorgeschlagen wurden,

(1) $CH_2 : C \cdot CH \cdot CH(NH_2) \cdot CH(NH_2) \cdot CH : NH$ (mit NH-Brücke zwischen C und CH)   (2) $N \equiv (CH_2 \cdot N : CH_2)_3$

(3) 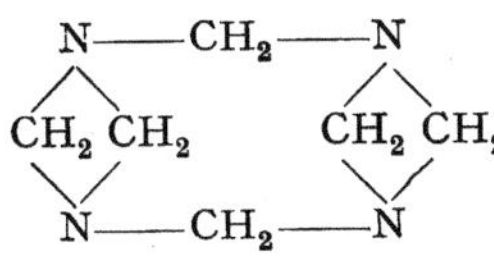

(4) 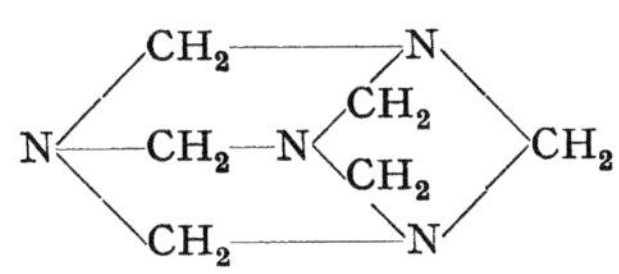

nur die letzte möglich.

Zahlreiche Arbeiten sind über das *Pentaerythrit* und seine Abkömmlinge ausgeführt worden[2]. Hier hatte die Strukturanalyse zunächst darauf geführt, daß das zentrale Kohlenstoffatom dieses vierwertigen Alkohols von seinen vier angehängten Gruppen auch nicht annähernd tetraedrisch umgeben sein könne, sondern mit ihnen zusammen eine vierseitige Pyramide bilden müsse. Diese den chemischen Ansichten widersprechende Folgerung zeigte sich aber als bedingt durch die Annahme einer falschen kristallographischen Symmetrie (polare Achse). Diese wiederum stellte sich später als bloße Wachstumserscheinung heraus, die bei symmetrischen Wachstumsbedingungen vermeidbar war. Auch hier bewährte sich also schließlich das VAN 'THOFF-LE BELsche tetraedrische Kohlenstoffatom.

3. Polymerisation. Die bloße Feststellung von Zellgröße und Raumgruppe führt zu bestimmten Aussagen über die *Polymerisation*, wie besonders A. REIS betont hat. Man kann zunächst, anknüpfend an die Ideenbildungen von REIS und WEISSENBERG (vgl. Ziff. 11 γ), von Molekülen endlicher Größe nur dann sprechen, wenn die in der Grundzelle geschlagenen Verbindungen zwischen Atomen und Gruppen von solchen sich nicht aus Symmetrie über die Zelle hinaus fortsetzen,

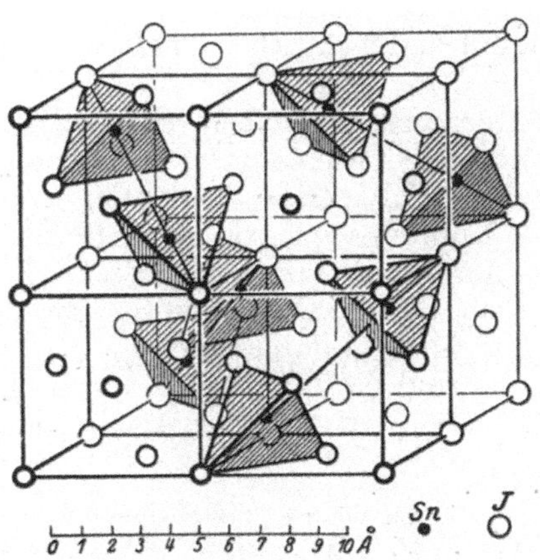

Abb. 203. Zinntetrajodid SnJ_4. Gruppen SnJ_4 zusammengefaßt.

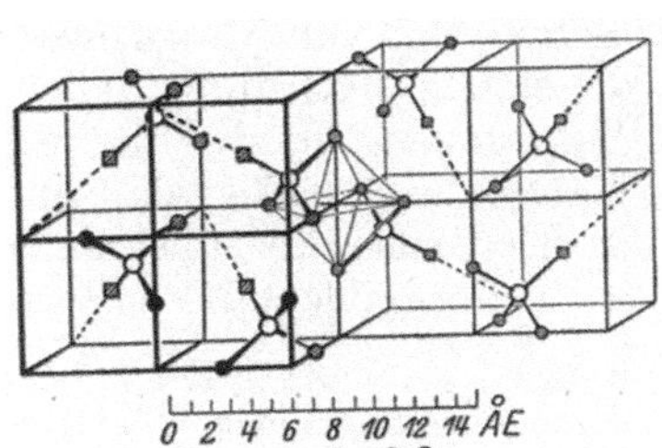

Abb. 204. Zinntetrajodid SnJ_4. Gruppen Sn_2J_8 zusammengefaßt.

d. h. nur, wenn Mikroinseln als Moleküle in Frage kommen. Es müssen aber nicht immer notwendig alle zu einer größten Mikroinsel geometrisch zusammenfaßbaren Atome sinnvollerweise als Molekül angesprochen werden. Die Abb. 203 und 204 geben die Struktur des kubischen Zinntetrajodids in ver-

[1] R. G. DICKINSON u. A. L. RAYMOND, Journ. Amer. Chem. Soc. Bd. 45, S. 22. 1923.
[2] Vgl. Strukturbericht.

schiedener Darstellung wieder. In Abb. 203 sind SnJ_4-Gruppen zu Mikroinseln zusammengefaßt, in Abb. 204 Gruppen Sn_2J_8. Liegt eine Notwendigkeit vor, wegen der zweiten Auffassung der Struktur von einer Polymerisation des Formelgewichts SnJ_4 zu sprechen? Offenbar nicht; die Aussage erschöpft sich im Negativen: die Polymerisation kann nicht höher als zweifach sein, aber zwischen einfach und zweifach kann die Strukturbestimmung nicht entscheiden. Man wird unter Umständen zu einer sinnvollen Anwendung des Molekülbegriffs in solchen Fällen kommen, wenn man über die Geometrie des festen Zustands hinausgeht und beispielsweise für SnJ_4 an der Zusammenfassung gemäß Abb. 203 festhält, weil die Dampfdichte des ziemlich leicht flüchtigen SnJ_4 für die Gasform das einfache Formelgewicht als Molekül liefert. Aber Gas ist für den festen Körper nicht beweisend — und wenn man an die Koordinationskräfte zwischen den Jodatomen nach Abb. 203 denkt, wird man bald auf die Fragwürdigkeit des ganzen Molekülbegriffs in diesem Fall geführt.

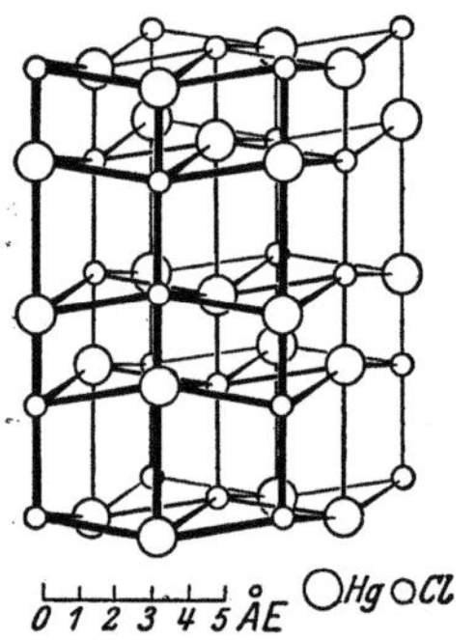

Abb. 205. Kalomel HgCl. Zusammenfassung sowohl zu Gruppen HgCl wie zu Hg_2Cl_2 möglich.

Ein Gegenstück zum SnJ_4 ist der Senarmontit Sb_2O_3, in dessen Struktur (Abb. 82) keine kleineren Gruppen von der formelmäßig richtigen Zusammensetzung sich herausgreifen lassen, als die doppelten Formelgewichte. Hier ist der Schluß auf Polymerisation 2 zwangläufig. Auch der Dampf besteht, wie seit langem bekannt, aus As_4O_6-Molekülen. — In Kalomel HgCl (Abb. 205) hingegen liegt der Fall wie bei SnJ_4 unbestimmt: sowohl HgCl wie $(HgCl)_2$ sind Mikroinseln. Auch hier spricht ein außerhalb der Strukturgeometrie liegender Grund, die Dampfdichte, für $(HgCl)_2$.

Aber auch die gekürzten *Bruttoformeln* von Stoffen sind durch Röntgenuntersuchungen abgeändert worden. Als Beispiel sei der *Tremolit* angeführt, dessen Bruttoformel meist mit $CaMg_3(SiO_3)_4$ angegeben wurde. WARRENS[1] Strukturbestimmung hat ihm die Formel $H_2Ca_2Mg_5(SiO_3)_8$ zugewiesen, die auch mit der chemischen Analyse besser als die alte übereinstimmt.

4. *Hochpolymere.* Ausgiebig wurden Röntgenuntersuchungen herangezogen zur Aufklärung der *hochpolymerisierten Substanzen*[2], wie der Zellulose (polymerisierte Glykosereste), der Polyoxymethylene (Polymerisationsprodukte aus Formaldehyd) und von Kautschuk[3] (polymeres Isopren) sowie von Haar[4] (Wolle). Auch die hohen Fettsäuren fallen zum Teil unter diese Betrachtungen. Bei diesen Substanzen tritt der merkwürdige Fall ein, daß die Röntgeninterferenzen so weit auseinanderliegen, daß auf eine viel kleinere Zelle geschlossen werden muß, als der Größe des Moleküls entspricht. So sind die Diagramme von hochpolymerem Formaldehyd — Formel $R-(O-CH_2)_n-O-R$ mit $R = H$ oder

[1] B. E. WARREN, ZS. f. Krist. Bd. 72, S. 42 u. 492. 1929.

[2] Vorzügliche Sammeldarstellungen dieser Fragen, nicht allein vom Gesichtspunkt der Röntgenuntersuchung aus, finden sich in K. A. MEYER u. H. MARK, Der Aufbau der hochpolymeren organischen Naturstoffe. Leipzig: Akad. Verlagsges. 1930; R. O. HERZOG, H. HOFFMANN u. O. KRATKY, Handb. d. Biochemie d. Menschen u. d. Tiere, 2. Aufl., Erg.-Bd. S. 1—62. Jena: G. Fischer 1930 (Kap. Fortschritte a. d. Gebiet d. hochmolekul. Verbindungen); ferner H. MARK, Die Untersuchung von Fasern und Metallen m. Röntgenstr., in BERL-LUNGE, Chem.-techn. Untersuchungsmethoden, 8. Aufl., Bd. I, S. 989—1019. Berlin: Julius Springer 1930; Kautschuk bei L. HOCK, Physik des Kautschuks. Handb. d. Kautschukwissenschaft. Leipzig 1930.

[3] Vgl. L. HOCK, Handb. d. Kautschukwissenschaft, S. 436—574. Leipzig: S. Hirzel 1930.

[4] W. T. ASTBURY u. A. STREET, Phil. Trans. (A) Bd. 230, S. 75. 1931; W. T. ASTBURY, Fundamentals of Fibre Structure, Oxford Univers. Press 1933.

HSO_3 oder CH_3 oder CH_3CO usw. — hexagonal indizierbar, wobei neben der Zellkante $a = 4{,}46$ Å für c aus den Schichtlinien Werte wie 3,47; 4,3; 5,7 Å zu folgen scheinen. Pulveraufnahmen von sämtlichen höheren Polymeren stimmen nach Lage und Intensität der Linien überein. Die gleichen Linien finden sich auch bei den niederen Polymeren ($n < 20$), die löslich sind und sich durch fraktionierte Kristallisation voneinander trennen lassen. Bei diesen einheitlichen Substanzen gibt es aber um den Primärstrahl eng herum überzählige Linien, die einem Netzebenenabstand entsprechen, der von der Polymerisationsstufe $n = 8$ bis $n = 19$ von 23,7 Å bis 43,7 Å regelmäßig um etwa 1,9 Å pro CH_2O-Gruppe wächst. Diese Interferenzen geben also erst die wahre Länge des Moleküls an. Bei den hohen, nicht isolierbaren Polymerisationsstufen sind sie verwischt und unsichtbar, und es bleiben nur die kurzen, durch die Abstände der einzelnen Kettenglieder bedingten Interferenzen übrig. Die langen Moleküle, die durch Wiederholung derselben Gruppe entstehen und nur durch ihr Abbrechen und evtl. abweichende Randgruppen die Periodizität ihres Inneren zerstören, geben um die Molekülachse sehr enge Schichtlinien, von denen — bei Wiederholung von n Gruppen im Molekül — nur je die durch n teilbaren Ordnungen und ihre Nachbarordnungen intensiv sind, die zwischenliegenden um so schwächer, je ausgedehnter die Periodizität. Diese Intensitäten der Schichtlinien geben direkt das Fourierspektrum der Massenverteilung auf der Molekülachse. Die Betonung der Schichtlinien in regelmäßiger Folge ist von Sir WILLIAM BRAGG[1] als *„principle of enhancement"* (Betonung) bezeichnet worden.

5. *Ketonisierung.* Auf ähnlichen Bahnen bewegen sich die schönen Untersuchungen von SHEARER[2] über den *Ort der Ketonisierung* in langen aliphatischen Ketten, d. h. über die Frage, an welcher Stelle in einem Molekül

$$H_3C{-}CH_2{-}\cdots CH_2{-}(C{=}O){-}CH_2{+}\cdots CH_2{-}CH_3$$

der Sauerstoff sitzt. SHEARER stellt sich das Molekül infolge der CH_2-Gruppen als gleichmäßig belastet vor; dazu tritt eine zusätzliche Belastung durch die etwas schwerere (besser streuende) Gruppe ($C{=}O$) und eine negative Belastung am Ort der endständigen H-Atome. Befindet sich nun die Ketogruppe auf $1/p$ der ganzen Moleküllänge, so werden die $p$te Ordnung und ihre Vielfachen bei der Interferenz durch die Gegenwirkung von positiver und negativer Belastung geschwächt. Diese Vorstellung lieferte eine Bestimmung des Ortes der Ketonisierung, die mit den Ergebnissen der chemischen Verfahren gut übereinstimmte.

6. *Gestalt des Benzolrings.* Diese Untersuchungen leiten zu anderen Anwendungen der Röntgeninterferenzen zur Ermittlung oder Präzisierung der chemischen Molekularformel über, bei denen nicht allein von der Zellgröße und Raumgruppe, sondern von einer vollen Parameterbestimmung Gebrauch gemacht wird. Hier ist viel Arbeit auf die Bestimmung der genauen *Gestalt des Benzolrings* verwandt worden. Ist es ein ebener Ring, wie der Kohlenstoffring in Graphit oder ein gewellter Ring, wie in Diamant? (Von diesen gibt es zwei: einfach geknickter Ring von \/-Form, und doppelt geknickter von der Form /\/ „puckered ring"). Die Frage konnte am Benzol selbst noch nicht endgültig entschieden werden, obwohl es COX[3] gelang, an Einkristallaufnahmen die ebene Gestalt des Rings sehr wahrscheinlich zu machen. LONSDALE[4] hat am 6fach methylierten Benzol $C_6(CH_3)_6$ mit Sicherheit aus Intensitätsgründen auf

[1] Sir WILLIAM BRAGG, Nature Bd. 121, S. 327. 1928.

[2] G. SHEARER, Proc. Roy. Soc. London (A) Bd. 108, S. 655. 1925; W. B. SAVILLE u. G. SHEARER, Journ. Chem. Soc. London Bd. 127, S. 591. 1925.

[3] E. G. COX, Proc. Roy. Soc. London (A) Bd. 135, S. 491. 1932.

[4] K. LONSDALE, Proc. Roy. Soc. London (A) Bd. 123, S. 494. 1929.

einen *ebenen* Ring schließen können. Neuerdings hat sie die in Ziff. 38 δ 4 herangezogene Fourieranalyse von C_6Cl_6 durchgeführt, die aber nur den Grundriß des C_6-Ringes, in Übereinstimmung mit dem des Graphits, ergab, und über die Abweichung von der Ebenheit das Ergebnis noch ausstellen läßt. Hingegen führt die Analyse des Anthrazens durch ROBERTSON[1] (vgl. Abb. 200) mit Sicherheit auf ebene Benzolringe, ohne daß die Kristallsymmetrie dies erforderte.

7. *Atom- und Ionenradien.* Neben den Ansichten über die Art der Verkettung der Atome in den Konstitutionsformeln dienen Betrachtungen über die *Raumbeanspruchung an Atome* zum Verständnis der Strukturen und als Hilfsbetrachtungen bei ihrer Entzifferung. Es sei auf Bd. XXIV/2 ds. Handb. verwiesen, wo das diesbezügliche Material ausführlich dargestellt wird. Hier sei nur kurz erwähnt, daß W. L. BRAGG[2], auf den viel älteren Vorstellungen von BARLOW und POPE, ja von KELVIN, fußend, zuerst *Atomradien* eingeführt hat. Aus den Kristallstrukturen ist stets nur eine Radiensumme als Abstand zweier Atome bekannt, und das Problem beginnt mit der Frage der Aufteilung der Summe auf die Partner. BRAGG begann mit den Elementen, wo der Radius gleich dem halben Abstand ist, schritt über Pyrit zum Schwefelradius und von dort zu Zinkblende usw. fort. Später unterschied man zwischen Atom- und Ionenradien und nahm für letztere als Ausgangspunkt ein Alkalihalid (wie KCl), in dem beide Ionen bei einer nur um 2 Einheiten verschiedenen Kernladung gleiche Elektronenzahl haben. Ihr Radienverhältnis wird gleich 1 oder nur wenig davon abweichend angesetzt. Die heute am besten bewährte Radientabelle ist die von V. M. GOLDSCHMIDT[3] aufgestellte, die sich mit einer von PAULING[4] aus theoretischen Überlegungen hergeleiteten ziemlich genau deckt. GOLDSCHMIDT geht zur Ableitung absoluter Atomradien so vor: Ein Gitter kann nur stabil sein, wenn eine Berührung von ungleichnamigen Ionen möglich ist, ohne daß gleichzeitig zu viele Berührungsstellen zwischen gleichnamigen vorkommen. Wenn beispielsweise im CsCl-Gitter jedes Metallatom acht Cl-Nachbarn hat, im RbCl-Gitter (Steinsalztyp) dagegen nur sechs, so schließt GOLDSCHMIDT daraus, daß das Cs-Ion groß genug ist, um acht Cl-Ionen in Würfelform um sich herumzupacken, ohne daß diese einander berühren, während das kleinere Rb-Ion nur noch für sechs Cl-Ionen Platz hat. Hieraus folgt mit einfachen geometrischen Überlegungen für die Radien von Cs^+, Rb^+ und Cl^-:

$$r_{Cs} \geqq (\sqrt{3} - 1)\, r_{Cl} \geqq r_{Rb} \geqq (\sqrt{2} - 1)\, r_{Cl}\,.$$

Findet man nun in anderen Reihen von chemisch verwandten Substanzen plötzliche Änderungen der Koordinationszahl, so kann man ähnliche Ungleichungen mit anderen Zahlenkoeffizienten gewinnen. Das sehr reiche experimentelle Material, das GOLDSCHMIDT gesammelt hatte, erlaubte eine recht sichere (bis auf wenige Prozent genaue) Eingabelung der Atomradienverhältnisse. Seine Ergebnisse für die wichtigesten Atom- und Ionenarten sind in Abb. 206 graphisch dargestellt.

Tabelle 13[5] gibt dazu eine Übersicht über die Atom- und Ionenradien, wie sie teils von GOLDSCHMIDT empirisch aus Kristallabständen, teils durch wellen-

---

[1] J. M. ROBERTSON, Proc. Roy. Soc. London (A) Bd. 140, S. 79. 1933.

[2] W. L. BRAGG, Phil. Mag. Bd. 40, S. 169. 1920.

[3] V. M. GOLDSCHMIDT, z. B. Trans. Faraday Soc. Bd. 25, S. 253. 1929; ZS. f. Elektrochem. Bd. 34, S. 553. 1928; Chem. Ber. Bd. 60, S. 1263. 1927; ZS. f. techn. Phys. Bd. 8, S. 251. 1927.

[4] L. PAULING, Journ. Amer. Chem. Soc. Bd. 49, S. 765. 1927; ZS. f. Krist. Bd. 67, S. 377. 1928.

[5] V. M. GOLDSCHMIDT, Trans. Faraday Soc. Bd. 25, S. 253. 1929; Ergebn. d. techn. Röntgenkunde Bd. II, S. 179. 1931.

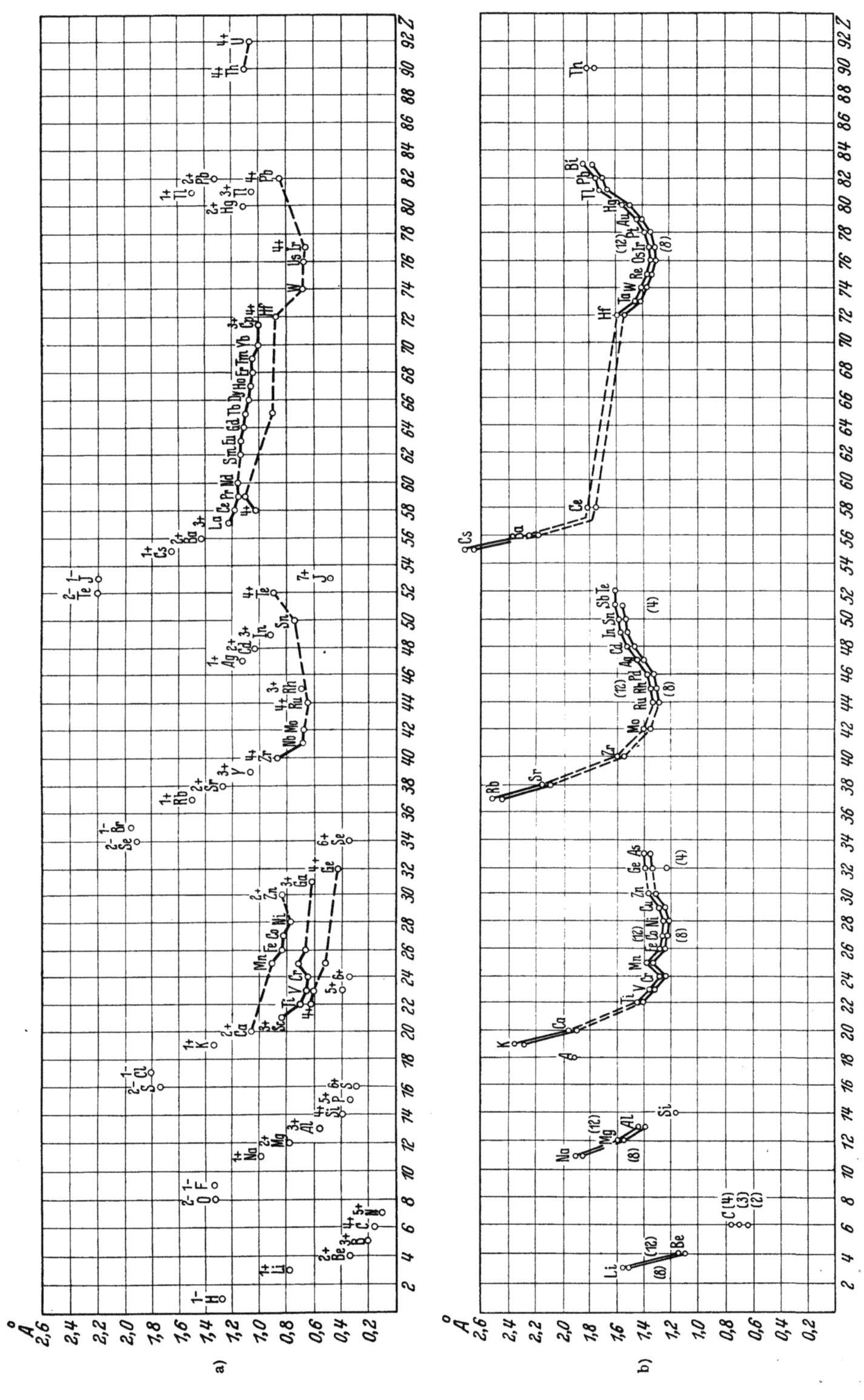

Abb. 206. a) Ionenradien der Atome bei verschiedenem Ionisierungsgrad, b) Atomradien in Metallen und einigen andern Elementen bei verschiedenen Koordinationsgraden. (Bilder nach V. M. GOLDSCHMIDT, Trans. Faraday Soc. Bd. 25, S. 253. 1929.)

mechanische Annäherungsrechnung von PAULING gewonnen worden sind (Genaueres hierüber s. in Bd. XXIV/2 ds. Handb.). Dies sind jedenfalls die Werte, die sich als Hilfsmittel bei Kristallstrukturbestimmungen am besten bewährt haben.

Am gleichen Atom werden je nach der Ionisierung und je nach der Koordinationszahl verschiedene Radien gefunden. Höhere Koordination, d. h. gleichförmigere Ausfüllung der Nachbarschaft, vergrößert die Abstände um mehrere Prozent.

Bei solchen Tabellen darf nicht vergessen werden, daß sie nur in klaren Fällen — z. B. bei feststehendem Ionisationszustand und ausgesprochener Koordination — Geltung beanspruchen. Die Mannigfaltigkeit des Kräftespiels zwischen den Atomen ist zu groß, als daß eine Aufteilung der Abstände in Atomradien im Sinne eines beliebig präzisierbaren Gesetzes sinnvoll wäre. Immerhin weichen die gefundenen Abstände selten um 5% von den nach der Tabelle be-

Tabelle 13. Radienzusammenstellung nach V. M. GOLDSCHMIDT (Ergebn. d. techn. Röntgenkunde Bd. 2, S. 151. 1931).

I. Empirische Ionenradien (V. M. GOLDSCHMIDT 1926) und theoretische Ionenradien (L. PAULING 1927) für die Koordinationszahl [6].

		1—	0	1+	2+	3+	4+	5+						
		H	He	Li	Be	B	C	N						
							max	max						
G. emp.		1,27	ca. 1,22	0,78	0,34	—	0,2	0,1—0,2						
P. theor.		2,08	—	0,60	0,31	0,20	0,15	0,11						
	2—	1—	0	1+	2+	3+	4+	5+	6+					
	O	F	Ne	Na	Mg	Al	Si	P	S					
G. emp.	1,32	1,33	ca. 1,52	0,98	0,78	0,57	0,39	0,3—0,4	0,34					
P. theor.	1,40	1,36	—	0,95	0,65	0,50	0,41	0,34	0,29					
	2—	1—	0	1+	2+	3+	4+	5+	6+	1+	2+	3+	4+	6+
	S	Cl	Ar	K	Ca	Sc	Ti	V	Cr	Cu	Zr	Ga	Ge	Se
G. emp.	1,74	1,81	1,92	1,33	1,06	0,83	0,64	ca. 0,4	0,3—0,4	—	0,83	0,62	0,44	0,3—0,4
P. theor.	1,84	1,81	—	1,33	0,99	0,81	0,68	0,59	0,52	0,96	0,74	0,62	0,53	0,42
	2—	1—	0	1+	2+	3+	4+	5+		1+	2+	3+	4+	
	Se	Br	Kr	Rb	Sr	Y	Zr	Nb		Ag	Cd	In	Sn	
G. emp.	1,91	1,96	ca. 2,1	1,49	1,27	1,06	0,87	0,69		1,13	1,03	0,92	0,74	
P. theor.	1,98	1,95		1,48	1,13	0,93	0,80	0,70		1,26	0,97	0,81	0,71	
	2—	1—	0	1+	2+	3+	4+			1+	2+	3+	4+	
	Te	J	X	Cs	Ba	La	Ce			Au	Hg	Tl	Pb	
G. emp.	2,11	2,20	ca. 2,3	1,65	1,43	1,22	1,02			—	1,12	1,05	0,84	
P. theor.	2,21	2,16	—	1,69	1,35	1,15	1,01			1,37	1,10	0,95	0,84	

II. Einige empirische Ionenradien nach GOLDSCHMIDT und PAULING.

	1+	1+	2+	2+	2+	2+	2+	3+	3+	3+	3+	3+	3+		
	NH_4	Tl	Mn	Fe	Co	Ni	Pb	Ti	V	Cr	Mn	Fe	Rh		
G. emp.	1,43	1,49	0,91	0,83	0,82	0,78	1,32	0,69	0,65	0,64	0,70	0,67	0,68		
P. emp.	—	1,44	0,80	0,75	0,72	0,69	1,21	—	—	—	—	—	—		
	3+	3+	3+	3+	3+	3+	3+	3+	3+	3+	3+	3+	3+	3+	3+
	La	Ce	Pr	Nd	Cl	Sm	Eu	Gd	Tb	Dg	Ho	Er	Tm	Yb	Cp
G. emp.	1,22	1,18	1,16	1,15	—	1,13	1,13	1,11	1,09	1,07	1,05	1,04	1,04	1,00	0,99
	4+	4+	4+	4+	4+	4+	4+	4+	4+	4+	4+	4+	4+	4+	+4
	V	Mn	Nb	Mo	W	U	Ru	OS	Ir	Te	Pr	Tb	Th		
G. emp.	0,61	0,52	0,69	0,68	0,68	1,05	0,65	0,67	0,66	0,89	1,00	0,89	1,10		
P. emp.	0,59	0,50	0,67	0,66	0,66	0,97	0,63	0,65	0,64	0,81	0,92	—	1,02		

Tabelle 13 (Fortsetzung).

III. Radien von Metallen und einigen nichtmetallischen Elementen für verschiedene Koordinationszahlen.

	Li	Be	C	Na	Mg	Al	Si	K	Ca
[12]	1,57	1,13	—	1,92	1,60	1,43	—	2,36	1,97
[8]	1,52	1,10	—	1,86	1,55	1,39	—	2,29	1,91
[4]	—		0,77	—	—	—	1,17	—	—
[3]	—		0,71	—	—	—	—	—	—
	Ti	V	Cr	Mn	Fe	Co	Ni	Cu	Zn
[12]	1,45	1,36	1,28	1,30	1,27	1,26	1,24	1,28	1,37
[8]	1,41	1,32	1,24	1,26	1,24	1,22	1,21	1,24	1,34
	Ge	As	Rb	Sr	Zr	Mo	Ru	Rh	Pd
[12]	1,39	1,40	2,53	2,16	1,60	1,40	1,32	1,34	1,37
[8]	1,34	1,35	2,46	2,10	1,55	1,36	1,28	1,30	1,33
[4]	1,22	—	—	—	—	—	—	—	—
	Ag	Cd	In	Sn	Sb	Cs	Ba		
[12]	1,44	1,52	1,57	1,58	1,61	2,74	2,25		
[8]	1,40	1,47	1,52	1,53	1,56	2,66	2,18		
[4]	—	—	—	1,40		—			
	Ce	Hl	Ta	W	Re	Os	Ir	Pt	
[12]	1,81	1,59	1,46	1,41	1,37	1,34	1,35	1,38	
[8]	1,76	1,53	1,42	1,37	1,34	1,30	1,31	1,34	
	Au	Hg	Tl	Pb	Bi	Th			
[12]	1,44	1,55	1,71	1,74	1,82	1,80			
[8]	1,40	1,50	1,66	1,69	1,77	1,75			

IV. Atomabstände in organischen Kristallen (nach K. H. MEYER und H. MARK).

C—C	in	Diamant	1,542 Å
	,,	Graphit	1,42 Å
	,,	Stilben	1,35 Å
	,,	Calciumkarbid	1,1 Å
C—Cl	,,	Tetrachlorkohlenstoff (Gas)	1,9 Å
C—Br	,,	Tetrabromkohlenstoff . .	2,2 Å
C—J	,,	Tetrajodkohlenstoff . . .	2,5 Å
C—N	in	Hexamethylentetrammin	1,48 Å
	,,	Harnstoff	1,07 bis 1,30 Å
C—O	,,	Harnstoff	1,05 ,, 1,42 Å
	,,	Kohlensäure . . .	1,05 ,, 1,15 Å
C—Si	,,	Karborund	1,90 Å

rechneten ab — und wo größere Abweichungen vorzuliegen schienen, hat eine Nachprüfung der Struktur oft Fehler in ihrer Bestimmung entdecken lassen[1]. Die Raumerfüllung gibt somit eine sehr wertvolle Kontrolle und Hilfe bei der Strukturbestimmung.

8. *Additivitätsgesetze in Mischkristallen.* (Vgl. Ziff. 40 δ 3 a.) Durch die Atomgröße ist auch das „VEGARD*sche Gesetz*" über die Gitterdimensionen von Mischkristallen bestimmt — ebenfalls eine nur angenähert gültige Regel, die in verschiedenen Formen ausgesprochen worden ist und in keiner Allgemeingültigkeit hat. VEGARD[2] selbst fand, daß in Mischkristallen die Gitterkonstante sich linear mit der Zusammensetzung in Atomprozent vom Wert für die eine reine Komponente zum Wert für die andere Komponente ändert. KCl—KBr-Mischkristalle sowie viele Metallegierungen mit ununterbrochener Mischungsreihe, z. B. Au—Cu, geben Beispiele für die angenäherte Gültigkeit des VEGARDschen Gesetzes. Die Abweichungen lassen sich häufig gut dadurch wiedergeben, daß man nicht die Lineardimensionen des Gitters linear interpoliert, sondern eine höhere Potenz,

[1] Z. B. bei den kubischen Sesquioxyden der seltenen Erden; siehe L. PAULING, ZS. f. Krist. Bd. 75, S. 128. 1930.

[2] L. VEGARD, ZS. f. Phys. Bd. 5, S. 17 u. 393. 1921.

oft z. B. das Zellvolumen (3. Potenz). Für Au—Cu ist von einigen Autoren auch die Additivität der 5. Potenz der Gitterstruktur aus den Messungen gefolgert worden[1].

In Legierungen, deren Struktur von der der reinen Komponenten abweicht, gelten ähnliche Regeln. Auch hier verhält sich das Atomvolumen angenähert additiv, was dadurch möglich ist, daß die Atomradien von der Koordinationszahl eine leichte Abhängigkeit zeigen.

9. PAULING*sche Regeln.* Eine Anzahl von weiteren Eigenschaften der Kristallstrukturen hat PAULING zusammengestellt[2]. Er betrachtet als Strukturelemente die einzelnen Metallatome oder sonstigen elektropositiven Ionen (Zentralatome) mit allen sie berührenden Anionen (in den meisten bisher diskutierten Fällen handelt es sich dabei um O^{--}, OH^-- oder Halogenionen). Diese Atomkomplexe haben die Form von Polyedern, deren Eckenzahl (Koordinationszahl des Metallatoms) vom Verhältnis der Ionenradien und deren Absolutgröße von den Radien selbst bestimmt wird (vgl. ds. Ziff. 7). Das Kristallgitter entsteht dadurch, daß jedes Anion gleichzeitig Ecke mehrerer Polyeder ist. *Die Anzahl der Polyeder, die in einem Anion zusammenstoßen, ist bedingt durch die elektrischen Ladungen dieses Anions und der Zentralionen.* Verteilt man die Valenz der Metallatome gleichmäßig auf die umgebenden Anionen, so muß die Summe der in einem Anion von seinen sämtlichen Metallnachbarn mündenden Valenzteile gerade gleich seiner eigenen Valenz sein („*elektrostatische Absättigung*"). Von dieser Regel kommen kleine Abweichungen vor. So erhält man aus manchen Gittern für die Valenz von O^{--}-Ionen Werte zwischen $\frac{5}{3}$ und $\frac{7}{3}$, ganz selten sogar $\frac{3}{2}$ oder $\frac{5}{2}$ statt des zu erwartenden Wertes 2. Noch größere Abweichungen sind bisher in keiner Struktur bestätigt worden. Eine weitere Regel von PAULING betrifft die Möglichkeit, daß zwei Koordinationspolyeder nicht nur ein Anion, sondern deren zwei (eine Kante) oder mehr (eine Fläche) gemein haben. In solchen Fällen rücken notwendig die zentralen Metallatome einander sehr nahe und schwächen durch ihre elektrostatische Abstoßung die Stabilität des Gitters. Bei Zentralatomen mit hoher Ladung und niedriger Koordination kommen solche Fälle daher nie vor (z. B. SiO_4-Tetraeder). Mit sinkender Ladung oder steigender Koordination werden sie häufiger (gemeinsame Kanten von TiO_6-Oktaedern in Rutil TiO_2; Flächen von AlO_6-Oktaedern in Korund Al_2O_3). Doch sind derartige gemeinsame Kanten stets merklich kürzer als die übrigen, und wo eine Verbindung mehrere Kristallmodifikationen hat, ist diejenige mit der geringsten Zahl gemeinsamer Kanten die stabilste. Z. B. sind die drei Modifikationen von TiO_2: Rutil, Anatas und Brookit alle aus TiO_6-Oktaedern aufgebaut. Doch hat im Rutil jedes Oktaeder nur zwei Kanten mit anderen gemein, im Brookit drei, im Anatas vier. Dem entspricht die Tatsache, daß die Rutilstruktur außerordentlich häufig gefunden wird, während die Anatas- und Brookitstrukturen noch bei keiner Verbindung außer TiO_2 gefunden worden sind.

Mit den gleichen Überlegungen über elektrostatische Abstoßung kommt man zu der weiteren Regel, daß *Polyeder mit kleinen, stark geladenen Zentralatomen überhaupt keine Ecken miteinander gemein haben, wenn nicht die chemische Formel dazu zwingt.* Von dieser Regel gibt es nur wenige Ausnahmen. Z. B. haben die SiO_4-Tetraeder im Danburit $CaB_2Si_2O_8$ je eine Ecke miteinander gemein, trotzdem genug O-Atome vorhanden wären, um unabhängige SiO_4-Tetraeder zu bilden.

---

[1] A. E. VAN ARKEL u. J. BASART, ZS. f. Krist. Bd. 68, S. 475. 1928; vgl. auch J. D. BERNAL, Metallwirtschaft Bd. 9, S. 983. 1930; U. DEHLINGER, Ergebn. d. exakt. Naturwissensch. Bd. 10, S. 326. 1931.

[2] L. PAULING, Journ. Amer. Chem. Soc. Bd. 51, S. 1010. 1929. Man vergleiche die Diskussion bei den Silikaten durch W. L. BRAGG, ZS. f. Krist. Bd. 74, S. 237. 1930.

Eine letzte Regel PAULINGS besagt, daß *chemisch gleiche Atome im Gitter möglichst ähnliche Lagen bekommen*, sei es, daß sie strukturell gleichwertig liegen, sei es, daß sie wenigstens in gleicher Weise von Nachbaratomen umgeben sind. Wo auch das mit der chemischen Formel nicht verträglich ist, sollen möglichst wenige verschiedenartige Koordinationstypen für eine Atomart auftreten.

Diese PAULINGschen Erfahrungssätze können alle gelegentlich durchbrochen werden. Trotzdem haben sie großen Wert zur Beurteilung einer Strukturbestimmung sowohl wie zu Vermutungen über unbekannte Strukturen. PAULING hat mit ihrer Hilfe eine Anzahl von Strukturen (z. B. Brookit[1], Topas[2]) vorhergesagt und nachträglich mit Röntgenaufnahmen bestätigt. Er hat ferner eine ältere Bestimmung von Zyanit[3] als unglaubwürdig kritisiert; in der Tat hat eine wiederholte Untersuchung[4] eine Struktur ergeben, die mit den Regeln in Einklang ist.

γ) Physikalische Chemie der Kristalle. *1. Zustandsdiagramme, feste Lösungen, Mischkristalle.* Zahllos sind die Anwendungen der Röntgeninterferenzen auf dem Gebiet der physikalischen Chemie, insbesondere zur Aufklärung von *Zustandsdiagrammen.* Die meisten derartigen Untersuchungen beziehen sich auf Metalle[5]. Durch die Röntgenmethode ist es möglich, zwischen den eigentlichen *Metallverbindungen* von fester chemischer Formel (z. B. Cu_5Zn_8) und den *festen Lösungen* zu unterscheiden. Diese sind von zweierlei Art: *Substitutionslösungen*, in denen der Platz, der im ungestörten Gitter von einem Teil der Atome einer gewissen Art eingenommen wurde, von den gelösten Atomen besetzt wird, so daß die chemische Formel z. B. bei Überschuß von Zn in obiger Verbindung zu schreiben wäre $(Cu, Zn)_5Zn_8$ — andeutend, daß Zinkatome sich an zwei gittertheoretisch ganz verschiedenen Plätzen vorfinden; und *Einlagerungslösungen*, bei denen Atome in die Gitterlücken, d. h. die Zwischenräume zwischen den Atomen eines Gitters, treten, ohne daß das Grundgitter stark gestört würde. Dies ist z. B. der Fall bei der Lösung von Kohlenstoff in Eisen oder von Cu in CuSn. Diese drei Typen von Kristallgittern lassen sich an ihrer Beugungswirkung unterscheiden (s. Ziff. 40 δ; Mischkristalle). Bei den Metallen ist kennzeichnend die große Zahl von zum Teil unerwartet komplizierten Verbindungen, die selbst meist ein mehr oder weniger großes Lösungsvermögen für ihre eigenen atomaren Bestandteile haben. So entspricht z. B. Cu_5Zn_8 einem Atomprozentsatz von 61,54 At% Zn; das Gebiet, in dem dieser Typ auftritt, reicht aber von etwa 61,1 bis zu 67,1 At% Zn. Diese Tatsache der Unbestimmtheit der chemischen Formel erschwerte es der bloß chemisch-thermischen Analyse, die Gebiete der Zustandsdiagramme den richtigen Verbindungen zuzuordnen. Andererseits sind manchmal die Existenzgebiete einer Verbindung sehr eng, und sie selbst nur durch sehr lange Wärmebehandlung herstellbar, so daß ohne die Wegweisung durch Röntgenuntersuchung die wahre Verbindung gar nicht gefunden wird. So hat es umfangreicher Arbeit bedurft, bis das γ-Messing als die Verbindung Cu_5Zn_8 entdeckt wurde[6] auf Grund der Tatsache, daß die Zelle 52 Atome enthalten muß und einer vollen Strukturbestimmung. Ein großer Vorteil der Röntgenuntersuchung der Metallsysteme ist die Möglichkeit, den Zustand bei hohen Temperaturen feststellen zu können, ohne abschrecken zu müssen.

---

[1] L. PAULING u. J. H. SHUDIVANT, ZS. f. Krist. Bd. 68, S. 239. 1928.

[2] L. PAULING, Proc. Nat. Acad. Amer. Bd. 14, S. 603. 1928.

[3] W. H. TAYLOR u. W. W. JACKSON, Proc. Roy. Soc. London (A) Bd. 119, S. 132. 1928.

[4] S. NÁRAY-SZABÓ, W. H. TAYLOR u. W. W. JACKSON, ZS. f. Krist. Bd. 71, S. 117. 1929.

[5] Als Beispiel für Zustandsdiagramme, die unter wesentlicher Anwendung der Röntgenmethoden gewonnen wurden, sei auf die Untersuchungen von S. HÄGG über die Nitride, Phosphide, Arsenide von Fe, Ni, Co usw. hingewiesen; siehe Strukturbericht 1913—1928, S. 590—597.

[6] A. J. BRADLEY u. J. THEWLIS, Proc. Roy. Soc. London (A) Bd. 112, S. 678. 1926.

Auch für die nichtmetallischen Mischkristalle sind die Zustandsdiagramme unter Verwendung von Röntgenstrahlen aufgeklärt worden. Es sei nur als anorganisches System das für die Industrie so wichtige Diagramm SiO_2—CaO—Na_2O erwähnt[1], als organisches das von α-Dextrin[2]. Oft spielt die Frage der *bloßen chemischen Gleichheit* zweier Stoffe eine wichtige Rolle. Sie kann durch Vergleich der Röntgenbilder auch ohne Strukturermittlung entschieden werden. Dies ist bei vielen chemisch-analytischen Untersuchungen benutzt worden[3]. Wieviel Prozent fremde Bestandteile in einer Grundsubstanz nachweisbar sind, ist generell nicht anzugeben. Es sei auf einige diesbezügliche Untersuchungen verwiesen[4].

2. Polymorphe Umwandlungen. Von großer Bedeutung ist die Röntgenmethode für die Fragen der *Polymorphie.* Existenz und Nichtexistenz polymorpher Umwandlungen ist oft durch sie entschieden worden, so z. B. die Polymorphie bei einer Reihe von Metallen, aber auch die Nichtexistenz einer eigenen β-Struktur des Eisens, die aus den magnetischen Eigenschaften zu folgen schien. Allgemein ist zwischen „*starken*" und „*schwachen*" *Umwandlungen* unterschieden worden. Die ersteren sind mit größeren Wärmetönungen bzw. Änderungen der freien Energie verbunden und gehen an bestimmten Grenztemperaturen prompter vor sich als die schwachen. Es hat sich herausgestellt, daß bei den schwachen Umwandlungen keine oder nur geringe Gitteränderungen vorliegen: Keine beim Übergang $\alpha \rightarrow \beta$ Eisen (im Gegensatz zu $\beta \rightarrow \gamma$ oder $\gamma \rightarrow \delta$ Eisen), eine kleine Verdrehung der SiO_2-Gruppen beim schwachen Übergang $\alpha \rightarrow \beta$-Quarz (während der starke Wechsel Quarz/Tridymit/Cristobalit jeweils einen völlig neuen Gittertyp erzeugt). Theoretisch genügend definiert ist die Unterscheidung zwischen starken und schwachen Übergängen noch nicht. Die Vorstellung, daß im Kristall die Atome unveränderliche Bausteine wären, ist unrichtig und damit wird die Mannigfaltigkeit der zu unterscheidenden Zustände größer, als man allein auf Grund der Gitterermittlung meinen könnte. Als „schwache Umwandlungen" lassen sich vielleicht auch die Änderungen ansprechen, die vor allem von SIMON[5] an den spezifischen Wärmen bei tiefen Temperaturen entdeckt worden sind, bei denen mit steigender Temperatur ein Atom oder eine Atomgruppe in einen neuen Quantenzustand übergeht (z. B. Anregung des Atoms oder Einsetzen der Rotation von Gruppen). Hierbei ist bisher keine Strukturänderung bemerkt worden (obwohl Parameterverschiebungen wohl nicht ausgeschlossen sein dürften).

Auch bei tiefen Temperaturen kommen polymorphe Umwandlungen vor, z. B. hat Stickstoff mindestens zwei (eine kubische, eine hexagonale) und Sauerstoff mindestens drei Modifikationen[6].

3. Teilchengröße. Viele Fragen physikalisch-chemischer Art sind durch die *Teilchengröße* wesentlich beeinflußt. Nach den in Ziff. 41 zu besprechenden Methoden geschieht deren Feststellung — sofern die Teilchen sehr klein sind — am besten durch die in Röntgenaufnahmen auftretende Linienverbreiterung.

[1] Siehe W. EITEL, Physikal. Chemie der Silikate. Leipzig: L. Voss 1929; ZS. f. Elektrochem. Bd. 32, S. 336. 1926.

[2] K. HESS, C. TROGUS u. M. ULMANN, ZS. f. phys. Chem. (B) Bd. 21, S. 1. 1933.

[3] Siehe z. B. die zahlreichen Arbeiten der Mailänder Schule: G. R. LEVI, A. FERRARI u. G. NATTA, Rend. Acad. Lincei 1926 u. f.; ferner A. DAUVILLIER, C. R. Bd. 179, S. 819. 1924; A. OSAWA, Sc. Reports Tôhoku Univ. (I) Bd. 14, S. 33. 1925; F. RINNE, ZS. f. Krist. Bd. 60, S. 55. 1924; H. MÖLLER u. G. TRÖMEL, Naturwissensch. Bd. 21, S. 346. 1933.

[4] N. H. KOLKMEYER, Proc. Amsterdam Bd. 31, S. 151. 1928; L. GREBE, ZS. f. techn. Phys. Bd. 11, S. 428. 1930.

[5] Vgl. F. SIMON, Ergebn. d. exakt. Naturwissensch. Bd. 9, S. 254. Berlin: Julius Springer 1930.

[6] M. RUHEMANN, ZS. f. Phys. Bd. 76, S. 368. 1932.

SCHERRER[1] hat sie zuerst zur Bestimmung der Größe von Teilchen kolloidalen Goldes benutzt. Der Unterschied der Kohlesorten[2] — Ruß verschiedener Herkunft, Anthrazit, Glanzkohle[3] — und von Graphit soll nur in der Teilchengröße bestehen. Sehr eingehende Teilchengrößenbestimmungen sind an Katalysatoren vorgenommen worden, wie z. B. an dem bei der Ammoniaksynthese benutzten Eisen[4]. Das Ergebnis all dieser Untersuchungen ist, daß selbst bei Kriställchen von nur wenigen Atomen Kantenlänge die innere Struktur die gleiche ist, wie bei großen Kristallen — einschließlich der Abmessungen[4], — und daß die Kleinheit nur die Linienbreite beeinflußt. Da — z. B. bei Graphitschüppchen — die Ausdehnung in verschiedenen Richtungen recht verschieden sein kann, läßt sich aus der ungleichen Verbreiterung der Linien einer Pulveraufnahme ein Rückschluß auf die Gestalt der Kristallite ziehen[5]. Auch die Korngröße in feinkörnigen Metallen[6] ist so öfters abgeschätzt worden. Allerdings ist dies nur dort angängig, wo die Kriställchen spannungsfrei sind, da sonst durch Inhomogenisierung der Gitterabstände ein Teil der Verbreiterung eine andere Ursache hat[7].

Die schon leicht verwaschenen Linien sehr feiner Pulver leiten zu den Interferenzen an *Flüssigkeiten* und an *flüssigen Kristallen* über, die in Ziff. 44 und 43 behandelt werden.

4. Chemische Reaktionen in festem Zustand. Eine weitere wichtige Anwendung der Röntgeninterferenzen bildet das Studium der *chemischen Reaktionen im festen Zustand.* Die Bildung von Mischkristallen beim Zusammenreiben von KCl und KBr wurde schon früh von VEGARD[8] beobachtet, ebenso die „permutoiden" Reaktionen, wie Entwässerung von Zeolithen und Ersatz des Wassers in ihnen durch andere Stoffe (z. B. Jod) durch RINNE[9]. Kürzlich wurde eine ganze Liste von festen Reaktionen von MATHIEU[10] festgestellt, die durch Mischen in der Reibschale vor sich gehen; so z. B. $Hg + J_2 = HgJ_2$; $(CO_3)(PbJ)_2 \rightarrow PbJ_2 + PbCO_3$ usw. Die letztere fällt unter die von HEDVALL entdeckten und eingehend untersuchten „Platzwechselreaktionen", bei denen ein Austausch von Atomgruppen zwischen den Reaktionspartnern stattfindet. Für das Eintreten der Reaktionen im festen Zustand ist nach HEDVALL[11] eine Auflockerung des Gitters mindestens des einen Partners nötig, die durch Temperaturerhöhung, insbesondere aber bei einer kristallographischen Umwandlung, eintritt. So reagieren Fe_2O_3 und SiO_2 nicht miteinander, außer bei den Umwandlungstemperaturen β-Quarz $\rightarrow$ 575° $\rightarrow$ α-Quarz und α-Quarz $\rightarrow$ etwa 950° $\rightarrow$ Cristobalit, offenbar während der Gitterumordnung der Kieselsäure. Cristobalit selbst

---

[1] P. SCHERRER, Göttinger Nachr. Juli 1918; als spätere Arbeit vgl. P. STOLL, Arch. sc. phys. et nat. Bd. 3, S. 547. 1921.

[2] P. DEBYE u. P. SCHERRER, Phys. ZS. Bd. 17, S. 277. 1916; Bd. 18, S. 291. 1917; s. auch P. SCHERRER in ZSIGMONDY, Kolloidchemie, 3. Aufl. 1920. Neuere Arbeiten: K. A. HOFMANN, U. HOFMANN u. K. HERRMANN, Ber. d. D. Phys. Ges. Bd. 59, S. 2433. 1926; K. HOFMANN, ZS. f. Krist. Bd. 85, S. 330. 1933 für weitere Literaturangaben.

[3] K. A. HOFMANN u. C. RÖCHLING, Chem. Ber. Bd. 56, S. 2071. 1923; S. B. HENDRICKS, ZS. f. Krist. Bd. 83, S. 503. 1932 sowie letztes Zitat unter voriger Anm.

[4] O. EISENHUT u. E. KAUPP, ZS. f. phys. Chem. Bd. 133, S. 456. 1928.

[5] H. H. LOWRY u. R. M. BOZORTH, Journ. phys. chem. Bd. 32, S. 1524. 1928; R. BRILL, ZS. f. Krist. Bd. 75, S. 217. 1930; E. KOCH-HOLM, Wiss. Veröffentl. a. d. Siemens-Konz. Bd. 6, S. 188. 1927.

[6] Z. B. W. A. WOOD, Phil. Mag. Bd. 10, S. 1076. 1930.

[7] Z. B. A. E. VAN ARKEL, Physica Bd. 5, S. 208. 1925; ZS. f. Phys. Bd. 42, S. 795. 1927; Bd. 51, S. 520. 1928; G. KURDUMOFF u. E. KAMINSKY, Nature Bd. 122, S. 475. 1928.

[8] L. VEGARD, ZS. f. Phys. Bd. 5, S. 17. 1921.

[9] F. RINNE, ZS. f. Krist. Bd. 59, S. 230. 1924; J. WYART, C. R. Bd. 191, S. 1343. 1930.

[10] Mme. MATHIEU, M. MATHIEU u. PAIČ, C. R. Bd. 192, S. 416. 1931.

[11] J. A. HEDVALL, ZS. f. angew. Chem. Bd. 44, S. 781. 1931.

reagiert bei den angewandten Temperaturen nicht mit Fe_2O_3. Die zwei verschiedenen Formen der Reaktion sind trotz der Röntgenuntersuchung noch nicht restlos geklärt[1].

Die Art und Ausbreitung einer chemischen Reaktion betrifft auch das Problem des *Korrosionsschutzes*, das den Röntgenstrahlen manche Aufklärung verdankt[2].

δ) Physikalische Eigenschaften. *1. Verschiedenes.* An *physikalischen Anwendungen* der Röntgeninterferenzen sind in erster Linie das gesamte große Gebiet der *Röntgenspektroskopie* mit seinen zahlreichen Verästelungen und den wichtigen Folgen für die Atomtheorie zu nennen. Hiervon handelt Bd. XXI ds. Handbs. Auch die Anwendungen zur Prüfung und Ausgestaltung der *Interferenztheorie* einschließlich der Arbeiten über *Temperaturfaktor, Nullpunktsenergie* und *Atomfaktor* sind nur zu erwähnen (s. Ziff. 23).

Von Interesse sind verschiedene, nur zum Teil veröffentlichte Versuche, die *Leitungselektronen in Metallen* durch die Streuwirkung nachzuweisen. Selbst bei Beryllium, in dem das Verhältnis der Streuung durch feste und freie Elektronen besonders günstig für den Nachweis zu erwarten ist, fand sich nach freundlicher Mitteilung von Dr. W. EHRENBERG[3] keine Möglichkeit, die Leitungselektronen nachzuweisen. Nur die wellenmechanische Verteilung der K-Elektronen ließ sich kontrollieren.

Von Interesse ist in diesem Zusammenhang, daß nach der Wellenmechanik freie Elektronen überhaupt nicht kohärent, sondern nur unter Änderung der Frequenz (Comptoneffekt) strahlen können (vgl. Ziff. 20 β).

2. Gitterkonstanten, Dichte. Die Röntgeninterferenzen eignen sich zur Messung verschiedener Materialkonstanten. Unzählige *Dichtebestimmungen* liegen an Pulvern oder sonstigen Substanzen vor, an denen sie sonst schwer ausführbar sind. Ist die Zellgröße bestimmt und die chemische Natur der Substanz sicher bekannt, so kann eine vorläufige Dichteangabe dadurch verbessert werden, daß die Zahl Z der Moleküle in der Zelle ganzzahlig sein muß. Leider ist nicht bei allen Autoren klar erkennbar, ob die von ihnen angegebenen Dichten röntgenmäßig bestimmt oder aus der Literatur bzw. aus anderen Messungen entnommen sind. Da zuverlässige Dichtemessungen recht schwierig sind, ist die Röntgenmethode — technisch gut durchgebildete Verfahren vorausgesetzt — eine erwünschte Ergänzung. Im allgemeinen finden sich die höchsten Dichtewerte, die nach anderen Methoden gewonnen werden, durch sie bestätigt[4].

Ein sehr genauer *Vergleich* von Gitterkonstanten und damit auch (bei genau bekanntem Gewicht der Basis) der genaue Vergleich der Dichten verschiedener Kristalle ist allein durch genaue Messung der Ablenkungswinkel möglich. V. M. GOLDSCHMIDT[5] hat darauf hingewiesen, daß zwischen chemisch, reinem Natriumchlorid und dem meist mit der Gitterkonstante $d = 2{,}81400$ angesetzten Steinsalz ein Dichteunterschied von etwa $^1/_3\,^0/_{00}$ besteht (Steinsalz leichter als NaCl, Ziff. 26 γ).

[1] J. A. HEDVALL u. P. SJÖRMAN, ZS. f. Elektrochem. Bd. 37, S. 130. 1931.

[2] Für Eisen: R. M. BOZORTH, Journ. Amer. Chem. Soc. Bd. 49, S. 969. 1927. Für Aluminium: E. SCHMID u. G. WASSERMANN, Haus-ZS. d. Ver. Aluminiumwerke und d. Erft Werk A.-G. 1932, H. 4/6, S. 100; W. G. BURGERS, A. CLAASSEN u. J. ZERNICKE, ZS. f. Phys. Bd. 74, S. 593. 1932.

[3] W. EHRENBERG, noch unveröffentlicht.

[4] Man vgl. hierzu die Arbeiten von P. WIEST, ZS. f. Phys. Bd. 74, S. 225. 1932; Bd. 81, S. 121. 1933, in denen bei Cu-Ag- und Ag-Au-Legierungen festgestellt wird, daß die Gitterkonstante von der Korngröße bzw. dem Verformungsgrad abhängt. Dies Ergebnis ist auch von anderen bestätigt worden.

[5] V. M. GOLDSCHMIDT, Geochem. Verteilungsgesetze VIII (Osloer Akademie 1926, Nr. 28), S. 142.

Bei Absolutbestimmungen von Gitterkonstanten geht die Kenntnis des Absolutwertes der Röntgenwellenlänge ein, die selbst auf eine Grundlänge, meist den Wert $d = 2{,}81400$ für den Netzebenenabstand (100) in Steinsalz, zurückgeht. Die letzten Dezimalen dieser als konventioneller Bezugsnormale gewählten Zahl sind der direkten Messung nicht zugänglich, da natürliches Steinsalz zu inhomogen kristallisiert. In lesenswerten Arbeiten wurden von C. D. und D. COOKSEY[1] an Calcit Präzisionsmessungen über den Netzebenenabstand, die Achsenwinkel und die Dichte veröffentlicht, um größere Sicherheit für die Grundlänge zu schaffen. Ergänzend dazu stellte BEARDEN[2] fest, daß die Reflexionswinkel von Mo$K\alpha$-Strahlen an Calciten verschiedener Provenienz (Island, Montana, Spanien, Argentinien) bis auf 2″ gleich sind. Dies berechtigt dazu, Calcit als Normale zu verwenden. Als bester Wert für den Netzebenenabstand der (111)-Ebenen bei der Temperatur t°C kann man betrachten

$$d_1 = 3{,}02904\,(1 + 1{,}02_3 \cdot 10^{-5}\,(t - 18°))\ \text{Å},$$

ein Wert, der (zufällig) für Steinsalz auf den Wert 2,814 Å genau zurückführt. Dieser Wert gilt für Messungen in der ersten Ordnung und muß noch auf die Abweichungen vom BRAGGschen Gesetz hin korrigiert werden (Ziff. 17 α), um den *wahren* Abstand d^{18} bei 18° C zu ergeben:

$$d^{18°} = 3{,}02945\ \text{Å}.$$

LARSSON[3] hat die Dispersionskurve angegeben, nach der die Wellenlänge — bzw. die Gitterkonstante — wegen des Gebiets anomaler Dispersion im Calcit bei Benutzung verschiedener Wellenlängen korrigiert werden muß.

3. Reversible Gitterdeformationen. Aus den Präzisionsmessungen von Gitterkonstanten bei verschiedenen Temperaturen folgt sofort die Bestimmung von *Ausdehnungskoeffizienten.* Sie ist oft mit Röntgenstrahlen ausgeführt worden, teils durch genaue Winkelmessung in niederen Ordnungen — z. B. bei Wismut[4] —, teils unter Benutzung der hohen Dispersion in hohen Ordnungen[5]. Bei großen Temperaturintervallen genügen auch gröbere Röntgenverfahren[6]. *Elastizitätskoeffizienten* hat RANZI[7] an Steinsalz und Calcit bestimmt, indem er die Kristallplatten zwischen Kautschukklötzchen preßte und die Veränderungen der BRAGGschen Winkel bestimmte. Die *Fließgrenze* bestimmten JOFFÉ[8] und LEWITZKY[9] aus dem Auftreten von Asterismus im Röntgenbild des Steinsalzes, die Änderung des Elastizitätskoeffizienten von Metallen durch Kaltverformung HONDA und YAMADA[10] (vgl. Ziff. 42 γ 2).

Von besonderem Interesse ist es, die *Deformation der Basis* unter der Entwicklung einer Deformation der Zelle röntgenmäßig nachzuweisen. BORNS Gitter-

---

[1] C. D. COOKSEY u. D. COOKSEY, Phys. Rev. Bd. 36, S. 85. 1930; vgl. auch A. H. COMPTON, H. N. BEETS u. O. K. DE FOE, ebenda Bd. 25, S. 625. 1925; A. H. COMPTON, Rev. Sci. Instr. Bd. 2, S. 365. 1931; S. K. ALLISON u. I. H. WILLIAMS, Phys. Rev. Bd. 35, S. 1476. 1930; YUCHING TU, ebenda Bd. 40, S. 662. 1932.

[2] J. A. BEARDEN, Phys. Rev. Bd. 38, S. 2089. 1931; vgl. für Gips: STEN V. FRIESEN, ZS. f. Phys. Bd. 54, S. 679. 1929.

[3] A. LARSSON, Uppsala Univ. Årskr. 1929; vgl. zum Vorhergehenden die Darstellung in M. SIEGBAHN, Spektroskopie d. Röntgenstrahlen, 2. Aufl. Berlin: Julius Springer 1931.

[4] A. GOETZ u. R. C. HERGENROTHER, Phys. Rev. Bd. 39, S. 548. 1932.

[5] J. WEIGLE und H. SAÏNI, Soc. de physique et d'hist. nat. de Genève Bd. 49, S. 129. 1932.

[6] Z. B. K. BECKER, ZS. f. Phys. Bd. 51, S. 480. 1928.

[7] I. RANZI, Nuovo Cimento Bd. 3, S. 125. 1926.

[8] A. JOFFÉ, ZS. f. Phys. Bd. 31, S. 580. 1925.

[9] M. LEWITZKY, ZS. f. Phys. Bd. 35, S. 850. 1926; siehe hierzu auch W. THEILE, ZS. f. Phys. Bd. 75, S. 763. 1932.

[10] K. HONDA u. R. YAMADA, Sc. Reports Tôhoku Univ. Bd. 17, S. 723. 1928.

dynamik (s. Bd. XXIV/2 ds. Handb.) führt diese Basisdeformationen z. B. in der Elastizitätstheorie als „verborgene Koordinaten“ ein, da sie nach außen hin, in der Gestaltsänderung des ganzen Körpers, nicht explizit auftreten und von hier aus nicht bestimmt werden können. Bei elastischen Deformationen ist der Nachweis der Basisänderungen röntgenmäßig noch nicht gelungen. Bei thermischer Deformation berichtet TSUBOI[1] über Intensitätsänderungen an den Reflexen von Kalkspat, die durch Basisdeformation zu erklären seien. — Außer auf dem Weg über die Deformation der Zelle kann eine Basisdeformation auch durch direkten Kraftangriff auf die Atome an Basis zustande kommen, indem z. B. im elektrischen Feld die Feldkräfte die positiven und negativen Ionen nach entgegengesetzten Richtungen ziehen. Hieraus entsteht eine — sich bis ins Große bemerkbar machende — Zelldeformation bei piezoelektrischen Kristallen (Umkehrung des piezoelektrischen Effekts). Bei Kristallen zu hoher Symmetrie ist allein die Basisdeformation bemerkbar. HENGSTENBERG[2] hat die Basisdeformation in Sylvinplatten (KCl) an der Intensitätsänderung des Reflexes (100,0) nachgewiesen. Die mit Al-Folie belegten Platten, von 0,35 bzw. 0,20 mm Dicke, wurden 20 bzw. 18 kV Spannung (Stabilivoltanlage) ausgesetzt, worauf im reflektierten Strahl Intensitätsabnahmen von 2 bzw. 5‰ eintraten. (Die Intensitäten wurden mit Doppelgitterröhren verstärkt gemessen.) Theoretisch gilt nach dem Zusammenhang zwischen Polarisation $\mathfrak{P}$, Atomabstand $K \rightarrow \mathrm{Cl} = r$ und elektrischer Feldstärke $\mathfrak{E}$

$$\mathfrak{P} = \frac{\varepsilon - 1}{4\pi} \mathfrak{E} = \frac{e}{2r^3} \delta r .$$

Hiernach sind Abstandsänderungen δr von 1,6 bzw. 4‰ zu erwarten, während die Intensitätsänderungen auf solche von etwa 2,6 und 4,3‰ schließen lassen. Später ist es BENETT[3] an Sylvin und Steinsalz nicht mit voller Bestimmtheit gelungen, den Effekt nachzuweisen.

Ein vorzüglich geeignetes Material zu diesem Versuch ist Seignettesalz, dessen Dielektrizitätskonstante bekanntlich so enorme Werte annimmt, daß man das Salz als elektrisches Analogon zum ferromagnetischen Zustand auffassen muß. Neuerdings hat STAUB[4] an den (222)-Reflexen durch elektrische Felder von etwa 400 Volt/cm maximale Intensitätsänderungen von etwa 30% erzielen können, die aber noch nicht klar auf die Strukturänderungen (Basisverzerrungen) durch das Feld zurückgeführt werden können.

Eigenartige Intensitätssteigerungen an reflektierenden *schwingenden Quarzplatten*, die zu Eigenschwingungen elektrisch erregt sind, sind Gegenstand der Untersuchung gewesen[5]. Ihr Entstehen ist noch nicht in den Einzelheiten geklärt. Möglicherweise ist die Wirkung ähnlich zu deuten wie die intensitätssteigernde Wirkung der Mosaikstruktur (Ziff. 21 β).

4. Optische Eigenschaften. Von großer Bedeutung für die Kristallphysik sind die Arbeiten geworden, die aus der Struktur die *optischen Eigenschaften* berechnen lehrten. Hier ging W. L. BRAGG[6] mit einer sehr erfolgreichen Arbeit über Calcit und Aragonit voran, deren Grundannahmen aber nach den Arbeiten von HYL-

[1] C. TSUBOI, Proc. Phys. Math. Soc. Jap. Bd. 8, S. 197. 1927.
[2] J. HENGSTENBERG, ZS. f. Phys. Bd. 58, S. 345. 1929.
[3] R. D. BENETT, Phys. Rev. Bd. 36, S. 65. 1930.
[4] H. STAUB, Phys. ZS. Bd. 34, S. 292. 1933.
[5] G. W. FOX u. P. H. CARR, Phys. Rev. Bd. 37, S. 1622. 1931; G. W. FOX u. J. M. CORK, ebenda Bd. 38, S. 1420. 1931; C. S. BARETT, ebenda Bd. 38, S. 832. 1931; S. NISHIKAWA, Y. SAKISAKA u. I. SUMOTO, ebenda Bd. 38, S. 1078. 1931; C. S. BARETT u. C. E. HOWE, ebenda Bd. 38, S. 2290. 1931; Bd. 39, S. 889. 1932.
[6] W. L. BRAGG, Proc. Roy. Soc. London (A) Bd. 105, S. 370. 1924.

LERAAS sehr fraglich erscheinen müssen. Die kristalline Doppelbrechung (vgl. Bd. XXIV/2 ds. Handb.) entsteht aus drei ganz verschiedenen Ursachen: erstens einer möglichen Anisotropie der Atome an sich; zweitens einer anisotropen Kraftwirkung der Gitterumgebung auf das Atom, die statisch, d. h. auch ohne Lichtwelle, vorhanden ist; und drittens der anisotropen Zustrahlung der durch die Lichtwelle zu Schwingungen erregten Gitterumgebung. HYLLERAAS[1] hat in einer Reihe schöner Arbeiten die optischen Konstanten von HgCl, TiO_2, SiO_2 unter alleiniger Berücksichtigung der Ursachen 2 und 3 berechnet und in Übereinstimmung mit den bekannten Werten gefunden. Eine eigene Anisotropie des (isolierten) Atoms anzunehmen, lag keine Ursache vor, aber der statische Einfluß der Umgebung erwies sich als wesentlich. (Am Kristallpaar Rutil-Anatas war in vorangegangenen Arbeiten[2] nachgewiesen worden, daß weder die Ursachen 2 noch 3 für sich zur Erklärung der optischen Konstanten genügen.) Die BRAGGsche Arbeit berücksichtigt nur 3 (Einfluß der durch die Lichtwelle induzierten Dipole der Nachbaratome aufeinander), und es ist nicht recht verständlich, wieso die starken statischen Kraftwirkungen der Atome der CO_3-Gruppen in Calcit nicht von Einfluß sein sollen. Die optischen Eigenschaften können — wenn man genügendes Vertrauen zu der Zuverlässigkeit der Theorie hegt — zur Parameterbestimmung in Ergänzung der Röntgenmethode dienen. So bestimmt HYLLERAAS[1] den Parameter (Abstand Cl—Cl) der Kalomelstruktur Hg_2Cl_2, Abb. 205, optisch zu $52{,}50°:360°$, während der Röntgenwert ist: $54{,}30°$ zu $360°$ (der andere Parameter, Abstand Hg—Hg, ist optisch weniger wirksam und wurde direkt den Röntgenaufnahmen entnommen).

Einfacher als die Rechnungen von HYLLERAAS liefert eine Überlegung, die BRAGG bei den Silikaten angewandt hat, eine Aussage über die Kristallstruktur. Bei den Silikaten wird die optische Brechung größtenteils durch die Sauerstoffatome hervorgerufen, die die größte Atomrefraktion unter den Bestandteilen der Silikate haben. Ist Brechungsindex und Dichte des Kristalls bestimmt, so läßt sich oft daraus schließen, daß die Sauerstoffe so dicht wie möglich, d. h. in der kubischen oder (meist) hexagonalen dichtesten Packung liegen müssen. Die Metallatome müssen sich in die Lücken dieser Anordnung einfügen, ohne sie stark zu stören. Die Zellgröße und Raumgruppe des Kristalls erscheint neben dieser sehr unmittelbaren physikalischen Bestimmung und Schilderung der Struktur als etwas durchaus Sekundäres.

Bei organischen Kristallen wird auf Grund einer statistischen Aufstellung von WOOSTER[3] in zunehmendem Maße das Vorzeichen der Doppelbrechung als Kennzeichen für die Art der Einlagerung der Moleküle in die Zelle benutzt[4].

5. Verschiedenes. Die große Reihe von sehr sorgfältigen Untersuchungen[5] über die *Struktur der Röntgenabsorptionskanten* in Kristallen gehören insofern hierher, als bei entsprechender Ausgestaltung und besserer Deutung hieraus sich eine Hilfsmethode für die Strukturbestimmung mit Interferenzen entwickeln kann, die sofortige Auskünfte über die Koordinationsverhältnisse liefert. Bei Metallen scheint eine erste Deutung durch KRONIG[6] und COSTER[7] gelungen zu sein.

---

[1] E. HYLLERAAS, *Kalomel*: Phys. ZS. Bd. 26, S. 811. 1925; ZS. f. Phys. Bd. 36, S. 859. 1926; vgl. *Rutil* und *Anatas*: ZS. f. Krist. Bd. 65, S. 469. 1927; *Quarz*: ZS. f. Phys. Bd. 44, S. 871. 1927.

[2] So in der (ungedruckten) Dissertation von U. DEHLINGER. Stuttgart 1924.

[3] W. A. WOOSTER, ZS. f. Krist. Bd. 80, S. 495. 1931.

[4] J. D. BERNAL, ZS. f. Krist. Bd. 83, S. 153. 1932.

[5] Siehe die Zusammenstellung bei M. SIEGBAHN, Spektroskopie der Röntgenstrahlen, 2. Aufl. Berlin: Julius Springer 1931.

[6] R. DE L. KRONIG, ZS. f. Phys. Bd. 70, S. 317. 1931; Bd. 75, S. 191 u. 468. 1932.

[7] D. COSTER u. I. VELDKAMP, ZS. f. Phys. Bd. 74, S. 191. 1932.

Über die Untersuchung der Mosaikstruktur und der Gitterunregelmäßigkeiten s. Ziff. 23 und 40, ebenso über Mischkristalle und andere Abweichungen von dem einfachen Raumgruppenschema. Hier sei nur die Aufklärung der bunten *Schillerfarben*, z. B. an Kristallen von *Kaliumchlorat*, erwähnt (s. hierüber z. B. WOOD[1]). Die Röntgenuntersuchung von SIRKHAR[2] hat bestätigt, daß sie durch regelmäßig wiederholte Zwillingsbildung entstehen.

Daß bei magnetisiertem Eisen und anderen ferromagnetischen Stoffen umsonst nach einem *Einfluß der Magnetisierung* auf das Röntgenbild gesucht worden ist[3], nimmt heute nicht wunder, seit man den Ferromagnetismus nicht mehr auf die Drehung von Molekularmagneten, sondern auf die Einstellung des Elektronendralls zurückführt. Bei *Wismut*, das in einem starken Magnetfeld (10000 Gauß) gezüchtet worden ist, ist ein Dichtezuwachs von 0,10 g/cm^3 und zugleich eine Verstärkung des Reflexes (444) zuerst gefunden[4], später aber widerrufen worden[5].

Von großem physikalischen Interesse schließlich sind die Ergebnisse der Strukturuntersuchung, soweit sie eine *begrenzte Gültigkeit der klassischen* SCHOENFLIES-FEDOROW*schen Strukturtheorie* ergeben. Hierüber s. Ziff. 40 β 4, 5 und γ 3.

ε) Technische Anwendungen. Um diesen Überblick über die Ergebnisse und Probleme der Strukturuntersuchung mit Röntgeninterferenzen zum Abschluß zu bringen, müßte über die *technische Anwendung* einiges gesagt werden[6]. In den meisten Fällen handelt es sich um spezielle Fragen, die im Fabriklaboratorium in genau der gleichen Art untersucht werden, wie die Fragen von rein wissenschaftlichem Interesse, und es ist darüber nichts Besonderes zu sagen. Zudem werden ganz technische Untersuchungen oft nicht veröffentlicht. Laufende Betriebskontrollen, z. B. der Reinheit der erzeugten Substanzen oder ihres Verteilungsgrades, sind gelegentlich mit besonders ausgearbeiteten Verfahren durchgeführt worden. So ist z. B. der Merzerisierungs-, Nitrierungs-, Azetylierungsprozeß der Zellulose bei der Kunstseidenfabrikation von MARK[7] durch Schnellaufnahmen von je etwa 1 Minute Belichtung an den Interferenzbildern verfolgt worden.

40. Idealkristall und Realkristall. α) Der fastperiodische Kristall. Am Anfang der Theorie der Röntgeninterferenzen steht das idealisierte Bild des Kristalls: das streng periodische Diskontinuum oder Kontinuum. Dies Bild, das uns durch die üblichen Modelle und Zeichnungen sinnfällig gemacht wird, ist nicht einmal beim absoluten Nullpunkt der Temperatur richtig, da eine Unregelmäßigkeit durch die Nullpunktsbewegung erzeugt wird. In einer höheren Stufe der Annäherung wird sie und die Temperaturbewegung berücksichtigt. Aber selbst der „*thermisch bewegte Idealkristall*" genügt meist nicht zur Erklärung der Intensitäten der Interferenzstrahlen (vgl. Ziff. 21), außer für die wenigen ausgesuchten „Idealkristalle" von Diamant, Calcit usw. (s. Ziff. 23 ι). Im allgemeinen muß auch der scheinbar homogene Einkristall als „*Mosaik-*

[1] R. W. WOOD, Physical Optics, S. 162. New York 1911.

[2] S. C. SIRKHAR, Indian Journ. of Phys. Bd. 5, S. 337. 1930.

[3] Z.B. T. D. YENSEN, Phys. Rev. Bd. 31, S. 714. 1928.

[4] A. GOETZ, R. C. HERGENROTHER u. A. B. FOCKE, Phys. Rev. Bd. 34, S. 546. 1929.

[5] A. GOETZ u. R. C. HERGENROTHER, Phys. Rev. Bd. 40, S. 137. 1932.

[6] Vgl. die Bücher: G. L. CLARK, Applied X Rays, 2. Edition. New York: McGraw-Hill Book Co 1932; R. GLOCKER, Materialprüfung mit Röntgenstrahlen. Berlin: Julius Springer 1927; J. J. TRILLAT, Les Applications des Rayons X. Presses Univ. de France. Paris 1930; Ergebn. d. technischen Röntgenkunde, herausgeg. v. J. EGGERT u. E. SCHIEBOLD, Bd. I u. II. Leipzig: Akad. Verlagsges. 1930 u. 1931; sowie den Aufsatz V. E. PULLIN, Journ. scient. instr. Bd. 5, S. 41. 1928.

[7] H. MARK u. G. v. SUSICH, Naturwissensch. Bd. 17, S. 803. 1929; s. auch H. SEEMANN u. K. F. SCHOTZKY, ebenda S. 960.

kristall" aufgefaßt werden, um der Stärke der Röntgenreflexe gerecht zu werden. Wie ist dieses Aufbrechen des Einkristalls zu verstehen? Wie sind ferner die mancherlei gröberen Unregelmäßigkeiten in den Röntgenreflexen zu deuten, die sich bei den Aufnahmen als Aufspaltungen der Flecken, als Asterismus u. ä. bemerkbar machen? Sie entstehen offensichtlich durch „*Gitterfehler*". — Letztlich: wie steht es mit der chemischen Reinheit der Stoffe? Fast ausnahmslos enthalten die chemischen Formeln eine Idealisierung der wahren Verhältnisse bzw. die Stoffe enthalten „*Verunreinigungen*" gegenüber der chemischen Formel. Welchen Einfluß hat dies Durchbrechen der Periodizität auf das physikalische Verhalten? Wie insbesondere sind die Interferenzen an *Mischkristallen?*

In dieser Ziffer soll, unvollständig, wie das heute nur möglich ist, eine Systematik solcher „Gitterstörungen" im weitesten Sinn versucht werden, um schließlich die wesentlich erscheinenden Züge zu dem Bild des „*Realkristalls*" zusammenzufügen. Dieser Name, ebenso wie die immer wiederholte Betonung der Wichtigkeit der — akzidentellen oder konstitutionellen — Unregelmäßigkeiten stammt von SMEKAL.

β) Unregelmäßigkeiten der normalen Baubestandteile. *1. Isotope und angeregte Atome.* Es ist zweifellos, daß es eine Reihe von konstitutionellen Verstößen gegen die volle Periodizität der Kristalle gibt. So muß angenommen werden, daß unter den chemisch gleichartigen Atomen die verschiedenen *Isotopen* vertreten sind, d. h. nicht alle chemisch gleichen Atome gleiche Masse haben. Für die Röntgenstreuung wird dies merklich höchstens durch die Tatsache, daß — da die Bindung die gleiche ist — die schwereren Atome die geringere Amplitude der Wärmebewegung haben werden — doch erscheint der Nachweis aussichtslos.

Ferner spricht sehr vieles dafür, daß auch die *Atomzustände* der gleichen Atomsorte nicht alle gleich sind. Jedenfalls wird, da der Kristall ja praktisch stets in Strahlung aller möglichen Frequenzen gebadet ist, eine Reihe von Atomen in angeregten Zuständen sich befinden. Diese können auch metastabil sein, so daß sie sich längere Zeit hindurch aufrecht halten können. Auch in der Nähe von polymorphen Umwandlungen darf man Atome oder Gruppen von solchen in verschiedenen Quantenzuständen vorzufinden erwarten. Von Bedeutung kann dies für den Atomfaktor werden, insbesondere wenn Strahlungen benutzt werden, die bei diesen angeregten Atomen zu anormaler Streuung führen. Doch dürfte die Zahl der nicht im Grundzustand befindlichen Atome zu gering für ihren Nachweis auf diesem Wege bleiben.

2. SIMON*sche Quantensprünge.* Günstiger könnten die Aussichten für einen röntgenmäßigen Nachweis bei den von SIMON[1] zuerst entdeckten Quantensprüngen sein, die sich als Anomalien im Verlauf der spez. Wärme geltend machen — so bei NH_4Cl, Diamant, Silizium, Zinn, Lithium u. a. Denn die Tatsache, daß oberhalb der „Umlagerungstemperatur" die Atome in großer Zahl einen vorher nicht realisierten Quantenzustand einnehmen, wird sich wohl auch in den Feinheiten der Kristallstruktur bemerkbar machen. Zwar ist an den ultraroten Schwingungen des NH_4-Radikals eine deutliche Änderung festgestellt worden[2], aber die etwas primitiven Versuche, röntgenmäßig Strukturänderungen festzustellen, haben bisher zu keinem Ergebnis geführt[3]. Da zum Atomfaktor die Außenschalen der Atome ja kaum beitragen, wäre weniger an eine Beeinflussung des Atomfaktors als an eine solche der unmittelbar beteiligten Gitterabstände zu denken.

[1] Siehe den zusammenfassenden Bericht in F. SIMON, 25 Jahre NERNSTscher Wärmesatz. Ergebn. d. exakt. Naturwissensch. Bd. IX, S. 254—260. 1930.
[2] G. HETTNER u. F. SIMON, ZS. f. phys. Chem. (B) Bd. 1, S. 293. 1928.
[3] F. SIMON u. CL. v. SIMSON, Naturwissensch. Bd. 14, S. 880. 1926.

3. Dynamisch eingebaute Gitterbestandteile. Als konstitutionelle Abweichung von der strengen Raumgitterperiodizität muß ferner die schon frühzeitig erwogene Möglichkeit gelten, daß Gitterbestandteile *keinen festen Ort* einnehmen. Die geordnete Erscheinung dieser Art ist das Rotieren von Gitterbauteilen. Z. B. geraten in manchen Molekülgittern die Moleküle von gewissen Temperaturen ab in Rotation, während bei genügend niederen Temperaturen die Kräfte der Nachbarmoleküle sie daran zu verhindern vermögen. Auch wellenmechanisch gelangt man zu ähnlichen Vorstellungen[1]. Ein derart rotierendes Molekül kann im Gitter einen Ort höherer Symmetrie einnehmen, als mit dem unbewegten Molekül verträglich wäre. Dies ist z. B. bei den von HENDRICKS[2] sowie WYCKOFF[3] untersuchten Verbindungen der Form

$$NH_3 \diagup CH_2 \diagdown CH_2 \diagup CH_2 \diagdown \dots \diagup CH_2 \diagdown CHCl$$

der Fall, die auf vierzähligen Drehachsen untergebracht werden müssen — was mit der bekannten Zickzackgestalt dieser Ketten in Widerspruch steht. Das um seine Achse rotierende Molekül kann als Gebilde von Zylindersymmetrie betrachtet werden, das auf der Symmetrieachse wohl am Platz ist[4].

Analoge rotierende Ketten in den Strukturen organischer Kristalle stellen in Paraffinen A. MÜLLER[5], in höheren Alkoholen BERNAL[6] fest.

Da nach der Wellenmechanik ein Molekül, das mehrere gleichberechtigte, nur durch geringe Potentialwälle geschiedene Zustände besitzt, zwischen diesen Zuständen wechselt (Schwebungen z. B. bei asymmetrischen Molekülen zwischen der Rechts- und der Linksform), so kann *selbst beim absoluten Nullpunkt* eine dem isolierten Molekül nicht zukommende höhere Symmetrie durch seinen Einbau ins Gitter herbeigeführt werden.

Besonders zweifelhaft ist es, ob den leichten (und röntgenmäßig nicht nachweisbaren) *H-Atomen* im Gitter feste Plätze zukommen. Hier ergaben sich schon frühzeitig, z. B. bei NH_4Cl, Schwierigkeiten gegenüber der Raumgruppentheorie[7].

4. Gleichgesetzte Atomsorten. Unter der Bezeichnung „*Variate Equivalent Points*“ oder kurz „Equipoints“ (etwa zu verdeutschen durch „verschiedenbesetzte strukturell gleichwertige Punkte“) verstehen amerikanische Autoren[8] die Erscheinung, daß verschiedene Atomsorten sich auf strukturell gleichwertige Plätze verteilen („*gleichgesetzte Atome*“). Einer der ersten Fälle dieser Art wurde von TAYLOR[9] an *Analcim* festgestellt. Dieser Zeolith ist kubisch holoedrisch, und es sind in der Zelle 16 Moleküle $NaAlSi_2O_6 \cdot H_2O$ unterzubringen. Zwar besitzt die Raumgruppe O_h^{10} 16zählige Lagen (000) und $(\frac{1}{8}\,\frac{1}{8}\,\frac{1}{8})$, in die die 16 Na und 16 Al gesetzt werden können. Dann müssen die 32 Si auf der Körperdiagonalen, die diese Punkte verbindet, untergebracht werden und damit würden alle Metallatome in ganz ungewöhnlich kleinen Abständen und in einer sehr unwahrscheinlichen Weise angeordnet sein. Statt dessen gelangt TAYLOR auf

[1] L. PAULING, Phys. Rev. Bd. 36, S. 430. 1930.

[2] S. B. HENDRICKS, z. B. ZS. f. Krist. Bd. 74, S. 29. 1930.

[3] R. W. G. WYCKOFF, ZS. f. Krist. Bd. 74, S. 25. 1930.

[4] J. C. SOUTHARD, R. T. MILNER u. S. B. HENDRICKS (Journ. Chem. Physics Bd. 1, S. 95. 1933) suchen die einsetzende Drehung des Kettenmoleküls durch Anomalien in der spez. Wärme festzustellen, ohne zu ganz sicheren Ergebnissen zu gelangen.

[5] A. MÜLLER, Proc. Roy. Soc. London (A) Bd. 138, S. 514. 1932.

[6] J. D. BERNAL, Nature Juni 1932; ZS. f. Krist. Bd. 83, S. 153. 1932.

[7] R. W. G. WYCKOFF, Sill. Jonrn. Bd. 3, S. 177. 1922.

[8] T. F. W. BARTH u. E. POSNJAK, Journ. Washington Acad. Bd. 21, S. 255. 1931; ZS. f. Krist. Bd. 82, S. 325. 1932; T. F. W. BARTH, Fortschr. Min., Krist. Petrogr. Bd. 17, S. 25, 1932; S. B. HENDRICKS, ZS. f. Krist. Bd. 84, S. 85. 1932.

[9] W. H. TAYLOR, ZS. f. Krist. Bd. 74, S. 1. 1930.

Grund der Erfahrungen an anderen Silikaten zu der Vorstellung, daß der Struktur Gitter aus Sauerstofftetraedern zugrunde liegen, die zu zwei Drittel mit Si, zu einem Drittel mit Al zentriert sind, derart daß die 32 Si und die 16 Al zusammen eine 48zählige Lage von O_h^{10} besetzen. Man sieht, wie hier die Forderung der Tetraederverkettung — also eines für ähnliche Silikate als gültig erkannten Bauprinzips — dominiert über die formale Anwendung der Strukturtheorie, die in den strukturell gleichwertigen Tetraedermitten die gleiche Atomsorte verlangt. Die sehr plausible und mit den Beobachtungen verträgliche Struktur spricht sehr für dieses Vorgehen.

Bei den Stoffen des Typus Spinell $MgO \cdot Al_2O_3$ haben BARTH und POSNJAK[1] festgestellt, daß zwei Anordnungen (mit acht Molekülen in der Zelle) zu unterscheiden sind: entweder die Formel XY_2O_4 wird in

8 X	in	8zähliger Lage	(Beispiele $ZnAl_2O_4$, $MnAl_2O_4$)
16 Y	„	16 „ „	
32 O	„	32 „ „	

untergebracht oder aber mit chemisch ungleichen, strukturell gleichen Punkten:

8 Y	in	8zähliger Lage	(Beispiele $FeMgFeO_4$, $GaMgGaO_4$).
(8 X + 8 Y)	„	16 „ „	
32 O	„	32 „ „	

Schließlich hat HENDRICKS an p-Brom-Chlor-Benzol C_6H_4BrCl wahrscheinlich gemacht, daß die vier Halogenatome in der Zelle (die zwei Moleküle enthält) strukturell gleichwertige Lagen innehaben müssen.

Im größten Ausmaß findet die ungleiche Besetzung gleichwertiger Punkte bei den *Mischkristallen* (Substitutionsmischkristallen) statt, s. ds. Ziff. δ.

5. Molekülgemische, Verwischung der Periodizität in ein oder zwei Dimensionen. Bei den *Hochpolymeren*[2] und *langen Paraffinketten* findet auf Grund der Seitenkräfte der Moleküle eine Parallelorientierung der Moleküle statt, selbst wenn diese verschiedene Längen haben. Die von den einzelnen Molekülbauteilen bedingten Interferenzen sowie die durch den gleichen Kettenquerschnitt entstehenden Interferenzen treten deutlich auf. Auch hier ist eine strukturtheoretische Beschreibung nicht angebracht. Es ist fraglich, ob man — wie es oft geschieht — diese Stoffe als „kristallin" bezeichnen sollte, nur weil sie Röntgeninterferenzen geben.

γ) Konstitutionelle Unregelmäßigkeiten des Gitteraufbaus. *1.* SMEKAL*sche Lockerstellen.* Es ist sehr wahrscheinlich, daß es neben den „*akzidentellen*", d. h. durch den Eingriff fremder Kräfte hervorgebrachten „Gitterfehlern" (s. unten) auch „*konstitutionelle*" gibt, die unvermeidlich mehr oder weniger in jedem, zumindest in jedem den normalen äußeren Störungen ausgesetzten Kristall vorhanden sind.

SMEKAL[3], der besonders viel über diese dem „*Realkristall*" im Gegensatz zum Idealkristall eigentümlichen Fehler gearbeitet hat, spricht von *Lockerstellen, Lockeratomen, Poren* u. ä. Den Beweis für ihre Existenz sieht er in einer Reihe von Kristalleigenschaften, die mit der üblichen, vom idealen periodischen Kristallgitter ausgehenden Gittertheorie nicht erklärbar sind. Während diese Gitter-

[1] Siehe Fußnote 8, S. 432.
[2] Vgl. Ziff. 39 β 4 sowie die dort angegebene Literatur.
[3] Wegen der ausgedehnten Literatur zu diesem Abschnitt sei auf die außerordentlich inhaltsreiche Zusammenstellung von A. SMEKAL (Kohäsion der Festkörper, im Handb. d. phys. und techn. Mechanik Bd. IV, 2, S. 1—153, insbesondere S. 70ff. Leipzig: J. A. Barth 1931) verwiesen.

dynamik[1] die „unempfindlichen" Eigenschaften gut erklären kann (die Dichte; die Gitterenergie; optische Eigenschaften; Schwingungseigenschaften, wie spez. Wärme, Reststrahlen; elastische Eigenschaften), gibt es auch gegen die Störung der Periodizität äußerst *empfindliche Eigenschaften*. Hierzu zählen die Leitvermögen für Wärme und Elektrizität, die Diffusionsvorgänge, das lichtelektrische Verhalten und die damit zusammenhängende Kristallfärbung durch Strahlenabsorption — und schließlich alle überelastischen mechanischen Eigenschaften der Festigkeit und Plastizität sowie die Rekristallisation. Diese wichtige Gruppe materieller Eigenschaften zeichnet sich dadurch aus, daß sie durch Fremdstoffe im Gitter sowie durch mechanischen oder thermischen Angriff auf das Gitter stark beeinflußbar ist, und daß die übliche Gitterdynamik zum Teil überhaupt keine und zum Teil eine nach Größenordnungen falsche Rechenschaft von diesen Eigenschaften gibt. Auch die Intensität der Röntgeninterferenzen mag diesen empfindlichen Eigenschaften an die Seite gestellt werden, da sie ja auch durch den „Mosaikkristall" gedeutet werden muß.

Von der physikalischen *Natur der „Lockerstellen"* steht nur fest, daß es Stellen sind, an denen Atome, Ionen oder sonstige gittereigene oder gitterfremde Bestandteile unter Aufwand von relativ geringen Energien, z. B. ionisiert[2] oder losgelöst werden können. „Die Überführung von Gitterionen in den ‚Lockerionen'zustand, d. h. die Bildung einer aus Lockerionen bestehenden ‚Lockerstelle' im Kristall, erfordert einen Arbeitsaufwand, der auch zu einer lokalen Zerstörung des Gitters, zur Bildung innerer Trennungsflächen ausreichend wäre. Die Lockerstellen könnten demnach im einfachsten Fall als winzige Hohlräume im Innern des Kristalls vorgestellt werden"[3]. Derartiger Lockerionen gibt es nach verschiedenen Schätzungen etwa eines auf 10^4 bis 10^6 reguläre Gitterbestandteile, wobei die größere Zahl von Lockerionen für die aus der Schmelze, also bei höherer Temperatur entstandenen Kristalle gilt.

Auch dadurch, daß „gittertheoretisch zu besetzende Gittermaschen hin und wieder unbesetzt bleiben", entstehen „Lockerstellen"[4], wobei diese etwa mit besonders großer Wahrscheinlichkeit in gewissen Gitterebenen liegen können, so daß hierdurch eine zuzügliche Anisotropie der beeinflußbaren Eigenschaften entsteht.

2. *Wachstumsunregelmäßigkeiten.* Die von SMEKAL aufgeworfene Unterscheidung zwischen Real- und Idealkristall ist von einer großen Reihe von anderen Forschern angenommen worden und man hat sich verschiedenartige Vorstellungen von den Lockerstellen gebildet. Schon die grobe Beobachtung zeigt, daß es beim Kristallisationsvorgang nicht mit mathematischer Ordnung zugeht. Viele Kristalle wachsen von einzelnen Zentren aus strauchartig sich verzweigend zunächst zu „Kristallskeletten" hoch, die durch allmähliche Verdickung zu einem kompakten Kristall werden. Daß dabei die strenge Parallelität in dem ganzen Bereich des Kristalls nicht immer gewahrt bleibt, ist verständlich und an fast allen größeren Kristallen zu sehen[5]. Stellt man sich andererseits vor, daß sich auf eine wachsende Kristallfläche, abgesehen von einzelnen Ionen bzw. Molekeln, auch Mikrokristalle ablagern, die bereits an anderen Stellen der flüssigen Phase aufgebaut worden sind, so ist es klar, daß solche Teilchen nicht immer glatt an die gebildeten Flächen anschließen werden. Selbst wenn er-

[1] Vgl. ds. Handb. 2. Aufl. Bd. XXIV/2, Art. BORN u. GÖPPERT-MAYER.

[2] Weniger als 70% der normalen Elektronen-Abtrennungsarbeit für Gitterbausteine bei NaCl, NaBr, KCl, KBr.

[3] A. SMEKAL, l. c. S. 76.

[4] A. SMEKAL, l. c. S. 80.

[5] M. J. BUERGER (Amer. Mineralog. Bd. 17, S. 177. 1932) sucht die vom Ursprung des Kristalls ausgehenden Blöcke mit kontinuierlich veränderlicher Orientierung zu „lineages" — Abkömmlingslinien — zusammenzufassen, ohne aber zu tieferen Einsichten zu gelangen.

hebliche Anziehungskräfte nur zwischen den gleichen Flächen des Stammkristalls und des anzulagernden wirken, so werden Unregelmäßigkeiten in der Ausbildung der Flächen im Augenblick des endgültigen Anlagerns (Vorsprünge, Zacken) geringe Falschorientierungen herbeiführen und Anlaß zu einer Mosaikverwackelung geben. Zudem werden innere Oberflächen von submikroskopischen Dimensionen übrigbleiben können, selbst wenn ein erheblicher Teil der entstehenden Lücken noch nachträglich mit Material aus der flüssigen Phase (Lösung oder Schmelze) ausgefüllt wird. Die Frage, ob solche Risse bzw. „inneren Oberflächen" die entscheidende Rolle spielen, ist wohl noch nicht endgültig geklärt. Ihre Wichtigkeit ist in einer Reihe von Arbeiten von BALAREW[1] hervorgehoben worden. In diesem Zusammenhang ist es interessant, daß auch im Inneren eines Steinsalzkristalls Wasser durch ultrarote Absorption nachgewiesen werden konnte[2], wenn der Kristall durch Ablösen der Oberfläche eine Erhöhung der Reißfestigkeit erfahren hatte. Dies zeigt, daß der Wassergehalt den ganzen Kristall — und zwar vermutlich durch Adsorption an inneren Oberflächen — durchsetzt. Daß ein solcher Adsorptionsvorgang mit Röntgenstrahlen schwer nachweisbar ist bzw. daß dadurch keine Änderung der Gitterkonstanten von meßbarer Größe entsteht, ist an Steinsalz von SCHMID und VAUPEL[3], an Alaunen, die Farbstoffe adsorbiert hatten, von anderer Seite gezeigt worden[4].

Auch sonst sind trotz mancherlei Bemühungen mit Röntgenstrahlen keine eindeutigen Aussagen über die Poren oder Lockerstellen erhalten worden. Für den Röntgennachweis bleiben also nur gröbere Effekte zu erforschen, wie z. B. die Größe der ungestörten oder „kohärenten" Bereiche und die eigentliche Mosaikstruktur. Letztere ist von gröberer Art, als die zur Deutung der „empfindlichen" Eigenschaften benötigte Abweichung von der idealen Periodizität. Denn nach den Schätzungen von DARWIN[5] und von MARK[6] ist die Größe der kohärenten Bezirke in typischen Mosaikkristallen etwa 10^{-4} cm Kantenlänge, ihr Inhalt mindestens 10^9 Atome, bei Fehlern der Parallelorientierung von einigen Bogenminuten — während die SMEKALsche Abschätzung der Lockerstellen ja mindestens auf 10^6 Atome, d. h. auf einen Würfel von der Kante 10^{-6} cm, eine Lockerstelle liefert.

3. ZWICKYS *Netzebenenkontraktion.* Der Versuch einer gittertheoretischen Deutung der konstitutionellen Gitterfehler wurde von ZWICKY[7] unternommen. Er bemerkt, daß eine isolierte Netzebene etwa vom Schachbrettyp der Würfelebenen von Steinsalz unter Zugrundelegung der Anziehungs- und Abstoßungskräfte, die sich für das dreidimensionale Gitter bewähren, um etwa 6% enger gebaut sein muß, als die gleiche Ebene im Gitterverband: das Minimum der Energie liegt bei kleinerem Ionenabstand. ZWICKYS Gedanke ist es, daß eine einzelne (100)-Ebene im Steinsalz sich spontan zusammenziehen könnte — unter mehr oder minder vollkommener Lösung von ihren Nachbarebenen —, und daß hierdurch Energie gewonnen würde. Diese kontrahierten Netzebenen können schließlich in optimalen Abständen aufeinanderfolgen (würde man *jede* Netzebene verkleinern, so wäre das Ergebnis eine Volumkompression des ganzen

---

[1] D. BALAREW, Über die innere Adsorption in Kristallsalzen, siehe z. B. Nr. V; Kolloid-Beihefte Bd. 37, S. 180. 1933.

[2] R. B. BARNES, Phys. Rev. Bd. 43, S. 82. 1933.

[3] E. SCHMID u. O. VAUPEL, ZS. f. Phys. Bd. 62, S. 311. 1930.

[4] F. G. FOOTE, F. C. BLAKE u. W. G. FRANCE, Journ. phys. chem. Bd. 34, S. 2236. 1930.

[5] C. G. DARWIN, Phil. Mag. Bd. 43, S. 800. 1922.

[6] H. MARK, Naturwissensch. Bd. 13, S. 1042. 1925.

[7] F. ZWICKY, Proc. Nat. Acad. Amer. Bd. 15, S. 816. 1929; siehe insbesondere die zusammenfassende Darstellung Phys. Rev. Bd. 40, S. 63. 1932; sowie auch Phys. Rev. Bd. 43, S. 270. 1933.

Kristalls, zu der natürlich Arbeit *aufgewandt* werden müßte), und so entsteht eine Art Überstruktur des Kristalls von etwas statistischem Einschlag, die zugleich gewisse Störungsebenen der Gitterstruktur liefert. — Die Potentialberechnung, auf die ZWICKY[1] seine Anschauungen stützen möchte, dürfte kaum richtig sein. Denn warum sollte die Mehrzahl der Netzebenen das Minimum der Energie bei dem normalen Wert der Gitterkonstanten und der normalen Einbettung zwischen die Nachbarebenen finden, während die ausgesuchten Netzebenen sich von ihrer Umgebung zu lösen vermögen, und dadurch die Gelegenheit zur Kontraktion erhalten? In der Tat hat OROWAN[2] gezeigt, daß bei richtiger Ausführung der Rechnung durch geeignete Abschätzung der Wechselwirkungsenergie der kontrahierten mit ihren Nachbarnetzebenen keine Energie-*abgabe*, sondern eine *-zunahme* für den Kristall mit der Kontraktion verbunden ist. Damit dürfte diesem Versuch von ZWICKY, den gestörten Zustand eines Gitters als thermodynamisch stabil gegenüber dem ungestört-periodischen Zustand zu erweisen, der Boden entzogen sein[3]. — Eine Überstruktur im ZWICKYschen Sinn konnte mit Röntgenstrahlen (Überstrukturlinien) nicht nachgewiesen werden. Auch die Kontraktion der Gitterkonstanten ist nach einer bei A. H. COMPTON ausgeführten Arbeit[4] schwer verträglich mit der guten Übereinstimmung der aus der Dichte mit den röntgenometrisch ermittelten Gitterkonstanten (Verhältnisse der Gitterkonstanten bei Calcit, NaCl, KCl, Diamant stimmen auf 10^{-4} bis 10^{-5} mit den aus Präzisionsdichtebestimmungen folgenden überein). Jedoch scheinen bei Metallkristallen je nach der Art der Herstellung (durch Erstarren aus der Schmelze oder durch Rekristallisation) sowohl die Gitterkonstante (bei Legierungen) als auch mechanische Eigenschaften (Streckgrenze) zu variieren, was vielleicht mit der verschiedenen Lockerstruktur solcher Kristalle in Verbindung zu bringen ist[5].

δ) Mischkristalle. Mischkristalle kommen bei anorganischen und organischen Substanzen und in besonders ausgeprägtem Grade bei Metallen vor. Für die Bedingungen ihrer Entstehung (chemische Ähnlichkeit, Erregbarkeit von Ionen oder Atomen durch andere gleicher Größe usw.) siehe Bd. XXIV/2 ds. Handb. (Art. GRIMM-WOLFF). Hier interessiert uns ihre Systematik im Hinblick auf die Röntgenbefunde.

1. Unterscheidung zwischen Mischkristall und reiner Verbindung. Um diese Unterscheidung durchzuführen, muß unbedingt der *„reine Stoff"* durch die *strenge Erfüllung einer chemischen Formel* gekennzeichnet werden, die ihrerseits die Vorbedingung für einen streng periodischen Gitteraufbau ist. Bei den Metallen tritt dabei der Fall ein, daß die Verbindung unter Umständen eine unerwartet „irrationale" Zusammensetzung hat. So hat sich z. B. im System CuSn bei genauer Analyse keine Verbindung Cu_4Sn feststellen lassen[6], wohl aber die nahezu gleich zusammengesetzte $Cu_{31}Sn_8$. Ähnlich gibt es Cu_9Al_4, nicht aber Cu_2Al. Jedoch sind innerhalb des Zustandsdiagramms die reinen Verbindungen durchaus nicht vor Mischkristallen ausgezeichnet, die diese Verbindungen mit den Komponenten bilden können. Ja, es kommt vor, daß die reine Verbindung selbst gar nicht realisiert werden kann, sondern sich nur in der Nähe ihrer Zusammen-

[1] F. ZWICKY, Helv. Phys. Acta Bd. 3, S. 269. 1930.

[2] E. OROWAN, ZS. f. Phys. Bd. 79, S. 573. 1932.

[3] ZWICKYS Einwände gegen OROWAN und eine Zusammenfassung der Gründe für die Gitterunterbrechungen durch Netzebenenkontraktion siehe Helv. Phys. Acta Bd. 6, S. 210. 1933.

[4] YUCHING TU, Phys. Rev. Bd. 40, S. 662. 1932.

[5] U. DEHLINGER, Metallwirtschaft Bd. 12, S. 48 u. 298. 1933.

[6] Für diese und ähnliche Angaben sehe man, wo nicht Zitate neuerer Arbeiten gegeben sind, den *Strukturbericht* von EWALD und HERMANN nach.

setzung Phasen vorfinden, die gemäß ihrer Röntgenstruktur am besten als Mischkristalle einer Komponente mit der nichtrealisierbaren Verbindung aufgefaßt werden. [Beispiel: Im System (Cu, Pd)[1] tritt von 38 bis 45 At % Pd eine Phase auf, die am besten als ein CuPd-Gitter vom Typ des Cäsiumchlorids mit Überschuß an Cu aufgefaßt wird. Bei vorsichtigem Tempern läßt sich diese Struktur bis kurz unter 50% Pd herstellen: bei 49,8% Pd findet sie sich rein vor, bei 49,95% Pd tritt hingegen ungemischt ein flächenzentriertes Gitter auf. Offenbar also muß der CsCl-Typ durch Überschuß von Cu-Atomen stabilisiert werden, während dazu Pd-Atome im Überschuß nicht imstande sind. Hiernach ist unterhalb 49,9% Pd ein Substitutionsmischkristall zu vermuten, in dem Pd durch Cu ersetzt worden ist.]

Für den *reinen Stoff* werden wir — wie es bisher stets stillschweigend vorausgesetzt wurde — ausdrücklich als vollkommenstes Bild den *Idealkristall* ansehen, dessen Periodizität die Innehaltung der chemischen Formel verbürgt. Nicht immer entsteht dieser hochgeordnete Zustand bei einer Mischung der Bestandteile im stöchiometrischen Verhältnis. Viele Metallverbindungen z. B. sind nur durch *sehr* vorsichtige thermische und mechanische Behandlung in diesen Zustand zu bringen, der sich röntgenmäßig durch das Auftreten von „*Überstrukturlinien*" kundtut. Dieser Name erklärt sich so: Solange im Mischkristall noch keine völlige Ordnung der Atome zu einem Gitter mit einer großen, periodisch wiederholten Zelle stattgefunden hat, ist die Struktur gleichwohl in den kleineren Bezirken schon von ähnlicher Art wie im Endzustand (z. B. Besetzung der Gesamtheit der Gitterplätze einer hexag. dichtesten Packung, aber ohne völlig periodische Verteilung der Atomsorten auf diese Plätze, „gleichgesetzte Atome", ds. Ziff. β 4). Daher findet man bei ungenügender Wärmebehandlung die weit auseinanderliegenden Interferenzen eines Gitters mit relativ kleiner Zelle — und erst bei fortschreitender Annäherung an den periodischen Zustand mit großer Zelle und Basis treten die zu dieser großen Zelle gehörenden engen Systeme von Interferenzlinien als „Überstrukturlinien" zwischen den anderen auf (Abb. 207 und 208). Daß diese anderen als stärkste Hauptlinien des vollperiodischen Gitters bestehen bleiben, ist nichts als ein Beispiel für das „Principle of Enhancement" (Ziff. 39 β 5) von BRAGG. Die Überstrukturlinien als Zeichen der Periodizität sind als sicherstes Merkmal dafür anzusehen, daß eine bestimmte Verbindung angestrebt wird, und ihre Verwertung zur Bestimmung der Struktur hat wiederholt die erste Andeutung dafür geliefert, daß nicht die „rationale", sondern die kompliziertere chemische Formel befolgt wird.

2. *Arten der Mischkristalle.* Gehen wir von dem „reinen Stoff" (Verbindung oder Elemente) von streng periodischem Bau aus, so können daraus Mischkristalle entstehen

a) durch *Einlagerung weiterer Atome in den Gitterraum,*

b) durch *Substitution der Gitteratome* durch einzuführende Atome,

c) durch *Austausch* von Atomgruppen des Verbindungsgitters gegen Gruppen einzuführender Atome.

Fall b kann als Sonderfall von c, Fall c als Kombination von a und b aufgefaßt werden.

Beispiele für diese drei Fälle sind:

a) *Einlagerung: Austenit* = Einlagerungslösung von Kohlenstoff im flächenzentrierten γ-Eisen, bis zu etwa 8 At % C. Das Diagramm Abb. 209 nach den Messungen von WEVER[2] zeigt den Verlauf des spez. Volumens (a) aus Dichte-

[1] Vgl. Strukturbericht S. 516.

[2] F. WEVER, ZS. f. Elektrochem. Bd. 30, S. 376. 1924; F. WEVER u. P. RÜTTEN, Mitt. a. d. K. W. I. f. Eisenforschg. Bd. 6, S. 1. 1924.

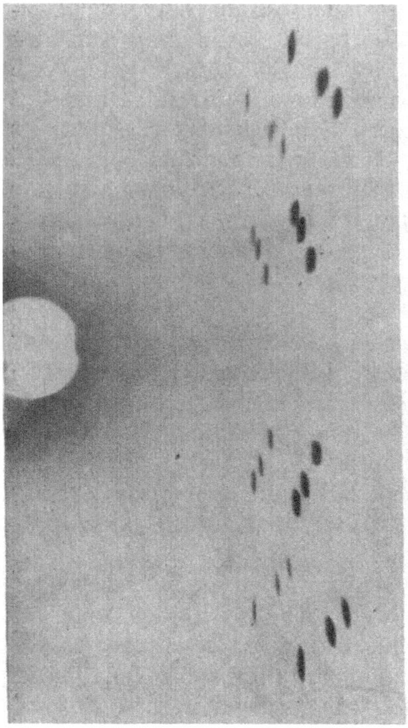

Abb. 207. Drehaufnahme eines Kristalles von der Zusammensetzung $AuCu_3$, von 800° abgeschreckt.

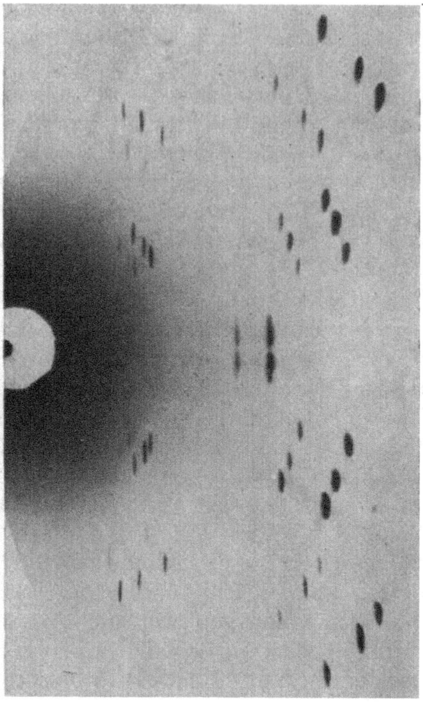

Abb. 208. Drehaufnahme des gleichen $AuCu_3$-Kristalles, der nach dem Abschrecken von 800° bei 325° 10 Tage angelassen wurde. Hierdurch sind unter kleinen Winkeln Überstrukturlinien aufgetreten.

(Abb. 207 u. 208 nach G. SACHS und J. WEERTS, ZS. f. Phys. Bd. 67, S. 510. 1931.)

messungen sowie berechnet aus den Gitterkonstanten unter der Annahme (*b*) einer Substitution von Fe-Atomen durch C-Atome und (*c*) einer Einlagerung von C-Atomen in die freien Gitterräume. Im Fall (*c*) treten die C-Atome als zusätzliche Masse im Kubikzentimeter auf, im Fall (*b*) vermindert der Ersatz von Fe durch C die Masse pro cm^3. Daher muß Kurve (*b*) oberhalb Kurve (*c*) liegen und steiler ansteigen; Kurve (*c*) steht im Einklang mit den Meßwerten.

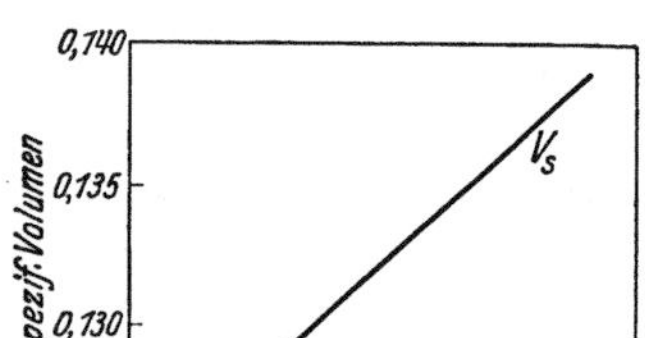

Abb. 209. Spez. Volumen des Austenits direkt gemessen und nach Röntgenbestimmungen berechnet unter der Annahme der Substitution (V_s) und der Einlagerung (V_e). (Nach F. WEVER, l. c.)

b) *Substitution: α-Messing* = Lösung von Zn in Cu (bis zu 35 At% Zn). Die Gitterkonstante des Kupfergitters wächst von $a_w = 3{,}610$ bei 0% Zn, bis $a_w = 3{,}688$ bei 32,2% Zn. Dichtemessungen zeigen, daß die Zn-Atome an die Plätze von Cu-Atomen treten.

c) *Gruppenaustausch: die γ'-Phase im Zustandsdiagramm (Cu, Al)*. Die Dichtemessungen an diesen kubischen Mischkristallen zwischen 31 und 44 At% Al ergeben zusammen mit der Röntgenbestimmung der Gitterkante eine mit steigendem Al-Gehalt von 52,36 auf 48,92 sinkende Atomzahl in der Zelle. Diese Abnahme wird dadurch gedeutet, daß je zwei

Al-Atome an den Platz von drei Cu-Atomen treten (auch „*komplexe Substitution*" genannt[1]).

Wie ersichtlich, bilden genaue Dichtemessungen zusammen mit der röntgenographischen Bestimmung der Gitterkonstanten das Mittel, zwischen den Arten der Mischkristallbildung zu unterscheiden. Über Unterschiede in den Röntgeninterferenzen s. diese Ziffer.

Die Gruppen a bis c sind die einzigen Mischkristallarten, die im Anschluß an ideal periodisch gebaute „reine Stoffe" logisch möglich sind. Billigt man aber dem „reinen Stoff" selbst Unregelmäßigkeiten des Gitteraufbaus zu, so erhöht sich die Mannigfaltigkeit der Mischkristallarten.

Von Hüttig[2] stammt die Bezeichnung „*vagabundierende Bestandteile*" für Beimengungen, die in manchen Kristallen fast stets gefunden werden. Ein Beispiel: *Pyrit* entspricht fast nie der Formel FeS_2 sondern enthält meist Schwefel über diese Formel hinaus. Es ist naheliegend, auch hier von einer Mischkristallbildung bzw. festen Lösung zu sprechen.

So kann der „reine Stoff" selbst Plätze im Gitter unbesetzt haben und die Fremdatome können an diese Plätze gehen. In diesem Fall muß sich bereits beim reinen Stoff eine Diskrepanz zwischen Gitterkonstante und Dichte zeigen derart, daß die aus der Dichte berechnete Atomzahl pro Zelle eine ganze Zahl nicht ganz erreicht. Allerdings gehören zu dieser Untersuchung sehr zuverlässige Dichtewerte, insbesondere da fast alle makroskopischen Fehlerquellen für die Dichte zu niedere Werte vortäuschen (Höhlen im Material, anhaftende Gasblasen und Gasschichten).

Hat der reine Stoff ein derartiges *Gitter mit Leerstellen*, so kann im Mischkristall zunächst eine Auffüllung der Leerstellen mit Fremdatomen eintreten. Ein solcher „Mischkristall durch Auffüllung" bildet einen neuen Typ (*d*), der sich vom Typ (*a*), Substitutionsmischkristall, durch die geringere Dichte unterscheidet. Dieser Fall scheint beim Pyrrhotin FeS vorzuliegen[3].

Sind im realen Gitter der reinen Stoffe innere Oberflächen vorhanden, so können die Fremdbestandteile sich zunächst an diesen festsetzen und so *Mischkristalle durch innere Adsorption* bilden (Balarew)[4].

Endlich spricht vieles dafür, daß die Fremdbestandteile sich in manchen Fällen zu größeren Aggregaten zusammenfinden, so daß der Mischkristall als *feste Lösung von kolloidalen Teilchen* in dem Gitter des Fremdstoffs angesehen werden kann. In diesem Fall ist es eine Frage der Teilchengröße bzw. der Feinheit des Beobachtungsmittels, ob man überhaupt noch von einem homogenen Mischkristall sprechen will oder ob man an einen zerfallenden Mischkristall, also an die Entmischung zu einem zweiphasigen System denkt. Den Anfang einer Systematik dieser Fälle findet man bei Balarew[4].

Als allgemeines wesentliches Merkmal der Mischkristalle und als Kriterium für ihre Existenz wird man die Tatsache bezeichnen, daß die Zusammensetzung des Mischkristalls in einem — wenn auch manchmal engen — Bereich variieren kann, und daß mit ihr auch die physikalischen, einschließlich der feinbaulichen Eigenschaften stetig variieren. Dies unterscheidet den Mischkristall von einem feingebauten *Eutektikum*, in dem beide Bestandteile nebeneinander vorhanden sind und ihre unveränderten Röntgeninterferenzen liefern.

---

[1] Gruppenaustausch wurde wohl zum erstenmal von A. Westgren und G. Phragmén festgestellt (Nature 26. Jan. 1924).
[2] G. Hüttig, Fortschr. d. Phys., Chem. u. phys. Chem. Bd. 18. 1924.
[3] G. Hägg, Nature Bd. 131, S. 167. 1933.
[4] D. Balarew, Kolloid-Beihefte Bd. 37, S. 324. 1933.

3. Röntgenuntersuchung von Mischkristallen. a) *Gitterkonstante.* Beide Komponenten, die den Mischkristall bilden, mögen ähnliche Gitter besitzen, wie das z. B. der Fall ist bei den Stoffsystemen, die eine „vollständige Mischungsreihe" bilden, ohne Lücken im Zustandsdiagramm (Beispiel CuAu, AgAu). Entsprechende Gitterdimensionen der ersten und zweiten Komponente seien a_1 und a_2, die Atomkonzentrationen bzw. Molenbrüche c_1 und c_2, dann gilt meist annähernd das VEGARD*sche Gesetz*[1] *der linearen Änderung der Gitterdimensionen*: die Konstante a des Mischkristalls ist

$$a = c_1 a_1 + c_2 a_2 .$$

Statt der linearen Beziehung zwischen den Gitterlängen selbst werden von anderen Autoren solche Beziehungen zwischen Potenzen der Gitterlängen, insbesondere z. B. zwischen den Zellvolumina der Komponenten vorgeschlagen[2]. Die Abbild. 210 und 211 zeigen die gute Erfüllung der VEGARDschen Regel beim System Cu—Ni (lückenlose Mischungsreihe) und bei Ag—Cd. Bei letzterem existieren die Phasen:

α: kubisch; Lösung von Cd in Ag.

β: Verbindung AgCd mit beiderseitigem kleinen Lösungsbereich. β ist stabil nur unterhalb 426° C.

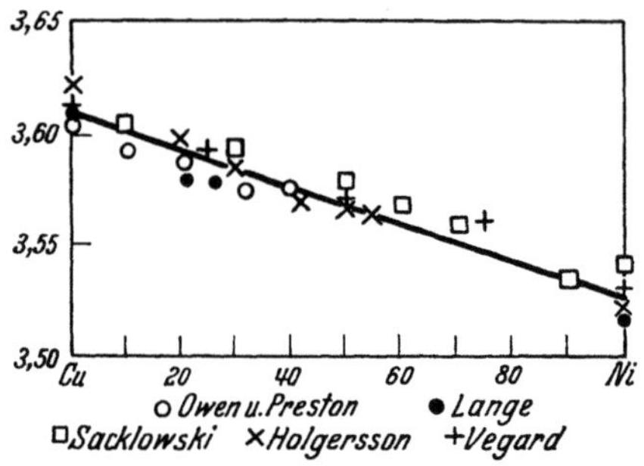

Abb. 210. Gitterkonstanten von Cu-Ni-Legierungen.

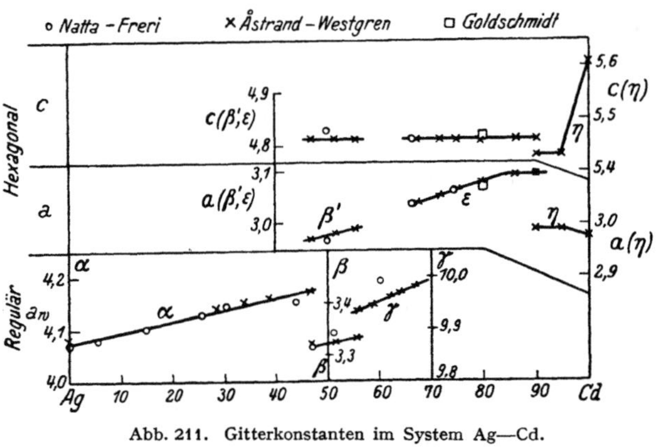

Abb. 211. Gitterkonstanten im System Ag—Cd.

β': stabil oberhalb 426° C in der Nähe der Zusammensetzung AgCd. Hexagonales Gitter (daher c und a angegeben).

γ: kubisch; Verbindung Ag_5Cd_8 (entsprechend 63,2 At% Cd) mit erheblichem Lösungsgebiet beiderseits.

ε und η: hexagonale Packungen mit verschiedenen Achsenverhältnissen.

Wie aus Abb. 211 zu sehen, sind lineare Beziehungen im allgemeinen gut erfüllt.

Stärkere Abweichungen (immerhin kleiner als 1%) von der VEGARDschen Regel treten bei der Ag—Au-Reihe auf, wie Abb. 212 zeigt[3]. Infolge der Kontraktion wird sogar die Gitterkonstante der beiden reinen Komponenten unterschritten.

---

[1] L. VEGARD u. H. SCHJELDERUP, Phys. ZS. Bd. 18, S. 93. 1917; L. VEGARD, ZS. f. Phys. Bd. 5, S. 17 u. 393. 1921.

[2] Vgl. Ziff. 39 β 8.

[3] G. SACHS u. J. WEERTS, ZS. f. Phys. Bd. 60, S. 481. 1930.

b) *Interferenzwirkung an Mischkristallen*[1]. Eine Übersicht über die Interferenzwirkung der Mischkristalle erhält man am besten, indem man zunächst das Grundgitter regelmäßig (periodisch) durchgeführt denkt, so daß hierauf die allgemeine Interferenztheorie angewandt werden kann, und nun die Abweichungen von der Periodizität und ihre Interferenzwirkung gesondert betrachtet. So wird ein Cu—Au-Mischkristall (Substitutionstyp) zerlegt gedacht in ein regelmäßiges Cu-Gitter + einem Gitter aus Atomen vom Streuvermögen (Au — Cu), das nur an den Substitutionsstellen besetzt ist. Das Differenzstreuvermögen kann ebensowohl positiv wie negativ sein [letzteres, wenn man vom Au-Gitter ausgegangen wäre und in ein Au-Gitter + (Cu—Au) Differenzgitter zerlegt hätte]. Oder man hat beim Austenit (Einlagerungsmischkristall) neben der Wirkung des vollständigen Fe-Gitters die Interferenzwirkung der in die Lücken eingelagerten C-Atome zu beachten.

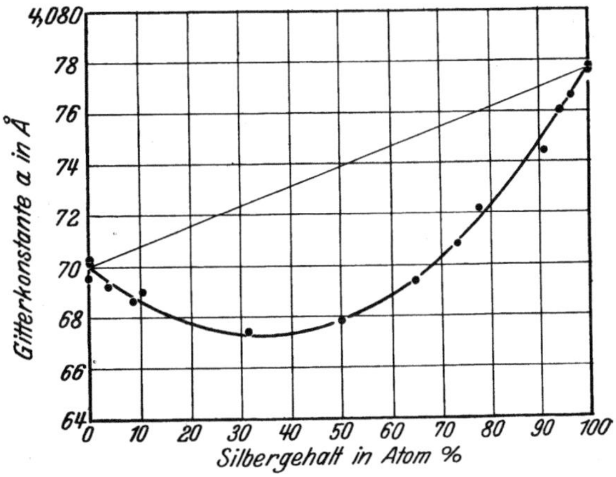

Abb. 212. Gitterkonstanten von Gold-Silberlegierungen. (G. Sachs u. J. Weerts, l. c.)

Hiernach unterscheidet sich die Interferenzwirkung des Mischkristalls von der des reinen durch die Wirkung eines unvollständig besetzten Gitters. Sind bei diesem die durchschnittlichen Abstände zwischen den Atomen sehr viel größer als die Gitterkonstante, so wird die *Gitter*wirkung zurücktreten gegenüber dem allgemeinen Streuhintergrund, der auch bei völlig regelloser Lage der Atome entstehen würde.

Vom lückenhaft besetzten, aber sonst ungestörten Gitter entstehen Interferenzen in den gleichen Richtungen wie vom periodischen Gitter. Denn alle von den Atomen des Lückengitters überhaupt ausgehenden Kugelwellen fließen in diesen Richtungen mit maximaler Verstärkung zueinander. Sind die Lücken regelmäßig verteilt — d. h. so, daß ein periodisches Gitter mit größerer Zelle und Basis entsteht —, so treten zu diesen Interferenzrichtungen noch weitere, in denen die vorhandenen Kugelwellen alle zusammenwirken: das sind die Richtungen der „Überstrukturinterferenzen".

Im Gegensatz zum Vollgitter wird das Lückengitter neben dem Hauptmaximum keine geordneten Nebenmaxima aufweisen. Betrachten wir z. B. beim Vollgitter eine Interferenzrichtung, unter der ein Minimum der Intensität entsteht. Dies Minimum ist Null, weil das Gitter in Zonen aufgeteilt werden kann derart, daß je zwei äquivalente Strahlen in Nachbarzonen den Wegunterschied $\lambda/2$ haben und sich vernichten. Beim Lückengitter würde hier nur eine statistische, unvollkommene Auslöschung eintreten, weil die äquivalenten Strahlen nur zum Teil vorhanden sind — bei einem „dünn besetzten Lückengitter" sogar sehr selten. Ähnliches gilt für die Nebenmaxima. Die Intensität wird also im wesentlichen auf das Hauptmaximum beschränkt sein und nach außen schnell und ziemlich gleichmäßig abfallen. Das Hauptmaximum selbst hat natürlich die Höhe proportional zum Quadrat der Gesamtzahl der vorhandenen Atome und

[1] Die ersten experimentellen Arbeiten stammen von L. Vegard, ZS. f. Phys. Bd. 5, S. 17. 1921; die mathematische Theorie von M. v. Laue, Ann. d. Phys. Bd. 56, S. 497. 1918.

eine Breite, die so groß ist, als wären alle Plätze besetzt. Denn auch die statistische Vernichtung der Kugelwellen wird unter dem Winkel eintreten, unter dem der gesamte von den Atomen eingenommene Raum sich in zwei FRESNELsche Zonen aufteilen läßt. Ist N die Zahl der vorhandenen Atome, L die der leeren Plätze, so ist die Höhe des Hauptmaximums proportional N^2, seine Öffnung proportional $1/(N+L)$. Da der gesamte Inhalt der Beugungskurve aus energetischen Gründen proportional zu N sein muß, so ist die Beugungsfunktion gegenüber der des vollen Gitters nicht unerheblich abgeändert. Abb. 213 zeigt schematisch die Beugungsfunktion des vollbesetzten Gitters von $N+L$ Plätzen (höchstes Maximum), gestrichelt die des vollbesetzten Gitters von N Plätzen und dazwischen ausgezogen die des Gitters mit N Atomen auf $N+L$ Gitterplätzen. Genaues Studium der Form der Interferenzkurve und des absoluten Reflexionsvermögens könnte prinzipiell über die Zahl der Atome und die Zahl der Lücken Auskunft geben und somit die aus der genauen Dichtemessung zu ziehenden Schlüsse erhärten.

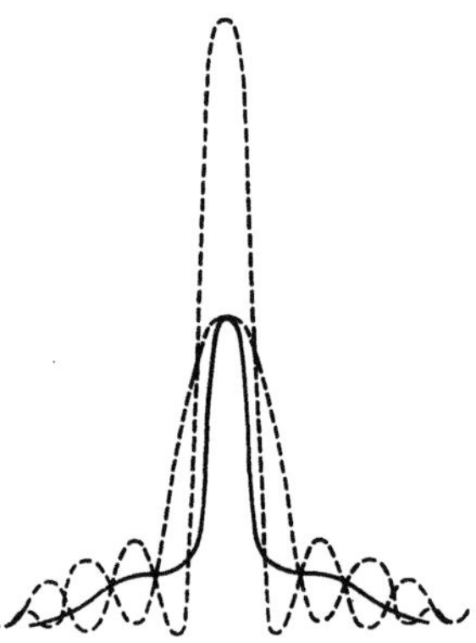

Abb. 213. Schema der Beugungsfiguren eines Vollgitters (höchstes Maximum), des gleichen Gitters lückenhaft besetzt (ausgezogene Kurve) und eines Vollgitters von der gleichen Atomzahl wie das Lückengitter.

Besondere Erscheinungen sind zu erwarten, wenn die Besetzung der Gitterstellen nicht unabhängig voneinander erfolgt, wie es z. B. bei Gruppensubstitution der Fall ist. In diesem Fall überlagert sich der soeben besprochenen Beugungsfunktion noch diejenige der substituierten Teilchen unter Berücksichtigung ihrer statistischen (aber evtl. gleichwohl kristallographischen) Orientierung. Dieser Faktor, der dem Atomfaktor in der einfachen Gittertheorie vergleichbar ist, ist mit der Richtung langsam veränderlich nach Art der Flüssigkeitsinterferenzen. Er ist bisher experimentell nicht nachgewiesen worden.

Eine quantitative Verwertung der photometrisch festgestellten Intensitäten der Überstrukturlinien im System (Fe, Al) hat BRADLEY und JAY[1] gestattet, über die Art der Substitution von Fe durch Al in Abhängigkeit vom Legierungsgehalt und der Wärmebehandlung sehr interessante Schlüsse zu ziehen.

c) Als *Mischkristalle organischer Substanzen* sind unter anderen die sog. hochpolymeren Substanzen anzusehen (vgl. Ziff. 39 β 4). Freilich bestehen sie meist aus Molekülen von mehr als zwei verschiedenen Längen — was die Güte der Röntgeninterferenzen sehr herabsetzt. Zu diesen Substanzen können in gewissem Sinne auch die höheren *Fettsäuren* gerechnet werden. An ihnen ist die Mischkristallbildung verschiedentlich untersucht worden[2]. Es ergibt sich, daß bei nicht zu verschiedener Länge der Moleküle sich eine gemeinsame Gitterkonstante einstellt, die ungefähr nach der VEGARDschen Regel zwischen denen der reinen Stoffe liegt — so z. B. bei Mischungen der Säuren C_{10} und C_{11} oder C_{16} und C_{18}. Dabei erhält die Mischung (C_{14}, C_{18}) eine Gitterkonstante wie die reine C_{16} — was bei dem nahezu linearen Verlauf vieler Eigenschaften dieser Säuren nicht befremdend ist.

Theoretisch ist bei dieser Art von Mischkristallbildung noch nicht genügend untersucht, inwieweit eine regelmäßige Identitätsperiode durch die Röntgeninterferenzen nur vorgetäuscht wird. Bedenkt man, daß das, was die Röntgeninterferenzen (etwa auf dem Weg über das reziproke Gitter) liefern, im

[1] A. J. BRADLEY u. A. H. JAY, Proc. Roy. Soc. London (A) Bd. 136, S. 210. 1932.

[2] Siehe F. FRANCIS, S. H. PIPER u. T. MALKIN, Proc. Roy. Soc. London (A) Bd. 128, S. 214. 1930; E. OTT u. F. B. SLAGLE, Journ. phys. chem. Bd. 37, S. 257. 1933.

Grunde nichts anderes ist als die Fourierzerlegung der Massenverteilung im Körper, so muß aus scharfen Interferenzen geschlossen werden, daß im Mischkristall im großen ganzen ebene und äquidistante Molekel*schichten* bestehen — wenn auch die Besetzung dieser Schichten im einzelnen infolge der Längenverschiedenheit der Moleküle unregelmäßig ist (Abb. 214). Die Abweichungen von der Regelmäßigkeit der Belastung häufen sich dann in Schichten um gewisse äquidistante Ebenen — so daß zwar scharfe Interferenzen aber nur von niedrigen Ordnungen entstehen. Eine wahllose Höhenlage der Molekülköpfe würde nur die Molekül-, keine Gitterinterferenzen liefern.

Abb. 214. Schema eines Mischkristalls aus verschieden langen Molekülen, von dessen „Ebenen" nur die niederen Röntgenreflexe merklich stark zu erwarten sind.

Aus dieser „Gleischschaltung" der Moleküle ist zu schließen, daß bei den Fettsäuren die Seitenkräfte auf die Nachbarn überwiegen bzw. daß sie auf kürzere Abstände stärker zunehmen als die elektrostatischen Kräfte, die von den Dipolköpfen der Säuremoleküle ausgehen. Dies ist im Einklang mit den atomtheoretischen Vorstellungen von den Bindungskräften.

41. Teilchengröße und Kristallform. α) Theorie. Gemäß der LAUEschen Theorie ist bei einem Kristallblock von N_1, N_2, N_3 Atomen in den drei Achsenrichtungen, wenn $\mathfrak{s}_0$ die Einfalls-, $\mathfrak{s}$ die Beobachtungsrichtung ist, die Beugungswirkung durch den Sinusquotienten gegeben (Ziff. 15 ζ):

$$J = \frac{|\psi|^2}{k^2} \frac{\sin^2 \frac{N_1 \pi}{\lambda} (\mathfrak{s} - \mathfrak{s}_0, \mathfrak{a}_1)}{\sin^2 \frac{\pi}{\lambda} (\mathfrak{s} - \mathfrak{s}_0, \mathfrak{a}_1)} \frac{\sin^2 \frac{N_2 \pi}{\lambda} (\mathfrak{s} - \mathfrak{s}_0, \mathfrak{a}_2)}{\sin^2 \frac{\pi}{\lambda} (\mathfrak{s} - \mathfrak{s}_0, \mathfrak{a}_2)} \frac{\sin^2 \frac{N_3 \pi}{\lambda} (\mathfrak{s} - \mathfrak{s}_0, \mathfrak{a}_3)}{\sin^2 \frac{\pi}{\lambda} (\mathfrak{s} - \mathfrak{s}_0, \mathfrak{a}_3)}. \tag{1}$$

Die Nullstellen der Nenner dieses Quotienten geben die Richtungen der Hauptmaxima der Interferenzen, bestimmt durch die drei LAUEschen Gleichungen

$$(\mathfrak{s} - \mathfrak{s}_0, \mathfrak{a}_i) = \lambda h_i. \qquad (i = 1, 2, 3, \; h_i \text{ ganzzahlig}) \tag{2}$$

Die *Zähler* haben Nullstellen um diese Hauptmaxima herum, und zwar, wenn

$$(\mathfrak{s} - \mathfrak{s}_0, \mathfrak{a}_i) = \lambda (h_i + \mu_i) \tag{3}$$

gesetzt wird, bei den Werten

$$\mu_i = \frac{\sigma_i}{N_i}. \qquad (\sigma_i \text{ ganzzahlig}) \tag{3'}$$

(Das nullte dieser Nebenminima fällt bei dieser Zählung in die Richtung des Hauptmaximums und wird durch den Nenner kompensiert.) Die Neben*maxima* liegen an den Werten

$$\mu_i = \frac{\sigma_i + \frac{1}{2}}{N_i} \tag{3''}$$

mit der Maximalintensität, die bei größeren μ_i wie $1 : \pi^2 \mu_i^2$, also bei höheren Ordnungen des Nebenmaximums wie $N_i^2 : \pi^2 \sigma_i^2$ abfällt. Je ausgedehnter der Kristall in einer Richtung, um so enger liegen die Nebenmaxima. Man kann für den ganzen Kristallblock ein reziprokes „*Untergitter*" oder „*Blockgitter*" einführen mit einer Teilung, die um die Faktoren N_i in den drei Achsenrichtungen feiner ist als im reziproken „*Stammgitter*", seine Gitterlinien und -ebenen geben dann die Nullinien der Zähler von J an, im Innern seiner „Unterzellen" liegen die Nebenmaxima. Um in einer Beobachtungsrichtung Intensität zu erhalten, ist nicht mehr die mathematisch scharfe Erfüllung der LAUEschen Bedingungsgleichungen erforderlich, da das endliche Kristallgitter ein endliches „Auflösungsvermögen“ besitzt.

Die Theorie der Linienbreite ist nun aufs engste verknüpft mit der Theorie des Lorentzfaktors.

Denken wir zunächst die Wellenlänge und die Einfallsrichtung des Primärstrahls scharf gegeben. Der Ausbreitungspunkt und die Ausbreitungskugel (Ziff. 14 β) liegen im reziproken Gitter dann scharf fest. Die letztere schneidet in der Umgebung des Gitterpunktes $(h_1 h_2 h_3)$ das Untergitter mit seiner Darstellung der Interferenzfunktion. Die Verbindungen vom Ausbreitungspunkt zu den Punkten der Oberfläche der Ausbreitungskugel sind die Richtungen $\mathfrak{s}$ der austretenden Interferenzstrahlen.

Man geht nun bei den Lorentzfaktoren (Ziff. 18 β) zu Gesamtintensitäten über, indem man die Interferenzfunktion über den Schnitt von Ausbreitungskugel und reziprokem Untergitter integriert. Andererseits gibt die Intensitätsverteilung auf diesem Schnitt, betrachtet als Funktion der Austrittsrichtung $\mathfrak{s}$, die Grundlage für die Linienbreite. Als solche definiert LAUE[1] die Breite einer Rechteckskurve von gleicher maximaler Höhe und gleichem Inhalt wie die wahre Intensitätskurve:

$$B = \int J d\chi / J_{\max}. \qquad (\chi \text{ Abbeugungswinkel}) \qquad (4)$$

Da die Integration über die Interferenzfunktion selbst zu unübersichtlich wird (sie führt auf Integralsinus, der dann angenähert werden muß), ersetzt LAUE die Interferenzfunktion durch eine glatte Funktion, die gleiche maximale Höhe und gleichen Inhalt hat, bei der aber die Einkerbungen durch die Nullinien des reziproken Untergitters fortfallen. Solche Funktionen sind z. B. von der Form

$$\text{konst. } e^{-\omega^2 \sum m_i^2 \mu_i^2} \quad \text{oder} \quad \frac{\text{konst.}}{\{\omega^2 \sum m_i^2 \mu_i^2 + 1\}^2}, \qquad (5)$$

wobei jetzt μ_i, definiert durch (3), kontinuierlich veränderlich gedacht ist. Die Größe ω^2 ist in diesen Funktionen eingeführt, um die Breite des Buckels zu regeln. Da die maximale Höhe durch die Konstante festliegt, muß ω passend gewählt werden, damit der Gesamtinhalt des Buckels mit dem der Interferenzfunktion übereinstimmt. $\omega = 0{,}55$ erfüllt dies genügend gut für beide Typen von Ersatzfunktionen. Mit diesen Funktionen ergibt sich als Intensitätsverlauf der Interferenz $h$ter Ordnung (χ Abbeugungswinkel, $\chi_h = 2\,\vartheta_h$ = doppelter BRAGGscher Glanzwinkel)

$$J(\chi) = \text{konst. } e^{-\frac{\omega^2}{\eta^2}(\sin\chi/2 - \sin\chi_h/2)^2} \qquad (6)$$

bzw.

$$J(\chi) = \frac{\text{konst.}}{\{(\omega/\eta)^2 (\sin\chi/2 - \sin\chi_h/2)^2 + 1\}}. \qquad (6')$$

Beide Funktionen stellen einen Buckel dar, dessen Breite von ω/η abhängt. Die reine Zahl η kann direkt als Breitenmaß der Debye-Scherrer-Ringe (in der Skala der $\sin\chi/2 = \sin\vartheta$) bezeichnet werden. Sie hängt von der Ordnung der Interferenz ab. Ist nämlich $\mathfrak{n}$ der Einheitsvektor der Normalenrichtung der spiegelnden Ebenen, $\mathfrak{b}_i/N_i$ ein Translationsvektor des Blockgitters, so ist nach LAUE

$$\eta = \frac{\lambda}{4\pi}\sqrt{\sum (\mathfrak{n}\mathfrak{b}_i/N_i)^2}. \qquad (7)$$

Grob gesprochen ist $1/\eta$ die mittlere Ausdehnung des Kriställchens in der Richtung der Spiegelebenennormalen, gemessen in Wellenlängen. (Dies ist genau

[1] M. v. LAUE, ZS. f. Krist. Bd. 64, S. 115. 1926; R. BRILL, ebenda Bd. 68, S. 387. 1928

richtig für Spiegelungen an Netzebenen, die zu einer Kante des Kristallblöckchens senkrecht stehen.) Daß die Linienbreite durch diesen maximalen Gangunterschied bedingt ist, entspricht allgemeinen optischen Grundsätzen.

Der durch das endliche Auflösungsvermögen des Kristallblöckchens bedingten Linienbreite überlagert sich eine Verbreiterung durch divergenten Einfall und eine zweite wegen der endlichen Dicke des Präparats. LAUE zeigt, daß die Divergenz des Einfalls außer acht gelassen werden kann, solange der räumliche Öffnungswinkel T die Bedingung erfüllt:

$$0{,}2 \cdot \cos^2\vartheta_h (T/\eta)^2 \leqq 1. \tag{8}$$

Je geringer η, die Breite infolge Teilchenkleinheit, um so schärfer muß begreiflicherweise ausgeblendet werden, damit nicht die Divergenzverbreiterung den Effekt der Teilchenkleinheit verdeckt.

Die Verbreiterung infolge der Präparatendicke (Radius des Stäbchens r, der Kammer R) tritt nicht einfach additiv zu der obigen Linienbreite hinzu, wie in früheren Theorien der Linienbreite (z. B. SCHERRER[1], WYCKOFF[2]) angenommen wurde. Ja, wenn die Linienbreite infolge der Teilchengröße gering ist gegenüber derjenigen infolge der Präparatendicke, so addiert sich nur die Hälfte der ersteren zu der zweiten. Bei breiten Linien (infolge Teilchenkleinheit) tritt zu der Breite $\pi\eta/\omega$ (aus dieser Ursache) ein Beitrag $\frac{1}{4}\pi\omega/\eta\,(\nu/k)^2\cos^4\vartheta$ infolge der Stäbchendicke. Man bestätigt diese Näherungen aus der allgemeinen Formel

$$B = \frac{\pi}{2}\,\frac{\eta}{\omega}\,\frac{x^2}{\sqrt{1+x^2}-1}; \quad \text{mit} \quad x = \frac{\omega}{\eta}\,\frac{r}{R}\cos^2\vartheta, \tag{9}$$

$$\sim \pi\eta/\omega + \cdots \quad \text{für} \quad x \ll 1, \quad \text{feines Pulver,}$$

$$\sim \pi/2 \cdot \eta/\omega \cdot (x+1) + \cdots \quad \text{für} \quad x \gg 1, \quad \text{dickes Stäbchen.}$$

Zu den LAUEschen Formeln ist folgendes zu bemerken:

1. Den Ausgangspunkt der Ableitung bildet die Interferenzfunktion (1) für ein Kristallblöckchen, das nach den Achsenebenen abgeschnitten ist. Die Achsenebenen liegen mithin in der Gestalt des Teilchens fest — man darf nicht ohne weiteres Transformationen vornehmen. Andererseits ist η gemäß (7) von Ordnung zu Ordnung verschieden, je nach der Abgrenzung der Teilchen. Man kann so z. B. bei gewissen Kohlesorten aus der abnorm großen Breite der Interferenzlinien der Basis (000n) schließen, daß die Kristallblöckchen nicht allseitig gleichmäßig dick sind, sondern schüppchenförmig[3]. Nadelform der Teilchen muß sich durch die Schärfe der Linien zu erkennen geben, die nicht die Nadelachse als Zonenachse der reflektierenden Flächen haben.

2. Zur Ausführung der Integration wurde die Ersatzfunktion, z. B. $e^{-\omega^2 \sum m_i^2 \mu_i^2}$ eingeführt. Überlegt man, was diese neue Gewichtsbelastung (bzw. Beugungsfunktion) des reziproken Gitters für das Atomgitter bedeutet, so entspricht sie dem Ansatz eines Kristallgitters, dessen Atome nicht gleiche, sondern nach den Außenbezirken des Kristalls hin exponentiell abnehmende Massen haben. Dabei bedeutet die Form des Exponenten, daß sie nicht schlechthin mit wachsendem Abstand vom Blockmittelpunkt (wie e^{-r^2/ω^2}) nach Kugelflächen abnehmen, sondern nach Ellipsoiden. Die von LAUE bestimmte Linienbreite entspricht also einem ohne scharfen Rand „verschwimmenden" Kristallteilchen, dessen Gestalt und Größe durch die Ellipsoide immerhin genau genug festgelegt ist. Auch die andere Ersatzfunktion liefert Ähnliches.

[1] P. SCHERRER, Göttinger Nachr. 1918, S. 98; s. auch R. ZSIGMONDY, Kolloidchemie, 3. Aufl. Leipzig 1920.

[2] R. W. G. WYCKOFF, The Structure of Crystals. New York 1924 bzw. 1931.

[3] H. H. LOWRY u. R. M. BOZORTH, Journ. phys. chem. Bd. 32, S. 1524. 1928.

3. LAUES Ableitung ist durch PATTERSON[1] auf den Fall eines Gemisches von Teilchen verschiedener Größe, aber gleicher Form ausgedehnt worden. Seien die Teilchengrößen, bezogen auf eine Standardgröße, durch einen Faktor γ bestimmt (bei PATTERSON μ), der selbst einer GAUSSschen Verteilung unterliegt, so daß die Anzahl Teilchen von der Relativgröße γ

$$N(\gamma) = \gamma^2 e^{-p^2 \gamma^2}$$

ist. Dann wird auch LAUES charakteristische Zahl $\eta = \eta_0/\gamma$ (η_0 für die Standardteilchen) eine Verteilung aufweisen. Aus den Linienbreiten, berechnet nach LAUES Formeln, erhält man, wie PATTERSON zeigt, $\bar{\eta}/\sqrt{\pi}$, wobei $\bar{\eta}$ das Mittel der η-Werte, also $\bar{\eta} = \eta_0 \overline{\gamma^{-1}}$. Man schließt mithin nach den LAUEschen Formeln auf eine Teilchengröße γ^*, die nicht das Mittel von γ ist, sondern durch $\sqrt{\pi}/\overline{\gamma^{-1}}$ gegeben ist. Die Faktoren $\sqrt{\pi}$ usw. hängen von der Annahme GAUSSscher Verteilung ab.

4. Linienbreite entsteht außer aus den angegebenen Ursachen auch durch eine Reihe von anderen. Auf die Reflexionsbreite, die aus der dynamischen Theorie folgt, braucht man keine Rücksicht zu nehmen, da in den kleinen in Frage stehenden Teilchen die Wechselwirkung so gering ist, daß die Behandlung nach der LAUEschen Theorie ausreicht. Hingegen kann durch Unregelmäßigkeiten der Gitter der Kriställchen eine Verbreiterung entstehen, die zu Täuschungen Anlaß gibt. Sowohl die Mischkristallbildung wie auch die starke mechanische Beanspruchung (letzteres z. B. bei Metallen[2]) bewirken eine Änderung der Gitterkonstanten, die zu einer Verschiebung der Linienmaxima führt, die für die verschiedenen Kriställchen nicht gleich groß zu sein braucht und insgesamt eine mit der Ordnung steigende Linienverbreiterung erzeugt.

β) Experimentelles. Die neueren Untersuchungen über Linienbreite und Teilchengröße beschäftigen sich meist mit der Prüfung der LAUEschen Arbeit. Hier ist in erster Linie eine Gruppe von Arbeiten von R. BRILL[3] aus dem Laboratorium der I. G. Farbenfabriken in Oppau zu nennen. BRILL gibt zwei Verfahren an, um die Linienbreiten bequem verwerten zu können: bei dem ersten wird dem Präparat die Form eines dünnen Hohlzylinders gegeben (indem man eine Suspension des Pulvers in Kollodium auf einem benzollöslichen Stäbchen auftrocknen läßt und das Stäbchen herauslöst). Beim zweiten Verfahren wird der Kern des Stäbchens undurchsichtig gemacht (Bleiglasstäbchen, eingefettet, im Pulver gewälzt), so daß die Interferenzen nur von der Vorderseite des Präparats herrühren. Für beide Fälle führt BRILL die Integrationen aus, die zur Berechnung der Linienbreite notwendig sind und gibt Kurven an, aus denen für kubische Teilchen die LAUEsche Größe η (7) und somit die Ausdehnung des Teilchens aus der Halbwertbreite gefunden wird.

Bei dem *Hohlzylinderpräparat* entsteht bei gröberem Pulver ein Doppelmaximum, das erst bei feinem Pulver zu einem einheitlichen Maximum zusammenfließt. Ist B'' der Abstand der beiden Maxima (in Bogenmaß), ϑ wie immer der halbe Ablenkungswinkel, so bedeutet die Ordinate q der Kurve Abb. 215 $q = (RB''/4r\cos\vartheta)^2$. Die Kurve liefert hierzu den Wert von $x = (R/r)^2\eta^2(1{,}8)^2 : \cos^4\vartheta$ (r Stäbchen-, R Kameraradius). Aus η folgt für kubische Teilchen die Kantenlänge $\Lambda = \lambda : 4\pi\eta$ (λ Wellenlänge).

[1] A. L. PATTERSON, ZS. f. Krist. Bd. 66, S. 637. 1928.

[2] H. MARK, ZS. f. Krist. Bd. 61, S. 75. 1924; H. L. COX u. I. BACKHURST, Phil. Mag. Bd. 7, S. 981. 1929; W. A. WOOD, Nature Bd. 129, S. 760. 1932.

[3] R. BRILL, ZS. f. Krist. Bd. 68, S. 387. 1928; R. BRILL u. H. PELZER, ebenda Bd. 72, S. 398. 1929; Bd. 74, S. 147. 1930; R. BRILL, ebenda Bd. 75, S. 217. 1930.

Bei zusammenfließenden Maxima (feines Pulver) ist die Annäherung erlaubt (B' = Halbwertbreite in Bogenmaß)

$$1{,}8\,\eta = \cos\vartheta\sqrt{(B'/2\pi)^2 - (r/R)^2\cos^2\vartheta}\,.$$

Jede einzelne Interferenzlinie liefert eine Teilchengrößenbestimmung. Ihre Übereinstimmung zeigte für ein MgO-Präparat die folgenden Werte:

aus (200) → $4{,}9 \cdot 10^{-7}$ cm
„ (220) → $5{,}7 \cdot 10^{-7}$ „
„ (222) → $5{,}4 \cdot 10^{-7}$ „

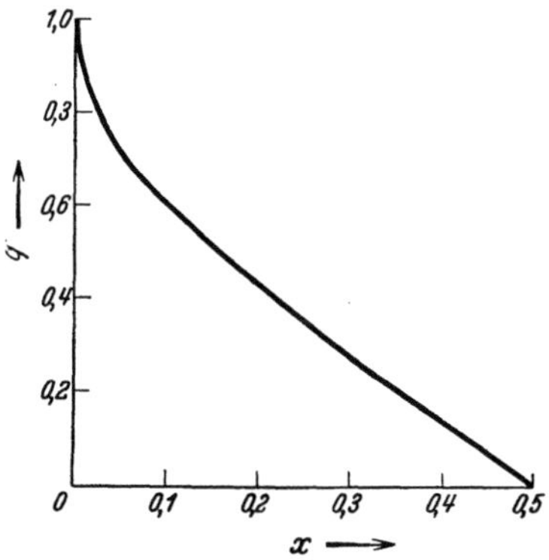

Abb. 215. Teilchengrößenbestimmung nach der Hohlzylindermethode von BRILL (l. c.). (q und x siehe Text!)

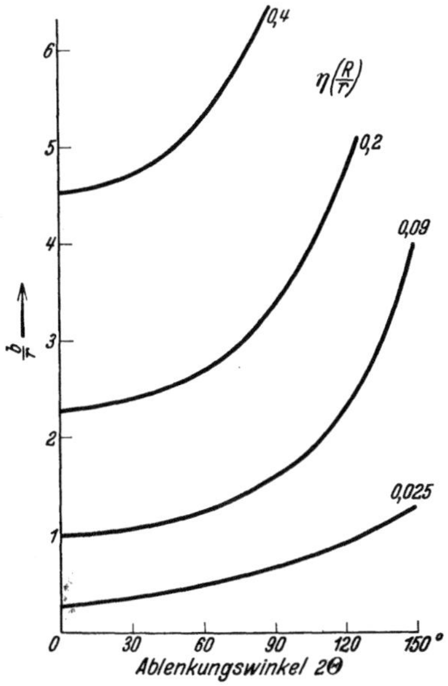

Abb. 216. Teilchengrößenbestimmung nach der Vollstäbchenmethode von BRILL (l. c.). (Bedeutung der Ordinate siehe Text!)

Für die Methode des absorbierenden Vollstäbchens geben BRILL und PELZER eine Kurventafel (Abb. 216), in der $b/r = B'R/r$ als Ordinate, der Abbeugungswinkel 2ϑ als Abszisse benutzt und die Kurven $\eta\,(R/r)$ aufgetragen sind. Aus der linear gemessenen Halbwertbreite b und dem Winkel 2ϑ bestimmt man durch Interpolation der Kurven den zugehörigen η- und daraus den Λ-Wert. Die Verwertung von Messungen an Nickelpulvern führte auf einheitliche Größe aus vier Interferenzen; aus (200) hingegen folgten etwas kleinere Werte. Ferner zeigte sich, daß die Stäbchendicke richtig berücksichtigt war.

In der letzten der angeführten Arbeiten deutet BRILL die Diskrepanz der (200)-Linienbreite durch die Teilchenform der Nickelkriställchen. Hierbei ist von Bedeutung, daß in der LAUEschen Theorie der Linienbreite das Achsenkreuz gemäß der äußeren Abgrenzung des Kristallquaders gewählt werden muß, also nicht frei transformierbar ist. Zunächst verfolgt BRILL die Annahme von (100) als Begrenzungsflächen der Teilchen, die jedoch nach einer der Achsenrichtungen $p$fach größere Ausdehnung haben als in den beiden anderen ($p > 1$ Säulen, $p < 1$ flache Schachtelform). Es zeigt sich aber, daß kein p-Wert erklären kann, daß (200) soviel breiter als (111) ist (vgl. die Angaben unten). Auch eine Abgrenzung nach den (110)-, $(1\bar{1}0)$ und (001)-Ebenen mit tetragonalem Habitus der Kriställchen führt nicht zum Ziel; wohl aber die Einführung eines Achsenkreuzes mit (111) als Basisebene (BRILL nimmt ein orthohexagonales Achsensystem). Wird hier die Ausdehnung senkrecht zur Basis dreimal so groß wie in der Basis gewählt, so lassen sich genügend große Breiten des (kubisch indizierten)

Reflexes (200) erzielen. Die Übereinstimmung ist aus folgender Tabelle zu sehen:

Kubische Indizes	Breite gemessen	Breite berechnet
111	0,66	$0{,}64_4$
200	0,96	$0{,}91_5$
220	1,07	1,10

Die orthohexagonal abgegrenzten Teilchen haben dabei die Kanten 165, 73, 45 Å. Auch drei- oder sechsseitige Prismen, die etwa dreimal so lang wie breit sind, würden zur Deutung der Linienbreite wohl hinreichen.

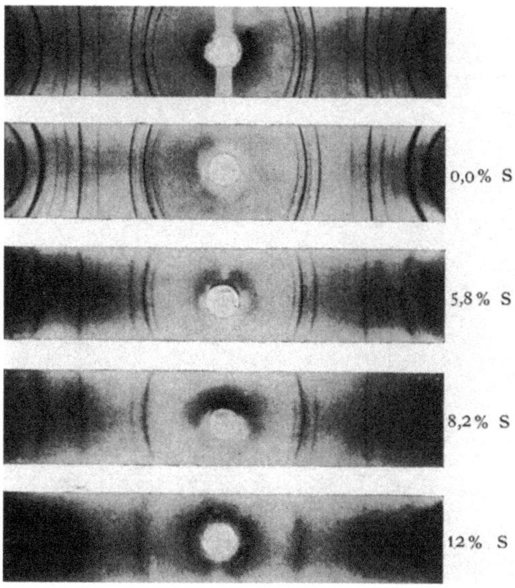

Abb. 217. Linienbreiten und -intensitäten von Nickel bei verschiedener Größe und Gestalt der Pulverteilchen (mit steigendem S-Gehalt feineres Pulver, oben relativ grobkörniges Präparat). (R. BRILL, ZS. f. Krist. Bd. 75, S. 226. 1930.)

Abb. 217 (nach BRILL) zeigt gut den Einfluß der Teilchengröße auf die Linienschärfe. Die Bilder stammen von Ni reductum und Elektrolytnickel mit steigender Schwefelmenge (und abnehmender Teilchengröße). Die innerste starke (111)-Interferenz hält sich am längsten scharf, die zweitinnerste (200)-Interferenz wird in der Bilderreihe nicht nur breiter, sondern auch schwächer — ein Zeichen, daß bei den kleinsten Teilchen die (111)-Ebene bereits gut ausgebildet ist, aber der säulenförmige Habitus erst bei dem elektrolytischen Wachsen der Teilchen entsteht.

Die BRILLschen Untersuchungen sind kürzlich von CAMERON[1] kritisiert worden. Danach spielt die Divergenz der Primärstrahlen eine größere Rolle, als von LAUE und BRILL angesetzt wurde.

42. Die röntgenographische Untersuchung der plastischen Verformung und Rekristallisation[2].

α) Grundtatsachen. Unter allen physikalischen Eigenschaften sind es die des Wachstums und der Festigkeit, in denen sich die Anisotropie der kristallinen Materie am stärksten bemerkbar macht. Abgesehen von der Ausbildung einer wohldefinierten Form beim Einzelkristall zeigt auch das gerichtete Aufwachsen der Kristalle am Rand der Gefäße, der Gesteinsspalte, der Drusen die Bevorzugung von kristallographisch festgelegten Wachstumsrichtungen. Die Anisotropie der Festigkeit äußert sich augenfällig in den Eigenschaften des *Spaltens* (Steinsalz, Glimmer) sowie der *Gleitungen, Schiebungen* und *Zwillingsbildungen,* wie sie unter der Wirkung des Gesteinsdruckes an Mineralien häufig sind. Abgesehen von dem allgemeinen kristallphysikalischen Interesse, das diese Vorgänge bieten, hat ihre große technische Bedeutung für

[1] G. H. CAMERON, Physics Bd. 3, S. 57. 1932.

[2] Zusammenfassende Bearbeitungen dieses Spezialgebiets: R. GLOCKER, Materialprüfung mit Röntgenstrahlen. Berlin: Julius Springer 1927; G. SACHS, Handb. d. Exper. Phys. Bd. V, Kap. 4. Leipzig: Akad. Verlagsges. 1930; E. SCHMID u. G. WASSERMANN, Handb. d. phys. u. techn. Mechanik Bd. IV, 2, S. 319—351. Leipzig: J. A. Barth 1931; U. DEHLINGER, Röntgenforschung in der Metallkunde, in Ergebn. d. exakt. Naturwissensch. Bd. X, S. 325 bis 386. Berlin: Julius Springer 1931; F. SAUERWALD u. H. REICHAUER, Metallwirtschaft Bd. 11, S. 579, 591, 604. 1932.

die Festigkeitseigenschaften unserer wichtigsten Werkstoffe, der *Metalle*, zu ihrer eingehenden Untersuchung geführt. Die Röntgenaufnahme ist dabei ein unentbehrliches Hilfsmittel geworden, das neben der rein mechanischen, thermochemischen und der elektrischen Prüfung notwendig ist.

Kristalle, die die Eigenschaft des *Gleitens* haben, hat man sich vorzustellen wie einen Stapel von Postkarten, bei dem unter dem Einfluß von Schubspannungen die Karten aufeinander abgleiten. Kristallographisch ist hierbei eine bestimmte *Gleitebene* T und in ihr eine *Gleitrichtung* t festgelegt[1]. Der Betrag der Deformation wird durch die „*Abgleitung*" a gemessen, das ist diejenige Strecke, um die sich zwei Gleitflächen im Abstand 1 gegeneinander verschoben haben (oder der Tangens des Winkels, um den die ursprünglich auf den Gleitflächen normale Gerade durch die Gleitung gedreht worden ist).

Abb. 218. Schiebung am Kalkspat, durch Eindrücken einer Schneide auf die Rhomboederkante hervorgebracht.

Unter einer *Schiebung* wird in der Kristallographie eine Gleitung von bestimmtem durch die Natur des Kristalls festgelegten Betrag verstanden. Der bekannteste Fall ist die Schiebung, durch die ein Calcitrhomboeder in die spiegelbildlich gleiche Lage umklappt. Diese Schiebung ist durch Aufdrücken eines Keils (Messers) auf die scharfe Kante eines Spaltungsrhomboeders leicht herzustellen (Abb. 218). Eine Gleitung (beliebigen Betrags) ist in Calcit *nicht* möglich.

Die *Zwillingsbildung*, d. h. gesetzmäßige Verwachsung von Kristallteilen in verschiedener Orientierung, kann nach verschiedenen Gesetzen erfolgen. Abb. 218 ist ein Beispiel für Zwillingsbildung nach einer Ebene; auch nach Achsen ist sie häufig. Ihre Gesetze lassen sich nach FRIEDEL[2] kurz so aussprechen:

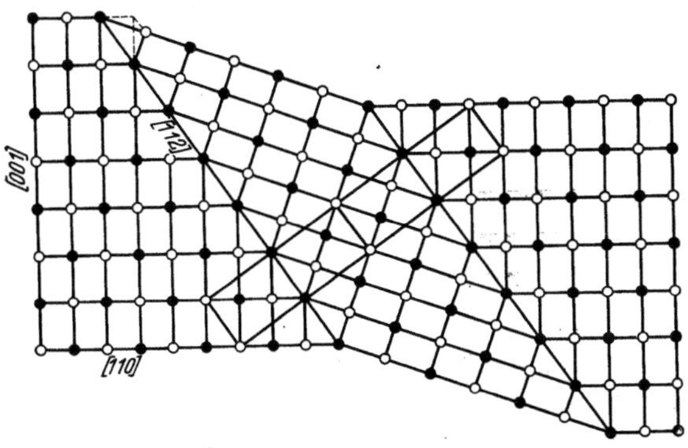

Abb. 219. Zwillingsbildung in Ferrit. (MATHEWSON u. EDMUNDS, l. c.)

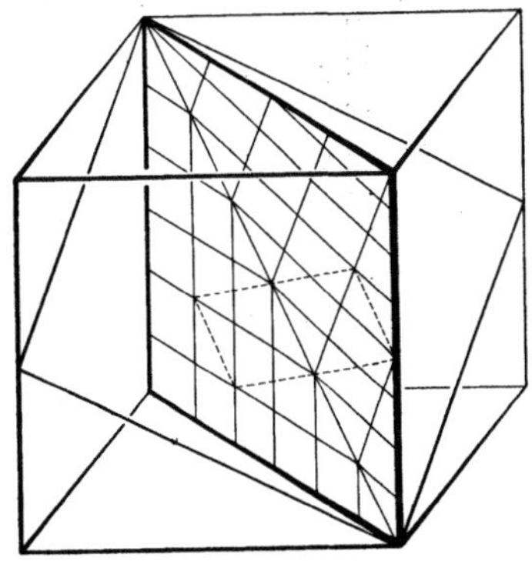

Abb. 220. Zur Erläuterung von Abb. 219.

Für das Bestehen eines Kristalls ist nicht durchgehend die volle Periodizität eines Kristallgitters mit Basis notwendig. Es genügt, daß *gewisse* Basisatome S sich durch die ganze Erstreckung des Gitters periodisch wiederholen, während die anderen Basisteile um diese Atome herum in verschiedenen Anordnungen $I, II, \ldots$ vorkommen können, den Zwillingslagen. Die durchgehende Periode der Atome S kann dabei die Periode des homogenen Einkristalls oder ein (kleines) Vielfaches davon sein. An den Zwillingsgrenzen findet ein Wechsel in den Lagen

[1] Zusammenstellung der Gleitsysteme von Nichtmetallkristallen bei MÜGGE, N. Jahrb. f. Min. (I) 1898, S. 72–159, A. JOHNSEN, Fortschr. d. Min. Bd. 3, S. 93. 1913; Jahrb. d. Radioakt. Bd. 11, S. 226. 1914; M. J. BUERGER, Amer. Min. Bd. 15. 1930.

[2] G. FRIEDEL, Leçons de Cristallographie, Kap. XV, insbesondere S. 425 ff. Paris: Berger-Levrault 1926.

I, *II*, ... der Basis und damit eine Unterbrechung der vollen Periodizität statt. Es ist statthaft, daß an den Zwillingsgrenzen außerdem Störungen des Gitterbaus in dem Sinn auftreten, daß die Teile des durchgehenden Gitters der Atome *S* um kleine Winkel (1—2°, in seltenen Fällen bis zu 5°) voneinander abweichen. Das gesamte *S*-Gitter hat dann nur eine Pseudoperiodizität.

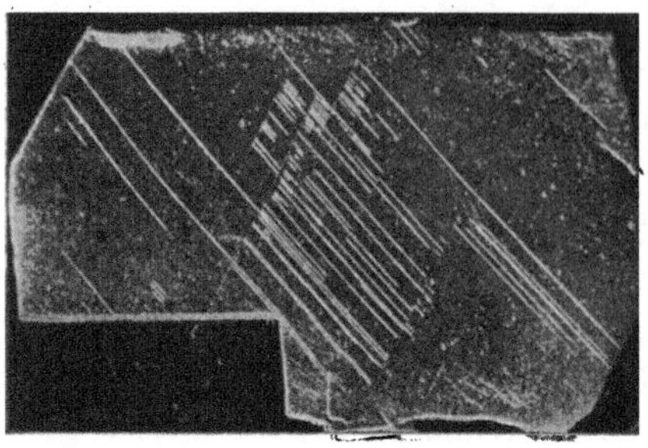

Abb. 221. NEUMANNsche Linien an einem verformten Siliziumferrit. (MATHEWSON u. EDMUNDS, l. c.)

Abb. 219 zeigt die Zwillingsbildung in dem körperzentrierten α-Eisen (Ferrit), die z. B. in Meteoreisen Anlaß zu den NEUMANNschen Linien gibt[1]. Rechts und links sieht man den Schnitt der $(1\bar{1}0)$-Ebene (vgl. Abb. 220) mit dem körperzentriert kubischen Gitter (dunkle und helle Kreise entsprechen Atomen (besser: Reihen von Atomen senkrecht zur Zeichenebene), die in Würfelecken bzw. Würfelschnitten liegen; diese Atome sind natürlich gleichwertig). Zwillingsebene ist die (112)-Ebene; durch sie hindurch setzt sich das *S*-Gitter mit der angedeuteten dreiatomigen Zelle ungestört fort, während die Basis aus einer Stellung *I* in eine andere *II* übergegangen ist. Ferner ist an der linken Zwillingsebene oben angedeutet, wie der Zwilling durch eine Schiebung aus der ursprünglichen Gitterlage entstehen kann. Abb. 221 zeigt die NEUMANNschen Linien

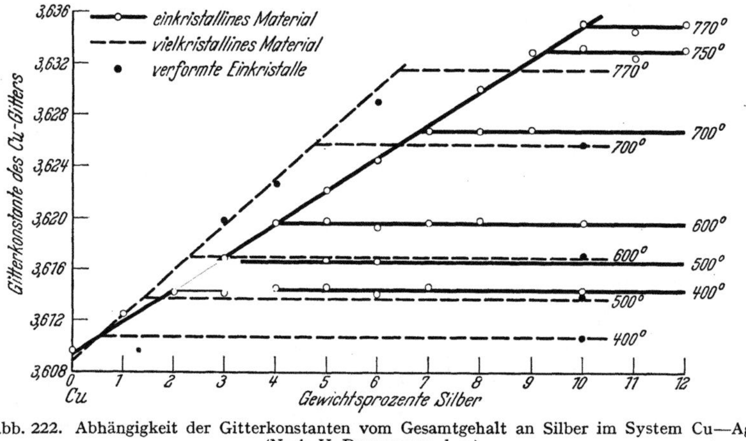

Abb. 222. Abhängigkeit der Gitterkonstanten vom Gesamtgehalt an Silber im System Cu—Ag. (Nach U. DEHLINGER, l. c.)

an einem Stück Siliziumferrit der General Electric Co., das mechanisch verformt worden war.

Im Gegensatz zu den elastischen Formänderungen der festen Körper, die bei geringem Betrag durch das HOOKEsche Gesetz beherrscht werden, sind die geschilderten plastischen Verformungen irreversible Vorgänge, bei denen Arbeit in den Körper gesteckt wird, die nicht wieder herauszuholen ist.

Die Aufgaben der Röntgenuntersuchung zerfallen in zwei Gruppen, je nachdem es sich um polykristallines Material oder um Einkristalle handelt. Bei

[1] O. MÜGGE, ZS. f. anorg. Chem. Bd. 121, S. 68. 1922; J. LEONHARDT, ZS. f. Krist. Bd. 66, S. 449. 1928; C. H. MATHEWSON u. G. H. EDMUNDS, Amer. Inst. Mining. u. Metallurg. Engineess. Technical Publ. Bd. 139. 1928; dieser Arbeit ist Abb. 221 sowie mit einigen Änderungen Abb. 219 entnommen.

letzteren ist die Untersuchung der geschilderten plastischen Vorgänge das Hauptziel; bei den Polykristallen treten die Fragen der statistischen Ordnung („Regelung", „Textur") in den Vordergrund. Wir wenden uns zunächst der Röntgenuntersuchung an polykristallinem Haufwerk zu. Die eigentliche Kristallstruktur wird dabei als bekannt vorausgesetzt.

β) Röntgenuntersuchungen an polykristallinem Material. *1. Gitterkonstante.* Die Präzisionsbestimmungen von Gitterkonstanten (Ziff. 39 *δ* 2) dienen meist zum Bestimmen der Grenzen der Phasen im Zustandsdiagramm, etwa der Löslichkeitsgrenze von Legierungszusätzen in einem Metall. Hierbei wird die Tatsache benutzt, daß, so lange der Zusatz in feste Lösung geht, die Gitterkonstante nahezu linear mit dem Prozentgehalt an Zusatz veränderlich ist; daß aber von der Löslichkeitsgrenze ab die Gitterkonstante unveränderlich ist, weil der überzählige Zusatz nicht ins Gitter aufgenommen wird. Eine Reihe von Legierungsproben mit steigendem Gesamtgehalt des Zusatzes, bei verschiedenen Temperaturen aufgenommen, liefert die notwendigen Daten. Abb. 222 und 223 geben nach DEHLINGER[1] Beispiele für diese Methode.

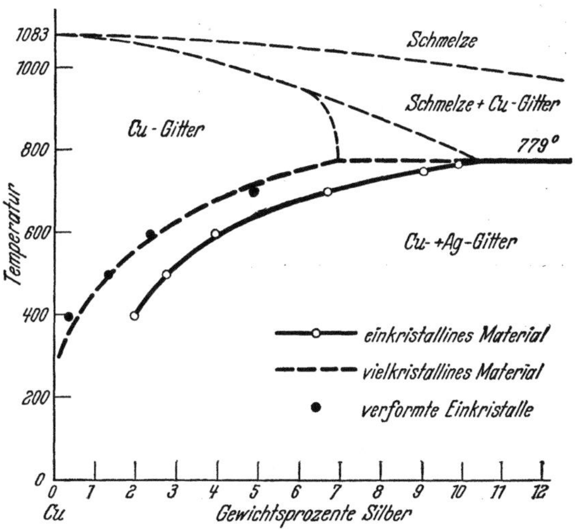

Abb. 223. Aus Abb. 222 gewonnenes Zustandsdiagramm nach WIEST (ergänzt durch die heterogenen Grenzlinien). (Nach U. DEHLINGER, l. c.)

An diesen Abbildungen ist ein weiterer Grund zu sehen, der sehr genaue Messungen von Gitterkonstanten wünschenswert macht: Die Kleinheit des Korns scheint in manchen Fällen beim gleichen Legierungsgehalt die Gitterkonstante zu vergrößern. Oder, im Zustandsdiagramm: Die Lage der Grenzkurve hängt von der Korngröße ab. Diese von WIEST[2] entdeckte Tatsache kann noch mancherlei Bedeutung für das Verständnis der Metalle gewinnen.

Auch die durch Anlassen beginnende Ausscheidung von Metallverbindungen aus der festen Lösung [z. B. $CuAl_2$ aus (Al + 5% Cu)] ist an der Änderung der Gitterkonstanten in Abhängigkeit von Anlaßtemperatur und -dauer verfolgt worden[3].

2. Korngröße. Grundsätzlich unterscheidet sich die röntgenmäßige Feststellung der Korngröße von der mikroskopischen darin, daß sie einen Durchschnittswert über die ganze Dicke des durchstrahlten Metallstücks gibt, während jene nur die Korngröße an der Oberfläche liefert.

Grobes Korn äußert sich in Schwärzungspünktchen auf den Pulverdiagrammen. Prinzipiell wäre es möglich, bei sehr scharfer Ausblendung des einfallenden Strahls (Reflexion an einem ersten Kristall) aus der Geometrie der Schwärzungspünktchen Aussagen über einzelne Körner abzuleiten; praktisch scheint das aber nicht geschehen zu sein.

---

[1] U. DEHLINGER, Ergebn. d. exakt. Naturwissensch. Bd. X, S. 348—349. 1931.
[2] F. WIEST, ZS. f. Phys. Bd. 74, S. 225. 1932; Bd. 81, S. 121. 1933.
[3] Frh. v. GÖLER, Ergebn. d. techn. Röntgenkunde Bd. I, S. 126. Leipzig: Akad. Verlagsges. 1930.

Bei besonders feinem Korn tritt die Vermessung der Linienbreite der Pulveraufnahmen ergänzend neben die mikroskopische Methode und gestattet, die Bestimmungen um etwa zwei Zehnerpotenzen weiterzuführen (vgl. Ziff. 41). Bei dieser Untersuchung ist Vorsicht geboten, weil die Gitterkonstante der einzelnen Kristallite aus zwei Gründen Schwankungen unterliegen kann: erstens durch Schwankungen in der Menge gelöster Verunreinigungen, vor allem bei legierten Metallen; und zweitens durch innere Spannungen, denen die Körner in ungleicher Weise ausgesetzt sind[1]. Beide Ursachen führen zu Linienverbreiterungen, die sich nur schwer von einem Korngrößeneffekt trennen lassen.

Daneben entsteht z. B. in abgeschrecktem Stahl ein tetragonales Gitter, dessen Achsenverhältnis c/a von 1,025 bis 1,058 bei Kohlenstoffgehalten von 2,9 bis 6,4 Atomprozent ansteigt und das zu einer geringen Aufspaltung der Pulverlinien Anlaß gibt, die sich zumal in den niederen Interferenzen als Verbreiterung äußern wird[2].

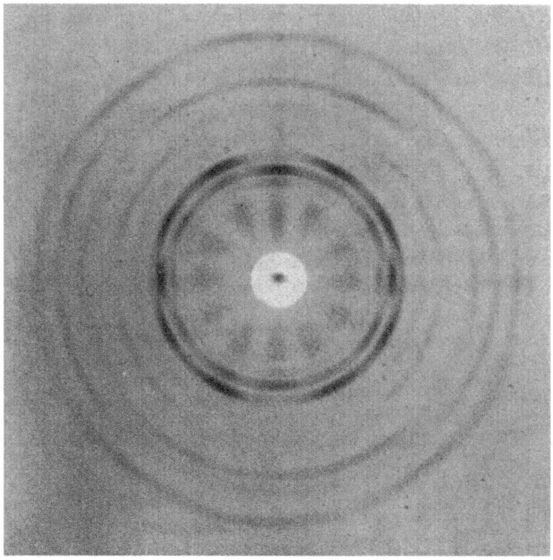

Abb. 224. Debye-Scherrer-Diagramm eines nachgeschabten Magnesiumdrahtes (Mo-Strahlung, $R = 54$ mm). (Nach E. SCHIEBOLD und G. SIEBEL, ZS. f. Phys. Bd. 69, S. 478. 1931).

Besondere Hoffnungen hat man auf die Röntgenuntersuchung der Frage gesetzt, ob im Metall eine *amorphe Schicht* die Kristallite verkittet und ob durch intensive Bearbeitung (Drehen, Walzen usw.) der amorphe Anteil vermehrt wird. Eine solche Schicht würde äußerst stark verbreiterte Linien oder sogar breite „Flüssigkeitsinterferenzen" geben müssen. Von einem einwandfreien Nachweis dieser Erscheinung ist nichts bekannt geworden.

3. Regelung (Textur). a) *Kennzeichnung der Regelung.* Durch viele Bearbeitungsvorgänge erhalten die Kristallite eines Vielkristallwerkstücks Vorzugsorientierungen, die zur Folge haben, daß die Debye-Scherrer-Kreise, auf welche die einzelnen Netzebenenscharen reflektieren, nicht gleichmäßig, sondern nur ausschnittsweise mit Intensität bedeckt sind (vgl. Abb. 224). Aus der Art der Intensitätsverteilung wird auf die statistische Häufigkeit der Lagen der Kristallite geschlossen. Dabei erhält man zunächst etwa aus dem Reflexionskreis (100) erster Ordnung der Würfelebenen eine Aussage über die Verteilung der Stellungen der Würfelebenen, *soweit sie zum einfallenden Strahl den* BRAGG*schen Reflexionswinkel bilden*; ebenso aus dem Kreis (200) ... oder aus den anderen Debye-Scherrer-Kreisen (110), (111) usw. für Dodekaeder-, Oktaeder- und andere Ebenen.

Die Kennzeichnung der Regelung erfordert erstens eine Angabe über die Häufigkeit der vorkommenden Stellungen der kristallographischen Zelle — bei kubischen Stoffen des Grundwürfels — zueinander (relative Regelung) und zweitens die Angabe der Orientierung dieser Regelung gegen irgendwelche Bezugsrichtungen in der Probe (Drahtachse mit Zylindersymmetrie bei Drähten,

[1] A. E. VAN ARKEL, Physica Bd. 5, S. 208. 1925.

[2] Vgl. hierzu G. KURDUMOFF u. E. KAMINSKI, Nature Bd. 122, S. 475. 1928; S. SEKITO, ZS. f. Krist. Bd. 67, S. 285. 1928.

Walzebene mit Walzrichtung und Normale zu beiden als Bezugssystem bei Blechen). Beide Bestimmungen werden meist vereinigt vorgenommen, indem auf einer zur Probe fest orientierten *Lagenkugel* die Stellungen der Kristallite vermerkt werden. Ein Kristallit bedarf zur Festlegung seiner Orientierung dreier Winkelangaben. Hätten wir z. B. eine Regelung im hexagonalen Zink zu beschreiben, so würde es nicht genügen, die Durchstoßpunkte der Normalen der Basisebenen (c-Achse) auf der Lagekugel zu vermerken, denn die Drehung um die jeweilige c-Achse bliebe unbestimmt. Es müßten noch Angaben über die Verteilung anderer Flächennormalen — z. B. der Prismenflächen — hinzukommen. Jede dieser Verteilungen wird beschrieben durch eine *Häufigkeitsfunktion* $f(\varphi, \psi)$ der beiden Winkel (φ Breite, ψ Länge), die auf der Lagekugel eingeführt werden. Man sieht nun, daß die Verteilung $f(\varphi, \psi)$ der einzigartigen Hauptachse beliebig sein kann, daß aber dann die Verteilungsfunktion $g(\varphi, \psi)$ der Prismenflächen gewissen Bedingungen unterworfen ist, nämlich erstens einer *externen* (durch die andere Verteilungsfunktion f entstehenden): daß zu jedem $f(\varphi_0, \psi_0)$ die zugehörige Anzahl von Prismenflächen sich vorfindet, deren Richtung senkrecht auf (φ_0, ψ_0) steht; und zweitens der *internen* Bedingung für die Prismenflächen, daß nämlich $g(\varphi, \psi)$ im Gegensatz zu f eingeengt ist durch die Existenz mehrerer gleichwertiger, feste Winkel miteinander bildender Prismenflächen.

Im kubischen System würden z. B. die Angaben über die Verteilung $f(\varphi, \psi)$ der Würfelebenennormalen zur Kennzeichnung der Regelung allein genügen, ja, diese Funktion unterläge noch Bindungen, die aus der Bedingung folgen, daß jeweils drei aufeinander senkrechte Richtungen vorhanden sein müssen.

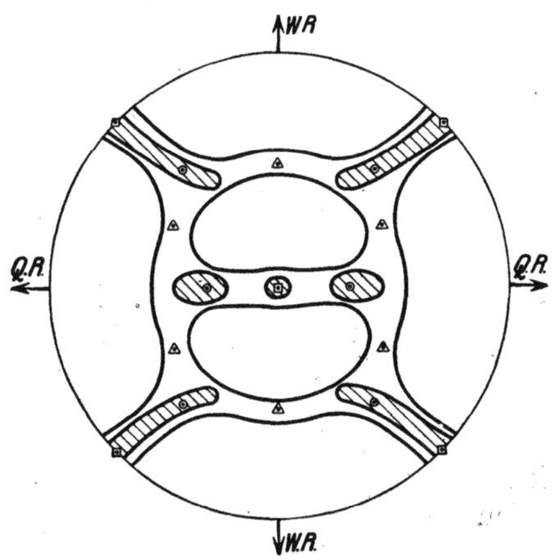

Abb. 225.

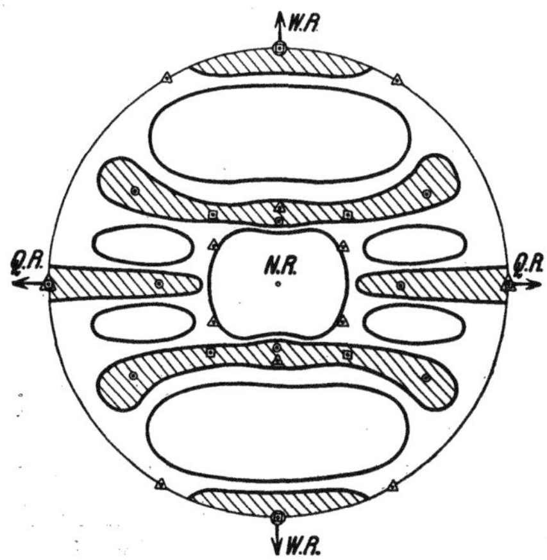

Abb. 226.

Abb. 225 und 226. Verteilung der Ebenennormalen (100) und (110) in stark gewalztem Elektrolyteisen. (KURDJUMOW u. SACHS, l. c.)

Die hier angedeuteten mathematischen Verhältnisse sind noch nicht näher untersucht worden. Vielmehr wird als Ergebnis der Regelungsermittlung meist in stereoskopischer Projektion der Lagekugel die Verteilung der hauptsächlichen Flächenrichtungen geometrisch angegeben, wofür Abb. 225 und 226 ein Beispiel geben. Es ist dies nach KURDJUMOW und SACHS[1] die Verteilung der Würfelebenen und der Rhombendodekaederebenen in stark gewalztem Elektrolyteisenblech, wie sie aus den Aufnahmen des Blechplättchens mit elf verschiedenen Einfallsrichtungen gefolgert wird. Man beachte die Beziehung der Projektion

[1] G. KURDJUMOW u. G. SACHS, ZS. f. Phys. Bd. 62, S. 592. 1930.

der Lagekugel zu Walz-, Quer- und Normalenrichtung; die Verteilungsfunktion ist durch Niveaulinien dargestellt, wobei man bisher nicht über die Angabe von zwei Intensitätsstufen (die höhere schraffiert) hinausgegangen ist.

Nach dem soeben Gesagten müßte *eine* dieser Abbildungen zur Kennzeichnung der Textur vollauf genügen, da die andere eine Folge davon ist, so wie jede etwa noch weiter anzugebende Verteilung, z. B. die der (111)-Flächen. Von den Verfassern wird die gesamte Verteilung aufgelöst in drei Kristallitlagen, von denen die beiden ersten nahezu gleich häufig, die letzte wesentlich weniger häufig vorkommen:

I.	(100) parallel Walzebene,	$[01\bar{1}]$	parallel Walzrichtung;	
II.	(112) „ „ ,	$[1\bar{1}0]$	„ „	;
III.	(111) „ „ ,	$[11\bar{2}]$	„ „	.

Auf diese drei Lagen beziehen sich die in die Abbildungen eingetragenen Quadrate, Kreise und Dreiecke. Mit einer geringen Streuung um diese Lagen werden, wie man sieht, die beiden Verteilungsfunktionen richtig erfüllt, so daß dies zweifellos eine einfache und anschauliche wenn auch keineswegs erschöpfende Beschreibung des Befundes ist.

Eine *Systematik der Texturen* vom Standpunkt der Symmetrie aus hat WEISSENBERG[1] gegeben. Wie bei der Systematik der Raumgitter handelt es sich auch hier um die Aufzählung aller „statistischen Decktransformationen", d. h. jener linearen Transformationen, die statistisch gleichwertige Richtungen des Materials ineinander überführen. Neben dem Zentrum und der Symmetrieebene können Drehachsen und Drehspiegelachsen beliebiger auch unendlich hoher Zähligkeit auftreten.

WEISSENBERG gibt eine Zusammenstellung aller Klassen mit Symmetriezentrum, da sich bei der Röntgenuntersuchung allein diese voneinander unterscheiden lassen. Zu seiner Tabelle ist zu bemerken, daß das Wort Klasse in einem anderen Sinne als in der kristallographischen Systematik gebraucht wird, da z. B. alle Texturen mit einer einzigen Achse beliebiger Zähligkeit zu einer einzigen Klasse, der „Pyramidenklasse", zusammengefaßt werden. Da seine Aufzählung in sich nicht willkürfrei ist, sei sie hier nicht wiederholt.

Eine vollständigere Aufzählung der möglichen Anisotropieklassen findet sich (zu einem etwas anderen Zweck) bei C. HERMANN[2].

Als Beispiel für Regelung ist die einfache *vollständige Faserstruktur*[3] zu erwähnen, bei der alle Kristallite mit einer kristallographischen Richtung parallel, um diese herum jedoch statistisch durch den ganzen Winkel 2π verteilt sind. Diese Faserstruktur ist an vielen Faserstoffen und anderen natürlich gewachsenen organischen Substanzen, aber auch z. B. an Asbest festgestellt worden. Denkt man sich eine einfache Faser selbst spiralig aufgerollt oder zu einem Ring gebogen, so entsteht ein Beispiel für die *Spiralfaser* bzw. *Ringfaser*[4], deren Röntgenbild ebenfalls öfters gefunden worden ist.

Die Kenntnis der Anisotropieklasse zeigt, welche Messungen erforderlich und unabhängig voneinander sind und verkürzt in den Fällen, in denen durch die Herstellung der Textur die Klasse von vornherein festliegt, die Texturbestimmung. Jede Verteilungsfunktion $f(\varphi, \psi)$ der Kristallitlagen muß die Symmetrie einer der Klassen besitzen.

---

[1] K. WEISSENBERG, Ann. d. Phys. Bd. 69, S. 409. 1922.
[2] C. HERMANN, ZS. f. Krist. Bd. 79, S. 186, siehe besonders S. 205–207. 1931.
[3] M. POLANYI, ZS. f. Phys. Bd. 7, S. 149. 1921.
[4] K. WEISSENBERG, ZS. f. Phys. Bd. 8, S. 20. 1921.

b) *Ermittelung der Regelung.* Das erste Problem der Verwertung von Regelungsaufnahmen besteht in der Übertragung des Reflexionsbefundes bei einer bestimmten Durchstrahlungsrichtung der Probe auf die Lagenkugel. Hierfür haben WEVER und SCHMID[1] folgenden Weg angegeben (Abb. 227). Mit der Blechprobe (Normalenrichtung $\mathfrak{n}$) fest verbunden zu denken ist die Lagekugel, auf deren Äquatorebene vom Pol P aus die stereographische Projektion der Kugeloberfläche geschieht (die hintere Halbkugel wird zum Zweck der Projektion innerhalb des Äquatorkreises an der Blechebene gespiegelt gedacht). Hingegen ist die Winkelteilung dieser Kugel an den Primärstrahl fest angeheftet. Es ist ein erster Breitenkreis um die Primärstrahlrichtung $\mathfrak{s}_0$ gezeichnet, der dem auf der Platte angedeuteten Debye-Scherrer-Kreis entspricht. Statt nun die Belegung dieses letzteren auf den Breitenkreis der Strahlrichtungen zu übertragen, betrachtet man besser gleich den Kreis (quergestrichelt), auf dem das Netzebenenlot $\mathfrak{h}$ die Lagekugel durchsetzen muß und überträgt auf ihn die Intensität, die zu einem Strahl $\mathfrak{s}$ von bestimmtem Azimut um den Primärstrahl gehört, und von da in die Ebene der stereographischen Projektion.

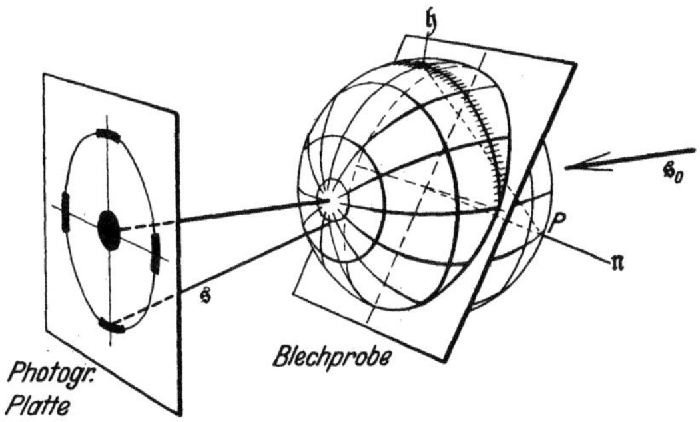

Abb. 227. Übertragung eines Texturdiagramms auf die Lagekugel.

Neigt man das Blech, um die Durchstrahlungsrichtung zu ändern, so bleibt das Netz der „Polkreise" (Kreise für $\mathfrak{h}$) auf der Kugel unverändert (es hängt nur vom Verhältnis Gitterkonstante des Kristalls zu Wellenlänge ab), aber die Projektionsebene durchschneidet die Lagekugel anders. SCHMID hat nun am Beispiel Cu-Strahlung und Aluminiumblech Kurventafeln angegeben, in denen die Polkreise (100) und (111) mit ihrer Azimuteinteilung bei verschiedenen Neigungen α der Blech- und Projektionsebene gegen den Primärstrahl projiziert sind (Abb. 228 und 229: α in Schnitten von $\pi/8$; $\alpha = 0$ entspricht Durchstrahlung senkrecht zur Projektions- bzw. Blechebene; φ ist das Azimut um den Primärstrahl; die Kurven für höheres α setzen sich wegen der Spiegelung an der Projektionsebene aus zwei Kreisbögen zusammen [Kreise bleiben Kreise bei der stereographischen Projektion!], die mit dem Äquatorkreis gleiche Winkel bilden). Man kann nun in einer Reihe von Aufnahmen unter verschiedenen Winkeln α systematisch die ganze Lagekugel auf ihre Belegung mit Flächennormalen $\mathfrak{h}$ abtasten. Dies ist in Abb. 230 und 231 an Aufnahmen (Cu-Strahlung) von Aluminiumdraht, der um 75% gezogen war, gezeigt. Aus dem Draht war ein Plättchen in der Zugrichtung Z herausgeschnitten; die Projektionsebene wurde jedoch senkrecht zur Zugrichtung gewählt. Bei der linken Aufnahme hat man daher $\alpha = 90°$, d. h. in Abb. 227 müßte die Projektionsebene bis in die Durchstrahlungsrichtung geneigt werden. Der Polkreis (001) bzw. (111) projiziert sich dann wie der mittlere der Kreisbögen in Abb. 232 bzw. 233. Bei der rechten Aufnahme zeigt die Skizze einen Winkel von 67,5° gegen Z, also auch $\alpha = 67{,}5°$, und deshalb finden sich die Azimute der Intensitätsmaxima auf den zugehörigen Kurven der Abb. 228 und 229 wieder. Von Abb. 232 und 233 liest man mit dem WULFFschen Netz die Winkellagen der Flächen ab.

[1] F. WEVER u. EB. SCHMID, Mitt. a. d. Kais. Wilh. Inst. f. Eisenforschung in Düsseldorf Bd. 11, S. 110. 1929; W. E. SCHMID, ZS. f. Phys. Bd. 56, S. 740. 1929.

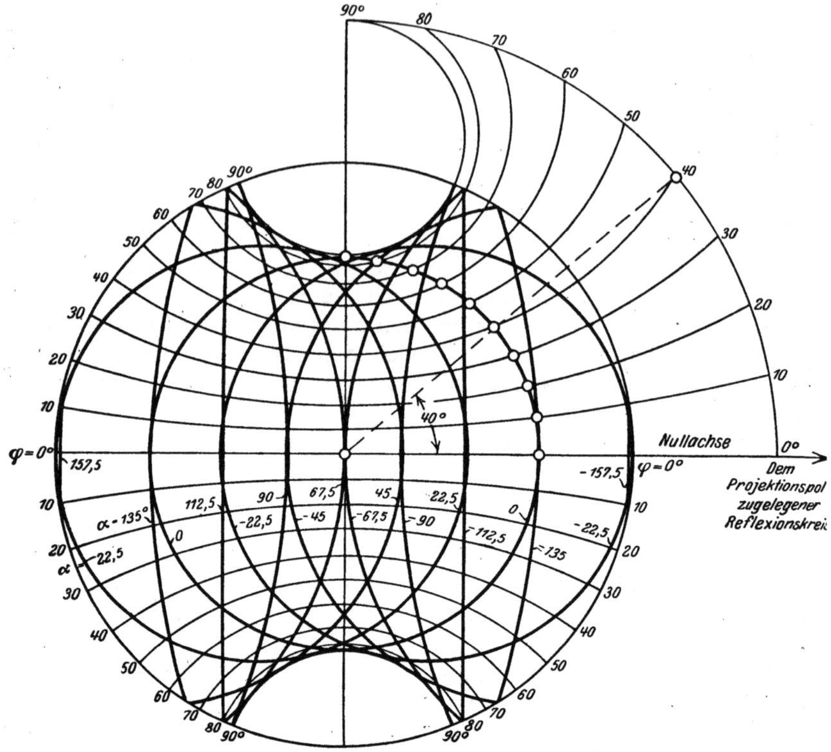

Abb. 228.

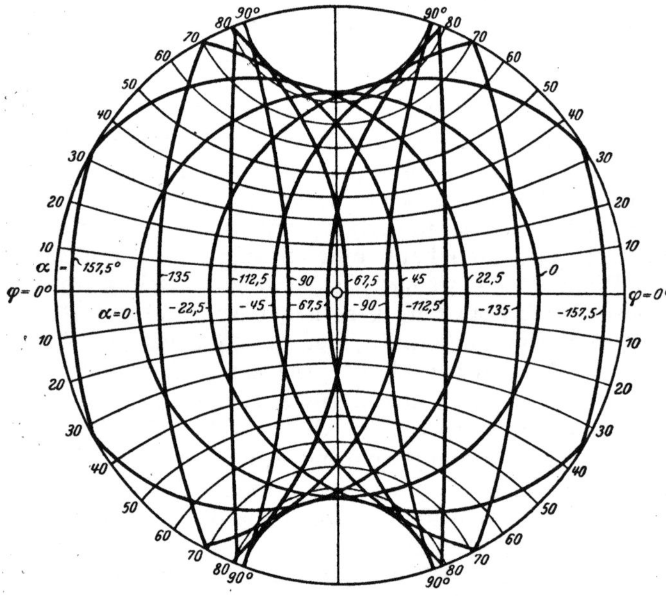

Abb. 229.

Abb. 228 und 229. Netze zur Auswertung von Faserdiagrammen an Aluminium mit Kupferstrahlung für die Polfiguren des Würfels (001) bzw. Oktaeders (111) nach W. E. SCHMID, l. c. α = Neigung der Projektionsebene gegen Primärstrahl, φ = Azimut der Reflexionsebene um den Primärstrahl.

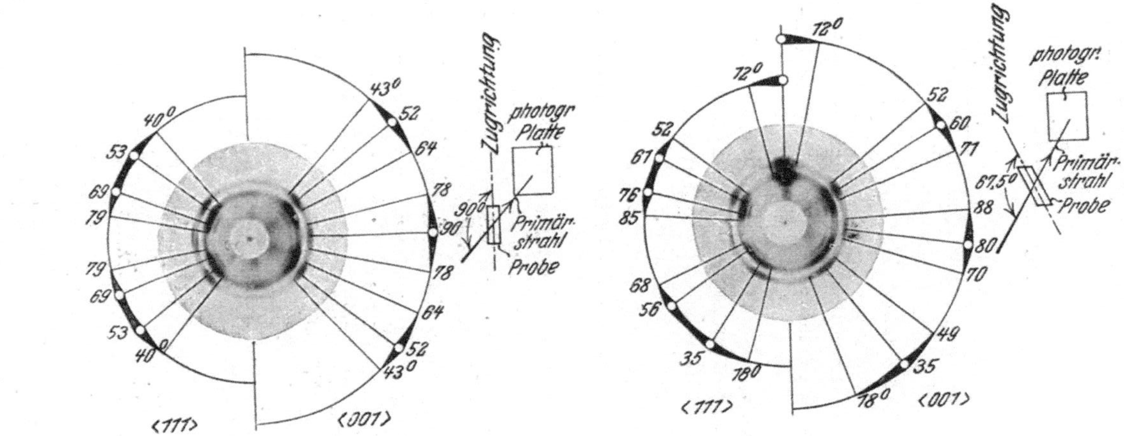

Abb. 230 und 231. Röntgenaufnahmen eines um 75% gezogenen Aluminiumdrahtes mit Cu-Strahlung. Die Nebenskizzen zeigen die Orientierung der Probe.

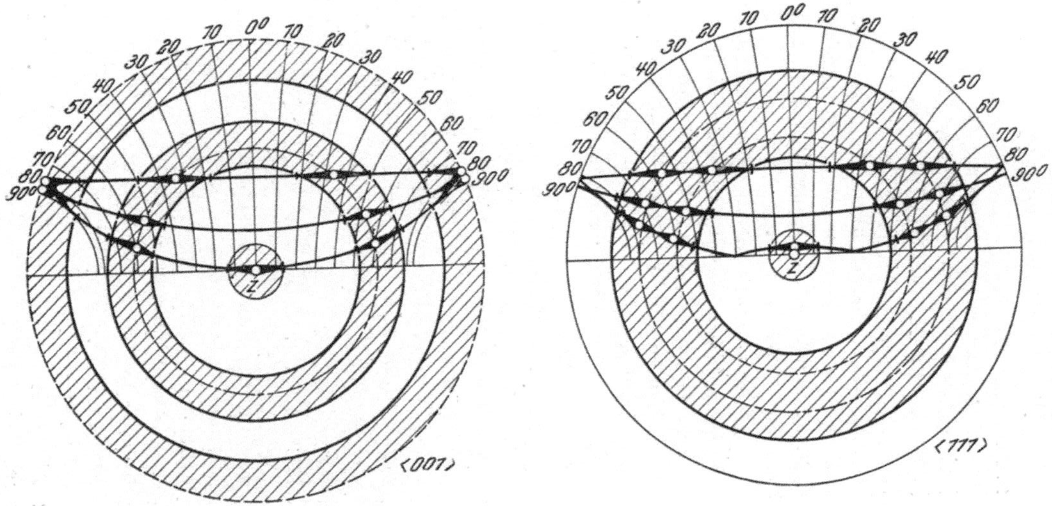

Abb. 232 und 233. Polfiguren zu den Abb. 230 und 231 für die Würfel- und Oktaederebene. Die Kreise in Abb. 230 geben die Fleckenbelegung der mittleren Horizontalreihe, gemäß den Kurven $\alpha = 90°$ in Abb. 228 und 229. Ebenso liefert Abb. 231 gemäß den Kurven $\alpha = 67{,}5°$ der Abb. 228 und 229 die oberen und unteren Fleckenreihen in Abb. 232 und 233.

(Abb. 228 bis 233 nach W. E. Schmid, l. c.)

Im vorliegenden Fall läßt sich die Textur beschreiben als axialsymmetrisch um Z mit zwei verschiedenen Stellungen:

I. Würfelebenen unter 0° und 90°, Oktaederebenen unter 55°,

II. Würfelebenen unter 55°, Oktaederebenen unter 0° und 71°

zur Zugachse.

Für die oft vorkommenden einfachen Fasertexturen gibt für kubische Kristallite GLOCKER[1] nützliche Tabellen, die Neigungswinkel der wichtigsten Ebenen (001 ... bis 311) gegen die Faserachse betreffend bei den Faserrichtungen [001], [110], [111] und [112]. Ferner entwirft er „Drehkurven" für beschränkte Faserstrukturen (d. h. solche, bei denen die Kristallitorientierung um die Faserachse nur einen Teil des Vollwinkels erfüllt), aus denen der Bereich des Azimuts um die Faserachse für verschiedene Flächen und Faserachsen entnommen werden kann.

c) *Anwendung der Regelungsuntersuchung.* Neben allen Arten von *Deformationstexturen*[2] polykristalliner Metalle werden untersucht Metalltexturen, die durch *gerichtete Kristallisation* unter dem Einfluß eines Temperaturgradienten entstehen, wie z. B. beim Erstarren der Metalle in Kokillen. Ferner die Texturen *elektrolytisch niedergeschlagener Schichten*[3], die Folientextur von Metallschichten, die durch *Verdampfen und Niederschlagen im Vakuum* gebildet sind und ähnliche.

Neben der Textur an einem bestimmten Punkte muß auch die *Änderung der Textur im Innern des Probestücks* berücksichtigt werden. So besteht z. B. ein hartgezogener Kupferdraht aus koaxialen Schichten, in denen die Neigungen der Fasertexturen gegen die Drahtachse verschieden sind[4].

Besondere Bedeutung kommt der Untersuchung der *Rekristallisationstexturen* der Metalle zu[5]. Ein deformiertes, mithin geregeltes Metall, das längere Zeit auf höhere Temperatur angelassen wird, rekristallisiert, d. h. man findet eine Vergrößerung des Korns, indem gleichzeitig entweder die neuen Körner regellos oder nach einer neuen „Rekristallisationslage" geregelt liegen. Die letztere entsteht dadurch, daß die nach der Deformation richtig liegenden Kristallite auf Kosten der falsch gelegenen wachsen. Die zahlreichen Einzeluntersuchungen hierüber haben noch zu keinem abgerundeten Bild des Vorgangs und der maßgebenden Bedingungen geführt.

Bilden sich in einem Metall infolge von Temperaturbehandlung Ausscheidungen gewisser Verbindungen, so liegen diese, wie die Röntgenuntersuchung zeigt, gesetzmäßig orientiert zu dem Mutterkristall („*gerichtete Ausscheidung*"). So haben z. B. STRAUMANIS und WEERTS[6] die Ausscheidung des α-Messings im β-Messing, d. h. annähernd eines flächenzentrierten kubischen in einem körperzentrierten kubischen Gitter verfolgt. Die Ausscheidung der α-Kristalle geht nach folgendem Schema vor sich: „Eine der sechs dichtestbelegten Gitterebenen (110) des β-Gitters ist in die entsprechende Ebene (111) des α-Gitters derart übergeführt, daß eine der in ihr liegenden dichtestbelegten Gittergeraden [111] des β-Gitters ohne Richtungsänderung zu einer [110]-Achse des α-Gitters

[1] R. GLOCKER, Materialprüfung mit Röntgenstrahlen, Ziff. 27. Berlin: Julius Springer 1927; s. auch ZS. f. Phys. Bd. 31, S. 386. 1925.

[2] Übersicht z. B. in den am Anfang dieser Ziffer zitierten Zusammenfassungen.

[3] Z. B. R. GLOCKER u. R. KAUPP, ZS. f. Phys. Bd. 24, S. 121. 1924.

[4] E. SCHMID u. G. WASSERMANN, ZS. f. Phys. Bd. 42, S. 779. 1927.

[5] Vgl. R. GLOCKER, Buch, Ziff. 28C; H. OTT, Handb. d. exper. Phys. Bd. VII, 2, S. 315 bis 320; U. DEHLINGER, Ergebn. d. exakt. Naturwissensch. Bd. X, S. 378—381. 1931; H. ALTHERTUM, Phys. ZS. Bd. 32, S. 305. 1931; T. SUTOKI, Sc. Reports Tôhoku Univ. Bd. 17, S. 857. 1928.

[6] M. STRAUMANIS u. J. WEERTS, ZS. f. Phys. Bd. 78, S. 1. 1932.

wird.“ Insgesamt ergeben sich 24 gleichwertige Lagen des α-Gitters, deren theoretische Polfiguren in Abb. 235 und 236 zum Vergleich mit den gefundenen eingetragen sind. In der Hauptsache kann dieser Übergang durch eine Schiebung vom Betrag 0,36 mit Gleitebene (1 1 0) und Gleitrichtung [1 $\bar{1}$ 0] erklärt werden, der noch eine kleinere Schiebung (Betrag 0,22, Gleitebene (1 1 2), Gleitrichtung [1 1 0]) folgt (Abb. 234). Die Abb. 235—237 zeigen die Übereinstimmung zwischen den experimentellen Ergebnissen und dieser Vorstellung.

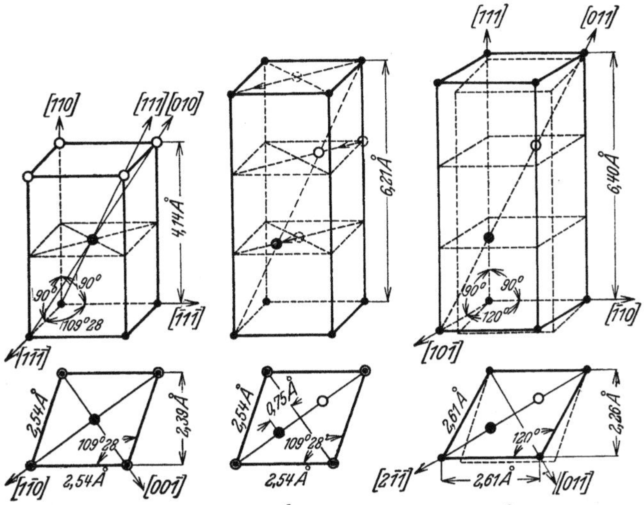

a b c

Abb. 234. Übergang des kubisch-raumzentrierten in das kubisch-flächenzentrierte Gitter bei der Umwandlung von β- in α-Messing. (STRAUMANIS u. WEERTS, l. c.)

Ähnliche Untersuchungen sind von KURDJUMOW und SACHS[1] für die Ausscheidungsvorgänge bei der Stahlhärtung, von DAHL, HOLM und MASING[2] bei Be-Cu-Legierungen und von anderen durchgeführt worden.

Bei den *Gesteinen*[3] ist die durch den Gebirgsdruck erzeugte Regelung zum Gegenstand der Untersuchung gemacht worden, bei *organischen Wachstums- und*

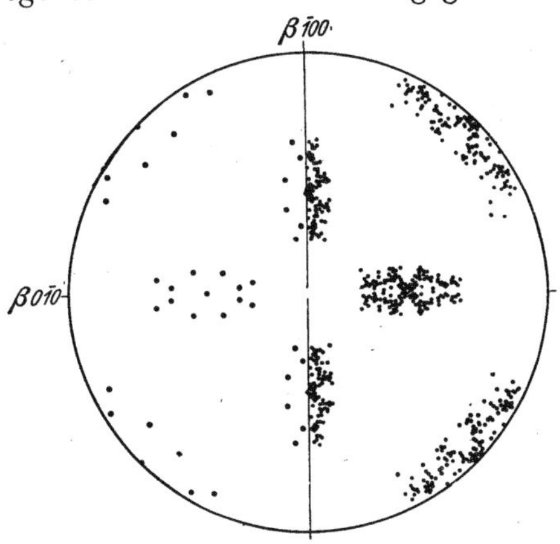

Abb. 235. $\alpha - \{111\}$.

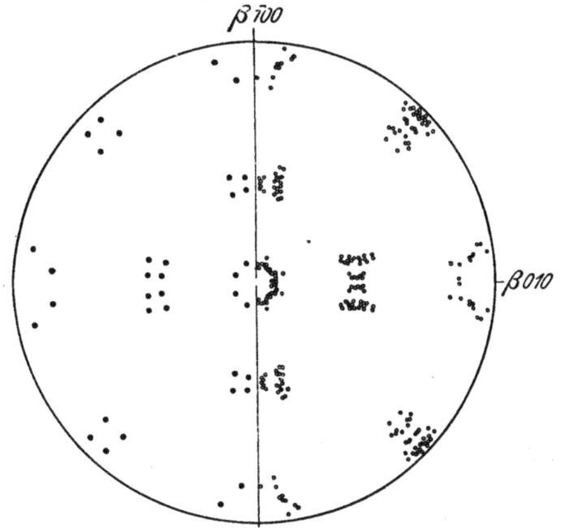

Abb. 236. $\alpha - \{200\}$.

Beobachtete (rechts) und theoretische (links) Lagenmannigfaltigkeit der α-Phase im Gitter der β-Phase für (111) bzw. (200) Flächen. (STRAUMANIS u. WEERTS, l. c.)

Abscheidungsstoffen die oft recht verwickelte Regelung (z. B. Spiralfaser bei Muskel-, Sehnen-, Lederpräparaten, doppelte Faserung in Insektenflügeln, sphärolithische Anordnung des Calciumkarbonats in Perlen usw.).

[1] G. KURDJUMOW u. G. SACHS, ZS. f. Phys. Bd. 62, S. 592. 1930.

[2] O. DAHL, E. HOLM u. G. MASING, Wiss. Veröffentl. a. d. Siemens-Konz. Bd. 8, S. 154. 1929; ZS. f. Metallkde. Bd. 20, S. 431. 1928.

[3] B. SANDER u. G. SACHS, ZS. f. Krist. Bd. 75, S. 550. 1930; J. LEONHARDT, Kali u. verw. Salze Bd. 24, Heft 15—18. 1930.

Viele *hochpolymere Substanzen*, wie Zellulose, Seide, Keratin, Kautschuk, sind, da sie nicht kristallisieren, nur bestenfalls in den Zustand einer deutlichen Textur zu überführen. Der Aufschluß über diese Substanzen ist eng mit der Möglichkeit verknüpft, durch geeignete Zug- und thermische Behandlung möglichst scharf geregelte Präparate davon herzustellen, die mehr Aussagen zulassen als die bloßen Debye-Scherrer-Kreise.

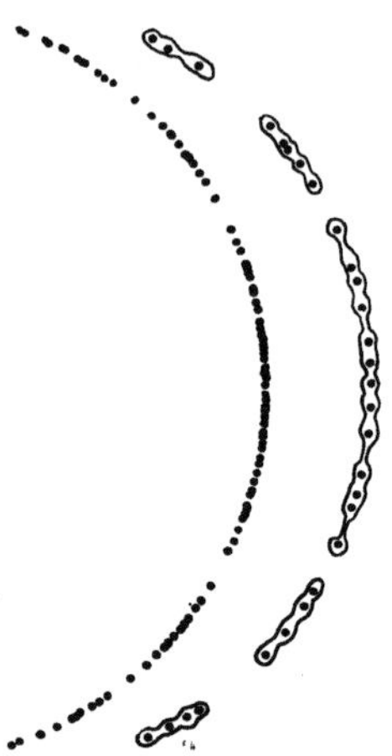

Abb. 237. Beobachtete (rechts) und theoretische (links) Belegung des α-(200)-Kreises der Röntgendrehaufnahme an Messing. (STRAUMANIS u. WEERTS, l. c.)

γ) Röntgenuntersuchung der Verformung von Metalleinkristallen. *1. Orientierungsbestimmung.* Zunächst entsteht die Aufgabe, an dem Metallkristall (Herstellung s. Ziff. 1 γ) die Lage der kristallographischen Achsen gegenüber der äußeren Form zu bestimmen. Öfters ist dies nach Anätzen des Kristalls aus der Glanzverteilung auf seiner Oberfläche möglich[1]; meist jedoch wird man die Röntgenuntersuchung heranziehen müssen. Die Kristallstruktur selbst kann dabei wieder als bekannt gelten.

Zur Orientierungsbestimmung wird meist eine Lauedurchstrahlung mit Verwertung nach SCHIEBOLD-SACHS oder eine Lauerückstrahlaufnahme nach Ziff. 27 γ oder eine gewöhnliche Drehaufnahme mit monochromatischem Licht benutzt.

Die ursprüngliche GROSSsche[2] Methode der Orientierung mit Laueaufnahmnn beruht auf der systematischen Änderung der Durchstrahlungsrichtung — auf Grund der nicht weiter indizierten Aufnahmen —, bis ein symmetrisches Bild entsteht, das nun nach den üblichen Verfahren (Ziff. 34) beziffert wird oder das unter Umständen allein durch seine Symmetrie schon die gewünschte Auskunft gibt. Die von SCHIEBOLD und SACHS[3] ausgearbeitete Methode spart Aufnahmen, indem die Drehung des Interferenzbildes graphisch in der stereographischen Projektion vorgenommen wird. Ist eine symmetrische Lage erzielt, so läßt der Vergleich mit vorbereiteten Projektionsbildern die Bezifferung und die Orientierung erkennen. Da dies Verfahren sich vielfach bewährt hat[4], sei es am Beispiel eines kubischen Kristalls (Al) nach SCHIEBOLD und SACHS dargestellt. Abb. 238 gibt ein schematisches Bild der Laueaufnahme, in dem die stärkeren Punkte auf zwei Zonenkreisen numeriert sind. Ein Netz nach Abb. 239[5] gestattet, bei den einzelnen Flecken neben dem Azimut φ den Glanzwinkel ϑ abzulesen. Mittels eines WULFFschen Netzes werden nun für jeden Fleck das Azimut φ und die Normalenrichtung der Netzebene, $90 - \vartheta$, in eine stereographische Projektion eingetragen (Abb. 240), deren Ebene senkrecht zum Primärstrahl liegt. Ebenfalls mit diesem Netz wird nunmehr der starkbesetzte Zonenkreis in die Ebene der Projektion umgeklappt (Abb. 241), wodurch die Richtung der Stabachse aus der alten Projektionsebene heraustritt. Man liest nun bequem die Winkel zwischen den Ebenen ab und findet z. B. für die Winkel zwischen 13 und 8 bzw. 8 und 4 den charakteristischen Wert 35°, der als Winkel zwischen Oktaeder- und Dodekaederflächen vorkommt. Hierdurch ist diese Zone als [110] erkannt. Die Verfasser geben ihrer Arbeit eine Reihe von Projektionen der wichtigsten Flächenpole im kubischen System für Zonenachsen [110], [001],

[1] Siehe z. B. J. WEERTS, ZS. f. techn. Phys. Bd. 9, S. 126. 1928.
[2] R. GROSS, Centralbl. f. Min. 1920, S. 52.
[3] E. SCHIEBOLD u. G. SACHS, ZS. f. Krist. Bd. 63, S. 30. 1926.
[4] Z. B. W. G. BURGERS u. J. C. M. BASART, ZS. f. Phys. Bd. 51, S. 545. 1928.
[5] F. RINNE u. E. SCHIEBOLD, Leipziger Ber. Bd. 68, S. 11. 1915.

[1 1 2], [1 3 0] und [1 1 1] mit, durch die eine volle Bezifferung ohne Neuarbeit vorgenommen werden kann. Durch die Angabe der drei Winkel, die die Stab-

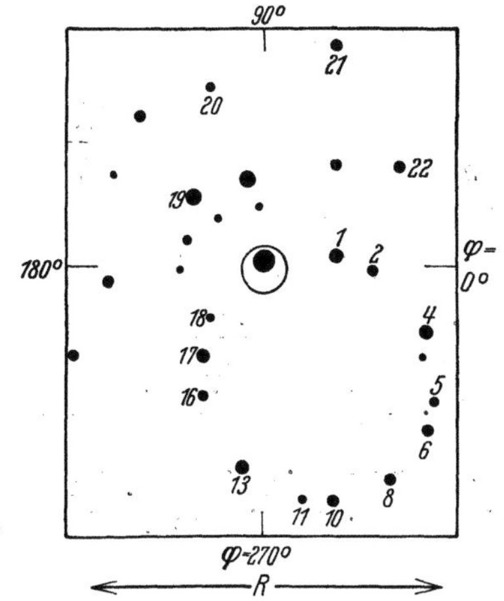

Abb. 238. Schematisches Bild der zur Orientierungsbestimmung dienenden Laueaufnahme an Al. (SCHIEBOLD u. SACHS, l. c.)

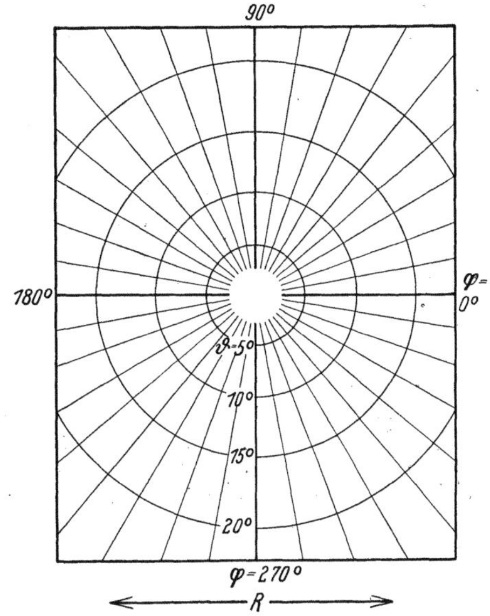

Abb. 239. Netz nach RINNE-SCHIEBOLD (l. c.).

achse mit den Flächenloten von (1 0 0), (1 0 $\bar{1}$) und (1 $\bar{1}$ $\bar{1}$) bildet (Abb. 241), ist die Orientierungsangabe beendet.

Neben dem Lauediagramm mit Durchstrahlung des Präparats ist in neuerer Zeit speziell zur Orientierungsbestimmung die Laueaufnahme mit zurück-

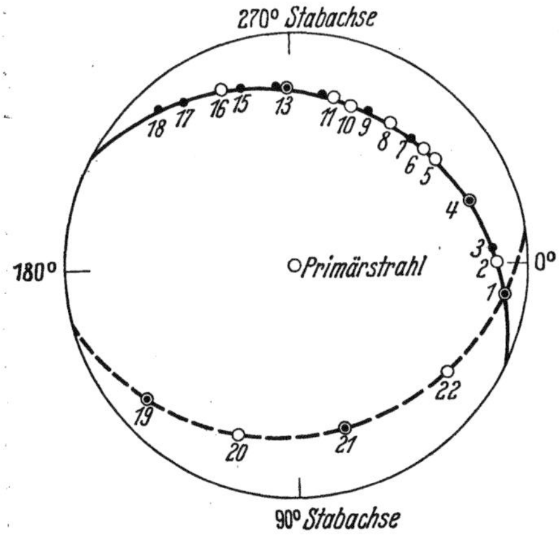

Abb. 240.

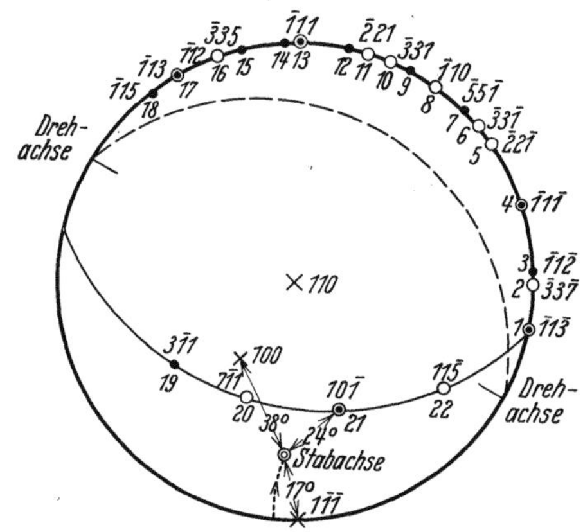

Abb. 241.

Abb. 240 und 241. Stereographische Projektion der Flächenpole zu Abb. 238 und Umklappung des einen Zonenkreises in die Projektionsebene. (SCHIEBOLD-SACHS, l. c.)

gestrahlten Interferenzen aufgekommen, für die der Name *Laueepigramm* vorgeschlagen sei. Aus dem in Ziff. 27 γ über diese Aufnahmen Gesagten geht genügend hervor, wie sie zur Orientierungsbestimmung verwandt werden können. Ihre gnomonische Projektion behandelt kurz CHROBAK[1]. Da diese Aufnahmen

[1] L. CHROBAK, ZS. f. Krist. Bd. 82, S. 342. 1932.

zu ihrer Herstellung des langwelligen kontinuierlichen Spektrums bedürfen, liefern sie im Gegensatz zu den Lauediagrammen die Orientierung nur der Oberflächenschicht.

Von den monochromatischen Verfahren sind zur Orientierungsbestimmung besonders geeignet die „Goniometerverfahren" (Ziff. 25 γ), bei denen aus der Lage der Reflexe die zugehörige Kristallstellung hervorgeht. In Erweiterung eines von MÜLLER[1] angegebenen und von den englischen Metallographen anfangs zur Orientierungsbestimmung verwandten Verfahrens dienen diesem Zweck die Röntgengoniometer von DAWSON oder WEISSENBERG oder das SAUTERsche Rotationsröntgengoniometer[2]. Sobald die Aufnahmen nach den in Ziff. 37 besprochenen Verfahren indiziert sind, ist die Stellung der Drehachse gegen eine Reihe von Flächen und somit gegen die Kristallachsen bekannt.

Bei Drehaufnahmen geben die Abstände der Schichtlinien (falls solche festgestellt werden können) den ersten Anhalt über die Lage der Drehrichtung im Kristall. Ferner können zur Bestimmung die BERNALschen oder SCHIEBOLDschen Kurvenblätter (Ziff. 36 δ) benutzt werden[3]. Zeitersparnis bringen Weitwinkelverfahren (Ziff. 25δ, 27δ) mit sich[4].

2. *Gegenstand der Verformungsuntersuchung an Metalleinkristallen.* In erster Linie betrifft die Untersuchung den *Mechanismus der plastischen Verformung,* der sich am Einkristall eindeutiger studieren läßt als an vielkristallinem Material. Hier sind hauptsächlich die Gleitsysteme festzustellen und die Gesetzmäßigkeiten ihrer Betätigung. In fast allen Kristallen gibt es mehrere *Gleitsysteme,* sei es, daß es sich um kristallographisch gleichwertige oder um ungleichwertige handelt. Von ihnen tritt bei steigender Spannung dasjenige zuerst in Tätigkeit, bei dem zuerst eine *kritische Schubspannung* überschritten wird, die sich gemäß den Lehren der Elastizitätstheorie aus der gesamten Spannung durch Komponentenbildung nach den Gleitflächen und -richtungen ermitteln läßt. Der kritische Wert selbst liegt, verglichen mit der Festigkeit des polykristallinen Materials, sehr niedrig. Zudem ist er auch von den geringsten Legierungszusätzen so stark abhängig, daß es nicht ganz sicher ausgemacht ist, ob nicht in einem völlig reinen Metall die erste kritische Schubspannung bei Null liegt, so daß bei einer Beanspruchung unter Übergehung jeglicher elastischer sofort die plastische Deformation einsetzt. Doch lassen sich für Metalle vom normalen Reinheitsgrad bzw. von bestimmter Legierung ziemlich konstante Grenzwerte angeben. Die Normaldrucke auf dem Gleitflächensystem sind ohne Einfluß auf das Gleiten.

Findet nach einem Gleitsystem ein Abgleiten des Materials statt, so tritt dabei der zweite für Metalle charakteristische und für die technische Verwendung der Metalle fundamentale Vorgang ein, die *Verfestigung*; die Last muß immer weiter gesteigert werden, um ein weiteres Abgleiten zu erzwingen. Bei der Prüfung eines drahtförmigen Einkristalls im Zugversuch (meist mit POLANYIS Dehnungsmesser) ist dabei zu unterscheiden zwischen der *Orientierungsverfestigung* und der *wahren Verfestigung.* Erstere hat rein geometrische Ursachen: Infolge der Längung stellen sich (durch den Vorgang der Biegegleitung [MÜGGE, POLANI[5]]) die Gleitebenen flacher gegen die Drahtachse, wodurch die Bildung der in die Gleitrichtung fallenden Spannungskomponente ungünstiger wird

---

[1] A. MÜLLER, Proc. Roy. Soc. London (A) Bd. 105, S. 500. 1924.

[2] E. SAUTER, ZS. f. Krist. Bd. 84, S. 461. 1933.

[3] Vgl. C. F. ELAM, Journ. Inst. Metals Bd. 43, S. 217. 1930; L. GRAF, ZS. f. Phys. Bd. 67, S. 388. 1931.

[4] U. YOSHIDA, Jap. Journ. of Phys. Bd. 4, S. 133. 1927; K. TANAKA, ebenda S. 137.

[5] O. MÜGGE, N. Jahrb. f. Min. (I) 1898, S. 71; M. POLANYI, ZS. f. Phys. Bd. 17, S. 42. 1923.

(Optimum bei 45° Neigung). Für die Ermittlung der wahren Verfestigung wird bereits die betreffende Spannungskomponente zugrunde gelegt, und sie ist als Eigenschaft des Gleitsystems anzusehen. Träte keine Verfestigung ein, so würde der Kristall *fließen,* d. h. die Verformung würde unter einer einmal angebrachten Spannung fortdauern.

Das zuerst betätigte Gleitsystem bleibt nun solange in Tätigkeit (*aktives* Gleitsystem), als nicht eben durch die Deformation ein anderes der Gleitsysteme in eine solche Lage kommt, daß die dafür kritische Schubspannung überschritten wird. In diesem Fall tritt es entweder ausschließlich oder neben dem ersten in Tätigkeit. Dabei braucht diese Schubspannung nicht den Wert zu haben, der dafür im undeformierten Material gilt. Denn durch die Verformung nach dem ersten Gleitsystem wird auch das zweite bis dahin inaktive System verfestigt. Insbesondere tritt also ein dem ersten kristallographisch gleichwertiges Gleitsystem nicht unbedingt mit dem Anfangswert der kritischen Schubspannung in Erscheinung. So entsteht das „*Doppelgleiten*", das insbesondere an den kubischen Metallen häufig ist und zuerst von den englischen Metallographen[1] untersucht und aufgeklärt worden ist.

Ein weiterer in seiner Häufigkeit und Wichtigkeit erst in den letzten Jahren erkannter Prozeß bei der Verformung ist die *Zwillingsbildung.* Wie Abb. 221 zeigt, kann eine Zwillingsbildung durch eine reine Schiebung von bestimmtem Maß hervorgebracht werden. Ihr Erfolg für die Deformation eines Einkristalls besteht nach MATHEWSON[2] darin, daß ein fast erschöpftes Gleitsystem im Zwilling eine neue Lage bekommt und damit unter günstigere geometrische Verhältnisse (s. oben) gelangen kann. So hat sich bei genauer Untersuchung herausgestellt, daß die sog. Nachdehnung von Zink nicht eigentlich einem neuen Gleitsystem zu verdanken ist, das nach Erschöpfung der Gleitung nach den (einzigartigen) Basisflächen des hexagonalen Gitters etwa nach Prismenflächen als Gleitebenen wirkt, sondern daß es ein weiteres Gleiten nach den Basisflächen eines Zwillings in günstigerer Stellung zur Drahtachse ist[3].

Da die Zwillingsbildung, insbesondere während der Erstarrungsperiode des Kristalls, durch die geringsten Spannungen hervorgerufen wird, so daß es ganz besonderer Vorsicht bedarf, sie zu vermeiden[4], ist es wichtig, sie aus dem Röntgenbild an kleinen verstreuten Reflexen erkennen zu können.

Neben die rein geometrischen, größtenteils auf der Orientierung durch Röntgenaufnahmen beruhenden Untersuchungen der Gleiterscheinungen tritt die Untersuchung der Dynamik des Gleitens, von der oben schon einiges gesagt wurde. Hier ist hauptsächlich die wichtige Eigenschaft der *Erholung* zu nennen: Ein Gleitsystem, das sich im Verlauf seiner Tätigkeit verfestigt hat, gewinnt im Laufe der Zeit, insbesondere bei höherer Temperatur, seine ursprüngliche Weichheit wieder. Bei genügend langen Zwischenpausen (24 Stunden) ist z. B. an Zn von HAASE und SCHMID[5] gezeigt worden, daß die Gleitung nur wegen der Orientierungsverfestigung nicht in ein Fließen übergeht. Jeder Dehnungsversuch ist somit als Wettstreit zwischen Verfestigung und Erholung aufzufassen, und

---

[1] G. J. TAYLOR u. C. F. ELAM, Proc. Roy. Soc. London (A) Bd. 102, S. 643. 1923, und weitere Arbeiten in dieser ZS.; Zusammenfassung bei H. C. H. CARPENTER, J. Inst Metals Mai 1926.

[2] C. H. MATHEWSON, Twinning in Metals, Annual Lecture, Inst. of Metals Division, Amer. Inst. of Mining a. Metallurg. Engin. February 1928.

[3] C. H. MATHEWSON u. A. J. PHILIPS, Proc. Inst. Met. Febr. 1927; E. SCHMID u. G. WASSERMANN, ZS. f. Phys. Bd. 48, S. 370. 1928.

[4] Vgl. die Verfahren von KAPITZA, SCHUBNIKOW u. GOETZ, Zitate Ziff. 1γ.

[5] O. HAASE u. E. SCHMID, ZS. f. Phys. Bd. 33, S. 413. 1925.

das ist der Grund, weshalb die Deformationsgeschwindigkeit dabei eine große Rolle spielt. So entstehen z. B. bei schneller Deformation *Reißflächen*, die nicht etwa mit den Gleitflächen identisch sind.

Die Untersuchungen über das Eintreten der Gleitung (Zug als Funktion der Lage der Drahtachse gegen das Gitter) haben in der Angabe eines „Fließgefahrkörpers“[1], die über die Höchstlast, die ein Stab beliebiger Orientierung beim Doppelgleiten verträgt, in der Angabe eines Höchstlastkörpers[2] ihren Niederschlag gefunden, und solche Körper gibt es noch mehrere. Für die Röntgenmethode kommt noch in Frage, den Zustand der Gleitebenen nach der Gleitung zu untersuchen, um so den Grund der Verfestigung aufzudecken. Daß die Gleitung beim gewöhnlichen Zugversuch eine Biegegleitung ist, wird durch den „Asterismus“ (s. unten) der Aufnahmen erhärtet[3]. Da die noch gebogenen Kristallstellen die Ausgangspunkte für die Rekristallisation beim Anlassen bilden, wird gefolgert, daß sie noch latente Deformationsenergie besitzen. VAN ARKEL[4] hat eine Verbreiterung der Pulverlinien hoher Ordnung festgestellt, aus der er direkt auf Deformation und innere Spannung der einzelnen Kristallblöcke schloß. Diese Ansicht wird durch das Studium der Temperaturabhängigkeit der Verbreiterung erhärtet[5]; mit steigender Temperatur sinkt die Elastizitätsgrenze und damit die mögliche dauerhafte elastische Deformation (die plastische wird durch Rekristallisation beseitigt) und somit die Linienbreite.

Röntgenmethoden haben an Metalleinkristallen auch zur Bestimmung der Elastizitätskoeffizienten[6] sowie des Ausdehnungskoeffizienten[7] gedient — bei der Empfindlichkeit des Materials eine vorteilhafte Methode (vgl. Ziff. 39 δ 3).

Die Zusammenfassung der Untersuchungen an Einkristallen mit den Regelungsuntersuchungen an vielkristallinem Material ist noch ziemlich wenig bearbeitet. Nur in wenigen Fällen ist die zahlenmäßige Verbindung wirklich hergestellt worden[8].

Verformungsuntersuchungen an Nichtmetallen. Die Folgen von Verformungserscheinungen bei Nichtmetallkristallen sind seit langem unter der Bezeichnung *Asterismus*[9] der Röntgenaufnahmen bekannt. Nur ziemlich wenige Arbeiten haben sich jedoch das quantitative Verständnis dieser „Anomalien“ zur Aufgabe gesetzt.

Der Versuch einer Systematik ist von LEONHARDT[10] unternommen worden. Er definiert als *„Anomalien“* alle die Erscheinungen des Interferenzbildes, die durch nichterfüllte Homogenität des durchleuchteten Kristallstücks verursacht werden, und diskutiert die Folgen für das Röntgenbild an Hand von Beispielen.

Zur Aufklärung des Mechanismus der Plastizität von Steinsalz unternimmt SELJAKOW[11] eine eingehende Diskussion der Asterismusformen an Hand der stereographischen Projektion und vergleicht sie mit Aufnahmen an verformtem Mate-

---

[1] Z.B. E. SCHMID, ZS. f. Metallkde. Bd. 19, S. 154. 1927.

[2] Z.B. Frh. v. GÖLER u. G. SACHS, ZS. f. techn. Phys. Bd. 8, S. 586. 1927.

[3] R. GROSS, ZS. f. Metallkde. Bd. 16, S. 344. 1924; Bd. 66, S. 18. 1924; W. G. BURGERS, ZS. f. Phys. Bd. 67, S. 606. 1931; H. L. COX u. I. BACKHURST, Phil. Mag. Bd. 7, S. 981. 1929.

[4] A. E. VAN ARKEL, Physica Bd. 5, S. 208. 1925; Naturwissensch. Bd. 13, S. 662. 1925.

[5] A. E. VAN ARKEL u. W. G. BURGERS, ZS. f. Phys. Bd. 48, S. 690. 1928; s. auch V. CAGLIOTI u. G. SACHS, ZS. f. Phys. Bd. 74, S. 647. 1932.

[6] G. SACHS u. J. WEERTS, ZS. f. Phys. Bd. 64, S. 344. 1930.

[7] K. BECKER, ZS. f. Phys. Bd. 51, S. 481. 1928.

[8] Z. B. Anisotropie von Zinkblechen: E. SCHMID u. G. WASSERMANN, ZS. f. Metallkde. Bd. 23, S. 87. 1931.

[9] G. AMINOFF, Geol. Föven. Stockholm Förhandl. Bd. 41, S. 534. 1919.

[10] J. LEONHARDT, N. Jahrb. f. Min. Beil. Bd. 64A, S. 1. 1931.

[11] N. J. SELJAKOW, ZS. f. Krist. Bd. 83, S. 426. 1932; ZS. f. Phys. Bd. 76, S. 535. 1932.

rial. Eine ähnlich eingehende Diskussion der geometrischen Grundlagen geben KONOBEJEWSKI und MIRER[1]. Sie beobachten an verformtem und durch Anlassen rekristallisiertem Steinsalz eine feine Streifung in den Lauefiecken, die sie als Zeichen für das Zerfallen der deformierten elastisch gebogenen Kristalllamellen bei der Rekristallisation in eine Schar von nahezu parallelen Kristallkörnern ansehen.

Auf die Methoden der Verformungsuntersuchung durchsichtiger Kristalle, die nicht auf Röntgeninterferenzen beruhen, sei nur hingewiesen. Vor allem ist die SMEKAL-PRZIBRAMsche Methode[2] der ultramikroskopischen Anfärbung der gestörten Gitterteile im Steinsalz durch Eindiffundierenlassen von Na-Dampf zu nennen.

43. Röntgenuntersuchung der flüssigen Kristalle[3]. Nicht alle Kristalle gehen beim Erhitzen direkt in den isotropflüssigen oder den gasförmigen Zustand über, falls sie sich nicht vorher chemisch zersetzen. Bei den organischen Substanzen, insbesondere auch solchen aus dem lebendigen Organismus[4], sind weitere Formarten nicht selten, die als flüssigkristalline, anisotropflüssige oder mesomorphe Formen bezeichnet werden. Sie als Zwischenformen zwischen dem festkristallinen und dem isotropflüssigen Zustand zu bezeichnen, kann man mit dem gleichen Recht tun oder unterlassen, mit dem der flüssige Zustand als Zwischenform zwischen fest und gasförmig angesehen werden kann: In allen Fällen handelt es sich um selbständige Formarten, deren grundsätzliche Verschiedenheit es schlecht verträgt, sie nur unter dem Gesichtspunkt einer Zwischenstellung zwischen bedeutenderen Nachbarformarten aufzufassen.

Diese Zustände sind nach den bisherigen Erfahrungen daran gebunden, daß die Moleküle nicht nur langgestreckt, sondern auch durch ebene Gruppen (z. B. Benzolringe) stellenweise aufgeweitet sind (VORLÄNDERS „mischdimensional"[5]). *Para*substituierte Benzolderivate liefern daher zahlreiche flüssigkristalline Stoffe[6]. Nicht immer wird in den Arbeiten dieses Gebiets die Unterscheidung sicher durchgeführt, welche Präparate als *homogene* Stoffe (in chemischer sowohl als physikalischer Hinsicht), welche als Substanzgemische bzw. Texturen anzusehen sind (Krist.-Disk. S. 222ff., 35ff.). In der Tat hat diese Unterscheidung ihre tiefbegründeten sachlichen Schwierigkeiten (Krist.-Disk. S. 299ff.), die den Grund zu vielfachen Mißverständnissen abgegeben haben.

Unbeschadet der Entscheidung, ob noch weitere Anordnungstypen der Moleküle („*Stasen*" nach FRIEDEL, Krist.-Disk. S. 7, 307) in der Natur realisiert werden, scheint es sicher, daß FRIEDEL mit seiner Kennzeichnung der nematischen und smektischen Stasen zwei wesentliche und häufige Typen herausgegriffen hat.

Die *nematische Stase* (Krist.-Disk. S. 26, 35) entsteht durch eine Parallelstellung der Molekülachsen ohne irgendeine Ordnung ihrer Schwerpunkte. Die optische Einachsigkeit spricht dafür, daß nur die langen Achsen, nicht auch die Querachsen, parallel stehen. Die Anordnung ist also wie eine Fasertextur, die mit Molekeln statt mit Kristalliten gebildet ist (*νῆμα*, der Faden). Sie ist aber leicht durch äußere Kräfte beeinflußbar und als nur bezirksweise

---

[1] S. KONOBEJEWSKI u. I. MIRER, ZS. f. Krist. Bd. 81, S. 69. 1932.

[2] Siehe A. SMEKAL, Handb. d. techn. Mechanik Bd. 4, 2. Leipzig 1931.

[3] Vgl. zu dieser Ziffer die beiden Sammelhefte und Diskussionen über fl. Krist. ZS. f. Krist. Bd. 79, H. 1/4. 1931; Trans Faraday Soc. 1933. Diese Hefte sind im folgenden als Krist.-Disk. und Farad.-Disk. zitiert.

[4] F. RINNE, Naturwissensch. Bd. 18, S. 837. 1930.

[5] D. VORLÄNDER, Krist.-Disk. S. 88—89.

[6] D. VORLÄNDER, Farad.-Disk.; ferner Chemische Kristallographie der Flüssigkeiten. Leipzig: Akad. Verlagsges. 1924.

einheitlich zu verstehen. Für ihre dynamische Theorie der nematischen Stoffe sprechen daher ORNSTEIN und ZERNIKE (Krist.-Disk. 117) im Anschluß an frühere Autoren von *Molekülschwärmen* (s. a. VORLÄNDER, Krist.-Disk. 277).

Tritt zu dieser Anordnung als weitere, gröbere Textur eine Verdrillung der Faserachsen in den verschiedenen Raumelementen des optisch einheitlich erscheinenden Bezirks der Substanz (wie bei der Spiral- oder Ringfaser, Ziff. 42 β 3 a), so entsteht eine Unterabteilung des nematischen Typs, der sehr starke (je nach der Verdrillungsrichtung rechte oder linke) optische Drehung aufweist und nach den Vertretern *cholesterinartiger Typ* genannt wird (Krist.-Disk. S. 44, 50). Wie man sieht, faßt FRIEDEL auf Grund der optischen und thermischen Eigenschaften diesen Typ als eine Textur der nematischen Stase auf.

Eine zweite flüssigkristalline Stase ist die *smektische* (*σμῆγμα*, Seife) (Krist.-Disk. S. 14 bis 17). Sie ist durch die Bildung großer ebener optisch positiv einachsiger Schichten gekennzeichnet, die zumal an den Rändern oft wie durch Schichtlinien kotiert erscheinen, wenn sie zwischen gekreuzten Nikols betrachtet werden („Stufentropfen", sog. gouttes à gradins von GRANDJEAN). In der smektischen Stase sind nicht nur die langen Molekülachsen parallelgestellt, sondern auch die Molekülschwerpunkte an äquidistante Ebenen gebunden (in den Ebenen jedoch frei). Diese Ebenen lassen sich durch Röntgeninterferenzen nachweisen,

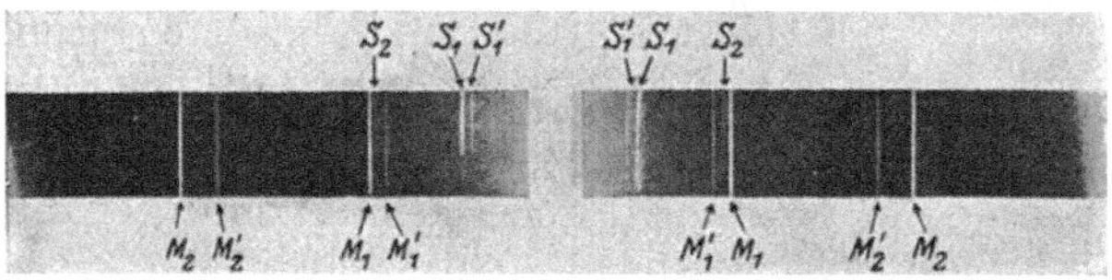

Abb. 242. Röntgeninterferenzen eines Gemisches von 15 Teilen azoxybenzoesaurem Äthyl und 1 Teil Azoxyzimtsäure bei etwa 130° im smektischen Zustand mit Stufentropfen. Neben den Interferenzen S des Präparats erscheinen Interferenzen M an der Glimmerunterlage. Kupfer-K-Strahlung. (G. u. E. FRIEDEL, ZS. f. Krist. Bd. 79, S. 327. 1931.)

deren Schärfe derjenigen von Kristallen nicht viel nachsteht. Abb. 242[1] bringt eine von E. FRIEDEL 1924 erhaltene Aufnahme an einem smektischen Präparat mit ausgesprochenen Stufentropfen. K. HERRMANN[2] hat an ähnlichen Aufnahmen gezeigt, daß die Längsachse der Moleküle nicht immer senkrecht auf den äquidistanten Ebenen stehen müssen, sondern unter gewissen Winkeln gegen sie geneigt sein können, ähnlich wie man es von den monoklinen organischen Kristallen oder von den monomolekularen Oberflächenschichten von Fettsäuren auf Wasser kennt.

Die hier beschriebenen Stasen sind nur spezielle Anordnungstypen für halbgeordneten Aufbau. Den ersten Versuch, auch für dies Gebiet einen systematischen Überblick über alle geometrischen Möglichkeiten zu geben, hat C. HERMANN (Krist.-Disk. S. 186ff.) unternommen. Er definiert zunächst statistische Translationen und statistische Symmetrieelemente als solche Bewegungen des Raumes, bei denen die mittlere Dichte der Teilchen jeder vorgegebenen Art und Orientierung sich in keinem der — hinreichend groß zu wählenden — Volumelemente ändert. Der Übergang von rein *statistischen Translationen* (S) zu der dreidimensionalen Translationsgruppe des Kristalls kann auf zweierlei Weise geschehen: entweder so, daß gewisse Verschiebungen die Struktur streng mit sich zur Deckung bringen, indem die Moleküle sich zu parallelen Ketten ordnen („*direkte Translation*", D), die zueinander beliebig verdreht oder verschoben sein dürfen, oder so, daß die Molekülschwerpunkte an gewisse parallele, äquidistante Ebenen gebunden sind („*reziproke Trans-*

[1] E. FRIEDEL, Krist.-Disk. S. 327. [2] K. HERRMANN, Farad.-Disk.

lation", R, so genannt, weil die Darstellung der Struktur im reziproken Raum, d. h. die Koeffizientenfunktion des Fourierintegrals, gewisse Periodizitätseigenschaften zeigt). Läßt man bei den direkten Translationen die Forderung der Parallelität der Ketten fallen, so entsteht die sog. „*Pseudotranslation*", P, die nur Molekülketten der gleichen Richtung in sich verschiebt. Durch Kombination dieser Translationsarten für die drei Dimensionen des Raumes erhält man weitere Gebilde, in denen die Moleküle sich zu Ketten oder Netzen zusammenschließen und ihre Schwerpunkte an weitere geometrische Orte gebunden sein können. Jeder Translationstyp wird gekennzeichnet durch eine Kombination von drei der Zeichen S, R, D, (RD), P und (RP). So ist das Zeichen für die amorphen Flüssigkeiten und die nematischen Stasen SSS (keine Bindung der Moleküle an geometrische Orte, kein Zusammenschluß zu Ketten), für smektische Stasen SSR (Bindung an eine Schar von parallelen Ebenen), für vollkommene Kristalle (RD), (RD), (RD) (periodische Wiederholung D nach drei Richtungen, Anordnung in drei Scharen äquidistanter Netzebenen R). Weiterhin sind die Stasen voneinander unterschieden durch die Symmetrie der gesamten Stase sowohl wie ihrer einzelnen Bausteine, die je nach dem Translationstyp als Punktgruppe, Kettengruppe, Netzgruppe oder Raumgruppe gekennzeichnet wird. So ist die Symmetrie der amorphen, optisch aktiven Flüssigkeit die Drehgruppe der Kugel, K; die der inaktiven Flüssigkeit die volle Kugelsymmetrie K_h; die der smektischen und nematischen Phasen irgendeine der fünf Zylindergruppen $D_{\infty h}$, D_{∞}, $C_{\infty v}$, $C_{\infty h}$, C_{∞}, wobei im nematischen Fall die Angabe dieser Punktgruppen genügt, im smektischen eine der ihnen isomorphen Kettengruppen vorliegen muß. BERNAL[1] hat kürzlich eine Anzahl von Substanzen untersucht, bei denen offenbar noch andere Translationstypen vorliegen, z. B. RRD (ein Kristallgitter, in dem die Moleküle längs einer Zonenachse beliebig verschoben sind), in gewissen Modifikationen von p-Azoxyanisol und p-Azoxyphenetol; DDR oder vielleicht SDR bei Äthylphenylbenzylaminocinnamat (äquidistante Ebenen, in denen die Moleküle zu vollkommenen Netzen oder zu parallelen Ketten angeordnet sind, die aber gegeneinander beliebig verschoben sein können).

Um die mesomorphen Zustände mit Röntgenstrahlen zu untersuchen, erzwingt man nach K. HERRMANN, KAST u. a.) vorteilhaft ein größeres Gebiet einheitlicher Orientierung durch elektrische oder magnetische Felder. Erhält man ohne Feld von einer mesomorphen Stase wegen des raschen Wechsels der ausgezeichneten Richtungen der Moleküle Diagramme, die sich kaum von den breiten Banden einer isotropen Flüssigkeit unterscheiden, so erzeugt das angelegte Feld in jedem solchen Band charakteristische Verstärkungen, die bald in die Äquatorzone des Ringes (senkrecht zu den Kraftlinien), bald in die Polarrichtungen (parallel dazu) fallen und daher eine Zuordnung des betreffenden mittleren Abstands der Atome oder Moleküle voneinander zu der Längs- und Querrichtung des Moleküls erlauben.

Die Röntgenuntersuchung dieses sehr wichtigen Gebietes steckt noch in den Anfängen, wie schon daraus zu sehen ist, daß erst ganz kürzlich die festen Stasen der meistbenutzten Substanzen wie Parazoxyanisol usw. untersucht worden sind[1]. Dabei hat sich herausgestellt, daß manche Interferenzen so unscharf sind — im Gegensatz zu anderen am gleichen Stoffe —, daß daraus auf eine abnorme Unregelmäßigkeit der Lagerung der langgestreckten Moleküle in ihrer Längsrichtung zu schließen ist. BERNAL erkennt hierin eine Vorstufe der erst bei höherer Temperatur erreichten nematischen Stase. Dies führt ihn weiter zu interessanten Anschauungen über den Zusammenhang des festen, des flüssigkristallinen und des flüssigisotropen Zustandes.

[1] J. D. BERNAL, Trans. Faraday Soc. 1933 (Farad.-Disk.).

44. Flüssigkeitsinterferenzen. Die Untersuchungen des flüssigen Zustandes mit Röntgenstrahlen erfuhren durch die Klärung der inneratomaren und innermolekularen Interferenzen (Ziff. 45) eine starke Förderung. Wir sind jetzt in der Lage, die Atom- und Molekülinterferenzen von den eigentlichen Flüssigkeitsinterferenzen, die von der Anordnung der Moleküle in der Flüssigkeit herrühren, abzutrennen. Die von den verschiedenen Molekülen gebeugten Wellen interferieren miteinander unter mehr oder weniger bestimmten Phasenbeziehungen. Sie haben deswegen für uns besonderes Interesse, weil sie das einzige Mittel sind, um uns ein Bild der Molekülanordnung in Flüssigkeiten zu geben. Die Größe, die uns hier vor allem interessiert, ist die Verteilungsfunktion $W(r)$, die die Wahrscheinlichkeit angibt, im Volumelement dV im Abstand r, vom Mittelpunkt eines bestimmten Zentralmoleküls aus gerechnet, ein anderes Molekül anzutreffen. Diese Fragen wurden in dem besonders einfachen Fall kugelförmiger Moleküle (Hg) von einigen Forschern[1] mit Erfolg behandelt. In Abb. 243 ist die von DEBYE und MENKE[1] an flüssigem Quecksilber erhaltene Verteilungsfunktion wiedergegeben, die wegen der Kugelform der Hg-Atome kugelsymmetrisch ist. Man erkennt, wie gewisse Abstände von der Größenordnung des mittleren Atomabstandes bevorzugt und andere dazwischenliegende gemieden werden. Die Wellung der Kurve bei kleinen Abständen ist nicht reell, sie hängt mit der Schwierigkeit der Messung höherer Beugungsmaxima zusammen und ist durch ein Stück der Abszissenachse zu ersetzen. Wir sehen, wie trotz der Beweglichkeit der Atome in der Flüssigkeit noch eine Art kristalliner Struktur übriggeblieben ist. Bei Kristallen ist der Verlauf der Funktion in bestimmter Richtung ein streng periodischer mit zackenförmigen Maxima. Zwischenabstände kommen überhaupt nicht vor.

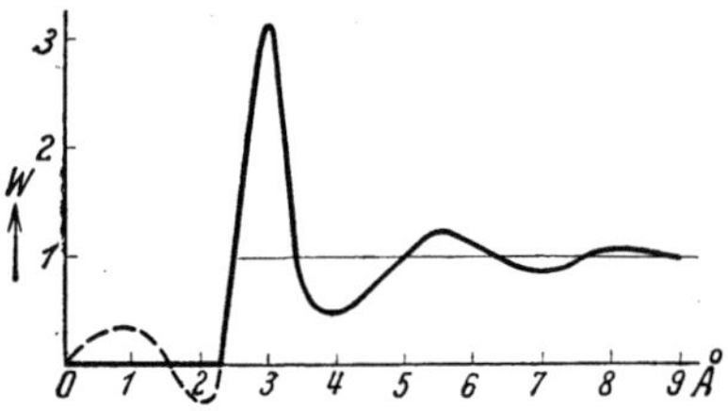

Abb. 243. Abstandsfunktion der Atome in flüssigem Quecksilber (DEBYE u. MENKE, l. c.)

Wichtig für die erfolgreiche Behandlung dieser Fragen waren genaue und vollständige Intensitätskurven, denn die Bestimmung der Lage und Anzahl der Interferenzmaxima allein führt nicht zur Kenntnis der Verteilungsfunktion. ZERNIKE und PRINS[2] und DEBYE und MENKE[3] haben ein Verfahren angegeben, wie man zwangsläufig von der Kenntnis einer vollständigen Intensitätsverteilung unter der Voraussetzung der Existenz einer Verteilungsfunktion $W(r)$ zur Kenntnis der Flüssigkeitsstruktur geführt wird. Es sei hier noch darauf hingewiesen, daß an ein- und zweidimensionalen Modellen[4] gewonnene Verteilungen durch das angeführte Verfahren qualitativ bestätigt werden. Um Wiederholungen zu vermeiden, sei für die Fragen der Flüssigkeitsstruktur auf eine Darstellung von R. DE L. KRONIG[5]: Beziehungen zwischen Molekülen und Kristallen, in diesem Handbuch hingewiesen; weiter findet sich bei P. DEBYE und H. MENKE[6] eine ausführliche Darstellung der theoretischen Grundlagen nebst reichem Literaturverzeichnis.

---

[1] P. DEBYE u. H. MENKE, Phys. ZS. Bd. 31, S. 797. 1930; H. MENKE, ebenda Bd. 33, S. 593. 1932; J. A. PRINS, ZS. f. Phys. Bd. 56, S. 617. 1929; M. WOLF, ebenda Bd. 53, S. 72. 1929.
[2] F. ZERNIKE u. J. A. PRINS, ZS. f. Phys. Bd. 41, S. 184. 1927.
[3] P. DEBYE u. H. MENKE, l. c.
[4] J. A. PRINS, Naturwissensch. Bd. 19, S. 435. 1931.
[5] R. DE L. KRONIG, Handb. d. Phys., 2. Aufl., Bd. XXIV/2,
[6] P. DEBYE u. H. MENKE, Untersuchung der molekularen Ordnung in Flüssigkeiten mit Röntgenstrahlen, in Ergebn. der technischen Röntgenkunde Bd. II. Leipzig: Akad. Verlagsges. 1931.

Komplizierter werden die Erscheinungen in Flüssigkeiten mit unrunden Molekülen, wo man zur Beschreibung der Molekülanordnung nicht mehr mit einer Verteilungsfunktion, die nur von dem Abstand r abhängt, auskommt. Hier behindern sich die Moleküle in ihrer gegenseitigen Anordnung infolge ihrer *Gestalt*, es kommen Orientierungseffekte zustande. Diese Fragen wurden eingehend von STEWART[1] und mehreren anderen Forschern[2] untersucht. Sie werden durch das Wort „*kybotaktischer Zustand*" zusammengefaßt. Man stellt sich dabei vor, daß in derartigen Flüssigkeiten kristallartige Molekülgruppierungen auftreten, die weder fehlerfrei sind, noch zeitlichen Bestand haben. Solche Kriställchen von einigen hundert bis tausend Molekülen entstehen und vergehen. Ein Teil der Flüssigkeit besteht aus derartigen Kriställchen, der andere aus unregelmäßig angeordneten Molekülen. Die daran entstehenden Beugungsmaxima werden wegen der Kleinheit der Kriställchen sehr unscharf sein und an den Stellen auftreten, wo bei Pulverdiagrammen der festen Phase die intensivsten Linien zu liegen kommen. Dies wird durch die Tatsache gestützt, daß die amorphen Beugungsringe von Flüssigkeiten nach zahlreichen Versuchen von verschiedenen Forschern[3] an den Stellen der stärksten Debyelinien der festen Phase auftreten. Daher nehmen auch die Autoren die Berechtigung, bei der Auswertung der Beugungsringe die BRAGGsche Formel zu benutzen.

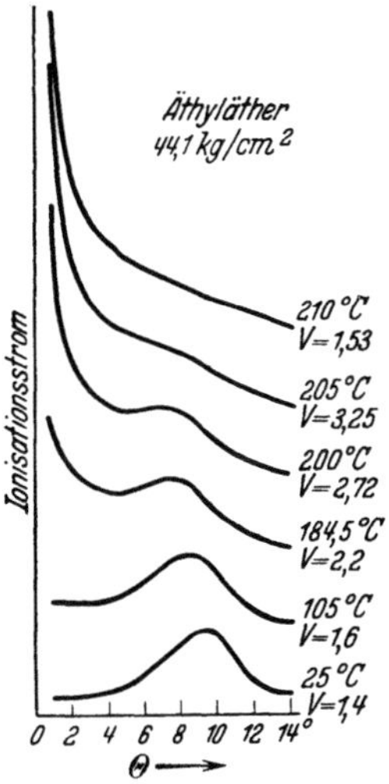

Abb. 244. Beugung an Äthyläther in der Nähe des kritischen Punktes (36,7 kg/cm², 194,6° C, 3,77 cm³/g). (G. W. STEWART, Trans. Faraday Soc. 1933.)

Ausgedehnte Versuche[4] an homologen Reihen gesättigter Fettsäuren und anderer Substanzen mit ausgeprägt stäbchenförmigen Molekülen haben diese Auffassung bestätigt. Beugungsversuche ergaben das Auftreten von zwei intensiven Ringen; der eine bleibt innerhalb einer Reihe an derselben Stelle, der andere, kleinere, wird in dem Maße kleiner, in dem die Kette länger wird. Rechnet man nach der BRAGGschen Formel aus dem Durchmesser der Beugungsringe Abstände aus, so liegt es nahe, die gefundenen Größen mit der Breite und Länge des von den Molekülen beanspruchten Raumes zu identifizieren; sie stimmen mit den sonstigen Erfahrungen überein. Zur weiteren Stützung der STEWARTschen Ansichten wurden in seinem Institut[5] in letzter Zeit ausgedehnte Untersuchungen des Übergangs vom gasförmigen in den flüssigen Zustand an Äthyläther in der Nähe seines kritischen Punktes gemacht. Die Abb. 244 zeigt derartige Beugungsbilder. Die Kurve bei 210° C zeigt das typische Bild der Streuung an einem Gase (man beachte auch die hohe Intensität in der Nähe des Primärstrahls), während die Kurve bei 25° C ein typisches Beugungsmaximum einer Flüssigkeit zeigt (geringe Intensität in der Nähe des Primärstrahls). Die übrigen

[1] G. W. STEWART, Rev. of Modern Physics Bd. 2, S. 116. 1930; Trans. Faraday Soc. 1933.

[2] J. R. KATZ, ZS. f. Phys. Bd. 45, S. 97. 1927; J. R. KATZ u. J. SELMAN, ebenda Bd. 46, S. 392. 1928; W. GOOD, Helv. Phys. Acta Bd. 3, S. 205. 1930; J. J. TRILLAT, ZS. f. Phys. Bd. 64, S. 191. 1930; E. BUCHWALD, Ann. d. Phys. Bd. 10, S. 558. 1931; P. KRISHNAMURTI, Ind. Journ. Phys. Bd. 2, S. 491. 1928; C. M. SOGANI, ebenda Bd. 2, S. 377. 1928; s. auch den zusammenfassenden Bericht von C. DRUCKER, Phys. ZS. Bd. 29, S. 273. 1928; H. F. HERTLEIN, ZS. f. Phys. Bd. 54, S. 341. 1929; E. AMALDI, Phys. ZS. Bd. 32, S. 914. 1931.

[3] P. KRISHNAMURTI, Ind. Journ. Phys. Bd. 3, 2, S. 225. 1928; G. W. STEWART u. R. M. MORROW, Phys. Rev. Bd. 30, S. 232. 1927; R. M. MORROW, ebenda Bd. 31, S. 10. 1928.

[4] Zusammenfassende Darstellung bei J. J. TRILLAT, ZS. f. Phys. Bd. 64, S. 191. 1930.

[5] W. NOLL, Phys. Rev. Bd. 42, S. 336. 1932; R. D. SPANGLER, ebenda Bd. 42, S. 709. 1932.

Kurven setzen sich aus diesen zwei Typen zusammen. Wichtig dabei ist, daß wir uns in der Figur nirgends im zweiphasigen Gebiet befinden. Weitere Untersuchungen zeigten, daß nicht so sehr der Druck oder die Temperatur, sondern das spezifische Volumen das Auftreten der Beugungsringe, der kybotaktischen Gruppen regelt. Untersuchungen an Paraazoxyanisol führten STEWART[1] zu der Auffassung, daß die flüssigen Kristalle aus Schwärmen gleichgerichteter kybotaktischer Molekülgruppen bestehen (s. auch Ziff. 43).

Experimentell sind die Untersuchungen der Flüssigkeitsinterferenzen einfach. Entweder werden dünne Flüssigkeitsschichten[2] mit einem monochromatischen Röntgenstrahlenbündel durchstrahlt oder bei hoher Absorption die Flüssigkeitsoberflächen[3] angestrahlt. Wichtig ist dabei die Verwendung streng monochromatischer Strahlung, denn THIBAUD und TRILLAT[4] haben darauf hingewiesen, daß bei Durchstrahlung einer größeren Schichtdicke durch Absorption

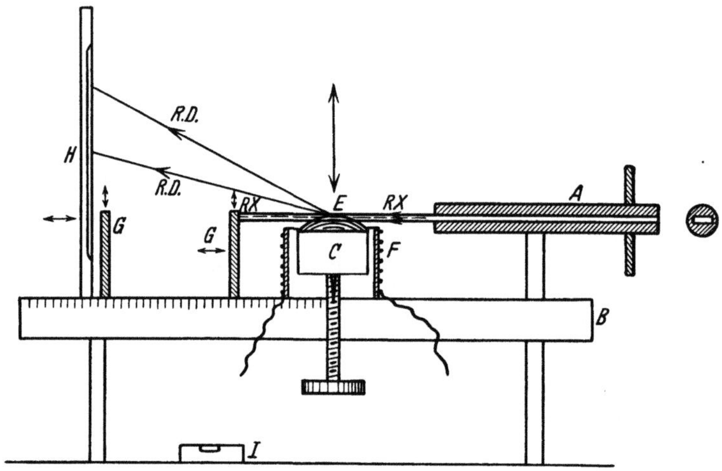

Abb. 245. TRILLATS Methode der „goutte tangente" für Flüssigkeits- und Oberflächenuntersuchung. (J. J. TRILLAT, Les Applications des rayons X, Paris 1930.)

ein selektiver Filterungseffekt entsteht, der die kürzesten Wellenlängen des Bremsspektrums zu bevorzugen strebt. Allgemein erscheint bei der Untersuchung einer festen oder flüssigen Substanz in dicker Schicht nahe um den Primärkreis ein Ring, der von dem harten, relativ wenig geschwächten kontinuierlichen Untergrund herrührt, es sei denn, daß man die Bremsstrahlung durch Filterung oder Kristallreflexion von der Eigenstrahlung abgesondert hat. Eine experimentelle Abart ist die von TRILLAT[5] ausgebildete Methode des aufsitzenden Tropfens zur Untersuchung der Oberflächenschichten (Abb. 245). Ein auf einem Tischchen befindlicher Tropfen mit mehr oder minder stark gekrümmter Oberfläche wird in den Strahlengang gebracht. Ist die Oberfläche orientiert, d. h. bilden sich zur Oberfläche parallele Netzebenen aus, so bietet die Oberfläche infolge der Krümmung ohne Drehung eine Auswahl von Reflexionswinkeln, die zu streifenförmigen Interferenzen der Oberflächenschichten führen neben den auftretenden gewöhnlichen Flüssigkeitsringen (Abb. 246). TRILLAT konnte feststellen, daß die Oberfläche z. B. von flüssigen Fettsäuren aus Schichten zu-

---

[1] G. W. STEWART, Phys. Rev. Bd. 38, S. 931. 1931; Trans. Faraday Soc. 1933.
[2] Siehe z. B. J. J. TRILLAT, ZS. f. Phys. Bd. 64, S. 191. 1930.
[3] H. MENKE, Phys. ZS. Bd. 16, S. 593. 1932.
[4] J. THIBAUD u. J. J. TRILLAT, ZS. f. Phys. Bd. 61, S. 816. 1930.
[5] J. J. TRILLAT, Journ. de phys. et le Radium Bd. 10, S. 32. 1929.

sammengesetzt ist, die aus senkrecht gestellten Molekülen bestehen. Mit wachsender Entfernung von der Oberfläche verliert sich diese Orientierung und geht in die regellose der Flüssigkeit über. In einer früheren Arbeit zeigt der Verfasser, daß auch im festen Zustand eine derartige Oberflächenstruktur besteht.

45. Gasinterferenzen. α) Molekül- und Flüssigkeitsinterferenzen. Die hier gemeinten Interferenzen entstehen durch Superposition der an den einzelnen Atomen eines Gasmoleküls gestreuten Kugelwellen. Sie zeigen Maxima und Minima in ihrer Winkelabhängigkeit, herrührend von der festen Lagebeziehung der Atome im Molekül, — im Gegensatz zu dem monotonen Abfall des Streuvermögens des einzelnen Atoms mit seiner unscharfen Ladungsabgrenzung (Atomfaktor). Die Molekülinterferenzen sind erst in den letzten Jahren mit Erfolg, besonders von DEBYE und seinen Schülern[1], untersucht worden und führten zu einer interferometrischen Methode zur Vermessung von freien Molekülen, die schon sehr schöne Ergebnisse geliefert hat. Die Methode ist eine wertvolle Ergänzung der Röntgenstrukturanalyse an Molekülgittern; sie ist ihr vielleicht an prinzipieller Einfachheit überlegen, steht ihr aber an Zwangsläufigkeit und Allgemeinheit nach.

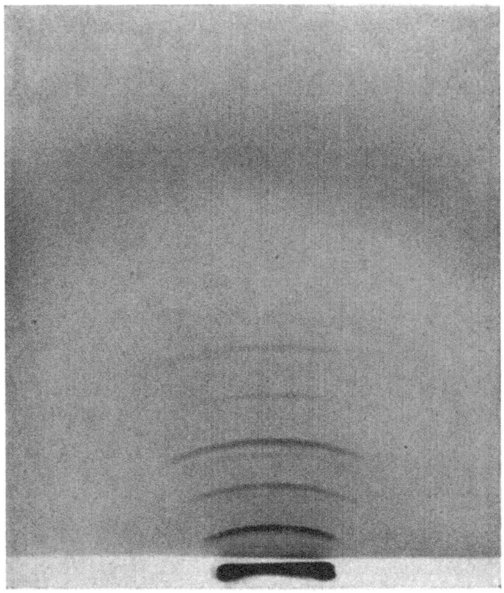

Abb. 246. Aufnahme einer Fettsäure auf einem Quecksilbertropfen mit der Anordnung von Abb. 245. (TRILLAT, l. c.)

Möglich wurden diese Erfolge erst, nachdem man gelernt hatte, die *eigentlichen Molekülinterferenzen* von den äußeren Interferenzen zu trennen. Diese äußeren oder *Flüssigkeitsinterferenzen* kommen in Flüssigkeiten und dichten Gasen dadurch zustande, daß in diesen Medien gewisse Molekülabstände infolge der Raumbeanspruchung der einzelnen Moleküle bevorzugt auftreten und so Anlaß zu Interferenzen geben. Auf diese äußeren Interferenzen hat besonders DEBYE[2] hingewiesen und darauf aufmerksam gemacht, daß sie sich im Dampfzustand vermeiden lassen, da hier der mittlere Molekülabstand so groß ist, daß sich die Moleküle in ihrer Anordnung gegenseitig nicht beeinflussen.

Allein dies hätte noch nicht zum Erfolg geführt, wenn nicht wichtige Vorarbeiten, die sich auf die Streuung des Einzelatoms[3] beziehen, vorgelegen hätten. Messungen an Kristallen und monoatomaren Gasen haben unsere Anschauungen über den kohärenten Anteil der Streuung des Einzelatoms, die inneratomaren Interferenzen, durch die Bestätigung der wellenmechanischen Ladungsverteilung erhärtet. Zum inkohärenten Anteil, der Comptonstreuung, haben WENTZEL[4],

[1] P. DEBYE, Phys. ZS. Bd. 30, S. 524. 1929; Bd. 31, S. 142, 348 u. 419. 1930; ZS. f. Elektrochem. Bd. 36, S. 612. 1930; Proc. Phys. Soc. London Bd. 42, S. 340. 1930; P. DEBYE, L. BEWILOGUA u. F. EHRHARDT, Phys. ZS. Bd. 30, S. 84. 1929; Leipziger Ber. Bd. 81, S. 29. 1929; L. BEWILOGUA, Phys. ZS. Bd. 32, S. 114, 265 u. 740. 1931; Bd. 33, S. 688. 1932; H. GAJEWSKI, ebenda Bd. 32, S. 219. 1931; Bd. 33, S. 122. 1932; F. EHRHARDT, ebenda Bd. 33, S. 605. 1932; H. Richter, ebenda Bd. 33, S. 587. 1932.

[2] P. DEBYE, Phys. ZS. Bd. 28, S. 135. 1927; Journ. Math. Phys. Massachusetts Inst. Techn. Bd. 4, S. 133. 1925.

[3] Eine zusammenfassende Darstellung der Streuung des Einzelatoms gibt P. DEBYE in Ergebn. der techn. Röntgenkunde Bd. III. Leipzig: Akad. Verlagsges. 1932; s. auch Ziff. 20.

[4] G. WENTZEL, ZS. f. Phys. Bd. 43, S. 779. 1927.

WALLER[1] und HEISENBERG[2] wichtige theoretische Beiträge geliefert. Die Comptonstreuung ist deswegen wichtig, weil sie sich bei den Molekülinterferenzen nicht so bequem eliminieren läßt wie bei Kristallmessungen, wo sie neben der Zusammenballung der kohärenten Intensität in den Interferenzlinien nur als Schleier in Erscheinung tritt.

β) Theorie der Molekülinterferenzen. Dominierenden Einfluß auf die Gestalt der Intensitätsverteilung hat die kohärente Streuung an den Atomen im Molekül mit ihren gegenseitigen festen Lagebeziehungen. Sie läßt sich auf klassischer Grundlage durch folgende Formel beschreiben:

$$J = J_0 \cdot \frac{e^4}{R^2 m^2 c^4} \cdot \frac{1+\cos^2\vartheta}{2} \sum_1^n {}_i \sum_1^n {}_j F_i F_j \frac{\sin x_{ij}}{x_{ij}}, \tag{1}$$

$$x_{ij} = 4\pi l_{ij} \frac{\sin\vartheta}{\lambda}. \tag{2}$$

Dabei bedeutet 2ϑ den Ablenkungswinkel, λ die Wellenlänge, l_{ij} den Abstand des Atoms i vom Atom j. F_i ist das Streuvermögen des Atoms i, d. h. sein Atomfaktor. Die bekannten Tabellen des Atomfaktors[3] beziehen sich auf Röntgenfrequenzen, die groß sind im Verhältnis zur Frequenz der K-Kante; dies zu beachten ist insofern wichtig, als sich in der Nähe der Absorptionskanten der Atomfaktor in bezug auf den absoluten Betrag und die Phase ändert. Man wird durch passende Wahl der einfallenden Wellenlänge diesen Einflüssen bei der Untersuchung der Molekülinterferenzen aus dem Wege gehen.

Die Formel entsteht durch Verallgemeinerung der Rechnung für die Streuung zweier in festem Abstand befindlicher Streuzentren unter Mittelung über die verschiedenen räumlichen Lagen[4]. Als erste haben DEBYE[5] und EHRENFEST[6] derartige Rechnungen durchgeführt und auf die vielleicht verblüffende Tatsache hingewiesen, daß regellos orientierte Moleküle auch beobachtbare Interferenzen zeigen müssen. Bei der Rechnung ist angenommen, daß die Atome im Molekül nicht miteinander in Wechselwirkung treten. Eine bessere Näherung wäre die, daß man ähnlich wie beim Atomfaktor die Amplituden, die von den einzelnen Volumenelementen der entsprechenden Ladungsverteilung im Molekül gestreut werden, unter Berücksichtigung der Phasendifferenzen addiert[7].

Zu der eben behandelten kohärenten Streuung des Moleküls wird die inkohärente der einzelnen Atome addiert. In manchen Fällen läßt sich die Berücksichtigung der inkohärenten Streuung vermeiden, z. B. bei schweren Atomen und weicher Strahlung, im allgemeinen Fall wird sie zu berücksichtigen sein. Sie hat sowohl auf den Verlauf der Streukurve wie auf die Lage der Maxima einen Einfluß. In Abb. 247 ist die für Benzoldampf theoretisch zu erwartende Streukurve gezeichnet; als Abszisse ist die Größe $\frac{x}{\pi} = 4\, l_{ij} \cdot \frac{\sin\vartheta}{\lambda}$ [Gleichung (2)] benutzt. Der Anteil der inkohärenten Streuung ist hier der leichten Atome wegen sehr beträchtlich; bei Streuung unter 180° $\left(\frac{x}{\pi} = 3{,}7\right)$ beträgt er für Cu-$K\alpha$-

[1] I. WALLER, Phil. Mag. Bd. 4, S. 1228. 1927; ZS. f. Phys. Bd. 51, S. 213. 1928.

[2] W. HEISENBERG, Phys. ZS. Bd. 32, S. 737. 1931.

[3] W. L. BRAGG u. J. WEST, ZS. f. Krist. Bd. 69, S. 118. 1929; P. DEBYE, Phys. ZS. Bd. 31, S. 419. 1930; W. JAMES u. W. BRINDLEY, Phil. Mag. Bd. 12, S. 81. 1931; L. PAULING u. I. SHERMAN, ZS. f. Krist. Bd. 81, S. 1. 1932; s. auch Ziff. 20.

[4] A. H. COMPTON, X-Rays and Electrons.

[5] P. DEBYE, Ann. d. Phys. Bd. 46, S. 809. 1915; s. dazu auch Phys. ZS. Bd. 31, S. 419. 1930.

[6] P. EHRENFEST, Proc. Amsterdam Bd. 17, S. 1184; Bd. 23, S. 1132. 1915.

[7] Siehe auch W. HEISENBERG, Ergebn. d. techn. Röntgenkunde Bd. III. Leipzig: Akad. Verlagsges. 1932.

Strahlung etwa 75%. Der Verlauf der Streukurve wird flacher und die Maxima werden ein klein wenig nach größeren Winkeln verschoben. Bei der theoretischen Berechnung wird ein Satz von WENTZEL[1] benutzt, nach welchem die Summe der kohärenten und inkohärenten Streuung des einzelnen Elektrons gleich der klassischen Streuung ist. Man erhält für die inkohärente Streuung des Atoms durch Summierung der Beiträge der einzelnen Elektronen:

$$\frac{J_{\text{inkoh}}}{J_e} = \sum_Z (1 - F_n^2) = Z - \sum_Z (F_n)^2 . \tag{3}$$

Dabei bedeuten F_n die Atomfaktoren der einzelnen Elektronen des Atoms, Z die Ordnungszahl und J_e die klassische Streuung. Diese Summierung umgeht die von HEISENBERG[2] ausgearbeitete Näherung, die auf Methoden beruht, die denen von THOMAS-FERMI nachgebildet sind. BEWILOGUA[3] hat die numerischen Rechnungen durchgeführt und geeignete Tabellen hierfür aufgestellt. In derselben Arbeit werden auch die Genauigkeit und die Gültigkeitsgrenzen der Rechnung diskutiert. Bei hohen Frequenzen muß man den inkohärenten Teil noch mit einem Faktor multiplizieren, der den Relativitätseffekten[4] Rechnung trägt.

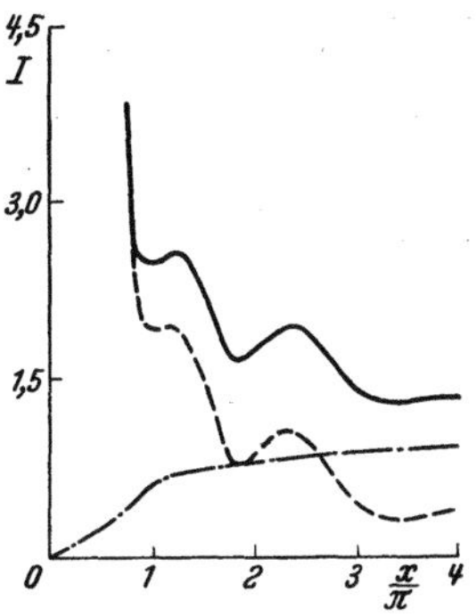

Abb. 247. Theoretische Streukurve für Benzoldampf (CuK-Strahlung, ——— total, – – – – kohärent, —·—·—·— inkohärent. (BEWILOGUA, l. c.)

Der Temperatureinfluß, die Wärmeschwingungen der Atome im Molekül, wurde von JAMES[5] behandelt. Es zeigte sich rechnerisch, daß dieser Einfluß unerheblich ist; JAMES findet ihn experimentell an $SiCl_4$ (Tetraedermodell) bei 100° und 300° an der Grenze der Beobachtbarkeit. Die Wirkung geht dahin, die Maxima in unerheblichem Maße zu verflachen.

Der Weg der Molekülstrukturanalyse geht nun so, daß man für ein Modell, dessen geometrische Raumgestalt wohl meistens die Stereochemie liefert, die Intensität nach obigen Formeln rechnet und nachsieht, wie weit die beobachtete Intensitätsverteilung wiedergegeben wird. Ist Übereinstimmung erzielt, so gewinnen wir zweierlei: 1. die Bestätigung des Modells und 2. aus den beobachteten Winkeln der Interferenzmaxima nach Gleichung (3) den Absolutwert der Atomabstände. Der direkte Weg, mittels Fourieranalyse aus der Streuintensitätsverteilung die Ladungsverteilung im Molekül zu berechnen, ist noch nicht beschritten worden. Die Genauigkeit der Methode[6] wird mit $\pm 1\%$ im Ergebnis angegeben und kommt der Genauigkeit gleich, die mit Elektroneninterferenzen erreicht wird. Die Absolutwerte stimmen sehr gut mit denen, die an Elektroneninterferenzen gewonnen sind, überein (vgl. unten Tabelle 14).

γ) Experimentelles. An experimentellen Arbeiten, welche die interferometrische Auswertung von Molekülinterferenzen zum Ziel haben, sind in der Hauptsache die Untersuchungen von DEBYE[7] und Mitarbeitern zu erwähnen. Frühere Untersuchungen[8] an molekularen Gasen zeigten keine deutlichen Molekül-

[1] G. WENTZEL, l. c.; I. WALLER, l. c.

[2] W. HEISENBERG, l. c.

[3] L. BEWILOGUA, Phys. ZS. Bd. 32, S. 740. 1931.

[4] P. A. M. DIRAC, Proc. Roy. Soc. London Bd. 111, S. 405. 1926; G. BREIT, Phys. Rev. Bd. 27, S. 242. 1926; KLEIN-NISHINA, Nature Bd. 122, S. 398; ZS. f. Phys. Bd. 52, S. 853. 1928.

[5] R. W. JAMES, Phys. ZS. Bd. 33, S. 737. 1932.

[6] L. BEWILOGUA, Phys. ZS. Bd. 32, S. 114. 1931.

[7] Siehe Literatur unter α).

[8] H. MARK u. K. SCHOCKEN, Naturwissensch. Bd. 15, S. 139. 1927; C. S. BARRETT, Phys. Rev. Bd. 32, S. 22. 1928.

interferenzen, da sie an Molekülen mit nur wenigen leichten Atomen (O_2, N_2, CO_2) angestellt wurden, die wenig ausgeprägte Interferenzen[1] geben. Die DEBYEsche Schule untersuchte geeignete organische Moleküle (z. B. Tetrachlorkohlenstoff[2] mit Tetraedermodell), die verschiedene ausgeprägte Interferenzringe zeigen. Um die Winkelabhängigkeit der Streuintensität von Röntgenstrahlen zu beobachten, sind verschiedene Versuchsanordnungen[3, 4] möglich. Meist werden die Streuversuche in Kammern ausgeführt (Abb. 248), die durch ein geeignetes Blendensystem einen Röntgenstrahl in eine in der Mitte befindliche Zelle[5] eintreten lassen, die mit dem zu untersuchenden Gas gefüllt ist (Abb. 249). An der Zelle sind Fenster für den Ein- und Austritt der Primärstrahlen, sowie für die Messung der Sekundärstrahlen, die meist photographisch registriert werden. Ein Nachteil der Methode sind die langen Belichtungszeiten von ca. 10 Stunden bei 1 kW Röhrenleistung; dies rührt von der notwendigen Filterung[6] der Strahlung her, die sich hier nicht wie bei Kristallmessungen selbsttätig monochromatisiert, teils von der geringen Streuung des Gases. Dies letztere macht eine gleichzeitige Messung des Primärstrahls[7] unmöglich, so daß die Messungen nur zu Relativwerten der Streuintensität führen. An den gemessenen Werten sind noch Korrekturen anzubringen, die der Absorption in den Zellwänden und im Gas und weiterhin noch der Winkelabhängigkeit des streuenden Volumens Rechnung tragen.

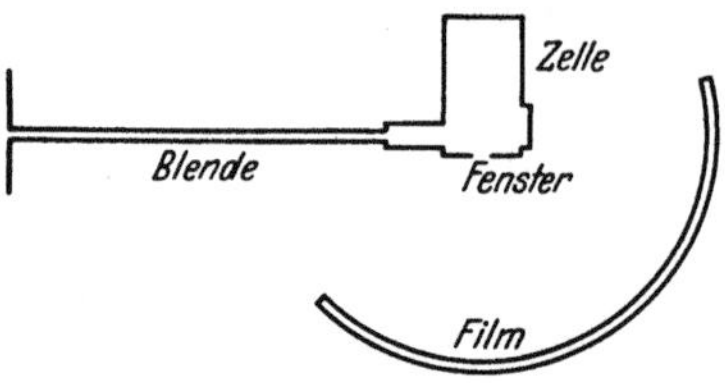

Abb. 248. Skizze einer Streukammer für Gase. (DEBYE, BEWILOGUA u. EHRHARDT, l. c.)

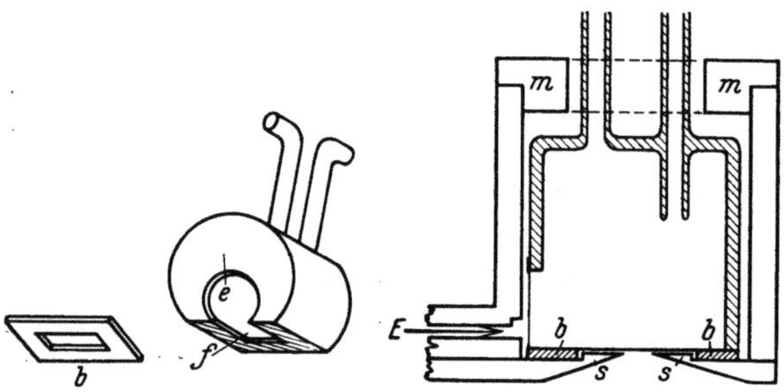

Abb. 249. Ansicht und Schnitt durch die auf 400° C heizbare Quarzzelle von JAMES. *e* Eintrittsöffnung, *f* Fenster, *b* Rähmchen zum Aufkitten der Quarzdünnschliffe (35 μ) auf Fenster und Eintrittsöffnung, *s* Metallschneiden, *m* Metalldeckel, *E* Primärstrahl. (JAMES, l. c.)

δ) Ergebnisse. Eine Reihe von innermolekularen Atomabständen sind aus Molekül-Röntgeninterferenzen ermittelt worden. Tabelle 14 gibt eine Zusammenstellung, wobei zugleich Daten, die aus Elektroneninterferenzen gewonnen worden sind, mit aufgenommen wurden.

Die Molekülinterferenzen spielten bisher besonders bei der Beantwortung von Fragen der organischen Stereochemie eine Rolle. So konnte direkt durch die Verschiedenheit von Atomabständen die *Cis-Trans-Isomerie*[8] an organischen Molekülen festgestellt werden. Weiter wurde die Beantwortung der Frage der *freien Drehbarkeit* der Kohlenstoffbindung[8] behandelt. Interessante Feststellungen wurden an den Chlorsubstitutionsprodukten[9] von Methan gemacht. Hier wurde gefunden, daß bei Ersetzung der stark streuenden Cl-Atome durch H-Atome

[1] L. BEWILOGUA, Phys. ZS. Bd. 32, S. 265. 1931; H. GAJEWSKI, ebenda Bd. 32, S. 219. 1931.
[2] Siehe auch S. S. LU, Sc. Rep. Tsing Hua Univ. (A) Bd. 1, S. 111. 1931.
[3] G. HERZOG, Helv. Phys. Acta Bd. 2, S. 3 u. 217. 1929; ZS. f. Phys. Bd. 69, S. 207. 1931.
[4] P. SCHERRER u. A. STÄGER, Helv. Phys. Acta Bd. 1, S. 518. 1928.
[5] R. W. JAMES, Phys. ZS. Bd. 33, S. 737. 1932.
[6] W. v. D. GRINTEN, Phys. ZS. Bd. 33, S. 769. 1932.
[7] E. O. WOLLAN (Phys. Rev. Bd. 37, S. 862. 1931) kommt zu Absolutwerten durch Vergleich mit H_2 unter 90°, dessen Wert durch Rechnung bekannt ist.
[8] P. DEBYE, Phys. ZS. Bd. 31, S. 142. 1930.
[9] P. DEBYE, L. BEWILOGUA u. F. EHRHARDT, Leipziger Ber. Bd. 81, S. 29. 1929.

Tabelle 14. Atomabstände in freien Molekülen (aus Röntgeninterferenzen Rö. und Elektroneninterferenzen El.).

Methode	Untersuchte Moleküle	Chem. Formel	Atom-abstand	Å	Beobachter
Rö	Tetrachlorkohlenstoff[1] .	CCl_4	Cl—Cl	2,99 ± 0,03	L. BEWILOGUA, Phys. ZS. Bd. 32, S. 265. 1931
,,	Chloroform[1]	$CHCl_3$	,,	3,11 ± 0,05	desgl.
,,	Dichlormethan	CH_2Cl_2	,,	3,23 ± 0,1	desgl.
,,	Monochlormethan . .	CH_3Cl	C—Cl	1,8 ± 0,1	desgl.
,,	Siliziumchlorid[1]	$SiCl_4$	Cl—Cl	3,35	R. W. JAMES, Phys. ZS. Bd. 33, S. 737. 1932
El.	Tetrachlorkohlenstoff[1] .	CCl_4	,,	2,96 ± 0,03	R. WIERL, Leipziger Vorträge 1930
,,	Titanchlorid[1]	$TiCl_4$	,,	3,60	desgl.
,,	Siliziumchlorid[1]	$SiCl_4$	,,	3,28	desgl.
,,	Germaniumchlorid[1] . .	$GeCl_4$	,,	3,34	desgl.
,,	Zinnchlorid[1]	$SnCl_4$	,,	3,90	desgl.
Rö.	Chlordampf	Cl_2	,,	2,0	H. RICHTER, Phys.ZS. Bd.33, S. 587. 1932
,,	Cisdichloräthylen[2] . .	$C_2H_2Cl_2$	,,	3,6	P. DEBYE, Phys. ZS. Bd. 31, S. 142. 1930
,,	Transdichloräthylen[3] .	,,	,,	4,1	desgl.
,,	Äthylidenchlorid (1, 1)[4]	$C_2H_4Cl_2$	,,	3,4	desgl.
,,	Äthylenchlorid (1, 2)[5] .	,,	,,	4,4	desgl.
,,	Kohlensäure[6]	CO_2	O—O	2,20 ± 0,15	H. GAJEWSKI, Phys. ZS. Bd. 33, S. 122. 1932
,,	Schwefelkohlenstoff[6]. .	CS_2	S—S	3,05 ± 0,10	desgl.
,,	Sauerstoff	O_2	O—O	1,2	desgl.
,,	Stickstoff	N_2	N—N	1,1	desgl.
,,	Wasserdampf[7]	H_2O	O—H	0,86	desgl.
,,	Wasserdampf[7]	,,	H—H	1,28	desgl.

der Cl—Cl-Abstand sich vergrößert. Bei Molekülen mit verschieden schweren Atomen werden vorwiegend die schweren Atome zur Streuung beitragen, weswegen nur ihre gegenseitigen Abstände der Messung zugänglich sind. Die Tabelle 14 zeigt bei Tetrachlorkohlenstoff und den darauffolgenden Substanzen, wie mit abnehmender Zahl der Cl-Atome der Abstand Cl—Cl wächst. BEWILOGUA[8] deutet diese Tatsache durch ein Spreizen der Valenzrichtungen. Feinere Einzelheiten der Molekülbindung können aber erst bei Steigerung der Meßgenauigkeit erhalten werden. Eindeutige Ergebnisse vermag die Methode wohl nur im Falle einfacher Moleküle zu liefern. Doch ist im Verein mit den Elektroneninterferenzen die Beantwortung noch mancher Fragen zu erwarten. Die Elektroneninterferenzen[9] sind den Röntgeninterferenzen besonders durch ihre kürzeren Belichtungszeiten überlegen, die sich ungefähr wie 1 : 10000 verhalten. Gute Gegenüberstellungen der Vor- und Nachteile der Röntgen- und Elektroneninterferenzen finden sich bei BEWILOGUA[10] und MARK[11].

[1] Tetraedermodell.

[2] 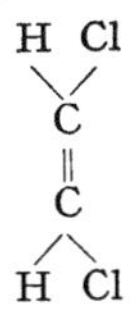

[3] 

[4] 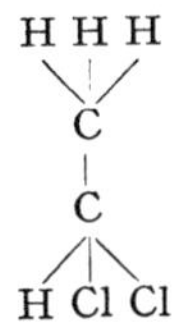

[5] 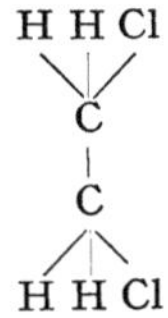

[6] Lineares Modell.

[7] Bestätigung des von R. MECKE (Phys. ZS. Bd. 30, S. 907. 1929) aus dem Absorptionsspektrum des Wasserdampfes bestimmten gewinkelten Modells.

[8] L. BEWILOGUA, Phys. ZS. Bd. 32, S. 265. 1931.

[9] Siehe ds. Handb. Bd. XXII/2 (Art. FRISCH-STERN); ferner R. WIERL, Elektroneninterferenzen an freien Molekülen. Leipziger Vorträge 1930. Leipzig: Hirzel 1930.

[10] L. BEWILOGUA, Phys. ZS. Bd. 32, S. 114. 1931; Bd. 33, S. 688. 1932.

[11] H. MARK, Leipziger Vorträge 1930, S. 25. Leipzig: S. Hirzel 1930.

ε) Messungen an monoatomaren Gasen. Da die theoretischen Grundlagen und die Meßmethoden dieselben sind wie bei den Molekülinterferenzen, mag hier noch erwähnt werden, daß auch an einer Anzahl monoatomarer Gase und Dämpfe (He, Ar, Ne, Hg)[1] Messungen der Winkelabhängigkeit der Röntgenstreuung durchgeführt worden sind. Wir bestimmen hier direkt die *inner*atomaren Interferenzen, den *Atomfaktor*, ohne inner- und zwischenmolekulare Interferenzen. Diese Messungen sind insofern zu einem gewissen Abschluß gelangt, als sie die Ergebnisse an Kristallen und damit die wellenmechanischen Rechnungen bestätigen. Die Hauptschwierigkeiten lagen in der Berücksichtigung der inkohärenten Streuung und in der Gewinnung von Absolutwerten für die Streuintensität. Vgl. dazu die zusammenfassenden Berichte von WOLLAN[2] und EHRENBERG und SCHÄFER[3] und einen Hinweis von DEBYE[4] und HERZOG[5] auf den Grad der Genauigkeit der COMPTONschen Näherung für die Berechnung der inkohärenten Streuung.

---

[1] P. SCHERRER u. A. STÄGER, Helv. Phys. Acta Bd. 1, S. 518. 1928; C. S. BARRETT, Phys. Rev. Bd. 32, S. 22. 1928; G. HERZOG, Helv. Phys. Acta Bd. 2, S. 3 u. 217. 1929; ZS. f. Phys. Bd. 69, S. 207. 1931; Bd. 70, S. 583 u. 590. 1931; A. H. COMPTON, Phys. Rev. Bd. 35, S. 925. 1930; Bd. 37, S. 104. 1931; E. O. WOLLAN, ebenda Bd. 37, S. 862. 1931; Bd. 38, S. 15. 1931; Y. H. WOO, Proc. Nat. Acad. Amer. Bd. 16, S. 814. 1930; Bd. 17, S. 467. 1931; Sc. Rep. Nat. Tsing Hua Univ. (A) Bd. 1, S. 55. 1931; Phys. Rev. (2) Bd. 41, S. 21. 1932.

[2] E. O. WOLLAN, Rev. Modern Physics Bd. 4, S. 205. 1932.

[3] W. EHRENBERG u. K. SCHÄFER, Phys. ZS. Bd. 33, S. 97. 1932.

[4] P. DEBYE, Ergebn. d. techn. Röntgenkunde Bd. III. Leipzig: Akad. Verlagsges. 1933.

[5] G. HERZOG, ZS. f. Phys. Bd. 69, S. 207. 1931.

Kapitel 5.

Die kosmische Ultrastrahlung.

Von

E. G. Steinke, Königsberg i. Pr.

Mit 49 Abbildungen.

Vorbemerkung. Die Forschungen auf dem Gebiet der kosmischen Ultrastrahlung stehen zur Zeit[1] im Zeichen einer besonders stürmischen Entwicklung. Eine stark raumbeschränkte zusammenfassende Darstellung in einem solchen Zeitpunkt zu geben, wo selbst über Grundtatsachen noch keine einheitlichen Anschauungen erreicht werden konnten, ist deshalb ein besonders schwieriges Unterfangen. Sie kann in vielen Fällen nur in einem Literaturnachweis und kritischem Gegenüberstellen des umfangreichen und vielfach widersprechenden Tatsachenmaterials bestehen, das in mühevoller Pionierarbeit und unter mannigfachen Irrungen von allen Seiten gewonnen worden ist. Die Möglichkeit, daß schon in kurzer Zeit neue Forschungsergebnisse wesentlich veränderte Gesichtspunkte in den Vordergrund schieben können, muß dabei in Kauf genommen werden. Wir beschränken uns zur Klarstellung der Probleme im wesentlichen auf die Forschungen seit etwa 1925, von wo ab auch die Literaturangaben möglichst vollständig sind. Die ältere Literatur mag früheren Zusammenstellungen entnommen werden[2].

1. Übersicht über die historische Entwicklung[3]. Im Jahre 1912 gelingt V. F. Hess in Fortsetzung früherer Untersuchungen von Gockel, die kein abschließendes Ergebnis zeitigten, in mehreren Ballonfahrten der Nachweis, daß die in einem geschlossenen Gefäß vorhandene Ionisation beim Erheben über den Erdboden infolge der Absorption der radioaktiven Erdstrahlung durch die dazwischenliegende Luftschicht zunächst abnimmt, dann aber mit wachsender Höhe wieder stärker wird. Hess schließt daraus auf die Existenz einer sehr durchdringenden Strahlung außenterrestrischen Ursprungs, die von oben in die Atmosphäre eindringt und auch noch am Erdboden einen Teil der im Gefäß beobachteten Ionisation bewirkt. Aufstiege bei Nacht und bei Sonnenfinsternis zeigen keine Änderung der Strahlungsintensität, so daß die Sonne als direkte Strahlungsquelle ausscheidet. Diese grundlegenden neuen Tatsachen werden bereits im folgenden Jahre durch Messungen von Kolhörster bestätigt und durch Hochfahrten bis zu 9 km Höhe ergänzt. Erst in jüngster Zeit können seine Ergebnisse durch den zweiten Stratosphärenflug Piccards (bis 17 km

---

[1] April 1933.

[2] Z. B. W. Kolhörster, Die durchdringende Strahlung in der Atmosphäre. Hamburg: Henry Grand 1924; A. Wigand, Phys. ZS. Bd. 25, S. 445. 1924; V. F. Hess, Die elektrische Leitfähigkeit der Atmosphäre und ihre Ursachen. Braunschweig: Vieweg 1926; Meyer-Schweidler, Radioaktivität. Leipzig: B. G. Teubner 1927.

[3] Literaturnachweis s. bei den einzelnen Ziffern.

Höhe) und vor allem durch die Pilotballonregistrierungen von REGENER (bis 25 km Höhe) wesentlich erweitert werden.

Bereits 1914 rechnet KOLHÖRSTER aus seinen recht genauen Ballonmessungen unter der Annahme einer senkrecht einfallenden homogenen Strahlung, die proportional der durchsetzten Luftmasse absorbiert wird, den Schwächungskoeffizienten für diese Strahlung aus, der danach rund 15 mal kleiner sein soll als der der härtesten γ-Strahlung. Er findet ihn auch in späteren Jahren durch eigene und andere Messungen im Hochgebirge bestätigt, wobei allerdings die errechneten Werte recht stark streuen. Scheinbar abweichende Ergebnisse anderer Forscher (MILLIKAN, HOFFMANN, BEHOUNEK), die zum Teil sogar zu schweren Prioritätsstreitigkeiten führen, werden später dadurch aufgeklärt, daß manche Restgänge nicht sauber bestimmt waren, daß ferner die Strahlung sich als stark inhomogen erweist und noch wesentlich härtere Komponenten enthält, die der bisherigen Beobachtung entgangen waren und erst durch erhebliche Verfeinerung der Meßmethoden nachgewiesen werden konnten (HOFFMANN und STEINKE, MILLIKAN, REGENER). Auch zeigt es sich, daß das Schwächungsgesetz ein wesentlich komplizierteres ist, als zunächst angenommen, und daß beim Übergang von einem zum andern Schwächungsmedium noch besondere Anomalien durch Sekundärstrahlungseffekte auftreten (HOFFMANN, STEINKE, SCHINDLER). Die außerordentliche Durchdringungsfähigkeit der Ultrastrahlung und die Ähnlichkeit in ihrem Verhalten mit dem von γ-Strahlen legen von Anfang an den Schluß nahe, daß auch sie eine Art γ-Strahlung sei, über deren Ursprung die mannigfachsten Hypothesen aufgestellt werden.

Die Verwendung des von GEIGER und MÜLLER 1928 konstruierten Zählrohres wird für die weitere Entwicklung der Ultrastrahlungsforschung außerordentlich bedeutungsvoll. BOTHE und KOLHÖRSTER erbringen 1929 durch die Untersuchung der Koinzidenzen von zwei Zählrohren den Nachweis einer sehr durchdringenden Korpuskularstrahlung, die durch die Ultrastrahlung ausgelöst wird. Ja es scheint sogar möglich zu sein, daß die Ultrastrahlung selber aus solchen Korpuskeln besteht. Eine Reihe von Autoren (es seien hier nur ROSSI und JOHNSON genannt) bemüht sich, mit Hilfe des Zählrohres durch Absorptionsversuche oder durch Messungen in starken magnetischen Feldern die Energie dieser Korpuskeln zu messen und zu entscheiden, um was für Korpuskeln es sich hierbei handelt und ob sie primären oder sekundären Ursprungs sind. Eine klare Entscheidung ist durch diese Methoden allein jedoch zunächst nicht möglich. Sie erfolgt aber durch Zuhilfenahme eines von der Natur selbst durchgeführten magnetischen Ablenkungsversuches: die Beeinflussung der Ultrastrahlung durch das Erdfeld — als geomagnetischer Breiteneffekt von CLAY entdeckt und von COMPTON eingehend studiert — erbringt den Nachweis dafür, daß geladene Korpuskeln von etwa 10^{10} e-Volt Energie primäre Bestandteile der Ultrastrahlung sind. Damit ist jedoch noch nicht gesagt, ob nicht auch primäre Wellenimpulse vorhanden sind. Besonders die von REGENER unter der Annahme einer Wellenstrahlung berechneten harten Komponenten lassen sich mit ihren Energiewerten so außerordentlich gut mit den Zerstrahlungsenergien von Wasserstoff und Helium identifizieren, daß man da nur schwer an einen Zufall glauben kann und deshalb diese Prozesse als wahrscheinliche Ursachen für die Erzeugung einer Ultra-γ-Strahlung ansehen muß.

Daß andererseits für die Schwächung der Ultrastrahlung der für γ-Strahlung geltende Comptonprozeß evtl. nicht herangezogen werden kann, hat bereits 1926 SKOBELZYN als möglich ausgesprochen, als er auf Wilsonkammeraufnahmen in starken Magnetfeldern relativ häufig Dublett- und Triplettbahnspuren sehr geschwinder Korpuskeln fand. Auf die Möglichkeit von Zusammenstößen mit

Atomkernen und dadurch hervorgerufene Atomzertrümmerungsprozesse durch die Ultrastrahlung weist 1930 HOFFMANN bei der Entdeckung plötzlicher Übergänge großer Ionenmengen hin: 1932 können dann STEINKE und SCHINDLER den Nachweis der Zertrümmerung von Blei durch Ultrastrahlung erbringen. Während diese sehr energiereichen Effekte außerordentlich selten sind, zeigen ROSSI und JOHNSON durch Koinzidenzversuche mit Zählrohren das relativ häufige gruppenweise Auftreten von Sekundärkorpuskeln, was sich mit normalen Comptonprozessen nicht vereinen läßt und mehr auf uns bisher unbekannte direkte Wechselwirkung mit dem Kern selber hindeutet. Die in allerletzter Zeit erzielten Fortschritte bei der Nebelkammermethode unter gleichzeitiger Benutzung sehr hoher Feldstärken (ANDERSON, BLACKETT, KUNZE) erbringen dann den anschaulichen Beweis dafür, daß die Schwächung der Ultrastrahlung nicht durch Comptonstreuung, sondern durch Herausschleuderung von Kernbestandteilen beiderlei Vorzeichens, oft sogar in großer Anzahl, bewirkt wird. Der Charakter der primären Ultrastrahlung kann daraus zur Zeit noch nicht erschlossen werden. Diese Versuche führen weiterhin in der durch ANDERSON erfolgten und dann auch von BLACKETT bestätigten Auffindung des positiven Elektrons als eines solchen Zertrümmerungsproduktes zu einer Entdeckung von fundamentaler Bedeutung, deren Auswirkung sich noch gar nicht übersehen läßt.

Auf die zahlreichen Hypothesen über den Ursprung der Ultrastrahlung an dieser Stelle einzugehen, erscheint müßig. Erwähnt soll nur werden, daß zahlreiche und meist außerordentlich mühselige Versuche, Zusammenhänge zwischen Strahlungsschwankungen und kosmischen Ereignissen festzustellen und damit weitere Grundlagen für die Hypothesen über den Ursprung zu gewinnen, bis heute noch nicht als ausreichend für einwandfreie Schlüsse angesehen werden können. Dagegen ergeben sich dabei weitgehende Zusammenhänge mit meteorologischen Faktoren. Die endgültige Lösung der Frage, ob die Ultrastrahlung im interstellaren Raum oder auf bevorzugten Sternen entsteht, ob Atomabbau oder Atomaufbauprozesse oder vielleicht auch beide die für ihre Erzeugung notwendigen Energien liefern oder ob noch andere Phänomene dafür in Betracht kommen, muß deshalb der weiteren Forschung überlassen bleiben.

A. Meßmethoden und Apparaturen.

Zur Untersuchung der Ultrastrahlung kommen je nach dem Zweck der Messung zur Verwendung: die summierende Ionisationskammer, das den Einzeleffekt nachweisende Zählrohr und die den Einzelvorgang sichtbar machende Nebelkammer. Alle drei ergänzen sich und haben nebeneinander ihre Daseinsberechtigung.

2. Die Entwicklung der Ionisationskammermethoden. Für die in einer Ionisationskammer herrschende Ionisierung muß man drei verschiedene Faktoren verantwortlich machen: die Ultrastrahlung mit ca. $2\,J$[1] im Meeresniveau, die radioaktiven Verunreinigungen der Umgebung und der Luft mit ihrer γ-Strahlung („Umgebungsstrahlung", 3 bis 15 J je nach Aufstellung) und endlich die Apparatur selber mit ihren radioaktiven Einschlüssen, ihrer dadurch bedingten γ-Strahlung und vor allem ihrer α-Strahlung der inneren Kammerwand („Restgang", bei älteren Anordnungen bis zu $10\,J$, bei den neuesten etwa $^1/_{10}\,J$). Zur möglichst genauen Messung des Ultrastrahlungsanteils muß erstrebt werden,

[1] Ein $J = 1$ Ionenpaar pro cm³ Normalluft und sec. Bei 1 l Inhalt und Luftfüllung bedeutet also $1\,J$ einen Übergang von 1000 Ionen pro sec oder $3{,}6 \cdot 10^6$ Ionen pro Stunde und gibt bei 1 cm Kapazität und 1 Stunde Summierung eine Spannungsänderung von ca. 0,5 Volt pro Stunde. 1 Voltcm $= \frac{1}{300}$ el.stat. Einh. $= \frac{1}{300 \cdot 4{,}77 \cdot 10^{-10}} = 7 \cdot 10^6$ Elementarladungen.

die beiden anderen Bestandteile im Verhältnis dazu möglichst klein, konstant und genau meßbar zu machen. Bei der Umgebungsstrahlung ist dies durch besondere Wahl der Aufstellung möglich. Der Eigengang dagegen konnte erst durch mannigfache konstruktive Hilfsmittel herabgedrückt werden. Außerdem verlangt die statistisch bedingte Schwankung der Zahl der in einer bestimmten Zeit auftreffenden Ultrastrahlungsimpulse zur genauen Messung der von ihnen im Mittel hervorgerufenen Ionisationen entweder lange Meßzeiten oder möglichst große Kammerdimensionen. Ferner ist zu beachten, daß durch Isolatoren, falls sie nicht elektrisch entlastet werden, wesentliche Ladungsstörungen und Fehlerquellen hervorgerufen werden können[1].

Die entwickelten Apparaturen benutzen entweder die Entlade- oder die Auflademethode. Die nach dem ersten Prinzip genannten Anordnungen, bei denen ein in einer Kammer zentral eingesetztes isoliertes und aufgeladenes System — meist das Elektrometer selber — unter der Einwirkung der Ionen-

Abb. 1. Strahlungsapparat. (Nach KOLHÖRSTER.)

Abb. 2. Schlingenelektrometer und Deckelplatte des Strahlungsapparates. (Nach KOLHÖRSTER.)

bildung durch die Strahlung allmählich seine Ladung verliert, lassen sich besonders einfach, handlich und transportabel gestalten. Sie sind hervorragend geeignet zu Messungen an schwerer zugänglichen Orten, in Flugzeugen, Ballons, bei Versenkmessungen. Sie sind, wenn lange Meßzeiten oder große Ultrastrahlungsintensitäten zur Verfügung stehen, erheblicher Genauigkeit fähig.

Mit einem solchen von WULF[2] konstruierten Apparat hat HESS[3] seine Ballonfahrten unternommen, die ihn zur Entdeckung der Ultrastrahlung führten. KOLHÖRSTER[4] hat dann durch den Einbau seines temperaturunempfindlichen[5] Zweifadenelektrometers eine wesentliche Verbesserung angebracht und damit ein außerordentlich handliches und in bestimmten Grenzen leistungsfähiges Gerät geschaffen, das von zahlreichen Forschern zu Untersuchungen der Ultrastrahlung benutzt wurde (Abb. 1 u. 2). Die statistische Meßgenauigkeit der Anordnung (4-l-Gefäß) wird von CORLIN[6] für eine Beobachtungszeit von 2 Stunden im Meeresniveau zu 3,5% angegeben. Sie dürfte im wesentlichen durch den Restgang bedingt sein (SCHULZE[7]). Handliche Registriervorrichtungen dafür sind

[1] H. NEUMANN, ZS. f. Phys. Bd. 45, S. 717. 1927; E. LEISTE, ebenda Bd. 62, S. 646. 1930; W. M. H. SCHULZE, Phys. ZS. Bd. 32, S. 564. 1931.

[2] TH. WULF, Phys. ZS. Bd. 10, S. 251. 1909.

[3] V. F. HESS, Phys. ZS. Bd. 13, S. 1084. 1912; Wiener Ber. (IIa) Bd. 121, S. 2001. 1912.

[4] W. KOLHÖRSTER, ZS. f. Instrkde. Bd. 44, S. 333. 1924; Phys. ZS. Bd. 26, S. 654. 1925.

[5] L. MYSSOWSKI u. L. TUWIM, ZS. f. Phys. Bd. 35, S. 299. 1925.

[6] A. CORLIN, Phys. ZS. Bd. 31, S. 1065. 1930.

[7] W. M. H. SCHULZE, Phys. ZS. Bd. 32, S. 808. 1931.

von KOLHÖRSTER[1] und HESS und MATHIAS[2] angegeben. Nach ähnlichen Prinzipien sind auch die ersten versenkbaren Strahlungsapparate von MILLIKAN[3] gebaut. Die Restgänge aller dieser Anordnungen waren noch relativ hoch (1 bis mehrere J). Das erstgenannte Ziel, den Anteil der Ultrastrahlung nach Möglichkeit zu vergrößern und den des Restganges zu verkleinern, wurde auf zwei Wegen erreicht, von denen der eine nunmehr fast überall benutzt wird. Die völlige Ausschaltung des α-Teilcheneigenganges erreichte HOFFMANN[4] durch Benutzung seines sehr empfindlichen Vakuumquantenelektrometers in Verbindung mit einer hiervon getrennten Ionisationskammer (Auflademethode), wobei er die α-Teilchen selber einzeln registrieren und in Abzug bringen konnte. Durch seine Netzanordnung, die die Wand-α-Teilchen von dem eigentlichen durch das Netz gebildeten Ionisationsraum fernhielt, erreichte er eine beträchtliche Verkleinerung der α-Teilchenzahl auch bei solchen Apparaten, bei denen unter Verwendung von weniger empfindlichen Elektrometern die α-Teilchenwirkung mit eingeschlossen blieb. Eine solche Apparatur hat STEINKE[5] benutzt. Er konnte zeigen, daß die Meßgenauigkeit dieser Anordnung im wesentlichen durch die Schwankungen des 0,5 J betragenden α-Teilchenrestganges bedingt war.

Einen erheblichen Schritt vorwärts bedeutete dann die Benutzung von komprimierten Gasen für die Ionisationskammer[6]. Dadurch ergaben sich zwei Vorteile auf einmal. Ursprünglich erwartete man davon nur eine Verstärkung des Ultrastrahlungsanteils bei konstant bleibendem Restgang, wie es mit anderen Mitteln auch schon versucht worden war (Anwendung von schweren Gasen, Wandauskleidung mit Schwermetallen zur stärkeren Sekundärstrahlenbildung)[7]. Die Praxis hat dann gezeigt, daß schon bei Drucken von einigen Atmosphären die Wirkung der α-Teilchen wegen der Wiedervereinigung der Ionen innerhalb der Kolonne des einzelnen Strahls sehr gering wird. Durch die Verkleinerung des Einzeleffekts des α-Teilchens wird gleichzeitig die Schwankung des Restganges so weit herabgedrückt, daß sie praktisch keine Rolle mehr spielt. Auf eine Netzanordnung kann dann verzichtet werden, besonders, da sie das wirksame Volumen stark verkleinert[8].

Andererseits reichen die Feldstärken in den relativ großen Kammern bei den hohen Gasdichten auch nicht mehr für die durch Ultrastrahlung gebildeten Ionen zur Sättigung aus, wodurch Komplikationen eintreten[9]. So ist wegen

---

[1] W. KOLHÖRSTER, ZS. f. Phys. Bd. 47, S. 449. 1928.

[2] V. F. HESS u. O. MATHIAS, Phys. ZS. Bd. 30, S. 508. 1929.

[3] R. A. MILLIKAN u. G. H. CAMERON, Phys. Rev. Bd. 31, S. 163. 1928; R. A. MILLIKAN, Nature Bd. 121, S. 19. 1928.

[4] G. HOFFMANN, ZS. f. Phys. Bd. 25, S. 177. 1924; Phys. ZS. Bd. 26, S. 40. 1925.

[5] E. STEINKE, ZS. f. Phys. Bd. 42, S. 570. 1927.

[6] G. HOFFMANN, ZS. f. Phys. Bd. 42, S. 565. 1927; ältere Versuche anderer Autoren waren zum Teil in Vergessenheit geraten.

[7] W. KOLHÖRSTER, Berl. Ber. Bd. 120. 1925; Phys. ZS. Bd. 27, S. 62. 1926.

[8] E. G. STEINKE u. H. SCHINDLER, Naturwissensch. Bd. 20, S. 15. 1932. *Anm. bei der Korr.:* Über die Druckabhängigkeit des Eigenganges siehe auch: J. C. JAKOBSEN u. C. B. MADSEN, Naturwissensch. Bd. 21, S. 350. 1933.

[9] Über die Frage der Druck- und Temperaturabhängigkeit der Ionisation s. folgende Arbeiten: H. A. ERIKSON, Phys. Rev. Bd. 27, S. 473. 1908; G. JAFFÉ, Ann. d. Phys. Bd. 42, S. 303. 1913; J. W. BROXON, Phys. Rev. Bd. 37, S. 468, 1320. 1931; Bd. 38, S. 1704. 1931; Bd. 40, S. 1022. 1932; Bd. 42, S. 321. 1932; R. A. MILLIKAN u. J. S. BOWEN, Nature Bd. 128, S. 582. 1931; R. A. MILLIKAN, Phys. Rev. Bd. 39, S. 397. 1932; J. S. BOWEN, ebenda Bd. 41, S. 24. 1932; W. F. G. SWANN, Journ. Frankl. Inst. Bd. 209, S. 151. 1930; A. H. COMPTON, R. D. BENNETT u. J. C. STEARNS, Phys. Rev. Bd. 39, S. 873. 1932; J. C. STEARNS u. WILCOX OVERBECK, ebenda Bd. 40, S. 636. 1932; R. M. SIEVERT, Nature Bd. 129, S. 792. 1932; E. G. STEINKE u. H. SCHINDLER, Naturwissensch. Bd. 20, S. 15. 1932; B. GROSS, ZS. f. Phys. Bd. 78, S. 271. 1932; Bd. 80, S. 125. 1933; K. WOLF, ebenda Bd. 75, S. 570. 1932; W. R. HARPER, Proc. Cambridge Phil. Soc. Bd. 28, S. 219. 1932; Bd. 29, S. 149. 1933.

mangelnder Sättigung und teilweise evtl. auch noch wegen zu kleiner Reichweite der Sekundärstrahlen der Ionisationsanstieg nicht mehr proportional der Dichte, sondern wesentlich kleiner. Die Ionisation strebt schließlich einem Maximum zu; der Verlauf scheint für Ultrastrahlung und Radiumstrahlung konform zu sein (Abb 3). Ferner treten aus denselben Gründen. Spannungs- und Temperaturabhängigkeit (Abb. 4) der Ionisation (auch des Restganges!) und Verschiebung von Intensitätsverhältnissen ein, da bei größeren Intensitäten die prozentuale Sättigung ungünsti-

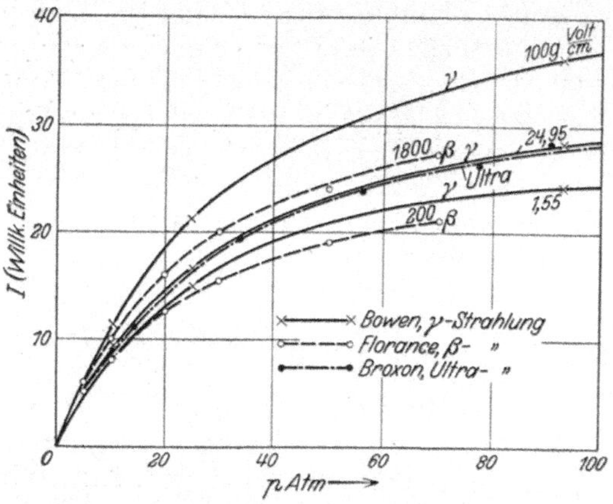

Abb. 3. Vergleich der Stromdruckkurven bei Ultra-, γ- und β-Strahlung (Gross).

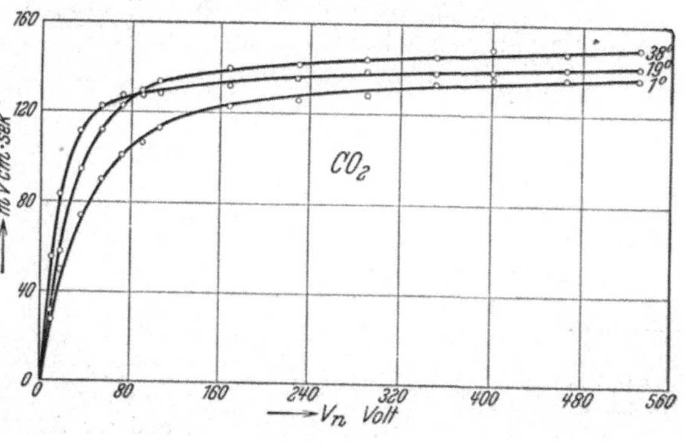

Abb. 4. Temperaturabhängigkeit der durch γ-Strahlen erzeugten Ionisation. Füllung 20 Atm. CO_2 (Wolf).

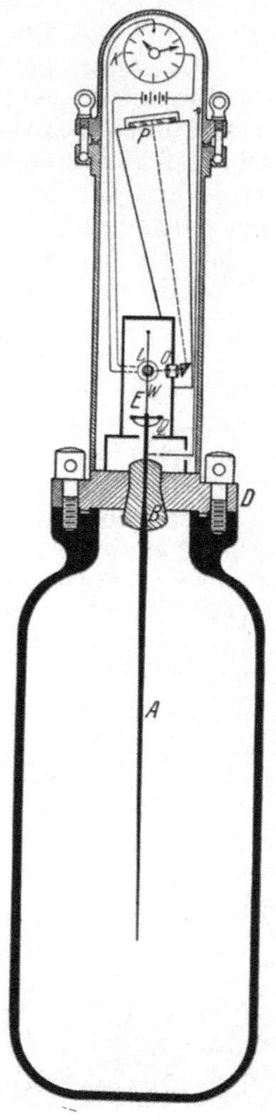

Abb. 5. Registrierapparat (nach Regener) für Versenkmessungen.

ger ist[1]. Als Füllgase werden deshalb in letzter Zeit statt der früher viel benutzten Kohlensäure Stickstoff und Argon[2] vorgeschlagen, in denen die Sättigungsbedingungen besser erfüllt sind. Auch benutzt man nicht mehr zu hohe Drucke.

Welcher Genauigkeiten eine so entwickelte Druckapparatur unter konstanten Versuchsbedingungen selbst bei Benutzung der Entlademethode, aber bei langer Summierungszeit fähig ist, zeigen die Wasserversenkmessungen Regeners[3], die

[1] Nach neuen Messungen von Steinke und Fröhlich.

[2] A. H. Compton u. J. J. Hopfield, Phys. Rev. Bd. 41, S. 539. 1932. *Anm. bei der Korr.:* J. J. Hopfield, Phys. Rev. Bd. 43, S. 675. 1933.

[3] E. Regener, ZS. f. Phys. Bd. 74, S. 433. 1932.

noch den tausendsten Teil der im Meeresniveau vorhandenen Ultrastrahlungsintensität nachzuweisen gestatteten (Abb. 5 u. 6). Die für die Stratosphärenflüge konstruierte Apparatur REGENERS[1] (Abb. 7), die auch nach dem Entladeprinzip arbeitet, hat dasselbe Registrierelektrometer in einer kleinen Kammer von ca. 2 l Größe. Die Höhe des Fadenbildes von einer Nullmarke aus gibt durch Begrenzung des Lichtweges mittels Thermometer- und Barometermarken gleichzeitig Temperatur und Luftdruck an (Abb. 8). Das Gesamtgewicht beträgt nur 1,5 kg. Auch MILLIKAN[2] benutzt seit 1928 zu seinen Versenkmessungen Druckapparaturen (Abb. 9), die nach dem Entladeprinzip arbeiten, verwendet aber bis in die letzte Zeit keine Registriermethode, sondern visuelle Ablesung, wodurch Korrektionen wegen der Intensitätsänderungen beim Eintauchen und Hochziehen nötig werden. Für Höhenaufstiege hat MILLIKAN ebenfalls eine äußerst kompendiöse Apparatur konstruiert[3].

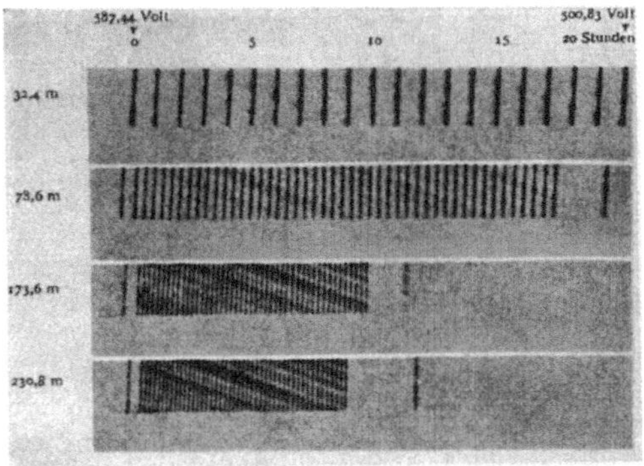

Abb. 6. Stündlich photographierte Stellungen des Elektrometerfadens bei REGENER in verschiedenen Wassertiefen.

Bei den nach dem Entladeverfahren arbeitenden Apparaturen, die den Vorteil der großen Einfachheit für sich haben, sind Nachteile der Zwang zu Benutzung eines relativ wenig empfindlichen Elektrometers und die Notwendigkeit, den Isolator mit hohen Spannungen zu belasten (das isolierte System muß ja, damit möglichste Sättigung erzielt wird, auf ein Potential von einigen hundert Volt aufgeladen werden, von dem es nicht zuviel

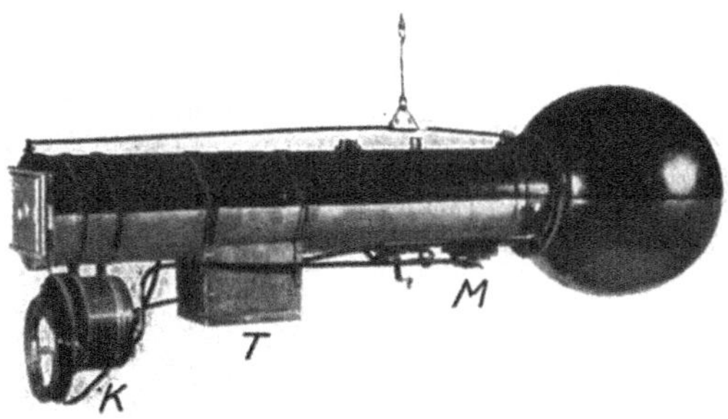

Abb. 7. Ballonelektrometer. Rechts Ionisationskammer, ganz links Kassette, darunter Kontaktuhr. (Nach REGENER.)

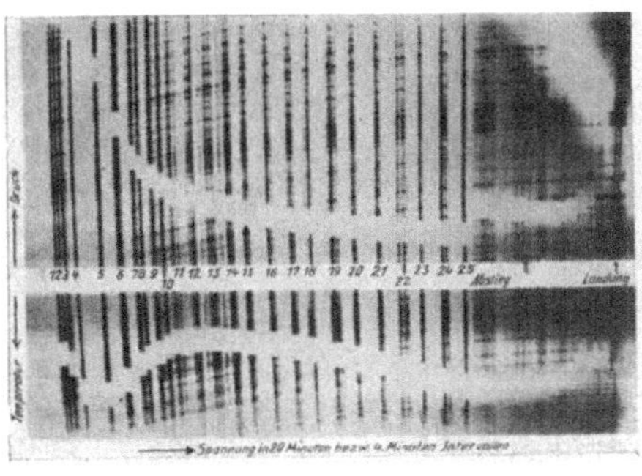

Abb. 8. Registrierplatte von REGENERS Ballonaufstiegen. Der Abstand der senkrechten Striche gibt die Entladegeschwindigkeit, ihre Höhe den Luftdruck bzw. die Temperatur an.

Abb. 9. Strahlungsapparat. (Nach MILLIKAN.)

[1] E. REGENER, Naturwissensch. Bd. 20, S. 695. 1932; ZS. f. Phys. Bd. 34, S. 306. 1933.
[2] R. A. MILLIKAN u. G. H. CAMERON, Phys. Rev. Bd. 31, S. 921. 1928.
[3] R. A. MILLIKAN u. J. S. BOWEN, Phys. Rev. Bd. 27, S. 353. 1926.

verlieren darf). Bei dem Aufladeverfahren kann man diese Nachteile umgehen. Es liegt hierbei die Wand oder das Netz an einer Spannung von einigen hundert Volt (möglichst Normalelemente) und das außerhalb der Kammer angebrachte Elektrometer, das jetzt ein empfindliches mit Hilfsladung arbeitendes Instrument sein kann, liegt zunächst auf dem Nullpotential, bekommt dann aber die durch die Strahlung gebildeten und im Feld abgeschiedenen Ionen, wodurch es sich nur um geringe Beträge, meist einige Volt pro Stunde, auflädt. Um die Isolatoren völlig von jeden Beanspruchungen frei zu halten, können diese Ladungsmengen dann noch durch besondere Hilfsvorrichtungen kompensiert werden, ein Gebiet, auf dem HOFFMANN bahnbrechend gewirkt hat.

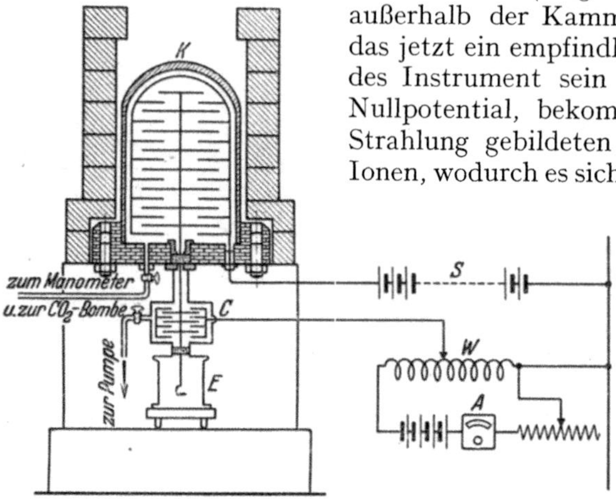

Abb. 10. Schema der Druckapparatur. Kompensation durch Walzenwiderstand. (Nach HOFFMANN.)

Solche Apparaturen sind zwar wesentlich umfangreicher, besitzen aber auch merklich höhere Genauigkeit. Als Beispiel für solche Kompensationsapparaturen sei hier besonders die Druckapparatur von HOFFMANN[1] genannt (Abb. 10). Bei dieser wird die durch die Ionisation gebildete Ladung dadurch kompensiert, daß ein miteingebauter Kondensator von einem kontinuierlich gedrehten Walzenwiderstand eine im Lauf der Zeit gleichförmig wachsende Spannung erhält und dadurch auf das System eine entsprechende Gegenladung influenziert. (An solch eine Walze können auch mehrere Apparate angeschlossen werden; s. die Zwillingsapparatur nach HOFFMANN u. PFORTE[2] [Abb. 11].)

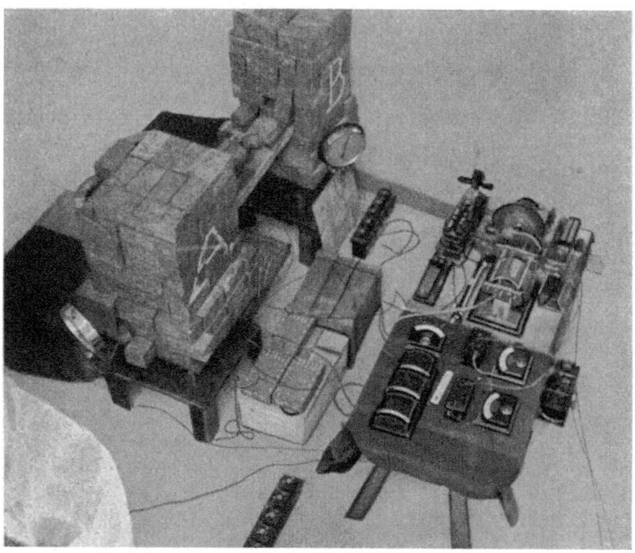

Abb. 11. Zwillingsapparatur. (Nach HOFFMANN u. PFORTE.)

Mit nur teilweiser Kompensation begnügte sich zuerst STEINKE[3] bei seiner Hochdruckapparatur. Bei einer Summierungszeit von einer Stunde wurde nach

[1] G. HOFFMANN u. F. LINDHOLM, Gerl. Beitr. z. Geophys. Bd. 20, S. 12. 1928.
[2] G. HOFFMANN u. W. S. PFORTE, Phys. ZS. Bd. 31, S. 347. 1930; W. S. PFORTE, ZS. f. Phys. Bd. 65, S. 92. 1930.
[3] E. G. STEINKE, ZS. f. Phys. Bd. 48, S. 647. 1928; Bd. 64, S. 48. 1930.

der Hälfte der Zeit auf den Faden eine so große Gegenladung influenziert, daß am Ende der Summierungszeit das Potential wieder Null war. Später hat STEINKE[1] diese ruckweise Kompensation mit Hilfe eines von einer Uhr betätigten Spannungsteilers jede halbe Minute eintreten lassen (Abb. 12). In letzter Zeit endlich ist er dazu übergegangen, die Kompensation durch Benutzung einer festen Spannung und eines gleichförmig gedrehten variablen Kondensators vorzunehmen (Abb. 13). Zur Konstanterhaltung der Gesamtkapazität wird hierbei ein zweiter gegenlaufender Drehkondensator benutzt[2].

(Abb. 12. Druckapparat (nach STEINKE) mit ruckweiser Kompensation. Alle halben Minuten.)

Eine mit automatischer Vollkompensation arbeitende Apparatur stellt auch die STEINKE-SCHINDLERsche Differentialapparatur[3] dar, bei der die in den beiden Kammern gebildeten Ladungen sich wegen ihres entgegengesetzten Vorzeichens aufheben und ein gemeinsames Elektrometer nur die Differenzen bei verschiedenen Abschirmungen der beiden Kammern mißt (Abb. 14). Mit Vollkompensation arbeitende Apparaturen sind besonders dann notwendig, wenn man Feinheiten der Ionenabscheidung (z. B. plötzliche Stöße) untersuchen will.

Abb. 13. Kompensationsvorrichtung (nach STEINKE) mit zwei gegenläufigen Kondensatoren. Schutzkappe und Mikroskop sind abgenommen.

Die Schwankungsgröße bei diesen Apparaturen ist durch die statistische Schwankung der Zahl der Ultrastrahlungsimpulse bedingt und hängt deshalb von der Größe der Kammer ab. Bei 20-l-Kammern beträgt sie im Meeresniveau ca. 0,7% der durch Ultrastrahlung hervorgerufenen Stundenionisation. Die Meßgenauigkeit für Radiumstrahlung

---

[1] Diese Apparatur wird für die Simultanmessungen benutzt; s. A. CORLIN, Lund Obs. Circ. Bd. 6, S. 124. 1932; V. F. HESS, From Terr. a. Atm. El. 1932, S. 399.

[2] E. G. STEINKE, Forsch. u. Fortschr. Bd. 9, S. 62. 1933.

[3] E. G. STEINKE, Phys. ZS. Bd. 31, S. 1019. 1930; H. SCHINDLER, ZS. f. Phys. Bd. 72, S. 625. 1931.

nach Ausschaltung der Ultrastrahlung (z. B. in Bergwerken) ist wesentlich höher[1].

Die einheitliche Eichung dieser so verschiedenartigen Apparaturen bereitet auch heute noch gewisse Schwierigkeiten. Zur Bestimmung der übergegangenen Ladung beschränkt man sich bei den nach dem Entladeverfahren arbeitenden Anordnungen im allgemeinen unter Annahme einer konstant bleibenden Gesamtkapazität auf die Messung des Spannungsabfalls. Die Schwierigkeiten bei der Bestimmung so kleiner Kapazitäten konnten in letzter Zeit überwunden werden[2]. Bei den nach dem Aufladeprinzip und mit Kompensation arbeitenden Apparaten hängt die Genauigkeit der Bestimmung der Ladungsänderung außer einer einfachen Strom- oder Spannungsmessung im wesentlichen von der Exaktheit des eingebauten Kompensationskondensators ab, der relativ leicht zu kontrollieren ist.

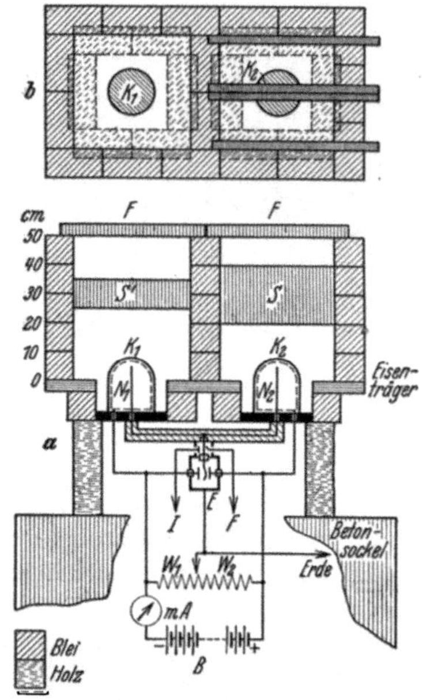

Abb. 14. Differentialapparatur. (Nach STEINKE-SCHINDLER.)

Schwieriger ist es, für die in verschiedenen Apparaten gemessene Ionisation einheitliche Vergleichswerte festzulegen, denn die EVEsche Zahl schwankt dabei recht erheblich[3]. Sie richtet sich sehr nach der Dichte der Wand und ist evtl. für verschiedene Anteile der Ultrastrahlung auch noch variabel[4]. Ein bloßer Vergleich mit Radium-γ-Strahlen, der zur ständigen Kontrolle eines einzelnen Apparates von großem Nutzen ist, bringt wegen der verschiedenen Absorption der γ-Strahlung bei unterschiedlichen Kammerwänden und der variablen Emission von Sekundärstrahlen[5] auch keine eindeutigen Ergebnisse. Es ist daher nicht zu verwundern, daß die Absolutangaben für die verschiedenen Apparate noch recht starke Abweichungen aufweisen. Erschwerend wirkt hierbei noch der Umstand, daß die Angabe J Reduktion auf Normalluft als Füllgas verlangt, während meist in einem anderen Füllgas und bei höheren Drucken gemessen ist. Der gewünschte Vergleich der Ionisation von Normalluft und benutztem Füllmaterial läßt sich oft nicht mit der notwendigen Genauigkeit durchführen, besonders weil bei verschiedenen Intensitäten auch noch die Druckionisationskurven variieren.

Den Eigengang gibt man bei Druckapparaturen unter Umrechnung mit dem für Radium und Ultrastrahlung geltenden Umrechnungsfaktor meist auch in J an, obwohl er wegen seiner ganz anders gearteten Druckabhängigkeit[6] bei einer Atmosphäre Luft einen hiervon ganz abweichenden Wert haben würde. Das läßt sich aber dadurch rechtfertigen, daß durch diese Umrechnung die bei der gegebenen Versuchsanordnung tatsächlich vorhandene Größe des Eigen-

---

[1] W. S. PFORTE, ZS. f. Phys. Bd. 65, S. 92. 1930.

[2] J. CLAY, Proc. Roy. Acad. Amsterdam Bd. 30, S. 1115. 1927; Bd. 31, S. 1091. 1928; Bd. 33, S. 711. 1930; ZS. f. Phys. Bd. 78, S. 250. 1932; V. F. HESS u. A. REITZ, Phys. ZS. Bd. 31, S. 284. 1930; W. KOLHÖRSTER, ebenda Bd. 31, S. 280. 1930; R. A. MILLIKAN u. G. H. CAMERON, Phys. Rev. Bd. 31, S. 921. 1928.

[3] A. W. REITZ, ZS. f. Phys. Bd. 69, S. 259. 1931.

[4] V. MASUCH, ZS. f. Phys. Bd. 79, S. 264. 1932.

[5] J. W. BENADE, Nature Bd. 130, S. 699. 1932.

[6] E. G. STEINKE u. H. SCHINDLER, Naturwissensch. Bd. 20, S. 15. 1932.

gangs relativ zu der Ultrastrahlung richtig angegeben wird. Die Messung des Eigen- oder Restganges erfolgt nach völligem Ausschluß der Ultrastrahlung und der Umgebungsstrahlung entweder durch Versenkmessungen in sehr großen Wassertiefen oder in Bergwerken nach Abschirmung bzw. in Rechnungstellung evtl. noch vorhandener Radium- und Kaliumstrahlung[1]. Etwaige von dem benutzten Panzer ausgesandte Strahlung ist dann in dem Restgang mit einbegriffen. Doch dürfte dieser Betrag nach HOFFMANN[2] nur sehr klein sein. Außerhalb der Ionisationskammer liegende Elektrometer werden zweckmäßig evakuiert, um keine Zusatzionisation zu geben. Die Restgangsmessungen von STEINKE[3] im Albulatunnel haben für seine 2-l-Apparatur 0,2 J, die von PFORTE[4] im Berlepschacht 0,03 J und die von REGENER[5] unter 250 m Wasser 0,04 J ergeben. Bei älteren Restgangsmessungen ist infolge zu geringer Wasserversenktiefe oft noch ein Teil Ultrastrahlung mit als Restgang eingerechnet worden.

3. Zählrohrapparaturen. Während die Ionisationsmethode über zahlreiche Einzeleffekte integriert, bringt im Zählrohr die Verstärkung der geringen Primärionenzahl durch Stoßionisation den Einzelvorgang selber zur Wahrnehmung. Beide Methoden messen die in einem bestimmten Volumen absorbierte Energie, die eine direkt und unverstärkt, die andere multipliziert mit einem mittleren Verstärkungsfaktor[6]. Als erste haben HESS und LAWSON[7] bereits 1916 eine solche Zählmethode bei der Untersuchung der Ultrastrahlung benutzt. Eine planmäßige Anwendung war aber erst mit der Konstruktion des Zählrohres möglich und wurde in Erkenntnis der Bedeutung für die Ultrastrahlungsforschung von GEIGER[8] bereits in den ersten Veröffentlichungen vorgeschlagen. Die Vorteile dieser Methode, vor allem bei Anwendung des BOTHE-KOLHÖRSTERschen Koinzidenzverfahrens[9], liegen in der Möglichkeit, exakte Ausblendungen von Korpuskularstrahlengängen vorzunehmen und damit Richtungs- und magnetische Ablenkungsmessungen und saubere, von Sekundärstrahlungseinflüssen befreite Absorptionsbestimmungen durchzuführen[10].

Die Zählrohre haben je nach Zweck und Ziel der Arbeit Dimensionen von einigen Zentimetern Radius und einigen Dezimetern Länge, sie werden des geringen Eigenganges wegen meist aus Zinkblech hergestellt. Beschickt sind sie mit trockenen, emanationsfreien Füllgasen von einigen Zentimetern Quecksilber. Die Zentralelektrode besteht aus einem besonders präparierten Draht. Die Rohre liegen auf hoher negativer Spannung (1300 bis 2000 Volt). Der Spannungsbereich, in dem die Stoßzahl sich nicht ändert, beträgt 2 bis 3%. Nicht die ganze Länge des Rohres ist auf durchgehende Korpuskeln gleich wirksam, doch abgesehen von den Enden ist die Ausbeute 100%[11]. Kontrollen durch

---

[1] W. KOLHÖRSTER, ZS. f. Geophys. Bd. 6, S. 341. 1930.

[2] G. HOFFMANN, Ann. d. Phys. Bd. 82, S. 413. 1927; oder Schriften d. Königsb. Gel. Ges., Nat. Kl. Bd. 4, S. 1. 1927.

[3] E. G. STEINKE, ZS. f. Phys. Bd. 48, S. 647. 1928.

[4] W. S. PFORTE, ZS. f. Phys. Bd. 65, S. 92. 1930.

[5] E. REGENER, ZS. f. Phys. Bd. 74, S. 433. 1932.

[6] Siehe hierzu aber auch die gegenteilige Ansicht von L. TUWIM, daß die Ionisationskammer die absorbierte, das Zählrohr die auffallende Energie mißt (L. TUWIM, Berl. Ber. 1931, S. 91).

[7] V. F. HESS u. R. W. LAWSON, Wiener Ber. Bd. 125, S. 285. 1916.

[8] H. GEIGER u. W. MÜLLER, Naturwissensch. Bd. 16, S. 617. 1928; Phys. ZS. Bd. 29, S. 839. 1928; Bd. 30, S. 489. 1929.

[9] W. KOLHÖRSTER, Naturwissensch. Bd. 16, S. 1044. 1928; W. BOTHE u. W. KOLHÖRSTER, ZS. f. Phys. Bd. 56, S. 751. 1929.

[10] Das letztere scheint nach der neuesten Auffassung nicht mehr ganz zu stimmen (s. Ziff. 8).

[11] J. C. JAKOBSEN, Nature Bd. 130, S. 581. 1932; B. ROSSI, ebenda Bd. 130, S. 699. 1932.

Messung der Radiumempfindlichkeit müssen die Konstanz prüfen, die aber über Monate zu erreichen ist. Der Nachweis der durch die hindurchgehende Korpuskularstrahlung ausgelösten Ladungsübergänge geschieht entweder durch Elektrometer mit Hochohmnebenschlüssen und photographischer Registrierung oder durch Verstärkung der erzeugten Spannungsstöße mittels Röhrenverstärkern, wobei dann auch einfache mechanische Zählwerke betrieben werden[1].

Für Koinzidenzmessungen ist man aus Ersparnisgründen von der photographischen Registriermethode[2] abgekommen. Bei geringeren Ansprüchen an die Genauigkeit der Zeitangaben (und damit der Koinzidenz!) benutzt man Schreibchronographen[3]. Noch günstiger ist es, Summationsverfahren anzuwenden, bei denen das Meßinstrument nur auf die addierten, nicht aber auf die einzelnen Ausschläge anspricht[4]. Als ein solches Hilfsmittel hat sich besonders die Doppelgitterröhre erwiesen, bei der nach einer von BOTHE[5] angegebenen Schaltung (Abb. 15) nur bei gleichzeitiger Aufladung beider mit je einem Zählrohr verbundenen Gitter das im Anodenkreis liegende Meßinstrument anspricht. Diese Schaltung ist vielfach benutzt worden. Das zeitliche Auflösungsvermögen soll $^1/_{1000}$ Sekunde betragen. Auch die BRAUNsche Röhre bietet die Möglichkeit zur Messung von Zweifachkoinzidenzen[6].

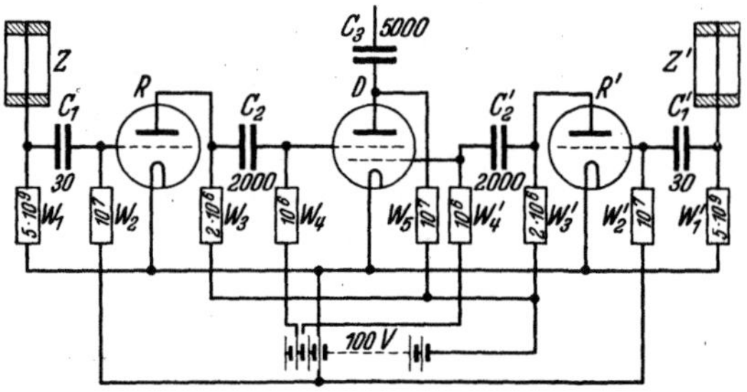

Abb. 15. Schaltung der Doppelgittermethode. (Nach BOTHE.)

Der „Restgang" einer Zählrohranordnung, herrührend von Umgebungs- und Eigenstrahlung, kann bei Koinzidenzschaltungen dadurch zu Null gemacht werden, daß man Rohrwände von ca. 1 mm Wandstärke benutzt. Normale Radium-β-Teilchen können diese nicht mehr durchdringen und deshalb auch keine Koinzidenzen hervorrufen. Es bleiben dann als störend nur noch die „zufälligen" Koinzidenzen übrig, die man aber durch hohe zeitliche Trennschärfe der Anordnung, Benutzung von Dreifachkoinzidenzen und möglichste Verringerung der Zahl der radioaktiven Einzelausschläge mit Hilfe von Panzern weitgehend herabdrücken kann. So gibt ROSSI[7] z. B. bei einer Dreifachanordnung die Zahl der zufälligen Koinzidenzen hinter 1 m Blei zu 0,059/Stunde an, die der gesamten zu 1,166/Stunde.

---

[1] L. F. CURTISS, Phys. Rev. Bd. 35, S. 1433. 1930; W. KOLHÖRSTER, Naturwissensch. Bd. 18, S. 567. 1930; Berl. Ber. 1932, S. 39; E. REGENER, Phys. ZS. Bd. 31, S. 1018. 1930; B. ROSSI, Nature Bd. 125, S. 636. 1930; ZS. f. Phys. Bd. 68, S. 64. 1931; J. BARNOTHY u. M. FORRÓ, ebenda Bd. 71, S. 778. 1931; J. N. HUMMEL, ebenda Bd. 70, S. 765. 1931; L. M. MOTT-SMITH u. G. L. LOCHER, Phys. Rev. Bd. 38, S. 1399. 1931.

[2] W. KOLHÖRSTER, Naturwissensch. Bd. 16, S. 1044. 1928; W. BOTHE u. W. KOLHÖRSTER, ZS. f. Phys. Bd. 56, S. 751. 1929; K. WÖLCKEN, Dissert. Göttingen 1931.

[3] W. HEIDECKE, Dissert. Tübingen 1931.

[4] L. F. CURTISS, Phys. Rev. Bd. 34, S. 1391. 1929; B. ROSSI, ebenda Bd. 36, S. 606. 1930; Lincei Rend. Bd. 11, S. 478. 1930; W. KOLHÖRSTER, Naturwissensch. Bd. 18, S. 567. 1930; J. N. HUMMEL, ZS. f. Phys. Bd. 70, S. 765. 1931; M. A. TUVE, Phys. Rev. Bd. 35, S. 651. 1930; MOTT-SMITH, ebenda Bd. 35, S. 1125. 1930; DE BRUYNE u. WEBSTER, Proc. Cambridge Phil. Soc. Bd. 27, S. 113. 1931; J. C. STREET u. TH. H. JOHNSON, Phys. Rev. Bd. 40, S. 1048. 1932; TH. H. JOHNSON, ebenda Bd. 43, S. 379. 1933. B. SPARKS u. W. PICKERING, Phys. Rev. Bd. 43, S. 214. 1933.

[5] W. BOTHE, ZS. f. Phys. Bd. 59, S. 1. 1929.

[6] G. MEDICUS, ZS. f. Phys. Bd. 74, S. 350. 1932.

[7] B. ROSSI, Naturwissensch. Bd. 20, S. 65. 1932.

Die theoretische Durchforschung der Zählrohrwirkungsweise ist besonders von TUWIM[1] geleistet worden und KOLHÖRSTER[2] hat die theoretischen Ergebnisse experimentell bestätigen können.

4. Nebelkammeranordnungen. Die Nebelkammeraufnahmen der Bahnspuren von Korpuskularstrahlen in starken Magnetfeldern sind in letzter Zeit ein außerordentlich wichtiges Hilfsmittel für die Ultrastrahlungsforschung geworden. Die ersten Aufnahmen dieser Art stammen von SKOBELZYN[3], dann haben in jüngster Zeit besonders ANDERSON[4], KUNZE[5], BLACKETT und OCCHIALINI[6] die Forschungen auf diesem Gebiet aufgenommen. Eingehende Apparaturbeschreibungen stehen zur Zeit noch aus. Die Erzeugung der hohen Feldstärken erfordert bedeutende Energien. So wiegt z. B. die Spule bei KUNZE 1100 kg und gebraucht zur Speisung rund 500 kW. MOTT-SMITH und LOCHER[7] benutzen eine Kombination von Wilsonkammer und Zählrohren, um die zeitliche Koinzidenz von Nebelkammerspur und Zählrohrausschlag festzustellen. Um Zeit und Filmmaterial zu sparen, lassen BLACKETT und OCCHIALINI den Belichtungsmechanismus der Wilsonkammer durch die koinzidenten Ausschläge in den darüber- und darunterliegenden Zählrohren auslösen. Dadurch erreichen sie, daß sie auf 80% der Aufnahmen Bahnen von Ultrastrahlungskorpuskeln erhalten, während bei ANDERSON dieses nur auf ca. 2% der Fall ist. Eine ähnliche Versuchsanordnung soll von JOHNSON[8] und Mitarbeitern in Betrieb genommen werden. Die Aufnahme der Bahnspuren erfolgt bei BLACKETT und OCCHIALINI durch zwei Kameras, die zueinander unter einem Winkel von 20° geneigt sind. Hierdurch ist eine räumliche Reproduktion der Bahnspuren möglich[9].

B. Forschungsergebnisse.

5. Intensitätsverlauf in der Atmosphäre und im Wasser. Eines der wichtigsten Ziele der Ultrastrahlungsforschung mußte es sein, den Intensitätsverlauf von möglichst großen Atmosphärenhöhen an bis zur völligen Absorption in entsprechenden Wassertiefen zu erforschen und aus dem daraus sich ergebenden Schwächungskoeffizienten Schlüsse über die einzelnen Bestandteile der Strahlung und ihre Energien zu gewinnen.

HESS[10] war bei seinen Ballonfahrten bis zu 5 km Höhe gekommen. KOLHÖRSTER[11] konnte seine Resultate bis 9,3 km Höhe ergänzen. Spätere Autoren erreichten zunächst nicht größere Höhen und bestätigten mehr oder minder gut die Ergebnisse der obengenannten Forscher[12]. (Die Pilotballonmessungen

---

[1] L. TUWIN, Berl. Ber. 1931, S. 91, 360 u. 830; Journ. de phys. et le Radium, Bd. 3, S. 614. 1932.

[2] W. KOLHÖRSTER, Zusammenfassung in Naturwissensch. Bd. 20, S. 895. 1932.

[3] D. SKOBELZYN, ZS. f. Phys. Bd. 43, S. 354. 1927.

[4] R. A. MILLIKAN u. C. D. ANDERSON, Phys. Rev. Bd. 40, S. 325. 1932; C. D. ANDERSON, ebenda Bd. 41, S. 405. 1932.

[5] P. KUNZE, ZS. f. Phys. Bd. 79, S. 203. 1932.

[6] P. M. S. BLACKETT u. G. OCCHIALINI, Proc. Roy. Soc. London (A) Bd. 139, S. 699. 1933.

[7] L. M. MOTT-SMITH u. G. L. LOCHER, Phys. Rev. Bd. 38, S. 1399. 1931.

[8] TH. H. JOHNSON, WILLIS FLEISCHER u. J. C. STREET, Phys. Rev. Bd. 40, S. 1048. 1932.

[9] L. F. CURTISS, Bur. Stand. Journ. of Res. Bd. 4, S. 663. 1930; E. J. WILLIAMS u. F. R. TERROUX, Proc. Roy. Soc. London (A) Bd. 126, S. 289. 1930.

[10] V. F. HESS, Phys. ZS. Bd. 13, S. 1084. 1912; Wiener Ber. IIa Bd. 121, S. 2001. 1912.

[11] W. KOLHÖRSTER, Phys. ZS. Bd. 14, S. 1066 u. 1153. 1931.

[12] K. BÜTTNER, ZS. f. Geophys. Bd. 2, S. 254. 1926; Mitt. d. Aeron. Obs. Lindenberg 1926, S. 52; 1927, S. 112; A. REITZ, Wiener Anz. IIa Bd. 139, S. 707. 1930; Wiener Ber. IIa Bd. 140. 1931; J. CLAY, Proc. Roy. Acad. Amsterdam Bd. 30, S. 1115. 1927; R. A. MILLI-

von MILLIKAN und BOWEN[1], die ein stark abweichendes Ergebnis zeigten, können wir wegen der vielfach vorgebrachten Gegengründe[2] nicht in Betracht ziehen.) In jüngster Zeit ist hierin durch den zweiten Stratosphärenflug PICCARDS[3] und vor allem durch die teils vorher, teils hinterher erfolgten Pilotballonaufstiege REGENERS[4] eine wesentliche Erweiterung erreicht worden. Abb. 16 zeigt die Meßpunkte von KOLHÖRSTER, PICCARD und REGENER. Eine Besprechung erfolgt in nächster Ziffer.

Lassen die Messungen in größeren Atmosphärenhöhen wegen der großen Ultrastrahlungsintensität und der hiergegen nicht in Betracht kommenden Luft- und Umgebungsstrahlung[5] eine recht genaue Bestimmung der Ultrastrahlungs-

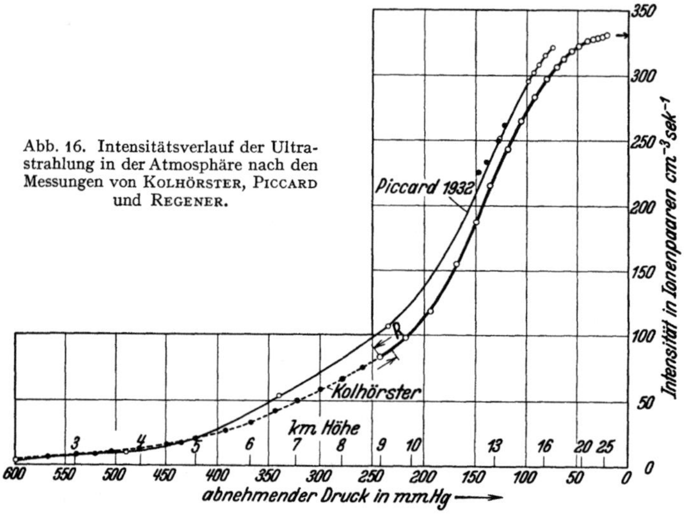

Abb. 16. Intensitätsverlauf der Ultrastrahlung in der Atmosphäre nach den Messungen von KOLHÖRSTER, PICCARD und REGENER.

intensität zu, so zeigt es sich, daß bei Wasserversenkmessungen in der ersten Zeit durch nicht einwandfreie Restgangsbestimmung infolge zu geringer Versenktiefe erhebliche Fehler in der Verteilung der gemessenen Gesamtionisation auf Ultrastrahlung und Restgang vorgekommen sind, was für die Bestimmung der härtesten Strahlungsanteile von entscheidender Wichtigkeit ist. So hat z. B. MILLIKAN[6] beinahe von Jahr zu Jahr feststellen müssen, daß das, was er bisher

KAN u. R. M. OTIS, Phys. Rev. Bd. 27, S. 645. 1926; s. auch die neuen zum Teil mit Pb-Abschirmung (wie bei BÜTTNER) ausgeführten Flugzeugmessungen; LYNN G. HOWELL u. L. M. MOTT-SMITH, Phys. Rev. Bd. 42, S. 314. 1932; Bd. 43, S. 381. 1933; D. C. ROSE, Canad. Journ. Res. Bd. 5, S. 625. 1932.

[1] R. A. MILLIKAN u. J. S. BOWEN, Phys. Rev. Bd. 27, S. 353. 1926. *Anm. bei der Korr.:* Inzwischen haben die beiden Autoren neue Pilotballonregistrierungen durchgeführt, die die REGENERschen Ergebnsisse im wesentlichen bestätigen (Phys. Rev. Bd. 43, S. 695. 1933).

[2] V. F. HESS, Phys. ZS. Bd. 27, S. 405. 1926; W. KOLHÖRSTER, ZS. f. Phys. Bd. 38, S. 404. 1926.

[3] A. PICCARD u. M. COSYNS, C. R. Bd. 195, S. 604. 1932. Der erste Aufstieg brachte keine einwandfreien Ergebnisse.

[4] E. REGENER, Nature Bd. 130, S. 364. 1932; Naturwissensch. Bd. 20, S. 695. 1932; Phys. ZS. Bd. 34, S. 306. 1933.

[5] Siehe aber auch die Notiz von G. A. SUCKSTORFF (Naturwissensch. Bd. 20, S. 506. 1932), der bei neuen Hochfahrten in Inversionsschichten zwischen 6 und 8 km Höhe erhebliche Mengen radioaktiver Substanzen unbekannter Herkunft bemerkt haben will.

[6] R. A. MILLIKAN, Nature Bd. 116, S. 823. 1925; Science Bd. 62, S. 445. 1925; Proc. Nat. Acad. Amer. Bd. 12, S. 48. 1926; R. A. MILLIKAN u. G. H. CAMERON, Phys. Rev. Bd. 28, S. 851. 1926; Bd. 31, S. 163, 921. 1928; R. A. MILLIKAN, Bull. Nat. Res. Counc. Bd. 11, S. 77. 1926; Nature Bd. 121, S. 19. 1928; R. A. MILLIKAN u. G. H. CAMERON, From

als Restgang ansah, bei Erhöhung der Empfindlichkeit und Benutzung noch größerer Versenktiefen weiter abnahm, also noch Ultrastrahlung enthielt. Da-

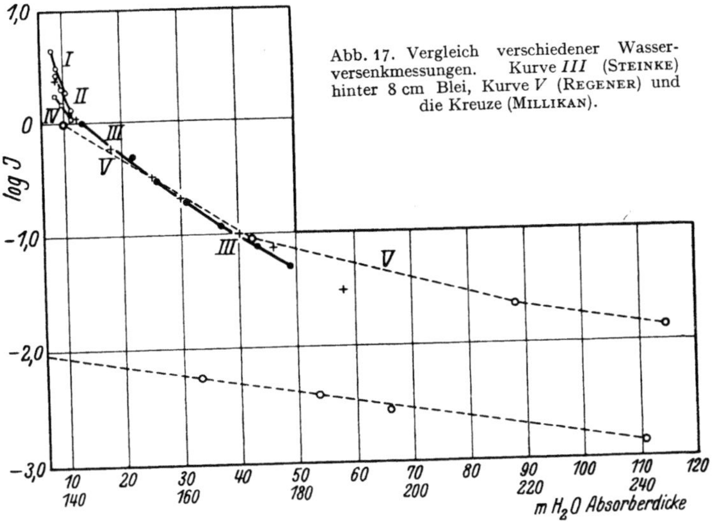

Abb. 17. Vergleich verschiedener Wasserversenkmessungen. Kurve *III* (STEINKE) hinter 8 cm Blei, Kurve *V* (REGENER) und die Kreuze (MILLIKAN).

gegen erwies sich die Befürchtung, daß evtl. wechselnder Gehalt des Wassers an radioaktiven Beimengungen die Intensitätskurve wesentlich fälschen könnte, als grundlos, wie Kontrollmessungen mit und ohne Abschirmung ergeben haben (STEINKE[1] Abschirmung durch 8 cm Blei, REGENER[2] Abschirmung durch 1 m Wasser).

Die genauesten und umfangreichsten Wasserversenkmessungen sind von REGENER (230 m) ausgeführt, der den Abfall der Intensität bis in wesentlich größere Wassertiefen verfolgen konnte als STEINKE (40 m) und MILLIKAN (70 m). (Abb. 17 bis 20.) Bei REGENER ist der Restgang aus den gemessenen Intensitätswerten zwischen 80 und 230 m Versenktiefe errechnet worden. Die geringe daraus noch übrigbleibende Un-

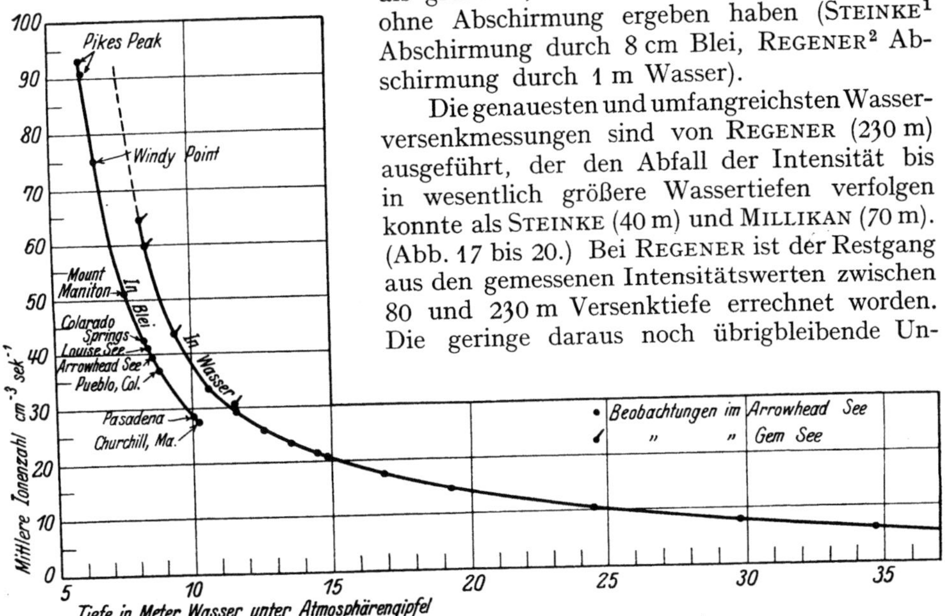

Abb. 18. Absorptionskurven. Geringe Tiefen. Zur Reduktion auf Normaldruck müssen die angegebenen Ionenzahlen durch 13,82 dividiert werden. (Von MILLIKAN und CAMERON.)

the Smithsonian Report for 1928, S. 213. 1929; R. A. MILLIKAN u. J. S. BOWEN, Proc. Nat, Acad. Amer. Bd. 16, S. 421. 1930; R. A. MILLIKAN u. G. H. CAMERON, Phys. Rev. Bd. 37. S. 235. 1931.

[1] E. G. STEINKE, ZS. f. Phys. Bd. 58, S. 183. 1929.

[2] E. REGENER, ZS. f. Phys. Bd. 74, S. 433. 1932.

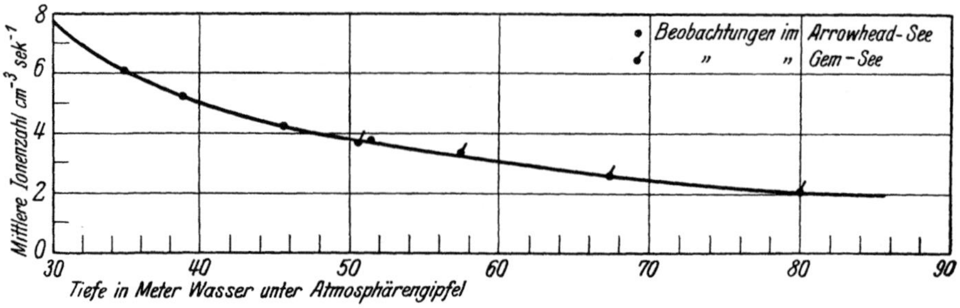

Abb. 19. Absorptionskurven. Größere Tiefen. Zur Reduktion auf Normaldruck müssen die angegebenen Ionenzahlen durch 13,82 dividiert werden. (Von MILLIKAN und CAMERON.)

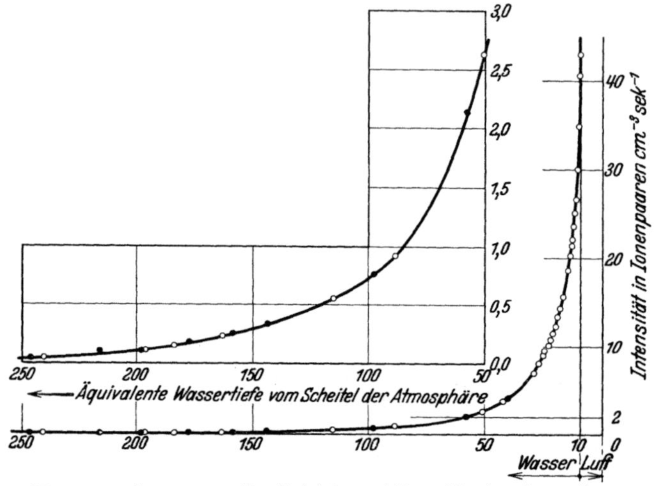

Abb. 20. REGENERS Wasserversenkmessungen. Zur Reduktion auf Normaldruck müssen die angegebenen Ionenzahlen ungefähr durch 18 dividiert werden.

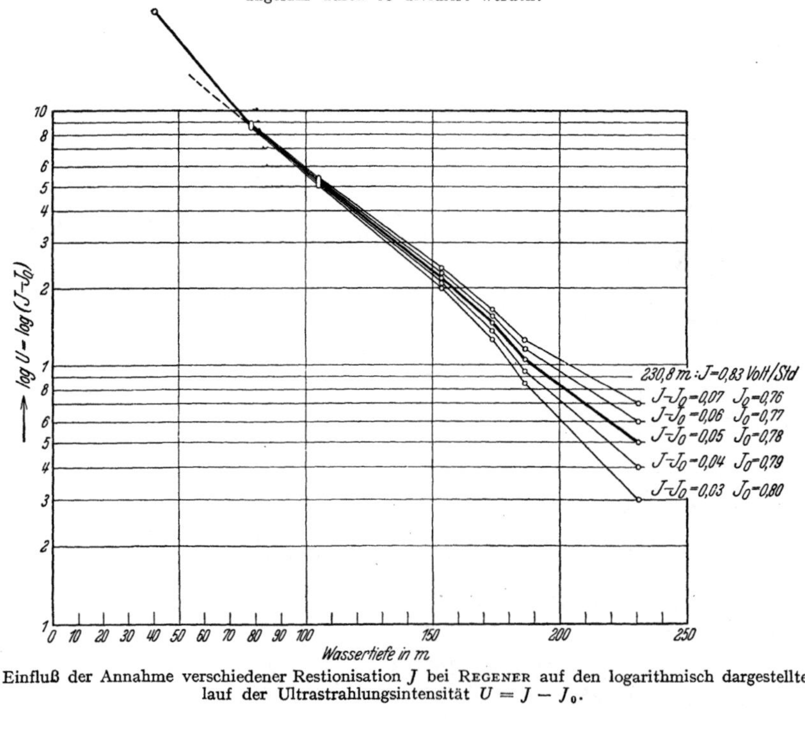

Abb. 21. Einfluß der Annahme verschiedener Restionisation J bei REGENER auf den logarithmisch dargestellten Verlauf der Ultrastrahlungsintensität $U = J - J_0$.

sicherheit ist ohne wesentlichen Einfluß auf die Bestimmung der Härte des durchdringendsten Anteils der Ultrastrahlung (Abb. 21).

Neue Messungen von BENADE[1] bis 95 m Versenktiefe, die mit REGENER gut übereinstimmen sollen, seien erwähnt. REGENER hat die Tiefenkurve auch mit Zählrohr aufgenommen und findet innerhalb der größeren Ungenauigkeit dieser Messungen Übereinstimmung mit den Ionisationskammermessungen[2].

6. Berechnung von Schwächungskoeffizienten und Energiewerten aus der Luft- und Wasserkurve. Es entsteht nun die Aufgabe, aus dem Intensitätsverlauf der Ultrastrahlung in der Atmosphäre und im Wasser die Schwächungskoeffizienten des Strahlungsgemisches zu berechnen. Die ersten Versuche beschränkten sich auf die Annahme einer senkrecht einfallenden homogenen Strahlung und benutzten ein exponentielles Schwächungsgesetz ($J = J_0 \cdot e^{-\mu \cdot d}$). KOLHÖRSTER[3] hat bereits 1914 aus seinen Hochballonfahrten unter Zugrundelegung eines solchen Gesetzes den Schwächungskoeffizienten für die Ultrastrahlung zu $\mu_{\text{Luft}} = 7{,}1 \cdot 10^{-6}\,\text{cm}^{-1}$ errechnet. (Entsprechend dem Dichteverhältnis umgerechnet ergibt das $\mu/\varrho = 5{,}7 \cdot 10^{-3}\,\text{cm}^2\text{g}^{-1}$.) Man erkennt aber dann, daß dieser Wert nur ein in einem bestimmten Gebiet geltender Mittelwert sein kann, da die Intensitätskurve keine logarithmische Gerade ist, und daß man eine Komponentenzerlegung erstreben muß. Ferner ergibt sich aus dem Umstand, daß die Strahlung kein paralleles Büschel darstellt, sondern von allen Seiten einfällt, die Notwendigkeit, ein verwickelteres Schwächungsgesetz anzusetzen analog den radioaktiven Messungen[4]. Endlich erfordert die Ausbildung von Sekundärstrahlung, die in dem Schwächungsmedium neu entsteht und mitgemessen wird, eine weitere Umbildung des Schwächungsgesetzes, in dem diese Strahlungswirkung mit berücksichtigt werden muß[5]. Wir wollen die ersten Versuche einer solchen Komponentenzerlegung (STEINKE, MILLIKAN[6]) hier übergehen, obwohl sie wichtige Etappen auf diesem Wege bedeuten, denn beide haben nur einen Teil der gesamten Intensitätskurve zur Zerlegung benutzen können und vor allem nicht die Streustrahlung mit berücksichtigt, zum Teil auch mit zu hohem Restgang gerechnet. Eine Analyse der bis jetzt vorliegenden vollständigsten Intensitätskurve (von 25 km Höhe bis 250 m Wasser), die von REGENER aufgenommen wurde, ist soeben von diesem Autor gegeben worden[7].

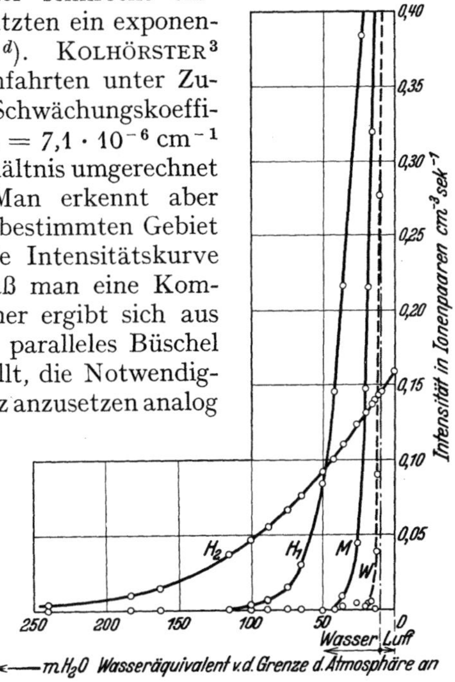

Abb. 22. Verlauf der harten Komponenten nach der REGENERschen Zerlegung.

[1] J. M. BENADE, Phys. Rev. Bd. 42, S. 290. 1932.

[2] Siehe E. REGENER, Phys. ZS. Bd. 34, S. 306. 1933 (Abb. 7).

[3] W. KOLHÖRSTER, Abhandlgn. d. Naturf. Ges. Halle N.F. 1914, Nr. 4; Verh. d. D. phys. Ges. Bd. 16, S. 719. 1914.

[4] Die Funktion $\Phi(\mu x)$, die noch das Exponentialintegral $Ei(-x)$ enthielt, siehe MEYER-SCHWEIDLER, Radioaktivität.

[5] H. KULENKAMPFF, Phys. ZS. Bd. 30, S. 561. 1929; L. H. GRAY, Proc. Roy. Soc. London (A) Bd. 122, S. 647. 1929.

[6] Von STEINKE (ZS. f. Phys. Bd. 48, S. 647. 1928) wurde die erste Zerlegung in zwei Komponenten vorgenommen und unmittelbar darauf von MILLIKAN eine solche in vier (Phys. Rev. Bd. 31, S. 921. 1928).

[7] Während der Niederschrift erschienen: E. REGENER, Phys. ZS. Bd. 34, S. 306. 1933.

Wir beschränken uns deshalb auf die Wiedergabe seiner Ergebnisse als der weitaus zuverlässigsten.

REGENER hat die Analyse der Gesamtkurve nach Feststellung der härtesten Komponente, die unter 100 m Wasserversenktiefe nur noch allein wirksam ist, durch Subtraktion ihrer Werte und ständige weitere rechnerische Aussiebung der jeweils härtesten Bestandteile durchgeführt. KRAMER[1] hat dazu die von KULENKAMPFF ausgerechnete Absorptionsfunktion für Einschluß der Streustrahlung, die nur für senkrechten Einfall galt, für allseitige Inzidenz umgerechnet. Diese Zerlegung[2] läßt sich zunächst nur für die Wasserversenkmessungen durchführen, da bei den Pilotballonregistrierungen der s-förmige Verlauf der Intensitätskurve in großen Höhen zeigt, daß dort beim Eintritt der Strahlung in die Atmosphäre noch zunächst nicht übersehbare Effekte entstehen (Übergang Kosmos—Luft, Sättigung mit Streustrahlung). Abb. 22 zeigt die hieraus gewonnenen Komponenten, wobei die weichste noch nicht genügend genau bestimmt werden

Tabelle 1. Komponentenzerlegung nach REGENER und MILLIKAN.

	REGENER							MILLIKAN	
Komponente	$\mu g^{-1}\cdot cm^2$	λ_{cm}	e-Volt	Energie des Einzeleffekts Erg	Energiefluß der Komponente Erg/cm² sec.	Intensität in Ionen/cm³ u. sec. Meeresniveau J_0	Intensität in Ionen/cm³ u. sec. Atmosphärengrenze J_∞	$\mu g^{-1}\cdot cm^2$	Intensität Atmosphärengrenze I_∞
H_2	$0{,}205\cdot10^{-3}$	$3{,}28\cdot10^{-14}$	$3{,}77\cdot10^{9}$	$6\cdot10^{-3}$	$4{,}7\cdot10^{-5}$	0,15	0,16	$0{,}28\cdot10^{-3}$	2,4
H_1	$0{,}735\cdot10^{-3}$	$13{,}7\cdot10^{-14}$	$0{,}90\cdot10^{9}$	$1{,}4\cdot10^{-3}$	$9{,}9\cdot10^{-5}$	0,86	1,2	$1{,}0\cdot10^{-3}$	5,8
M	$2{,}0\cdot10^{-3}$	.	.	.	$10{,}6\cdot10^{-5}$	0,98	3,2	$2{,}0\cdot10^{-3}$	9,5
W_1	$4{,}1\cdot10^{-3}$	.	.	.	} $344\cdot10^{-5}$	} 0,7	} 328	{ .	.
W_2	$8{,}5\cdot10^{-3}$	$5{,}5\cdot10^{-12}$	$0{,}22\cdot10^{8}$	$3{,}5\cdot10^{-5}$				$8{,}0\cdot10^{-3}$	10000

Zur Umrechnung sei angegeben, daß

$$\lambda_{cm}\cdot P_{e\text{-Volt}} = 1{,}233\cdot10^{-4}\,,$$
$$1\,e\text{-Volt} = 1{,}59\cdot10^{-12}\,\text{Erg}\,,$$
$$m c^2_{\text{Elektron}} = 8{,}0\cdot10^{-7}\,\text{Erg} = 0{,}51\cdot10^{6}\,e\text{-Volt}\,.$$

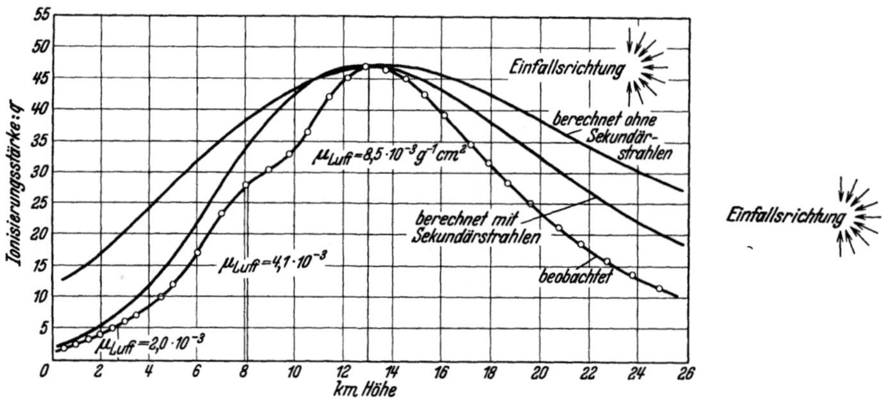

Abb. 23. Vergleich der durch Multiplikation mit der Luftdichte „deformierten" Beobachtungskurve REGENERS mit den berechneten Kurven. Durch die Lage der Buckel sind die Absorptionskoeffizienten bestimmt.

[1] W. KRAMER, Dissert. Stuttgart 1930. Erscheint demnächst in ZS. f. Phys; s. auch H. HELLMANN, Phys. ZS. Bd. 30, S. 357. 1929.

[2] Die Bedenken, die gegen die Möglichkeit einer einwandfreien Komponentenzerlegung von LE ROY D. WELD (Phys. Rev. Bd. 40, S. 713. 1932), J. A. GRAY (Nature Bd. 123, S. 447. 1929) und CH. M. OLMSTEDT (Phys. Rev. Bd. 37, S. 1688. 1931) betr. der MILLIKANschen Messungen erhoben worden sind, dürften hier wohl nicht mehr zutreffen.

kann. In der Tabelle 1 geben die ersten Spalten die μ-Werte, die Intensitäten J_0 in Meeresniveau und J_∞ an der Grenze der Atmosphäre an.

Für die Analyse der Absorptionskurve in der Luft benutzt REGENER eine von LENZ ausgearbeitete Methode, die noch nicht ausführlich veröffentlicht ist. Trägt man in Abhängigkeit von der Höhe nicht die in einer mit Normalluft gefüllten Kammer gemessene Ionisation der Ultrastrahlung auf, sondern diejenige Ionisation, die wirklich pro cm³ Luft der freien Atmosphäre erzeugt worden ist, so erhält man eine Kurve, die durch Abb. 23 dargestellt ist. Da die Ionisierung der Dichte der Luft proportional ist und diese mit der Höhe exponentiell abnimmt, muß man theoretisch bei einer homogenen Strahlung ein einziges Maximum erhalten, dessen Lage durch den Absorptionskoeffizienten bestimmt ist, bei einem Strahlengemisch mehrere Maxima. LENZ hat versucht, den Zusammenhang zwischen Absorptionskoeffizienten und Lage des Maximums unter Berücksichtigung der Streustrahlen und für allseitige Inzidenz zu berechnen. Die Abb. 24 enthält die danach berechneten

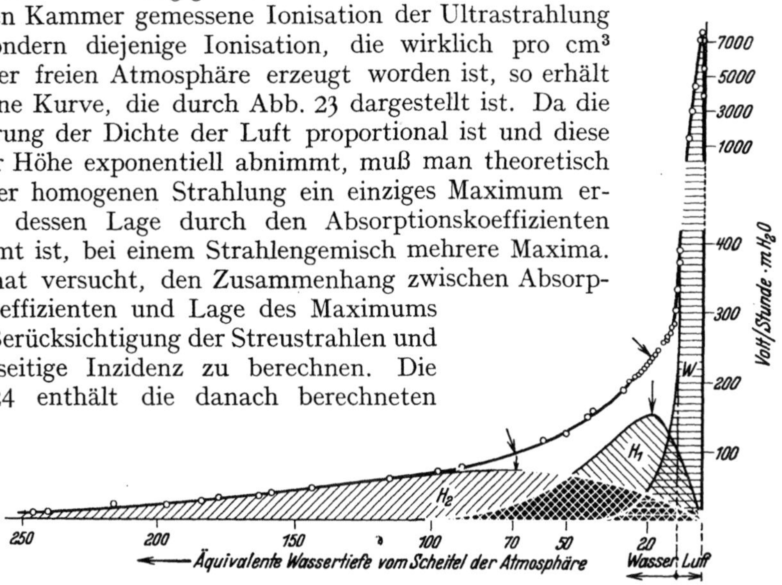

Abb. 24. Bestimmung der harten Komponenten aus der „deformierten" Wasserversenkkurve REGENERS.

μ-Werte und für das Hauptmaximum allein den theoretischen Verlauf der mit diesem μ-Wert berechneten „deformierten" Intensitätskurve mit und ohne Streustrahlen. Die Komponente W_2 ($\mu = 4{,}1 \cdot 10^{-3}\,\mathrm{cm^2\,g^{-1}}$) hat nur einen Bruchteil der Intensität von W_1 ($\mu = 8{,}5 \cdot 10^{-3}\,\mathrm{cm^2\,g^{-1}}$ und kann deshalb nur schwer getrennt werden. Abb. 25 zeigt, wie in der Höhe schon von etwa 3 km an die Intensität der beiden weichen Komponenten (mit W bezeichnet) überwiegt und die andern völlig zurücktreten. Die vollständigen Angaben enthält Tabelle 1. Dort sind auch die Werte zugefügt, die MILLIKAN und CAMERON[1] aus ihren Messungen ohne Berücksichtigung der Sekundärstrahlung errechnet haben, und die teilweise recht nahe bei den REGENERschen Werten liegen. Auch sei darauf aufmerksam gemacht, daß auf den in ca. 8 km Höhe liegenden Buckel in der „deformierten" Intensitätskurve, der sich bei logarithmischer Auftragung auch schon in der normalen Intensitätskurve ausprägt, KOLHÖRSTER und TUWIM[2] hingewiesen und ihn mit der Sättigung durch Sekundärstrahlen erklärt haben.

Die Unstimmigkeit, die bei REGENER (Abb. 23) noch in sehr großen Höhen zwischen der berechneten und der beobachteten Intensitätskurve besteht, kann evtl. nach KULENKAMPFF[3] auf Einflüsse des Erdfeldes zurückgeführt werden, das in sehr großen Höhen stärkere Ionisation durch zu Kreisbahnen gezwungene Sekundärelektronen bewirken könnte; auch ist die Wirkung der Sekundärstrahlen überhaupt vielleicht noch nicht ganz richtig erfaßt.

Die REGENERschen Messungen und Berechnungen zeigen eindeutig das Vorhandensein von fünf Komponenten verschiedener Durchdringungsfähigkeit,

---

[1] R. A. MILLIKAN u. G. H. CAMERON, Phys. Rev. Bd. 37, S. 248. 1931.

[2] W. KOLHÖRSTER u. L. TUWIM, Naturwissensch. Bd. 19, S. 574. 1931.

[3] H. KULENKAMPFF, Naturwissensch. Bd. 21, S. 25. 1933.

gleichgültig welche Annahmen man über die Natur der Strahlung und den Absorptionsvorgang macht[1]. Dagegen werden die Zahlenangaben für den Absorptionskoeffizienten und die Energieberechnungen von diesen Voraussetzungen abhängig.

Wir wenden uns gleich der Deutung zu, die REGENER den von ihm gefundenen μ-Werten gibt, und übergehen die älteren, auf Grund unrichtiger μ-Werte und Streuformeln berechneten Energieangaben. REGENER macht die Annahme, daß die Ultrastrahlung Wellencharakter hat und daß ihre Schwächung allein durch Comptonprozesse erfolgt[2]. Dann läßt sich die Wellenlänge der Strahlung nach KLEIN-NISHINA[3] durch den Ansatz berechnen:

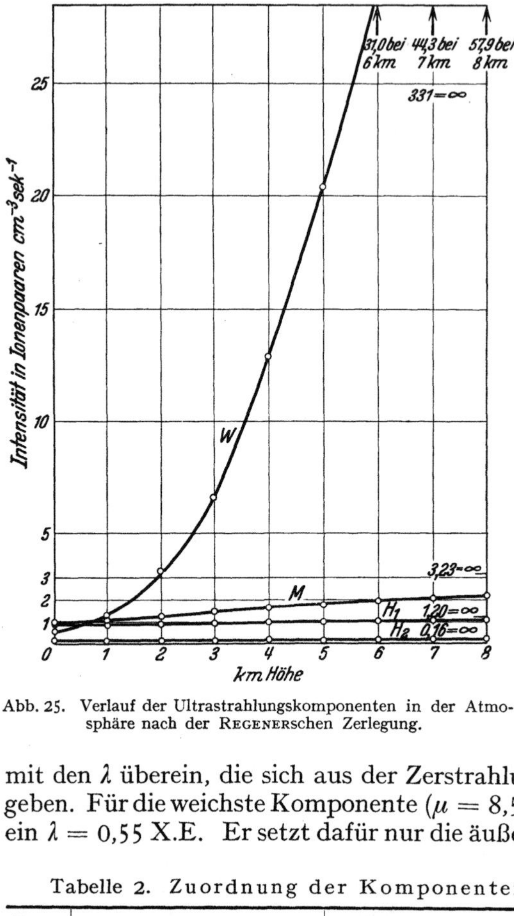

Abb. 25. Verlauf der Ultrastrahlungskomponenten in der Atmosphäre nach der REGENERschen Zerlegung.

$$\mu = \frac{2\pi N e^4}{m^2 c^4} f\left(\frac{A}{\lambda}\right).$$

N = Zahl der Streuelektronen im cm^3; e und m Ladung und Masse des Elektrons; $A = 22,4$ X.E.

Als streuende Elektronen nimmt aber REGENER nach JEANS[4] für die beiden härtesten Komponenten auch noch die Kernelektronen hinzu, weil ihre Bindungsenergie als klein gegenüber der Ultrastrahlungsenergie zu betrachten ist. Die dann aus den μ-Werten berechneten Wellenlängen, die in Tabelle 2 enthalten sind, stimmen nun, worauf JEANS aufmerksam gemacht hat, völlig mit den λ überein, die sich aus der Zerstrahlung von Helium und Wasserstoff ergeben. Für die weichste Komponente ($\mu = 8,5 \cdot 10^{-3}\,cm^2\,g^{-1}$) errechnet REGENER ein $\lambda = 0,55$ X.E. Er setzt dafür nur die äußeren Elektronen als streuend an, weil

Tabelle 2. Zuordnung der Komponenten zu Atomprozessen (REGENER).

Komponente	μ	$\lambda_{beob.}$	$\lambda_{ber.}$	Prozeß
H_2	$0{,}205 \cdot 10^{-3}\,g^{-1} \cdot cm^2$	$3{,}28 \cdot 10^{-14}$ cm	$3{,}32 \cdot 10^{-14}$ cm	He-Zerstrahlung
H_1	0,735	$13{,}7 \cdot 10^{-14}$	$13{,}1 \cdot 10^{-14}$	H-Zerstrahlung
W	8,5	$5{,}5 \cdot 10^{-12}$	$4{,}5 \cdot 10^{-12}$	He-Aufbau

[1] Vgl. hierzu auch die Ansicht von J. CLAY (Naturwissensch. Bd. 21, S. 43. 1933; Proc. Roy. Acad. Amsterdam Bd. 35, S. 1282. 1932; Bd. 36, S. 62. 1933), der an eine Korpuskularstrahlung mit nahezu exponentieller Verteilung denkt. Auch die Notiz von M. DELBRÜCK (Nature 1932, S. 627) sei erwähnt, der die Abnahme der Ionisation zum Teil durch Abnahme der Ionisierungsfähigkeit hypothetischer U.Str.-Korpuskeln erklärt, die die Masse 1, aber zunächst eine höhere Ladung haben und sich allmählich neutralisieren.

[2] Es sei darauf hingewiesen, daß diese Annahme nicht mehr ganz berechtigt erscheint (s. Ziff. 10).

[3] O. KLEIN u. Y. NISHINA, ZS. f. Phys. Bd. 52, S. 853. 1929.

[4] J. H. JEANS, Nature Bd. 127, S. 594. 1931; Bd. 128, S. 301. 1931.

diese Wellenlänge rund $^1/_{10}$ der Thorium-γ-Strahlung (4,7 X.E.) ist, für welche die Klein-Nishina-Formel bei leichten Elementen noch als richtig nachgewiesen ist[1]. Die so berechnete Wellenlänge liegt nahe an der Wellenlänge $\lambda = 0{,}45$ X.E., welche sich aus dem Massendefekt des Heliums berechnet. REGENER sieht deshalb in diesen drei Prozessen die Ursachen für das Entstehen der weichsten und der beiden härtesten Komponenten, wobei wegen der größeren Intensität der weichen Komponente der Aufbauprozeß viel häufiger vorkommen müßte als der Zerstrahlungsvorgang. Von einer Zuordnung der anderen Komponenten sieht REGENER zunächst ab.

MILLIKAN[2], welcher — wie bereits erwähnt — ebenfalls eine eingehende Komponentenzerlegung vorgenommen hat, ordnet seine Komponenten sämtlich Atomaufbauprozessen zu, und zwar der Entstehung von He, O, Si und Fe aus H. Tabelle 3 zeigt die gemessenen und die für obige Prozesse errechneten μ. Die μ sind ohne Berücksichtigung der Streustrahlung berechnet, die λ mit Hilfe der Klein-Nishina-Formel ohne Berücksichtigung der Kernelektronen.

Tabelle 3. Zuordnung der Komponenten zu Atomprozessen (MILLIKAN).

$\mu_{\text{beob.}}$	$\mu_{\text{ber.}}$	Prozeß
$0{,}28 \cdot 10^{-3}\,\text{g}^{-1} \cdot \text{cm}^2$	$0{,}75 \cdot 10^{-3}\,\text{g}^{-1} \cdot \text{cm}^2$	H → Fe
1,0	1,42	H → Si
2,0	2,41	H → O
8,0	7,96	H → He

REGENER vertritt die Ansicht, daß die Zuordnungsmöglichkeit seiner berechneten λ-Werte zu gewissen Atomauf- und -abbauprozessen sehr für die Richtigkeit der Deutung spricht. Den absoluten Beweis dafür dürfen wir jedoch damit noch nicht als erbracht ansehen. Denn mehrere Erscheinungen widersprechen zum Teil den dabei gemachten Voraussetzungen. Wie aus dem Breiteneffekt (Ziff. 10) hervorgeht, besteht sicherlich ein Teil der Ultrastrahlung aus geladenen Korpuskeln, für welche das Absorptionsgesetz ein wesentlich anderes ist. Die Zählrohr- und Wilsonaufnahmen (Ziff. 8 und 10) zeigen, daß die Wechselwirkung zwischen Ultrastrahlung und Materie — zumindest häufig — in einer Affizierung der Kerne und nicht bloß in reiner Comptonstreuung besteht, so daß die Anwendung der Klein-Nishina-Formel zweifelhaft scheint. Bei Wilsonaufnahmen und bei den als Zertrümmerungsnachweis gedeuteten plötzlichen Ionenabscheidungen (Ziff. 9) werden Energien nachgewiesen, die die der REGENERschen härtesten Komponente noch übertreffen. Weitere Forschungen können deshalb erst zeigen, ob und wieweit die Zweifel an der allerdings sehr befriedigenden Deutung REGENERS berechtigt sind. Das experimentelle Ergebnis und vor allem der Nachweis der fünf Komponenten bleibt davon in jedem Falle unberührt.

7. Intensitätsverlauf an der Grenze zweier Medien. Frei- oder Pilotballonmessungen und die Wasserversenkregistrierungen ermöglichen Intensitätsmessungen der Ultrastrahlung, die von Umgebungsstrahlung fast ungestört sind. Messungen in fester Aufstellung dagegen haben mitunter den Nachteil, daß die Umgebungsstrahlung nicht genügend genau bekannt ist bzw. nicht getrennt gemessen werden kann. Die Beseitigung dieser Einflüsse durch Panzerung der Apparatur[3] gibt andererseits für die Ultrastrahlung neue Komplikationen durch im Panzer entstehende Streustrahlung. In Unkenntnis dieser Tatsache ergaben die ersten Messungen über die Intensität der Ultrastrahlung

[1] L. MEITNER u. H. H. HUPFELD, ZS. f. Phys. Bd. 75, S. 705. 1932.
[2] R. A. MILLIKAN u. G. H. CAMERON, Phys. Rev. Bd. 37, S. 248. 1931.
[3] 10 cm Pb genügen, um Ra-γ-Strahlung bis auf ca. 2% zu absorbieren.

hinter Metallpanzern[1] Resultate, die sowohl in bezug auf die Intensität wie auch auf die μ-Werte von den in Wasser und Luft gemessenen Werten stark abwichen. Grundlegende Klärung erfolgte hier erst durch die Aufdeckung der Übergangseffekte in den Arbeiten von HOFFMANN, STEINKE, MYSSOWSKY und TUWIM, SCHINDLER u. a.

HOFFMANN[2] zeigte 1927, daß bei Benutzung von sehr starken Panzermaterialien (mehr als 12 cm Blei) nach Abschirmung der Radium-γ-Strahlung die nur noch von Ultrastrahlung hervorgerufene Ionisation in Panzern niedrigerer Ordnungszahl — bezogen auf gleiche Elektronendichten — stets größer war als in denen höherer Ordnungszahl. Das Hineinbringen von 20 cm Al innerhalb 10 cm Pb vergrößerte sogar die Gesamtintensität. Die damalige Deutung mit den für γ-Strahlen gültigen Ansätzen über Absorption und Streuung führten zu der Forderung von Übergangszonen bei Wechsel des Absorptionsmediums mit Sprüngen des Absorptionskoeffizienten, die 1928 von STEINKE[3] (Abb. 26) nachgewiesen werden konnten. Auch MYSSOWSKY und TUWIM[4] kamen bei Messungen mit Pb und Eis zu ähnlichen Ergebnissen. Mit der STEINKE-SCHINDLERschen Differentialapparatur hat dann SCHINDLER[5] diese Übergangseffekte systematisch untersucht. Hiernach haben wir „Hauptkurven" (Absorptionskurven mit einheitlichem Panzermaterial) und „Übergangskurven" zu unterscheiden (Absorptionskurven an der Grenze zweier verschiedener Schwächungskurven; Abb. 27 und 28). Mit wachsender Absorberdicke nähert sich die Übergangskurve der Hauptkurve. Die Breite dieses Übergangsgebietes ist von der Größe 15 cm Pb. In diesem Gebiet kann man nicht den Absorptionskoeffizienten der primären Strahlung berechnen, wohl aber bei seiner Kenntnis den der Sekundärstrahlen. Der μ-Wert der primären Strahlung kann immer erst aus Messungen hinter großen Panzerdicken einheitlichen Materials bestimmt werden[6].

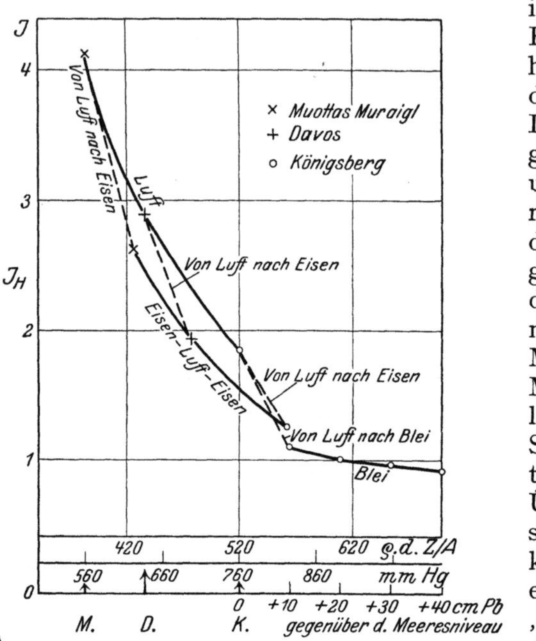

Abb. 26. Sprung in der Intensitätskurve beim Übergang von einem zum anderen Absorptionsmedium (STEINKE).

[1] G. HOFFMANN, Phys. ZS. Bd. 26, S. 40 u. 669. 1925; Bd. 27, S. 291. 1926; Ann. d. Phys. Bd. 80, S. 779. 1926; Naturwissensch. Bd. 14, S. 622. 1926; R. A. MILLIKAN, Phys. Rev. Bd. 23, S. 778. 1924; F. BEHOUNEK, Phys. ZS. Bd. 27, S. 8, 536 u. 712. 1926; V. F. HESS, ebenda Bd. 27, S. 159. 1926.

[2] G. HOFFMANN, Schriften d. Königsb. Gel. Ges. Bd. 4, S. 1. 1927; Ann. d. Phys. Bd. 82, S. 413. 1927.

[3] E. G. STEINKE, ZS. f. Phys. Bd. 48, S. 647. 1928.

[4] L. MYSSOWSKY u. L. TUWIM, ZS. f. Phys. Bd. 50, S. 273. 1928.

[5] E. G. STEINKE, Phys. ZS. Bd. 31, S. 1019. 1930; H. SCHINDLER, ZS. f. Phys. Bd. 72, S. 625. 1931. *Anm. bei der Korr.:* E. J. WORKMAN hat diese Übergangseffekte inzwischen an γ-Strahlen studiert (Phys. Rev. Bd. 43, S. 859. 1933).

[6] Leider fehlen zur Zeit noch exakte Untersuchungen über die Absorption mit genügend dicken Panzern verschiedener Ordnungszahl. Natürlich sind die hier gewonnenen μ Mittelwerte für das Strahlungsgemisch. Eine Zerlegung in die einzelnen primären Komponenten

Nach Kenntnis dieser Übergangseffekte wird uns nunmehr das vielfache Durcheinander in den älteren Angaben der μ-Werte verständlich, die oft aus Messungen an zu dünnen Schichten gewonnen waren.

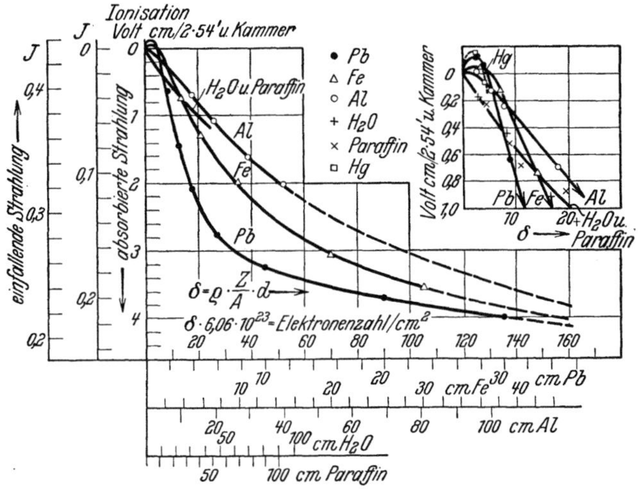

Abb. 27. Hauptkurven (nach SCHINDLER) bei verschiedenen Absorbern.

JOHNSON hat versucht, bei den SCHINDLERschen Messungen eine Zerlegung in Primär- und Sekundäranteile vorzunehmen und die μ-Werte zu berechnen[1]. Seine Voraussetzungen dazu waren folgende:

1. Die primäre Strahlung, die selber nicht ionisieren soll[2], wird in einem Medium m entsprechend dem Absorptionskoeffizienten $\nu(m)$ geschwächt, der von m abhängt.

2. Die primäre Strahlung erzeugt in einem Medium m die ionisierende korpuskulare Sekundärstrahlung, deren Intensität der primären proportional ist und deren Härte und Auslösungsfaktor $\beta(m)$ von m abhängen.

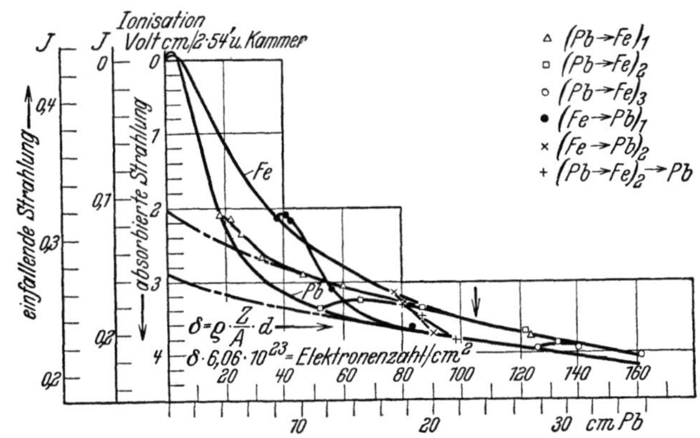

Abb. 28. Übergangskurven zwischen Blei und Eisen. (Nach SCHINDLER.)

3. Der Absorptionskoeffizient $\mu(m, n)$ der Sekundärstrahlen in einem Medium richtet sich sowohl nach dem Medium n, in dem sie erzeugt werden, wie auch nach dem Medium m, in dem sie absorbiert werden. Tabelle 4 zeigt die Werte für ν und μ, die JOHNSON aus den SCHINDLERschen Haupt- und Übergangskurven berechnet hat. Generell ergibt sich daraus, daß in schweratomigen Elementen zwar mehr, aber energieärmere Sekundärstrahlung erzeugt wird als in solchen niedrigerer Ordnungszahl.

(REGENER) ist hierbei nicht möglich. *Anm. bei der Korr.*: Inzwischen sind Messungen mit großen Absorberdicken und verschiedenen Materialien durchgeführt (E. G. STEINKE u. H. TIELSCH, ZS. f. Phys., im Erscheinen). Darnach ist 1 cm Pb 1,18 cm Fe oder 3,5 cm Al äquivalent. Nach Schalenelektronen berechnet, hätte 1 cm Pb 1,29 cm Fe oder 3,46 cm Al entsprechen müssen, bei Einrechnung auch der Kernelektronen 1,52 cm Fe oder 4,22 cm Al. Die Annahmen über die Streuung der Ultrastrahlung an allen Elektronen sind mit diesen Versuchen nicht in Einklang zu bringen.

[1] TH. H. JOHNSON, Phys. Rev. Bd. 40, S. 468. 1932; Bd. 41, S. 545. 1932.

[2] Die Verhältnisse ändern sich nicht erheblich bei Annahme einer ionisierenden Primärstrahlung.

Tabelle 4. Berechnung der Absorptionskoeffizienten der primären und sekundären Strahlung aus SCHINDLERS Übergangskurven (JOHNSON).

Primär: $r_{Fe} = 0{,}0020\ cm^2$/g-Elektron; $r_{Pb} = 0{,}0014\ cm^2$/g-Elektron.
Sekundär:

$\mu(m, n)$		Entstehungsmedium n		
		Luft	Eisen	Blei
Absorptionsmedium m	Eisen	0,066	0,099	0,107 cm^2/g-Elektron
	Blei	0,11	0,159	0,218 ,,

8. Absorptionsmessungen der korpuskularen Ultrastrahlung. Die in einer Ionisationskammer durch die Ultrastrahlung erzeugte Ionisation muß im Falle einer primären Wellenstrahlung durch Korpuskeln sekundärer Natur hervorgerufen sein, wobei es einfache Ionisationskammerbeobachtungen nicht gestatten, Natur und Reichweite dieser Teilchen zu bestimmen. (Gewisse Ausnahmen hiervon machen die eben besprochenen Übergangseffekte.) Auf sehr geschwinde Korpuskeln, die als Sekundärkorpuskeln der Ultrastrahlung gedeutet wurden, hatte schon 1926 SKOBELZYN[1] aus Nebelkammeraufnahmen geschlossen, aber erst 1929 erbrachten BOTHE und KOLHÖRSTER[2] in ihren grundlegenden Zählrohrkoinzidenzversuchen den Nachweis sehr durchdringender Ultrastrahlungskorpuskeln. Sie deuteten das gleichzeitige Ansprechen zweier übereinanderliegender Zählrohre durch die Annahme, daß ein und dasselbe ionisierende Teilchen beide Zählrohre durchflogen hatte. Sie bestimmten aus der Abnahme der Koinzidenzen in Abhängigkeit von dazwischengeschobenen Absorbern den Schwächungskoeffizient dieser korpuskularen Ultrastrahlung. Er ergab sich überraschenderweise etwa ebenso groß wie der für die gesamte Ultrastrahlung mit Ionisationskammern gemessene Wert. Daher schien es möglich, daß die Ultrastrahlung selber primär aus solchen Korpuskeln besteht. ROSSI[3] hat die BOTHE-KOLHÖRSTERschen Versuche sehr eingehend weitergeführt. Er hat Dreifachkoinzidenzen noch durch rund 1 m Pb erhalten und daraus einen μ-Wert bestimmt, der sich wieder in guter Übereinstimmung mit dem aus Wasserversenkmessungen bekannten μ-Wert der gesamten Ultrastrahlung befindet. Wenn aber so weit reichende Sekundärkorpuskeln vorhanden sind, so ergibt sich bei Annahme einer primären Wellenstrahlung die Schwierigkeit, daß die Atmosphäre noch gar nicht zur Sättigung mit Sekundärstrahlen ausreicht. Die Bestimmung des μ-Wertes in diesem Bereich, der ja dann noch Übergangsgebiet ist, würde sinnlos werden. ROSSI diskutiert die Schwierigkeiten eingehend und kommt zu dem Schluß, daß seine Messungen nicht der Annahme einer primären Korpuskularstrahlung widersprechen, deren Energie dann allerdings mindestens $5 \cdot 10^9$ e-Volt betragen würde[4].

ROSSI[5] hat weiterhin nachgewiesen, daß aus Pb eine neue sekundäre Korpuskularstrahlung ausgelöst wird. Er hat diese bei verschiedenen Materialien verfolgt und auch den Übergangseffekt studiert[6]. Sie muß ganz besondere Eigenschaften haben, denn auch zwei nebeneinanderliegende Zählrohre geben mit einem darüberliegenden dritten Dreifachkoinzidenzen, wenn Pb darüber oder

[1] D. SKOBELZYN, ZS. f. Phys. Bd. 43, S. 354. 1927.

[2] W. BOTHE u. W. KOLHÖRSTER, Nature Bd. 123, S. 638. 1929; Naturwissensch. Bd. 17, S. 271. 1929; ZS. f. Phys. Bd. 56, S. 751. 1929; Phys. ZS. Bd. 30, S. 516. 1929.

[3] B. ROSSI, Naturwissensch. Bd. 18, S. 1096. 1930; Bd. 20, S. 65. 1932; Cim. Bd. 8, S. 49. 1931; ZS. f. Phys. Bd. 68, S. 64. 1931; Lincei Rend. (6) Bd. 13, S. 600. 1931; (6) Bd. 15, S. 62. 1932; Journ. de Phys. et le Radium Bd. 3, S. 156. 1932.

[4] Siehe hierzu besonders W. HEISENBERG, Ann. d. Phys. Bd. 13, S. 430. 1932.

[5] B. ROSSI, ZS. f. Phys. Bd. 68, S. 64. 1931.

[6] B. ROSSI, Lincei Rend. Bd. 13, S. 600. 1931; Bd. 15, S. 734. 1932; B. ROSSI u. B. CRINO, ebenda Bd. 15, S. 741. 1932.

sogar darunter angebracht wird[1]. Dieses ist ein Vorgang, der mit normalen Vorstellungen nicht vereinbar ist, sondern der auf ein „Gruppenphänomen" hindeutet (Hinweis von SKOBELZYN[2] aus seinen Nebelkammeraufnahmen).

Das gruppenweise Auftreten von sekundären Korpuskularstrahlen ist in letzter Zeit von JOHNSON und Mitarbeiter[3] mit Zählrohren eingehend untersucht worden. Abb. 29 zeigt die Anordnung, mit der sie das Auftreten von mindestens zwei zusammengehörenden Sekundärteilchen nachgewiesen haben. Bei Hinzufügen von Pb in der eingezeichneten Lage trat eine Vermehrung der Koinzidenzen ein, was nur durch gruppenweises Auftreten erklärt werden kann. Abb. 30 zeigt die Anordnung, mit der sie die Frage zu lösen hofften, ob die primäre Strahlung auch ionisierend sei[4]. Es bestehen folgende Möglichkeiten: 1. der primäre Strahl ionisiert nicht und erzeugt

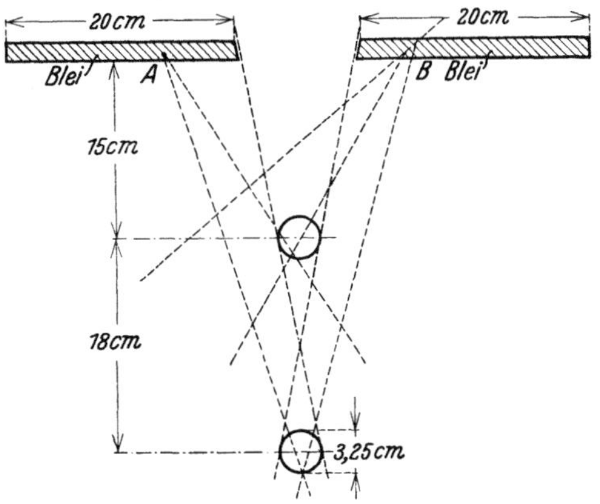

Abb. 29. Versuchsanordnung (von JOHNSON und STREET) zum Nachweis des gruppenweisen Auftretens von Sekundärkorpuskeln.

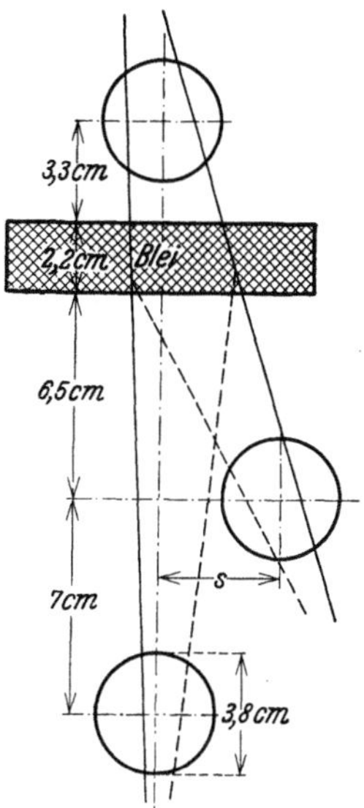

Abb. 30. Versuchsanordnung (von JOHNSON und STREET) zur Untersuchung, ob der primäre Strahl auch ionisiert.

in einem Kern zwei oder mehr ionisierende Teilchen nach verschiedenen Richtungen; 2. der primär nicht ionisierende Strahl erzeugt die ionisierenden Teilchen nicht von einem, sondern von verschiedenen Kernen und 3. der primäre Strahl ionisiert auch. Nach Abb. 30 legten sie einmal kein Pb zwischen die Zählrohre und dann Pb zwischen das erste und zweite Zählrohr. Ionisiert der primäre Strahl nicht, dann sollte man annehmen, daß Sekundärstrahlengruppen, die in dem Blei erzeugt wurden, nicht mehr Dreifachkoinzidenzen gaben. (Die von ROSSI nachgewiesene Rückwärtsstreuung wird dabei anscheinend außer Betracht gelassen.) Das Blei bewirkte jedoch eine erhebliche 30 bis 50% betragende Zunahme der Dreifachkoinzidenzen, besonders bei größerem seitlichen Abstand des mittleren Zählrohres. JOHNSON und STREET schließen daraus, daß der die Sekundärstrahlgruppen in Pb auslösende Strahl selber ein ionisierender ist. Damit ist allerdings noch nicht gesagt, daß er primär nicht auch durch einen nichtionisierenden Impuls hervorgerufen sein kann[5].

[1] B. ROSSI, Phys. ZS. Bd. 33, S. 304. 1932. *Anm. bei der Korr.:* Eine neuere Zusammenstellung siehe B. ROSSI, ZS. f. Phys. Bd. 82, S. 151. 1933.

[2] D. SKOBELZYN, ZS. f. Phys. Bd. 43, S. 354. 1927.

[3] TH. H. JOHNSON u. J. C. STREET, Phys. Rev. Bd. 40, S. 638. 1932.

[4] J. C. STREET u. TH. H. JOHNSON, Phys. Rev. Bd. 42, S. 142. 1932.

[5] Siehe hierzu auch die Streuversuche von W. HEIDECKE, Dissert. Tübingen 1931. *Anm. bei der Korr.:* Eine eingehende Untersuchung auf diesem Gebiet ist inzwischen von E. FÜNFER veröffentlicht worden (ZS. f. Phys. Bd. 83, S. 92. 1933).

Das durch diese Untersuchungen einwandfrei festgestellte gruppenweise Auftreten von Sekundärkorpuskeln zeigt, daß die Wechselwirkung zwischen Ultrastrahlung und Materie nicht in Comptonprozessen bestehen kann. Die Anwendung der Klein-Nishina-Formel für die Berechnung der Wellenlängen aus dem beobachteten Absorptionskoeffizienten erscheint daher zweifelhaft.

Andererseits kann man den Gegensatz, der zwischen den Ergebnissen der Übergangseffekte und den Absorptionsmessungen der korpuskularen Ultrastrahlung darin bestand, daß die Breite der Übergangsgebiete nur ca. 15 cm Pb, die Reichweiten der Sekundärkorpuskeln dagegen 1 m Pb und darüber betragen sollten, durch folgende von JOHNSON[1] vorgeschlagene Umdeutung der Absorptionsversuche der Korpuskularstrahlung beseitigen. JOHNSON nimmt an, daß bei zwei oder mehr Zählrohren, zwischen denen erhebliche Absorbermengen liegen, die Koinzidenz nicht durch ein und dieselbe Korpuskel hervorgerufen wird, sondern daß in dem Absorber von dem Primärstrahl eine neue Korpuskel ausgelöst wird, welche das zweite Zählrohr durchsetzt. Die Reichweiten- und Energiebestimmungen der Korpuskeln nach dieser Methode wären demnach nicht zutreffend, sondern die Korpuskeln könnten selber eine viel kleinere Reichweite, etwa entsprechend den Übergangsmessungen, haben. Gemessen wird dann damit das Durchdringungsvermögen der die Korpuskeln erzeugenden primären Strahlung, so daß die Übereinstimmung zwischen dem μ der Ultrastrahlung und dem μ der Korpuskularstrahlung dadurch erklärlich wird.

9. Ionisationsenergie der Ultrastrahlungskorpuskeln. Das gruppenweise Auftreten von Sekundärstrahlungskorpuskeln spielt eine gewisse Rolle bei der Berechnung der Ionisationsenergie der Ultrastrahlung. Aus ihren ersten Versuchen schlossen BOTHE und KOLHÖRSTER[2], daß auf den Quadratzentimeter Oberfläche im Meeresniveau rund alle 100 Sekunden eine Ultrastrahlungskorpuskel auftrifft. Durch Vergleich mit der Ionisation in Kammern errechneten sie daraus eine spezifische Ionisation von ca. 90 Ionen pro cm Luftäquivalent und für die Gesamtenergie der Ultrastrahlung aus dem Verlust beim Durchsetzen der Atmosphäre allein eine untere Grenze von $2 \cdot 10^9$ e-Volt. KOLHÖRSTER und TUWIM[3] leiten 1931 aus der Theorie des vertikalen Zählrohreffektes (s. Ziff. 11) den Wert genauer ab und kommen auf 135 Ionen pro cm L.Ä. JOHNSON[4] macht dagegen darauf aufmerksam, daß infolge des Gruppenphänomens, das im Zählrohr nur zu einem Stoß Veranlassung gibt, die spezifische Ionisation des einzelnen Teilchens zu groß berechnet worden sei und sie sich dafür nur zu etwa 30 bis 40 Ionen ergibt, was auch LOCHER[5] aus Wilsonaufnahmen gefunden hat (für die Berechnung der Gesamtenergie muß man aber die mittlere spezifische Ionisation der ganzen Gruppe berücksichtigen, so daß die KOLHÖRSTERsche Berechnung dieses Wertes zu Recht besteht und nur die spezifische Ionisation des einzelnen Teilchens kleiner anzusetzen ist).

Da die Sekundärkorpuskeln der Ultrastrahlung im Gegensatz zu den Rückstoßelektronen der Radiumstrahlen sehr große Reichweiten haben, ist in großen Ionisationskammern die von den einzelnen Teilchen bzw. einer Gruppe momentan gebildete Ionisation schon sehr erheblich und wesentlich höher als bei der Ionisation durch radioaktive Strahlung. Zur Erzeugung einer gleichen Gesamt-

---

[1] TH. H. JOHNSON, Phys. Rev. Bd. 41, S. 545. 1932.

[2] W. BOTHE u. W. KOLHÖRSTER, Phys. ZS. Bd. 30, S. 516. 1929.

[3] W. KOLHÖRSTER u. L. TUWIM, ZS. f. Phys. Bd. 73, S. 130. 1931; Naturwissensch. Bd. 19, S. 917. 1931.

[4] TH. H. JOHNSON, Phys. Rev. Bd. 41, S. 545. 1932.

[5] G. LOCHER, Phys. Rev. Bd. 39, S. 883. 1932. *Anm. bei der Korr.:* Siehe hierzu auch die Entgegnung von W. KOLHÖRSTER u. L. TUWIM, ZS. f. Phys. Bd. 81, S. 435. 1933.

ionisation genügt deshalb bei Ultrastrahlung eine weit kleinere Anzahl von Einzeleffekten als bei Radium-γ-Strahlen, und daraus resultiert eine wesentlich größere statistische Schwankung der durch Ultrastrahlung hervorgerufenen Ionisation. Nach PFORTE[1] ist diese rund 7mal größer als bei Radiumionisation. Sie tritt in nebeneinanderliegenden Kammern nicht simultan auf, dagegen zeigt sich in übereinanderliegenden Kammern entsprechend der Bevorzugung des senkrechten Einfalls und des dann möglichen gleichzeitigen Durchsetzens der beiden Kammern von denselben Korpuskeln eine gewisse Übereinstimmung. Mit einer fast 5 m langen, 8 cm dicken Hochdruckionisationskammer haben SWANN und STREET[2] versucht, die von den einzelnen Ultrastrahlungskorpuskeln hervorgerufenen Ionisationen direkt zu messen.

Besonders große Einzeleffekte hat zuerst HOFFMANN bei seiner Schweizer Druckapparatur[3] bemerkt, diese traten nur einige Male am Tage auf und stellten Ladungsübergänge von einigen Millionen Elementarquanten dar. Es lag zunächst nahe, an Apparaturstörungen zu denken. Zwei Jahre später zeigte sie die neue Hallenser Doppelapparatur[4] jedoch auch, und sie verschwanden nach Abschirmung der Ultrastrahlung bei Messungen in Bergwerken. Dadurch war der Nachweis eines reellen, mit der Ultrastrahlung zusammenhängenden Effektes erbracht, zu dessen Erklärung Atomzertrümmerungsprozesse als möglich angesehen wurden. STEINKE und SCHINDLER, die über das Auffinden solcher „Stöße" ebenfalls 1930 berichteten[5], konnten dann 1932 nachweisen, daß die Stöße durch Atomtrümmer aus dem die Kammer umgebenden Panzer bewirkt wurden, welcher durch die Ultrastrahlung zertrümmert wurde[6]. Sie erhielten in einer kleinen, ca. 2 l Inhalt fassenden Ionisationskammer ohne alles Blei 0,007, bei 10 cm Blei an den Seiten 0,040 und bei allseitig 10 cm Blei 0,069 Stöße pro Kammer und Stunde. Die Häufigkeit der Stöße entsprach etwa dem Wirkungsquerschnitt eines H-Kerns[7] (10^{-32} cm^2), die Größe der Stöße (1 bis 10 Millionen E.Q.) ergab bei Annahme eines einzelnen ionisierenden Teilchens 10000 bis 100000 E.Q./cm L.Ä. Es liegt jedoch die Wahrscheinlichkeit sehr nahe, daß nicht ein einzelnes Teilchen, sondern eine ganze Garbe diese Ionisation bewirkt. Immerhin müssen auch dann die dabei wirksamen Teilchen sich in ihrem Ionisationsvermögen noch stark unterscheiden, und es müssen auch Teilchen — wahrscheinlich höherer Ladung — darunter sein, die wesentlich stärker ionisieren als die aus Zählrohrmessungen und Wilsonaufnahmen bekannten Korpuskeln, deren mittleres spezifisches Ionisationsvermögen rund 40 E.Q./cm L.Ä. beträgt. Sonst könnten die großen gemessenen Ionenmengen erst durch mehrere tausend Elektronen oder mehrere hundert Protonen — bei voller Ausnutzung ihrer Reichweite — hervorgerufen sein. Allerdings entspricht die Abhängigkeit der Stoßgröße vom Druck ganz der Druckabhängigkeit der Ionisation durch Ultrastrahlung[8], was im Gegensatz dazu wieder auf eine weitgehende Übereinstimmung der spezifischen Ionisationen

[1] W. S. PFORTE, ZS. f. Phys. Bd. 65, S. 92. 1930; Bd. 72, S. 511. 1931.

[2] W. F. G. SWANN, Journ. Frankl. Inst. Bd. 206, S. 771. 1928; W. F. G. SWANN u. J. C. STREET, Phys. Rev. Bd. 40, S. 1049. 1932.

[3] G. HOFFMANN u. F. LINDHOLM, Gerl. Beitr. z. Geophys. Bd. 20, S. 12. 1928. Beobachtungen darüber damals nicht veröffentlicht!

[4] G. HOFFMANN u. W. S. PFORTE, Phys. ZS. Bd. 31, S. 347. 1930; W. S. PFORTE, ZS. f. Phys. Bd. 65, S. 92. 1930.

[5] E. G. STEINKE, Phys. ZS. Bd. 31, S. 1019. 1930.

[6] E. G. STEINKE u. H. SCHINDLER, ZS. f. Phys. Bd. 75, S. 115. 1932; Naturwissensch. Bd. 20, S. 491. 1932.

[7] Vgl. die Notiz von W. HEISENBERG, Naturwissensch. Bd. 20, S. 365. 1932.

[8] Nach neuen noch nicht veröffentlichten Messungen von E. G. STEINKE und A. GASTELL. *Anm. bei der Korr.:* Inzwischen auch von W. MESSERSCHMIDT gefunden (Naturwissensch. Bd. 21, S. 285. 1933).

hinweist. Das Füllgas spielt, wie STEINKE und GASTELL[1] gezeigt haben, nur eine ionisierende Rolle. Untersuchungen über Häufigkeit und Größe der Zertrümmerungsstöße bei verschiedenen Materialien sind erst noch im Gange. Sind die Stöße durch vielteilige Schwaden von Atomtrümmern hervorgerufen, so wären bei leichteren Elementen kleinere Maximalstöße zu erwarten[2]. Für den Verlauf der Häufigkeitskurve (Abb. 31), die die Zahl der Stöße in Abhängigkeit von der Größe angibt, konnte bisher noch keine einwandfreie Erklärung gefunden werden. Sie scheint hauptsächlich durch die Unterschiede in dem Ionisationsvermögen der ankommenden Teilchen bzw. ihrer Anzahl bedingt zu sein, hängt aber auch noch von der Gestalt der Ionisationskammern ab. Beachtlich ist, daß die Zahl der Teilchen mit abnehmender Größe nicht kontinuierlich zunimmt, sondern durch ein Maximum geht. Die Annahme, daß diese Stöße nur einen Grenzfall normaler Wechselwirkung zwischen Ultrastrahlung und Materie darstellen sollten, indem dort ausnahmsweise viel Korpuskeln die Kammer auf einmal durchsetzen, verlangt dagegen doch wohl, daß die Häufigkeitskurve mit abnehmender Stoßgröße ständig zunehmen müßte.

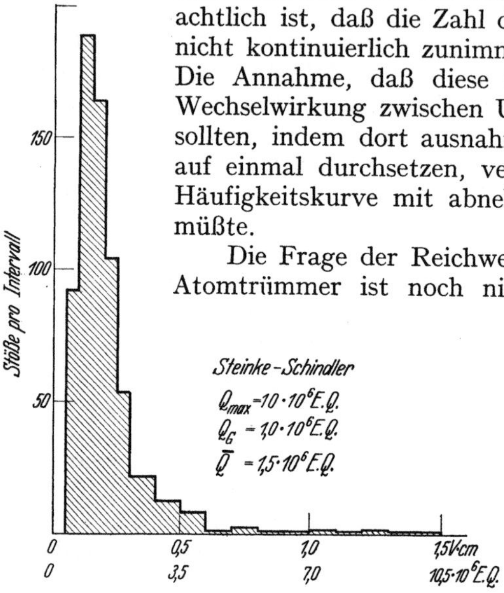

Abb. 31. Häufigkeitsverteilung der Stoßgrößen. (Nach STEINKE-SCHINDLER.)

Die Frage der Reichweite der bei den Stößen auftretenden Atomtrümmer ist noch nicht definitiv gelöst. STEINKE und SCHINDLER[3] geben sie nach vorläufigen Messungen mit 5 und 10 cm Blei zu mindestens 10 cm Blei an. MESSERSCHMIDT[4] hat bei Verstärkung des Panzers auf 20 cm Blei noch eine geringe Zunahme der Stoßzahl erhalten. Es ist aber dabei zu beachten, worauf STEINKE[5] ganz besonders hinweist, daß noch ein Zwischenprodukt nichtionisierender Korpuskeln bestehen könnte, welches aus solchen Tiefen kommt, und dann seinerseits erst die stark ionisierenden Teilchen auslöst, die vielleicht nur Reichweiten von einigen Millimetern Blei haben. STEINKE stellt dazu Koinzidenzversuche mit zwei Kammern und Blei dazwischen in Aussicht. Die Lösung dieser Frage ist wichtig für die Energiebestimmung dieser Stöße. Die größten gemessenen Stöße (ca. 200 Millionen E.Q.; Abb. 32 zeigt einige größere Stöße nach Registrierungen von GASTELL) stellen bei Annahme einer Bildungsenergie von 30 Volt pro Innenpaar bereits Energien von $6 \cdot 10^9$ *e*-Volt dar. Wenn man bedenkt, daß hierbei in den Kammern nur ein Teil ihrer wahren Reichweite zur Wirksam-

---

[1] E. G. STEINKE, Forsch. u. Fortschr. Bd. 9, S. 62. 1933. *Anm. bei der Korr.:* Inzwischen von W. MESSERSCHMIDT bestätigt und an mehreren Füllgasen nachgeprüft (Naturwissensch. Bd. 21, S. 285. 1933.)

[2] *Anm. bei der Korr.:* Inzwischen von E. G. STEINKE, A. GASTELL u. H. NIE untersucht (Naturwissensch. Bd. 21, S. 560. 1933). Es ergeben sich überraschenderweise bei den leichteren Elementen mehr größere Stöße; auch ist die Stoßhäufigkeit bei ihnen im Verhältnis zu ihrer Absorptionswirkung relativ groß. (Mittlere Stoßgröße bei allseitig 10 cm Pb oder Fe oder Al 3,15 bzw. 3,48 bzw. $3{,}74 \cdot 10^6$ E.Q. Stoßhäufigkeiten 1,13 bzw. 1,20 bzw. 0,90 Stöße/Stunde.)

[3] E. G. STEINKE u. H. SCHINDLER, Naturwissensch. Bd. 20, S. 491. 1932.

[4] W. MESSERSCHMIDT, ZS. f. Phys. Bd. 78, S. 668. 1932.

[5] E. G. STEINKE, Forsch. u. Fortschr. Bd. 9, S. 62. 1933.

keit kam, so müßte die gesamte Energie noch wesentlich höher sein. Nach REGENER soll dagegen die härteste Komponente der Ultrastrahlung unter Annahme einer Wellenstrahlung nur eine Energie von 10^9 e-Volt besitzen. (Im Falle einer Korpuskularstrahlung wäre sie allerdings 1 bis 2 Größenordnungen höher.) Hier klafft ein Widerspruch, der zur Zeit noch nicht zu überwinden ist, es sei denn, man nimmt an, ein Teil der bei den Stößen auftretenden Energien stammt aus Zerstrahlungsprozessen des Kerns (Gesamtenergie des Bleikerns $2 \cdot 10^{11}$ e-Volt).

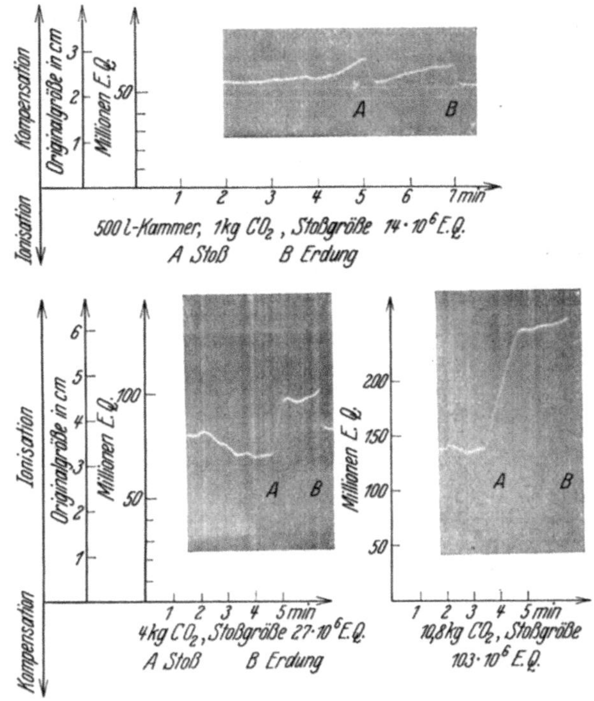

Abb. 32. Registrierung von Stößen. (Nach STEINKE u. GASTELL.)

Die Frage nach der Abhängigkeit der Zahl der Stöße von der Intensität der Ultrastrahlung ist bisher nicht eingehend untersucht worden. COMPTON[1] gibt an, daß er in größeren Höhen wesentlich häufiger Stöße beobachtet habe, und macht deshalb besonders die weichen Komponenten für ihr Auftreten verantwortlich[2].

Um die Schwierigkeiten zu umgehen, die sich aus der Forderung weitreichender und stark ionisierender Teilchen ergeben[3], schlägt DELBRÜCK[4] die Annahme von hypothetischen Teilchen mit der Masse Eins und der Ladung M vor, die sich allmählich neutralisieren sollen. Exakte Aufnahmen der Höhenkurve mit Zählrohr und Ionisationskammer müßten danach erhebliche Unterschiede zeigen. Entsprechende Messungen fehlen zur Zeit noch, da die PICCARDschen Zählrohrmessungen[5] wohl zu ungenau sind.

10. Magnetische Ablenkungsversuche. *a) Untersuchungen mit Zählrohr und Nebelkammer.* Um Aufschluß über die Natur der Korpuskeln zu erhalten, die bei der Wechselwirkung zwischen Ultrastrahlung und Materie auftreten, sind zahlreiche magnetische Ablenkungsversuche teils mit Zählrohren, teils mit Nebelkammern gemacht worden, von denen besonders die letzteren in allerjüngster Zeit wertvolle Aufschlüsse gebracht haben. Die Ablenkungsversuche mit durch Zählrohrkoinzidenzen ausgeblendeten Strahlenbündeln sind in ihren

[1] A. H. COMPTON, Phys. Rev. Bd. 41, S. 681. 1932.

[2] *Anm. bei der Korr.:* Die neuen Registrierungen von E. G. STEINKE, A. GASTELL u. H. NIE (Naturwissensch. Bd. 21, S. 560. 1933) zeigen einen starken „Barometereffekt" der Stoßhäufigkeit, was auf besondere Mitwirkung der weichsten Ultrastrahlungskomponenten bei den Stoßprozessen hinweist.

[3] Siehe hierzu auch die Notiz von H. BETHE in seiner Arbeit: ZS. f. Phys. Bd. 76, S. 293. 1932.

[4] M. DELBRÜCK, Nature (21. Okt.) 1932, S. 627.

[5] A. PICCARD, E. STAHEL u. P. KIPFER, C. R. Bd. 195, S. 71. 1932; Naturwissensch. Bd. 20, S. 592. 1932.

Ergebnissen widerspruchsvoll; während CURTISS[1] bei Benutzung eines Feldes von 7000 Gauß in Luft eine Abnahme der Koinzidenzen um 25% gefunden hat, können TUVE[2], MOTT-SMITH[3], ROSSI[4], die die Induktion im Eisen benutzen wollen, um die Feldstärke zu erhöhen und deshalb die Ultrastrahlung durch ein magnetisiertes Eisenstück schicken, keinen solchen Einfluß feststellen. Sie schließen daraus, daß die Strahlen energiereicher als 10^9 e-Volt sein sollen.

Dagegen hatte SKOBELZYN[5], dem wir die ersten Wilsonaufnahmen von Ultrastrahlungskorpuskeln im Magnetfeld verdanken, neben sehr harten Korpuskularstrahlen auch solche von nur einigen Millionen Volt gefunden, und auch auf das relativ häufige Auftreten von Mehrfachbahnen mit zum Teil gleichem Emissionszentrum hingewiesen. Er nahm aber in einer späteren Arbeit doch wieder an, daß diese Korpuskeln durch Comptonprozesse mit einer primären Ultra-γ-Strahlung entstehen[6].

Eine Kombination von Nebelkammer und Zählrohr ist von MOTT-SMITH und LOCHER[7] aufgestellt worden, mit der, wie bereits erwähnt, das gleichzeitige Auftreten von Nebelspur und Zählrohrausschlag nachgewiesen wurde. Magnetische Messungen verliefen erfolglos, trotzdem $2 \cdot 10^9$ e-Volt-Elektronen noch hätten beeinflußt werden können. LOCHER[8] leitet aus seinen Wilsonaufnahmen eine spezifische Ionisation der einzelnen Ultrastrahlungskorpuskeln von ca. 36 E.Q./cm L.Ä. ab und macht für das höhere Ergebnis von KOLHÖRSTER und TUWIM[9] das Gruppenphänomen verantwortlich, das er durch seine Wilsonaufnahmen bestätigt.

Tabelle 5. Energieverteilung der beobachteten Korpuskularstrahlen nach ANDERSON.

Anzahl der negativen Teilchen	Anzahl der positiven Teilchen	Energiebereich in Millionen Volt
2	0	unter 1
4	0	von 1 bis 10
6	1	„ 10 „ 20
4	1	„ 20 „ 30
3	3	„ 30 „ 50
1	3	„ 50 „ 100
5	5	„ 100 „ 200
4	2	„ 200 „ 300
5	2	„ 300 „ 400
1	4	„ 400 „ 500
3	3 (für 500–1000)	„ 500 „ 700
2		„ 700 „ 1000

MILLIKAN und ANDERSON[10] haben mit sehr starken Magnetfeldern bis zu 20000 Gauß mehrere tausend Aufnahmen gemacht, von denen ca. 2% Bahnspuren der Ultrastrahlungskorpuskeln enthielten, die in vielen Fällen gekrümmt waren. Überraschenderweise erhielten sie eine beträchtliche Anzahl (30%) positiver Teilchen, die sie zunächst als Protonen deuteten. Auch erhielten sie 8 Aufnahmen von Mehrfachbahnen. Tabelle 5 gibt die berechneten Energien, die

[1] L. F. CURTISS, Phys. Rev. Bd. 34, S. 1391. 1929; Bd. 35, S. 1433. 1930; Bur. Stand. Journ. Res. Bd. 9, S. 815. 1932.

[2] M. A. TUVE, Phys. Rev. Bd. 35, S. 651. 1930.

[3] L. M. MOTT-SMITH, Phys. Rev. Bd. 35, S. 1125. 1930; Bd. 37, S. 1001. 1931; Bd. 39, S. 403. 1932.

[4] B. ROSSI, Phys. Rev. Bd. 36, S. 606. 1930; Lincei Rend. (6) Bd. 11, S. 478. 1930; Nature Bd. 128, S. 300. 1931; Cim. (N. S.) Bd. 8, S. 189. 1931.

[5] D. SKOBELZYN, ZS. f. Phys. Bd. 54, S. 686. 1929.

[6] P. AUGER u. D. SKOBELZYN, C. R. Bd. 189, S. 55. 1929; weitere Aufnahmen s. C. R. Bd. 194, S. 118. 1932; Bd. 195, S. 315. 1932.

[7] L. M. MOTT-SMITH u. G. L. LOCHER, Phys. Rev. Bd. 38, S. 1399. 1931.

[8] G. L. LOCHER, Phys. Rev. Bd. 39, S. 883. 1932.

[9] W. KOLHÖRSTER u. L. TUWIM, ZS. f. Phys. Bd. 73, S. 130. 1931; Naturwissensch. Bd. 19, S. 917. 1931.

[10] R. A. MILLIKAN u. C. D. ANDERSON, Phys. Rev. Bd. 40, S. 325. 1932; C. D. ANDERSON, Phys. Rev. Bd. 41, S. 405. 1932.

Abb. 33, 34, 35 zeigen einige der Aufnahmen. Auch KUNZE[1] erhält mit einem Feld bis zu 18000 Gauß auf ca. 80 Aufnahmen solche Krümmungen der Bahn-

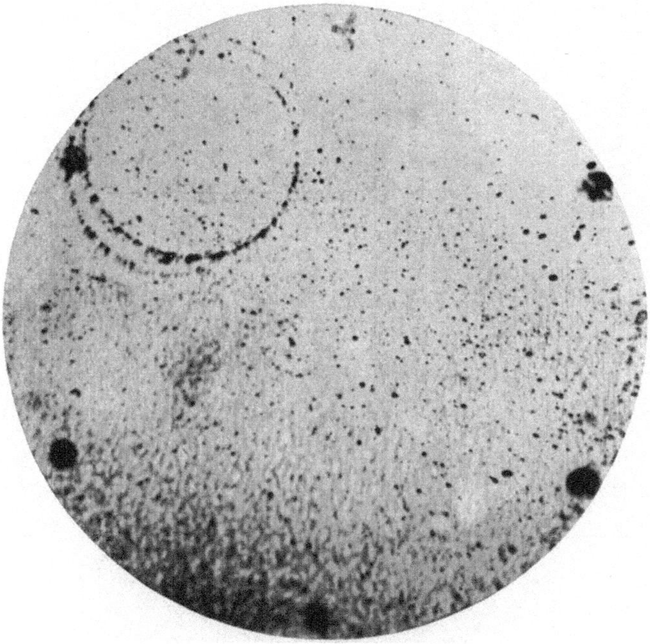

Abb. 33. Nebelkammeraufnahme von ANDERSON. Feldstärke 12000 Gauß, 1 Elektron von $8 \cdot 10^6$ Volt.

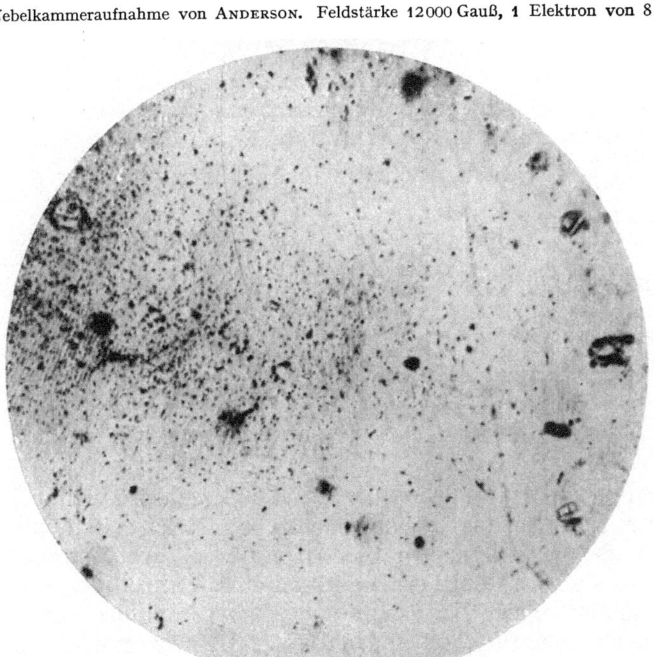

Abb. 34. Nebelkammeraufnahme von ANDERSON. 17000 Gauß. Ein Proton von $450 \cdot 10^6$ Volt.

[1] P. KUNZE, ZS. f. Phys. Bd. 79, S. 203. 1932; Bd. 80, S. 559. 1933. *Anm. bei der Korr.:* Weitere Ergebnisse siehe ZS. f. Phys. Bd. 83, S. 1. 1933.

spuren, daß er die Energie berechnen kann. Er erhält sogar 60% positive Teilchen und Energien bis zu $1 \cdot 10^{10}$ e-Volt (Abb. 36). ANDERSON[1] kommt jedoch

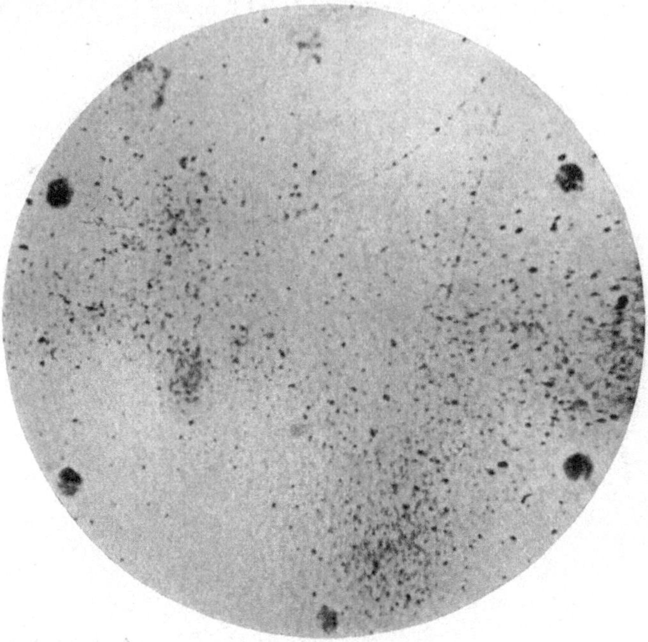

Abb. 35. Nebelkammeraufnahme von ANDERSON. 12000 Gauß. Ein Elektron von $27 \cdot 10^6$ und wahrscheinlich ein Proton von $450 \cdot 10^6$ Volt.

neuerdings durch weitere Aufnahmen zu einem anderen Schluß betreffs der positiven Teilchen. Durch in die Kammer geschobenes Blei von einigen Millimetern Dicke ist es möglich, die darin ausgelösten Sekundärkorpuskeln zu beobachten (Abb. 37). Die aus der Bahnkrümmung unter der Annahme einer

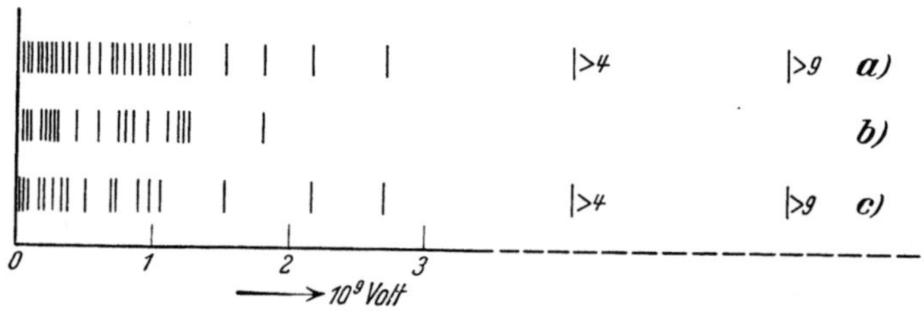

Abb. 36. Energiespektrum der Ultrastrahlkorpuskeln. a) Positive und negative; b) positive allein; c) negative allein. (Nach KUNZE.)

Wasserstoffmasse für das Teilchen berechnete Energie ist viel zu klein, um die großen in der Kammer tatsächlich gemessenen Reichweiten und die Durchdringung von einigen Millimetern Blei zu erklären. Abb. 38 zeigt eine solche Aufnahme. Die anderen Deutungsmöglichkeiten (gleichzeitiges Auftreffen zweier voneinander unabhängiger Bahnspuren in solcher Stellung, daß der Eindruck einer einzigen das Blei durchsetzenden Bahnspur erzeugt wird, oder Erhöhung der Energie der Korpuskel nach Durchsetzen der Bleiplatte) scheiden ebenfalls aus. Deshalb sieht ANDERSON nur in der Annahme eines positiven Teilchens

[1] C. D. ANDERSON, Phys. Rev. Bd. 43, S. 368, 381 u. 491. 1933.

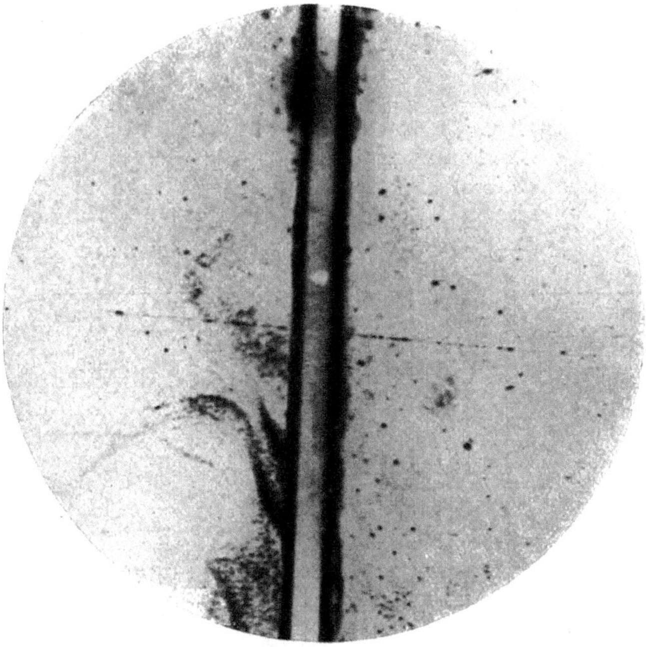

Abb. 37. Nebelkammeraufnahme von ANDERSON. Ein Teilchen von unbestimmter Ladung ($200 \cdot 10^6$ Volt, falls ein Proton, und mehr als $600 \cdot 10^6$ Volt, falls ein Elektron) durchsetzt 6 mm Blei und erleidet dabei eine Ablenkung von 0,5°.

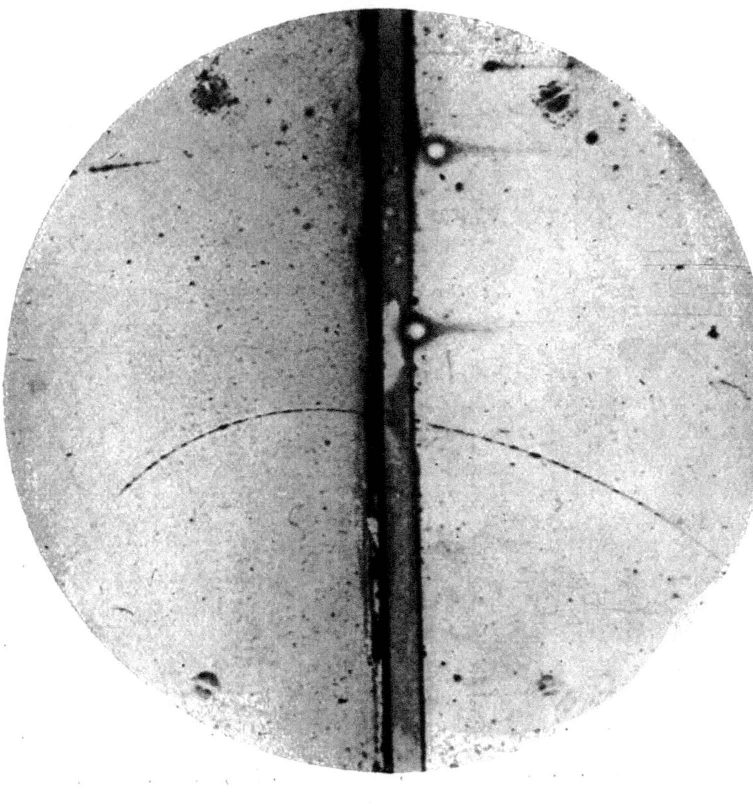

Abb. 38. Nebelkammeraufnahme von ANDERSON. Ein 63-Millionen-Volt-Positron geht durch eine 6 mm dicke Bleiplatte und tritt als 23-Millionen-Volt-Positron aus. Die Länge der letztgenannten Bahn ist mindestens 10mal größer als die mögliche Länge der Bahn eines Protons von der Energie, die aus der Krümmung errechnet wird. Wollte man die Bahnen als Elektronenbahnen deuten, dann müßte das Elektron als 23-Millionen-Volt-Elektron in das Blei eingetreten und als 63-Millionen-Volt-Elektron ausgetreten sein.

mit einer Masse, die sich von der des negativen Elektrons nicht viel unterscheidet, eine Erklärungsmöglichkeit. Eine Bestätigung dieses fundamentalen Befundes ist soeben durch BLACKETT und OCCHIALINI[1] erfolgt. Diese haben insofern eine wesentliche Apparaturverbesserung[2] geschaffen, als sie ober- und unterhalb der Wilsonkammer je ein Zählrohr angebracht haben, so daß eine durch beide gehende Korpuskel auch die Wilsonkammer durchsetzt. Der Belichtungsmechanismus wird automatisch durch die Koinzidenz ausgelöst und dadurch wird erreicht, daß auf 80% der Aufnahmen Spuren von Ultrastrahlungskorpuskeln erhalten sind. Leider ist das Feld nur 2000 Gauß stark, so daß Strahlen mit mehr Energie

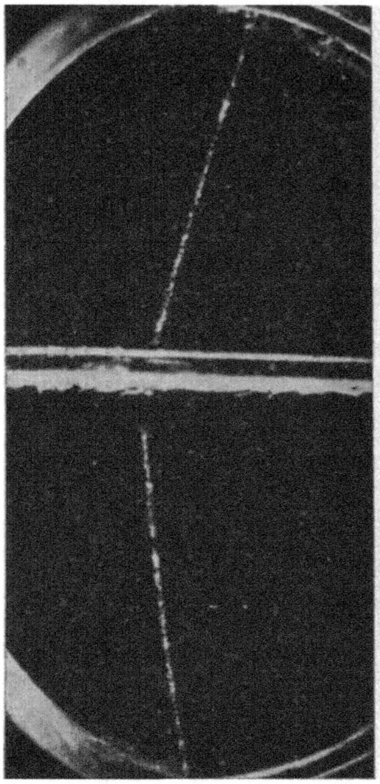

Abb. 39. Nebelkammeraufnahme von BLACKETT und OCCHIALINI. Ein positives Teilchen von 60 Millionen Volt durchsetzt 4 mm Blei, tritt mit 22 Millionen Volt aus und erleidet starke Ablenkung.

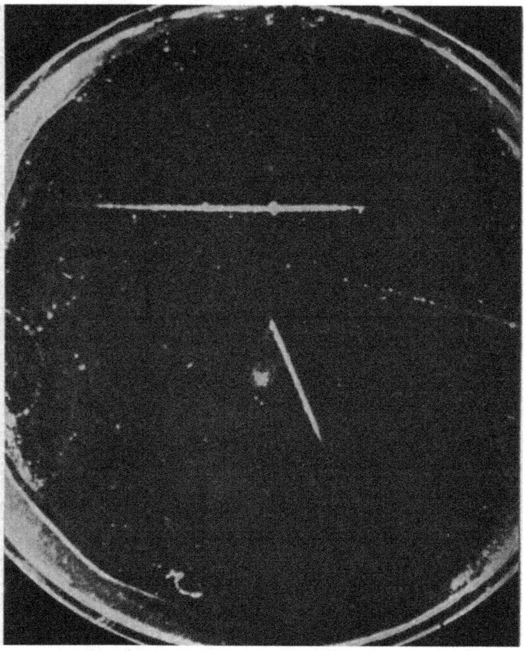

Abb. 40. Nebelkammeraufnahme von BLACKETT und OCCHIALINI. Vier Bahnspuren von je zwei Protonen und zwei Elektronen.

als $3 \cdot 10^8$ e-Volt nicht mehr merklich beeinflußt werden. Gerade aber bei einigen Spuren langsamer positiver Teilchen ergeben sich dieselben Beweggründe wie bei ANDERSON für die Annahme positiver Teilchen mit einer Masse von etwa der des Elektrons (Abb. 39 und 40). Besonders beachtlich ist, daß BLACKETT und OCCHIALINI infolge ihrer Beobachtungsmethode eine sehr große Anzahl von Gruppenaufnahmen haben (ca. 100 von 500), auf denen 18 mit mehr als 8 und 4 mit mehr als 20 Bahnen vorkommen, von denen viele sogar rückwärts verlaufen (Abb. 41). Die Forscher rechnen aus (ebenso wie STEINKE), daß man auch noch Atomtrümmer höherer Ladung annehmen muß, um die Größe der Ionisationsstöße von HOFFMANN, STEINKE u. a. erklären zu können. Protonen und Elektronen allein reichen dazu nicht aus.

[1] P. M. S. BLACKETT u. G. P. S. OCCHIALINI, Proc. Roy. Soc. London (A) Bd. 139, S. 699. 1933.

[2] P. M. S. BLACKETT u. G. P. S. OCCHIALINI, Nature Bd. 130, S. 363. 1932.

ANDERSON und auch BLACKETT und OCCHIALINI weisen darauf hin, daß auf manchen Aufnahmen das Hinausschießen einer solchen Garbe aus dem in der Kammer liegenden Blei zu beobachten ist, ohne daß das primäre Teilchen eine Spur hinterlassen hat, welches diesen Effekt auslöst (Abb. 42). Es muß deshalb, falls nicht dieser Prozeß ein selbständiger sein sollte, das primäre Teilchen selber keine Ionisation hervorrufen, also wahrscheinlich ein Photon (oder ein Neutron) sein. LOCHER[1] weist darauf hin, daß die Korpuskeln neue γ-Strahlung auslösen könnten[2].

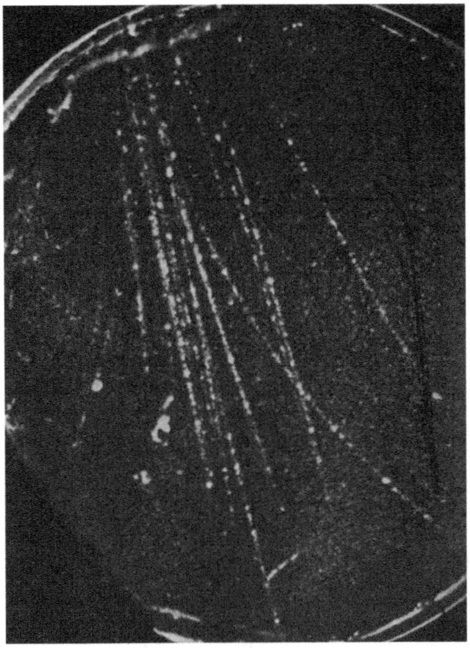

Abb. 41. Nebelkammeraufnahme von BLACKETT und OCCHIALINI. Ein Schwarm von 16 Korpuskeln auf einmal.

Das hier wieder bestätigte und in seinen Einzelheiten aufgedeckte Gruppenphänomen wird man nunmehr als eine relativ häufig auftretende neuartige Wechselwirkung zwischen Ultrastrahlung und Materie deuten müssen, bei denen erhebliche Kernbeeinflussungen vor sich gehen. Die Fortsetzung dieser Versuche dürfte uns deshalb auch auf dem Gebiet der Kernstrukturforschung bald wesentliche neue Erkenntnisse vermitteln. Auf viele Einzelheiten dieser sehr interessanten Arbeiten kann leider aus Raummangel nicht eingegangen werden.

b) Einfluß des Erdfeldes. Einen wichtigen Schritt vorwärts in der Erkenntnis der primären Natur der Ultrastrahlung bedeuten die in der letzten Zeit (1932 bis 1933) durchgeführten exakten Versuche über die Abhängigkeit der Ultrastrahlungsintensität von der geomagnetischen Breite.

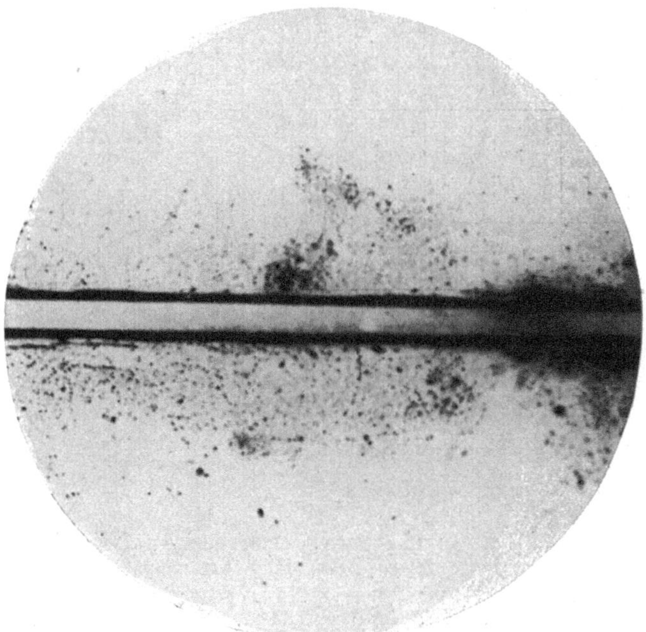

Abb. 42. Nebelkammeraufnahme von ANDERSON. 12000 Gauß. Ein Elektron von $4{,}6 \cdot 10^6$ Volt tritt aus dem Blei heraus, ohne daß eine Ursache dafür zu erkennen ist.

[1] G. L. LOCHER, Phys. Rev. Bd. 43, S. 381. 1933.

[2] *Anmerk. bei der Korr.:* Auf die Bemerkungen von H. KALLMANN, Naturwiss. Bd. 21, S. 365. 1933 zu den Ergebnissen der Nebelkammeraufnahmen sei aufmerksam gemacht.

Nach den Überlegungen, wie sie schon 1904 von STÖRMER[1] angestellt worden sind, muß nämlich eine aus dem Kosmos kommende Strahlung geladener Korpuskeln unter dem Einfluß des Erdfeldes Intensitätsmaxima an den Polen und ein Minimum am Äquator zeigen. Das Problem wurde nach dem Nachweis der Korpuskularstrahlung durch BOTHE und KOLHÖRSTER besonders aktuell. Die älteren Versuchsergebnisse waren im wesentlichen negativ gewesen, wenigstens innerhalb der mitunter recht erheblichen Fehlergrenzen. BEHOUNEK[2] und MALMGRÖN und BEHOUNEK[3] finden auf Spitzbergen bzw. im Luftschiff über dem Nordpol normale Werte, MILLIKAN und CAMERON[4] können auf einer Reise von Nord- nach Südamerika keine Abhängigkeit finden und beobachten später[5] gleiche Tagesintensitäten (±1%) in Pasadena (+34°) und Churchill Ma. (+59°). Zu dem gleichen Ergebnis kommen BOTHE und KOLHÖRSTER[6] auf einer Reise mit mehreren Apparaturen

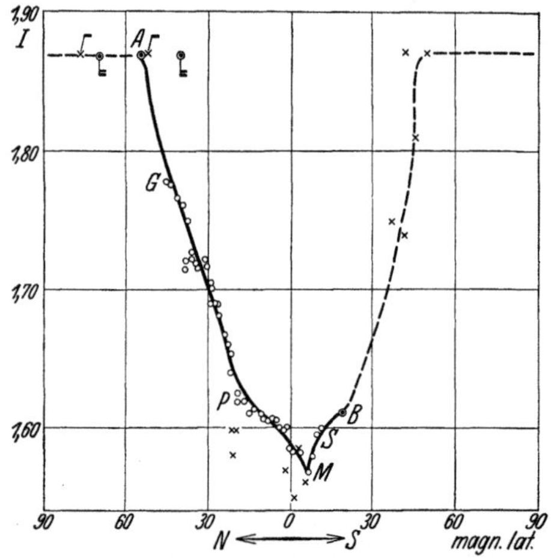

Abb. 43. Variation der Ultrastrahlung mit der magnetischen Breite.
o—o—o Messungen von CLAY und BERLAGE.
× × × Messungen von COMPTON.
Messungen von BOTHE und KOLHÖRSTER.
Messungen von MILLIKAN.

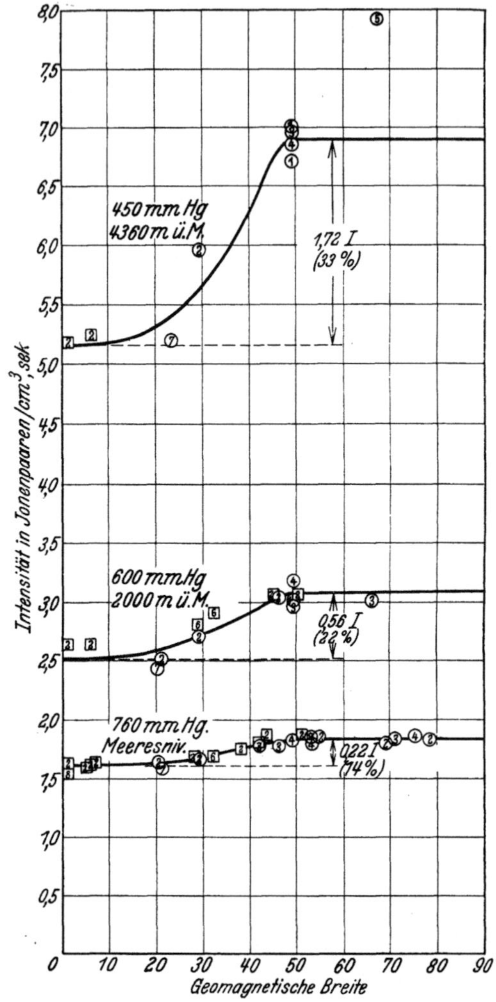

Abb. 44. Variation der Ultrastrahlung mit der magnetischen Breite in verschiedenen Höhenlagen nach Messungen von COMPTON und Mitarbeitern.

[1] Vgl. darüber C. STÖRMER, Proc. Nat. Acad. Amer. Bd. 17, S. 62. 1931; Ergebn. d. Kosm. Phys. Bd. I, S. 1. 1932; ZS. f. Astrophys. Bd. 4, S. 290. 1932; s. dazu auch die neueren Arbeiten von P. S. EPSTEIN, Nature Bd. 127, S. 223. 1931; Proc. Nat. Acad. Amer. Bd. 16, S. 658. 1930; Bd. 17, S. 160. 1931; E. BRÜCHE, Phys. ZS. Bd. 32, S. 31. 1931; G. LEMAITRE u. M. S. VALLARTA, Phys. Rev. Bd. 43, S. 87. 1933; R. M. LANGER, ebenda Bd. 43, S. 215. 1933.

[2] F. BEHOUNEK, Journ. de phys. et le Radium Bd. 8, S. 161. 1927.

[3] M. MALMGRÖN u. F. BEHOUNEK, C. R. Bd. 184, S. 1185. 1927.

[4] R. A. MILLIKAN u. G. H. CAMERON, Phys. Rev. Bd. 31, S. 163. 1928.

[5] R. A. MILLIKAN, Phys. Rev. Bd. 36, S. 1595. 1930.

[6] W. BOTHE u. W. KOLHÖRSTER, Berl. Ber. 1930, S. 450.

zwischen 53 und 81 ° n. B. und von 24° West bis 25 °Ost. Auch Wölcken[1] und Oeser[2] finden zwischen 57 bis 67° Nord bzw. 50 und 7° n. B. keinen Effekt, desgleichen Kerr Grant[3] in der südlichen Antarktis. Dagegen hatte Clay bereits 1927 einen merklichen Unterschied zwischen Leyden und Bandoeng (Java) gefunden, den er auf der Rückreise und bei einer neuen Reise bestätigen konnte[4]. Corlin[5] glaubt auf eine Zone größter Intensität zwischen 50 und 60° geomagnetischer Breite schließen zu können. Die Clayschen Ergebnisse fanden zunächst keine Anerkennung. Im Jahre 1932 konnten dann Clay und Berlage[6] mit der neuen Steinke-Apparatur (Druckionisationskammer mit automatischer Kompensation) den Effekt nicht nur bestätigen, sondern auch durch die wesentlich genaueren Messungen endgültig sicherstellen. Die Abb. 43 zeigt die Clayschen Meßpunkte und die bis dahin bekannten Beobachtungen anderer Forscher.

Eine groß angelegte Untersuchung auf diesem Gebiet ist in den Jahren 1931 bis 1933 von Compton, Bennett und Stearns in die Wege geleitet worden. Mit Unterstützung von 60 Physikern haben sie acht genau verglichene Druckapparaturen, die ständig mit Radium geeicht wurden, zu zahlreichen Messungen über die ganze Erde und auch in verschiedenen Höhenlagen verteilt und damit die Clayschen Messungen wesentlich erweitert. Eine vorläufige Zusammenstellung des umfangreichen Materials ist soeben erschienen[7]. Abb. 44 zeigt die Abhängigkeit der Intensität von der geomagnetischen Breite in verschiedenen Höhenlagen und Abb. 45 die Zusammenfassung der Comptonschen Ergebnisse mit denen von Clay und Millikan. Charakteristisch ist das — je nach der Höhenlage 14 bis 33% betragende — Anwachsen der Intensität zwischen 25 und 45° geomagnetischer Breite. Beide Autoren, Clay und Compton, kommen zu dem Schluß, daß der ablenkbare Teil der Ultrastrahlung aus geladenen Korpuskeln von der Energie $5 \cdot 10^9$ e-Volt bestehen muß, während der noch am Äquator vorhandenen Strahlung im Falle einer Korpukular-

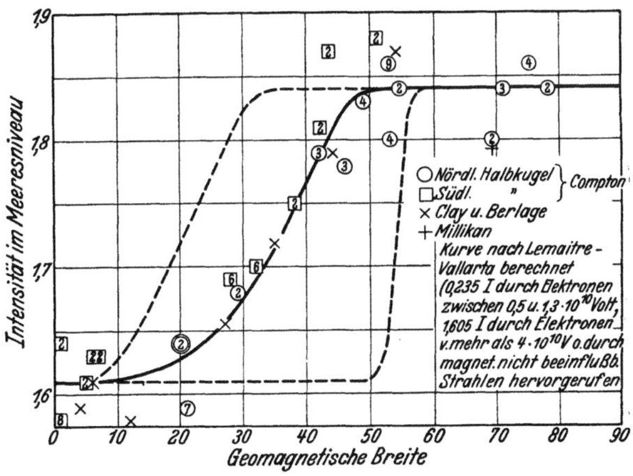

Abb. 45. Variation der Ultrastrahlungsintensität mit der geomagnetischen Breite. Berechnete Kurve nach Lemaitre-Vallarta für $7 \cdot 10^9$ bzw. $4 \cdot 10^{10}$ e-Volt.

[1] K. Wölcken, ZS. f. Geophys. Bd. 7, S. 5. 1930.
[2] E. Oeser, ZS. f. Geophys. Bd. 8, S. 242. 1932.
[3] Kerr Grant, Nature Bd. 127, S. 924. 1931.
[4] J. Clay, Proc. Roy. Acad. Amsterdam Bd. 30, S. 1115. 1927; Bd. 31, S. 1091. 1928.
[5] A. Corlin, Ark. f. Mat., Astron. och Fys. Bd. 22, S. 6. 1930; s. auch die Zusammenfassung Lund Circ. Obs. Bd. 3, S. 34. 1931.
[6] J. Clay u. H. P. Berlage, Naturwissensch. Bd. 20, S. 687. 1932; Bd. 21, S. 43. 1933.
[7] A. H. Compton, Phys. Rev. Bd. 43, S. 387. 1933 und Nature Bd. 131, S. 713. 1933. Frühere Veröffentlichungen von Teilergebnissen sind: A. H. Compton, R. D. Bennett u. J. C. Stearns, Phys. Rev. Bd. 38, S. 1565 u. 1566. 1931; Bd. 39, S. 873. 1932; Bd. 41, S. 119. 1932; R. D. Bennett, Technology Review. Juli 1932; A. H. Compton, Phys. Rev. Bd. 39, S. 190. 1932; Bd. 41, S. 111 u. 681. 1932; Bd. 42, S. 904. 1932; A. H. Compton u. J. J. Hopfield, ebenda Bd. 41, S. 539. 1932; J. C. Stearns, W. P. Overbeck u. R. D. Bennett, ebenda Bd. 42, S. 317. 1932; R. D. Bennett, J. L. Dunham, E. H. Bramhall u. P. K. Allen, ebenda Bd. 42, S. 446. 1932.

strahlung mindestens $3 \cdot 10^{10}$ e-Volt Energie zugeschrieben werden muß. CLAY[1] benutzt für diese Ausrechnung die Arbeit von STÖRMER[2], während COMPTON neue Rechnungen von LEMAITRE und VALLARTA[3] benutzt. Der Ursprung dieser Korpuskeln muß bei Elektronen mindestens 25 km über der Erde (bei größeren Massen noch höher), wahrscheinlich aber im Kosmos zu suchen sein. Nach CLAY soll die Absorbierbarkeit der Ultrastrahlung auf Java in 3000 m Höhe geringer sein als in den Alpen in gleicher Höhe, was ebenfalls für den Einfluß des Erdfeldes sprechen würde. Auf die Wichtigkeit von Pilotballonmessungen in äquatorialen Breiten und Wiederholung der Absorptionsmessungen sei deshalb hingewiesen.

Nach allen diesen Messungen müssen wir den Breiteneffekt als erwiesen ansehen[4] und den Schluß ziehen, daß ein wesentlicher Teil der in die Atmosphäre einfallenden Strahlung schon korpuskularen Charakter hat. Ob sie diesen von Anfang an gehabt oder erst durch Comptonprozesse beim Durchgang durch den Kosmos erhalten hat, ist damit noch nicht entschieden. Im letzteren Falle müßte man aber wohl ein kontinuierliches Spektrum erwarten, was mit der Komponentenzerlegung REGENERS kaum vereinbar erscheint.

11. Richtungsmessungen. Schon relativ früh hat man versucht, sich durch Richtungsmessungen über die eventuelle Bevorzugung von Einfallsrichtungen der Ultrastrahlung Klarheit zu verschaffen. Dabei macht man die Voraussetzung, daß die gemessene Richtungsverteilung der sekundären Korpuskeln im wesentlichen auch der der primären Strahlung entspricht. Aus der Überlegung, daß bei schrägem Durchsetzen der Erdatmosphäre die Absorberdicke größer wird, ergibt sich unmittelbar die vertikale als bevorzugte Einfallsrichtung, so lange man von der Streuung absieht. Bei Richtungsmessungen muß man unterscheiden, ob man mit Ionisationskammern und entsprechender Ausblendung bestimmter Himmelsgegenden durch Panzer, Gebirge usw. die Richtungsverteilung nur eines bestimmten Anteiles der Ultrastrahlung untersucht (nämlich soweit sie sich in dem betreffenden Absorptionsmaterial absorbieren läßt), oder ob man mit Hilfe von Zählrohren bzw. Zählrohrkoinzidenzen die Richtungsverteilung der gesamten Strahlung prüft. Die Wilsonkammer zeigt außerdem direkt die Richtung der Korpuskularstrahlenbahnen. Endlich ist auch die azimutale Richtungsverteilung zu erforschen. Richtungsmessungen im erstgenannten Sinne wurden von MYSSOWSKY und TUWIM[5] unternommen, nachdem bereits 1923 KOLHÖRSTER und v. SALIS[6] aus ihren Gletschermessungen geschlossen hatten, daß in dieser Höhenlage für die Strahlung im wesentlichen ein Kreis von etwa 50° Durchmesser um den Zenith in Frage käme. MYSSOWSKY und TUWIM untersuchten die Richtungsverteilung mittels Abblendung bestimmter räumlicher Winkel durch eine 2 m dicke und 9 m breite Wasserschicht, die sich auf einem Holzgerüst 35 m über dem Erdboden befand. Die Ergebnisse ließen sich unter Annahme eines allseitig gleichmäßigen Einfalls durch Ausblendung vermittels der Atmosphäre entsprechend einem Absorptionskoeffizienten deuten, der mit

---

[1] J. CLAY, Proc. Roy. Acad. Amsterdam Bd. 35, S. 1282. 1932.

[2] C. STÖRMER, Erg. d. Kosm. Phys. Bd. I, S. 1. 1932.

[3] G. LEMAITRE u. M. S. VALLARTA, Phys. Rev. Bd. 43, S. 87. 1933.

[4] MILLIKAN scheint noch anderer Ansicht zu sein; s. R. A. MILLIKAN u. H. V. NEHER, Phys. Rev. Bd. 43, S. 381. 1933. *Anmerk. bei der Korr.:* Inzwischen (siehe R. A. MILLIKAN, Phys. Rev. Bd. 43, S. 661. 1933) hat auch MILLIKAN in größeren Höhen den Breiteneffekt gefunden, nicht aber die erwarteten Unterschiede in der Härte der Strahlung bei Absorptionsmessungen in Äquatornähe und -ferne. Er macht deshalb andere Faktoren für den Breiteneffekt verantwortlich.

[5] L. MYSSOWSKY u. L. TUWIM, ZS. f. Phys. Bd. 36, S. 615. 1926.

[6] W. KOLHÖRSTER u. G. v. SALIS, Berl. Ber. Bd. 34, S. 366. 1923.

den damals bekannten Werten befriedigend übereinstimmte. Eine Abhängigkeit vom Azimut konnte innerhalb der nicht sehr großen Genauigkeit nicht festgestellt werden. STEINKE[1] hat dann mit wesentlich gesteigerter Empfindlichkeit die Richtungsverteilung in drei verschiedenen Meereshöhen (0, 1600, 2500 m) für diejenigen Strahlungsbestandteile untersucht, die sich durch einen zur Ausblendung benutzten 12 cm-Eisenpanzer absorbieren ließen. Seine Ergebnisse (Abb. 46) lassen sich ebenfalls durch die Annahme einer allseits gleichförmig aus dem Kosmos kommenden Strahlung erklären, die durch die verschieden langen Luftwege in der Atmosphäre eine vertikale Ausblendung erfährt. Sie geben aber bei ihrer Genauigkeit bereits den Beweis für die Inhomogenität der Strahlung, denn es müssen zu ihrer Deutung mindestens zwei Komponenten angenommen werden.

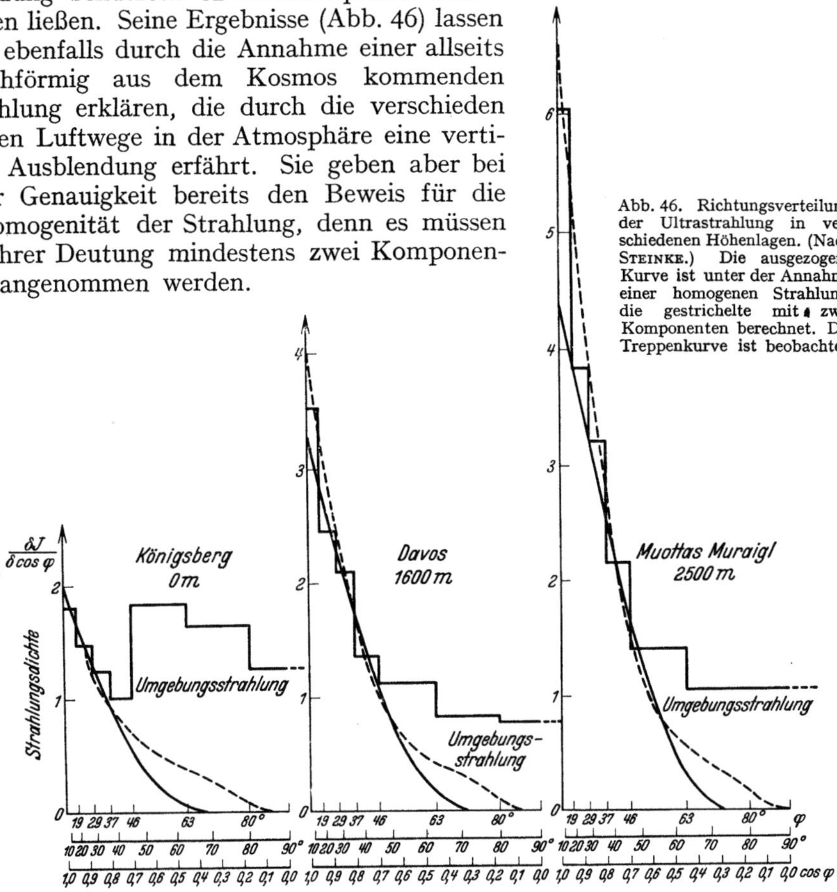

Abb. 46. Richtungsverteilung der Ultrastrahlung in verschiedenen Höhenlagen. (Nach STEINKE.) Die ausgezogene Kurve ist unter der Annahme einer homogenen Strahlung, die gestrichelte mit zwei Komponenten berechnet. Die Treppenkurve ist beobachtet.

Im Gegensatz zu diesen Ionisationskammermessungen mit Ausblendung durch Panzer geben die Zählrohrmessungen, die die Richtungsverteilung der gesamten Ultrastrahlung darstellen, ein anderes Bild. TUWIM[2] weist nach, daß in einem Zählrohr die Stoßzahl bei vertikaler Lage der Zählrohrachse um ca. 20% geringer ist als bei horizontaler. Er entwickelt aus seinen Messungen die Theorie des vertikalen Zählrohreffektes und der Koinzidenzfähigkeit der Ultrastrahlungskorpuskeln[3], wonach maßgebend für die Zahl der gemessenen Impulse der Flächeninhalt der Projektion des Zählrohrs auf eine Ebene senkrecht zur Strahlrichtung ist. Die daraus folgende Richtungsverteilung zeigt, weil hier auch die

[1] E. G. STEINKE, ZS. f. Phys. Bd. 48, S. 647. 1928.

[2] L. TUWIM, Berl. Ber. 1931, S. 91; Bd. 19, S. 360. 1931.

[3] L. TUWIM, Berl. Ber. 1931, S. 830; W. KOLHÖRSTER, ebenda 1932, S. 39; Naturwissensch. Bd. 20, S. 895. 1932; Bestätigung der Theorie durch W. KOLHÖRSTER u. L. TUWIM, ebenda Bd. 20, S. 657. 1932; s. auch die Bemerkungen TUWIMS in ZS. f. Phys. Bd. 76, S. 561. 1932; Bd. 77, S. 815. 1932.

härtesten Komponenten mit berücksichtigt sind, eine bedeutend größere Anzahl geneigter Strahlen. Mit Zweifachkoinzidenzen hat BERNARDINI[1] Beobachtungen der Richtungsverteilung im Meeresniveau gemacht. In jüngster Zeit hat JOHNSON[2] mit Dreifachkoinzidenzen die Abhängigkeit von der Höhenlage untersucht. Im Gegensatz zu den Messungen von STEINKE hat er gefunden, daß mit zunehmender Höhe nicht im Zenith, sondern unter ca. 40° Neigung die Intensität am raschesten zunimmt.

ROSSI[3] hat bei Absorptionsmessungen mit Zählrohr gefunden, daß die Absorbierbarkeit der geneigten Strahlung größer ist als die der vertikal einfallenden, was er durch Streuung zu erklären sucht. KOLHÖRSTER[4] dagegen hat bei geneigten Strahlen größere Härte festgestellt. Auch die Richtungsmessungen in Wilsonkammern sind widerspruchsvoll, so gibt ANDERSON[5] eine starke Bevorzugung des senkrechten Einfalls an, während SKOBELZYN[6] aus seinen Aufnahmen mehr auf eine gleichmäßige Verteilung der Ultrastrahlungsbahnen schließt, wobei die Richtungen von Primär- und Sekundärstrahlen mehr oder weniger unabhängig voneinander sein sollen.

Die Versuche von BARNOTHY und FORRÓ[7] über eine Abhängigkeit der Intensität vom Azimut können nur als vorläufige und ihre Ergebnisse noch nicht als gesichert angesehen werden. Messungen von ROSSI[8] zeigten keine Abhängigkeit vom Azimut. Dagegen haben neue Versuche von JOHNSON[9] in größerer Höhe eine etwas höhere Impulszahl im Westen als im Osten gezeigt, was nach der STÖRMERschen Theorie für positiv geladene primäre Teilchen sprechen würde. Eine exakte Nachprüfung dieser Untersuchungen erscheint dringend erforderlich[10]. Die Bemühungen einiger amerikanischer Forscher[11], mit Hilfe von Richtungsmessungen durch Zählrohrkoinzidenzen direkt festzustellen, ob in Richtung der Sonne eine größere Ultrastrahlungsdichte vorhanden wäre als an anderen Stellen des Himmels, haben innerhalb der noch nicht sehr großen Genauigkeit der Anordnung keinen Erfolg gehabt.

12. Zeitliche Intensitätsänderungen. Wohl in kein Teilgebiet der Ultrastrahlungsforschung ist eine solche Unsumme von Mühe und zeitraubender Arbeit gesteckt worden wie in die Untersuchungen über die zeitlichen Intensitätsvariationen. Erhoffte man doch hierdurch sichere Aussagen über den Ursprung der Strahlung zu gewinnen, denn da die Atmosphäre eine gewisse Ausblendung — besonders für die weichsten Anteile — hervorruft, die evtl. noch durch starke Panzerabschirmungen verschärft werden kann, so ist eine entsprechende Periode in dem täglichen Intensitätsverlauf zu erwarten, wenn die Strahlung von bestimmten Himmelsgegenden bevorzugt emittiert — oder absorbiert — wird. Übersieht man

[1] G. BERNARDINI, Nature Bd. 129, S. 578. 1932.

[2] TH. H. JOHNSON, Phys. Rev. Bd. 43, S. 307 u. 387. 1933. *Anmerk. bei der Korr.:* Neue Veröffentlichungen dazu siehe bei TH. H. JOHNSON u. E. C. STEVENSON, Phys. Rev. Bd. 43, S. 583 u. 775. 1933.

[3] B. ROSSI, Nature Bd. 128, S. 408. 1931.

[4] W. KOLHÖRSTER, Berl. Ber. 1932, S. 39.

[5] C. D. ANDERSON, Phys. Rev. Bd. 41, S. 405. 1932.

[6] D. SKOBELZYN, C. R. Bd. 194, S. 118. 1932.

[7] J. BARNOTHY u. M. FORRÓ, ZS. f. Phys. Bd. 71, S. 778. 1931; s. auch L. TUWIM, ebenda Bd. 56, S. 561. 1932.

[8] B. ROSSI, Cim. Bd. 8, S. 85. 1931; (N.S.) Bd. 8, S. 100. 1931.

[9] TH. H. JOHNSON, Phys. Rev. Bd. 43, S. 381. 1933.

[10] *Anmerk. bei der Korr.:* Ist inzwischen geschehen! TH. H. JOHNSON (Phys. Rev. Bd. 43, S. 834. 1933) und L. ALVAREZ u. A. H. COMPTON (ebenda, S. 835. 1933) bestätigen das obengenannte Ergebnis.

[11] J. C. STEARNS, WILCOX P. OVERBECK u. R. D. BENNETT, Phys. Rev. Bd. 42, S. 317. 1932.

das Riesenmaterial, das jetzt schon darüber vorliegt, so muß jedoch zugegeben werden, daß das Gesamtergebnis noch stark unbefriedigend ist und die Resultate verschiedener Forscher sich noch oft gegenüberstehen. Das liegt teilweise an der Überschätzung der Meßgenauigkeit mancher Apparate, teilweise an den sehr verschiedenen örtlichen Verhältnissen, die mitunter weiche Ultrastrahlungsbestandteile und radioaktive Einflüsse nicht voneinander zu trennen gestatten, teilweise wohl aber auch an der Nichtberücksichtigung einer ganzen Reihe von Faktoren, die sich erst in letzter Zeit bei gründlicher Untersuchung der verwandten Apparaturen als beachtenswert gezeigt haben (Temperatureffekt, Restgangsschwankung u. a.). Daß die Apparaturen selber in ihrem Verhalten gegenüber den einzelnen Ultrastrahlungskomponenten so starke prinzipielle Unterschiede zeigen sollten, daß dadurch die verschiedenartigen Ergebnisse erklärt werden könnten, erscheint zur Zeit nicht annehmbar, ist aber noch nicht genügend eingehend untersucht.

a) Sternzeitliche Schwankungen. Wir betrachten zunächst die Frage nach dem Vorhandensein sternzeitlicher Schwankungen. KOLHÖRSTER und v. SALIS hatten 1923 auf dem Jungfraujoch (3550 m) eine die Fehlergrenze eben überschreitende zweigipflige Schwankung der Ultrastrahlung von ca. 15% des Gesamtbetrages von 6 I gefunden, die sie 1926 an derselben Stelle und an anderen hochgelegenen Orten bestätigten[1]. Ihr Minimum sollte mit der Kulmination des Poles der Milchstraße, ihr Maximum mit der der Milchstraße bzw. des Herkules zusammenfallen. Diese Periode wird 1926 von BÜTTNER[2] ebenfalls im Hochgebirge bestätigt und auch im Meeresniveau angedeutet gefunden, 1927 von BÜTTNER und FELD[3] durch Messungen auf der Zugspitze in bezug auf die sternzeitliche Verschiebung nachgeprüft und durch KOLHÖRSTER und v. SALIS[4] durch erneute Hochgebirgsmessungen unter Verschärfung der Ausblendung (Eistrichter) nochmals nachgewiesen. Demgegenüber finden im Meeresniveau und zum Teil hinter Panzern HOFFMANN[5], MILLIKAN[6], CLAY[7] und STEINKE[8] viel kleinere und unregelmäßige Schwankungen. STEINKE weist aber darauf hin, daß trotzdem wegen der Inhomogenität der Strahlung und der starken Ausblendungswirkung für die weichsten Anteile in größeren Höhen periodische Schwankungen bestehen könnten. Aber auch dort finden später HESS und MATTHIAS[9] keine entsprechenden Schwankungen. Für die Sternzeitperiode sprechen dann damals weiter die Berechnungen CORLINS[10], der auch aus STEINKES Messungen zwar sehr viel kleinere, aber mit den KOLHÖRSTERschen Werten konform gehende sternzeitliche Schwankungen berechnet, neue Messungen von SALIS[11] in großer

---

[1] W. KOLHÖRSTER u. G. v. SALIS, Berl. Ber. Bd. 34, S. 366. 1923; Naturwissensch. Bd. 14, S. 936. 1926; Nature Bd. 118, S. 518. 1926; Arch. sc. phys. et nat. Genf Bd. 8, S. 278. 1926; W. KOLHÖRSTER, Berl. Ber. Bd. 36, S. 120. 1925.

[2] K. BÜTTNER, ZS. f. Geophys. Bd. 2, S. 187. 1926; Bd. 2, S. 254. 1926; Göttinger Nachr. 1926, S. 285.

[3] K. BÜTTNER, ZS. f. Geophys. Bd. 3, S. 161. 1927; ZS. f. Phys. Bd. 45, S. 588. 1927; K. BÜTTNER u. W. FELD, Naturwissensch. Bd. 15, S. 378. 1927.

[4] W. KOLHÖRSTER u. G. v. SALIS, Berl. Ber. 1927, S. 92.

[5] G. HOFFMANN, Phys. ZS. Bd. 26, S. 40. 1925.

[6] R. A. MILLIKAN, Ann. d. Phys. Bd. 79, S. 572. 1926; Proc. Nat. Acad. Amer. Bd. 12, S. 48. 1926.

[7] J. CLAY, Proc. Roy. Acad. Amsterdam Bd. 30, S. 1115. 1927; Bd. 31, S. 1091. 1928.

[8] E. G. STEINKE, ZS. f. Phys. Bd. 42, S. 570. 1927.

[9] V. F. HESS u. O. MATHIAS, Wiener Ber. Bd. 137, S. 327. 1928; Phys. ZS. Bd. 30, S. 766. 1929.

[10] A. CORLIN, Astron. Nachr. Bd. 231, S. 137. 1927; Naturwissensch. Bd. 15, S. 356. 1927; ZS. f. Phys. Bd. 50, S. 808. 1928; Nature Bd. 121, S. 322. 1928; Naturwissensch. Bd. 16, S. 512. 1928; Ark. f. Mat., Astron. och Fys. Bd. 21 B, S 1. 1928.

[11] G. v. SALIS, ZS. f. Phys. Bd. 50, S. 793. 1928.

Höhe, weitere einjährige Dauerregistrierungen STEINKES[1] im Meeresniveau, wobei durch Differenzbildung von Messungen mit allseitig geschlossenem und oben offenem Panzer die Sternzeitperiode nur bei der Differenzkurve auftritt, ähnliche Differenzkurven STEINMAURERS[2] in 3100 m Höhe und Beobachtungen CORLINS[3]. Alle diese Beobachtungen ergeben aber bei der Verwendung genauerer Apparate stets wesentlich kleinere Schwankungen als früher, und es ist beachtsam, daß die Sternzeitperiode fast immer an der Grenze der errechneten Meßgenauigkeit liegt.

Zahlreiche inzwischen ausgeführte Beobachtungen anderer Autoren, zum Teil auch in größeren Höhen und mit genaueren Apparaten, haben dagegen die Sternzeitperiode nicht mehr bestätigen können. Es sind hier besonders die sehr sorgfältigen Registrierungen von HOFFMANN und LINDHOLM[4], LINDHOLM[5] und MESSERSCHMIDT[6] zu nennen, dann die Messungen von HESS und MATTHIAS[7], PRIEBSCH und STEINMAURER[8]. Auch die neuen, im Rahmen der Simultanbeobachtungen durchgeführten Dauerregistrierungen haben weder auf dem Hafelekar (HESS) noch in Königsberg (STEINKE) die Sternzeitkurve bestätigen können[9]. Die amerikanischen Forscher (MILLIKAN und CAMERON[10], COMPTON, BENNETT und STEARNS[11], MILLIKAN[12]) finden bei ihren meist allerdings nicht über sehr lange Zeiträume gehenden Beobachtungen ebenfalls Konstanz der Strahlung bzw. nur durch andere Einflüsse bedingte Schwankungen. Es hat sich gezeigt (wie die nächsten Abschnitte darlegen werden), daß viele andere und zum Teil erheblich größere Schwankungen auftreten, die nachträglich durch Rechnung nur sehr schwer zu eliminieren sind und die deshalb zu manchen Täuschungen Anlaß geben können. Wenn auch die Übereinstimmung in dem Verlauf mancher älterer Sternzeitkurven überraschend ist (Abb. 47), so muß man doch sagen, daß heute die dauernde Existenz einer nach Sternzeit verlaufenden Schwankung nicht als erwiesen angesehen werden kann. Wenn überhaupt, dann dürfte sie sich nur in den weichsten Anteilen bemerkbar machen. Ihre Amplitude müßte aber sicherlich ein bis zwei Größenordnungen kleiner sein, als nach den ersten Messungen auf diesem Gebiet zu erwarten war[13].

b) Tageszeitliche Periode. Die obengenannten zahlreichen Untersuchungen haben gezeigt, daß eine Reihe von anderen zeitlichen Schwankungen auftritt.

---

[1] E. G. STEINKE, Phys. ZS. Bd. 30, S. 767. 1928; ZS. f. Phys. Bd. 64, S. 48. 1930; Schriften d. Königsb. Ges. Bd. 7, H. 3. 1930.

[2] R. STEINMAURER, Wiener Anz. 1930, S. 147; Wiener Ber. Bd. 139, S. 281. 1930.

[3] A. CORLIN, Nature Bd. 126, S. 57. 1930; Naturwissensch. Bd. 18, S. 600. 1930; Phys. ZS. Bd. 31, S. 1065. 1930.

[4] G. HOFFMANN u. F. LINDHOLM, Gerl. Beitr. z. Geophys. Bd. 20, S. 12. 1928; Naturwissensch. Bd. 18, S. 816. 1930.

[5] F. LINDHOLM, Gerl. Beitr. z. Geophys. Bd. 22, S. 141. 1929; Arch. sc. phys. et nat. Genf Bd. 11, S. 271. 1929; Gerl Beitr. z. Geophys. Bd. 26, S. 416. 1930.

[6] W. MESSERSCHMIDT, ZS. f. Phys. Bd. 74, S. 187. 1932; Bd. 78, S. 668. 1932.

[7] V. F. HESS u. O. MATHIAS, Wiener Anz. 1928, S. 86.

[8] A. PRIEBSCH u. R. STEINMAURER, Gerl. Beitr. z. Geophys. Bd. 37, S. 296. 1932.

[9] Noch nicht veröffentlicht.

[10] R. A. MILLIKAN u. G. H. CAMERON, Phys. Rev. Bd. 33, S. 266. 1929; R. A. MILLIKAN u. H. V. NEHER, ebenda Bd. 43, S. 211 u. 381. 1933.

[11] A. H. COMPTON, R. D. BENNETT u. J. C. STEARNS, Phys. Rev. Bd. 38, S. 1565. 1931.

[12] R. A. MILLIKAN, Phys. Rev. Bd. 36, S. 1595. 1930.

[13] *Anmerk. bei der Korr.:* Herr W. KAUFMANN macht mich freundlicherweise mündlich darauf aufmerksam, daß auch teilweise Emission oder Absorption durch kosmische Wolken, an denen unser Sonnensystem vorbeizieht, Änderungen der sternzeitlichen Schwankungen in längeren Zeiträumen bewirken könnten. Durch diese Annahme erhielte man evtl. die Möglichkeit, die 1926—1929 beobachteten Effekte für reell zu halten und andererseits auch ihr Nichtvorhandensein in den folgenden Jahren — allerdings bei Verwendung genauerer Apparaturen — zu verstehen.

So haben vor allem HOFFMANN, LINDHOLM[1] und MESSERSCHMIDT[2] eine gewisse einige Promille betragende tägliche Periode gefunden, die ein Maximum in den Nachmittagsstunden zeigt und die von den Autoren als ein Einfluß der Sonnenstrahlen auf die Temperaturschichtung der Atmosphäre und damit auf ihre Streuwirkung gedeutet wird. HESS[3] rechnet dagegen aus den HOFFMANN-LINDHOLMschen Registrierungen hinter 10 cm Blei eine solare Komponente der Ultrastrahlung aus (Intensität unter 1% der Gesamtintensität), die zunächst durch Messungen von PFORTE hinter 10 cm Blei im Meeresniveau bestätigt zu werden scheint. MESSERSCHMIDT[4] findet ebenfalls in der harten Strahlung eine tageszeitliche Periode, die sich aber nach seiner Ansicht nicht als direkter Sonneneffekt deuten läßt. Die amerikanischen Forscher[5], die bis vor kurzem immer die absolute Konstanz der Ultrastrahlung betonten, finden nunmehr in größeren Höhen auch das Nachmittagsmaximum[6]. HESS und STEINMAURER[7] bestätigen bei ihren neuen Messungen auf dem Hafelekar die tägliche Periode mit einem Maximum um ca. 14 Uhr. Die Messungen liefern aber keine weitere wesentliche Stütze für die Annahme einer solaren Komponente. Eine allseitig anerkannte Deutung der tageszeitlichen Periode liegt demnach noch nicht vor[8].

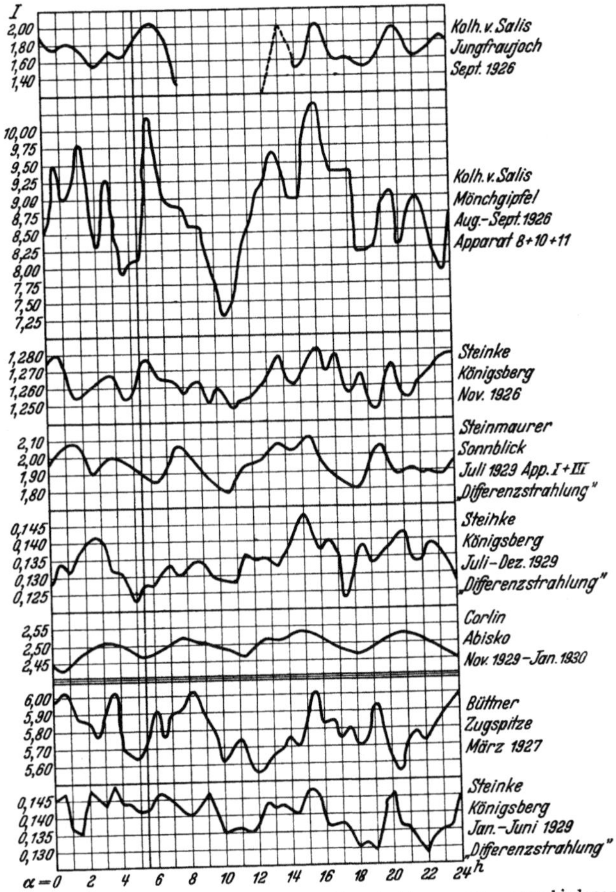

Abb. 47. Dauerregistrierungen der Ultrastrahlung, von verschiedenen Forschern ausgeführt und nach Sternzeit geordnet (CORLIN).

[1] G. HOFFMANN u. F. LINDHOLM, Gerl. Beitr. z. Geophys. Bd. 20, S. 12. 1928; F. LINDHOLM, ebenda Bd. 22, S. 141. 1929; Bd. 26, S. 416. 1930; Bd. 35, S. 224. 1932; Ark. f. Mat., Astron. och Fys. Bd. 23 A, S. 1. 1932.

[2] W. MESSERSCHMIDT u. W. S. PFORTE, ZS. f. Phys. Bd. 73, S. 677. 1932; W. MESSERSCHMIDT, ebenda Bd. 74, S. 187. 1932; Bd. 78, S. 668. 1932.

[3] V. F. HESS, Naturwissensch. Bd. 18, S. 1094. 1930; Nature Bd. 127, S. 10. 1931; V. F. HESS u. W. S. PFORTE, ZS. f. Phys. Bd. 71, S. 171. 1931; A. CORLIN u. V. F. HESS, Gerl. Beitr. z. Geophys. Bd. 31, S. 169. 1931.

[4] W. MESSERSCHMIDT, ZS. f. Phys. Bd. 74, S. 187. 1932; Bd. 78, S. 668. 1932.

[5] R. A. MILLIKAN, Phys. Rev. Bd. 39, S. 391. 1932; R. D. BENNETT, J. C. STEARNS u. A. H. COMPTON, ebenda Bd. 41, S. 119. 1932.

[6] *Anmerk. bei der Korr.:* Siehe auch J. W. BROXON, G. T. MERIDETH u. L. STRAIT, Phys. Rev. Bd. 43, S. 695. 1933.

[7] V. F. HESS, From Terr. Magn. a. Atm. El. 1932, S. 399.

[8] Siehe auch die Bemerkungen von ROSS GUNN über den Einfluß des Erdfeldes auf die tägliche Periode (Phys. Rev. Bd. 41, S. 683. 1932).

Die Erhaltung sicherer Resultate auf dem Gebiet der Schwankungsmessungen wird durch mehrere Umstände besonders erschwert. Messungen bei geöffnetem Panzer oder ohne Abschirmung können durch radioaktive Effekte beeinflußt sein, Aufstellungen hinter entsprechend starken Panzern zeigen wesentlich kleinere Schwankungen, zum Teil erheblich unter 1% pro Stunde, jedoch sind die benutzten Apparate für Messungen im Meeresniveau eigentlich immer noch zu klein, denn in zwei nebeneinanderliegenden Apparaten verlaufen die stündlichen Schwankungen bekanntlich nicht konform[1]. In letzter Zeit hat sich außerdem gezeigt, daß bei Hochdruckionisationskammern die mangelnde Sättigung eine Temperaturempfindlichkeit bewirkt. Endlich muß bei allen diesen Messungen noch ein Effekt durch Rechnung herausgebracht werden, der selbst wesentlich größer ist als die gesuchten Schwankungen, der zum Teil selber dem Betrage nach schwankt und der deshalb durch evtl. nicht richtige Berechnung und Ausgleichung ebenfalls Fehler verursachen kann: das ist der sog. Barometereffekt.

c) Barometereffekt und Schwankungen zweiter Art. Unter dem Barometereffekt versteht man die von MYSSOWSKY und TUWIM[2] entdeckte Tatsache, daß die Ultrastrahlungsintensität sich spiegelbildlich zum Barometerstand ändert, was von ihnen als Absorptionseffekt infolge Änderung der den Beobachtungsort überlagernden Luftmassen gedeutet wurde. Es ist deshalb nötig, sämtliche Intensitätsmessungen auf einen mittleren Barometerstand zu reduzieren und zu diesem Zweck die Größe des Barometereffektes zu bestimmen[3]. Entsprechend der Inhomogenität der Ultrastrahlung wird der Barometereffekt um so größer, je geringere Absorbermassen sich über der Meßapparatur befinden. Im Meeresniveau hinter Panzern beträgt er 1,5 bis 2%/cm Hg, bei oben geöffnetem Panzer 2 bis 3%/cm Hg, in größeren Höhen 4 bis 6%/cm Hg und darüber. Auch bei Messungen hinter geschlossenen Panzern ergibt der Barometereffekt nicht ständig konstante Werte (LINDHOLM[4], STEINKE[5], HESS[6]). Die Unterschiede werden kleiner, je weniger weiche Anteile wirksam sind. Diese Schwankungen des Barometereffektes sind noch nicht geklärt. LINDHOLM vermutet Änderung des Streuprozesses in der Atmosphäre wegen variabler Zusammensetzung[7]. Nach Meinung anderer Forscher könnte vielleicht auch die Änderung des Feuchtigkeitsgehaltes eine Rolle spielen. MESSERSCHMIDT[8] findet hinter 10 cm Blei eine völlige Konstanz des Barometereffekts, kann ihn aber leider bei oben geöffnetem Panzer nicht untersuchen, da dort aus noch ungeklärten Gründen (s. Abschnitt d) mitunter sehr starke Intensitätsänderungen im Laufe eines Tages eintreten. Die von den meisten Beobachtern gefundene Inkonstanz des Barometereffekts macht eine einwandfreie Reduktion der Ultrastrahlungsintensität auf Normalbarometerstand sehr schwer. Es scheint so, als ob noch unabhängig von Barometeränderungen andere zunächst noch unbekannte Effekte Schwankungen der Ultrastrahlung verursachen, die Verschiebung der mittleren Intensität bis ca. 1%

[1] V. F. HESS u. O. MATHIAS, Wiener Ber. Bd. 137, S. 327. 1928; Phys. ZS. Bd. 30, S. 766. 1929; G. HOFFMANN u. W. S. PFORTE, ebenda Bd. 31, S. 347. 1930; W. S. PFORTE, ZS. f. Phys. Bd. 72, S. 511. 1931.

[2] L. MYSSOWSKY u. L. TUWIM, ZS. f. Phys. Bd. 39, S. 146. 1926.

[3] Über die meist hierzu benutzte Korrelationsmethode s. A. CORLIN, ZS. f. Phys. Bd. 50, S. 808. 1928.

[4] F. LINDHOLM, Gerl. Beitr. z. Geophys. Bd. 22, S. 141. 1929; Bd. 26, S. 416. 1930; Bd. 35, S. 224. 1932; Ark. f. Mat., Astron. och Fys. Bd. 23 A, S. 1. 1932.

[5] E. G. STEINKE, Phys. ZS. Bd. 30, S. 767. 1929; ZS. f. Phys. Bd. 64, S. 48. 1930; Schriften d. Königsb. Ges. Bd. 7, H. 3. 1930.

[6] V. F. HESS, From Terr. Magn. a. Atm. El. 1932, S. 399.

[7] Siehe dazu auch die Ansicht von C. DORNO, Gerl. Beitr. z. Geophys. Bd. 26, S. 395. 1930.

[8] W. MESSERSCHMIDT, ZS. f. Phys. Bd. 74, S. 187. 1932; Bd. 78, S. 668. 1932.

bewirken. Diese „Schwankungen zweiter Art" (CORLIN[1], STEINKE[2], HESS[3]), die mitunter mehrere Stunden und Tage dauern, können den Barometereffekt verfälschen. Erst über lange Zeiten gemittelt entspricht der Barometereffekt dem Wert, der sich aus dem Absorptionskoeffizienten dafür berechnen läßt[4].

Eine Bestätigung dieser Tatsache wird auch durch die neuen Versuche von KOLHÖRSTER erbracht, welcher mit Hilfe des Zählrohrs Barometereffekt und Richtungsverteilung direkt vergleicht[5].

Kurzdauernde, systematische Abweichungen von den Gleichgewichtswerten bei sehr großen Barometerveränderungen weisen MESSERSCHMIDT und PFORTE[6] nach und deuten sie ebenfalls als durch Änderung der Streustrahlung hervorgerufen (Abb. 48). Nach Ansicht des Verfassers dieses Artikels könnte man sie auch dadurch erklären, daß der Barometerstand nicht gleichmäßig um den Beobachtungsort herum den zur Berechnung benutzten Wert hatte, sondern daß eine „Front" ausgebildet war.

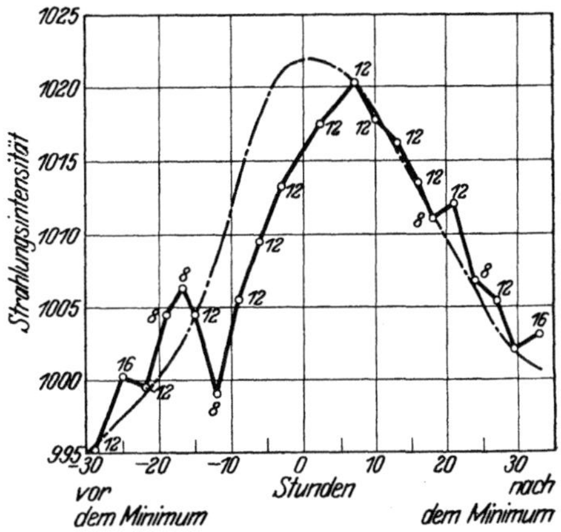

Abb. 48. Abweichung der Ultrastrahlungsintensität von dem nach dem mittleren Barometereffekt zu erwartenden Wert beim Vorüberziehen eines starken Tiefs (MESSERSCHMIDT). •—• zu erwartende Intensität; o—o—o gemessene Intensität.

Auf die Möglichkeit eines „dynamischen" Barometereffekts machen MILLIKAN[7] und STEINKE[8] aufmerksam, doch dürfte nach CHAPMAN[9] der Einfluß der Bewegung der Luftmassen auf die Bestimmung des Luftdrucks bei den normalen Bewegungsgeschwindigkeiten und der jetzt erreichbaren Meßgenauigkeit zunächst noch zu vernachlässigen sein. Eine eingehende Darstellung der Probleme des Barometereffekts findet sich in einem Artikel von KOLHÖRSTER und TUWIM[10].

d) Einfluß der Außentemperatur. Eine neue Schwierigkeit in der Erhaltung richtig reduzierter Intensitätswerte ist dadurch entstanden, daß nach MESSERSCHMIDT[11] ein Einfluß der Außentemperatur auf die Ultrastrahlungsintensität bestehen soll. Wir meinen damit nicht den Temperatureffekt der Apparate, der durch Änderung von Batteriespannung und Ionenbeweglichkeit bei Temperaturvariationen bewirkt wird und der durch Temperaturkonstanz des Raumes verhindert werden kann. MESSERSCHMIDT beobachtet eine beträchtliche Änderung der Ultrastrahlungsintensität, die konform der Außenlufttemperatur geht. Sie soll besonders stark bei weicher Einstrahlung und bei senkrecht aufgestellter länglicher Ionisationskammer sein (Abb. 49) und wird von MESSERSCHMIDT wieder durch Streustrahlungsvariationen erklärt.

[1] A. CORLIN, ZS. f. Phys. Bd. 50, S. 808. 1928.
[2] E. G. STEINKE, Schriften d. Königsb. Ges. Bd. 7, H. 3. 1930.
[3] V. F. HESS, From Terr. Magn. a. Atm. El. 1932, S. 399.
[4] Siehe hierzu die Bemerkung von W. KAUFMANN, ZS. f. Phys. Bd. 59, S. 573. 1930 und die ausführliche Darstellung von W. KOLHÖRSTER u. L. TUWIM, Ergebn. d. kosm. Phys. Bd. I, S. 87. 1931.
[5] W. KOLHÖRSTER, Nature Bd. 129, S. 471. 1932; Berl. Ber. 1932, S. 39.
[6] W. MESSERSCHMIDT u. W. S. PFORTE, ZS. f. Phys. Bd. 73, S. 677. 1932.
[7] R. A. MILLIKAN, Phys. Rev. Bd. 36, S. 1595. 1930.
[8] E. G. STEINKE, Schriften d. Königsb. Ges. Bd. 7, H. 3, S. 129. 1930.
[9] S. CHAPMAN, Proc. Roy. Soc. London (A) Bd. 132, S. 349. 1931.
[10] W. KOLHÖRSTER u. L. TUWIM, Ergebn. d. kosm. Phys. Bd. I, S. 87. 1931.
[11] W. MESSERSCHMIDT, ZS. f. Phys. Bd. 78, S. 668. 1932.

Dieser Effekt konnte bisher in dieser Art von anderen Autoren nicht bestätigt werden (HESS, STEINKE[1]). STEINKE weist darauf hin, daß sich dann dieser Temperatureinfluß doch auch an einzelnen Tagen mit sehr großen Temperaturdifferenzen zeigen müßte. Bei seinen neuen Registrierungen zeigt aber eine Mittelkurve über 7 Tage mit Temperaturdifferenzen von mehr als 15° nur Intensitätsdifferenzen von 7 Promille, die noch dazu nicht mit der Temperatur konform gehen (nach MESSERSCHMIDT wären dagegen mehrere Prozent zu erwarten gewesen). Wir müssen deshalb diesen „Temperatureffekt" zunächst noch als ungeklärt ansehen und annehmen, daß er nicht bei allen Apparaturen vorkommt, was dann aber eine andere Deutung als die MESSERSCHMIDTsche notwendig macht.

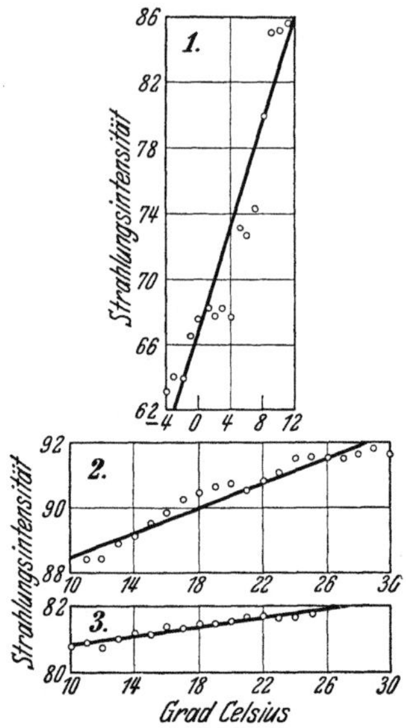

Abb. 49. Abhängigkeit der Intensität der ungefilterten Strahlung von der Temperatur der Außenluft bei verschiedenen Kammeraufstellungen: 1. stehend, Öffnung 5,5%, 2. liegend, Öffnung 20%, 3. liegend, Öffnung 10%. (Nach MESSERSCHMIDT.)

e) Jahresperiode. Bis zur endgültigen Klärung der Ursachen des Temperatureffekts wird man wohl auch die Beantwortung der Frage zurückstellen müssen, ob der von manchen Autoren gefundene Jahresgang sowohl der weichen als auch der harten Anteile reell ist, und ob er auf primäre oder sekundäre Einflüsse zurückgeführt werden muß. Nach MESSERSCHMIDT[2] soll die durch 10 cm Blei gefilterte Strahlung keinen Jahresgang zeigen, während nach CLAY[3], STEINKE[4], PRIEBSCH und STEINMAURER[5] beide sich mit der Jahreszeit um einige Prozent ändern sollen (Maximum im Sommer).

f) Zusammenhänge mit anderen Faktoren. Einflüsse anderer meteorologischer Faktoren (Bewölkung, Feuchtigkeit usw.) sind besonders von LINDHOLM[6] untersucht worden. Gewisse Zusammenhänge konnten statistisch nachgewiesen werden, sind jedoch nicht von allen Forschern einheitlich bestätigt (z. B. PRIEBSCH und STEINMAURER).

Nach Zusammenhängen mit magnetischen Störungen ist von STEINKE[7] vergeblich gesucht worden, während CORLIN[8] solche gefunden hat (Erniedrigung vor und Erhöhung nach einem „Impetus"). Nordlichter sollen nach CORLIN[9] ebenfalls eine Intensitätserhöhung bewirken. Nach KOLHÖRSTER[10] und SCHULZE sollen Beziehungen zwischen Ultrastrahlungsintensität und Kurzwellenlautstärke bestehen. SCHONLAND[11] untersucht den Zusammenhang zwischen Ultrastrahlungs-

[1] Arbeiten im Erscheinen.

[2] W. MESSERSCHMIDT u. W. S. PFORTE, ZS. f. Phys. Bd. 73, S. 677. 1932; W. MESSERSCHMIDT, ebenda Bd. 78, S. 668. 1932.

[3] J. CLAY, Proc. Roy. Acad. Amsterdam Bd. 23, S. 711. 1930.

[4] E. G. STEINKE, ZS. f. Phys. Bd. 64, S. 48. 1930; Schriften d. Königsb. Ges. Bd. 7, H. 3. 1930.

[5] J. A. PRIEBSCH u. R. STEINMAURER, Gerl. Beitr. z. Geophys. Bd. 37, S. 296. 1932.

[6] F. LINDHOLM, Gerl. Beitr. z. Geophys. Bd. 22, S. 141. 1929; Bd. 26, S. 416. 1930; G. HOFFMANN u. F. LINDHOLM, ebenda Bd. 20, S. 12. 1928.

[7] E. G. STEINKE, ZS. f. Phys. Bd. 64, S. 48. 1930; Schriften d. Königsb. Ges. Bd. 7, H. 3. 1930.

[8] A. CORLIN, Lund Obs. Circ. Bd. 1, S. 3. 1931.

[9] A. CORLIN, Lund Obs. Circ. Bd. 1, S. 3. 1931; Bd. 2, S. 34. 1931; s. aber auch W. M. H. SCHULZE, Phys. ZS. Bd. 31, S. 1022. 1930.

[10] W. M. H. SCHULZE, Nature Bd. 128, S. 837. 1931; W. KOLHÖRSTER, Naturwissensch. Bd. 15, S. 126. 1927.

[11] B. F. J. SCHONLAND, Proc. Roy. Soc. London Bd. 130, S. 37. 1930.

intensität und starken Gewittern, um evtl. die WILSONschen „runaway“-Elektronen[1] nachweisen zu können. Er findet bei stärksten Nahgewittern eine Abnahme der Strahlung, die bei Gewittern mit positiver Wolkenbildung besonders groß ist. Das würde, falls der Effekt reell ist, darauf hinweisen, daß die Ultrastrahlung nicht aus negativen Korpuskeln besteht. STEINMAURER[2] dagegen, auch CLAY[3] und ebenso LINDHOLM[4] finden eine Strahlungserhöhung bei Gewittern.

Versuche, während Sonnenfinsternissen Änderungen der Strahlungsintensität nachzuweisen, haben überall negative bzw. zu unsichere Resultate gezeigt[5].

Das umfangreiche und vielseitige Gebiet der zeitlichen Intensitätsvariation der Ultrastrahlung zeigt, wie die vorhergehenden Zeilen darlegen, noch wesentliche Gegensätze in den Ergebnissen. In letzter Zeit hat sich deshalb auf Grund privater Vereinbarungen eine Forschungsgemeinschaft[6] gebildet, welche mit einheitlicher Apparatur an mehreren Stellen der Erde und in verschiedenen Höhenlagen Dauerregistrierungen der Ultrastrahlung ausführen will. Es ist zu hoffen, daß von diesen Simultanmessungen eine wesentliche Klärung der vielen noch strittigen Fragen auf diesem Gebiet in absehbarer Zeit erfolgen wird.

13. Beziehungen zu verwandten Gebieten. Bei Messungen auf dem Erdboden läßt sich die Ultrastrahlung nur schwer von der Bodenstrahlung trennen, die durch die radioaktiven Einschlüsse[7] hervorgerufen ist, und deren Untersuchung nach vorangegangenen Messungen von WULF[8], GOCKEL[9] u. a. zu der Entdeckung der Ultrastrahlung durch HESS[10] führte. Die alten am Eiffelturm ausgeführten Messungen von WULF über die Abnahme der Bodenstrahlung mit zunehmender Erhebung über den Erdboden sind von BÜTTNER[11] und SUCKSTORFF[12] nachgeprüft worden. Danach entspricht der Absorptionskoeffizient der Bodenstrahlung dem harter Radium-γ-Strahlung, aber auch Thorium- und Kaliumstrahlung macht sich noch bemerkbar (KOLHÖRSTER[13]).

Neben der Bodenstrahlung stört noch bei unabgeschirmten Ionisationskammern die Luftstrahlung, die nach Berechnungen über den Emanationsgehalt der Luft am Erdboden ca. 0,2 I bewirken kann. Ihre Abnahme mit der Höhe ist vor längerer Zeit von WIGAND untersucht worden. Berechnungen über die Höhenverteilung der Emanation sind von HESS, SCHMIDT und PRIEBSCH[14]

---

[1] C. T. R. WILSON, Proc. Cambridge Phil. Soc. Bd. 22, S. 534. 1925.
[2] R. STEINMAURER, Wiener Anz. 1930, S. 147; Wiener Ber. Bd. 139, S. 281. 1930.
[3] J. CLAY, Proc. Roy. Acad. Amsterdam Bd. 23, S. 711. 1930.
[4] F. LINDHOLM, Ark. f. Mat., Astron. och Fys. Bd. 23 A, S. 1. 1932.
[5] W. F. G. SWANN, Journ. Frankl. Inst. Bd. 200, S. 489. 1925; Bd. 203, S. 11. 1927; O. DEVIK, Phys. ZS. Bd. 28, S. 709. 1927; W. KOLHÖRSTER, ZS. f. Phys. Bd. 48, S. 95. 1928; E. SCHWEIDLER, Naturw. Monogr. u. Lehrb. Bd. 8, S. 291. 1929.
[6] Siehe darüber A. CORLIN, Lund Obs. Circ. Bd. 6, S. 124. 1932; V. F. HESS, Forsch. u. Fortschr. Bd. 31, S. 410. 1931; Helv. Phys. Acta Bd. 5, S. 296. 1932; From Terr. Magn. a. Atm. El. 1932, S. 399. Benutzt wird die Apparatur von STEINKE (Abb. 12).
[7] Über eine andere harte Erdstrahlung berichten L. N. BOGOJAWLENSKY u. A. A. LOMAKIN, Nachr. Inst. f. angew. Geophys. Bd. 3, S. 87. 1927; ZS. f. Geophys. Bd. 3, S. 87. 1927; Nature Bd. 119, S. 525. 1927.
[8] TH. WULF, Phys. ZS. Bd. 11, S. 811. 1910.
[9] A. GOCKEL, Phys. ZS. Bd. 11, S. 280. 1910; Bd. 12, S. 595. 1911.
[10] V. F. HESS, Phys. ZS. Bd. 13, S. 1084. 1912; Wiener Ber. IIa Bd. 121, S. 1001. 1912.
[11] K. BÜTTNER, ZS. f. Geophys. Bd. 3, S. 161. 1927.
[12] G. A. SUCKSTORFF, Naturwissensch. Bd. 19, S. 87. 1931.
[13] W. KOLHÖRSTER, Naturwissensch. Bd. 19, S. 567. 1930; Forsch. u. Fortschr. Bd. 7, S. 98. 1931.
[14] Vgl. hierzu die einige Irrtümer berichtigende Darstellung von J. PRIEBSCH, Phys. ZS. Bd. 32, S. 622. 1931.

angestellt. Neuere Messungen stammen von CLAY[1], KOSMATH[2] und nach einer neuen Kompressionsmethode von MESSERSCHMIDT[3]. MESSERSCHMIDT kann damit den Emanationsgehalt alle 2 Stunden fortlaufend verfolgen und zeigen, daß er stark schwankend ist. Das bei oben geöffneten Apparaturen gefundene Ultrastrahlungsmaximum am Nachmittag kann aber, wie MESSERSCHMIDT nachweist, nicht dem Emanationsgehalt zugeschrieben werden, da die Luft gerade zu dieser Zeit ein Minimum des Gehalts an Emanation hat. Überhaupt ist nach MESSERSCHMIDT der Störungseinfluß durch die Emanation bei einigermaßen (zumindestens seitlich) gepanzerten Apparaten sehr klein. Dagegen kann er bei ungepanzerten Aufstellungen noch erhebliche Werte annehmen. Auf die Mitteilung von SUCKSTORFF über das Vorhandensein von radioaktiven Substanzen unbekannten Ursprungs in großen Höhen, besonders in Inversionsschichten, sei hingewiesen[4].

Nach BENNDORF[5] genügt die Ultrastrahlung für die Erklärung der starken Ionisierung der Luft, die in großen Höhen entsprechend den Versuchen über die Ausbreitung elektrischer Wellen auch während der Nachtstunden vorhanden sein muß. (KOLHÖRSTER und SCHULZE glauben gewisse Beziehungen zwischen Empfangslautstärke der drahtlosen Nachrichtenübermittlung und der Ultrastrahlungsintensität zu erkennen, s. Ziff. 12f.) HULBURT[6] beschäftigt sich eingehend mit den Beziehungen zwischen Ionenbildung in der Stratosphäre und Ultrastrahlung. Auch auf die diesbezügliche Arbeit von HELLMANN[7] sei verwiesen. Über die Ionisierungsbilanz in der Atmosphäre über dem Meere und im Gebirge hat HESS[8] eingehende Untersuchungen angestellt.

Zur Erklärung der Aufrechterhaltung der Erdladung muß nach BENNDORF[9], auf dessen eingehenden Bericht hier verwiesen sei, ein Zustrom von 1200 Elementarladungen pro cm^2 und sec angenommen werden. Die Zahl der von der Ultrastrahlung gelieferten Ladungen ist um ca. 5 Größenordnungen kleiner. Ein Nachweis solcher Elektronen durch direkte Aufladungsversuche ist von SCHWEIDLER[10], HOFFMANN[11] und besonders von SWANN[12] versucht worden, aber mit negativem Erfolg. Es erscheint daher sehr fraglich, ob die vielfach diskutierte Beziehung zwischen Erdfeld und Ultrastrahlung wirklich existiert.

Die früher oft ventilierte Frage, ob die Radioaktivität eine durch äußere Einflüsse bewirkte Eigenschaft mancher Elemente sei, ist in letzter Zeit mit Bezug auf die Beeinflußbarkeit durch die Ultrastrahlung mehrfach untersucht worden. So prüft MAXWELL[13], ob die Zerfallsgeschwindigkeit von Polonium durch die Ultrastrahlung verändert wird, das gleiche tut BEHOUNEK[14], und DOBRONRAVOV, LUKIRSKY und PAVLOV[15] unternehmen dasselbe mit Radium. Wegen

[1] J. CLAY, Proc. Roy. Acad. Amsterdam Bd. 30, S. 1115. 1927.
[2] W. KOSMATH, Gerl. Beitr. z. Geophys. Bd. 25, S. 95. 1930; Bd. 27, S. 42. 1930.
[3] W. MESSERSCHMIDT, Phys. ZS. Bd. 32, S. 548. 1931; ZS. f. Phys. Bd. 81, S. 84. 1933.
[4] G. A. SUCKSTORFF, Naturwissensch. Bd. 20, S. 506. 1932.
[5] H. BENNDORF, Phys. ZS. Bd. 27, S. 686. 1926.
[6] E. O. HULBURT, Phys. Rev. Bd. 37, S. 1. 1931.
[7] H. HELLMANN, Ann. d. Phys. Bd. 2, S. 707. 1929.
[8] V. F. HESS, Phys. ZS. Bd. 28, S. 882. 1927; Bd. 29, S. 849. 1928; Gerl. Beitr. z. Geophys. Bd. 22, S. 256. 1929.
[9] H. BENNDORF, Phys. ZS. Bd. 26, S. 81. 1925.
[10] E. SCHWEIDLER, Wiener Ber. IIa Bd. 127, S. 1. 1918.
[11] G. HOFFMANN, Phys. ZS. Bd. 27, S. 296. 1926.
[12] W. F. G. SWANN, Journ. Frankl. Inst. Bd. 203, S. 11. 1927; Bd. 208, S. 258. 1929; W. F. G. SWANN u. A. LONGACRE, ebenda Bd. 208, S. 275. 1929.
[13] L. R. MAXWELL, Nature Bd. 122, S. 997. 1928; Journ. Frankl. Inst. Bd. 207, S. 619. 1929.
[14] F. BEHOUNEK, Phys. ZS. Bd. 31, S. 215. 1930.
[15] N. DOBRONRAVOV, P. LUKIRSKY u. P. PAVLOV, Nature Bd. 123, S. 760. 1929.

der geringen Absorbierbarkeit der Ultrastrahlung in den benutzten Substanzen könnten mit den angewandten Methoden Beeinflussungen nicht nachgewiesen werden[1], Versuche im Bergwerk haben schon früher die Unabhängigkeit des radioaktiven Zerfalls von äußeren Einflüssen bewiesen[2].

JOLY und DIXON[3] und ORTON und BURFIELD[4] ziehen die Möglichkeit in Betracht, daß biologische Vorgänge durch die Ultrastrahlung beeinflußt werden und wollen Versuche darüber anstellen. Auch dort dürfte die obenerwähnte Schwierigkeit bestehen.

Nach REGENER[5] ist der gesamte Energiefluß der Ultrastrahlung, der pro Sekunde auf 1 cm^2 Oberfläche eingestrahlt wird, $3{,}5 \cdot 10^{-3}$ Erg. Er ist demnach äquivalent dem Energiestrom mehrerer hundert α-Teilchen pro cm^2 und sec und etwa ebenso groß wie die Licht- und Wärmeenergie, die von allen Fixsternen pro cm^2 und sec an der Grenze der Atmosphäre eingestrahlt wird. REGENER weist deshalb auf die Bedeutung der Ultrastrahlung für die Weltraumtemperatur hin.

C. Theoretische Diskussionen und Zusammenfassungen.

14. Erörterungen zur Frage nach dem Ursprung der Ultrastrahlung. Die vorliegenden Ziffern haben in dem knappen zur Verfügung stehenden Rahmen einen Überblick über die Ergebnisse der Ultrastrahlungsforschung gegeben. Sie haben klargelegt, wie unsicher selbst die aus den exaktesten Messungen stammenden Angaben über die Energie der Ultrastrahlung heute noch sind, weil es sich um Effekte handelt, die weit über den Rahmen der in der Radioaktivität bekannten Erscheinungen hinausgehen, und die deshalb oft noch nicht begründete Extrapolationen der dort gültigen Gesetze erfordern. Die theoretischen Arbeiten über das Verhalten von sehr harten γ-Strahlen und sehr schnellen Korpuskeln stecken noch in den Anfängen[6]. Die Erörterungen über den Ursprung der Ultrastrahlung können deswegen oft den Rahmen einer Spekulation nicht überschreiten.

Die umfangreichsten und am besten experimentell begründeten Deutungen stammen von REGENER bzw. JEANS und MILLIKAN. Sie sind bei Besprechung der Experimentaluntersuchungen bereits erwähnt worden (6). Die REGENERsche Zuordnung von drei seiner fünf Komponenten zu der Zerstrahlung von Helium und Wasserstoff und zu der Bildung von Helium dürfte heute diejenige Lösung der obengestellten Frage sein, die dem augenblicklichen Stande der Forschung am besten entspricht, gegen die aber auch noch manche Einwände erhoben werden können. Sämtliche anderen Deutungen sind wesentlich mehr spekulativer Art, oft durch kein Experiment gestützt und oft durch die spätere experimentelle Entwicklung überholt. Wir wollen uns deshalb dabei im wesentlichen mit Literaturhinweisen begnügen.

Die Zerstrahlungshypothese in Anwendung auf die Ultrastrahlung ist von JEANS[7] 1925 aufgestellt worden. Er berechnete damals, daß bei Zusammenstoß

---

[1] W. F. G. SWANN, Nature Bd. 122, S. 998. 1928.
[2] Z.B. A. PICCARD u. E. STAHEL, Arch. sc. phys. et nat. Bd. 3, S. 542. 1921.
[3] J. JOLY u. H. DIXON, Nature Bd. 123, S. 981. 1929.
[4] J. H. ORTON u. S. T. BURFIELD, Nature Bd. 128, S. 376. 1931.
[5] E. REGENER, Nature Bd. 131, S. 130. 1933; korrigiert in ZS. f. Phys. Bd. 80, S. 666. 1933.
[6] Siehe hierzu besonders W. HEISENBERG, Ann. d. Phys. Bd. 13, S. 430. 1932; H. BETHE, ZS. f. Phys. Bd. 76, S. 293. 1932. F. BLOCH, Ann. d. Phys. Bd. 16, S. 285. 1933.
[7] J. H. JEANS, Nature Bd. 116, S. 861. 1925.

von Elektron und Proton unter Vernichtung der Materie eine γ-Strahlung von ca. $1{,}3 \cdot 10^{-12}$ cm Wellenlänge entsteht. Wegen Absorption könnte sie nicht aus großen Tiefen, wohl aber aus Spiralnebeln stammen. ANDERSON[1] erörtert diese JEANSsche Überlegung. Auch DIRAC[2] diskutiert die Vernichtung von Elektron und Proton. 1931 macht JEANS[3] darauf aufmerksam, daß die Übereinstimmung zwischen den aus seiner Zerstrahlungshypothese für H und He folgenden Werten von λ und den REGENERschen Messungen der härtesten Komponenten überraschend gut wird, wenn man die Klein-Nishina-Formel dahingehend modifiziert, daß wegen der geringen Bindungsenergien der Kernelektronen im Verhältnis zur Strahlungsenergie diese ebenfalls als frei und streuend zu betrachten sind. Weiter sei auf die Bemerkung von HÖNL[4] zur Zerstrahlungshypothese der Materie hingewiesen. TARRANT und GRAY[5] haben im RUTHERFORDschen Laboratorium versucht, den Zerfall von Helium experimentell durch Strahlungsnachweis auch auf der Erde zu zeigen, jedoch mit negativem Erfolg.

Im Gegensatz zur Zerstrahlungshypothese stellen MILLIKAN und CAMERON[6] Atomaufbauprozesse in den Vordergrund. Sie berechnen 1928 aus der Zerlegung ihrer Absorptionskurve in drei Komponenten unter Annahme der DIRACschen Formel Wellenlängen, deren Energie mit den aus den Massendefekten berechneten übereinstimmen, die sich aus der Vereinigung mehrerer H-Kerne zu Sauerstoff, Stickstoff und Silizium ergeben. Diese Prozesse sollen überall im interstellaren Raum vor sich gehen (s. auch POKROWSKI[7]). 1931 berechnet MILLIKAN[8] vier Komponenten, die er dem Aufbau von Helium, Sauerstoff, Silizium und Eisen zuschreibt, jetzt unter Benutzung der Klein-Nishina-Formel und mit dem Hinweis, daß auch diese nicht mehr ganz zutreffend sei, die Abweichungen aber im erwarteten Sinne lägen. Neuerdings lehnen MILLIKAN und ANDERSON[9] die Gültigkeit der Klein-Nishina-Formel für die Ultrastrahlung auf Grund ihrer Nebelkammerversuche ab. Sie halten an den vier Banden fest, geben aber die Möglichkeit noch härterer Komponenten — allerdings sehr geringer Intensität — zu, die sie mit Atomaufbauprozessen nicht erklären könnten. Atomaufbauprozesse sehen auch PERSCHKE[10] und ATKINSON und HOUTERMANS[11] als Ursprungszentren der Ultrastrahlung an. STONER[12] weist darauf hin, wie abhängig die Energieberechnung aus den Absorptionskoeffizienten von der benutzten Streuformel ist und wendet sich deshalb gegen die MILLIKANsche Hypothese.

NERNST[13] nahm an, daß die Ultrastrahlung von unbekannten radioaktiven Elementen ausgesandt werde, die bei der Bildung junger Sterne aus kosmischen Nebeln entstehen sollten. Eine Auffindung und Bestätigung einer Sternzeit-

---

[1] W. ANDERSON, ZS. f. Phys. Bd. 41, S. 51. 1927.

[2] P. A. M. DIRAC, Proc. Cambridge Phil. Soc. Bd. 26, S. 361. 1930.

[3] J. H. JEANS, Nature Bd. 127, S. 594. 1931.

[4] H. HÖNL, ZS. f. Phys. Bd. 77, S. 317. 1932.

[5] G. T. P. TARRANT u. L. H. GRAY, Proc. Cambridge Phil. Soc. Bd. 28, S. 124. 1932.

[6] R. A. MILLIKAN u. G. H. CAMERON, Phys. Rev. Bd. 32, S. 533. 1928; Proc. Nat. Acad. Amer. Bd. 14, S. 445 u. 637. 1928.

[7] G. J. POKROWSKI, ZS. f. Phys. Bd. 51, S. 730. 1928; Bd. 54, S. 123. 1929; Bd. 55, S. 771. 1929.

[8] R. A. MILLIKAN u. G. H. CAMERON, Phys. Rev. Bd. 37, S. 235. 1931.

[9] R. A. MILLIKAN u. C. D. ANDERSON, Phys. Rev. Bd. 40, S. 325. 1932.

[10] W. PERSCHKE, ZS. f. Phys. Bd. 49, S. 740. 1928.

[11] R. D'E. ATKINSON u. F. G. HOUTERMANS, ZS. f. Phys. Bd. 54, S. 656. 1929.

[12] E. C. STONER, Nature Bd. 122, S. 1017. 1928.

[13] W. NERNST, Das Weltgebäude im Licht der neuen Forschung. Berlin: Julius Springer 1921.

periode hätte diese Hypothese wesentlich gestützt. Hypothetische Elemente sieht auch SNYDER[1] als Strahlungsquelle an. AKIJAMA[2] und ZEHNDER[3] wollen die Ultrastrahlung mit Nordlicht bzw. Meteoren in Zusammenhang bringen. Als Temperaturstrahlung wird sie von RAMON Y FERRANDO[4] und DAS[5] aufgefaßt (s. auch FRICKE[6] und GRAY[7]). KLEEMANN[8] nimmt an, daß die Ultrastrahlung als γ-Strahlung von Elektronen herrührt, die bei sehr tiefen Temperaturen im Weltenraum oder auch in der Erdatmosphäre sehr hohe Potentialdifferenzen durchlaufen haben.

Die Entstehung von Neutronen wird von ANTROPOFF[9] und CONDON[10] zur Erklärung herangezogen. STEFAN MEYER[11] macht dazu Überlegungen. Die Möglichkeit, daß die Ultrastrahlungskorpuskeln selber Neutronen sind, wird von HUFF[12], CARLSON und OPPENHEIMER[13] und SWINNE[14] erörtert.

EDDINGTON[15] gibt eine Theorie der fein verteilten Materie im interstellaren Raum, berechnet die Strahlungsdichte und kommt zu der Forderung sehr schneller Elektronen. Auch SWANN[16] glaubt an die Elektronennatur der Ultrastrahlung. Er vermutet[17], daß die Elektronen die notwendige Beschleunigung in elektrischen Feldern erhalten, die durch Änderung der Magnetfelder von Sternflecken induziert werden. DAS[18] glaubt, daß nur H- und He-Korpuskeln sich so verhalten können wie Ultrastrahlen. HOLMES[19] macht darauf aufmerksam, daß die de Broglie-Wellenlänge für hochgeschwinde Elektronen und die aus dem Photoprozeß ableitbare nahezu gleich werden und daß deshalb aus einfachen Streu- und Absorptionsversuchen über die Natur der Strahlen nichts zu folgern ist. Zu dem selben Schluß kommt auch TEEGAN[20].

SKAPSKI[21] macht auf eine rein zahlenmäßige Beziehung zwischen der Zerstrahlungsenergie des Protons und den Ultrastrahlungskomponenten aufmerksam (s. dazu auch die Bemerkung von CONWAY[22]).

REGENER[23] betrachtet die Möglichkeit, daß die Ultrastrahlung in einem nach EINSTEIN gekrümmten und geschlossenen Weltraum einen vollen Umlauf machen kann. Dann würde sie uns von Prozessen Kunde geben, die um die Zeit eines Umlaufes früher abliefen. Es ist denkbar, daß dann damals Wechselwirkungen zwischen Materie und Strahlung in einem ganz anderen Ausmaß möglich ge-

---

[1] M. B. SNYDER, Proc. Amer. Phil. Soc. Bd. 65, S. 161, 170 u. 379. 1926.
[2] MINNESABURO AKIYAMA, Jap. Journ. Astron. Bd. 3, S. 1. 1925.
[3] L. ZEHNDER, Ann. Guébhard Séverine Bd. 7, S. 203. 1931.
[4] RAMON Y FERRANDO, Ann. soc. espanola Fis. Quim. Bd. 24, S. 234. 1926.
[5] A. K. DAS, Naturwissensch. Bd. 19, S. 305. 1931.
[6] H. FRICKE, Phys. ZS. Bd. 27, S. 326. 1926.
[7] J. A. GRAY, Nature Bd. 118, S. 801. 1926.
[8] R. D. KLEEMANN, Science Bd. 67, S. 512. 1928.
[9] A. v. ANTROPOFF, Naturwissensch. Bd. 14, S. 493. 1926.
[10] E. CONDON, Proc. Nat. Acad. Amer. Bd. 12, S. 323. 1926.
[11] ST. MEYER, Wiener Ber. 1929.
[12] L. D. HUFF, Phys. Rev. Bd. 38, S. 2292. 1931.
[13] J. F. CARLSON u. J. R. OPPENHEIMER, Phys. Rev. Bd. 38, S. 1787. 1931; Bd. 39, S. 864. 1932.
[14] R. SWINNE, ZS. f. techn. Phys. Bd. 13, S. 279. 1932.
[15] A. S. EDDINGTON, Proc. Roy. Soc. London (A) Bd. 111, S. 424. 1926.
[16] W. F. G. SWANN, Phys. Rev. Bd. 41, S. 540. 1932.
[17] W. F. G. SWANN, Phys. Rev. Bd. 43, S. 217. 1933.
[18] A. K. DAS, Naturwissensch. Bd. 17, S. 543. 1929.
[19] F. T. HOLMES, Nature Bd. 123, S. 943. 1929.
[20] J. A. C. TEEGAN, Phil. Mag. Bd. 8, S. 664. 1929.
[21] A. ST. SKAPSKI, Nature Bd. 130, S. 472 u. 893. 1932.
[22] A. W. CONWAY, Nature Bd. 130, S. 581. 1932.
[23] E. REGENER, Naturwissensch. Bd. 19, S. 460. 1931.

wesen sind, als wir sie jetzt kennen (vgl. hierzu die Notiz von ZWICKY[1]). v. LAUE[2] betrachtet die Frequenzänderung der Strahlung, wenn der Weltraum ein Kugelraum mit wachsendem Radius ist. SCHELLING[3] erörtert ebenfalls den Zusammenhang zwischen kosmischer Strahlung und Weltraumstruktur.

15. Hinweis auf Vorträge und Referate. Zum Schluß sollen in zeitlicher Reihenfolge diejenigen Arbeiten gesondert aufgeführt werden, welche im Laufe der letzten Jahre einen Überblick über die Ultrastrahlungsforschung oder über Teilgebiete davon gegeben haben:

1926. HESS[4] berichtet im Rahmen einer Darstellung der elektrischen Leitfähigkeit der Atmosphäre über das gesamte Material.

KOLHÖRSTER[5] gibt einen Überblick über die Fortschritte aus den Jahren 1918 bis 1925.

RASETTI[6] und WRIGHT[7] führen in die Probleme ein.

1927. Das gesamte Gebiet behandeln MEYER-SCHWEIDLER[8] in der zweiten Auflage der Radioaktivität.

MILLIKAN[9] schildert die Entwicklung von amerikanischer Seite aus. Demgegenüber betonen

1928. BERGWITZ, HESS, KOLHÖRSTER und SCHWEIDLER[10] die Priorität der deutschen Forschung.

Im Handbuch der Experimentalphysik von WIEN-HARMS erscheint ein Artikel über durchdringende Strahlung von BÜTTNER[11].

MILLIKAN und CAMERON[12] fassen ihre Untersuchungen zusammen.

1929. MEITNER[13] referiert über den Stand der Arbeiten, desgleichen RIZZO[14], WÖLCKEN[15], SCHULZE[16] und SCHWEIDLER[17].

1930. Schwedische Vorträge sind von CORLIN[18] und LINDHOLM[19] gehalten.

MILLIKAN[20] äußert sich zur Entdeckungsgeschichte der Ultrastrahlung.

Ein Vortrag von REGENER[21] behandelt hauptsächlich seine Wasserversenkmessungen.

ROSTAGNI[22] und SCHULZE[23] berichten über Fortschritte.

---

[1] F. ZWICKY, Phys. Rev. Bd. 43, S. 147. 1933.

[2] M. v. LAUE, Naturwissensch. Bd. 19, S. 530 u. 641. 1931.

[3] H. v. SCHELLING, Naturwissensch. Bd. 19, S. 596. 1931.

[4] V. F. HESS, Die elektr. Leitfähigkeit der Atmosph. u. ihre Ursachen. Braunschweig 1926.

[5] W. KOLHÖRSTER, Naturwissensch. Bd. 14, S. 290 u. 313. 1926.

[6] F. RASETTI, Cim. Bd. 3, S. 135. 1926.

[7] C. S. WRIGHT, Nature Bd. 177, S. 54. 1926.

[8] MEYER-SCHWEIDLER, Radioaktivität, 2. Aufl.

[9] R. A. MILLIKAN, Smithsonian Rep. for 1926, S. 193. 1927.

[10] K. BERGWITZ, V. F. HESS, W. KOLHÖRSTER u. E. SCHWEIDLER, Phys. ZS. Bd. 29, S. 705. 1928.

[11] K. BÜTTNER, Handb. d. Exper. Phys. Bd. XXV, 1. Teil. 1928.

[12] R. A. MILLIKAN u. G. H. CAMERON, Smithsonian Rep. for 1928, S. 213. 1929; R. A. MILLIKAN, Nature Bd. 121, S. 19. 1928.

[13] L. MEITNER, ZS. f. angew. Chem. Bd. 42, S. 345. 1929.

[14] G. B. RIZZO, Cim. Bd. 6, S. 160. 1929.

[15] K. WÖLCKEN, ZS. f. Geophys. Bd. 5, S. 151. 1929.

[16] W. M. H. SCHULZE, Astron. Nachr. Bd. 236, S. 118. 1929.

[17] E. SCHWEIDLER, Naturw. Monogr. u. Lehrb. Bd. VIII, S. 291. 1929.

[18] A. CORLIN, Nordisk Astron., Tidsskrift Bd. 11, Nw. 4. 1930.

[19] F. LINDHOLM, Kosmos Bd. 8. 1930 (schwedisch).

[20] R. A. MILLIKAN, Phys. ZS. Bd. 31, S. 241. 1930; Nature Bd. 126, S. 14 u. 29. 1930; Science Bd. 71, S. 640. 1930.

[21] E. REGENER, Elektr. Nachr.-Techn. Bd. 7, S. 451. 1930; Elektrot. ZS. Bd. 52, S. 97. 1931.

[22] A. ROSTAGNI, Cim. Bd. 7, S. 37. 1930.

[23] W. M. H. SCHULZE, Strahlentherapie Bd. 36, S. 270. 1930.

1931. Drei Vorträge von HESS[1], KOLHÖRSTER[2] und MILLIKAN[3] beleuchten das Gebiet von verschiedenen Seiten.

Eine umfangreiche und vielseitige Diskussion englischer Forscher schließt sich an einen Vortrag von GEIGER[4] an.

KOLHÖRSTER und TUWIM[5] behandeln in einer fast 100 Seiten umfassenden Darstellung den Barometereffekt und den Absorptionskoeffizienten der Ultrastrahlung.

1932. Eine zusammenstellende Darstellung gibt DARROW[6].

BOTHE[7] behandelt in einem Vortrag die Frage nach der Natur der Ultrastrahlung.

COMPTON[8] berichtet über Fortschritte.

SÉVIN[9] bespricht einige Hypothesen über den Ursprung der Strahlung.

ROSSI[10] gibt eine kurze Übersicht über die Probleme.

HOFFMANN[11] gibt einen eingehenden Bericht über die Entwicklung der gesamten Ultrastrahlungsforschung seit 1924. Die Darstellung enthält auch ein ausführliches Literaturverzeichnis.

JOHNSON[12] bespricht einige neuere Arbeiten.

1933. REGENER[13] veröffentlicht eine zusammenfassende Darstellung seiner Luft- und Wassermessungen und der Deutung der sich daraus ergebenden fünf Komponenten[14].

---

[1] V. F. HESS, Elektrot. ZS. Bd. 52, S. 936. 1931.

[2] W. KOLHÖRSTER, ZS. f. Geophys. Bd. 7, S. 199. 1931.

[3] R. A. MILLIKAN, Nature Bd. 127, S. 167. 1931.

[4] H. GEIGER, Nature Bd. 127, S. 785. 1931; Proc. Roy. Soc. London Bd. 132, S. 331. 1931.

[5] W. KOLHÖRSTER u. L. TUWIM, Ergebn. d. kosm. Phys. Bd. I, S. 87. Leipzig 1931.

[6] K. K. DARROW, Bell Telephone Syst. Contemp. Advances in Physics Bd. XXIII. 1932.

[7] W. BOTHE, Verh. d. D. Phys. Ges. Bd. 13, S. 6. 1932.

[8] A. H. COMPTON, Phys. Rev. Bd. 41, S. 681. 1932.

[9] E. SÉVIN, C. R. Bd. 195, S. 698. 1932.

[10] B. ROSSI, Cim. (N. S.) Bd. 9, S. 39. 1932.

[11] G. HOFFMANN, Phys. ZS. Bd. 33, S. 633. 1932.

[12] Th. H. JOHNSON, Journ. Frankl. Inst. Bd. 214, S. 665. 1932.

[13] E. REGENER, Phys. ZS. Bd. 34, S. 306. 1933.

[14] *Anmerk. bei der Korr.:* Auf eine soeben erschienene Erörterung einiger Fortschritte in der Ultrastrahlungsforschung durch R. A. MILLIKAN (Phys. Rev. Bd. 43. S. 661. 1933) sei hingewiesen. Die Veröffentlichung betont besonders die bei M. gemachten Arbeiten, wodurch bei einem nicht mit der Materie eingehend vertrauten Leser vielleicht Mißverständnisse aufkommen könnten.

Namenverzeichnis.

Sachverzeichnis.

Druck der Spamer A.-G. in Leipzig.

GPSR Compliance

The European Union's (EU) General Product Safety Regulation (GPSR) is a set of rules that requires consumer products to be safe and our obligations to ensure this.

If you have any concerns about our products, you can contact us on ProductSafety@springernature.com

In case Publisher is established outside the EU, the EU authorized representative is:

Springer Nature Customer Service Center GmbH
Europaplatz 3
69115 Heidelberg, Germany

Batch number: 10683525

Printed by Printforce, the Netherlands